性能之巅（第2版）

系统、企业与云可观测性

[美] Brendan Gregg 著
徐章宁 吴寒思 余亮 译

Systems Performance

Enterprise and the Cloud

（Second Edition）

電子工業出版社
Publishing House of Electronics Industry
北京•BEIJING

内容简介

大型企业服务、云计算和虚拟计算系统都面临着严峻的性能挑战。如今，国际知名的性能专家 Brendan Gregg 将业界验证的方法、工具和指标融汇在一起，足以应对复杂环境的性能分析和调优工作。

本书着力讲述 Linux 的性能，但所论述的性能问题适用于所有的操作系统。你将了解到系统是如何工作与执行的，还将学习到如何分析和改进系统及应用程序性能的方法。

本书对第 1 版的内容做了大量的更新，这些更新包括但不限于：近年来 Linux 内核各方面的变化对于资源性能的影响；云计算架构的主流演进方向；动态跟踪工具的新星（BPF 及其前后端技术）；常见性能工具的使用方法的变化等。需要说明的是，在第 1 版中进行性能分析所用到的术语、概念和方法，在第 2 版中几乎没有变化，依然中肯适用，经得起时间的检验。

本书的目标受众主要是系统管理员及企业与云计算环境的运维工程师。所有需要了解操作系统和应用程序性能的开发人员、数据库管理员和网站管理员都适合阅读本书。对于刚接触性能优化的学生等人员，本书还提供了包含 Gregg 丰富教学经验的练习题。

图书在版编目（CIP）数据

性能之巅：系统、企业与云可观测性：第 2 版 /（美）布兰登 · 格雷格（Brendan Gregg）著；徐章宁等译 . —北京：电子工业出版社，2022.7
书名原文：Systems Performance: Enterprise and the Cloud, Second Edition
ISBN 978-7-121-43587-4

Ⅰ . ①性… Ⅱ . ①布… ②徐… Ⅲ . ①计算机网络 Ⅳ . ① TP393

中国版本图书馆 CIP 数据核字（2022）第 089986 号

责任编辑：张春雨
印　　刷：三河市良远印务有限公司
装　　订：三河市良远印务有限公司
出版发行：电子工业出版社
　　　　　北京市海淀区万寿路173信箱　　　　邮编：100036
开　　本：787 × 980　1/16　　　　印张：53.5　　字数：1173千字
版　　次：2015年8月第1版
　　　　　2022年7月第2版
印　　次：2024 年 4 月第 6 次印刷
定　　价：238.00元

凡所购买电子工业出版社图书有缺损问题，请向购买书店调换。若书店售缺，请与本社发行部联系，联系及邮购电话：（010）88254888，88258888。

质量投诉请发邮件至 zlts@phei.com.cn，盗版侵权举报请发邮件至 dbqq@phei.com.cn。

本书咨询联系方式：（010）51260888-819，faq@phei.com.cn。

推荐语

当前云计算等复杂场景下的系统性能问题日益严峻，需要专业的方法才能找到瓶颈所在，然后才能有针对性地对其做优化，以让业务高并发地运行。本书从性能分析所需要的内存、文件系统、网络、CPU 等方面进行了详细介绍，并结合丰富的案例将读者快速带入实战状态，作者还总结了一套性能分析的理论和方法，让读者彻底把提高性能的法宝掌握在手中。另外，本书针对如今火到天际的 BPF 前后端技术及相应工具也进行了介绍。本书的作者 Gregg 是国际知名的性能专家，译者在操作系统和性能领域也是身经百战、经验丰富，无论你是系统运维人员、研发工程师，还是性能架构师，通过阅读本书，都能帮你打开解决性能问题的大门。强烈推荐本书！

毛文安，龙蜥社区系统运维 SIG Maintainer

系统性能问题一直是我们面临的难题之一。本书从系统性能、优化分析到应用程序性能及 CPU、内存、文件系统、磁盘、网络，并结合案例由浅入深地讲述了性能方面的知识。本书的作译者都是性能优化领域的专家，实战经验丰富。本书对系统管理员、运维工程师、研发工程师具有极高的参考价值，阅读本书，收获颇多，力荐！

田国杰（@JackTian），微信公众号“杰哥的 IT 之旅”作者

本书详尽地介绍了企业环境和云计算环境下的性能测试方法与工具，能为读者带来立竿见影的帮助。“无法衡量就无法管理”，本书先对组件性能进行分析与观测，然后在

此之上进行改进。书中的方法与思路能够“授人以渔”，引领读者在系统性能领域进行长期思考。

优秀的著作离不开译者的付出，本书的译者通过精准的翻译，原汁原味地将这本经典技术著作呈现给大家。

无论你是系统管理员、云计算运维人员、技术爱好者，还是立志成为系统性能架构师、专家，这本经典著作都值得推荐给你。

吕昭波，《云端架构》作者

多年前我第一次接触到火焰图这种神奇的性能剖析方法时，Brendan Gregg 令我惊为天人，后来读《性能之巅：洞悉系统、企业与云计算》一书更是受益良多。这次再版，作者补充了近年热门的可观测性、eBPF、Kubenertes 等方面的知识，并将第一版中多处分析方法进一步细化成具体的观测工具指南。高屋建瓴的理论配合深入浅出的落地实践，绝对是广大 IT 工程师的案头必备书籍。

饶琛琳，日志易产品副总裁，前微博系统架构师

分析性能问题需要的技术是很广泛的，操作系统、数据库、网络、语言、存储、架构等方面的知识都需要理解和掌握。而要想具备性能瓶颈分析和定位的能力，掌握操作系统方面的知识是绝对跳不过去的一个环节。

本书从性能分析的角度出发来理解操作系统，对广大开发人员梳理性能分析思路有很好的借鉴作用。本书在不同的操作系统模块中提供了实用的分析思路和方法，为应用程序、CPU、内存、网络、文件系统、磁盘等的性能分析提供了对应的工具，同时给出了相应的操作实例，最后还结合一些基准测试工具以及 BPF 工具给出进一步进行系统级性能分析的操作指导。这是一本如果要学习性能分析就必然要看的书。

高楼，盾山科技 CEO、7DGroup 创始人

在计算机技术的发展长河中，性能问题一直是绕不开的话题。现在市面上针对性能测试的图书有很多，但和本书一样面面俱到的，却是凤毛麟角。本书不仅从操作系统、CPU、内存、文件系统、磁盘、网络等方面介绍了计算机性能的基础知识，同时还与时俱进，从云计算等当前热门技术的角度，介绍了如何进行性能优化。除此之外，本书还介绍了性能测试的相关方法论和性能测试工具，具有很高的实用性。本书的作译者都是性能领域的专家，在业内享有极高声望。这本经典的著作，非常适合研发人员、运维人员、测试人员当作性能优化的参考书，力荐！

臻叔，微信公众号“程序员臻叔”，作者

推荐序

一

大数据、云计算和人工智能都是热门概念，也是现实问题。很多团队都面对类似的技术抉择：如何用开源软件构建机群、如何选择云服务、如何设计高效的分布式 Web 服务，或者如何开发高效的分布式机器学习系统，当面对这些问题的时候，最好能从一些重要的可度量的方面进行定量的分析和比较。可是哪些方面重要，以及如何度量呢？

古往今来有很多重要的系统度量问题，比如如何度量网络繁忙程度，如何得知某台机器是否还活着，服务中断是因为某个进程锁死了还是机器出问题了，或是我们的机群中用 SSD 替换硬盘的比例应该多大，等等。

这些问题的答案都不简单——正确答案往往构建在对操作系统的深刻理解上，甚至构建在统计学和统计实验的基础上。可是通常我们是在繁重的业务压力下应对这些问题的，所以只能尽快找一个“近似”的测量办法。这终非长久之计——在我们经历了很多问题之后，可能会发现自己从未深刻理解问题，没有深入思考，没有沉淀经验，没有获得成长。

如果有意深入理解问题，借助前人的经验是可以事半功倍的。只是关于操作系统的教科书不能为我们提供足够的基础知识。操作系统如此复杂，几乎涉及计算机科学的所有方面。学校往往只能基于简化的示范系统教学，比如 Minix。但实际工作中使用的操作系统，比如 Linux 和 Solaris，有更多需要学习和理解的地方。

我做分布式机器学习系统有 8 年了，其间很多时候要面对系统分析的问题。但是坦诚地说，大部分情况下我都只能尽快地找一个“近似”方法，处于没有时间深入琢磨上述系统问题的窘境。看到本书之后，我不禁眼前一亮。这本书从绪论之后，就开始介绍“方法”——概念、模型、观测和实验手段。作者不仅利用操作系统自带的观测工具，还自己开发了一套深入分析观测结果的脚本，这就是有名的 DTrace Toolkit（大家可以直接找来使用）。本书介绍的实验和观测方法，包括内存、CPU、文件系统、存储硬件、网络等各个方面。而且，在介绍方法之前会深入介绍系统原理——我没法期望更多了！

很高兴看到这一经典名著的中文版问世。因为被邀作序，有幸近水楼台先得月，深受教益。感谢译者和编辑的努力。相信读者朋友们定能从中受益。

王益
LinkedIn 高级主任分析师

二

收到侠少的邀约来写序，多少有点忐忑和紧张。忐忑是因为平时太多时间总花在解决各类问题上，没有时间好好静下心来读一读书，总结一下发现问题和解决问题的方法；紧张是因为我好像很久没有写文章了，上一次写长篇大论还是在很多年前，怀疑自己是不是能够在有限的文字内把系统性能的问题解释清楚。于是，就在这样的背景下，我从出版方那里拿到了书稿，迫不及待地读了起来。

本书的作者 Gregg 先生是业内性能优化方面大名鼎鼎的人物，他早年在 Sun 公司的时候是性能主管和内核工程师，也是大名鼎鼎的 DTrace 的开发人员，要知道 DTrace 可是众多 trace 类工具中最著名的，并且先后被移植到很多操作系统上。全书都在讨论性能优化，我想了想，我每天从事的工作不就是这个吗？ SAE 上成千上万的开发者们，他们每天问的问题几乎全部和性能相关：为什么我的 App 打开比较慢，为什么我的网站访问不了，怎么才能看到我的业务中哪个逻辑比较慢……对于这些问题，其实难点不在于解决它，最难的在于发现并定位它，因为定位了故障点或者性能瓶颈点，解决起来不是很复杂的事情。

对于性能优化，最大的挑战就是性能分析，而性能分析要求我们对操作系统及网络的性能要了如指掌，明确各个部分的执行时间数量级，并能做出合理的判断，这部分在书中有很详细的讨论，让读者可以明确地将这些性能指标应用在 80 ∶ 20 法则上。

工欲善其事，必先利其器。了解系统性能指标后，还需要找到合适的工具对可能存在的瓶颈进行分析，这要求我们具备全面的知识，涉及 CPU 性能、内存性能、磁盘性能、文件系统性能、网络协议栈性能等方方面面。本书详细介绍了诸如 DTrace、vmstat、mpstat、sar、SystemTap 等工具，如何将这些工具组合并应用在适当的场景中，是一门学问，相信读者会在书中找到答案。顺便说一句，DTrace+SystemTap 帮助 SAE 解决过非常多的性能疑难杂症，一定会对读者的业务分析有所帮助！

单个进程的性能分析是简单的，因为我们可以定位到系统调用或者库调用级别，然后对照代码很快就能解决问题，但整个业务的性能分析是复杂的，这里面涉及多个业务单元、庞大的系统组件。最麻烦的是，往往造成性能问题的不是单元本身，而是使单元和单元相连接的网络服务。这就要求我们有一套科学的分析方法论，帮助定位整个系统业务中的瓶颈。书中就此介绍了包括随机变动、诊断循环等多种方法，并且介绍了涉及分析的数学建模和概念。不要忽视数学在性能分析中的作用，在实际应用中，我就曾利用方差和平均值的变化规律科学地分辨过一套系统到底是否应该扩容。

找到了性能瓶颈，下一步就是解决问题。当然解决问题的最好办法就是改代码，但是，当你无法在短时间内修改代码的时候，对系统进行优化也可以实现这一目的。这就要求我们弄明白系统各个环节的工作原理和联系。本书第 3 章详细讨论了操作系统，这对读者是很有用的。因为很多时候我们在不改代码的情况下优化系统，也就是优化内存分配比例，优化 CPU 亲密度，尝试各种调度算法，做操作系统层面的各种网络参数调优等。

对于上述所有问题的认识，我相信读者在通读全书后会有不一样的感觉。记住，不要只读一遍，每读一遍都必有不同的体会。不多说了，我要赶紧再去读一遍！

丛磊
新浪 SAE 创始人 / 总负责人

三

人类正在用软件重构这个世界。从20世纪40年代电子计算机出现，到个人电脑风靡、互联网大行其道，再到如今正兴旺的云计算和移动互联网，还有蓬勃发展的物联网，所有这些表面上看是计算机硬件变得无处不在，而实质上是软件一步步掌管了这个世界。短短几十年，软件轻松征服世界！渗透、渗透、再渗透，软件已经进入所有人的生活。

不言而喻，软件对这个世界和人类的重要性越来越高。我很负责任地说，软件的健康与否关系着世界的安危。君不见，几多时，一个软件漏洞便让全球惊慌。不经意间，我们与软件变得休戚与共。

不幸的是，软件的总体健康状况并不乐观，问题很多。

Bug是软件行业的一个永恒话题，是破坏软件质量的头号大敌。但迄今为止，完全发现和彻底消除Bug还只是奢望，是不可能实现的目标。换句话来说，掌管着我们生活的所有软件都是在带着Bug运行的，是真正的带“病”工作。因为每个软件内部都有纵横交错的无数条路径，CPU经常“奔跑”的那些路径上的Bug早已被发现和移除，所以软件大多数时候并不发“病”。但也有时候，CPU会遭遇软件中的Bug，发生意外。目前，我们能做的只有努力多发现Bug，并尽可能找到根源，将其去除。但这并不是一件容易的事情。

除了Bug，性能问题是威胁软件健康的另一个大敌。简单来说，我们把软件中的错误归为Bug。把那些在速度、资源消耗、工作量等方面的不满意表现纳为性能问题。用员工考核做比喻，Bug是把一件事做错了，而性能问题是虽然做对了，但是做得不够好，可能开销太大，用的资源太多，可能完成速度太慢，用的时间太久，还可能完成的工作量太少，活干得不够多，总之是结果不令人满意，还有必要改进。

举例来说，某支付软件在性能方面存在问题。一旦运行，就会频繁触发大量的缺页异常，消耗的CPU时间过多，导致不必要的能源浪费。随着软件变得无处不在，软件的耗电问题已经引起越来越多的关注。在我写这几行文字时，该软件的几个进程仍在一刻不停地触发着缺页异常，过去两天累积的异常数量已经超过千万，消耗CPU的净时间超过1小时。粗略估计，这几个进程至少已经消耗了0.01度电。不要忽视0.01这个看似微小的数字，将它乘以全国的总用户数，立刻就变成一个庞大的数字了。

与软件Bug类似，性能问题也可能危害巨大！更可怕的是，性能方面的问题容易触发隐藏在软件深处的Bug，直接导致软件崩溃或者其他无法预计的故障。

发现Bug根源的过程一般被称为调试（Debug）。纠正性能问题，提高软件性能的努力被称为调优（Tune）。不论调试，还是调优，都不是简单的事，对软件工程师的技术要求很高。处理一些复杂的问题时，常常需要多方面的知识，需要对系统有全面了解，既有大局观，能俯瞰全局，又能探微索隐，深入关键的细节，可谓“致广大而尽精微”。

如果一定要把调试和调优的难度比一下，调优的难度更大。简单的解释是，调试的主要目标是寻找 Bug，Bug 固定存在于软件中的某一点。因此，调试时可以通过断点等技术让软件停止，慢慢分析。而调优必须关注一个动态的过程，观察一段时间内的软件行为。这样一来，调优时，不可以让软件中断，而需要以统计学的方法或者其他技术对软件做长时间监测。

记得两年前，曾经有一位同行以饱经沧桑的神情问我：“在中国这样的软件环境里，做技术的工程师应该如何发展呢？难道都得像你那样写一本书吗？”坦率地说，我当时没能给出让这位同行很满意的回答。因为这个问题确实不太容易回答。此事之后，我常常想起这个困扰着很多同行的问题。多次思考后，我似乎有了比较好的答案。首先要确认自己是喜欢软件技术的，愿意在技术方向上持续发展。接下来的问题是如何在技术方向上不断前进，“日日新，又日新”。我的建议是，逐级攀登软件技术的三级台阶：编码、调试和调优。

代码是软件的根本，一个好的软件工程师必须过代码这一关，写代码时如行云流水，读代码时穿梭自如、如履平川。以调试器为核心的调试技术是对抗软件 Bug 的最有力工具，是每位技术同行都应该佩戴的一把利剑。调优技术旨在发现软件的性能障碍，让软件运行得更快、更好。随着对软件性能问题的重视，调优技术的发展也越来越快，新的工具层出不穷。调优方面的工作和创业机会也在不断增加。几年前，我写作《软件调试》时，很多人还不太重视调试，但最近几年，软件调试已经逐渐从藏在背后的隐学逐步走向前台，成为一门显学。可以预见，性能调优也会受到越来越多的重视。

学习调优技术有很多挑战，很高兴看到有这样一本关于系统优化的好书被引进到国内。好友侠少诚邀作序，盛情难却，仓促命笔，词不达意，请诸君海涵，是为序。

张银奎
资深调试专家，《软件调试》和《格蠹汇编》作者

四

性能调优是每一个系统工程师应具备的最重要的技能，也是衡量其水平高低的不二法门。Linux 是开源的操作系统，这也意味着它本身的可调整范围比较大。近十几年来，硬件设备日益复杂，互联网应用场景及 Web 2.0 蓬勃发展的同时，也带来了各种高并发的业务应用，有些复杂的分布式数据分析系统，单集群的物理服务器数量甚至就能达到上万台。这使得对系统运行环境的一点点优化带来的收益都可能非常可观。

性能调优这件事情，大家往往都有话想说，技术专家也都有些秘而不宣甚至奉为压箱底的“绝活”。但这些“绝活”，往往来自个案所获得的经验。例如，解决了某大型电商网站的 Nginx 服务器问题、某 MySQL 数据库集群性能问题等。这些特定的大型案例，促使参与其中的技术人员，在某个或某些系统性能优化方面，具有较高水平。

但即使是这些技术专家，也难以解决所有性能问题。这有两方面原因，一方面自身缺乏对整个系统运行环境的全局把控能力。技术专家的能力，是通过某些问题点扩散开来而获得的，并非基于事先构建好的系统优化的全局观（这也和国内环境有关，大家往往大学毕业后就直接开始从事相关工作，即使参与了某些培训课程，也很缺少底层、结构性的学习）。

这种系统优化的全局观之所以难以形成，一个原因在于“未知的未知”，也就是说我们不知道自己不知道。比如，我们可能不知道设备中断其实会消耗大量 CPU 资源，因而忽略了解决问题的关键线索。再比如，初中级 DBA 可能并不知道应用程序连接 Oracle 时，每一个数据库连接（Session）实际上都非常消耗物理内存，成百上千个数据库连接长期驻留（看上去状态还是非活动的），PGA 会被消耗殆尽，引起各种异常，成为性能问题的罪魁祸首。

另一个原因在于性能问题的根源太过复杂。诚如作者所说，一来性能是主观的，连判断是否有性能问题，都因人而异。例如，磁盘平均读 / 写时间为 1ms，这是好还是不好？是否需要调优？这实际上取决于开发人员和最终用户（有时还包括领导）的性能预期。二来系统是复杂的。例如，本来 CPU/ 磁盘 / 内存各司其职，有了内存缓存（SWAP）机制，内存不够时可以使用部分硬盘空间来顶替。这看上去很好，但对于数据库系统而言，是否启用 SWAP，本身就是一个问题。再比如，对于云计算而言，多虚拟机共享物理机，这进一步增加了问题的复杂度。资源隔离是个技术活儿，现有技术很难做到磁盘 I/O 完全隔离。另外，最近非常流行的容器技术，让问题变得尤为复杂。容器即进程，不像 KVM 等虚拟机（KVM 至少还会进行资源隔离）自带操作系统。容器并不是为 IaaS

而生的，仅靠 Cgroup 等隔离技术能做的非常有限。第三点是有可能多个问题并存。有时终端用户抱怨系统慢，很可能不仅是由单个原因引起的，例如，业务负载猛增，内网速度 1000MB/s 其实已经不够，但没引起注意；或是整体对外交付能力表面上看还正常，但数据库磁盘 I/O 非常繁忙；系统还可能正偷偷地进行大量 SWAP 交换。

以上两方面原因，使得大部分技术专家，即使对系统优化的某些领域确有独到见解，但说到能否解决所有系统性能问题时，都会显得有些底气不足。但本书作者看起来是个例外。纵观全书，作者建立了系统性能优化的体系框架，并且骨肉丰满，很明显，他不仅擅长某方面的性能优化，而且是全方位的专家，加之他作为 DTrace（一种可动态检测进程状态的工具）的主要开发者，使得本书的说服力和含金量大增。

本书首先提及性能优化的方法论和常见性能检测工具的使用，具体内容更是涉及可能影响 Linux 系统性能的方方面面，从操作系统、应用程序、CPU、内存、文件系统、磁盘到网络，无所不包。在以上这些话题的探讨中，作者的表述方法值得称道——每章都程式化地介绍了术语、模型、概念、架构、方法、分析工具和调优建议等，这对于因长期工作形成一定强迫症的某些技术人员，如我自己，阅读时感到赏心悦目，这也从侧面体现了作者深厚的技术功底和文字驾驭能力。

本书提供的性能优化方法论也令人印象深刻，包括几种常见的错误思考方法，如街灯法、随意猜测法和责怪他人法。街灯法来自一个著名的醉汉的故事——醉汉丢了东西，但只会在灯光最亮的地方寻找。这种头疼医头脚痛医脚、错把结果当原因的事情，相信很多人都遇到过。大型业务系统上线，大家都围着 DBA 责问数据库为什么崩溃了，但数据库出问题是结果，数据库本身一定是问题的根源吗？是否更应该从业务负载、程序代码性能、网络等方面联合排查？在列举各种不正确的方法后，作者建议采用科学法，科学法的“套路”是：描述问题→假设→预测→实验→分析。这种办法的好处是，可以逐一排除问题，也可以减少对技术专家个人能力和主观判断的依赖。

本书用单独的章节系统性地介绍了操作系统、性能检测方法和各种基准测试，还特别介绍了作者主导开发的 DTrace（在本书的例子中，用 DTrace 监控 SSH 客户端当前执行的每个命令并实时输出），这使得本书作为工具书的价值更得以彰显。云计算的出现，对系统优化带来新的挑战。作者作为某云计算提供商的首席性能工程师，带来了一个真实的云客户案例分析，包括如何利用本书提及的技术、方法和工具，一步一步地分析和解决问题。

很多时候，受限于语言障碍，系统工程师往往通过国内 BBS、论坛等获得知识，只在性能问题确实棘手时，被迫找些英文资料，寻找解决思路。

博文视点出版的这本中文版图书，对于国内广大运维同人而言，实属幸事。这让我们有机会系统学习和掌握性能优化的各个方面，有机会建立一种高屋建瓴的全局观。这样，在面对复杂系统问题时，不至于手足无措，或只能盲人摸象般试探。另外，虽然面对日益复杂的硬件设备和高并发的业务应用，问题不是变得简单而是更为复杂，但Linux 系统演化至今，其最基础的体系架构和关键组件并未发生太多改变，这使得这本好书即使历经多年，价值也毫无衰减，反而历久弥新。

总的来说，如果早些接触到本书，该有多好！

萧田国

触控科技运维总监，高效运维社区创始人

五

性能的话题，从一开始就是复杂的。性能是一种典型的非功能需求，然而又贯穿在任何一种功能需求中，直接影响系统的运行效率和用户体验。也正是由于这一特性，性能无法简单地通过单一的、直线式的思维来度量和管理，而注定需要以系统工程的方法来掌握和调整。绝大多数的图书在谈到性能问题时，都是仅从片面的若干现象出发来触及问题的冰山一角，抑或干脆语焉不详，甚至避而不谈。这也难怪，因为这个话题一旦展开，就会占用极大篇幅，相对于原先的论题而言就显得喧宾夺主了。然而更重要的原因也在于，对性能问题有着全面认识，并且能够给出系统化的分析和全栈式论述的作者实在不多。相关的要求近乎苛刻：既要对系统的每一个部件都了如指掌，又要深入理解部件之间的协作方式；既要精通系统运行的细节，又要明白取舍逻辑的大局观；既要懂得现象背后的原理，又要把握从执行开发部署的工作人员直至终端应用用户的需求乃至心态。

本书以一种奇妙而到位的方式，把高屋建瓴的视角和脚踏实地的实践结合了起来，对性能这一复杂、微妙甚至有些神秘的话题进行了外科手术般的解析，读来真是让人感觉豁然开朗。

全书以罕见的遍历式结构，对软件系统的每一个部件都如庖丁解牛般地加以剖析，几乎涉及业务的每一个细节。然而，对这些细节并非简单罗列，而是每一段论述都与具体的角色和场景紧密结合，取舍之间极见智慧。方法论更不是单说理，而是通过一个又一个的具体实例，逐步地建构起来的，并反复运用于各个部件之上，使读者明白原理普适性的同时也知道怎样举一反三。

本书也是难得的UNIX/Linux系统管理员和运维工程师的百科全书式参考手册，相对于工作在Windows上的同行而言，他们获得的知识更加零碎，甚至在很多场合下不得不求助于网络上的只言片语，并只能通过耗时的、高风险的生产环境实验来取得一手经验数据。本书当然提供了不少趁手的软件工具供读者使用，然而其更大的价值在于心法的传授，即怎样利用工程师现在就熟悉、现在就可用的工具来迅速地进行性能建模，完成故障排除和调优的关键步骤。书中的内容非常新，作者见过大世面，是以最与时俱进的大型云计算系统为出发点来落笔的，对付日常的性能问题完全没有压力，即使是最新的硬件的性能问题也能找到对应的解决方案。

本书的译者团队阵容强大，成员皆是在底层系统有多年一线工作经验的运维工程师和开发工程师。徐章宁几乎是以一己之力支撑起PB级数据运维的明星DevOps，而另外两位也都是手工实现过复杂生产环境中文件系统和网络协议的“大牛”。可以说，他们对于性能的认识是经过多年实际工作的考验的，是深刻而且务实的，这为本书翻译在专业性方面提供了坚实的保证。他们多年养成的认真严谨的工作习惯，和深厚的中英文功底，更是为该译本的可读性锦上添花。

希望所有的IT从业者都能从本书受益，让天下的系统都能达到性能之巅！

高博

青年计算机学会论坛（YOCSEF）会员，文津奖得主，《研究之美》译者

六

性能问题一直是个热门话题，在单机时代，我们就投入了不计其数的人力物力进行研究。随着互联网行业的发展，分布式系统开始大量投入应用，对于性能问题的分析、调优，更是面临着很多前所未有的挑战。特别是如何做到单机性能与集群整体性能的平衡，以及在各种影响性能的要素之间进行取舍，成为摆在开发运维人员面前的巨大难题。

本书采用自下而上的结构，从底层的操作系统、CPU、磁盘等基础元素开始，到从工作原理层面分析性能受到的各种不同影响，以及如何评估、衡量各项性能指标，让读者知其然并知其所以然，在面对实际情况时能够更有针对性地做出判断和决定，而不是机械地、教条地行事。本书还提供了案例，一步步地展示了实际性能问题的排查调优过程。读者可以根据案例，结合业务系统实际情况展开工作。此外，本书还对常用的性能分析工具的使用和扩展做了详细介绍，这对日常工作效率的提升有很大的帮助。

译者徐章宁曾与我在EMC的云存储部门共事多年，其在系统性能排查、调优方面有着丰富的经验，很高兴他能参与本书的翻译。审稿过程中，我感觉译者不仅忠实地还原了原著的精华，还融合了自己多年工作中积累的经验教训。

我坚信，本书无论对于开发人员还是运维人员，无论对于设计、编码还是调优工作，都能发挥重要的参考作用，尤其适合常备于案头。在此诚挚地向大家推荐本书。

林应
淘宝技术部高级技术专家

七

性能测量的水相当深，斯坦福大学的John Ousterhout教授在“Always Measure One Level Deeper”一文（《ACM通讯》杂志，2018年第7期）中提到，在他亲历的几十次系统性能评估中，没有哪次的首批测量结果是正确的，都是先掉进坑里，再慢慢爬出来。

就拿文件 I/O 来说，你测得的是真实的磁盘性能，还是操作系统中文件系统的性能？存储是分级的。操作系统有页缓存，高档的磁盘控制器（阵列卡）有带电池备份的写缓存，机械硬盘上有高速缓存，混合型机械硬盘带有 SSD 缓存，消费级 TLC SSD 上带有 SLC 缓存。文件 I/O 的性能主要取决于读写操作击中的是哪一级缓存，而缓存颠簸（thrashing）是系统过载时造成性能急剧下降的重要因素。

如今的计算机系统极度复杂，性能优劣往往违反直觉。不少人可能先入为主地认为 mmap() 比 read()/write() 读写文件更快，因为前者减少了系统调用和内存拷贝。这听上去很有道理，也正是 20 世纪 80 年代 UNIX 引入 mmap() 的理由。但是卡内基梅隆大学的 Andrew Crotty 等人通过分析与测量，对此提出相反的观点，他们关于这个观点的论文“Are You Sure You Want to Use MMAP in Your Database Management System?”发表在 CIDR 2022 会议上。

性能瓶颈时常发生在意想不到的地方，我们遇到过服务器硬件升级导致性能下降的案例。新的服务器有更大的网络带宽、更快的 CPU 和更多的核，我们原本预计它每秒能处理更多的计算密集型请求。但很快我们发现，其上运行的一个网络服务程序的响应时间偶尔会飙升，甚至出现超时。初步探查发现此期间 CPU 和网络带宽的使用率都不高，远未饱和。进一步分析发现，这个服务程序会按比例抽取一些客户请求写在本地磁盘，以供日后分析。由于新机器更强大，它收到的请求也比原来多，但新磁盘的速度没有多大提升，这就使得磁盘带宽吃紧。如果同一台机器上同时有其他程序大量读写磁盘，那么就会造成服务程序阻塞在磁盘 I/O 上，CPU 无所事事，响应时间也自然会增加。更糟糕的是，负载均衡器主要依据 CPU 繁忙程度来分配新任务，试图让多台服务器的 CPU 的使用率一致，以避免出现延迟波动。这个服务程序因为等在磁盘 I/O 上，反映出 CPU 使用率低的假象，结果反而被分到了更多的请求，排在队列里等候处理，最终造成请求超时。一开始谁能料到这个计算密集型网络服务程序的性能最终受限于磁盘带宽？排查性能故障就像阅读侦探小说，当谜底层层揭开的时候，读者会恍然大悟，反思自己怎么没有早点想到“凶手”是谁呢？系统的性能瓶颈可能出现在 CPU、内存、硬盘、网络甚至总线上，本书第 6~10 章详细介绍了各种情况的应对方法。

现代 CPU 不再是常速运行的。功耗是限制 CPU 主频提高的主要因素，多核 CPU 在整体功耗允许的情况下，会把其中某一个或几个核自动“超频”，以提高程序性能。这使得在空闲机器上做的单线程基准测试的结果一般不能简单推广到多核。比如，消费级 12 核 AMD 5900X 的单线程 memcpy() 的速度可达 20GB/s，但是双通道 DDR4 内存能提供的总带宽约为 50GB/s，平摊到每个核上大约才 4GB/s，是单核峰值的 1/5。我还曾经试验把一个单线程的程序改成两个线程交替计算，在多核台式机上测试发现性能下降 50% 以上，远超我的预期。后来发现 CPU 为了节能，在工作量不饱和的情况下，自动降频运行。两个慢速的 CPU 核来回接力运算当然远差于一个全速的核。本书第 12 章介绍了更多性能基准测试的陷阱与防范措施。

体系结构领域的图灵奖得主、加州大学伯克利分校的 David Patterson 教授在《ACM 通讯》2004 年第 10 期发表的“Latency lags bandwidth”文章中指出，带宽的增长远远快于延迟的进步，因为把公路修宽比把路修短容易得多。内存带宽大约每 5 年翻一倍。2020 年的 DDR5 内存带宽是 2000 年 DDR1 带宽的 16 倍，但访问延迟变化不大，还是 30ns 左右，是现在 CPU 时钟周期的 100 倍左右。跟硬盘相比，内存当然是很快的，但是跟 CPU 运算速度相比，内存访问可以说是相当慢的，遍历链表如今可以入选头号 CPU 性能“大杀器”。在必要的情况下，程序员可以通过调整内存布局来提高局部性，以求提高 CPU 缓存命中率。Google 开源的自家 C++ 基础库中的 absl::flat_hash_map 正是利用了这一点，实现了比标准库的开链 unordered_map 快 2~3 倍的性能。

互联网先驱，TCP 拥塞控制算法的发明人 Van Jacobson 博士在 2018 年 netdev 0x12 会议的开场主题演讲中提到，从 1990 年算起，以太网带宽的增速甚至超过了摩尔定律。康奈尔大学的博士生蔡其哲等人发表在 SIGCOMM'21 上的论文“Understanding Host Network Stack Overheads”中的数据表明，经过调优，Linux 中单个 TCP 连接的网络吞吐量可达 5GB/s，memcpy() 只比它快几倍。为了实现高效安全可靠的网络传输，消息在发送之前，常经过压缩（Zstd）、加密（AES）、校验（SHA1）等算法处理。而尽管有 AES/SHA 指令加速，CPU 执行这些算法的吞吐量还不及 TCP 速度的一半。如果设计不当，加密与计算校验和这样的前期准备工作会成为收发网络消息的性能瓶颈，而 TCP/IP 协议栈反而乐得清闲，这就有点儿尴尬了。我们当然不能因噎废食，为了速度而放弃安全性。一个办法是把这些耗费 CPU 和内存带宽的工作下放（off load）到内核和网卡里去做。Netflix 从 2015 年开始往 FreeBSD 内核增加了 TLS 功能，然后与网卡厂商合作，把 TLS 硬件加速做到网卡里。在 2019 年的 EuroBSDCon 会议上，Netflix 汇报了成果——“Kernel TLS and hardware TLS offload in FreeBSD 13”，然后在 2021 年汇报了最新进展——“Serving Netflix Video at 400Gb/s on FreeBSD”。注意，这里的 400Gb/s 是多个连接汇总的吞吐量，而且也没有提及压缩，因为 Netflix 传输的视频数据本身已经是高度压缩过的了。受此激励，Linux 也不甘落后，从 4.13 版开始逐步支持内核 TLS 与硬件加速。

总而言之，提升系统性能与进行代码性能优化是完全不同的领域，它不是找到热点函数加以改写，而是通过对系统的总体把握与观测，精确定位软硬件性能瓶颈，进而化解并突破。

本书作者 Brendan Gregg 是全球知名的实战派性能专家，他发明的火焰图是分析 CPU 开销的有力工具，如今已是我们日常性能分析的标配。这本书是他多年工作经验的总结，既有理论深度，又有丰富案例，在同类图书中是较为全面深入的，非常值得深入阅读。这个新版本我会第一时间购买，常备案头，随时查阅。

陈硕

《Linux 多线程服务端编程：使用 muduo C++ 网络库》作者

2022 年 5 月 28 日

八

“我的梦想是将计算机性能分析变成一门科学，让我们可以完全了解所有事物的性能：应用程序、库、内核、管理程序、固件和硬件。”本书作者 Brendan Gregg 在 2019 年 AWS re:Invent talk 的开场白中如此说。本书以操作系统为背景，讲解操作系统和应用程序的性能问题，针对企业环境和云计算环境编写而成。作为一名讲授操作系统课程近三十年的老师，我在近几年的教学改革中，把讲解操作系统的优化作为教学目标之一。因此，我对本书就有了一份独特的期待，更期待性能工程成为一门学科，这门学科，将融合计算机科学、软件工程、统计学以及数学等多门学科。

eBPF 作为 Linux 内核一种革命性的技术，为 Linux 内核的发展带来了勃勃生机。自己在 Linux 内核教学和科研一线驰骋二十多年后，看到了 eBPF 技术给业界带来的新气象，本书新版中专门增加了 BPF 章节和 BPF 工具的介绍。

Gregg 在 Netflix 积累了丰富的云计算环境下的性能优化的经验后又加入 Intel，按他的说法，“将为从应用程序到硅的所有领域开发新的性能和调试技术。这将跨越所有xPU（CPU、GPU、IPU等），并对世界产生巨大影响”。本书可作为大家入门性能优化的起点，以此为基础，一方面深入操作系统内核，另一方面广泛积累应用程序的优化经验，最后再回归到硬件，你将走入一个更广泛的世界。

陈莉君

西安邮电大学教授

2022年5月26日

九

作为高性能计算和云计算系统的设计、开发和运维人员，任何时候讨论性能优化总是一个充满挑战却令人期望的事情。你似乎永远无法知道所设计的系统架构、调度策略和数据结构是否能达到最理想的状态，但经过各种不断尝试后因取得的性能提升而获得的满足感却是如此让人陶醉。

本书从性能分析和调优的基础概念和方法入手，沿着操作系统内核、应用、CPU、内存、文件系统、磁盘、网络、云计算系统以及调优工具的线索，展开一幅计算机系统性能优化的全栈式画卷，向读者介绍影响计算机系统性能的关键因素，以及深入理解如何动手去解决这些性能瓶颈。

作为国家超级计算中心的总工程师，让高性能计算机系统在运行时任务执行最快、用户在队列的等待时间最短、系统平均无故障时间越长，是我追求的永恒目标。我所带领的运维与系统开发团队一直在为提高我国超级计算的系统性能努力，这本书让我有推荐给我们运维团队每一个成员的强烈冲动。毫无疑问，本书的内容将有助于我们深入理解系统性能背后的知识，建立完整的“系统观”。

同时我还要将本书推荐给我的研究生们，值得每一位立志做体系结构研究的学生将其作为入门教材，在动手进行高性能系统和云计算系统优化研究前，对何为性能优化有一个全面完整的认识，有助于他们在研究过程中将问题考虑得更全面。

最后我要把这本书推荐给所有从事高性能计算与云计算领域的从业者，无论你是资深架构师还是运维人员，相信我，本书对你重新思考系统设计、性能优化将会起到很大的作用，值得一读。

唐卓
国家超级计算长沙中心总工程师、湖南大学教授
2022 年 5 月 26 日

十

作为一名讲授操作系统课程的教师，性能一直是课堂中很难的主题，因为你永远不知道什么样的性能问题在等着你。就在几天前，我在部署一批机器时排查了一台机器的性能问题，最终发现竟然是 USB 接口发生了短路（一个真正的物理 bug），导致 kworker/0:0+pm 一直处于活动的状态！正是本能地使用了 Linux 的 perf 工具（本书在第 13 章中详细介绍）帮助我瞬间定位到 xhci 相关的代码，将性能问题指向了 USB 子系统。在暴力“拆除”USB 接口后，问题解除。

在课堂上，我会和学生谈论“理解性能就是理解程序在时间轴上的执行”，但这谈何容易！我们既想看得清楚，对每条指令执行的踪迹和所属都了如指掌，又不想付出任何代价，因为任何插入程序中的探针都会干扰程序的执行。在系统中的所有组件都成为木桶的短板之后，性能调优更是一项艰苦卓绝，但却对生产系统来说至关重要的任务。

幸运的是，今天我们有了许多成熟的性能分析方法和工具。我找不到任何一份资料可以和 Brendan Gregg 的这本全面、深入的书籍相提并论。Brendan Gregg 作为性能分析领域首屈一指的专家，毫无保留地将其真知灼见和技术细节与读者分享。读完本书，你就有了世界上最先进的性能分析“武器库”，不再惧怕任何系统的性能分析。

蒋炎岩
南京大学教师
2022 年 6 月 4 日

译者序

《性能之巅》第 1 版付梓距今已经快 7 年了，第 1 版翻译成书的时候是 2015 年，那时候 Docker 已经成为开源界的热点，Kubernetes 还是 Google 对外宣传中的 Borg，还没有 CNCF 这样的组织（时逢本书上市的同月，CNCF 云原生计算基金会宣布成立，Kubernetes 发布了 1.0 开源版本），一切就像是万物等待破晓的前夜。

CNCF 描绘的云原生的生态图景，译者常常凝视：运维不再是多年前的单一技术工种，而是发展成了一个对技术深度和广度都有很高要求的专业领域。伴随着 DevOps，SRE 这些词语深入人心，运维工作的从业人员必然对此深有体会。这些年云计算风起云涌，相关技术特别是云原生技术快速发展，在汹涌的技术浪潮中有人驻足观望，有人投身其中。抱残守缺并不可取，勇者会站在历史的正确方向上奋勇前进。

在第 1 版的序言中译者曾写道：

“现代 IT 技术的源头并非在中国，但 IT 技术在这片土地上生根发芽，欣欣向荣。如今国人日常生活中所依赖的系统服务已经比比皆是，不信者打开自己的手机数数所安装的 App 自然清楚，这些 App 背后多半都有远在某个数据中心的一个或多个系统作为支撑。随着互联网技术向各行业以及生活各方面的渗透，这样的系统今后会越来越多。加之伴随着云计算和大数据技术的兴起和蓬勃发展，除了系统越来越多之外，系统自身还会变得越来越庞大和复杂。在这么一个总的大趋势下，系统性能的重要性自然不言而喻。你会发现 Brendan 所著的《性能之巅》是如此契合我们这个时代，本书不是第一本论述系统性能的书，但本书对现有系统性能的方法和理论所做的提炼、概括和归纳，不敢说后无来者，但绝对可以称得上是前无古人。”

如今回望，依然如此。

第 2 版《性能之巅》的内容较之第 1 版有很大比例的更新（40%+），这么大比例的更新来自两个方面：一是技术知识的更新。不仅覆盖了这几年日趋普及的容器技术，本书的第 11 章“云计算”就围绕着容器和 Kubernetes 技术做展开，还有这些年 Linux 发展出来的新特性，在讲述资源性能（CPU、内存、文件系统……）的各章中均有体现。二是工具选择的更新，除将第 1 版中提及的 perf 与 ftrace 各自单独成章（第 13 章和第 14 章）做重点讲述之外，这两年蓬勃发展的 BPF 不仅独立成章（第 15 章），其作为替代第 1 版中的 SystemTap 作为实施动态观测的更好选择，可以说在整本书前后内容中都有贯穿。

全书第 2 版的翻译由 eBay 资深软件技术经理吴寒思、百度 SRE 资深工程师余亮与我共同完成，在此感谢二位的辛苦耕耘和我们作为团队三人之间彼此的精诚合作。本书内容量大、涉及面广，尽管我们付出了许多的辛苦和努力，还是难以避免错误的出现，仍会存在一些不尽如人意的地方，欢迎广大读者批评指正，以便改进。

感谢博文视点总编辑张春雨对本书出版的大力支持，感谢编辑刘舫对本书的悉心编校，感谢高博学长在翻译道路上给予的指引，感谢家人对我的理解和支持，愿这本书的出版给大家带来帮助和快乐。

若本书的内容能给大家的工作和学习提供便利，这将是作为译者最大的收获。

徐章宁

2022 年 2 月

译者简介

徐章宁

目前就职于小红书，担任SRE专家工程师，负责混沌工程等云原生可观测性项目的研发。曾就职于百度上海研发中心和EMC中国研发中心，担任SRE运维工程师。对于云原生计算领域发生的一切变革抱有热忱的态度，对大型系统运维和性能调优有浓厚兴趣。

吴寒思

目前就职于eBay中国研发中心，担任软件技术经理，负责广告系统、推荐系统和搜索系统的研发。曾就职于EMC中国研发中心，担任文件系统研发工程师。对大数据、机器学习和性能调优有浓厚兴趣。

余亮

目前就职于百度，担任SRE资深研发工程师。负责混沌工程、智能运维等稳定性工程项目的研发。曾就职于Synopsys上海研发中心，担任SWE工程师。喜欢钻研架构优化、性能调优等技术。

前言

存在已知的已知，有些事情我们知道自己知道。

我们也知道有已知的未知，也就是说，我们知道有些事情自己不知道。

但是还有未知的未知，有些事情我们不知道自己不知道。

——唐纳德·拉姆斯菲尔德，美国前国防部长，2002 年 2 月 12 日

虽然上述发言在新闻发布会上引来了记者的笑声，但是它总结了一个重要的原则，适用于任何如地缘政治般复杂的技术系统：性能问题可能来源于任何地方，包括系统中因你一无所知而不曾检查的地方（未知的未知）。本书将揭示许多这样的领域，并为其分析提供方法和工具。

关于这一版

我在 8 年前写了本书第 1 版，并为第 1 版设计了很长的“保质期”。各章首先涵盖的是持久的技能（模型、架构和方法），其次是将变化较快的技能（工具和调优）作为实施的例子。虽然工具和调优的例子会过时，但持久的技能可告诉你如何保持更新。

在过去的 8 年中，Linux 有了很大的发展。eBPF 作为一种内核技术，为新一代的性能分析工具提供动力，包括 Netflix 和 Facebook 等公司都在使用。我在本书第 2 版中加入了 BPF 章节和 BPF 工具，同时我还出版了关于这个主题的更深入的参考资料 [Gregg 19]。Linux 的 perf 和 Ftrace 工具也有了很大的发展，我为这两个工具增加了单独的章节。同时对于 Linux 内核新增的许多性能特性和技术，本书也有涉及。驱动云计算虚拟机的管理程序和容器技术也发生了很大的变化，我对这些内容也进行了更新。

第 1 版同时涵盖了 Linux 和 Solaris。如今，Solaris 的市场份额已经大幅缩水 [ITJobsWatch 20]，因此第 2 版中基本删除了有关 Solaris 的内容，为更多的 Linux 内容

腾出空间。然而，作为一个视角，通过思考替换方案，可以增强你对操作系统或内核的理解。出于这个原因，本版中包含了一些涉及 Solaris 和其他操作系统的内容。

在过去的 6 年里，我一直是 Netflix 的高级性能工程师，将系统性能思考践行于 Netflix 的微服务环境。我一直从事着改善管理程序、容器、运行时、内核、数据库和应用程序的性能的工作。我根据需要开发了新的方法和工具，并与云性能和 Linux 内核工程的专家合作。这些经验都有助于改进第 2 版的内容。

关于本书

本书以操作系统为背景讲解操作系统和应用程序的性能问题，针对企业环境和云计算环境编写而成。本书的目的是帮助你更好地利用自己的系统。

当你的工作与持续开发的应用程序为伍时，你可能会认为内核经过几十年的开发调整，操作系统的性能问题早已解决，但事情并非如此！操作系统是一个复杂的软件体，管理着各种不断变化的物理设备，应对着不同的新应用程序的工作负载。内核也在持续地发展，不断增加新的特性以提高特定的工作负载的性能，随着系统继续扩展，所遇到的瓶颈被逐一移除。一些内核变化，如 2018 年的 Meltdown 漏洞的缓解措施，也会损害性能。分析并努力提高操作系统的性能是一项可以不断进行的持续任务。在操作系统的上下文中做应用程序的性能分析，可以找到更多的线索，而这些线索很可能被只针对应用程序的工具所遗漏，这些我在本书中会进行介绍。

操作系统的范围

本书的重点就是系统性能的研究，以英特尔处理器上基于 Linux 的操作系统为主要例子。本书的内容结构也有助于你对于其他内核和处理器的学习。

除非另有说明，具体的 Linux 发行版本在本书所使用的例子中并不重要。这些例子大多来自 Ubuntu 发行版，必要时会有注解说明它与其他发行版的差异。这些例子也取自各种系统类型：裸机和虚拟化，生产环境和测试环境，服务器和客户设备。

在我的职业生涯中，我与各种不同的操作系统和内核打过交道，这加深了我对操作系统和内核设计的理解。为了加深你的理解，本书也会提及一些 UNIX、BSD、Solaris 和 Windows 的内容。

其他内容

本书中的示例会包括性能工具的截屏，这样做不仅是为了显示数据，而且是为了对可用的数据类型进行阐释。一般来说，工具展现数据的方式更为直观，很多 UNIX 早期风格的工具生成的输出都是相近的，意义常常不言自明。这意味着屏幕截图可以很好地传递这些工具的意图，其中的一些可能仅需要极少的附加说明。（如果一款工具需要费力地进行说明，它就很可能是一个失败的设计！）

我将触及某些技术的历史，这能提供有用的见解来加深你的理解。除此之外，了解这个行业的一些重要人物也是很有用的：你很可能会碰到他们或者接触到他们在性能领域的工作成果。附录 E 是一份关于“名人录”的清单。

本书中的少数主题在我之前的书《BPF 之巅》[Gregg 19] 中也有涉及：特别是 BPF、BCC、bpftrace、tracepoint、kprobe、uprobe，以及各种基于 BPF 的工具。你可以参考该书以获得更多信息。本书中对这些主题的讲解通常是基于那本较早的书，有时候还使用了相同的文字和例子。

哪些内容未提及

本书着眼于性能。如果你要执行所有的示例任务，有时可能需要做一些系统管理员的工作，包括软件的安装或编译（这些本书没有提及）。

书中关于操作系统内部总结的内容会在单独的章节中提供详尽的介绍。对性能分析高阶专题的概述，是为了让你知道这些内容的存在，以便在需要的时候依靠其他的知识来源进一步学习，可参见本前言末尾的“补充材料与参考”部分。

本书的结构

本书的内容如下。

第 1 章，绪论。介绍系统性能分析，总结关键的概念并展示了与性能相关的一些例子。

第 2 章，方法。介绍性能分析和调优的背景知识，包括术语、概念、模型、观测和实验的方法、容量规划、分析，以及统计。

第 3 章，操作系统。总结了内核内部的性能分析知识。对于解释和理解操作系统的行为，这些是必要的背景知识。

第 4 章，观测工具。介绍系统可用的观测工具的类型，以及构建这些工具所基于的接口和框架。

第 5 章，应用程序。讨论了应用程序性能的内容，并从操作系统的角度观测应用程序。

第 6 章，CPU。内容包括处理器、核、硬件线程、CPU 缓存、CPU 互联、硬件互联及内核调度。

第 7 章，内存。本章涉及虚拟内存、换页、交换、内存架构、总线、地址空间和内存分配器。

第 8 章，文件系统。介绍了文件系统 I/O 性能，包括涉及的不同缓存。

第 9 章，磁盘。内容包括存储设备、磁盘 I/O 工作负载、存储控制器、RAID，以及内核 I/O 子系统。

第 10 章，网络。内容涉及网络协议、套接字、接口，以及物理连接。

第 11 章，云计算。介绍了广泛应用于云计算的操作系统级和硬件级虚拟化方法，以及这些方法的性能开销、隔离和观测特征。这一章涵盖了管理程序和容器。

第 12 章，基准测试。介绍了如何精确地做基准测试，如何解读别人的基准测试结果。这是一个棘手的话题。这一章会告诉你怎样避免常见的错误，并试图理解它们。

第 13 章，perf。介绍了标准的 Linux 剖析器 perf(1)，以及它的诸多功能。这是 perf(1) 在全书中的使用参考。

第 14 章，Ftrace。介绍了标准的 Linux 跟踪器 Ftrace，Ftrace 特别适用于探索内核代码的执行。

第 15 章，BPF。讲解了标准的 BPF 前端——BCC 和 bpftrace。

第 16 章，案例研究。包含一个来自 Netflix 的系统性能案例，展示了如何从头开始分析一个生产环境性能难题。

第 1 ～ 4 章提供了必要的背景知识。阅读完这几章后，你可以根据需要参考本书的其余部分，特别是第 5 ～ 12 章，其中包括具体的分析目标。第 13 ～ 15 章涵盖了高级分析和跟踪的内容，对于那些希望更详细地了解一种或多种跟踪器的人来说，这是可选的阅读内容。

第 16 章用讲故事的方式来描绘性能工程师的工作场合。如果你是性能分析的新手，这一章作为一个用各种不同工具做性能分析的例子，你可能想先阅读，然后在阅读完其他章节后再回到这一章。

作为未来的参考

本书聚焦于系统性能分析的背景知识与方法，以期为读者带来长久的价值。

为了做到这一点，许多章都被分为了两部分。一部分的内容是术语、概念和方法（一般附有标题），这些内容许多年后应该还依然中肯适用。另一部分的内容是前一部分如何实现的示例：架构、分析工具，还有可调参数。这部分内容即便有朝一日过时了，作为示例进行学习也依然是有用的。

跟踪示例

我们经常需要深入探索操作系统，这项工作要用到内核跟踪工具。

自本书第 1 版以来，eBPF 已经被开发出来并合并到 Linux 内核中，为使用 BCC 和 bpftrace 为前端的新一代跟踪工具提供动力。本书的重点是 BCC 和 bpftrace，还有 Linux 内核内置的 Ftrace 跟踪器。BPF、BCC 和 bpftrace 在我之前的书中有更深入的介绍 [Gregg 19]。

本书还涵盖了 Linux 中的 perf，perf 是另一个执行跟踪的工具。然而，perf 被收录在各章节中，通常用于采样和 PMC 分析，而不是用于跟踪。

你可能需要或希望选用其他跟踪工具，这很好。本书中的跟踪工具用来展示你能向系统抛出的问题，这些问题及提出这些问题的方法，往往才是最难知道的。

目标受众

本书的目标受众主要是系统管理员及企业与云计算环境中的运维工程师，所有需要了解操作系统和应用程序性能的开发人员、数据库管理员和网站管理员也适合阅读本书。

作为在一家拥有大型计算环境的公司（Netflix）工作的性能工程师，我经常与 SRE（站点可靠性工程师）和开发人员一起工作，他们面临着巨大的时间压力，需要解决多个同时发生的性能问题。我还参加过 Netflix CORE SRE 的轮流值班，亲身经历了这种压力。对于很多人来说，性能调整不是他们的主要工作，他们了解的知识足够解决当前的问题就行。由于知道读者的时间有限，因此我把这本书写得尽可能短，并在书的结构上便于读者跳到特定的章节。

本书的另一个受众群体是学生：本书适合作为系统性能课程的补充教材。在本书的编写期间（以及开始动笔的多年以前），我就曾经教授过这样的课程，并帮助学生解决仿真的性能问题（事前不会公布答案！）。这段经历帮我弄清了什么样的材料能最好地引导学生解决性能问题，这也促成了本书的部分内容。

无论你是不是学生，每章的习题都会带给你一个审视和应用知识的机会。其中有一些可选的高阶练习，可能你完成不了（但至少可以启发思维）。

本书涵盖了足够多的知识细节，无论是大公司还是小公司，乃至雇用了不少性能专职人员的公司，本书都可以满足其需要。对于众多的小公司，日常用到的可能只是书中的某些部分，但本书作为参考也可备不时之需。

排版约定

本书贯穿始终用到的排版约定如下。

示例	说明
netif_receive_skb()	函数名
iostat(1)	man 手册第 1 章引用的命令
read(2)	man 手册参考的系统调用
malloc(3)	man 手册参考的 C 库函数
vmstat(8)	man 手册参考的管理命令
Documentation/...	Linux 内核源代码树中的文档

续表

示例	说明
kernel/...	Linux 内核源代码
fs/...	Linux 内核源代码，文件系统
CONFIG_...	Linux 内核配置选项
r_await	命令行输入和输出
mpstat 1	加粗显示的键入命令或关键细节
#	超级用户（root）shell 提示符
$	普通用户（non-root）shell 提示符
^C	命令被中断（Ctrl + C）
[...]	文本截断

补充材料与参考

参考资料列在每一章的末尾，这让你能够浏览与每一章主题相关的资料。下面列出的书可以作为学习操作系统背景知识和性能分析学习的更为深入的参考。

[Jain 91] Jain, R., *The Art of Computer Systems Performance Analysis: Techniques for Experimental Design, Measurement, Simulation, and Modeling*, Wiley, 1991.

[Vahalia 96] Vahalia, U., *UNIX Internals: The New Frontiers*, Prentice Hall, 1996.

[Cockcroft 98] Cockcroft, A., and Pettit, R., *Sun Performance and Tuning: Java and the Internet*, Prentice Hall, 1998.

[Musumeci 02] Musumeci, G. D., and Loukides, M., *System Performance Tuning*, 2nd Edition, O'Reilly, 2002.

[Bovet 05] Bovet, D., and Cesati, M., *Understanding the Linux Kernel,* 3rd Edition, O'Reilly, 2005.

[McDougall 06a] McDougall, R., Mauro, J., and Gregg, B., *Solaris Performance and Tools: DTrace and MDB Techniques for Solaris 10 and OpenSolaris*, Prentice Hall, 2006.

[Gove 07] Gove, D., *Solaris Application Programming*, Prentice Hall, 2007.

[Love 10] Love, R., *Linux Kernel Development*, 3rd Edition, Addison-Wesley, 2010.

[Gregg 11a] Gregg, B., and Mauro, J., *DTrace: Dynamic Tracing in Oracle Solaris, Mac OS X and FreeBSD*, Prentice Hall, 2011.

[Gregg 13a] Gregg, B., *Systems Performance: Enterprise and the Cloud*, Prentice Hall, 2013 (first edition).

[Gregg 19] Gregg, B., *BPF Performance Tools: Linux System and Application Observability*, Addison-Wesley, 2019.

[ITJobsWatch 20] ITJobsWatch, "Solaris Jobs," https://www.itjobswatch.co.uk/jobs/uk/solaris.do#demand_trend, accessed 2020.

致谢

感谢所有购买本书第 1 版的人，特别是那些把本书第 1 版作为他们公司的推荐书目或必读书目的人，是你们对第 1 版的支持促成了第 2 版的诞生。谢谢你们！

本书虽然不是关于系统性能的第一本书，但是是关于系统性能的较新的图书。我想感谢在我之前出版相关图书的各位作者的工作，我在写作本书时借鉴和参考过。我尤其要感谢 Adrian Cockcroft、Jim Mauro、Richard McDougall、Mike Loukides 和 Raj Jain，是你们帮助了我，我也希望能帮助到你们。

我非常感谢每一个对这个版本提供反馈的人。

Deirdré Straughan 在本书写作过程中再次给予我方方面面的支持，包括她用自己多年技术文案的编辑经验来改进每一页。你所读到的文字来自我们两个人，我们不仅享受在一起的时光（我们现在已经结婚了），而且还一起工作。谢谢你！

Philipp Marek 是奥地利联邦计算中心的 IT 取证专家、IT 架构师和性能工程师。他对本书的每一个主题都提供了早期的技术反馈（这太了不起了），还指出了第 1 版文本中的问题。1983 年，Philipp 在 6502 CPU 上开始编程，此后一直在寻找额外的 CPU 周期。谢谢你，Philipp，感谢你的专业知识和不懈的努力。

Dale Hamel（Shopify）也审查了每一章，为各种云技术提供了重要的见解，并提供了一个贯穿整本书的观点。感谢你承担这项工作——在帮助编写 BPF 书之后又承担了这项工作。

Daniel Borkmann（Isovalent）为一些章节提供了深入的技术反馈，特别是与网络相关的章节，这帮助我更好地理解其中的复杂性和技术。Daniel 是一位 Linux 内核维护者，在内核网络栈和 eBPF 方面有多年的工作经验。谢谢你，Daniel，谢谢你的专业知识和严谨的工作态度。

我特别感谢 perf 维护者 Arnaldo Carvalho de Melo（Red Hat）对第 13 章提供的帮助；以及 Ftrace 创建者 Steven Rostedt（VMware）对第 14 章提供的帮助，这两个主题我在

第 1 版中没有充分涉及。除了他们对本书的帮助，我还很感谢他们在这些高级性能工具方面的出色工作，我在 Netflix 公司用这些工具解决了无数生产环境中的问题。

我很高兴能让 Dominic Kay 审阅了若干章节，他帮助提升了内容的可读性和技术准确性。Dominic 在我编写第 1 版时就给予了帮助（在这之前，他是我在 Sun Microsystems 从事性能工作的同事）。谢谢你，Dominic。

我当前在 Netflix 的同事 Amer Ather 对几个章节提供了很棒的建议。在理解复杂技术方面，Amer 是公认的专家工程师。Zachary Jones（Verizon）也为复杂的技术主题提供了建议，并分享了他在性能方面的专业知识，用以改进本书。谢谢你们，Amer 和 Zachary。

不少审核员承担了多个章节的审核工作，并参与了具体议题的讨论。他们是 Alejandro Proaño（亚马逊）、Bikash Sharma（Facebook）、Cory Lueninghoener（洛斯阿拉莫斯国家实验室）、Greg Dunn（亚马逊）、John Arrasjid（Ottometric）、Justin Garrison（亚马逊）、Michael Hausenblas（亚马逊），以及 Patrick Cable（Threat Stack）。感谢大家对本书的技术帮助和热情。

还要感谢 Aditya Sarwade（Facebook）、Andrew Gallatin（Netflix）、Bas Smit、George Neville-Neil（JUUL Labs）、Jens Axboe（Facebook）、Joel Fernandes（谷歌）、Randall Stewart（Netflix）、Stephane Eranian（谷歌）和 Toke Høiland-Jørgensen（Red Hat），感谢你们回复问题与及时的技术反馈。

我的前一本书——《BPF 之巅》——的作者们也间接地为我提供了帮助，因为本版中的一些材料是基于那本书的。这些材料的改进要感谢 Alastair Robertson（Yellowbrick Data）、Alexei Starovoitov（Facebook）、Daniel Borkmann、Jason Koch（Netflix）、Mary Marchini（Netflix）、Masami Hiramatsu（Linaro）、Mathieu Desnoyers（EfficiOS）、Yonghong Song（Facebook）等人。

本书第 2 版是在第 1 版的基础上编写的。第 1 版的致谢中感谢了许多人对这项工作的支持和贡献；总之，在多个章节中，我得到了 Adam Leventhal、Carlos Cardenas、Darryl Gove、Dominic Kay、Jerry Jelinek、Jim Mauro、Max Bruning、Richard Lowe 和 Robert Mustacchi 的技术反馈，我还得到了 Adrian Cockcroft、Bryan Cantrill、Dan McDonald、David Pacheco、Keith Wesolowski、Marsell Kukuljevic-Pearce 和 Paul Eggleton 的反馈和支持。Roch Bourbonnais 和 Richard McDougall 间接地提供了帮助，因为我从他们之前的性能工程工作中学到了很多东西，Jason Hoffman 在幕后的帮助让第 1 版的出版成为可能。

Linux 内核是复杂且不断变化的，我感谢 lwn.net 的 Jonathan Corbet 和 Jake Edge 的出色工作，他们总结了诸多深刻的技术主题，他们的许多文章都成为本书的参考。

特别感谢 Pearson 公司的策划编辑 Greg Doench，他的帮助、鼓励和灵活使本书的出版过程比以往更有效率。感谢内容制作人 Julie Nahil（Pearson）和项目经理 Rachel Paul，感谢他们对细节的关注和对提高图书质量的帮助。感谢文字编辑 Kim Wimpsett 对本书所做的工作，他找到了诸多方法来提升文字质量。

还有，感谢 Mitchell，感谢你的耐心和理解。

从编写本书第 1 版时开始，我就一直担任性能工程师，负责调试栈中的所有问题，从应用程序到裸机。现在，在性能调优管理程序、分析包括 JVM 在内的运行时、在生产环境中使用包括 Ftrace 和 BPF 在内的跟踪器，以及应对 Netflix 微服务环境和 Linux 内核的快速变化等方面，我有了许多新的经验。前面提及的这些技术不少都没有妥善保存文档，考虑到这一版我要达成的目标，这曾让人心生气馁，但我就是喜欢挑战。

关于作者

Brendan Gregg 是计算性能和云计算方面的行业专家。他是 Netflix 的高级性能架构师，从事性能设计、评估、分析和调整工作。他是多本技术图书的作者，包括《BPF 之巅》，他获得了 USENIX LISA 系统管理杰出成就奖。他还担任过内核工程师、性能负责人和专业技术培训师，并曾担任 USENIX LISA 2018 会议的项目联合主席。他开发了可用于多个操作系统的性能工具，以及包括火焰图在内的性能分析的可视化工具与方法。

目录

第1章 绪论

计算机性能是一门令人激动的，富于变化同时又充满挑战的领域。本章会引领你进入系统性能领域。本章的学习目标如下。

- 理解系统的性能、人员、活动和挑战。
- 理解观测和实验工具之间的区别。
- 对性能观测有一个基本的了解：统计、剖析、火焰图、跟踪、静态观测和动态观测。
- 了解方法的作用和 Linux 的 60 秒检查表。

本章提前引用了后面几章的内容，以此作为系统性能和本书的介绍。本章最后以案例研究来展示系统性能在实践中的作用。

1.1 系统性能

系统性能是对整个计算机系统的性能的研究，包括主要硬件组件和软件组件。所有数据路径上和从存储设备到应用软件上所发生的事情都包括在内，因为这些都有可能影响性能。对于分布式系统来说，这意味着多台服务器和多个应用。如果你还没有关于你的环境的一张示意图，用来显示数据的路径，赶紧找一张或者自己画一张。它可以帮助你理解所有组件的关系，并确保你不会只见树木不见森林。

系统性能的典型目标是通过减少延时和降低计算成本来改善终端用户的体验。降低成本可以通过消除低效之处、提高系统吞吐量和进行常规性能调优来实现。

图 1.1 呈现的是单台服务器上的通用系统软件栈，包括操作系统（OS）内核、数据库和应用程序层。术语全栈（full stack）有时一般仅仅指的是应用程序环境，包括数据库、应用程序，以及网站服务器。不过，当论及系统性能时，我们用全栈来表示从应用程序到硬件的整个软件栈，包括系统库、内核和硬件本身。系统性能研究的是全栈。

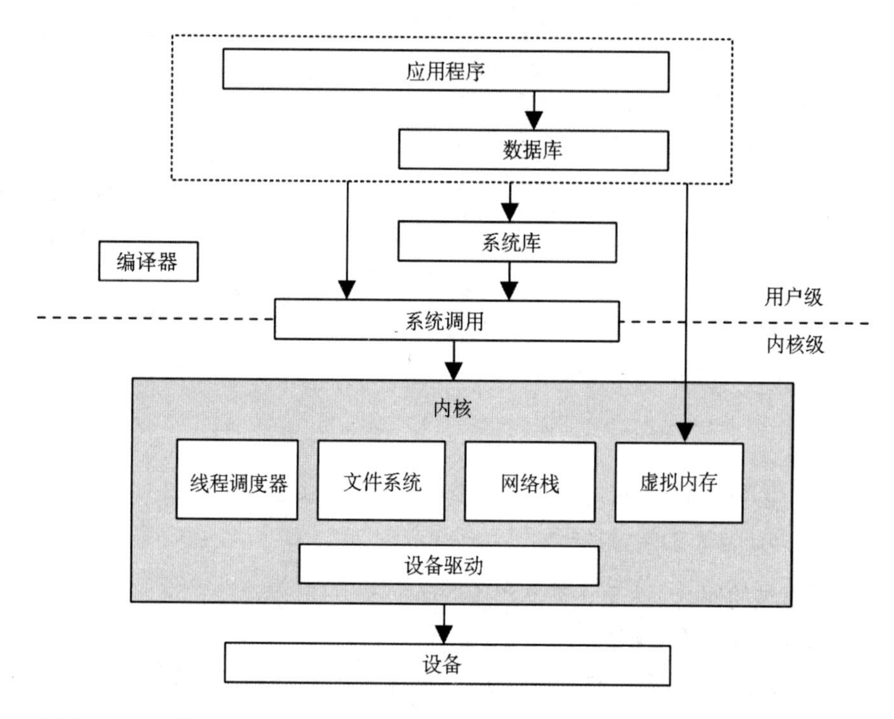

图 1.1　通用系统软件栈

图 1.1 中还包括了编译器，因为编译器对系统的性能起着一定的作用。本书第 3 章将详细讨论这个软件栈，在后面几章里还会有更深入的研究。本章接下来的部分将详细讲述系统性能。

1.2　人员

系统性能是一项需要多类人员参与的事务，其中包括系统管理员、网站可靠性工程师、应用开发者、网络工程师、数据库管理员、网站管理员和其他支持人员。对于他们中的大多数人来说，性能只是工作的一部分，性能分析聚焦于该角色负责的领域：网络团队检查网络，数据库团队检查数据库，等等。对于某些性能问题，要找到根本原因或促成因素需要多个团队的协同工作。

一些公司会雇用*性能工程师*，其主要任务就是维护系统性能。他们与多个团队协同工作，对环境做全局性的研究，执行一些对解决复杂性能问题至关重要的操作。此外，他们还可以作为一个中心资源，为整个环境的性能分析和容量规划寻找和开发更好的工具。

例如，Netflix 有一个云性能团队，我是其中的一员。我们协助微服务和 SRE 团队进行性能分析，并开发性能工具供大家使用。

雇用多个性能工程师的公司可以让每个人专注于一个或多个领域，以提供更深层次的支持。例如，一个大型的性能工程团队可能包括内核性能、客户端性能、语言性能（如Java）、运行时性能（如JVM）、性能工具等方面的专家。

1.3 活动

系统性能涉及各种活动。下面列出的清单也是软件项目生命周期中从构思到开发再到生产部署的理想步骤。本书涵盖了帮助实施这些活动的方法和工具。

1. 对未来的产品设置性能目标和建立性能模型
2. 基于软件或硬件原型进行性能特征归纳
3. 在测试环境中对正在开发的产品进行性能分析
4. 对新版本产品做非回归性测试
5. 针对软件发布版本的基准测试
6. 目标生产环境中的概念验证（Proof-of-concept）测试
7. 生产环境中的性能调优
8. 监测生产环境中运行的软件
9. 生产环境中的问题的性能分析
10. 对生产环境中的问题做事件回顾
11. 开发性能工具以加强生产环境分析

无论是卖给客户的产品还是公司内部的服务，步骤1～5都是传统软件产品开发过程的一部分。对于后面的产品发行，可能先在目标环境（客户端或本地）中进行概念验证测试，也可能直接进行部署和配置。如果在目标环境中碰到问题（步骤6～9），这说明该问题在软件开发阶段没有得到发现和修复。

理想情况下，在硬件选型和软件开发之前，性能工程就应该开始了。作为工作的第一步，可以设定性能目标并建立一个性能模型。然而，在产品开发过程中常常缺失了这一步，性能工程工作被推迟直到出现问题。在确定架构决策之后，随着软件开发工作的一步步推进，修复性能问题的难度会变得越来越大。

云计算为概念验证测试（第6步）提供了新的技术，鼓励跳过前面的步骤（第1至5步）。其中一种技术是在单个实例上测试新软件，其工作负载仅为生产环境工作负载的一小部分：这被称为*金丝雀测试*。另一种技术用到了软件部署的正常步骤：流量逐渐转移到一个新的实例池，同时让旧的实例池在线作为备份，这就是所谓的*蓝-绿部署*[1]。有了这样安全无虞的选项，新的软件常常不需要事先做任何性能分析，直接在生产中进行

1 Netflix使用的术语是红-黑部署。

测试，并可以在必要时迅速实施回退。我建议，在可行的情况下，你应该完成前面的步骤，这样才能达到最佳的性能（尽管可能有上市时间的原因，需要更早地进入生产环境阶段）。

术语容量规划（capacity planning）指的是一系列事前行动。在设计阶段，它包括通过研究开发软件的资源占用情况，来得知原有设计在多大程度上能满足目标需求。在部署后，它包括监测资源的使用情况，这样问题在出现之前就能被预测。

生产环境中的问题的性能分析（第 9 步）也可能需要站点可靠性工程师（SRE）的参与；这之后的步骤是开事件回顾会议（第 10 步），用以分析发生了什么，分享调试技术，并寻找方法以在未来避免发生同样事件。这样的会议类似开发人员的回顾会议（关于回顾会议及其反模式，参见 [Corry 20]）。

对于不同的公司和不同的产品，环境和要做的事情都各不相同，在多数情况下，不需要全部执行以上的 9 个步骤。你的工作可能集中于某几步或者仅仅是其中的一步。

1.4 视角

与很多活动专注于一点不同，审视性能是可以从不同的视角来进行的。图 1.2 展示了两种性能分析的视角：*负载分析*（workload analysis）和*资源分析*（resource analysis），二者从不同的方向对软件栈进行分析。

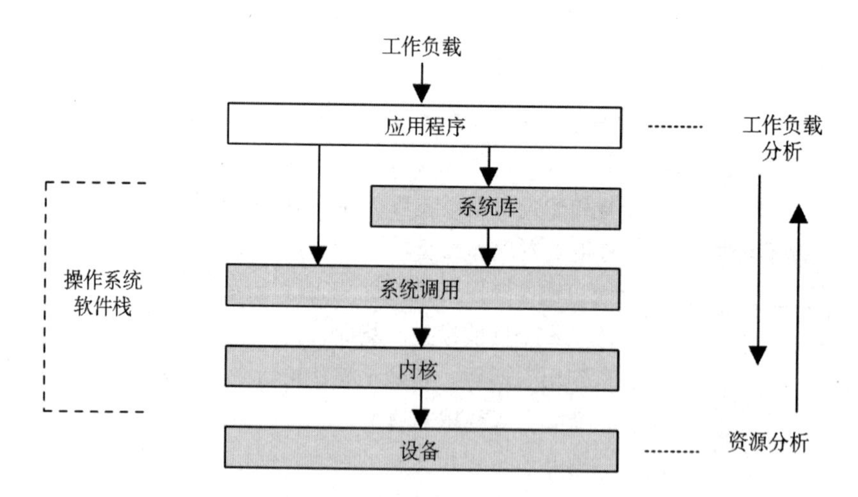

图 1.2 分析视角

系统管理员作为系统资源的负责人，通常采用资源分析视角。应用程序开发人员，对最终实现的负载性能负责，通常采用负载分析视角。每一种视角都有自身的优势，第 2 章将详细讨论这些内容。尝试从两个视角进行分析，对于解决某些具有挑战性的问题是十分有好处的。

1.5 性能工程是充满挑战的

系统性能工程是一个充满挑战的领域，具体原因有很多，其中包括以下事实，系统性能是主观的、复杂的，而且常常是多问题并存的。

1.5.1 主观性

技术领域往往是客观的，太多的业界人士审视问题非黑即白。在查找软件故障时，判断 bug 是否存在或 bug 是否修复就是这样的。bug 的出现总是伴随着错误信息，错误信息通常容易解读，进而你就明白错误为什么会出现了。

与此不同，性能常常是*主观的*。着手解决性能问题的时候，对问题是否存在的判断都有可能是模糊的，在问题被修复的时候也同样，被一个用户认为是“不好”的性能，另一个用户可能认为它是“好”的。

考虑下面的信息：

> 磁盘的平均 I/O 响应时间是 1ms。

这是“好”还是“坏”？响应时间或者说延时，虽然是最好的衡量指标之一，但还是难以用来说明延时的情况。从某种程度上说，一个给定指标是“好”或“坏”取决于应用开发人员和最终用户的性能预期。

通过定义清晰的目标，诸如目标平均响应时间，或者对落进一定响应延时范围内的请求统计其百分比，可以把主观的性能变得客观化。第 2 章将介绍处理这种主观性的其他方法，包括延时分析。

1.5.2 复杂性

除主观性之外，性能工程作为一个充满挑战的领域，除了因为系统的复杂性，还因为对于性能，我们常常缺少一个明确的分析起点。有时我们只是从猜测开始，比如，归咎于网络，而性能分析必须对这是不是一个正确的方向做出判断。

性能问题可能出在子系统之间复杂的互联上，即便这些子系统独立工作时表现得都很好。也可能由于*连锁故障*（cascading failure）出现性能问题，这指的是一个出现故障的组件会导致其他组件产生性能问题。要理解这些问题，你必须理清组件之间的关系，还要了解它们是怎样协同工作的。

瓶颈往往是复杂的，还会以意想不到的方式互相联系。修复了一个问题可能只是把瓶颈推向了系统里的其他地方，导致系统的整体性能并没有得到期望的提升。

除了系统的复杂性之外，生产环境负载的复杂特性也可能会导致性能问题。在实验室环境很难重现这类情况，或者只能间歇式地重现。

解决复杂的性能问题常常需要全局性的方法。整个系统——包括自身内部和外部的交互——都可能需要被调查研究。这项工作要求有非常广泛的技能，一般不太可能集中在一个人身上，这促使性能工程成为一项多变且充满智力挑战的工作。

如第 2 章要介绍的内容，多样的方法可以带我们穿越这些复杂性的重重迷雾。第 6 ～ 10 章讲的是针对特定系统资源的方法，这些系统资源包括 CPU、内存、文件系统、磁盘和网络。（一般来说，对复杂系统的分析，包括石油泄漏和金融系统的崩溃，已经由 [Dekker 18] 研究过了）。

在某些情况下，性能问题可能是由这些资源的交互引起的。

1.5.3 多个原因

有些性能问题没有单一的根本原因，而是有多个促成因素。想象一下这样的情景：三个正常的事件同时发生，结合在一起导致了一个性能问题，每个事件都是一个正常的事件，孤立地看并不是根本原因。

除了多个原因之外，还可能是多个性能问题。

1.5.4 多个性能问题

找到一个性能问题往往并不是问题的真正所在，在复杂的软件中通常会有多个问题。为了证明这一点，试着找到你的操作系统或应用程序的 bug 数据库，然后搜索性能 *performance* 一词，对于结果你多半会很吃惊！一般情况下，成熟的软件，即便是那些被认为拥有高性能的软件，也会有不少已知的但仍未被修复的性能问题。这就造成了性能分析的又一个难点：真正的任务不是寻找问题，而是辨别问题或者说是辨别哪些是最重要的问题。

要做到这一点，性能分析必须量化（quantify）问题的重要程度。某些性能问题可能并不显现在你的工作负载或者只在非常小的程度上显现。理想情况下，你不仅要量化问题，还要估计每个问题修复后能带来的增速。当管理层审查工程或运维资源的开销缘由时，这类信息尤其有用。

有一个指标非常适合用来量化性能，那就是延时（latency）。

1.6 延时

延时测量的是用于等待的时间。广义来说，它可以表示所有操作完成的耗时，例如，一次应用程序请求、一次数据库查询、一次文件系统操作，等等。举个例子，延时可以表示从点击链接到屏幕显示整个网页加载完成的时间。这是一个对客户和网站提供商来说都非常重要的指标：高延时会令人沮丧，客户可能会选择到别处开展业务。

作为一个指标，延时可以估计最大增速（maximum speedup）。举个例子，图 1.3 显示了一次数据库查询需要 100ms 的时间（这就是延时），其中 80ms 的阻塞是等待磁盘读取。通过减少磁盘读取时间（如使用缓存）可以达到最好的性能提升，并且可以计算出结果是 5 倍速（5x）。这就是估计出的增速，而且该计算还对性能问题做了量化：磁盘读取使请求时间增加 4 倍。

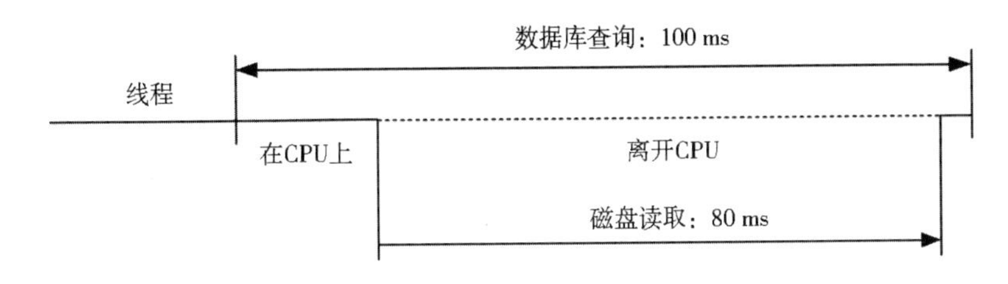

图 1.3 磁盘 I/O 延时示例

这样的计算对其他的指标类型不一定适用。比如，每秒发生的 I/O 操作次数（IOPS），取决于 I/O 的类型，往往不具备直接的可比性。如果一个变化导致 IOPS 下降了 80%，很难知道这带来的性能影响会是怎样的。有可能是 IOPS 减少到了原来的 1/5，但若所有这些 I/O 的数据量（字节）都变大 10 倍了呢？

如果没有限定的术语，延时也可能是模糊的。例如，在网络中，延时可以指建立连接的时间，但不包括数据传输时间；也可以指连接的总时间，包括数据传输（例如，DNS 延时通常是这样衡量的）。在本书中，我将尽可能地使用澄清性术语，将这些例子描述为连接延时和请求延时。在每一章的开头，也会对延时术语做声明。

虽然延时是一个非常有用的指标，但也不是随时随地都能获得的。某些系统只有平均延时，某些系统则完全没有延时指标。随着新的基于 BPF 的观测工具的出现[1]，现在可以从任意感兴趣的点测量延时，还可以提供数据以显示延时完整的分布情况。

1.7 可观测性

可观测性是指通过观测来理解一个系统，并对完成这一任务的工具进行分类。这包括使用计数器、剖析和跟踪。它不包括基准测试工具，基准测试工具是通过执行工作负载实验来修改系统的状态。对于生产环境，应尽可能先尝试可观测性工具，因为实验性工具可能会通过资源争夺来扰乱生产工作负载。对于闲置的测试环境，你可能希望用基准测试工具来确定硬件性能。

1 BPF现在是一个名称，而不再是一个缩写（最初是Berkeley Packet Filter）。

在本节中，我将介绍计数器、指标、剖析和跟踪。我将在第4章更详细地解释可观测性，包括全系统与每个进程的可观测性、Linux 观测工具以及它们的内部结构。第 5 章到第 11 章包含关于可观测性的特定内容，例如，6.6 节是关于 CPU 观测工具的。

1.7.1　计数器、统计数据和指标

应用程序和内核通常提供关于其状态和活动的数据：操作计数、字节计数、延时测量、资源使用率和错误率。这些数据通常是通过被称为计数器的整型变量实现的，计数器在软件中是被硬编码的，其中一些计数器是累积的，总是递增的。性能工具可以在不同的时间读取这些累积的计数器，从而计算统计数据：随时间变化的比率、平均值、百分比等。

例如，工具 vmstat(8) 根据 /proc 文件系统中的内核计数器，打印出系统级别的虚拟内存统计及汇总等信息。下面这个例子所示的是 vmstat(8) 的输出，其来自一台 48 核 CPU 的生产环境 API 服务器：

```
$ vmstat 1 5
procs -----------memory---------- ---swap-- -----io---- -system-- ------cpu-----
 r  b   swpd   free   buff  cache   si   so    bi    bo   in   cs us sy id wa st
19  0      0 6531592  42656 1672040    0    0     1     7   21   33 51  4 46  0  0
26  0      0 6533412  42656 1672064    0    0     0     0 81262 188942 54  4 43  0  0
62  0      0 6533856  42656 1672088    0    0     0     8 80865 180514 53  4 43  0  0
34  0      0 6532972  42656 1672088    0    0     0     0 81250 180651 53  4 43  0  0
31  0      0 6534876  42656 1672088    0    0     0     0 74389 168210 46  3 51  0  0
```

上面的输出显示，整个系统的 CPU 使用率约为 57%（CPU 的 us+sy 列）。在第 6 章和第 7 章中有对这些列的详细解释。

指标是为评估或监测一个目标而选择的统计数据。大多数公司使用监测代理，定期记录选定的统计数据（指标），并在图形界面中绘制图表，以查看指标随时间的变化。监测软件还支持从这些指标创建用户警报，例如，在发现问题时发送电子邮件通知员工。

图 1.4 描述了从计数器到警报的层次结构。可将图 1.4 作为一个指南，帮助你理解这些术语，但这些术语在行业中的使用十分灵活。术语计数器、统计数据和指标经常交替使用。另外，任何一层都可以产生警报，而不仅仅是由专门的警报系统发出。

图 1.5 是绘制指标图的例子，这是用基于 Grafana 的工具观测服务器的截图，观测的是前面有 vmstat(8) 输出的服务器。

这些线形图对容量规划非常有用，可以帮助你预测资源何时会耗尽。

通过理解性能统计的计算方式，你对性能统计的诠释能力也相应会提高。在 2.8 中总结了包括平均数、分布、模式和异常值的统计数据。

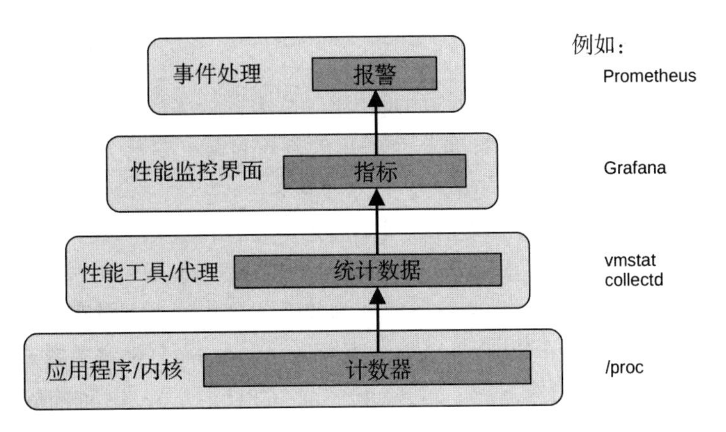

图 1.4 性能观测术语

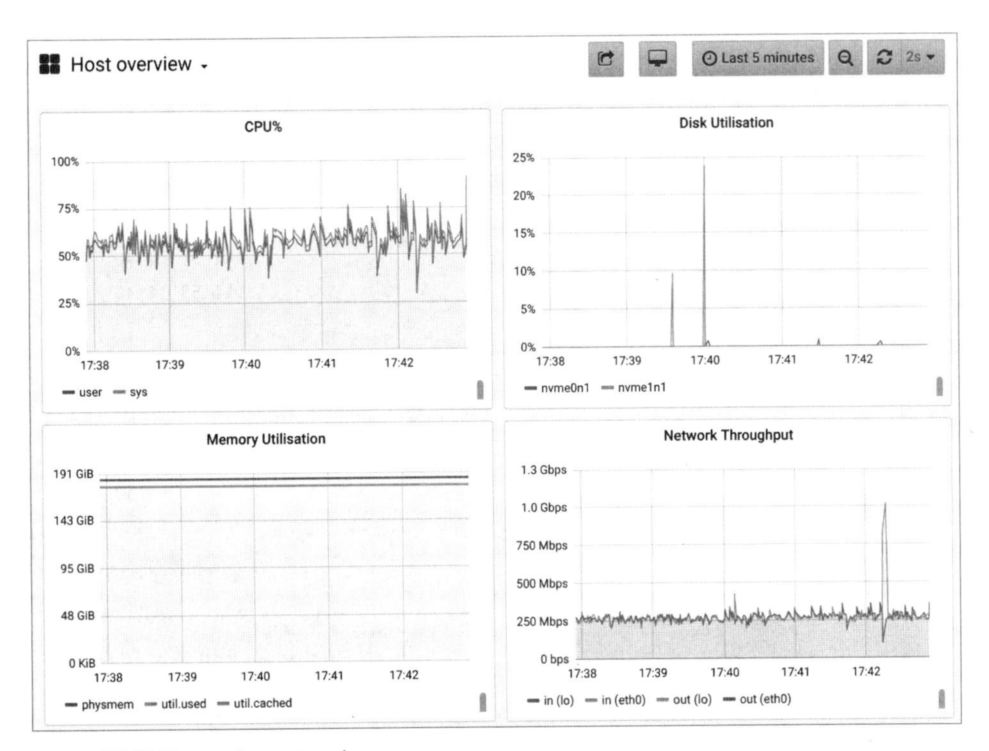

图 1.5 系统指标 GUI（Grafana）

有的时候，只用时间序列指标就足以解决性能问题。了解到问题开始的确切时间可能与一个已知的软件或配置变更有关，变更就可以回滚。其他时候，指标只会指向一个方向，表明有 CPU 或磁盘问题，但没有具体的原因。这时就需要剖析或跟踪工具，以深入挖掘并找到原因。

1.7.2　剖析

在系统性能方面，术语剖析通常指的是使用工具来进行采样：取一个测量的子集（样本）来描绘目标的粗略情况。CPU 是一个常见的剖析目标。剖析 CPU 的常用方法是对 CPU 上的代码路径进行时间间隔的采样。

火焰图是 CPU 剖析的一种有效的可视化形式。与任何其他工具相比，CPU 火焰图可以帮助你找到更多的性能优势，仅次于指标。火焰图不仅能揭示 CPU 的问题，还能揭示其他类型的通过留下的 CPU 足迹可以发现的问题。可以通过寻找自旋路径中的 CPU 时间来发现锁竞争的问题；可以通过内存分配函数（malloc()）中过多的 CPU 时间，以及相关的代码路径来发现内存问题；可以通过看到 CPU 时间花在了慢速或历史代码路径上来发现网络错误配置导致的性能问题；等等。

图 1.6 所示的是一个 CPU 火焰图的例子，显示了网络微基准测试工具 iperf(1) 所花费的 CPU 周期。

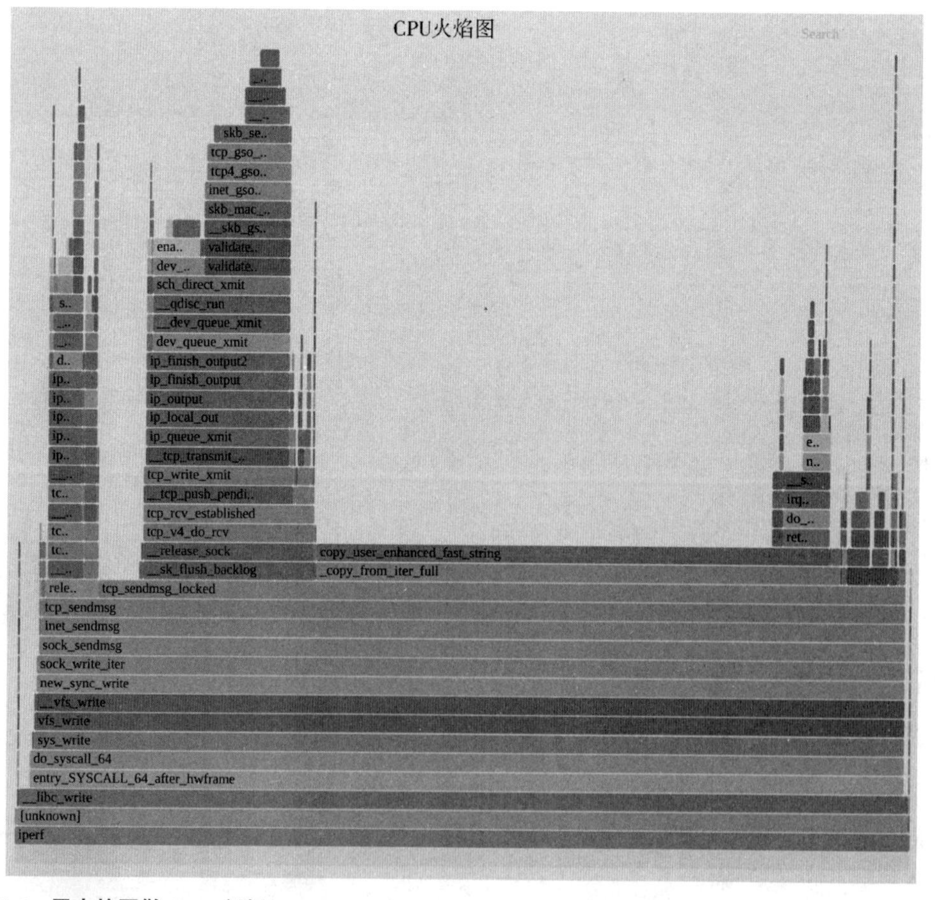

图 1.6　用火焰图做 CPU 剖析

这张火焰图显示了复制字节（以 copy_user_enhanced_fast_string() 结束的路径）与 TCP 传输（左边的塔，包括 tcp_write_xmit()）所花的 CPU 时间。宽度与花费的 CPU 时间成正比，纵轴显示了代码路径。

第 4 到 6 章讲解了剖析器，6.7.3 节讲解了火焰图的可视化。

1.7.3 跟踪

跟踪是基于事件的记录，捕获事件数据并保存起来供以后分析，或即时用于自定义总结和其他操作。有用于系统调用（如 Linux 中的 strace(1)）和网络数据包（如 Linux 中的 tcpdump(8)）的专门跟踪工具；还有可以分析所有软件和硬件事件执行情况的通用跟踪工具（如 Linux 中的 Ftrace、BCC 和 bpftrace）。这些无所不包的跟踪器使用各种各样的事件源，特别是静态检测和动态检测，以及可编程的 BPF。

静态检测

静态检测描述的是添加到源代码中的硬编码的软件检测点。在 Linux 内核中，有数百个这样的点，用于检测磁盘 I/O、调度器事件、系统调用等。Linux 中的内核静态检测技术被称为 *tracepoint*（跟踪点）。还有一种针对用户空间软件的静态检测技术，叫作*用户静态定义跟踪*（USDT）。USDT 被软件库（例如 libc）用来检测库调用，也被许多应用程序用来检测服务请求。

举一个使用静态检测工具的例子，execsnoop(8) 通过对系统调用 execve(2) 的 tracepoint 进行检测，打印出 execsnoop 在跟踪（运行）时系统创建的新进程。下面显示了 execsnoop(8) 在跟踪一个 SSH 登录：

```
# execsnoop
PCOMM            PID    PPID   RET ARGS
ssh              30656  20063    0 /usr/bin/ssh 0
sshd             30657  1401     0 /usr/sbin/sshd -D -R
sh               30660  30657    0
env              30661  30660    0 /usr/bin/env -i PATH=/usr/local/sbin:/usr/local...
run-parts        30661  30660    0 /bin/run-parts --lsbsysinit /etc/update-motd.d
00-header        30662  30661    0 /etc/update-motd.d/00-header
uname            30663  30662    0 /bin/uname -o
uname            30664  30662    0 /bin/uname -r
uname            30665  30662    0 /bin/uname -m
10-help-text     30666  30661    0 /etc/update-motd.d/10-help-text
50-motd-news     30667  30661    0 /etc/update-motd.d/50-motd-news
cat              30668  30667    0 /bin/cat /var/cache/motd-news
cut              30671  30667    0 /usr/bin/cut -c -80
tr               30670  30667    0 /usr/bin/tr -d \000-\011\013\014\016-\037
head             30669  30667    0 /usr/bin/head -n 10
```

```
80-esm           30672  30661    0 /etc/update-motd.d/80-esm
lsb_release      30673  30672    0 /usr/bin/lsb_release -cs
[...]
```

这对于揭示可能被其他观测工具（如 top(1)）遗漏的短命进程特别有用。这些短命的进程可能是性能问题的来源。

关于 tracepoint 和 USDT 探针的更多信息，请参见第 4 章。

动态检测

动态检测是在软件运行起来后，通过修改内存指令插入检测程序来创建检测点。这类似于调试器可以在运行中的软件的任何函数上插入断点。当断点被触发时，调试器将执行流传递给交互式调试器，而动态检测则运行一个例程，然后继续运行目标软件。这种能力可以在任何运行着的软件中创建自定义的性能统计。先前由于缺乏观测性而无法或难以解决的问题，现在都可以得到解决。

动态检测与传统的观测方法有很大的不同，以至于很难一开始就把握住它的作用。假想一个操作系统的内核：分析内核内部就像冒险进入一个黑暗的房间，把蜡烛（系统计数器）放在内核工程师认为需要的地方。动态检测就像有一个手电筒，你可以指向任何地方。

动态检测技术是在 20 世纪 90 年代首次出现的 [Hollingsworth 94]，其使用的工具被称为动态跟踪器（例如，kerninst [Tamches 99]）。对于 Linux 来说，动态工具是 2000 年被首次开发的 [Kleen 08]，并在 2004 年开始并入内核（kprobe）。然而，这些技术并不为人所知也很难使用。当 Sun Microsystems 在 2005 年推出它们自己的动态检测工具 DTrace 时，改变了这种情况，DTrace 易于使用，而且对生产环境是安全的。我开发了许多基于 DTrace 的工具，彰显了动态检测技术对系统性能的重要性，这些工具得到了广泛的使用，并有助于让 DTrace 和动态检测为众人所知。

BPF

BPF（这个名字源于 Berkeley Packet Filter 的缩写）可以为 Linux 最新的动态跟踪工具赋能。BPF 最初作为内核中的一个迷你虚拟机，用于加快 tcpdump(8) 表达式的执行速度。自 2013 年以来，BPF 已经被扩展（因此有时被称为 eBPF[1]），成为一个通用的内核执行环境，一个安全的能快速访问资源的环境。在 BPF 的诸多新用途中就有作为跟踪工具一项，BPF 为 BPF 编译器集合（BCC）和 bpftrace 前端提供了可编程的能力。如前讲到的 execsnoop(8) 就是一个 BCC 工具。[2]

1 eBPF最开始是用来描述这种扩展的BPF的；不过，现在该技术指的就是BPF了。

2 我先为DTrace开发了execsnoop，后来又为其他跟踪器开发了execsnoop，包括BCC和bpftrace。

第 3 章讲解了 BPF，第 15 章介绍了 BPF 跟踪前端：BCC 和 bpftrace。其他章节在各自观测部分介绍了许多基于 BPF 的跟踪工具；例如，在 6.6 节中介绍的观测工具就包括 CPU 跟踪工具。之前我也出版过与跟踪工具相关的书籍（针对 DTrace 的 [Gregg 11a] 和 BPF 的 [Gregg 19]）。

perf(1) 和 Ftrace 都是跟踪器，具备一些与 BPF 前端类似的功能。在第 13 章和第 14 章中会介绍 perf(1) 和 Ftrace。

1.8 实验

除了观测工具外，还有一些实验工具，其中大多数是基准测试工具。这些工具做实验的方式是在对系统施加合成的工作负载的同时测量系统的性能。这种实验必须谨慎执行，因为这些实验工具会扰乱被测系统的性能。

有一些宏观基准测试工具，可以模拟真实世界的工作负载，如客户提出应用请求；还有一些微观基准测试工具，可以测试特定的组件，诸如 CPU、磁盘或网络。打个比方，一辆汽车在拉古纳塞卡赛道的单圈时间可以被认为是宏观基准测试，而汽车的最高时速和 0 到 60 英里 / 小时的加速时间可以被认为是微观基准测试。这两种基准测试类型都很重要，尽管微观基准测试通常更容易调试、重复和理解，而且更为稳定。

下面的例子是在一台空闲的服务器上用 iperf(1) 与远程的一台空闲服务器进行 TCP 网络吞吐量的微观基准测试。这个基准测试执行了 10 秒（-t 10），并产生每秒的平均数（-i 1）：

```
# iperf -c 100.65.33.90 -i 1 -t 10
------------------------------------------------------------
Client connecting to 100.65.33.90, TCP port 5001
TCP window size: 12.0 MByte (default)
------------------------------------------------------------
[  3] local 100.65.170.28 port 39570 connected with 100.65.33.90 port 5001
[ ID] Interval       Transfer     Bandwidth
[  3]  0.0- 1.0 sec   582 MBytes  4.88 Gbits/sec
[  3]  1.0- 2.0 sec   568 MBytes  4.77 Gbits/sec
[  3]  2.0- 3.0 sec   574 MBytes  4.82 Gbits/sec
[  3]  3.0- 4.0 sec   571 MBytes  4.79 Gbits/sec
[  3]  4.0- 5.0 sec   571 MBytes  4.79 Gbits/sec
[  3]  5.0- 6.0 sec   432 MBytes  3.63 Gbits/sec
[  3]  6.0- 7.0 sec   383 MBytes  3.21 Gbits/sec
[  3]  7.0- 8.0 sec   388 MBytes  3.26 Gbits/sec
[  3]  8.0- 9.0 sec   390 MBytes  3.28 Gbits/sec
[  3]  9.0-10.0 sec   383 MBytes  3.22 Gbits/sec
[  3]  0.0-10.0 sec  4.73 GBytes  4.06 Gbits/sec
```

输出显示，前 5 秒的吞吐量[1]约为 4.8Gb/s，然后下降到约 3.2Gb/s。这是一个有趣的结果，显示了吞吐量是双模态的。为了提高性能，人们会关注 3.2Gb/s 这个模态，并寻找可以解释这一模态的其他指标。

要考虑到在生产环境服务器上使用观测工具调试会有性能问题的弊端。因为客户端工作负载会自然变化，所以网络吞吐量可能每一秒都会发生变化，那么网络的潜在双模态的现象可能并不明显。通过使用 iperf(1) 加上一个固定的工作负载，可以消除客户端的变化影响，揭示出其他因素（例如，外部网络限流、缓冲区使用率等）造成的差异。

正如我之前所建议的，在生产环境系统上，应该先尝试观测工具。不过，有太多的观测工具，可能使用观测工具要花几个小时，而用实验工具得出结果会很快。多年前一位高级性能工程师（Roch Bourbonnais）教给我的比喻是这样的：你有两只手，观测和实验。只使用一种类型的工具，就像试图单手解决问题。

第 6 章到第 10 章中都有实验工具的相关章节，例如，在 6.8 节会介绍 CPU 的实验工具。

1.9 云计算

云计算是一种按需部署计算资源的方式，通过在数量不断增加的被称为实例的小型虚拟系统上部署应用程序，实现了应用程序的快速扩展。这种方法降低了对容量规划的精确程度的要求，因为更多的容量可以很便捷地在云端添加。在某些情况下，它对性能分析的需求更高了：使用较少的资源就意味着使用更少的系统。云的使用通常是按分钟或小时计费的，性能的优势可以带来系统使用数量的减少，从而直接节约成本。这和企业用户的情况不同，企业用户被一个支持协议锁定数年，直到合同终结都可能无法实现成本的节约。

云计算和虚拟化技术也带来了新的难题，这包括，如何管理其他租户［tenant，有时被称作性能隔离（performance isolation）］带来的性能影响，以及如何让每个租户都能对物理系统做观测。举个例子，除非系统被管理得很好，否则磁盘 I/O 性能可能因邻近租户间的竞争而下降。在某些环境中，并不是每一个租户都能观测到物理磁盘的真实使用情况，这让问题的甄别变得困难。

这些内容在第 11 章中有介绍。

1.10 方法

方法是将系统性能领域执行各种任务的建议步骤记录下来的方式。如果没有方法，

1 这个输出使用了“Bandwidth”一词，这是一个常见的误用。带宽指的是最大可能的吞吐量，这是iperf(1)没有测量的。iperf(1)测量的是网络工作负载的当前速率：吞吐量。

性能调查就会变成一次钓鱼式的考察：随意尝试一些东西，希望能获得胜利。这样做既耗时又无效，同时也可能会忽略掉重要的事情。第 2 章将介绍系统性能的方法库。以下是我在处理任何性能问题时都会首先使用的方法：一个基于工具的检查表。

1.10.1 Linux 性能分析 60 秒

这是基于 Linux 工具的一个检查表，可以在调查性能问题的头 60 秒执行，使用的是大多数 Linux 发行版都应该有的传统工具 [Gregg 15a]。表 1.1 展示了这些命令、要检查的内容以及本书中更详细介绍该命令的章节。

表 1.1 Linux 60 秒分析检查表

#	工具	检查	章节
1	`uptime`	平均负载可识别负载的增加或减少（比较 1 分钟、5 分钟和 15 分钟的平均值）	6.6.1
2	`dmesg -T | tail`	包括 OOM 事件的内核错误	7.5.11
3	`vmstat -SM 1`	系统级统计：运行队列长度、交换、CPU 总体使用情况	7.5.1
4	`mpstat -P ALL 1`	CPU 平衡情况：单个 CPU 很繁忙，意味着线程扩展性糟糕	6.6.3
5	`pidstat 1`	每个进程的 CPU 使用情况：识别意外的 CPU 消费者，以及每个进程的用户 / 系统 CPU 时间	6.6.7
6	`iostat -sxz 1`	磁盘 I/O 统计：IOPS 和吞吐量、平均等待时间、忙碌百分比	9.6.1
7	`free -m`	内存使用情况，包括文件系统的缓存	8.6.2
8	`sar -n DEV 1`	网络设备 I/O：数据包和吞吐量	10.6.6
9	`sar -n TCP,ETCP 1`	TCP 统计：连接率、重传	10.6.6
10	`top`	检查概览	6.6.6

只要指标是相同的，也可以使用监测 GUI 来执行这个检查表。[1]

第 2 章及后面的章节，会介绍更多的性能分析方法，包括 USE 方法、工作负载特征归纳、延时分析等。

1.11 案例研究

案例研究会讲述什么时候该做什么事和为什么要做这些事，如果你刚接触系统性能，把这些关联到自己当前的环境会对你有所帮助。接下来是两个虚构的示例，一个是与磁盘 I/O 相关的性能问题，另一个是对软件新版本的性能测试。

在这些案例研究中所做的事情在本书的其他章节能找到相关解释。此处并不是为了

1 甚至可以为这个检查表自定义一个仪表盘；但请记住，这个检查表是为了充分利用现成的CLI工具，而监测产品可能有更多（和更好）的可用指标。我更倾向于为USE方法和其他方法制作自定义的仪表盘。

表现方法的正确性或是唯一性，而是为了展示一种执行性能研究的方式，对此你可以好好思考。

1.11.1 缓慢的磁盘

Sumit 是一家中型公司的系统管理员。数据库团队报告了一个支持工单，抱怨他们有一台数据库服务器“磁盘运转缓慢”。

Sumit 首要的任务是多了解问题的情况，收集信息形成完整的问题陈述。工单中抱怨磁盘运转慢，但是并没说这是否是由数据库引发的。Sumit 的回复问了以下这些问题：

- 当前是否存在数据库性能问题？如何度量它？
- 问题出现至今多长时间了？
- 最近数据库有什么变动吗？
- 为什么怀疑是磁盘问题？

数据库团队回复：“我们的日志显示，有些查询的延时超过了 1000ms。这并不常见，但就在过去的一周这类查询的数目达到了每小时几十个。AcmeMon 显示磁盘在那段时间很繁忙。”

这可以肯定确实存在数据库的问题，但是也可以看出，关于磁盘的问题更多的是一种猜测。Sumit 需要检查磁盘，同时他也要快速地检查一下其他资源，以免这个猜测是错误的。

AcmeMon 是公司的基础服务器监测系统，基于 mpstat(1)、iostat(1) 等其他的系统工具，提供性能的历史图表。Sumit 登录到 AcmeMon 上自己查看问题。

Sumit 开始使用一种叫作 USE 的方法（定义在 2.5.9 节）来快速检查资源瓶颈。正如数据库团队所报告的一样，磁盘的使用率很高，在 80% 左右，同时其他资源（CPU、网络）的使用率却低得多。历史数据显示磁盘的使用率在过去的一周内稳步上升，而 CPU 的使用率则与之前持平。AcmeMon 不提供磁盘饱和（或错误）的统计数据，所以为了使用 USE 方法，Sumit 必须登录到服务器上并运行几条命令。

他在 /sys 目录里检查磁盘错误数，显示是零。他以 1 秒作为间隔运行 iostat(1)，对使用率和饱和率观测了一段时间。AcmeMon 报告 80% 的使用率是以 1 分钟作为间隔的。在 1 秒的粒度下，Sumit 看到磁盘使用率在波动，并且常常达到 100%，造成了饱和，加大了磁盘 I/O 的延时。

为了进一步确定这是阻塞数据库的原因——延时相对于数据库的查询不是异步的——他使用了一个叫作 offcputime(8) 的 BCC/BPF 跟踪工具，在数据库被内核取消调度的时候捕捉了栈踪迹，以及 off-CPU 的时间。栈踪迹显示，在读取文件系统的时候，数据库查询经常出现阻塞。对 Sumit 来说，这些证据已经足够了。

接下来的问题是为什么。磁盘性能统计显示负载持续很高。Sumit 对负载进行了特征归纳以便做更多了解，使用 iostat(1) 来测量 IOPS、吞吐量、平均磁盘 I/O 延时和读写比。Sumit 可以通过 I/O 级别的跟踪来获得更多的信息，然而，他觉得这些已经足够表明这个问题是一个磁盘高负载的情况，而非磁盘本身的问题。

Sumit 在工单中添加了更多的信息，陈述了自己检查的内容并上传了检查磁盘所用到的命令截屏。他目前总结的结果是，由于磁盘处于高负载状态，从而使得 I/O 延时增加，进而延缓了查询。但是，对于这些负载，这些磁盘看起来工作得很正常。因此他问道，难道有一个更简单的解释：数据库的负载增加了？

数据库团队的回答是没有，并且数据库查询率（AcmeMon 并没有显示这个数字）始终没有太大变化。这看起来和最初的发现是一致的，CPU 的使用率也是稳定的。

Sumit 思考着还会有什么因素会导致磁盘的高 I/O 负载而又不引起 CPU 可见的使用率提升，他和同事简单讨论了一下这个问题。一个同事推测可能是文件系统碎片，碎片预计会在文件系统空间使用接近 100% 时出现。Sumit 查了一下发现，磁盘空间使用率仅仅为 30%。

Sumit 知道他可以进行深入分析[1]来了解磁盘 I/O 问题的根源，但这样做太耗时。基于自己对内核 I/O 栈的了解，他试图想出其他简单的分析方法，以此来做快速的检查。他想到这次的磁盘 I/O 是由文件系统缓存（页缓存）未命中导致的。

Sumit 进而用 cachestat(8)[2] 检查了文件系统缓存的命中率，发现当前是 91%。这看起来还是很高的（很好），但是他没有历史数据可与之比较。他登录到其他有相似工作负载的数据库服务器上，发现它们的缓存命中率超过 97%。他同时发现问题服务器上的文件系统缓存要比其他服务器大得多。

于是他把注意力转移到了文件系统缓存大小和服务器内存使用情况上，发现了一些之前忽视的事情：一个开发项目的原型应用程序不断地消耗内存，虽然它并不处于生产负载之下。这些被占用的内存原本可以用作文件系统缓存，这使得缓存命中率降低，让磁盘 I/O 负载升高，损害了生产数据库服务器的性能。

Sumit 联系了应用程序开发团队，让他们关闭该应用程序，并将其放到另一台服务器上，作为数据库问题的参照。随后在 AcmeMon 上，Sumit 看到了磁盘使用率的缓慢下降，同时文件系统缓存恢复到了它原先的水平。被拖慢的数据库查询数目变成了零，他关闭了工单并将它置为“已解决”。

---

1 这部分内容在2.5.12节有深入介绍。

2 在8.6.12节中介绍了BCC跟踪工具。

1.11.2 软件变更

Pamela在一家小公司做性能扩展工程师，负责所有与性能相关的事务。应用程序开发人员开发了一个新的核心功能，但是他们不确定引入这个功能会不会影响性能。在部署到生产环境之前，Pamela决定对这个应用程序的新版本执行一次非回归性测试。[1]

为了这个测试，Pamela需要一台空闲的服务器和一台客户负载的模拟器。应用程序团队之前写过一个模拟器，虽然这个模拟器还有诸多限制和一些已知的bug，她还是决定一试，但要确定它能够充分地模拟生产环境的工作负载。

她依照生产环境的配置设置好服务器，从服务器的另一个系统开启客户工作负载模拟器。客户工作负载可以通过研究访问日志来进行分析，不过公司里已经有一个工具在做这件事情，她直接就用了。她还用这个工具来分析同一天不同时间段的生产环境日志，这样来对两个工作负载进行比较。她发现，客户负载模拟器虽然可以提供一般性的生产环境工作负载，但是对负载的多样性无能为力。Pamela记下了这一点后继续她的分析。

这时，Pamela知道有很多方法可以用。她选择了最简单的那个：增加客户模拟器的负载直至达到一个极限（这有时也称为*压力测试*）。客户负载模拟器可以设定每秒执行的客户请求数目，其默认值是1000，她之前使用的就是这个值。Pamela决定从100个客户请求开始，以每次100为增量逐步增加负载，直至达到极限，每一个测试级别都测试1分钟。她写了一个shell脚本来执行这个测试，将结果收集到一个文件里供其他工具绘图。

随着负载不断增加，她通过执行动态基准测试来判定限制因素。服务器资源和服务器的线程看起来有大量空闲。客户模拟器显示完成的请求数稳定在大约每秒700个客户请求。

她切换到了新的软件版本并重复相同的测试。这次也是到了700个客户请求就稳定不动了。她分析了服务器，试图寻找限制的原因，但是一无所获。

她把结果绘成图表，画出了请求完成率相对于负载的变化情况，以此来观测不同软件版本的扩展特性。新旧两个软件版本都有一个很突兀的上限。

虽然看起来两个软件版本所拥有的性能特性是相似的，但Pamela还是很失望，因为她找不到是什么因素制约客户数的扩展。她知道她检查的只有服务器资源，限制的原因可能出在应用程序的逻辑上，也可能是其他地方：网络或者客户模拟器上。

Pamela想知道是不是需要采取一种不同的方法，例如，执行一个固定量的操作，然后记录资源使用的汇总情况（CPU、磁盘I/O、网络I/O），这样就可以表示出单一客户请求的资源使用量。她针对当前的和新的软件版本，按照每秒700个客户请求量来运

1 非回归性测试是用来确认软件或硬件的变更并没有让性能倒退的。

行客户模拟器，并测量了资源的消耗情况。当前的软件版本对于给定负载，跑在 32 个 CPU 上的使用率达到了 20%。新的软件版本对于同样的负载，在相同 CPU 数目上则是 30% 的使用率。看得出来，这确实是一个性能倒退，占用了更多的 CPU 资源。

为了理解 700 个请求的上限，Pamela 运行了一个更高的负载并研究了在数据路径上的所有组件，包括网络、客户系统和客户工作负载生成器。她还对服务端和客户端软件做了向下钻取分析。她把所做的检查都做了记录，包括屏幕截图，以作为参考。

为了研究客户端软件，她执行了线程状态分析，发现这是一个单线程的软件。单线程 100% 的执行时间都花在了一个 CPU 上。这使得她确认这就是测试的限制因素所在。

作为验证实验，她在不同客户系统上并行运行客户端软件。用这种方式，无论是对于当前版本的软件还是新版本的软件，她都让服务器达到了 100% 的 CPU 使用率。这样，当前版本达到了每秒 3500 个请求，新版本则是每秒 2300 个请求，这与之前资源消耗的发现是一致的。

Pamela 通知应用软件开发人员，新的软件版本有性能倒退，她打算对 CPU 的使用做剖析来查找原因，看看是哪条代码路径导致的。她指出，一般性的生产工作负载已被测试过了，但对多样性的工作负载还未曾测试。她还发布了一个 bug，说明客户工作负载生成器是单线程的，这是会成为瓶颈的。

1.11.3 更多阅读

第 16 章提供了一个更为详尽的案例研究，记录了一个我如何解决特定云计算性能问题的故事。下一章将介绍性能分析的方法，其余各章会讲述必要的知识背景和细节。

1.12 参考资料

[Hollingsworth 94] Hollingsworth, J., Miller, B., and Cargille, J., "Dynamic Program Instrumentation for Scalable Performance Tools," *Scalable High-Performance Computing Conference (SHPCC)*, May 1994.

[Tamches 99] Tamches, A., and Miller, B., "Fine-Grained Dynamic Instrumentation of Commodity Operating System Kernels," *Proceedings of the 3rd Symposium on Operating Systems Design and Implementation*, February 1999.

[Kleen 08] Kleen, A., "On Submitting Kernel Patches," *Intel Open Source Technology Center*, http://halobates.de/on-submitting-patches.pdf, 2008.

[Gregg 11a] Gregg, B., and Mauro, J., *DTrace: Dynamic Tracing in Oracle Solaris, Mac OS X and FreeBSD*, Prentice Hall, 2011.

[Gregg 15a] Gregg, B., "Linux Performance Analysis in 60,000 Milliseconds," *Netflix Technology Blog*, http://techblog.netflix.com/2015/11/linux-performance-analysis-in-60s.html, 2015.

[Dekker 18] Dekker, S., *Drift into Failure: From Hunting Broken Components to Understanding Complex Systems*, CRC Press, 2018.

[Gregg 19] Gregg, B., *BPF Performance Tools: Linux System and Application Observability*, Addison-Wesley, 2019.

[Corry 20] Corry, A., *Retrospectives Antipatterns*, Addison-Wesley, 2020.

第2章 方法

> 授人以鱼，只能养活他一天。授人以渔，可以养活他一辈子。
>
> ——中国谚语

我的技术生涯是从初级系统管理员开始的，我以为仅靠研究命令行工具和指标就能提高性能。我错了。我从头到尾读了一遍手册，看懂了缺页故障、上下文切换和其他各种系统指标的定义，但我不知道该如何处理它们：如何从发现信号到找到解决方案。

我注意到，每当出现性能问题时，高级系统管理员都有自己的思维过程，通过工具和指标迅速找到根本原因。他们知道哪些指标是重要的，什么时候会指向一个问题，以及如何使用它们来缩小调查范围。这正是手册中所缺少的东西——通常是要趴在高级管理员或工程师的肩膀上观看才能学到的。

从那时起，我开始收集、记录、分享和开发我自己的性能优化方法。这一章包括这些方法和其他关于系统性能的基本背景知识：概念、术语、统计数据和可视化。这一章还涵盖了在后面章节深入到实施之前所需要的理论。

本章的学习目标如下。

- 了解关键性能指标：延时、使用率和饱和度。
- 培养对测量时间尺度的感觉，精确到纳秒。
- 学习调优的权衡、目标，以及何时停止分析。
- 识别工作负载问题与架构问题。
- 考虑资源分析与工作负载分析。
- 使用不同的性能方法，包括：USE 方法、工作负载特征归纳、延时分析、静态性能调优和性能箴言。
- 理解统计学和排队理论的基本知识。

在本书的所有章节中，这一章与第 1 版的变化最小。在我的职业生涯中，软件、硬件、性能工具和性能调优都发生了变化。保持不变的是理论和方法，即本章所讲解的持久技能。

本章包括以下三部分内容。

- **背景**：介绍术语、基本模型、关键性能概念，以及审视问题的视角。对于本书中的其余内容，这些将是假定知识。
- **方法**：讨论性能分析方法，即观测法和实验法；建模；容量规划。
- **指标**：介绍性能统计、监测和数据可视化。

本章介绍的大部分方法在之后的章节中都会有更详尽的讨论，包括在第 5 ～ 10 章的方法部分。

2.1　术语

下面是关于系统性能的一些关键术语。之后的章节中还会覆盖更多的术语，并会对其中的一部分在不同情况下进行讲解。

- **IOPS**：每秒发生的输入 / 输出操作的次数，是数据传输率的一种度量方法。对于磁盘的读写，IOPS 指的是每秒读和写的次数。
- **吞吐量**：评价工作执行的速率，尤其是在数据传输方面，这个术语用于描述数据传输的速度（字节 / 秒或比特 / 秒）。在某些情况下（如数据库），吞吐量指的是操作的速度（每秒操作数或每秒业务数）。
- **响应时间**：完成一次操作的时间。包括用于等待和服务的时间，也包括用来返回结果的时间。
- **延时**：延时是描述操作中用来等待服务的时间。在某些情况下，它指的是整个操作时间，等同于响应时间。例子参见 2.3 节。
- **使用率**：对于服务所请求的资源，使用率描述在给定的时间区间内资源的繁忙程度。对于提供存储的资源来说，使用率指的就是所消耗的存储容量（例如，内存使用率）。
- **饱和度**：指的是某一资源无法提供服务的工作的排队程度。
- **瓶颈**：在系统性能里，瓶颈指的是限制系统性能的那个资源。分辨和移除系统瓶颈是提高系统性能的一项重要工作。
- **工作负载**：系统的输入或者是对系统所施加的负载叫作工作负载。对于数据库来说，工作负载就是客户端发出的数据库请求和命令。

- **缓存**：用于复制或者缓冲一定量数据的高速存储区域，目的是为了避免对较慢的存储层级的直接访问，从而提高性能。出于经济考虑，缓存区的容量要比更慢一级的存储容量小。

2.2 模型

下面的简易模型阐述了系统性能的一些基本原则。

2.2.1 受测系统

受测系统（SUT，system under test）的性能如图 2.1 所示。

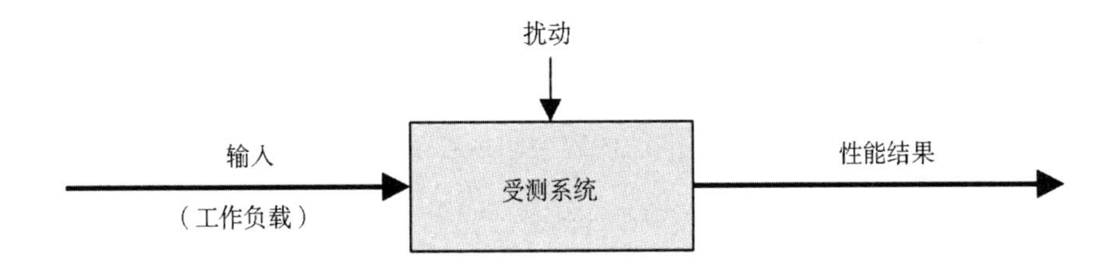

图 2.1 受测系统

需要知道的很重要的一点是，扰动（perturbation）是会影响结果的，包括定时执行的系统活动、系统中的其他用户以及其他工作负载导致的结果。扰动的来源可能不是很清楚，需要细致地进行系统性能研究才能加以确定。在某些云环境中，这会变得尤其困难，从单客户 SUT 的视角无法观测到物理主机系统的其他活动（由其他租户引起的）。

现代环境中的另一个困难是系统很可能由若干个网络化的组件组成，它们都用于处理输入工作负载，包括负载平衡、Web 服务器、数据库服务器、应用程序服务器，以及存储系统。映射这个环境可能有助于发现之前所忽视的扰动源。这个环境也可以被模型化成排队系统，以用于分析研究。

2.2.2 排队系统

某些组件和资源可以模型化为排队系统，这样在不同情况下它们的性能就可以根据模型被预测出来。磁盘通常被模型化为排队系统，排队系统可以预测响应时间在负载下是如何退化的。图 2.2 展示了一个简易的排队系统。

2.6 节介绍的排队理论会涵盖排队系统和排队系统网络的内容。

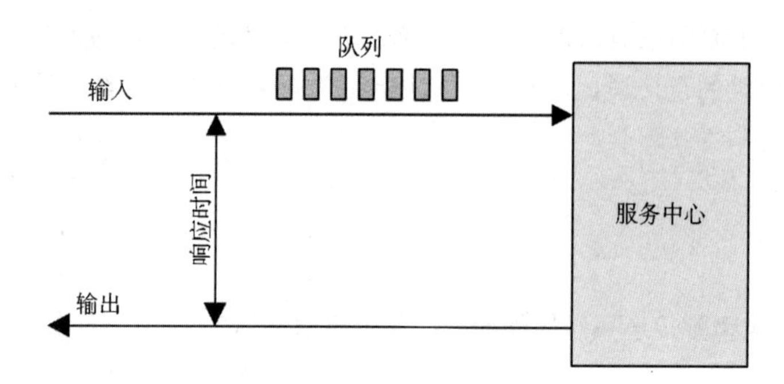

图 2.2　简易的排队模型

2.3　概念

下面是系统性能的一些重要概念，这些概念将贯穿本章的剩余内容以及本书始终。此处会用概括的方式进行讲解，详细的内容会出现在后续各章的架构部分。

2.3.1　延时

对于某些环境，延时是被唯一关注的性能焦点。而对于其他环境，它会是除了吞吐量以外，数一数二的分析要点。

作为延时的一个例子，图 2.3 显示了如 HTTP GET 请求的网络传输，其响应时间被分成连接延时和数据传输时间两部分。

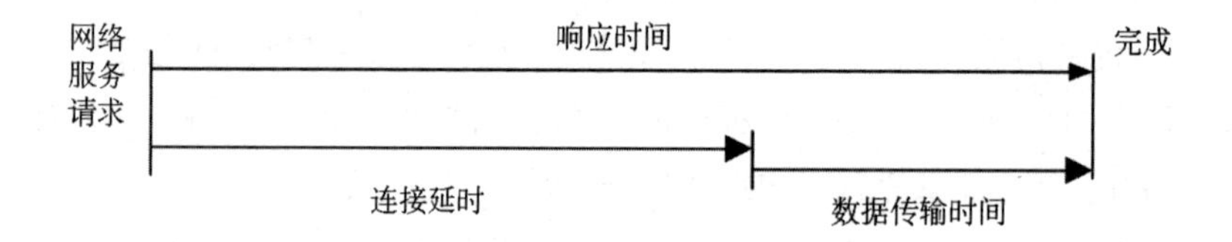

图 2.3　网络连接延时

延时是操作执行之前所花的等待时间。在这个例子里，操作是网络服务的数据传输请求。在这个操作发生之前，系统必须等待建立网络连接，这就是这个操作的延时。响应时间包括了延时和操作时间。

因为延时可以在不同点测量，所以通常会指明延时测量的对象。例如，网站的载入时间由三个从不同点测得的不同时间组成：DNS 延时、TCP 连接延时和 TCP 数据传输时间。DNS 延时指的是整个 DNS 操作的时间，TCP 连接延时仅仅指的是初始化时间（TCP 握手）。

在一个更高的层级，所有这些，包括 TCP 数据传输时间，会被当作另外一种延时。例如，从用户单击网站链接起到网页完全载入都可以被当作延时，其中包括了浏览器渲染生成网页的时间。单说“延时”时容易造成混淆，因此在使用时最好加上限定词解释它测量的是什么，如是请求延时还是 TCP 连接延时。

由于延时是一个时间上的指标，因此可能有多种计算方法。性能问题可以用延时来进行量化和评级，因为是用相同的单位来表达的（时间）。通过考量所能减少或移除的延时，预计的加速也可以被计算出来。这两者不能用 IOPS 指标很准确地描述出来。

时间的量级和缩写列在了表 2.1 中，可作为参考。

表 2.1 时间单位

单位	简写	与 1 秒的比例
分	m	60
秒	s	1
毫秒	ms	0.001 或 1/1000 或 1×10^{-3}
微秒	μs	0.000 001 或 1/1 000 000 或 1×10^{-6}
纳秒	ns	0.000 000 001 或 1/1 000 000 000 或 1×10^{-9}
皮秒	ps	0.000 000 000 001 或 1/1 000 000 000 000 或 1×10^{-12}

如果可能，其他的指标也会转化为延时或者时间，这样就可以进行比较了。如果必须在 100 个网络 I/O 和 50 个磁盘 I/O 之间做出选择，怎样才能知道哪个性能更好？这是一个复杂的选择，因为其中包含了很多因素：网络跳数、网络丢包率和重传率、I/O 的大小、随机或顺序的 I/O、磁盘类型，等等。但是如果你比较的是 100ms 的网络 I/O 延时和 50ms 的磁盘 I/O 延时，那差别就很明显了！

2.3.2 时间量级

我们可以对时间进行量化的比较，同时最好对时间和各种来源的延时的合理预期有本能的认识。系统各组件的操作的时间量级差别巨大，表 2.2 中提供的延时示例，从访问 3.5GHz 的 CPU 寄存器的延时开始，阐释了各种操作时间量级的差别。表中所示的是发生单次操作的时间均值，等比放大为一个假想的系统，将 1 个 CPU 周期的 0.3ns（十亿分之一秒的三分之一[1]）放大为现实生活中的 1 秒。

表 2.2 系统的各种延时的时间量级

事件	延时	相对时间比例
1 个 CPU 周期	0.3 ns	1 s
L1 缓存访问	0.9 ns	3 s

1 十亿分之一，即1/1000 000 000。

续表

事件	延时	相对时间比例
L2 缓存访问	3 ns	10 s
L3 缓存访问	10 ns	33 s
主存访问（从 CPU 访问 DRAM）	100 ns	6 分
固态硬盘 I/O（闪存）	10 ～ 100 μs	9 ～ 90 小时
旋转磁盘 I/O	1 ～ 10 ms	1 ～ 12 月
互联网：从旧金山到纽约	40 ms	4 年
互联网：从旧金山到英国	81 ms	8 年
轻量级硬件虚拟化重启	100ms	11 年
互联网：从旧金山到澳大利亚	183 ms	19 年
操作系统虚拟化系统重启	<1 s	105 年
基于 TCP 定时器的重传	1 ～ 3 s	105 ～ 317 年
SCSI 命令超时	30 s	3 千年
硬件虚拟化系统重启	40 s	4 千年
物理系统重启	5 m	32 千年

正如你所见，1 个 CPU 周期的时间是很短暂的。0.5 米差不多是你的眼睛到这个页面的距离，光线走过这段距离需要的时间大约是 1.7ns。在这段时间里，现代的 CPU 已经执行了 5 个 CPU 周期，处理了若干个指令。

关于 CPU 周期和延时的更多信息，可参见第 6 章和第 9 章。互联网延时的内容在第 10 章中有更多的示例。

2.3.3　权衡

你应该知道某些性能权衡关系。图 2.4 展示的是好 / 快 / 便宜“择其二”的权衡关系，右图所示的是对应于 IT 项目的术语。

图 2.4　权衡：择其二

许多 IT 项目选择了及时和成本低，留下了性能问题在以后解决。当早期的决定阻碍了性能提高的可能性时，这样的选择会变得有问题，例如，选择了非最优的存储架构，或者使用的编程语言或操作系统缺乏完善的性能分析工具。

一个常见的性能调优的权衡是在 CPU 与内存之间，因为内存能用于缓存数据结果，降低 CPU 的使用率。在有着充足 CPU 资源的现代系统里，交换可以反向进行：CPU 可以压缩数据来降低内存的使用。

与权衡相伴而来的通常的是调优参数。下面是一些例子。

- **文件系统记录尺寸（或块的大小）**：小的记录尺寸，接近应用程序 I/O 大小，对随机 I/O 工作负载会有更好的性能，程序运行的时候能更充分地利用文件系统的缓存。选择大的记录尺寸能提高流的工作负载性能，包括文件系统的备份。
- **网络缓存尺寸**：小的网络缓存尺寸会减小每一个连接的内存开销，有利于系统扩展，大的尺寸能提高网络的吞吐量。

进行系统调优的时候，应考虑这类权衡。

2.3.4 调优的影响

性能调优实施在越靠近工作执行的地方效果最显著。对于工作负载驱动的应用程序，这意味着调优性能的地方就在应用程序本身。表 2.3 展示了一个软件栈的例子，说明了性能调优的各种可能。

表 2.3 调优示例

层级	调优对象
应用程序	应用程序逻辑、请求队列大小、执行的数据库请求
数据库	数据库表的布局、索引、缓冲
系统调用	内存映射或读写、同步或异步 I/O 标志
文件系统	记录尺寸、缓存尺寸、文件系统可调参数、日志
存储	RAID 级别、磁盘类型和数目、存储可调参数

对应用程序层级进行调优，可能通过消除或减少数据库查询获得很大的性能提升（例如，20 倍）。在存储设备层级进行调优，可以精简或提高存储 I/O，但是性能提升的重要部分在更高层级的操作系统栈代码，所以对存储设备层级的调优对应用程序性能的提升有限，是百分比量级的（例如，20%）。

在应用程序层级寻求性能的巨大提升，还有一个理由。如今许多环境都致力于特性和功能的快速部署，按每周或每天将软件的变更推入生产环境。[1] 因此，应用程序的开发和测试倾向于关注正确性，在部署前留给性能测量和优化的时间很少甚至没有。之后当性能成为问题时，才会去做这些与性能相关的事情。

虽然发生在应用程序层级的调优效果最显著，但这个层级不一定是观测效果最显著

1 环境快速变更的例子包括Netflix云和Shopify，它们每天都会推送多个变更。

的层级。数据库查询缓慢最好从其所花费的CPU时间、文件系统和所执行的磁盘I/O方面来考查。使用操作系统工具，这些都是可以观测到的。

在许多环境里（尤其是云计算环境），应用程序层级承受的是快速部署，每周或每天在生产环境中都有软件变更发生。大的性能增长点（包括修复回归问题）和软件变化一样频繁地被发现。在这些系统里，操作系统的调优以及从操作系统层面观测问题这两点都容易被忽视。谨记一点，操作系统的性能分析能辨别出来的不仅是操作系统层级的问题，还有应用程序层级的问题，在某些情况下，甚至要比从应用程序视角观测还简单。

2.3.5 合适的层级

不同的公司和环境对性能有着不同的需求。你可能加入过这样的公司，其分析标准要比你之前所见过的严格得多，甚至可能听都没听过。或者是这样的公司，你觉得很基本的分析被认为很高端甚至从未使用过（这是好消息：事情简单轻松！）

这并不意味着某些公司做的是对的，某些做的是错的。这取决于性能技术投入的投资回报率（ROI）。拥有大型数据中心或大型云环境的组织可能会雇用一个性能工程师团队来分析所有的事情，包括内核内部和CPU性能计数器，并频繁使用各种跟踪工具。他们还可能对性能进行正式建模，并对未来的增长进行准确预测。对于每年在计算上有数百万花费的环境来说，雇用这样一个性能团队是值得的，因为他们进行的优化就是投资回报。小型创业公司的计算开支不大，可能只进行表面的检查，利用第三方监测方案来检查性能和提供警报。

然而，正如第1章所介绍的，系统性能不仅仅是成本问题，它还关系到终端用户的体验。一家初创公司可能会发现有必要投入性能工程以改善网站或应用程序的延时。这里的投资回报率未必是降低成本，也可能是让客户更快乐而不是把客户变成前客户。

最极端的环境，像股票交易所和高交易频率的电商，性能和延时对它们来说很关键，值得投入大量的人力和财力。举一个例子，一条新的横跨大西洋的连接纽约交易所和伦敦交易所的光缆正在规划之中，花费预计3亿美元，用以减少6ms的传输延时[Williams 1]。

在做性能分析时，合适的程度是判断何时停止分析的关键。

2.3.6 何时停止分析

做性能分析时的一个挑战是如何知道何时停止。有这么多的工具，有这么多的东西要检查！

当我教性能课程时（最近我又开始教了），我给我的学生一个有三个原因的性能问题，我发现有些学生在找到一个原因后就停止了，有些则是两个，有些则是三个。有些学生则继续努力，试图为性能问题找到更多的原因。谁的做法是正确的？说你应该在找到所有三个原因后就停止，可能很容易，但对于现实生活中的问题，你并不知道原因的数量。

这里有三种情况，你可以考虑停止分析，并提供了一些个人的例子。

- **当你已经解释了大部分性能问题的时候。**一个 Java 应用程序消耗的 CPU 资源是原来的 3 倍。我发现的第一个问题是异常堆栈消耗了 CPU。然后我量化了这些堆栈的时间，发现它们只占整个 CPU 占用的 12%。如果这个数字接近 66%，我就可以停止分析了。但在这种情况下，在 12% 的情况下，我需要继续寻找。
- **当潜在的投资回报率低于分析的成本的时候。**我所处理的一些性能问题可以带来每年数千万美元的收益。对于这些问题，我可以证明花几个月的时间（工程成本）进行分析是合理的。其他的性能问题，比如说微服务，可能是以数百美元计算的，甚至不值得花 1 个小时的工程时间来分析它们。例外情况可能包括：当我没有更好的事情可做时（这在实践中从未发生过），或者如果我怀疑这可能是日后更大问题的隐患，值得在问题扩大之前进行调试时。
- **当其他地方有更大的投资回报率的时候。**即使前两种情况没有得到满足，其他地方有更大的投资回报时经常需要优先考虑。

如果你是全职的性能工程师，根据潜在的投资回报率对不同的问题进行有选择的分析可能是一项日常工作。

2.3.7 性能推荐的时间点

环境的性能特性会随着时间改变，更多的用户、新的硬件、升级的软件或固件都是变化的因素。一种环境，受限于速度 10Gb/s 的网络基础设施，当升级到 100Gb/s 时，很可能会发现磁盘或 CPU 的性能变得紧张。

性能推荐，尤其是可调优的参数值，仅仅在一段特定时间内有效。一周内从性能专家那里得到的好建议，可能到了下一周，经过一次软件或硬件升级，或者用户增多后就无效了。

在网上搜索找到的调优参数值对于某些情况可能能快速见效。但如果对于你的系统或者工作负载并不合适，它们也可能会对性能有所损害，或者合适过一次，就不再合适了，或者只是作为软件的某个 bug 修复升级之前暂时的应急措施。这和从别人的医药箱里拿药吃很像，那些药可能不适合你，或者可能已经过期，或者只适合短期服用。

如果仅仅是出于要了解有哪些参数可调以及哪些参数在过去是需要调整的，那么浏览这些性能建议是有用的。针对你的系统和工作负载，这项工作就变成了考虑这些参数是不是要调，以及调整成什么值。如果其他人不需要调整那个值，或者调整了但并未将经验分享出来，那么你有可能漏掉了重要的参数。

当改变可调整参数的时候，把它们存储在一个有详细历史记录的版本控制系统中会很有帮助。你在使用配置管理工具(如 Puppet、Salt、Chef 等)时可能已经做了类似的事情。这样一来，以后就可以检查调整参数的时间和原因了。

2.3.8　负载与架构

应用程序性能差可能是因为软件配置和硬件的问题，也就是它的架构和实现问题。另外，应用程序性能差还可能是由于有太多负载，而导致了排队和长延时。负载和架构见图 2.5。

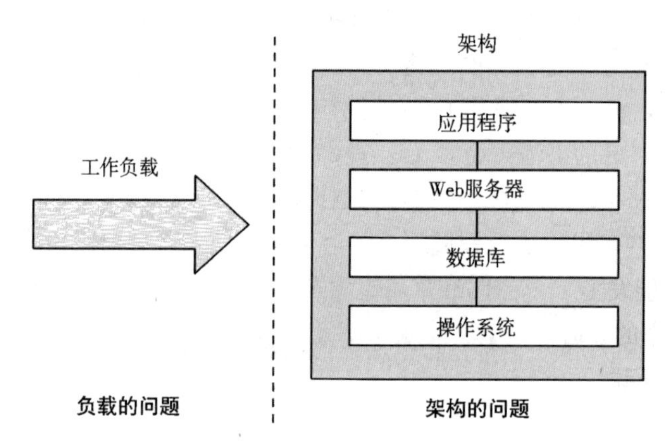

图 2.5　负载与架构

如果对架构的分析显示只是工作任务在排队，处理任务没有任何问题，那么问题就可能出在施加的负载太多上。在云计算环境里，这是需要引入更多的服务器实例来处理任务的征兆。

举个例子，架构的问题可能是一个单线程的应用程序在单个 CPU 上忙碌，从而导致请求排队，但是其他的 CPU 却是可用且空闲的。在这个例子里，性能就被应用程序的单一线程架构限制住了。架构的另一个问题可能是一个程序的多个线程争夺一个锁，这样只有一个线程可以向前推进，而其他线程在等待。

负载的问题可能会是一个多线程程序在所有的 CPU 上都忙碌，但是请求依然排队的情况。在这个例子里，性能可能被限制于 CPU 的性能，或者说是负载超出了 CPU 所能处理的范围。

2.3.9　扩展性

负载增加下的系统所展现的性能称为*扩展性*。图 2.6 所示的是一个典型的系统负载增加下的吞吐量变化曲线。

在一定阶段，可以观测到扩展性是线性变化的。当到达某一点时，此处对于资源的争夺开始影响性能（用虚线标记）。这一点可以被认为是拐点，作为两条曲线的分界。过了这一点，吞吐量曲线就会随着资源争夺的加剧偏离了线性扩展。最终，争夺加剧的开销和一致性导致完成的工作量变少，吞吐量下降。

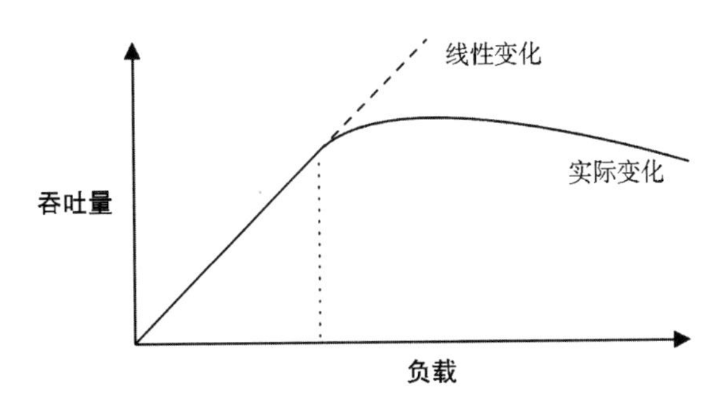

图 2.6　吞吐量 vs 负载

这种情况可能发生在组件达到 100% 使用率的时候——饱和点。也可能发生在组件接近 100% 使用率的时候，这时排队频繁且比较明显。

一个可以用于说明这种情况的系统示例是执行大量计算的应用程序，其将更多的负载作为额外的线程添加进来。当 CPU 接近 100% 使用率时，由于 CPU 调度延时增加，性能开始下降。在性能达到峰值后，在 100% 使用率时，吞吐量已经开始随着更多线程的增加而下降，导致更多的上下文切换，这会消耗 CPU 资源，导致实际完成的任务变少。

如果把 *X* 轴的“负载”替换成资源（诸如 CPU），你会看见一样的曲线。关于这一点，更多的内容详见 2.6 节。

性能的非线性变化，可用平均响应时间或者延时来表示，参见图 2.7[Cockcroft 95]。

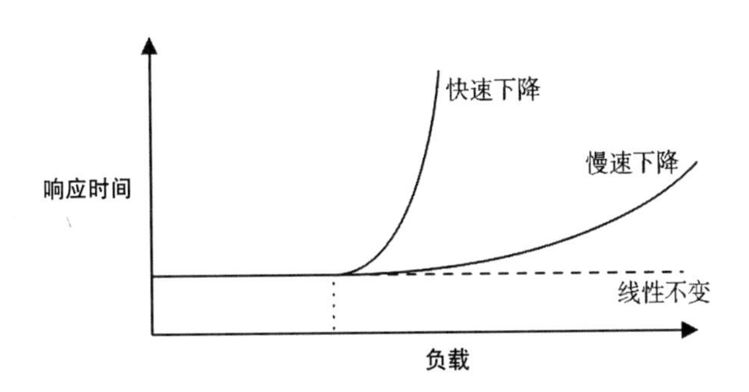

图 2.7　性能下降

当然，过长的响应时间不是好事情。当系统开始换页（或者使用 swap）来补充内存的时候，导致性能“快速”下降的原因可能是内存的负载。导致性能“慢速”下降的原因则可能是 CPU 的负载。

还有一个导致性能“快速”下降的因素是磁盘 I/O。随着负载（和磁盘使用率）的增加，I/O 可能会排队。空闲的旋转的（不是固态硬盘）磁盘的 I/O 服务响应时间可能约 1ms，但是当负载增加时，响应时间会变成 10ms。这种情况在 2.6.5 节中有建模，在 M/D/1 和 60% 使用率的情况下。关于磁盘性能的更多介绍，请参见第 9 章。

如果资源不可用，应用程序开始返回错误，响应时间是直线变化的，而不是将工作任务排队。举个例子，Web 服务器很可能会返回 503 Service Unavailable 错误，而不是将请求添加到排队队列中，这样服务的请求能用始终如一的响应时间来执行。

2.3.10　指标

性能指标是由系统、应用程序，或者其他工具选定的统计数据，用于测量感兴趣的活动。性能指标用于性能分析和监测，可以由命令行提供数据，也可以由可视化工具提供图表。

常见的系统性能指标如下。

- **吞吐量**：每秒的数据量或操作量。
- **IOPS**：每秒的 I/O 操作数。
- **使用率**：资源的繁忙程度，以百分比表示。
- **延时**：操作时间，以平均数或百分数表示。

吞吐量的使用取决于上下文环境。数据库吞吐量通常用来度量每秒查询或请求的数目（操作量）。网络吞吐量度量的是每秒传输的比特数或字节数（数据量）。

IOPS 度量的是吞吐量，但只针对 I/O 操作（读取和写入）。再次重申，上下文很关键，上下文不同，定义可能会有不同。

开销

性能指标不是免费的，在某些时候，会消耗一些 CPU 周期来收集和保存指标信息。这就是开销，对测量目标的性能会有负面影响。这种影响被称为*观察者效应*（observer effect）。（这通常会与海森堡测不准原理混淆，后者描述的是对于互为共轭的物理量所能测量出的精度是有限的，诸如位置和动量。）

问题

你可能会认为，软件商提供的指标是经过仔细挑选，没有 bug，并且有很好的可视化的。但事实上，指标可能会是混淆的、复杂的、不可靠的、不精确的，甚至是错误的（由 bug 所致）。有时在某一软件版本上对的指标，由于没有得到及时更新，而无法反映新的代码和代码路径。

关于指标的更多问题，可参见 4.6 节的介绍。

2.3.11 使用率

术语使用率经常用于操作系统描述设备的使用情况，诸如 CPU 和磁盘设备。使用率是基于时间的，或者是基于容量的。

基于时间的

基于时间的使用率是使用排队理论做正式定义的。例如 [Gunther 97]：

> 服务器或资源繁忙时间的均值。

相应的比例公式是：

$$U = B/T$$

此处 U 是使用率，B 是 T 时间内系统的繁忙时间，T 是观测周期。

从操作系统性能工具中得到的“使用率”也是这个。磁盘监测工具 iostat(1) 调用的指标 %b，即忙碌百分比，这个术语更好地诠释了指标 B/T 的本质。

使用率这个指标告诉我们组件的忙碌程度：当一个组件的使用率达到 100% 时，资源发生竞争时性能会有严重的下降。这时可以检查其他的指标以确认该组件是不是已经成为系统的瓶颈。

某些组件能够并行地为多个操作提供服务。对于这些组件，在 100% 使用率的情况下，性能下降的幅度可能不会太大，因为它们仍能接受更多的工作。要理解这一点，可以大楼电梯为例思考一下，当电梯在楼层间移动时，它是被使用的，当它闲置等待的时候，它是不被使用的。然而，即便当它在 100% 忙碌，即达到 100% 使用率的时候，它依然还是能够接受更多乘客的。

100% 忙碌的磁盘也能够接受并处理更多的工作，例如，通过把写入的数据放入磁盘内部的缓存中，稍后再完成写入，就能做到这一点。存储阵列通常运行在 100% 使用率的状态下，是因为其中的某些磁盘在 100% 忙碌时，阵列中依然有足够的空闲磁盘来接受更多的工作。

基于容量的

使用率的另一个定义是在容量规划中由 IT 专业人员使用的 [Wong 97]：

> 系统或组件（例如硬盘）都能够提供一定的吞吐量。不论性能处于何种级别，系统或组件都工作在其容量的某一比例上。这个比例就称为使用率。

这是用容量而不是用时间来定义使用率的。这意味着100%使用率的磁盘不能接受更多的工作。若用时间定义，100%的使用率只是指时间上100%的忙碌。

100%忙碌不意味着100%的容量使用。

回到电梯的例子，100%的容量意味着电梯满载，装不下更多的乘客了。

在理想的世界里，我们应该对设备做两种使用率的测试，这样你就能知道磁盘何时100%忙碌，性能开始下降，也能知道何时达到100%的容量，磁盘无法再接受更多的工作。不幸的是，这通常是不可能的。对于磁盘而言，这不仅需要了解主板的磁盘控制器的行为，还要对磁盘的容量使用有预测。目前，磁盘并不提供这一信息。

在本书中，使用率通常指的是基于时间的定义。基于容量的定义会用于某些基于容量的指标，诸如内存使用。

2.3.12 饱和度

随着工作量增加而对资源的请求超过资源所能处理的程度叫作饱和度。饱和度发生在100%使用率时（基于容量），这时多出的工作无法被处理，开始排队。图2.8描绘了这种情况。

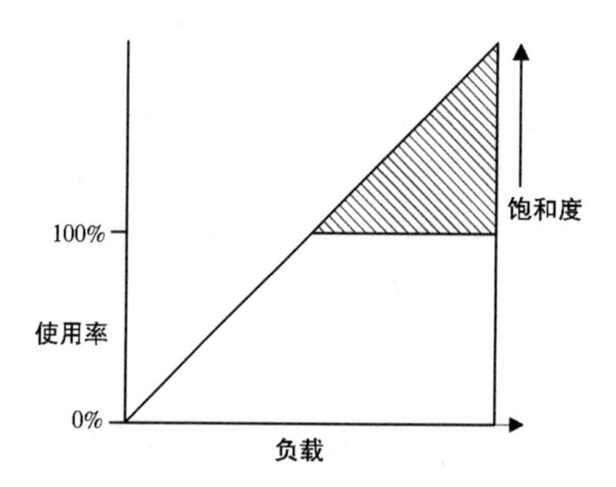

图2.8 使用率vs饱和度

随着负载的持续上升，图2.8中所示的饱和度在超过基于容量的使用率100%的标记后线性增长。因为时间花在了等待（延时）上，所以任何程度的饱和度都是性能问题。对于基于时间的使用率（忙碌百分比），排队和饱和度可能不发生在100%使用率时，这取决于资源处理任务的并行能力。

2.3.13 剖析

剖析(profiling)的本意是指对目标对象绘图以用于研究和理解。在计算机性能领域，剖析通常是按照特定的时间间隔对系统的状态进行采样，然后对这些样本进行研究。

不像之前讲过的指标（包括 IOPS 和吞吐量），采样所能提供的对系统活动的观测比较粗糙，当然这也取决于采样率的大小。

举一个剖析的例子，通过频繁地对 CPU 指令指针或栈踪迹做采样，收集消耗 CPU 资源的代码路径的统计数据，可以合理详细地了解 CPU 的使用情况。这个专题可以参见第 6 章。

2.3.14 缓存

缓存被频繁使用来提高性能。缓存是将较慢的存储层的结果存放在较快的存储层中。把磁盘的块缓存在主存（RAM）中就是一例。

一般使用的都是多级缓存。CPU 通常利用多级硬件缓存作为主缓存（L1、L2 和 L3），开始是一个非常快但是很小的缓存（L1），后续的 L2 和 L3 逐渐增加了缓存容量和访问延时。这是一个在密度和延时之间经济上的权衡。缓存的级数和大小的选择以 CPU 芯片内可用空间为准，确保达到最优的性能。缓存相关信息参见第 6 章。

在系统中还有不少其他的缓存，许多都是在利用主存做存储的软件中实现的。参见 3.2.11 节，那里有一张系统缓存的列表。

一个了解缓存性能的重要指标是每个缓存的命中率——所需数据在缓存中被找到的次数（hits，命中）与总访问次数（hits+misses）的比例。

命中率 = 命中次数 / (命中次数 + 失效次数)

命中率越高越好，更高的命中率意味着更多的数据能成功地从较快的介质中访问获得。图 2.9 所示的是随缓存命中率上升，预期的性能提升曲线。

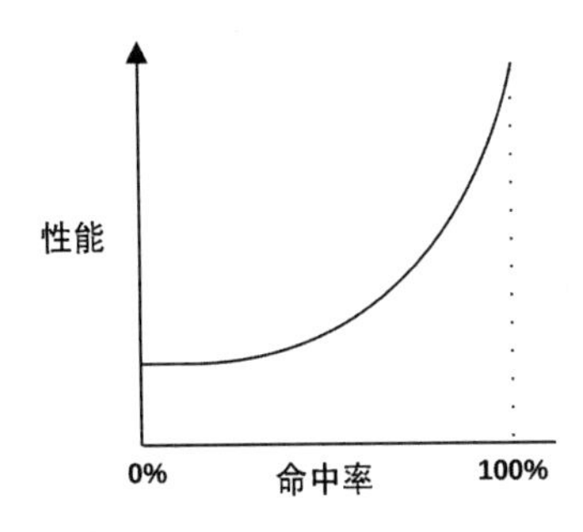

图 2.9 缓存命中率和性能

98% 和 99% 之间的性能差异要比 10% 和 11% 之间的性能差异大很多。由于缓存命中和失效之间的速度差异（两个存储层级），导致了这是一条非线性曲线。两个存储层级速度差异越大，曲线越陡峭。

了解缓存性能的另一个指标是*缓存的失效率*，指的是每秒缓存失效的次数。这与每次缓存失效对性能的影响是成比例（线性）的，这比较容易理解。

举个例子，工作负载 A 和 B 执行相同的任务，但用的是不同的算法，都用内存作为缓存以避免直接从磁盘读取数据。工作负载 A 的命中率为 90%，工作负载 B 的命中率是 80%。单独分析这个信息会觉得工作负载 A 执行得更好。但如果 A 的失效率是 200/s，B 的失效率是 20/s 呢？这样看的话，B 执行的磁盘读取次数比 A 少 10 倍，这会使得 B 完成任务的时间远远少于 A。可以确定的是，工作负载总的运行时间可以用以下公式计算：

运行时间 =（命中率 × 命中延时）+（失效率 × 失效延时）

这里用的是平均命中延时和平均失效延时，并且假定工作是串行发生的。

算法

缓存管理算法和策略决定了在有限的缓存空间内存放哪些数据。

最近最常使用算法（MRU）指的是一种缓存保留*策略*，决定什么样的数据会被保留在缓存里：最近使用次数最多的数据。*最近最少使用算法*（LRU）指的是一种*回收策略*，当需要更多缓存空间的时候，决定什么数据需要被移出缓存。此外，还有*最常使用算法*（MFU）和*最不常使用算法*（LFU）。

你可能碰到过*不常使用算法*（NFU），这个是 LRU 的一个花费不高但吞吐量稍小的版本。

缓存的热、冷和温

下面这些词通常用来表达缓存的状态。

- **冷**：*冷缓存*是空的，或者填充的是无用的数据。冷缓存的命中率为 0（或者接近 0，当它开始变暖的时候）。
- **热**：*热缓存*填充的都是常用的数据，并有着很高的命中率，例如，超过 99%。
- **温**：*温缓存*指的是填充了有用的数据，但是命中率还没达到预想的高度。
- **热度**：缓存的热度指的是缓存的热或冷。提高缓存热度的目的就是提高缓存的命中率。

当缓存被初始化后，开始是冷的，过一段时间后逐渐变温。如果缓存较大或者下一级的存储较慢（或者两者皆有），会需要一段较长的时间来填充缓存使其变温。

例如，我工作过的一台存储服务器，其有 128GB 的 DRAM 作为文件系统的缓存，600GB 的闪存作为二级缓存，物理磁盘作为存储器。在随机读取的工作负载下，磁盘每秒的读操作约有 2000 次。按照 8KB 的 I/O 大小，这意味着缓存的变温速度仅有 16MB/s（2000×8KB）。两级缓存从冷开始，需要 2 小时来让 DRAM 缓存变得温起来，需要超过 10 小时来让闪存缓存变温。

2.3.15 已知的未知

我在前言中介绍过，*已知的已知、已知的未知、未知的未知*在性能领域是很重要的概念。下面是详细的解释，并提供了系统性能分析的例子。

- **已知的已知**：有些东西你知道。你知道你应该检查性能指标，你也知道它的当前值。举个例子，你知道你应该检查 CPU 使用率，而且你也知道当前均值是 10%。
- **已知的未知**：有些东西你知道你不知道。你知道你可以检查一个指标或者判断一个子系统是否存在，但是你还没去做。举个例子，你知道你能用剖析检查是什么致使 CPU 忙碌，但你还没去做这件事。
- **未知的未知**：有些东西你不知道你不知道。举个例子，你可能不知道设备中断可以消耗大量 CPU 资源，因此你对此并不做检查。

在性能领域，“你知道的越多，你不知道的也就越多”。这和学习系统是一样的原理：你了解的越多，你就能意识到未知的未知越多，然后这些未知的未知会变成你可以去查看的已知的未知。

2.4 视角

性能分析有两个常用的视角，每个视角的受众、指标以及方法都不一样。这两个视角是*工作负载分析*和*资源分析*，可以分别对应理解为对系统软件栈自上而下和自底向上的分析，如图 2.10 所示。

2.5 节会论述实施的策略，并对这两种视角做更详尽的论述。

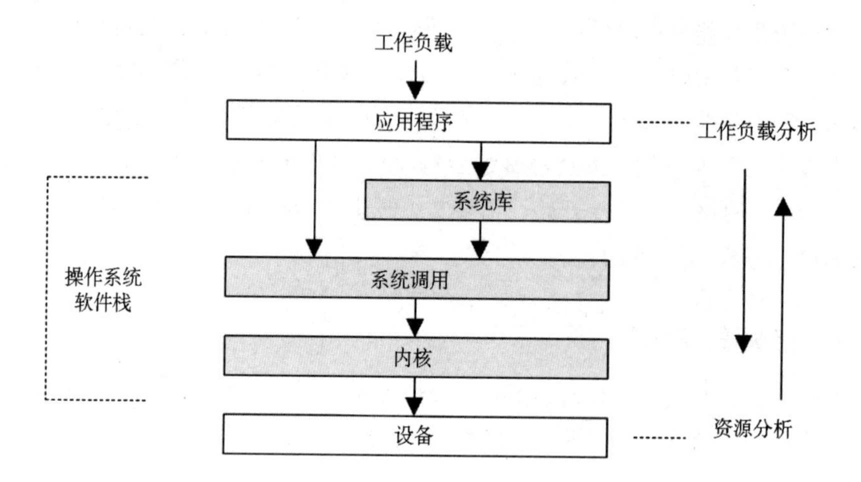

图 2.10　分析视角

2.4.1　资源分析

资源分析以对系统资源的分析为起点，涉及的系统资源有：CPU、内存、磁盘、网卡、总线以及它们之间的互联。执行资源分析的通常是系统管理员——他们负责管理物理资源。

操作如下。

- **性能问题研究**：看是否是某特定类型资源的责任。
- **容量规划**：为设计新系统提供信息，或者对系统资源何时会耗尽做预测。

这个视角着重于使用率的分析，判断资源是否已经处于极限或者接近极限。对于某些资源类型，如 CPU，使用率的指标是既有的。其他资源的使用率也可以通过既有的指标来进行计算。举个例子，通过将每秒发出和接收的数据量（吞吐量）与已知的最大带宽做比较就可以估算出网卡的使用率。

适合资源分析的指标如下：

- IOPS
- 吞吐量
- 使用率
- 饱和度

这些指标度量了在给定负载下资源所做的事情，显示资源的使用程度乃至饱和的程度。其他类型的指标，包括延时，也会被用来度量资源对于给定工作负载的响应情况。

资源分析是性能分析的常用手段。关于这个主题有着广泛的文档，诸如针对操作系统的“统计”工具：vmstat(1)、iostat(1)、mpstat(1)。当你阅读这类文档时，要知道这是一种视角，但并非唯一的视角，这很重要。

2.4.2 工作负载分析

工作负载分析（见图 2.11）检查应用程序的性能：所施加的工作负载和应用程序是如何响应的。通常执行工作负载分析的是应用开发人员和技术支持人员——他们负责应用程序软件和配置。

工作负载分析的对象如下。

- **请求：**所施加的工作负载
- **延时：**应用程序的响应时间
- **完成度：**查找错误

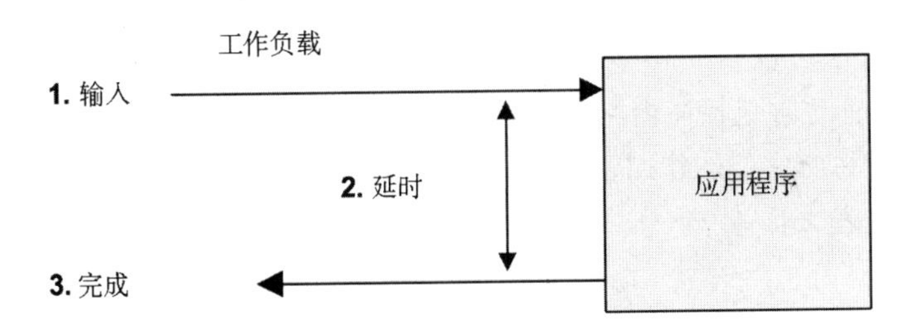

图 2.11 工作负载分析

研究工作负载请求一般会涉及检查并归纳负载的特征，即工作负载特征归纳的过程（在 2.5 节中有更为详尽的介绍）。对于数据库，这些特征包括客户端主机、数据库名称、数据表，以及查询字符串。这些信息可能会有助于识别不必要的工作或者不均衡的工作。即便是工作负载执行得很好的情况（低延时），通过检查这些特征，也可能会找到减少或消除所施加的工作负载的方法（最快的查询是你根本不需要做查询）。

延时（响应时间）是体现应用程序性能最为重要的指标。对于 MySQL 数据库来说，是查询延时，对于 Apache 来说，是 HTTP 请求延时，诸如此类。在这些上下文里，术语“延时”所表达的和响应时间是一个意思（参见 2.3.1 节）。

工作负载分析的任务包括辨别并确认问题——举个例子，通过查找超过可接受阈值的延时，来定位延时的原因（向下钻取分析），并确认在修复之后延时会有改善。需要注意的是，分析的起始点是应用程序。为了研究延时，通常需要深入应用程序、程序使用的库，乃至操作系统（内核）。

一些系统问题可以通过研究事件完成的特征来识别，比如，错误码。虽然请求完成得很迅速，但返回的错误码会导致该请求被重试，从而增加了延时。

适合工作负载分析的指标如下：

- 吞吐量（每秒业务处理量）
- 延时

这些指标分别度量了请求量的大小和在其之下系统表现出的性能。

2.5 方法

当面对性能低下且复杂的系统环境的时候，第一个挑战是要知道从哪里开始分析和如何进行分析。正如我在第 1 章所说，性能问题可能出自任何地方，包括软件、硬件和数据路径上的任何组件。方法可以帮助你了解这些复杂的系统，告诉你从哪里开始分析，并提供有效的可以遵循的程序。

本节将讲述许多针对系统性能分析和性能调优的方法和步骤，其中一些是我发明的。这些方法可以帮助初学者入门，也可以作为对专家的提醒。一些*讹方法*（anti-methodologies）也被包括在内。

为了帮助总结它们的作用，这些方法已经被归类成不同的类型，例如观测分析和实验分析，详见表 2.4。

表 2.4 通用的系统性能分析方法

章节	方法	类型
2.5.1	街灯讹方法	观测分析
2.5.2	随机变动讹方法	实验分析
2.5.3	责怪他人讹方法	假设分析
2.5.4	Ad Hoc 核对清单法	观测与实验分析
2.5.5	问题陈述法	信息收集
2.5.6	科学法	观测分析
2.5.7	诊断循环	生命周期分析
2.5.8	工具法	观测分析
2.5.9	USE 方法	观测分析
2.5.10	RED 方法	观测分析
2.5.11	工作负载特征归纳	观测分析，容量规划
2.5.12	向下钻取分析	观测分析
2.5.13	延时分析	观测分析
2.5.14	R 方法	观测分析
2.5.15	事件跟踪	观测分析
2.5.16	基础线统计	观测分析

续表

章节	方法	类型
2.5.17	静态性能调优	观测分析，容量规划
2.5.18	缓存调优	观测分析，调优
2.5.19	微基准测试	实验分析
2.5.20	性能箴言	调优
2.6.5	排队理论	统计分析，容量规划
2.7	容量规划	容量规划，调优
2.8.1	量化性能收益	统计分析
2.9	监测	观测分析 , 容量规划

性能监测、排队理论，以及容量规划会在本章后面部分有所覆盖。后面的各章会在不同的上下文中使用这些方法，对于特殊的性能分析领域还会使用一些额外的分析方法。表 2.5 列出了这些额外的方法。

表 2.5 额外的性能分析方法

章节	方法	类型
1.10.1	Linux 性能分析 60 秒	观测分析
5.4.1	CPU 剖析	观测分析
5.4.2	Off-CPU 分析	观测分析
6.5.5	周期分析	观测分析
6.5.8	优先级调优	调优
6.5.9	资源控制	调优
6.5.10	CPU 绑定	调优
7.4.6	泄露检测	观测分析
7.4.10	内存收缩	实验分析
8.5.1	磁盘分析	观测分析
8.5.7	工作负载分离	调优
9.5.10	扩展	容量规划 , 调优
10.5.6	包嗅探	观测分析
10.5.7	TCP 分析	观测分析
12.3.1	被动基准测试	实验分析
12.3.2	主动基准测试	观测分析
12.3.6	自定义基准测试	软件开发
12.3.7	逐渐增加负载	实验分析
12.3.8	合理性检查	观测分析

从下一节起，我将从常用但较弱的方法开始讲解以便于比较，包括讹方法。对于分析性能问题，在使用其他方法之前，你首先应该尝试的方法是问题陈述法。

2.5.1 街灯讹方法

这个方法实际上并不是一个经过深思熟虑的方法。用户通常选择熟悉的观测工具来分析性能，这些工具可能是从互联网上找到的，也可能是用户随意选择的，仅仅想看看会出现什么结果。这样的方法可能命中问题，也可能忽视很多问题。

性能调优可以用一种试错的方式反复摸索，对所知道的可调参数进行设置，熟悉各种不同的值，看看是否有帮助。

这样的方法虽然也能揭示问题，但当你所熟悉的工具及所做的调整与问题不相关时，进展会很缓慢。因此这个方法用一类观测偏差来命名，这类偏差叫作*街灯效应*，出自下面这则寓言：

> 一天晚上，一个警察看到一个醉汉在路灯下的地面上找东西，问他在找什么。醉汉回答说他的钥匙丢了。警察看了看也找不到，就问他："你确定你的钥匙是在这儿丢的，就在路灯下？"醉汉说："不，但是这儿的光是最亮的"。

这相当于查看 top(1)，不是因为这么做有道理，而是因为用户不知道怎么使用其他工具。

用这个方法找到的问题可能是真的问题，但未必是你想要找的那个。有一些其他的方法可以衡量发现的结果，能很快地排除这样的"误报"。

2.5.2 随机变动讹方法

这是一个实验性质的讹方法。用户随机猜测问题可能存在的位置，然后做改动，直到问题消失。为了判断性能是否已经改善，或者作为每次变动结果的判断，用户会选择一项指标进行研究，诸如应用程序运行时间、操作时间、延时、操作率（每秒操作次数），或者吞吐量（每秒的字节数）。整个方法如下：

1. 任意选择一个项目做改动（例如，一项可调参数）。
2. 朝某个方向做修改。
3. 测量性能。
4. 朝另一个方向做修改。
5. 测量性能。
6. 步骤 3 或步骤 5 的结果是不是要好于基准值？如果是，保留修改并返回步骤 1。

这个过程最终获得的调整可能仅适用于被测的工作负载，方法非常耗时而且可能做出的调整不能保持长期有效。例如，一个应用程序的改动规避了一个数据库或者操作系统的 bug，其结果是可以提升性能的，但是没有人知道这是为什么，也就是没有人真正了解这件事情。

做不了解的改动还有另一个风险，即在生产负载的高峰期可能会引发更严重的问题，因此还需为此准备一个回退方案。

2.5.3 责怪他人讹方法

这个讹方法包含以下步骤：

1. 找到一个不是你负责的系统或环境的组件。
2. 假定问题是与那个组件相关的。
3. 把问题扔给负责那个组件的团队。
4. 如果证明错了，返回步骤 1。

> 也许是网络问题。你能和网络团队确认一下是不是发生了丢包或其他事情吗？

不去研究性能问题，用这种方法的人把问题推到了别人身上，当证明根本不是别人的问题时，这对其他团队的资源是一种浪费。这个讹方法只是一种因缺乏数据而造成的无端臆想。

为了避免成为牺牲品，向指责的人要屏幕截图，图中应清楚标明运行的是何种工具，输出是怎样中断的。你可以拿着这些东西找其他人征求意见。

2.5.4 Ad Hoc 核对清单法

当需要检查和调试系统时，技术支持人员通常会花一点时间一步步地过一遍核对清单。一个典型的场景是，在生产环境部署新的服务器或应用时，技术支持人员会花半天的时间来检查系统在真实压力下的常见问题。该类核对清单是 Ad Hoc 的，基于对该系统类型的经验和之前所遇到过的问题。

举个例子，这是核对清单中的一项：

> 运行 iostat -x 1 检查 r_await 列。如果该列在负载下持续超过 10（ms），那么说明磁盘太慢或是磁盘过载。

一份核对清单会包含很多这样的检查项目。

这类清单能在最短的时间内提供最大的价值，是即时建议（参见 2.3 节）而且需要频繁更新以保证反映当前状态。这类清单处理的多是修复方法容易记录的问题，例如设置可调参数，而不是针对源代码或环境做定制的修复。

如果你管理一个技术支持的专业团队，Ad Hoc 核对清单能有效保证所有人都知道如何检查最糟糕的问题，能覆盖所有显而易见的问题。核对清单能够写得清楚而又规范，说明如何辨别每一个问题和如何做修复。不过，这个清单应该时常保持更新。

2.5.5　问题陈述法

明确如何陈述问题是支持人员反映问题时的例行工作。可通过询问客户以下问题来完成：

1. 是什么让你认为存在性能问题？
2. 系统之前运行得好吗？
3. 最近有什么改动？软件、硬件、负载？
4. 问题能用延时或者运行时间来表述吗？
5. 问题影响其他的人和应用程序吗（或者仅仅影响你）？
6. 环境是什么样的？用了哪些软件和硬件？是什么版本？是怎样配置的？

询问这些问题并得到相应的回答通常会立即指向一个根源和解决方案。因此问题陈述法作为独立的方法收录在此，而且当你应对一个新的问题时，首先应该使用的就是这个方法。

我曾通过电话单独使用问题陈述法解决过性能问题，而且不需要登录任何服务器或查看任何指标。

2.5.6　科学法

科学法是通过假设和测试来研究未知的问题的。总结起来有以下步骤：

1. 问题
2. 假设
3. 预测
4. 测试
5. 分析

问题就是性能问题的陈述。从这点你可以假设性能不佳的原因可能是什么。然后你进行测试，可以是观测性的也可以是实验性的，看看基于假设的预测是否正确。最后分析收集的测试数据。

举个例子，你可能发现某个应用程序在迁移到一个内存较少的系统时性能会下降，你假设导致性能不好的原因是较小的文件系统缓存。你可以使用观察测试方法分别测量两个系统的缓存失效率，预测内存较小的系统缓存失效率更高。用实验测试方法可以增加缓存大小（加内存），预测性能将会有所提升。另外，还可以更简单，实验测试方法可以人为地减小缓存的大小（利用可调参数），预计性能将会变差。

下面还有一些例子。

示例（观测性）

1. 问题：什么导致了数据库查询很慢？
2. 假设："吵闹的邻居"（其他云计算租户）在执行磁盘 I/O，与数据库的磁盘 I/O 在竞争（通过文件系统）。
3. 预测：如果得到在数据库查询过程中的文件系统 I/O 延时，可以看出文件系统对于查询很慢是有责任的。
4. 测试：跟踪数据库文件系统延时，发现在文件系统上等待的时间在整个查询延时中的比例小于 5%。
5. 分析：文件系统和磁盘对查询速度慢没有责任。

虽然问题还没有解决，但是环境里的一些大型的组件已经被排除了。执行调查的人可以回到第 2 步做一个新的假设。

示例（实验性）

1. 问题：为什么 HTTP 请求从主机 A 到主机 C 要比从主机 B 到主机 C 的时间长？
2. 假设：主机 A 和主机 B 在不同的数据中心。
3. 预测：把主机 A 移动到与主机 B 一样的数据中心将修复这个问题。
4. 测试：移动主机 A 并测试性能。
5. 分析：性能得到修复——与假设的一致。

如果问题没有得到解决，在开始新的假设之前，要恢复试验之前的变动！（对于此例，就是把主机 A 移回去。）如果一次改变多个因素，将很难识别导致问题的原因。

示例（实验性）

1. 问题：为什么随着文件系统缓存尺寸变大，文件系统的性能会下降？
2. 假设：大的缓存存放更多的记录，相较于较小的缓存，需要花更多的计算来管理。
3. 预测：把记录的大小逐步变小，使得存放相同大小的数据需要更多的记录，性能会逐渐变差。
4. 测试：用逐渐变小的记录尺寸，试验同样的工作负载。
5. 分析：结果绘图后与预测一致。向下钻取分析现在可以研究缓存管理的程序。

这是一个*反向测试*——故意损害性能来进一步了解目标系统。

2.5.7 诊断循环

诊断周期与科学方法相似：

假设→仪器检验→数据→假设

就像科学方法一样，这个方法也通过收集数据来验证假设。这个循环强调数据可以快速地引发新的假设，进而被验证和改良，以此继续。这与医生看病是很相似的，用一系列小检验来诊断病情，基于每次检验的结果来修正假设。

上述两个方法在理论和数据之间有很好的平衡。从假设发展到数据的过程很快，不好的理论可尽早地被识别和遗弃，进而开发更好的理论。

2.5.8 工具法

以工具为导向的方法如下：

1. 列出可用到的性能工具（可选的、安装的或者可购买的）。
2. 对于每一种工具，列出它提供的有用的指标。
3. 对于每一个指标，列出阐释该指标可能的规则。

这个视角的核对清单告诉你哪些工具能用、哪些指标能读，以及怎样阐释这些指标。虽然这相当高效，只依赖可用的（或知道的）工具，就能得到一个不完整的系统视野，与街灯讹方法类似。糟糕的是，用户不知道自己的视野不完整——而且可能自始至终对此一无所知。需要定制工具（如动态跟踪）才能发现的问题可能永远不能被识别并解决。

在实践中，工具法确实在一定程度上辨别出了资源的瓶颈、错误，以及其他类型的问题，但通常不太高效。

当大量的工具和指标可被选用时，逐个枚举是很耗时的。当多个工具有相同的功能时，情况更糟，你要花额外的时间来了解各个工具的优缺点。在某些情况下，比如要选择进行文件系统微基准测试的工具，工具相当多，虽然这时你只需要一个。[1]

2.5.9 USE 方法

USE 方法（utilization、saturation、errors）应用于性能研究，用来识别系统瓶颈 [Gregg 13]。一言以蔽之，就是：

---

1 顺便提一下，我听到过的支持多个功能重叠工具的言论是“竞争是好的”。我对此持谨慎态度：虽然有重叠的工具对交叉检查结果有帮助（我经常使用Ftrace交叉检查BPF工具），但多个重叠的工具会浪费开发者的时间，这些时间可以更有效地用于其他地方，同时也会浪费最终用户的时间，因为他们必须评估每一个选择。

对于所有的资源，查看它的使用率、饱和度和错误。

这些术语定义如下。

- **资源**：所有服务器的物理元器件（CPU、总线……）。某些软件资源也能被算在内，提供有用的指标。
- **使用率**：在规定的时间间隔内，资源用于服务工作的时间百分比。虽然资源繁忙，但是资源还有能力接受更多的工作，不能接受更多工作的程度被视为饱和度。
- **饱和度**：资源不能再服务更多额外工作的程度，通常有等待队列。有时这个术语也被称为压力。
- **错误**：错误事件的个数。

对于某些资源类型，包括内存，使用率指的是资源所用的容量。这与基于时间的定义是不同的，这在之前的 2.3.11 节做过解释。一旦资源的容量达到 100% 的使用率，那它就无法接受更多的工作，资源或者对工作进行排队（饱和），或者返回错误，用 USE 方法也可以予以鉴别。

错误需要被调查，因为它们会损害性能，如果故障模式是可恢复的，错误可能难以立即被察觉。这包括操作失败重试，还有冗余设备池中的设备故障。

与工具法相反的是，USE 方法列举的是系统资源而不是工具。这可帮助你得到一张完整的问题列表，在你寻找工具的时候进行确认。即便对于有些问题现有的工具不能胜任，但这些问题所蕴含的知识对于性能分析也是极其有用的：这些是“已知的未知”。

USE 方法会将分析引导到一定数量的关键指标上，这样可以尽快地核实所有的系统资源。在此之后，如果还没有找到问题，那么可以考虑采用其他方法。

过程

USE 方法的使用如图 2.12 所示。首先检查错误，因为错误通常可以很快解释（错误通常是客观的而不是主观的指标），在调查其他指标之前排除掉错误是很省时的。排在第二的是饱和度检查，因为它比使用率解释得更快：任何级别的饱和都可能是问题。

这个方法辨别出的很可能是系统瓶颈问题。不过，一个系统可能不只面临一个性能问题，因此你可能一开始就能找到问题，但所找到的问题并非你关心的那个。在根据需要返回 USE 方法遍历其他资源之前，每个发现可以用更多的方法进行调查。

指标表述

USE 方法的指标通常如下。

- **使用率**：一定时间间隔内的百分比值（例如，单个 CPU 运行在 90% 的使用率上）。
- **饱和度**：等待队列的长度（例如，CPU 的平均运行队列长度是 4）。

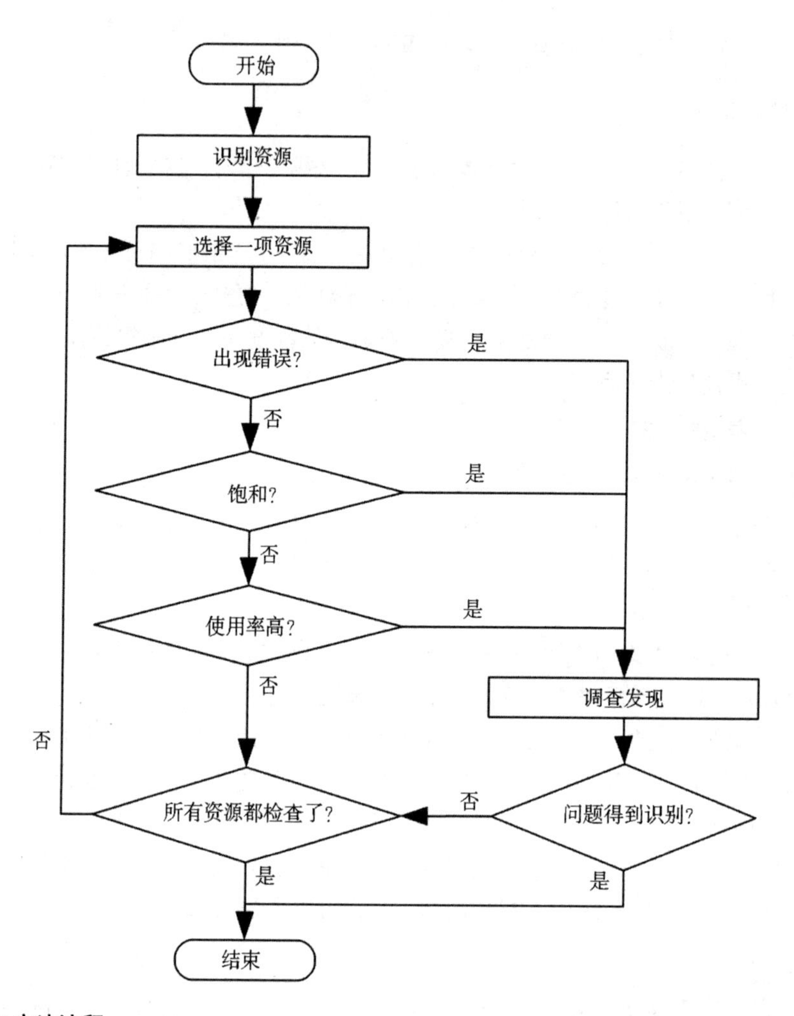

图 2.12　USE 方法流程

- **错误**：报告出的错误数目（例如，这块磁盘设备有 50 个错误）。

虽然看起来有点违反直觉，但即便整体的使用率在很长一段时间都处于较低水平，一次高使用率的瞬时冲击还是能导致饱和与性能问题的。某些监测工具汇报的使用率是超过 5 分钟的均值。举个例子，每秒的 CPU 使用率可以变动得非常剧烈，因此 5 分钟时长的均值可能会掩盖短时间内 100% 的使用率，甚至是饱和的情况。

想象一下高速公路的收费站。使用率就相当于有多少收费口在忙于收费。使用率 100% 意味着你找不到一个空的收费口，必须排在别人的后面（饱和的情况）。如果我说一整天收费站的使用率是 40%，你能判断当天是否有车在某一时间排过队吗？很可能在高峰时候确实排过队，那时的使用率是 100%，但是这在一天的均值上是看不出的。

资源列表

USE 方法的第一步是要创建一张资源列表，要尽可能完整。下面是一张服务器通常的资源列表，配有相应的例子。

- **CPU**：插槽、核、硬件线程（虚拟 CPU）
- **内存**：DRAM
- **网络接口**：以太网端口，无限带宽技术
- **存储设备**：磁盘、存储适配器
- **加速器**：GPU、TPU、FPGA 等，如果用到的话
- **控制器**：存储、网络
- **互联**：CPU、内存、I/O

每个组件通常作为一类资源类型。例如，内存是一种容量资源，网络接口是一类 I/O 资源（IOPS 或吞吐量）。有些组件体现出多种资源类型，例如，存储设备既是 I/O 资源也是容量资源。这时需要考虑到所有的类型都能够造成性能瓶颈，同时，也要知道 I/O 资源可以进一步被当作排队系统来研究，排队系统将请求排队并为其服务。

某些物理资源，诸如硬件缓存（如 CPU 缓存），可能不在清单中。USE 方法是处理在高使用率或饱和状态下性能下降的资源的最有效的方法，当然还有其他的检测方法。如果你不确定清单是否应该包括一项资源，那就包括它，看看在实际指标中是什么样的情况。

原理框图

另一种遍历所有资源的方法是找到或者画一张系统的原理框图，如图 2.13 所示的那样。这样的图还显示了组件的关系，这对寻找数据流中的瓶颈是很有帮助的。

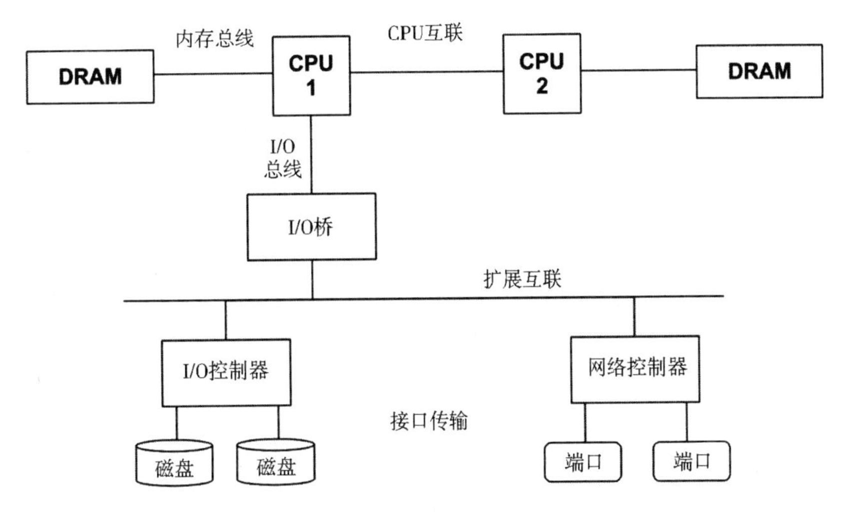

图 2.13　双 CPU 系统原理框图示例

CPU、内存、I/O 互联和总线常常被忽视。所幸的是，它们不是系统的常见瓶颈，因为这些组件本身就设计有超过吞吐量的余量。可能你需要升级主板，或者减小负载，例如，“零拷贝”技术就减轻了内存和总线的负载。

要了解互联的内容，可参见 6.4.1 节中关于 CPU 性能计数器的介绍。

指标

一旦你有了资源的列表，就可以考虑这三类指标了：使用率、饱和度，以及错误。表 2.6 列举了一些资源和指标类型，以及一些可能的指标（针对一般性的操作系统）。

表 2.6 USE 方法指标示例

资源	类型	指标
CPU	使用率	CPU 使用率（单 CPU 使用率或系统级均值）
CPU	饱和度	运行队列长度、调度器延时、CPU 压力（Linux PSI）
内存	使用率	可用空闲内存（系统级）
内存	饱和度	交换（匿名分页）、页面扫描、内存缺失事件、内存压力（Linux PSI）
网络接口	使用率	接收吞吐量 / 最大带宽、发送吞吐量 / 最大带宽
存储设备 I/O	使用率	设备繁忙百分比
存储设备 I/O	饱和度	等待队列长度、I/O 压力（Linux PSI）
存储设备 I/O	错误	设备错误（硬错误、软错误）

这些指标要么是一定时间间隔的均值，要么是累计数目。

重复所有的组合，包括获取每个指标的步骤。记录下当前无法获得的指标，那些是已知的未知。最终你得到一个大约 30 项的指标清单，有些指标难以测量，有些根本测不了。所幸的是，常见的问题用较简单的指标就能发现（例如，CPU 饱和度、内存容量饱和度、网络接口使用率、磁盘使用率），所以要首先测量这些指标。

一些较难的组合示例可见表 2.7。

表 2.7 USE 方法指标的进阶示例

资源	类型	指标
CPU	错误	例如，机器检查异常、CPU 缓存错误[1]
内存	错误	例如，失败的 malloc()（默认的 Linux 内核配置因为过度提交使得这种情况很少发生）
网络	饱和度	与饱和度相关的网络接口或操作系统错误，例如，Linux 的漫溢（overrun）
存储控制器	使用率	取决于控制器，针对当前活动可能有最大 IOPS 或吞吐量可供检查
CPU 互联	使用率	每个端口的吞吐量 / 最大带宽（CPU 性能计数器）

1 例如，CPU缓存行的可恢复错误纠正代码（ECC）错误（如果支持）。如果检测到这类错误上升，某些内核会做CPU下线。

续表

资源	类型	指标
内存互联	饱和度	内存停滞周期数，偏高的平均指令周期数（CPU 性能计数器）
I/O 互联	使用率	总线吞吐量 / 最大带宽（可能在你的硬件上有性能计数器，例如，Intel 的"非核心"事件）

上述的某些指标可能用操作系统的标准工具是无法获得的，可能需要使用动态跟踪或者用到 CPU 性能计数工具。

附录 A 是针对 Linux 系统的一个 USE 方法核对清单的范例，囊括了硬件资源和 Linux 观测工具集的所有组合，还包括了一些软件资源，如下一节所述的资源。

软件资源

某些软件资源的检测方式可能相似。这里指的是小的软件组件，而不是整个应用程序，示例如下。

- **互斥锁：**锁被持有的时间是使用率，饱和度指的是有线程排队在等待锁。
- **线程池：**线程忙于处理工作的时间是使用率，饱和度指的是等待线程池服务的请求数目。
- **进程 / 线程容量：**系统的进程或线程的总数是有上限的，当前的使用数目是使用率，等待分配的数目是饱和度，错误是分配失败（例如，"cannot fork"）。
- **文件描述符容量：**同进程 / 线程容量一样，只不过针对的是文件描述符。

如果这些指标在你的案例里有用，那就用它们；否则，用其他方法也是可以的，诸如延时分析。

使用建议

对于上述这些指标类型的使用，这里有一些总体建议。

- **使用率：**100% 的使用率通常是瓶颈的信号（检查饱和度并确认其影响）。使用率超过 60% 可能会是问题，基于以下理由。时间间隔的均值，可能掩盖了 100% 使用率的短期爆发，另外，一些资源，诸如硬盘（不是 CPU），通常在操作期间是不能被中断的，即使是为优先级较高的工作让路。随着使用率的上升，排队延时会变得更频繁和明显。有更多关于 60% 使用率的内容，可参见 2.6.5 节。
- **饱和度：**任何程度的饱和都是问题（非零）。饱和度可以用排队长度或者排队所花的时间来度量。
- **错误：**错误都是值得研究的，尤其是随着错误增加性能会变差的那些错误。

低使用率、无饱和、无错误，这样的反例研究起来容易，而且很有用。这点要比看起来还有用——缩小研究的范围能帮你快速地将精力集中在出问题的地方，判断其不是某一个资源的问题，这是一个排除的过程。

资源控制

在云计算和容器环境中，软件资源控制在于限制或给分享系统的多个租户设定阈值。资源控制会设定内存限制、CPU 限制、磁盘 I/O 及网络 I/O 的限制。每一项资源的限制都能用 USE 方法来检验，与检查物理资源的方法类似。

举个例子，“内存容量使用率”是租户的内存使用量与它的内存限制的比值。即使主机系统没有内存压力，“内存容量饱和”也可以通过该租户的限制分配错误或内存交换识别出来。在第 11 章会讨论这些限制。

微服务

微服务架构呈现出与很多资源指标类似的问题：每个服务的指标可能太多，以至于要检查所有的指标很费劲，而且可能会忽略那些还没有指标的领域。用 USE 方法也可以解决微服务的这些问题。例如，对于一个典型的 Netflix 微服务，USE 的指标如下。

- **使用率**：整个实例集群的平均 CPU 使用率。
- **饱和度**：一个近似值是第 99 个延时百分位数与平均延时之间的差异（假设第 99 个延时百分位数是由饱和度驱动的）。
- **错误**：请求错误。

这三个指标已经在 Netflix 使用 Atlas 云端监测工具对每个微服务进行了检查 [Harrington 14]。

有一种类似的方法是专门为服务设计的：RED 方法。

2.5.10 RED 方法

该方法的重点是服务，通常是微服务架构中的云服务。从用户的角度确定了三个监测健康状况的指标，可以概括为 [Wilkie 18]：

> 对于每个服务，检查请求率、错误和持续时间。

这些指标的含义如下所述。

- **请求率**：每秒的服务请求数。
- **错误**：失败的请求数。
- **持续时间**：请求完成的时间（除了平均数，还要考虑分布统计，如百分位数，可参见 2.8 节）。

你的任务是画出你的微服务架构图，并确保对每个服务的这三个指标都进行监测。（分布式跟踪工具可以为你提供这样的图。）其优点与 USE 方法相似：RED 方法快速、容易操作，而且全面。

RED 方法是由 Tom Wilkie 创建的，他还为 Prometheus 开发了 USE 和 RED 方法指标的实现，并使用了 Grafana 的仪表盘 [Wilkie 18]。这些方法是互补的：USE 方法针对机器健康，而 RED 方法针对用户健康。

在调查中考量请求率能提供一个重要的早期线索：性能问题是缘于负载的原因还是架构的原因（参见 2.3.8 节）。如果请求率一直很稳定，但请求持续时间却增加了，这就表明架构有问题：服务本身。如果请求率和持续时间都增加了，那么问题可能来自某部分施加的负载。这可以通过工作负载特性归纳来做进一步调查。

2.5.11 工作负载特征归纳

工作负载特征归纳是简单而又高效的方法，用于辨别这一类问题——由施加的负载导致的问题。这个方法关注系统的输入，而不是所产生的性能。你的系统可能没有任何架构、实现或配置上的问题，但是系统的负载超出了它所能承受的合理范围。

工作负载可以通过回答下列问题来进行特征归纳：

- 负载是谁产生的，进程 ID、用户 ID、远端的 IP 地址？
- 负载为什么会被调用，代码路径、栈踪迹？
- 负载的特征是什么，IOPS、吞吐量、方向类型（读取 / 写入）？包含变动（标准方差），如果有的话。
- 负载是怎样随着时间变化的？有日常模式吗？

将上述所有的问题都做检查会很有用，即便你对于答案是什么已经有了很强的预测，但还是应该做一遍，因为你很可能会大吃一惊。

请思考这样一个场景：你碰到一个数据库的性能问题，数据库请求来自一个 Web 服务器池。你是不是应该检查正在使用数据库的 IP 地址？你本以为这些 IP 地址应该都来自 Web 服务器，正如所配置的那样。但你检查后发现好像整个因特网都在往数据库扔负载，以摧毁其性能。你正处于拒绝服务（denial-of-service，DoS）攻击中！

最好的性能来自*消灭不必要的工作*。有时候，不必要的工作是由于应用程序的不正常运行引起的，例如，一个困在循环中的线程无端地增加 CPU 的负担。不必要的工作也有可能来自错误的配置——举个例子，在白天运行全系统的备份——或者是之前说过的 DoS 攻击。工作负载特征归纳能识别这类问题，通过维护和重新配置可以解决这些问题。

如果被识别出的问题无法解决，那么可以用系统资源控制来限制它。举个例子，一个系统备份的任务在压缩备份数据时会消耗CPU资源，这会影响数据库，而且还要用网络资源来传输数据。可用资源控制来限定备份任务对CPU和网络的使用（如果系统支持的话），这样虽然备份还是会发生，但会慢得多，而且不会影响数据库。

除了识别问题，工作负载特征归纳还可以作为输入用于仿真基准设计。如果度量工作负载用的是均值，理想情况下，你还要收集分布和变化的细节信息。这对于仿真工作负载的多样性，而不是仅测试均值负载是很重要的。关于更多的均值和变化（标准方差）的内容，可参见2.8节和第12章的内容。

工作负载分析通过辨识出负载问题，有利于将负载问题和架构问题区分开来。负载与架构在2.3.8节中有过介绍。

执行工作负载特征归纳所用的工具和指标视目标而定。一部分应用程序所记录的详细的客户活动信息可以成为统计分析的数据来源。这些程序还可能提供了每日或每月的用户使用报告，这也是值得关注的。

2.5.12 向下钻取分析

向下钻取分析开始于检查高层次的问题，然后依据之前的发现缩小关注的范围，忽视那些无关的部分，更深入发掘那些相关的部分。整个过程会探究到软件栈较深的级别，如果需要，甚至还可以到硬件层，以求找到问题的根源。

以下是系统性能的三阶段向下钻取分析方法 [McDougall 06a]。

1. **监测**：用于持续记录高级别的统计数据，如果问题出现，予以辨别和报警。
2. **识别**：对于给定问题，缩小研究的范围，找到可能的瓶颈。
3. **分析**：对特定的系统部分做进一步检查，找到问题根源并量化问题。

监测可以在全公司范围内进行，并将所有服务器或云实例的结果汇总。历史上做到这一点的技术是简单网络监测协议（SNMP），SNMP可以用来监测任何支持它的网络连接设备。现代监测系统使用*导出器*：在每个系统上运行的软件代理，用来收集和发布指标。产生的数据由监测系统记录，并由前端GUI进行可视化。这可以揭示出在短期内使用命令行工具可能被忽略的长期模式。许多监测解决方案能在怀疑有问题的时候发出警报，让分析进入下一阶段。

识别是通过直接分析服务器和检查系统组件来进行的，系统组件包括：CPU、磁盘、内存，等等。这项工作在过去是通过命令行工具做的，如vmstat(8)、iostat(1)和mpstat(1)。今天，有许多GUI仪表盘可展示同样的指标，能做更快的分析。

分析工具包括那些基于跟踪或剖析的工具，用于对可疑的区域做更深入的检查。这种更深入的分析可能会需要创建自定义工具和检查源代码（如果有的话）。这是大部分向下钻取检查工作开展的地方，根据需要可以剥离软件栈的各层，以找到根本原因。在

Linux 上做这项工作的工具有 strace(1)、perf(1)、BCC 工具、bpftrace 和 Ftrace。

作为这个三阶段方法的实施范例，以下是 Netflix 云用到的技术：

1. **监测**：NetflixAtlas，一个开源的全云级别的监测平台 [Harrington14]。
2. **识别**：Netflix 的 perfdash（正式名称是 NetflixVector），一个分析单个实例的仪表盘 GUI，仪表盘包含 USE 方法的指标。
3. **分析**：Netflix FlameCommander，用于生成不同类型的火焰图，还可以通过 SSH 会话执行命令行工具，可执行的工具包括基于 Ftrace 的工具、BCC 工具和 bpftrace。

举一个我们在 Netflix 使用这个工具序列的例子。Atlas 识别出一个有问题的微服务，perfdash 会把问题缩小到某个资源上，然后 FlameCommander 会显示消耗该资源的代码路径，然后可以使用 BCC 工具和自定义的 bpftrace 工具进行检测。

五个 Why

在向下钻取分析中，你还有一个可用的方法，叫作“五个 Why”[Wikipedia20]：问自己“why？”然后作答，重复五遍。下面是一个例子：

1. 查询多了数据库性能就开始变差。Why？
2. 由于内存换页，磁盘 I/O 产生延时。Why？
3. 数据库内存用量变得太大了。Why？
4. 分配器消耗的内存比应该用的多。Why？
5. 分配器存在内存碎片问题。Why？

这是一个真实的例子，但出人意料的是，要修复的是系统的内存分配库。是持续的质问和对问题实质的深入研究使得问题得以解决。

2.5.13 延时分析

延时分析检查完成一项操作所用的时间，然后把时间再分成小的时间段，接着对有着最大延时的时间段再次做划分，最后定位并量化问题的根本原因。与向下钻取分析相同，延时分析也会深入软件栈的各层来找到延时问题的原因。

分析可以从所施加的工作负载开始，检查工作负载是如何在应用程序中被处理的，然后深入操作系统的库、系统调用、内核以及设备驱动。

举个例子，MySQL 的请求延时分析可能涉及下列问题的回答（回答的示例已经给出）：

1. 存在请求延时问题吗？（是的）
2. 查询时间主要是在 on-CPU 还是在 off-CPU 等待？（off-CPU）

3. 没花在 CPU 上的时间在等待什么？（文件系统 I/O）
4. 文件系统的 I/O 时间是花在磁盘 I/O 上还是锁竞争上？（磁盘 I/O）
5. 磁盘 I/O 时间主要用于排队还是服务 I/O？（服务）
6. 磁盘服务时间主要是 I/O 初始化还是数据传输？（数据传输）

对于这个问题，每一步所提出的问题都将延时划分成了两个部分，然后继续分析那个较大可能的部分：延时的二分搜索法，你可以这么理解。整个过程见图 2.14。

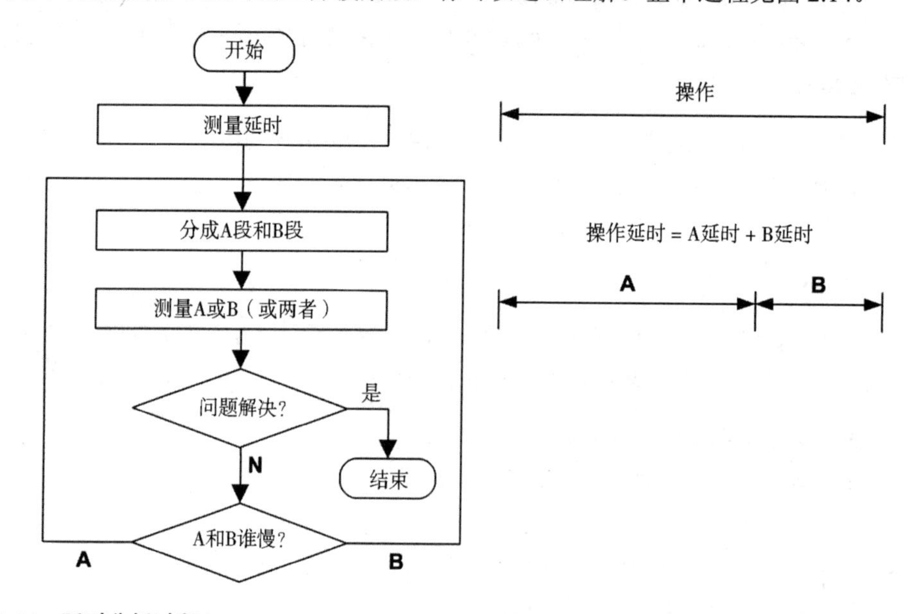

图 2.14　延时分析过程

一旦识别出 A 和 B 中较慢的那个，就可以对其做进一步的分析和划分，依此类推。数据库查询的延时分析是 R 方法的目的。

2.5.14　R 方法

R 方法是针对 Oracle 数据库开发的性能分析方法，意在找到延时的根源，其基于 Oracle 的跟踪事件 [Millsap 03]。它被描述成“基于时间的响应性能提升的方法，可以得到对业务的最大经济收益”，其着重识别和量化查询过程中所消耗的时间。虽然它用于数据库研究领域，但该方法的思想可用于所有的系统，作为一种可用的研究手段，值得在此提及。

2.5.15　事件跟踪

系统的操作就是处理离散的事件，包括 CPU 指令、磁盘 I/O，以及磁盘命令、网络包、系统调用、函数库调用、应用程序事务、数据库查询，等等。性能分析通常会研究这些事件的汇总数据，诸如每秒的操作数、每秒的字节数，或者是延时的均值。有时一些重要的细节信息不会出现在这些汇总之中，因此最好的研究事件的方法是逐个检查。

网络排错常常需要逐包检查，可用的工具有 tcpdump(8)。下面这个例子将各个网络包归纳汇总成了一行行的文字：

```
# tcpdump -ni eth4 -ttt
tcpdump: verbose output suppressed, use -v or -vv for full protocol decode
listening on eth4, link-type EN10MB (Ethernet), capture size 65535 bytes
00:00:00.000000 IP 10.2.203.2.22 > 10.2.0.2.33986: Flags [P.], seq
1182098726:1182098918, ack 4234203806, win 132, options [nop,nop,TS val 1751498743
ecr 1751639660], length 192
00:00:00.000392 IP 10.2.0.2.33986 > 10.2.203.2.22: Flags [.], ack 192, win 501,
options [nop,nop,TS val 1751639684 ecr 1751498743], length 0
00:00:00.009561 IP 10.2.203.2.22 > 10.2.0.2.33986: Flags [P.], seq 192:560, ack 1,
win 132, options [nop,nop,TS val 1751498744 ecr 1751639684], length 368
00:00:00.000351 IP 10.2.0.2.33986 > 10.2.203.2.22: Flags [.], ack 560, win 501,
options [nop,nop,TS val 1751639685 ecr 1751498744], length 0
00:00:00.010489 IP 10.2.203.2.22 > 10.2.0.2.33986: Flags [P.], seq 560:896, ack 1,
win 132, options [nop,nop,TS val 1751498745 ecr 1751639685], length 336
00:00:00.000369 IP 10.2.0.2.33986 > 10.2.203.2.22: Flags [.], ack 896, win 501,
options [nop,nop,TS val 1751639686 ecr 1751498745], length 0
[...]
```

tcpdump(8) 按照需要可以输出各类信息（参见第 10 章）。

在块设备层，存储设备 I/O 可以用 biosnoop(8) 来跟踪（基于 BCC/BPF）：

```
# biosnoop
TIME(s)     COMM           PID    DISK     T SECTOR      BYTES    LAT(ms)
0.000004    supervise      1950   xvda1    W 13092560    4096        0.74
0.000178    supervise      1950   xvda1    W 13092432    4096        0.61
0.001469    supervise      1956   xvda1    W 13092440    4096        1.24
0.001588    supervise      1956   xvda1    W 13115128    4096        1.09
1.022346    supervise      1950   xvda1    W 13115272    4096        0.98
[...]
```

这个 biosnoop(8) 输出包括 I/O 完成时间（TIME(s)）、启动进程的细节信息（COMM 和 PID）、磁盘设备（DISK）、I/O 类型（T）、大小（BYTES）和 I/O 持续时间（LAT(ms)）。关于这个工具的更多信息可参见第 9 章。

系统调用层是另一个跟踪常用的位置。在 Linux 中，可以用 strace(1) 和 perf(1) 的跟踪子命令来做跟踪（参见第 5 章）。这些工具也有可以打印时间戳的选项。

当执行事件跟踪时，需要找到下列信息。

- **输入**：事件请求的所有属性，即类型、方向、尺寸，等等。
- **时间**：起始时间、终止时间、延时（差异）。
- **结果**：错误状态、事件结果（如成功传输的尺寸）。

有时性能问题可以通过检查事件的属性来发现，无论是请求还是结果。事件的时间戳有利于延时分析，一般的跟踪工具都会包含这个功能。上述的 tcpdump(8) 用参数 -ttt，输出所包含的 delta 时间戳，其测量了包与包之间的时间。

研究之前发生的事件也能提供信息。一个延时特别高的事件，通常叫作*延时离群值*，它可能是由之前的事件而不是由自身所造成的。例如，队列尾部事件的延时可能会很高，但这是由之前队列里的事件造成的，而并非源于该事件自身。这种情况只能用事件跟踪来加以辨别。

2.5.16 基础线统计

环境通常使用监测解决方案来记录服务器性能指标，并将指标可视化为线图，时间在 *X* 轴上（参见 2.9 节）。这些线图可以显示一个指标最近是否发生了变化，如果发生变化的话，只需检查线的变化就能看到有什么不同。有时会添加额外的线条，以囊括更多的历史数据，比如历史平均数，或者干脆是历史时间范围内的数据，以便与当前时间范围的数据进行比较。例如，许多 Netflix 的仪表板会画一条额外的线来显示相同但却是前一周的时间范围，这样，星期二下午 3 点的行为就可以直接与前一个星期二下午 3 点的行为进行比较。

这些方法对于已经监测到的指标和可视化的 GUI 来说效果不错。然而，还有很多在命令行中获得的系统指标和细节，可能没有被监测到。你可能会面对不熟悉的系统统计数据，想知道它们对服务器来说是否“正常”，或者这些数据是否是某个问题的佐证。

这并不是一个新问题，有一种方法可以解决这个问题，它比使用线图的监测解决方案还要早。它就是收集*基础线统计*数据。它会在系统处于“正常”负载下时收集所有的系统指标，并将其记录在文本文件或数据库中，供以后参考。基础线用的软件可以是一个 shell 脚本，用它来运行观测工具并采集其他信息来源（/proc 文件的 cat(1)）。也可以在基础线中包括剖析器和跟踪工具，用来比监测产品的常规记录提供更多的细节（但要注意这些工具的开销，以免扰乱生产环境）。这些基础线可以定期（每天）收集，也可以在系统或应用变更的前后收集，这样就可以分析性能差异了。

如果没有收集基础线，也没有监测，一些观测工具（那些基于内核计数器的工具）可以显示自启动以来的汇总数据的均值，以便与当前活动进行比较。这是很粗糙的，但总比没有好。

2.5.17 静态性能调优

静态性能调优着重处理的是架构配置的问题。其他方法着重处理的是负载施加后的性能：动态性能 [Elling 00]。静态性能分析是在系统空闲没有施加负载的时候执行的。

做性能分析和调优，要对系统的所有组件逐一确认下列问题：

- 该组件是否是合理的？（过时的、功率不足的，等等）。
- 配置是针对预期的工作负载设定的吗？
- 组件的自动配置对于预期的工作负载是最优的吗？
- 有组件出现错误吗？是在降级状态（degraded state）吗？

下面是一些在静态性能调优中可能发现的问题。

- 网络接口协商：选择 1Gb/s 而不是 10Gb/s。
- 建立 RAID 池失败。
- 使用的操作系统、应用程序或固件是旧的版本。
- 文件系统几乎满了（会导致性能问题）
- 文件系统记录的尺寸和工作负载 I/O 的尺寸不一致。
- 应用程序在运行时意外开启了高成本的调试模式。
- 服务器意外被配置了网络路由（开启了 IP 转发）。
- 服务器使用的资源，诸如认证，来自远端的数据中心，而不是本地的。

幸运的是，这些问题都很容易检查。难的是要记住做这些事情！

2.5.18 缓存调优

从应用程序到磁盘，应用程序和操作系统会部署多层的缓存来提高 I/O 的性能。详细内容可参见 3.2.11 节。这里介绍的是各级缓存的通用调优策略：

1. 尽量将缓存放在栈的顶端，靠近工作开展的地方，以降低缓存命中的操作开销。这个位置也应该有更多可用的元数据，可以用来改进缓存的保留策略。
2. 确认缓存开启并确实在工作。
3. 确认缓存的命中 / 失效比例和失效率。
4. 如果缓存的大小是动态的，确认它的当前尺寸。
5. 针对工作负载调整缓存。这项工作依赖缓存的可调参数。
6. 针对缓存调整工作负载。这项工作包括减少对缓存不必要的消耗，这样可以释放更多的空间来给目标工作负载使用。

要小心二次缓存——比如，消耗主存的两个不同的缓存块，或把相同的数据缓存了两次。

还有，要考虑每一层缓存调优的整体性能收益。调整 CPU 的 L1 缓存可以节省纳秒级别的时间，当缓存失效时，用的是 L2。提升 CPU 的 L3 缓存能避免访问速度慢得多的主存，从而获得较大的性能收益。（这些关于 CPU 缓存的内容可参考第 6 章的内容。）

2.5.19　微基准测试

微基准测试测量的是简单的人造工作负载的性能。这与宏观基准测试（或行业基准测试）不同，后者通常旨在测试真实世界和自然的工作负载。宏观基准测试是通过运行工作负载仿真来进行的，执行和理解的复杂度高。

微基准测试由于涉及的因素较少，所以在执行和理解上会较为简单。一个常用的微基准测试是 Linux iperf(1)，可用它执行 TCP 吞吐量测试：这样可以通过检查生产环境工作负载下的 TCP 计数器来识别外部网络瓶颈（否则很难发现）。

可以用微基准测试工具来施加工作负载并度量性能。或者用负载生成器工具来产生负载，负载生成器只是产生工作负载，性能测量的事情要留给其他观测工具（负载生成器的例子参见 12.2.2 节）。这两种方法都可以，但最稳妥的办法是使用微基准测试工具并用其他工具再次检查性能。

下面是一些微基准测试的例子，包括一些二维测试。

- **系统调用时间**：针对 fork(2)、execve(2)、open(2)、read(2)、close(2)。
- **文件系统读取**：从缓存过的文件读取，读取的数据大小从 1B 变化到 1MB。
- **网络吞吐量**：针对不同的 socket 缓冲区的尺寸测试 TCP 端对端数据传输。

微基准测试通常在目标系统上的执行会尽可能地快，测量完成大量上述这类操作所用的时间，然后计算均值（平均时间 = 运行时间 / 操作次数）。

后面的章节中还有微基准测试的特定方法的介绍，列出了测试的目标和属性。关于基准测试的更多内容可参见第 12 章。

2.5.20　性能箴言

这是一种显示如何最好地提高性能的调优方法，可操作的项目从最有效到无效的顺序如下：

1. 不要做。
2. 做吧，但不要再做。
3. 做少点。
4. 稍后再做。
5. 在不注意的时候做。

6. 同时做。
7. 做得更便宜。

下面是每一项的例子。

1. 不要做：消除不必要的工作。
2. 做，但不要再做：缓存。
3. 做少点：将刷新、轮询或更新的频率调低。
4. 稍后再做：回写缓存。
5. 在不注意的时候做：安排工作或在非工作时间进行。
6. 同时做：从单线程切换到多线程。
7. 做得更便宜：购买更快的硬件。

这是我最喜欢的方法之一，是从 Netflix 的 Scott Emmons 那里学到的。Scott Emmons 把这个方法归功于 Craig Hanson 和 Pat Crain（尽管我还没有找到公开的参考资料）。

2.6 建模

建立系统的分析模型有很多用途，特别是对于*可扩展性分析*：研究当负载或者资源扩展时性能会如何变化。这里的资源可以是硬件，如 CPU 核，也可以是软件，如进程或者线程。

除对生产系统的观测（“测量”）和实验性测试（“仿真”）之外，分析建模可以被认为是第三类性能评估方法 [Jain 91]。上述三者至少择其二可让性能研究最为透彻：分析建模和仿真，或者仿真和测量。

如果是对一个现有系统做分析，可以从测量开始：归纳工作负载特征和测量性能。如果系统没有生产环境负载或者要测试的工作负载在生产环境不可见，实验性分析，可以用工作负载仿真做测试。分析建模可基于测试和仿真的结果，对性能进行预测。

可扩展性分析可以揭示性能由于资源限制停止线性增长的点，即*拐点*。找到这些点是否存在，若存在，在哪里，这对研究阻碍系统扩展性的性能问题有指导意义，可帮助我们在碰到这些问题之前就能将它们修复。

关于这些步骤的更多内容，可参见 2.5.11 节和第 2.5.19 节。

2.6.1 企业与云

虽然建模可以让我们不用实际拥有一个大型的企业系统就可以对其进行仿真，但是大型环境的性能常常是复杂并且难以精确建模的。

利用云计算技术，任意规模的环境都可以短期租用——用于基准测试。不用建立模型来预测性能，工作负载可以在不同尺寸的云上进行特征归纳、仿真和测试。某些发现，如拐点，是一样的，但现在更多的是基于测试数据而非理论模型，在真实的环境中测试时，你会发现一些制约性能的点并未收纳在你的模型里。

2.6.2 可视化识别

当通过实验收集到了足够多的数据结果时，就可以把它们绘制成性能随规模变化的曲线，这样的曲线往往可以揭示一定的规律。

图2.15显示了某一应用程序随着线程数增加而出现的吞吐量变化。从图中可以看出，在8个线程处好像是存在一个拐点，此处曲线的斜率发生了变化。现在可以研究这个点，比如查看该点附近的应用程序和系统的各种配置信息。

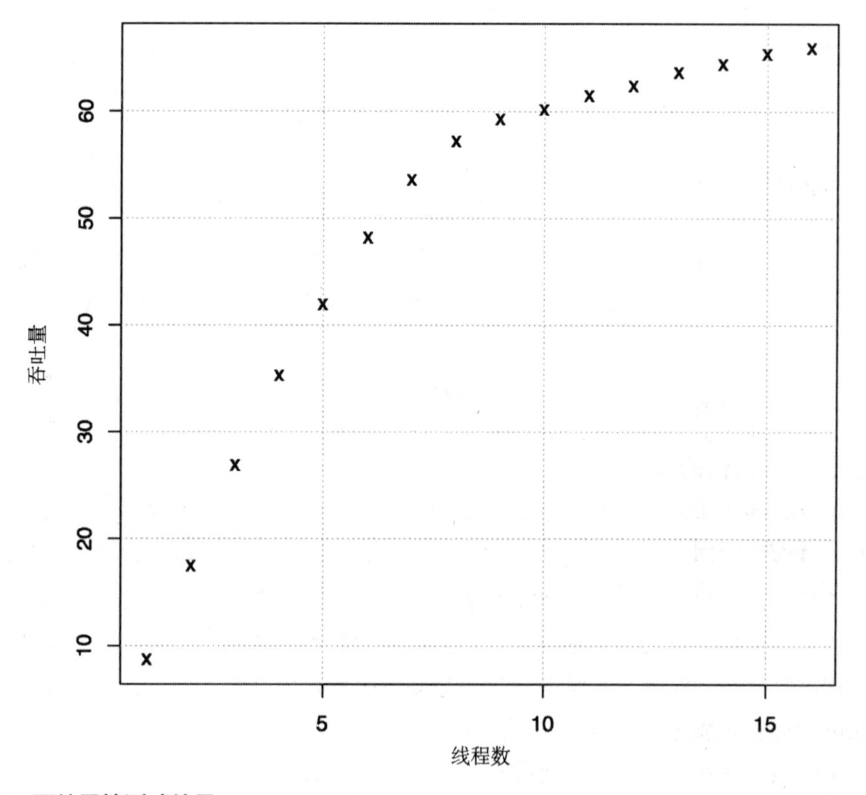

图 2.15　可扩展性测试结果

上例是一个8核系统，每一个核有2个硬件线程。为了进一步确定这与CPU核数的关系，需要研究在少于8核和多于8核时CPU产生的影响（参见第6章）。或者，在一个不同核数的系统上重复相同的扩展性测试，验证拐点发生如预期般的变动。

下面是一系列性能扩展性曲线，没有严格的模型，但用视觉可以识别出各种类型，详见图 2.16。

对于每一条曲线，X 轴是扩展的维度，Y 轴是相应的性能（吞吐量、每秒事务数，等等）。曲线的类型如下。

- **线性扩展**：性能随着资源的扩展成比例地增加。这种情况并非永久持续，但这可能是其他扩展情况的早期阶段。

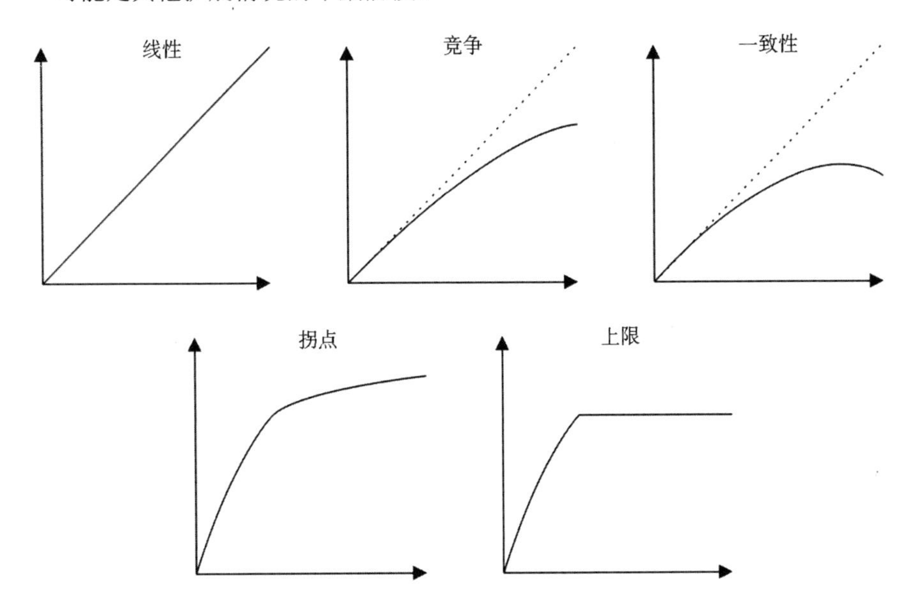

图 2.16 性能扩展性曲线

- **竞争**：架构的某些组件是共享的，而且只能串行使用，对这些共享资源的竞争会减少扩展的效益。
- **一致性**：由于要维持数据的一致性，传播数据变化的代价会超过扩展带来的好处。
- **拐点**：某个因素碰到了扩展的制约点，从而改变了扩展曲线。
- **扩展上限**：到达了一个硬性的极限。该极限可能是设备瓶颈，诸如总线或互联器件达到了最大吞吐量，或者是一个软件设置的限制（系统资源控制）。

虽然可视化识别很简单且有效，但通过数学模型的方法你能更多地了解系统的扩展性。模型用意想不到的方式从数据中衍生出来，这对于研究很有用处：要么是模型里呈现的问题与你对系统的理解不一致，要么是这个问题在系统扩展中是真实存在的。下面几节我们会介绍 Amdahl 扩展定律、通用扩展定律和排队理论。

2.6.3 Amdahl 扩展定律

Amdahl 定律由计算机架构师 Gene Amdahl [Amdahl 67] 的名字命名，该定律对系统的扩展性进行了建模，所考虑的是串行构成的不能并行执行的工作负载。这个定律可以用于 CPU、线程、工作负载等更多事物的扩展性研究。

Amdahl 扩展定律认为早期的扩展特性是竞争，主要是对串行资源或工作负载的竞争。可以描述成为 [Gunther 97]：

$$C(N)=N/(1+\alpha(N-1))$$

相对的容量是 $C(N)$，N 是扩展维度，如 CPU 数目或用户负载。系数 α（其中 $0<=\alpha<=1$）代表着串行的程度，即偏离线性扩展的程度。

Amdahl 扩展定律的应用步骤如下：

1. 不论是观测现有系统，还是实验性地使用微基准测试，或者用负载生成器，都收集 N 范围内的数据。
2. 执行回归分析来判断 Amdahl 系数（α）的值，可以用统计软件做这件事情，如 gnuplot 或 R。
3. 将结果呈现出来用于分析。收集的数据点可以和预测扩展性的模型函数画在一起，看看数据和模型的差别。这件事也可以用 gnuplot 或 R 来完成。

下面是 Amdahl 扩展定律回归分析的例子，看看这一步骤是怎样做到的。

```
inputN = 10                     # rows to include as model input
alpha = 0.1                     # starting point (seed)
amdahl(N) = N1 * N/(1 + alpha * (N - 1))
# regression analysis (non-linear least squares fitting)
fit amdahl(x) filename every ::1::inputN using 1:2 via alpha
```

用 R 语言处理这个例子所需要的代码量也大致相同，使用 nls() 函数，利用非线性最小二乘拟合法来计算系数，然后用得到的系数绘图。详见本章最后的性能扩展模型工具集参考，其中附有 gnuplot 和 R 语言的完整代码 [Gregg 14a]。

在后面有一个 Amdahl 扩展定律函数的例子。

2.6.4　通用扩展定律

通用扩展定律（Universal Scalability Law，USL），之前被称为超串行模型 [Gunther 97]，由 Neil Gunther 博士开发并引入了一个系数处理一致性延时。这个定律用于描述一致性扩展的曲线，竞争的影响也包含在内。

USL 被定义为：

$$C(N)=N/(1+\alpha(N-1)+\beta N(N-1))$$

$C(N)$、N 和 α 与 Amdahl 扩展定律中的是一致的。β 是一致性系数。当 β=0 时，该定律就变成了 Amdahl 扩展定律。

USL 和 Amdahl 扩展定律的示例曲线可见图 2.17。

输入数据集的方差较大，给扩展曲线的形状判断带来一定的困难。输入模型的起始一组的十个数据点用圆圈做标记，额外一组十个数据点用叉形做标记，这样能检验模型对于现实的预测能力。

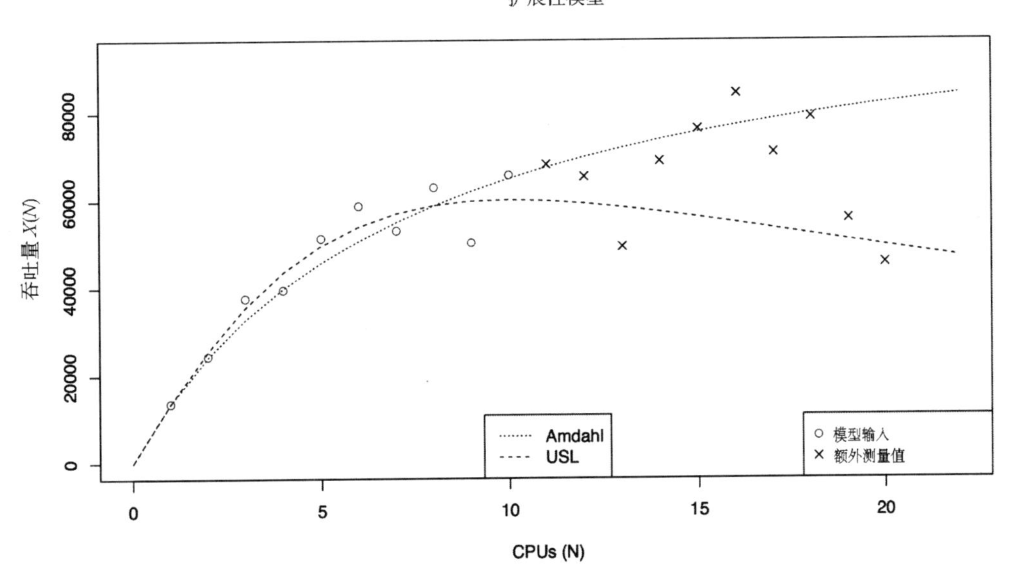

图 2.17 扩展性模型

关于 USL 分析的更多内容，可参考 [Gunther 97] 和 [Gunther 07]。

2.6.5 排队理论

排队理论是用数学方法研究带有队列的系统，提供了对队列长度、等待时间（延时）、和使用率（基于时间）的分析方法。计算领域中的许多组件，无论硬件还是软件，都能建模成为队列系统。多条队列系统的模型叫作队列网络。

本节会简单阐述排队理论的作用，还会给出一个示例以助理解。如有需要，这一领域有着大量的研究，可以参考其他文档，如 [Jain 91]、[Gunther 97]。

排队理论是建立在数学和统计学等很多领域之上的，包括概率分布、随机过程、Erlang 的 C 公式（Agner Krarup Erlang 创立的排队理论）和 Little's 定律。Little's 定律可以表述为：

$$L = \lambda W$$

系统请求的平均数目 L 是由平均到达率 λ 乘以平均服务时间 W 得到的。这个公式可以应用于队列，比如 L 是队列中的请求个数，W 是该队列的平均等待时间。

利用排队系统可以回答各种各样的问题，也包括下面这些问题：

- 如果负载增加一倍，平均响应时间会怎样变化？
- 增加一个处理器会对平均响应时间有什么影响？
- 当负载增加一倍时，系统的 90% 响应时间能在 100ms 以下吗？

除了响应时间，排队理论还研究其他因素，包括使用率、队列长度，以及系统内的任务数目。

一个简单的排队系统模型见图 2.18。

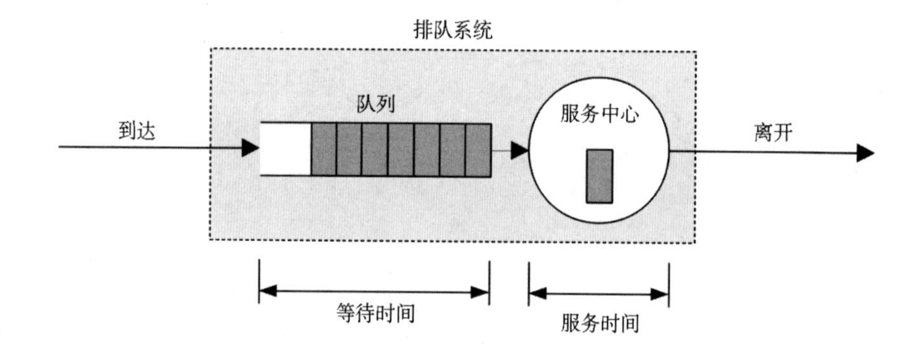

图 2.18　排队模型

图中有一个单点的服务中心在处理队列里的任务。排队系统可以有多个服务中心并行地处理工作。在排队理论中，服务中心通常被称为服务器。

排队系统能用以下三个要素进行归纳。

- **到达过程**：描述的是请求到达排队系统的时间间隔，这个时间间隔可能是随机的、固定的，或者是一个过程，如泊松过程（到达时间的指数分布）。
- **服务时间分布**：描述的是服务中心的服务时间，可以是确定性分布、指数型分布，或者其他的分布类型。
- **服务中心数目**：一个或者多个。

这些要素可以用 Kendall 标记法表示。

Kendall 标记法

该标记法为每一个属性指定一个符号，格式如下：

$A/S/m$

到达过程 A、服务时间分布 S，以及服务中心数目 m。Kendall 标记法还有扩展格式以囊括更多的要素：系统中的缓冲数目、任务数目上限和服务规则。

通常研究的排队系统如下。

- **M/M/1**：马尔可夫到达（指数分布到达），马尔可夫服务时间（指数分布），一个服务中心。
- **M/M/c**：和 M/M/1 一样，但是服务中心有多个。
- **M/G/1**：马尔可夫到达，服务时间是一般分布，一个服务中心。
- **M/D/1**：马尔可夫到达，确定性的服务时间（固定时间），一个服务中心。

M/G/1 模型通常用于研究旋转的物理硬盘性能。

M/D/1 和 60% 使用率

作为排队理论的一个简单示例，假定磁盘响应工作负载的时间是固定的（这是一种简化）。响应的模型是 M/D/1。

现在的问题是：随着使用率的增加，磁盘的响应时间是如何变化的？

依据排队理论，M/D/1 的响应时间可以计算如下：

$$r = s(2 - \rho)/2(1 - \rho)$$

此处的响应时间 r，由服务时间 s 和使用率 ρ 决定。

对于 1ms 的服务时间，使用率为 0%~100%，响应时间和使用率的关系如图 2.19 所示。

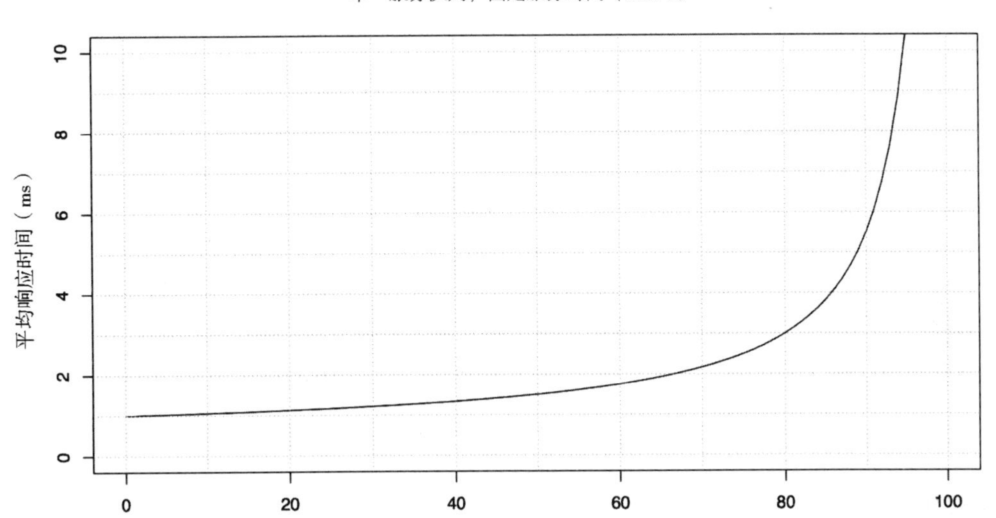

图 2.19 M/D/1 模型平均响应时间随使用率变化的曲线

使用率超过 60%，平均响应时间会变成两倍。在使用率为 80% 时，平均响应时间变成了三倍。磁盘 I/O 延时通常是应用程序的资源限制，两倍或更多的平均延时增加会给应用程序带来显著的负面影响。排队系统内的请求是不能被打断的（通常而言），必须等到轮到自己，这就是磁盘使用率在达到 100% 之前就会变成问题的原因。CPU 资源与之不同，更高优先级的任务是可以抢占 CPU 的。

图 2.19 回答了之前的问题——如果负载增倍，平均响应时间会如何变化——此时使用率和负载是相关的。

这是一个简单的模型，在某些方面它显示出最佳的情况。服务时间的变化使得平均响应时间变长（例如，使用 M/G/1 或 M/M/1）。有一部分的响应时间分布在图 2.19 中没有显示出来，例如，使用率为 90% ～ 99% 时的性能下降要比使用率为 60% 时快得多。

正如之前介绍 Amdahl 扩展定律时使用的 gnuplot 的例子一样，用实际的代码展示会更直观，更便于理解涉及的因素。这次我们用的是 R 统计软件 [R Project 20]。

```
svc_ms <- 1                    # average disk I/O service time, ms
util_min <- 0                  # range to plot
util_max <- 100                # "
ms_min <- 0                    # "
ms_max <- 10                   # "
# Plot mean response time vs utilization (M/D/1)
plot(x <- c(util_min:util_max), svc_ms * (2 - x/100) / (2 * (1 - x/100)),
    type="l", lty=1, lwd=1,
    xlim=c(util_min, util_max), ylim=c(ms_min, ms_max),
    xlab="Utilization %", ylab="Mean Response Time (ms)")
```

之前说过的 M/D/1 的等式被传到了 plot() 函数里。这段代码中的大部分代码是在定义图的边界、线条的属性，以及轴上的标签。

2.7　容量规划

容量规划可以检查系统处理负载的情况，以及系统如何随着负载的增加而扩展。做容量规划有很多方法，包括这里讲述的研究资源极限和因素分析，以及前面介绍的建模。本节还包括了扩展的解决方案，包括负载均衡器（load balancers）和分片（sharding）。关于这个专题的更多内容，可参见 *The Art of Capacity Planning* [Allspaw 08]。

针对某一应用程序做容量规划，对制定其量化的性能目标是有帮助的。第 5 章的前半部分有关于这一内容的讨论。

2.7.1 资源极限

对于容器来说，某个资源可能会因为碰到软件施加的限制而成为瓶颈。资源限制方法可寻找在负载之下会成为瓶颈的资源，步骤如下：

1. 测量服务器请求的频率，并监视请求频率随时间的变化。
2. 测量硬件和软件资源的使用。监视使用率随时间的变化。
3. 用资源的使用来表示服务器的请求情况。
4. 根据每个资源来推断服务器请求的极限（或用实验确定）。

开始时要识别服务器种类，以及服务器所服务的请求的种类。例如，Web 服务器服务 HTTP 请求、NFS 服务器服务 NFS 协议请求（操作）、数据库服务器服务查询请求（或者是命令请求，把查询作为子集）。

下一个步骤是判断请求会消耗哪些系统资源。对于现有系统，与资源使用率相应的当前请求率是可以测量出来的。推断出哪个资源先达到 100% 的使用率，然后看看那时候请求率会是怎样的。

对于未来的系统，可以用微基准测试或者负载生成工具在测试环境里对要施加的请求进行仿真，同时测量资源的使用情况。给予充足的客户负载，你能够通过实验的方式找到极限。

要监视的资源如下。

- **硬件**：CPU 使用率、内存使用、磁盘 IOPS、磁盘吞吐量、磁盘容量（使用率）、网络吞吐量。
- **软件**：虚拟内存使用情况、进程 / 任务 / 线程、文件描述符。

比如，你现在正在观测的系统当前每秒执行 1000 个请求。最繁忙的资源是 16 个 CPU，平均使用率是 40%，你预测当 CPU 处于 100% 使用情况时会成为工作负载的瓶颈。问题就变成了：在那时每秒的请求率是多少？

每个请求的 CPU% = 总的 CPU% / 请求总数 = 16 × 40% / 1000 = 每个请求消耗 0.64% CPU

每秒请求最大值 = 100% × 16 CPU / 每个请求消耗的 CPU% = 1600 / 0.64 = 每秒 2500 个请求

在 CPU 100% 忙碌时，预测请求会达到每秒 2500 个。这是一个粗略的最好估计，在达到该速率之前可能会先碰到其他的限制因素。

上述做法只用了一个数据点：应用程序 1000 的吞吐量（每秒的请求数）和设备

40% 的使用率。如果监视一段时间，可以收集到多个不同的吞吐量和使用率的数据值，这样就可以提高估计的精确性。图 2.20 所示的是处理数据并推断应用程序吞吐量最大值的一个可视化方法。

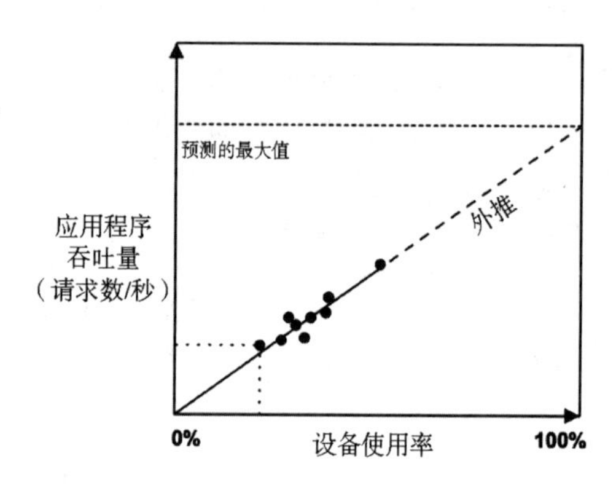

图 2.20 资源极限分析

每秒 2500 个请求的性能够吗？回答这个问题需要理解什么是工作负载的峰值，通常按每日访问的形式来显示。对于既有系统而言，只要你监视过一段时间，就应该会有峰值是什么样的概念。

想象一下，一台 Web 服务器每天处理 100 000 次网站点击。这看起来可能挺多的，但平均下来，差不多每秒只有一次请求——并不多。然而，可能这 100 000 次网站点击的大多数都发生在新内容更新后的一秒，那样的话，峰值就很高了。

2.7.2 因素分析

在购买和部署新系统时，通常有很多因素需要调整以达到理想的性能。这些调整针对磁盘和 CPU 的数目、RAM 的大小、是否采用闪存设备、RAID 的配置、文件系统设置，以及诸如此类的事情。一般是用最小的成本来实现需要的性能。

对所有可能的组合做测试，可以决定哪个组合具有最佳的性价比。但是，真这样做的话很快就会失控：8 种 2 个可能的因素就需要 256 次测试。

解决方法是测试一个组合的有限集合。基于对系统最大配置的了解有下面这么一个方法：

1. 测试将所有因素都设置为最大时的性能。
2. 逐一改变因素，测试性能（应该是对每一个因素的改动都会引起性能下降）。
3. 基于测量的结果，对每个因素的变化引起性能下降的百分比以及所节省的成本做统计。
4. 将最高的性能（和成本）作为起始点，选择能节省成本的因素，同时确保组合后的性能下降仍满足所需的每秒请求数量。

5. 重新测试改变过的配置，确认所交付的性能。

对于有 8 种因素的系统，这个方法只需要 10 次测试。

举个例子，对一个新的存储系统做容量规划，需要 1GB/s 的读取吞吐量和 200GB 的工作数据集。最高的配置可以达到 2GB/s，需要 4 个处理器、256GB 的 RAM、2 个双口 10GbE 的网卡、巨型帧，而且不启用压缩和加密（启用这两点会降低性能）。换成 2 个处理器，性能会降低 30%，换成 1 块网卡性能下降 25%，非巨型帧性能下降 35%，加密性能下降 10%，压缩性能下降 40%，减少 90% 的 DRAM 会使得工作负载无法全部缓存。考虑到这些性能下降和对应的成本节省，能满足要求的最高性价比的系统是能够计算出来的，结果是系统带有 2 个处理器和 1 块网卡，能够满足吞吐量的需要：预估是 2×(1-0.30)×(1-0.25) = 1.04 GB/s。测试一遍这套配置会是明智的举措，以防这些组件放在一起使性能和所预期的不同。

2.7.3 扩展方案

要满足更高的性能需要，常常意味着建立更大的系统，这种策略叫作*垂直扩展*（vertical scaling）。把负载分散给许许多多的系统，在这些系统前面放置负载均衡器（load balancer），让这些系统看起来像是一个，这种策略叫作*水平扩展*（horizontal scaling）。

云计算把水平扩展更推进了一步，云计算构建在许多较小的虚拟化系统之上而不是构建一个完整的系统。当用户购买计算来处理所需要的负载时，云计算能够提供更好的颗粒度，支持系统小规模且有效的扩展。与企业的大型机（附带对后续技术支持合同的承诺）相较而言，云计算不要求一开始就大宗采购，在项目的早期也不需要进行严格的容量规划。

有一些技术可以根据性能指标自动进行云扩展。AWS 在这方面的技术被称为*自动扩展组*（ASG）。可以创建一个自定义的扩容策略来增加和减少实例的数量。如图 2.21 所示。

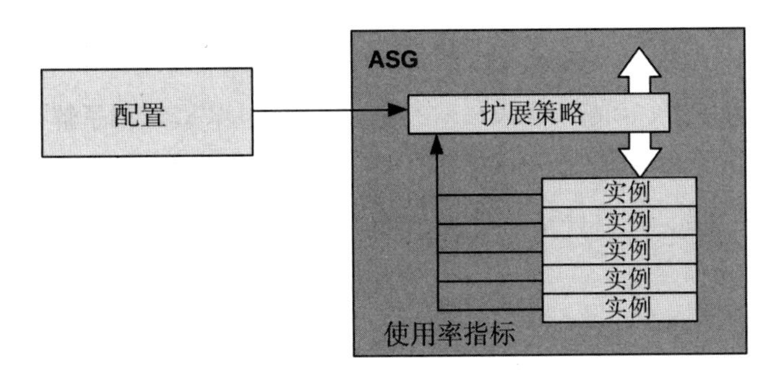

图 2.21 自动扩展组

Netflix 通常使用 ASG，其目标是 CPU 的使用率为 60%，并将随着负载的增加和减少来维持这一目标。

容器编排系统也可以提供对自动扩展的支持。例如，Kubernetes 提供了水平 pod 自动伸缩器（HPA），可以根据 CPU 使用率或其他自定义指标来调整 pod（容器）的数量 [Kubernetes 20a]。

对于数据库来说，一个常见的扩展策略叫作分片（sharding）——把数据切分成一个个逻辑组件，每个组件由自己的数据库（或冗余的数据库组）来管理。举个例子，用户数据库可以根据顾客名字按字母范围来划分成几个。挑选一个有效的分片键对于将负载均匀地分散到各个数据库中至关重要。

2.8 统计

理解如何使用统计并且了解统计的局限性是很重要的。本节讨论的是用统计（指标）的方法量化性能问题，统计的类型包括平均值、标准方差，以及百分位数。

2.8.1 量化性能收益

要比较问题和对问题排优先级，需要对问题和问题修复后所带来的性能的潜在提升做量化。这件事情一般用观测或者实验的方式做。

基于观测

用观测法量化性能问题：

1. 选择可靠的指标。
2. 估计解决问题带来的性能收益。

举例如下。

- **观测到**：应用程序请求需要 10ms 的时间。
- **观测到**：其中，9ms 是磁盘 I/O。
- **建议**：配置应用程序将 I/O 缓存到内存里，预期 DRAM 的延时将在 10μs 左右。
- **估计性能收益**：10 ms → 1.01 ms (10 ms - 9 ms + 10 μs)，大约为 9 倍的收益。

在 2.3 节里介绍过，延时就是一个很适合做量化的指标，可以在不同的组件之间做比较，也适合进行计算。

当要测量延时时，应确保它是作为应用程序请求的一个同步组件来被计时的。有些事件是异步发生的，如后台磁盘的 I/O（数据回写磁盘），这些都不直接影响应用程序的性能。

基于实验

用实验来量化性能问题：

1. 实施修复。
2. 用可靠的指标量化做前后对比。

举例如下。

- **观测到**：应用程序事务平均延时 10ms。
- **实验**：增加应用程序线程数，允许更多的并发，减少排队。
- **观测到**：应用程序事务平均延时 2ms。
- **性能增益**：10 ms → 2 ms = 5 倍。

如果在生产环境做此类实验代价很高昂的话，这种方法就不适合了！

2.8.2 平均值

平均值就是用单个数据代表一组数据：数据集中趋势的指标。最常见的平均值类型是算术平均值（或者简称平均），就是数据的总和除以数据的个数。其他的均值类型还有几何平均值和调和平均值。

几何平均值

几何平均值是数值乘积的 n 次方根（n 是数值的个数）。在 [Jain 91] 中有论述，其中还包含一个网络性能分析的例子：如果内核网络栈的每一层的性能提升都能分别被测量出来，那么平均的性能提升是多少？由于网络的各层是共同作用于同一个包的，因此性能提升会有“相乘”的效果，那么用几何平均值来求解是最好的。

调和平均值

调和平均值是数值的个数除以所有数值的倒数之和。这种平均方法更适用于利用速率求均值，例如，计算传输 800MB 数据的平均速率，当第一个 100MB 以 50MB/s 传输，剩下的 700MB 按 10MB/s 的门限传输时，答案是采用调和平均值，800/(100/50 + 700/10) = 11.1MB/s。

随着时间变化的平均值

在性能度量中，我们研究的很多指标都是随着时间变化的平均值。CPU 不会永远处在“50% 的使用率”，而是在某些时间间隔内 50% 的时间 CPU 处于使用状态，该时间间隔可以是 1 秒、1 分钟，或者 1 小时。每当涉及平均值的时候，有必要确认一下时间间隔的长度。

举个例子，顾客有一个由 CPU 饱和（调度器延时）造成的性能问题，但是他们的监测工具显示 CPU 使用率从来没有超过 80%。该监测工具显示的是 5 分钟内的平均值，掩盖了 CPU 在该周期内有持续几秒的 100% 的使用率的事实。

衰退均值

衰退均值偶尔会在系统性能调优中使用。例子有 uptime(1) 等工具所汇报的系统“负载均值”。

衰退均值也是用时间间隔测量的，但是最近时间的权重要比之前时间的权重高。这样做减小（衰减）了短期波动给平均值带来的影响。

关于这一内容的更多信息可参考 6.6 节。

局限性

平均数是一个总结性的统计，它隐藏了一些细节。我曾分析过许多案例，磁盘 I/O 延时偶尔有异常值超过 100ms，而平均延时接近 1ms。为了更好地理解数据，你可以使用 2.8.3 节介绍的标准方差、百分位数、中位数的统计数据，以及 2.10 节中所涉及的可视化方法。

2.8.3　标准方差、百分位数、中位数

标准方差和百分位数（例如，第 99 百分位数）是提供数据分布信息的统计技术。标准方差度量的是数据的离散程度，更大的数值表示数据偏离均值（算术平均值）的程度越大。第 99 百分位数显示的是该点在分布上包含了 99% 的数值。图 2.22 显示的是正态分布，其有最小值和最大值。

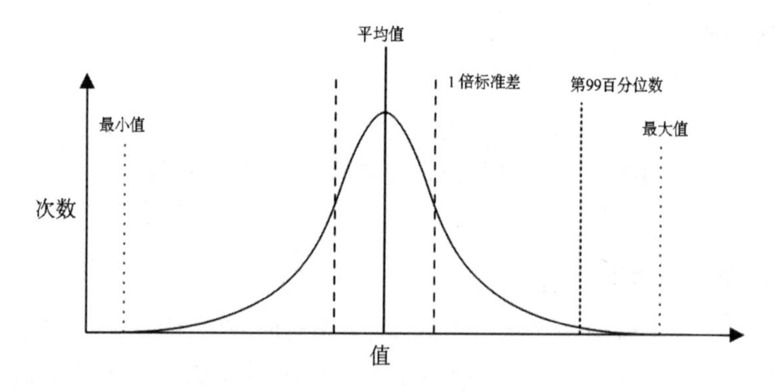

图 2.22　统计数值

诸如第 99、第 90、第 95 和第 99.9 百分位数都会在请求延时的性能监测时使用，对

请求分布的最慢部分做量化。这些也可以用在服务水平协议（SLA）中，作为大多数用户所能接受的性能衡量方法。

第 50 百分位数，又叫作中位数，用以显示数据的大部分如何分布。

2.8.4 变异系数

标准方差是相对平均值而言的，当同时考虑标准方差和平均值时，变异就可以理解了。单独的标准方差 50 能告诉我们的东西很少，加上一个平均值 200 能告诉我们的东西就很多了。

还有一种方法，用到一个表示变异程度的指标：标准方差相对于平均值的比例，称为变异系数（CoV 或 CV）。对于上述例子，CV 是 25%，更小的 CV 意味着数据更小的变异。

另一种表达变异的单一指标是 z 值，即一个数值与平均值相差多少个标准方差。

2.8.5 多重模态分布

图 2.22 中有一点很明显：平均值、标准方差，以及百分位数都是针对正态分布或者说是单模态分布而言的。系统性能常常出现双模态的情况，对快速的代码路径是低延时的，对缓慢的代码路径是高延时的，或者对于缓存命中的情况是低延时的，对缓存失效的情况是高延时的，也会有多于两种模态的情况。

图 2.23 显示的是在读写混合（包含随机 I/O 和顺序 I/O）的工作负载下，磁盘 I/O 延时的分布情况。

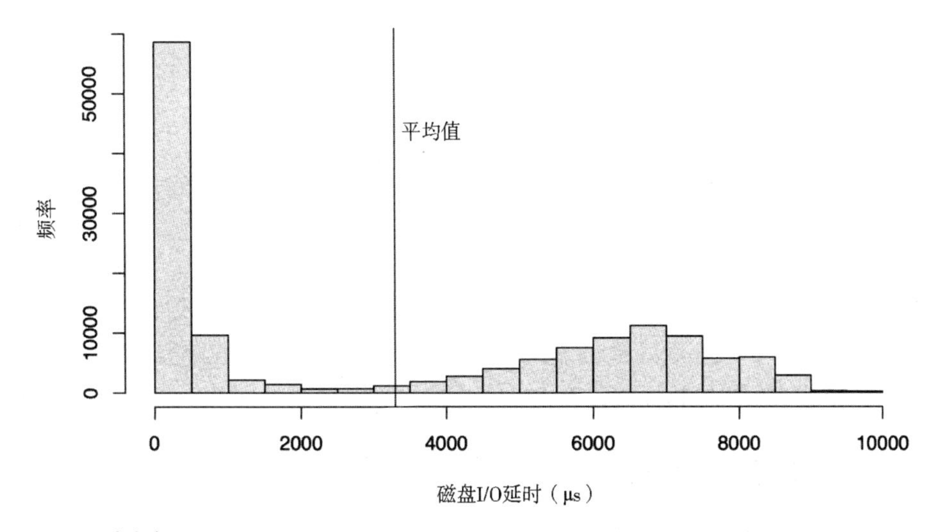

图 2.23 延时分布

直方图显示了两个模态。左侧的模态是小于1ms的延时，这是磁盘缓存命中的情况。右侧的在7ms处有一个峰值，是磁盘缓存失效的情况：随机读。I/O延时的平均值（算术平均）是3.3ms，在图中已用垂直线绘出。这个平均值并不是中心趋势的指向（像之前所述的那样），实际上恰恰相反。对于这个分布，平均值这个指标有严重的误导性。

有人在渡平均深度6英寸的河流时淹死。

——W.I.E. 盖茨

每当你看到性能指标中的平均值，尤其是平均延时的时候，要问一下：分布是什么样的？在2.10节中有另外一个例子，展示了如何有效地用各种图和指标来显示分布。

2.8.6 异常值

统计的另一个问题是异常值的存在：有非常少量的极其高或极其低的数值，看起来并不符合所期望的分布（单一模态或多重模态）。

磁盘I/O延时的异常值就是一个例子——当大多数磁盘I/O在0到10ms之间时，很偶然的磁盘I/O会出现超过1000ms的延时。像这样的异常延时会导致严重的性能问题，但是这些异常值的存在，除了最大值，很难用常用的指标类型识别出来。另一个例子是基于TCP定时器重传引起的网络I/O的延时异常值。

对于正态分布，异常值的存在很可能会让平均值偏移一点，但是对中位数没什么影响（考虑中位数可能有用）。用标准方差和第99百分位数能更好地识别异常值，但这还要取决于异常值出现的频率。

要更好地了解多重模态分布、异常值，以及其他复杂但是常见的现象，要用诸如直方图这样的办法来审视分布的整体情况。关于做这件事情更多的方法，可参考2.10节。

2.9 监测

系统性能监测记录一段时间内（一个时间序列）的性能统计数据，可以对过去的记录和现在的做比较，这样能够找出基于时间的使用规律。这对容量规划、量化增长及显示峰值的使用情况都很有用。通过展示什么是“正常的”范围和过去曾经的平均值，历史数据还能够为理解性能指标的当前值提供上下文背景。

2.9.1 基于时间的规律

图2.24、图2.25和图2.26所绘的是不同时间跨度的文件系统从云计算服务器读操作数目的曲线，是基于时间规律的例子。

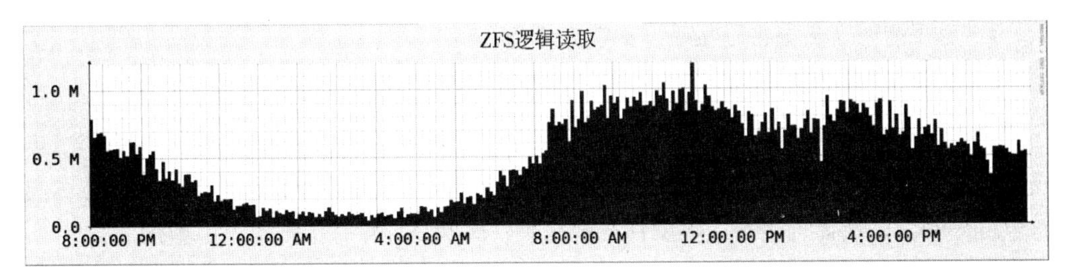

图 2.24 监视活动：一天

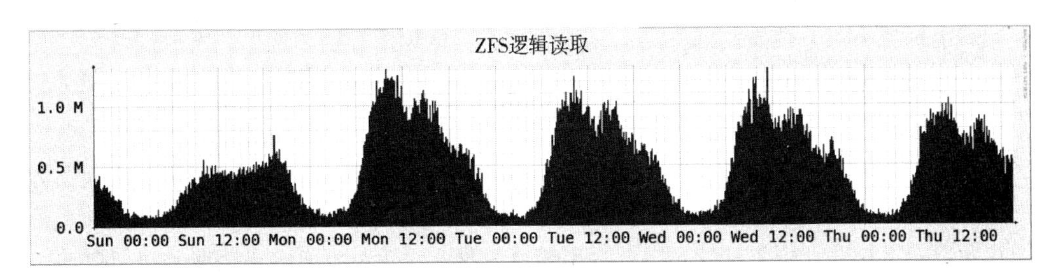

图 2.25 监视活动：五天

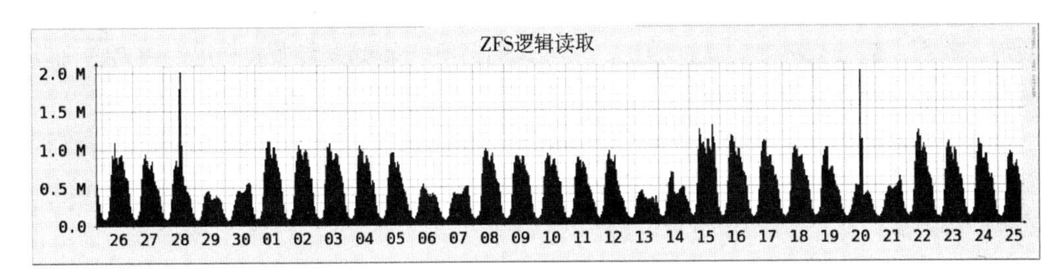

图 2.26 监视活动：30 天

这些曲线反映的日常规律是，在大约早上 8:00 的时候缓慢上升，在下午的时候会稍微下降一点，然后在晚上逐渐下降。长时间跨度的曲线显示的规律是周末读操作数目较少。在 30 天的曲线上能看到一些尖峰存在。

从上面这些图里能看到的各种各样的活动周期通常也能在历史数据里找到，包括以下一些。

- **每小时**：应用程序环境每小时都会有事情发生，诸如监测和报告任务。这些事情以每 5 或 10 分钟的周期执行也是很常见的。
- **每天**：每天的使用规律会和工作时间（早 9:00 至晚 5:00）一致，如果服务是针对多个时区的，时间会拉长。对于互联网服务，规律与世界范围内的用户活动的时间有关。其他每天的事务可能包括晚间的日志回滚以及备份。
- **每周**：和每天的规律一样，基于工作日和周末的每周的规律也可能存在。

- **每季度**：财务报告是按季度如期完成的。
- **每年**：负载的年度模式可能受学校的时间安排和假期影响。

负载的非规律性增长可能源于其他因素，例如，在网站上发布的新内容，以及销售（美国的黑色星期五 / 网络星期一）。负载的非规律性下降可能是由于外部活动，如大范围的停电或停网，以及体育决赛（大家都在看比赛，而不是使用你的产品）导致的。[1]

2.9.2 监测产品

有很多的第三方性能监测产品。典型的功能包括数据存档和数据图表通过网页交互显示，还有的提供可配置的警报系统。

一部分这样的操作是通过在系统上运行代理软件收集统计数据实现的。这些代理软件运行操作系统的监测工具（如 iostat(1) 或 sar(1)）并解析输出文本（这样做被认为是低效的，甚至会引起性能问题），或者直接链接到操作系统库和接口来读取。监测产品支持一系列自定义代理，用于从特定目标导出统计数据，特定目标有：网络服务器、数据库和语言运行时系统。

随着系统变得越来越分布式，云计算的使用量持续增长，你越发地需要监测大量的系统，数百、数千或更多。这样的话，集中式的监测产品就变得尤其有用，因为它可以通过一个界面监测到整个环境。

举个具体的例子：Netflix 云由二十多万个实例组成，使用 Atlas 全云监测工具进行监测，该工具是 Netflix 为在这种规模下的运维而定制的，并且已经开源 [Harrington 14]。其他监测产品会在 4.2.4 节中进行讨论。

2.9.3 自启动以来的信息统计

如果没有执行监测，至少还可以检查系统自带的*自启动以来*的统计信息，这些统计信息可以用于与当前值进行比对。

2.10 可视化

可视化能让人们对更多的数据做检查，而且比用文字更容易理解（或展示）。可视化让我们能够识别规律并对规律做匹配。这是一种有效的方法，可确定不同指标源之间的相关性，这难以用编程实现，但是用视觉的方法来做却很简单。

---

1 在Netflix SRE轮班时，我掌握了一些针对这些情况的非传统分析方法：在社交媒体上检查是否有疑似停电，在团队聊天室里询问是否有体育决赛。

2.10.1 线图

线图是一类常见的基本的数据可视化方法，通常用于检查一段时间的性能指标，*X* 轴上标记的是时间。

图 2.27 就是一例，显示的是 20 秒内的磁盘 I/O 延时的平均值。这是在云生产环境中运行 MySQL 数据库的服务器上测量得到的，此处的磁盘 I/O 延时被怀疑是导致查询缓慢的原因。

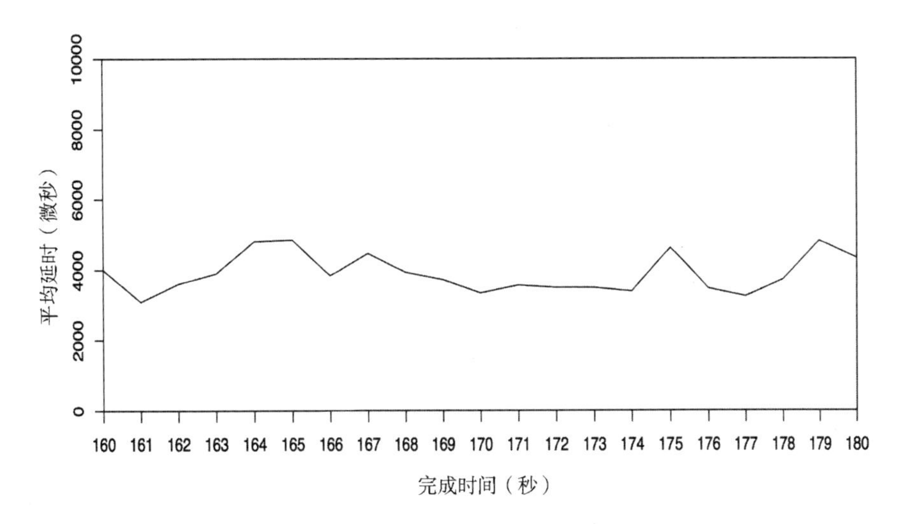

图 2.27 平均延时的线图

该线图显示的读取延时相对一致，都在 4ms 左右，这个延时比对这些磁盘的预计值要高。

可以画多条线，在同一条 *X* 轴上显示相关的数据。每一块磁盘都可以单独画一条线，看看彼此的性能是否相似。

也可将统计值画在上面，以提供更多的数据分布信息。图 2.28 所示的是同一时间段内的磁盘 I/O 情况，多了按每秒统计出的中位数、标准方差和百分位数的线。注意，现在的 *Y* 轴所示值的区间比之前的线图要大得多（8 倍）。

这就揭示了平均值比预期要大的原因：分布中含有高的延时 I/O。尤其是，如第 99 百分位数线所示，1% 的 I/O 超过了 20ms，中位数线也显示了所期望的 I/O 延时，在 1ms 左右。

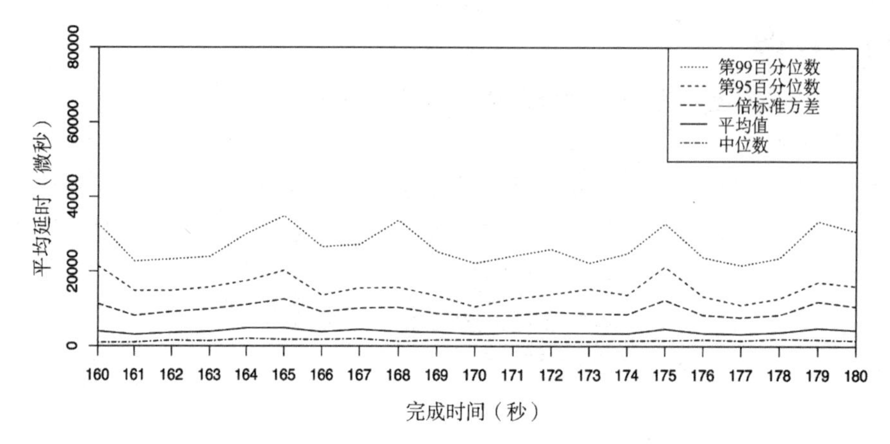

图 2.28　中位数、平均值、标准方差、百分位数

2.10.2　散点图

图 2.29 展示的是同一时间段内的磁盘 I/O 散点图，能看到所有的数据。每一次磁盘 I/O 都按照对应 *X* 轴的完成时间和 *Y* 轴的延时值标记为一个点。

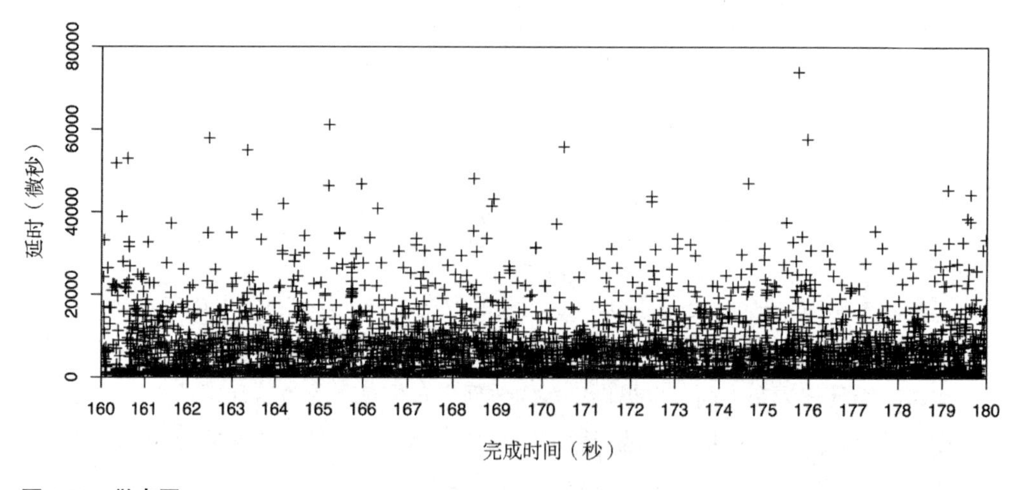

图 2.29　散点图

现在，延时的平均值高于预期的原因就一目了然了：有许多磁盘 I/O 的延时是 10ms、20ms，甚至超过了 50ms。散点图显示了所有的数据，揭示了这些异常值的存在。

绝大多数 I/O 都是毫秒级别的，接近 *X* 轴。这里散点图的解析度就有问题了，点和点重叠在一起难以分辨。数据越多问题就变得越糟：想象一下为云计算绘图的情景，会有成千上万个数据点被画在散点图上。还有就是，对这些点都要做收集和处理：对应每一次 I/O 的 *X* 轴和 *Y* 轴坐标。

2.10.3 热图

热图（更恰当的叫法是列量化）可以通过将 x 和 y 范围量化为称为桶的组来解决散点图的伸缩性问题。这些看上去很大的像素，是根据该 x 和 y 范围内的事件数量进行着色的。这种量化也让散点图的视觉密度不再受限，热图能够以同样的方式展示来自单一系统或成千上万个系统的数据。热图过去用于诸如磁盘偏移的位置（例如，TazTool[McDougall 06a]）；将热图应用在延时、使用率和其他指标方面上的计算是我的发明。延时热图首次出现在2008年发布的Sun Microsystems ZFS存储设备的分析中 [Gregg 10a][Gregg 10b]，现在热图在 Grafana[Grafana 20] 等性能监测产品中也很常见。

与之前同样的数据集用热图来显示，如图 2.30 所示。

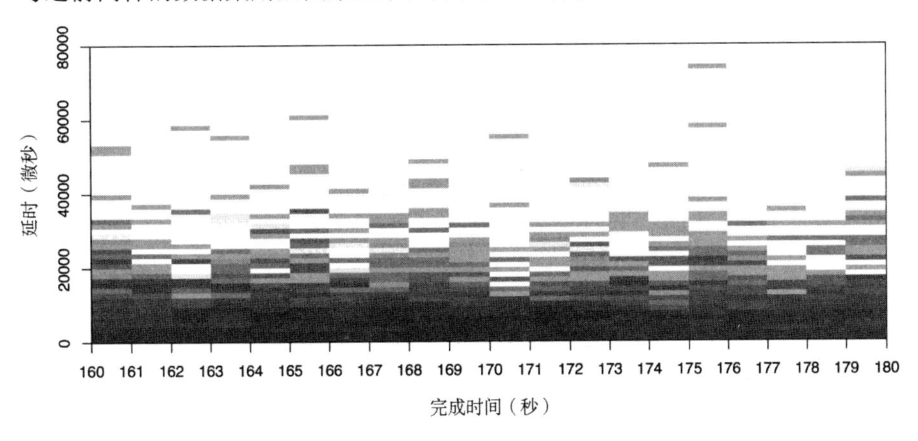

图 2.30 热图

高延时的异常值位于热图高处的块内，因为它们涉及的 I/O 很少（往往一个 I/O），所以通常是浅色的。大量数据包含的规律开始呈现，这是散点图无法看到的。

完整版的秒级别的磁盘 I/O 跟踪统计数据（并非之前那个）展示在图 2.31 中。

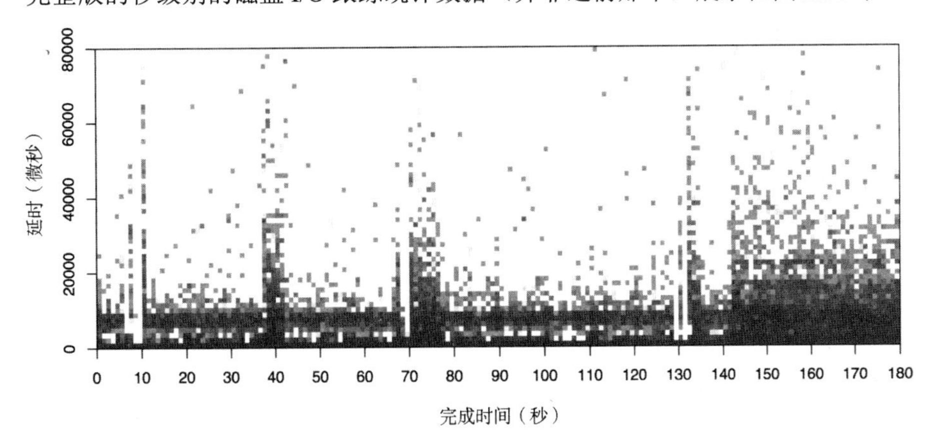

图 2.31 热图：完整版

虽然时间范围扩展到了原来的 9 倍，但热图依然具有可读性。在大部分范围内可以看出双模态的分布，一部分的 I/O 返回近乎零延时（磁盘缓存命中），其他的是略小于 1ms 的延时（磁盘缓存失效）。

本书后面还有其他热图的例子，可参见 6.7 节、8.6.17 节、9.7.3 节。我的网站上也有延时、使用率和秒内偏移量热图的例子 [Gregg 15b]。

2.10.4　时间线图

时间线图以时间线上的条形显示一组活动。这些图表通常用于前端性能分析（网络浏览器），它们也被称为瀑布图，并显示网络请求的时间。图 2.32 显示了一个来自 Firefox 网页浏览器的例子。

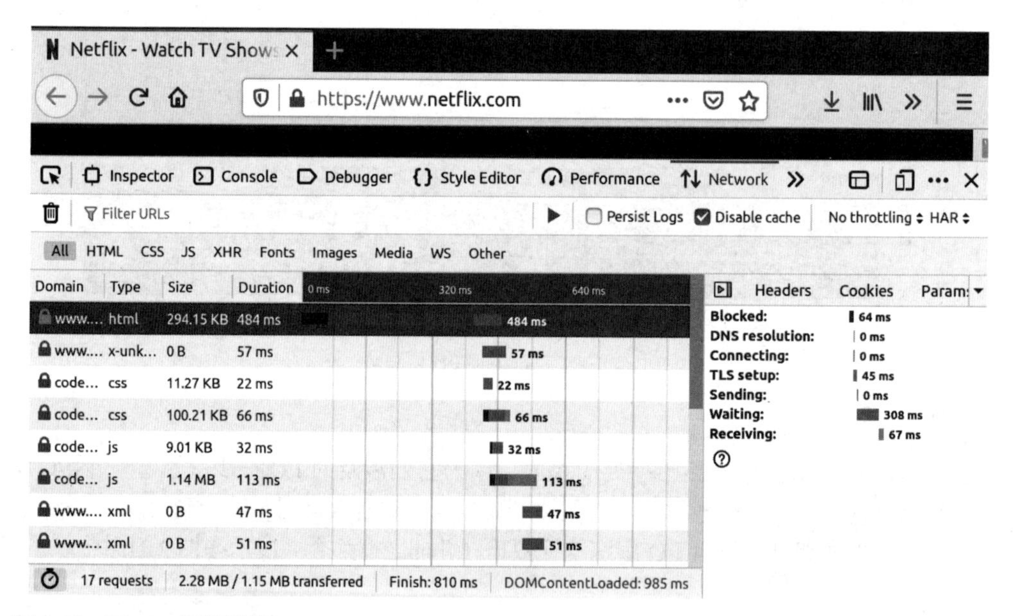

图 2.32　Firefox 时间线图

在图 2.32 中，第一个网络请求被突出显示：除了以横条显示其持续时间外，该持续时间的组成也被显示为彩色条。在右边的面板上有解释：第一个请求中最慢的部分是“等待”，这是在等待服务器的 HTTP 响应。第 2 ～ 6 个请求是在第一个请求开始接收数据后开始的，而且很可能是依赖于这些数据的。如果图表中包含明确的依赖性箭头，那图表就变成了一种甘特图。

对于后端性能分析（服务器），类似的图表被用来显示线程或 CPU 的时间线。典型的软件包括 KernelShark [KernelShark 20] 和 Trace Compass [Eclipse 20]。关于 KernelShark 的截图例子，参见 14.11.5 节。Trace Compass 还可以画出显示依赖关系的箭头，即一个线程唤醒了另一个线程。

2.10.5 表面图

表面图是一种三维的表示，呈现的是一个三维的平面。当三维值从一个点到另一个点不会频繁剧烈变动的时候，表面图的效果最好，表面图中会有起伏的山丘。表面图的效果常常像是一个线框模型。

图 2.33 展示的是一个线框状的 CPU 使用率的表面图。这是一个 60 秒时长的 CPU 每秒使用率值的图，来自许多的服务器（这是一个数据中心 300 台物理服务器和 5312 颗 CPU 图的局部）[Gregg 11b]。

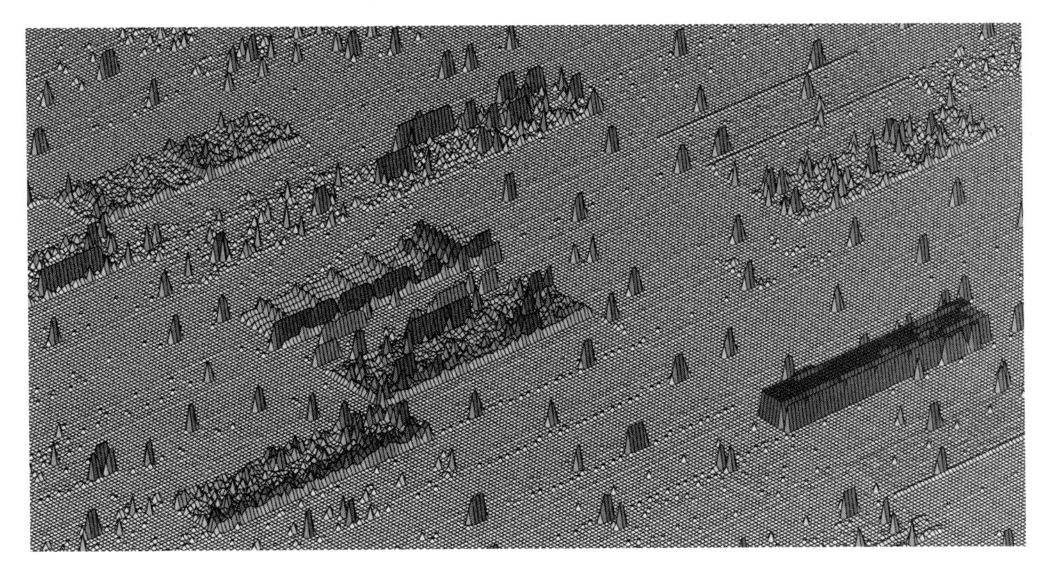

图 2.33 线框形的表面图：数据中心中的 CPU 的使用率

每一台服务器都是由 16 颗 CPU 作为行在表面图上表示的，60 秒的每秒使用率的测量值作为列，表面的高度就是使用率的值。也可以用颜色来反映使用率的值。如果需要的话，色度和饱和度也能被用上，为可视化增加第 4 个维度和第 5 个维度的数据值。（如果有足够的分辨率，还有办法显示第 6 个维度。）

这些 16×60 的服务器矩形，在表面映射为一个棋盘。即使没有标记，一些服务器的矩形也能在图像上被识别出来。右侧的一块凸起的高地显示这些 CPU 几乎都处于 100% 使用率的状态。

用网格线强调了高度的细微变化。可以看到一些淡淡的线，表示单个 CPU 恒定地处于低使用率的状态（很小的百分比）。

2.10.6 可视化工具

由于图形支持有限，对于 UNIX 的性能分析，过去总是着重于使用基于文本的工具。

这类工具可以用一个登录会话很快执行并且实时汇报数据。过去的可视化很耗时，而且通常需要一个跟踪－汇报的周期。当处理紧急的性能问题时，得到性能指标的速度是很关键的。

现代的可视化工具可以通过浏览器和移动设备实时地展现系统的性能。有许多产品能做到这一点，还有很多产品能够监视你的整个云环境。1.7.1 节中有一个此类产品 Grafana 的屏幕截图，关于其他监测产品在 4.2.4 节中有更多讨论。

2.11 练习

1. 回答下列关键性能术语的问题：
   - 什么是 IOPS？
   - 什么是使用率？
   - 什么是饱和度？
   - 什么是延时？
   - 什么是微基准？
2. 选择 5 种方法应用到你的环境里（或者是构想的环境）。确定它们执行的顺序，并且解释选择这些方法的原因。
3. 总结把平均延时作为唯一的性能指标会有哪些问题。这些问题能够通过加入第 99 百分位数得到解决吗？

2.12 参考资料

[Amdahl 67] Amdahl, G., "Validity of the Single Processor Approach to Achieving Large Scale Computing Capabilities," *AFIPS*, 1967.

[Jain 91] Jain, R., *The Art of Computer Systems Performance Analysis: Techniques for Experimental Design, Measurement, Simulation and Modeling*, Wiley, 1991.

[Cockcroft 95] Cockcroft, A., *Sun Performance and Tuning*, Prentice Hall, 1995.

[Gunther 97] Gunther, N., *The Practical Performance Analyst*, McGraw-Hill, 1997.

[Wong 97] Wong, B., *Configuration and Capacity Planning for Solaris Servers*, Prentice Hall, 1997.

[Elling 00] Elling, R., "Static Performance Tuning," *Sun Blueprints*, 2000.

[Millsap 03] Millsap, C., and J. Holt., *Optimizing Oracle Performance*, O'Reilly, 2003.

[McDougall 06a] McDougall, R., Mauro, J., and Gregg, B., *Solaris Performance and Tools: DTrace and MDB Techniques for Solaris 10 and OpenSolaris*, Prentice Hall, 2006.

[Gunther 07] Gunther, N., *Guerrilla Capacity Planning*, Springer, 2007.

[Allspaw 08] Allspaw, J., *The Art of Capacity Planning*, O'Reilly, 2008.

[Gregg 10a] Gregg, B., "Visualizing System Latency," *Communications of the ACM*, July 2010.

[Gregg 10b] Gregg, B., "Visualizations for Performance Analysis (and More)," *USENIX LISA*, https://www.usenix.org/legacy/events/lisa10/tech/#gregg, 2010.

[Gregg 11b] Gregg, B., "Utilization Heat Maps," http://www.brendangregg.com/HeatMaps/utilization.html, published 2011.

[Williams 11] Williams, C., "The $300m Cable That Will Save Traders Milliseconds," *The Telegraph*, https://www.telegraph.co.uk/technology/news/8753784/The-300m-cable-that-will-save-traders-milliseconds.html, 2011.

[Gregg 13b] Gregg, B., "Thinking Methodically about Performance," *Communications of the ACM*, February 2013.

[Gregg 14a] Gregg, B., "Performance Scalability Models," https://github.com/brendangregg/PerfModels, 2014.

[Harrington 14] Harrington, B., and Rapoport, R., "Introducing Atlas: Netflix's Primary Telemetry Platform," *Netflix Technology Blog*, https://medium.com/netflix-techblog/introducing-atlas-netflixs-primary-telemetry-platform-bd31f4d8ed9a, 2014.

[Gregg 15b] Gregg, B., "Heatmaps," http://www.brendangregg.com/heatmaps.html, 2015.

[Wilkie 18] Wilkie, T., "The RED Method: Patterns for Instrumentation & Monitoring," *Grafana Labs*, https://www.slideshare.net/grafana/the-red-method-how-to-monitoring-your-microservices, 2018.

[Eclipse 20] Eclipse Foundation, "Trace Compass," https://www.eclipse.org/tracecompass, accessed 2020.

[Wikipedia 20] Wikipedia, "Five Whys," https://en.wikipedia.org/wiki/Five_whys, accessed 2020.

[Grafana 20] Grafana Labs, "Heatmap," https://grafana.com/docs/grafana/latest/features/panels/heatmap, accessed 2020.

[KernelShark 20] "KernelShark," https://www.kernelshark.org, accessed 2020.

[Kubernetes 20a] Kubernetes, "Horizontal Pod Autoscaler," https://kubernetes.io/docs/tasks/run-application/horizontal-pod-autoscale, accessed 2020.

[R Project 20] R Project, "The R Project for Statistical Computing," https://www.r-project.org, accessed 2020.

第3章
操作系统

了解操作系统和它的内核对于系统性能分析至关重要。你会经常需要进行针对系统行为的开发和测试，如系统调用是如何执行的、CPU 是如何调度线程的、有限大小的内存是如何影响性能的，或者文件系统是如何处理 I/O 的，等等。这些行为需要你应用自己掌握的操作系统和内核知识。

本章的学习目标如下。

- 学习内核术语：上下文切换、交换、分页、抢占，等等。
- 理解内核和系统调用的作用。
- 了解内核内部的工作机制，包括：中断、调度器、虚拟内存和 I/O 栈。
- 看看内核的性能特征是如何从 UNIX 添加到 Linux 的。
- 对 eBPF 有一个基本的了解。

本章提供了一个关于操作系统和内核知识的概览，为本书后面的内容做知识储备。如果你没有学过操作系统课程，那么这一章就是你的突击课。留心你所缺失的知识，因为在最后还有一门考试（我开玩笑的，仅仅是测试而已）。关于更多的内核知识，可以参考本章末尾列出的参考资料。

本章分为三部分：

- **术语**部分列出了重要的术语。
- **背景知识**部分总结了关键的操作系统和内核的概念。
- **内核**部分总结了 Linux 和其他内核的实现细节。

与性能相关的事情，包括 CPU 调度、内存、磁盘、文件系统、网络和众多的性能工具，在后续各章有更为详尽的阐述。

3.1 术语

作为参考，下面是本书用到的与操作系统相关的核心术语。其中许多也是在本章和以后各章中会详细解释的概念。

- **操作系统**：这里指的是安装在系统中的软件和文件，它们可使系统启动并运行程序。操作系统包括内核、管理工具，以及系统库。
- **内核**：内核是管理系统的程序，包括（依赖于内核模型的）硬件设备、内存和CPU调度。它运行在CPU的特权模式，允许直接访问硬件，被称为*内核态*。
- **进程**：这是一个操作系统的抽象概念，是用来执行程序的环境。程序通常运行在*用户态*，通过系统调用或自陷来进入内核态（例如，执行设备I/O）。
- **线程**：可被调度的运行在CPU上的可执行上下文。内核有多个线程，一个进程有一个或多个线程。
- **任务**：一个Linux的可运行实体，可以指一个进程（含有单个线程），或一个有多线程的进程里的一个线程，或者内核线程。
- **BPF程序**：在BPF[1]执行环境中运行的内核态的程序。
- **主存储器**：系统的物理内存（如，RAM）。
- **虚拟内存**：主存储器的一个抽象，支持多任务和超额订购。实际上，虚拟内存是一种无限的资源。
- **内核空间**：内核的虚拟内存地址空间。
- **用户空间**：进程的虚拟内存地址空间。
- **用户环境**：用户级别的程序和库（/usr/bin、/usr/lib…）。
- **上下文切换**：从运行一个线程或进程切换到运行另一个线程或进程。这是内核CPU调度器的功能，这个过程包含将运行中的CPU寄存器集（线程上下文）切换到一个新的寄存器集。
- **模式切换**：内核态和用户态之间的切换。
- **系统调用（syscall）**：一套定义明确的协议，为用户程序请求内核执行特权操作，包括设备I/O。
- **处理器**：不要与进程混淆[2]，处理器是包含有一颗或多颗CPU的物理芯片。
- **自陷**：信号发送到内核，请求执行一段系统例程（特权操作）。自陷类型包括系统调用、处理器异常，以及中断。

---

1 BPF最初是指伯克利包过滤器，但现在这项技术与伯克利、包以及过滤关系都不大，BPF本身已经成为一个名称，而不是一个缩写。

2 处理器为processor，进程为process，原文本意为两者英文形似。——译者注

- **硬件中断**：由物理设备发送给内核的信号，通常是请求 I/O 服务。中断是自陷的一种类型。

3.2　背景

下面的章节描述了通用的操作系统和内核概念，将有助你理解所有的操作系统。为了帮助理解，本节会包含一些 Linux 的实现细节。3.3 节和 3.4 节会集中讨论 UNIX、BSD 和 Linux 内核的具体实现。

3.2.1　内核

内核是操作系统的核心软件。它做什么取决于内核模型，包括 Linux 和 BSD 在内的类 UNIX 操作系统拥有一个单内核，管理着 CPU 调度、内存、文件系统、网络协议和系统设备（磁盘、网络接口等）。这种内核模型如图 3.1 所示。

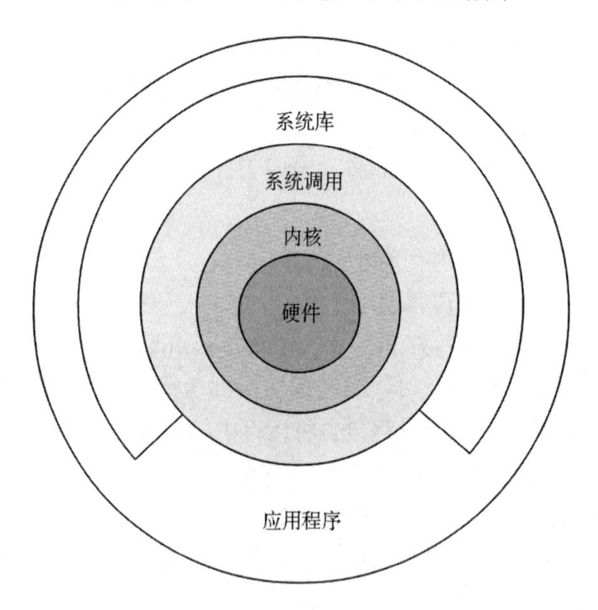

图 3.1　单操作系统内核的作用

从图 3.1 中还可以看到系统库，和系统调用之比，系统库提供的编程接口通常更为丰富和简单。应用程序包括所有运行在用户级别的软件，有数据库、Web 服务器、管理工具和操作系统的 shell。

图 3.1 中系统库所在的环有一个缺口，表示应用程序是可以直接进行系统调用

（syscall）的[1]。例如，Golang 运行时有自己的 syscall 层，不需要系统库 libc。传统意义上，这张图的环是封闭的，表示从位于中心的内核起，特权级别逐层降低（该模型源于 Multics[Graham 68]，是 UNIX 的前身）。

还存在其他的内核模型：微内核采用一个小的内核，其功能被转移到用户态的程序中；单内核（也称为宏内核）把内核和应用程序的代码作为一个单一的程序编译在一起。还有一些混合内核，比如 Windows NT 内核，它同时使用了单内核和微内核的方法。这些都在 3.5 节中进行了总结。

Linux 最近改变了自己的模式，允许一种新的软件类型：eBPF，这让安全的内核态的应用程序与它自己的内核 API 一起使用成为可能。通过 BPF 帮助器，可以用 BPF 重写一些应用程序和系统功能，以提供更高水平的安全性和性能，如图 3.2 所示。

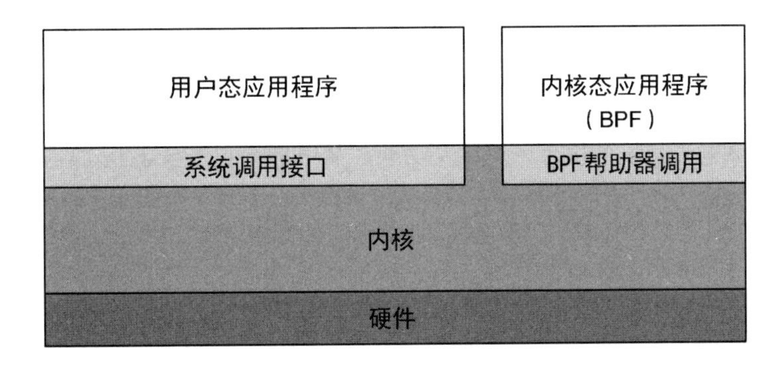

图 3.2 BPF 应用程序

在 3.4.4 节中讲述了 eBPF。

内核的执行

内核是一个大程序，通常有几百万行的代码。当用户级程序进行系统调用，或设备发出中断时，内核首先要按需执行。有一些异步运行的内核线程进行内务处理，其中可能包括内核时钟例程和内存管理任务，但这些线程会尽量做到轻量级，消耗的 CPU 资源非常少。

执行频繁的 I/O 工作负载，如网络服务器，主要在内核上下文中运行。计算密集型的工作负载通常在用户态运行，不受内核的干扰。我们可能会认为内核不会影响到这些计算密集型工作负载的性能，但是在很多情况下是会影响的。最明显的场景是 CPU 争夺，当其他线程争夺 CPU 资源时，内核调度器需要决定哪些运行，哪些等待。内核还会选

1 这种模式也有一些例外。内核旁路技术，有时用于网络，允许从用户级别直接访问硬件（参见10.4.3节）。到硬件的I/O是可以没有系统调用接口开销的（尽管初始化需要系统调用），例如，使用内存映射的I/O、主要故障（参见7.2.3节）、sendfile(2)和Linux的io_uring（参见5.2.6节）。

择哪个 CPU 用来运行线程，并且可以选择具有更好预热硬件缓存的 CPU，或者为进程提供更好的内存局部性，以显著提高性能。

3.2.2　内核态与用户态

内核是运行在特殊 CPU 模式下的程序，这一特殊的 CPU 模式叫作*内核态*，在这一状态下，设备的一切访问及特权指令的执行都是被允许的。由内核来控制设备的访问，用以支持多任务处理，除非明确允许，否则进程之间和用户之间的数据是无法彼此访问的。

用户程序（进程）运行在*用户态*下，对于内核特权操作（例如 I/O）的请求是通过系统调用传递的。

内核态和用户态是在处理器上使用*特权环*（或*保护环*）实现的，遵循图 3.1 所示的模型。例如，x86 处理器支持 4 个特权环，编号为 0 到 3。通常只使用两个或三个：用户态、内核态和管理程序（如果存在）。访问设备的特权指令只允许在内核态下执行；在用户态下执行这些指令会触发异常，然后由内核处理（例如，产生一个权限拒绝的错误）。

在传统内核里，系统调用会做上下文切换，从用户态到内核态，然后执行系统调用的代码，如图 3.3 所示。

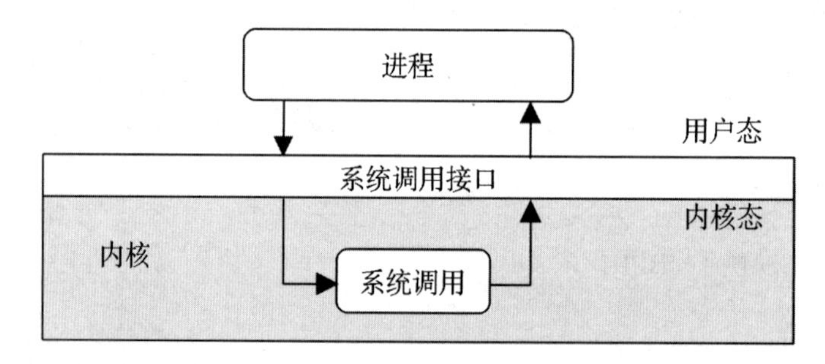

图 3.3　系统调用执行模式

在用户态和内核态之间的切换是模式转换。

所有的系统调用都会进行模式转换。对于某些系统调用也会进行*上下文切换*：那些阻塞的系统调用，比如磁盘和网络 I/O，会进行上下文切换，以便在第一个线程被阻塞的时候，另一个线程可以运行。

这些模式转换和上下文切换都会增加一小部分的时间开销（CPU 周期）[1]，有多种优化方法来避免开销，如下所述。

- **用户态的系统调用**：可以单独在用户态库中实现一些系统调用。Linux 内核通过

1　随着目前对Meltdown漏洞的解决，上下文切换的开销如今变得更高，详情可参见3.4.3节。

导出一个映射到进程地址空间里的虚拟动态共享对象（vDSO）来实现，该对象包含如 gettimeofday(2) 和 getcpu(2) 的系统调用 [Drysdale 14]。

- **内存映射**：用于按需换页（见 7.2.3 节），内存映射也可以用于数据存储和其他 I/O，可避免系统调用的开销。
- **内核旁路（kernel bypass）**：这类技术允许用户态的程序直接访问设备，绕过系统调用和典型的内核代码路径。例如，用于网络的 DPDK 数据平面开发工具包。
- **内核态的应用程序**：这些包括在内核中实现的 TUX 网络服务器 [Lever 00]，以及图 3.2 所示的 eBPF 技术。

内核态和用户态都有自己的软件执行的上下文，包括栈和注册表。一些处理器架构（例如，SPARC）为内核使用一个单独的地址空间，这意味着模式切换也必须改变虚拟内存的上下文。

3.2.3 系统调用

系统调用请求内核执行特权的系统例程。可用的系统调用数目是数百个，但需要努力确保这一数目尽可能地小，以保持内核简单（UNIX 的理念，[Thompson 78]）。更为复杂的接口应该作为系统库构建在用户空间中，在那里开发和维护更为容易。操作系统通常包含 C 语言的标准库，其为许多常见的系统调用提供更容易使用的接口（例如，libc 或 glibc 库）。

需要记住的关键的系统调用列在了表 3.1 中。

表 3.1 关键的系统调用

系统调用	描述
read(2)	读取字节
write(2)	写入字节
open(2)	打开文件
close(2)	关闭文件
fork(2)	创建新进程
clone(2)	克隆新进程或线程
exec(2)	执行新程序
connect(2)	连接到网络主机
accept(2)	接受网络连接
stat(2)	获取文件统计信息
ioctl(2)	设置 I/O 属性，或者做其他事情
mmap(2)	把文件映射到内存地址空间
brk(2)	扩展堆指针
futex(2)	快速用户空间互斥锁

系统调用都有很好的文档，每个系统调用都有一个 man 手册，通常附带在操作系统中。一般而言，系统调用的接口简单且一致，并使用错误代码在需要时描述错误（例如，ENOENT 表示“没有这样的文件或目录”）。[1]

这些系统调用的目的都很明显。下面是一些常见但可能不太明显的用法。

- **ioctl(2)**：这通常用于向内核请求各种操作，特别适用于系统管理工具，在这类用途中其他的（更明显的）系统调用是不适合的。具体请看下面的例子。
- **mmap(2)**：这个系统调用通常用来把可执行文件和库文件以及内存映射文件映射到进程的地址空间。有时候会替代基于 brk(2) 的 malloc(2) 对进程的工作内存做分配，以减少系统调用的频率，提升性能（并不总是这样，内存映射管理会做一些权衡）。
- **brk(2)**：这个系统调用用于延伸堆的指针，该指针定义了进程工作内存的大小。这个调用通常是由系统内存分配库执行的，当调用 malloc(3)（内存分配）不能满足堆内现有空间时发生。详情参见第 7 章。
- **futex(2)**：这个系统调用用来处理用户空间锁的部分，可能阻塞的那个部分。

如果你对某个系统调用不熟悉，可以从它的 man 手册了解更多信息。

系统调用 ioctl(2) 是学习起来最困难的，因为它本身的用法太过多样。举一个例子，Linux 的 perf(1) 工具（在第 6 章中有介绍）执行特权指令来协调性能监测点。并非对每一个行为都添加一个系统调用，而是只添加一个系统调用：perf_event_open()，它会用 ioctl(2) 返回一个文件描述符。用不同的参数调用 ioctl(2) 会执行不同的行为。例如，ioctl(fd, PERF_EVENT_IOC_ENABLE) 能开启监测点。在这种情况下，开发人员可以很容易地对参数 PERF_EVENT_IOC_ENABLE 做添加和修改。

3.2.4　中断

中断是向处理器发出的信号，即发生了一些需要处理的事件，要中断处理器当前的执行来实施处理。如果处理器还没有进入内核模式的话，中断通常会使处理器进入内核态，并保存当前线程状态，然后运行一个中断服务例程（ISR）来处理该事件。

有由外部硬件产生的异步中断和由软件指令产生的同步中断。图 3.4 显示了这两种中断。

1　glibc在errno（错误号）整型数变量中给出了这些错误。

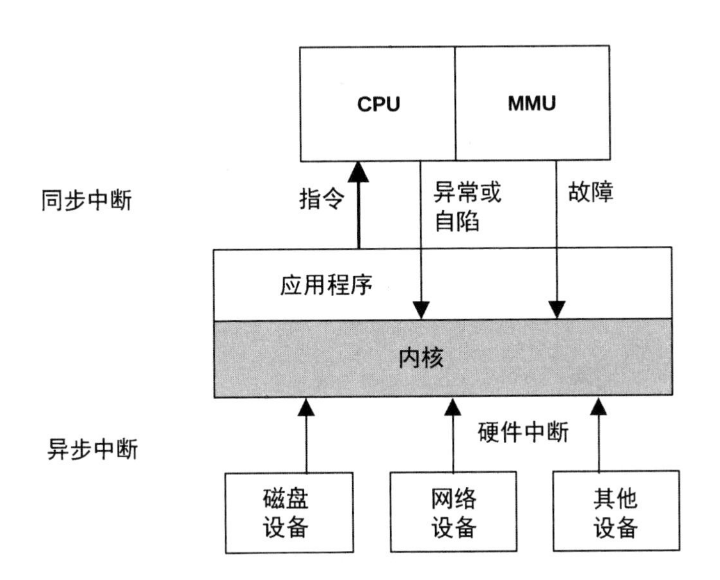

图 3.4 中断类型

出于简化，图 3.4 显示了所有发送到内核处理的中断；这些中断首先被发送到 CPU，由 CPU 选择内核中的 ISR 来运行该事件。

异步中断

硬件设备可以向处理器发送中断服务请求（IRQ），这些请求以异步方式到达当前运行的软件。硬件中断的例子有：

- 磁盘设备发出磁盘 I/O 完成的信号。
- 硬件显示有故障情况。
- 网络接口发出数据包到达的信号。
- 输入设备：键盘和鼠标的输入。

为了解释异步中断的概念，图 3.5 给出一个例子，显示了在 CPU0 上运行的数据库（MySQL）从文件系统中做读取的时间流。文件系统的内容必须从磁盘中获取，所以调度器上下文切换到另一个线程（一个 Java 应用程序），而数据库正在等待。一段时间后，磁盘 I/O 完成了，但此时数据库不再运行在 CPU0 上。完成中断已经异步地发生在数据库上，在图 3.5 中用虚线表示。

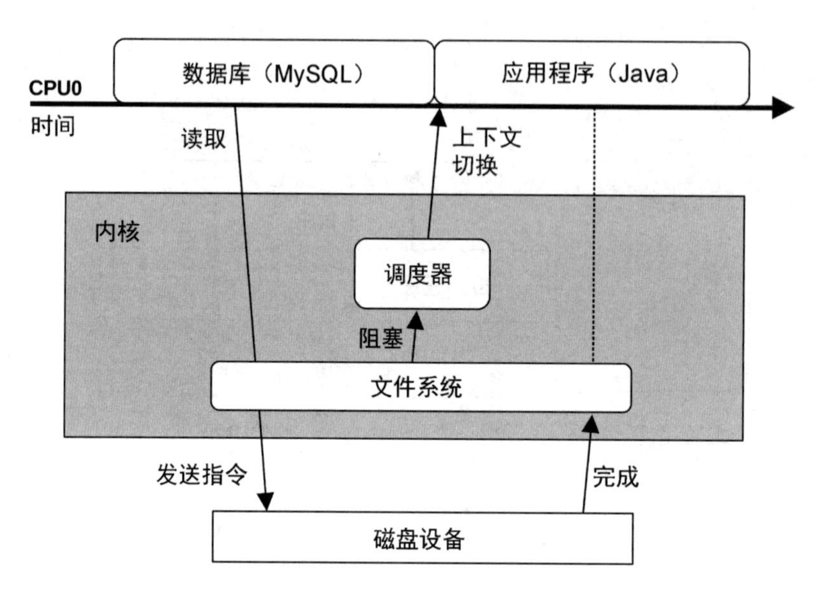

图 3.5 异步中断示例

同步中断

同步中断是由软件指令产生的。下面用自陷、异常和故障等术语来描述不同类型的软件中断，这些术语经常可以互换使用。

- **自陷**：故意调用内核，例如通过 int（中断）指令。系统调用的一种实现方式是用系统调用处理程序调用带向量的 int 指令（例如，Linux x86 上的 int 0x80）。int 指令可引发软件中断。
- **异常**：一个特殊的条件，例如由指令执行除以零。
- **故障**：一个通常用于内存事件的术语，例如，在没有 MMU 映射的情况下访问一个内存位置所引发的*缺页故障*，详情参见第 7 章。

对于这些中断，相对应的软件和指令仍在 CPU 上。

中断线程

中断服务例程（ISR）被设计为尽可能快地运行，以减少中断活动线程的影响。如果一个中断需要执行更多的工作，尤其是还可能被锁阻塞，那么最好用中断线程来处理，这个线程可以由内核来安排。图 3.6 描述了这一过程。

怎样实施取决于内核的版本。对于 Linux 而言，设备驱动分为两半，上半部用于快速处理中断，针对下半部的调度工作在之后处理 [Corbet 05]。上半部快速处理中断是很重要的，因为上半部运行在中断禁止模式（interrupt-disabled mode），会推迟新中断的产生，如果运行的时间太长，就会造成延时问题。下半部可以作为*tasklet*或者工作队列，之后由内核做线程调度，如果需要也可休眠。

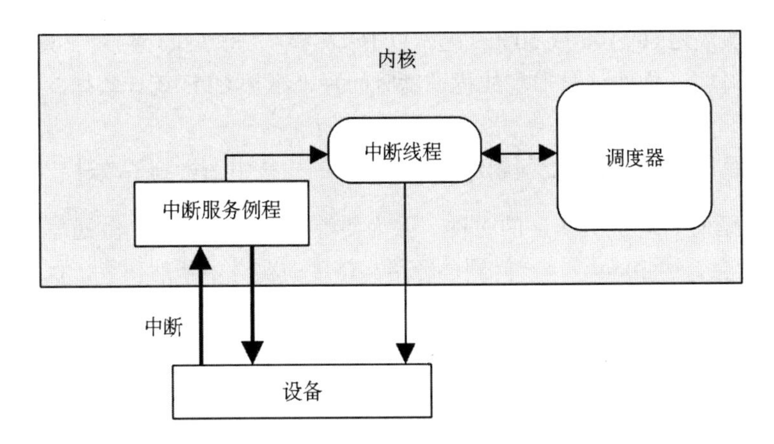

图 3.6 中断处理

例如，Linux 网络驱动的上半部分处理入站数据包的 IRQ，它调用下半部分将数据包推上网络栈。下半部分被实现为软中断（softirq）。

从一个中断的到来到被服务之间的时间是中断延时，这取决于硬件和实现。这是一个关于实时或低延时系统的研究课题。

中断屏蔽

内核中的某些代码路径是不能被安全中断的。举个例子，内核代码在系统调用过程中获得了一个自旋锁，这个自旋锁也可能被中断所需要。在持有这种锁的情况下进行中断可能会导致死锁。为了防止这种情况发生，内核可以通过设置 CPU 的中断屏蔽寄存器来暂时屏蔽中断。中断禁用的时间应该尽可能地短，因为它可能干扰被其他中断唤醒的应用程序的及时执行。这对于实时系统——那些对响应时间有严格要求的系统——来说是一个重要因素。中断禁用时间也是一个性能分析的目标（Ftrace irqsoff 跟踪器直接支持这种分析，详情参见第 14 章）。

一些高优先级的事件不应该被忽略，因此被实现为不可屏蔽的中断（NMI）。例如，Linux 可以使用智能平台管理接口（IPMI）看门狗定时器来检查内核在一段时间内是否在没有中断的情况下被锁定。如果是这样，看门狗可以发出一个 NMI 中断来重新启动系统。[1]

1 Linux还有一个软件NMI看门狗，用于检测锁定[Linux 20d]。

3.2.5 时钟和空闲

早期 UNIX 内核的一个核心组件是 clock() 例程，由一个计时器中断执行。历史上，它每秒执行次数为 60、100 或 1000（通常以 Hz 表示），[1] 每次执行称为一次 *tick*[2]。功能包括更新系统时间、失效计时器和线程调度时间片、维护 CPU 统计数据，以及执行内核调度例程。

时钟曾经存在过一些性能问题，不过在之后的内核中都得到了改进。

- **tick 延时**：对于 100Hz 的时钟，因为要等待在下一个 tick 做处理，遇到的延时可能会长达 10ms。这一问题已经用高精度的实时中断解决了，执行可以立即发生而不需要等待。
- **tick 开销**：tick 会消耗 CPU 周期，并对应用程序造成轻微干扰，也是造成所谓的操作系统抖动的原因之一。现代处理器有动态电源功能，可以在空闲期间关闭部分电源。时钟例程会中断这种空闲时间，从而导致无谓地消耗电力。

现代内核已经把许多功能移出了时钟例程，放到了按需中断中，这是为了努力创造无 tick 的内核。这减少了开销，并通过允许处理器在睡眠状态下保持更长的时间来提高电源效率。

Linux 的时钟例程是 scheduler_tick()，在没有任何 CPU 负载的情况下，Linux 有办法不调用时钟。时钟本身通常以 250Hz 运行（由 CONFIG_HZ Kconfig 选项和变体配置），用 NO_HZ 功能（由 CONFIG_NO_HZ 和变体配置）来减少时钟调用，该功能现在通常是被启用的 [Linux 20a]。

空闲线程

当 CPU 没有工作可做时，内核会安排一个等待工作的占位线程，称为空闲线程。一个简单的实现是在一个循环中检查是否有新的工作。在现代的 Linux 中，空闲任务可以调用 hlt（停止）指令来关闭 CPU 的电源，直到收到下一个中断，从而节省电力。

3.2.6 进程

进程是用以执行用户级别程序的环境。它包括内存地址空间、文件描述符、线程栈和寄存器。从某种意义上来说，进程就像是一台早期电脑的虚拟化，里面只有一个程序在执行，使用自己的寄存器和栈。

进程可以让内核进行多任务处理，使得在一个系统中可以执行着上千个进程。每一个进程用它们的进程 *ID* 进行识别（process ID，PID），每一个 PID 都是唯一的数字标示符。

1　其他的频率还有Linux 2.6.13 的250次，Ultrix的256次，以及OSF/1的1024次[Mills 94]。

2　Linux还跟踪*jiffy*，一种类似tick的时间单位。

一个进程中包含一个或多个线程，其在进程的地址空间内操作并且共享着一样的文件描述符（标示打开文件的状态）。线程是一个可执行的上下文，包括栈、寄存器，以及指令指针（也叫程序计数器）。多线程让单一进程可以在多个 CPU 上并发地执行。在 Linux 中，线程和进程都是任务。

内核启动的第一个进程叫作“init”，来自 /sbin/init（默认），PID 为 1，用于启动用户空间服务。在 UNIX 中这会涉及从 /etc 中运行启动脚本，这种方法现在被称为 SysV（来自 UNIX System V）。现在，Linux 发行版通常使用 systemd 软件来启动服务并跟踪其依赖关系。

进程的创建

在 UNIX 系统中，进程的创建通常使用 fork(2) 系统调用。在 Linux 中，C 语言库通常通过包裹多功能的 clone(2) 系统调用来实现 fork 功能。这些系统调用创建一个进程的副本，该副本有自己的进程 ID。然后调用 exec(2) 系统调用（或变体，如 execve(2)）来开始执行一个不同的程序。

图 3.7 展示的是一个使用 shell（bash）执行 ls 命令的进程创建过程。

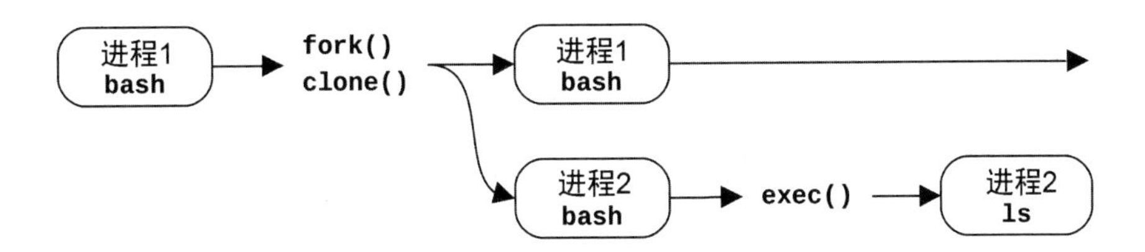

图 3.7 创建进程

系统调用 fork(2) 或 clone(2) 可以用写时拷贝（copy-on-write，COW）的策略来提高性能。这会添加原有地址空间的引用而非把所有内容都复制一遍。一旦任何一个进程要修改被多重引用的内存，那么就会为修改建立一个单独的副本。这一策略推迟甚至消除了对内存拷贝的需要，从而减少了内存和 CPU 的使用。

进程生命周期

图 3.8 展示的是进程的生命周期。这是一个简化的示意图，对于现代多线程操作系统还会有线程的调度和执行，关于如何把这些活动映射成进程状态还有一些实现的细节（更详细的图表参见图 5.6 和图 5.7）。

On-Proc 状态是指进程运行在处理器（CPU）上。Ready-to-Run 状态是指进程可以运行，但还在 CPU 的运行队列里等待 CPU。大部分 I/O 的阻塞，让进程进入 Sleep 状态，直到 I/O 完成，进程被唤醒。Zombie 状态发生在进程终止时，这时进程会一直等待，直到自己的进程状态被父进程读取，或者被内核清除。

图 3.8 进程生命周期

进程环境

图 3.9 展示的是进程环境，包括进程地址空间内的数据和内核里的元数据（上下文）。

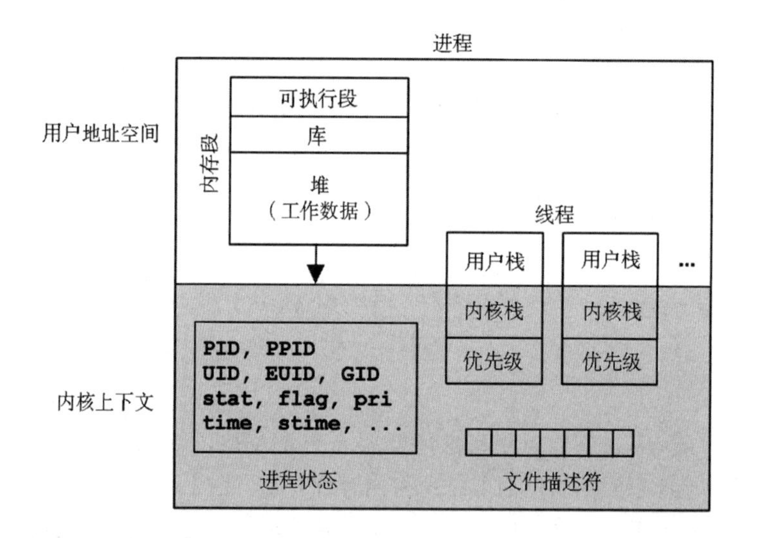

图 3.9 进程环境

内核上下文包含各种进程的属性和统计信息：它的进程 ID（PID）、所有者的用户 ID（UID），以及各种类型的时间。这些通常用 ps(1) 和 top(1) 命令来检查。还有一套文件描述符，指向的是打开的文件，这些文件为线程之间所共享（通常来说）。

图 3.9 画了两个线程，每一个线程都有一些元数据，包括在内核上下文[1]里自己的优先级及在用户地址空间里用户的栈。这张图并没有按比例绘制，相对于进程地址空间，内核上下文是很小的。

---

1 内核上下文可能是它自己的完整地址空间（如SPARC处理器），或者是一个不与用户地址重叠的限制范围（如x86处理器）。

用户地址空间包括进程的各种内存段：可执行文件、库和堆，详情参见第 7 章。

在 Linux 中，每个线程都有自己的用户栈和内核异常栈[1][Owens 20]。

3.2.7 栈

栈是一个用于存储临时数据的内存区域，以后进先出（LIFO）为组织方式。

栈被用来存储比适合 CPU 寄存器集的数据更不重要的数据。当函数被调用时，返回地址被保存到栈中。如果调用后需要一些寄存器的值，寄存器也可以被保存在栈里面。[2] 当被调用的函数执行完成后，它将恢复所有需要的寄存器，并通过从栈中获取返回地址，将执行转移到调用函数。栈也可用于向函数传递参数。栈中与函数的执行有关的数据集被称为栈帧。

通过检查线程栈中所有栈帧中保存的返回地址，可以看到当前执行的函数的调用路径（这个过程称为栈遍历）[3]。这个调用路径被称为栈回溯或栈踪迹。在性能工程中，通常以“栈”为简称。这些栈可以回答为什么某些东西在执行，栈是调试和性能分析的宝贵工具。

如何读栈

下面的内核栈示例（来自 Linux）显示了 TCP 传输的调用路径，正如调试工具打印出来的信息那样：

```
tcp_sendmsg+1
sock_sendmsg+62
SYSC_sendto+319
sys_sendto+14
do_syscall_64+115
entry_SYSCALL_64_after_hwframe+61
```

栈通常按从叶到根的顺序打印，所以打印的第一行是当前执行的函数，在它下面是它的父函数，然后是它的祖父函数，以此类推。在这个例子中，tcp_ sendmsg() 函数正在执行，由 sock_sendmsg() 调用。在这个栈的例子中，在函数名的右边是指令偏移量，

1 每个CPU也有特殊用途的内核栈，包括用于中断的内核栈。

2 来自处理器ABI的调用惯例指定了哪些寄存器在函数调用后应该保留它们的值（它们是非易失性的），并由被调用函数保存到栈中（“被调用者-保存”）。其他的寄存器是不稳定的，可能会被调用的函数破坏；如果调用者希望保留寄存器的值，必须把它们保存到栈中（“调用者-保存”）。

3 关于栈遍历和不同的可能技术（包括基于帧指针、调试信息、最后一个分支记录和ORC）的更多细节，可参见《BPF之巅》[Gregg 19]一书的2.4节。

显示函数内部的位置。第一行显示 tcp_sendmsg() 的偏移量为 1（这将是第 2 条指令），由 sock_sendmsg() 偏移量 62 调用。这个偏移量只有在你希望对代码路径有一个深层次的了解时才有用，其具体到指令层面。

通过向下阅读栈，可以看到完整的调用链：函数、父函数、祖父函数，等等。或者，通过自下而上进行阅读，你可以跟踪到当前函数的执行路径：我们是如何来到这里的。

由于栈揭示出的内部路径源于源代码，因此除了代码本身，通常没有关于这些函数的文档。对于这个例子里的栈，是 Linux 内核的源代码。这方面的一个例外是，除非函数是某一 API 的一部分而且有公开的文档。

用户栈和内核栈

在执行系统调用时，一个进程的线程有两个栈：一个用户级别的栈和一个内核级别的栈，它们的范围如图 3.10 所示。

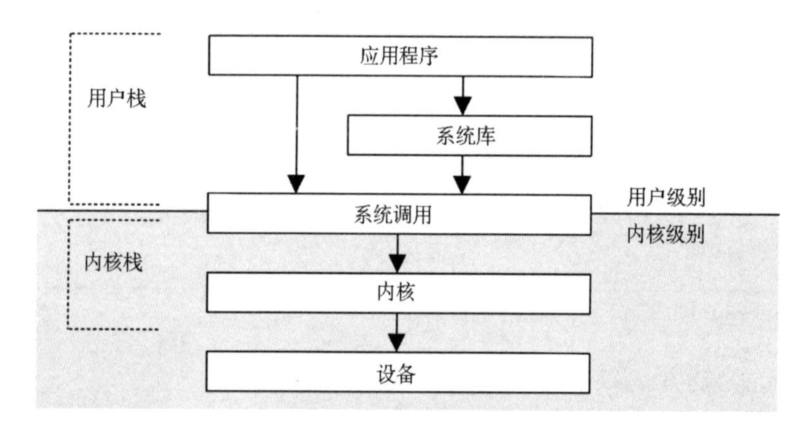

图 3.10　用户栈和内核栈

线程被阻塞时，用户级别的栈在系统调用期间并不会改变，因为当执行在内核上下文时，线程用的是一个单独的内核级别的栈。（此处有一个例外，信号处理程序取决于其配置，可以借用用户级别的栈。）

在 Linux 中，有用于不同用途的多个内核的栈。系统调用使用与每个线程相关的内核异常栈，还有与软、硬互斥（IRQ）相关的栈 [Bovet 05]。

3.2.8　虚拟内存

虚拟内存是主存的抽象，为进程和内核提供近乎是无限的[1]和私有的主存视图。虚拟

1　这指的是在64位处理器上。对于32位处理器，由于32位地址的限制，虚拟内存被限制在4GB以内（内核可能将其限制在更小的数量）。

内存支持多任务处理，允许进程和内核在它们自己的私有地址空间执行而不用担心任何竞争。它还支持主存的超额使用，如果需要，操作系统可以将虚拟内存在主存和二级存储（磁盘）之间进行映射。

图 3.11 显示的是虚拟内存的作用。一级存储是主存(RAM)，二级存储是存储设备(磁盘)。

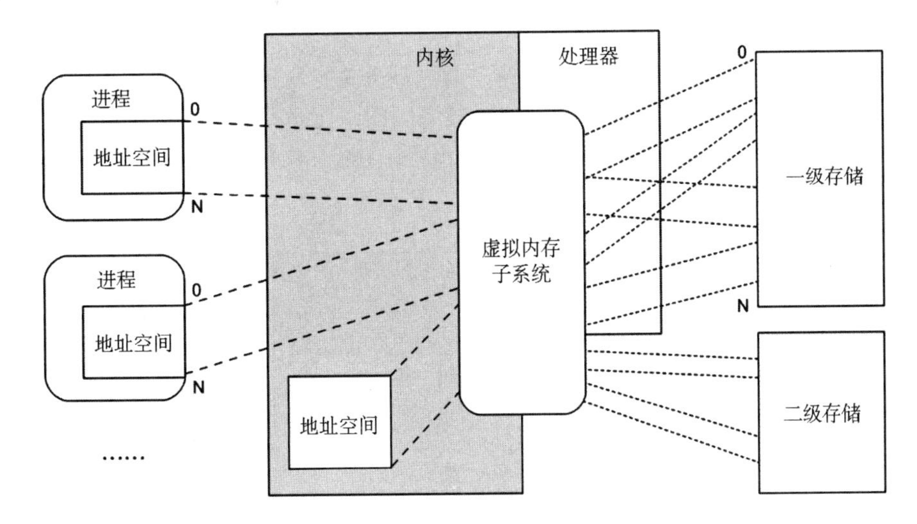

图 3.11　虚拟内存地址空间 [1]

处理器和操作系统的支持使得虚拟内存成为可能，它并不是真实的内存。多数操作系统仅仅在需要的时候才将虚拟内存映射到真实内存上，即当内存首次被填充(写入)时。

更多关于虚拟内存的内容，可参考第 7 章。

内存管理

当虚拟内存用二级存储作为主存的扩展时，内核会尽力保持最活跃的数据在主存中。有以下两个内核例程做这件事情。

- **进程交换**：让整个进程在主存和二级存储之间移动。
- **换页**：移动被称为页的小的内存单元（例如，4KB）。

进程交换是原始的 UNIX 方法，会引起严重的性能损耗。换页是更高效的方法，经由换页虚拟内存的引入而被加到了 BSD 中。这两种方法都是将最近最少使用（或最近

1　作为一种简化，进程的虚拟内存是从0开始的。今天的内核通常从某个偏移量开始一个进程的虚拟地址空间，比如0x10000或者一个随机的地址。这样做的一个好处是，一个常见的编程错误，即取消引用一个NULL（0）指针，将导致程序崩溃（SIGSEGV），因为0地址是无效的。这通常比错误地在地址0处对数据解引用要好，否则程序将继续在损坏的数据下运行。

未使用）的内存移动到二级存储，仅在需要时再次搬回主存。

在 Linux 里，术语交换用于指代换页。Linux 内核是不支持（老的）UNIX 风格的整体线程和进程交换的。

关于换页和交换，可参考第 7 章。

3.2.9　调度器

UNIX 及其衍生的系统都是分时系统，通过划分执行时间，让多个进程同时运行。进程在处理器上和 CPU 间的调度是由调度器完成的，这是操作系统内核的关键组件。图 3.12 展示了调度器的作用，调度器操作线程［在 Linux 中是任务（task）］，并将它们映射到 CPU 上。

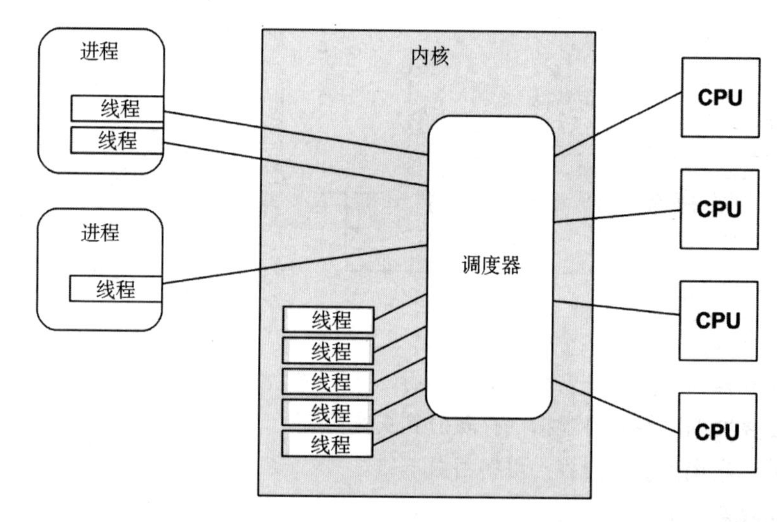

图 3.12　内核调度器

调度器基本的作用是将 CPU 时间划分给活跃的进程和线程，而且维护一套优先级的机制，这样更重要的工作可以更快地执行。调度器会跟踪所有处于 Ready-to-Run 状态的线程，传统意义上每一个优先级队列都被称为运行队列 [Bach 86]。现代内核会为每个 CPU 实现这些队列，也可以用除了队列以外的其他数据结构来跟踪线程。当需要运行的线程多于可用的 CPU 数目时，低优先级的线程在轮到自己前会一直等待。多数内核线程运行的优先级要比用户级别的优先级高。

调度器可以动态地修改进程的优先级以提升特定工作负载的性能。工作负载可以有以下分类。

- **CPU 密集型**：应用程序执行繁重的计算，例如，科学和数学分析，通常运行时间较长（秒、分钟、小时）。具体时长会受到 CPU 资源的限制。

- **I/O 密集型**：应用程序执行 I/O，计算不多，例如，Web 服务器、文件服务器，以及交互的 shell，这些场景需要的是低延时的响应。当负载增加时，会受到存储 I/O 或网络资源的限制。

普遍使用的调度策略可以追溯到 UNIX，调度器能够识别 CPU 密集型的进程并降低它们的优先级，可以让 I/O 密集型工作负载（需要低延时的响应）更快地运行。要达到这一目的，可以计算最近的计算时间（在 CPU 上的执行时间）与真实时间（逝去时间）的比例，以及降低高（计算）比例的进程的优先级 [Thompson 78]。这一机制更优先选择那些经常执行 I/O 的短时运行进程，包括与人类交互的进程。

现代内核支持*多类别调度*（在 Linux 中叫*调度策略*），对优先级和可运行线程的管理实行不同的算法。其中包括*实时调度*，该类别的优先级要高于所有非关键工作，甚至包括内核线程。除了对抢占的支持（稍后会讲述），实时调度还可以向有需要的系统提供可预期、低延时的调度。

关于内核调度器和其他调度算法的内容，可参考第 6 章。

3.2.10 文件系统

文件系统是文件和目录的数据组织。有一个基于文件的接口用于访问文件系统，该接口通常是基于 POSIX 标准的。内核能够支持多种文件系统类型和实例。提供文件系统是操作系统最重要的作用之一，曾经甚至被直接描述为操作系统最为重要的作用 [Ritchie 74]。

操作系统提供了全局的文件命名空间，其被组织成一个以根目录（“/”）为起点，自上而下的拓扑结构。通过*挂载*（mounting）可以添加文件系统的树，把自己的树挂在一个目录上（*挂载点*）。这使得遍历文件命名空间对于终端用户来说是透明的，不用考虑底层的文件系统类型。

图 3.13 所示的是一个典型的操作系统的组织图。

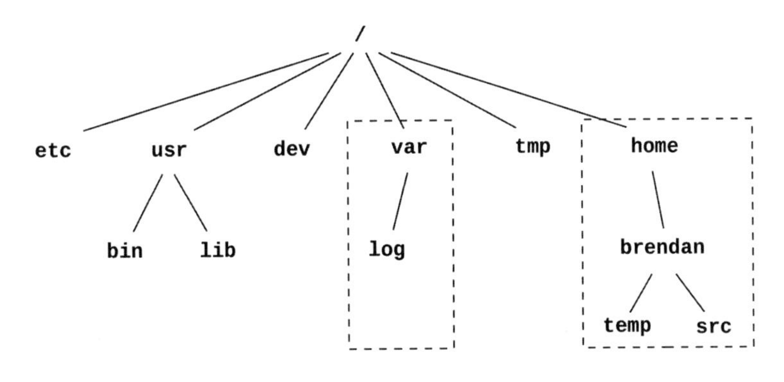

图 3.13 操作系统中文件的层次结构

顶层的目录包括：etc 用于放置系统配置文件，usr 用于存放系统提供的用户级别的程序和库文件，dev 用于存放设备文件，var 用于存放包括系统日志在内的各种文件，tmp 用于存放临时文件，home 用于存放用户的主目录。在图中的示例中，var 和 home 可以放置在自身的文件系统实例里，位于不同的存储设备中；然而，它们能像这棵树的其他部分一样，被进行同样的访问。

多数文件系统类型使用存储设备（磁盘）来存放内容。某些文件系统类型是由内核动态生成的，诸如 /proc 和 /dev。

内核通常提供不同的方式（包括 chroot(8)）将进程隔离到文件命名空间的一部分中，不仅如此，在 Linux 上有通常用于容器的 mount 命名空间（参见第 11 章）。

VFS

虚拟文件系统（virtual file system，VFS）是一个对文件系统类型进行抽象的内核接口，起源于 Sun Microsystems 公司，最初的目的是让 UNIX 文件系统（UFS）和 NFS 能更容易地共存。VFS 的作用见图 3.14。

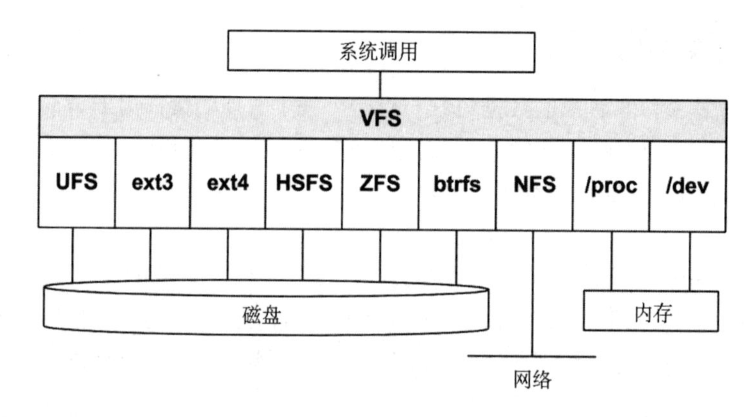

图 3.14　虚拟文件系统

VFS 接口让内核添加新的文件系统时更加简单。之前曾用图展示过，VFS 也支持全局的文件命名空间，用户程序和应用程序能透明地访问各种类型的文件系统。

I/O 栈

基于存储设备的文件系统，从用户级软件到存储设备的路径被称为 *I/O* 栈。这是之前说过的整个软件栈的一个子集。一般的 I/O 栈如图 3.15 所示。

图 3.15 显示了绕过文件系统，直接通往左边的块设备的路径。这个路径有时会被管理工具和数据库使用。

第 8 章会详细介绍文件系统和各文件系统的性能，关于构建在其上的存储设备的内容将在第 9 章中进行介绍。

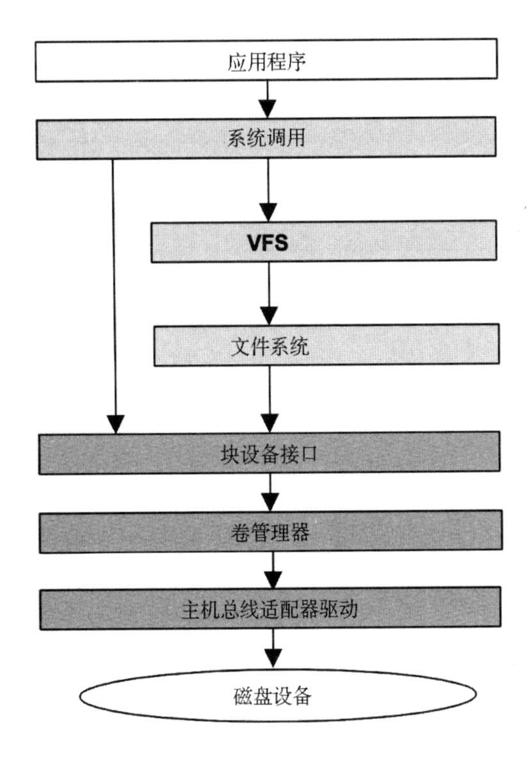

图 3.15 通用 I/O 栈

3.2.11 缓存

由于磁盘 I/O 的延时较长，软件栈中的很多层级通过缓存读取和缓存写入来试图避免这一点。常见的缓存如表 3.2 所示（以便于核对的顺序排列）。

表 3.2 磁盘 I/O 缓存层级示例

	缓存	实例
1	客户端缓存	网络浏览器缓存
2	应用程序缓存	—
3	Web 服务器缓存	Apache 缓存
4	缓存服务器	memcached
5	数据库缓存	MySQL 缓冲区高速缓存
6	目录缓存	dcache
7	文件元数据缓存	inode 缓存
8	操作系统缓冲区高速缓存	缓冲区高速缓存
9	文件系统主缓存	换页缓存，ZFS ARC
10	文件系统次缓存	ZFS L2ARC

续表

	缓存	实例
11	设备缓存	ZFS vdev
12	块缓存	缓冲区高速缓存
13	磁盘控制器缓存	RAID 卡缓存
14	存储阵列缓存	—
15	磁盘内置缓存	—

举个例子，缓冲区高速缓存是主存的一块区域，用于存放最近使用的磁盘块。如果请求的块存在，磁盘读取能立即完成，避免了高延时的磁盘 I/O。

基于不同的系统和环境，缓存的类型会有较大的不同。

3.2.12 网络

现代内核提供一套内置的网络协议栈，能够让系统通过网络进行通信，成为分布式系统环境的一部分。栈指的是*网络栈*或 *TCP/IP 栈*，这个命名源自最常用的 TCP 和 IP。用户级别的应用程序通过被称为*套接字*的编程端点跨网络通信。

连接到网络的物理设备是*网络接口*，一般使用的是*网络接口卡*（NIC，网卡）。历史上，系统管理员的一项操作是将 IP 地址关联到网络接口上，这样才能用网络进行通信；现在这些映射通常由动态主机配置协议（DHCP）自动执行。

网络协议不经常改变，但有一个新的传输协议被越来越多的人采用：QUIC（参见第 10 章）。协议的增强功能和选项的变化会更频繁，例如，更新的 TCP 选项和 TCP 拥塞控制算法。更新的协议和增强功能通常需要内核支持（用户空间实现的协议除外）。另一个变化是对不同网络接口卡的支持，这需要给内核提供新的设备驱动程序。

关于网络和网络性能的更多内容，可参考第 10 章。

3.2.13 设备驱动

内核必须和各种各样的物理设备通信，这样的通信可以通过使用*设备驱动*达成，设备驱动是用于设备管理和设备 I/O 的内核软件。设备驱动常常由开发硬件设备的厂商提供。某些内核支持*可插拔*的设备驱动，这意味着不需要重启系统就可以安装或卸载这些设备驱动。

设备驱动给设备提供的接口有字符接口和块接口。字符设备，也称为*原始设备*，提供无缓冲的设备顺序访问，访问可以是任意 I/O 尺寸的，也可以小到单一字符，取决于设备本身。这类设备包括键盘和串口（对于最早的 UNIX，还有纸带和行打印机）。

块设备所执行的 I/O 以块为单位，从前一直是一次 512B。基于块的偏移值可以被随机访问，偏移值在块设备的头部以 0 开始计数。在早期的 UNIX 中，块设备接口还为块设备的缓冲区提供缓存来提升性能，缓冲区在主存的一个区域，称为缓冲区高速缓存。在 Linux 中，这个缓冲区缓存现在是页面缓存的一部分。

3.2.14 多处理器

支持多处理器使得操作系统可以用多个 CPU 实例来并行地执行工作。这通常用对称多处理结构（symmetric multiprocessing，SMP）来实现，它支持对所有 CPU 的平等对待。这在技术上是很难实现的，因为并行运行的线程间访问与共享内存和 CPU 会遇到不少问题。在多处理器系统中，非统一内存访问（NUMA）架构也可能允许主存连接到不同插座（物理处理器），这也给性能带来了挑战。关于调度和线程同步的细节，可参考第 6 章，关于内存访问和架构的细节，可参考第 7 章。

IPI

对于多处理器的系统，时常会出现 CPU 需要协调的情况，如内存翻译条目的缓存一致性（通知其他 CPU，某一缓存过的条目现在失效了）。CPU 可以通过处理器间中断（IPI）（也被称为 *SMP* 调用或 *CPU* 交叉调用）去请求其他 CPU 或者所有 CPU 去立即执行这类工作。IPI 被设计成了能快速执行的处理器中断，以最小化对其他线程中断的影响。

抢占也可以使用 IPI。

3.2.15 抢占

支持内核抢占让高优先级的用户级线程可以中断内核并开始被执行。这让实时系统成为可能——这些系统有着严格的响应时间要求。支持抢占的内核被称为完全可抢占的内核，虽然实际上还是会有少量的关键代码路径是不能被中断的。

Linux 所支持的另一种方法是自愿内核抢占，在内核代码中的逻辑停止点可以做检查并执行抢占。这就避免了完全抢占式内核的某些复杂性，为常见工作负载提供低延时的抢占。Linux 通常通过 CONFIG_PREEMPT_ VOLUNTARY Kconfig 选项启用自愿内核抢占；CONFIG_PREEMPT 允许所有内核代码（除了关键部分）被抢占，CONFIG_PREEMPT_NONE 禁用抢占，以较高的延时为代价提高吞吐量。

3.2.16 资源管理

操作系统会提供各种各样的可配置的控制，用于精调系统资源，如 CPU、内存、磁盘，以及网络等。这些资源控制，能被用在运行不同应用程序的系统或者租户环境（云计算）中来管理性能。这类控制可以对每个进程（或者进程组）设定固定的资源使用限制，或者采用更灵活的方法——允许剩余的资源用于共享。

UNIX 和 BSD 的早期版本有基本的基于每个进程的资源控制，包括用 nice(1) 调整 CPU 的优先级和用 ulimit(1) 对某些资源做限定。

Linux 则是开发了控制组（control groups，cgroups），并将其整合进了 2.6.24 版本中（2008 年），还为此添加了各种控件，这些都记录在内核源码的 Documentation/cgroups 中。还有一个改进的统一分层方案，被称为 *cgroup v2*，在 Linux 4.5（2016）中提供，并记录在 Documentation/admin-guide/cgroup-v2.rst 中。

后续各章会在合适的时候讲述具体的资源控制。第 11 章就有一个关于管理操作系统虚拟化租户性能的用例。

3.2.17 可观测性

操作系统由内核、库和程序组成，其中程序包括观测系统活动和性能分析的工具，通常安装在 /usr/bin 和 /usr/sbin 目录下。用户也可以将第三方工具安装到系统中以提供额外的观测。

观测工具以及基于操作系统组件构建的观测工具，会在第 4 章做介绍。

3.3 内核

下面的章节讨论了类 UNIX 内核的实现细节，重点是性能。作为背景知识，我们讨论了早期内核 UNIX、BSD 和 Solaris 的性能特征。在 3.4 节中，将更详细地讨论 Linux 内核。

内核之间的差异涉及它们支持的文件系统（参见第 8 章）、系统调用（syscall）接口、网络栈的架构、对实时的支持，以及 CPU、磁盘 I/O 和网络的调度算法。

表 3.3 展示的是 Linux 和其他内核版本的比较，系统调用的数量是基于操作系统手册第 2 部分的条目数量。这是一个粗略的比较，但是足以看出区别。

表 3.3 内核版本和有文档记录的系统调用数目

内核版本	系统调用总数
UNIX Version 7	48
SunOS（Solaris）5.11	142
FreeBSD 12.0	222
Linux 2.6.32-21-server	408
Linux 2.6.32-220.el6.x86_64	427
Linux 3.2.6-3.fc16.x86_64	431
Linux 4.15.0-66-generic	480
Linux 5.3.0-1010-aws	493

这些只是带有文档的系统调用；更多的系统调用通常由内核提供，供操作系统软件私自使用。

> UNIX 初期只有 20 个系统调用，而今天的 Linux——作为一个嫡系——有上千个系统调用……我只是担心复杂性和事情发展的规模。
>
> Ken Thompson，ACM 图灵百年纪念，2012

Linux 的复杂性在不断增加，通过增加新的系统调用或通过其他内核接口，这种复杂性又被暴露给用户空间。额外的复杂性使得学习、编程和调试更加费时。

3.3.1 UNIX

UNIX 是由 Ken Thompson、Dennis Ritchie，以及其他 AT&T 贝尔实验室的同人，在 1969 年以及之后的岁月里开发的。关于 UNIX 确切起源的描述在 *The UNIX Time-Sharing System* [Ritchie 74] 一书里：

> 当我们中的一员（Thompson），不满意现有的计算机设备，发现了一个很少使用的 PDP-7，便着手开始创造一个更适宜的系统环境，第一个版本便诞生了。

UNIX 的开发人员之前是工作在 Multics（Multiplexed Information and Computer Services）操作系统上的。UNIX 是作为一个轻量的多任务的操作系统和内核被开发的，命名自 UNICS（UNiplexed Information and Computing Service），是 Multics 的双关语。摘自 *UNIX Implementation* [Thompson 78]：

> 内核只能是 UNIX 的代码，不能出于用户的喜好而被替换。基于这个原因，内核应该尽可能少地做真正的决定。这意味着做一样的事情，用户不可以有成千上万种选择。而是说，做一件事情只允许有一种方法，这种方法是所有可供选择的方法的最小公约数。

当时内核很小，但还是提供了一些用于高性能的功能。进程有调度优先级，更高优先级任务的运行队列的延时会更短。为了效率，磁盘 I/O 执行时用的是大存储块（512B），每个设备前都有置于内存中的缓冲区高速缓存，块会被缓存在其中。空闲的进程会被交换到存储器里，让更忙的进程运行在主存里。而且，该系统当然是多任务处理的——允许多个进程并行运行，以提升吞吐量。

为了支持网络、多文件系统、换页和其他我们现在认为是标准的东西，内核必然会增长。加上多个衍生，包括 BSD、SunOS（Solaris），以及之后的 Linux，内核的性能变得有竞争力，也推动着更多功能和代码的加入。

3.3.2 BSD

伯克利软件分布(BSD)操作系统始于加州大学伯克利分校的UNIX第六版的增强版，并在1978年被首次发布。由于最初的UNIX代码需要AT&T的软件许可，因此直到20世纪90年代初，这些UNIX代码在新的BSD许可下才被重写成BSD，允许自由发行，FreeBSD就是其中一个发行版。

BSD内核的主要发展，特别是与性能有关的发展，如下所述。

- **分页虚拟内存**：BSD给UNIX带来了分页虚拟内存——不是交换整个进程来释放主存，而是可以移动（分页）较小的最近使用的内存块。详情可参见7.2.2节。
- **按需换页**：这将物理内存到虚拟内存的映射推迟到第一次写入时进行，避免了早期的、有时是不必要的性能和内存成本，因为这些页面可能永远不会被使用。按需换页是由BSD带入UNIX的，详情可参见7.2.2节。
- **FFS**：伯克利快速文件系统（FFS）将磁盘分配归入柱面组，大大减少了碎片，提高了旋转磁盘的性能，并支持更大的磁盘和其他改进。FFS成为许多其他文件系统的基础，包括UFS，详情可参见8.4.5节。
- **TCP/IP网络栈**：BSD为UNIX开发了第一个高性能的TCP/IP网络栈，包含在4.2BSD（1983）中。BSD至今仍以其高性能的网络栈而闻名。
- **套接字**：伯克利套接字是连接端点的API。其被包含在4.2BSD中，套接字已经成为网络的标准。详情可参见第10章。
- **Jail**：轻量级的操作系统级别的虚拟化，允许多个用户共享一个内核。Jail在FreeBSD 4.0中被首次发布。
- **内核TLS**：鉴于传输层安全（TLS）现在在互联网上被普遍使用，内核TLS将大部分的TLS处理转移到了内核中，提高了性能[1][Stewart 15]。

虽然没有Linux那么流行，但BSD还是被用于一些对性能要求很高的环境，包括Netflix的内容交付网络（CDN），以及NetApp、Isilon和其他文件服务器。Netflix在2019年对FreeBSD在其CDN上的性能进行了总结[Looney 19]：

> 使用FreeBSD和商品部件，我们在16核2.6GHz的CPU上以55%的CPU实现了90Gb/s的TLS加密连接。

关于FreeBSD的内部结构，有一个很好的参考资料——《FreeBSD操作系统设计与实现》（第2版）[McKusick 15]。

1　Netflix CDN是为了提高Netflix的FreeBSD开放连接设备（OCA）的性能而开发的。

3.3.3 Solaris

Solaris 是 Sun Microsystems 公司在 1982 年开发的一个 UNIX 和 BSD 衍生的内核和操作系统。它最初被命名为 SunOS，并为 Sun 工作站进行了优化。到 20 世纪 80 年代末，AT&T 在 SVR3、SunOS、BSD 和 Xenix 的技术基础上开发了一个新的 UNIX 标准，UNIX System V Release 4（SVR4）。Sun 公司在 SVR4 的基础上开发了一个新的内核，并以 Solaris 的名字重新命名了该操作系统。

Solaris 内核的开发，尤其是与性能相关的内容如下。

- **VFS**：虚拟文件系统（VFS）是一个抽象和接口，可以让多种文件系统很容易共存。Sun 最初开发它是为了让 NFS 和 UFS 可以共存。VFS 的内容在第 8 章中有介绍。
- **完全抢占内核**：提供了包括实时工作在内的高优先级工作的低延时。
- **多处理器支持**：20 世纪 90 年代初，Sun 公司在多处理器操作系统支持方面进行了大量投入，开发了对非对称和对称多处理（ASMP 和 SMP）的内核支持 [Mauro 01]。
- **slab 分配器**：替代了 SVR4 的 buddy 分配器，这个内核 slab 内存分配器通过让每个 CPU 缓存预分配的缓冲区能更快地被重用，提供了更好的性能。这一分配器类型，以及它的衍生，已经成为操作系统的标准。
- **DTrace**：一套静态和动态的跟踪框架和工具，在实时和生产环境中，可以对整个软件栈做近乎无限的观测。Linux 有 BPF 和 bpftrace 来做这种类型的观测。
- **Zone**：一种基于操作系统的虚拟化技术，用于创建共享一个内核的操作系统实例，类似于早期的 FreeBSD jails 技术。操作系统虚拟化现在作为 Linux 容器被广泛地使用，更多信息请参见第 11 章。
- **ZFS**：一个具有企业级功能和性能的文件系统。当前 ZFS 可以用于包括 Linux 在内的其他操作系统，详情可参见第 8 章。

甲骨文公司在 2010 年收购了 Sun Microsystems，Solaris 现在被称为 Oracle Solaris。本书第 1 版中对 Solaris 有更详细的介绍。

3.4 Linux

Linux 诞生于 1991 年，由 Linus Torvalds 开发，当时是作为针对英特尔个人电脑的一款免费的操作系统。他在 Usenet 的帖子里宣布了这个项目：

> 我正在做一个（免费的）操作系统（只是个爱好，不会变得很大很专业，不会像 gnu 一样），针对的是 386（486）AT 平台。从 4 月起就开始酝酿，现

在马上就准备好了。我希望得到大家对MINIX的喜欢/不喜欢的反馈，因为我的操作系统有点像它［文件系统是一样的物理布局（有实际的原因），还有一些其他事情］。

这个系统参考了MINIX操作系统，MINIX是针对小型计算机的免费的小型UNIX版本。BSD也试图提供一个免费的UNIX版本，不过在当时存在法律上的问题。

Linux内核开发的总体思路来自许多前辈，如下所述。

- **UNIX（和Multics）**：操作系统层级、系统调用、多任务处理、进程、进程属性、虚拟内存、全局文件系统、文件系统权限、设备文件、缓冲区高速缓存。
- **BSD**：换页虚拟内存、按需换页、快速文件系统（fast file system，FFS）、TCP/IP网络栈、套接字。
- **Solaris**：VFS、NFS、页缓存、统一页缓存、slab分配器。
- **Plan 9**：资源forks（rfork），为进程间和线程（任务）间的共享设置不同的级别。

Linux现在被广泛用于服务器、云实例和嵌入式设备，包括移动电话。

3.4.1 Linux内核开发

Linux内核的开发，尤其是那些与性能相关的开发，涉及如下内容（多数功能还标记了第一次引入Linux时的内核版本）。

- **CPU调度类型**：各种先进的CPU调度算法都已被开发，包括通过调度域（2.6.7）来对非一致存储访问架构（NUMA）做出更好的决策，详情参见第6章。
- **I/O调度类型**：已经开发了不同的块I/O调度算法，包括deadline（2.5.39）、anticipatory（2.5.75）和完全公平队列（CFQ）（2.6.6）。这些算法在Linux 5.0之前的内核中都是可用的，但在Linux 5.0中被去掉了，只保留较新的多队列I/O调度器。更多信息可参见第9章。
- **TCP拥塞算法**：Linux允许配置不同的TCP拥塞控制算法，并支持Reno、Cubic，以及本列表中后来内核中提及的更多算法。更多信息可参见第10章。
- **Overcommit**：有out-of-memory（OOM）killer，该策略支持用较少内存做更多的事情，详情参见第7章。
- **Futex（2.5.7）**：fast user-space mutex的缩写，用于提供高性能的用户级别的同步原语。
- **巨型页（2.5.36）**：由内核和内存管理单元（MMU）支持大型内存的预分配，详情参见第7章。

- **OProfile（2.5.43）**：研究 CPU 使用和其他活动的系统剖析工具，对内核和应用程序都适用。
- **RCU（2.5.43）**：内核所提供的只读更新同步机制，支持伴随更新实现多个读取的并发，提升了读取频繁的数据的性能和扩展性。
- **epoll（2.5.46）**：对多个打开的文件描述符，可以高效地针对 I/O 等待进行系统调用，提升了服务器应用程序的性能。
- **模块 I/O 调度（2.6.10）**：Linux 对调度块设备 I/O 提供可插拔的调度算法，详情参见第 9 章。
- **DebugFS（2.6.11）**：一个简单的非结构化接口，内核用该接口可以实现数据在用户级别的暴露，通常为某些性能工具所用。
- **Cpusets（2.6.12）**：进程独占的 CPU 分组。
- **自愿内核抢占（2.6.13）**：这个抢占过程，提供了低延时的调度，并且避免了完全抢占的复杂性。
- **inotify（2.6.13）**：文件系统事件的监测框架。
- **blktrace（2.6.17）**：跟踪块 I/O 事件的框架和工具（后来迁移到了 tracepoints 中）。
- **splice（2.6.17）**：一个系统调用，将数据在文件描述符和管道之间快速移动，而不用经过用户空间。（系统调用 sendfile(2)，可以在文件描述符之间有效地移动数据，现在是封装了 splice(2)。）
- **延时审计（2.6.18）**：跟踪每个任务的延时状态，详情参见第 4 章。
- **IO 审计（2.6.20）**：测量每个进程的各种存储 I/O 统计。
- **DynTicks（2.6.21）**：动态的 tick，当不需要时（tickless），内核定时中断不会触发，这样可以节省 CPU 的资源和电力。
- **SLUB（2.6.22）**：新的 slab 内存分配器的简化版本。
- **CFS（2.6.23）**：完全公平调度算法，详情参见第 6 章。
- **cgroups（2.6.24）**：控制组可以测量并限制进程组的资源使用。
- **TCP LRO（2.6.24）**：TCP 大型接收卸载（Large Receive Offload，简称 LRO）允许网络驱动和硬件在将数据包发送到网络栈之前将其聚合成较大的体积。Linux 也支持发送路径的大型发送卸载（LSO）。
- **latencytop（2.6.25）**：观测操作系统的延时来源的仪器和工具。
- **tracepoints（2.6.28）**：静态内核跟踪点（也称静态探针）可以组织内核里的逻辑执行点，用于跟踪工具（之前称为内核标记）。跟踪工具在第 4 章中有介绍。
- **perf（2.6.31）**：perf 是一套性能观测工具，包括 CPU 性能计数器剖析、静态和动态跟踪。关于该内容的介绍可参见第 6 章。
- **没有 BKL（2.6.37）**：最终消除了大内核锁（BKL）的性能瓶颈。

- **透明巨型页（2.6.38）**：这是一个简化巨型（大型）内存页面使用的框架，详情参见第 7 章。
- **KVM**：基于内核的虚拟机（Kernel-based Virtual Machine，KVM）技术是 Qumranet 公司为 Linux 开发的，该公司在 2008 年被 Red Hat 公司收购。KVM 允许创建虚拟的操作系统实例，并运行虚拟机自己的内核，详情参见第 11 章。
- **BPF JIT（3.0）**：Berkeley Packet Filter（BPF）的即时编译器（JIT），通过将 BPF 字节码编译为本地指令来提高包过滤性能。
- **CFS 带宽控制（3.2）**：一种 CPU 调度算法，支持 CPU 配额和节流。
- **TCP 防缓冲器（3.3+）**：从 Linux 3.3 开始进行了各种增强，以解决缓冲区膨胀问题，包括用于传输包数据的字节队列限制（BQL）（3.3）、CoDel 队列管理（3.5）、TCP 小队列（3.6）和比例积分控制器增强（PIE）包调度程序（3.14）。
- **uprobes（3.5）**：用于动态跟踪用户级软件的基础设施，由其他工具（perf、SystemTap 等）使用。
- **TCP 早期重传（3.5）**：RFC 5827，用于减少触发快速重传所需的重复确认。
- **TFO（3.6、3.7、3.13）**：TCP 快速打开（TFO）可以将 TCP 三方握手减少到一个带有 TFO cookie 的 SYN 包，从而提高性能。在 3.13 中，它被定为默认值。
- **NUMA 平衡(3.8+)**：这增加了内核在多 NUMA 系统上自动平衡内存位置的方法，减少了 CPU 互联流量并提高了性能。
- **SO_REUSEPORT（3.9）**：一个套接字选项，允许多个监听器套接字绑定到同一个端口，提高了多线程的可扩展性。
- **SSD 缓存设备（3.9）**：设备映射器支持固态硬盘设备被用作较慢旋转磁盘的缓存。
- **bcache（3.10）**：一种用于块接口的 SSD 缓存技术。
- **TCP TLP（3.10）**：TCP 尾部丢失探测（TLP）是一种方案，该方案在较短时间探测到超时后会发送新数据或最后一个未确认的段，这样就避免了高成本的基于定时器的重传，从而触发更快的恢复。
- **NO_HZ_FULL（3.10，3.12）**：这也被称为无计时器的多任务或无时钟的内核，它允许非空闲线程在没有时钟跳动的情况下运行，避免了工作负载的扰动 [Corbet 13a]。
- **多队列块 I/O(3.13)**：这提供了每个 CPU 的 I/O 提交队列，而不是单一的请求队列，提高了可扩展性，特别是对于高 IOPS 的 SSD 设备 [Corbet 13b]。
- **SCHED_DEADLINE（3.14）**：一个可选的调度策略，实现了最早截止日期第一（EDF）的调度 [Linux 20b]。
- **TCP autocorking（3.14）**：这允许内核凝聚小的写操作，减少发送的数据包。TCP_CORK setsockopt(2) 的一个自动版本。

- **MCS 锁和 qspinlock（3.15）**：高效的内核锁，使用诸如每 CPU 结构的技术。MCS 是以原始锁的发明者（Mellor-Crummey 和 Scott）命名的 [Mellor-Crummey 91][Corbet 14]。
- **扩展 BPF（3.18+）**：一个用于运行安全内核态程序的内核内执行环境。扩展 BPF 的大部分内容在 4.x 系列中被添加。在 3.19 中增加了对 kprobes 的支持，在 4.7 中增加了对 tracepoint 的支持，在 4.9 中增加了对软件和硬件事件的支持，在 4.10 中增加了对 cgroups 的支持。在 5.3 中增加了有界循环，还增加了指令限制，以允许复杂的应用。详情可参见 3.4.4 节。
- **Overlayfs（3.18）**：Linux 中包含的一个联合装载文件系统。Overlayfs 在其他文件系统的基础上创建虚拟文件系统，也可以在不改变第一个文件系统的情况下进行修改。其通常用于容器。
- **DCTCP（3.18）**：数据中心 TCP（DCTCP）拥塞控制算法，其目的是提供高突发容忍度、低延时和高吞吐量 [Borkmann 14a]。
- **DAX（4.0）**：直接访问（DAX）允许用户空间直接从持久性内存存储设备中读取，没有缓冲区的开销。
- **队列自旋锁（4.2）**：在竞争下提供更好的性能，在 4.2 中成为默认的自旋锁内核实现。
- **TCP 无锁监听器（4.4）**：TCP 监听器的快速路径变得无锁，提高了性能。
- **cgroup v2（4.5，4.15）**：早期内核中有一个统一的 cgroup 层次结构，在 4.5 中被认为是稳定的，并被暴露出来，被命名为 cgroup v2 [Heo 15]。cgroup v2 CPU 控制器在 4.15 中被加入。
- **epoll 可扩展性（4.5）**：为了实现多线程的可扩展性，epoll(7) 避免了为每个事件唤醒所有在相同文件描述符上等待的线程，这导致了一个惊群性能问题 [Corbet 15]。
- **KCM（4.6）**：内核连接复用器（KCM）在 TCP 上提供了一个高效的基于消息的接口。
- **TCP NV（4.8）**：New Vegas（NV）是一种新的 TCP 拥塞控制算法，适合于高带宽网络（那些运行在 10+ Gb/s 的网络）。
- **XDP（4.8，4.18）**：eXpress Data Path（XDP）是一种基于 BPF 的可编程快速路径，用于高性能网络 [Herbert 16]。4.18 中增加了一个 AF_XDP 套接字地址系列，可以绕过大部分的网络栈。
- **TCP BBR（4.9）**：Bottleneck Bandwidth and RTT（BBR）是一个 TCP 拥塞控制算法，能在遭受数据包丢失和缓冲区过满的网络中改进延时和吞吐量 [Cardwell 16]。
- **硬件延时跟踪器（4.9）**：一个 Ftrace 跟踪器，可以检测由硬件和固件引起的系统延时，包括系统管理中断（SMI）。

- **perf c2c（4.10）**：缓存到缓存（c2c）perf 子命令可以帮助识别 CPU 缓存性能问题，包括错误的共享。
- **英特尔 CAT（4.10）**：支持英特尔缓存分配技术（CAT），允许任务拥有专用的 CPU 缓存空间。这可以被容器用来帮助解决吵闹的邻居问题。
- **多队列 I/O 调度器：BPQ、Kyber（4.12）**：预算公平排队（BFQ）多队列 I/O 调度器为交互式应用提供了低延时的 I/O，特别是对于较慢的存储设备。BFQ 在 5.2 中得到了显著的改进。Kyber I/O 调度器适用于快速多队列设备 [Corbet 17]。
- **内核 TLS（4.13，4.17）**：Linux 版本的内核 TLS[Edge 15]。
- **MSG_ZEROCOPY（4.14）**：一个 send(2) 的标志，用于避免应用程序和网络接口之间的数据包字节的额外拷贝 [Linux 20c]。
- **PCID（4.14）**：Linux 增加了对进程上下文 ID（PCID）的支持，这是一个处理器 MMU 功能，有助于避免在上下文切换时刷新 TLB。这降低了内核页表隔离（KPTI）补丁的性能成本，KPTI 补丁是缓解 meltdown 漏洞所需的。更多信息可参见第 3.4.3 节。
- **PSI（4.20，5.2）**：压力滞留信息（PSI）是一组新的指标，显示在 CPU、内存或 I/O 上滞留的时间。5.2 中增加了 PSI 阈值通知，以支持 PSI 监测。
- **TCP EDT (4.20)**：TCP 栈切换到提前离场时间（EDT）。这使用了一个定时轮调度器来发送数据包，可提供更好的 CPU 效率和更小的队列 [Jacobson 18]。
- **多队列 I/O（5.0）**：多队列块状 I/O 调度器在 5.0 中成为默认，经典调度器被移除。
- **UDP GRO（5.0）**：UDP 通用接收负载（GRO）通过驱动和网卡做数据包聚合并向上传递栈来提高性能。
- **io_uring（5.1）**：一个通用的异步接口，用于应用程序和内核之间的快速通信，使用共享环形缓冲区。主要用途包括快速磁盘和网络 I/O。
- **MADV_COLD、MADV_PAGEOUT（5.4）**：这些 madvise(2) 标志是对内核的提示，即需要内存，但不是很快。MADV_PAGEOUT 也是一个提示，说明内存可以立即被回收。这些对于内存受限的嵌入式 Linux 设备特别有用。
- **MultiPath TCP（5.6）**：可以使用多个网络链接（如 3G 和 WiFi）来提高单个 TCP 连接的性能和可靠性。
- **启动时跟踪（5.6）**：允许 Ftrace 跟踪早期启动过程。（systemd 可以提供晚期启动过程的时间信息，参见 3.4.2 节。）
- **热压力（5.7）**：调度器考虑了热节流，以做出更好的布置决策。
- **perf 火焰图（5.8）**：perf(1) 支持火焰图的可视化。

这里没有列出的有对于锁、驱动、VFS、文件系统、异步I/O、内存分配器、NUMA、新处理器指令支持、GPU以及性能工具perf(1)和Ftrace的许多小的性能改进。通过使用systemd，系统启动时间也得到了改善。

3.4.2 systemd

systemd是常用的Linux服务管理器，它是作为原始UNIX init系统的替代品而开发的。systemd具有各种功能，包括依赖感知服务启动和服务时间统计。

在系统性能方面，偶见的任务是优化系统的启动时间，而systemd的时间统计可以显示出调整的方向。使用systemd-analyze(1)可以报告总体启动时间：

```
# systemd-analyze
Startup finished in 1.657s (kernel) + 10.272s (userspace) = 11.930s
graphical.target reached after 9.663s in userspace
```

这个输出显示，系统在9.663秒内启动（在这种情况下达到graphical.target）。使用critical-chain子命令可以看到更多信息：

```
# systemd-analyze critical-chain
The time when unit became active or started is printed after the "@" character.
The time the unit took to start is printed after the "+" character.

graphical.target @9.663s
└─multi-user.target @9.661s
  └─snapd.seeded.service @9.062s +62ms
    └─basic.target @6.336s
      └─sockets.target @6.334s
        └─snapd.socket @6.316s +16ms
          └─sysinit.target @6.281s
            └─cloud-init.service @5.361s +905ms
              └─systemd-networkd-wait-online.service @3.498s +1.860s
                └─systemd-networkd.service @3.254s +235ms
                  └─network-pre.target @3.251s
                    └─cloud-init-local.service @2.107s +1.141s
                      └─systemd-remount-fs.service @391ms +81ms
                        └─systemd-journald.socket @387ms
                          └─system.slice @366ms
                            └─-.slice @366ms
```

这个输出显示了关键路径：导致延时的各步（在本例中是服务）的序列。最慢的服务是systemd-networkd-wait-online.service，需要1.86秒才启动。

还有一些其他有用的子命令：blame 显示最慢的初始化时间，plot 生成一个 SVG 图。更多信息请参见 systemd-analyze(1) 的 man 手册页。

3.4.3 KPTI（meltdown）

2018 年添加到 Linux 4.14 中的内核页表隔离（KPTI）补丁是对被称为 meltdown 的英特尔处理器漏洞的一种缓解。旧的 Linux 内核版本有用于类似目的的 KAISER 补丁，其他内核也采用了缓解措施。虽然这些措施解决了安全问题，但由于额外的 CPU 周期、上下文切换和系统调用时额外的 TLB 刷新，它们也降低了处理器的性能。Linux 在同一版本中增加了对进程上下文 ID（PCID）的支持，只要处理器支持 PCID，就可以避免一些 TLB 刷新。

我评估了 KPTI 对 Netflix 云计算程序工作负载的性能影响，在 0.1% 到 6% 之间，这取决于工作负载的系统调用率（成本与之成正比）[Gregg 18a]。额外的调优将进一步减少成本：采用巨型页会让刷新的 TLB 更快地热起来，使用跟踪工具来检查系统调用，可确定减少其使用率的方法。这样的一些跟踪工具是用 eBPF 实现的。

3.4.4 eBPF

BPF 是 Berkeley Packet Filter 的缩写，这是一项不知名的技术，最早开发于 1992 年，改善了数据包捕获工具的性能 [McCanne 92]。2013 年，Alexei Starovoitov 建议对 BPF 做大的重写 [Starovoitov 13]，由他本人和 Daniel Borkmann 做开发，在 2014 年被纳入 Linux 内核 [Borkmann 14b]。这让 BPF 变成了一个通用的执行引擎，可以用于各种事情，包括网络、可观测性和安全。

BPF 本身是一种灵活且高效的技术，由指令集、存储对象（map）和 helper 函数组成。鉴于 BPF 的虚拟指令集规范，它可以被认为是一个虚拟机。BPF 程序在内核态下运行（如图 3.2 所示），并被配置为运行在 socket event、tracepoint、USDT probe、kprobes、uprobes 和 perf_events 等这些事件上，如图 3.16 所示。

BPF 字节码必须首先通过一个检查安全的验证器，以确保 BPF 程序不会崩溃或破坏内核。它还可以使用一个 BPF 类型格式（BTF）系统来理解数据类型和结构。BPF 程序可以通过 perf 环形缓冲区输出数据，这是一种有效的发送每个事件的数据的方法，或者通过适合于统计的 map 来输出数据。

因为 BPF 正在为新一代高效、安全和先进的跟踪工具提供动力，所以 BPF 对系统性能分析很重要。它为现有的内核事件源：tracepoint、kprobes、uprobes 和 perf_events 提供了可编程性。例如，一个 BPF 程序可以在 I/O 的开始和结束时记录一个时间戳以确定其持续时间，并将其记录在一个自定义的直方图中。本书包含的许多基于 BPF 的程序都使用 BCC 和 bpftrace 作为前端。这些前端将在第 15 章中进行介绍。

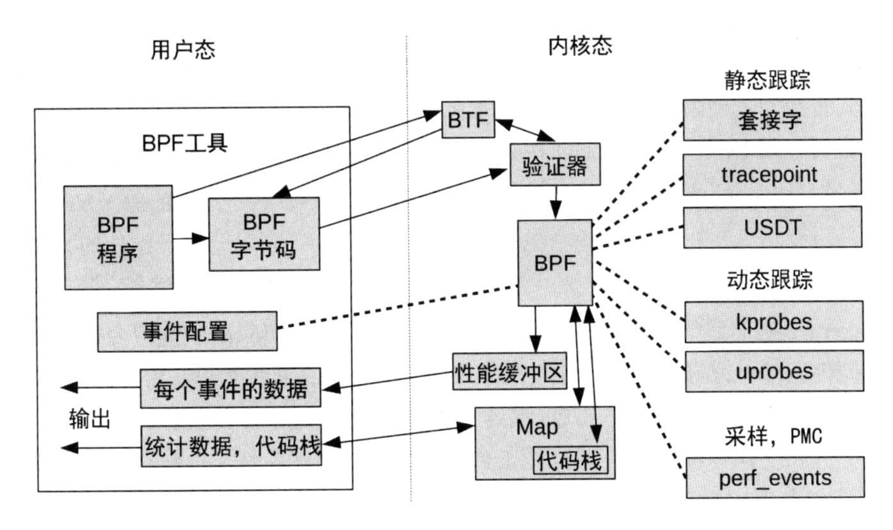

图 3.16 BPF 组件

3.5 其他主题

另外一些值得分享的内核和操作系统的主题是 PGO 内核、unikernel、微内核、混合内核和分布式操作系统。

3.5.1 PGO 内核

剖析引导的优化（PGO），也被称为反馈引导的优化（FDO），使用 CPU 剖析信息来改善编译器的决策 [Yuan 14a]。这可以应用于内核构建，过程是：

1. 在生产环境中，实施一次 CPU 剖析。
2. 基于该 CPU 剖析重新编译内核。
3. 在生产环境中部署该新的内核。

这就为特定的工作负载创建了一个性能更好的内核。诸如 JVM 这样的运行时会自动做到这一点，根据运行时的性能重新编译 Java 方法，并与即时编译（JIT）相结合。创建 PGO 内核的过程会涉及手动步骤。

一个相关的编译优化是链接时间优化（LTO），整个二进制文件被一次性编译，以实现整个程序的优化。微软的 Windows 内核大量使用了 LTO 和 PGO 优化，从 PGO 能看到 5% ～ 20% 的改进 [Bearman 20]。谷歌也使用 LTO 和 PGO 内核来提高性能 [Tolvanen 20]。

gcc 和 clang 编译器，以及 Linux 内核，都支持 PGO。内核 PGO 通常涉及运行一个特殊的具备检测能力的内核来收集剖析数据。谷歌已经发布了一个 AutoFDO 工具，绕过了对这种特殊内核的需求。AutoFDO 允许使用 perf(1) 从普通内核中收集配置文件，然后将其转换为正确的格式供编译器使用 [Google 20a]。

最近关于用 PGO 或 AutoFDO 构建 Linux 内核的仅有的两份资料是微软的 [Bearman 20] 和谷歌 [Tolvanen 20] 在 2020 年 Linux Plumber's Conference 上的演讲。[1]

3.5.2 unikernel

unikernel 是一个单一应用的机器镜像，它将内核、库和应用软件结合在一起，通常可以在硬件虚拟机或裸机的单一地址空间中运行。这会带来性能和安全方面潜在的好处：更少的指令文本意味着更高的 CPU 高速缓存命中率和更少的安全漏洞。这也产生了一个问题：可能没有 SSH、shell 或性能工具供你登录和调试系统，也没有办法添加它们。

为了在生产中对 unikernel 进行性能调优，必须建立新的性能工具和指标来做支持。作为一个概念验证，我建立了一个初级的 CPU 剖析器，从 Xen dom0 执行对 domU unikernel 客户机的剖析，然后建立一张 CPU 火焰图，只是为了表明这是可行的 [Gregg 16a]。

unikernel 的例子有 MirageOS [MirageOS 20]。

3.5.3 微内核和混合内核

本章的大部分内容讨论了类 UNIX 的内核，也被称为单内核，其中所有管理设备的代码都作为一个大的内核程序一起运行。对于微内核态，内核软件被保持在最小的程度。一个微内核支持的基本要素包括诸如内存管理、线程管理、进程间通信（IPC）。文件系统、网络栈和驱动程序是通过用户态的软件实现的，这使得这些用户态的组件更容易被修改和替换。想象一下，不仅要选择安装哪个数据库和哪个网络服务器，还要选择安装哪个网络栈。微内核的容错性也更强：一个驱动程序的崩溃并不会使整个内核崩溃。微内核的例子包括 QNX 和 Minix 3。

微内核的一个缺点是，执行 I/O 和其他功能会需要额外的 IPC 步骤，从而降低了性能。对此的一个解决方案是混合内核，它结合了微内核和单内核的优点。混合内核将性能的关键服务移回内核空间（用直接的函数调用代替 IPC），就像它们在单内核中一样，但保留了微内核的模块化设计和容错机制。混合内核的例子包括 Windows NT 内核和 Plan 9 内核。

1　有一段时间，最新的文档是2014年的Linux 3.13[Yuan 14b]，原因是阻碍在了新内核（3.13之后的版本）的采用上。

3.5.4 分布式操作系统

分布式操作系统在一组独立的计算机节点上运行一个操作系统实例，并将其连成网络。每个节点上通常使用一个微内核。分布式操作系统的例子包括贝尔实验室的 Plan 9，以及 Inferno 操作系统。

虽然是一种创新的设计，但这种模式还没有得到广泛的使用。Rob Pike 是 Plan 9 和 Inferno 的共同创造者，他描述了没有得到广泛使用的各种原因，包括 [Pike 00]：

> "在 20 世纪 70 年代末和 80 年代初，有一种说法是，UNIX 已经扼杀了操作系统的研究，因为没有人愿意尝试其他东西。当时，我并不相信。今天，我勉强接受这个说法可能是真的（尽管有微软）。"

在云上，今天扩展计算节点的常见模式是在一组相同的操作系统实例之间进行负载平衡，这些实例可以根据负载进行扩展（参见 11.1.3 节）。

3.6 内核比较

哪个内核最快？这个问题部分取决于操作系统的配置、工作负载以及内核的参与程度。一般来说，我预计 Linux 的性能会超过其他内核，这是因为它在性能改进、应用和驱动支持方面做了大量工作，而且使用广泛，有大规模的社区发现和报告性能问题。自 1993 年以来，由 TOP 500 名单跟踪的前 500 名超级计算机，在 2017 年变成 100% 安装的都是 Linux[TOP500 17]。也会有一些例外，例如，Netflix 在云上使用 Linux，在其 CDN 上使用 FreeBSD。[1]

内核性能通常使用微基准测试进行比较，而这是容易出错的。这样的基准测试可能会发现一个内核在某个特定的系统调用上快得多，但该系统调用在生产环境工作负载中没有被用到。（或者它被用到了，但是某些标志位没有经过微基准测试，这对性能有很大影响）。准确地比较内核性能是高级性能工程师的任务——这项任务可能需要数周时间。可将 12.3.2 节介绍的主动基准测试，作为一种可遵循的方法。

在本书的第 1 版中，我在结束这一节时指出，Linux 没有一个成熟的动态跟踪器，如果没有它，你可能会错失巨大的性能优势。在编写本书第 1 版的时候，我就已经转为全职的提升 Linux 性能的角色，我帮助开发了 Linux 所缺少的动态跟踪器。BCC 和 bpftrace，基于 eBPF。这些内容在第 15 章和我以前的书 [Gregg 19] 中都有涉及。

---

1 特别是因为Netflix OCA团队做的内核改进， FreeBSD为Netflix CDN工作负载提供了更高的性能。这一点经常被测试，最近一次是在2019年，对Linux 5.0和FreeBSD进行了生产环境的对比，对此我帮助做了分析。

3.4.1 节列出了从第 1 版到这 1 版之间的许多 Linux 性能的发展，涵盖了 3.1 版和 5.8 版的内核版本。一个在前面没有列出的主要发展是，OpenZFS 现在将 Linux 作为它支持的主要内核，为 Linux 提供了一个高性能且成熟的文件系统选项。

然而，随着所有这些 Linux 的发展，复杂性也随之而来。在 Linux 上有如此多的性能特征和可调项，以至于为每个工作负载配置和调优变得非常费力。我已经看到了许多未经调整的部署。在比较内核性能时要记住这一点：每个内核都调优过了吗？本书后面各章节的调优部分可以帮助你解决这个问题。

3.7　练习

1. 回答下面关于操作系统术语的问题：
   - 进程、线程和任务之间的区别是什么？
   - 什么是模式切换和上下文切换？
   - 换页和进程交换的区别是什么？
   - I/O 密集型和 CPU 密集型工作负载有什么区别？
2. 回答下面概念性的问题：
   - 描述一下内核的作用。
   - 描述一下系统调用的作用。
   - 描述一下 VFS 的作用和它在 I/O 栈里所处的位置。
3. 回答下面更深层的问题：
   - 列出线程离开当前 CPU 的原因。
   - 描述一下虚拟内存和按需换页的优点。

3.8　参考资料

[Graham 68] Graham, B., "Protection in an Information Processing Utility," *Communications of the ACM*, May 1968.

[Ritchie 74] Ritchie, D. M., and Thompson, K., "The UNIX Time-Sharing System," *Communications of the ACM* 17, no. 7, pp. 365–75, July 1974.

[Thompson 78] Thompson, K., *UNIX Implementation*, Bell Laboratories, 1978.

[Bach 86] Bach, M. J., *The Design of the UNIX Operating System*, Prentice Hall, 1986.

[Mellor-Crummey 91] Mellor-Crummey, J. M., and Scott, M., "Algorithms for Scalable Synchronization on Shared-Memory Multiprocessors," *ACM Transactions on Computing Systems*, Vol. 9, No. 1, https://www.cs.rochester.edu/u/scott/papers/1991_TOCS_synch.pdf, 1991.

[McCanne 92] McCanne, S., and Jacobson, V., "The BSD Packet Filter: A New Architecture for User-Level Packet Capture", *USENIX Winter Conference*, 1993.

[Mills 94] Mills, D., "RFC 1589: A Kernel Model for Precision Timekeeping," *Network Working Group*, 1994.

[Lever 00] Lever, C., Eriksen, M. A., and Molloy, S. P., "An Analysis of the TUX Web Server," *CITI Technical Report 00-8*, http://www.citi.umich.edu/techreports/reports/citi-tr-00-8.pdf, 2000.

[Pike 00] Pike, R., "Systems Software Research Is Irrelevant," http://doc.cat-v.org/bell_labs/utah2000/utah2000.pdf, 2000.

[Mauro 01] Mauro, J., and McDougall, R., *Solaris Internals: Core Kernel Architecture*, Prentice Hall, 2001.

[Bovet 05] Bovet, D., and Cesati, M., *Understanding the Linux Kernel*, 3rd Edition, O'Reilly, 2005.

[Corbet 05] Corbet, J., Rubini, A., and Kroah-Hartman, G., *Linux Device Drivers*, 3rd Edition, O'Reilly, 2005.

[Corbet 13a] Corbet, J., "Is the whole system idle?" *LWN.net*, https://lwn.net/Articles/558284, 2013.

[Corbet 13b] Corbet, J., "The multiqueue block layer," *LWN.net*, https://lwn.net/Articles/552904, 2013.

[Starovoitov 13] Starovoitov, A., "[PATCH net-next] extended BPF," *Linux kernel mailing list*, https://lkml.org/lkml/2013/9/30/627, 2013.

[Borkmann 14a] Borkmann, D., "net: tcp: add DCTCP congestion control algorithm," https://git.kernel.org/pub/scm/linux/kernel/git/torvalds/linux.git/commit/?id=e3118e8359bb7c59555aca60c725106e6d78c5ce, 2014.

[Borkmann 14b] Borkmann, D., "[PATCH net-next 1/9] net: filter: add jited flag to indicate jit compiled filters," *netdev mailing list*, https://lore.kernel.org/netdev/1395404418-25376-1-git-send-email-dborkman@redhat.com/T, 2014.

[Corbet 14] Corbet, J., "MCS locks and qspinlocks," *LWN.net*, https://lwn.net/Articles/590243, 2014.

[Drysdale 14] Drysdale, D., "Anatomy of a system call, part 2," *LWN.net*, https://lwn.net/Articles/604515, 2014.

[Yuan 14a] Yuan, P., Guo, Y., and Chen, X., "Experiences in Profile-Guided Operating System Kernel Optimization," *APSys*, 2014.

[Yuan 14b] Yuan P., Guo, Y., and Chen, X., "Profile-Guided Operating System Kernel Optimization," http://coolypf.com, 2014.

[Corbet 15] Corbet, J., "Epoll evolving," LWN.*net*, https://lwn.net/Articles/633422, 2015.

[Edge 15] Edge, J., "TLS in the kernel," *LWN.net*, https://lwn.net/Articles/666509, 2015.

[Heo 15] Heo, T., "Control Group v2," *Linux documentation*, https://www.kernel.org/doc/Documentation/cgroup-v2.txt, 2015.

[McKusick 15] McKusick, M. K., Neville-Neil, G. V., and Watson, R. N. M., *The Design and Implementation of the FreeBSD Operating System*, 2nd Edition, Addison-Wesley, 2015.

[Stewart 15] Stewart, R., Gurney, J. M., and Long, S., "Optimizing TLS for High-Bandwidth Applicationsin FreeBSD," *AsiaBSDCon*, https://people.freebsd.org/~rrs/asiabsd_2015_tls.pdf, 2015.

[Cardwell 16] Cardwell, N., Cheng, Y., Stephen Gunn, C., Hassas Yeganeh, S., and Jacobson, V., "BBR: Congestion-Based Congestion Control," *ACM queue*, https://queue.acm.org/detail.cfm?id=3022184, 2016.

[Gregg 16a] Gregg, B., "Unikernel Profiling: Flame Graphs from dom0," http://www.brendangregg.com/blog/2016-01-27/unikernel-profiling-from-dom0.html, 2016.

[Herbert 16] Herbert, T., and Starovoitov, A., "eXpress Data Path (XDP): Programmable and High Performance Networking Data Path," https://github.com/iovisor/bpf-docs/raw/master/Express_Data_Path.pdf, 2016.

[Corbet 17] Corbet, J., "Two new block I/O schedulers for 4.12," *LWN.net*, https://lwn.net/Articles/720675, 2017.

[TOP500 17] TOP500, "List Statistics," https://www.top500.org/statistics/list, 2017.

[Gregg 18a] Gregg, B., "KPTI/KAISER Meltdown Initial Performance Regressions," http://www.brendangregg.com/blog/2018-02-09/kpti-kaiser-meltdown-performance.html, 2018.

[Jacobson 18] Jacobson, V., "Evolving from AFAP: Teaching NICs about Time," *netdev 0x12*, https://netdevconf.info/0x12/session.html?evolving-from-afap-teaching-nics-about-time, 2018.

[Gregg 19] Gregg, B., *BPF Performance Tools: Linux System and Application Observability*, Addison-Wesley, 2019.

[Looney 19] Looney, J., "Netflix and FreeBSD: Using Open Source to Deliver Streaming Video," *FOSDEM*, https://papers.freebsd.org/2019/fosdem/looney-netflix_and_freebsd, 2019.

[Bearman 20] Bearman, I., "Exploring Profile Guided Optimization of the Linux Kernel," *Linux Plumber's Conference*, https://linuxplumbersconf.org/event/7/contributions/771, 2020.

[Google 20a] Google, "AutoFDO," https://github.com/google/autofdo, accessed 2020.

[Linux 20a] "NO_HZ: Reducing Scheduling-Clock Ticks," *Linux documentation*, https://www.kernel.org/doc/html/latest/timers/no_hz.html, accessed 2020.

[Linux 20b] "Deadline Task Scheduling," *Linux documentation*, https://www.kernel.org/doc/Documentation/scheduler/sched-deadline.rst, accessed 2020.

[Linux 20c] "MSG_ZEROCOPY," *Linux documentation*, https://www.kernel.org/doc/html/latest/networking/msg_zerocopy.html, accessed 2020.

[Linux 20d] "Softlockup Detector and Hardlockup Detector (aka nmi_watchdog)," *Linux documentation*, https://www.kernel.org/doc/html/latest/admin-guide/lockup-watchdogs.html, accessed 2020.

[MirageOS 20] MirageOS, "Mirage OS," https://mirage.io, accessed 2020.

[Owens 20] Owens, K., et al., "4. Kernel Stacks," *Linux documentation*, https://www.kernel.org/doc/html/latest/x86/kernel-stacks.html, accessed 2020.

[Tolvanen 20] Tolvanen, S., Wendling, B., and Desaulniers, N., "LTO, PGO, and AutoFDO in the Kernel," *Linux Plumber's Conference*, https://linuxplumbersconf.org/event/7/contributions/798, 2020.

3.8.1 延伸阅读

操作系统和它们的内核是一个迷人而广泛的话题，本章只总结了要点。除了本章中所提到的参考资料，以下资料也是内核内容的优秀参考资料，适用于基于 Linux 的操作系统和其他系统：

[Goodheart 94] Goodheart, B., and Cox J., *The Magic Garden Explained: The Internals of UNIX System V Release 4, an Open Systems Design*, Prentice Hall, 1994.

[Vahalia 96] Vahalia, U., *UNIX Internals: The New Frontiers*, Prentice Hall, 1996.

[Singh 06] Singh, A., *Mac OS X Internals: A Systems Approach*, Addison-Wesley, 2006.

[McDougall 06b] McDougall, R., and Mauro, J., *Solaris Internals: Solaris 10 and OpenSolaris Kernel Architecture*, Prentice Hall, 2006.

[Love 10] Love, R., *Linux Kernel Development*, 3rd Edition, Addison-Wesley, 2010.

[Tanenbaum 14] Tanenbaum, A., and Bos, H., *Modern Operating Systems*, 4th Edition, Pearson, 2014.

[Yosifovich 17] Yosifovich, P., Ionescu, A., Russinovich, M. E., and Solomon, D. A., *Windows Internals, Part 1 (Developer Reference)*, 7th Edition, Microsoft Press, 2017.

第4章 观测工具

历史上，操作系统提供过许许多多的工具来观测系统的软件和硬件。对新人来说，有着各种可用的工具和指标，看起来像是一切——或者至少是一切重要的事情——都可以被观测到。在现实中，距此还是存在着不小的差距的，系统性能专家会熟练运用推理和数据阐释：从间接的工具和统计数据来弄清楚系统的活动。例如，网络数据包可以被单个检查（嗅探），但磁盘 I/O 不能（至少并不容易）。

由于动态跟踪工具（包括基于 BPF 的 BCC 和 bpftrace）的兴起，Linux 的可观测性得到了极大的改善。现在黑暗的角落被照亮了，我们可以使用 biosnoop(8) 观测单个磁盘 I/O。然而，还有许多公司和商业监测产品没有采用系统跟踪的技术，错失了它带来的洞察力。我曾通过开发、发布和讲解新的跟踪工具来引领这个方向，如今这些工具已经被 Netflix 和 Facebook 等公司使用。

本章的学习目标如下所述。

- 认识静态性能工具和危机排查工具。
- 了解工具的类型和工具运行的开销，包括：计数器、剖析工具和跟踪工具。
- 观测数据的来源，包括：/proc、/sys、tracepoint、kprobes、uprobes、USDT 和 PMC。
- 了解如何配置 sar(1) 来做归档统计。

在第 1 章中，我介绍了不同的观测类型：计数器、剖析和跟踪，以及静态和动态工具。本章将详细解释观测工具及其数据源，包括系统活动报告工具 sar(1) 的简述，以及跟踪工具的介绍。这些将让你了解 Linux 观测的要点。后面的章节（第 6 到 11 章）将用这些工具和数据源来解决具体的问题。第 13 到 15 章是对跟踪工具的深入讲解。

本章以 Ubuntu Linux 发行版为例，这些工具中的大部分在其他 Linux 发行版中的使用都是一样的。在其他内核和操作系统中，特别是这些工具的起源的操作系统中，也会有类似的工具。

4.1 工具范围

图 4.1 展示的操作系统图，是我通过将 Linux 的工作负载观测工具标注到相关联的系统组件所得到的。[1]

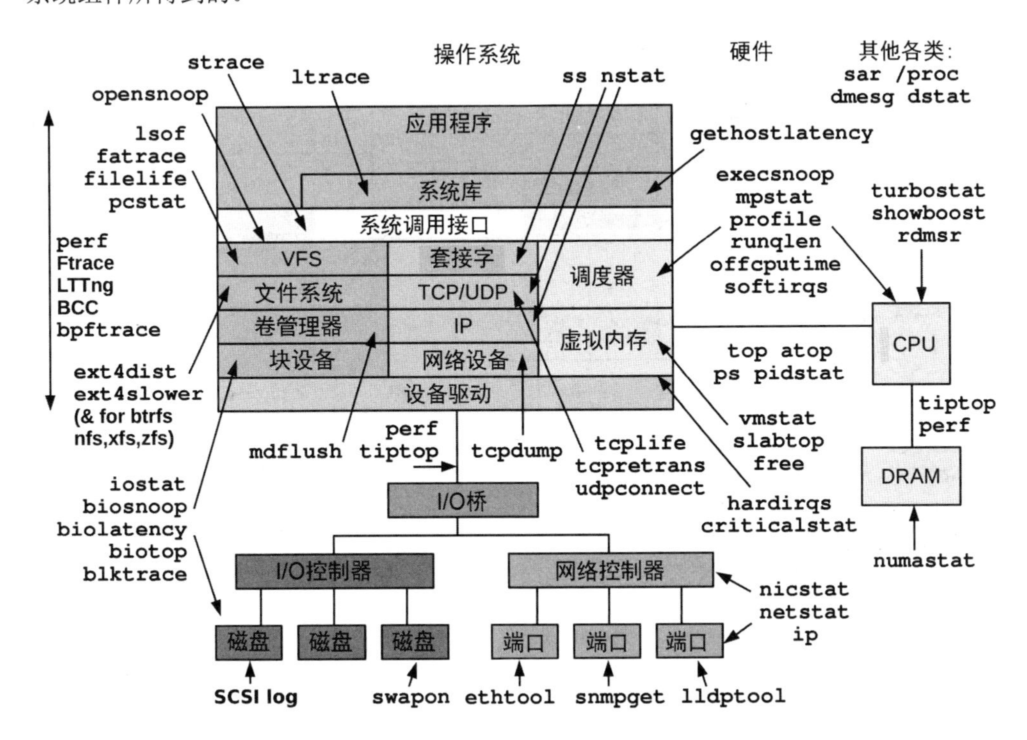

图 4.1 Linux 工作负载观测工具

这些工具大多聚焦在某一个特定的资源上，如 CPU、内存或磁盘，在后面专门介绍该资源的章节中会进行阐述。有一些工具可以分析多个领域，在本章后面会介绍它们：perf、Ftrace、BCC 和 bpftrace。

4.1.1 静态性能工具

还有另一种类型的观测工具，这类工具检查的是系统在静止状态下的特性，而不是在主动工作负载下的特性。这些工具在 2.5.17 节中被描述为静态性能调优工具，如图 4.2 所示。

1 我在21世纪00年代中期教授性能课程时，会在白板上画出内核图，并将不同的性能工具和它们所观测到的东西注释出来。我发现用这种类似心象地图的方式讲解工具的覆盖面非常有效。此后，我发布了这些工具图，如今这些图出现在世界各地的工位隔间墙上。你可以在我的网站上下载它们 [Gregg 20a]。

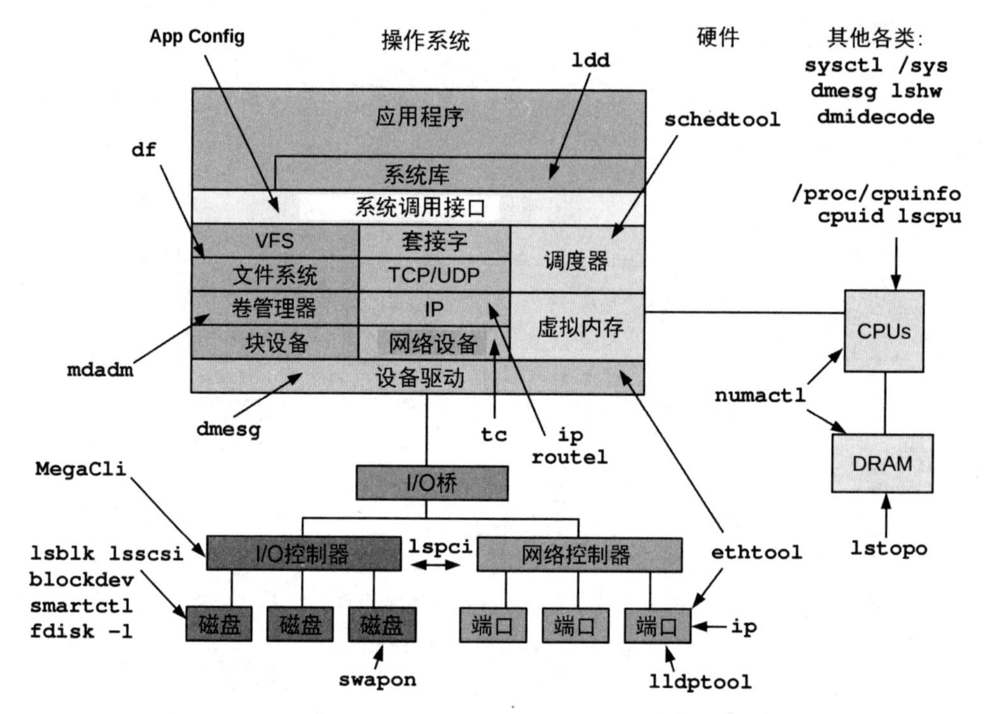

图 4.2　Linux 静态性能调优工具

记住，使用图 4.2 所示的工具时可同时检查配置和组件的问题。有时性能问题只是由于配置错误造成的。

4.1.2　危机处理工具

当你遇到生产环境的性能危机，需要各种性能工具来调试时，你可能会发现这些工具都没有安装。更糟糕的是，由于服务器正在遭受性能问题，安装这些工具可能会比平时花费更多的时间，从而延长了危机的处理时间。

对于 Linux，表 4.1 列出了推荐的危机处理工具的安装包或源码库。此表中显示的是 Ubuntu/Debian 版本中的软件包名称（不同的 Linux 发行版，这些软件包的名称可能会有所不同）。

表 4.1　Linux 危机处理工具包

软件包	提供的工具
procps	ps(1)、vmstat(8)、uptime(1)、top(1)
util-linux	dmesg(1)、lsblk(1)、lscpu(1)
sysstat	iostat(1)、mpstat(1)、pidstat(1)、sar(1)
iproute2	ip(8)、ss(8)、nstat(8)、tc(8)

续表

软件包	提供的工具
numactl	numastat(8)
linux-tools-common linux-tools-$(uname -r)	perf(1)、turbostat(8)
bcc-tools (aka bpfcc-tools)	opensnoop(8)、execsnoop(8)、runqlat(8)、runqlen(8)、softirqs(8)、hardirqs(8)、ext4slower(8)、ext4dist(8)、biotop(8)、biosnoop(8)、biolatency(8)、tcptop(8)、tcplife(8)、trace(8)、argdist(8)、funccount(8)、stackcount(8)、profile(8) 等
bpftrace	bpftrace、basic versions of opensnoop(8)、execsnoop(8)、runqlat(8)、runqlen(8)、biosnoop(8)、biolatency(8) 等
perf-tools-unstable	Ftrace versions of opensnoop(8)、execsnoop(8)、iolatency(8)、iosnoop(8)、bitesize(8)、funccount(8)、kprobe(8)
trace-cmd	trace-cmd(1)
nicstat	nicstat(1)
ethtool	ethtool(8)
tiptop	tiptop(1)
msr-tools	rdmsr(8)、wrmsr(8)
github.com/brendangregg/msr-cloud-tools	showboost(8)、cpuhot(8)、cputemp(8)
github.com/brendangregg/pmc-cloud-tools	pmcarch(8)、cpucache(8)、icache(8)、tlbstat(8)、resstalls(8)

大型公司如 Netflix，拥有操作系统和性能团队，它们会确保生产环境系统安装了所有这些包。默认的 Linux 发行版可能只安装了 procps 和 util-linux，所以必须添加所有其他的包。

在容器环境中，可以考虑创建一个特权调试容器，这个容器拥有系统的完全访问权限[1]和所有安装的工具。这个容器的映像可以安装在容器主机上，并在需要时进行部署。

需要的时候安装工具包通常是不够的，可能还需要配置内核和用户空间软件来支持这些工具。跟踪工具通常需要启用某些内核 CONFIG 选项，如 CONFIG_FTRACE 和 CONFIG_BPF。剖析工具通常需要将软件配置为支持栈遍历，或者需要使用软件（包括系统库：libc、libpthread 等）的帧指针编译版本，或者需要安装 debuginfo 包来支持 dwarf 栈遍历。如果你的公司还没有做到这一点，你应该检查每个性能工具是否能正常工作，并修复那些不能工作的但在危机处理中急需的工具。

下面的章节将更详细地解释性能观测工具。

4.2 工具类型

性能观测工具可以按照系统级别和进程级别来分类，多数工具要么基于计数器要么

1 也可以将特权调试容器配置为与目标容器共享命名空间来实施分析。

基于事件。我们把这些属性放在图 4.3 中，连同一些工具一起作为示例。

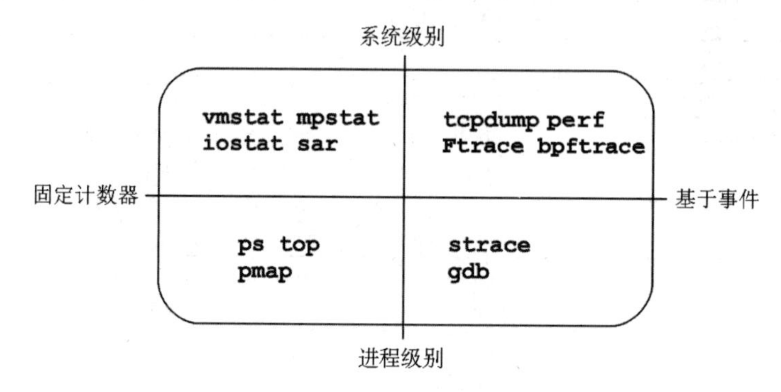

图 4.3　观测工具类型

有些工具不止适合一个象限，例如，top(1) 还有一个系统级别的概要展示，并且系统级别的事件工具通常能对特定的进程做过滤（-p PID）。

基于事件的工具包括剖析器和跟踪器。剖析器通过对事件进行一系列快照来观测活动，描绘出目标的粗略图像。跟踪器记录每一个感兴趣的事件，并可以对它们进行处理，例如，生成自定义的计数器。第 1 章介绍了计数器、跟踪器和剖析器。

下面几节将描述使用固定计数器、实施跟踪和实施剖析的 Linux 工具，以及那些执行监测（指标）的工具。

4.2.1　固定计数器

内核维护了各种提供系统统计数据的计数器。通常，计数器被实现为无符号的整型数，发生事件时递增。例如，有用于统计接收网络包的计数器，有用于统计磁盘 I/O 发生的计数器，也有用于统计中断发生的计数器。这些都能通过监测软件获得，将它们显示为指标（参见 4.2.4 节）。

一个常见的内核方法是维护一对累积计数器：一个对事件计数，另一个用来记录事件的总时间。凭借计数器，我们可直接获得事件的数量，通过用总时间除以数量，可以得到事件的平均时间（或延时）。由于计数器是累积的，通过在间隔时间（例如 1 秒钟）读取这对数据，计算差值，并由此得到每秒的计数和平均延时。这就是众多系统数据统计的计算方式。

计数器的使用可以认为是“零开销”的，因为它们默认就是开启的，而且始终由内核维护。唯一的额外开销是从用户空间读取它们的时候（可以忽略不计）。下面介绍的示例工具的读取分别是系统级别的和进程级别的。

系统级别的

下面这些工具利用内核的计数器在系统软硬件的环境中检查系统级别的活动。这些

Linux 工具包括如下几个。

- **vmstat(8)**：统计虚拟内存和物理内存，系统级别的。
- **mpstat(1)**：检测每个 CPU 的使用情况。
- **iostat(1)**：检测每个磁盘 I/O 的使用情况，由块设备接口报告。
- **nstat(8)**：TCP/IP 栈的统计。
- **sar(1)**：各种各样的统计，能归档历史数据。

这些工具通常是系统全体用户可见的（非 root 用户）。统计出的数据也常常被监测软件用来绘图。

这些工具有一个使用惯例，即可选时间间隔和次数，例如，vmstat(8) 用 1 秒作为时间间隔，输出 3 次：

```
$ vmstat 1 3
procs -----------memory---------- ---swap-- -----io---- -system-- ------cpu-----
 r  b   swpd   free   buff  cache   si   so    bi    bo   in   cs us sy id wa st
 4  0 1446428 662012 142100 5644676    1    4    28   152   33    1 29  8 63  0  0
 4  0 1446428 665988 142116 5642272    0    0     0   284 4957 4969 51  0 48  0  0
 4  0 1446428 685116 142116 5623676    0    0     0     0 4488 5507 52  0 48  0  0
```

输出的第一行是自启动以来的信息统计，显示的是系统启动后整个时间的均值。随后的一行是 1 秒时间间隔的汇总，显示的是当前的活动。至少，意图是这样的：这个 Linux 版本在第一行对自启动以来的信息统计和当前值不做严格区别（memory 列是当前值，vmstat(8) 在第 7 章有讲解）。

进程级别的

下面这些工具是以进程为导向的，使用的是内核为每个进程维护的计数器，这些 Linux 工具包括如下几个。

- **ps(1)**：进程状态，显示进程的各种统计信息，包括内存和 CPU 的使用。
- **top(1)**：按一个统计数据（如 CPU 使用）排序，显示排名高的进程。
- **pmap(1)**：将进程的内存段和使用统计一起列出。

一般来说，上述这些工具是从 /proc 文件系统里读取统计信息的。

4.2.2 剖析

剖析（profiling）通过对目标收集采样或快照来归纳目标特征。一个常见的剖析目标就是 CPU 使用率，根据定时器来采集指令的指针或栈踪迹的样本，来描绘 CPU 消耗的代码路径。通常采集这些样本的速率是固定的，例如按照 100Hz（每秒的周期次数）

对所有 CPU 都采集一遍，并且持续时间不长，例如采集 1 分钟。剖析工具，或者说剖析器（profiler），通常使用 99Hz 代替 100Hz，避免采样与目标活动同一步调，因为这样可能会导致多算或少算。

剖析也能基于非计时的硬件事件，如 CPU 硬件缓存未命中或者总线活动。这可以显示出哪条代码路径负责任，这类信息尤其可以帮助开发人员针对内存的使用来优化自己的代码。

与固定计数器不同，剖析（和跟踪）通常只在需要时才启用，因为它们在收集时可能会产生一些 CPU 开销，在存储时也会产生一些存储开销。这些开销的大小取决于工具和它测量的事件的频率。基于定时器的剖析器通常更安全，因为事件频率是已知的，所以它的开销可以被预测，而且可以调整事件频率，以让产生的开销可以被忽略。

系统级别的

系统级别的 Linux 剖析器包括如下几个。

- **perf(1)**：Linux 中的标准剖析器，包含剖析的子命令。
- **profile(8)**：一个来自 BCC 代码库的基于 BPF 的 CPU 剖析器（在第 15 章中有涉及），在内核上下文中对栈踪迹进行频率统计。
- **Intel VTune Amplifier XE**：对 Linux 和 Windows 进行剖析，拥有包括源代码浏览在内的图形界面。

这些也适用于单个进程。

进程级别的

面向进程的剖析器包括如下几个。

- **grof(1)**：GNU 剖析工具，其分析由编译器添加的剖析信息（例如，gcc -pg）。
- **cachegrind**：来自 valgrind 工具包的一个工具，可以对硬件缓存的使用情况进行剖析（以及更多），并使用 kcachegrind 对剖析进行可视化。
- **Java Flight Recorder（JFR）**：编程语言通常有自己的特殊用途的剖析器，可以检查语言环境。例如，Java 的 JFR。

要了解更多关于分析工具的信息，可参见第 6 章和第 13 章。

4.2.3 跟踪

跟踪每一次发生的记录事件，并可以存储事件的细节信息，供以后分析或生成摘要。这与剖析类似，但其目的是收集或检查所有的事件，而不仅仅是某个样本。与剖析相比，跟踪会有更高的 CPU 和存储的开销，这可能会拖慢跟踪的目标。这一点要考虑到，因为可能会对生产环境的工作负载产生负面的影响，而且测量的时间戳也可能由于跟踪器而扭曲（因为跟踪器的性能影响而导致从系统获取到的时间戳不准确）。与剖析一样，通常只在需要的时候使用跟踪。

记录日志，就是把错误和警告等不经常发生的事件写到日志文件中供以后阅读，可以认为日志是一种默认启用的低频跟踪。日志包括系统日志。

以下是系统级别和进程级别的跟踪工具的例子。

系统级别的

利用内核的跟踪设施，下面这些跟踪工具在系统软硬件的环境中检查系统级别的活动。

- **tcpdump(8)**：网络包跟踪（使用 libpcap 库）。
- **biosnoop(8)**：块 I/O 跟踪（使用 BCC 或 bpftrace）。
- **execsnoop(8)**：新的进程跟踪（使用 BCC 或 bpftrace）。
- **perf(1)**：Linux 的标准剖析器，也能跟踪事件。
- **perf trace**：一个特殊的 perf 子命令，可以跟踪系统级别的系统调用。
- **Ftrace**：Linux 内置的跟踪器。
- **BCC**：基于 BPF 的跟踪库和工具集。
- **bpftrace**：基于 BPF 的跟踪器（bpftrace(8)）和工具集。

perf(1)、Ftrace、BCC 和 bpftrace 在 4.5 节中有介绍，并在第 13 至 15 章中会进行详细介绍。有 100 多个使用 BCC 和 bpftrace 构建的跟踪工具，包括上面列出的 biosnoop(8) 和 execsnoop(8)。本书中还提供了其他许多例子。

进程级别的

下面这些跟踪工具是面向进程的，基于的是操作系统提供的框架。

- **strace(1)**：系统调用跟踪。
- **gdb(1)**：代码级别的调试器。

调试器能够检查每一个事件的数据，不过做这件事情时需要停止目标程序的执行，然后再启动。这会伴随着巨大的开销，不适合在生产环境中使用。

系统级别的跟踪工具，如 perf(1) 和 bpftrace，有过滤器功能，可以检查单个进程，并且运行的开销更低，因此在有条件的情况下，它们是首选。

4.2.4 监测

在第 2 章已经介绍了监测。与前面介绍的工具类型不同，监测持续记录统计数据，以备日后需要。

sar(1)

监测单个操作系统主机的传统工具是 System Activity Reporter，即 sar(1)，来自 AT&T UNIX。sar(1) 是基于计数器的，在预定的时间（通过 cron）执行以记录系统级别计数器的状态。sar(1) 工具支持用命令行来查看这些数据，例如：

```
# sar
Linux 4.15.0-66-generic (bgregg)  12/21/2019        _x86_64_        (8 CPU)

12:00:01 AM     CPU     %user     %nice   %system   %iowait    %steal     %idle
12:05:01 AM     all      3.34      0.00      0.95      0.04      0.00     95.66
12:10:01 AM     all      2.93      0.00      0.87      0.04      0.00     96.16
12:15:01 AM     all      3.05      0.00      1.38      0.18      0.00     95.40
12:20:01 AM     all      3.02      0.00      0.88      0.03      0.00     96.06
[...]
Average:        all      0.00      0.00      0.00      0.00      0.00      0.00
```

默认状态下，sar(1) 读取自己统计信息的归档数据（若开启）来打印历史统计信息。你可以指定时间间隔和次数，按照所指定的频率检查当前的活动。

sar(1) 可以记录几十个不同的统计数据，提供针对 CPU、内存、磁盘、网络工作、中断、电源使用等的洞察力。在 4.4 节中会详细介绍它。

第三方监测产品通常建立在 sar(1) 或其使用的相同的可观测性统计上，并通过网络暴露这些指标。

SNMP

网络监测的传统技术是简单网络管理协议（SNMP）。设备和操作系统可以支持 SNMP，在某些情况下默认提供，避免了安装第三方代理或导出器的需要。SNMP 包括许多基本的操作系统指标，尽管它还没有被扩展到涵盖现代应用。大多数环境已经改用基于自定义代理的监测来代替。

代理

现代监测软件在每个系统上运行代理（也称为导出器或插件），以记录内核和应用程序的指标。这些代理可以包括针对特定应用和目标的代理，例如，MySQL 数据库服务器、Apache 网络服务器和 Memcached 缓存系统。这样的代理可以提供详细的应用请求指标，而这些指标是单独从系统计数器中无法获取的。

针对 Linux 的监测软件与代理包括如下几个。

- **Performance Co-Pilot（PCP）**：PCP 支持几十个不同的代理（称为性能指标域代

理，PMDA），包括基于 BPF 的指标 [PCP 20]。

- **Prometheus**：Prometheus 监测软件支持数十种不同的导出器，这些导出器用于数据库、硬件、消息传递、存储、HTTP、API 和日志 [Prometheus 20]。
- **collectd**：支持几十个不同的插件。

图 4.4 所示的是一个监测架构的例子，包括一个监测数据库服务器，用于归档指标，以及一个监测 Web 服务器，用于提供客户端 UI。指标由代理发送（或提供）到数据库服务器，然后提供给客户端 UI，以线图和仪表盘的形式显示。例如，Graphite Carbon 是一个监测数据库服务器，而 Grafana 是一个监测 Web 服务器 / 仪表盘。

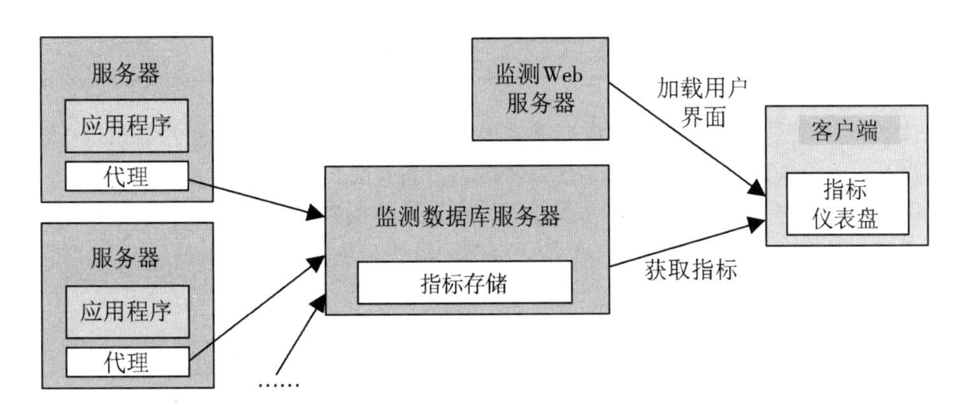

图 4.4 监测架构示例

现在有几十种监测产品，以及数百种针对不同目标类型的代理。介绍它们已经超出了本书的范围。然而，这里涉及一个共同点：系统统计（基于内核计数器）。监测产品显示的系统统计信息通常与系统工具显示的相同：vmstat(8)、iostat(1)，等等。即使你从不使用命令行工具，了解这些知识也将有助于你理解监测产品。这些工具将在后面的章节中介绍。

某些监测产品通过运行系统工具并解析文本输出来读取系统指标，这是低效的。更好的监测产品会使用库和内核接口来直接读取指标——与命令行工具使用的接口相同。这些来源将在下一节介绍，着重介绍最常见的接口：内核接口。

4.3 监测来源

本节介绍在 Linux 中为监测工具提供统计数据的各种接口和框架。表 4.2 是它们的汇总。

表 4.2 Linux 监测来源

类型	来源
进程级计数器	/proc
系统级计数器	/proc、/sys
设备配置与计数器	/sys
Cgroup 统计	/sys/fs/cgroup
进程级跟踪	ptrace
硬件计数器（PMC）	perf_event
网络统计	netlink
捕获网络数据包	libpcap
线程级延时指标	延时审计
系统级跟踪	函数剖析（Ftrace）、tracepoint、软件事件、kprobes、uprobes、perf_event

接下来将介绍系统性能统计数据的主要来源：/proc 和 /sys。其他的 Linux 资源是：延时核算、netlink、tracepoint、kprobes、USDT、uprobes、PMC 等。

第 13 至 15 章中所涉及的跟踪器利用了许多上述的来源，特别是系统级别的跟踪。这些跟踪源的范围如图 4.5 所示，还包括事件和组的名称。例如，block: 是所有的块 I/O 的 tracepoint，包括 block:block_rq_issue。

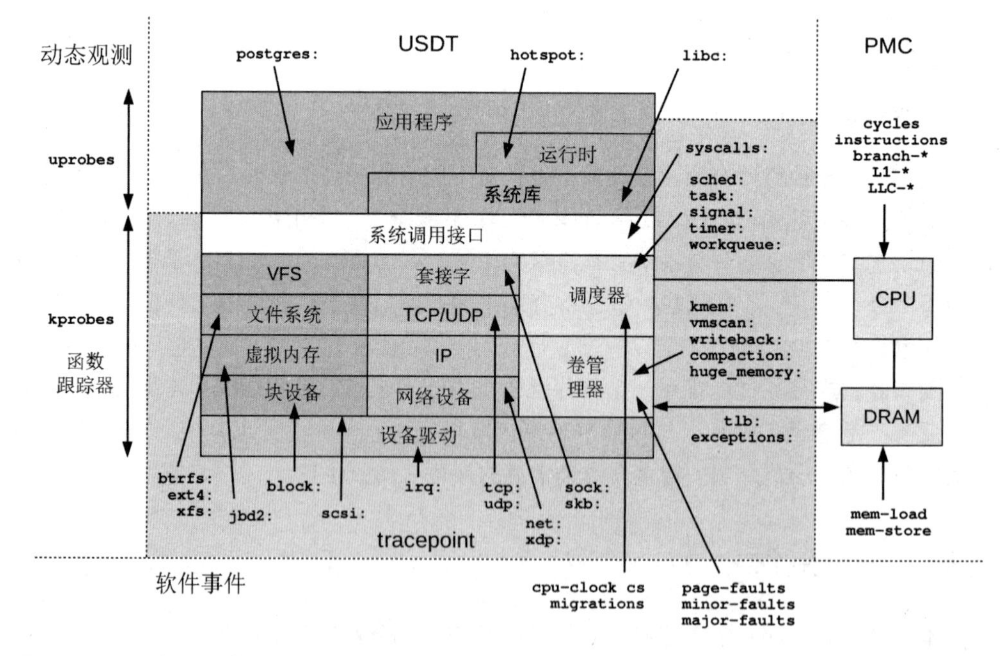

图 4.5 Linux 的跟踪来源

图 4.5 中有几个 USDT 源的例子，像 PostgreSQL 数据库（postgres:）、JVM 热点编

译器（hotspot:）和 libc（libc:）。可能还会有更多，这取决于你的用户级软件。

关于 tracepoint、kprobes 和 uprobes 如何工作的更多信息，在《BPF 之巅》[Gregg 19] 一书的第 2 章讲解了这些技术的内部机制。

4.3.1 /proc

这是一个提供内核统计信息的文件系统接口。/proc 中包含很多目录，其中以进程 ID 命名的目录代表的就是那个进程。这些目录下的众多文件包含了进程的信息和统计数据，由内核数据结构映射而来。在 Linux 中，/proc 还有其他的文件，提供系统级别的统计数据。

/proc 由内核动态创建，不需要任何存储设备（在内存中运行）。多数文件是只读的，为观测工具提供统计数据。一部分文件是可写的，用于控制进程和内核的行为。

该文件系统接口是很便利的：这是一个直观的框架，将内核统计数据用目录树的形式暴露给用户空间，编程接口就是众所周知的 POSIX 的文件系统调用，即 open()、read()、close()。你也可以使用命令行的 cd、cat(1)、grep(1) 和 awk(1) 来探索 /proc。通过使用文件访问权限，这一文件系统还保证了用户级别的安全。在极少数特殊情况下，典型的进程观测工具（ps(1)、top(1) 等）无法执行的时候，仍然可以在 /proc 目录下通过 shell 的内置命令来实施进程调试。

大多数 /proc 文件的读取开销是可以忽略不计的，一些与内存映射有关的文件除外，因为这些文件会遍历内存页表。

进程级别的统计

在 /proc 中提供了各种文件用于每个进程的统计。下面是一个可能提供的例子（Linux 5.4），这里看到的是 PID 18733[1]：

```
$ ls -F /proc/18733
arch_status      environ     mountinfo      personality   statm
attr/            exe@        mounts         projid_map    status
autogroup        fd/         mountstats     root@         syscall
auxv             fdinfo/     net/           sched         task/
cgroup           gid_map     ns/            schedstat     timers
clear_refs       io          numa_maps      sessionid     timerslack_ns
cmdline          limits      oom_adj        setgroups     uid_map
comm             loginuid    oom_score      smaps         wchan
coredump_filter  map_files/  oom_score_adj  smaps_rollup
cpuset           maps        pagemap        stack
cwd@             mem         patch_state    stat
```

1 你也可以检查/proc/self，了解你当前的进程（shell）。

具体可用的文件列表取决于内核的版本和内核的 CONFIG 选项。

与进程性能观测相关的文件如下所述。

- **limits**：实际的资源限制。
- **maps**：映射的内存区域。
- **sched**：CPU 调度器的各种统计。
- **schedstat**：CPU 运行时、延时和时间分片。
- **smaps**：映射内存区域的使用统计。
- **stat**：进程状态和统计信息，包括总的 CPU 和内存的使用情况。
- **statm**：以页为单位的内存使用总结。
- **status**：标记过的 stat 和 statm 的信息。
- **fd**：文件描述符符号链接的目录（也见 fdinfo）。
- **cgroup**：Cgroup 成员信息。
- **task**：每个任务的统计目录。

下面显示了 top(1) 是如何读取进程级别的统计数据的，用的是 strace(1) 跟踪：

```
stat("/proc/14704", {st_mode=S_IFDIR|0555, st_size=0, ...}) = 0
open("/proc/14704/stat", O_RDONLY)      = 4
read(4, "14704 (sshd) S 1 14704 14704 0 -"..., 1023) = 232
close(4)
```

这是在以进程 ID（14704）命名的目录中打开了一个名为“stat”的文件，然后读取了文件内容。

top(1) 对系统中所有的活动进程重复这一过程。在某些系统上，特别是那些有许多进程的系统，执行这些的开销可能会变得很明显，特别是对于 top(1)，每次屏幕更新时都会为每个进程重复这一系列操作。这可能会导致 top(1) 报告 top 本身就是 CPU 消耗量最大的！

系统级别的统计

Linux 还扩展了 /proc，以包括系统级别的统计数据，这些数据包含在这些额外的文件和目录中：

```
$ cd /proc; ls -Fd [a-z]*
acpi/      dma          kallsyms      mdstat    schedstat  thread-self@
buddyinfo  driver/      kcore         meminfo   scsi/      timer_list
bus/       execdomains  keys          misc      self@      tty/
cgroups    fb           key-users     modules   slabinfo   uptime
cmdline    filesystems  kmsg          mounts@   softirqs   version
consoles   fs/          kpagecgroup   mtrr      stat       vmallocinfo
cpuinfo    interrupts   kpagecount    net@      swaps      vmstat
```

```
crypto      iomem       kpageflags   pagetypeinfo  sys/           zoneinfo
devices     ioports     loadavg      partitions    sysrq-trigger
diskstats   irq/        locks        sched_debug   sysvipc/
```

与性能观测相关的系统级别的文件如下所述。

- **cpuinfo**：物理处理器信息，包含所有虚拟 CPU、型号、时钟频率和缓存大小。
- **diskstats**：对于所有磁盘设备的磁盘 I/O 统计。
- **interrupts**：每个 CPU 的中断计数器。
- **loadavg**：平均负载。
- **meminfo**：系统内存使用明细。
- **net/dev**：网络接口统计。
- **net/netstat**：系统级别的网络统计。
- **net/tcp**：活跃的 TCP 套接字信息。
- **pressure**：压力滞留信息（PSI）文件。
- **schedstat**：系统级别的 CPU 调度器统计。
- **self**：为了使用方便，关联当前进程 ID 路径的符号链接。
- **slabinfo**：内核 slab 分配器缓存统计。
- **stat**：内核和系统资源的统计，包括 CPU、磁盘、分页、交换区、进程。
- **zoneinfo**：内存区信息。

系统级别的工具会读取这些文件。例如，下面所示的是，用 strace(1) 跟踪的 vmstat(8) 正在读取 /proc：

```
open("/proc/meminfo", O_RDONLY)          = 3
lseek(3, 0, SEEK_SET)                    = 0
read(3, "MemTotal:         889484 kB\nMemF"..., 2047) = 1170
open("/proc/stat", O_RDONLY)             = 4
read(4, "cpu  14901 0 18094 102149804 131"..., 65535) = 804
open("/proc/vmstat", O_RDONLY)           = 5
lseek(5, 0, SEEK_SET)                    = 0
read(5, "nr_free_pages 160568\nnr_inactive"..., 2047) = 1998
```

这个输出显示 vmstat(8) 正在读取 meminfo、stat 和 vmstat。

CPU 统计准确性

/proc/stat 文件可提供系统级别的 CPU 使用率统计，这些数据被许多工具（vmstat(8)、mpstat(1)、sar(1)、监测代理）所使用。这些统计数据的准确性取决于内核的配置。默认配置（CONFIG_TICK_CPU_ACCOUNTING）测量 CPU 使用率的粒度为时钟刻度

[Weisbecker 13]，可能是 4 毫秒（取决于 CONFIG_HZ）。这通常是足够的。有一些选项可以通过使用更高分辨率的计数器来提高精度，尽管会有很小的性能代价（VIRT_CPU_ACCOUNTING_NATIVE 和 VIRT_CPU_ACCOUTING_GEN），还有一个选项可以获得更精确的 IRQ 时间（IRQ_TIME_ACCOUNTING）。获得准确的 CPU 使用率测量值的另一种方法是使用 MSR 或 PMC。

文件内容

/proc 文件通常是文本格式的，这样很容易从命令行读取，并由 shell 脚本工具做处理。例如：

```
$ cat /proc/meminfo
MemTotal:       15923672 kB
MemFree:        10919912 kB
MemAvailable:   15407564 kB
Buffers:           94536 kB
Cached:          2512040 kB
SwapCached:            0 kB
Active:          1671088 kB
[...]
$ grep Mem /proc/meminfo
MemTotal:       15923672 kB
MemFree:        10918292 kB
MemAvailable:   15405968 kB
```

虽然这么做很方便，但内核将统计数据编码为文本的工作确实增加了少量的开销，同时所有用户空间的工具要解析文本也增加了开销。在 4.3.4 节中讲解的 netlink，是一个更有效的二进制接口。

/proc 的内容在 proc(5) man 手册页和 Linux 内核文档 Documentation/filesystems/proc.txt [Bowden 20] 中都可以找到。有些部分有扩展的文档，比如 diskstats 在 Documentation/iostats.txt 中，调度器的统计在 Documentation/scheduler/stats.txt 中。除了文档，你还可以研究内核的源代码以了解 /proc 中所有项目的确切来源。阅读使用 /proc 的工具的源代码也会有帮助。

部分 /proc 条目依赖于 CONFIG 选项：schedstats 是通过 CONFIG_SCHEDSTATS 启用的，sched 是通过 CONFIG_SCHED_DEBUG 启用的，pressure 是通过 CONFIG_PSI 启用的。

4.3.2 /sys

Linux 还提供了一个 sysfs 文件系统，挂载在 /sys，这是在 2.6 版本的内核中引入的，为内核统计提供了一个基于目录的结构。与 /proc 不同的是，/sys 经过一段时间的发展，把各种系统信息放在了顶层目录。sysfs 最初是设计用于提供设备驱动的统计数据的，不过现在已经扩展到了提供所有的统计类型。

举个例子，下面是 CPU 0 的 /sys 文件列表（部分截取）：

```
$ find /sys/devices/system/cpu/cpu0 -type f
/sys/devices/system/cpu/cpu0/uevent
/sys/devices/system/cpu/cpu0/hotplug/target
/sys/devices/system/cpu/cpu0/hotplug/state
/sys/devices/system/cpu/cpu0/hotplug/fail
/sys/devices/system/cpu/cpu0/crash_notes_size
/sys/devices/system/cpu/cpu0/power/runtime_active_time
/sys/devices/system/cpu/cpu0/power/runtime_active_kids
/sys/devices/system/cpu/cpu0/power/pm_qos_resume_latency_us
/sys/devices/system/cpu/cpu0/power/runtime_usage
[...]
/sys/devices/system/cpu/cpu0/topology/die_id
/sys/devices/system/cpu/cpu0/topology/physical_package_id
/sys/devices/system/cpu/cpu0/topology/core_cpus_list
/sys/devices/system/cpu/cpu0/topology/die_cpus_list
/sys/devices/system/cpu/cpu0/topology/core_siblings
[...]
```

上面列出的许多文件都是关于CPU硬件缓存的。下面的输出显示的是它们的内容(用了 grep(1)，所以连同文件名也包括在输出中)：

```
$ grep . /sys/devices/system/cpu/cpu0/cache/index*/level
/sys/devices/system/cpu/cpu0/cache/index0/level:1
/sys/devices/system/cpu/cpu0/cache/index1/level:1
/sys/devices/system/cpu/cpu0/cache/index2/level:2
/sys/devices/system/cpu/cpu0/cache/index3/level:3
$ grep . /sys/devices/system/cpu/cpu0/cache/index*/size
/sys/devices/system/cpu/cpu0/cache/index0/size:32K
/sys/devices/system/cpu/cpu0/cache/index1/size:32K
/sys/devices/system/cpu/cpu0/cache/index2/size:1024K
/sys/devices/system/cpu/cpu0/cache/index3/size:33792K
```

可以看出，CPU 0 有两个 L1 缓存，每个都是 32KB，还有一个 1MB 的 L2 缓存，以及一个 33MB 的 L3 缓存。

/sys 文件系统有上万行统计信息放在只读文件中，还有很多可写的文件用于调整内核状态。例如，向一个名为“online”的文件里写入“1”或“0”就可以控制 CPU 的上线和下线。和读取数据一样，在命令行使用文本字符就可以完成状态设置（echo 1 > filename），而不用通过二进制的接口。

4.3.3 延时核算

开启 CONFIG_TASK_DELAY_ACCT 选项的 Linux 系统按以下状态跟踪每个任务的时间。

- **调度器延时**：等待轮到上 CPU。
- **块 I/O**：等待块 I/O 完成。
- **交换**：等待换页（内存压力）。
- **内存回收**：等待内存回收例程。

从技术上来说，调度器延时统计源自 schedstat（之前提过，在 /proc 中），不过是与其他延时计数数据放在一起的。（在 sched_info 结构中，不在 task_delay_info 结构中。）

用户级的工具通过 taskstats 可以读取这些统计数据，taskstats 是一个基于网络连接的接口，用于获取任务和进程的统计信息。在内核源码中有如下两个文件。

- Documentation/accounting/delay-accounting.txt：文档。
- Tool/accounting/getdelays.c：一个示例代码。

下面是来自 getdelays.c 的输出：

```
$ ./getdelays -dp 17451
print delayacct stats ON
PID     17451

CPU             count     real total  virtual total    delay total  delay average
                  386     3452475144    31387115236     1253300657          3.247ms
IO              count    delay total  delay average
                  302     1535758266            5ms
SWAP            count    delay total  delay average
                    0              0            0ms
RECLAIM         count    delay total  delay average
                    0              0            0ms
```

除非另有指定，时间单位通常是 ns。这个例子来自一个高 CPU 负载的系统，检查出系统调度器延时很严重。

4.3.4 netlink

netlink 是一个特殊的套接字地址族（AF_NETLINK），用于获取内核信息。使用 netlink 需要用 AF_NETLINK 地址族打开一个网络套接字，然后使用一系列 send(2) 和 recv(2) 调用来传递请求和接收二进制结构的信息。虽然这是一个比 /proc 更复杂的接口，但它效率更高，而且还支持通知。libnetlink 库有助于使用 netlink。

与早期的工具一样，strace(1) 可以用来显示内核信息的来源。

检查套接字统计工具 ss(8) 的输出如下：

```
# strace ss
[...]
socket(AF_NETLINK, SOCK_RAW|SOCK_CLOEXEC, NETLINK_SOCK_DIAG) = 3
[...]
```

这是为 NETLINK_SOCK_DIAG 组打开一个 AF_NETLINK 套接字，NETLINK_SOCK_DIAG 返回套接字的信息。在 sock_diag(7) 的 man 手册页中有 NETLINK_SOCK_DIAG 的文档。netlink 组包括如下内容。

- **NETLINK_ROUTE**：路由信息（还有 /proc/net/route）。
- **NETLINK_SOCK_DIAG**：套接字信息。
- **NETLINK_SELINUX**：SELinux 事件通知。
- **NETLINK_AUDIT**：审计（安全）。
- **NETLINK_SCSITRANSPORT**：SCSI 传输。
- **NETLINK_CRYPTO**：内核加密信息。

使用 netlink 的命令包括 ip(8)、ss(8)、routel(8)，以及较早的 ifconfig(8) 和 netstat(8)。

4.3.5 tracepoint

tracepoint 是一个基于静态检测的 Linux 内核事件源。静态检测这个术语在 1.7.3 节中进行过介绍。tracepoint 是硬编码的检测点，放置在内核代码的逻辑位置。例如，在系统调用、调度器事件、文件系统操作和磁盘 I/O 的开始和结束处都有 tracepoint。[1]tracepoint 的架构由 Mathieu Desnoyers 开发，在 2009 年的 Linux 2.6.32 版本中被首次推出。tracepoint 是稳定的 API 且数量有限。[2]

tracepoint 是性能分析的重要资源，因为 tracepoint 为先进的跟踪工具赋能，以让这

1 有些是由Kconfig选项控制的，如果在这些选项没有启用的情况下编译内核，可能就无法使用；例如，rcu tracepoints和CONFIG_RCU_TRACE。

2 我会把它称为“尽力稳定”。这种情况很罕见，但我看到了tracepoint的变化。

些工具的作用超越汇总统计，为内核行为提供更深入的洞察力。虽然基于函数的跟踪可以提供类似的能力（参见 4.3.6 节），但只有 tracepoint 提供了一套稳定的接口，可以开发强大的工具。

本节解释了 tracepoint。这些可以被 4.5 节介绍的跟踪器使用，并在第 13 至 15 章中深入介绍。

tracepoint 示例

可用的 tracepoint 可以用 perf list 命令列出（perf(1) 的语法在第 14 章有介绍）：

```
# perf list tracepoint

List of pre-defined events (to be used in -e):
[...]
  block:block_rq_complete                              [Tracepoint event]
  block:block_rq_insert                                [Tracepoint event]
  block:block_rq_issue                                 [Tracepoint event]
[...]
  sched:sched_wakeup                                   [Tracepoint event]
  sched:sched_wakeup_new                               [Tracepoint event]
  sched:sched_waking                                   [Tracepoint event]
  scsi:scsi_dispatch_cmd_done                          [Tracepoint event]
  scsi:scsi_dispatch_cmd_error                         [Tracepoint event]
  scsi:scsi_dispatch_cmd_start                         [Tracepoint event]
  scsi:scsi_dispatch_cmd_timeout                       [Tracepoint event]
[...]
  skb:consume_skb                                      [Tracepoint event]
  skb:kfree_skb                                        [Tracepoint event]
[...]
```

上面输出的片段显示了十几个 tracepoint，它们分别来自块设备层、调度器和 SCSI。在我的系统中，有 1808 个不同的 tracepoint，其中的 634 个是用来检测系统调用的。

除了显示事件发生的时间，tracepoint 还可以提供关于事件的背景数据。举个例子，下面的 perf(1) 命令跟踪 block:block_rq_issue tracepoint，并实时打印事件：

```
# perf trace -e block:block_rq_issue
[...]
     0.000 kworker/u4:1-e/20962 block:block_rq_issue:259,0 W 8192 () 875216 + 16
[kworker/u4:1]
   255.945 :22696/22696 block:block_rq_issue:259,0 RA 4096 () 4459152 + 8 [bash]
   256.957 :22705/22705 block:block_rq_issue:259,0 RA 16384 () 367936 + 32 [bash]
[...]
```

前三个字段是时间戳（秒），进程细节（名称 / 线程 ID），以及事件描述（使用的是冒号分隔符，而不是空格）。其余的字段是 tracepoint 的参数，由接下来会解释的格式字符串生成；关于具体的 block:block_rq_issue 格式字符串，可参见 9.6.5 节。

关于术语的说明：tracepoint（或 trace point）在技术上是指放在内核源代码中的跟踪函数（也叫跟踪钩子）。例如，trace_sched_wakeup() 是一个 tracepoint，你会发现它在 kernel/sched/core.c 中被调用。这个 tracepoint 可以通过使用名称为“sched:sched_wakeup”的跟踪器来检测；然而，这在技术上是一个跟踪事件，由宏 TRACE_EVENT 所定义。TRACE_EVENT 还对跟踪事件的参数和格式做了定义，自动生成 trace_sched_wakeup() 代码，并将跟踪事件放在 tracefs 和 perf_event_open(2) 接口中 [Ts'o 20]。跟踪工具主要对跟踪事件进行检测，尽管它们可能将其称为“tracepoint”。perf(1) 将跟踪事件称为“tracepoint 事件”，这很容易混淆，因为基于 kprobe 和 uprobe 的跟踪事件也被标记为“tracepoint 事件”。

tracepoint 参数与格式字符串

每个 tracepoint 都有一个包含事件参数的格式字符串：关于事件的额外上下文。这个格式字符串的结构可以在 /sys/kernel/debug/tracing/events 下的“format”文件中看到。比如：

```
# cat /sys/kernel/debug/tracing/events/block/block_rq_issue/format
name: block_rq_issue
ID: 1080
format:
        field:unsigned short common_type;   offset:0;   size:2;   signed:0;
        field:unsigned char common_flags;   offset:2;   size:1;   signed:0;
        field:unsigned char common_preempt_count;   offset:3;   size:1;   signed:0;
        field:int common_pid;   offset:4;   size:4;   signed:1;

        field:dev_t dev;        offset:8;   size:4;   signed:0;
        field:sector_t sector;  offset:16;   size:8;   signed:0;
        field:unsigned int nr_sector;   offset:24;   size:4;   signed:0;
        field:unsigned int bytes;       offset:28;   size:4;   signed:0;
        field:char rwbs[8];   offset:32;   size:8;   signed:1;
        field:char comm[16];   offset:40;   size:16;   signed:1;
        field:__data_loc char[] cmd;   offset:56;   size:4;   signed:1;

print fmt: "%d,%d %s %u (%s) %llu + %u [%s]", ((unsigned int) ((REC->dev) >> 20)),
((unsigned int) ((REC->dev) & ((1U << 20) - 1))), REC->rwbs, REC->bytes,
__get_str(cmd), (unsigned long long)REC->sector, REC->nr_sector, REC->comm
```

最后一行显示了字符串的格式和参数。下面显示的是这个输出的格式字符串的格式，紧跟着的是前面 perf 脚本输出的格式字符串的例子：

```
%d,%d %s %u (%s) %llu + %u [%s]
259,0 W 8192 () 875216 + 16 [kworker/u4:1]
```

这两者是匹配的。

跟踪器通常是通过 tracepoint 的名称访问格式字符串中的参数的。例如，下面使用 perf(1) 来跟踪块 I/O 问题的事件，只有当大小（bytes 参数）大于 65 536 时才触发跟踪[1]：

```
# perf trace -e block:block_rq_issue --filter 'bytes > 65536'
     0.000 jbd2/nvme0n1p1/174 block:block_rq_issue:259,0 WS 77824 () 2192856 + 152
[jbd2/nvme0n1p1-]
     5.784 jbd2/nvme0n1p1/174 block:block_rq_issue:259,0 WS 94208 () 2193152 + 184
[jbd2/nvme0n1p1-]
[...]
```

举一个不同的跟踪器的例子，下面使用 bpftrace 来打印 tracepoint 的 bytes 参数（第 15 章中介绍了 bpftrace 的语法；在随后的例子中我会使用 bpftrace，因为它使用起来很简单，需要的命令更少）：

```
# bpftrace -e 't:block:block_rq_issue { printf("size: %d bytes\n", args->bytes); }'
Attaching 1 probe...
size: 4096 bytes
size: 49152 bytes
size: 40960 bytes
[...]
```

每个 I/O 问题输出为一行，并显示其大小。

tracepoint 是稳定的 API，由 tracepoint 名称、格式字符串和参数组成。

tracepoint 接口

跟踪工具可以通过它们在 tracefs 中的跟踪事件文件（通常安装在 /sys/kernel/debug/tracing）或 perf_event_open(2) 系统调用来使用跟踪点。举个例子，我的基于 Ftrace 的 iosnoop(8) 工具使用 tracefs 文件：

1　perf trace的--filter参数是在Linux 5.5中加入的。在更老的内核中，可以用这个方法完成：perf trace -e block:block_rq_issue --filter 'bytes > 65536' -a; perf script。

```
# strace -e openat ~/Git/perf-tools/bin/iosnoop
chdir("/sys/kernel/debug/tracing")      = 0
openat(AT_FDCWD, "/var/tmp/.ftrace-lock", O_WRONLY|O_CREAT|O_TRUNC, 0666) = 3
[...]
openat(AT_FDCWD, "events/block/block_rq_issue/enable", O_WRONLY|O_CREAT|O_TRUNC,
0666) = 3
openat(AT_FDCWD, "events/block/block_rq_complete/enable", O_WRONLY|O_CREAT|O_TRUNC,
0666) = 3
[...]
```

输出包括 chdir(2) 改换目录到 tracefs，以及为块 tracepoint 打开“启用”文件。这里还包括一个 /var/tmp/.trace-lock，这是编码的一个预防措施，它阻止工具出现并发用户，这是 tracefs 接口不支持的功能。perf_event_open(2) 接口确实支持并发用户，在可能的情况下它是首选。我的工具的较新的 BCC 版本使用 perf_event_open(2)：

```
# strace -e perf_event_open /usr/share/bcc/tools/biosnoop
perf_event_open({type=PERF_TYPE_TRACEPOINT, size=0 /* PERF_ATTR_SIZE_??? */,
config=2323, ...}, -1, 0, -1, PERF_FLAG_FD_CLOEXEC) = 8
perf_event_open({type=PERF_TYPE_TRACEPOINT, size=0 /* PERF_ATTR_SIZE_??? */,
config=2324, ...}, -1, 0, -1, PERF_FLAG_FD_CLOEXEC) = 10
[...]
```

perf_event_open(2) 是内核 perf_events 子系统的接口，它提供了各种分析和跟踪功能。更多细节请参见它的 man 手册页，以及第 13 章中关于 perf(1) 的前端的介绍。

tracepoint 开销

当 tracepoint 被激活时，它会给每个事件增加少量的 CPU 开销。跟踪工具也可能为后处理事件增加 CPU 开销，加上文件系统的开销来记录它们。这些开销是否高到足以扰乱生产环境的应用程序，取决于事件的频率和 CPU 的数量，这也是你在使用 tracepoint 时需要考虑的问题。

在今天的典型系统中（4 到 128 个 CPU），我发现每秒少于 10 000 个事件的开销都可以忽略不计，只有超过 100 000 个事件的开销才开始变得可测量。考量各种事件类型，你可能会发现磁盘事件通常少于每秒 10 000 次，但是调度器事件可能远远超过每秒 100 000 次，因此跟踪起来会很昂贵。

我以前分析过某一系统的开销，发现最小的 tracepoint 开销是 96 纳秒的 CPU 时间 [Gregg 19]。2018 年，在 Linux 4.7 中加入了一种新的 tracepoint 类型，称为原始 *tracepoint*，这个 tracepoint 类型避免了创建稳定 tracepoint 参数的成本，减少了这种开销。

除了 tracepoint 使用时的启用开销，还有让 tracepoint 可用的禁用开销。一个被禁用的 tracepoint 会变成一小部分指令：对于 x86_64，它是一个 5 字节的无操作（nop）指令。

还有一个 tracepoint 处理程序被添加到函数的末尾，这使其文本大小增加了一些。虽然这些开销非常小，但在向内核添加 tracepoint 时，你应该分析和理解这些东西。

tracepoint 文档

tracepoint 技术在内核源文件的 Documentation/trace/tracepoints.rst 中。tracepoint 本身（有时）的文档在定义它们的头文件中，可以在 Linux 源代码的 include/trace/events 中找到。我在《BPF 之巅》一书 [Gregg 19] 的第 2 章中总结了高级 tracepoint 的主题：如何将 tracepoint 添加到内核代码中，以及它们是如何在指令层级上工作的。

有时你可能希望跟踪那些没有 tracepoint 的软件的执行情况，你可以试试不稳定的 kprobes 接口。

4.3.6　kprobes

kprobes（内核探针的简称）是一个 Linux 内核事件源，用于基于动态检测的跟踪器，动态检测这个术语在 1.7.3 节中有介绍。kprobes 可以跟踪任何内核函数和指令，在 2004 年发布的 Linux 2.6.9 中被引入。因为暴露了原始的内核函数和参数，所以 kprobes 被认为是不稳定的 API，可能在不同的内核版本之间发生变化。

kprobes 在内部有多种工作方式。标准的方法是修改运行中的内核代码的指令文本，在需要的地方插入检测逻辑。在对函数的入口进行检测时，可以使用一种优化方法，即 kprobes 能利用现有的 Ftrace 函数进行跟踪，这样的开销较低。[1]

kprobes 很重要，因为这是对于生产环境中的内核行为的最后信息来源[2]，可以提供近乎无限的信息，这对于观测其他工具看不到的性能问题至关重要。4.5 节中介绍的跟踪器会使用 kprobes，第 13 到 15 章也会深入介绍 kprobes。

表 4.3 对 kprobes 和 tracepoint 进行了比较。

表 4.3　kprobes 与 tracepoint 比较

细节	kprobes	tracepoint
类型	动态	静态
粗略的事件数目	50 000+	1000+
内核维护	无	要求的
禁止的开销	无	少量的（NOP+ 元数据）
稳定的 API	否	是

kprobes 可以跟踪函数的入口以及函数中指令的偏移量。使用 kprobes 会产生 kprobe

1　可以通过 debug.kprobes-optimization sysctl(8) 启用或禁用kprobes。

2　如果没有kprobes，最终的选择就是修改内核代码，在需要的地方添加检测逻辑，重新编译，然后重新部署。

事件（一个基于 kprobe 的跟踪事件）。这些 kprobe 事件只有在跟踪器创建它们的时候才存在：默认情况下，内核代码的运行是无修改的。

kprobes 示例

举一个使用 kprobes 的例子，下面的 bpftrace 命令检测了内核函数 do_nanosleep()，并打印出 CPU 上的进程：

```
# bpftrace -e 'kprobe:do_nanosleep { printf("sleep by: %s\n", comm); }'
Attaching 1 probe...
sleep by: mysqld
sleep by: mysqld
sleep by: sleep
^C
#
```

输出显示了由名为“mysqld”的进程进行的几次睡眠，以及由“sleep”（可能是 /bin/sleep）进行的一次睡眠。do_nanosleep() 的 kprobe 事件是在 bpftrace 程序开始运行时创建的，并在 bpftrace 终止时被删除（按 Ctrl+C 组合键）。

kprobes 参数

由于 kprobes 可以跟踪内核函数的调用，因此通常希望最好能检查函数的参数以获得更多的上下文。在后面的章节中会介绍每个跟踪工具暴露自己的参数的方式。例子如下，使用 bpftrace 打印 do_nanosleep() 的第二个参数，也就是 hrtimer_mode：

```
# bpftrace -e 'kprobe:do_nanosleep { printf("mode: %d\n", arg1); }'
Attaching 1 probe...
mode: 1
mode: 1
mode: 1
[...]
```

在 bpftrace 中，函数参数可以使用内置变量 arg0..arg*N*。

kretprobes

内核函数的返回和它们的返回值可以用 kretprobes（内核返回探针的简称）来跟踪，kretprobes 与 kprobes 类似。kretprobes 是通过对函数入口施加 kprobes 来实现的，施加的 kprobes 插入了一个 trampoline 函数来检测返回。

kretprobes 与 kprobes 搭配一个记录时间戳的跟踪器，就可以测量内核函数的持续时间了。例如，使用 bpftrace 测量 do_nanosleep() 的持续时间：

```
# bpftrace -e 'kprobe:do_nanosleep { @ts[tid] = nsecs; }
    kretprobe:do_nanosleep /@ts[tid]/ {
    @sleep_ms = hist((nsecs - @ts[tid]) / 1000000); delete(@ts[tid]); }
    END { clear(@ts); }'
Attaching 3 probes...

^C

@sleep_ms:
[0]                 1280 |@@@@@@@@@@@@@@@@@@@@@@@@@@@@@@@@@@@@@@@@@@@@@@@@@@@@|
[1]                    1 |                                                    |
[2, 4)                 1 |                                                    |
[4, 8)                 0 |                                                    |
[8, 16)                0 |                                                    |
[16, 32)               0 |                                                    |
[32, 64)               0 |                                                    |
[64, 128)              0 |                                                    |
[128, 256)             0 |                                                    |
[256, 512)             0 |                                                    |
[512, 1K)              2 |                                                    |
```

输出结果显示，do_nanosleep() 通常是一个快速的函数，在零毫秒（四舍五入）内有 1280 次返回。有两次达到了 512 ～ 1024 毫秒的范围。

在第 15 章会解释 bpftrace 语法，其中包括一个类似的对 vfs_read() 做计时的例子。

kprobes 接口和开销

kprobes 接口类似于 tracepoint。检测 kprobes 可以通过 /sys 文件，可以通过系统调用 perf_event_open(2)（这是首选），以及通过内核 API register_kprobe()。当对函数的入口进行跟踪时（Ftrace 方法，如果有的话），其开销与 tracepoint 的开销相似，而当对函数的偏移进行跟踪（断点法）或使用 kretprobes 时（蹦床法），其开销较高。对于某特定的系统，我测得的最小的 kprobe CPU 成本是 76 纳秒，最小的 kretprobe CPU 成本是 212 纳秒 [Gregg 19]。

kprobes 文档

kprobes 的文档在 Linux 源代码的 Documentation/kprobes.txt 中。kprobes 所检测的内核函数通常没有内核源文件外的文档(因为大多数不是 API，所以不需要文档)。我在《BPF 之巅》一书 [Gregg 19] 的第 2 章中介绍了高级的 kprobe 主题：它们是如何在指令层级上工作的。

4.3.7 uprobes

uprobes（用户空间探针）类似于 kprobes，但 uprobes 用于用户空间。uprobes 可以动态地检测应用程序和库中的函数，并提供了一个不稳定的 API，这个 API 可以深入其他工具所不能及的软件内部。uprobes 在 2012 年发布的 Linux 3.5 中引入。

4.5 节中介绍的跟踪器使用了 uprobes，第 13 ～ 15 章也对 uprobes 进行了深入介绍。

uprobes 示例

举一个 uprobes 的例子。下面的 bpftrace 命令列出了 bash(1) shell 中可能的 uprobes 函数入口位置：

```
# bpftrace -l 'uprobe:/bin/bash:*'
uprobe:/bin/bash:rl_old_menu_complete
uprobe:/bin/bash:maybe_make_export_env
uprobe:/bin/bash:initialize_shell_builtins
uprobe:/bin/bash:extglob_pattern_p
uprobe:/bin/bash:dispose_cond_node
uprobe:/bin/bash:decode_prompt_string
[..]
```

完整的输出显示了 1507 个可能的 uprobes。uprobes 在需要时对代码进行检测并创建 *uprobe* 事件（一个基于 uprobe 的跟踪事件）：用户空间的代码默认是无修改地运行的。这类似于用调试器为函数添加断点：在添加断点之前，该函数是无修改运行的。

uprobes 的参数

用户函数的参数对 uprobes 是可见的。作为一个例子，下面使用 bpftrace 来检测 bash 的函数 decode_prompt_string()，并将第一个参数打印成字符串：

```
# bpftrace -e 'uprobe:/bin/bash:decode_prompt_string { printf("%s\n", str(arg0)); }'
Attaching 1 probe...
\[\e[31;1m\]\u@\h:\w>\[\e[0m\]
\[\e[31;1m\]\u@\h:\w>\[\e[0m\]
^C
```

输出显示了这个系统上 bash(1) 的提示字符串。decode_prompt_ string() 的 uprobe 是在 bpftrace 程序开始运行时创建的，并在 bpftrace 终止（Ctrl+C）时删除。

uretprobes

用户函数的返回及其返回值可以使用 uretprobes（用户级返回探针的简称）进行跟踪，uretprobes 与 uprobes 类似。当 uretprobes 与 uprobes 和记录时间戳的跟踪器搭配使用时，可以测量用户级函数的持续时间。要注意的是，uretprobes 的开销可能导致对快速函数的测量产生大的偏离。

uprobes 接口与开销

uprobes 接口与 kprobes 类似。可以通过 /sys 文件检测 uprobes，也可以通过系统调用 perf_event_open(2) 进行检测（首选）。

uprobes 目前的工作方式是自陷进入内核。这比 kprobes 或 tracepoint 的 CPU 开销要高得多。在我测量的特定系统中，最小的 uprobe 花费了 1287 纳秒，最小的 uretprobe 花费了 1931 纳秒 [Gregg 19]。uretprobe 的开销较高，因为 uretprobe 是一个 uprobe 加一个 trampoline 函数。

uprobes 的文档

uprobes 的文档记录在 Linux 源代码的 Documentation/trace/uprobetracer.rst 中。

我在《BPF 之巅》一书 [Gregg 19] 的第 2 章中总结了 uprobes 的高阶内容：uprobes 是如何在指令层面工作的。uprobe 所观测的用户函数通常除了应用程序源代码外是没有文档的（因为大多数函数不太可能是 API，所以不需要文档）。想要有文档说明的用户空间跟踪，请使用 USDT。

4.3.8　USDT

用户级静态定义跟踪（USDT）是用户空间版本的 tracepoint。USDT 之于 uprobes 就像 tracepoint 之于 kprobes。一些应用程序和库已经在它们的代码中加入了 USDT 探针，为跟踪应用程序级别的事件提供了一个稳定的（并有文档的）API。例如，在 Java JDK、PostgreSQL 数据库和 libc 中都有 USDT 探针。下面列出了使用 bpftrace 的 OpenJDK USDT 探针：

```
# bpftrace -lv 'usdt:/usr/lib/jvm/openjdk/libjvm.so:*'
usdt:/usr/lib/jvm/openjdk/libjvm.so:hotspot:class__loaded
usdt:/usr/lib/jvm/openjdk/libjvm.so:hotspot:class__unloaded
usdt:/usr/lib/jvm/openjdk/libjvm.so:hotspot:method__compile__begin
usdt:/usr/lib/jvm/openjdk/libjvm.so:hotspot:method__compile__end
usdt:/usr/lib/jvm/openjdk/libjvm.so:hotspot:gc__begin
usdt:/usr/lib/jvm/openjdk/libjvm.so:hotspot:gc__end
[...]
```

这列出了 Java 类加载和卸载、方法编译和垃圾回收的 USDT 探针。还有很多被截断了：完整的列表显示这个 JDK 版本有 524 个 USDT 探针。

许多应用程序已经有了可以启用和配置的自定义事件日志，这对性能分析很有用。

USDT 探针的不同之处在于，USDT 可以在各种跟踪器中使用，这些跟踪器可以将应用程序上下文与内核事件（如磁盘和网络 I/O）相结合。一个应用程序级别的日志可能会告诉你，由于文件系统的 I/O，数据库查询很慢，但跟踪器可以揭示更多的信息，例如，查询慢是由于文件系统中存在锁内容，而不是你可能认为的磁盘 I/O。

一些应用程序包含 USDT 探针，但这些应用程序在目前打包版本中并没有被启用（OpenJDK 就是这种情况）。使用 USDT 需要开启适当的配置选项并从源代码重新构建应用程序。该选项可能会叫作以 DTrace 跟踪器命名的 --enable-dtrace-probes，这是因为 DTrace 跟踪器推动了应用程序采用 USDT。

USDT 探针必须被编译到所观测的可执行文件中。这对于 JIT 编译的语言，如 Java 来说是不可能的，因为它通常是即时编译的。这方面的解决方案是使用*动态 USDT*，它将探针预先编译为一个共享库，并提供一个接口从 JIT 编译的语言中调用它们。Java、Node.js 和其他语言都有动态 USDT 库。解释型语言也有类似的问题，也需要动态 USDT。

USDT 探针在 Linux 中是使用 uprobes 实现的，关于 uprobes 及其开销的说明见上一节。除了启用的开销之外，USDT 探针在代码中放置 nop 指令，就像 tracepoint 一样。

4.5 节中介绍的跟踪器会使用 USDT 探针，第 13 ～ 15 章对这些跟踪器进行了深入介绍（尽管将 USDT 与 Ftrace 一起使用需要一些额外的工作）。

USDT 文档

如果某个应用程序提供了 USDT 探针，那么在该应用程序的文档中应该有 USDT 探针的文档。我在《BPF 之巅》一书 [Gregg 19] 的第 2 章中总结了高级 USDT 主题：如何将 USDT 探针添加到应用程序代码中，USDT 探针内部如何工作，以及动态 USDT。

4.3.9 硬件计数器

处理器和其他设备通常有硬件计数器用于观测活动。做主要观测来源的是处理器，在处理器里这类硬件计数器通常被称为*性能监测计数器*（PMC）。PMC 也有其他名称，比如 *CPU 性能计数器*（CPC）、*性能仪表计数器*（PIC），以及*性能监测单元事件*（PMU 事件）。这些指的都是同样的东西：处理器上的可编程硬件寄存器，在 CPU 周期级别上提供低维度的性能信息。

PMC 是性能分析的一个重要资源。只有通过 PMC，你才能测量 CPU 指令的效率、CPU 缓存的命中率、内存和设备总线的使用率、互联使用率、失速周期，等等。利用这些来分析性能可以指导实施各种性能优化。

PMC 示例

虽然有很多 PMC，但 Intel 选择了 7 个 PMC 作为“架构集”，这些“架构集”提供了一些核心功能的高级概述 [Intel 16]。使用 cpuid 指令可以检测这些架构集 PMC 的存在。表 4.4 显示了这个集合，可以将其当作有用的 PMC 的例子的集合。

表 4.4　Intel 架构中的 PMC

事件名称	UMask	事件选择	事件标记助记符示例
UnHalted Core Cycles	00H	3CH	CPU_CLK_UNHALTED.THREAD_P
Instruction Retired	00H	C0H	INST_RETIRED.ANY_P
UnHalted Reference Cycles	01H	3CH	CPU_CLK_THREAD_UNHALTED.REF_XCLK
LLC References	4FH	2EH	LONGEST_LAT_CACHE.REFERENCE
LLC Misses	41H	2EH	LONGEST_LAT_CACHE.MISS
Branch Instruction Retired	00H	C4H	BR_INST_RETIRED.ALL_BRANCHES
Branch Misses Retired	00H	C5H	BR_MISP_RETIRED.ALL_BRANCHES

作为 PMC 的例子，如果你运行 perf stat 命令而不指定事件（no -e），它默认会对架构 PMC 进行检测。例如，下面是对 gzip(1) 命令运行 perf stat 的例子：

```
# perf stat gzip words

 Performance counter stats for 'gzip words':

        156.927428      task-clock (msec)         #    0.987 CPUs utilized
                 1      context-switches          #    0.006 K/sec
                 0      cpu-migrations            #    0.000 K/sec
               131      page-faults               #    0.835 K/sec
       209,911,358      cycles                    #    1.338 GHz
       288,321,441      instructions              #    1.37  insn per cycle
        66,240,624      branches                  #  422.110 M/sec
         1,382,627      branch-misses             #    2.09% of all branches

       0.159065542 seconds time elapsed
```

第一列是原始计数；在 # 号后面的是一些统计数字，其中包括一个重要的性能指标——每周期指令（insn per cycle）。这个指标表明 CPU 执行指令的效率，越高越好。在 6.3.7 节中会解释这个指标。

PMC 接口

在 Linux 上是通过 perf_event_open(2) 系统调用访问 PMC 的，包括 perf(1) 在内的工具都会使用 PMC。

虽然有数以百计的 PMC 可用，但 CPU 中只有固定数量的寄存器可以同时进行测量，也许只有 6 个。你需要在这 6 个寄存器中选择你想测量的 PMC，或者在不同的 PMC 集合中循环实施采样（Linux perf(1) 自动支持这个功能）。其他的软件计数器不受这些限制。

PMC 可以被用于不同的模式：计数，对事件进行计数的开销几乎为零；溢出采样，在每一个可配置数量的事件上，都可以触发中断，这样就可以用于捕获状态。计数可用于量化问题；溢出采样可用于显示负责的代码路径。

perf(1) 可以用 stat 子命令进行计数，用 record 子命令进行采样，具体见第 13 章。

使用 PMC 时的挑战

在使用 PMC 时，两个常见的挑战是 PMC 溢出采样的准确性和 PMC 在云环境中的可用性。

由于中断延时（通常被称为 skid）或指令失序执行，溢出采样可能不会记录触发事件的正确指令指针。对于 CPU 周期剖析来说，这种错误可能不是问题，一些剖析器故意引入抖动以避免锁步采样（或使用偏移采样率，如 99Hz）。但是对于其他事件的测量，如 LLC 缺失，采样的指令指针需要做到准确。

解决这个问题的方案是处理器对所谓的*精确事件*的支持。在 Intel 上，精确事件使用一种叫作基于精确事件的采样（PEBS）的技术[1]，它使用硬件缓冲器来记录 PMC 事件发生时的更精确（“严格准确”）的指令指针。在 AMD 上，精确事件使用基于指令的采样（IBS）[Drongowski 07] 这一技术。Linux perf(1) 命令支持精确事件（参见 13.9.2 节）。

另一个挑战是云计算，因为许多云环境禁止用户访问 PMC。从技术上讲，启用 PMC 是可能的，例如，Xen 管理程序有 vpmu 命令行选项，它允许将不同的 PMC 集暴露给用户 [Xenbits 20][2]。Amazon 已经为它的 Nitro 管理程序的客户启用了许多 PMC。[3] 另外，一些云运营商还提供了“裸金属实例”，客户拥有处理器的完全访问能力，因此也可以完全访问 PMC。

PMC 的文档

PMC 是针对特定处理器的，在相应的处理器软件开发者手册中有文档。按处理器制造商举例如下。

- **Intel**：参见 Intel® 64 和 IA-32 架构软件开发人员手册第 3 卷的第 19 章 [Intel16]。
- **AMD**：参见 AMD 系列 17h 家族中型号为 00h-2Fh 的开源寄存器参考手册 [AMD 18] 的第 2.1.1 节。
- **ARM**：Arm® 架构参考手册 Armv8，适用于 Armv8-A 架构剖析 [ARM 19] 的 D7.10 节。

1 Intel的一些文档对PEBS有不同的全称，如，基于事件的处理器采样。

2 我写了Xen代码，允许不同的PMC模式。“ipc”仅用于每周期指令的PMC，“arch”用于Intel架构集。我的代码只是对Xen中现有的vpmu支持的一个防火墙。

3 目前只适用于较大的Nitro实例，这样实例的虚拟机拥有一个完整的处理器插座（或更多）。

一直以来，人们都在努力为 PMC 开发一种可支持所有处理器的标准命名方案，称为性能应用编程接口（PAPI）[UTK 20]。操作系统对 PAPI 的支持有好有坏，PAPI 的支持需要经常更新以将 PAPI 名称映射到供应商的 PMC 代码。

6.4.1 节更详细地描述了 PMC 的实现，并提供了额外的 PMC 的例子。

4.3.10 其他观测源

其他的观测源如下。

- **MSR**：PMC 是使用特定型号的寄存器（MSR）来实现的。还有其他的 MSR 用于显示系统的配置和健康状况，包括 CPU 的时钟速率、使用情况、温度和功耗。可用的 MSR 取决于处理器类型（特定型号）、BIOS 版本和设置，以及管理程序设置。MSR 的一个用途是对 CPU 使用率进行基于周期的精确测量。
- **ptrace(2)**：这个系统调用能控制进程跟踪，gdb(1) 调用 ptrace 实施进程调试，strace(1) 调用 ptrace 跟踪系统调用。ptrace 是基于断点的，可以使目标的速度降至原来的 1%。Linux 也有 tracepoint，在 4.3.5 节会介绍 tracepoint，它能更有效地跟踪系统调用。
- **函数剖析**：剖析函数调用（mcount() 或 __fentry__()）会被添加到 x86 上所有非内联内核函数的开始部分，以有效地跟踪 Ftrace 函数。直到需要为止，剖析函数调用才会被转换为 nop 指令。详情可参见第 14 章。
- **网络嗅探（libpcap）**：这些接口提供了一种从网络设备中捕获数据包的方法，以便详细调查数据包和协议的性能。Linux 上的嗅探能力是通过 libpcap 库和 /proc/net/dev 提供的，tcpdump(8) 工具就用到了 libpcap 库。所有数据包的捕获和检查都是有开销的，开销包括 CPU 和存储。关于网络嗅探的更多信息，可参见第 10 章。
- **netfilter 连接跟踪**：Linux 的 netfilter 技术支持对事件执行自定义的处理程序，这项技术不仅可用于防火墙，还能用于连接跟踪（conntrack）。这使得创建网络流的日志成为可能 [Ayuso 12]。
- **进程核算**：进程核算可以追溯到大型机时代，那时候要对使用计算机的部门和用户收费，是基于进程的执行和运行时间的。现在它以某种形式存在于 Linux 和其他系统中，有时能在进程级别对性能分析有所帮助。例如，工具 atop(1) 用进程核算能捕捉到短暂存活的进程并显示其信息，而用 /proc 快照的办法很可能无法觉察到这件事 [Atoptool 20]。
- **软件事件**：这些事件与硬件事件有关，但在软件中被探测到。缺页故障就是一个例子。软件事件通过 perf_event_open(2) 接口提供，并由 perf(1) 和 bpftrace 使用。图 4.5 所示的是它们的图片。

- **系统调用**：一些可用的系统调用和库函数调用能提供某些性能指标。其中包括 getrusage(2)，这个系统调用可为进程拿到自己的资源使用统计数据，包括用户时间、系统时间、故障、消息，以及上下文切换。

如果你对上述这些观测源是如何工作的很感兴趣，你会发现文档通常很齐备，这是为在这些接口上搭建工具的开发者准备的。

更多内容

取决于你的内核版本以及开启的选项，还有更多的观测源。一部分会在本书后面的章节中提及。对于 Linux 来说，这些包括 I/O 审计、blktrace、timer_stats、lockstat 和 debugfs。

找到这种来源的一个方法是阅读你感兴趣的内核代码，并查看哪些统计数据或 tracepoint 被放在那里。

在某些情况下，可能没有你想要的内核统计数据。除了动态指令（Linux 的 kprobes 和 uprobes），你可能会发现诸如 gdb(1) 和 ldb(1) 之类的调试器能够获取内核和应用程序的变量，为调查提供一些线索。

Solaris Kstat

作为一个用不同方式提供系统统计的例子，基于 Solaris 的系统使用了一个内核统计框架（Kstat），该框架提供了一个一致的内核统计层次结构，每个统计都使用以下四元组来命名：

```
module:instance:name:statistic
```

它们是

- ***module***：通常指的是创建统计数据的内核模块，比如 SCSI 磁盘驱动的 sd，或者 ZFS 文件系统的 zfs。
- ***instance***：一些模块以多个实例的形式存在，比如每个 SCSI 磁盘都有一个 sd 模块。实例是一个枚举。
- ***name***：这是统计数据组的名称。
- ***statistic***：这是单个统计数据的名称。

Kstats 通过二进制内核接口被访问，有各种库可用。

举个 Kstat 的例子，下面的 kstat(1M) 指定了完整的四元组，读取“nproc”统计：

```
$ kstat -p unix:0:system_misc:nproc
unix:0:system_misc:nproc        94
```

这个统计显示了当前运行的进程数。

相比之下，Linux 的 /proc/stat 风格的数据源的格式不一致，通常需要对文本进行解析才能处理，这要花费一些 CPU 周期。

4.4 sar

sar(1) 是在 4.2.4 节中介绍的，是一个关键的监测工具。虽然最近有很多人对 BPF 跟踪的超级能力感到兴奋（我也有部分责任），但你不应该忽视 sar(1) 的效用——sar(1) 是一个必不可少的系统性能工具，可以自行解决很多性能问题。Linux 版本的 sar(1) 也设计得很好，有自描述的列标题、网络指标组，以及详细的文档（man 手册页）。

sar(1) 是通过 sysstat 包提供的。

4.4.1 sar(1) 的覆盖范围

图 4.6 显示了 sar(1) 的不同命令行选项可观测到的覆盖范围。

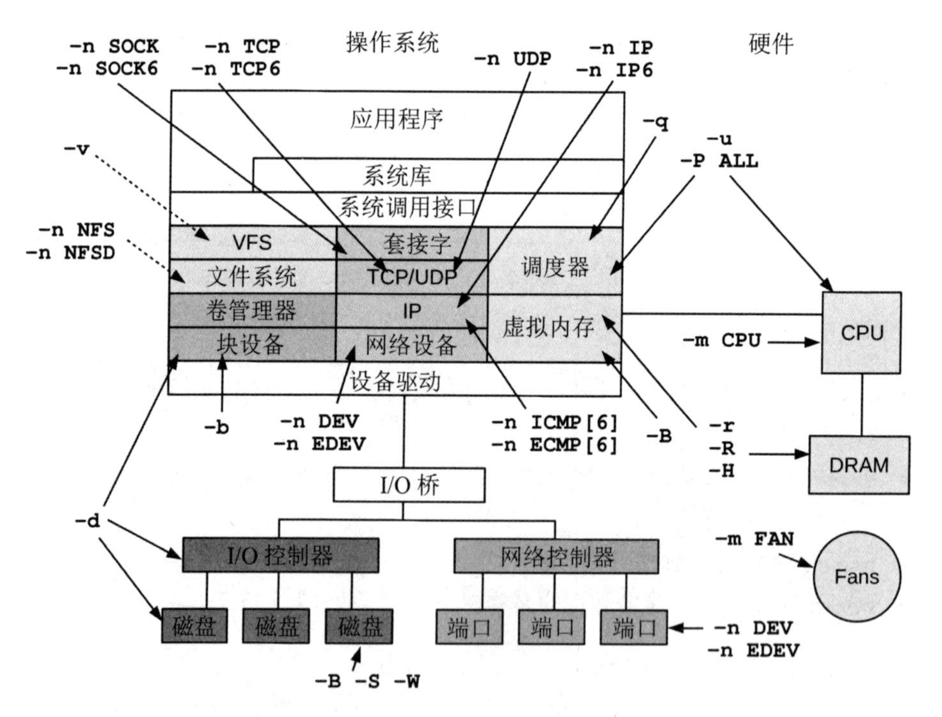

图 4.6　Linux sar(1) 的观测范围

这张图显示，sar(1) 提供了对内核和设备的广泛覆盖，甚至对风扇也能进行观测。选项 -m（电源管理）还支持本图中没有显示的其他参数，例如，IN 是电压输入，TEMP

是设备温度，USB 是 USB 设备电源统计。

4.4.2 sar(1) 监测

你可能会发现，你的 Linux 系统是已经启用 sar(1) 数据收集（监测）的。如果没有，你需要启用它。要检查的话，只需运行不加选项的 sar。比如：

```
$ sar
Cannot open /var/log/sysstat/sa19: No such file or directory
Please check if data collecting is enabled
```

输出显示在这个系统上尚未启用 sar(1) 的数据收集功能（sa19 文件指的是本月 19 日的每日存档）。启用 sar(1) 的步骤可能根据你的 Linux 发行版而有所不同。

配置（Ubuntu）

在这个 Ubuntu 系统上，我可以通过编辑 /etc/default/sysstat 文件并将 ENABLED 设置为 true 来启用 sar(1) 数据收集：

```
ubuntu# vi /etc/default/sysstat
#
# Default settings for /etc/init.d/sysstat, /etc/cron.d/sysstat
# and /etc/cron.daily/sysstat files
#

# Should sadc collect system activity informations? Valid values
# are "true" and "false". Please do not put other values, they
# will be overwritten by debconf!
ENABLED="true"
```

然后用如下命令重启 sysstat：

```
ubuntu# service sysstat restart
```

记录统计的时间表可以在 sysstat 的 crontab 文件中修改：

```
ubuntu# cat /etc/cron.d/sysstat
# The first element of the path is a directory where the debian-sa1
# script is located
PATH=/usr/lib/sysstat:/usr/sbin:/usr/sbin:/usr/bin:/sbin:/bin

# Activity reports every 10 minutes everyday
5-55/10 * * * * root command -v debian-sa1 > /dev/null && debian-sa1 1 1
```

```
# Additional run at 23:59 to rotate the statistics file
59 23 * * * root command -v debian-sa1 > /dev/null && debian-sa1 60 2
```

语法5-55/10意味着它将在每小时内的5分钟到55分钟的范围内每10分钟记录一次。你可以根据所需的时间频率进行调整：该语法的文档在crontab(5)的man手册页里。更加频繁的数据收集会增加sar(1)存档文件的大小，这些文件的位置在/var/log/sysstat。

我经常将数据收集改为：

```
*/5 * * * * root command -v debian-sa1 > /dev/null && debian-sa1 1 1 -S ALL
```

*/5将每5分钟记录一次，而-S ALL将记录所有的统计数据。默认情况下，sar(1)会记录大多数（但不是全部）统计组。-S ALL选项用于记录所有的统计组，然后传递给sadc(1)，文档参见sadc(1)的man手册页。还有一个扩展版本，即-S XALL，它可以记录更多的统计数据的明细。

报告

sar(1)可以用图4.6所示的任何一个选项来执行，以报告选定的统计组。可以指定多个选项。例如，下面的报告统计了CPU（-u）、TCP（-n TCP）和TCP错误（-n ETCP）：

```
$ sar -u -n TCP,ETCP
Linux 4.15.0-66-generic (bgregg)  01/19/2020        _x86_64_        (8 CPU)

10:40:01 AM     CPU     %user     %nice   %system   %iowait    %steal     %idle
10:45:01 AM     all      6.87      0.00      2.84      0.18      0.00     90.12
10:50:01 AM     all      6.87      0.00      2.49      0.06      0.00     90.58
[...]
10:40:01 AM  active/s passive/s    iseg/s    oseg/s
10:45:01 AM      0.16      0.00     10.98      9.27
10:50:01 AM      0.20      0.00     10.40      8.93
[...]
10:40:01 AM  atmptf/s  estres/s retrans/s isegerr/s   orsts/s
10:45:01 AM      0.04      0.02      0.46      0.00      0.03
10:50:01 AM      0.03      0.02      0.53      0.00      0.03
[...]
```

输出的第一行是系统摘要，显示了内核类型和版本、主机名、日期、处理器架构和CPU数量。

运行sar -A将转储所有的统计数据。

输出格式

sysstat软件包带有一个sadf(1)命令，用于查看不同格式的sar(1)统计数据，包括

JSON、SVG 和 CSV。下面的例子按照这些格式发出了 TCP(-n TCP) 的统计数据。

JSON (-j)

许多编程语言都可以很容易地解析和导入 JavaScript 对象表示（JSON），这使得 JSON 成为在 sar(1) 基础上构建其他软件的输出格式的合适选择：

```
$ sadf -j -- -n TCP
{"sysstat": {
  "hosts": [
    {
      "nodename": "bgregg",
      "sysname": "Linux",
      "release": "4.15.0-66-generic",
      "machine": "x86_64",
      "number-of-cpus": 8,
      "file-date": "2020-01-19",
      "file-utc-time": "18:40:01",
      "statistics": [
        {
          "timestamp": {"date": "2020-01-19", "time": "18:45:01", "utc": 1,
"interval": 300},
          "network": {
            "net-tcp": {"active": 0.16, "passive": 0.00, "iseg": 10.98, "oseg": 9.27}
          }
        },
[...]
```

你可以使用 jq(1) 工具在命令行处理 JSON 输出。

SVG(-g)

sadf(1) 可以发出可扩展矢量图（SVG）文件，SVG 能在网络浏览器中被查看。图 4.7 所示的是一个例子。你可以使用这种输出格式来建立简易的仪表盘。

CSV(-d)

逗号分隔数值（CSV）格式是为数据库导入而准备的（这里使用分号）：

```
$ sadf -d -- -n TCP
# hostname;interval;timestamp;active/s;passive/s;iseg/s;oseg/s
bgregg;300;2020-01-19 18:45:01 UTC;0.16;0.00;10.98;9.27
bgregg;299;2020-01-19 18:50:01 UTC;0.20;0.00;10.40;8.93
bgregg;300;2020-01-19 18:55:01 UTC;0.12;0.00;9.27;8.07
[...]
```

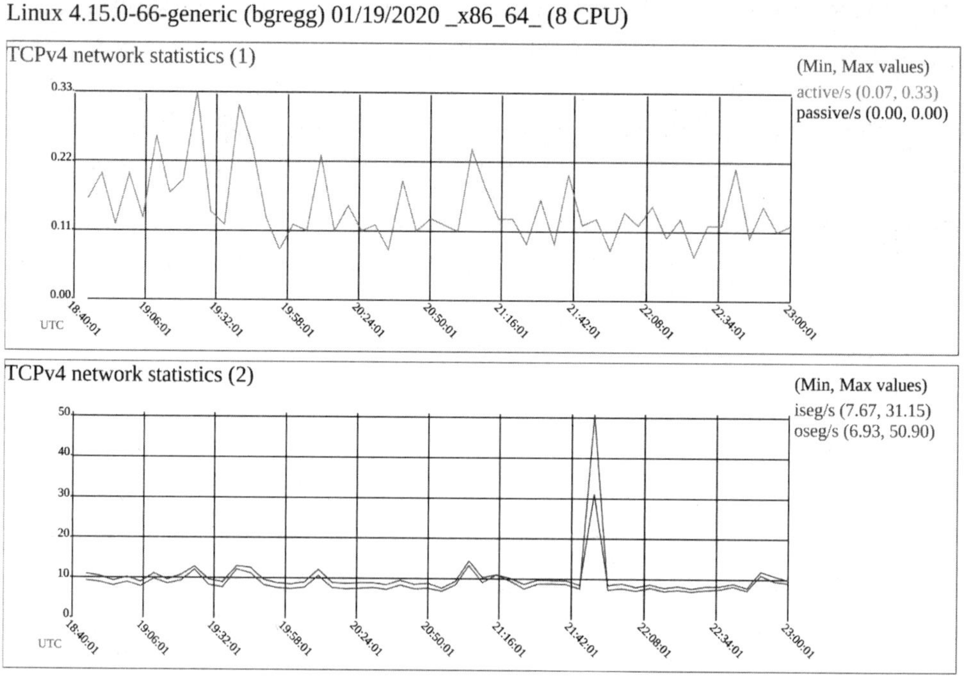

Linux 4.15.0-66-generic (bgregg) 01/19/2020 _x86_64_ (8 CPU)

TCPv4 network statistics (1)

(Min, Max values)
active/s (0.07, 0.33)
passive/s (0.00, 0.00)

TCPv4 network statistics (2)

(Min, Max values)
iseg/s (7.67, 31.15)
oseg/s (6.93, 50.90)

图 4.7 sar(1) sadf(1) 的 SVG 输出[1]

4.4.3 sar(1) 实时报告

当设定好了执行间隔和次数时，sar(1) 可以进行实时报告。即使在没有启用数据收集的情况下，也可以使用这种模式。

例如，按照 1 秒为时间间隔和 5 次为次数来显示 TCP 的统计数据：

```
$ sar -n TCP 1 5
Linux 4.15.0-66-generic (bgregg)  01/19/2020        _x86_64_        (8 CPU)

03:09:04 PM  active/s passive/s    iseg/s    oseg/s
03:09:05 PM      1.00      0.00     33.00     42.00
03:09:06 PM      0.00      0.00    109.00     86.00
03:09:07 PM      0.00      0.00    107.00     67.00
03:09:08 PM      0.00      0.00    104.00    119.00
03:09:09 PM      0.00      0.00     70.00     70.00
Average:         0.20      0.00     84.60     76.80
```

1 注意，我编辑了SVG文件以使数字更加清晰，改变了颜色，增加了字体大小。

数据收集用于长时间的间隔，如5分钟或10分钟，而实时报告可让你查看每秒的变化。后面的章节会囊括各种 sar(1) 实时统计的例子。

4.4.4 sar(1) 文档

sar(1) 的 man 手册页记录了各个统计数据，并在方括号中包含了 SNMP 名称。比如：

```
$ man sar
[...]
            active/s
                    The number of times TCP connections have  made  a  direct
                    transition  to  the  SYN-SENT state from the CLOSED state
                    per second [tcpActiveOpens].

            passive/s
                    The number of times TCP connections have  made  a  direct
                    transition  to  the  SYN-RCVD state from the LISTEN state
                    per second [tcpPassiveOpens].

            iseg/s
                    The total number of segments received per second, includ-
                    ing  those  received  in  error  [tcpInSegs].  This count
                    includes segments received on currently established  con-
                    nections.
[...]
```

在本书后面会描述 sar(1) 的具体用途，见第 6 章到第 10 章。附录 C 是 sar(1) 选项和指标的汇总表。

4.5 跟踪工具

Linux 跟踪工具使用之前描述的事件接口（tracepoint、kprobes、uprobes、USDT）进行高级性能分析。主要的跟踪工具有如下几个。

- **perf(1)**：官方的 Linux 剖析器。它对于 CPU 剖析（栈踪迹的采样）和 PMC 分析是非常好的，也可以检测其他事件，通常将数据记录到一个输出文件，以便进行后期处理。
- **Ftrace**：官方的 Linux 跟踪器，它是一个由不同的跟踪工具组成的多功能工具。它适用于内核代码路径分析和资源受限的系统，因为 Ftrace 的使用无须额外的依赖。

- **BPF（BCC、bpftrace）**：eBPF 在 3.4.4 节中做过介绍。eBPF 为高级跟踪工具提供了赋能，主要的工具是 BCC 和 bpftrace。BCC 提供了强大的工具，而 bpftrace 提供了一种高级语言，用于定制单行命令和短程序。
- **SystemTap**：这是一种高级语言和跟踪器，有许多 tapset（库），用于跟踪不同的目标 [Eigler 05][Sourceware 20]。SystemTap 最近正在开发 BPF 后端，我强烈推荐（参见 stapbpf(8) 手册页）。
- **LTTng**：一个为黑盒记录而优化的跟踪器，为以后的分析优化记录许多事件 [LTTng 20]。

前 3 个跟踪器在第 13 ～ 15 章中有深入讲解。接下来的几章（第 5 ～ 12 章）会覆盖这些跟踪器的各种使用场景，展示输入命令并讲解输出。这种排序是特意的，优先关注使用场景和性能，然后在以后需要时再详细了解跟踪器的细节。

在 Netflix，我使用 perf(1) 做 CPU 分析，使用 Ftrace 做内核代码挖掘，使用 BCC/bpftrace 做其他一切（内存、文件系统、磁盘、网络和应用程序跟踪）。

4.6 观测工具的观测

观测工具和构建在其上的统计都是由软件实现的，而所有的软件都是有潜在 bug 的。这对描述软件的文档来说也是一样的。用正常质疑的眼光来审视所有对你来说是新的统计数据，探究它们真实的意义以及是否真的正确。

指标都可能有以下问题：

- 工具和测量方法有时是错的。
- man 手册页不总是正确的。
- 能用的指标可能不完整。
- 能用的指标可能设计得很差或者容易混淆。
- 指标收集器（例如，解析工具的输出）可能有 bug。[1]
- 指标处理（算法 / 电子表格）也会引入错误。

1 在这种情况下，工具和测量是正确的，但自动收集器却引入了错误。在2013年的Surge大会上，我就一个惊人的案例做了闪电演讲[Gregg 13c]：一家基准测试公司报告了我所支持的一个产品的不良指标，我进行了深入调查。结果发现它们用来自动进行基准测试的shell脚本有两个bug。首先，当处理fio(1)的输出时，它会得到一个诸如“100KB/s”的结果，并使用正则表达式来删除非数字字符，包括“KB/s”，从而将数据变成了“100”。由于fio(1) 用不同的单位（字节、千字节、兆字节）报告结果，这就带来了大量（1024倍）的错误。其次，它们还省略了小数位，因此“1.6”变成了“16”。

当多个观测工具覆盖的范围有重叠时，你就能用它们来互相检查。在理想情况下，它们检查bug所基于的框架也是不同的。动态跟踪对于这一点尤其有用，因为可以用动态跟踪创建定制化的工具来重复检查指标。

另一项验证的技术是施加已知的负载，看看观测工具表现得是否与你预计的结果相同。可以用微基准测试工具，用它们的报告结果做比较。

有时并非工具或者统计出了问题，而是包括man手册页在内的描述文档出了问题。软件已经变化了而文档却还没有更新。

在现实中，你可能没有时间对用到的每一个性能测量都做二次确认，只有当你遇到不寻常的结果或者这个结果对公司至关重要的时候才会这么做。即使你没有进行二次检查，能意识到自己没做检查，并且假设工具是正确的，做到这一点也是可贵的。

指标还有可能是不完整的。面对大量的工具和指标，很容易假定这些指标提供了完整且有效的覆盖面，但常常并非如此，程序员增加指标来调试自己的代码，之后放进观测工具里，其间没有做多少关于真正用户需求的研究，有些程序员可能根本就没有为新的子系统添加过任何指标。

缺少指标比用不合适的指标更难发现。第2章通过研究你所要回答的性能分析的问题，能帮你发现这些缺失的指标。

4.7 练习

回答下面关于观测工具术语的问题（你可能需要重温一下第1章中对其中一些术语的介绍）：

1. 列出一些静态性能工具。
2. 什么是剖析？
3. 为什么剖析器会使用99Hz而不是100Hz？
4. 什么是跟踪？
5. 什么是静态观测？
6. 为什么动态观测是重要的。
7. tracepoint和kprobes之间的区别是什么？
8. 根据以下情况描述预期的CPU开销（低/中/高）。
   - 磁盘IOPS计数器（如iostat(1)所见）。
   - 通过tracepoint或kprobes跟踪每个事件的磁盘I/O
   - 跟踪每个事件的上下文切换（tracepoint/kprobes）。
   - 跟踪每个事件的进程执行（execve(2)）（tracepoint/kprobes）。

- 通过 uprobes 跟踪每个事件中的 libc malloc()。

9. 为什么 PMC 对于性能分析是有价值的。
10. 给定一个观测工具，说一下如何确定它使用的是什么观测源。

4.8 参考资料

[Eigler 05] Eigler, F. Ch., et al. "Architecture of SystemTap: A Linux Trace/Probe Tool," http://sourceware.org/systemtap/archpaper.pdf, 2005.

[Drongowski 07] Drongowski, P., "Instruction-Based Sampling: A New Performance Analysis Technique for AMD Family 10h Processors," AMD (Whitepaper), 2007.

[Ayuso 12] Ayuso, P., "The Conntrack-Tools User Manual," http://conntrack-tools.netfilter.org/manual.html, 2012.

[Gregg 13c] Gregg, B., "Benchmarking Gone Wrong," *Surge 2013: Lightning Talks,* https://www.youtube.com/watch?v=vm1GJMp0QN4#t=17m48s, 2013.

[Weisbecker 13] Weisbecker, F., "Status of Linux dynticks," *OSPERT,* http://www.ertl.jp/~shinpei/conf/ospert13/slides/FredericWeisbecker.pdf, 2013.

[Intel 16] *Intel 64 and IA-32 Architectures Software Developer's Manual Volume 3B: System Programming Guide, Part 2, September 2016,* https://www.intel.com/content/www/us/en/architecture-and-technology/64-ia-32-architectures-software-developer-vol-3b-part-2-manual.html, 2016.

[AMD 18] *Open-Source Register Reference for AMD Family 17h Processors Models 00h-2Fh,* https://developer.amd.com/resources/developer-guides-manuals, 2018.

[ARM 19] *Arm® Architecture Reference Manual Armv8, for Armv8-A architecture profile,* https://developer.arm.com/architectures/cpu-architecture/a-profile/docs?_ga=2.78191124.1893781712.1575908489-930650904.1559325573, 2019.

[Gregg 19] Gregg, B., *BPF Performance Tools: Linux System and Application Observability,* Addison-Wesley, 2019.

[Atoptool 20] "Atop," www.atoptool.nl/index.php, accessed 2020.

[Bowden 20] Bowden, T., Bauer, B., et al., "The /proc Filesystem," *Linux documentation,* https://www.kernel.org/doc/html/latest/filesystems/proc.html, accessed 2020.

[Gregg 20a] Gregg, B., "Linux Performance," http://www.brendangregg.com/linuxperf.html, accessed 2020.

[LTTng 20] "LTTng," https://lttng.org, accessed 2020.

[PCP 20] "Performance Co-Pilot," https://pcp.io, accessed 2020.

[Prometheus 20] "Exporters and Integrations," https://prometheus.io/docs/instrumenting/exporters, accessed 2020.

[Sourceware 20] "SystemTap," https://sourceware.org/systemtap, accessed 2020.

[Ts'o 20] Ts'o, T., Zefan, L., and Zanussi, T., "Event Tracing," *Linux documentation*, https://www.kernel.org/doc/html/latest/trace/events.html, accessed 2020.

[Xenbits 20] "Xen Hypervisor Command Line Options," https://xenbits.xen.org/docs/4.11-testing/misc/xen-command-line.html, accessed 2020.

[UTK 20] "Performance Application Programming Interface," http://icl.cs.utk.edu/papi, accessed 2020.

第5章 应用程序

性能调优离工作所执行的地方越近越好：最好在应用程序里。应用程序包括数据库、Web 服务器、应用服务器、负载均衡器、文件服务器，等等。后续的各章会从资源消耗的角度来审视应用程序：CPU、内存、文件系统、磁盘和网络。本章将立足于应用程序这一层面。

应用程序本身能变得极其复杂，尤其是在涉及众多组件的分布式应用程序环境中。对应用程序内部的研究通常是应用程序开发人员的领域，会涉及使用第三方工具进行检测。对于研究系统性能，应用程序性能分析包括配置应用程序实现系统资源的最佳利用、归纳应用程序使用系统的方式，以及常见问题的分析。

本章的学习目标如下。

- 描述性能调优的目标。
- 熟悉提高性能的技术，包括多线程编程、哈希表和非阻塞 I/O。
- 理解常见的锁和同步原语。
- 了解不同编程语言所带来的挑战。
- 遵循线程状态分析方法。
- 进行 on-CPU 和 off-CPU 的剖析。
- 执行系统调用分析，包括跟踪进程的执行。
- 了解栈踪迹的弊端：符号和栈的缺失。

本章讨论了应用程序的基础知识、应用程序性能的基础原理、编程语言和编译器，以及应用程序性能分析的通用策略，还有基于系统的针对应用程序的观测工具。

5.1 应用程序基础

在深入研究应用程序性能之前，你应该了解应用程序的职能、基础特征，以及它在业界的生态系统。这组成了你理解应用程序活动的上下文。这是学习常见性能问题和性能调优的好机会，还为你的进一步学习指明了道路。要学习这个上下文，试着回答下面这些问题。

- **功能**：应用程序的角色是什么？是数据库服务器、Web 服务器、负载均衡器、文件服务器，还是对象存储？
- **操作**：应用程序服务哪些请求，或者执行怎样的操作？可以是数据库服务查询（和命令）、Web 服务器服务 HTTP 请求，等等。这些可以用速率来度量，用以估计负载和做容量规划。
- **性能要求**：运行这个应用程序的公司有没有服务水平目标（SLO）（例如，99.9% 的请求的延时要小于 100 毫秒）？
- **CPU 模式**：应用程序是用户级的软件实现还是内核级的软件实现？多数应用程序是用户级别的，以一个或多个进程的形式执行，但是有些是以内核服务的形式实现的（例如，NFS）。
- **配置**：应用程序是怎样配置的，为什么这么配置？这些信息能在配置文件里找到或者用管理工具得到。检查所有与性能相关的可调参数有没有被修改过，包括缓冲区大小、缓存大小、并发（进程或线程），以及其他选项。
- **主机**：承载应用程序的是什么？是服务器还是云实例？CPU、内存拓扑、存储设备等是什么？它们的限制是什么？
- **指标**：有没有可用的应用程序指标，如操作率？可能可以用自带工具或者第三方工具，通过 API 请求，或者通过处理操作日志得到。
- **日志**：应用程序创建的操作日志是哪些？能启用什么样的日志？哪些性能指标，包括延时，能从日志中得到？例如，MySQL 支持慢请求日志（slow query log），对每一个慢于特定阈值的请求提供有价值的性能细节信息。
- **版本**：应用程序是最新的版本吗？在最近的版本的发布说明里有没有提及性能的修复和性能的提升？
- **Bug**：应用程序有 bug 数据库吗？你用的应用程序版本有什么样的“性能”bug？如果当前有一个性能问题，查找 bug 数据库看看以前有没有发生过类似的事情，看看是怎样调查的，以及有没有涉及其他内容。
- **源代码**：应用程序是开放源代码的吗？如果是的话，研究剖析器和跟踪器所识别的代码路径，有可能获得性能的提升。你也可以自己修改应用程序的代码来提高性能，并将你的改进提交给上游，以纳入官方应用程序中。
- **社区**：应用程序社区里有分享性能发现的地方吗？社区可以是论坛、博客、IRC 频道、聚会和会议。聚会和会议通常会在网上发布幻灯片和视频，多年之后都是有用的资源。社区还会有社区管理人员来分享社区的更新和新闻。

- **图书**：有与应用程序以及它的性能相关的图书吗？这些图书是好书吗（例如，由专家撰写，具备实用 / 可操作性，能很好地利用读者的时间，是最新的，等等）？
- **专家**：谁是这个应用程序公认的性能专家？知道他们的名字有助于你找到他们撰写的材料。

除了这些资源，你要致力于从高层次理解应用程序——它的作用、怎样操作、怎样执行。如果你能找到阐述应用程序内部功能的图，这是一个极其有用的资源。

下面各节内容会涵盖与应用程序相关的其他基础知识：目标设定、常见情况下的优化、观测性，以及大 O 标记法。

5.1.1　目标

设立性能目标能为你的性能分析工作指明方向，并帮助你选择要做的事情。没有清晰的目标，性能分析容易沦为随机的“钓鱼探险”。

关于应用程序的性能，可以从应用程序执行什么操作（正如之前所述）和要实现怎样的性能目标入手。目标可能如下。

- **延时**：低的或持续的应用程序响应时间。
- **吞吐量**：高应用程序操作率或者数据传输率。
- **资源使用率**：对于给定的应用程序工作负载，高效地使用资源。
- **价格**：提高性能 / 价格比，降低计算成本。

如果上述这些目标可量化，能用从业务或者服务质量需求衍生出的指标做量化，那就太好了，例如：

- 应用程序平均延时为 5ms。
- 95% 的请求的延时在 100ms 或以下。
- 消灭延时异常值：超过 1000ms 延时的请求数为零。
- 最大吞吐量为每台服务器最少每秒 10 000 次应用请求。[1]
- 在每秒 10 000 次应用请求的情况下，平均磁盘使用率在 50% 以下。

一旦选中一个目标，你就能着手处理阻碍该目标实现的限制因素了。对于延时而言，限制因素可能是磁盘或网络 I/O；对于吞吐量，可能会是 CPU 使用率。本章和其他章中介绍的策略会帮助你识别出这些限制因素。

1　如果服务器的规模是可变的（如云实例），那么更好的表示方式是用资源边界，例如，对于CPU密集型的工作负载，每个CPU每秒最多是1000个应用请求。

针对基于吞吐量的目标，要注意，就性能或开销而言，所有的操作并不都是一样的。如果目标是提高操作的速率，那么识别操作是什么类别就很重要了。针对所期望或所测量的工作负载，该操作可能会存在一个分布。

5.2 节阐述了提高应用程序性能的常见方法。其中某些可能只对一个目标奏效，而对另一个目标不奏效，例如，选择更大的 I/O 会以牺牲延时为代价来提高吞吐量。记住你追求的目标，再看看哪个章节的内容最为适用。

Apdex 指数

一些公司使用目标应用程序性能指数（ApDex 或 Apdex）作为目标和监测的指标。Apdex 指数可以更好地表达客户体验，首先将客户事件分类为“满意的”、“可容忍的”或“令人沮丧的”。然后用 [Apdex 20] 中的公式计算 Apdex：

Apdex =（满意 + 0.5× 可容忍的 + 0× 令人沮丧的）/ 事件总数

由此得出的 Apdex 范围从 0（没有满意的顾客）到 1（所有满意的顾客）。

5.1.2 常见情况的优化

软件的内部可能很复杂，有许多不同的代码路径和行为。当你浏览源代码时尤其明显：应用程序一般是万行级别的，操作系统内核则上至百万行级别。随机地找一个地方做优化会事倍功半。

一个有效提高应用程序性能的方法是找到对应生产环境工作负载的公用代码路径，并开始对其做优化。如果应用程序是 CPU 密集型的，那么意味着代码路径会频繁占用 CPU。如果应用程序是 I/O 密集型的，你应该查看导致频繁 I/O 的代码路径。这些都能通过分析和剖析应用程序来确定，如用到后几章会介绍的栈踪迹和火焰图技术。在更高的层次上理解常见情况的上下文要借助应用程序的观测工具。

5.1.3 可观测性

在本书的很多章节中都提到过，操作系统最大的性能提升在于*消除不必要的工作*。

这个事实有时会被忽视，尤其当应用程序以性能为选择基准时。如果基准测试显示，应用程序 A 比应用程序 B 快 10%，那么 A 会是很有诱惑力的选择。但是，如果应用程序 A 是不透明的，而应用程序 B 提供了一套丰富的观测工具，那么对于长期运行来说，应用程序 B 是更好的选择。那些观测工具可以让人看到并进而消除不必要的工作，能更好地理解并调整运行的工作。通过增强观测能力而获得的性能收益让 10% 的性能差异显得微不足道。对于语言和运行时的选择也是如此，比如选择成熟的、有很多观测工具的 Java 或 C 语言，而不应选择一门新的语言。

5.1.4　大 O 标记法

大 O 标记法一般用于计算机科学学科的教学，用于分析算法的复杂度，以及随着输入数据集的增长对算法的执行情况建模。这有助于程序员在开发应用程序时，选择拥有更高效率和性能的算法（可参见资料 [Knuth 76]、[Knuth 97]）。

常见的大 O 标记和算法示例显示在表 5.1 中。

表 5.1　大 O 标记的示例

标记法	示例
$O(1)$	布尔判断
$O(\log n)$	顺序数组的二分搜索
$O(n)$	链表的线性搜索
$O(n \log n)$	快速排序（一般情况）
$O(n\text{^}2)$	冒泡排序（一般情况）
$O(2\text{^}n)$	分解质因数；指数增长
$O(n!)$	旅行商人问题的穷举法

这个标记法能让程序员估计不同算法的速度，判断代码的哪些地方能引起最大的改进。例如，搜索一个排好序的有 100 个条目的数组，线性搜索法和二分搜索法的差异是 21 倍（100/log(100)）。

这些算法的性能绘于图 5.1，展示了它们的增长趋势。

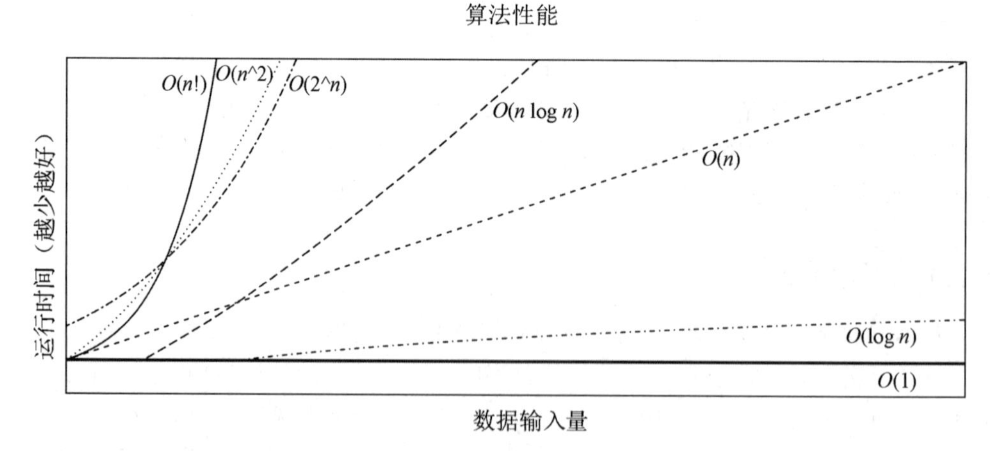

图 5.1　不同算法的运行时间和数据输入量的关系

这样的分类可帮助系统性能分析人员理解某些算法在扩展的时候性能会很差。当应用程序被迫服务比之前更高的用户数或更多的数据对象时可能会出现性能问题，此时诸如 $O(n\text{^}2)$ 的算法就是根源所在。开发人员要使用更高效的算法或者对输入做程序切分来修复这个问题。

对于每一种算法的选择，大 *O* 标记法确实忽视了计算的常数成本。对于 *n*（输入数据量）很小的情况，这些开销可能占主导地位。

5.2 应用程序性能技术

本节将讨论一些提高应用程序性能的常用技术：选择 I/O 大小、缓存、缓冲区、轮询、并发和并行、非阻塞 I/O 和处理器绑定。参考应用程序文档可了解这些技术哪些在被应用，有没有应用程序其他的独有特性。

5.2.1 选择 I/O 尺寸

执行 I/O 的开销包括初始化缓冲区、系统调用、上下文切换、分配内核元数据、检查进程权限和限制、将地址映射到设备、执行内核和驱动代码来执行 I/O，以及在最后释放元数据和缓冲区。"初始化开销"对于小型和大型的 I/O 都是差不多的。从效率上来说，每次 I/O 传输的数据越多，效率越高。

增加 I/O 尺寸是提高应用程序吞吐量的常用策略。考虑到每次 I/O 的固定开销，一次 I/O 传输 128KB 要比 128 次传输 1KB 高效得多。尤其是对于磁盘 I/O，由于寻道时间，每次 I/O 开销都较高。

如果应用程序不需要，较大的 I/O 尺寸也会带来负面效应。一个执行 8KB 随机读取的数据库按 128KB I/O 的尺寸运行会慢得多，因为 120KB 的数据传输能力都被浪费了。选择小一些的 I/O 尺寸，更贴近应用程序所需，能降低引起的 I/O 延时。不必要的大尺寸 I/O 还会浪费缓存的空间。

5.2.2 缓存

操作系统用缓存提高文件系统的读性能和内存的分配性能，应用程序使用缓存也出于类似的原因。将经常执行的操作的结果保存在本地缓存中以备后用，而非总是执行开销较大的操作。数据库缓冲区的高速缓存就是一例，该缓存会保存经常执行的数据库查询的数据。

部署应用程序时，一个常见的操作就是决定用什么样的缓存，或能启用什么样的缓存，然后配置适合系统的缓存尺寸。

缓存提高了读操作性能，存储通常用缓冲区来提高写操作的性能。

5.2.3　缓冲区

为了提高写操作性能，数据在被送入下一层级之前会被合并放在缓冲区中。这增加了 I/O 大小，提升了操作的效率。取决于写操作的类型，这样做可能会增加写延时，因为第一次写入缓冲区后，在发送之前，还要等待后续的写入。

环形缓冲区（或循环缓冲区）是一类用于在组件之间连续传输数据的大小固定的缓冲区，缓冲区的操作是异步的。该类型的缓冲可以用头指针和尾指针来实现，指针随着数据的增加或移出而改变位置。

5.2.4　轮询

轮询是系统等待某一事件发生的技术，该技术在循环中检查事件状态，两次检查之间有停顿。当没有什么工作要做时，轮询有一些潜在的性能问题：

- 重复检查的 CPU 开销高昂。
- 事件发生和下一次检查之间的延时较高。

这是性能问题，应用程序应能改变自身行为来监听事件发生，当事件发生时立即通知应用程序并执行相应的例程。

poll() 系统调用

系统调用 poll(2) 用来检查文件描述符的状态，提供与轮询相似的功能，不过它是基于事件的，因此没有轮询那样的性能负担。

poll(2) 接口支持将多个文件描述符作为一个数组，当事件发生要寻找相应的文件描述符时，需要应用程序扫描这个数组。这个扫描的复杂度是 $O(n)$（参见 5.1.4 节中的介绍），扩展时可能会变成一个性能问题，在 Linux 里是 epoll(2)，epoll(2) 避免了这种扫描，复杂度是 $O(1)$。在 BSD 中，对应于 kqueue(2)。

5.2.5　并发和并行

分时系统（包括所有从 UNIX 衍生的系统）支持程序的*并发*：装载和开始执行多个可运行程序的能力。虽然它们的运行时间是重叠的，但并不一定在同一瞬间都在 CPU 上执行。每一个这样的程序都可以是一个应用程序进程。

为了利用多处理器系统的优势，应用程序需要在同一时间运行在多颗 CPU 上。这被称为*并行*，应用程序通过*多进程*或*多线程*实现。多线程（或多任务）更为高效，因此也是首选的方法，原因在 6.3.13 节介绍。

除了增加 CPU 工作的吞吐量，多线程（或多进程）让 I/O 可以并发执行，当一个线程阻塞在 I/O 等待的时候，其他线程还能执行。（另一种方式是异步 I/O）。

使用多进程或多线程架构意味着允许内核通过 CPU 调度器来决定谁来运行，这是以上下文切换开销为代价的。一种不同的方法是让用户态的应用程序实现自己的调度机制和程序模型，这样就可以在同一个操作系统线程里面为不同的应用程序请求（或程序）提供服务。这样的机制包括如下几个。

- **纤程**：也被称为轻量级线程，是一种用户态的线程，每个纤程代表一个可调度的程序。应用程序可以使用自己的调度逻辑来选择要运行的光纤。例如，可以这么用，分配一个纤程来处理每个应用程序的请求，做同样的事情比用操作系统线程开销要少。例如，微软的 Windows 系统就支持纤程。[1]
- **协程**：协程比纤程更轻，协程是一个子程序，由用户态的应用程序进行调度，提供一种并发机制。
- **基于事件的并发**：程序被分解成一系列的事件处理程序，可运行的事件从队列中做计划和执行。例如，可以这么用，为应用程序的每个请求分配元数据，这些元数据会被事件处理程序所引用。例如，Node.js 运行时就用到基于事件的并发，使用了一个单事件的工作线程（这可能成为一个瓶颈，因为它只能在一个 CPU 上执行）。

有了所有这些机制，I/O 仍然必须由内核处理，所以操作系统线程切换通常是不可避免的。[2] 此外，对于并行，必须使用多个操作系统线程，以便这些线程可以被调度在多个 CPU 上。

一些运行时既使用协程来实现轻量级并发，又使用多个操作系统线程来实现并行。一个典型的例子是 Golang 运行时，它在一个操作系统线程池上使用 *goroutine*（协程）。为了提高性能，当一个 goroutine 进行阻塞调用的时候，Golang 的调度器会将阻塞线程上的其他 goroutine 自动移动到其他线程上运行 [Golang 20]。

多线程编程的三种常见模式如下。

- **服务线程池**：一个线程池为网络请求提供服务，每个线程一次为一个客户连接提供服务。
- **CPU 线程池**：每个 CPU 创建一个线程。这常用于长周期的批处理，如视频编码。

1 微软的官方文档有对纤程可能带来问题的警示，例如，线程本地存储在纤程之间共享，因此程序员必须切换到纤程本地存储，任何退出线程的例程都会退出该线程的所有纤程。文档中指出：“一般来说，与设计良好的多线程应用程序相比，纤程并不具备优势”[Microsoft 18]。

2 除了一些例外，例如，使用sendfile(2)来避免I/O系统调用，以及Linux io_uring，它允许用户空间通过从io_uring队列中写入和读取来安排I/O（这些在5.2.6节中进行了总结）。

- **分阶段事件驱动架构（SEDA）：**应用请求被分解成多个阶段，每个阶段由一个或多个线程的线程池来处理。

由于多线程编程与进程共享的是相同的地址空间，所以线程可以直接读写相同的内存，而不需要更高开销的接口（如多进程编程的进程间通信 [IPC]）。为了保证完整性，会使用同步原语，这样数据就不会因为多个线程同时读写而被破坏。

同步原语

同步原语管理对内存的访问，以确保完整性，其操作方式类似于管理十字路口的交通信号灯。而且，像交通信号灯一样，同步原语可以停止交通流量，导致等待时间（延时）。应用中常用的三种同步原语类型如下所述。

- **互斥锁（MUTually EXclusive）：**只有锁的持有者可以操作。其他线程则在 CPU 之外阻塞和等待。
- **自旋锁：**自旋锁允许持有者操作，而其他线程在紧密的循环中在 CPU 上自旋，检查锁是否被释放。虽然自旋锁可以提供低延时的访问——被封锁的线程从未离开过 CPU，一旦锁可用，就可以在几个周期内运行——但这些线程也在自旋等待上浪费了 CPU 资源。
- **读写锁：**读写锁通过要么允许多个读者，要么只允许一个写者而不允许有读者来确保完整性。
- **信号量：**这是一个变量类型，可以通过计数来允许一定数量的并行操作，也可以是一个允许单个操作的二进制结构（实际上是互斥锁）。

互斥锁可以由库实现，或在内核实现为自旋锁和互斥锁的混合体，即，如果持有者当前在另一个 CPU 上运行，则会自旋，如果不是（或到达了自旋的时间阈值）则会阻塞。这最初是在 2009 年为 Linux 实现的 [Zijlstra 09]，根据锁的状态（如 Documentation/locking/mutex-design.rst [Molnar 20] 所述）不同，现在有如下三种路径。

- **快速路径：**试图用 cmpxchg 指令来获取锁，并将其发送给所有者。这只有在锁没有被持有时才会成功。
- **中速路径：**也被称为*乐观自旋*（optimistic spinning），这是在锁持有者也在运行时的自旋，希望锁很快被释放并且不阻塞。
- **慢速路径：**这是对线程的阻塞和调度，当锁可用后会被唤醒。

Linux 的读 - 复制 - 更新（RCU）机制是另一种大量用于内核代码的同步机制。RCU 允许读操作而不需要获取锁，比其他类型的锁类型性能更高。通过 RCU，写操作会创建一个数据受保护的副本，并更新该副本，而执行中的读操作仍然可以访问原始数据。当检测到不再有任何读（基于每一 CPU 的各种不同条件）的时候，就会用更新的副本替换原件 [Linux 20e]。

调查锁的性能问题很耗时，常常要求熟悉应用程序源代码。一般来说，这是开发人员的事情。

哈希表

可以用一张锁的哈希表来对大量数据结构的锁做数目优化。哈希表的内容将总结于此，这是一个高阶的话题，假定读者具有编程背景。

下面是两种方法：

- 为所有的数据结构只设定一个全局的互斥锁。虽然这个方案很简单，不过并发的访问会有锁的竞争，等待时也会有延时。需要该锁的多个线程会串行执行，而不是并发执行的。
- 为每个数据结构都设定一个互斥锁。虽然这个方案将锁的竞争减小到真正需要时才发生——对同一个数据结构的访问也会是并发的——但是锁会有存储开销，为每个数据结构创建和销毁锁也会有 CPU 开销。

锁的哈希表是一种折中的方案，当期望锁的竞争能小一些的时候很适用。创建固定数目的锁，用哈希算法来选择哪个锁用于哪个数据结构。这就避免了随数据结构创建和销毁锁的开销，也避免了只使用单个锁的问题。

图 5.2 所示的哈希表里有 4 个项目，称为桶（bucket），每个桶都有自己的锁。

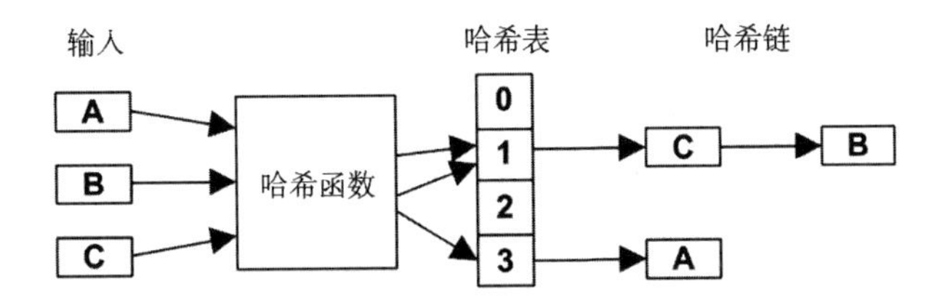

图 5.2 哈希表示例

该示例还展示了一个解决哈希冲突的方法，即当有两个或以上的输入数据结构在同一个桶中时。这时，创建一个数据结构的链来把所有的数据结构存放在同一个桶里，用哈希函数可以找到它们。如果这个哈希链太长，要串行遍历，则会造成性能问题。因为它们只受到一个锁的保护，而这个锁可能开始有很长的保持时间。选择哈希函数和表的尺寸的原则是把数据结构放入桶中，所维持的哈希链的长度为最小值。应该检查生产环境中工作负载的哈希链长度，以防哈希算法没有按预期工作，创造了性能不佳的长哈希链。

在理想情况下，为了最大程度地并行，哈希表中桶的数目应该大于或等于 CPU 的数目。哈希算法可以很简单，截取数据结构地址的低位比特[1]，把它作为 2 的幂次方长度的锁列表的索引。这种简单的算法很迅速，数据结构能很快被定位。

对于放置于内存中的相邻的锁列表，当多个锁落在同一个缓存行时会产生性能问题。例如，两个 CPU 更新位于同一个缓存行的不同的锁，会引起缓存一致性开销，每个 CPU 的缓存行在另一个 CPU 那儿都是失效的。这种情况被称为*伪共享*（false sharing），这一问题一般是通过往哈希锁里*填充*无用字节来解决的，这样在内存的缓存行里只会有一个锁存在。

5.2.6　非阻塞 I/O

第 3 章介绍的 UNIX 进程生命周期图，显示了进程在 I/O 期间会阻塞并进入 sleep 状态。这个模型存在以下两个性能问题：

- 对于多路并发的 I/O，当阻塞时，每一个阻塞的 I/O 都会消耗一个线程（或进程）。为了支持多路并发的 I/O，应用程序必须创建很多线程（通常一个客户端一个线程），伴随着线程的创建和销毁，以及维持这些线程所需的栈空间，这样做的代价也很大 。
- 对于频繁发生的短时 I/O，频繁切换上下文的开销会消耗 CPU 资源并增加应用程序的延时。

非阻塞 I/O 模型是异步地发起 I/O，不阻塞当前的线程，线程可以执行其他工作。这是 Node.js 的一个关键特性 [Node.js 20]，Node.js 是服务器端的 JavaScript 应用程序环境，可以用非阻塞的方式来开发代码。

执行非阻塞或异步 I/O 的机制有许多，包括如下一些。

- **open(2)**：通过 O_ASYNC 标志。当文件描述符的 I/O 是可能的时候，会用信号通知进程。
- **io_submit(2)**：Linux 异步 I/O（AIO）。
- **sendfile(2)**：将数据从一个文件描述符复制到另一个文件描述符，将 I/O 推迟到内核，而不是用户级的 I/O。[2]
- **io_uring_enter(2)**：Linux 的 io_uring 允许在用户和内核空间之间使用一个共享的环形缓冲区来提交异步 I/O [Axboe 19]。

检查你的操作系统文档以了解其他的方法。

1　或中间位比特。用最低位的比特做结构体数组的地址可能会有太多冲突。

2　这被Netflix CDN用来向客户发送视频资产，而不涉及用户级I/O开销。

5.2.7 处理器绑定

NUMA 环境对于让进程或线程保持运行在一颗 CPU 上是有优势的，线程执行 I/O 后，能像执行 I/O 之前那样运行在同一 CPU 上。这提高了应用程序的内存本地性，可减少内存 I/O，并提高应用程序的整体性能。操作系统对此是很清楚的，设计的本意就是让应用程序线程依附在同一颗 CPU 上（也称为 CPU 亲和性，CPU affinity）。这些话题会在第 7 章中进行介绍。

某些应用程序会强制将自身与 CPU 绑定。对于某些系统来说，这样做能显著地提高性能。不过如果这样的绑定与其他 CPU 的绑定有冲突，如 CPU 上的设备中断映射，这样的绑定对性能有损害。

如果还有其他租户或应用程序运行在同一系统上，要极其小心 CPU 绑定带来的风险。这是一个我们在云计算里做操作系统虚拟化时遇到过的问题，应用程序能看到所有的 CPU，可以选择一些做绑定，假定这是服务器上唯一的应用程序。如果服务器还被其他租户的应用程序所共享并且也做了绑定，多个租户可能在不知情的情况下被绑定到相同的 CPU 上，导致该 CPU 争用和调度器延时，即使其他 CPU 是空闲的。

在应用程序的生命周期中，可能发生主机系统的变化，未更新的绑定关系可能对性能是损害而不是帮助，例如，当程序不必要地将 CPU 逐个绑定到多个套接字上的时候。

5.2.8 性能箴言

关于提高应用程序性能的更多技术，请参见第 2 章“性能箴言”一节中介绍的方法。如下：

1. 不要做。
2. 做吧，但不要再做。
3. 做少点。
4. 稍后再做。
5. 在不注意的时候做。
6. 同时做。
7. 做得更便宜。

第一项，“不要做”，是消除不必要的工作。关于这个方法的更多细节，请参见2.5.20节。

5.3 编程语言

编程语言可能是编译型的或是解释型的，也有可能是通过虚拟机执行的。许多语言都将“性能优化”作为一个特性，但是，严格来讲，这个特性是执行该语言的软件的特性，而不是语言本身的特性。例如，Java HotSpot 虚拟机软件就是用所包含的 JIT 编译器来动态提升性能的。

解释器和语言虚拟机有自己专门的工具，做不同级别的性能观测。对于系统性能分析来说，用这些工具做简单的剖析就能很快得到结果。例如，高 CPU 使用率可能是由垃圾回收（GC）导致的，用某些常用的可调参数就能解决这一问题；也可能是由某一代码路径导致的，在 bug 数据库里可以找到已知的 bug，升级软件版本就能修复（这种情况很多）。

下面的各节会根据编程语言的类型讲述其基本的性能特征。关于各种语言的性能的更多内容，请参考该语言的相关书籍。

5.3.1　编译型语言

编译是在运行之前将程序生成机器指令，这些指令存储在被称为二进制的可执行文件中，在 Linux 和其他 UNIX 衍生系统中通常使用 ELF（可执行链接格式），而在 Windows 中则使用 PE（可移植执行文件）格式。这些文件可以在任何时候运行，而无须再次编译。编译型语言包括 C、C++ 和汇编语言。某些语言可能同时具有解释器和编译器。

编译过的代码总体来说是高性能的，在被 CPU 执行之前不需要进一步转换。Linux 内核几乎全部都是用 C 写就的，只有一些关键的路径是用汇编语言写的。

因为所执行的机器代码总是和原始代码映射得很紧密（当然这也取决于编译优化），所以编译语言的性能分析通常是很直观的。在编译过程中，会生成一张符号表，列出程序函数和对象名称的映射地址。之后的剖析和 CPU 执行的跟踪能直接与这些程序里的名字相关联，让分析人员可以研究程序的执行。栈踪迹，以及栈踪迹所包含的数字地址，能被映射和翻译成函数名以显示代码路径的上级调用。

可以使用编译器优化（compiler optimization）来提升性能，编译器优化能对 CPU 指令的选择和部署做优化。

编译器优化

gcc(1) 编译器提供了 7 个级别的优化：0、1、2、3、s、fast 和 g。这些数字是一个范围，0 使用最少的优化，3 使用最多的优化。还有，“s” 用于优化大小，“g” 用于调试，“fast” 会使用所有的优化和不考虑标准的额外优化。你可以查询 gcc(1) 来显示在不同级别所使用的优化。比如：

```
$ gcc -Q -O3 --help=optimizers
The following options control optimizations:
  -O<number>
  -Ofast
  -Og
  -Os
  -faggressive-loop-optimizations         [enabled]
  -falign-functions                       [disabled]
  -falign-jumps                           [disabled]
  -falign-label                           [enabled]
  -falign-loops                           [disabled]
  -fassociative-math                      [disabled]
  -fasynchronous-unwind-tables            [enabled]
  -fauto-inc-dec                          [enabled]
  -fbranch-count-reg                      [enabled]
  -fbranch-probabilities                  [disabled]
  -fbranch-target-load-optimize           [disabled]
[...]
  -fomit-frame-pointer                    [enabled]
[...]
```

gcc 7.4.0 版本完整的列表包括将近 230 项，某些项即使是 -O0 也会被启用。举个例子，其中有一个选项 -fomit-frame-pointer，在 gcc(1) 的 man 手册页里是这么说的：

> 对于不需要帧指针的函数不记录帧指针。该选项避免了保存、设置和恢复帧指针的指令，让函数多一个可用的寄存器。还有，在某些机器上启用该选项会使得不能进行调试。

这是一个权衡的例子：通常缺少了帧指针，分析者无法对栈踪迹做剖析。

考虑到栈剖析还是很有用的，开启这个选项可能会牺牲很多日后性能调优收益的机会，而这些收益是不容易被发现的，这个损失可能远远超过这个选项最初提供的性能提升。解决方案是，在这种情况下，可以用选项 -fno-omit-frame-pointer 来编译，以避免这种优化。[1] 另一个推荐的选项是 -g，用来包括 debuginfo，以帮助以后的调试。如果需要的话，调试信息可以在以后被删除或剥除。[2]

当出现性能问题时，很容易会想用更低的优化级别（例如，从 -O3 到 -O2）来重新

1 根据剖析器的不同，可能还有其他可用于栈遍历的解决方案，比如使用debuginfo、LBR、BTS等。对于perf(1) 剖析器，使用不同栈遍历的方法在13.9节中有讲述。

2 如果你确实发布的是剥离的二进制文件，可以考虑制作debuginfo包，以便在需要的时候可以安装调试信息。

编译应用程序，寄希望于这样能满足所有的调试需求。但这件事并不是那么简单的：编译器输出的变化可能会很大也很重要，以至于影响到你最初想要分析的那个问题的行为。

5.3.2　解释型语言

解释型语言程序的执行是将语言在运行时翻译成行为，这一过程会增加执行的开销。解释型语言并不被期望能表现出很高的性能，而是用于其他因素更重要的情况下，诸如易于编程和调试。*shell* 脚本就是解释型语言的一个例子。

除非提供了专门的观测工具，否则对解释型语言做性能分析是很困难的。CPU 剖析能展示解释器的操作——包括解析、翻译和执行操作——但是不能显示原始程序的函数名，关键程序的上下文仍然是个谜。不过对解释器的分析并不是毫无结果的，因为解释器本身也可能有性能问题，尤其是确信所执行的代码是设计精良的时候。

依靠解释器，程序上下文能很容易地作为解释器函数的参数直接得到，可以使用动态工具查看。另一种方法是在了解程序布局的情况下，检查进程的内存（例如，使用 Linux 的 process_vm_ readv(2) 这个系统调用）。

我们常常通过简单地添加打印语句和时间戳来研究这些程序。更严格的性能分析并不常见，因为解释型语言一般不是编写高性能应用程序的首选。

5.3.3　虚拟机

语言虚拟机（language virtual machine），或称为进程虚拟机（process virtual machine）是模拟计算机的软件。一些编程语言，包括 Java 和 Erlang，都是用虚拟机（VM）执行的，它提供了平台独立的编程环境。先将应用程序编译成虚拟机指令集（字节码，bytecode），再由虚拟机执行。这样编译的对象就具有了可移植性，只要有虚拟机就能在目标平台上运行这些程序。

字节码可以通过不同的方式被语言虚拟机执行。Java HotSpot 虚拟机支持解释也支持 JIT 编译，JIT 编译是将字节码编译成机器码，由处理器直接执行。这样的做法带来了编译后的代码在性能上的优势，以及虚拟机的可移植性。

虚拟机一般是语言类型里最难观测的。在程序执行在 CPU 上之前，多个编译或解释的阶段都可能已经过去了，关于原始程序的信息也可能没有现成的。性能分析通常靠的是语言虚拟机提供的工具集，许多虚拟机提供 USDT 探针和第三方的工具。

5.3.4　垃圾回收

一些语言使用自动内存管理，分配的内存不需要被显式地释放，留给异步的垃圾回收（GC）来处理。虽然这让程序更容易编写，但也有缺点，如下所示。

- **内存增长**：针对应用程序内存使用的控制不多，当没能自动识别出对象适合被释放时内存的使用会增加。如果应用程序使用的内存变得太大，达到了程序的极限或者引起系统换页，就会严重地损害性能。
- **CPU 成本**：GC 通常会间歇地运行，还会搜索和扫描内存中的对象。这会消耗 CPU 资源，短期内能供给应用程序的可用的 CPU 资源就变少了。随着应用程序使用的内存增多，GC 对 CPU 的消耗也会增加。在某些情况下，可能会出现 GC 不断地消耗整个 CPU 的现象。
- **延时异常值**：GC 执行期间应用程序的执行可能会被中止，偶尔出现高延时的响应。[1] 这也取决于 GC 的类型：全停、增量，或是并发。

GC 是常见的性能调整对象，用以降低 CPU 成本和减少延时异常值的发生。举个例子，Java 虚拟机提供了许多可调参数来设置 GC 类型、GC 的线程数、堆尺寸的最大值、目标堆的空闲率，等等。

如果调整参数没有效果，那么问题可能就是应用程序创建了太多的垃圾，或者引用了泄漏。这些都是应用程序开发人员需要解决的问题。一种方法是在可能的情况下，分配更少的对象，以减少 GC 的负载。可用观测工具显示对象分配及其代码路径，进而寻找潜在的消除目标。

5.4 方法

本节介绍的是应用程序分析和调优的方法。用于分析的相关工具会在此处介绍，读者也可参考其他章节，表 5.2 对此做了总结。

表 5.2 应用程序性能分析方法

章节	方法	类型
5.4.1	CPU 剖析	观测分析
5.4.2	off-CPU 分析	观测分析
5.4.3	系统调用分析	观测分析
5.4.4	USE 方法	观测分析
5.4.5	线程状态分析	观测分析
5.4.6	锁分析	观测分析
5.4.7	静态性能调优	观测分析、调优
5.4.8	分布式跟踪	观测分析

1 在减少GC时间和减少GC对于应用程序的中断方面，已经有了很多技术。一个例子是使用系统和应用程序的指标来决定什么时候是调用GC的最佳时间 [Schwartz 18]。

参见第 2 章可了解上面列出的一些方法，以及其他的通用方法：针对应用程序，特别是考虑到 CPU 剖析、工作负载特征归纳，以及深入分析。另外，关于系统资源和虚拟化的分析，见后面的章节。

这些方法可以单独使用，也可结合在一起使用。我的建议是按表中所列顺序尝试这些方法。

除此以外，针对特定的应用程序和开发该应用程序所用的编程语言，可寻求定制化分析技术。要做到这些，需要考虑应用程序的逻辑行为，包括已知的问题以及所能获得的性能收益。

5.4.1　CPU 剖析

CPU 剖析是应用程序性能分析的一项重要工作，这部分内容会从 6.5.4 节开始讲解。本节总结了 CPU 剖析和 CPU 火焰图，并描述了用 CPU 剖析做一些 off-CPU 的分析。

Linux 中有许多 CPU 剖析器，包括 perf(1) 和 profile(8)，在第 5.5 节中有归纳，这些工具都使用了定时采样。这些剖析器在内核态下运行，可以同时捕获内核栈和用户栈，生成一个混合模式的剖析。这为研究 CPU 的使用提供了（几乎）完全的可见性。

应用程序和运行时有时会提供它们自己的剖析器，这些剖析器在用户态下运行，不能显示内核的 CPU 使用情况。这些基于用户的剖析器可能对 CPU 时间存在曲解，因为它们不能知道内核什么时候取消了应用程序的调度，所以也不会考虑这个问题。我总是从基于内核的分析器（perf(1) 和 profile(8)）开始，最后才使用基于用户的分析器。

基于样本的剖析器会产生许多样本：一个典型的 Netflix 的 CPU 剖析器会以 49Hz 的频率在 32 个 CPU 上收集栈踪迹，并持续 30 秒：这共产生 47 040 个样本。为了理解这些，剖析器通常提供不同的方式来归纳或可视化这些数据。一种常用的栈踪迹采样的可视化方法被称为火焰图，这是由我发明的。

CPU 火焰图

第 1 章中展示了一张 CPU 火焰图。图 5.3 所示的例子包括一个 ext4 的注释，供以后参考。这些都是混合模式的火焰图，同时显示用户栈和内核栈。

在火焰图中，每个矩形是栈踪迹的一帧，*Y* 轴显示代码流：自上而下显示的是当前函数，然后是其祖先。帧的宽度与它在剖析中的存在成正比，*X* 轴的排序没有任何意义（按字母排序的）。你要寻找的是大的"高原"或"塔"——大部分的 CPU 时间都花在那里。关于火焰图的更多细节，可参见 6.7.3 节。

在图 5.3 中，crc32_z() 是占用 CPU 最多的函数，约占本次节选的 40%（中间的"高原"）。左边的一个"塔"显示了进入内核的系统调用 write(2) 的路径，跨越了总共大约

30% 的 CPU 时间。通过快速浏览，我们将这两个确定为底层优化的可能目标。浏览代码路径的祖先（向下）可以发现高层次的目标：在这种情况下，所有的 CPU 使用率都来自 MYSQL_BIN_LOG::commit() 函数。

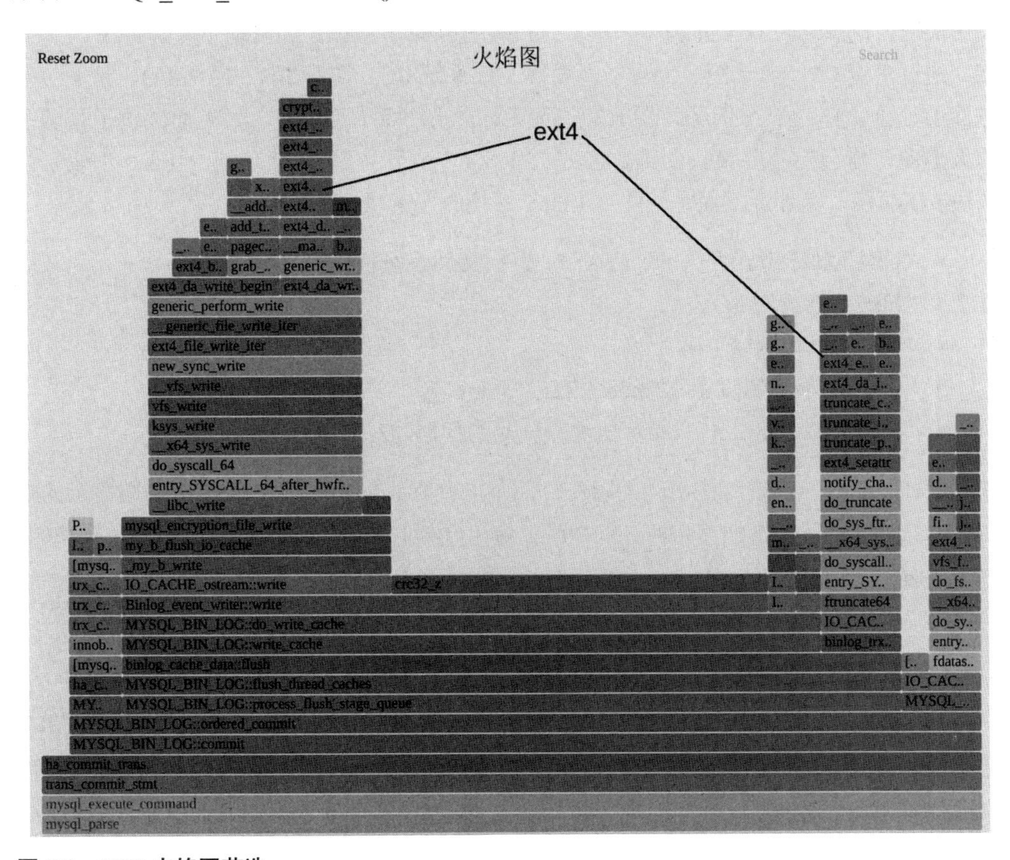

图 5.3 CPU 火焰图节选

我不知道 crc32_z() 或 MYSQL_BIN_LOG::commit() 是做什么的（尽管我大概能猜到）。CPU 剖析暴露了应用程序的内部运作，除非你是应用程序的开发者，否则你不会知道这些是什么函数。你需要研究这些函数来开发可行的性能改进。

作为一个例子，我在网上搜索了 MYSQL_BIN_LOG::commit()，很快就找到了讲述 MySQL 二进制日志的文章，用于数据库恢复和复制，以及如何调优或完全禁用这项功能。快速搜索 crc32_z()，发现这是一个来自 zlib 的校验和函数。或许有更新的、更快的 zlib 版本？处理器是否有优化的 CRC 指令，能让 zlib 使用？MySQL 是否需要计算 CRC，或者可以关掉它？要了解更多关于这种思维方式的内容，可参见 2.5.20 节。

5.5.1 节总结了使用 perf(1) 生成 CPU 火焰图的步骤。

off-CPU 足迹

CPU 剖析显示的不仅仅是 CPU 的使用，你可以从中寻找其他 off-CPU 类型问题的证据。例如，磁盘 I/O 在某种程度上可以反映对于文件系统访问和块 I/O 初始化的 CPU 使用情况。这就像寻找熊的脚印一样：你没有看到熊，但你已经发现了熊的存在。

通过浏览 CPU 火焰图，你可能会发现文件系统 I/O、磁盘 I/O、网络 I/O、锁竞争等方面的证据。作为一个例子，图 5.3 强调了 ext4 文件系统的 I/O。如果你浏览了足够多的火焰图，你会熟悉要寻找的函数名称。“tcp_*”表示内核 TCP 功能，“blk_*”表示内核块 I/O 功能，等等。下面是一些对 Linux 系统的搜索术语的建议：

- “ext4”（或“btrfs”“xfs”“zfs”）：查找文件系统操作。
- “blk”：查找块 I/O。
- “tcp”：查找网络 I/O。
- “utex”：显示锁竞争（“mutex”或“futex”）。
- “alloc”或“object”：显示做内存分配的代码路径。

这种方法只能确定这些活动的存在，而不能判断它们的规模。CPU 火焰图显示的是 CPU 使用量的大小，不能显示在 off-CPU 上被阻塞的时间。要直接测量 off-CPU 的时间，可以使用接下来介绍的 off-CPU 分析，尽管 off-CPU 的测量通常需要的开销很大。

5.4.2 off-CPU 分析

off-CPU 分析是对当前不在 CPU 上运行的线程的研究，这种状态被称为 off-CPU。它包括所有线程阻塞的原因：磁盘 I/O、网络 I/O、锁竞争、显式睡眠、调度器抢占等。对这些原因和这些原因所导致的性能问题的分析通常会用到各种各样的工具。off-CPU 分析是分析所有这些原因的一种方法，可以由一个 off-CPU 剖析工具来实施。

off-CPU 分析可以通过不同的方法来做，包括如下几种。

- **采样**：收集基于定时器的 off-CPU 线程的样本，或简单地收集所有的线程（称为壁钟采样，wallclock sampling）。
- **调度器跟踪**：对内核 CPU 调度器进行测量，以确定线程离开 CPU 的时间，并将这些时间与 off-CPU 的栈踪迹记录下来。当线程离开 CPU 时，栈踪迹是不会改变的（因为没有运行来改变它），所以只需要读取一次每个阻塞事件的栈踪迹。
- **应用程序检测**：一些应用程序对常见的阻塞代码路径（如磁盘 I/O）有内置的检测。这样的检测可能包括特定于应用程序的上下文。虽然方便实用，但这种方法通常对 off-CPU 的事件（调度器抢占、缺页故障等）存在盲区。

前两种方法比较好，因为它们适用于所有的应用程序，并且可以看到所有 off-CPU 的事件；但是，这两种方法的开销都很大。在一个有 8 个 CPU 的系统中，以 49Hz 的频率采样的开销可以忽略不计，但 off-CPU 的采样必须对线程池而不是 CPU 池做采样。同一系统可能有 10 000 个线程，其中大部分是空闲的，所以对它们做采样是 1 000 倍[1]的开销（想象一下对 10 000 个 CPU 系统进行 CPU 剖析）。调度器跟踪也会产生大量的开销，因为同一个系统每秒可能有 100 000 个或更多的调度器事件。

调度器跟踪是现在常用的技术，基于我发明的工具，如 offcputime(8)（可参见 5.5.3 节）。我使用的一个优化方法是只记录超过一定微小持续时间的 off-CPU 事件，这就减少了样本的数量。[2]我还使用 BPF 在内核上下文中做栈的聚合，而不是将所有样本都发到用户空间，这就进一步减少了开销。尽管这些技术很有帮助，但在生产环境中，你应该小心使用 off-CPU 的剖析，并在使用前在测试环境中评估其开销。

off-CPU 时间火焰图

off-CPU 剖析可以可视化为 *off-CPU* 时间火焰图。图 5.4 显示了一个 30 秒的系统级 off-CPU 的剖析，我将其放大以显示 MySQL 服务的一个处理命令（查询）的线程。

大部分 off-CPU 的时间是在 fsync() 代码路径和 ext4 文件系统中的。将鼠标指针指在一个函数 Prepared_statement::execute() 上，让底部的信息行显示这个函数的 off-CPU 时间，总共 3.97 秒。看图的方法与 CPU 火焰图类似：找到最宽的塔，并先研究这些塔。

通过使用 on-CPU 和 off-CPU 的火焰图，你可以通过代码路径看到 on-CPU 和 off-CPU 时间的完整视图：这是一个强大的工具。我通常把它们作为单独的火焰图来显示。也有可能将它们合并成一张火焰图，我称之为热 / 冷火焰图。但这样的效果并不好：CPU 的时间被挤到了一个细长的塔里，因为热 / 冷火焰图的大部分是显示等待时间。这是因为 off-CPU 的线程数会超过 on-CPU 的运行线程数两个数量级，导致冷 / 热火焰图由 99% 的 off-CPU 时间组成，而这些时间（除非经过过滤）大部分是等待时间。

1 可能会更高，因为这需要对off-CPU的线程进行栈踪迹采样，而这些线程栈不太可能是CPU缓存的（这与CPU剖析不同）。把范围限制在单个应用程序，应该有助于减少线程数，尽管剖析将是不完整的。

2 你要说“如果有一个雪崩式的微小睡眠时间被这个优化排除掉了怎么办？”的话，通过CPU剖析你应该会看到频繁调用调度器的现象，然后意识到要关闭这个优化。

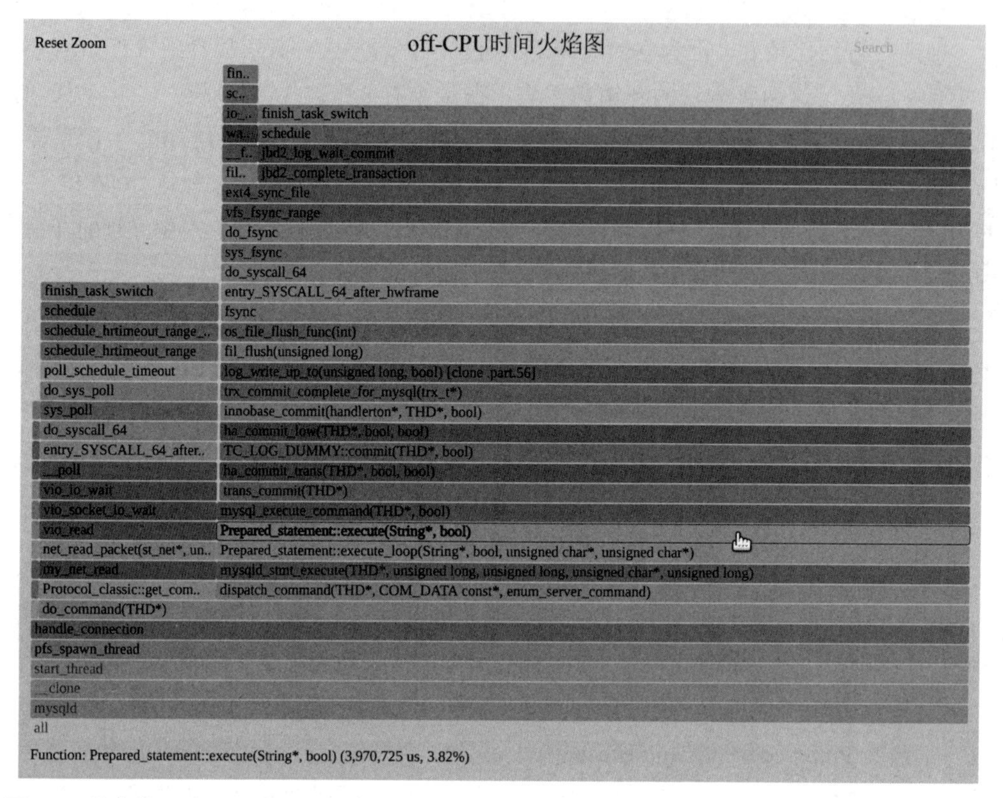

图 5.4　放大的 off-CPU 时间火焰图

等待时间

除了收集 off-CPU 剖析的开销外，另一个问题是解释它们：off-CPU 可能主要是等待时间，这是线程等待工作所花的时间。图 5.5 显示了同一张 off-CPU 时间火焰图，只是没有对某个进程做放大。

这张火焰图中的大部分时间都在类似 pthread_cond_wait() 和 futex() 的代码路径中：这些是等待工作的线程。在火焰图中可以看到线程函数：从右到左，有 srv_worker_thread()、srv_purge_coordinator_thread()、srv_monitor_thread()，等等。

有几个可以找到重要的 off-CPU 时间的技巧：

- 放大（或过滤）应用程序请求处理函数，因为我们最关心的是在处理一个应用请求时的 off-CPU 时间。对于 MySQL 服务是 do_command() 函数。搜索 do_command()，然后放大，可以得到一张与图 5.4 类似的火焰图。虽然这种方法很有效，但需要你知道在你的具体应用程序中要搜索什么函数。

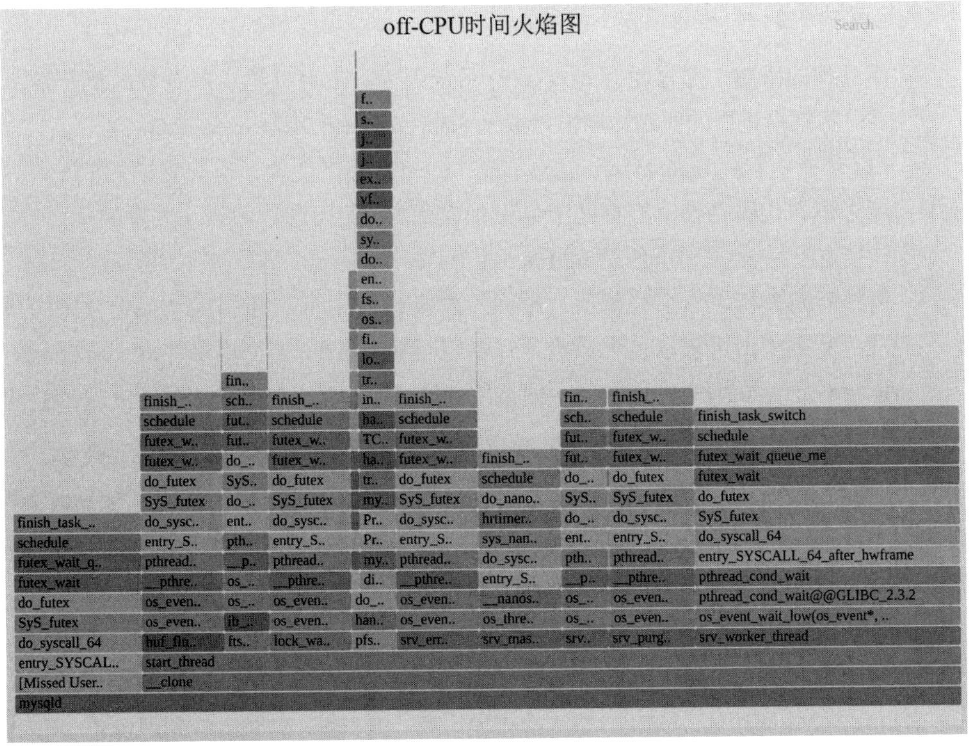

图 5.5 完整的 off-CPU 时间火焰图

- 在收集过程中使用一个内核过滤器，以排除不感兴趣的线程状态。这个方法的效果取决于内核；在 Linux 中，匹配 TASK_UNINTERRUPTIBLE 会收集到许多值得注意的 off-CPU 事件，但同时也排除了一些事件。

你有时会发现应用程序阻塞的代码路径是在等待其他的东西，比如锁。为了进一步深入研究，你需要知道持有者为什么要花这么长时间来释放锁。除了 5.4.7 节中描述的锁分析外，一种通用的技术是对 waker 事件进行检测。这是一项高级工作，可参见《BPF 之巅》一书 [Gregg 19] 的第 14 章，以及 BCC 的 wakeuptime(8) 和 offwaketime(8) 工具。

5.5.3 节展示了使用 BCC 的 offcputime(8) 生成 off-CPU 火焰图的步骤。除了调度器事件之外，应用程序的另一个有用的研究目标是系统调用事件。

5.4.3 系统调用分析

系统调用（syscall）用来检测基于资源的性能问题，目的是要找出系统调用所花费的时间，包括系统调用的类型和调用的原因。

系统调用的分析目标包括如下几项。

- **新进程的跟踪**：通过跟踪 exccvc(2) 系统调用，你可以记录新进程的执行情况，并分析短命进程的问题。详情可参见 5.5.5 节介绍的工具 execsnoop(8)。
- **I/O 剖析**：跟踪 read(2)/write(2)/send(2)/recv(2) 及其变体，研究它们的 I/O 大小、标志位和代码路径，将有助于你识别次优 I/O 的问题，例如，大量的小型 I/O。详情可参见 5.5.7 节介绍的 bpftrace 工具。
- **内核时间分析**：当系统显示大比例的内核 CPU 时间（通常为“%sys”）时，通过检测系统调用可以找到原因。详情可可参见 5.5.6 节介绍的工具 syscount(8)。虽然不是全部内核 CPU 时间，但系统调用可以解释大部分的内核 CPU 时间，例外情况包括缺页故障、异步的内核线程和中断。

系统调用是有良好文档的 API（man 手册页），这让系统调用成为一个容易研究的事件源。系统调用是与应用程序同步被调用的，这意味着收集系统调用的栈踪迹将显示应用程序对应的代码路径。可以将这样的栈踪迹可视化为火焰图。

5.4.4　USE 方法

正如第 2 章中介绍的，USE 方法可检查使用率、饱和度，以及所有硬件资源的错误。通过发现某一成为瓶颈的资源，许多应用程序的性能问题都能用该方法得到解决。

USE 方法也适用于软件资源。如果你能找到应用程序的内部组件的功能图，那么可对每种软件资源都做使用率、饱和度和错误指标上的考量，看看有什么问题。

举一个例子，有一个应用程序用一个工作线程池来处理请求，请求在队列里排队等待被处理。把这个当作资源看待，那么三个指标可以做如下定义。

- **使用率**：在一定时间间隔内，忙于处理请求的线程平均数目占总线程数目的百分比。例如，50% 意味着，平均下来，一半的线程在忙于请求的工作。
- **饱和度**：在一定时间间隔内，请求队列的平均长度。这显示出等待工作线程有多少个请求。
- **错误**：出于某种原因，请求被拒绝或失败。

你所要做的就是找到测量这些指标的方法。它们可能已经由应用程序提供在某处，或者可能需要添加这些指标或者用另外的工具进行测量，如动态跟踪。

队列系统，就如该例子里提到的，还可以用排队理论来研究（参见第 2 章）。

举一个不同的例子，文件描述符。系统会设置一个上限，使得文件描述符变成有限资源，三个指标如下。

- **使用率**：使用中的文件描述符的数量，与上限做一个百分比计算。
- **饱和度**：取决于操作系统的行为，如果线程会为等待文件描述符分配而被阻塞，那么这个指标就是等待文件描述符的被阻塞的线程数目。
- **错误**：分配失败，如 EFILE，“有太多打开的文件”。

针对你的应用程序的每一个组件，都重复这样的练习，忽略那些意义不大的指标。这一过程可以帮助你在用诸如向下钻取法等其他方法之前，制定出一份简短的清单来检查应用程序。

5.4.5 线程状态分析

这是我对每个性能问题使用的第一个方法，也是 Linux 上的高阶工作。其目的是，在高层次上确定应用程序的线程在哪里花费了时间，这能用来很快地解决某些问题，并给其他问题指明研究方向。通常将应用程序的线程时间分成几个具有实际意义的状态。

至少有两种线程状态：on-CPU 和 off-CPU。你可以使用标准的指标和工具（例如 top(1)）来识别线程是否处于 on-CPU 状态，并根据情况进行 CPU 剖析或 off-CPU 分析（参见 5.4.1 节和 5.4.2 节）。在更多的状态下这种方法更为有效。

9 种状态

这是我选择的线程 9 种状态的列表，与早期的两种状态（on-CPU 和 off-CPU）相比，它们能提供更好的分析起点。

- **用户**：在用户态的 on-CPU。
- **内核**：在内核态的 on-CPU。
- **可运行**：等待轮到上 CPU。
- **换页（匿名换页）**：可运行，但是因等待匿名换页而受阻。
- **磁盘 I/O**：等待块设备 I/O——读或写、数据或文本换页。
- **网络 I/O**：等待网络设备 I/O——套接字读或写。
- **睡眠**：自愿睡眠。
- **锁**：等待获取同步锁（等待其他线程）。
- **空闲**：等待工作。

这 9 个状态模型画在了图 5.6 中。

通过减少除空闲以外的每个状态的时间，应用程序请求的性能会得到提升。若其他情况不变，这就意味着应用程序请求的延时变小，应用程序能应对更多的负载。

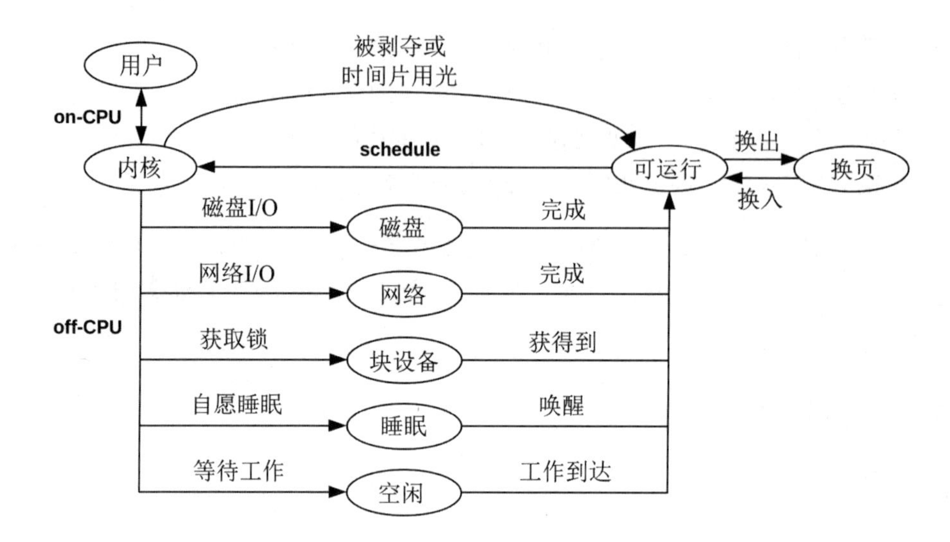

图 5.6　9 种线程状态

一旦确定了线程在哪些状态下花费时间，你就可以做如下的进一步的研究了。

- **用户或内核**：剖析可以确定哪些代码路径在消耗 CPU，包括在锁上自旋的时间。详情可参见第 5.4.1 节。
- **可运行**：在这个状态耗时意味着应用程序需要更多的 CPU 资源。检查整个系统的 CPU 负载，以及所有对该应用程序做的 CPU 限制（例如，资源控制）。
- **换页（匿名换页）**：应用程序缺少可用的主存会引起换页延时。检查整个系统的内存使用情况，和所有对该应用程序做的内存限制。详细内容参见第 7 章。
- **磁盘**：这个状态包括直接的磁盘 I/O 和缺页故障。要分析的话可参见 5.4.3 节、第 8 章和第 9 章。工作负载特征归纳可以帮助解决许多磁盘 I/O 问题，可检查文件名、I/O 大小和 I/O 类型。
- **网络**：这个状态指的是在没有监听新的连接（那是空闲时间）的情况下，网络 I/O（发送 / 接收）过程中被阻断的时间。分析的方法参见 5.4.3 节、5.5.7 节和第 10 章。工作负载特征归纳对网络 I/O 问题也很有用，可检查主机名、协议和吞吐量。
- **睡眠**：分析睡眠原因（代码路径）和持续时间。
- **锁**：识别锁和持有该锁的线程，确定线程持锁这么长时间的原因。原因可能是持锁线程被阻塞在另一个锁上，这就需要进一步进行梳理。这件事情比较高阶，通常是熟悉应用程序和其锁机制的软件开发人员要做的事。我开发了一个 BCC 工具来帮助这类分析：offwaketime(8)（包含在 BCC 中），这个工具在显示阻塞栈踪迹的同时也能显示唤醒的原因。

因为应用程序要等待工作，所以你常常会发现处于网络 I/O 和锁状态的时间实际上就是空闲的时间。一个空闲的应用程序工作线程可以是等待网络 I/O 的下一个请求（例如，HTTP 保活），也可以是等待条件变量（锁状态）被唤醒去处理工作。

下面总结了在 Linux 中如何测量这些线程状态。

Linux

图 5.7 显示了一个基于内核线程状态的 Linux 线程状态模型。

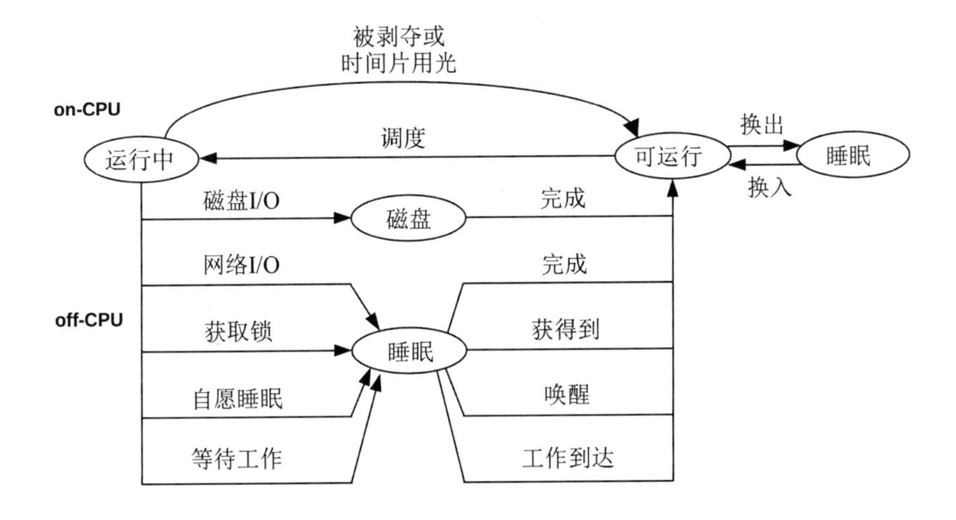

图 5.7 Linux 线程状态

内核线程状态是基于内核 task_struct 的状态成员："可运行" 是 TASK_ RUNNING，"磁盘" 是 TASK_UNINTERRUPTIBLE，而 "睡眠" 是 TASK_INTERRUPTIBLE。这些状态能由如 ps(1) 和 top(1) 在内的工具显示，分别使用单字母代码：R、D 和 S 表示。（还有更多的状态，比如被调试器停止的状态，我在这里没有包括。）

虽然这些为进一步的分析提供了线索，但还远不能将时间划分为前面描述的 9 个状态。这需要更多的信息，例如，可以用 /proc 或 getrusage(2) 的统计数据将 "可运行" 分成用户时间和内核时间。

其他内核会特定提供更多的状态，以让这种方法更容易应用。我最初是在 Solaris 内核上开发并使用这种方法的，灵感来自 Solaris 的微状态核算功能，该功能记录了线程在 8 个不同状态下的时间：用户、系统、自陷、文本故障、数据故障、锁、睡眠和运行队列（调度器延时）。这并不契合我的理想状态，但却是一个较好的起点。

我将讨论我在 Linux 上使用的三种方法：基于线索、off-CPU 分析和直接测量。

基于线索

你可以从使用常见的操作系统工具开始，比如，pidstat(1) 和 vmstat(8)，来发现线程状态时间可能花在哪里。值得注意的工具和字段栏有如下一些。

- **用户**：pidstat(1) “%usr”（该状态是直接测量的）。
- **内核**：pidstat(1) “%system”（该状态是直接测量的）。
- **可运行**：vmstat(8) “r”（系统级别）。
- **交换**：vmstat(8) “si”和“so”（系统级别）。
- **磁盘 I/O**：pidstat(1) -d “iodelay”（包括交换的状态）。
- **网络 I/O**：sar(1) -n DEV “rxkB/s” 和 “txkB/s”（系统级别）
- **睡眠**：不容易得到。
- **锁定**：perf(1) top（可以直接识别自旋锁的时间）。
- **空闲**：不容易得到。

其中一些统计数据是系统级别的。如果你通过 vmstat(8) 发现有系统级别的交换占用率，可以用更深层次的工具来调查这个状态，以确认应用程序是否受到影响。这些工具将在下面的章节中进行介绍。

off-CPU 分析

由于许多状态是 off-CPU 的（除了用户和内核以外的一切），因此可以使用 off-CPU 分析来确定线程的状态，详情可参见 5.4.2 节。

直接测量

可按线程状态精确测量线程时间，如下所示。

- **用户**：用户态的 CPU 可以从一些工具、/proc/PID/stat 和 getrusage(2) 中获得。pidstat(1) 字段栏为 %usr。
- **内核**：内核态的 CPU 也在 /proc/PID/stat 和 getrusage(2) 中获得。pidstat(1) 字段栏为 %system。
- **可运行**：内核的 schedstats 功能以纳秒为单位执行跟踪，并通过 /proc/PID/schedstat 显示。也可以付出一些开销通过跟踪工具来测量，这些工具包括 perf(1) 的 sched 子命令和 BCC 的 runqlat(8)，这两个工具在第 6 章中有介绍。
- **交换**：以纳秒为单位的时间交换（匿名分页），可以通过延时核算来测量，这在 4.3.3 节中有介绍，其中包括一个示例工具，getdelays.c。跟踪工具也可用于检测交换延时。
- **磁盘**：pidstat(1) 的 -d 参数将“iodelay”显示为进程被块 I/O 和交换所延时的

CPU 时钟数；如果没有系统级别的交换（如 vmstat(8) 的汇报），你可以断定任何的 iodelay 都是 I/O 状态。如果开启延时核算和其他核算功能，也会提供块 I/O 时间，例如为 iotop(8) 所用。你也可以使用如 BCC 的 biotop(8) 跟踪工具。

- **网络**：可以使用 BCC 和 bpftrace 等跟踪工具调查网络 I/O，这包括用于 TCP 网络 I/O 的 tcptop(8) 工具。应用程序也可以通过检测点来跟踪 I/O（网络和磁盘）的时间。
- **睡眠**：可以用跟踪器和事件来检查进入自愿睡眠的时间，这包括 syscalls:sys_enter_nanosleep tracepoint。我的 naptime.bt 工具可以跟踪这些睡眠行为并打印出 PID 和持续时间 [Gregg 19][Gregg 20b]。
- **锁**：可以用跟踪工具来调查锁的时间，这包括 BCC 的 klockstat(8)，以及来自 bpf-perf-tools-book 代码库用于 POSIX 线程互斥锁的 pmlock.bt 和 pmheld.bt，以及用于内核互斥锁的 mlock.bt 和 mheld.bt。
- **空闲**：可以用跟踪工具来检测应用程序中处理等待工作的代码路径。

有时应用程序可能看起来完全是睡眠的：它们在 off-CPU 保持阻塞，没有 I/O 或其他事件的占用率。为了确定应用程序线程处于什么状态，可能需要使用 pstack(1) 或 gdb(1) 等调试器来检查线程栈踪迹，或者从 /proc/PID/stack 文件中读取这些踪迹。请注意，像这样的调试器可能会暂停目标应用程序，并导致其自身的性能问题，在生产环境中尝试之前，请了解如何使用它们及其风险。

5.4.6 锁分析

对于多线程的应用程序，锁可能会成为并行化和扩展性的瓶颈。单线程应用程序能被内核锁（例如，文件系统锁）所抑制。锁可以通过以下方式进行分析：

- 检查竞争
- 检查过长的持锁时间

第一个要识别的是当前是否有问题。过长的持锁时间并不一定是问题，但是在将来随着更多的并行负载的加入，可能会产生问题的是试图识别每一个锁的名字（若存在）和通向使用锁的代码路径。

虽然有用于锁分析的专门工具，但有时你用 CPU 剖析就可以解决问题。对于*自旋锁*来说，当竞争出现的时候，CPU 使用率也会发生变化，用栈踪迹的 CPU 剖析很容易就能识别出来。对于*自适应互斥锁*，出现竞争的时候常常会有一些自旋，用栈踪迹的 CPU 剖析也能识别出来。不过对于这种情况，CPU 剖析只能给出一部分信息，因为线程在等待锁的时候可能已经被阻塞或在睡眠之中，详情可参见 5.4.1 节的内容。

关于 Linux 中的具体的锁分析工具，可参见 5.5.7 节。

5.4.7 静态性能调优

静态性能调优的重点在于环境配置的问题。针对应用程序性能，检查如下静态配置的内容：

- 正在运行的应用程序是什么版本，应用程序的依赖是哪些？有更新的版本吗？发布说明有提及性能提升吗？
- 应用程序有已知的性能问题吗？有可供搜索的 bug 数据库吗？
- 应用程序是如何配置的？
- 如果配置或调整的参数值与默认值不同，是由于什么原因？（是基于测量和分析，还是猜想？）
- 应用程序用到了对象缓存吗？缓存的大小是怎样的？
- 应用程序是并发运行的吗？这是如何配置的（例如，线程池大小）？
- 应用程序是运行在特定模式下吗？（例如，启动调试模式会影响性能，或者应用程序用的是调试版本而不是正式发布版本。）
- 应用程序用到了哪些系统库？它们的版本是什么？
- 应用程序用的是怎样的内存分配器？
- 应用程序配置用巨型页做堆吗？
- 应用程序是编译型的吗？编译器的版本是什么？编译器的选项和优化有哪些？是 64 位的吗？
- 本地代码是否包括高级指令？（应该包括吗？）（例如，包括英特尔 SSE 在内的 SIMD/ 矢量指令。）
- 应用程序遇到错误了吗？错误出现之后会运行在降级模式吗？或者配置有问题，运行总是处于降级模式？
- 有没有系统设置的限制，以及对 CPU、内存、文件系统、磁盘和网络使用的资源控制？（这些在云计算中很普遍。）

上述问题的答案可以揭示被忽略的配置选项。

5.4.8 分布式跟踪

在分布式环境中，一个应用程序可能由运行在不同系统上的服务组成。虽然每个服务都可以被当作小型应用来研究，但也有必要将分布式应用程序作为一个整体来研究。这需要新的方法和工具，通常用到的是分布式跟踪。

分布式跟踪会记录每个服务请求的信息，然后再将这些信息组合起来进行研究。每个跨多个服务的应用请求都可以被分解成其所依赖的请求，这就能对高延时或对错误负责的服务做识别。

收集的信息可以包括：

- 应用请求的唯一标识符（外部请求 ID）。
- 在依赖层次结构中的位置信息。
- 开始和结束的时间。
- 错误状态。

分布式跟踪的一个挑战是生成的日志数据量：每个应用请求都有多个条目。对此的一种解决方案是执行基于头部的采样，在请求的开始（“头部”），决定是否对其进行采样（“跟踪”）：例如，每一万个请求中跟踪一个。这足以分析大部分请求的性能，但由于数据有限，这可能会让间歇性错误或异常值的研究变得困难。一些分布式跟踪器是基于尾部的，首先捕获所有事件，然后决定保留什么，决定的标准也许是基于延时和错误的。

一旦识别出有问题的服务，就可以使用其他方法和工具对其执行更详细的分析。

5.5 观测工具

本节将介绍基于 Linux 操作系统的应用程序性能观测工具。关于使用这些工具时应遵循的策略，请参见 5.4 节。

本节中的工具在表 5.3 中列出，同时将在本章中对这些工具的使用方法进行描述。

表 5.3 Linux 中的应用程序观测工具

章节	工具	说明
5.5.1	perf	CPU 剖析、CPU 火焰图、系统调用跟踪
5.5.2	profile	使用基于时间的采样做 CPU 剖析
5.5.3	offcputime	用调度器跟踪做 off-CPU 剖析
5.5.4	strace	系统调用跟踪
5.5.5	execsnoop	新进程跟踪
5.5.6	syscount	系统调用审计
5.5.7	bpftrace	信号跟踪、I/O 剖析、锁分析

这些工具首先是 CPU 剖析工具，然后是跟踪工具。许多跟踪工具都是基于 BPF 的，并使用 BCC 和 bpftrace 前端（参见第 15 章）；这些工具是：profile(8)、offcputime(8)、execsnoop(8) 和 syscount(8)。请参阅每个工具的文档，包括 man 手册页，以了解其功能的完整参考。

也可以寻找表5.3中没有列出的特定应用程序的性能工具。后面的章节将介绍面向资源的工具，CPU、内存、磁盘等，这些工具对应用程序分析也很有用。

下面的许多工具都收集了应用程序的栈踪迹。如果你发现你的栈踪迹包含“[unknown]”帧或显得不可能的短，请参阅5.6节，该节描述了常见的问题并总结了解决方法。

5.5.1 perf

perf(1)是标准的Linux剖析器，是一个有许多用途的多功能工具，在第13章会对其进行讲解。由于CPU剖析对应用程序的分析至关重要，这里对使用perf(1)执行CPU剖析做了总结。在第6章会更详细地介绍CPU剖析和火焰图。

CPU剖析

下面使用perf(1)在所有CPU(-a)上以49Hz（-F 49：每秒采样数）对栈踪迹（-g）采样30秒，然后列出这些样本：

```
# perf record -F 49 -a -g -- sleep 30
[ perf record: Woken up 1 times to write data ]
[ perf record: Captured and wrote 0.560 MB perf.data (2940 samples) ]
# perf script
mysqld 10441 [000] 64918.205722:   10101010 cpu-clock:pppH:
        5587b59bf2f0 row_mysql_store_col_in_innobase_format+0x270 (/usr/sbin/mysqld)
        5587b59c3951 [unknown] (/usr/sbin/mysqld)
        5587b58803b3 ha_innobase::write_row+0x1d3 (/usr/sbin/mysqld)
        5587b47e10c8 handler::ha_write_row+0x1a8 (/usr/sbin/mysqld)
        5587b49ec13d write_record+0x64d (/usr/sbin/mysqld)
        5587b49ed219 Sql_cmd_insert_values::execute_inner+0x7f9 (/usr/sbin/mysqld)
        5587b45dfd06 Sql_cmd_dml::execute+0x426 (/usr/sbin/mysqld)
        5587b458c3ed mysql_execute_command+0xb0d (/usr/sbin/mysqld)
        5587b4591067 mysql_parse+0x377 (/usr/sbin/mysqld)
        5587b459388d dispatch_command+0x22cd (/usr/sbin/mysqld)
        5587b45943b4 do_command+0x1a4 (/usr/sbin/mysqld)
        5587b46b22c0 [unknown] (/usr/sbin/mysqld)
        5587b5cfff0a [unknown] (/usr/sbin/mysqld)
        7fbdf66a9669 start_thread+0xd9 (/usr/lib/x86_64-linux-gnu/libpthread-2.30.so)
[...]
```

在这次剖析中有2940个栈样本，这里只包括一个栈。perf(1)的script子命令打印了先前记录的剖析（perf.data文件）中的每个栈样本。perf(1)还有一个report子命令，用于将剖析总结为代码路径层次结构。该剖析也可以被可视化为CPU火焰图。

CPU 火焰图

CPU 火焰图在 Netflix 已经实现了自动化，因此操作人员和开发人员可以从基于浏览器的用户界面上获得这些火焰图。火焰图可以完全使用开源软件来构建，包括从以下命令中的 GitHub 代码库中获取。对于前面图 5.3 显示的 CPU 火焰图，对应的命令是：

```
# perf record -F 49 -a -g -- sleep 10; perf script --header > out.stacks
# git clone https://github.com/brendangregg/FlameGraph; cd FlameGraph
# ./stackcollapse-perf.pl < ../out.stacks | ./flamegraph.pl --hash > out.svg
```

out.svg 文件可以在网络浏览器中加载。

flamegraph.pl 为不同的语言提供了自定义的调色板，例如，对于 Java 应用，试下 --color=java。运行 flamegraph.pl -h 可获得所有选项。

系统调用跟踪

perf(1) 的 trace 子命令默认跟踪系统调用，相当于 strace(1) 的 perf(1) 版本（参见 5.5.4 节）。例如，跟踪一个 MySQL 服务器进程：

```
# perf trace -p $(pgrep mysqld)
         ? (         ): mysqld/10120  ... [continued]: futex())
= -1 ETIMEDOUT (Connection timed out)
     0.014 ( 0.002 ms): mysqld/10120 futex(uaddr: 0x7fbddc37ed48, op: WAKE|
PRIVATE_FLAG, val: 1)           = 0
     0.023 (10.103 ms): mysqld/10120 futex(uaddr: 0x7fbddc37ed98, op: WAIT_BITSET|
PRIVATE_FLAG, utime: 0x7fbdc9cfcbc0, val3: MATCH_ANY) = -1 ETIMEDOUT (Connection
timed out)
[...]
```

只包括几行输出，就显示了各种 MySQL 线程等待工作时的 futex(2) 调用（这些在图 5.5 的 off-CPU 时间火焰图中占主导地位）。

perf(1) 的优点是，它使用每个 CPU 的缓冲区来减少开销，使 perf(1) 比目前的 strace(1) 的实现更安全。perf(1) 还可以跟踪整个系统，而 strace(1) 只限于一组进程（通常是单个进程），perf(1) 还可以跟踪系统调用以外的事件。然而，perf(1) 没有 strace(1) 那么多的系统调用参数翻译；这里显示的是 strace(1) 的一个单行命令，用于对比：

```
[pid 10120] futex(0x7fbddc37ed98, FUTEX_WAIT_BITSET_PRIVATE, 0, {tv_sec=445110,
tv_nsec=427289364}, FUTEX_BITSET_MATCH_ANY) = -1 ETIMEDOUT (Connection timed out)
```

strace(1) 版本已经扩展了 utime 结构体。正在进行的工作是让 perf(1) 执行 trace 命令，并用 BPF 来改进参数。作为最终目标，perf(1) 的 trace 命令最终可以成为 strace(1) 的换入的替代。关于 strace(1) 的更多信息，可参见 5.5.4 节。

内核时间分析

尽管汇总开始要比逐个事件地输出更容易，但 perf(1) 跟踪显示的是系统调用的时间，这有助于解释通常监测工具显示的系统 CPU 时间。perf(1) 跟踪用参数 -s 输出系统调用的汇总：

```
# perf trace -s -p $(pgrep mysqld)
 mysqld (14169), 225186 events, 99.1%

   syscall            calls    total       min       avg       max      stddev
                               (msec)    (msec)    (msec)    (msec)        (%)
   --------------- -------- --------- --------- --------- ---------     ------
   sendto             27239   267.904     0.002     0.010     0.109      0.28%
   recvfrom           69861   212.213     0.001     0.003     0.069      0.23%
   ppoll              15478   201.183     0.002     0.013     0.412      0.75%

[...]
```

该输出显示了每个线程系统调用的计数和时间。

之前的输出显示了 futex(2) 的调用，孤立地看并不是很有趣，在任何繁忙的应用程序上运行 perf(1) 跟踪都会产生大量的输出。汇总能帮助我们先从汇总信息开始，然后使用带有过滤器的 perf(1) 跟踪，对感兴趣的系统调用类型做检查。

I/O 剖析

I/O 系统调用特别有趣，在前面的输出中已经看到了一些。使用过滤器（-e）跟踪 sendto(2) 调用：

```
# perf trace -e sendto -p $(pgrep mysqld)
     0.000 ( 0.015 ms): mysqld/14097 sendto(fd: 37<socket:[833323]>, buff:
0x7fbdac072040, len: 12664, flags: DONTWAIT) = 12664
     0.451 ( 0.019 ms): mysqld/14097 sendto(fd: 37<socket:[833323]>, buff:
0x7fbdac072040, len: 12664, flags: DONTWAIT) = 12664
     0.624 ( 0.011 ms): mysqld/14097 sendto(fd: 37<socket:[833323]>, buff:
0x7fbdac072040, len: 11, flags: DONTWAIT) = 11
     0.788 ( 0.010 ms): mysqld/14097 sendto(fd: 37<socket:[833323]>, buff:
0x7fbdac072040, len: 11, flags: DONTWAIT) = 11
[...]
```

输出显示了两个 12 664 字节的发送，然后是两个 11 字节的发送，都有 DONTWAIT 标志。如果我看到大量的小型发送，可能会想是否可以通过汇总它们来提高性能，或者避免使用 DONTWAIT 标志。

虽然 perf(1) 跟踪可以用于一些 I/O 分析，但我经常希望进一步挖掘参数并用自定义的方式对跟踪做汇总。例如，这个 sendto(2) 跟踪显示了文件描述符（37）和套接字号码（833323），但我更想看到套接字类型、IP 地址和端口。对于这样的自定义跟踪，在 5.5.7 节中你可以切换到 bpftrace。

5.5.2 profile

profile(8)[1] 是 BCC（见第 15 章）的基于计时器的 CPU 剖析器。它使用 BPF 来减少开销，在内核上下文中聚合栈踪迹，并且一次性地将栈和它们的计数传递给用户空间。

下面的 profile(8) 的例子在所有 CPU 上以 49Hz 的频率采样，持续 10 秒：

```
# profile -F 49 10
Sampling at 49 Hertz of all threads by user + kernel stack for 10 secs.
[...]

    SELECT_LEX::prepare(THD*)
    Sql_cmd_select::prepare_inner(THD*)
    Sql_cmd_dml::prepare(THD*)
    Sql_cmd_dml::execute(THD*)
    mysql_execute_command(THD*, bool)
    Prepared_statement::execute(String*, bool)
    Prepared_statement::execute_loop(String*, bool)
    mysqld_stmt_execute(THD*, Prepared_statement*, bool, unsigned long, PS_PARAM*)
    dispatch_command(THD*, COM_DATA const*, enum_server_command)
    do_command(THD*)
    [unknown]
    [unknown]
    start_thread
    -                mysqld (10106)
        13

[...]
```

这个输出中只包括一个栈踪迹，显示了 SELECT_LEX::prepare() 和其调用祖先在 CPU 上被采样到了 13 次。

profile(8) 在 6.6.14 节中有进一步讨论，其中列出了 profile 的各种选项，并包括将其输出生成 CPU 火焰图的方法。

1 起源：我在2016年7月15日为BCC开发了profile(8)，基于Sasha Goldshtein、Andrew Birchall、Evgeny Vereshchagin和Teng Qin的代码。

5.5.3 offcputime

offcputime(8)[1] 是一个 BCC 和 bpftrace 工具（参见第 15 章），用于汇总线程被阻塞和离开 CPU 的时间，通过显示栈踪迹来解释原因。它支持 off-CPU 分析（参见 5.4.2 节）。offcputime(8) 是 profile(8) 的互补工具：它们显示了线程在系统中花费的全部时间。

下面显示的是 BCC 的 offcputime(8)，跟踪了 5 秒：

```
# offcputime 5
Tracing off-CPU time (us) of all threads by user + kernel stack for 5 secs.
[...]

    finish_task_switch
    schedule
    jbd2_log_wait_commit
    jbd2_complete_transaction
    ext4_sync_file
    vfs_fsync_range
    do_fsync
    __x64_sys_fdatasync
    do_syscall_64
    entry_SYSCALL_64_after_hwframe
    fdatasync
    IO_CACHE_ostream::sync()
    MYSQL_BIN_LOG::sync_binlog_file(bool)
    MYSQL_BIN_LOG::ordered_commit(THD*, bool, bool)
    MYSQL_BIN_LOG::commit(THD*, bool)
    ha_commit_trans(THD*, bool, bool)
    trans_commit(THD*, bool)
    mysql_execute_command(THD*, bool)
    Prepared_statement::execute(String*, bool)
    Prepared_statement::execute_loop(String*, bool)
    mysqld_stmt_execute(THD*, Prepared_statement*, bool, unsigned long, PS_PARAM*)
    dispatch_command(THD*, COM_DATA const*, enum_server_command)
    do_command(THD*)
    [unknown]
    [unknown]
    start_thread
```

1　起源：我在2005年创建了off-CPU分析的方法，以及执行分析的工具；我在2016年1月13日开发了这个BCC工具offcputime(8)。

```
-                 mysqld (10441)
    352107

[...]
```

输出显示了独特的栈踪迹和栈在 off-CPU 花费的时间，单位是微秒。这个特殊的栈通过 MYSQL_BIN_ LOG::sync_binlog_file() 的代码路径显示了 ext4 文件系统的同步操作，在这个跟踪过程中总共花费了 352 毫秒。

为了提高效率，offcputime(8) 在内核上下文中聚合这些栈，然后一次性地将栈信息发送给用户空间。offcputime 只记录 off-CPU 持续时间超过阈值的栈踪迹，阈值默认为 1 微秒，可以用 -m 选项进行调整。

还有一个 -M 选项，其可以设置记录栈的最长时间。为什么我们要排除长持续时间的栈？这可以作为一种有效的方法来过滤掉不值得关注的栈，如，等待工作的线程和在循环中阻塞 1 秒或多秒的线程。用 -M 900000，可以排除超过 900 毫秒的持续时间。

off-CPU 时间火焰图

尽管对栈只做了一次性的显示，但前一个例子的全部输出仍然超过 20 万行。为了使其有意义，可以将其可视化为一张 off-CPU 时间火焰图。图 5.4 展示的是一个例子。对应的生成命令与 profile(8) 的命令相似：

```
# git clone https://github.com/brendangregg/FlameGraph; cd FlameGraph
# offcputime -f 5 | ./flamegraph.pl --bgcolors=blue \
    --title="Off-CPU Time Flame Graph"> out.svg
```

这次我把背景颜色设为蓝色，以直观地提醒大家这是一张 off-CPU 火焰图，而不是常用的 CPU 火焰图。

5.5.4 strace

strace(1) 命令是 Linux 中系统调用的跟踪器。[1] 它可以跟踪系统调用，为每个系统调用打印一行摘要，还可以统计系统调用并打印报告。

例如，跟踪 PID 为 1884 的系统调用：

```
$ strace -ttt -T -p 1884
1356982510.395542 close(3)                = 0 <0.000267>
1356982510.396064 close(4)                = 0 <0.000293>
```

1 其他操作系统的系统调用跟踪器：BSD有ktrace(1)、Solaris有truss(1)、OS X有dtruss(1)（我最初开发的工具），Windows有很多选择，包括logger.exe和ProcMon。

```
1356982510.396617 ioctl(255, TIOCGPGRP, [1975]) = 0 <0.000019>
1356982510.396980 rt_sigprocmask(SIG_SETMASK, [], NULL, 8) = 0 <0.000024>
1356982510.397288 rt_sigprocmask(SIG_BLOCK, [CHLD], [], 8) = 0 <0.000014>
1356982510.397365 wait4(-1, [{WIFEXITED(s) && WEXITSTATUS(s) == 0}], WSTOPPED|
WCONTINUED, NULL) = 1975 <0.018187>
[...]
```

这个调用中的选项如下（全部选项可参见 strace(1) 的 man 手册页）。

- **-ttt**：打印第一列 UNIX 时间戳，单位为秒，分辨率的单位为微秒。
- **-T**：打印最后一个字段（<time>），即系统调用的持续时间，单位是秒，分辨率的单位为微秒。
- **-p PID**：跟踪的进程的 ID。也可以指定为命令，这样 strace(1) 就会启动并跟踪它。

其他这里没有使用的选项包括 -f，其跟踪子线程，以及 -o *filename*，其将 strace(1) 的输出写入给定的文件。

strace(1) 的一个特点可以从输出看出来——将系统调用的参数翻译为人类可读的形式。这对于理解 ioctl(2) 调用特别有用。

-c 选项可以用来对系统调用活动做汇总。下面的例子不是附着到某个 PID 上的，而是调用并跟踪一个命令（dd(1)）：

```
$ strace -c dd if=/dev/zero of=/dev/null bs=1k count=5000k
5120000+0 records in
5120000+0 records out
5242880000 bytes (5.2 GB) copied, 140.722 s, 37.3 MB/s
% time     seconds  usecs/call     calls    errors syscall
------ ----------- ----------- --------- --------- ----------------
 51.46    0.008030           0   5120005           read
 48.54    0.007574           0   5120003           write
  0.00    0.000000           0        20        13 open
[...]
------ ----------- ----------- --------- --------- ----------------
100.00    0.015604              10240092        19 total
```

从 dd(1) 的三行输出开始，然后是 strace(1) 的汇总。这些列的解释如下。

- **time**：显示系统 CPU 时间花费的百分比。
- **seconds**：总的系统 CPU 时间，以秒为单位。
- **usecs/call**：每次调用的平均系统 CPU 时间，单位是微秒。
- **calls**：系统调用的数量。
- **syscall**：系统调用名称。

strace 开销

警告：当前版本的 strace(1)，通过 Linux 的 ptrace(2) 接口采用了基于断点的跟踪。这为所有系统调用的进入和返回设置了断点（使用 -e 选项只选择一些）。这是一种侵入性的做法，系统调用率高的应用程序可能会发现自己的性能下降了一个数量级。为了说明这一点，下面所示的是没有 strace(1) 的同一个 dd(1) 命令：

```
$ dd if=/dev/zero of=/dev/null bs=1k count=5000k
5120000+0 records in
5120000+0 records out
5242880000 bytes (5.2 GB) copied, 1.91247 s, 2.7 GB/s
```

在 dd(1) 输出的最后一行包括了吞吐量统计：通过比较，我们可以得出结论，strace(1) 让 dd(1) 的速度降低为原来的 1/73。这是一种特别严重的情况，因为 dd(1) 对系统调用的使用频率是很高的。

取决于应用程序的要求，在短时间内用这种跟踪方式来确定被调用的系统调用类型可能是可以接受的。如果开销不是问题，strace(1) 的用处会更大。其他的跟踪器，包括 perf(1)、Ftrace、BCC 和 bpftrace，利用缓冲跟踪大大减少了跟踪的开销，其中事件被写入一个共享的内核环形缓冲区，用户级别的跟踪器定期读取缓冲区。这减少了用户和内核之间的上下文切换，降低了开销。

未来的 strace(1) 版本可能通过成为 perf(1) 的 trace 子命令的别名来解决其开销问题（在 5.5.1 节中有介绍）。其他基于 BPF 的高性能 Linux 系统调用跟踪器包括：Intel 的 vltrace[Intel 18]，以及 Microsoft 开发的 Windows ProcMon 工具的 Linux 版本 [Microsoft 20]。

5.5.5 execsnoop

execsnoop(8)[1] 是一个 BCC 和 bpftrace 工具，它可以跟踪系统级别的新进程的执行。execsnoop(8) 可以发现消耗 CPU 资源的短命进程的问题，也可以用来对软件执行做调试，这包括应用程序的启动脚本。

例子输出来自 BCC 版本：

```
# execsnoop
PCOMM            PID    PPID   RET ARGS
oltp_read_write  13044  18184    0 /usr/share/sysbench/oltp_read_write.lua --db-
```

1 起源：2004年3月24日，我创建了第一个execsnoop；2016年2月7日，我开发了Linux BCC版本的execsnoop，2017年11月15日，我开发了bpftrace版本的execsnoop。更多起源细节见[Gregg 19]。

```
driver=mysql --mysql-password=... --table-size=100000 run
oltp_read_write  13047  18184    0 /usr/share/sysbench/oltp_read_write.lua --db-
driver=mysql --mysql-password=... --table-size=100000 run
sh               13050  13049    0 /bin/sh -c command -v debian-sa1 > /dev/null &&
debian-sa1 1 1 -S XALL
debian-sa1       13051  13050    0 /usr/lib/sysstat/debian-sa1 1 1 -S XALL
sa1              13051  13050    0 /usr/lib/sysstat/sa1 1 1 -S XALL
sadc             13051  13050    0 /usr/lib/sysstat/sadc -F -L -S DISK 1 1 -S XALL
/var/log/sysstat
[...]
```

想着万一 execsnoop 能发现什么有趣的东西，我在我的数据库系统上运行了上述这个命令，结果确实如此：前两行显示，一个读 / 写微基准测试仍然在运行，在一个循环中启动了 oltp_read_write 命令——我不小心让它运行了好几天！由于数据库正承受着不同的工作负载，所以其他系统指标显示 CPU 和磁盘负载并不明显。在 oltp_read_write 之后的几行显示了 sar(1) 在收集系统指标。

execsnoop(8) 的工作是跟踪 execve(2) 系统调用，并为每个调用打印出一行摘要。该工具支持一些选项，包括用于时间戳的 -t。

第 1 章展示了 execsnoop(8) 的另一个例子。我还为 bpftrace 发布了一个工具，threadsnoop(8)，用来通过 libpthread pthread_create() 跟踪创建线程的情况。

5.5.6　syscount

syscount(8)[1] 是系统级别的统计系统调用的 BCC 和 bpftrace 工具。

例子的输出来自 BCC 版本：

```
# syscount
Tracing syscalls, printing top 10... Ctrl+C to quit.
^C[05:01:28]
SYSCALL                   COUNT
recvfrom                 114746
sendto                    57395
ppoll                     28654
futex                       953
io_getevents                 55
bpf                          33
rt_sigprocmask               12
epoll_wait                   11
```

1　起源：我在2014年7月7日为perf-tools集合用Ftrace和perf(1)首次创建了syscount，Sasha Goldshtein在2017年2月15日开发了BCC版本。

```
select                        7
nanosleep                     6

Detaching...
```

这表明最频繁的系统调用是recvfrom(2)，在跟踪时被调用了114 746次。你可以使用其他跟踪工具做进一步探索，检查系统调用的参数、延时和调用栈踪迹。例如，你可以使用带有 -e recvfrom 过滤器的 perf(1) 做跟踪，或者使用 bpftrace 来检测 syscalls:sys_enter_recvfrom 这个 tracepoint。详情可参见第 13 章到第 15 章中的跟踪器。

syscount(8) 也可以使用 -P 按进程做计数：

```
# syscount -P
Tracing syscalls, printing top 10... Ctrl+C to quit.
^C[05:03:49]
PID    COMM               COUNT
10106  mysqld            155463
13202  oltp_read_only.    61779
9618   sshd                  36
344    multipathd            13
13204  syscount-bpfcc        12
519    accounts-daemon        5
```

输出显示了进程和系统调用的数量。

5.5.7 bpftrace

bpftrace 是一个基于 BPF 的跟踪器，它提供了一种高级编程语言，允许创建强大的单行命令和短脚本，非常适用于根据其他工具的线索进行定制的应用程序分析。

bpftrace 在第 15 章中有讲解。本节展示了一些应用程序分析的例子。

信号跟踪

这个 bpftrace 单行程序可以跟踪进程信号（通过 kill(2) 系统调用），显示源 PID 和进程名称，以及目标 PID 和信号编号：

```
# bpftrace -e 't:syscalls:sys_enter_kill { time("%H:%M:%S ");
    printf("%s (PID %d) send a SIG %d to PID %d\n",
    comm, pid, args->sig, args->pid); }'
Attaching 1 probe...
09:07:59 bash (PID 9723) send a SIG 2 to PID 9723
09:08:00 systemd-journal (PID 214) send a SIG 0 to PID 501
09:08:00 systemd-journal (PID 214) send a SIG 0 to PID 550
```

```
09:08:00 systemd-journal (PID 214) send a SIG 0 to PID 392
...
```

输出显示，bash shell 向自己发送信号 2（Ctrl+C），接着 systemd-journal 向其他 PID 发送信号 0。信号 0 没有任何作用，它通常用来根据系统调用的返回值检查另一个进程是否依然存在。

这个单行命令对调试奇怪的应用程序问题很有用，比如提前终止。输出包含了时间戳，可以与监测软件中的性能问题做交叉检查。BCC 和 bpftrace 中独立的 killsnoop(8) 工具也可以用来跟踪信号。

I/O 剖析

通过 bpftrace 可以用各种方式分析 I/O：检查大小、延时、返回值和栈踪迹。[1] 例如，在前面的例子中，系统调用 recvfrom(2) 被频繁调用，可以用 bpftrace 做进一步检查。

下面以直方图显示 recvfrom(2) 的缓冲区大小：

```
# bpftrace -e 't:syscalls:sys_enter_recvfrom { @bytes = hist(args->size); }'
Attaching 1 probe...
^C

@bytes:
[4, 8)             40142 |@@@@@@@@@@@@@@@@@@@@@@@@@@@@@@@@@@@@@@@@@@@@@@@@@@@@|
[8, 16)             1218 |@                                                   |
[16, 32)           17042 |@@@@@@@@@@@@@@@@@@@@@@                              |
[32, 64)               0 |                                                    |
[64, 128)              0 |                                                    |
[128, 256)             0 |                                                    |
[256, 512)             0 |                                                    |
[512, 1K)              0 |                                                    |
[1K, 2K)               0 |                                                    |
[2K, 4K)               0 |                                                    |
[4K, 8K)               0 |                                                    |
[8K, 16K)              0 |                                                    |
[16K, 32K)         19477 |@@@@@@@@@@@@@@@@@@@@@@@@@                           |
```

输出显示，大约有一半的大小是非常小的，在 4 ～ 7 字节，最大的大小是在 16K ～ 32K 字节。通过跟踪系统调用退出的 tracepoint，将这个缓冲区大小的直方图与实际收到的字节数做比较可能也是有用的：

1 例如，[Gregg 19]中介绍的ioprofile(8)，尽管在实践中，由于glibc默认缺少帧指针，往往不能捕获完整的栈，详情参见5.3.1节。

```
# bpftrace -e 't:syscalls:sys_exit_recvfrom { @bytes = hist(args->ret); }'
```

一个大的不匹配值可能表明应用程序正在分配它所需要的更大的缓冲区。（注意，这个退出单行命令会在直方图中包含系统调用错误，其大小值为 -1。）

如果收到的尺寸值显示了一些小的和一些大的 I/O，这可能会影响系统调用的延时，大的 I/O 需要更长的时间。为了测量 recvfrom(2) 的延时，可以同时跟踪系统调用的开始和结束，如下面的 bpftrace 程序所示。相应的语法在 15.2.4 节中进行了讲解，该节的最后有一张相似的内核函数的延时直方图：

```
# bpftrace -e 't:syscalls:sys_enter_recvfrom { @ts[tid] = nsecs; }
    t:syscalls:sys_exit_recvfrom /@ts[tid]/ {
    @usecs = hist((nsecs - @ts[tid]) / 1000); delete(@ts[tid]); }'
Attaching 2 probes...
^C
@usecs:
[0]                23280 |@@@@@@@@@@@@@@@@@@@@@@@@@@@@@@                      |
[1]                40468 |@@@@@@@@@@@@@@@@@@@@@@@@@@@@@@@@@@@@@@@@@@@@@@@@@@@@|
[2, 4)               144 |                                                    |
[4, 8)             31612 |@@@@@@@@@@@@@@@@@@@@@@@@@@@@@@@@@@@@@@@@@           |
[8, 16)               98 |                                                    |
[16, 32)              98 |                                                    |
[32, 64)           20297 |@@@@@@@@@@@@@@@@@@@@@@@@@@                          |
[64, 128)           5365 |@@@@@@                                              |
[128, 256)          5871 |@@@@@@@                                             |
[256, 512)           384 |                                                    |
[512, 1K)             16 |                                                    |
[1K, 2K)              14 |                                                    |
[2K, 4K)               8 |                                                    |
[4K, 8K)               0 |                                                    |
[8K, 16K)              1 |                                                    |
```

输出显示，recvfrom(2) 经常小于 8 微秒，在 32 ～ 256 微秒区间有一个较慢的模式，存在一些延时异常值，最慢的在 8 ～ 16 毫秒的范围。

你可以继续做进一步的深入研究。例如，对输出 map 的声明（@usecs=...）可以做如下修改。

- **@usecs[args->ret]**：按系统调用的返回值进行细分，显示每个系统调用的直方图。由于返回值是收到的字节数，或者 -1 表示错误，这种细分能确认更大的 I/O 尺寸是否导致了更高的延时。
- **@usecs[ustack]**：按用户栈踪迹进行分解，显示每个代码路径的延时直方图。

我还会考虑在第一个跟踪点之后添加一个过滤器，以便只显示 MySQL 服务，而不显示其他进程：

```
# bpftrace -e 't:syscalls:sys_enter_recvfrom /comm == "mysqld"/ { ...
```

你也可以添加过滤器，只匹配延时异常值或只匹配缓慢模式。

锁跟踪

通过 bpftrace 有多种方式来研究应用程序的锁竞争。对于典型的 pthread 互斥锁，可以用 uprobes 来跟踪 pthread 库函数：pthread_mutex_ lock() 等；可以用 tracepoint 来跟踪管理锁阻塞的 futex(2) 系统调用。

我之前开发了用于检测 pthread 库函数的 bpftrace 工具，pmlock(8) 和 pmheld(8)，并作为开放源代码发布 [Gregg 20b]（也可参见 [Gregg 19] 的第 13 章）。举个例子，跟踪 pthread_mutex_lock() 函数的持续时间：

```
# pmlock.bt $(pgrep mysqld)
Attaching 4 probes...
Tracing libpthread mutex lock latency, Ctrl-C to end.
^C
[...]

@lock_latency_ns[0x7f37280019f0,
    pthread_mutex_lock+36
    THD::set_query(st_mysql_const_lex_string const&)+94
    Prepared_statement::execute(String*, bool)+336
    Prepared_statement::execute_loop(String*, bool, unsigned char*, unsigned char*...
    mysqld_stmt_execute(THD*, unsigned long, unsigned long, unsigned char*, unsign...
, mysqld]:
[1K, 2K)              47 |                                                    |
[2K, 4K)             945 |@@@@@@@@                                            |
[4K, 8K)            3290 |@@@@@@@@@@@@@@@@@@@@@@@@@@@@@@                      |
[8K, 16K)           5702 |@@@@@@@@@@@@@@@@@@@@@@@@@@@@@@@@@@@@@@@@@@@@@@@@@@@@|
```

这个输出是被截断的，只显示了众多栈中的一个。这个栈显示，锁地址 0x7f37280019f0 是通过代码路径 THD::set_query() 获取的，获取时间通常在 8 ～ 16 微秒。

为什么这个锁需要这么长的时间呢？ pmheld.bt 通过跟踪锁到解锁的持续时间，显示了持有者的栈踪迹：

```
# pmheld.bt $(pgrep mysqld)
Attaching 5 probes...
Tracing libpthread mutex held times, Ctrl-C to end.
```

```
^C
[...]
@held_time_ns[0x7f37280019f0,
    __pthread_mutex_unlock+0
    THD::set_query(st_mysql_const_lex_string const&)+147
    dispatch_command(THD*, COM_DATA const*, enum_server_command)+1045
    do_command(THD*)+544
    handle_connection+680
, mysqld]:
[2K, 4K)            3848 |@@@@@@@@@@@@@@@@@@@@@@@@@@@@@@@@@@@@@@@             |
[4K, 8K)            5038 |@@@@@@@@@@@@@@@@@@@@@@@@@@@@@@@@@@@@@@@@@@@@@@@@@@@@|
[8K, 16K)              0 |                                                    |
[16K, 32K)             0 |                                                    |
[32K, 64K)             1 |                                                    |
```

这显示的是持有人不同的代码路径。

如果该锁有符号名，就会打印符号名，而不是地址。如果没有符号名，你可以从栈踪迹中识别锁：这是 THD::set_query() 中的锁，位于指令偏移量 147。该函数的源代码显示它只获得了一个锁，LOCK_thd_query。

跟踪锁确实增加了开销，而且锁事件可能很频繁，可参见 4.3.7 节中介绍的 uprobes 开销细节。也许在内核 futex 函数的 kprobes 基础上开发类似的工具，会在一定程度上减少开销。另一种开销可以忽略不计的方法是使用 CPU 剖析来代替。CPU 剖析通常花费的开销很小，但因为它受采样率的限制，严重的锁竞争在 CPU 剖析中会显示用了很多的 CPU 周期。

应用程序内部

如果需要，你可以开发自定义的工具来归纳应用程序的内部情况。首先检查 USDT 探针是否可用，或者是否可以变得可用（通常通过重新编译一个选项）。如果这些探针不可用或不够用，可考虑使用 uprobes。关于 bpftrace、uprobes 以及 USDT 的例子，可参见 4.3.7 节和 4.3.8 节。4.3.8 节还介绍了动态 USDT，USDT 对于深入了解 JIT 编译的软件是十分必要的，因为 uprobes 可能无法对这类软件做检测。

一个复杂的例子是 Java：uprobes 能检测 JVM 运行时（C++ 代码）和操作系统库，USDT 可以检测高级别的 JVM 事件，而可以将动态 USDT 放在 Java 代码中，为对方法的执行提供洞察能力。

5.6 明白了

以下内容描述了应用程序性能分析的常见问题，特别是缺少符号和栈踪迹。你可能会在检查 CPU 剖析（如火焰图）的时候第一次遇到这些问题，发现剖析缺少函数名和栈踪迹。

这些问题是高阶主题，我在《BPF 之巅》一书的第 2、12 和 18 章中对这些问题做了更详细的介绍，在这里我们做一下总结。

5.6.1 缺少符号

当剖析器或跟踪器不能将一个应用程序的指令地址解析为其函数名称（符号）时，它可能会将其打印为十六进制数或用字符串“[unknown]”来代替。这种问题的修复方法取决于应用程序的编译器、运行时和调优，以及剖析器本身。

ELF 二进制文件（C、C++、...）

符号可能会从被编译的二进制文件中丢失，特别是那些被打包和分发的二进制文件，因为为了减小文件大小，它们已经用 strip(1) 处理过了。一种解决方法是调整构建过程以避免符号剥离；另一种方法是使用不同的符号信息来源，如 debuginfo 或 BPF 类型格式（BTF）。通过 perf(1)、BCC 和 bpftrace 所执行的 Linux 剖析均支持 debuginfo 符号。

JIT 运行时（Java、Node.js、...）

符号缺失通常发生在像 Java 和 Node.js 这样的即时编译（JIT）运行时中。在这些情况下，JIT 编译器有自己的符号表，该表会在运行时发生变化，而且不属于二进制中预编译的符号表。常见的修复方法是使用由运行时生成的补充符号表，这些符号表被放置在 /tmp/perf-<PID>.map 文件中，由 perf(1) 和 BCC 共同读取。

例如，Netflix 使用 perf-map-agent [Rudolph 18]，perf-map-agent 可以附加到活的 Java 进程并转储为一个补充符号文件。我用另一个叫 jmaps [Gregg 20c] 的工具将这个使用过程自动化，该工具应该在剖析之后、符号翻译之前立即运行。例如，使用 perf(1)（参见第 13 章）：

```
# perf record -F 49 -a -g -- sleep 10; jmaps
# perf script --header > out.stacks
# [...]
```

用 bpftrace（参见第 15 章）：

```
# bpftrace --unsafe -e 'profile:hz:49 { @[ustack] = count(); }
    interval:s:10 { exit(); } END { system("jmaps"); }'
```

符号映射可能在剖析样本和符号表转储之间发生变化，在剖析中产生无效的函数名称，这被称为符号流失（symbol churn），在 perf record 命令后立即运行 jmaps 可以减少符号流失。到目前为止，这还不是一个严重的问题；如果是的话，可以在剖析之前和之后进行符号转储，以检查变化。

还有其他解决 JIT 符号的方法。一种是使用符号 - 时间戳记录，perf(1) 支持这种记录，这解决了符号流失的问题，尽管在启用时会有较高的开销。另一种是让 perf(1) 调用运行时自己的栈遍历器（通常为了异常栈而特别存在）。这种方法有时被称为栈助手（stack helper），对于 Java 来说，这个方法已经由 async-profiler[Pangin 20] 实现。

请注意，JIT 运行时也有预编译的组件：JVM 也使用 libjvm 和 libc。关于这些组件的处理，参见前面的“ELF 二进制文件”部分。

5.6.2 缺少栈

另一个常见的问题是栈缺失或栈踪迹不完整，也许只有一或两帧那么短。例如，来自 MySQL 服务的一次 off-CPU 剖析：

```
finish_task_switch
schedule
futex_wait_queue_me
futex_wait
do_futex
__x64_sys_futex
do_syscall_64
entry_SYSCALL_64_after_hwframe
pthread_cond_timedwait@@GLIBC_2.3.2
[unknown]
```

这个栈是不完整的：在 pthread_cond_timedwait() 之后是一个“[unknown]”帧。这一点后面的 MySQL 函数都缺失了，而我们真正需要的是这些 MySQL 函数来理解应用程序的上下文。

有时候栈是一个单一的帧：

```
send
```

在火焰图中，这可能表现为“草”：在剖析的底部有许多薄薄的单帧。

不幸的是，不完整的栈踪迹是很常见的，通常是由两个因素共同造成的。1）观测工具使用基于帧指针的方法来读取栈踪迹，以及 2）目标二进制文件没有为帧指针保留一个寄存器（x86_64 上的 RBP），而是作为编译器的性能优化，将其作为一个通用寄存器来使用。观测工具读取这个寄存器，期望它是一个帧指针，但实际上它现在可以包含任何东西：数字、对象地址、指向字符串的指针等。观测工具试图在符号表中解决这个数字，如果幸运的话，在没有找到它的情况下，可以打印“[unknown]”。如果不走运，这个随机数就会被解析为一个不相关的符号，现在打印出来的栈踪迹里有一个错误的函数名，这让你这个最终用户感到困惑。

由于 libc 库通常是在没有帧指针的情况下被编译的，所以不完整的栈在通过 libc 的任何路径上都很常见，包括前面的两个例子：pthread_cond_timedwait() 和 send()。[1]

最简单的解决办法通常是修复帧指针寄存器：

- 对于 C/C++ 软件，以及其他用 gcc(1) 或 LLVM 编译的软件，使用 -fno-omit-frame-pointer 重新编译软件。
- 对于 Java 来说，运行 java(1) 时使用 -XX:+PreserveFramePointer。

这可能会带来性能上的损失，但通常损失测量为低于 1%；能够使用栈踪迹找到性能上的优化的好处通常远远超过这一成本。

另一种方法是改用不基于帧指针的栈遍历技术。perf(1) 支持基于 DWARF 的栈遍历、ORC 和最后分支记录（LBR）。其他的栈遍历方法在 13.9 节中有提到。

在写本章的时候，基于 DWARF 的栈遍历和 LBR 栈遍历在 BPF 中还不可用，ORC 也还不能用于用户级软件。

5.7　练习

1. 回答下面这些关于术语的问题：

- 什么是缓存？
- 什么是环形缓冲区？
- 什么是自旋锁？
- 什么是自适应互斥锁？
- 并发和并行有什么区别？
- 什么是 CPU 亲和性？

2. 回答下面这些概念问题：

- 使用大 I/O 尺寸的优点和缺点是什么？
- 锁的哈希表的用处是什么？
- 描述一下编译型语言、解释型语言和虚拟机语言运行时大致的性能特征。

1　我已经向软件包维护者发送了构建说明，要求将带有框架指针的libc打包。

- 解释垃圾回收的作用，以及它是如何影响性能的。

3. 选择一个应用程序，回答下面这些关于应用程序的基本问题：

- 该应用程序的作用是什么？
- 该应用程序执行什么样的操作？
- 该应用程序运行在用户态还是内核态？
- 该应用程序是如何配置的？关于性能有哪些关键选项？
- 该应用程序提供了怎样的性能指标？
- 该应用程序创建的日志是怎样的？包含性能的信息了吗？
- 该应用程序最近的版本是否修复了性能问题？
- 该应用程序已知的性能 bug 有哪些？
- 该应用程序有社区吗（例如，IRC、聚会）？有性能社区吗？
- 有关于该应用程序的书吗？有关于性能的书吗？
- 该应用程序有知名的性能专家吗？他们是谁？

4. 选择一个施加了负载的应用程序，执行下面这些任务（其中的一些需要用到动态跟踪）：

- 在开始任何测量前，你预计这个应用程序是 CPU 密集型的还是 I/O 密集型的？说一下你的理由。
- 如果是 CPU 密集型的（I/O 密集型的），确定要用到的观测工具。
- 为该应用程序生成一张 CPU 火焰图。你可能需要修复符号和栈踪迹，这样才能起作用。最热的 CPU 代码路径是什么？
- 为该程序生成一张 off-CPU 的火焰图。在应用程序的请求中，最长的阻塞事件是什么（忽略空闲的栈）？
- 归纳该应用程序所执行 I/O 的尺寸特征（例如，文件系统读取 / 写入、网络发送 / 接收）。
- 该应用程序使用缓存吗？确定缓存的大小和命中率。
- 测量应用程序服务的操作延时（响应时间），得到平均值、最小值、最大值和全局分布。
- 用向下钻取法调查延时的原因。
- 对施加在应用程序上的工作负载做特征归纳（确定 who 和 what）。
- 核对一遍静态性能调整的确认清单。
- 该应用程序的运行是并发的吗？调查一下它对同步原语的使用情况。

5.（高阶，可选）为 Linux 开发一款名为 tsastat(8) 的工具，按列打印多个线程状态的状态分析结果，以及每个状态所消耗的时间。可以与 pidstat(1) 的行为相似，以滚屏的方式输出。[1]

5.8 参考资料

[Knuth 76] Knuth, D., "Big Omicron and Big Omega and Big Theta," *ACM SIGACT News,* 1976.

[Knuth 97] Knuth, D., *The Art of Computer Programming, Volume 1: Fundamental Algorithms*, 3rd Edition, Addison-Wesley, 1997.

[Zijlstra 09] Zijlstra, P., "mutex: implement adaptive spinning," http://lwn.net/Articles/314512, 2009.

[Gregg 17a] Gregg, B., "EuroBSDcon: System Performance Analysis Methodologies," *EuroBSDcon,* http://www.brendangregg.com/blog/2017-10-28/bsd-performance-analysis-methodologies.html, 2017.

[Intel 18] "Tool tracing syscalls in a fast way using eBPF linux kernel feature," https://github.com/pmem/vltrace, last updated 2018.

[Microsoft 18] "Fibers," *Windows Dev Center,* https://docs.microsoft.com/en-us/windows/win32/procthread/fibers, 2018.

[Rudolph 18] Rudolph, J., "perf-map-agent," https://github.com/jvm-profiling-tools/perf-map-agent, last updated 2018.

[Schwartz 18] Schwartz, E., "Dynamic Optimizations for SBCL Garbage Collection," *11th European Lisp Symposium*, https://european-lisp-symposium.org/static/proceedings/2018.pdf, 2018.

[Axboe 19] Axboe, J., "Efficient IO with io_uring," https://kernel.dk/io_uring.pdf, 2019.

[Gregg 19] Gregg, B., *BPF Performance Tools: Linux System and Application Observability*, Addison-Wesley, 2019.

[Apdex 20] Apdex Alliance, "Apdex," https://www.apdex.org, accessed 2020.

[Golang 20] "Why goroutines instead of threads?" *Golang documentation,* https://golang.org/doc/faq#goroutines, accessed 2020.

1 琐事：从第1版开始，我就不知道有谁解决了这个问题。我为OSCON提出了一个线程状态分析讲座（TSA），并计划为该讲座开发一个Linux TSA工具；然而，我的讲座被拒绝了（我的错：我的摘要很糟糕），而且我还没有开发这个工具。EuroBSDcon邀请我做一个主题演讲，我在演讲中涉及了TSA，并且我确实为它开发了一个工具：tstates.d，用于FreeBSD [Gregg 17a]。

[Gregg 20b] Gregg, B., "BPF Performance Tools," https://github.com/brendangregg/bpf-perf-tools-book, last updated 2020.

[Gregg 20c] Gregg, B., "jmaps," https://github.com/brendangregg/FlameGraph/blob/master/jmaps, last updated 2020.

[Linux 20e] "RCU Concepts," *Linux documentation*, https://www.kernel.org/doc/html/latest/RCU/rcu.html, accessed 2020.

[Microsoft 20] "Procmon Is a Linux Reimagining of the Classic Procmon Tool from the Sysinternals Suite of Tools for Windows," https://github.com/microsoft/ProcMon-for-Linux, last updated 2020.

[Molnar 20] Molnar, I., and Bueso, D., "Generic Mutex Subsystem," *Linux documentation*, https://www.kernel.org/doc/Documentation/locking/mutex-design.rst, accessed 2020.

[Node.js 20] "Node.js," http://nodejs.org, accessed 2020.

[Pangin 20] Pangin, A., "async-profiler," https://github.com/jvm-profiling-tools/async-profiler, last updated 2020.

第6章

CPU

CPU 驱动了所有软件的运行，因而通常是系统性能分析的首要目标。本章阐释了 CPU 的硬件和软件，并展示了如何通过详细检查 CPU 用量以提高系统性能。

从总体上来看，我们可以监测系统级别的 CPU 使用率，或者按照进程或者线程检查 CPU 用量。从底层看，我们可以剖析并研究应用程序和内核的代码路径，以及中断造成的 CPU 开销。在底层，我们可以分析 CPU 指令的执行和周期行为。我们还可以调查包括造成任务等待 CPU 的调度器延时等其他会降低性能的行为。

本章的学习目标如下。

- 理解 CPU 模型和概念
- 熟悉 CPU 硬件机制
- 熟悉 CPU 调度器机制
- 了解分析 CPU 的不同方法
- 解释平均负载和 PSI
- 归纳系统级别和每个 CPU 的使用率
- 识别和量化调度器延时问题
- 通过 CPU 周期分析找出效率瓶颈
- 通过剖析器和 CPU 火焰图调查 CPU 用量
- 找出 CPU 软硬中断的消费者
- 解释 CPU 火焰图和其他 CPU 可视化方案
- 了解 CPU 的可调参数

本章有以下 6 个部分。前 3 个部分是关于 CPU 分析的基础，后 3 个部分则展示了如何将其应用在 Linux 系统中。内容分别如下所述。

- **背景**部分介绍了与 CPU 相关的术语、CPU 的基本模型以及有关 CPU 性能的关键概念。

- **架构**部分介绍了处理器和内核调度器的架构。
- **方法**部分描述了性能分析的方法，包括观测法和实验法。
- **观测工具**部分描述了基于 Linux 的 CPU 性能分析工具，包括剖析、跟踪和可视化。
- **实验部分**总结了 CPU 的基准测试工具。
- **调优**部分包含了一些可调参数的内容。

此外，本章还介绍了内存 I/O 对 CPU 性能的影响，包括 CPU 周期在内存上的停滞（stall）以及 CPU 缓存对性能的影响。第 7 章将继续讨论内存 I/O，包括 MMU、NUMA/UMA、系统互联和内存总线。

6.1 术语

本章使用的 CPU 相关术语如下。

- **处理器**：插到系统插槽中或者处理器板上的物理芯片，以核或者硬件线程的方式包含了一块或者多块 CPU。
- **核**：一颗多核处理器上的一个独立 CPU 实例。核的使用是处理器扩展的一种方式，又被称为芯片级多处理（chip-level multiprocessing，CMP）。
- **硬件线程**：一种支持在一个核上同时执行多个线程（包括 Intel 的超线程技术）的 CPU 架构，每个线程是一个独立的 CPU 实例。这种扩展的方法又被称为同步多线程（simultaneous multithreading，SMT）。
- **CPU 指令**：单个 CPU 操作，来源于它的指令集。指令用于算术操作、内存 I/O，以及逻辑控制。
- **逻辑 CPU**：又被称为虚拟处理器[1]，一个操作系统的 CPU 实例（一个可调度的 CPU 实体）。处理器可以通过硬件线程（这种情况下又被称为虚拟核）、一个核，或者一个单核的处理器实现。
- **调度器**：把 CPU 分配给线程运行的内核子系统。
- **运行队列**：一个等待 CPU 服务的可运行线程队列。现代内核可能会使用一些其他的数据结构（例如，红黑树）存储可运行线程，但我们仍然使用运行队列这个术语。

其他术语在本章中会穿插介绍，还可参见第 2 章和第 3 章的术语部分。

1 它有时也被称为虚拟CPU，然而，这个术语更常用于指代由虚拟化技术提供的虚拟CPU示例，详情参见第11章。

6.2 模型

下面的简单模型演示了一些有关 CPU 和 CPU 性能的基本原理。6.4 节进一步挖掘并包含了特定实现的细节。

6.2.1 CPU 架构

图 6.1 展示了一个 CPU 架构的示例，单个处理器内共有 4 个核和 8 个硬件线程。物理架构如图 6.1 的左图所示，而右图则展示了从操作系统角度看到的景象。[1]

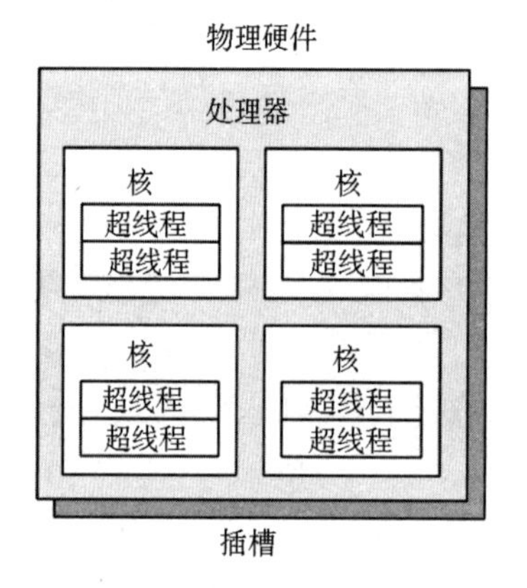

图 6.1 CPU 架构

每个硬件线程都可以按逻辑 *CPU* 寻址，因此这个处理器看上去有 8 块 CPU。对这种拓扑结构，操作系统可能有一些额外信息，如哪些 CPU 在同一个核上共享缓存，这样可以提高调度的质量。

6.2.2 CPU 内存缓存

为了提高内存 I/O 性能，处理器提供了多种硬件缓存。图 6.2 展示了缓存大小与速度的关系，越小则速度越快（一种权衡），并且越靠近 CPU。

缓存存在与否，以及是在处理器里（集成在里面）还是在处理器外，取决于处理器的类型。早期的处理器集成的缓存层次较少。

1 Linux中有一个工具，lstopo(1)，可以为当前系统生成类似的图表，6.6.21节中有一个例子。

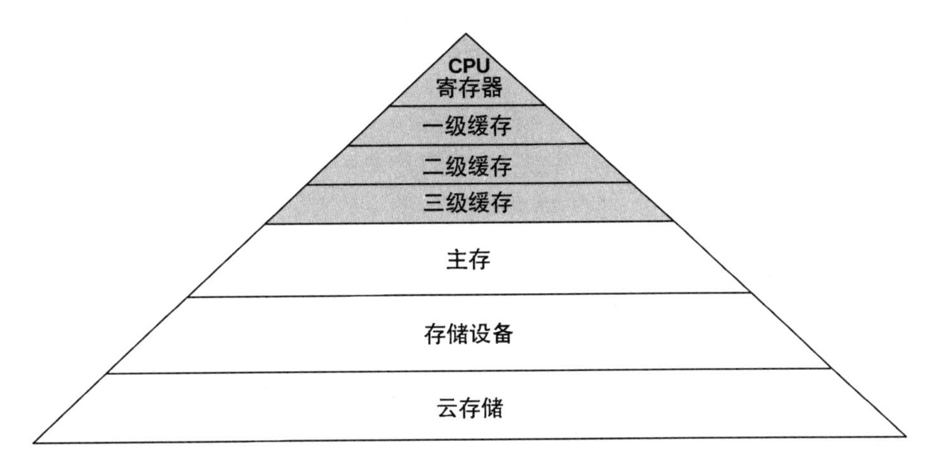

图 6.2 CPU 缓存大小

6.2.3 CPU 运行队列

图 6.3 展示了一个由内核调度器管理的 CPU 运行队列。

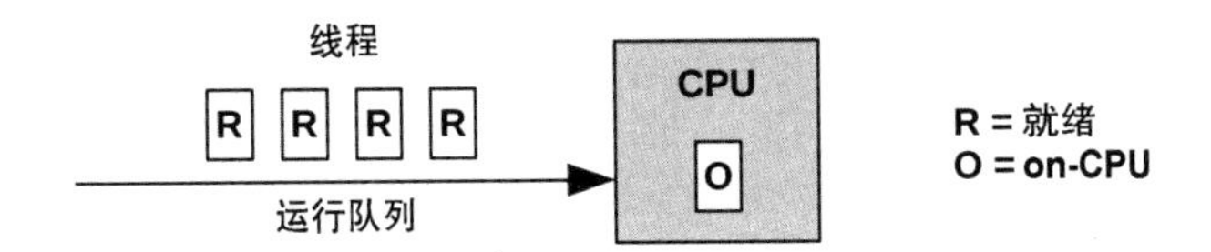

图 6.3 CPU 运行队列

图 6.3 中显示的就绪以及正在运行的线程状态在图 3.8 中有描述。

正在排队和就绪的软件线程数量是一个很重要的性能指标，表示了 CPU 的饱和度。在图 6.3 中（在这一瞬间）有 4 个排队线程，还有 1 个正在 CPU 上运行的线程。花在等待 CPU 运行上的时间又被称为*运行队列延时*或者*分发器队列延时*。在本书中使用*调度器延时*这个术语，因为这个名称适用于所有的分发器类型，包括不使用队列的情况（可参见 6.4.2 节中关于 CFS 的讨论）。

对于多处理器系统，内核通常为每个 CPU 提供一个运行队列，并尽量使线程每次都被放到同一队列之中。这意味着线程更有可能在同一个 CPU 上运行，因为 CPU 缓存里保存了它们的数据。这些缓存被称为*热度缓存*，这种保持线程运行在相同 CPU 上的方法被称为 *CPU 亲和性*。在 NUMA 系统中，给每个 CPU 配备单独的运行队列可以提高*内存本地性*，让线程运行在同一个内存节点中可提高系统性能（在第 7 章中有描述）。这同样也避免了队列操作的线程同步开销（互斥锁）。如果运行队列是全局的且被所有 CPU 共享，这种开销会影响扩展性。

6.3 概念

下面挑选了一些有关 CPU 性能的重要概念，从处理器内部结构的总结开始：CPU 的时钟频率和如何执行指令。这些都是之后要介绍的性能分析的背景知识，特别是对于理解每指令周期数（cycles-per-instruction，CPI）指标而言很重要。

6.3.1 时钟频率

时钟是一个驱动所有处理器逻辑的数字信号。每个 CPU 指令都可能会花费一个或者多个时钟周期（称为 *CPU 周期*）来执行。CPU 以一个特定的时钟频率执行，例如，一个 4GHz 的 CPU 每秒运行 40 亿个时钟周期。

有些处理器可以改变时钟频率，升频以改进性能或者降频以减少能耗。频率可以根据操作系统的请求而变化，或者处理器自己动态调整。例如，内核空闲线程就可以请求 CPU 降低频率以降低能耗。

时钟频率经常被当作处理器营销的主要指标，但这有可能让人误解。即使你系统里的 CPU 看上去已经被完全利用（达到瓶颈），但更快的时钟频率并不一定会提高性能——它取决于在快速 CPU 周期里处理器到底在做些什么。如果大部分时间是 CPU 停滞等待内存访问，那更快的执行速度实际上并不能提高 CPU 指令的执行效能或者负载吞吐量。

6.3.2 指令

CPU 执行指令集中的指令。一个指令包括以下步骤，每个步骤都由 CPU 的一个叫作*功能单元*的组件处理：

1. 指令预取
2. 指令解码
3. 执行
4. 内存访问
5. 寄存器回写

最后两步是可选的，取决于指令本身。许多指令仅仅操作寄存器，并不需要访问内存。

这里的每一步都至少需要一个时钟周期来执行。内存访问经常是最慢的，因为它通常需要几十个时钟周期读或写主存，在此期间指令执行陷入停滞（停滞期间的这些周期称为*停滞周期*）。这就是 CPU 缓存如此重要的原因：它可以极大地降低内存访问需要的周期数，这会在 6.4.1 节中进行介绍。

6.3.3 指令流水线

指令流水线是一种 CPU 架构，通过同时执行不同指令的不同部分，来达到同时执行多个指令的效果。这类似于工厂的组装线，生产的每个步骤都可以同时执行，提高了吞吐量。

考虑一下前面列出的指令步骤。如果每个步骤都需要花 1 个时钟周期，那至少需要 5 个周期才能完成指令的执行。在执行指令的每一步里，只有 1 个功能单元在运转而其他 4 个空闲。通过使用流水线，能同时激活多个功能单元，处理流水线上不同的指令。理想状况下，处理器可以在一个时钟周期里完成一条指令的执行。

指令流水线可把一条指令分解为多个简单步骤使其可以并发执行。这取决于处理器，这些步骤可能成为处理器*后端*执行的*微操作*（uOps），这种处理器的*前端*负责取指令和分支预测。

分支预测

现代处理器支持流水线的乱序执行，即后续的指令可以在前面指令停滞的时候执行，以此提高指令的吞吐量。但是条件分支指令带来了一个问题。分支指令跳转到别的指令位置，而如何跳转取决于条件分支的测试结果。有了条件分支之后，处理器就不清楚后续的指令到底是什么了。处理器通常使用*分支预测*技术来进行优化，通过猜测测试的结果并且提前执行。如果预测错了，那指令流水线中的进度就要被丢弃并影响性能。为了提高预测的准确性，程序员可以在代码里植入提示信息（例如，Linux 内核代码中的宏 likely() 和 unlikely()）。

6.3.4 指令宽度

我们还能更快。同一种类型的功能单元可以有好几个，这样在每个时钟周期里就可以处理更多的指令。这种 CPU 架构被称为*超标量*，通常和流水线一起使用以达到高指令吞吐量。

*指令宽度*描述了同时处理的目标指令数量。现代处理器一般为宽度 3 或者宽度 4，这意味着它们在每个周期里最多可以完成 3 ～ 4 个指令。如何获取这个值取决于处理器本身，每个环节都有不同数量的功能单元处理指令。

6.3.5 指令尺寸

指令的另一个特征是*指令尺寸*。对于有些处理器架构，这个特征是可变的：例如，x86 这样的*复杂指令集计算机*（CISC），指令尺寸最大可以达到 15 字节。ARM 作为*精简指令集计算机*（RISC）的代表，AArch32/A32 的架构指令为 4 字节，并对齐到 4 字节；而 ARM Thumb 的指令为 2 字节或 4 字节。

6.3.6　SMT

同步多线程（SMT）通过超标量架构和硬件多线程技术（处理器支持）提高并发度。它允许一个CPU核心运行一个以上的线程，在指令执行期间有效地在线程之间进行调度，例如，当一个指令在内存I/O上停滞时。内核把这些硬件线程表示为虚拟CPU，并把它们当作正常的CPU调度进程和线程。在6.2.1节中有介绍和图示。

Intel的超线程技术是SMT的一个实现示例，每个核有两个硬件线程。另一个例子是POWER8，每个核有8个硬件线程。

每个硬件线程的性能与单独的CPU核不同，并且取决于负载。为了避免性能问题，内核把CPU的负载分配到不同的核上，这样每个核上只有一个繁忙的硬件线程，不会有硬件线程争用核。停滞周期密集（低IPC）的负载比那些运算周期密集（高IPC）的负载往往有更好的性能，这是因为停滞周期降低了对核的争用。

6.3.7　IPC和CPI

每周期指令数（IPC）是一个很重要的高级指标，用来描述CPU如何使用它的时钟周期，同时也可以用来理解CPU使用率的本质。这个指标也可以被表示为每指令周期数（CPI），即IPC的倒数。Linux社区和Linux的perf(1)剖析器通常使用IPC，而Intel和其他地方通常使用CPI。[1]

IPC较低代表CPU经常陷入停滞，通常都是在访问内存。而较高的IPC则代表CPU基本没有停滞，指令吞吐量较高。这些指标指明了性能调优的主要工作方向。

内存访问密集的负载，可以通过下面的方法提高性能，如使用更快的内存（DRAM）、提高内存本地性（软件配置），或者减少内存I/O数量。使用更高时钟频率的CPU并不能达到预期的性能目标，因为CPU还是需要为等待内存I/O完成而花费同样的时间。换句话说，更快的CPU意味着更多的停滞周期，而每秒完成指令的数量不变。

IPC的高低实际上和处理器以及处理器的功能有关，可以通过实验方法运行已知的负载得出。例如，你会发现低IPC的负载可以使IPC达到0.2或者更低，而在高IPC的负载下，IPC高于1（受益于前述的指令流水线和宽度技术，这是可以达到的）。在Netflix，云计算负载产生的IPC在0.2（较慢）到1.5（较好）之间。表示成CPI的范围为5.0到0.66。

值得注意的是，IPC代表了指令处理的效率，并不代表指令本身的效率。假设有一个软件改动，加入了一个低效率的循环，这个循环主要在操作CPU寄存器（没有停滞周期）：这种改动可能会升高总体IPC，提高CPU的用量和使用率。

1　在本书的第1版中我使用的是CPI，后来我更多地在Linux上工作，因此顺带也换用了IPC。

6.3.8 使用率

CPU 的使用率通过测量一段时间内 CPU 实例忙于执行工作的时间比例获得，以百分比表示。它也可以通过测量 CPU 未运行内核空闲线程的时间得出，这段时间内 CPU 可能在运行一些用户级应用程序线程，或者其他的内核线程，或者在处理中断。

CPU 使用率高并不一定代表有问题，仅仅表示系统正在工作。有些人认为这是投资回报率（ROI）的指标：高度被利用的系统被认为有着较好的 ROI，而空闲的系统则是浪费。和其他类型的资源（磁盘）不同，CPU 在高使用率的情况下，性能并不会出现显著下降，因为内核支持优先级、抢占和分时共享。这些概念组合起来让内核决定了什么线程的优先级更高，并保证它优先运行。

CPU 使用率的测量包括所有符合条件的活动的时钟周期，还包括内存停滞周期。这可能有些误导：CPU 有可能像前面描述的那样，因为经常停滞等待 I/O 而导致高使用率，而不仅是在执行指令。Netflix 云环境里曾经发生过这种情况，当时 CPU 时间大部分花在了内存停滞周期上 [Gregg 17b]。

CPU 使用率通常被分成内核时间和用户时间两个指标。

6.3.9 用户时间 / 内核时间

CPU 花在执行用户级软件上的时间称为*用户时间*，而执行内核级软件的时间称为*内核时间*。内核时间包括系统调用、内核线程和中断的时间。在整个系统范围内进行测量时，用户时间和内核时间之比揭示了运行的负载类型。

计算密集的应用程序几乎会把大量的时间用在用户级代码上，用户时间与内核时间之比接近 99/1。这类例子有图像处理、机器学习、基因组学和数据分析。

I/O 密集的应用程序的系统调用频率较高，通过执行内核代码进行 I/O 操作。例如，一个进行网络 I/O 的 Web 服务器的用户时间与内核时间比大约为 70/30。

这些数字由许多因素决定，只是用来表示预期的比例。

6.3.10 饱和度

一个 100% 使用率的 CPU 被称为是*饱和的*，线程在这种情况下会碰上*调度器延时*，因为它们需要等待一段时间才能在 CPU 上运行，降低了总体性能。这个延时是线程花在等待 CPU 运行队列或者其他管理线程的数据结构上的时间。

另一种 CPU 饱和度的形式则和 CPU 资源控制有关，这个控制会在云计算环境下发生。尽管 CPU 并没有 100% 被使用，但已经达到了控制的上限，因此可运行的线程就必须等待轮到它们的机会。用户对这个过程的可见度取决于系统使用的虚拟化技术，详情可参见第 11 章。

一个饱和运行的 CPU 不像其他类型的资源那样问题重重，因为更高优先级的工作可以抢占当前线程。

6.3.11 抢占

第 3 章中介绍的抢占，允许更高优先级的线程抢占当前正在运行的线程，并开始执行自己。这样节省了更高优先级的运行队列延时时间，提高了性能。

6.3.12 优先级反转

优先级反转指的是一个低优先级的线程拥有了一项资源，从而阻塞了高优先级线程运行的情况。这降低了高优先级工作的性能，因为它被阻塞只能等待。

这个问题可以通过优先级继承机制解决。下面是一个例子，演示了这个机制是如何工作的（基于一个现实世界的例子）。

1. 线程 A 执行监测的任务，优先级较低。它获得了一个生产数据库的地址空间锁，以检查内存用量。
2. 线程 B 是一个执行系统日志压缩的日常任务，开始运行。
3. CPU 不足以支持同时运行两个线程。线程 B 抢占线程 A。
4. 线程 C 来自生产数据库，优先级较高，正在休眠以等待 I/O。I/O 现在完成了，把线程 C 放回可运行状态。
5. 线程 C 抢占了线程 B，运行了却被阻塞在 A 持有的地址空间锁上。线程 C 放弃 CPU。
6. 调度器挑选次高优先级的线程运行：B 线程。
7. 线程 B 运行的同时，一个高优先级线程，线程 C，却被一个低优先级的线程 B 阻塞了。这就是优先级反转。
8. 优先级继承机制把线程 C 的高优先级传递给了 A，而抢占了 B，直到锁被释放。线程 C 现在可以运行了。

Linux 从 2.6.18 起提供了支持优先级继承机制的用户级互斥，用于实时负载 [Corbet 06a]。

6.3.13 多进程和多线程

大多数处理器都以某种形式提供多个 CPU。对于想使用这个功能的应用程序来说，需要开启不同的执行线程以并发运行。对于一个有 64 颗 CPU 的系统来说，这意味着一个应用程序如果同时用满所有 CPU，可以达到最快 64 倍的速度，或者处理 64 倍的负载。

应用程序可以根据 CPU 数目进行有效放大的能力又称为扩展性。

应用程序在多 CPU 上扩展的技术分为多进程和多线程，如图 6.4 所示。（注意，这是软件多线程，区别于先前提到的基于硬件的 SMT。）

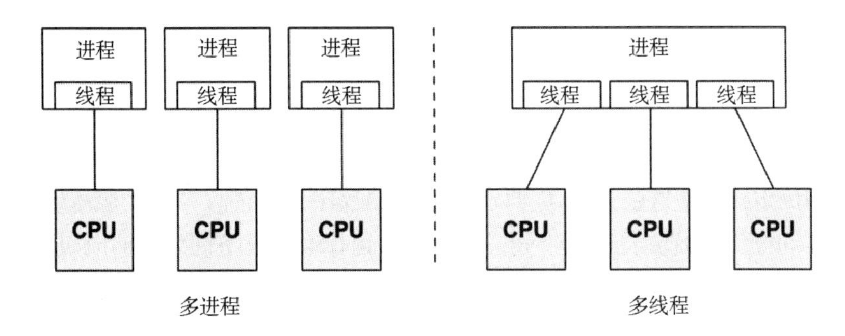

图 6.4 软件 CPU 扩展技术

在 Linux 上可以使用多进程和多线程模型，而这两种技术都是由任务实现的。

多进程和多线程之间的差异如表 6.1 所示。

表 6.1 多进程和多线程的属性

属性	多进程	多线程
开发	较简单。使用 fork(2) 或者 clone(2)	使用线程 API（pthreads）
内存开销	每个进程不同的地址空间消耗了一些内存资源（页面级写拷贝可以某种程度降低此开销）	小。只需要额外的栈和寄存器空间，以及存放线程局部数据的空间
CPU 开销	fork(2)/clone(2)/exit(2) 的开销，其中包括 MMU 管理地址空间的开销	小。API 调用
通信	通过 IPC。导致了 CPU 开销，包括为了在不同地址空间之间移动数据而导致的上下文切换，除非使用共享内存区域	最快。直接访问共享内存。通过同步原语保证数据一致性（例如，互斥锁）
崩溃弹性	高，进程间互相独立	低，任何 bug 都会导致整个应用程序崩溃
内存使用	虽然有一些冗余的内存使用，但不同的进程可以调用 exit(2)，并向系统返还所有的内存	通过系统分配器。这可能导致多个线程之间的 CPU 竞争，而在内存被重新使用之前会有些碎片化

正如表里叙述的多线程的那些优点，多线程一般被认为优于多进程，尽管对开发者而言更难实现。多线程的开发参见 [Stevens 13]。

不管使用何种技术，重要的是要创建足够的进程或者线程，以占据预期数量的 CPU——如果要最大化性能，那就要用到所有的 CPU。有些应用程序可能在更少的 CPU 上跑得更快，这是因为线程同步和内存本地性下降反而吞噬了更多 CPU 资源。

5.2.5 节也讨论了并行架构，同时总结了协程。

6.3.14　字长

处理器是围绕最大字长设计的——32 位或者 64 位——这是整数大小和寄存器宽度。字长也被普遍使用，表示地址空间大小和数据通路宽度（有时也被称为位宽），取决于不同的处理器实现。

更宽的字长意味着更好的性能，虽然它并没有听上去那么简单。更宽的字长可能会在某些数据类型下因未使用的位而导致额外的内存开销。数据的大小也会因为指针大小的增加而增加，导致需要更多的内存 I/O。对 64 位的 x86 架构来说，寄存器的增加和更有效的调用约定抵消了这些开销，因此 64 位的应用程序会比它们 32 位的版本运行得更快。

处理器和操作系统支持多种字长，可以同时运行编译成不同字长的应用程序。如果软件被编译成较小的字长，它可能会成功运行但是慢得多。

6.3.15　编译器优化

应用程序在 CPU 上的运行时间可以通过编译器选项（包括字长设置）来大幅改进。编译器也被频繁地更新以利用最新的 CPU 指令集以及其他优化。有时应用程序的性能可以通过使用新的编译器被显著地提高。

这个话题在 5.3.1 节中有详细叙述。

6.4　架构

本节将从硬件和软件的角度介绍 CPU 架构和实现。简单的 CPU 模型在 6.2 节中已介绍过，在前面的章节中还介绍过通用的概念。

这些内容被总结成性能分析的背景知识。更多的详细信息请参阅处理器供应商手册和操作系统本身的资料，在本章的结尾处列出了其中一些。

6.4.1　硬件

CPU 硬件包括了处理器和它的子系统，以及多处理器之间的 CPU 互联。

处理器

一颗通用的双核处理器的组件构成如图 6.5 所示。

控制单元是 CPU 的心脏，运行指令预取、解码、管理执行以及存储结果。

图 6.5 所示的处理器包括了一个共享的浮点单元和（可选的）共享的三级缓存。你自己处理器的上述组件因类型和型号不同可能会有所不同。其他性能与相关的组件如下所述。

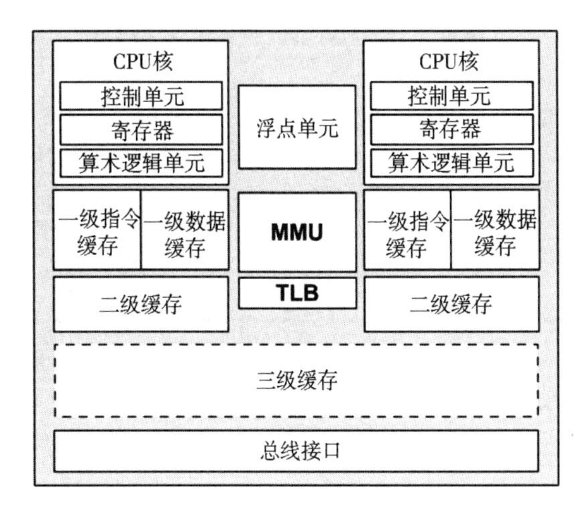

图 6.5 通用双核处理器的组件构成

- **P-cache**：预取缓存（每个 CPU 核一个）。
- **W-cache**：写缓存（每个 CPU 核一个）。
- **时钟**：CPU 时钟信号生成器（或者外部提供）。
- **时间戳计数器**：通过时钟递增，可获取高精度时间。
- **微代码 ROM**：快速把指令转化成电路信号。
- **温度传感器**：用于温度监测。
- **网络接口**：如果集成在芯片里（为了高性能）。

有些类型的处理器使用温度传感器作为单个核的动态超频的输入（包括 Intel 睿频加速技术），这样可以提高性能，又使得核的温度在正常范围内。P 状态定义了可能的时钟频率。

P 状态与 C 状态

Intel 处理器使用的高级配置与电源接口（ACPI）标准，定义了处理器性能状态（P 状态）和处理器电源状态（C 状态）[ACPI 17]。

P 状态通过在正常执行中变换 CPU 频率以提供不同级别的性能。P0 的频率最高（对某些 Intel CPU 来说，这是最高的"睿频"级别），P1...*N* 是低频状态。状态可以通过硬件（例如，根据处理器温度）或者软件（例如，内核省电模式）控制。当前运行频率和可用状态可以通过型号特定的寄存器（Model-Specific Registers，MSR）获得（例如，使用 6.6.10 节中介绍的 showboost(8) 工具）。

C 状态通过提供不同的空闲状态，在执行停止期间节约能耗。表 6.2 列出了 C 状态的描述，C0 表示正常执行，C1 和更高的级别表示空闲状态，数字越高，状态越深。

表 6.2 处理器能耗状态（C 状态）

C 状态	描述
C0	执行。CPU 全力执行指令
C1	停止执行。通过 hlt 指令触发。维持缓存。这个状态的唤醒延时最低
C1E	增强停止模式，功耗更低（某些处理器支持）
C2	停止执行。通过硬件信号触发。这是一个更深的睡眠模式，唤醒延时较高
C3	比 C1 和 C2 状态更深的睡眠模式，可节约更多能耗。缓存可能会保存状态，但不再侦听（为了一致性），而是交给操作系统完成

处理器厂家可以在 C3 之上定义更多的状态。有些 Intel 处理器定制了高达 C10 的状态。这些状态关闭了更多的处理器功能，包括缓存内容。

CPU 缓存

多种硬件缓存往往被包含在处理器内（包括芯片上、晶粒内置、嵌入或者集成）或者与处理器放在一起（外置）。这样通过更快类型的内存缓存了读并缓冲了写，提高了内存性能。图 6.6 展示了一个普通处理器是如何访问不同级别缓存的。

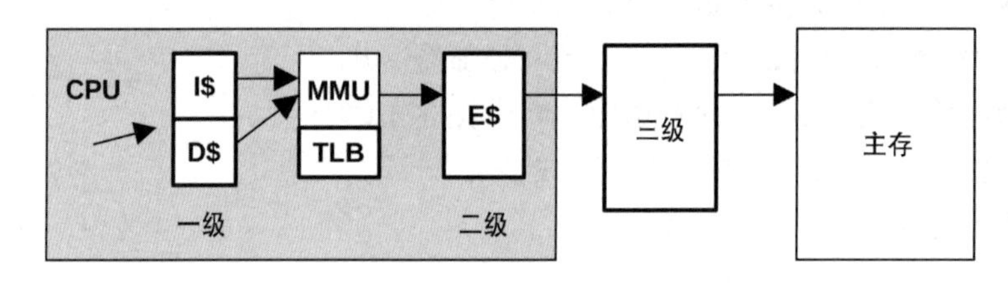

图 6.6 CPU 缓存层级

它们包括：

- 一级指令缓存（I$）
- 一级数据缓存（D$）
- 转译后备缓冲器（TLB）
- 二级缓存（E$）
- 三级缓存（可选）

E$ 中的 E 原来指代外部（external）缓存，但是随着二级缓存的集成，这个名称被聪明地换成了嵌入（embedded）缓存。为了避免混淆，术语“级”现在已经取代了“E$”风格表示法。

这通常是指主存之前的最后一级高速缓存，它可能是也可能不是三级的。Intel 为此使用了最后一级高速缓存（last-level cache，LLC）这一术语，也被描述为最长延时的高速缓存。

每个处理器上可用的缓存取决于它的类型和型号。随着时间的推进，这些缓存的数量和大小都在增加。表 6.3 中的内容展示了这个趋势，列出了自 1978 年以来 Intel 处理器的信息，包括缓存的进展 [Intel 20a]。

表 6.3 1978—2019 年 Intel 处理器缓存大小示例

处理器	年份	最大时钟频率	核 / 线程	晶体管	数据总线宽度（位）	一级	二级	三级
8086	1978	8 MHz	1/1	29 K	16	—		
Intel 286	1982	12.5 MHz	1/1	134 K	16	—		
Intel 386 DX	1985	20 MHz	1/1	275 K	32	—	—	—
Intel 486 DX	1989	25 MHz	1/1	1.2 M	32	8 KB	—	—
Pentium	1993	60 MHz	1/1	3.1 M	64	16 KB	—	—
Pentium Pro	1995	200 MHz	1/1	5.5 M	64	16 KB	256/512 KB	—
Pentium II	1997	266 MHz	1/1	7 M	64	32 KB	256/512 KB	—
Pentium III	1999	500 MHz	1/1	8.2 M	64	32 KB	512 KB	—
Intel Xeon	2001	1.7 GHz	1/1	42 M	64	8 KB	512 KB	—
Pentium M	2003	1.6 GHz	1/1	77 M	64	64 KB	1 MB	—
Intel Xeon MP 3.33	2005	3.33 GHz	1/2	675 M	64	16 KB	1 MB	8 MB
Intel Xeon 7410M	2006	3.4 GHz	2/4	1.3 B	64	64 KB	1 MB	16 MB
Intel Xeon 7460	2008	2.67 GHz	6/6	1.9 B	64	64 KB	3 MB	16 MB
Intel Xeon 7560	2010	2.26 GHz	8/16	2.3 B	64	64 KB	256 KB	24 MB
Intel Xeon E7-8870	2011	2.4 GHz	10/20	2.2B	64	64 KB	256 KB	30 MB
Intel Xeon E7-8870v2	2014	3.1GHz	15/30	4.3B	64	64KB	256KB	37.5MB
Intel Xeon E7-8870v3	2015	2.9GHz	18/36	5.6B	64	64KB	256KB	45MB
Intel Xeon E7-8870v4	2016	3.0GHz	20/40	7.2B	64	64KB	256KB	50MB
Intel Platinum 8180	2017	3.8GHz	28/56	8.0B	64	64KB	1MB	38.5MB
Intel Xeon Platinum 9282	2019	3.8GHz	56/112	8.0B	64	64KB	1MB	77MB

对于多核和多线程处理器，有些缓存会在核之间与线程之间共享。在表 6.3 所示的例子里，从 Intel Xeon 7460（2008）以后的处理器拥有多个一级和二级缓存，基本上是每个核一个（表里的大小指的是单核的缓存大小，不是总和）。

除了 CPU 缓存在数量和大小上的不断增长，还有一种趋势是，把缓存做在芯片里，而不是放在处理器的外部，因为这样可以最小化访问延时。

延时

多级缓存是用来取得大小和延时平衡的最佳配置。一级缓存的访问时间一般是几个 CPU 时钟周期，而更大的二级缓存大约是几十个时钟周期。主存大概会花费 60 纳秒（对于 4GHz 的处理器来说，大约是 240 个周期），而 MMU 的地址转译又会增加延时。

CPU 缓存延时特征可以通过微基准测试实验测出 [Ruggiero 08]。图 6.7 展示了这个结果，用 LMbench [McVoy 12] 绘出了一个不断给 Intel Xeon E5620 2.4GHz 处理器增加内存范围时内存访问延时的情况。

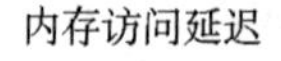

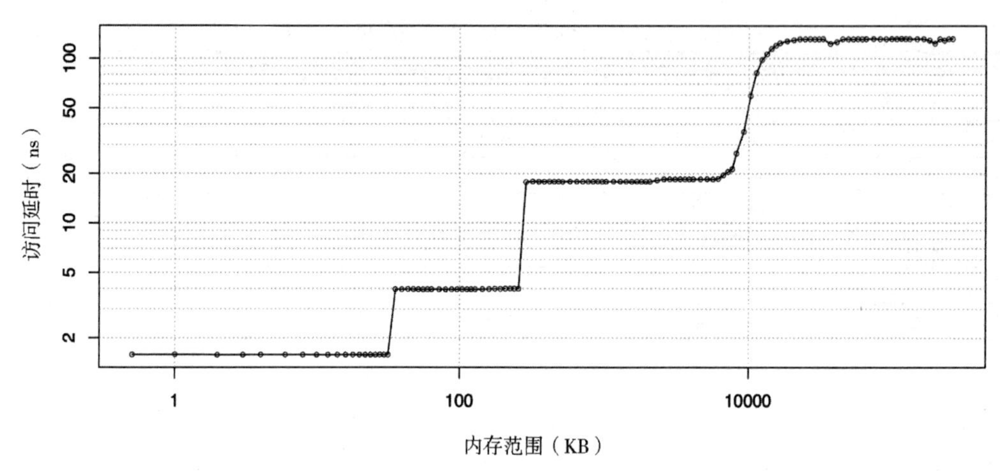

图 6.7 内存访问延时测试

图中的两个轴都是对数增长的。图中的台阶显示了当某一级缓存被撑爆时，访问延时增加到了下一级（更慢）缓存的水平。

相联性

相联性是定位缓存新条目范围的一种缓存特性。类型如下。

- **全相联：**缓存可以在任意地方放置新条目。例如，一个最近最少访问（LRU）算法可以剔除整个缓存里最老的条目。
- **直接映射：**每个条目在缓存里只有一个有效的地方，例如，对内存地址使用一组地址位进行哈希，得出缓存中的地址。
- **组相联：**首先通过映射（例如哈希）定位出缓存中的一组地址，然后再对这些使用另一个算法（例如 LRU）。这个方法通过组大小描述。例如，四路组相联把一个地址映射到四个可能的地方，然后在这四个地方中挑选最合适的一个（例如最近最少使用的位置）。

CPU 缓存经常使用组相联方法，这是在全相联（开销过大）与直接映射（命中过低）中间找一个平衡点。

缓存行

CPU 缓存的另一个特征是*缓存行大小*，这是一个存储和传输字节数量的单位，可提高内存吞吐量。x86 处理器典型的缓存行大小是 64 字节。编译器在优化性能时会考虑这个参数。有时程序员在优化性能时也会考虑这个参数，可参考 5.2.5 节中的哈希表。

缓存一致性

内存可能会同时被缓存在不同处理器的多个 CPU 里。当一个 CPU 修改了内存时，所有的缓存都需要知道它们的缓存拷贝已经失效，应该被丢弃，这样后续所有的读才会取到新修改的拷贝。这个过程叫作*缓存一致性*，确保了 CPU 永远访问正确的内存状态。

缓存一致性的一个副作用是 LLC（Last Level Cache）访问延时。下面所示的是一个大概的示例（源于 [Levinthal 09]）。

- LLC 命中，缓存行未共享：约 40 个 CPU 周期。
- LLC 命中，缓存行与另一个核共享：约 65 个 CPU 周期。
- LLC 命中，缓存行被另一个核修改：约 75 个 CPU 周期。

缓存一致性是设计可扩展的多处理器系统时最大的挑战之一，因为内存会被频繁修改。

MMU

MMU 负责虚拟地址到物理地址的转换。

图 6.8 展示了一个普通的 MMU，附有 CPU 缓存类型。这个 MMU 通过一个芯片上的 TLB 缓存地址转换。主存（DRAM）里的转换表，又叫*页表*，处理缓存未命中情况。页表由 MMU（硬件）直接读取，由内核维护。

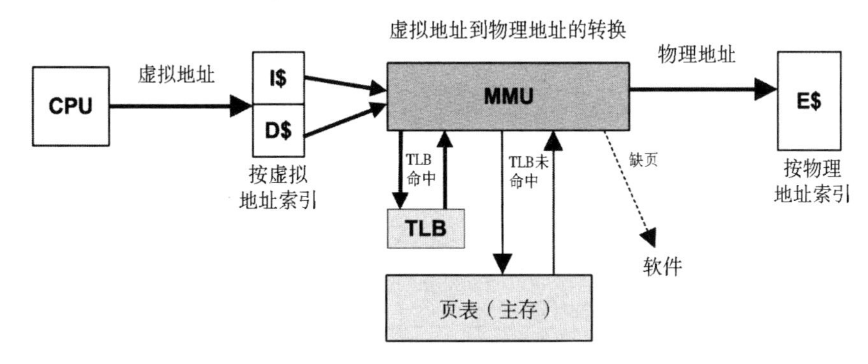

图 6.8　内存管理单元和 CPU 缓存

这些要素都和处理器紧密相关。有些（较老的）处理器通过软件遍历页表处理 TLB 未命中，并使用请求的映射填充 TLB。这样的软件可能会自己维护较大一块内存中的缓存转换信息，又称*转译存储缓冲区*（Translation Storage Buffer，TSB）。较新的处理器可以通过硬件响应 TLB 未命中，极大地降低了开销。

互联

对于多处理器架构，处理器通过共享系统总线或者专用互联连接起来。这与系统的内存架构有关，统一内存访问（UMA）或者 NUMA，这些内容在第 7 章中进行讨论。

由早期的 Intel 处理器使用的共享系统总线，称为前端总线，图 6.9 演示了一个四处理器的例子。

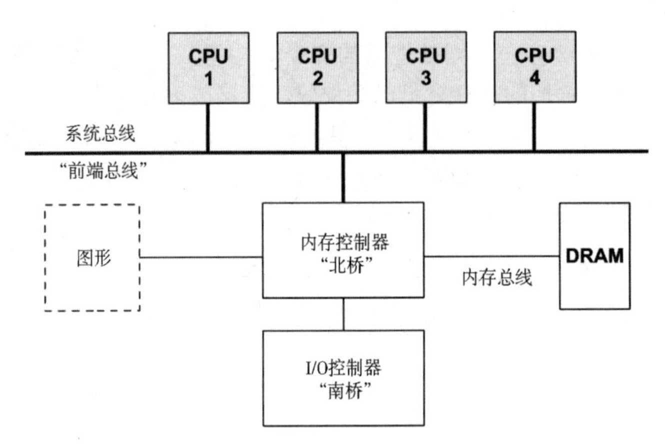

图 6.9　Intel 前端总线架构示例，四处理器

当处理器数目增加时，使用系统总线时，会因为共享系统总线资源而出现扩展性问题。现代服务器通常都是多处理器的，NUMA，并使用 CPU 互联技术取代了前端总线。

互联可以连接除处理器之外的组件，如 I/O 控制器。互联的例子包括 Intel 的快速通道互联（Quick Path Interconnect，QPI）、超级通道互联（Ultra Path Interconnect，UPI），AMD 的 HyperTransport（HT），ARM 的 CoreLink 互联（有三种类型）以及 IBM 的 Coherent Accelerator Processor Interface（CAPI）。一个四处理器系统的 Intel QPI 架构示例如图 6.10 所示。

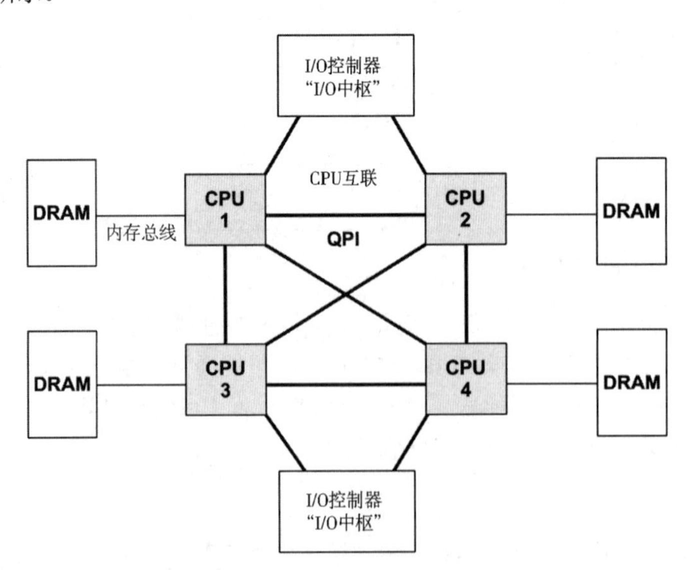

图 6.10　Intel QPI 架构示例，四处理器

处理器之间的私有连接提供了无须竞争的访问以及比共享系统总线更高的带宽。一些有关 Intel FSB 和 QPI 的示例如表 6.4 所示 [Intel 09][Mulnux 17]。

表 6.4 Intel CPU 互联带宽示例

Intel	传输速率	宽度	带宽
FSB（2007）	1.6 GT/s	8 字节	12.8 GB/s
QPI（2008）	6.4 GT/s	2 字节	25.6 GB/s
UPI（2017）	10.4 GT/s	2 字节	41.6 GB/s

为了帮助你理解传输速率和带宽的关系，我会以时钟频率为 3.2 GHz 的 QPI 为例进行解释。QPI 为双倍频，在时钟的上升沿和下降沿都进行数据传输[1]，使数据传输速率加倍。这解释了表中的带宽是如何得出的（6.4 GT/s×2 字节 ×2 倍 = 25.6 GB/s）。

QPI 的一个有趣的细节是，其缓存一致性模式可以在 BIOS 中进行调整，选项包括优化内存带宽的 Home Snoop，优化内存延时的 Early Snoop，以及提高可扩展性的 Directory Snoop（它涉及跟踪共享的内容）。正在取代 QPI 的 UPI 只支持 Directory Snoop。

除了外部的互联，处理器还有核间通信用的内部互联。

互联通常被设计为高带宽，这样它们就不会成为系统的瓶颈。一旦成为瓶颈，性能会下降，因为牵涉互联的 CPU 指令会陷入停滞，如远程内存 I/O。这种情况的一个关键迹象是 IPC 的下降。CPU 指令、周期、IPC、停滞周期和内存 I/O 可以通过 CPU 性能计数器进行分析。

硬件计数器（PMC）

在 4.3.9 节中，将性能监测计数器（Performance Monitoring Counter，PMC）作为一种观测统计信息的工具介绍给读者。本节提供了计数器在 CPU 方面的一些实现细节和使用实例。

PMC 是可以统计底层 CPU 活动的处理器寄存器，其通过硬件实现。它们通常包括下列计数器。

- **CPU 周期：**包括停滞周期和停滞周期类型。
- **CPU 指令：**引退的（执行过的）。
- **一级、二级、三级缓存访问：**命中，未命中。
- **浮点单元：**操作。
- **内存 I/O：**读、写、停滞周期。
- **资源 I/O：**读、写、停滞周期。

1 另外还有4倍频，在时钟周期的上升沿、波峰、下降沿和波谷传输数据。Intel FSB使用4倍频。

每个 CPU 都有少量的可编程的记录类似事件的寄存器，通常是 2 ～ 8 个。处理器的类型和型号决定了哪些寄存器可用，在处理器手册中有记录。

举一个相对简单的例子，Intel P6 家族的处理器通过四个型号特定的寄存器（Model-Specific Register，MSR）提供性能计数器。两个 MSR 是只读的计数器，另外两个 MSR 用来对计数器编程，被称为事件选择 MSR，可读可写。性能计数器是 40 位的寄存器，而事件选择 MSR 是 32 位的。事件选择 MSR 的格式如图 6.11 所示。

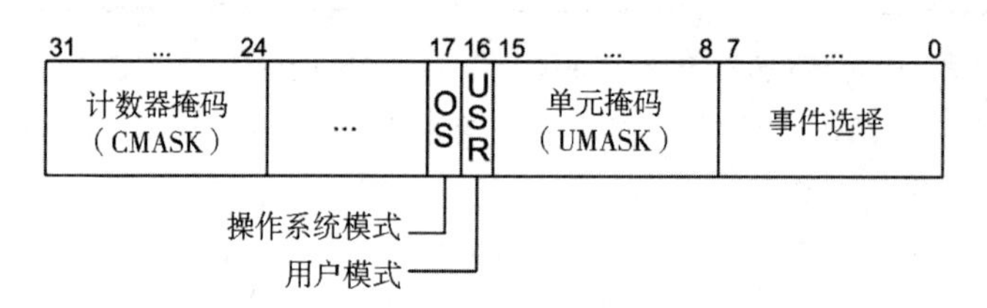

图 6.11　事件选择 MSR 示例

计数器通过事件选择和单元掩码确定。事件选择确定要计数的事件类型，而单元掩码确定子类型或者子类型组。OS 和 USR 位用来选择设置计数器是在内核态（OS）还是在用户态（USR）递增，基于处理器保护级别确定。计数器掩码用来设置事件的阈值，在达到阈值之后才开始递增计数器。

Intel 处理器手册（卷 3B [Intel 13]）列出了可以通过事件选择和单元掩码值计数的几十个事件。表 6.5 中精选了少数示例加上手册里的描述，演示了一个可观测目标的大致情况（处理器功能单元）。你需要参考你当前处理器的手册，看看可以用什么。

表 6.5　Intel CPU 性能计数器示例

事件选择	单元掩码	单元	名称	描述
0x43	0x00	数据缓存	DATA_MEM_REFS	从任意类型内存的加载。对所有类型内存的存储。每一部分被分别计数……不包括 I/O 访问或者其他非内存访问
0x48	0x00	数据缓存	DCU_MISS_OUSTANDING	DCU 未命中期间的周期权重数，在任意时间每次递增缓存未命中数。仅考虑可缓存的读请求 ……
0x80	0x00	取指令单元	IFU_IFETCH	取指令数，可缓存的和不可缓存的，包括 UC（不可缓存）取
0x28	0x0F	二级缓存	L2_IFETCH	L2 取指令数 ……
0xC1	0x00	浮点单元	FLOPS	引退的可计算浮点数操作数 ……
0x7E	0x00	外部总线逻辑	BUS_SNOOP_STALL	总线窥探停滞期间的时钟周期数

续表

事件选择	单元掩码	单元	名称	描述
0xC0	0x00	指令解码和引退	INST_RETIRED	引退的指令数
0xC8	0x00	中断	HW_INT_RX	收到的硬件中断数
0xC5	0x00	分支	BR_MISS_PRED_RETIRED	预测错误分支引退数
0xA2	0x00	停滞	RESOURCE_STALLS	当有与资源相关的停滞时，每个周期递增一次 ……
0x79	0x00	时钟	CPU_CLK_UNHALTED	处理器未停止期间的周期数

同样还有许许多多的计数器，特别是新处理器。

另外一个需要知道的处理器细节是，它到底提供了多少个硬件计数寄存器。比如 Intel Skylake 微架构为每个硬件线程提供了 3 个固定的计数器，然后每个核还有 8 个可编程的计数器（“通用”）。这些计数器读取时为 48 位。

更多的 PMC 例子参见表 4.4 的 Intel 架构部分。4.3.9 节同时也提到了 AMC 和 ARM 处理器厂商的 PMC 参考信息。

GPU

图形处理单元（GPU）用来支持图形显示，现在在其他领域中也大有作为，例如人工智能、机器学习、分析、图形处理和加密货币挖矿。对于服务器和云计算实例而言，GPU 类似处理器一样的资源，可以执行负载的一部分，因此也被称为计算内核。它特别适用于高度并行的数据处理工作，例如矩阵变换。Nvidia 通用 GPU 使用的统一计算设备架构（CUDA）已经有了广泛的应用。CUDA 为使用 Nvidia 的 GPU 提供了 API 和软件库支持。

一颗处理器（CPU）可能包含十几个核心，而一颗 GPU 则可能包含几百个甚至几千个名为流处理器（SP）的小核心[1]，每个小核心可以执行一个线程。由于 GPU 的负载高度并行，所以可以并发执行的线程组成线程块，它们之间互相协作。这些线程块由几组称为流式多处理器（SM）的 SP 执行，SM 也提供包括内存缓存在内的其他资源。表 6.6 进一步比较了处理器（CPU）和 GPU[Ather 19]。

表 6.6 CPU 与 GPU

属性	CPU	GPU
封装	直接插入系统主板的插槽里，直接连接系统总线或 CPU 互联	通常作为扩展卡提供，通过扩展总线（例如 PCIe）接入系统。它们也可以嵌入系统主板或者嵌入处理器封装中（芯片内）

1 Nvidia也把这个称为CUDA核[Verma 20]。

续表

属性	CPU	GPU
封装伸缩性	多插槽的配置通过 CPU 互联相互连接（例如，Intel UPI）	也可以有多 GPU 的配置，通过 GPU 对 GPU 的互联连接（例如，Nvidia 的 NVLink）
核	当今，一颗典型的处理器有 2 到 64 个核	一颗 GPU 有多少个流式多处理器（SM）一般就有多少个核
线程	一个典型的核可以执行两个硬件线程（或者更多，取决于处理器）	一个 SM 可能包含几十个或者几百个流处理器（SP）。每个 SP 只能执行一个线程
缓存	每个核有 L1 缓存和 L2 缓存，并且可能共享一个 L3 缓存	每个 SM 有一个缓存，并且 SM 之间可能会共享一个 L2 缓存
时钟	高（例如，3.4GHz）	相对较低（例如，1.0GHz）

可以使用定制工具观测 GPU。可能的 GPU 性能指标包括每周期指令数、缓存命中率和内存总线使用率。

其他加速工具

除了 GPU，还有一些其他的加速工具可以把 CPU 的负载转移到更快、专门为应用打造的集成电路上。这包括现场可编程门阵列（FPGA）和张量处理单元（TPU）。如果使用这些工具的话，它们的用量和性能需要和 CPU 一起被分析，虽然一般需要一些定制工具。

6.4.2　软件

支撑 CPU 的内核软件包括调度器、调度类和空闲线程。

调度器

内核 CPU 调度器的主要功能如图 6.12 所示。

功能如下所述。

- **分时**：可运行线程之间的多任务，优先执行优先级最高的任务。
- **抢占**：一旦有高优先级线程变为可运行状态，调度器就能够抢占当前运行的线程，这样较高优先级的线程可以马上开始运行。
- **负载均衡**：把可运行的线程移到空闲或者不太繁忙的 CPU 队列中。

图 6.12 中展示了运行队列，这是早期调度的实现方式。这个术语和心理模型仍然用来描述等待中的任务。然而 Linux 的完全公平调度器实际上用的是红黑树存储需要执行的任务。

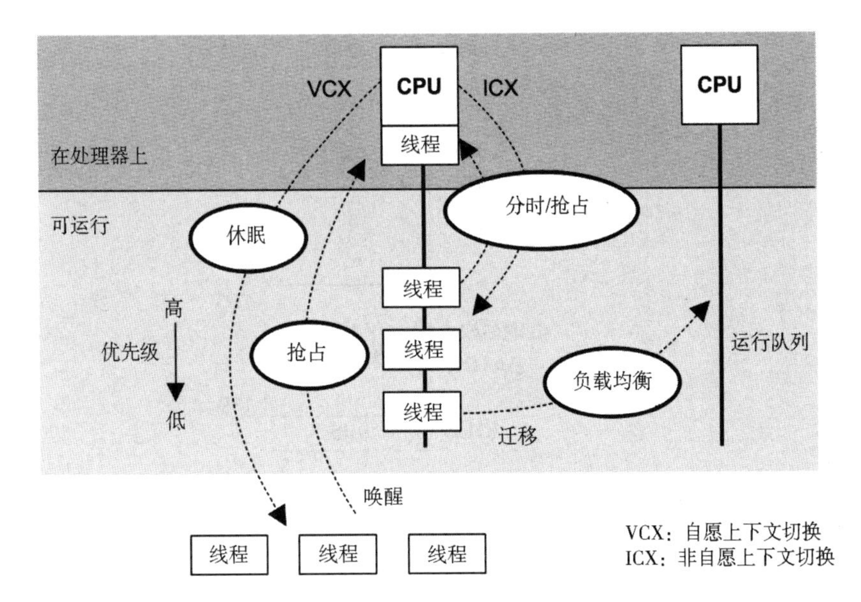

图 6.12 内核 CPU 调度器的功能

在 Linux 上，分时通过系统时钟中断调用 scheduler_tick() 实现。这个函数调用了调度类函数，以管理优先级和被称为时间片的 CPU 时间单位的到期事件。当线程状态变成可运行后，就触发了抢占，调度类函数 check_preempt_curr() 被调用。线程的切换由 __schedule() 管理，后者通过 pick_next_task() 选择优先级最高的线程运行。负载均衡由 load_balance() 函数负责执行。

当成本预计超过收益时，Linux 调度器也会使用避免迁移的逻辑，宁可让忙碌的线程运行在同一个 CPU 上，而这个的缓存应该仍有一定热度（CPU 亲和力）。在 Linux 的源代码中，参见 idle_balance() 和 task_hot() 函数。

注意，这些函数名可能会更改，更多信息可参考 Linux 源代码，包括 Documentation 目录里的文档。

调度类

调度类管理了可运行线程的行为，特别是它们的优先级，还有 CPU 时间是否分片，以及这些时间片的长度（又称为时间量子）。通过调度策略还可以施加其他的控制，在一个调度器内进行选择，控制同一优先级线程间的调度。图 6.13 演示了这些内容以及线程优先级范围。

用户级线程的优先级受一个用户定义的 *nice* 值的影响，可以将不重要的工作设置为这个值，以降低其优先级。在 Linux 上，nice 值设置了线程的静态优先级，与调度器计算的动态优先级有所区别。

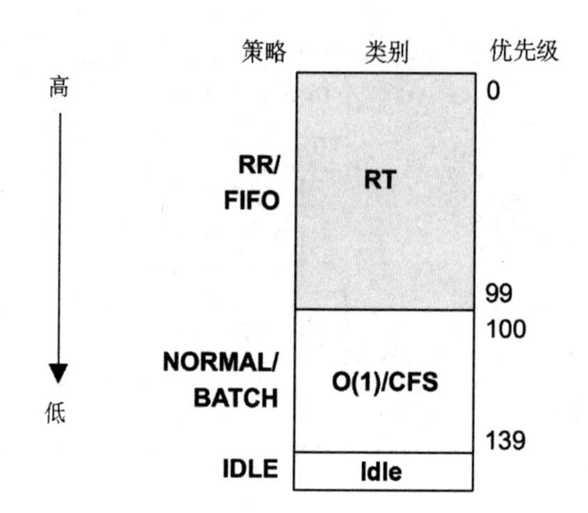

图 6.13 线程调度器优先级

对于 Linux 内核，调度类的参数如下所述。

- **RT**：为实时类负载提供固定的高优先级。内核支持用户和内核级别的抢占，允许 RT 任务以短延时分发。优先级范围为 0 ～ 99（MAX_RT_PRIO-1）。
- **O(1)**：O(1) 调度器在 Linux 2.6 中作为默认用户进程分时调度器被引入。名字来源于算法复杂度 $O(1)$（大 O 表示法的介绍参见第 5 章）。先前的调度器包含了一个遍历所有任务的函数，算法复杂度为 $O(n)$，这样扩展性就成了问题。相对于 CPU 消耗型线程，$O(1)$ 调度器动态地提高 I/O 消耗型线程的优先级，以降低交互和 I/O 负载的延时。
- **CFS**：Linux 2.6.23 内核引入了完全公平调度作为默认用户进程分时调度器。这个调度器使用红黑树取代了传统运行队列来管理任务，以任务的 CPU 时间作为键值。这样使得 CPU 的少量消费者相对于 CPU 消耗型负载更容易被找到，提高了交互和 I/O 消耗型负载的性能。
- **Idle**：运行优先级最低的线程。
- **Deadline**：在 Linux 3.14 中加入，应用了最早最后期限优先（earliest deadline first, EDF）的调度策略。参数有三个，分别为运行时间（runtime）、周期（period）和最后期限（deadline）。一个任务应该在 *deadline* 时间内，每 *period* 毫秒获得 *runtime* 毫秒数的运行时间。

用户级进程可以通过调用 sched_setscheduler(2) 系统调用或者 chrt(1) 工具，来设置可映射到一个调度类的调度策略。

调度策略如下所述。

- **RR**：SCHED_RR 是轮转调度。一旦一个线程用完了它的时间片，就被挪到自己优先级运行队列的尾部，这样同等优先级的其他线程可以运行。其使用了 RT 调度类。

- **FIFO**：SCHED_FIFO 是一种先进先出调度，一直运行队列头的线程直到它自愿退出，或者一个更高优先级的线程抵达。线程会一直运行，即便在运行队列当中存在相同优先级的其他线程。其使用了 RT 调度类。
- **NORMAL**：SCHED_NORMAL（以前称为 SCHED_OTHER）是一种分时调度，是用户进程的默认策略。调度器根据调度类动态调整优先级。对于 O(1)，时间片长度根据静态优先级设置，即更高优先级的工作将被分配到更长的时间。对于 CFS，时间片是动态的。其使用了 CFS 调度类。
- **BATCH**：SCHED_BATCH 和 SCHED_NORMAL 类似，但期望线程是 CPU 消耗型的，这样就不会打断其他 I/O 消耗型交互工作。其使用了 CFS 调度类。
- **IDLE**：SCHED_IDLE 使用了 Idle 调度类。
- **DEADLINE**：SCHED_DEADLINE 使用了 Deadline 调度类。

其他类和策略可能会被不断加入。已研究过的调度算法包括感知超线程的 [Bulpin 05] 和感知温度的 [Otto 06]，通过考虑额外的处理器因素优化了性能。

当没有线程可以运行时，一个特殊的空闲任务（又称为空闲线程）作为替代者运行，直到有其他线程可运行。

空闲线程

第 3 章介绍的内核“空闲”线程（或者空闲任务）只在没有其他可运行线程的时候才在 CPU 上运行，并且优先级尽可能地低。它通常被设计为通知处理器 CPU 执行停止（停止指令）或者减速以节省资源。CPU 会在下一次硬件中断时醒来。

NUMA 分组

NUMA 系统上的性能可以通过使内核感知 NUMA 而得到极大提高，因为这样它可以做出更好的调度和内存分配决定。它可以自动检测并创建本地化的 CPU 和内存资源组，并按照反映 NUMA 架构的拓扑结构组织起来。这种结构可以预估内存访问开销。

在 Linux 系统中，这些被称为调度域，这些域处于一个以根域为起点的拓扑结构里。

系统管理员可以手动进行分组，可以把多个进程绑定在一个或者多个 CPU 上运行，也可以创建一组 CPU，不允许某些进程在上面运行，更多信息可参见 6.5.10 节。

处理器资源感知

内核也可以理解 CPU 资源拓扑结构，这样可以为了电源管理、硬件缓存使用和负载均衡做出更好的调度决定。

6.5 方法

本节描述了 CPU 分析和调优的多种方法和实践。表 6.7 总结了主要内容。

表 6.7 CPU 性能方法

章节	方法	类型
6.5.1	工具法	观测分析
6.5.2	USE 方法	观测分析
6.5.3	负载特征归纳	观测分析、容量规划
6.5.4	剖析	观测分析
6.5.5	周期分析	观测分析
6.5.6	性能监测	观测分析、容量规划
6.5.7	静态性能调优	观测分析、容量规划
6.5.8	优先级调优	调优
6.5.9	资源控制	调优
6.5.10	CPU 绑定	调优
6.5.11	微基准测试	实验分析

更多的策略和介绍可参见第 2 章的内容。你不需要使用全部方法，可以把它当作一本菜谱，可以单独使用某个方法，也可以结合多种方法。

我的建议是按照以下顺序使用这些方法：性能监测、USE 方法、剖析、微基准测试和静态性能调优。

6.6 节展示了如何使用操作系统工具应用这些策略。

6.5.1 工具法

工具法就是把可用的工具全用一遍，检查它们提供的关键指标。虽然这个方法简单，但由于在某些情况下工具提供的帮助有限，因此也会忽视一些问题，另外，它也较为耗时。

对于 CPU，工具法可以检查以下项目（Linux）。

- **uptime/top**：检查平均负载以确认负载是随时间上升还是下降的。当使用下列工具时请牢记这一点，因为负载可能在你分析的时候发生变化。
- **vmstat**：每秒运行一次 vmstat(1)，然后检查系统级 CPU 的使用率（“us”+“sy”）。使用率接近 100% 的时候调度器延时可能会上升。
- **mpstat**：检查每个 CPU 的统计信息，特别是单个热点（繁忙）CPU，识别出可能的线程扩展性问题。
- **top**：看看哪个进程或用户是 CPU 消耗大户。
- **pidstat**：把 CPU 消耗大户分解成用户时间和系统时间。

- **perf/profile**：从用户时间或者内核时间的角度剖析 CPU 使用的栈踪迹，以了解为什么使用了这么多 CPU。
- **perf**：测量 IPC，作为运行周期低效的一个指标。
- **showboost/turboboost**：检查当前 CPU 的时钟频率，以防它们太低。
- **dmesg**：检查 CPU 温度停滞信息（“CPU 时钟频率限速”）。

如果发现了一个问题，在可用的工具输出中检查所有的项目，以了解更多的上下文。更多有关各个工具的信息参见 6.6 节。

6.5.2 USE 方法

USE 方法可以在性能调查的早期，在执行更深入和更耗时的其他策略之前，用来发现所有组件内的瓶颈和错误。

对于每个 CPU，检查以下内容。

- **使用率**：CPU 繁忙的时间（未在空闲线程中）。
- **饱和度**：可运行线程排队等待 CPU 的程度。
- **错误**：CPU 错误，包括可改正的错误。

可以优先检查错误，因为这个检查通常较快，并且最容易解析问题。有些处理器和操作系统会觉察到可纠正错误（错误更正码，ECC）的增加，并在不可纠正错误造成 CPU 故障前将 CPU 下线作为预防措施。检查错误包括检查是否所有 CPU 都在线。

使用率通常可以从操作系统工具中的繁忙百分比中获得。这个指标应对 CPU 进行逐个检查，以发现扩展性问题。可以通过剖析和周期分析理解为什么有如此高的 CPU 和核使用率。

对于实现了 CPU 限制或者配额(资源控制,例如 Linux 的 tasksets 和 cgroups)的环境，例如，在一些云计算环境中经常碰到，CPU 使用率需要按照这些人为限制进行检查，而不仅仅是物理限制。你的系统可能已经在物理 CPU 达到 100% 使用率之前就耗光了它的 CPU 配额，比预期更早达到饱和。

饱和度的指标通常是系统级的，包含在系统负载里。这个指标量化了 CPU 过载或者 CPU 配额（如果有）消耗的程度。如果正在使用的话，你可以按照类似的流程来检查 GPU 和其他加速器的健康度，具体情况取决于可用的指标。

6.5.3 负载特征归纳

对施加的负载进行特征归纳是容量规划、基准测试和模拟负载中重要的步骤。对负载进行特征归纳还可以通过发现可剔除的无用工作而带来最大的性能收益。

CPU 负载特征归纳的基本属性有：

- CPU 平均负载（使用率 + 饱和度）
- 用户时间与系统时间之比
- 系统调用频率
- 自愿上下文切换频率
- 中断频率

目的在于归纳施加负载的特征，而不是输出性能结果。在某些操作系统上的平均负载（例如 Solaris）仅仅代表 CPU 的需求，这样就可以用它作为 CPU 负载归纳的主要指标项。然而 Linux 上的平均负载包括了其他负载类型，更多信息参见 6.6.1 节中的例子和详细解释。

频率指标理解起来稍难，因为它们既反映了施加的负载，也在一定程度上反映了实际的性能，这可能会降低它们的速率。[1]

用户时间与系统时间的比例展示了施加的负载类型，在之前的 6.3.9 节中有介绍。高用户时间是因为应用程序在执行自己的计算。高系统时间则是把时间花在了内核里，可以通过系统调用和中断频率进行深入了解。I/O 消耗型负载因为线程阻塞等待 I/O，而有更高的系统时间、系统调用以及自愿上下文切换频率。

下面是一个你可能会碰到的负载描述示例，展示了应该如何描述这些属性：

> 在一个平均拥有 48 个 CPU 的应用服务器上，白天的平均负载在 30 ~ 40 之间。由于这是一个 CPU 密集的负载，用户时间和系统时间的比例是 95/5。系统调用率大约是每秒 32.5 万次，自愿上下文切换率为每秒 8 万次。

这些特征会随着时间和不同的负载而变化。

高级负载特征归纳 / 检查清单

归纳负载特征还需要一些额外的细节。下面这些问题需要好好考虑，在深入研究 CPU 问题时也可以作为检查清单使用：

- 整个系统级别的 CPU 使用率是多少？每个 CPU 核呢？
- CPU 负载的并发程度如何？是单线程吗？有多少个线程？
- 哪个应用程序或者用户在使用 CPU ？用了多少？
- 哪个内核线程在使用 CPU ？用了多少？
- 中断的 CPU 用量是多少？

---

1 例如，想象一下一个给定的批处理计算负载，在负载不变的情况下，在更快的CPU上有更高的系统调用频率，那就能更快完成了！

- CPU 互联的使用率是多少？
- CPU 为什么被使用（用户级和内核级调用路径）？
- 遇到了什么类型的停滞周期？

这种方法的概要以及需要测量的特征（谁测量、为什么测量、测量什么、如何测量）可以参见第 2 章的介绍。下面的章节在上述列表的最后两个问题上进行了扩展：如何使用剖析分析调用路径，以及如何使用周期分析研究停滞周期。

6.5.4 剖析

剖析构建了研究目标的概貌。CPU 剖析可以通过不同的方式来实现，一般有如下几种。

- **基于定时器采样：**定时采集当前运行的函数或者栈踪迹的样本。典型的采样频率是每 CPU 99Hz（每秒采样数）。这可以粗略地描绘 CPU 的使用情况，并足以反映大大小小的问题。之所以使用 99Hz，是因为可以避免和某些以 100Hz 发生的事件合拍，这样采样就会有偏差。有必要的话，可以降低采样频率，放大时间间隔，把开销降到最低以在生产系统上使用。
- **函数跟踪：**度量所有或者部分函数调用以获得执行时长。这可以生成很精细的报告，不过由于每个函数调用都有额外的度量工作，额外开销可能高达 10% 或者更多，因而在生产系统中无法承受。

大多数在生产系统和本书中使用的剖析器使用了基于定时器采样的方法。图 6.14 展现了这个做法：当采集一个应用程序栈踪迹的时候，它正在调用 A 函数，然后 A 函数调用了 B 函数，以此类推。关于栈踪迹的解释以及如何读懂它们，可参见 3.2.7 节。

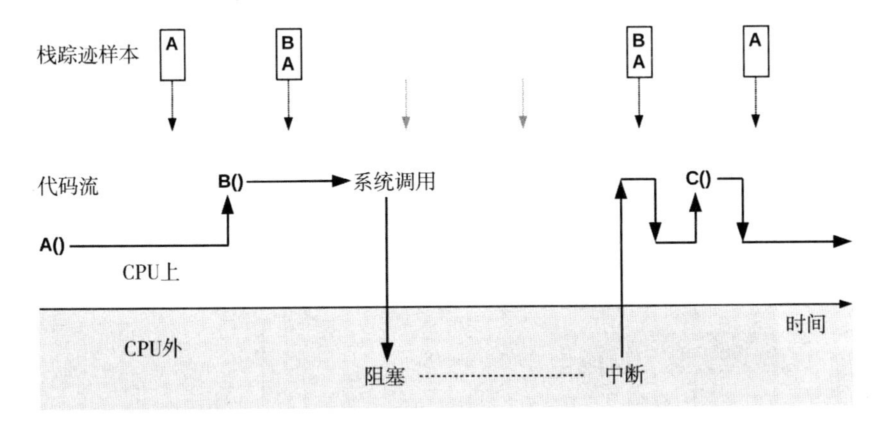

图 6.14 基于采样的 CPU 剖析

图 6.14 展示了如何仅在进程运行在 CPU 之上时进行采样：两个样本是函数 A 运行

在 CPU 上，两个样本是被函数 A 调用的函数 B 运行在 CPU 上。进入系统调用而未运行的时间没有被采样。另外，昙花一现的函数 C 被采样彻底漏掉了。

内核一般为一个进程维护两个栈踪迹：一个用户栈和一个在内核上下文（例如系统调用）里的内核栈。要取得完整的CPU剖析记录，剖析器需要在可行的条件下记录两个栈。

除了采样栈踪迹，剖析器还可以仅仅记录指令指针，这样就可以获得运行在 CPU 上的函数和执行偏移量。有些时候这对解决问题已经足够，不需要收集栈踪迹的额外开销。

样本处理

在第 5 章里提到过，Netflix 的典型的 CPU 剖析记录以 49Hz 的频率对（大约）32 颗 CPU 采样 30 秒：这会产生大概 47 040 份样本，并带来两个挑战。

1. **存储 I/O**：剖析器一般把样本写入一个剖析记录文件，之后可以被不同方式读取和检查。但是把这么多样本写入文件系统会产生干扰生产系统性能的存储 I/O。基于 BPF 的 profile(8) 工具通过在内核内存里聚合样本并输出汇总信息的方式解决了这个问题，不使用中间剖析记录文件。
2. **复杂性**：一条一条地读取 47 040 份多行栈踪迹记录的做法不切实际，必须使用汇总信息和可视化方案来解读剖析记录。一个常用的栈踪迹可视化方案是火焰图，之前的章节（第 1 章和第 5 章）中展示了一些例子，本章中还有更多的示例。

图 6.15 展示了通过 perf(1) 和剖析记录生成 CPU 火焰图的大致步骤，解决了上面提出的复杂性问题。这也展示了如何解决存储 I/O 问题：profile(8) 不使用中间文件而避免了开销。具体的命令在 6.6.13 节中列出。

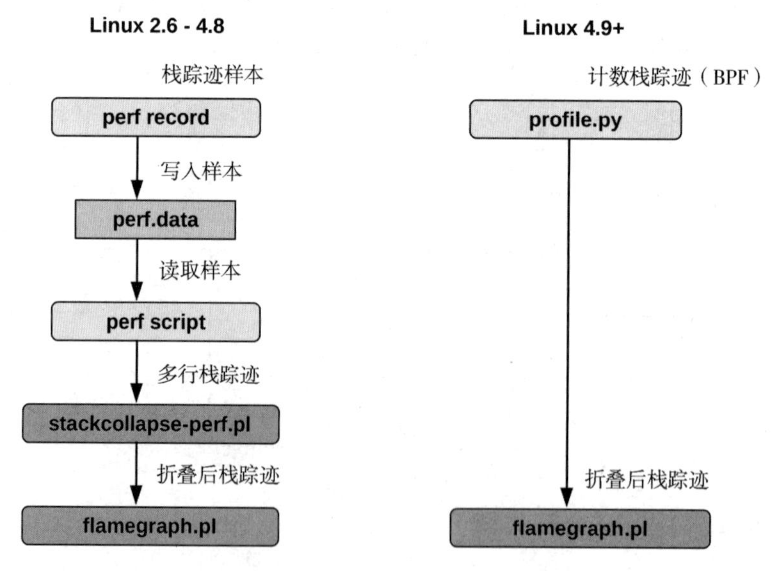

图 6.15　生成 CPU 火焰图

基于 BPF 的方法降低了开销，而 perf(1) 的方法可以保存原始记录（包含时间戳）并被如 FlameScope（见 6.7.4 节）之类的其他工具重新处理。

剖析记录解读

一旦你收集并汇总或者通过图像输出了一个 CPU 剖析记录，下一个任务就是理解它并且寻找性能问题。图 6.16 展示一个 CPU 火焰图的摘录，6.7.3 节中有理解这个图表的指导信息。你怎么看这个剖析记录？

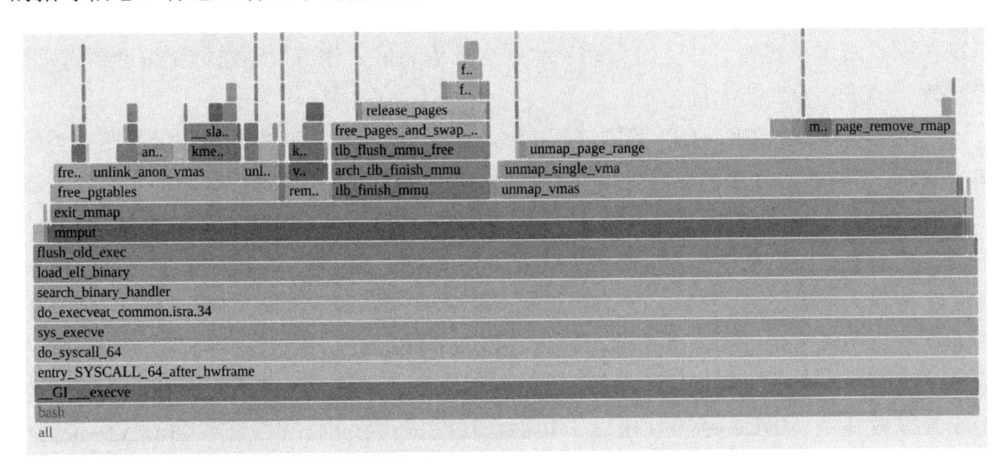

图 6.16 CPU 火焰图摘录

在一张 CPU 火焰图里，我寻找性能优化点的方法如下：

1. 从上往下看（从叶子到根），寻找大块“高原”。这表示一个函数在许多样本中都在 CPU 里运行。这往往可以捕捉到很多简单的机会。在图 6.16 中，右边有两块高原，在 unmap_page_range() 和 page_remove_rmap() 里，都和内存页有关。也许一个简单的方法是改用更大的页面尺寸。
2. 从下往上看，理解代码层次。在这个例子中，bash(1) 命令解释器正在调用 execve(2) 系统调用，最后调用了分页函数。避免调用 execve(2) 可能是一个更大的优化机会，例如，使用 bash 内置函数而不是用外部进程，或者使用其他语言。
3. 更仔细地从上往下看，寻找分散的但普遍的 CPU 使用情况。可能会有许多小帧和同一个问题有关，例如锁争用。倒置火焰图的合并顺序，从叶子到根部合并生成垂冰图可以暴露这些问题。

5.4.1 节中有另一个解读 CPU 火焰图的例子。

更多信息

6.6 节列出了 CPU 剖析和火焰图的命令。另外，应用程序的 CPU 分析可参见 5.4.1 节。

5.6 节描述了剖析中的一些常见问题，例如，缺失栈踪迹和符号。

对于特殊的 CPU 资源，例如，缓存和互联，可以使用基于 PMC 的事件触发器进行剖析，而不是以固定时间间隔进行。这在下一节中描述。

6.5.5 周期分析

你可以使用性能监测计数器（PMC）来了解周期级别的 CPU 使用率。这可能会展示消耗在一级、二级或者三级缓存未命中，内存 I/O 以及资源 I/O 上的停滞周期，抑或是花在浮点操作及其他活动上的周期。拿到这项信息后，你可以通过调整编译器选项或者修改代码来实现性能优化。

周期分析从测量 IPC（CPI 的倒数）开始。如果 IPC 较低，继续调查停滞周期的类型；如果 IPC 较高，就要寻求减少指令数量的办法。IPC 的"高"或"低"取决于你的处理器：低可能是小于 0.2，而高可能是大于 1。你可以事先执行一些已知的负载以感知这个值的范围。已知负载可以是内存 I/O 密集型或者指令密集型的，然后测量每一个的 IPC 结果。

除测量计数器的值之外，还可以配置 PMC，在超出某个值时中断内核。例如，每 10 000 次三级缓存未命中，就中断一次内核以获取栈踪迹。随着时间推移，内核会建立造成三级缓存未命中的大致代码路径，而避免每次未命中就进行测量的无法承受的开销。集成开发者环境（IDE）经常使用这个功能，在造成内存 I/O 和停滞周期的代码位置进行标注。

周期分析是一种高级活动，可能像 6.6 节中演示的那样，要使用命令行工具展开数天的工作。你还应该在 CPU 供应商的处理器手册上下一些功夫。例如，使用 Intel vTune[Intel 20b] 和 AMD uprof[AMD 20] 的性能分析器可以节省不少时间，因为它们可帮助你找到你感兴趣的 PMC。

6.5.6 性能监测

性能监测可以发现一段时间内活跃的问题和行为模式。关键的 CPU 指标如下。

- **使用率**：繁忙百分比。
- **饱和度**：从系统负载推算出来的运行队列长度，或者是线程调度器延时的数值。

使用率应该对每个 CPU 分别进行监测，以发现线程的扩展性问题。对于实现了 CPU 限制或者配额的环境（资源控制），例如一些云计算环境，还要记录相对于这些限制的 CPU 用量。

监测 CPU 用量的一个挑战在于挑选合适的测量和归档时间间隔。有些监测工具的时间间隔为 5 分钟，可能会错过短时间内 CPU 使用率的突然爆发。每秒测量 1 次更理想，但是你也要知道，爆发也可能在 1 秒内发生。这些信息可以从饱和度中得知，通过可以支持亚秒级分析的 FlameScope（参见 6.7.4 节）检查。

6.5.7 静态性能调优

静态性能调优关注配置环境的问题。关于 CPU 性能，检查下列方面的静态配置：

- 有多少 CPU 可用？是核，还是硬件线程？
- 是否有 GPU 或其他加速器可用或者在用？
- CPU 的架构是单处理器还是多处理器？
- CPU 缓存的大小是多少？是共享的吗？
- CPU 的时钟频率是多少？是动态的（例如 Intel 睿频加速和 SpeedStep）吗？这些动态特性在 BIOS 中启用了吗？
- BIOS 中启用或者禁用了其他什么 CPU 相关的特性吗？
- 这款型号的处理器有什么性能问题（bug）？出现在处理器勘误表上了吗？
- 微代码版本是多少？它包含了影响性能的安全漏洞修复（例如 Spectre/Meltdown）吗？
- 这个 BIOS 固件版本有什么性能问题（bug）吗？
- 有软件的 CPU 使用限制（资源控制）吗？是什么？

这些问题的答案可能能够暴露之前被忽视的配置选择。

云计算环境要特别注意最后一个问题，CPU 的使用经常受到限制。

6.5.8 优先级调优

UNIX 一直都提供 nice(2) 系统调用，通过设置 nice 值可以调整进程优先级。正的 nice 值代表降低进程优先级（更友好），而负值——只能由超级用户（root）[1] 设置——代表提高优先级。nice(1) 命令可以指定 nice 值以设置启动程序，而后来加上的 renice(1M) 命令（BSD 上），可用来调整已经在运行的进程。第 4 版 UNIX 的用户手册中举了下面的例子 [TUHS73]：

> 推荐用户为长时间运行的程序设置 nice 值为 16，这样就不会被管理员抱怨。

直到今天，nice 值仍然可以用于调整进程优先级。这在 CPU 竞争时是最有效的方法，而 CPU 竞争会给高优先级工作带来一些调度器延时。你的任务是找出低优先级的工作，可能包括监测代理程序和定期备份，可以修改并以某个 nice 值启动。另外还可以做一些分析，检查调优是否有效，特别是高优先级工作的调度器延时要低。

---

1 从Linux 2.6.12开始，每个进程可以修改一个“nice值上限”，允许非root进程的nice值更低。例如，使用：prlimit –nice = -19 -p PID。

除了 nice 值，操作系统可能还为进程优先级提供了更高级的控制，例如更改调度类或者调度策略，或者更改那个类的调优参数。Linux 包含了实时调度类，允许进程抢占其他所有的工作。虽然这样可以消除调度器延时（除了其他实时进程和中断），但你最好明白这样的后果。如果实时应用程序有个 bug 导致多个线程陷入无限循环，就会造成所有的进程都不能使用 CPU——包括需要用来修复问题的管理控制台。[1]

6.5.9　资源控制

操作系统可为给进程或者进程组分配 CPU 周期以提供细粒度的控制。这可能包括 CPU 使用率的固定限制和更灵活的共享方式——允许基于一个共享值，消耗空闲 CPU 周期。运作原理与实现相关，在 6.9 节中有讨论。

6.5.10　CPU 绑定

另一个 CPU 性能调优的方法是把进程和线程绑定在单个 CPU 或者一组 CPU 上。这可以增加进程的 CPU 缓存热度，提高它的内存 I/O 性能。对于 NUMA 系统，这可以提高内存本地性，同样也可以提高性能。

这个方法有以下两种实现方式。

- **CPU 绑定：**配置一个进程只运行在单个 CPU 上，或者预定义 CPU 组中的一个。
- **独占 CPU 组：**分出一组 CPU，让这些 CPU 只能运行指定的进程。这可以更大地提升 CPU 缓存效率，因为当进程空闲时，其他进程不能使用 CPU，保证了缓存的热度。

在基于 Linux 的系统上，独占 CPU 组可以通过 *cpuset* 实现。6.9 节中提供了配置示例。

6.5.11　微基准测试

有多种工具可进行 CPU 的微基准测试，通常测量一个简单操作的多次操作时间。操作可能基于下列元素。

- **CPU 指令：**整数运算、浮点操作、内存加载和存储、分支和其他指令。
- **内存访问：**调查不同 CPU 缓存的延时和主存吞吐量。
- **高级语言：**类似 CPU 指令测试，不过是使用高级解释或者编译型语言编写的。

1　对于此类问题，从Linux 2.6.25开始，Linux的解决方案是使用RLIMIT_RTTIME，它给每一个实时线程在调用一个阻塞系统调用前可以消耗的CPU时间设了一个上限，单位是微秒。

- **操作系统操作**：测试 CPU 消耗型系统库和系统调用函数，例如 getpid(2) 和进程创建。

一个早期 CPU 基准测试的例子是由美国国家物理实验室在 1972 年用 Algol 60 编写的 Whetstone，用来模拟一个科学计算负载。1984 年，Dhrystone 基准测试被开发出来以模拟当时的整数负载，并且成为流行的 CPU 性能比较方法。这些以及多种 UNIX 基准测试，包括进程创建和管道吞吐量，被包含在名为 UnixBench 的集合中。这个集合来自 Monash 大学，通过 *BYTE* 杂志发布 [Hinnant 84]。近来的 CPU 基准测试则包括了测试压缩速度、质数计算、加密和编码。

不管使用的是哪一种基准测试，当比较系统之间的结果时，理解测试的对象很重要。前述那些基准测试通常只是在测试不同编译器版本之间的编译优化结果，而不是基准测试代码或者 CPU 速度。许多基准测试以单线程执行，这些结果在多 CPU 的系统里没什么意义。具有 4 个 CPU 的系统可能会在基准测试中比具有 8 个 CPU 的系统快一些，不过后者更有可能在有足够可运行并发线程数的情况下获得更大的吞吐量。

更多关于基准测试的信息可参见第 12 章。

6.6 观测工具

本节将介绍基于 Linux 系统的 CPU 性能观测工具。使用方法可参见前面的章节。

本节使用的工具见表 6.8。

表 6.8 CPU 观测工具

章节	工具	描述
6.6.1	uptime	平均负载
6.6.2	vmstat	包括系统级的 CPU 平均负载
6.6.3	mpstat	单个 CPU 统计信息
6.6.4	sar	历史统计信息
6.6.5	ps	进程状态
6.6.6	top	监测每个进程 / 线程的 CPU 用量
6.6.7	pidstat	每个进程 / 线程的 CPU 用量分解
6.6.8	time 和 ptime	给一个命令计时，含 CPU 用量分解
6.6.9	turbostat	显示 CPU 时钟频率和其他状态
6.6.10	showboost	显示 CPU 时钟频率和睿频加速
6.6.11	pmcarch	显示高级 CPU 周期用量
6.6.12	tlbstat	总结 TLB 周期

续表

章节	工具	描述
6.6.13	perf	CPU 剖析和 PMC 分析
6.6.14	profile	CPU 栈踪迹采样
6.6.15	cpudist	总结在 CPU 上运行的时间
6.6.16	runqlat	总结 CPU 运行队列延时
6.6.17	runqlen	总结 CPU 运行队列长度
6.6.18	softirqs	总结软中断时间
6.6.19	hardirqs	总结硬中断时间
6.6.20	bpftrace	进行 CPU 分析的跟踪程序

这是支持 6.5 节中介绍的部分工具及其功能的组合。我们从传统的 CPU 统计工具开始，然后使用代码路径剖析、CPU 周期分析和跟踪工具进行更深入的分析。一些传统的工具可能可用于其他类 UNIX 系统，工具包括 uptime(1)、vmstat(8)、mpstat(1)、sar(1)、ps(1)、top(1) 和 time(1)。跟踪工具基于 BPF 及 BCC/bpftrace 前端（参见第 15 章），包括 profile(8)、cpudist(8)、runqlat(8)、runqlen(8)、softirqs(8) 和 hardirqs(8)。

完整的功能说明参见每个工具的文档，包括它们的 man 手册页。

6.6.1 uptime

uptime(1) 是打印系统平均负载的几个命令之一：

```
$ uptime
 9:04pm  up 268 day(s), 10:16,  2 users,  load average: 7.76, 8.32, 8.60
```

最后三个数字是 1、5 和 15 分钟内的平均负载。通过比较这三个数字，你可以判断负载在 15 分钟内（或者其他时间段）是在上升、下降，还是平稳的。这有如下的用处：如果你正在处理生产系统的性能问题，并且发现负载正在降低，那问题可能已经消除了；如果负载正在上升，那么这个问题可能正在恶化！

下面的章节深度解析了平均负载，不过这只是一个起点，因此在继续研究其他指标之前，你不应该花费 5 分钟以上的时间考虑它们。

平均负载

平均负载表示对系统资源的需求：越高意味着需求越多。在一些操作系统中（如 Solaris），平均负载显示的是 CPU 需求，早期版本的 Linux 也是如此。但在 1993 年，

Linux 改变了平均负载，使其显示整个系统的需求：CPU、磁盘及其他资源。[1] 这是通过 TASK_UNINTERRUPTIBLE 线程的状态实现的，一些工具将这个状态显示为“D”（这个状态在 5.4.5 节中提到过）。

负载是以当前的资源用量（使用率）加上排队的请求（饱和度）来衡量的。想象一下一个公路收费站：你可以通过统计一天中不同时间点的负荷，计算有多少辆汽车正在被服务（使用率）以及有多少辆汽车正在排队（饱和度）。

平均值是指数衰减移动平均数，反映了 1、5 和 15 分钟以上（时间实际上是指数移动总和里使用的常数）的负载。图 6.17 展示了一个简单实验的结果，在这个实验中，启动了一个 CPU 密集型的线程，绘制了平均负载的图形。

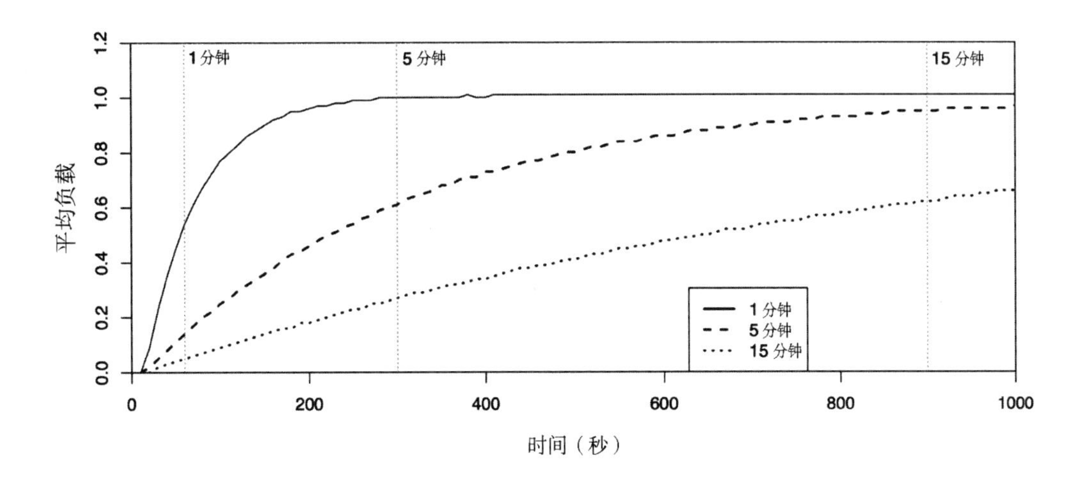

图 6.17 指数衰减的平均负载

在 1、5 和 15 分钟的时间点，平均负载达到了已知负载 1.0 的大约 61% 的比例。

平均负载在早期 BSD 中被引入 UNIX，当时基于调度器平均队列长度计算。平均负载在早期操作系统（CTSS、Multics [Saltzer 70]、TENEX [Bobrow 72]）中被广泛使用。在 RFC 546[Thomas 73] 中有提及：

> [1] TENEX 平均负载是对 CPU 需求的度量。平均负载是一段时间内可运行进程数的平均值。例如，一小时内的平均负载为 10，意味着（对单 CPU 系统）

1 这个改变发生在很久之前，以至于它的原因已经被遗忘，而且没有记录，早于git和其他资料中的Linux历史信息；我最终在一个旧邮件系统归档的在线tarball文件中找到了原始补丁。是Matthias Urlichs做的那个改动，他指出，如果需求从CPU转移到磁盘，那么平均负载应该保持不变，因为需求没有改变[Gregg 17c]。我给他发了邮件（以前从没和他发过邮件），告诉他24年前的改动，并在一个小时内得到了回复！

在那个小时内的任意时间预期有 1 个进程在运行,另外,还有 9 个就绪运行（例如，并未阻塞等待 I/O），等待 CPU。

举一个现代的例子，一个有 64 颗 CPU 的系统的平均负载为 128。这意味着平均每个 CPU 上有一个线程在运行，还有一个线程在等待。而同样的系统，如果平均负载为 20，则代表还有很大的余量，在所有 CPU 跑满前还可以运行 44 个 CPU 密集型线程。（有些公司监测的是一个标准化的平均负载，自动除以了 CPU 数量，这样可以在不知道 CPU 个数的情况下进行解读。）

压力滞留信息（PSI）

在本书的第 1 版中，我介绍了如何为每一种资源类型提供平均负载以帮助解释。现在在 Linux 4.20 中增加了一个接口，它提供了这样的分解：压力滞留信息（Pressure Stall Information，PSI），它给出了 CPU、内存和 I/O 的平均值。平均数显示了在某项资源上停滞时间的百分比（仅饱和）。这与表 6.9 中的平均负载进行了比较。

表 6.9 Linux 平均负载与压力滞留信息

属性	平均负载	压力滞留信息
资源	系统范围	CPU、内存、I/O（每一项）
指标	繁忙和排队的任务数量	停滞时间比例（等待）
时间	1 分钟、5 分钟、15 分钟	10 秒、60 秒、300 秒
平均值	指数衰减移动平均数	指数衰减移动平均数

表 6.10 展示了不同场景下指标显示的内容。

表 6.10 Linux 平均负载示例与压力滞留信息

示例场景	平均负载	压力滞留信息
2 颗 CPU，1 个繁忙线程	1.0	0.0
2 颗 CPU，2 个繁忙线程	2.0	0.0
2 颗 CPU，3 个繁忙线程	3.0	50.0
2 颗 CPU，4 个繁忙线程	4.0	100.0
2 颗 CPU，5 个繁忙线程	5.0	100.0

下面的例子展示了 2 颗 CPU 和 3 个繁忙线程的场景：

```
$ uptime
 07:51:13 up 4 days,  9:56,  2 users,  load average: 3.00, 3.00, 2.55
$ cat /proc/pressure/cpu
some avg10=50.00 avg60=50.00 avg300=49.70 total=1031438206
```

50.0 这个值代表了一个线程（“some”）有 50% 的时间停滞。I/O 和内存指标还有第二行，表示所有的非空闲线程都停滞了（“full”）。PSI 很好地回答了这个问题：一个任务需要等待资源的可能性有多大。

无论你使用的是平均负载还是 PSI，最好赶紧把时间花在一些更详细的指标上来理解负载，例如，vmstat(1) 和 mpstat(1) 提供的一些数据。

6.6.2 vmstat

虚拟内存统计命令，vmstat(8)，在最后几列打印了系统级的 CPU 平均负载，另外，在第一列还列出了可运行线程数。下面是 Linux 版本的一个示例输出：

```
$ vmstat 1
procs -----------memory---------- ---swap-- -----io---- -system-- ------cpu-----
 r  b   swpd   free   buff  cache   si   so    bi    bo   in   cs us sy id wa st
15  0      0 451732  70588 866628    0    0     1    10   43   38  2  1 97  0  0
15  0      0 450968  70588 866628    0    0     0   612 1064 2969 72 28  0  0  0
15  0      0 450660  70588 866632    0    0     0     0  961 2932 72 28  0  0  0
15  0      0 450952  70588 866632    0    0     0     0 1015 3238 74 26  0  0  0
[...]
```

输出的第一行是系统启动以来的汇总信息。不过，Linux 上的 procs 和 memory 列以当前状态开始（也许有一天这会被修正）。与 CPU 相关的列如下所述。

- **r**：运行队列长度——可运行线程的总数。
- **us**：用户时间比例。
- **sy**：系统时间（内核）比例。
- **id**：空闲比例。
- **wa**：等待 I/O 比例，即线程被阻塞等待磁盘 I/O 时的 CPU 空闲状态。
- **st**: 偷取（未在输出里显示）比例，CPU 在虚拟化的环境下在其他租户上的开销。

这些值是所有 CPU 的系统级平均数，r 除外，这是总数。

在 Linux 中，r 列是等待的任务总数加上正在运行的任务总数。对于其他操作系统（如 Solaris），r 列只显示等待的任务，不显示正在运行的任务。1979 年，Bill Joy 和 Ozalp Babaoglu 为 3BSD 设计的最初的 vmstat(1) 一开始就有一个 RQ 列，表示可运行和正在运行的进程数，Linux 中的 vmstat(8) 目前也是如此。

6.6.3 mpstat

多处理器统计工具 mpstat(1)，能够报告每个 CPU 的统计信息。下面是 Linux 版本的输出示例：

```
$ mpstat -P ALL 1
Linux 5.3.0-1009-aws (ip-10-0-239-218)  02/01/20        _x86_64_        (2 CPU)

18:00:32  CPU   %usr  %nice   %sys %iowait   %irq  %soft %steal %guest %gnice  %idle
18:00:33  all  32.16   0.00  61.81    0.00   0.00   0.00   0.00   0.00   0.00   6.03
18:00:33    0  32.00   0.00  64.00    0.00   0.00   0.00   0.00   0.00   0.00   4.00
18:00:33    1  32.32   0.00  59.60    0.00   0.00   0.00   0.00   0.00   0.00   8.08

18:00:33  CPU   %usr  %nice   %sys %iowait   %irq  %soft %steal %guest %gnice  %idle
18:00:34  all  33.83   0.00  61.19    0.00   0.00   0.00   0.00   0.00   0.00   4.98
18:00:34    0  34.00   0.00  62.00    0.00   0.00   0.00   0.00   0.00   0.00   4.00
18:00:34    1  33.66   0.00  60.40    0.00   0.00   0.00   0.00   0.00   0.00   5.94
[...]
```

选项 -P ALL 用来打印每个 CPU 的报告。mpstat(1) 默认只打印系统级的摘要信息（all）。这些列如下所述。

- **CPU**：逻辑 CPU ID，all 表示摘要信息。
- **%usr**：用户时间，不包括 %nice。
- **%nice**：以 nice 设置的优先级运行的进程的用户时间。
- **%sys**：系统时间（内核）。
- **%iowait**：I/O 等待。
- **%irq**：硬件中断 CPU 使用率。
- **%soft**：软件中断 CPU 使用率。
- **%steal**：用在服务其他租户上的时间。
- **%guest**：用在客户虚拟机上的 CPU 时间。
- **%gnice**：用在提升优先级的客户机上的 CPU 时间。
- **%idle**：空闲。

重要的列有 %usr、%sys 和 %idle。这些列显示了每个 CPU 的用量以及用户时间和内核时间的比例（参见 6.3.9 节）。这个工具同样也能识别出“热”CPU——那些跑到 100% 使用率（%usr + %sys）的 CPU，而其他 CPU 并未跑满——可能由单线程应用程序的负载或者设备中断映射造成。

需要注意的是，这个工具和其他工具所报告的 CPU 时间都来自相同的内核统计数据（/proc/stat 等），而这些统计数据的准确性取决于内核配置。相关内容可参见 4.3.1 节。

6.6.4 sar

系统活动报告器，sar(1)，可以用来观测当前的活动，以及配置归档和报告历史统计信息，第4章中曾介绍过，其他章节也还会出现。

Linux 版本为 CPU 分析提供了以下选项。

- **-P ALL**：与 mpstat 的 -P ALL 选项相同。
- **-u**：与 mpstat(1) 的默认输出相同，仅包括系统级的平均值。
- **-q**：包括运行队列长度列 runq-sz（等待加上运行，与 vmstat(1) 的 r 列相同）和平均负载的值。

可以通过启用 sar(1) 数据收集的功能查看这些指标的历史数据。更多细节参见 4.4 节。

6.6.5 ps

进程状态命令，ps(1)，列出了所有进程的细节信息，包括 CPU 用量统计信息。例如：

```
$ ps aux
USER       PID %CPU %MEM    VSZ   RSS TTY      STAT START   TIME COMMAND
root         1  0.0  0.0  23772  1948 ?        Ss   2012    0:04 /sbin/init
root         2  0.0  0.0      0     0 ?        S    2012    0:00 [kthreadd]
root         3  0.0  0.0      0     0 ?        S    2012    0:26 [ksoftirqd/0]
root         4  0.0  0.0      0     0 ?        S    2012    0:00 [migration/0]
root         5  0.0  0.0      0     0 ?        S    2012    0:00 [watchdog/0]
[...]
web      11715 11.3  0.0 632700 11540 pts/0    Sl   01:36   0:27 node indexer.js
web      11721 96.5  0.1 638116 52108 pts/1    Rl+  01:37   3:33 node proxy.js
[...]
```

这种操作风格起源于 BSD，从 aux 选项前没有横杠就可以看出。这个选项列出了所有的用户（a），还有扩展用户的详情（u），以及没有终端的进程（x）。终端在电传打字机（TTY）一列显示。

另一种风格起源于 SVR4，在选项前带有一个横杠“-”：

```
$ ps -ef
UID        PID  PPID  C STIME TTY          TIME CMD
root         1     0  0 Nov13 ?        00:00:04 /sbin/init
root         2     0  0 Nov13 ?        00:00:00 [kthreadd]
root         3     2  0 Nov13 ?        00:00:00 [ksoftirqd/0]
root         4     2  0 Nov13 ?        00:00:00 [migration/0]
root         5     2  0 Nov13 ?        00:00:00 [watchdog/0]
[...]
```

这个命令可以列出所有进程（-e）的完整信息（-f）。ps(1) 还提供了其他多种选项，包括 -o 可以自定义输出项和列中的显示。

CPU 用量的主要列是 TIME 和 %CPU（上面的例子）。

TIME 列显示了进程自从创建开始消耗的 CPU 总时间（用户时间 + 系统时间），格式为“小时 : 分钟 : 秒”。

在 Linux 中，第一个例子里的 %CPU 列显示了整个进程生命周期内的 CPU 平均使用率，是所有 CPU 的总和。一个单线程的 CPU 密集型进程会报告 100%。而一个双线程的 CPU 消耗型进程则会报告 200%。其他操作系统可能会把 %CPU 按照 CPU 数量进行标准化，这样最大值就是 100%。另外，它们可能会仅展示最近或者当前 CPU 用量，而不是整个生命周期的平均值。在 Linux 中查看当前进程 CPU 的使用情况可以使用 top(1)。

6.6.6 top

top(1) 于 1984 年由 William LeFebvre 为 BSD 发明。他的灵感来源于 VMS 命令 MONITOR PROCESS/TOPCPU，该命令用 CPU 百分比和 ASCII 条形直方图（但不是数据列）显示了消耗 CPU 最多的任务。

top(1) 命令监测了运行得最多的进程，定期刷新屏幕。例如，在 Linux 中 :

```
$ top
top - 01:38:11 up 63 days,  1:17,  2 users,  load average: 1.57, 1.81, 1.77
Tasks: 256 total,   2 running, 254 sleeping,   0 stopped,   0 zombie
Cpu(s):  2.0%us,  3.6%sy,  0.0%ni, 94.2%id,  0.0%wa,  0.0%hi,  0.2%si,  0.0%st
Mem:  49548744k total, 16746572k used, 32802172k free,   182900k buffers
Swap: 100663292k total,        0k used, 100663292k free, 14925240k cached

  PID USER      PR  NI  VIRT  RES  SHR S %CPU %MEM    TIME+  COMMAND
11721 web       20   0  623m  50m 4984 R   93  0.1   0:59.50 node
11715 web       20   0  619m  20m 4916 S   25  0.0   0:07.52 node
   10 root      20   0     0    0    0 S    1  0.0 248:52.56 ksoftirqd/2
   51 root      20   0     0    0    0 S    0  0.0   0:35.66 events/0
11724 admin     20   0 19412 1444  960 R    0  0.0   0:00.07 top
    1 root      20   0 23772 1948 1296 S    0  0.0   0:04.35 init
```

顶部是系统级的摘要信息，而下面的则是进程 / 任务的列表，默认按照 CPU 消费量排序。系统级的摘要信息包括平均负载和 CPU 状态：%us、%sy、%ni、%id、%wa、%hi、%si、%st。这些状态和前面描述的由 mpstat(1) 打印的相同，是所有 CPU 的平均值。

CPU 用量通过 TIME 和 %CPU 列显示。TIME 列表示该进程消耗的总 CPU 时间，精确到百分之一秒。例如，“1:36.53”代表在 CPU 上的时间总计为 1 分 36.53 秒。有些版本的 top(1) 提供一个可选的“累计时间”模式，包括了已退出子进程的时间。

%CPU 列展示了当前屏幕刷新时间间隔内 CPU 的总使用率。在 Linux 中，这个值没有按照 CPU 的数量进行标准化，因此一个双线程 CPU 绑定的进程将报告 200%；top(1) 称此为“Irix 模式”，仿照其在 IRIX 上的行为。还可以切换到“Solaris 模式”（按 I 键切换模式），它将 CPU 的用量除以 CPU 的数量。在这种情况下，在有 16 个 CPU 的服务器上的双线程进程会报告 CPU 使用率为 12.5%。

虽然 top(1) 通常是性能分析的一个起步工具，但你应该知道，top(1) 自身的 CPU 用量有可能会变得很大，因而应把 top(1) 放到最消耗 CPU 的进程之列！背后的原因在于它用来读取 /proc 的系统调用——open(2)、read(2)、close(2)——并且它需要对许多进程重复这些调用。其他操作系统上有些版本的 top(1)，通过把文件描述符保持打开状态并调用 pread(2) 来降低开销。

htop(1) 是 top(1) 的一个变种，其提供了更多的交互功能、定制化以及 CPU 用量的 ASCII 条形图。它造成了 4 倍多的系统调用，会更大程度地影响系统。我很少使用。

由于 top(1) 对 /proc 进行快照，所以它可能会错过在快照拍摄之前退出的短命进程。这在软件构建时经常出现，此时 CPU 被许多构建过程中短命的工具牢牢占据。Linux 中有一个 top(1) 的变种，名为 atop(1)，使用进程核算技术捕捉短寿命进程，并将其包含在显示中。

6.6.7 pidstat

Linux 中的 pidstat(1) 工具按进程或线程打印 CPU 用量，包括用户时间和系统时间的细分。默认情况下，仅循环输出活动进程的信息。例如：

```
$ pidstat 1
Linux 2.6.35-32-server (dev7)   11/12/12        _x86_64_        (16 CPU)

22:24:42          PID    %usr %system  %guest    %CPU   CPU  Command
22:24:43         7814    0.00    1.98    0.00    1.98     3  tar
22:24:43         7815   97.03    2.97    0.00  100.00    11  gzip

22:24:43          PID    %usr %system  %guest    %CPU   CPU  Command
22:24:44          448    0.00    1.00    0.00    1.00     0  kjournald
22:24:44         7814    0.00    2.00    0.00    2.00     3  tar
22:24:44         7815   97.00    3.00    0.00  100.00    11  gzip
22:24:44         7816    0.00    2.00    0.00    2.00     2  pidstat
[...]
```

这个例子捕捉到了系统备份，包含了 tar(1) 命令，从文件系统读取文件，以及使用 gzip(1) 命令进行压缩。gzip(1) 的用户时间较高，符合预期，其压缩代码的操作为 CPU

密集型。tar(1) 命令从文件系统里读取，在内核中消耗更多的时间。

选项 -p ALL 可以用来打印所有的进程，包括空闲进程。选项 -t 打印每个线程的统计信息。其他 pidstat(1) 选项在本书的其他章节里有介绍。

6.6.8 time 和 ptime

time(1) 命令可以用来运行程序并报告 CPU 用量。它可能在操作系统的 /usr/bin 目录下，或者在 shell 里内建。

下面这个例子用 time 运行了两次 cksum(1) 命令，计算一个大文件的校验码：

```
$ time cksum ubuntu-19.10-live-server-amd64.iso
1044945083 883949568 ubuntu-19.10-live-server-amd64.iso

real    0m5.590s
user    0m2.776s
sys     0m0.359s
$ time cksum ubuntu-19.10-live-server-amd64.iso
1044945083 883949568 ubuntu-19.10-live-server-amd64.iso

real    0m2.857s
user    0m2.733s
sys     0m0.114s
```

第一次运行花了 5.6s，其中 2.8s 花在用户态——计算校验码，0.4s 是系统时间——读取文件的系统调用。还有 2.4s 不见了（5.6-2.8-0.4），很可能是花在了等待磁盘 I/O 读上，因为这个文件只有部分被缓存。第二次运行快得多，用了 2.9s，几乎没被阻塞在 I/O 上。这符合预期，因为文件可能在第二次运行时被完全缓存起来了。

在 Linux 中，/usr/bin/time 版本支持下面的详细信息：

```
$ /usr/bin/time -v cp fileA fileB
        Command being timed: "cp fileA fileB"
        User time (seconds): 0.00
        System time (seconds): 0.26
        Percent of CPU this job got: 24%
        Elapsed (wall clock) time (h:mm:ss or m:ss): 0:01.08
        Average shared text size (kbytes): 0
        Average unshared data size (kbytes): 0
        Average stack size (kbytes): 0
        Average total size (kbytes): 0
        Maximum resident set size (kbytes): 3792
        Average resident set size (kbytes): 0
```

```
Major (requiring I/O) page faults: 0
Minor (reclaiming a frame) page faults: 294
Voluntary context switches: 1082
Involuntary context switches: 1
Swaps: 0
 File system inputs: 275432
 File system outputs: 275432
 Socket messages sent: 0
 Socket messages received: 0
 Signals delivered: 0
 Page size (bytes): 4096
 Exit status: 0
```

选项 -v 一般不在 shell 内建版中提供。

6.6.9 turbostat

turbostat(1) 是一个基于特定型号的寄存器（MSR）的工具，可以显示 CPU 的状态，通常在 linux-tools-common 包中提供。MSR 在 4.3.10 节中提到过。下面是一些示例输出：

```
# turbostat
turbostat version 17.06.23 - Len Brown <lenb@kernel.org>
CPUID(0): GenuineIntel 22 CPUID levels; family:model:stepping 0x6:8e:a (6:142:10)
CPUID(1): SSE3 MONITOR SMX EIST TM2 TSC MSR ACPI-TM TM
CPUID(6): APERF, TURBO, DTS, PTM, HWP, HWPnotify, HWPwindow, HWPepp, No-HWPpkg, EPB
cpu0: MSR_IA32_MISC_ENABLE: 0x00850089 (TCC EIST No-MWAIT PREFETCH TURBO)
CPUID(7): SGX
cpu0: MSR_IA32_FEATURE_CONTROL: 0x00040005 (Locked SGX)
CPUID(0x15): eax_crystal: 2 ebx_tsc: 176 ecx_crystal_hz: 0
TSC: 2112 MHz (24000000 Hz * 176 / 2 / 1000000)
CPUID(0x16): base_mhz: 2100 max_mhz: 4200 bus_mhz: 100
[...]

Core    CPU     Avg_MHz Busy%   Bzy_MHz TSC_MHz IRQ     SMI     C1      C1E
        C3      C6      C7s     C8      C9      C10     C1%     C1E%    C3%
        C6%     C7s%    C8%     C9%     C10%    CPU%c1  CPU%c3  CPU%c6  CPU%c7
        CoreTmp PkgTmp  GFX%rc6 GFXMHz  Totl%C0 Any%C0  GFX%C0  CPUGFX% Pkg%pc2
        Pkg%pc3 Pkg%pc6 Pkg%pc7 Pkg%pc8 Pkg%pc9 Pk%pc10 PkgWatt CorWatt GFXWatt
        RAMWatt PKG_%   RAM_%
[...]
0       0       97      2.70    3609    2112    1370    0       41      293
```

```
        41      453     0       693     0       311     0.24    1.23    0.15
        5.35    0.00    39.33   0.00    50.97   7.50    0.18    6.26    83.37
        52      75      91.41   300     118.58  100.38  8.47    8.30    0.00
        0.00    0.00    0.00    0.00    0.00    0.00    17.69   14.84   0.65
        1.23    0.00    0.00
[...]
```

turbostat(8) 首先打印有关 CPU 和 MSR 的信息，输出量有可能超过 50 行，此处截断。然后它以默认的 5 秒为间隔，打印所有 CPU 和单个 CPU 指标的间隔摘要。在本例中，这个间隔摘要输出有 389 个字符宽，换了 5 次行，很难阅读。列中包括 了 CPU 编号（CPU）、以 MHz 为单位的平均时钟频率（Avg_MHz）、C-state 信息、温度（*Tmp）和功耗（*Watt）。

6.6.10 showboost

在 Netflix 云上可以使用 turbostat(8) 之前，我开发了 showboost(1)，用来按照时间间隔打印 CPU 时钟频率的摘要信息。showboost(1) 是"显示睿频"(show turbo boost)的缩写，同样也使用了 MSR。下面是一些示例输出：

```
# showboost
Base CPU MHz : 3000
Set CPU MHz  : 3000
Turbo MHz(s) : 3400 3500
Turbo Ratios : 113% 116%
CPU 0 summary every 1 seconds...

TIME       C0_MCYC      C0_ACYC        UTIL  RATIO   MHz
21:41:43   3021819807   3521745975     100%   116%   3496
21:41:44   3021682653   3521564103     100%   116%   3496
21:41:45   3021389796   3521576679     100%   116%   3496
[...]
```

该输出显示 CPU0 的时钟频率为 3496MHz。CPU 的基本频率是 3000MHz：它通过 Intel 睿频技术超频到 3496MHz。输出中还列出了可能的频率水平，或称“阶梯”：3400MHz 和 3500MHz。

showboost(8) 在我的 msr-cloud-tools 仓库中 [Gregg 20d]，因为我开发这些工具是为了在云环境中使用。由于我针对 Netflix 环境进行了适配，因为 CPU 的差异，它可能在其他地方无法工作，在这种情况下，可以试试 turboboost(1)。

6.6.11 pmcarch

pmcarch(8) 展示了 CPU 周期性能的高级概览。它是一个基于 PMC 的工具，是建立在 Intel 架构集的 PMC，因此得名（PMC 在 4.3.9 节中有详细解释）。在某些云计算环境中，这些架构 PMC 是唯一可用的（例如，某些 AWS EC2 实例）。下面是一些示例输出：

```
# pmcarch
K_CYCLES   K_INSTR     IPC BR_RETIRED   BR_MISPRED  BMR% LLCREF     LLCMISS    LLC%
96163187   87166313   0.91 19730994925  679187299   3.44 656597454 174313799  73.45
93988372   87205023   0.93 19669256586  724072315   3.68 666041693 169603955  74.54
93863787   86981089   0.93 19548779510  669172769   3.42 649844207 176100680  72.90
93739565   86349653   0.92 19339320671  634063527   3.28 642506778 181385553  71.77
[...]
```

这个工具打印了原始计数器以及用百分数表示的比例。数据列的描述如下。

- **K_CYCLES**：千次 CPU 周期数。
- **K_INSTR**：千次 CPU 指令数。
- **IPC**：每周期指令数。
- **BMR%**：分支预测错误率，按百分数表示。
- **LLC%**：末级缓存命中率，按百分数表示。

IPC 及其示例值在 6.3.7 节中有解释。这里列出的其他比率，例如，BMR% 和 LLC%，可以给发现为什么 IPC 低和停滞周期在哪里提供一些思路。

我给我的 pmc-cloud-tools 仓库开发了 pmcarch(8)，这个仓库里还有 cpucache(8)，可提供更多 CPU 缓存的统计信息 [Gregg 20e]。为了可以在 AWS EC2 云上工作，这些工具采取了一些变通方法并使用了处理器特定的 PMC，可能在别处无法工作。即便没法使用，它也提供了有用的 PMC 示例，你可以直接使用 perf(1)（参见 6.6.13 节）进行测量。

6.6.12 tlbstat

tlbstat(8) 是另一个源于 pmc-cloud-tools 的工具，展示了 TLB 缓存的统计信息。示例输出如下：

```
# tlbstat -C0 1
K_CYCLES   K_INSTR      IPC DTLB_WALKS ITLB_WALKS K_DTLBCYC  K_ITLBCYC  DTLB% ITLB%
2875793    276051      0.10 89709496   65862302   787913     650834     27.40 22.63
2860557    273767      0.10 88829158   65213248   780301     644292     27.28 22.52
2885138    276533      0.10 89683045   65813992   787391     650494     27.29 22.55
```

```
2532843    243104      0.10 79055465   58023221   693910     573168      27.40 22.63
[...]
```

这个特别的输出展示了绕过 Meltdown CPU 漏洞的 KPTI 补丁的最差情况（KPTI 的性能影响在 3.4.3 节中进行了总结）。KPTI 会在系统调用和其他事件上刷新 TLB 缓存，导致 TLB 查找时出现停滞周期：在最后两列里可以看出来。在这份输出中，CPU 大概在 TLB 查找中耗费了一半的时间，这样只能以一半的速度运行应用程序负载。

有以下列：

- **K_CYCLES**：千次 CPU 周期数。
- **K_INSTR**：千次 CPU 指令数。
- **IPC**：每周期指令数。
- **DTLB_WALKS**：数据 TLB 查找（计数）。
- **ITLB_WALKS**：指令 TLB 查找（计数）。
- **K_DTLBCYC**：至少一个 PMH 活跃于数据 TLB 查找的千次周期数。
- **K_ITLBCYC**：至少一个 PMH 活跃于指令 TLB 查找的千次周期数。
- **DTLB%**：数据 TLB 活跃周期占总周期的比例。
- **ITLB%**：指令 TLB 活跃周期占总周期的比例。

和 pmcarch(8) 类似，由于处理器的不同，这个工具有可能无法在你的环境里运行。尽管如此，它也还是一个有用灵感的来源。

6.6.13 perf

perf(1) 是 Linux 官方的剖析器，是一套有许多功能的工具。第 13 章总结了 perf(1)。本节介绍它在 CPU 分析方面的用法。

单行命令

下面的这些单行命令既有用又展示了 perf(1) 在 CPU 分析上的不同功能，有些在后面的章节中会有更详细的解释。

为特定的命令对在 CPU 上运行的函数采样，频率为 99Hz：

```
perf record -F 99 command
```

在系统级对 CPU 栈踪迹采样（通过帧指针）10 秒：

```
perf record -F 99 -a -g -- sleep 10
```

为 PID 进程对栈踪迹采样，通过 dwarf（dbg info）遍历栈：

```
perf record -F 99 -p PID --call-graph dwarf -- sleep 10
```

通过 exec 记录新进程事件：

```
perf record -e sched:sched_process_exec -a
```

带栈踪迹记录上下文切换事件 10 秒：

```
perf record -e sched:sched_switch -a -g -- sleep 10
```

对 CPU 迁移采样 10 秒：

```
perf record -e migrations -a -- sleep 10
```

记录所有的 CPU 迁移 10 秒：

```
perf record -e migrations -a -c 1 -- sleep 10
```

将 perf.data 以文本报告的形式显示出来，合并了数据以及计数器和百分比：

```
perf report -n --stdio
```

列出所有 perf.data 的事件，带数据表头（推荐）：

```
perf script --header
```

展示全系统的 PMC 统计信息，为期 5 秒：

```
perf stat -a -- sleep 5
```

为命令展示 CPU 末级缓存（LLC）的统计信息：

```
perf stat -e LLC-loads,LLC-load-misses,LLC-stores,LLC-prefetches command
```

展示全系统每秒内存总线的吞吐量：

```
perf stat -e uncore_imc/data_reads/,uncore_imc/data_writes/ -a -I 1000
```

展示每秒上下文切换率：

```
perf stat -e sched:sched_switch -a -I 1000
```

展示每秒非自愿上下文切换率（上一个状态为 TASK_RUNNING）：

```
perf stat -e sched:sched_switch --filter 'prev_state == 0' -a -I 1000
```

展示每秒模式切换率和上下文切换率：

```
perf stat -e cpu_clk_unhalted.ring0_trans,cs -a -I 1000
```

记录调度器剖析 10 秒：

```
perf sched record -- sleep 10
```

从调度器剖析记录中展示每个进程的调度器延时：

```
perf sched latency
```

从调度器剖析记录中列出每个事件的调度器延时：

```
perf sched timehist
```

更多的单行命令可参见 13.2 节。

系统级 CPU 剖析

perf(1) 可以被用来剖析 CPU 调用路径，总结 CPU 时间在内核空间和用户空间的使用情况。这项工作由 record 命令完成，该命令以一定时间间隔进行采样，并导出到一个 perf.data 文件，然后使用 report 命令查看文件。它的工作原理是使用可用的最准确的定时器：如果有的话基于 CPU 周期，否则基于软件（CPU 时钟事件）。

在下面的例子里，所有的 CPU（-a[1]）以 99Hz 的频率（-F 99）对调用栈（-g）采样 10 秒（sleep 10）。选项 --stdio 用来打印所有的输出，而非采用默认的交互模式操作。

```
# perf record -a -g -F 99 -- sleep 10
[ perf record: Woken up 20 times to write data ]
[ perf record: Captured and wrote 5.155 MB perf.data (1980 samples) ]
# perf report --stdio
[...]
# Children      Self  Command          Shared Object              Symbol
# ........  ........  ...............  .........................  ...................
.......................................................................
#
    29.49%     0.00%  mysqld           libpthread-2.30.so         [.] start_thread
            |
            ---start_thread
               0x55dadd7b473a
               0x55dadc140fe0
               |
```

1　选项-a自Linux 4.11起成为默认选项。

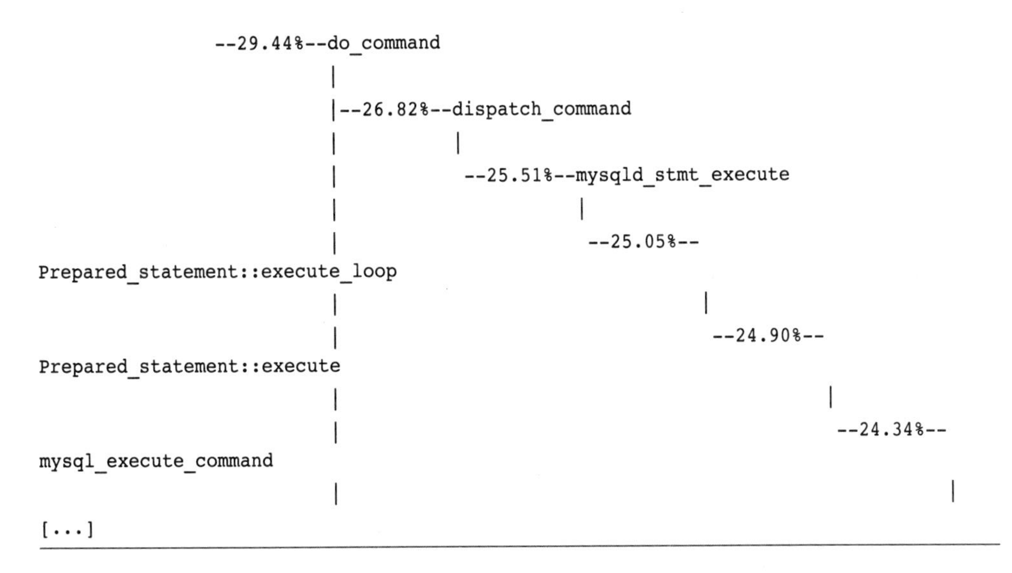

```
               --29.44%--do_command
                         |
                         |--26.82%--dispatch_command
                         |           |
                         |            --25.51%--mysqld_stmt_execute
                         |                       |
                         |                        --25.05%--
Prepared_statement::execute_loop
                         |                                   |
                         |                                    --24.90%--
Prepared_statement::execute
                         |                                               |
                         |                                                --24.34%--
mysql_execute_command
                         |                                                           |
[...]
```

完整的输出长达多页，按照采样计数逆序排列。这些采样计数以百分数输出，展示了 CPU 时间花在了哪里。在这个例子中，29.44% 的时间花在 do_command() 和它调用的函数上，包括 mysql_execute_command()。这些内核和进程符号只在它们的调试信息文件存在的情况下可用，否则只显示十六进制地址。

在 Linux 4.4 中，栈的顺序从以被调用方开始（以在 CPU 上运行的函数开始然后列出它的祖先），改成了从调用方开始（以双亲函数开始然后是被调用方）。你可以通过 -g 选项换回被调用方：

```
# perf report -g callee --stdio
[...]
    19.75%     0.00%  mysqld           mysqld                       [.]
Sql_cmd_dml::execute_inner
            |
            ---Sql_cmd_dml::execute_inner
               Sql_cmd_dml::execute
               mysql_execute_command
               Prepared_statement::execute
               Prepared_statement::execute_loop
               mysqld_stmt_execute
               dispatch_command
               do_command
               0x55dadc140fe0
               0x55dadd7b473a
               start_thread
[...]
```

要理解剖析结果，你可以分别尝试这两种排序。如果你无法在命令行快速理解，可以尝试用火焰图等可视化方式。

CPU 火焰图

CPU 火焰图可以通过 Linux 5.8[1] 里加入的火焰图报告功能，从同一个 perf.data 剖析文件生成。例如：

```
# perf record -F 99 -a -g -- sleep 10
# perf script report flamegraph
```

这个命令使用 /usr/share/d3-flame-graph/d3-flamegraph-base.html 中的 d3-flame-graph 模板文件（如果你没有这个文件，可以通过 d3-flame-graph 软件 [Spier 20b] 构建）创建了一张火焰图。也可以将这些命令组合成一个命令：

```
# perf script flamegraph -a -F 99 sleep 10
```

对于老版本的 Linux，你可以使用我原始的火焰图软件来可视化 perf 生成的采样报告。步骤（第 5 章中也有介绍）是：

```
# perf record -F 99 -a -g -- sleep 10
# perf script --header > out.stacks
$ git clone https://github.com/brendangregg/FlameGraph; cd FlameGraph
$ ./stackcollapse-perf.pl < ../out.stacks | ./flamegraph.pl --hash > out.svg
```

CPU 火焰图的文件是 out.svg，可以通过一个网页浏览器加载。它包含了 JavaScript 以提供交互功能：点击可放大，按 Ctrl+F 可进行搜索。在图 6.15 里演示了这个步骤。

你可以修改这些步骤，直接把 perf script 的输出导入 stackcollapse-perf.pl，这样可省去 out.stacks 文件。然而我发现将这些文件保存起来还是有好处的，可以用于以后参考或者和其他工具一起使用（例如，FlameScope）。

选项

flamegraph.pl 支持多种选项，包括如下这些。

- **--title TEXT**：设置标题。
- **--subtitle TEXT**：设置子标题。
- **--width NUM**：设置图像宽度（默认为 1200 像素）。
- **--countname TEXT**：更改计数标签（默认为“样本”）。

1 感谢Andreas Gerstmayr添加了这一选项。

- **--color PALETTE**：为帧颜色设置一个调色板。其中一些使用搜索词或注释，对不同的代码路径使用不同的颜色色调。选项包括 hot（默认）、mem、io、java、js、perl、red、green、blue、yellow。
- **--bgcolors COLOR**：设置背景颜色。渐变选项有 yellow（默认）、blue、green、grey；平铺（非渐变）的颜色使用"#rrggbb"格式。
- **--hash**：为了保持一致性，颜色通过函数名称哈希值设定。
- **--reverse**：生成一张倒栈的火焰图，从叶子向根合并。
- **--inverted**：翻转 Y 轴，生成一个垂冰图。
- **--flamechart**：生成一张火焰时间图（时间在 X 轴上）。

例如，这是我用于 Java CPU 火焰图的一组选项：

```
$ ./flamegraph.pl --colors=java --hash
    --title="CPU Flame Graph, $(hostname), $(date)" < ...
```

包括火焰图中的主机名和日期。

火焰图的解释可参见 6.7.3 节。

进程 CPU 剖析

除了在所有的 CPU 上进行剖析，还可以用 -p PID 锁定单个进程，perf(1) 可以直接执行一个命令并进行剖析：

```
# perf record -F 99 -g command
```

通常在命令前插入"--"，以停止 perf(1) 对命令行选项的处理。

调度器延时

sched 命令记录并报告调度器统计信息。例如：

```
# perf sched record -- sleep 10
[ perf record: Woken up 63 times to write data ]
[ perf record: Captured and wrote 125.873 MB perf.data (1117146 samples) ]
# perf sched latency
-----------------------------------------------------------------------------------
Task                  | Runtime ms  | Switches | Average delay ms | Maximum delay ms |
-----------------------------------------------------------------------------------
jbd2/nvme0n1p1-:175   |    0.209 ms |        3 | avg:    0.549 ms | max:    1.630 ms |
kauditd:22            |    0.180 ms |        6 | avg:    0.463 ms | max:    2.300 ms |
oltp_read_only.:(4)   | 3969.929 ms |   184629 | avg:    0.007 ms | max:    5.484 ms |
mysqld:(27)           | 8759.265 ms |    96025 | avg:    0.007 ms | max:    4.133 ms |
```

```
bash:21391              |      0.275 ms |          1 | avg:    0.007 ms | max:    0.007 ms |
[...]
-----------------------------------------------------------------------------------------
TOTAL:                  | 12916.132 ms |    281395 |
---------------------------------------------------
```

这个延时报告总结了每个进程的平均和最大调度器延时（也就是运行队列延时）。虽然 oltp_read_only 和 mysqld 进程还有很多上下文切换，但它们的平均以及最大调度器延时仍然较低。（为了适配输出宽度，我删去了最后的“Maximum delay at”列。）

调度器事件较为频繁，因此此类跟踪会导致可观的 CPU 和存储开销。本例中的 perf.data 文件即为跟踪 10 秒的产物，大小达到了 125MB。调度器事件发生的速率可能会占满 perf(1) 每个 CPU 一个的环形缓冲，导致事件丢失：如果发生的话，报告在最后会陈述事件。要注意这种开销，它有可能会干扰生产系统中的应用程序。

perf(1) sched 也有 map 和 timehist 报告，以通过不同的方式展示调度器的情况。timehist 报告显示每个事件的细节：

```
# perf sched timehist
Samples do not have callchains.
           time    cpu  task name                       wait time  sch delay   run time
                        [tid/pid]                          (msec)     (msec)     (msec)
--------------- ------  ------------------------------  ---------  ---------  ---------
 437752.840756 [0000]  mysqld[11995/5187]                   0.000      0.000      0.000
 437752.840810 [0000]  oltp_read_only.[21483/21482]         0.000      0.000      0.054
 437752.840845 [0000]  mysqld[11995/5187]                   0.054      0.000      0.034
 437752.840847 [0000]  oltp_read_only.[21483/21482]         0.034      0.002      0.002
[...]
 437762.842139 [0001]  sleep[21487]                     10000.080      0.004      0.127
```

这个报告显示了每一个上下文切换的事件，包括睡眠时间（wait time）、调度器延时（sch delay）和花在 CPU 上的时间（run time），单位均为毫秒。最后一行显示了用于设置 perf 记录持续时间的空转 sleep(1) 命令，该命令的睡眠时间为 10 秒。

PMC（硬件事件）

stat 子命令对事件进行计数并产生一个摘要，而不是将事件记录到 perf.data。在默认情况下，perf stat 对几个 PMC 进行计数，以显示 CPU 周期的高级概要。下面的例子里它总结了一个 gzip(1) 命令：

```
$ perf stat gzip ubuntu-19.10-live-server-amd64.iso

 Performance counter stats for 'gzip ubuntu-19.10-live-server-amd64.iso':
```

```
      25235.652299      task-clock (msec)         #    0.997 CPUs utilized
               142      context-switches          #    0.006 K/sec
                25      cpu-migrations            #    0.001 K/sec
               128      page-faults               #    0.005 K/sec
    94,817,146,941      cycles                    #    3.757 GHz
   152,114,038,783      instructions              #    1.60  insn per cycle
    28,974,755,679      branches                  # 1148.167 M/sec
     1,020,287,443      branch-misses             #    3.52% of all branches

      25.312054797 seconds time elapsed
```

统计信息包括了周期和指令计数，以及 IPC。和前面描述的一样，这是一个对判断当前周期类型以及其中有多少停滞周期非常有用的高级概要指标。在这个例子里，1.6 的 IPC 值还不错。

这是一个系统级测量 IPC 的例子，来自 Shopify 的基准测试，用于研究 NUMA 调优，最终将应用程序的吞吐量提升了 20% ～ 30%。这些命令在所有 CPU 上测量 30 秒。

之前：

```
# perf stat -a -- sleep 30
[...]
      404,155,631,577      instructions              #    0.72  insns per cycle
[100.00%]
[...]
```

NUMA 调优之后：

```
# perf stat -a -- sleep 30
[...]
   490,026,784,002      instructions              #    0.89  insns per cycle
[100.00%]
[...]
```

IPC 从 0.71 提升到 0.89：提升了 24%，和最后的成绩相符。（关于测量 IPC 的另一个生产实例见第 16 章。）

硬件事件选择

可以统计的硬件事件还有很多。可以通过 perf list 列出来：

```
# perf list
[...]
  branch-instructions OR branches                    [Hardware event]
  branch-misses                                      [Hardware event]
```

```
  bus-cycles                                          [Hardware event]
  cache-misses                                        [Hardware event]
  cache-references                                    [Hardware event]
  cpu-cycles OR cycles                                [Hardware event]
  instructions                                        [Hardware event]
  ref-cycles                                          [Hardware event]
[...]
  LLC-load-misses                                     [Hardware cache event]
  LLC-loads                                           [Hardware cache event]
  LLC-store-misses                                    [Hardware cache event]
  LLC-stores                                          [Hardware cache event]
[...]
```

注意其中的“Hardware event”和“Hardware cache event”。对于某些处理器，你会发现其他的 PMC 组；13.3 节中提供了一个更长的例子。这些是否可用取决于处理器的架构，在处理器手册中有记录（例如，Intel 软件开发者手册）。

这些事件可以使用选项 -e 指定。例如（来自 Intel Xeon）：

```
$ perf stat -e instructions,cycles,L1-dcache-load-misses,LLC-load-misses,dTLB-load-
misses gzip ubuntu-19.10-live-server-amd64.iso

 Performance counter stats for 'gzip ubuntu-19.10-live-server-amd64.iso':

   152,226,453,131      instructions              #    1.61  insn per cycle
    94,697,951,648      cycles
     2,790,554,850      L1-dcache-load-misses
         9,612,234      LLC-load-misses
           357,906      dTLB-load-misses

      25.275276704 seconds time elapsed
```

除了指令和周期，这个例子还测量了以下几个方面。

- **L1-dcache-load-misses**：一级数据缓存负载未命中。这大概可以看出应用程序施加的内存负载，其中有一部分负载从一级缓存返回。可以与其他 L1 事件计数器进行对比以确定缓存命中率。
- **LLC-load-misses**：末级缓存负载未命中。在末级缓存之后，就会直接存取主存，因此这实际测量了主存负载。从它与 L1-dcache-load-misses 之间的区别，可以大概看出（还需要其他计数器以确保完整性），除一级 CPU 缓存之外其他缓存的有效性。

- **dTLB-load-misses**：数据转译后备缓冲器未命中。它展示了 MMU 为负载缓存页面映射的有效性，可以用来测量内存负载的大小（工作集）。

还有许多其他计数器可待查验。perf(1) 支持描述名（与这个例子里使用的一样）和十六进制值。后者可以在查看处理器手册中发现的深奥计数器时派上用场，此类计数器一般没有描述名。

软件跟踪

perf 可以记录并计算软件事件。下面列出一些与 CPU 相关的事件：

```
# perf list
[...]
  context-switches OR cs                              [Software event]
  cpu-migrations OR migrations                        [Software event]
[...]
  sched:sched_kthread_stop                            [Tracepoint event]
  sched:sched_kthread_stop_ret                        [Tracepoint event]
  sched:sched_wakeup                                  [Tracepoint event]
  sched:sched_wakeup_new                              [Tracepoint event]
  sched:sched_switch                                  [Tracepoint event]
[...]
```

下面的例子使用上下文切换软件事件，以在应用程序离开 CPU 时进行跟踪，并收集了 1 秒的调用栈：

```
# perf record -e sched:sched_switch -a -g -- sleep 1
[ perf record: Woken up 46 times to write data ]
[ perf record: Captured and wrote 11.717 MB perf.data (50649 samples) ]
# perf report --stdio
[...]
    16.18%    16.18%  prev_comm=mysqld prev_pid=11995 prev_prio=120 prev_state=S ==>
next_comm=swapper/1 next_pid=0 next_prio=120
            |
            ---__sched_text_start
               schedule
               schedule_hrtimeout_range_clock
               schedule_hrtimeout_range
               poll_schedule_timeout.constprop.0
               do_sys_poll
               __x64_sys_ppoll
               do_syscall_64
               entry_SYSCALL_64_after_hwframe
```

```
                ppoll
                vio_socket_io_wait
                vio_read
                my_net_read
                Protocol_classic::read_packet
                Protocol_classic::get_command
                do_command
                start_thread
[...]
```

这份截取的输出显示了 mysqld 上下文切换通过 poll(2) 阻塞在套接字上。要进一步研究，请参见 5.4.2 节中的 off-CPU 分析方法和 5.5.3 节中的支持工具。

第 9 章包含了另一个使用 perf(1) 进行静态跟踪的例子：块 I/O tracepoint。第 10 章中有一个使用 perf(1) 动态跟踪 tcp_sendmsg() 内核函数的例子。

硬件跟踪

如果处理器支持的话，perf(1) 也支持使用硬件跟踪用于单个指令分析。这是一个底层的高级操作，这里不做展开，但在 13.13 节中会再次提到。

文档

关于 perf(1) 的更多信息可参见第 13 章。另外，还可以参考它的手册页，以及位于 tools/perf/Documentation 下 Linux 内核源代码里的文档，我的“perf 示例”页面 [Gregg 20f]，“Perf 教程”[Perf 15] 和“非官方 Linux Perf 事件网页”[Weaver 11]。

6.6.14 profile

profile(8) 是一个 BCC 工具，它以一定时间间隔对栈踪迹进行采样，并报告频率数据。这是 BCC 中了解 CPU 消耗最有用的工具，因为它总结了几乎所有消耗 CPU 资源的代码路径。（参见 6.6.19 节中介绍的 hardirqs(8) 工具，可找出更多的 CPU 消费者。）profile(8) 的开销比 perf(1) 低，因为只有栈踪迹的摘要被传到用户空间。这种开销的差异如图 6.15 所示。5.5.2 节也总结了 profile(8) 作为应用程序剖析器的使用方式。

profile(8) 在默认配置下以 49Hz 的频率采样所有 CPU 的用户栈和内核栈踪迹。这个行为可以通过选项进行定制，在输出的开始打印设置。例如：

```
# profile
Sampling at 49 Hertz of all threads by user + kernel stack... Hit Ctrl-C to end.
^C
```

```
[...]

    finish_task_switch
    __sched_text_start
    schedule
    schedule_hrtimeout_range_clock
    schedule_hrtimeout_range
    poll_schedule_timeout.constprop.0
    do_sys_poll
    __x64_sys_ppoll
    do_syscall_64
    entry_SYSCALL_64_after_hwframe
    ppoll
    vio_socket_io_wait(Vio*, enum_vio_io_event)
    vio_read(Vio*, unsigned char*, unsigned long)
    my_net_read(NET*)
    Protocol_classic::read_packet()
    Protocol_classic::get_command(COM_DATA*, enum_server_command*)
    do_command(THD*)
    start_thread
    -                mysqld (5187)
        151
```

输出的栈踪迹是一个函数列表，一个短横线（“-”）后跟函数名以及括号中的 PID，最后是该栈踪迹的计数。栈踪迹按频率顺序打印，从最低到最高。

这个例子中的完整输出有 8261 行，在这里仅输出一部分，只显示最后的、最频繁的栈踪迹。它显示调度器函数在 CPU 上运行，从 poll(2) 代码路径上被调用。这个特别的栈踪迹在跟踪时被采样了 151 次。

profile(8) 支持多种选项，包括如下一些。

- **-U**：仅包括用户栈。
- **-K**：仅包括内核栈。
- **-a**：包括帧注解（例如，“_[k]“表示内核帧）。
- **-d**：在内核栈 / 用户栈之间包括分隔符。
- **-f**：以折叠格式输出。
- **-p PID**：仅剖析此进程。
- **--stack-storage-size SIZE**：独立的栈踪迹数量（默认为 16 384）。

如果 profile(8) 打印此类型的警告：

```
WARNING: 5 stack traces could not be displayed.
```

这意味着栈存储不足。你可以使用 --stack-storage-size 增加存储。

剖析 CPU 火焰图

选项 -f 可以将数据输出成方便我的火焰图软件导入的格式。示例操作如下：

```
# profile -af 10 > out.stacks
# git clone https://github.com/brendangregg/FlameGraph; cd FlameGraph
# ./flamegraph.pl --hash < out.stacks > out.svg
```

out.svg 文件可以通过 Web 浏览器加载。

profile(8) 和下面介绍的工具（runqlat(8)、runqlen(8)、softirqs(8)、hardirqs(8)）是基于 BPF 的工具，源于 BCC 仓库。在第 15 章中有介绍。

6.6.15 cpudist

cpudist(8)[1] 是一个 BCC 工具，用于显示每个线程醒来时在 CPU 上执行的时间分布。这用来辅助描述 CPU 工作负载的特性，为之后的调优和设计决策提供细节。下面的例子来自一个双 CPU 的数据库实例：

```
# cpudist 10 1
Tracing on-CPU time... Hit Ctrl-C to end.

     usecs               : count     distribution
         0 -> 1          : 0        |                                        |
         2 -> 3          : 135      |                                        |
         4 -> 7          : 26961    |********                                |
         8 -> 15         : 123341   |****************************************|
        16 -> 31         : 55939    |******************                      |
        32 -> 63         : 70860    |**********************                  |
        64 -> 127        : 12622    |****                                    |
       128 -> 255        : 13044    |****                                    |
       256 -> 511        : 3090     |*                                       |
       512 -> 1023       : 2        |                                        |
      1024 -> 2047       : 6        |                                        |
      2048 -> 4095       : 1        |                                        |
      4096 -> 8191       : 2        |                                        |
```

输出显示了数据库通常在 CPU 上花费 4 ～ 63 微秒。这个时间很短。

1 起源：Sasha Goldshtein于2016年6月29日开发了BCC cpudist(8)。我于2005年开发了一个Solaris版本的cpudists直方图工具。

选项包括如下一些。

- **-m**：输出以毫秒为单位。
- **-o**：显示不在 CPU 上的时间，而不是在 CPU 上运行的时间。
- **-P**：每个进程打印一幅直方图。
- **-p PID**：仅跟踪这个 ID 的进程。

它可以和 profile(8) 一起使用，用来总结一个应用程序在 CPU 上花费了多少时间，以及在做什么。

6.6.16 runqlat

runqlat(8)[1] 是一个 BCC 和 bpftrace 的工具，用来测量 CPU 调度器的延时，通常被称为运行队列延时（即便已经不用运行队列实现）。它对识别和量化 CPU 饱和度的问题非常有帮助，这种情况下对 CPU 资源的需求超过了它们的服务能力。runqlat(8) 测量的指标是每个线程（任务）在 CPU 上等待的时间。

下面的例子展示了 BCC runqlat(8) 运行在一个双 CPU 的 MySQL 数据库实例上，系统级的 CPU 使用率为 15%。runqlat(8) 的参数为“10 1“，表示间隔为 10 秒，只输出一次：

```
# runqlat 10 1
Tracing run queue latency... Hit Ctrl-C to end.

     usecs               : count     distribution
         0 -> 1          : 9017     |*****                                   |
         2 -> 3          : 7188     |****                                    |
         4 -> 7          : 5250     |***                                     |
         8 -> 15         : 67668    |****************************************|
        16 -> 31         : 3529     |**                                      |
        32 -> 63         : 315      |                                        |
        64 -> 127        : 98       |                                        |
       128 -> 255        : 99       |                                        |
       256 -> 511        : 9        |                                        |
       512 -> 1023       : 15       |                                        |
      1024 -> 2047       : 6        |                                        |
      2048 -> 4095       : 2        |                                        |
```

1 起源：我于2016年2月7日开发了BCC版本的runqlat，而后于2018年9月17日开发了bpftrace版本。这个项目受到了我早期运行于Solaris上的dispqlat.d工具（分发队列延时：运行队列延时在Solaris上的术语）的启发。

```
    4096 -> 8191       : 3    |                                        |
    8192 -> 16383      : 1    |                                        |
   16384 -> 32767      : 1    |                                        |
   32768 -> 65535      : 2    |                                        |
   65536 -> 131071     : 88   |                                        |
```

对于负载这么低的系统，输出的结果有些令人不可思议：看上去有 88 个事件的延时较高，落在 65 ～ 131 毫秒的范围内。这个实例看上去被虚拟机管理程序进行了 CPU 限流，注入了调度器延时。

选项包括如下几个。

- **-m**：输出以毫秒为单位。
- **-P**：每个进程打印一幅直方图。
- **--pidnss**：每个进程命名空间打印一幅直方图。
- **-p PID**：仅跟踪这个 ID 的进程。
- **-T**：在输出中包含时间戳。

runqlat(8) 通过检测调度器唤醒和上下文切换事件来确定事件从唤醒到运行的时间。这些事件在繁忙的生产系统中可能非常频繁，每秒可能超过 100 万个事件。即便 BPF 经过优化，在这个速率下，即使每个事件增加 1 微秒也会造成明显的开销。请谨慎使用，并考虑使用 runqlen(8) 来代替。

6.6.17 runqlen

runqlen(8)[1] 是一个 BCC 和 bpftrace 工具，用于对 CPU 运行队列的长度进行采样，计算有多少个任务在等待，并以线性直方图的形式呈现。这可以被用来进一步描述运行队列延时的问题，或者作为一个代价较低的近似。另外，runqlat(8) 对每一次上下文切换进行采样，这可能会产生每秒数百万次的事件。

下面展示了 BCC 版本的 runqlen(8)，运行于一个双 CPU 的 MySQL 数据库实例上，系统的 CPU 使用率约为 15%（和早先运行 runqlat(8) 是同一个实例）。runqlen(8) 的参数为“10 1“，表示间隔为 10 秒，只输出一次：

```
# runqlen 10 1
Sampling run queue length... Hit Ctrl-C to end.
```

1 起源：受到了我早期的工具dispqlen.d的启发，我于2016年12月12日开发了BCC版本，在2018年10月7日开发了bpftrace版本。

```
runqlen         : count     distribution
    0           : 1824     |****************************************|
    1           : 158      |***                                     |
```

输出显示了在大多数时间里，运行队列的长度为0，而8%的时间内运行队列的长度为1，意味着线程需要等待才能运行。

选项包括如下几个。

- **-C**：每个CPU打印一幅直方图。
- **-O**：打印运行队列占用率。
- **-T**：输出包含时间戳。

运行队列占用率是一个单独的指标，它显示了有线程等待的时间百分比。当需要一个单一的指标来监测、报警和绘制图表时，这个指标很有用。

6.6.18 softirqs

softirqs(8)[1] 是一个BCC工具，可以显示服务于软IRQ（软中断）所花费的时间。系统级的软中断时间可以从不同的工具中获得。例如，mpstat(1)将其显示为%soft。/proc/softirqs可以显示软中断事件的计数。BCC softirqs(8)工具的不同之处在于它可以显示每个软中断的时间，而不是事件计数。

例如，在一个双CPU的数据库实例上运行一个10秒的跟踪：

```
# softirqs 10 1
Tracing soft irq event time... Hit Ctrl-C to end.

SOFTIRQ          TOTAL_usecs
net_tx                     9
rcu                      751
sched                   3431
timer                   5542
tasklet                11368
net_rx                 12225
```

这段输出展示了CPU大多数时间花在了net_rx上，共计12毫秒。这提供了在典型的剖析活动中对可能不可见的CPU消费者的观测机会，因为这些程序可能无法被CPU剖析器中断。

1 起源：我于2015年10月20日开发了BCC版本。

选项包括如下两项。

- **-d**：通过直方图展示 IRQ 时间。
- **-T**：输出包含时间戳。

选项 -d 可以用来展示每个 IRQ 事件的时间分布。

6.6.19 hardirqs

hardirqs(8)[1] 是一个 BCC 工具，它显示了服务于硬 IRQ（硬中断）所花费的时间。系统级的硬中断时间可以从不同的工具中获得。例如，mpstat(1) 将其显示为 %irq。/proc/interrupts 可以显示硬中断事件的计数。BCC hardirqs(8) 工具的不同之处在于它可以显示每个硬中断的时间，而不是事件计数。

例如，在一个双 CPU 的数据库实例上运行一个 10 秒的跟踪：

```
# hardirqs 10 1
Tracing hard irq event time... Hit Ctrl-C to end.

HARDIRQ                    TOTAL_usecs
nvme0q2                             35
ena-mgmnt@pci:0000:00:05.0          72
ens5-Tx-Rx-1                       326
nvme0q1                            878
ens5-Tx-Rx-0                      5922
```

输出显示了跟踪期间服务于 ens5-Tx-Rx-0 中断（网络）的时间为 5.9 毫秒。和 softirqs(8) 类似，这可以显示出一般在 CPU 剖析的时候看不到的 CPU 消费者。

hardirqs(8) 的选项和 softirqs(8) 类似。

6.6.20 bpftrace

bpftrace 是一个基于 BPF 的跟踪器，它提供了一门高级编程语言，允许创建强大的单行命令和短脚本。它非常适合在其他工具的线索之上，进行定制化的应用程序分析。在 bpftrace 资源库 [Iovisor 20a] 中有早期工具 runqlat(8) 和 runqlen(8) 的 bpftrace 版本。

第 15 章将解释 bpftrace，本节展示一些用于 CPU 分析的单行命令示例。

1 起源：受我早期的工具inttimes.d的启发，我于2015年10月19日开发了BCC版本。inttimes.d工具是基于另一个intr.d工具的。

单行命令

下面的单行命令很有用，可以展示不同的 bpftrace 功能。

跟踪新进程并查看参数：

```
bpftrace -e 'tracepoint:syscalls:sys_enter_execve { join(args->argv); }'
```

按进程统计系统调用次数：

```
bpftrace -e 'tracepoint:raw_syscalls:sys_enter { @[pid, comm] = count(); }'
```

按系统调用探针名称统计系统调用：

```
bpftrace -e 'tracepoint:syscalls:sys_enter_* { @[probe] = count(); }'
```

以 99Hz 的频率采样运行着的进程的名字：

```
bpftrace -e 'profile:hz:99 { @[comm] = count(); }'
```

以 49Hz 的频率在系统级采样用户栈和内核栈，并附带进程名：

```
bpftrace -e 'profile:hz:49 { @[kstack, ustack, comm] = count(); }'
```

以 49Hz 的频率采样 PID 为 189 的进程的用户栈：

```
bpftrace -e 'profile:hz:49 /pid == 189/ { @[ustack] = count(); }'
```

以 49Hz 的频率采样 PID 为 189 的进程的用户栈 5 帧：

```
bpftrace -e 'profile:hz:49 /pid == 189/ { @[ustack(5)] = count(); }'
```

以 49Hz 的频率采样名为“mysqld”的进程的用户栈：

```
bpftrace -e 'profile:hz:49 /comm == "mysqld"/ { @[ustack] = count(); }'
```

统计内核 CPU 调度器的 tracepoint：

```
bpftrace -e 'tracepoint:sched:* { @[probe] = count(); }'
```

统计上下文切换发生时不在 CPU 上运行的内核栈：

```
bpftrace -e 'tracepoint:sched:sched_switch { @[kstack] = count(); }'
```

统计以“vfs_”开头的内核函数调用：

```
bpftrace -e 'kprobe:vfs_* { @[func] = count(); }'
```

通过 pthread_create() 跟踪新线程：

```
bpftrace -e 'u:/lib/x86_64-linux-gnu/libpthread-2.27.so:pthread_create {
    printf("%s by %s (%d)\n", probe, comm, pid); }'
```

示例

下面展示了 bpftrace 以 49Hz 的频率对 MySQL 数据库服务器进行剖析，并只收集用户栈的前三层：

```
# bpftrace -e 'profile:hz:49 /comm == "mysqld"/ { @[ustack(3)] = count(); }'
Attaching 1 probe...
^C
[...]
@[
    my_lengthsp_8bit(CHARSET_INFO const*, char const*, unsigned long)+32
    Field::send_to_protocol(Protocol*) const+194
    THD::send_result_set_row(List<Item>*)+203
]: 8
@[
    ppoll+166
    vio_socket_io_wait(Vio*, enum_vio_io_event)+22
    vio_read(Vio*, unsigned char*, unsigned long)+236
]: 10
[...]
```

输出被截断，只包括两层栈，采样了 8 次和 10 次。这两个栈似乎都显示了花费在网络中的 CPU 时间。

调度内幕

如果需要，你可以开发自定义的工具来显示 CPU 调度器的行为。可从尝试 tracepoint 开始，比如下面这些：

```
# bpftrace -l 'tracepoint:sched:*'
tracepoint:sched:sched_kthread_stop
tracepoint:sched:sched_kthread_stop_ret
tracepoint:sched:sched_waking
tracepoint:sched:sched_wakeup
tracepoint:sched:sched_wakeup_new
tracepoint:sched:sched_switch
tracepoint:sched:sched_migrate_task
tracepoint:sched:sched_process_free
[...]
```

这些 tracepoint 的参数可以通过使用 -lv 列出来。如果这些 tracepoint 不够，可以考虑使用 kprobe 进行动态检测。下面列出了以“sched”开头的内核函数的 kprobe 目标：

```
# bpftrace -lv 'kprobe:sched*'
kprobe:sched_itmt_update_handler
kprobe:sched_set_itmt_support
```

```
kprobe:sched_clear_itmt_support
kprobe:sched_set_itmt_core_prio
kprobe:schedule_on_each_cpu
kprobe:sched_copy_attr
kprobe:sched_free_group
[...]
```

在这个内核版本（5.3）中有 24 个 sched tracepoint 和 104 个以“sched”开头的 kprobe。

由于调度器事件可能很频繁，所以对它们进行检测会造成大量的开销。请谨慎使用，并找到减少这种开销的方法：使用映射来总结统计数据，而不是打印每个事件的细节，并跟踪尽可能少的事件。

6.6.21 其他工具

表 6.11 列出了本书其他章节和《BPF 之巅》[Gregg 19] 一书中介绍的 CPU 观测工具。

表 6.11 其他 CPU 观测工具

章节	工具	描述
5.5.3	offcputime	使用调度器跟踪剖析不在 CPU 上运行的行为
5.5.5	execsnoop	列出新进程的执行
5.5.6	syscount	按照类型和进程统计系统调用
[Gregg 19]	runqslower	打印慢于某阈值的运行队列的等待时间
[Gregg 19]	cpufreq	按照进程采样 CPU 频率
[Gregg 19]	smpcalls	计时 SMP 远程 CPU 调用
[Gregg 19]	llcstat	按照进程总结末级缓存命中率

其他 Linux CPU 性能工具还包括以下这些。

- **oprofile**：最初的 CPU 剖析工具，由 John Levon 开发。
- **atop**：包括了更多的系统级统计信息，使用进程核算统计捕捉短命进程的存在。
- **/proc/cpuinfo**：可以获得处理器的详细信息，包括时钟频率和特性标志位。
- **lscpu**：显示 CPU 架构信息。
- **lstopo**：显示硬件拓扑（由 hwloc 包提供）。
- **cpupower**：显示处理器能耗状态。
- **getdelays.c**：这是延时核算观测的一个例子，包括了每个进程的 CPU 调度器延时。在第 4 章中演示过它。
- **valgrind**：一个内存调试和剖析工具组 [Valgrind 20]。它包括 callgrind，一个跟踪函数调用并生成调用图的工具，还可以通过 kcachegrind 可视化；另外，cachegrind 可用来分析一个给定程序的硬件缓存用量。

图 6.18 展示了一个 lstopo(1) 的 SVG 输出。

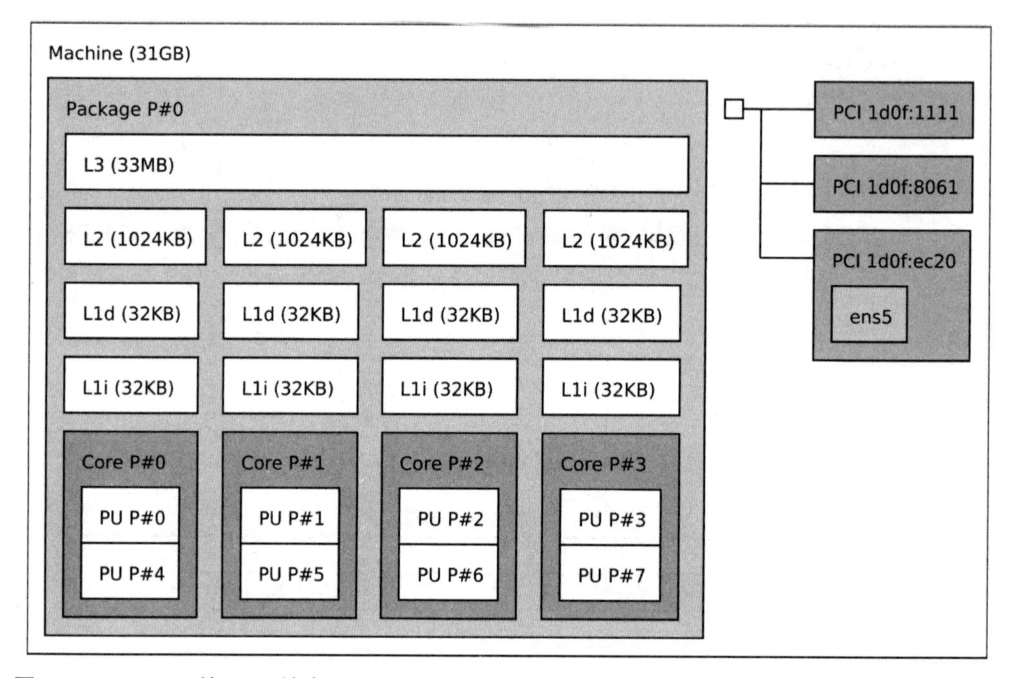

图 6.18 lstopo(1) 的 SVG 输出

这张 lstopo(1) 输出的图展示了哪个逻辑 CPU 被映射到了哪个 CPU 核（例如，0 号和 4 号 CPU 被映射到了 0 号核）。

另一个值得一提的工具是 cpupower(1)，示例如下：

```
# cpupower idle-info
CPUidle driver: intel_idle
CPUidle governor: menu
analyzing CPU 0:

Number of idle states: 9
Available idle states: POLL C1 C1E C3 C6 C7s C8 C9 C10

POLL:
Flags/Description: CPUIDLE CORE POLL IDLE
Latency: 0
Usage: 80442
Duration: 36139954
C1:
Flags/Description: MWAIT 0x00
```

```
Latency: 2
Usage: 3832139
Duration: 542192027
C1E:
Flags/Description: MWAIT 0x01
Latency: 10
Usage: 10701293
Duration: 1912665723
[...]
C10:
Flags/Description: MWAIT 0x60
Latency: 890
Usage: 7179306
Duration: 48777395993
```

这不仅列出了处理器的功耗状态，还提供了一些统计数据。Usage 显示的是该状态被进入的次数，Duration 显示的是在该状态停留的时间，单位为微秒，而 Latency 表示的是退出的延时，单位为微秒。这只显示了 CPU0，你可以从 /sys 文件中看到所有的 CPU，例如持续时间可以从 /sys/devices/system/cpu/cpu*/cpuidle/state0/time 中读取 [Wysocki 19]。

还有一些成熟的 CPU 性能分析产品，特别是 Intel 的 vTune[22] 和 AMD 的 uprof[23]。

GPU

目前还没有一套全面的 GPU 分析标准工具。GPU 厂商通常会发布只适用于自己产品的特定工具，如下所示。

- **nvidia-smi、nvperf 和 Nvidia Visual Profiler**：适用于 Nvidia GPU。
- **intel_gpu_top 和 Intel vTune**：适用于 Intel GPU。
- **radeontop**：适用于 Radoen GPU。

这些工具提供了基本的观测统计数据，如指令速率和 GPU 资源使用率。其他可能的观测来源是 PMC 和 tracepoint（可试试 perf list | grep gpu）。

GPU 剖析和 CPU 剖析不同，因为 GPU 没有显示代码路径祖先的栈踪迹。剖析器可以检测 API 和内存传输调用及其时序。

6.7 可视化

CPU 用量一直以来被可视化为使用率或者平均负载的折线图，包括最初的 X11 负载工具（xload(1)）。作为一种有效表示波动的工具，折线图可以直观地比较变化幅度。它还可显示一段时间内的模式，如 2.9 节中所示。

然而，单个 CPU 使用率的折线图并不能伴随我们今日的 CPU 数量一同扩展，特别是在云计算环境下，数以万计的 CPU——一张有 10 000 条线的图看上去像一幅抽象画。

其他以折线图形式绘制的统计信息，包括平均负载、标准差、最大值和百分位数，都能提供一定的价值并具有扩展性。然而，CPU 的使用率通常是双模态的——空闲或近乎空闲的 CPU，以及有些 100% 使用率的 CPU——无法通过这些统计数据被有效表达出来。另外，经常还需要研究全分布，使用率热图可以达到这一目的。

下面的内容将介绍 CPU 使用率热图、CPU 亚秒级偏移量热图和火焰图。我自创了这些可视化类型以解决企业和云环境下的性能分析问题。

6.7.1 使用率热图

使用率与时间的相对关系可以展示成一张热图，每个像素的饱和度（深浅）显示了该使用率和时间范围内的 CPU 数量 [Gregg 10a]。热图在第 2 章中有介绍。

图 6.19 展示了一个运行公有云环境的数据中心的 CPU 使用率。它包括超过 300 台服务器和 5312 颗 CPU。

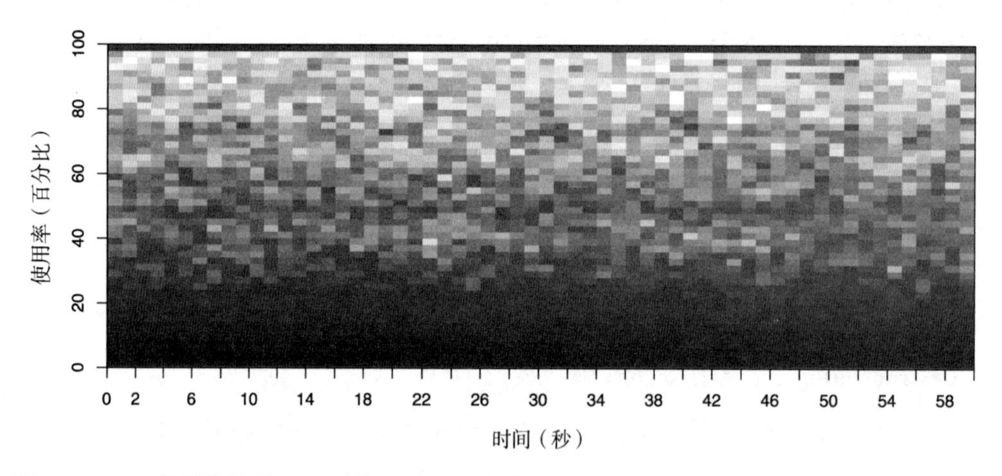

图 6.19 CPU 使用率热图，5312 颗 CPU

这张热图下部的深色部分表示大部分 CPU 的使用率为 0% ～ 30%。但是，顶部的实线表示了在一段时间内，有一些 CPU 达到了 100% 的使用率。深色的线表示多颗 CPU 使用率达到了 100%，而不是一颗。

6.7.2 亚秒级偏移量热图

这种类型的热图允许检查 CPU 在 1 秒内的活动。CPU 的活动一般以微秒或者毫秒为度量单位，报告 1 秒内的平均值将会抹去很多有用信息。此类热图在 *Y* 轴上放置亚秒级偏移量，在每个偏移量上通过饱和度显示非空闲 CPU 数量。每一秒都被可视化成一列，从下到上进行“描绘”。

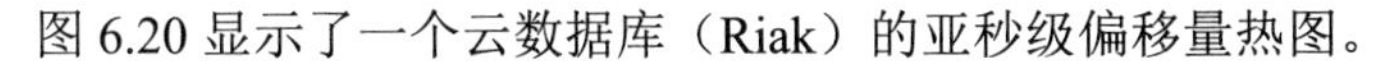
图 6.20 显示了一个云数据库（Riak）的亚秒级偏移量热图。

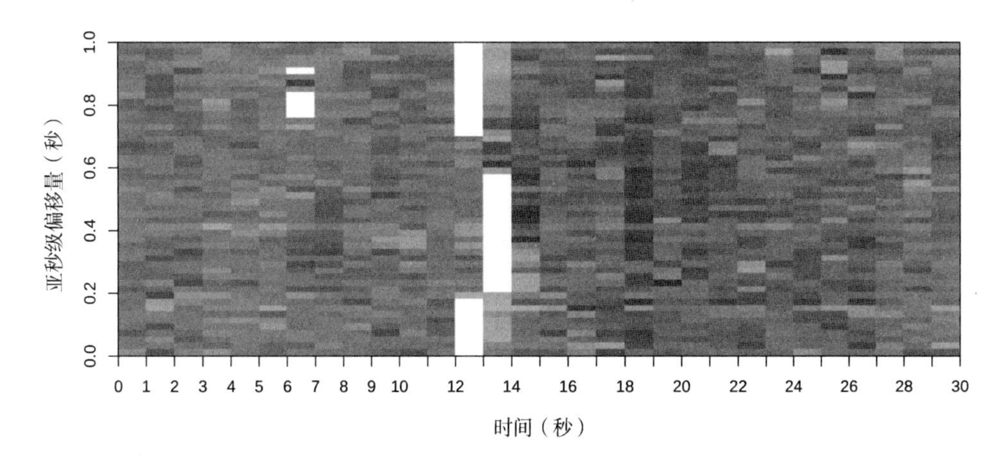

图 6.20 CPU 亚秒级偏移量热图，5312 颗 CPU

这张热图有意思的地方不在于 CPU 繁忙地服务于数据库的时候，而在于它们不忙的时候，用白柱条表示。这些空隙的持续时间也很有意思：数百毫秒在 CPU 上没有任何一个数据库线程。由这条线索我们发现了一个锁问题，这个问题可导致整个数据库一次被阻塞数百毫秒。

如果我们通过折线图查看这份数据，1 秒内 CPU 使用率的下降可能会被当成负载的波动而被忽视，从而失去了调查的机会。

6.7.3 火焰图

剖析栈踪迹是一种有效解释 CPU 用量的方式，揭示了哪个内核态或者哪个用户态代码路径是罪魁祸首。然而它也会生成数以千页计的输出。火焰图可视化了栈帧的剖析信息，这样可以更快更清楚地理解 CPU 用量 [Gregg 16b]。图 6.21 所示的例子展示了使用 perf(1) 剖析的 Linux 内核，并输出成一张火焰图。

火焰图可以从任何包含栈踪迹的 CPU 剖析文件中构建，包括 perf(1)、profile(8)、bpftrace 等剖析文件。火焰图也可以可视化除 CPU 剖析之外的剖析文件。本节介绍的火焰图由 flamegraph.pl 生成 [Gregg 20g]。（还有很多其他的实现，包括我的同事 Martin Spier 创建的 d3 火焰图 [Spier 20a]。）

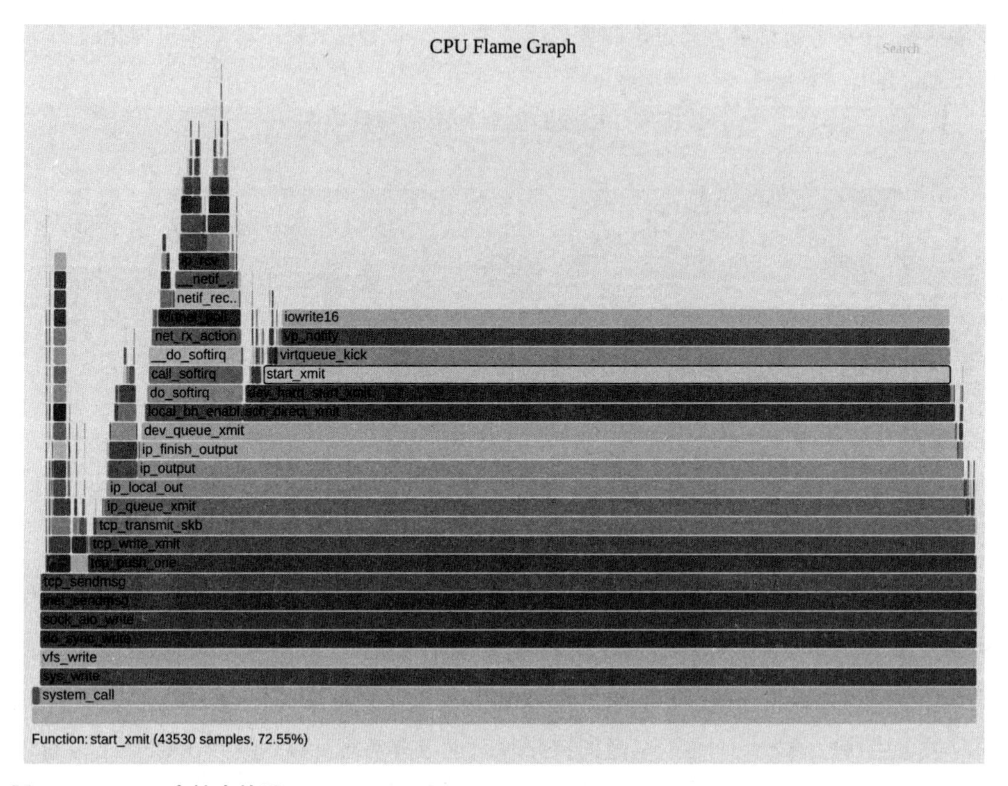

图 6.21 Linux 内核火焰图

特征

火焰图有如下特征：

- 每个框代表栈里的一个函数（一个“栈帧”）。
- *Y* 轴表示栈的深度（栈上的帧数）。顶部的框表示在 CPU 上执行的函数，下面的是它的祖先调用者。函数下面的函数即其父函数，正如前面展示过的栈回溯。
- *X* 轴横跨整个采样数据。它并不像大多数图那样，从左到右表示时间的流逝，其左右顺序没有任何含义（按字母排序）。
- 框的宽度表示函数在 CPU 上运行，或者是它的上级函数在 CPU 上运行的时间（基于采样计数）。宽框的函数可能比窄框的函数慢，也可能是因为只是很频繁地被调用。不显示调用计数（通过采样也不可能知道）。

如果是多线程在运行，而且采样是并发的情况，采样计数可能会超过总时间。

颜色

栈帧可以根据不同的方案着色。图 6.21 所示的默认方案是给每个栈帧涂上随机的暖色，这有助于在视觉上区分相邻的塔。多年来，我已添加了更多的颜色方案。我发现以下几种方案对火焰图的终端用户最有用。

- **色调**：色调表示代码类型。[1] 例如，红色表示原生用户级代码，橙色表示原生内核级代码、黄色表示 C++ 代码、绿色表示解释函数，水蓝色表示内联函数，等等，具体取决于你使用的语言。品红色用于突出搜索匹配。有的开发者定制了火焰图，总是用某种色调来突出自己的代码，这样就会很显眼。
- **饱和度**：饱和度是从函数名哈希出来的。它造成了色觉差异，有助于区分相邻的塔，同时为名称相同的函数保留了相同的颜色，以便更容易比较多张火焰图。
- **背景色**：背景色提供了火焰图类型的视觉提醒。例如，你可以在 CPU 火焰图中使用黄色，对不在 CPU 执行或者 I/O 火焰图使用蓝色，而对内存火焰图使用绿色。

另一种有用的配色方案是用于 IPC（每周期指令数）火焰图的配色方案，其中，通过使用从蓝色到白色再到红色的渐变对每个帧上色，对额外的维度，IPC，进行可视化。

交互性

火焰图是交互式的。我最初的 flamegraph.pl 生成了一个 SVG，并嵌入了一个 JavaScript 程序。当在浏览器里打开时，你可以将鼠标光标放在元素上，以在底部显示细节和其他交互功能。在图 6.21 所示的例子中，start_xmit() 处于高亮状态，显示了它在 72.55% 的采样栈结果中出现。

你也可以通过点击鼠标来对图进行缩放[2]，按 Ctrl+F 来搜索[3]一个关键词。当搜索时，还将显示一个累积百分比，以表明包含该搜索关键词的栈踪迹出现的频率。这使得计算剖析在特定代码区域中的比例变得很简单。例如，你可以搜索“tcp_”来显示在内核 TCP 代码的比例有多少。

解释

如果想理解怎么具体地解释一幅火焰图，可看一下图 6.22 所示的这张简单的示意 CPU 火焰图。

顶部边缘用一条线高亮显示：这代表了这个函数直接在 CPU 上运行。70% 的时间里 func_c() 直接在 CPU 上运行，20% 的时间是 func_b() 运行在 CPU 上，而 10% 的时间则给了 func_e()。其他函数，func_a() 和 func_d()，从来没有被采样到直接在 CPU 上运行。

1 这是我同事Amer Ather建议的。我的最初版本用了一个5分钟内搞定的正则表达式方案。

2 Adrien Mahieux为火焰图开发了水平缩放功能。

3 Thorsten Lorenz为他的火焰图实现添加了搜索功能。

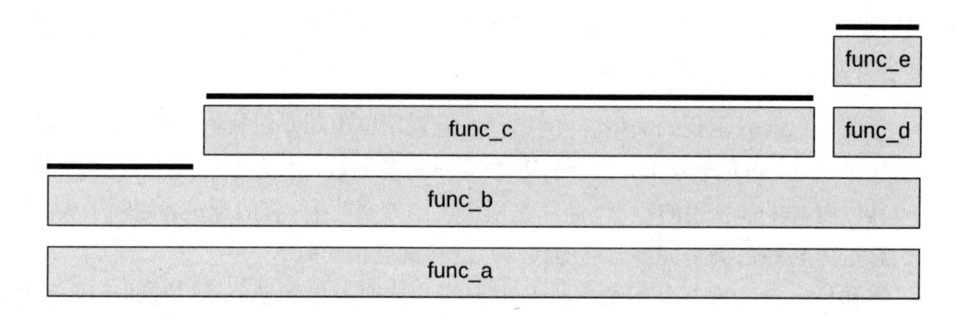

图 6.22　示意 CPU 火焰图

要读懂火焰图，要先找最宽的“塔”，然后了解它们。在图 6.22 中，是 func_a() → func_b() → func_c() 这样的代码路径。在图 6.21 所示的火焰图中，是以 iowrite16() 高原结束的代码路径。

对于包含成千上万个采样的大型剖析，可能有的代码路径只被采样了几次，而且被输出在一个狭窄的“塔”中，以至于没有空间显示函数名。这样做的好处是：你的注意力会被那些有清晰函数名的较宽的“塔”所吸引，理解这些“塔”可以帮助你了解剖析的大部分内容。

请注意，对于递归函数，每一级都由一个单独的帧表示。6.5.4 节中包含了更多的解释。6.6.13 节展示了如何使用 perf(1) 创建它们。

6.7.4　FlameScope

FlameScope 是 Netflix 开发的一个开源工具，它融合了前面两种可视化方式：亚秒级偏移量热图和火焰图 [Gregg 18b]。亚秒级偏移量热图显示的是 CPU 剖析，可以选择包括该亚秒级范围内的火焰图。图 6.23 显示了带有注释和指令的 FlameScope 热图。

FlameScope 适合研究问题或者扰动和变异。这些问题可能太小，在 CPU 剖析图中看不到，因为 CPU 剖析图一次性展示了完整的剖析：在 30 秒的剖析内，一个 100 毫秒的 CPU 扰动只能占据火焰图宽度的 0.3%。在 FlameScope 中，100 毫秒的扰动将显示为热图高度十分之一的竖条。在图 6.23 所示的例子里可以看到好几个类似的扰动。当选择的时候，可只显示这个时间范围内的 CPU 火焰图，从而展示出有问题的代码路径。

FlameScope 已经开源 [Netflix 19]，并且已经发现了 Netflix 的几个性能改进点。

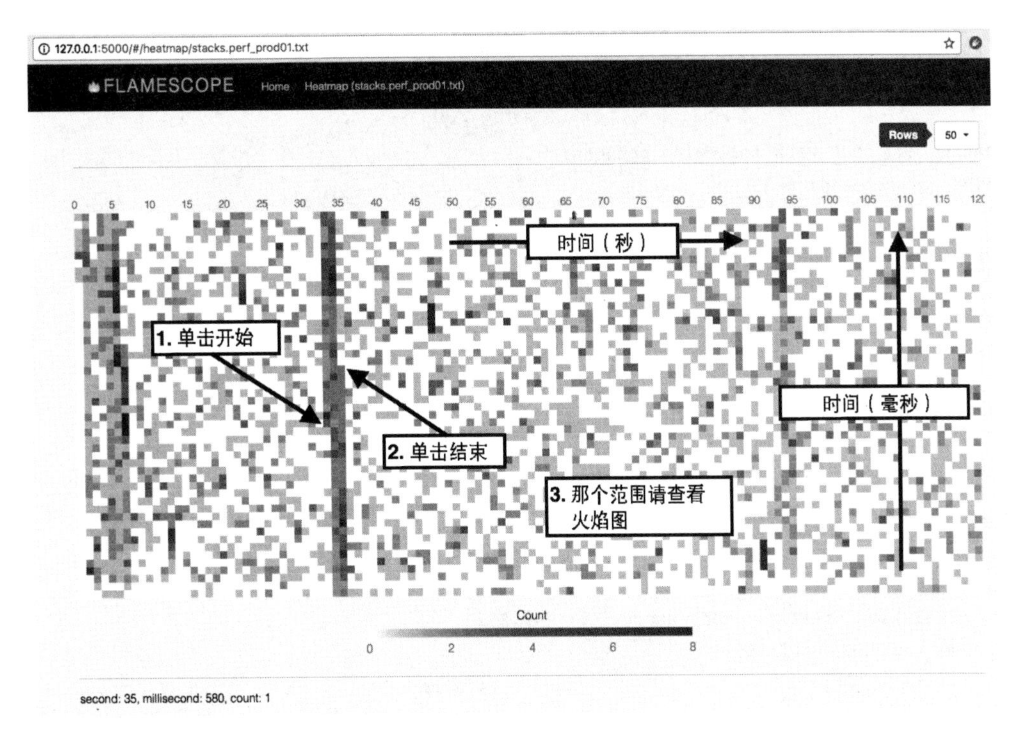

图 6.23　FlameScope

6.8　实验

本节将描述主动测试 CPU 性能的工具。背景信息请参考 6.5.11 节。

在使用这些工具时，最好让 mpstat(1) 持续运行，以确认 CPU 用量和并发度。

6.8.1　Ad Hoc

虽然本节介绍的这个办法并不足为道，而且其本身并非测量工具，但却可以作为一种已知的负载，有助于确认观测工具的确在工作。这个方法创建了一个单线程的 CPU 密集型负载（“热火朝天地在一个 CPU 上运行”）：

```
# while :; do :; done &
```

这是一个 Bourne 脚本程序，在后台执行一个无限循环。当不需要时要终止它。

6.8.2　SysBench

SysBench 系统基准测试套件有一个计算质数的简单 CPU 基准测试工具。例如：

```
# sysbench --num-threads=8 --test=cpu --cpu-max-prime=100000 run
sysbench 0.4.12:  multi-threaded system evaluation benchmark

Running the test with following options:
Number of threads: 8

Doing CPU performance benchmark

Threads started!
Done.

Maximum prime number checked in CPU test: 100000


Test execution summary:
    total time:                          30.4125s
    total number of events:              10000
    total time taken by event execution: 243.2310
    per-request statistics:
         min:                                  24.31ms
         avg:                                  24.32ms
         max:                                  32.44ms
         approx.  95 percentile:               24.32ms

Threads fairness:
    events (avg/stddev):           1250.0000/1.22
    execution time (avg/stddev):   30.4039/0.01
```

这个工具执行 8 个线程，最多计算 100 000 个质数，运行时间为 30.4s。这个结果可以用来和其他系统或者配置（有许多假定，例如，构建软件使用了相同的编译器选项等，参见第 12 章）进行比较。

6.9　调优

对于 CPU 而言，最大的性能收益往往在于排除不必要的工作，这是一种有效的调优手段。6.5 节和 6.6 节已经介绍了很多分析和辨识执行工作的方法，能帮你找到一切不必要的工作。另外，还介绍了其他调优方法：优先级调优和 CPU 绑定。本节将包含这些以及其他调优示例。

调优的具体事项——可用的选项以及设置成什么——取决于处理器类型、操作系统版本和期望的任务。下面将按照类型进行组织，举例说明可能有什么选项以及如何进行调优。前面的一些方法则解释了什么时候以及为什么要对这些参数进行调整。

6.9.1 编译器选项

编译器及其提供的优化代码选项，对 CPU 性能有很大影响。一般的选项包括了编译为 64 位而非 32 位程序，以及优化级别。编译器优化在第 5 章中有讨论。

6.9.2 调度优先级和调度类

nice(1) 命令可以用来调整进程的优先级。正 nice 值调低优先级，而负 nice 值则调高优先级，后者只能由超级用户设置。范围为 -20 ～ +19。例如：

```
$ nice -n 19 command
```

上面这个命令以 nice 值 19 运行——nice 能设置的最低优先级。使用 renice(1) 可更改一个已经在运行的进程的优先级。

在 Linux 中，chrt(1) 命令可以显示并直接设置优先级和调度策略。例如：

```
$ chrt -b command
```

这个命令会以 SCHED_BATCH 运行。nice(1) 和 chrt(1) 命令可以直接指定 PID 而不是启动一个命令（参见它们的 man 手册页）。

调度优先级也可以通过 setpriority(2) 系统调用直接设置，而优先级和调度策略可以通过 sched_setscheduler(2) 设置。

6.9.3 调度器选项

你的内核可能提供了一些控制调度器行为的可调参数，虽然它们很可能不需要调整。

在 Linux 系统中，调度器的行为总体上受控于各种 CONFIG 选项，并且可以在内核编译时设置。表 6.12 展示了 Ubuntu 19.10 和 Linux 5.3 内核的例子。

表 6.12 Linux 调度器的 CONFIG 配置选项示例

选项	默认值	描述
CONFIG_CGROUP_SCHED	y	允许任务被编组，以组为单位分配 CPU 时间
CONFIG_FAIR_GROUP_SCHED	y	允许编组 CFS 任务
CONFIG_RT_GROUP_SCHED	n	允许编组实时任务
CONFIG_SCHED_AUTOGROUP	y	自动识别并创建任务组（例如，构建任务）
CONFIG_SCHED_SMT	y	超线程支持

续表

选项	默认值	描述
CONFIG_SCHED_MC	y	多核支持
CONFIG_HZ	250	设置内核时钟频率（时钟中断）
CONFIG_NO_HZ	y	无 tick 内核行为
CONFIG_SCHED_HRTICK	y	使用高精度定时器
CONFIG_PREEMPT	n	全内核抢占（除了自旋锁区域和中断）
CONFIG_PREEMPT_NONE	n	无抢占
CONFIG_PREEMPT_VOLUNTARY	y	在自愿内核代码点进行抢占

还有一些调度器的 sysctl(8) 可调参数可以在运行的系统上实时设置，包括表 6.13 中列出的这些，以及上述 Ubuntu 系统的默认值。

表 6.13 Linux 调度器的 sysctl(8) 可调参数的示例

sysctl	默认值	描述
kernel.sched_cfs_bandwidth_slice_us	5000	用于 CFS 带宽计算的 CPU 时间定额
kernel.sched_latency_ns	12 000 000	目标抢占延时。增加此值可以增加一个任务在 CPU 上的时间，以抢占延时为代价
kernel.sched_migration_cost_ns	500 000	以任务迁移延时为代价，用于计算关联度。最近运行时间超过此值的任务被认为缓存热度高
kernel.sched_nr_migrate	32	设置为了负载均衡一次可以迁移多少任务
kernel.sched_schedstats	0	启用额外的调度器统计信息，包括 sched:sched_stats* tracepoint

这些 sysctl(8) 的可调参数也可以通过 /proc/sys/sched 设置。

6.9.4 调节调速器

Linux 支持不同的 CPU 调节调速器，通过软件（内核）控制 CPU 的时钟频率。这些可以通过 /sys 文件设置。例如，对于 CPU0：

```
# cat /sys/devices/system/cpu/cpufreq/policy0/scaling_available_governors
performance powersave
# cat /sys/devices/system/cpu/cpufreq/policy0/scaling_governor
powersave
```

这是一个未调节系统的例子：当前的调速器是“省电”模式的，它将使用较低的 CPU 频率来节省电力。它也可以被设置为“性能”模式的，允许使用最大频率。例如：

```
# echo performance > /sys/devices/system/cpu/cpufreq/policy0/scaling_governor
```

这必须对所有 CPU（policy0..*N*）进行设置。这个策略目录还包含直接设置频率（scaling_setspeed）的文件和决定可能的频率范围（scaling_min_freq、scaling_max_freq）的文件。

将 CPU 设置为始终以最高频率运行可能会给环境带来巨大的代价。如果这种设置不能带来显著的性能提升，为了地球，请考虑继续使用省电设置。对于具有访问能耗 MSR（云主机可能会过滤掉）的主机，你也可以使用这些 MSR 来测量设置和未设置最大 CPU 频率情况下的能量消耗，来量化（一部分[1]）环境成本。

6.9.5 能耗状态

可以使用 cpupower(1) 工具启用和禁用处理器能耗状态。正如前面在 6.6.21 节中所看到的，深度睡眠状态会有很高的退出延时（我们看到 C10 的延时是 890 微秒）。可以使用 -d 禁用单个状态，使用 -D *latency* 禁用所有比给定的退出延时更高的状态（单位为微秒）。这样可以微调那些低能耗状态使之可以使用，而禁用那些延时过高的状态。

6.9.6 CPU 绑定

一个进程可以被绑定到一个或者多个 CPU 上，这样可以通过提高缓存热度和内存本地性来提高性能。

在 Linux 中是通过 taskset(1) 命令来实现的，这个方法可以使用 CPU 掩码或者范围设置 CPU 亲和性。例如：

```
$ taskset -pc 7-10 10790
pid 10790's current affinity list: 0-15
pid 10790's new affinity list: 7-10
```

上面的设置限定了 PID 为 10790 的进程只能在 CPU 7 到 CPU 10 之上运行。

numactl(8) 命令还可以设置 CPU 绑定以及内存节点绑定（参见 7.6.4 节）。

6.9.7 独占 CPU 组

Linux 提供了 *cpuset*，允许编组 CPU 并为其分配进程。这和进程绑定类似，可以提高性能，还可以通过 CPU 组独占——不允许其他进程使用——而进一步提高性能。这种权衡减少了系统其他部分的可用 CPU 数量。

下面带注释的示例创建了一个独占组：

1 基于主机的功率测量没有考虑服务器空调、服务器制造和运输等环境成本。

```
# mount -t cgroup -ocpuset cpuset /sys/fs/cgroup/cpuset   # 可能不需要
# cd /sys/fs/cgroup/cpuset
# mkdir prodset                         # 创建一个cpuset，名叫“prodset”
# cd prodset
# echo 7-10 > cpuset.cpus               # 将CPU7～10分配给这个cpuset
# echo 1 > cpuset.cpu_exclusive         # 将prodset设置为独占
# echo 1159 > tasks         # 将PID为1159的进程分配给prodset
```

更多信息可参见 cpuset(7) 手册页。

在创建 CPU 组时，你可能还希望研究哪些 CPU 会继续服务中断。irqbalance(1) 守护进程会尝试将中断分配给各个 CPU，以提高性能。你可以通过 /proc/irq/IRQ/smp_affinity 文件，按照 IRQ 手动设置 CPU 亲和性。

6.9.8　资源控制

除了把进程和整个 CPU 关联以外，现代操作系统还对 CPU 用量分配提供了细粒度的资源控制。

Linux 中的控制组（cgroups），通过进程或者进程组控制了资源用量。CPU 用量可以使用份额进行控制，CFS 调度器允许被施加固定的限制（CPU 带宽）。

第 11 章描述了一个管理操作系统虚拟化租户的 CPU 用量的用例，包括了如何协调使用份额和限制。

6.9.9　安全启动选项

各种针对 Meltdown 和 Spectre 安全漏洞的内核修复措施都有降低性能的副作用。也许在某些情况下，安全没有性能那么重要，那时你就会考虑禁用这些修复措施。因为不推荐（存在安全风险）这种做法，所以我不会在这里介绍所有的选项，但你应该知道它们的存在。它们是 grub 命令行选项，包括 nospectre_v1 和 nospectre_v2。这些资料在 Linux 源码的 Documentation/admin-guide/kernel-parameters.txt 中有记录，下面是一段节选：

```
        nospectre_v1    [PPC] Disable mitigations for Spectre Variant 1 (bounds
                        check bypass). With this option data leaks are possible
                        in the system.

        nospectre_v2    [X86,PPC_FSL_BOOK3E,ARM64] Disable all mitigations for
                        the Spectre variant 2 (indirect branch prediction)
                        vulnerability. System may allow data leaks with this
                        option.
```

链接 1[1] 所指向的网站列出了这些选项。这个网站上没有列出内核文档里的警告。

6.9.10 处理器选项（BIOS 调优）

处理器通常会提供一些设置，以启用、禁用和调优处理器级别的特性。在 x86 系统中，这些选项通常在启动时通过 BIOS 设置菜单管理。

这些设置通常默认提供了最佳性能而不需要调整。现在我调整它们最经常的理由是禁用 Intel 睿频，这样 CPU 基准测试就会运行在一致的时钟频率上（记住，在生产环境里，为了获取少许更好的性能，我们应该启用睿频）。

6.10 练习

1. 回答下面有关 CPU 术语的问题：

- 进程（process）和处理器（processor）之间的区别是什么？
- 什么是硬件线程？
- 什么是运行队列？
- 用户时间和内核时间的区别是什么？

2. 回答下面的概念问题：

- 描述 CPU 使用率和饱和度。
- 描述指令流水线是如何提高 CPU 吞吐量的。
- 描述处理器指令宽度是如何提高 CPU 吞吐量的。
- 描述多进程和多线程模型的优点。

3. 回答下面更深入的问题：

- 描述当系统 CPU 内可运行任务过载时的情形，包括对应用程序性能的影响。
- 当没有可运行任务的时候，CPU 会做什么？
- 在处理一个可能的 CPU 性能问题时，说出三种你将使用的优先调查方法，并解释为什么。

4. 给你的操作系统开发以下流程：

- 一个 CPU 资源的 USE 方法检查清单。包括如何获得每项指标（例如，执行哪条命令）以及如何解释结果。在安装或者使用额外软件产品前，尽量使用已有的

1 微信扫本书封底的二维码，可获取相关资料。

操作系统观测工具。

- 一个 CPU 资源的负载特征归纳检查清单。包括如何获取每项指标，首先尽量使用已有的操作系统观测工具。

5. 执行下列这些任务。

- 计算下面系统的平均负载，这些负载处于稳定状态。
  - 系统有 64 颗 CPU。
  - 系统级的 CPU 使用率为 50%。
  - 系统级的 CPU 饱和度为 2.0，这是根据队列中可运行和排队中的线程平均数得出的。
- 选择一个应用程序，剖析它的用户级 CPU 用量，展示出哪条代码路径消耗了最多的 CPU。

6. （可选，高级）开发 bustop(1)——一个展示物理总线或者互联使用率的工具——带类似 iostat(1) 的输出：一个总线的列表，其中的列为每个方向的吞吐量和使用率。可能的话，包括饱和度和错误指标，这需要使用 PMC。

6.11 参考资料

[Saltzer 70] Saltzer, J., and Gintell, J., "The Instrumentation of Multics," *Communications of the ACM*, August 1970.

[Bobrow 72] Bobrow, D. G., Burchfiel, J. D., Murphy, D. L., and Tomlinson, R. S., "TENEX: A Paged Time Sharing System for the PDP-10*," *Communications of the ACM*, March 1972.

[Myer 73] Myer, T. H., Barnaby, J. R., and Plummer, W. W., *TENEX Executive Manual*, Bolt, Baranek and Newman, Inc., April 1973.

[Thomas 73] Thomas, B., "RFC 546: TENEX Load Averages for July 1973," *Network Working Group*, http://tools.ietf.org/html/rfc546, 1973.

[TUHS 73] "V4," *The Unix Heritage Society*, http://minnie.tuhs.org/cgi-bin/utree.pl?file=V4, materials from 1973.

[Hinnant 84] Hinnant, D., "Benchmarking UNIX Systems," *BYTE* magazine 9, no. 8, August 1984.

[Bulpin 05] Bulpin, J., and Pratt, I., "Hyper-Threading Aware Process Scheduling Heuristics," USENIX, 2005.

[Corbet 06a] Corbet, J., "Priority inheritance in the kernel," *LWN.net*, http://lwn.net/Articles/178253, 2006.

[Otto 06] Otto, E., "Temperature-Aware Operating System Scheduling," University of Virginia (Thesis), 2006.

[Ruggiero 08] Ruggiero, J., "Measuring Cache and Memory Latency and CPU to Memory Bandwidth," Intel (Whitepaper), 2008.

[Intel 09] "An Introduction to the Intel QuickPath Interconnect," Intel (Whitepaper), 2009.

[Levinthal 09] Levinthal, D., "Performance Analysis Guide for Intel® Core™ i7 Processor and Intel® Xeon™ 5500 Processors," Intel (Whitepaper), 2009.

[Gregg 10a] Gregg, B., "Visualizing System Latency," *Communications of the ACM*, July 2010.

[Weaver 11] Weaver, V., "The Unofficial Linux Perf Events Web-Page," http://web.eece.maine.edu/~vweaver/projects/perf_events, 2011.

[McVoy 12] McVoy, L., "LMbench - Tools for Performance Analysis," http://www.bitmover.com/lmbench, 2012.

[Stevens 13] Stevens, W. R., and Rago, S., *Advanced Programming in the UNIX Environment*, 3rd Edition, Addison-Wesley 2013.

[Perf 15] "Tutorial: Linux kernel profiling with perf," *perf wiki*, https://perf.wiki.kernel.org/index.php/Tutorial, last updated 2015.

[Gregg 16b] Gregg, B., "The Flame Graph," *Communications of the ACM,* Volume 59, Issue 6, pp. 48–57, June 2016.

[ACPI 17] *Advanced Configuration and Power Interface (ACPI) Specification*, https://uefi.org/sites/default/files/resources/ACPI%206_2_A_Sept29.pdf, 2017.

[Gregg 17b] Gregg, B., "CPU Utilization Is Wrong," http://www.brendangregg.com/blog/2017-05-09/cpu-utilization-is-wrong.html, 2017.

[Gregg 17c] Gregg, B., "Linux Load Averages: Solving the Mystery," http://www.brendangregg.com/blog/2017-08-08/linux-load-averages.html, 2017.

[Mulnix 17] Mulnix, D., "Intel® Xeon® Processor Scalable Family Technical Overview," https://software.intel.com/en-us/articles/intel-xeon-processor-scalable-family-technical-overview, 2017.

[Gregg 18b] Gregg, B., "Netflix FlameScope," *Netflix Technology Blog*, https://netflixtechblog.com/netflix-flamescope-a57ca19d47bb, 2018.

[Ather 19] Ather, A., "General Purpose GPU Computing," http://techblog.cloudperf.net/2019/12/general-purpose-gpu-computing.html, 2019.

[Gregg 19] Gregg, B., *BPF Performance Tools: Linux System and Application Observability*, Addison-Wesley, 2019.

[Intel 19a] *Intel 64 and IA-32 Architectures Software Developer's Manual*, Combined Volumes 1, 2A, 2B, 2C, 3A, 3B, and 3C. Intel, 2019.

[Intel 19b] *Intel 64 and IA-32 Architectures Software Developer's Manual,* Volume 3B, *System Programming Guide, Part 2.* Intel, 2019.

[Netflix 19] "FlameScope Is a Visualization Tool for Exploring Different Time Ranges as Flame Graphs," https://github.com/Netflix/flamescope, 2019.

[Wysocki 19] Wysocki, R., "CPU Idle Time Management," *Linux documentation*, https://www.kernel.org/doc/html/latest/driver-api/pm/cpuidle.html, 2019.

[AMD 20] "AMD μProf," https://developer.amd.com/amd-uprof, accessed 2020.

[Gregg 20d] Gregg, B., "MSR Cloud Tools," https://github.com/brendangregg/msr-cloud-tools, last updated 2020.

[Gregg 20e] Gregg, B., "PMC (Performance Monitoring Counter) Tools for the Cloud," https://github.com/brendangregg/pmc-cloud-tools, last updated 2020.

[Gregg 20f] Gregg, B., "perf Examples," http://www.brendangregg.com/perf.html, accessed 2020.

[Gregg 20g] Gregg, B., "FlameGraph: Stack Trace Visualizer," https://github.com/brendangregg/FlameGraph, last updated 2020.

[Intel 20a] "Product Specifications," https://ark.intel.com, accessed 2020.

[Intel 20b] "Intel® VTune™ Profiler," https://software.intel.com/content/www/us/en/develop/tools/vtune-profiler.html, accessed 2020.

[Iovisor 20a] "bpftrace: High-level Tracing Language for Linux eBPF," https://github.com/iovisor/bpftrace, last updated 2020.

[Linux 20f] "The Kernel's Command-Line Parameters," *Linux documentation*, https://www.kernel.org/doc/html/latest/admin-guide/kernel-parameters.html, accessed 2020.

[Spier 20a] Spier, M., "A D3.js Plugin That Produces Flame Graphs from Hierarchical Data," https://github.com/spiermar/d3-flame-graph, last updated 2020.

[Spier 20b] Spier, M., "Template," https://github.com/spiermar/d3-flame-graph#template, last updated 2020.

[Valgrind 20] "Valgrind Documentation," http://valgrind.org/docs/manual, May 2020.

[Verma 20] Verma, A., "CUDA Cores vs Stream Processors Explained," https://graphicscardhub.com/cuda-cores-vs-stream-processors, 2020.

第7章 内存

系统主存存储应用程序和内核指令，包括它们的工作数据，以及文件系统缓存。存放这些数据的二级存储通常是存储设备——磁盘，它的处理速度比内存低几个数量级。一旦主存填满，系统就可能会在主存和这些存储设备间交换数据。这是一个缓慢的过程，常常成为系统瓶颈，严重影响性能。系统也有可能终止内存占用量最多的进程，导致应用故障。

其他需要考查的影响系统性能的因素包括分配和释放内存、复制内存，以及管理内存地址空间映射的 CPU 开销。对于多路处理器架构的系统，由于连接到本地 CPU 的内存相对于远程 CPU 访问延时更低，因此内存本地性也是一个影响因素。

本章的学习目标如下。

- 了解内存的概念。
- 熟悉内存的物理结构。
- 熟悉内核态和用户态内存的分配机制。
- 对 MMU 和 TLB 有一定的了解。
- 通过不同的方法进行内存分析。
- 描述整个系统和每个进程的内存使用情况。
- 识别由于内存不足引起的问题。
- 定位进程地址空间和内核分配器中的内存使用情况。
- 使用剖析器、跟踪器和火焰图调查内存使用情况。
- 掌握内存的可调参数。

本章分为五个部分，前三部分介绍内存分析的基础，后两部分展示基于 Linux 系统的实际应用。内容如下：

- **背景**部分介绍与内存相关的术语和关键的内存性能概念。

- **架构**部分介绍内存软硬件架构。
- **方法**部分讲解性能分析的方法。
- **观测工具**部分介绍分析内存性能的工具。
- **调优**部分讲解性能调优和可调参数的示例。

关于 CPU 内的缓存（L1、L2、L3 缓存，以及转译后备缓冲器 TLB）已经在第 6 章中进行了介绍。

7.1　术语

作为参考，本章使用的与内存相关的术语罗列如下。

- **主存**：也称为物理内存，描述了计算机的高速数据存储区域，通常是动态随机访问内存（DRAM）。
- **虚拟内存**：一个抽象的资源，它几乎是无限的和非竞争性的。虚拟内存不是真实的内存。
- **常驻内存**：当前处于主存中的内存。
- **匿名内存**：无文件系统位置或者路径名的内存。它包括进程地址空间的工作数据，称作堆。
- **地址空间**：内存上下文。每个进程和内核都有对应的虚拟地址空间。
- **段**：标记为特殊用途的一块虚拟内存区域，例如用来存储可执行或者可写的页。
- **指令文本**：指内存中的 CPU 指令，通常在一个段中。
- **OOM**：内存耗尽的缩写，指内核检测到可用内存低。
- **页**：操作系统和 CPU 使用的内存单位。它一直以来是 4KB 或者 8KB 的。现代的处理器允许多种页大小以支持更大的页面尺寸。
- **缺页**：无效的内存访问。使用按需虚拟内存时，这是正常事件。
- **换页**：在主存与存储设备间交换页。
- **交换**：Linux 中的交换指将匿名页面转移到交换设备（迁移交换页）。在 UNIX 和其他系统中，指将整个进程从主存转移到交换设备。本书提及交换时指 Linux 系统中的定义。
- **交换空间**：存放换页的匿名数据的磁盘区域。它可以是存储设备的一块空间，也称为物理交换设备，或者是文件系统文件，称作交换文件。部分工具用交换这个术语特指虚拟内存（这是令人误解和不正确的）。

其他术语会贯穿在本章各节中进行说明。另可见第 2 章和第 3 章的术语部分。

7.2 概念

下面节选了一些有关内存和内存性能的重要概念。

7.2.1 虚拟内存

虚拟内存是一个抽象的资源，它向每个进程和内核提供巨大的、线性的并且私有的地址空间。它简化了软件开发，把物理内存的分配交给操作系统管理。它还支持多任务（虚拟地址空间被设计成分离的）和超额订购（使用中的内存可以超出主存的容量）。3.2.8 节中已经介绍过虚拟内存，其历史背景可参考 [Denning 70]。

图 7.1 揭示了虚拟内存在一个进程中扮演的角色，该系统带有交换设备（二级存储）。这里描绘了其中一个内存页，大多数虚拟内存是以页的方式实现的。

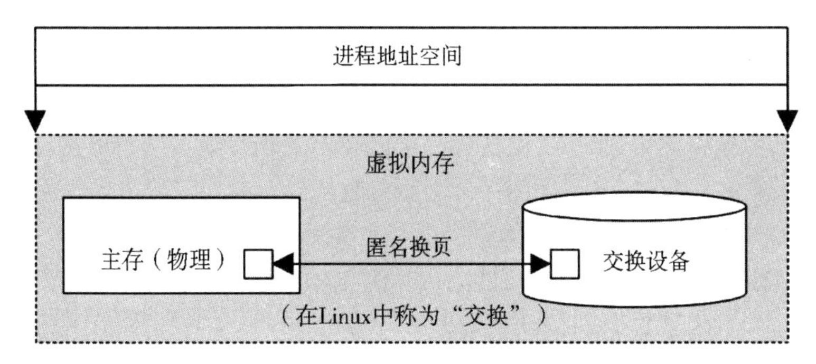

图 7.1 进程的虚拟内存

进程的地址空间由虚拟内存子系统映射到主存和物理交换设备。内核会按需在它们之间移动内存页，这个过程在 Linux 中被称作交换（在其他操作系统中也被称作*匿名换页*）。它允许内核超额订购主存。

内核可能会限制超额订购。通常的做法是限制为主存加上物理交换设备的大小。当内核试图跨过这个限制时，内存分配就会失败。乍看之下，这类“虚拟内存不足”的错误会令人困惑，因为虚拟内存本身是一种抽象的资源。

Linux 还支持其他的行为，包括不对内存分配做限制。该行为被称作*过度提交*，将在换页和按需换页之后进行介绍，它们是实现过度提交的必要条件。

7.2.2 换页

换页是将页面换入和调出主存，它们分别被称为*页面换入*和*页面换出*。这个概念由 Atlas Computer 于 1962 年在 [Corbató 68] 中提出，它允许：

- 运行部分载入的程序。
- 运行大于主存的程序。
- 高效地在主存和存储设备间迁移。

这些功能在今天仍然有效。与之前交换出整个程序的技术不同，由于页的尺寸相对较小（如 4KB），换页是可以细粒度管理和释放主存的手段。

虚拟内存换页（交换虚拟内存）由 BSD 引入 UNIX [Babaoglu 79]，并从此成为标准。

加上后来的共享文件系统页的页缓存（参见第 8 章），产生了两种类型的换页：*文件系统换页*和*匿名换页*。

文件系统换页

文件系统换页由读写位于内存中的映射文件页引发。对于使用文件内存映射（mmap(2)）的应用程序和使用了页缓存的文件系统（必须使用，见第 8 章），这是正常的行为。这也被称作“好的”换页 [McDougall 06b]。

在有需要时，内核可以调出一些页来释放内存。这时解释变得有些复杂：如果一个文件系统页在主存中被修改过（“脏的”），页面换出要求将该页回写磁盘。相反，如果文件系统页没有被修改过（“干净的”），因为磁盘已经存在一份副本，页面换出仅仅是释放这些内存以便立即重用。因此术语“页面换出”指一个页被移出内存——这不一定包括写入一个存储设备的操作（你可能会在其他文章里看到对此不同的定义）。

匿名换页（交换）

匿名换页牵涉进程的私有数据：进程的堆和栈。被称为“匿名”是由于它在操作系统中缺乏有名字的地址（例如，没有文件系统路径）。匿名页面换出要求将数据迁移到物理交换设备或者交换文件。Linux 用“交换”（swapping）来命名这种类型的换页。

匿名换页有损性能，因此被称为“坏的”换页 [McDougall 06a]。当应用程序访问被调出的页时，会被读页的磁盘 I/O 阻塞[1]。这就是*匿名页面换入*，它给应用程序带来同步延时。匿名页面换出可能不会直接影响应用程序的性能，因为它可以由内核异步执行。

性能在没有匿名换页（或者交换）的情况下处于最佳状态。要做到这一点，可以通过将应用程序配置为常驻于内存并且监测页面扫描、内存使用率和匿名换页，来确保不存在内存短缺的现象。

---

1 如果使用更快的存储设备作为交换设备，例如，具有10μs以下延时的3D XPoint，交换可能就不再是曾经的“坏的”分页，而是一种主动扩展主存的简单方法，是有内核支持的成熟的技术。

7.2.3 按需换页

如图 7.2 所示，支持按需换页的操作系统（绝大多数都支持）将虚拟内存按需映射到物理内存。这会把 CPU 创建映射的开销推迟到实际需要或访问时，而不是在初次分配这部分内存时。

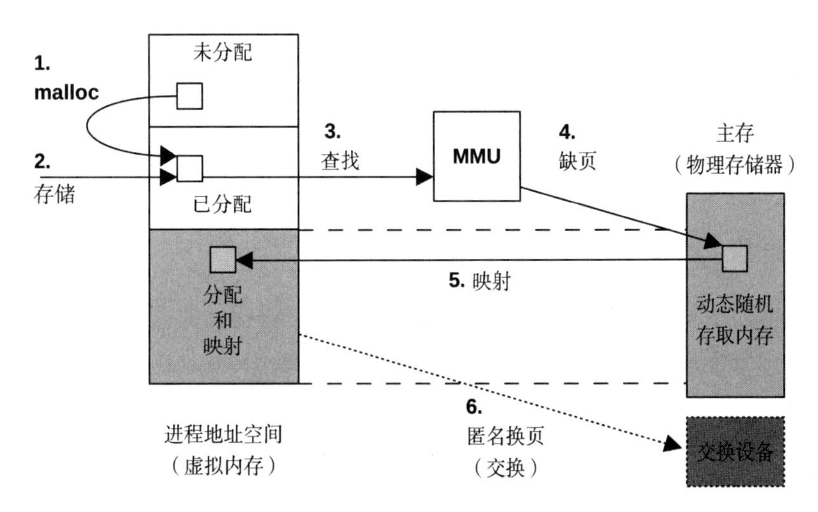

图 7.2 缺页示例

图 7.2 中展示的序列从一个提供分配内存的 malloc()（步骤 1）指令开始，接着是一个对新分配内存的存储指令（步骤 2）。在 MMU 决定该页在主存中的保存位置时，会对该页进行虚拟内存到主存的映射查找（步骤 3），如果没有找到相应的映射会返回失败。这个失败被称为*缺页*（步骤 4），进而触发内核创建一个按需分配的映射（步骤 5）。在之后的某个时间点，为了释放内存，这一页可能会被换出到交换设备上。

当这是一个包含数据但尚未映射到进程地址空间的映射文件的时候，步骤 2 也可以是一个加载指令。

如果这个映射可以由内存中其他的页满足，这就被称作*轻微缺页*。它可能在进程内存增长过程中发生，从可用内存中映射一个新的页（如图 7.2 所示）；它也可能在映射到另一个存在的页时发生，例如从共享库中读一个页。

需要访问存储设备的缺页（未在图中显示），例如访问未缓存映射到内存的文件，被称作*严重缺页*。

虚拟内存模型和按需换页的结果会导致任何虚拟内存页可能处于如下的某一种状态：

A. 未分配

B. 已分配，未映射（未填充并且未缺页）

C. 已分配，已映射到主存（RAM）

D. 已分配，已映射到物理交换空间（磁盘）

如果因为系统内存压力而换出页就会到达D状态。状态B到状态C的转变就是缺页。如果需要磁盘I/O，就是严重缺页，否则就是轻微缺页。

从这几种状态出发，可以定义另外两个内存使用术语。

- **常驻集合大小（RSS）**：已分配的主存页（C）大小。
- **虚拟内存大小**：所有已分配的区域（B+C+D）。

按需换页与虚拟内存换页一起由BSD引入UNIX，现在也已经成为Linux的标准并被使用。

7.2.4 过度提交

Linux支持过度提交这个概念，允许分配超过系统可以存储的内存——超过物理内存与交换设备的总和。它依赖于按需换页以及应用程序通常不会使用分配给它们的大部分内存。

有了过度提交，应用程序提交的内存请求（例如malloc(3)）就会成功，否则会失败。应用程序开发人员能够慷慨地分配内存并按需使用，而不是谨慎地分配内存以控制在虚拟内存的限额内。

在Linux中可以用可调参数配置过度提交，详见7.6节的介绍。过度提交的后果取决于内核如何管理内存压力，可参考7.3节关于OOM终结者的论述。

7.2.5 进程交换

进程交换是在主存与物理交换设备或者交换文件之间移动整个进程的动作。这是UNIX独创的管理主存的技术，并且是交换这个术语的起源[Thompson 78]。

交换出一个进程，要求进程的所有私有数据必须被写入交换设备，包括进程堆（匿名数据）、打开文件表和其他仅在进程运行时需要的元数据。来自文件系统但还未修改的数据可以被丢弃，需要的时候再从原来的位置读取。

进程交换严重影响性能，因为已交换出的进程需要许多磁盘I/O才能重新运行。对于早期运行于当时的硬件上的UNIX，比如，最大进程只有64KB[Bach 86]的PDP-11，这是合理的。（现在的系统可以运行几个GB大小的进程。）

学习这个概念是为了了解历史背景。Linux系统完全不使用进程交换，只依赖换页。

7.2.6 文件系统缓存用量

系统启动之后内存的用量增加是正常的，因为操作系统会将可用内存用于文件系统缓存以提高性能。该原则是：如果有可用的主存，就有效地使用它。初级用户有时看到启动后可用内存减少到接近零，可能会感到苦恼，但这不会对应用程序造成影响，因为在应用程序需要的时候，内核能够很快从文件系统缓存中释放内存。

更多关于消耗主存的不同的文件系统缓存的内容，可参见第 8 章的介绍。

7.2.7 使用率和饱和度

主存的使用率可由已被使用的内存除以总内存得出。文件系统缓存使用的内存可被当作未使用，因为它可以被应用程序重用。

对内存的需求超过了主存的情况被称作*主存饱和*。这时操作系统会使用换页、进程交换（如果系统支持）或者在 Linux 中用 OOM 终结者（后面的章节会介绍）来释放内存。以上任一操作都标志着主存饱和。

如果系统对允许分配的最大虚拟内存做了限制（Linux 的过度提交机制不会做限制），可以研究容量使用率。在这种情况下，一旦虚拟内存被耗尽，内核内存分配就会失败，例如 malloc(3) 返回 ENOMEM。

注意，某些时候，当前系统中可用的虚拟内存被称为*可用交换*。

7.2.8 分配器

当虚拟内存处理多任务物理内存时，在虚拟地址空间中实际分配和放置内存时通常由分配器来处理。用户空间库或者基于内核的程序向软件程序员提供简单的内存使用接口（例如 malloc(3)、free(3)）。

分配器对性能有显著的影响，一个系统通常会提供多个可选择的用户级分配器库。分配器可以利用包括线程级别对象缓存在内的技术提高性能，但是如果分配变碎并且损耗变高，也会损害性能。具体示例在 7.3 节中进行介绍。

7.2.9 共享内存

内存可以在进程之间共享。这通常用于系统库，通过与所有使用它的进程共享其只读指令集的同一个副本来节省内存。

这给显示每个进程主存使用情况的观测工具带来了困难。是否应该将共享内存计算在进程的总内存大小里？ Linux 提供了一种额外的衡量标准，称为*比例集大小*（PSS），它将私有内存（非共享）加上共享内存除以用户数。在 7.5.9 节中介绍了一个可以显示 PSS 的工具。

7.2.10 工作集大小

工作集大小（WSS）是一个进程运行时频繁使用的主存的大小。它是调整内存性能时一个很有用的概念：如果WSS可以放入CPU缓存，而不是主存，那么性能可以得到巨大的提升。同理，如果WSS超过了主存的大小，应用程序必须通过交换来执行，那么性能将大大降低。

尽管这是一个很有用的概念，但在实践中却很难测量：在观测工具中没有WSS的统计信息（它们通常报告RSS，而没有WSS）。7.4.10节中描述了一种估算WSS的实验性方法，7.5.12节中介绍了一种实验性的工作集大小估算工具，wss(8)。

7.2.11 字长

在第6章中介绍过，处理器可能会支持多种字长，例如，32位或64位，这样两种应用程序可以运行。地址空间大小受限于字长的寻址空间，因此32位的地址空间放不下需要4GB以上（通常这个数字还要小一点）的应用程序，必须用64位或者更大的字长来编译。[1]

根据内核和处理器的不同，一些地址空间可能被保留给内核地址，而不能被应用程序使用。一个极端的例子是32位字长的Windows系统，在默认情况下，有2GB被保留给了内核，只剩下2GB给应用程序 [Hall 09]。在Linux中（或者启用了/3GB选项的Windows系统），内核则只预留1 GB。如果是64位字长（处理器支持的话），地址空间要大得多，内核预留不会成为一个问题。

使用更大的字长时，因为指令可以在更大的字长上运行，所以内存性能是可以得到提升的，具体取决于CPU架构。当一个数据类型在更长的字长下有未使用的位时，可能会浪费一小部分内存。

7.3 架构

本节介绍内存架构，包括软件和硬件，以及处理器和操作系统的细节。

这些主题被概括为系统分析和调优的背景知识。要了解更多细节，可参考处理器供应商的文档以及本章末尾列举的操作系统内部结构的文献。

1 也有适用于x86的物理地址扩展（PAE）功能（替代方案），允许32位处理器访问更大的内存范围（但不是在单个进程中）。

7.3.1 硬件

内存硬件包括主存、总线、CPU 缓存和 MMU（内存管理单元）。

主存

目前常见的主存类型是动态随机存取内存（DRAM）。这是一种易失性的内存——它存储的内容在断电时会丢失。由于每个比特仅由两个逻辑零件组成：一个电容和一个晶体管，所以 DRAM 能提供高容量的存储。其中的电容需要定期更新以保持其电荷。

按不同用途，企业服务器会配置不同容量的 DRAM，典型为 1GB ～ 1TB，甚至更大。云计算实例的内存要小一些，通常介于 512MB ～ 256GB。[1] 然而，云计算的设计是使用实例池来分散其负载，作为整体它们可以向一个分布式的应用程序提供更多的在线内存，即便保持一致性的代价十分高昂。

延时

主存的访问时间可以用 CAS（列地址控制器）延时衡量：从将需要读取的地址（列）发送给一个内存模块，到数据可以被读取之间的时间。这个数值取决于内存的类型（DDR4 大约是 10~20ns [Crucial 18]）。对于内存 I/O 传输，内存总线（例如 64b 宽）为了传输一个缓存行（例如 64B 宽）会发生多次此类延时。CPU 和 MMU 读取新数据时也可能涉及其他延时。当读取指令需要的数据从 CPU 缓存中返回时可以避免这些延时；如果处理器支持回写缓存，写入指令也可以避免这些延时（例如，英特尔处理器）。

主存架构

图 7.3 展示了一个普通的双处理器均匀访存模型（UMA）系统的主存架构。

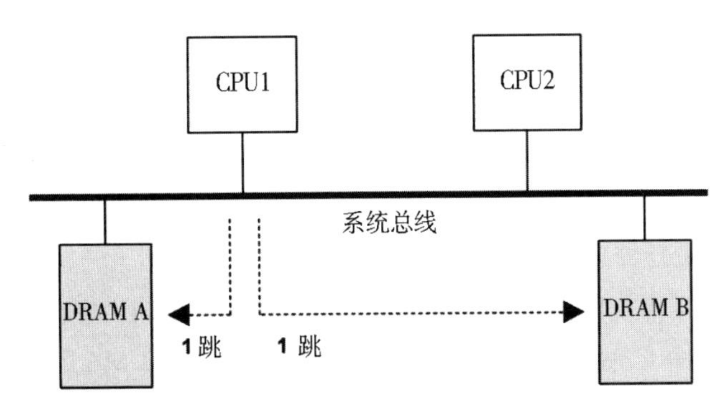

图 7.3 UMA 主存架构范例，双处理器

通过共享系统总线，每个 CPU 访问所有内存都有均匀的访存延时。如果上面运行

1 AWS EC2高内存实例是特例的一种，其内存高达24TB[Amazon 20]。

的是单个操作系统实例并可以在所有处理器上统一运行时，又称为对称多处理器架构（SMP）。

作为对照，图 7.4 展示了一个双处理器非均匀访存模型（NUMA）系统，其中使用的一个 CPU 互联是内存架构的一部分。在这种架构中，对主存的访问时间随着相对 CPU 的位置不同而变化。

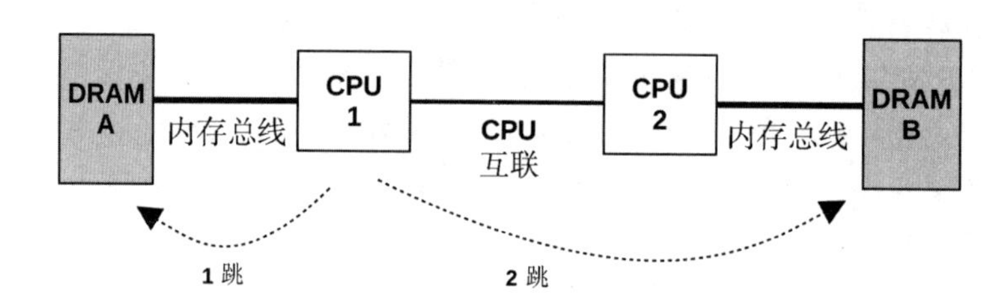

图 7.4 NUMA 主存架构范例，双处理器

CPU 1 可以通过它的内存总线直接对 DRAM A 发起 I/O 操作，这被称为*本地内存*。CPU 1 通过 CPU 2 以及 CPU 互联（两跳）对 DRAM B 发起 I/O 操作，这被称为*远程内存*，访问延时更高。

连接到每个 CPU 的内存组被称为*内存节点*或者*节点*。基于处理器提供的信息，操作系统能了解内存节点的拓扑，这使得它可以根据内存*本地性*分配内存和调度线程，尽可能倾向于使用本地内存以提高性能。

总线

如前所示，物理上的主存如何连接系统取决于主存架构。实际的实现可能会涉及额外的 CPU 与内存之间的控制器和总线。可能的访问方式如下。

- **共享系统总线**：单个或多个处理器，通过一个共享的系统总线、一个内存桥控制器以及内存总线。正如图 7.3 描绘的 UMA 示例那样，或者像图 6.9 所示的 Intel 的前端总线那样，示例中的内存控制器是北桥。
- **直连**：单个处理器通过内存总线直接连接内存。
- **互联**：多处理器中的每一个通过一条内存总线与各自的内存直连，并且处理器之间通过一个 CPU 互联连接起来。如图 7.4 所示的 NUMA 范例，CPU 的互联在第 6 章中探讨过。

如果你怀疑你的系统不是上述的任何一个，找到该系统的功能图然后观测 CPU 与内存之间数据通道上的所有部件。

DDR SDRAM

对于任何架构，内存总线的速度常常取决于处理器和主板支持的内存接口标准。自1996年以来的一个现行通用标准是双倍数据速率同步动态随机访问内存（DDR SDRAM）。术语双倍数据速率指在时钟信号的上升沿和下降沿都传输数据（也称作双泵）。术语同步指内存的时钟与CPU同步。

DDR SDRAM标准的范例展示于表7.1中。

表7.1 DDR带宽范例

标准	发布年份	内存时钟（MHz）	数据速率（MT/s）	峰值带宽（MB/s）
DDR-200	2000	100	200	1600
DDR-333	2000	167	333	2667
DDR2-667	2003	167	667	5333
DDR2-800	2003	200	800	6400
DDR3-1333	2007	167	1333	10 667
DDR3-1600	2007	200	1600	12 800
DDR4-3200	2012	200	3200	25 600
DDR5-4800	2020	200	4800	38 400
DDR5-6400	2020	200	6400	51 200

DDR5标准预计将在2020年由JEDEC固态技术协会发布。这些标准也可以使用“PC-”加每秒兆字节的传输数据的速率来命名，如PC-1600。

多通道

系统架构可能支持并行使用多个内存总线来增加带宽。常见的倍数为双、三或者四通道。例如，Intel Core i7处理器支持最大四通道DDR3-1600，其最大内存带宽为51.2GB/s。

CPU缓存

处理器通常会在芯片中包含硬件缓存以提高内存访问性能。这些缓存可能包括如下级别，它们的速度递减、大小递增。

- **L1**：通常分为指令缓存和数据缓存。
- **L2**：同时缓存指令和数据。
- **L3**：更大一级的缓存。

一级缓存通常按虚拟内存地址空间寻址，二级及以上缓存按物理内存地址寻址，具体取决于处理器。

这些缓存在第6章中详细论述过。而另一种物理缓存TLB将在本章探讨。

MMU

MMU（内存管理单元）负责虚拟地址到物理地址的转换。它按页做转换，而页内的偏移量则直接被映射。MMU 在第 6 章有介绍。

图 7.5 描绘了通用的 MMU，以及各级 CPU 缓存和主存。

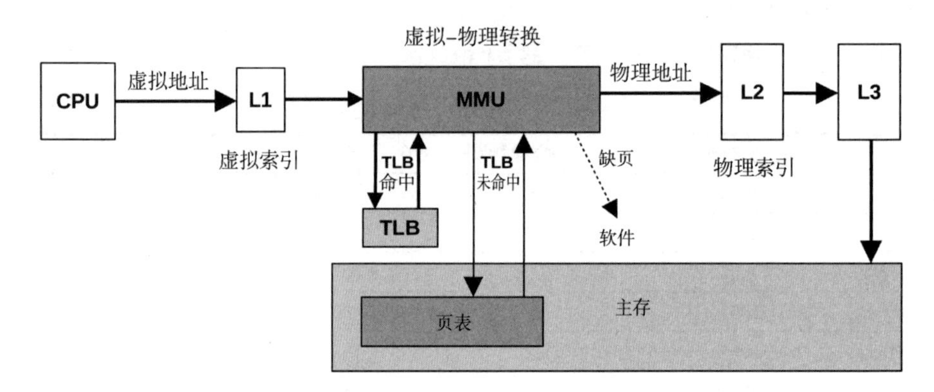

图 7.5　内存管理单元

多种页大小

现代处理器可以支持多种页大小，因此操作系统和 MMU 也可以使用不同的页大小（如 4KB、2MB、1GB）。Linux 的巨型页功能支持更大的页大小，如 2MB 甚至 1GB。

TLB

图 7.5 中所示的 MMU 使用 TLB（地址转换后备缓冲器）作为第一级地址转换缓存，紧随其后的是主存中的页表。TLB 可以被进一步分为指令缓存和数据页缓存。

由于 TLB 映射记录的数量有限制，所以使用更大的页可以增加从其缓存转换的内存范围（它的触及范围），从而减少 TLB 未命中而提高系统性能。TLB 能进一步按每个不同页大小分设单独的缓存，以提高在缓存中保留更大范围映射的可能性。

表 7.2 所示的是一个典型的带有四个 TLB 的 Intel Core i7 处理器的各项参数 [Intel 19a]。

表 7.2　典型的 Intel Core i7 处理器的 TLB

类型	页面尺寸	条目
指令	4 K	64/ 线程，128/ 核
指令	大	7/ 线程
数据	4 K	64
数据	大	32

这个处理器有一级数据 TLB。Intel Core 微架构支持两级，类似 CPU 提供多级的主存缓存。

TLB 的实际构成取决于处理器类型。关于处理器 TLB 的具体信息以及它们的工作原理，可参考处理器供应商提供的手册。

7.3.2 软件

内存管理软件包括虚拟内存系统、地址转换、交换、换页和分配。与性能密切相关的内容包括这些部分：内存释放、空闲链表、页扫描、交换、进程地址空间和内存分配器。

内存释放

当系统中的可用内存过低时，内核有多种方法释放内存，并将释放的内存添加到页的空闲链表中。图 7.6 描绘了可用内存降低时这些方法通常的调用次序。

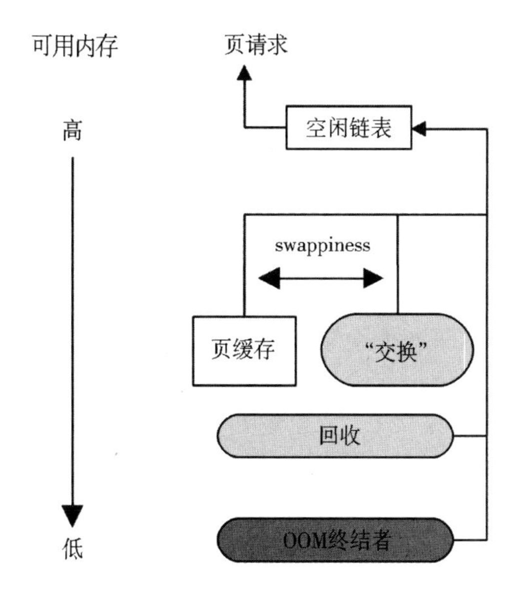

图 7.6 Linux 中可用的内存管理方法

这些方法如下。

- **空闲链表**：一个未使用的页列表（也被称为空闲内存），它能立刻用于分配。通常的实现是将多个空闲页链表，给每个本地组（NUMA）一个。
- **页缓存**：文件系统缓存。一个 swappiness 的可调参数能调节系统倾向性，决定是通过换页还是交换来释放内存。
- **交换**：页面换出守护进程（kswapd）执行的换页。它找出最近不使用的页并将其加入空闲链表，其中包括应用程序内存。页面换出涉及写入文件系统或者一个交换设备，仅在配置了交换文件或设备时才可用。

- **回收**：当内存低于某个阈值时，内核模块和内核分配器会立刻释放任何可以轻易释放的内存。这也被称为收缩。
- **OOM 终结者**：内存耗尽（OOM）终结者搜索并杀死可牺牲的进程以释放内存，使用 select_bad_process() 搜索而后用 oom_kill_process() 杀死进程。在系统日志（/var/log/messages）中以“Out of memory: Kill process”被记录。

Linux 的 swappiness 参数可以调节系统是倾向于通过分页程序释放内存还是通过从页缓存中回收内存。它是一个介于 0 和 100 之间的数字（默认值是 60），较大的值意味着优先通过换页释放内存。通过控制这些内存释放方式之间的平衡，可以实现在保留文件系统热缓存的同时，将不再运行的应用程序内存换出，从而提高系统的吞吐量 [Corbet 04]。

一个有趣的问题是，如果系统没有配置交换设备或者文件会发生什么。这会限制虚拟内存的大小，因此如果“过度提交”被禁用，内存分配会更早失败。在 Linux 中，这意味着会更早地使用 OOM 终结者。

假设应用程序故障导致内存无限增长。如果使用交换，这很可能会由于换页而成为一个性能问题，同时这也是在线排错的机会。不存在交换的话，就不存在换页的宽限期，结果是应用程序遇到“Out of memory”错误，或者 OOM 终结者结束这个应用程序。如果在它运行数小时后才观测到，这可能会耽误问题的排错。

在 Netflix 云服务中，实例通常不使用交换，因此如果应用程序耗尽内存，就会被 OOM 杀掉。应用程序被分布在一个大的实例池中，其中一个 OOM 被杀死时，流量会立即被重定向到其他健康的实例上。这比允许一个实例因交换而运行缓慢更合适。

当使用内存 cgroup 时，类似图 7.6 中的内存释放技术可以被用来管理 cgroup 内存。当一个容器用尽了它 cgroup 内可控的限制时，即使系统有大量的空闲内存，也可能被交换或被 OOM 杀掉 [Evans 17]。关于 cgroups 和容器的更多信息，请参考第 11 章。

接下来的几节会介绍空闲链表、回收以及页面扫描。

空闲链表

最初的 UNIX 内存分配器使用内存映射和首次匹配扫描。在 BSD 中引入虚拟内存换页时，空闲链表和页面换出守护进程也被同时引入 [Babaoglu 79]。如图 7.7 所示，空闲链表能立刻定位可用内存。

释放的内存被添加到表头以便将来分配。通过页面换出守护进程释放的内存——它可能包含有价值的文件系统页缓存——被加到表尾。如果在未被重用前有对任一页的请求，它能被回收并从空闲链表中移除。

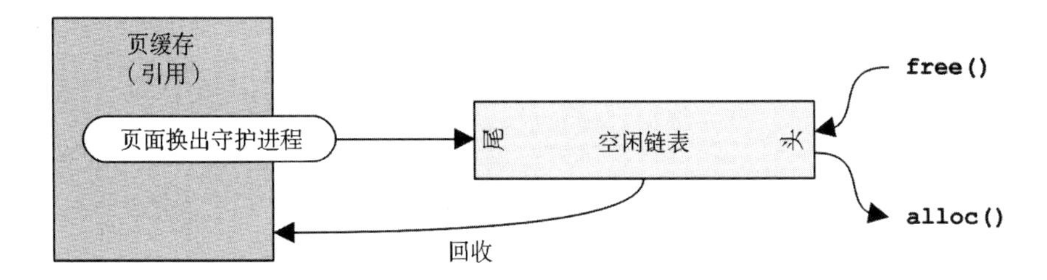

图 7.7 空闲链表运作

基于Linux的系统仍然使用图7.6所示的空闲链表类型。空闲链表通常由分配器消耗，如内核的slab分配器，以及用户空间（有自己的空闲链表）的libc malloc()。这些分配器轮流消耗页然后通过它们的分配器API暴露出来。

Linux用伙伴分配器管理页。它以2的幂次方的方式向不同尺寸的内存分配器提供多个空闲链表。术语“伙伴”指找到相邻的空闲内存页以被同时分配。历史背景可参考[Peterson 77]。

伙伴空闲链表处于如下层级的底端，起始于每个内存节点pg_data_t。

- **节点**：内存库，支持NUMA。
- **区域**：特定用途的内存区域（直接内存访问[DMA][1]、普通、高位内存）。
- **迁移类型**：不可移动，可回收，可移动等。
- **尺寸**：数量为2的幂次方的页面。

在节点的空闲链表内分配能提高内存的本地性和性能。对于最常见的分配方式——单页分配，伙伴分配器为每个CPU保存一份单页的列表，以减少CPU锁的争夺。

回收

回收大多是从内核的slab分配器缓存释放内存。这些缓存包含slab大小的未使用的内存块，以供重用。回收将这些内存交还给系统进行分配。

在Linux中，内核模块也可以调用register_shrinker()以注册特定的函数回收自己的内存。

页扫描

内核页面换出守护进程管理利用换页释放内存。当主存中可用的空闲链表低于阈值时，页面换出守护进程会开始*页扫描*。页扫描仅按需启动。通常平衡的系统不会经常做页扫描并且仅以短期爆发方式扫描。

1 尽管ZONE_DMA可能被移除[Corbet 18a]。

在 Linux 系统中，页面换出守护进程被称作 kswapd，它扫描非活动和活动内存的 LRU（最近最少被使用）页列表以释放页面。如图 7.8 所示，它的激活基于空闲内存和两个提供滞后的阈值。

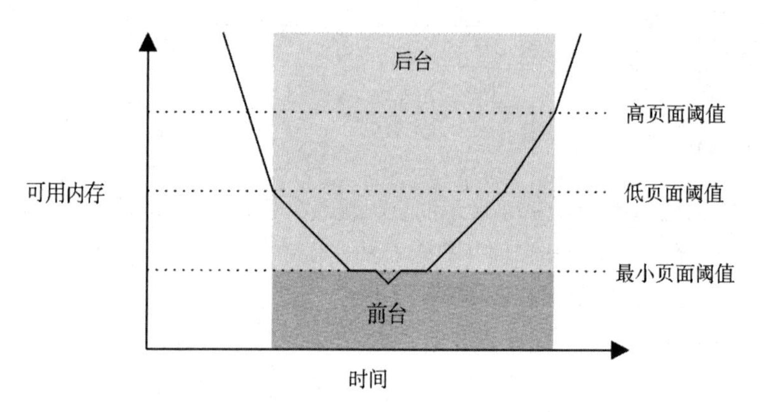

图 7.8 kswapd 的激活及工作模式

一旦空闲内存达到最低阈值，kswapd 就会在前台运行，同步地按需释放内存页，这种方法被称为*直接回收* [Gorman 04]。该最低阈值是可调的（vm.min_free_kbytes），而其他阈值则基于它按比例放大（对于低的放大两倍、对于高的放大三倍）。对于超过 kswapd 回收速度的超高分配需求的工作负载，Linux 为更积极的扫描方式提供了额外的可调参数，即 vm.watermark_scale_factor 和 vm.watermark_boost_factor，可参考 7.6.1 节。

页缓存的*活动页*和*非活动页*分别设有列表。这些列表按 LRU 方式工作，因而 kswapd 能快速地找到空闲页，如图 7.9 所示。

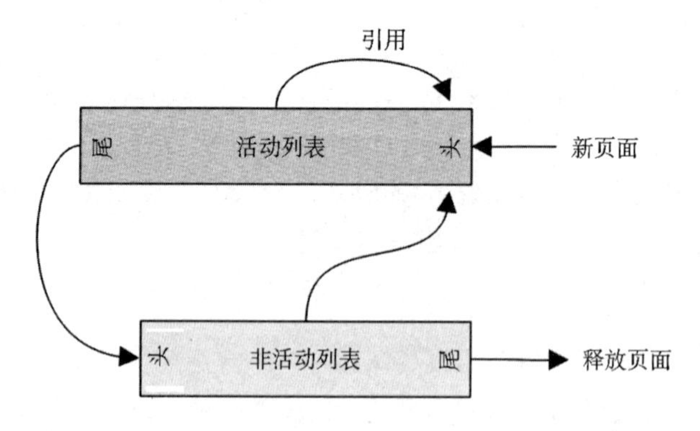

图 7.9 kswapd 列表

kswapd 先扫描非活动列表，然后按需扫描活动列表。术语“扫描”指遍历列表检查页面：如果页被锁定或者是脏的，它可能不适合被释放。kswapd 使用的术语“扫描”

和UNIX中最初的页面换出守护进程中的有不同的含义，在UNIX中它指扫描所有的内存。

7.3.3 进程虚拟地址空间

进程虚拟地址空间是一段范围的虚拟页，由硬件和软件同时管理，按需映射到物理页。这些地址被划分为段以存放线程栈、进程可执行的文本等、库和堆。图 7.10 所示的 32 位处理器的示例，包括 x86 和 SPARC 处理器。

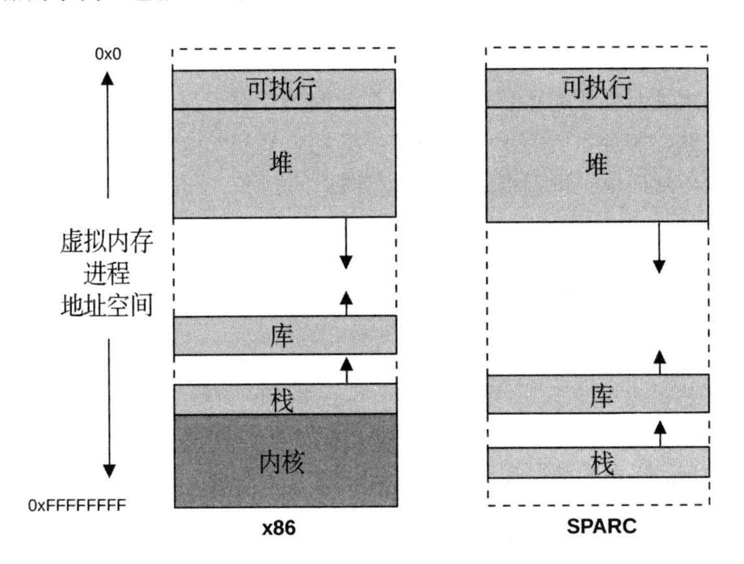

图 7.10 进程虚拟内存地址空间示例

在 SPARC 上，内核驻留在一个独占的全地址空间（图 7.10 中没有显示）。因此要注意，在 SPARC 上，不能仅根据指针值来区分用户地址和内核地址；X86 则采用了一个不同的方案，使用户地址和内核地址是不重叠的。[1]

应用程序可执行段包括分离的文本和数据段。库也由分离的可执行文本和数据段组成。这些不同的段类型如下所述。

- **可执行文本**：包括进程可执行的 CPU 指令。由文件系统中的二进制应用程序文本段映射而来。它是只读的并带有执行权限的。
- **可执行数据**：包括已初始化的变量，由二进制应用程序的数据段映射而来。有

1 需要注意的是，对于64位地址，处理器可能并不支持完整的64位范围。例如，AMD规范允许实现只支持48位地址，其中未使用的高阶位被设置为最后一位。这创造了两个可用的地址范围，称为规范地址，0到0x00007fffffffffff用于用户空间，0xffff800000000000到0xffffffffffffffff用于内核空间。这就是x86内核地址从0xffff开始的原因。

读写权限，因此这些变量在应用程序的运行过程中可以被修改。它也带有私有标记，因此这些修改不会被回写磁盘。

- **堆**：应用程序的工作内存并且是匿名内存（无文件系统位置）。它按需增长并且用 malloc(3) 分配。
- **栈**：运行中的线程栈，映射为读写。

库的文本段可能与其他使用相同库的进程共享，它们各自有一份库数据段的私有副本。

堆增长

不停增长的堆通常会引起困惑。它是内存泄漏吗？对于简易分配器，free(3) 不会将内存还给操作系统，相反，内存被保留下来以备将来分配。这意味着进程的常驻内存只会增长，并且是正常现象。进程缩减系统内存的方法如下。

- **Re-exec**：从空的地址空间调用 execve(2)。
- **内存映射**：使用 mmap(2) 和 munmap(2)，它们会将内存归还到系统。

内存映射的细节请参考 8.3.10 节。

Linux 中常用的 Glibc 是一个高级分配器，它支持 mmap 操作模式，以及一个 malloc_trim(3) 函数来释放空闲内存。当堆顶空闲内存变大时，malloc_trim(3) 会被 free(3) 自动调用[1]，并使用 sbrk(2) 系统调用释放它。

分配器

多种用户级和内核级的分配器可用于内存分配。图 7.11 展示了分配器的作用，包括一些常见的类型。

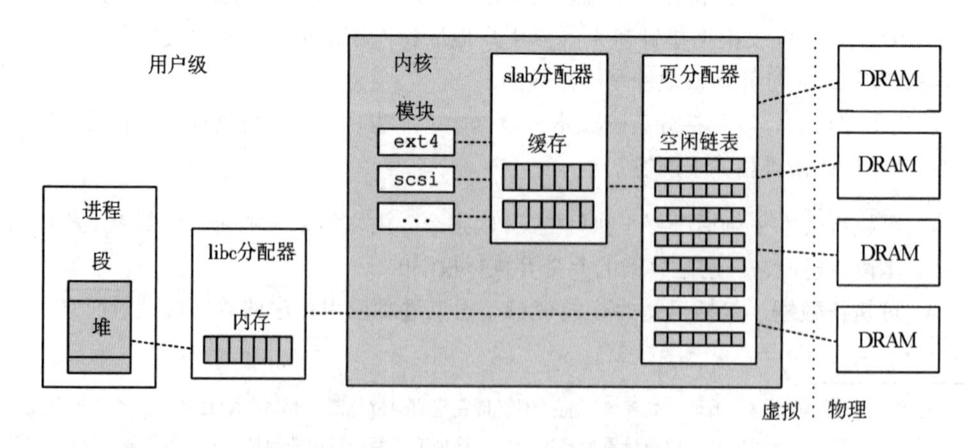

图 7.11　用户级及内核级内存分配器

1　当mallopt(3)参数的值大于M_TRIM_THRESHOLD时，其默认值为128KB。

页管理在 7.3.2 节中介绍过。内存分配器的特征如下。

- **简单 API**：如 malloc(3)、free(3)。
- **高效的内存使用**：处理多种不同大小的内存分配时，当存在许多浪费内存的未使用区域时，内存使用可能会变得碎片化。分配器会尽可能合并未使用的区域，因此大块的分配可使它们提高效率。
- **性能**：内存分配很频繁，而且在多线程的环境里它们可能会因为竞争同步基元而表现糟糕。分配器可被设计为慎用锁，并利用线程级或者 CPU 级的缓存以提高内存本地性。
- **可观测性**：分配器可能会提供统计数据和排错模式以显示如何被调用，以及调用分配的代码路径。

以下部分描述内核级分配器——slab 和 SLUB，以及用户级分配器——glibc、TCMalloc 和 jemalloc.。

slab

内核 slab 分配器管理特定大小的对象缓存，使它们能被快速地回收利用，并且避免页分配开销。这对于经常处理固定大小结构的内核内存分配来说特别有效。

如下两行代码来自 ZFS arc.c 的内核示例[1]：

```
df = kmem_alloc(sizeof (l2arc_data_free_t), KM_SLEEP);
head = kmem_cache_alloc(hdr_cache, KM_PUSHPAGE);
```

开始的 kmem_alloc() 显示了传统的内核内存分配，长度作为参数传递。内核基于这个长度（很长的会被超大场所以不同的方式处理）把它映射为一个 slab 缓存。之后的 kmem_cache_alloc() 直接操作定制的 slab 分配器缓存，在这个例子里是 (kmem_cache_t *) hdr_cache。

slab 是为 Solaris 2.4 开发的 [Bonwick 94]，之后被改进，使用了被称为弹夹的每 CPU 缓存 [Bonwick 01]。

> 我们的基本方法是给每个 CPU 一个缓存，里面有 *M* 个元素对象，称作弹夹，类比自动武器的弹夹。每个 CPU 的弹夹都可以在 CPU 重新装填前满足 *M* 次分配——就像用装满子弹的弹夹替换一个空弹夹。

除了高性能外，最初的 slab 分配器还具有调试和分析功能，包括审计以跟踪分配细节和栈踪迹。

1 想到将这些作为例子的唯一原因是我开发了这些代码。

slab 分配已经被各种操作系统所采用。BSD 有一个高效并且支持 NUMA 架构的，被称为通用内存分配器(UMA)的 slab 分配器。Linux 也在 2.2 版本中引入了 slab 分配器，并且在很多年里一直是默认选项。此后，Linux 转而提供了 SLUB 作为一个可选项或直接作为默认选项。

SLUB

Linux 内核的 SLUB 分配器基于 slab 分配器并且为解决多个问题而设计，特别是 slab 分配器的复杂性。改进包括移除对象队列和每 CPU 缓存——把 NUMA 优化留给页分配器（见之前的“空闲链表”一节）。

SLUB 分配器在 Linux 2.6.23 中成为默认选项 [Lameter 07]。

glibc

用户级的 GNU 的 libc 分配器是基于 Doug Lea 的 dlmalloc 的。它的行为基于分配请求的长度。较小的分配来自内存集合，包括用伙伴关系算法合并长度相近的单位。较大的分配用树高效地搜索空间。对于特别大的分配，它会转到 mmap(2)。最终的结论是 glibc 是结合了多种分配策略的高效分配器。

TCMalloc

TCMalloc 是用户级线程缓存的 malloc，它使用每个线程的缓存来进行小规模的分配，减少锁的竞争并提高性能 [Ghemawat 07]。定期的垃圾回收将内存转移到中央堆以便于分配。

jemalloc

jemalloc 起源于 FreeBSD 的用户级 libc 分配器，也可以用于 Linux。它使用了一些技术，如多场、线程级别缓存和小对象 slab，来提高可扩展性并减少内存碎片。它可以使用 mmap(2) 和 sbrk(2) 来获取系统内存，但更倾向于使用 mmap(2)。Facebook 使用 jemalloc 并增加了剖析功能和其他优化 [Facebook 11]。

7.4 方法

本节描述了内存分析和调优的多种方法及运用。表 7.3 总结了这些内容。

表 7.3 内存性能方法

章节	方法	类型
7.4.1	工具法	观测分析
7.4.2	USE 方法	观测分析
7.4.3	描述使用情况	观测分析、容量规划

续表

章节	方法	类型
7.4.4	周期分析	观测分析
7.4.5	性能监测	观测分析、容量规划
7.4.6	泄漏检测	观测分析
7.4.7	静态性能调优	观测分析、容量规划
7.4.8	资源控制	调优
7.4.9	微基准测试	实验分析
7.4.10	内存收缩	实验分析

更多策略以及部分方法的介绍可参见第 2 章。

这些方法可以单独使用或者混合使用。在诊断内存相关的故障时，我的建议是优先使用这些方法，并按如下次序使用：性能监测、USE 方法和描述使用情况。

7.5 节将介绍运用这些方法的操作系统工具。

7.4.1 工具法

工具法是一种遍历可用的工具，检查它们提供的关键指标的过程。它是一个简单的方法，因此有可能忽略这些工具不可见或者看不清楚的问题，并且操作比较费时。

对于内存而言，在 Linux 中应用工具法可以检查以下指标。

- **页扫描**：寻找连续的页扫描（超过 10 秒），它是内存压力的预兆。在 Linux 中，可以使用 sar -B 命令并检查 pgscan 列。
- **压力滞留信息（PSI）**：通过查看 /proc/pressure/memory（Linux 4.20+），可以检查内存压力（饱和度）统计，以及它是如何随时间变化的。
- **交换**：如果配置了交换，内存页的交换（Linux 对交换的定义）是系统内存不足的一个迹象。可以使用 vmstat(8) 并检查 si 和 so 列。
- **vmstat**：每秒运行 vmstat 并检查 free 列的可用内存。
- **OOM 终结者**：这些事件可以在系统日志 /var/log/messages，或者从 dmesg(1) 中找到，搜索“Out of memory”即可。
- **top**：查看哪些进程和用户是（常驻）物理内存和虚拟内存的最大使用者（列名参考 man 手册页，不同版本有所变化）。top(1) 也会总结空闲的内存。
- **perf(1)/BCC/bpftrace**：通过栈踪迹跟踪内存分配，以确定内存消耗的原因。需要注意的是，这会产生大量的开销。一个尽管很粗糙但是低消耗的解决方案是进行 CPU 剖析（定时栈采样）并搜索分配代码的路径。

更多信息可参考 7.5 节。

7.4.2 USE 方法

在性能调查的初期，在使用更深层次和更费时的策略前，USE 方法可以用来定位瓶颈和跨所有组件的错误。

检查系统级问题的方法如下。

- **使用率**：有多少内存被使用，以及多少仍可用。对物理内存和虚拟内存都要进行检查。
- **饱和度**：页扫描、换页、交换和 Linux OOM 终结者牺牲进程的使用程度，可作为释放内存压力的衡量。
- **错误**：软件和硬件错误。

首先应检查饱和度，因为持续的饱和状态是内存问题的征兆。这些指标能由操作系统工具轻易获得，例如使用 vmstat(8)、sar(1) 获得交换情况统计，使用 dmesg(1) 查看 OOM 杀掉的进程等。对于配置了独立磁盘交换设备的系统，任何交换设备的活动都是内存压力的征兆。Linux 还在压力滞留信息（PSI）中提供了内存饱和度统计。

物理内存使用率根据不同的工具及是否考虑了未被引用的文件系统缓存页或者非活动页，它们的报告可能会不同。一个系统可能会报告只有 10MB 的可用内存，但事实上它存在 10GB 的文件系统缓，需要时能立刻被应用程序回收利用。请查阅工具文档确定是否包含了文件系统缓存和非活动页。

虚拟内存的使用率在某些情况下也可能需要检查，这取决于系统是否支持过度提交。对于那些不支持过度提交的系统，一旦虚拟内存耗尽，内存分配就会失败——这是一种典型的内存错误。

内存错误可以由软件引起，例如失败的内存分配或 Linux OOM 终结者，或者由硬件引起，例如 ECC 错误。从历史上看，内存分配错误通常交给应用程序来报告，尽管不是所有的应用程序都会这样做（而且，由于 Linux 的大量使用，开发人员可能觉得没有必要）。硬件错误也很难分析。当使用 ECC 内存时，一些工具可以报告 ECC 可纠正的错误（例如，在 Linux 中，dmidecode(8)、edac-utils、ipmitool sel 命令）。这些可纠正的错误可以作为 USE 方法的错误指标，同时也是不可纠正的错误即将发生的标志。在实际的（不可纠正的）内存错误中，你可能会遇到无法解释的、无法重现的随机应用程序的崩溃（包括段错误和总线错误信号）。

对于一些环境，有应用内存限制或者限额（资源控制）的情况，例如在云计算上，需要不同的内存使用率和饱和度的测量方法。有时尽管主机上还有大量可用的物理内存，但实例可能已经达到内存限制并且正在换页。

7.4.3 描述使用情况

实施容量规划、基准测试和负载模拟时，描述内存使用情况进行分析是一种重要的方式。使用它可发现并纠正错误的配置，并促成最大的性能提升。例如，一个数据库缓存可能配置得过小而导致命中率过低，或者过大而引起系统换页。

对于内存，这包括了要求发现内存用于何处以及使用了多少，如下所示。

- 系统级的物理内存和虚拟内存的使用率。
- 饱和程度：换页、OOM 终结者。
- 内核和文件系统缓存的使用情况。
- 每个进程的物理内存和虚拟内存的使用情况。
- 内存资源控制的使用情况（如果存在）。

下面的示例说明了如何表达这些属性：

> 该系统有 256GB 主存，只有 1% 被进程使用，30% 是文件系统缓存。用量最大的进程是一个数据库，消耗了 2GB 的主存（RSS），这是系统迁移之前的配置上限。

由于更多内存被用于缓存工作数据，因此这些特征会因时间而变化。内核或者应用程序内存也可能随时间持续增长——除正常的缓存增长外——还有由软件错误导致的内存泄漏。

高级使用分析 / 检查清单

这里列举了更多的相关特征的问题。这可在需要缜密地研究内存问题时作为检查清单：

- 应用程序的工作集大小（WSS）是多少？
- 内核内存用于何处？每个 slab 呢？
- 文件系统缓存中被使用与未被使用的比例是多少？
- 进程内存被用于何处（指令、缓存、缓冲区、对象等）？
- 进程为何分配内存（调用路径）？
- 内核为何分配内存（调用路径）？
- 进程库文件的映射有什么奇怪的地方吗（例如，随时间变化）？
- 哪些进程被持续地换出？
- 哪些进程曾经被换出？
- 进程或者内核是否有内存泄漏？
- 在 NUMA 系统中，内存是否被分配到合适的节点中去？
- IPC 和内存停滞周期频率是多少？

- 内存总线的平衡性怎样？
- 相对于远程内存 I/O，执行了多少本地内存 I/O ？

随后章节中的内容可回答这些问题。方法以及要衡量的特征（谁、为什么、什么、如何）可参见第 2 章。

7.4.4 周期分析

内存总线负载通过检查 CPU 性能监测计数器（PMC）测定，它能被设置用来计算内存停滞周期、内存总线使用率等。一个常用的指标是每周期指令数（IPC），它描述了 CPU 负载中依赖内存情况的指标，详见第 6 章。

7.4.5 性能监测

性能监测能发现当前的问题以及随着时间推移的行为模式。关键的内存指标如下。

- **使用率**：使用百分比，由可用内存推断。
- **饱和度**：交换、OOM 终结者。

对于应用了内存限制或配额（资源控制）的环境，有关强制限制的统计数据也需要收集。

还能够监测错误（如果可用），7.4.2 节有关使用率和饱和度的内容中有相关介绍。

监测随时间推移的内存使用率，特别是按进程监测，有助于发现是否存在内存泄漏及其泄漏的速度。

7.4.6 泄漏检测

当应用程序或者内核模块无尽地增长，从空闲链表、文件系统缓存，最终从其他进程消耗内存时，就出现了这个问题。初次注意到这个问题可能是因为系统为应对无尽的内存压力而开始换页或者有进程被 OOM 杀掉。

这类问题源自以下两种情况。

- **内存泄漏**：一种类型的软件 bug，忘记分配过的内存而没有释放。通过修改软件代码或应用补丁及进行升级（进而修改代码）可进行修复。
- **内存增长**：软件在正常地消耗内存，但远高于系统允许的速率。通过修改软件配置，或者由软件开发人员修改软件内存的消耗方式来进行修复。

内存增长的问题常常被误认为是内存泄漏。第一个问题应该是：这应该发生吗？我们需要检查应用的内存使用情况、配置以及内存分配器的行为。一个应用可能被配置为填充一段内存缓存，观测到的增长可能只是缓存预热。

如何分析内存泄漏依赖于软件和语言类型。一些分配器提供的排错模式能记录分配细节，以供事后剖析，从而定位故障的调用路径。一些运行时有方法进行堆转储分析，还有其他工具可以进行内存泄漏调查。

Linux 的 BCC 跟踪工具包括 memleak(8)，用于增长和泄漏分析：它跟踪分配，并指出那些在某一时间段内没有被释放的分配，以及分配相关的代码。它不能告诉你这些是泄漏还是正常的增长，所以你的任务是分析代码以确定是哪种情况。（注意，这个工具在高分配率的情况下也会产生很高的开销。）BCC 将在 15.1 节中进行讲解。

7.4.7 静态性能调优

静态性能调优注重解决配置后的环境中的问题。对于内存性能，在静态配置中检查如下方面：

- 主存共有多少？
- 配置允许应用程序使用多少内存（它们自己的配置）？
- 应用程序使用哪个内存分配器？
- 主存的速度是多少？是否是可用的最快的类型（DDR5）？
- 主存是否曾被全面测试过（例如，使用 Linux memtester）？
- 系统架构是什么？ NUMA 还是 UMA ？
- 操作系统支持 NUMA 吗？它是否提供了 NUMA 的调整接口？
- 内存是连接在同一个插槽上，还是在不同的插槽上？
- 有多少内存总线？
- CPU 缓存的数量和大小是多少？ TLB ？
- BIOS 中的设置是怎样的？
- 是否配置和使用了巨型页？
- 是否支持和配置了过度提交？
- 还使用了哪些其他的内存可调参数？
- 是否有软件强制的内存限制（资源控制）？

回答这些问题可能会揭示被忽视的配置选择。

7.4.8 资源控制

操作系统可能向进程或进程组内存分配提供细粒度的控制。这些控制可能会包括使用主存和虚拟内存的固定极限。它们如何工作可随实现而不同，可参见 7.6 节和第 11 章。

7.4.9 微基准测试

微基准测试可用于确定主存的速度和特征，例如 CPU 缓存和缓存线长度。它有助于分析系统间的不同。由于应用程序和负载的不同，内存访问速度可能比 CPU 时钟速度对性能的影响更大。

6.4.1 节揭示了利用内存访问延时微基准测试来确定 CPU 缓存特征的结果。

7.4.10 内存收缩

这是一种估计工作集大小（WSS）的方法，它使用一个阴性实验，需要配置交换设备来进行实验。在测量性能和交换时，应用程序的可用主存被逐渐减少：当 WSS 不再适合可用的内存时，性能就会急剧下降、交换会大幅增加。

虽然是值得一提的阴性实验的例子，但并不建议在生产环境中使用这种方法，因为它刻意损害了性能。关于其他的 WSS 估算技术，请参见 7.5.12 节中介绍的实验性工具 wss(8)，以及我关于 WSS 估算的网站 [Gregg 18c]。

7.5 观测工具

本节介绍基于 Linux 操作系统的内存观测工具。使用这些工具时应遵循的方法，请参见上一节。

本节介绍的工具列于表 7.4 中。

表 7.4 Linux 中的内存观测工具

章节	工具	描述
7.5.1	vmstat	虚拟内存和物理内存统计信息
7.5.2	PSI	内存压力滞留信息
7.5.3	swapon	交换设备使用率
7.5.4	sar	历史统计信息
7.5.5	slabtop	内核 slab 分配器统计信息
7.5.6	numastat	NUMA 分析
7.5.7	ps	进程状态
7.5.8	top	监测每个进程的内存使用率
7.5.9	pmap	进程地址空间统计信息
7.5.10	perf	内存 PMC 和跟踪点分析
7.5.11	drsnoop	直接回收跟踪
7.5.12	wss	工作集大小估算
7.5.13	bpftrace	用于内存分析的跟踪程序

这是支持 7.4 节的精选工具和功能集。前面是系统级的内存使用统计数据，进而向下钻取到进程和分配的跟踪。一些传统的工具很可能在它们的发源地——类 UNIX 的操作系统上可用，包括 vmstat(8)、sar(1)、ps(1)、top(1) 和 pmap(1)。drsnoop(8) 是 BCC 的一个 BPF 工具（参见第 15 章）。

完整的功能介绍请参考这些工具的文档，包括 man 手册页在内。

7.5.1 vmstat

vmstat(8) 是虚拟内存统计命令，它提供包括当前内存和换页在内的系统内存健康程度总览。第 6 章所述的 CPU 统计信息也包含在内。

它是由 Bill Joy 和 Ozalp Babaoglu 于 1979 年引入 BSD 的。最初的 man 手册页中有如下描述：

> bugs：输出太多数字以至于不知道该看什么。

这里有一个 Linux 版本的示例输出：

```
$ vmstat 1
procs -----------memory---------- ---swap-- -----io---- -system-- ----cpu----
 r  b   swpd   free   buff  cache   si   so    bi    bo   in   cs us sy id wa
 4  0      0 34454064 111516 13438596    0    0     0     5    2    0  0  0 100  0
 4  0      0 34455208 111516 13438596    0    0     0     0 2262 15303 16 12 73  0
 5  0      0 34455588 111516 13438596    0    0     0     0 1961 15221 15 11 74  0
 4  0      0 34456300 111516 13438596    0    0     0     0 2343 15294 15 11 73  0
[...]
```

该版本的 vmstat(8) 不在第一行输出自系统启动至今的 procs 或 memory 列的汇总数据，而立刻显示当前状态。

默认数据列如下，单位为 KB。

- **swpd**：交换出的内存量。
- **free**：空闲的可用内存。
- **buff**：用于缓冲缓存的内存。
- **cache**：用于页缓存的内存。
- **si**：换入的内存（换页）。
- **so**：换出的内存（换页）。

缓冲和页缓存将在第 8 章中进行介绍。系统启动后，空闲内存下降并被用于这些缓存以提高性能是正常的。需要时，它们可以被释放以供应用程序使用。

如果 si 和 so 列一直为非 0，那么系统正存在内存压力并执行交换到交换设备或文件（参见 swapon(8)）。用其他工具可以研究是什么在消耗内存，例如能观测每个进程内存使用的工具（如 top(1)、ps(1)）。

在拥有大量内存的系统中，数据列会不对齐而影响阅读。你可以试着用 -S 选项将输出单位修改为 MB（m 表示 1 000 000，M 表示 1 048 576）。

```
$ vmstat -Sm 1
procs -----------memory---------- ---swap-- -----io---- -system-- ----cpu----
 r  b   swpd   free   buff  cache   si   so    bi    bo   in    cs us sy id wa
 4  0      0  35280    114  13761    0    0     0     5    2     1  0  0 100  0
 4  0      0  35281    114  13761    0    0     0     0 2027 15146 16 13 70  0
[...]
```

选项 -a 可以输出非活动和活动页缓存的明细：

```
$ vmstat -a 1
procs -----------memory---------- ---swap-- -----io---- -system-- ----cpu----
 r  b   swpd   free  inact active   si   so    bi    bo   in    cs us sy id wa
 5  0      0 34453536 10358040 3201540    0    0     0     5    2     0  0  0 100  0
 4  0      0 34453228 10358040 3200648    0    0     0     0 2464 15261 16 12 71  0
[...]
```

内存统计信息可以用选项 -s 输出成列表。

7.5.2 PSI

在 Linux 4.20 中引入的压力滞留信息（PSI），包括内存饱和度的统计数据。这些数据不仅显示了是否有内存压力，而且显示了它在过去 5 分钟内的变化情况。下面是输出示例：

```
# cat /proc/pressure/memory
some avg10=2.84 avg60=1.23 avg300=0.32 total=1468344
full avg10=1.85 avg60=0.66 avg300=0.16 total=702578
```

这个输出说明内存压力正在增加，10 秒的平均值（2.84）比 300 秒的平均值（0.32）要高。这些平均数是一个任务被内存停滞的时间百分比。some 开头的一行显示了一些任务（线程）受到影响的时间，full 开头的一行显示了所有可运行的任务受到影响的时间。

PSI 的统计数据也是按 cgroup2 进行跟踪的（cgroup 在第 11 章中有介绍）[Facebook 19]。

7.5.3 swapon

swapon(1) 可以显示是否配置了交换设备，以及它们的使用率。比如：

```
$ swapon
NAME      TYPE      SIZE   USED PRIO
/dev/dm-2 partition 980M 611.6M   -2
/swap1    file       30G  10.9M   -3
```

这里显示了两个交换设备：一个 980MB 的物理磁盘分区，以及一个名为 /swap1 的 30GB 的文件。同时还显示了两者的使用量。现在许多系统没有配置交换设备，在这种情况下，swap(1) 不会打印任何输出。

如果一个交换设备有活动的 I/O，可以在 vmstat(1) 的 si 和 so 列中看到，也可以在 iostat(1) 中看到设备的 I/O（参见第 9 章）。

7.5.4 sar

系统活动报告工具，sar(1)，可以用来观测当前活动并且能配置保存和报告历史统计数据。由于它能提供不同的统计信息，因此在本书的多个章节都提到了它，并在 4.4 中进行了介绍。

Linux 版本用如下选项提供内存统计信息。

- **-B**：换页统计信息。
- **-H**：巨型页统计信息。
- **-r**：内存使用率。
- **-S**：交换空间统计信息。
- **-W**：交换统计信息。

这些信息涵盖了内存使用、页面换出守护进程活动和巨型页的使用。这些内容的背景知识可以参考 7.3 节。

提供的统计信息列于表 7.5 中。

表 7.5 Linux 中的 sar 的内存统计信息

选项	统计信息	描述	单位
-B	pgpgin/s	页面换入	千字节 / 秒
-B	pgpgout/s	页面换出	千字节 / 秒
-B	fault/s	严重及轻微缺页	次数 / 秒
-B	majflt/s	严重缺页	次数 / 秒
-B	pgfree/s	将页面加入空闲链表	次数 / 秒

续表

选项	统计信息	描述	单位
-B	pgscank/s	被后台页面换出守护进程扫描过的页面（kswapd）	次数 / 秒
-B	pgscand/s	直接页面扫描	次数 / 秒
-B	pgsteal/s	页面及交换缓存回收	次数 / 秒
-B	%vmeff	页面盗取 / 页面扫描的比率，其显示页面回收的效率	百分比
-H	hbhugfree	空闲巨型页内存（大页面尺寸）	千字节
-H	hbhugused	占用的巨型页内存	千字节
-H	%hugused	巨型页使用率	百分比
-r	kbmemfree	空闲内存（完全未使用的）	千字节
-r	kbavail	可用的内存，包括可以随时从页面缓存中释放的页	千字节
-r	kbmemused	使用的内存（包括内核）	千字节
-r	%memused	内存使用率	百分比
-r	kbbuffers	缓冲高速缓存尺寸	千字节
-r	kbcached	页面高速缓存尺寸	千字节
-r	kbcommit	提交的主存：服务当前工作负载需要量的估计	千字节
-r	%commit	为当前工作负载提交的主存，估计值	百分比
-r	kbactive	活动列表内存尺寸	千字节
-r	kbinact	未活动列表内存尺寸	千字节
-r	kbdirtyw	将被写入磁盘的修改过的内存	千字节
-r ALL	kbanonpg	进程匿名内存	千字节
-r ALL	kbslab	内核 slab 缓存大小	千字节
-r ALL	kbkstack	内核栈空间大小	千字节
-r ALL	kbpgtbl	最低级别的页表大小	千字节
-r ALL	kbvmused	已使用的虚拟内存地址空间	千字节
-S	kbswpfree	释放的交换空间	千字节
-S	kbswpused	占用的交换空间	千字节
-S	%swpused	占用的交换空间的百分比	百分比
-S	kbswpcad	高速缓存的交换空间：它同时保存在主存和交换设备中，因此不需要磁盘 I/O 就能被页面换出	千字节
-S	%swpcad	缓存的交换空间大小和使用的交换空间的比例	百分比
-W	pswpin/s	页面换入（Linux 换入）	页面 / 秒
-W	pswpout/s	页面换出（Linux 换出）	页面 / 秒

部分统计信息名称包含计量单位：pg 表示页，kb 表示 KB，% 表示百分比，以及 /s 表示每秒。完整的列表见 man 手册页，其中包含更多百分比统计信息。

更重要的是要记住这些关于使用率和高级内存子系统运行的具体信息，在需要的时候都是能找到的。要更加深入地了解细节，你可能需要使用跟踪器来检测内存跟踪点和内核函数，比如下面几节中将介绍的 perf(1) 和 bpftrace。也可以阅读源代码中的 mm 部分，准确地说是 mm/vmscan.c。开发人员常常讨论应该如何统计这些信息，在 linux-mm 邮件列表中有许多文章提供了更深刻的理解。

%vmeff 是衡量页回收效率的一个有用的指标。高数值意味着成功地从非活动列表中回收了页（健康），低数值意味着系统在挣扎中。man 手册页指出 100% 是高数值，少于 30% 是低数值。

另一个有用的指标是 pgscand，它有效地显示了应用程序在内存分配上的阻塞和直接被回收的速率（越高越不好）。为了查看应用程序在直接回收事件中所花费的时间，可以使用跟踪工具，可参见 7.5.11 节。

7.5.5 slabtop

Linux 中的 slabtop(1) 命令可以通过 slab 分配器输出内核 slab 缓存使用情况。类似 top(1)，它实时更新屏幕。

以下是示例输出：

```
# slabtop -sc
 Active / Total Objects (% used)    : 686110 / 867574 (79.1%)
 Active / Total Slabs (% used)      : 30948 / 30948 (100.0%)
 Active / Total Caches (% used)     : 99 / 164 (60.4%)
 Active / Total Size (% used)       : 157680.28K / 200462.06K (78.7%)
 Minimum / Average / Maximum Object : 0.01K / 0.23K / 12.00K

  OBJS ACTIVE  USE OBJ SIZE  SLABS OBJ/SLAB CACHE SIZE NAME
 45450  33712  74%    1.05K   3030       15     48480K ext4_inode_cache
161091  81681  50%    0.19K   7671       21     30684K dentry
222963 196779  88%    0.10K   5717       39     22868K buffer_head
 35763  35471  99%    0.58K   2751       13     22008K inode_cache
 26033  13859  53%    0.57K   1860       14     14880K radix_tree_node
 93330  80502  86%    0.13K   3111       30     12444K kernfs_node_cache
  2104   2081  98%    4.00K    263        8      8416K kmalloc-4k
   528    431  81%    7.50K    132        4      4224K task_struct
[...]
```

输出包括顶部的汇总和 slab 列表，其中包括对象数量（OBJS）、多少是活动的（ACTIVE）、使用百分比（USE）、对象大小（OBJ SIZE，字节）和缓存大小（CACHE SIZE，字节）。在这个示例中，选项 -sc 使缓存按大小排序，最大值 ext4_inode_cache 显示在顶端。

slab 统计信息取自 /proc/slabinfo，也可以用 vmstat -m 输出。

7.5.6 numastat

numastat(8)[1] 工具为非统一内存访问（NUMA）系统提供统计数据，通常是那些有多个 CPU 插槽的系统。下面是一个双插槽系统的例子：

```
# numastat
                           node0           node1
numa_hit            210057224016    151287435161
numa_miss             9377491084       291611562
numa_foreign           291611562      9377491084
interleave_hit             36476           36665
local_node          210056887752    151286964112
other_node            9377827348       292082611
```

这个系统中有两个 NUMA 节点，每个内存组连接到各自的插槽上。Linux 试图在最近的 NUMA 节点上分配内存，numastat(8) 显示了这一做法的成功程度。主要的统计数据有如下几个。

- **numa_hit**：在预定的 NUMA 节点上分配的内存。
- **numa_miss + numa_foreign**：不在首选 NUMA 节点上的内存分配。（numa_miss 显示本应在其他地方的本地分配，而 numa_foreign 显示本应在本地的远程分配）。
- **other_node**：当进程在其他地方运行时，这个节点上的内存分配。

这个例子显示 NUMA 分配策略运行得不错：与其他统计数据相比，命中率很高。如果命中率低得多，可以考虑调整 sysctl(8) 中的 NUMA 配置项，或者使用其他方法来改善内存局部性（例如，对工作负载或系统进行分区，或者选择一个 NUMA 节点少的不同系统）。如果没有办法改善 NUMA，numastat(8) 至少可以帮助解释糟糕的内存 I/O 性能。

numastat(8) 支持使用 -n 以 MB 为单位打印统计数据，支持使用 -m 以 /proc/meminfo 的格式打印输出。numastat(8) 可能在 numactl 软件包中，具体要视你使用的 Linux 发行版而定。

7.5.7 ps

进程状态命令 ps(1) 可以列出包括内存使用统计信息在内的所有进程细节。它的使用在第 6 章中介绍过。

例如，BSD 方式的选项如下：

1 起源：Andi Kleen在2003年使用perl脚本实现了最初的numastat工具；Bill Gray在2012年重写了目前的版本。

```
$ ps aux
USER       PID %CPU %MEM    VSZ   RSS TTY  STAT START   TIME COMMAND
[...]
bind      1152  0.0  0.4 348916 39568 ?    Ssl  Mar27  20:17 /usr/sbin/named -u bind
root      1371  0.0  0.0  39004  2652 ?    Ss   Mar27  11:04 /usr/lib/postfix/master
root      1386  0.0  0.6 207564 50684 ?    Sl   Mar27   1:57 /usr/sbin/console-kit-
daemon --no-daemon
rabbitmq  1469  0.0  0.0  10708   172 ?    S    Mar27   0:49 /usr/lib/erlang/erts-
5.7.4/bin/epmd -daemon
rabbitmq  1486  0.1  0.0 150208  2884 ?    Ssl  Mar27 453:29 /usr/lib/erlang/erts-
5.7.4/bin/beam.smp -W w -K true -A30 ...
```

输出如下信息列。

- **%MEM**：主存使用（物理内存、RSS）占总内存的百分比。
- **RSS**：常驻集合大小（KB）。
- **VSZ**：虚拟内存大小（KB）。

RSS 显示主存使用量，它包括如系统库在内的共享内存段，可能会被几十个进程映射。如果你对 RSS 列求和，可能会发现它超过系统的内存总和，这是由于重复计算了这部分共享内存。关于共享内存的背景知识，可以参考 7.2.9 节，分析共享内存的方法可参考后文中的 pmap(1) 命令。

数据列可以用 SVR4 方式的 -o 选择，例如：

```
# ps -eo pid,pmem,vsz,rss,comm
  PID %MEM   VSZ  RSS COMMAND
[...]
13419  0.0 5176 1796 /opt/local/sbin/nginx
13879  0.1 31060 22880 /opt/local/bin/ruby19
13418  0.0 4984 1456 /opt/local/sbin/nginx
15101  0.0 4580   32 /opt/riak/lib/os_mon-2.2.6/priv/bin/memsup
10933  0.0 3124 2212 /usr/sbin/rsyslogd
[...]
```

Linux 版本也可以输出严重缺页和轻微缺页（maj_flt、min_flt）列。

ps(1) 的输出可以在输出后按内存数据列排序，以便快速识别出内存消耗最高的用户。也可以尝试提供了排序选项的 top(1) 工具。

7.5.8 top

top(1) 命令监测排名靠前的运行中的进程，并且显示内存使用统计信息。第 6 章介绍过它。例如，在 Linux 中：

```
$ top -o %MEM
top - 00:53:33 up 242 days,  2:38,  7 users,  load average: 1.48, 1.64, 2.10
Tasks: 261 total,   1 running, 260 sleeping,   0 stopped,   0 zombie
Cpu(s):  0.0%us,  0.0%sy,  0.0%ni, 99.9%id,  0.0%wa,  0.0%hi,  0.0%si,  0.0%st
Mem:   8181740k total,  6658640k used,  1523100k free,   404744k buffers
Swap:  2932728k total,   120508k used,  2812220k free,  2893684k cached

  PID USER      PR  NI  VIRT  RES  SHR S %CPU %MEM    TIME+  COMMAND
29625 scott     20   0 2983m 2.2g 1232 S   45 28.7  81:11.31 node
 5121 joshw     20   0  222m 193m  804 S    0  2.4 260:13.40 tmux
 1386 root      20   0  202m  49m 1224 S    0  0.6   1:57.70 console-kit-dae
 6371 stu       20   0 65196  38m  292 S    0  0.5  23:11.13 screen
 1152 bind      20   0  340m  38m 1700 S    0  0.5  20:17.36 named
15841 joshw     20   0 67144  23m  908 S    0  0.3 201:37.91 mosh-server
18496 root      20   0 57384  16m 1972 S    3  0.2   2:59.99 python
 1258 root      20   0  125m 8684 8264 S    0  0.1   2052:01 l2tpns
16295 wesolows  20   0 95752 7396  944 S    0  0.1   4:46.07 sshd
23783 brendan   20   0 22204 5036 1676 S    0  0.1   0:00.15 bash
[...]
```

顶部的概要显示了主存（Mem）及虚拟内存（Swap）的总量、使用量和空闲量。同时还显示了缓冲缓存（buffers）和页缓存（cached）大小。

在上面的实例中，通过 -o 指定了排序列，因此输出是按照每个进程的 %MEM 进行排序过的结果。示例中最大的进程是 node，占用 2.2GB 主存和接近 3GB 虚拟内存。

主存百分比列（%MEM）、虚拟内存大小列（VIRT）和常驻集合大小列（RES）与之前介绍的 ps(1) 对应的列是相同的。

关于 top(1) 内存统计的更多细节，请参见 top(1) 手册页中的“Linux 内存类型”一节，它解释了每一个可能的内存列所显示的内存类型是什么。还可以在使用 top(1) 时输入“?”来查看它内置的交互式命令说明。

7.5.9 pmap

pmap(1) 命令列出了一个进程的内存映射，显示其大小、权限和映射对象。这让我们可以更详细地检查进程的内存使用情况，并对共享内存进行量化。

例如，在一个基于 Linux 的系统中：

```
# pmap -x 5187
5187:   /usr/sbin/mysqld
Address           Kbytes     RSS   Dirty Mode  Mapping
000055dadb0dd000   58284   10748       0 r-x-- mysqld
000055dade9c8000    1316    1316    1316 r---- mysqld
000055dadeb11000    3592     816     764 rw--- mysqld
000055dadee93000    1168    1080    1080 rw---   [ anon ]
000055dae08b5000    5168    4836    4836 rw---   [ anon ]
00007f018c000000    4704    4696    4696 rw---   [ anon ]
00007f018c498000   60832       0       0 -----   [ anon ]
00007f0190000000     132      24      24 rw---   [ anon ]
[...]
00007f01f99da000       4       4       0 r---- ld-2.30.so
00007f01f99db000     136     136       0 r-x-- ld-2.30.so
00007f01f99fd000      32      32       0 r---- ld-2.30.so
00007f01f9a05000       4       0       0 rw-s- [aio] (deleted)
00007f01f9a06000       4       4       4 r---- ld-2.30.so
00007f01f9a07000       4       4       4 rw--- ld-2.30.so
00007f01f9a08000       4       4       4 rw---   [ anon ]
00007ffd2c528000     132      52      52 rw---   [ stack ]
00007ffd2c5b3000      12       0       0 r----   [ anon ]
00007ffd2c5b6000       4       4       0 r-x--   [ anon ]
ffffffffff600000       4       0       0 --x--   [ anon ]
---------------- ------- ------- -------
total kB         1828228  450388  434200
```

这显示了 MySQL 数据库服务端的内存映射，包括虚拟内存（Kbytes）、主存（RSS）、私有匿名内存（anon）和权限（Mode）。对于大多数的映射，只有很少的内存是匿名的，而且许多映射是只读的（r-...），这允许这些页面与其他进程共享。系统库尤其如此。这个例子中大部分的内存是在堆中消耗的，显示为第一波 [anon] 段（在文中被截断）。

-x 选项可以打印扩展字段。还有 -X，用于显示更多的细节，而 -XX 用于显示内核提供的“一切”。这里我们仅展示这些模式的前几行输出。

```
# pmap -X $(pgrep mysqld) | head -2
5187:   /usr/sbin/mysqld
         Address Perm   Offset Device   Inode    Size    Rss    Pss Referenced
Anonymous LazyFree ShmemPmdMapped Shared_Hugetlb Private_Hugetlb Swap SwapPss Locked
THPeligible ProtectionKey Mapping
[...]
```

```
# pmap -XX $(pgrep mysqld) | head -2
5187:   /usr/sbin/mysqld
         Address Perm   Offset Device   Inode    Size KernelPageSize MMUPageSize
Rss    Pss Shared_Clean Shared_Dirty Private_Clean Private_Dirty Referenced Anonymous
LazyFree AnonHugePages ShmemPmdMapped Shared_Hugetlb Private_Hugetlb Swap SwapPss
Locked THPeligible ProtectionKey                   VmFlags Mapping
[...]
```

这些额外的字段取决于内核版本。它们包括巨型页的使用情况、交换的使用情况，以及映射（高亮部分）的比例集大小（Pss）的细节。Pss 显示一个映射有多少私有内存，加上共享内存除以用户数得到的值。这为主存的使用提供了一个更真实的数值。

7.5.10 perf

perf(1) 是 Linux 官方的剖析器，是一个具有多种功能的工具。第 13 章对 perf(1) 进行了总结。本节主要涵盖了它在内存分析中的用法。另外，还可以参考第 6 章中关于 perf(1) 对内存 PMC 的分析。

单行命令

下面的单行命令既有用，又展示了不同的 perf(1) 分析内存的能力。

采样整个系统的缺页（RSS 增长）及其栈踪迹，直到用户按下 Ctrl+C 组合键：

```
perf record -e page-faults -a -g
```

记录 PID 为 1843 的进程在 60 秒内发生的所有缺页及其栈踪迹：

```
perf record -e page-faults -c 1 -p 1843 -g -- sleep 60
```

通过 brk(2) 记录堆的增长，直到用户按下 Ctrl+C 组合键：

```
perf record -e syscalls:sys_enter_brk -a -g
```

记录 NUMA 系统上的页迁移情况：

```
perf record -e migrate:mm_migrate_pages -a
```

计算所有的 kmem 事件，每秒打印一次报告：

```
perf stat -e 'kmem:*' -a -I 1000
```

统计所有 vmscan 事件，每秒打印一次报告：

```
perf stat -e 'vmscan:*' -a -I 1000
```

计算所有的内存压缩事件，每秒打印一次报告：

```
perf stat -e 'compaction:*' -a -I 1000
```

使用栈踪迹来跟踪 kswapd 唤醒事件，直到用户按下 Ctrl+C 组合键：

```
perf record -e vmscan:mm_vmscan_wakeup_kswapd -ag
```

描述指定命令的内存访问：

```
perf mem record command
```

概要显示内存情况：

```
perf mem report
```

对于记录或采样事件的命令，可使用 perf report 来总结概况，或者使用 perf script --header 来将它们都打印出来。

参考 13.2 节可了解更多 perf(1) 单行命令的信息，以及参阅 7.5.13 节，那里介绍了它能够在许多相同的事件上建立可观测程序。

缺页采样

perf(1) 可以记录缺页的栈踪迹，显示触发该事件的代码路径。由于缺页是随着进程常驻集合大小（RSS）的增长而发生的，因此分析它们可以解释为什么进程的主存在增长。在图 7.2 中可以了解到内存使用过程中的缺页故障。

在下面的例子中，首先在所有的 CPU（-a[1]）上通过栈踪迹（-g）对缺页软件事件持续跟踪 60 秒，然后打印栈信息：

```
# perf record -e page-faults -a -g -- sleep 60
[ perf record: Woken up 4 times to write data ]
[ perf record: Captured and wrote 1.164 MB perf.data (2584 samples) ]
# perf script
[...]
sleep  4910 [001] 813638.716924:          1 page-faults:
        ffffffff9303f31e __clear_user+0x1e ([kernel.kallsyms])
        ffffffff9303f37b clear_user+0x2b ([kernel.kallsyms])
        ffffffff92941683 load_elf_binary+0xf33 ([kernel.kallsyms])
        ffffffff928d25cb search_binary_handler+0x8b ([kernel.kallsyms])
        ffffffff928d38ae __do_execve_file.isra.0+0x4fe ([kernel.kallsyms])
        ffffffff928d3e09 __x64_sys_execve+0x39 ([kernel.kallsyms])
        ffffffff926044ca do_syscall_64+0x5a ([kernel.kallsyms])
        ffffffff9320008c entry_SYSCALL_64_after_hwframe+0x44 ([kernel.kallsyms])
            7fb53524401b execve+0xb (/usr/lib/x86_64-linux-gnu/libc-2.30.so)
[...]
mysqld  4918 [000] 813641.075298:          1 page-faults:
```

1 在Linux 4.11后，-a被默认启用。

```
            7fc6252d7001 [unknown] (/usr/lib/x86_64-linux-gnu/libc-2.30.so)
            562cacaeb282 pfs_malloc_array+0x42 (/usr/sbin/mysqld)
            562cacafd582 PFS_buffer_scalable_container<PFS_prepared_stmt, 1024, 1024,
PFS_buffer_default_array<PFS_prepared_stmt>,
PFS_buffer_default_allocator<PFS_prepared_stmt> >::allocate+0x262 (/usr/sbin/mysqld)
            562cacafd820 create_prepared_stmt+0x50 (/usr/sbin/mysqld)
            562cacadbbef [unknown] (/usr/sbin/mysqld)
            562cab3719ff mysqld_stmt_prepare+0x9f (/usr/sbin/mysqld)
            562cab3479c8 dispatch_command+0x16f8 (/usr/sbin/mysqld)
            562cab348d74 do_command+0x1a4 (/usr/sbin/mysqld)
            562cab464fe0 [unknown] (/usr/sbin/mysqld)
            562cacad873a [unknown] (/usr/sbin/mysqld)
            7fc625ceb669 start_thread+0xd9 (/usr/lib/x86_64-linux-gnu/libpthread-
2.30.so)
[...]
```

这里只包括两个栈。第一个是来自 perf(1) 调用的假 sleep(1) 命令，第二个是 MySQL 服务器。当跟踪整个系统时，你可能会看到许多来自短命进程的栈，这些进程在退出前会在内存中短暂增长，从而引发缺页。可以使用 -p PID 而不是 -a 来匹配某一个进程。

完整的输出有 222 582 行，perf 报告将代码路径汇总为层次结构，但仍然有 7592 行。火焰图可以更有效地可视化整个剖析。

缺页火焰图

图 7.12 所示的是由前面的剖析生成的缺页火焰图。

图 7.12 所示的火焰图显示，MySQL 服务器中超过一半的内存增长来自 JOIN::optimize() 代码路径（左侧最高的塔）。将鼠标光标移到 JOIN::optimize() 上时会显示，有 3226 个缺页是由它和它的子调用引起的；以 4KB 的页大小计算，这相当于大约 12MB 的主存增长。

包括记录缺页故障的 perf(1)，用来生成这张火焰图的命令有：

```
# perf record -e page-faults -a -g -- sleep 60
# perf script --header > out.stacks
$ git clone https://github.com/brendangregg/FlameGraph; cd FlameGraph
$ ./stackcollapse-perf.pl < ../out.stacks | ./flamegraph.pl --hash \
    --bgcolor=green --count=pages --title="Page Fault Flame Graph" > out.svg
```

我把背景颜色设置为绿色，以直观地提醒人们这不是一张典型的 CPU 火焰图（黄色背景），而是一个内存火焰图（绿色背景）。

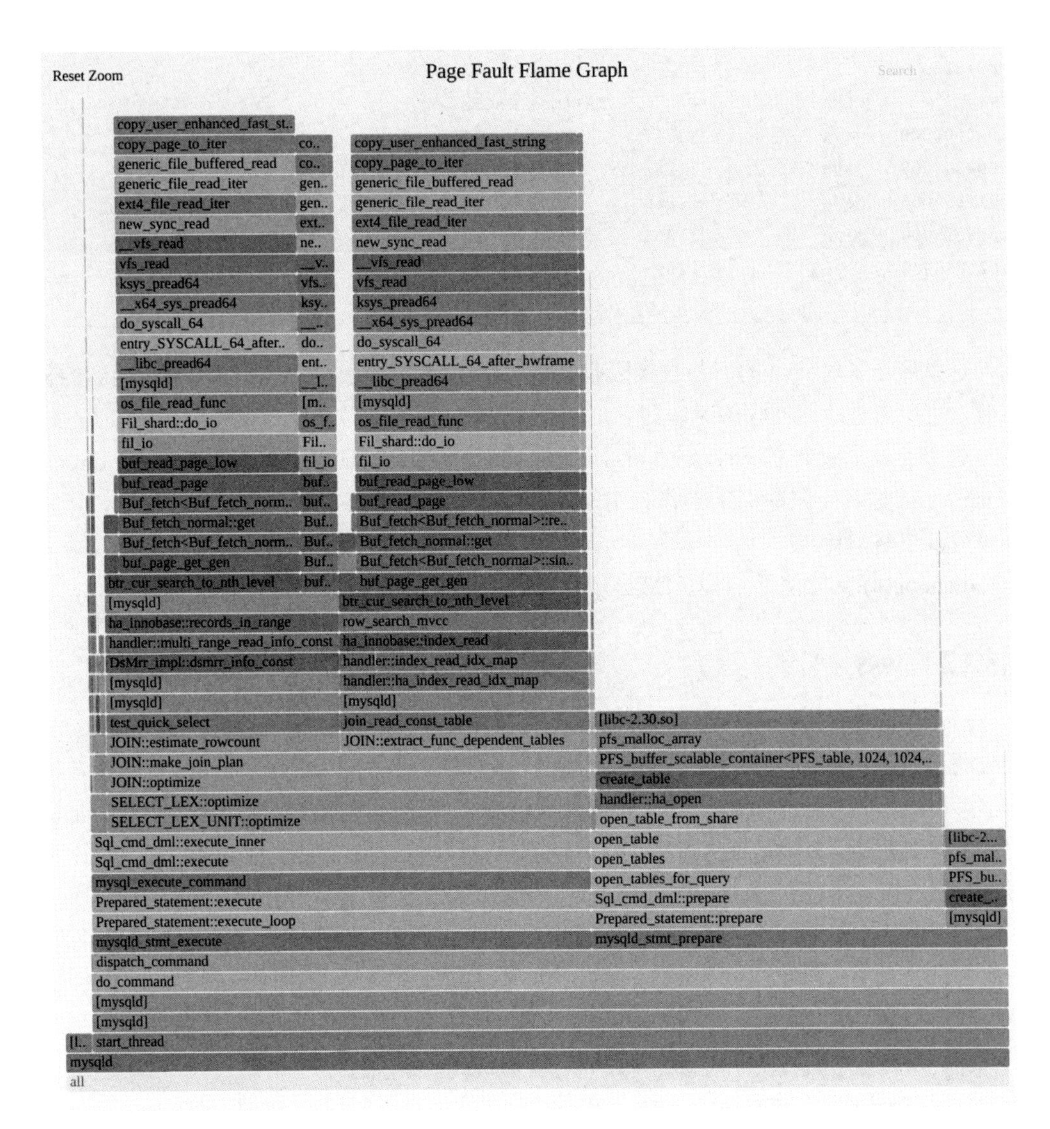

图 7.12 缺页故障火焰图

7.5.11 drsnoop

drsnoop(8)[1] 是一个 BCC 工具，用于跟踪通过直接回收释放内存的方法，并显示受影响的进程和延时：回收所需的时间。它可以用来量化内存受限系统对应用性能的影响。例如：

1 起源：Wenbo Zhang于2019年2月10日创造了它。

```
# drsnoop -T
TIME(s)        COMM           PID      LAT(ms) PAGES
0.000000000    java           11266       1.72    57
0.004007000    java           11266       3.21    57
0.011856000    java           11266       2.02    43
0.018315000    java           11266       3.09    55
0.024647000    acpid          1209        6.46    73
[...]
```

这里展示了对 java 的一些直接回收，耗时在 1 到 7 毫秒。在量化应用程序受到的影响时，可以考虑这些回收的速率和它们的持续时间（以毫秒为单位）。

这个工具通过跟踪 vmscan mm_vmscan_direct_reclaim_begin 和 mm_vmscan_ direct_reclaim_end 这两个跟踪点来工作。由于这些一般都是低频事件（通常是突发的），所以开销可以忽略不计。

drsnoop(8) 支持使用 -T 选项来显示时间戳，以及使用 -p PID 来查看单个进程。

7.5.12　wss

wss(8) 是我开发的一个实验性工具，用来展示如何使用页表项（PTE）的“accessed”位来测量进程的工作集大小（WSS）。这是一项长期研究的一部分，目的是总结确定工作集大小的不同方法 [Gregg 18c]。我把 wss(8) 包括在这里，是因为工作集大小（经常访问的内存量）是了解内存使用情况的一个重要指标，有一个带警告的实验性工具总比没有工具好。

下面的输出显示了 wss(8) 测量 MySQL 数据库服务器（mysqld）的 WSS，每秒打印一次累积的 WSS：

```
# ./wss.pl $(pgrep -n mysqld) 1
Watching PID 423 page references grow, output every 1 seconds...
Est(s)     RSS(MB)    PSS(MB)    Ref(MB)
1.014       403.66     400.59      86.00
2.034       403.66     400.59      90.75
3.054       403.66     400.59      94.29
4.074       403.66     400.59      97.53
5.094       403.66     400.59     100.33
6.114       403.66     400.59     102.44
7.134       403.66     400.59     104.58
8.154       403.66     400.59     106.31
9.174       403.66     400.59     107.76
10.194      403.66     400.59     109.14
```

输出显示，到5秒的时候，mysqld已经使用了大约100MB的内存。mysqld的RSS是400MB。输出内容中还包括该间隔的估计时间，包括设置和读取访问位的时间（Est(s)），以及需要和其他进程共享的比例设置大小（PSS）。

这个工具的工作原理是为进程中的每个页面重置PTE访问位，暂停一个时间间隔，然后检查这些位，看哪些已经被设置。由于这是基于页实现的，所以分辨率就是页大小，通常是4KB。考虑到它所报告的数字已被四舍五入到页大小。

警告：这个工具使用/proc/PID/clear_refs和/proc/PID/smaps，这可能会在内核遍历页面结构时造成稍高的应用延时（例如，10%）。对于大型进程（>100GB），这种较高的延时持续时间可能超过1秒，在此期间，这个工具会消耗系统的CPU时间。请记住这些开销。这个工具还会重置引用标志，这可能会让内核对哪些页面需要回收产生困惑，特别是当交换处于激活状态时。此外，它还会激活一些旧的内核代码，这些代码可能没有在你的环境中使用过，因此先在实验室环境进行测试，以确保你了解其开销。

7.5.13 bpftrace

bpftrace是一个基于BPF的跟踪器，它提供了一种高级编程语言来创建强大的单行命令和简短的脚本。它很适合基于其他工具的线索进行应用分析。bpftrace资源库提供了配套的内存分析工具，包括oomkill.bt [Robertson 20]。

bpftrace将在第15章中进行详细介绍。本节展示了一些内存分析的例子。

单行命令

下面的单行命令很有用，展示了不同的bpftrace功能。

按用户栈和进程对libc malloc()请求量求和（高开销）：

```
bpftrace -e 'uprobe:/lib/x86_64-linux-gnu/libc.so.6:malloc { @[ustack, comm] =
sum(arg0); }'
```

按用户栈对PID为181的进程的libc malloc()请求量求和（高开销）：

```
bpftrace -e 'uprobe:/lib/x86_64-linux-gnu/libc.so.6:malloc /pid == 181/ { @[ustack] =
sum(arg0); }'
```

按用户栈对PID为181的进程的libc malloc()请求的字节数进行显示，方式为2的幂次方的直方图（高开销）：

```
bpftrace -e 'uprobe:/lib/x86_64-linux-gnu/libc.so.6:malloc /pid == 181/ { @[ustack] =
hist(arg0); }'
```

按内核栈踪迹显示内核kmem缓存分配字节数的总和：

```
bpftrace -e 't:kmem:kmem_cache_alloc { @bytes[kstack] = sum(args->bytes_alloc); }'
```

按代码路径对进程堆扩张情况（brk(2)）计数：

```
bpftrace -e 'tracepoint:syscalls:sys_enter_brk { @[ustack, comm] = count(); }'
```

按进程计数缺页故障：

```
bpftrace -e 'software:page-fault:1 { @[comm, pid] = count(); }'
```

按用户级的栈踪迹对用户缺页故障计数：

```
bpftrace -e 't:exceptions:page_fault_user { @[ustack, comm] = count(); }'
```

按跟踪点对 vmscan 操作数量计数：

```
bpftrace -e 'tracepoint:vmscan:* { @[probe] = count(); }'
```

按进程对 swapins 操作数量计数：

```
bpftrace -e 'kprobe:swap_readpage { @[comm, pid] = count(); }'
```

对页迁移数量计数：

```
bpftrace -e 'tracepoint:migrate:mm_migrate_pages { @ = count(); }'
```

跟踪内存压缩事件：

```
bpftrace -e 't:compaction:mm_compaction_begin { time(); }'
```

列出 libc 中的 USDT 探针：

```
bpftrace -l 'usdt:/lib/x86_64-linux-gnu/libc.so.6:*'
```

列出内核 kmem 的跟踪点：

```
bpftrace -l 't:kmem:*'
```

列出所有内存子系统（mm）的跟踪点：

```
bpftrace -l 't:*:mm_*'
```

用户分配栈

用户级的分配可以通过分配时使用的函数来跟踪。在这个例子中，PID 为 4840，一个 MySQL 数据库服务器是使用 libc 的 malloc(3) 函数来进行跟踪的。分配时请求的大小被记录为一个按用户级栈踪迹划分的直方图：

```
# bpftrace -e 'uprobe:/lib/x86_64-linux-gnu/libc.so.6:malloc /pid == 4840/ {
    @[ustack] = hist(arg0); }'
Attaching 1 probe...
^C
[...]

    __libc_malloc+0
    Filesort_buffer::allocate_sized_block(unsigned long)+52
```

```
    0x562cab572344
    filesort(THD*, Filesort*, RowIterator*, Filesort_info*, Sort_result*, unsigned
long long*)+4017
    SortingIterator::DoSort(QEP_TAB*)+184
    SortingIterator::Init()+42
    SELECT_LEX_UNIT::ExecuteIteratorQuery(THD*)+489
    SELECT_LEX_UNIT::execute(THD*)+266
    Sql_cmd_dml::execute_inner(THD*)+563
    Sql_cmd_dml::execute(THD*)+1062
    mysql_execute_command(THD*, bool)+2380
    Prepared_statement::execute(String*, bool)+2345
    Prepared_statement::execute_loop(String*, bool)+172
    mysqld_stmt_execute(THD*, Prepared_statement*, bool, unsigned long, PS_PARAM*)
+385
    dispatch_command(THD*, COM_DATA const*, enum_server_command)+5793
    do_command(THD*)+420
    0x562cab464fe0
    0x562cacad873a
    start_thread+217
]:
[32K, 64K)            676 |@@@@@@@@@@@@@@@@@@@@@@@@@@@@@@@@@@@@@@@@@@@@@@@@@@@@|
[64K, 128K)           338 |@@@@@@@@@@@@@@@@@@@@@@@@@@                          |
```

输出显示，在跟踪过程中，该代码有 676 个 malloc() 请求大小在 32KB 到 64KB 之间，还有 338 个请求的大小在 64KB 到 128KB 之间。

malloc() 字节火焰图

前面的单行命令的输出很长，有很多页，所以生成火焰图会更容易理解。可以通过以下步骤生成一张火焰图：

```
# bpftrace -e 'u:/lib/x86_64-linux-gnu/libc.so.6:malloc /pid == 4840/ {
    @[ustack] = hist(arg0); }' > out.stacks
$ git clone https://github.com/brendangregg/FlameGraph; cd FlameGraph
$ ./stackcollapse-bpftrace.pl < ../out.stacks | ./flamegraph.pl --hash \
    --bgcolor=green --count=bytes --title="malloc() Bytes Flame Graph" > out.svg
```

警告：用户级分配请求可能是一个频繁的活动，每秒发生数百万次。虽然图表化的成本很小，但是乘以一个很高的频率时，它可能会在跟踪时导致显著的 CPU 开销，使目标的速度下降为原来的一半或更多——所以尽量少用。因为成本低，所以我首先使用栈踪迹的 CPU 剖析来获取分配路径，或者使用下一节中展示的缺页跟踪。

缺页故障的火焰图

跟踪缺页故障会显示一个进程的内存大小增长情况。之前的 malloc() 单行代码跟踪了分配路径。在 7.5.10 节中进行了缺页跟踪，并从中生成了一张火焰图。使用 bpftrace 的好处是，栈踪迹是在内核空间中进行聚合的，从而提高了效率，最终只将汇聚后的栈和数量回写到用户空间。

下面的命令使用 bpftrace 来收集缺页故障的栈踪迹，然后生成一张火焰图：

```
# bpftrace -e 't:exceptions:page_fault_user { @[ustack, comm] = count(); }
    ' > out.stacks
$ git clone https://github.com/brendangregg/FlameGraph; cd FlameGraph
$ ./stackcollapse-bpftrace.pl < ../out.stacks | ./flamegraph.pl --hash \
    --bgcolor=green --count=pages --title="Page Fault Flame Graph" > out.svg
```

可以参考 7.5.10 节，了解缺页故障栈踪迹和火焰图的例子。

内存分配的内部情况

如果需要，你可以开发定制的工具来更深入地探索内存分配的内部情况。从尝试内核内存事件的跟踪点，以及对库文件分配器（如 libc）的 USDT 探针开始。列出如下跟踪点：

```
# bpftrace -l 'tracepoint:kmem:*'
tracepoint:kmem:kmalloc
tracepoint:kmem:kmem_cache_alloc
tracepoint:kmem:kmalloc_node
tracepoint:kmem:kmem_cache_alloc_node
tracepoint:kmem:kfree
tracepoint:kmem:kmem_cache_free
[...]
# bpftrace -l 't:*:mm_*'
tracepoint:huge_memory:mm_khugepaged_scan_pmd
tracepoint:huge_memory:mm_collapse_huge_page
tracepoint:huge_memory:mm_collapse_huge_page_isolate
tracepoint:huge_memory:mm_collapse_huge_page_swapin
tracepoint:migrate:mm_migrate_pages
tracepoint:compaction:mm_compaction_isolate_migratepages
tracepoint:compaction:mm_compaction_isolate_freepages
[...]
```

每个跟踪点都有参数，可以使用 -lv 命令列出。在这个内核（5.3）中，有 12 个 kmem 跟踪点，以及 47 个以“mm_”开头的跟踪点。

列出 Ubuntu 上 libc 的 USDT 探针：

```
# bpftrace -l 'usdt:/lib/x86_64-linux-gnu/libc.so.6'
usdt:/lib/x86_64-linux-gnu/libc.so.6:libc:setjmp
usdt:/lib/x86_64-linux-gnu/libc.so.6:libc:longjmp
usdt:/lib/x86_64-linux-gnu/libc.so.6:libc:longjmp_target
usdt:/lib/x86_64-linux-gnu/libc.so.6:libc:lll_lock_wait_private
usdt:/lib/x86_64-linux-gnu/libc.so.6:libc:memory_mallopt_arena_max
usdt:/lib/x86_64-linux-gnu/libc.so.6:libc:memory_mallopt_arena_test
usdt:/lib/x86_64-linux-gnu/libc.so.6:libc:memory_tunable_tcache_max_bytes
[...]
```

这个 libc 版本（6）有 33 个 USDT 探针。

如果跟踪点和 USDT 探针不够，可以考虑使用 kprobes 和 uprobes 的动态监测。

还有用于内存观测点的观测点探针类型：展示指定的内存地址被读取、写入或执行时的事件。

由于内存事件可能非常频繁，对其进行探测会消耗大量的资源。来自用户空间的 malloc(3) 函数每秒可能被调用数百万次，再加上当前的 uprobes 开销（参见 4.3.7 节），所以跟踪它们会使速度降低至原来的一半甚至更多。谨慎使用并找到减少这种开销的方法，比如使用映射结构来总结统计数字，而不是打印每个事件的细节，并尽可能地只对必要的事件进行跟踪。

7.5.14 其他工具

表 7.6 列出了本书其他章节以及《BPF 之巅》[Gregg 19] 一书中包含的内存观测工具。

表 7.6 其他内存观测工具

章节	工具	描述
6.6.11	pmcarch	包括 LLC 缺失在内的 CPU 周期使用情况
6.6.12	tlbstat	汇总 TLB 周期
8.6.2	free	缓存容量统计
8.6.12	cachestat	页缓存统计
[Gregg 19]	oomkill	显示关于 OOM 终结者事件的额外信息
[Gregg 19]	memleak	显示可能的内存泄漏代码路径
[Gregg 19]	mmapsnoop	跟踪系统级的 mmap(2) 调用
[Gregg 19]	brkstack	显示带有用户栈踪迹的 brk() 调用
[Gregg 19]	shmsnoop	跟踪共享内存调用的细节
[Gregg 19]	faults	按用户栈踪迹显示缺页故障
[Gregg 19]	ffaults	按文件名显示缺页故障

续表

章节	工具	描述
[Gregg 19]	vmscan	衡量 VM 扫描器的收缩和回收时间
[Gregg 19]	swapin	按进程显示换入量
[Gregg 19]	hfaults	按进程显示巨型页故障

其他 Linux 内存观测工具如下所示。

- **dmesg**：检查来自 OOM 终结者的“Out of memory”信息。
- **dmidecode**：显示内存库的 BIOS 信息。
- **tiptop**：按进程显示 PMC 的统计数据的一个 top(1) 版本。
- **valgrind**：一个包括 memcheck 在内的性能分析套件，它是一个内存使用分析的用户级分配器的封装程序，可用于发现泄漏。它能造成严重的系统开销，它的文档手册中指出可能引起目标系统慢至原来的 1/20 到 1/30 [Valgrind 20]。
- **iostat**：如果交换设备是物理磁盘或片，设备 I/O 可以用 iostat(1) 来观测，它能指出系统是否在换页。
- **/proc/zoneinfo**：内存区域（比如 DMA）的统计信息。
- **/proc/buddyinfo**：内核页面伙伴分配器的统计信息。
- **/proc/pagetypeinfo**：内核空闲内存页统计，可用于帮助调试内核内存碎片的问题。
- **/sys/devices/system/node/node*/numastat**：NUMA 节点的统计数据。
- **SysRq m**：Magic SysRq 有一个“m”键，可以将内存信息转到控制台。

下面是 dmidecode(8) 输出的一个例子，显示了一个内存库的情况：

```
# dmidecode
[...]
Memory Device
        Array Handle: 0x0003
        Error Information Handle: Not Provided
        Total Width: 64 bits
        Data Width: 64 bits
        Size: 8192 MB
        Form Factor: SODIMM
        Set: None
        Locator: ChannelA-DIMM0
        Bank Locator: BANK 0
        Type: DDR4
```

```
        Type Detail: Synchronous Unbuffered (Unregistered)
        Speed: 2400 MT/s
        Manufacturer: Micron
        Serial Number: 00000000
        Asset Tag: None
        Part Number: 4ATS1G64HZ-2G3A1
        Rank: 1
        Configured Clock Speed: 2400 MT/s
        Minimum Voltage: Unknown
        Maximum Voltage: Unknown
        Configured Voltage: 1.2 V
[...]
```

这对于静态性能调优是很有用的信息（例如，它显示当前是 DDR4 而不是 DDR5）。不幸的是，这些信息通常对云客户来说是不可用的。

下面是 SysRq “m” 触发器的一些输出样本：

```
# echo m > /proc/sysrq-trigger
# dmesg
[...]
[334849.389256] sysrq: Show Memory
[334849.391021] Mem-Info:
[334849.391025] active_anon:110405 inactive_anon:24 isolated_anon:0
                 active_file:152629 inactive_file:137395 isolated_file:0
                 unevictable:4572 dirty:311 writeback:0 unstable:0
                 slab_reclaimable:31943 slab_unreclaimable:14385
                 mapped:37490 shmem:186 pagetables:958 bounce:0
                 free:37403 free_pcp:478 free_cma:2289
[334849.391028] Node 0 active_anon:441620kB inactive_anon:96kB active_file:610516kB
inactive_file:549580kB unevictable:18288kB isolated(anon):0kB isolated(file):0kB
mapped:149960kB dirty:1244kB writeback:0kB shmem:744kB shmem_thp: 0kB
shmem_pmdmapped: 0kB anon_thp: 2048kB writeback_tmp:0kB unstable:0kB
all_unreclaimable? no
[334849.391029] Node 0 DMA free:12192kB min:360kB low:448kB high:536kB ...
[...]
```

如果系统已经锁定，这会很有用，因为可能的话，我们仍然可以使用控制台键盘上的 SysRq 键序列来请求这些信息 [Linux 20g]。

应用程序和虚拟机（例如，Java 虚拟机）也可以提供它们自己的内存分析工具，可参见第 5 章。

7.6　调优

最重要的内存调优是保证应用程序保留在主存中，并且避免经常发生换页和交换。如何发现这类问题在 7.4 节和 7.5 节中介绍过。本节讨论其他的内存调优方法：内核可调参数，配置巨型页、分配器和资源控制。

这些调优的具体细节——有哪些可用选项以及如何设置它们——依操作系统版本和工作负载不同而不同。按调优类型组织的以下小节会用示例介绍哪些是可用的调优方法以及需要调优的原因。

7.6.1　可调参数

本节介绍基于较新版本 Linux 内核的可调参数示例。

Documentation/sysctl/vm.txt 的内核源代码文档中介绍了多种可调参数，可用 sysctl(8) 进行设置。表 7.7 中所示的示例来自 Ubuntu 19.10 默认使用的 5.3 版本的内核（本书第 1 版中列出的那些内容自那时起没有变化）。

表 7.7　Linux 内存可调参数示例

选项	默认值	描述
vm.dirty_background_bytes	0	触发 pdflush 后台回写的脏内存量
vm.dirty_background_ratio	10	触发 pdflush 后台回写的脏系统内存百分比
vm.dirty_bytes	0	触发一个写入进程开始回写的脏内存量
vm.dirty_ratio	20	触发一个写入进程开始回写的脏系统内存比例
vm.dirty_expire_centisecs	3000	脏内存符合 pdflush 条件的最短时间（促进写取消）
vm.dirty_writeback_centisecs	500	pdflush 唤醒时间间隔（0 为停用）
vm.min_free_kbytes	动态的	设置期望的空闲内存量（一些内核自动分配器能消耗它）
vm.watermark_scale_factor	10	控制唤醒和睡眠的 kswapd 水位（min、low、high）之间的距离（单位是万分之一，如 10，意味着系统内存的 0.1%）。
vm.watermark_boost_factor	5000	kswapd 在内存碎裂时扫描多大范围的高水位；单位是万分之一，所以 5000 意味着 kswapd 可以提升到高水位的 150%，0 表示禁用
vm.percpu_pagelist_fraction	0	这可以覆盖默认的可以分配给每个 CPU 页列表的最大页面比例（10 则表示限制为 1/10 的页面）。
vm.overcommit_memory	0	0 表示利用探索法允许合理的过度分配；1 表示一直过度分配；2 表示禁止过度分配
vm.swappiness	60	相对于页面缓存回收更倾向用交换（换页）释放内存的程度

续表

选项	默认值	描述
vm.vfs_cache_pressure	100	回收缓存的目录和 inode 对象的程度。较低的值意味着回收较少，0 意味着从不回收——容易导致内存耗尽
kernel.numa_balancing	1	启用自动 NUMA 页平衡
kernel.numa_balancing_scan_size_mb	256	NUMA 平衡扫描时要扫描多少 MB 的页面

这些可调参数使用统一的命名规则，包含单位。注意，dirty_background_bytes 和 dirty_ background_ratio 是互斥的，dirty_bytes 与 dirty_ratio 也是互斥的（设置一个的同时会覆盖另一个）。

vm.min_free_kbytes 的长度被动态设置为主存的一小部分。由于对空闲内存的需求与主存大小没有线性比例关系，因此选择该数值的算法也是非线性的（可参考 mm/page_alloc.c 中的文档）。降低 vm.min_free_kbytes 的值能为应用程序释放一些内存，但是这也会导致内核在内存压力下不堪重负而更早地使用 OOM，反之增加该值可以帮助应用程序避免被 OOM 杀掉。

另一个避免 OOM 的参数是 vm.overcommit_memory，将其设置为 2 会禁用过度提交，因此可避免一些导致 OOM 的情况。如果希望按进程的方式控制 OOM 终结者，可以检查你的内核版本，查找如 oom_adj 或 oom_score_adj 的 /proc 可调参数。在 Documentation/filesystems/proc.txt 中有介绍。

如果通过调整 vm.swappiness 来促使应用程序提前交换内存，对性能会产生显著的影响。这个参数的取值范围为 0 ～ 100，高数值倾向于交换应用程序而保有页面缓存。将该值设为 0 也许更可取，因为这样应用程序内存能尽可能久地驻留，但这是以页面缓存为代价的。当仍然缺少内存时，内核仍可以用交换。

在 Netflix，kernel.numa_balancing 在早期的内核（大约在 Linux 3.13）中被设置为零，因为过于积极的 NUMA 扫描会消耗太多的 CPU [Gregg 17d]。这个问题在后来的内核中被修复了，除此之外，还有其他用于调整 NUMA 扫描的具有积极性的参数，包括 kernel.numa_balancing_scan_size_mb。

7.6.2 多种页面大小

更大的页面能通过提高 TLB 缓存命中率（增加它的覆盖范围）来提升内存 I/O 性能。现代处理器支持多种页面大小，例如默认的 4KB 及 2MB 的大页面。

在 Linux 中，有许多设置巨型页的方法，可参考 Documentation/vm/hugetlbpage.txt。

通常从创建巨型页开始：

```
# echo 50 > /proc/sys/vm/nr_hugepages
# grep Huge /proc/meminfo
AnonHugePages:         0 kB
HugePages_Total:      50
HugePages_Free:       50
HugePages_Rsvd:        0
HugePages_Surp:        0
Hugepagesize:       2048 kB
```

一个应用程序使用巨型页的方法是用共享内存段，并将 SHM_HUGETLBS 传递给 shmget(2)。另一种创建一个基于巨型页的文件系统，并允许应用程序从中映射内存的方法如下：

```
# mkdir /mnt/hugetlbfs
# mount -t hugetlbfs none /mnt/hugetlbfs -o pagesize=2048K
```

其他的方法包括将 MAP_ANONYMOUS|MAP_HUGETLB 传递给 mmap(2) 并使用 libhugetlbfs API [Gorman 10]。

最后，透明巨型页（THP）是另一种机制，它通过自动将普通页提升或降级为巨型页来使用巨型页，而无须应用程序指定巨型页 [Corbet 11]。可以在 Linux 的源码中查看 Documentation/vm/transhuge.txt 和 admin-guide/mm/transhuge.rst[1] 来了解。

7.6.3 分配器

有多种为多线程应用程序提升性能的用户级分配器可供选用。可以在编译阶段选择，也可以在执行时通过 LD_PRELOAD 环境变量设置。

例如，可以这样选择 libtcmalloc 分配器：

```
export LD_PRELOAD=/usr/lib/x86_64-linux-gnu/libtcmalloc_minimal.so.4
```

这种方式可以放到应用程序的启动脚本里。

7.6.4 NUMA 绑定

在 NUMA 系统中，numactl(8) 命令可以用来将进程与 NUMA 节点绑定。这可以提高那些不需要超过一个 NUMA 节点的主存的应用程序的性能。例如：

```
# numactl --membind=0 3161
```

1 请注意，过去透明巨型页存在性能问题，因此阻碍了其使用。该问题有望得到解决。

这将PID 3161绑定到NUMA 0号节点。如果这个节点不能满足这个进程的内存分配，那么这个进程未来的内存分配将会失败。当使用这个选项时，你还应该研究--physcpubind选项，将CPU的使用限制在连接到该NUMA节点的CPU上。我通常同时使用NUMA和CPU绑定来将一个进程限制到一个插槽，以避免CPU互联访问的性能损失。

使用numastat(8)（参见7.5.6节）可以列出可用的NUMA节点。

7.6.5　资源控制

基础的资源控制包括设置主存限制和虚拟内存限制，可以用ulimit(1)实现。

在Linux中，控制组（cgroups）的内存子系统可提供多种附加控制，包括如下项目。

- **memory.limit_in_bytes**：允许的最大用户内存，包括文件缓存，单位是字节。
- **memory.memsw.limit_in_bytes**：允许的最大内存和交换空间，单位是字节。（仅在使用交换时可以查看）。
- **memory.kmem.limit_in_bytes**：允许的内核最大内存，单位是字节。
- **memory.tcp.limit_in_bytes**：允许的最大tcp缓冲区内存，单位是字节。
- **memory.swappiness**：类似之前描述的vm.swappiness，差别是可以设置于cgroups。
- **memory.oom_control**：将其设置为0，允许OOM终结者运用于这个cgroup，或者设置为1，禁用它。

Linux也允许在/etc/security/limits.conf中进行系统级别的配置。关于资源控制的更多信息，请参见第11章。

7.7　练习

1. 回答以下关于内存术语的问题：

- 什么是内存页面？
- 什么是常驻内存？
- 什么是虚拟内存？
- 在Linux术语中，换页与交换的区别是什么？

2. 回答以下概念问题：

- 按需换页的用途是什么？
- 描述内存使用率和饱和度。
- MMU和TLB的用途是什么？

- 页面换出守护进程的作用是什么？
- OOM 终结者的作用是什么？

3. 回答以下深层次的问题：

- 什么是匿名换页，以及为什么分析它比分析文件系统换页更重要？
- 描述基于 Linux 系统中可用内存即将耗尽时内核为了释放更多内存会采取的步骤。
- 描述基于 slab 的分配器的性能优势。

4. 对你的操作系统制定如下的操作步骤：

- 针对内存资源的 USE 方法的检查清单，包括如何收集每个指标（例如，执行哪个命令）以及如何解读结果。在安装或使用额外的软件工具前，尝试使用操作系统自带的观测工具。
- 创建一个针对内存资源工作负载特征的检查清单。包括如何收集每个指标，并且尝试首先使用操作系统自带的观测工具。

5. 完成这些任务：

- 选择一个应用程序，然后汇总发生内存分配的代码路径（malloc(3)）。
- 选择一个会有一定程度的内存增长的应用程序（调用 brk(2) 或者 sbrk(2)），然后汇总发生这种增长的代码路径。
- 描述如下 Linux 屏幕截图中看到的内存活动：

```
# vmstat 1
procs -----------memory-------- ---swap-- -----io---- --system-- -----cpu-----
 r  b   swpd   free  buff cache   si   so    bi    bo   in    cs us sy  id wa  st
 2  0 413344  62284    72  6972    0    0    17    12    1     1  0  0 100  0  0
 2  0 418036  68172    68  3808    0 4692  4520  4692 1060 1939 61 38   0  1  0
 2  0 418232  71272    68  1696    0  196 23924   196 1288 2464 51 38   0 11  0
 2  0 418308  68792    76  2456    0   76  3408    96 1028 1873 58 39   0  3  0
 1  0 418308  67296    76  3936    0    0  1060     0 1020 1843 53 47   0  0  0
 1  0 418308  64948    76  3936    0    0     0     0 1005 1808 36 64   0  0  0
 1  0 418308  62724    76  6120    0    0  2208     0 1030 1870 62 38   0  0  0
 1  0 422320  62772    76  6112    0 4012     0  4016 1052 1900 49 51   0  0  0
 1  0 422320  62772    76  6144    0    0     0     0 1007 1826 62 38   0  0  0
 1  0 422320  60796    76  6144    0    0     0     0 1008 1817 53 47   0  0  0
 1  0 422320  60788    76  6144    0    0     0     0 1006 1812 49 51   0  0  0
 3  0 430792  65584    64  5216    0 8472  4912  8472 1030 1846 54 40   0  6  0
 1  0 430792  64220    72  6496    0    0  1124    16 1024 1857 62 38   0  0  0
 2  0 434252  68188    64  3704    0 3460  5112  3460 1070 1964 60 40   0  0  0
```

```
  2  0 434252  71540    64  1436    0     0 21856     0 1300 2478 55 41  0  4  0
  1  0 434252  66072    64  3912    0     0  2020     0 1022 1817 60 40  0  0  0
[...]
```

6. （可选，高级）找到或者开发揭示内核 NUMA 内存本地性策略在实际环境中的工作状态的指标。为测试这些指标，开发“已知”的具有好的或者差的内存本地性的工作负载。

7.8 参考资料

[Corbató 68] Corbató, F. J., *A Paging Experiment with the Multics System*, MIT Project MAC Report MAC-M-384, 1968.

[Denning 70] Denning, P., “Virtual Memory,” *ACM Computing Surveys (CSUR)* 2, no. 3, 1970.

[Peterson 77] Peterson, J., and Norman, T., “Buddy Systems,” *Communications of the ACM*, 1977.

[Thompson 78] Thompson, K., *UNIX Implementation*, Bell Laboratories, 1978.

[Babaoglu 79] Babaoglu, O., Joy, W., and Porcar, J., *Design and Implementation of the Berkeley Virtual Memory Extensions to the UNIX Operating System*, Computer Science Division, Deptartment of Electrical Engineering and Computer Science, University of California, Berkeley, 1979.

[Bach 86] Bach, M. J., *The Design of the UNIX Operating System*, Prentice Hall, 1986.

[Bonwick 94] Bonwick, J., “The Slab Allocator: An Object-Caching Kernel Memory Allocator,” USENIX, 1994.

[Bonwick 01] Bonwick, J., and Adams, J., “Magazines and Vmem: Extending the Slab Allocator to Many CPUs and Arbitrary Resources,” USENIX, 2001.

[Corbet 04] Corbet, J., “2.6 swapping behavior,” *LWN.net*, http://lwn.net/Articles/83588, 2004

[Gorman 04] Gorman, M., *Understanding the Linux Virtual Memory Manager*, Prentice Hall, 2004.

[McDougall 06a] McDougall, R., Mauro, J., and Gregg, B., *Solaris Performance and Tools: DTrace and MDB Techniques for Solaris 10 and OpenSolaris*, Prentice Hall, 2006.

[Ghemawat 07] Ghemawat, S., “TCMalloc : Thread-Caching Malloc,” https://gperftools.github.io/gperftools/tcmalloc.html, 2007.

[Lameter 07] Lameter, C., “SLUB: The unqueued slab allocator V6,” *Linux kernel mailing list*, http://lwn.net/Articles/229096, 2007.

[Hall 09] Hall, A., “Thanks for the Memory, Linux,” Andrew Hall, https://www.ibm.com/developerworks/library/j-nativememory-linux, 2009.

[Gorman 10] Gorman, M., “Huge pages part 2: Interfaces,” *LWN.net*, http://lwn.net/Articles/375096, 2010.

[Corbet 11] Corbet, J., "Transparent huge pages in 2.6.38," *LWN.net*, http://lwn.net/Articles/423584, 2011.

[Facebook 11] "Scalable memory allocation using jemalloc," *Facebook Engineering*, https://www.facebook.com/notes/facebook-engineering/scalable-memory-allocation-using-jemalloc/480222803919, 2011.

[Evans 17] Evans, J., "Swapping, memory limits, and cgroups," https://jvns.ca/blog/2017/02/17/mystery-swap, 2017.

[Gregg 17d] Gregg, B., "AWS re:Invent 2017: How Netflix Tunes EC2," http://www.brendangregg.com/blog/2017-12-31/reinvent-netflix-ec2-tuning.html, 2017.

[Corbet 18a] Corbet, J., "Is it time to remove ZONE_DMA?" *LWN.net*, https://lwn.net/Articles/753273, 2018.

[Crucial 18] "The Difference between RAM Speed and CAS Latency," https://www.crucial.com/articles/about-memory/difference-between-speed-and-latency, 2018.

[Gregg 18c] Gregg, B., "Working Set Size Estimation," http://www.brendangregg.com/wss.html, 2018.

[Facebook 19] "Getting Started with PSI," *Facebook Engineering*, https://facebookmicrosites.github.io/psi/docs/overview, 2019.

[Gregg 19] Gregg, B., *BPF Performance Tools: Linux System and Application Observability*, Addison-Wesley, 2019.

[Intel 19a] *Intel 64 and IA-32 Architectures Software Developer's Manual,* Combined Volumes: 1, 2A, 2B, 2C, 3A, 3B and 3C, Intel, 2019.

[Amazon 20] "Amazon EC2 High Memory Instances," https://aws.amazon.com/ec2/instance-types/high-memory, accessed 2020.

[Linux 20g] "Linux Magic System Request Key Hacks," *Linux documentation*, https://www.kernel.org/doc/html/latest/admin-guide/sysrq.html, accessed 2020.

[Robertson 20] Robertson, A., "bpftrace," https://github.com/iovisor/bpftrace, last updated 2020.

[Valgrind 20] "Valgrind Documentation," http://valgrind.org/docs/manual, May 2020.

第8章 文件系统

对应用程序来说，文件系统性能比磁盘性能更为重要，因为应用程序交互和等待的就是文件系统。文件系统通过缓存、缓冲以及异步 I/O 等手段来缓解磁盘（或者远程系统）的延时对应用程序的影响。

系统性能分析和监测工具一直关注在磁盘性能方向，在文件系统方向留下了一个盲点。本章将介绍文件系统，展示它们的工作原理以及如何测量它们的延时和其他细节。这使得我们在寻找糟糕性能来源的时候，能够很快排除文件系统以及磁盘设备的嫌疑，并把关注点放到其他方面。

本章的学习目标如下。

- 理解文件系统模型和概念。
- 理解文件系统负载如何影响性能。
- 熟悉文件系统缓存。
- 熟悉文件系统的内部机制和性能特性。
- 学会文件系统分析的几种方法。
- 测量文件系统延时以识别模式和异常。
- 使用跟踪工具调查文件系统用量。
- 使用微基准测试测试文件系统性能。
- 了解文件系统可调参数。

本章由六部分组成，前三部分简述文件系统分析的基础知识，后三部分展现了这些分析在基于 Linux 的系统上的实际应用。细节如下：

- **背景**部分介绍了文件系统的相关术语、基本模型，并简述了文件系统的原理以及与文件系统性能相关的关键概念。
- **架构**部分介绍了一般和特殊的文件系统架构。

- **方法**部分描述了性能分析的方法，包含观测法和实验法。
- **观测工具**部分展示了基于 Linux 的文件系统的观测工具，包括静态和动态工具。
- **实验**部分总结了文件系统基准测试工具。
- **调优**部分描述了文件系统的可调参数。

8.1 术语

为了方便参考，本章使用的文件系统相关术语介绍如下。

- **文件系统**：一种把数据组织成文件和目录的存储方式，提供了基于文件的访问接口，并通过文件权限控制访问。另外，还包括一些表示设备、套接字和管道的特殊文件类型，以及包含文件访问时间戳的元数据。
- **文件系统缓存**：主存（通常是 DRAM）的一块区域，用来缓存文件系统的内容，这些内容包含各种数据和元数据。
- **操作**：文件系统的操作是对文件系统的请求，包括 read(2)、write(2)、open(2)、close(2)、stat(2)、mkdir(2) 以及其他操作。
- **I/O**：输入 / 输出。文件系统 I/O 有好几种定义方式，这里仅指直接读写（执行 I/O）的操作，包括 read(2)、write(2)、stat(2)（读统计信息）和 mkdir(2)（创建一个新的目录项）。I/O 不包括 open(2) 和 close(2)（虽然这些调用会更新元数据并可能导致间接磁盘 I/O）。
- **逻辑 I/O**：由应用程序发给文件系统的 I/O。
- **物理 I/O**：由文件系统直接发给磁盘的 I/O（或者通过裸 I/O）。
- **块大小**：也称为记录大小，即在磁盘上的文件系统数据组的大小。详情可参见 8.4.4 节。
- **吞吐量**：当前应用程序和文件系统之间的数据传输率，单位是每秒字节数。
- **inode**：一个索引节点（inode）是一种含有文件系统对象元数据的数据结构，其中有访问权限、时间戳以及数据指针。
- **VFS**：虚拟文件系统，一个为了抽象与支持不同文件系统类型的内核接口。
- **卷**：一个存储的实例，比使用整个存储设备更加灵活。一个卷可以是一个设备的一部分，或多个设备。
- **卷管理器**：灵活管理物理存储设备的软件，可在设备上创建虚拟卷供操作系统使用。

其他术语会在本章里穿插介绍。另外可参考第 2 章和第 3 章的术语部分。

8.2 模型

下面的简单模型演示了文件系统的一些基本原理以及它们对性能的影响。

8.2.1 文件系统接口

图 8.1 从接口的角度展示了文件系统的基本模型。

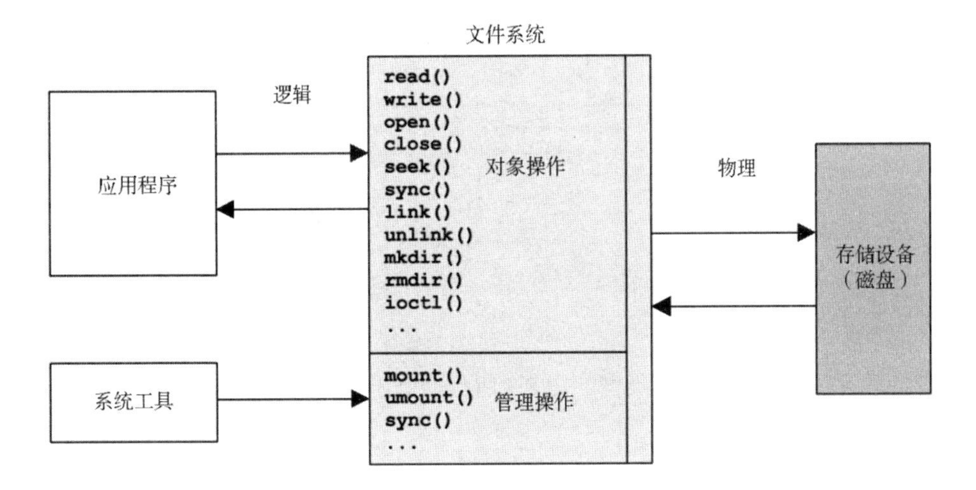

图 8.1 文件系统接口

图中还标出了逻辑与物理操作发生的区域，详见 8.3.12 节中的介绍。

图 8.1 展示了一般对象操作。内核可能会实现额外的变种，例如，Linux 提供了 readv(2)、writev(2)、openat(2) 和更多操作。

在研究文件系统性能的方法里，有一种方法是把它当成一个黑盒子，只关注对象操作的时间延时，在 8.5.2 节中有详细的阐述。

8.2.2 文件系统缓存

图 8.2 描绘了在响应读操作的时候，存储在主存里的普通文件系统的缓存情况。

读操作从缓存返回（缓存命中）数据或者从磁盘返回（缓存未命中）数据。未命中的操作被存储在缓存中，并填充缓存（热身）。

文件系统缓存也可以用来缓冲写操作，使之延时写入（刷新）。不同文件系统有不同的实现这种机制的手段，在 8.4 节中可以找到相应的描述。

内核通常提供绕过缓存的手段，详情参见 8.3.8 节。

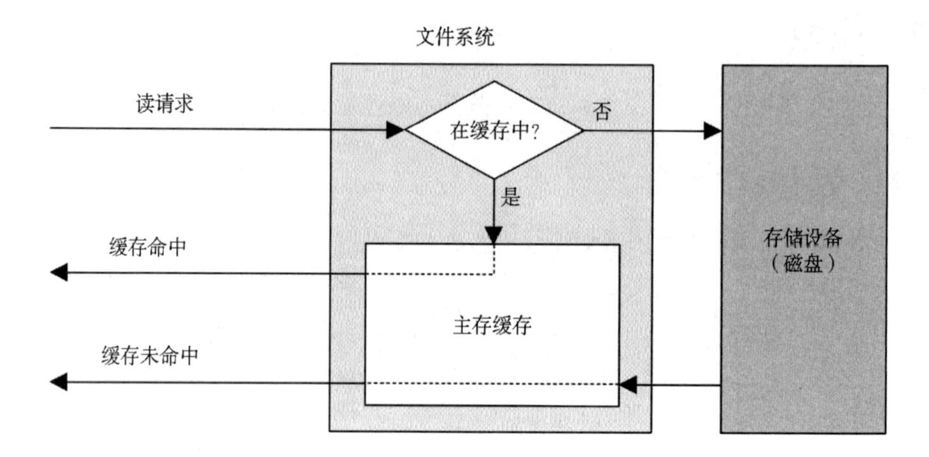

图 8.2 文件系统主存缓存

8.2.3 二级缓存

二级缓存可能是各种存储类型，图 8.3 所示的例子中是闪存。这种类型的缓存首见于 ZFS，由我于 2007 年开发。

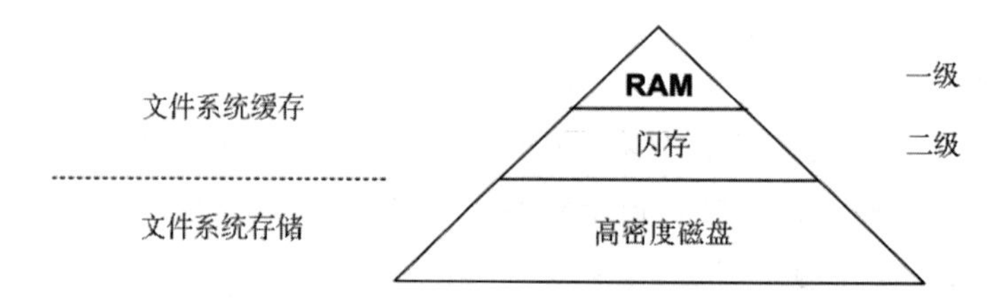

图 8.3 文件系统二级缓存

8.3 概念

下面是有关文件系统性能的几个关键概念。

8.3.1 文件系统延时

文件系统延时是文件系统性能的一项主要指标，测量的是一个文件系统逻辑请求从开始到结束的时间。它包括消耗在文件系统、磁盘 I/O 子系统以及等待磁盘设备——物理 I/O 的时间。应用程序的线程通常在请求时阻塞，等待文件系统请求的结束。在这种情况下，文件系统的延时与应用程序的性能有着直接和成正比的关系。

在有些条件下，应用程序并不受文件系统的直接影响，例如非阻塞 I/O、预取（参见 8.3.4 节）或者 I/O 由一个异步线程发起（比如一个后台刷新线程）。如果应用程序提供了足够详细的文件系统使用指标，有可能识别出这种情况。否则，一般的做法是使用内核跟踪工具打印出发起文件系统逻辑 I/O 的用户级栈踪迹，通过研究栈踪迹可以看出应用程序里哪个函数产生了 I/O。

一直以来，操作系统并未让文件系统延时变得容易观测，而是提供磁盘设备级的统计数据。但在很多情况下，这种统计数字与应用程序的性能无关，而且也会产生误导。举个例子，文件系统会在后台将一些要写入的数据刷新到磁盘中，看上去可能像突然爆发的高延时磁盘 I/O。从磁盘设备级的统计信息来看，这值得引起警惕，然而，没有任何一个应用程序在等待这些操作完成。更多的例子可参见 8.3.12 节。

8.3.2 缓存

文件系统通常会使用主存（RAM）作为缓存以提高性能。对应用程序来说这是透明的：它们的逻辑 I/O 延时小了很多，因为可以直接从主存返回而不是从慢得多的磁盘设备返回。

随着时间的流逝，缓存大小不断增加而操作系统的空余内存不断减小，这会影响新用户，不过这再正常不过了。原则如下：如果还有空闲内存，就用来存放有用的内容。当应用程序需要更多的内存时，内核应该迅速从文件系统缓存中释放一些以备使用。

文件系统用缓存（caching）提高读性能，而用缓冲（buffering）（在缓存中）提高写性能。文件系统和块设备子系统一般使用多种类型的缓存，表 8.1 中有一些具体的例子。

表 8.1 缓存类型示例

缓存	示例
页缓存	操作系统页缓存
文件系统主缓存	ZFS ARC
文件系统二级缓存	ZFS L2ARC
目录缓存	目录项缓存
inode 缓存	inode 缓存
设备缓存	ZFS vdev
块设备缓存	缓冲缓存

8.4 节中描述了一些专用的缓存类型。第 3 章中有完整的缓存列表（包括了应用程序级的和设备级的）。

8.3.3 随机与顺序 I/O

一连串的文件系统逻辑 I/O，按照每个 I/O 的文件偏移量，可以分为随机 I/O 与顺序

I/O。顺序 I/O 里的每个 I/O 都开始于上一个 I/O 结束的地址。对于随机 I/O，则找不出 I/O 之间的关系，偏移量随机变化。随机的文件系统负载也包括存取随机的文件。

图 8.4 展示了这些访问模式，给出了一组顺序 I/O 和文件偏移量的例子。

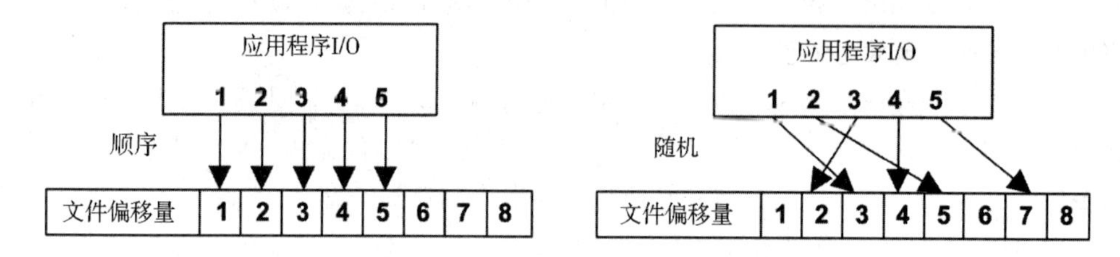

图 8.4 顺序和随机文件 I/O

由于存储设备的某些性能特征（在第 9 章中阐述），文件系统一直以来在磁盘上顺序和连续地存放文件数据，以努力减小随机 I/O 的数目。当文件系统未能达成这个目标时，文件的摆放变得杂乱无章，顺序的逻辑 I/O 被分解成随机的物理 I/O，这种情况我们称之为*碎片化*。

文件系统可以测量逻辑 I/O 的访问模式，从中识别出顺序工作负载，然后通过预取或者预读来提高性能。这对于旋转磁盘十分有帮助，但对闪存就没什么用了。

8.3.4 预取

常见的文件系统负载包括顺序地读大量的文件数据，例如文件系统备份。这种数据量可能太大了，放不进缓存，或者只读一次而不能被保留在缓存里（取决于缓存的回收策略）。在这样的负载下，由于缓存命中率偏低，所以系统性能较差。

预取是文件系统解决这个问题的通常做法。通过检查当前和上一个 I/O 的文件偏移量，可以检测出当前是否是顺序读负载，并且做出预测，在应用程序请求前向磁盘发出读命令，以填充文件系统缓存。这样如果应用程序真的发出了读请求，就会命中缓存（需要的数据已经在缓存里）。一个示例场景如下：

1. 一个应用程序对某个文件调用 read(2)，把控制权交给内核。
2. 由于数据不在缓存里，所以文件系统发起磁盘读操作。
3. 将上一次文件偏移量指针和当前地址进行比对，如果发现是顺序的，文件系统就会发起额外的读请求（预取）。
4. 第一次的读取结束并返回，内核把数据和控制权交还给应用程序。
5. 额外的读请求也结束并返回，并填进缓存，以备将来应用程序的读取。
6. 未来的应用程序顺序读取可以通过 RAM 里的缓存很快返回。

同样的场景在图 8.5 中也有描绘。图中所示的应用程序读了 1 号地址，接着对 2 号地址的读取触发了接下来三个地址的预取。

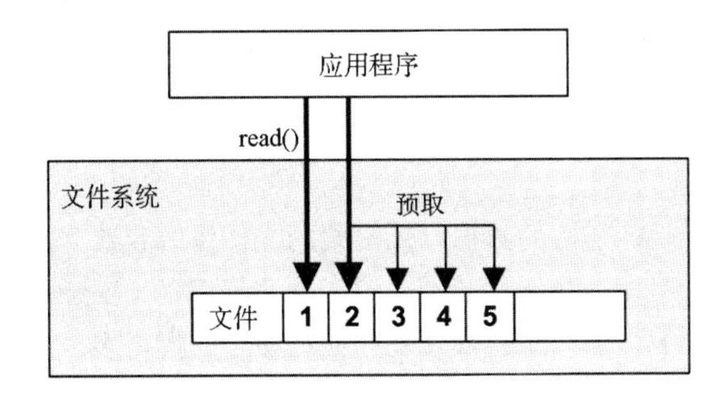

图 8.5 文件系统预取

预取的预测一旦准确，应用程序的顺序读性能将会有显著提升，磁盘在应用程序请求前就把数据读出来了（如果有足够的带宽处理）。而一旦预测不准，文件系统会发起应用程序不需要的 I/O，不仅污染了缓存，也消耗了磁盘和 I/O 传输的资源。文件系统一般允许对预取参数进行调优。

8.3.5 预读

预取一直也被认为是预读。最近，Linux 采用了“预读”这个词作为一个系统调用，readahead(2)，允许应用程序显式地预热文件系统缓存。

8.3.6 回写缓存

回写缓存被广泛地应用于文件系统，用来提高写性能。它的工作原理是，当数据写入主存后，就认为写入已经结束并返回，之后再异步地把数据刷入磁盘。文件系统将“脏”数据写入磁盘的过程被称为*刷新*（flushing）。例子如下：

1. 应用程序发起一个文件的 write(2) 请求，把控制权交给内核。
2. 数据从应用程序地址空间被复制到内核空间。
3. write(2) 系统调用被内核视为已经结束，并把控制权交还给应用程序。
4. 稍后，一个异步的内核任务会发现所写的数据并发出磁盘写入指令。

这期间牺牲了可靠性。基于 DRAM 的主存是不可靠的，“脏”数据会在断电的情况下丢失，而应用程序却认为写入已经完成。并且，数据可能被非完整写入，这样磁盘中的数据就处在一种被*破坏*（corrupted）的状态。

如果文件系统的元数据遭到破坏，那文件系统可能无法加载。到了这一步，只能从系统备份中还原，将造成长时间的宕机。更糟糕的是，如果损坏蔓延到了应用程序读写的文件内容，那业务就会受到严重冲击。

为了平衡系统对于速度和可靠性的需求，文件系统默认采用回写缓存策略，但同时也提供一个同步写的选项绕过这个机制，把数据直接写在磁盘上。

8.3.7　同步写

同步写完成的标志是，所有的数据以及必要的文件系统元数据被完整地写入到永久存储介质（如磁盘设备）中。由于同步写会产生磁盘设备的 I/O 延时（可能还有文件系统元数据导致的多次 I/O），所以这比异步写（回写缓存）慢得多。有些应用程序，例如数据库写日志，因完全不能承担异步写带来的数据损坏风险，而使用了同步写。

同步写有两种形式：单次 I/O 的同步写，和一组已写 I/O 的同步提交。

单次同步写

当使用 O_SYNC 标志，或者其他变体，如 O_DSYNC 和 O_RSYNC（在 Linux 2.6.31 里被 glib 映射成 O_SYNC）打开一个文件后，这个文件的写 I/O 即为同步的。一些文件系统接受加载选项，可以强制所有文件的所有写 I/O 为同步的。

同步提交已写内容

一个应用程序可能在检查点使用 fsync(2) 系统调用，同步提交之前异步写入的数据。这样通过合并同步写可提高性能，也可以通过使用写取消来避免多次元数据更新。

还有其他情况会提交之前的写入，例如关闭文件句柄，或者一个文件里有过多未提交的缓冲。前者在解开含有很多文件的打包归档文件时较为明显，特别是在 NFS 挂载的文件系统上。

8.3.8　裸 I/O 与直接 I/O

如果内核和文件系统支持，下面这些是应用程序可以使用的其他 I/O 类型。

裸 I/O：绕过了整个文件系统，直接发给磁盘地址。有些应用程序使用了裸 I/O（特别是数据库），因为它们能比文件系统缓存更好地缓存自己的数据。其缺点在于难以管理，即不能使用常用文件系统工具执行备份 / 恢复和监测。

直接 I/O：允许应用程序绕过文件系统缓存使用文件系统。这有点像同步写（但缺少 O_SYNC 选项提供的保证），而且在读取时也能用。它没有裸 I/O 那么直接，文件系统仍然会把文件地址映射到磁盘地址，I/O 可能会被文件系统重新调整大小以适应文件系统在磁盘上的块大小（记录尺寸）或者产生错误（EINVAL）。不仅是读缓存和写缓冲，预取可能也会因此失效，具体取决于文件系统的实现。

8.3.9 非阻塞 I/O

一般而言，文件系统 I/O 要么立刻结束（如从缓存返回），要么需要等待（比如等待磁盘设备 I/O）。如果需要等待，应用程序线程会被阻塞并让出 CPU，在等待期间给其他线程执行的机会。虽然被阻塞的线程不能执行其他工作，但问题不大，多线程的应用程序会在有些线程被阻塞的情况下创建额外的线程来执行任务。

在某些情况下，非阻塞 I/O 正合适，因为可以避免创建线程带来的额外性能和资源开销。在调用 open(2) 系统调用时，可以传入 O_NONBLOCK 或者 O_NDELAY 选项使用非阻塞 I/O。这样读写时就会返回错误代码 EAGAIN，让应用程序过一会儿再重试，而不是阻塞调用。（有可能仅仅建议的或者强制的文件锁才支持非阻塞功能，具体取决于文件系统实现。）

操作系统可能还提供了其他的异步 I/O 接口，例如，aio_read(3) 和 aio_write(3)。Linux 5.1 增加了一套名为 io_uring 的异步 I/O 接口，提高了易用性、效率和性能 [Axboe 19]。

5.2.6 节中曾介绍过非阻塞 I/O。

8.3.10 内存映射文件

对于某些应用程序和负载，可以通过把文件映射到进程地址空间，并直接存取内存地址的方法来提高文件系统 I/O 性能。这样可以避免调用 read(2) 和 write(2) 存取文件数据时产生的系统调用和上下文切换开销。如果内核支持直接将文件数据缓冲映射到进程地址空间，那么还能防止复制数据两次。

内存映射通过系统调用 mmap(2) 创建，通过 munmap(2) 销毁。映射可以用 madvise(2) 调整，8.8 节中总结了相关内容。部分应用程序提供一个选项（可能称其为“mmap 模式”），以使用 mmap 系统调用。例如，Riak 数据库可使用 mmap 建立内部内存数据存储。

我注意到，有试图在没有分析系统的情况下使用 mmap(2) 解决文件系统性能问题的趋势。如果问题在于磁盘设备的高 I/O 延时，用 mmap(2) 消除小小的系统调用开销，是无济于事的，这时，磁盘设备的高 I/O 问题并没有解决并仍在拖累性能。

在多处理器系统中使用映射文件的缺点在于同步每个 CPU MMU 的开销，尤其是删除映射的 CPU 交叉调用（TLB 击落）。延迟 TLB 更新（延时击落）可能把影响最小化，取决于内核和映射项 [Vahalia 96]。

8.3.11 元数据

如果说*数据*描述了文件和目录的内容，那*元数据*则对应了有关它们的信息。元数据可能是通过文件系统接口（POSIX）读出的信息，也可能是文件系统实现磁盘布局所需的信息。前者被称为逻辑元数据，后者被称为物理元数据。

逻辑元数据

逻辑元数据是消费者（应用程序）读取或者写入文件系统的信息。

- **显式**：读取文件统计信息（stat(2)），创建和删除文件（creat(2)、unlink(2)）及目录（mkdir(2)、rmdir(2)），设置文件属性（chown(2)、chmod(2)）。
- **隐式**：文件系统存取时间戳的更新，目录修改时间戳的更新，已用块位图的更新，空闲空间统计信息。

“元数据密集”的负载通常指那些频繁操作逻辑元数据的行为，可能甚至超过了文件内容的读取。例如，Web 服务器用 stat(2) 查看文件，确保文件在缓存后没有被修改。

物理元数据

为了记录文件系统的所有信息，有一部分元数据与磁盘布局相关，这就是物理元数据。物理元数据的类型依赖于文件系统类型，可能包括超级块、inode、数据块指针（主数据、从数据，等等）以及空闲链表。

逻辑元数据和物理元数据是造成逻辑 I/O 和物理 I/O 之间差异的一个原因。

8.3.12 逻辑 I/O 与物理 I/O

尽管看似违背常理，但应用程序向文件系统发起的 I/O（逻辑 I/O）与磁盘 I/O（物理 I/O）可能并不相称，原因有很多。

文件系统的工作不仅仅是在永久存储介质（磁盘）上提供一个基于文件的接口那么简单。它们缓存读、缓冲写，将文件映射到地址空间，发起额外的 I/O 以维护磁盘上与物理布局相关的元数据，这些元数据记录了数据存储的位置。这样的结果是，与应用程序 I/O 相比，磁盘 I/O 有时显得无关、间接、隐含、缩小或者放大。举例如下。

无关

以下因素可能造成磁盘 I/O 与应用程序无关。

- **其他应用程序**。
- **其他租户**：磁盘 I/O 来源于其他云租户（可在虚拟化技术的帮助下通过系统工具查看）。
- **其他内核任务**：例如，内核在重建一个软件 RAID 卷或者执行异步文件系统校验和验证时（参见 8.4 节）。
- **管理任务**：例如，备份。

间接

以下因素可能造成应用程序 I/O 与磁盘 I/O 之间没有直接对应关系。

- **文件系统预取**：增加额外的 I/O，这些 I/O 应用程序可能用得到，也可能用不到。
- **文件系统缓冲**：通过回写缓存技术推迟和归并写操作，之后再一并刷入磁盘。有些文件系统可能会缓冲数十秒后一起写入，造成偶尔的突发大 I/O。

隐含

这是由应用程序直接触发的磁盘 I/O，但不是直接的文件系统的读和写，如下所示。

- **内存映射加载 / 存储**：对于内存映射文件（mmap(2)），加载和存储的指令可能会触发读写数据的磁盘 I/O。写可能会被缓冲，之后发生真正的写。这可能会在分析文件系统操作时（read(2)、write(2)）造成混淆，并且无法找到 I/O 的源头（因为它是由指令而不是系统调用触发的）。

缩小

以下因素可能造成磁盘 I/O 小于应用程序 I/O，甚至完全消失。这可能是以下原因造成的。

- **文件系统缓存**：命中的读取直接从主存返回，而非磁盘。
- **文件系统写抵消**：在一次性回写到磁盘之前，同一个地址被修改了多次。
- **压缩**：减少了从逻辑 I/O 到物理 I/O 的数据量。
- **归并**：在向磁盘发 I/O 前合并连续 I/O（这样减少了 I/O 数量，但总大小不变）。
- **内存文件系统**：也许永远不需要写入磁盘的内容（如 tmpfs[1]）。

放大

以下因素可能造成磁盘 I/O 大于应用程序 I/O。这可能是下面的情况造成的。

- **文件系统元数据**：增加了额外的 I/O。
- **文件系统记录尺寸**：向上对齐的 I/O 大小（增加了字节数），或者被打散的 I/O（增加了 I/O 数量）。
- **文件系统日志**：如果采用日志，这可能会让磁盘写入翻倍，一个写到日志，另一个写到最终的目的地。
- **卷管理器奇偶校验**：读 - 改 - 写的周期会增加额外的 I/O。
- **RAID 放大**：写入额外的奇偶校验数据，或者数据被写入镜像卷。

例子

下面这个例子描述了应用程序写入 1 字节的背后发生了什么，还演示了上面这些因

1 虽然tmpfs也可以写到交换设备上。

素是如何一起起作用的：

1. 一个应用程序对一个已有的文件发起了一个 1 字节的写操作。
2. 文件系统定位了这个地址对应的 128KB 的记录块，发现它未在缓存中（尽管指向数据块的元数据被缓存了）。
3. 文件系统请求被从磁盘载入那个记录块。
4. 磁盘设备层把 128KB 字节的读请求分拆成适配设备的较小读请求。
5. 磁盘执行了多次较小的读请求，总共 128KB。
6. 文件系统把要写入的那个字节替换成新的数据。
7. 一段时间后，文件系统请求把 128KB 的“脏”记录回写到磁盘。
8. 磁盘写入 128KB 的记录（如果有需要还要分拆请求）。
9. 文件系统写入新的元数据，比如引用（为了写时复制）或者访问时间。
10. 磁盘执行更多的写入操作。

这样，即便应用程序只执行了 1 字节的写操作，磁盘也承担了多次读（共 128KB）和更多的写（超过 128KB）操作。

8.3.13 操作并不平等

看过前面的章节，你也许会理解为什么不同文件系统的操作之间会有巨大的性能差异。单从操作频率来看，你并不了解“每秒 500 次操作”的负载的性能如何。有些操作可能从文件系统缓存中返回，直逼主存的速度；而其他的操作可能从磁盘返回，会慢上好几个数量级。其他关键的因素包括，操作是随机的还是连续的、读取还是写入、同步写还是异步写、I/O 的大小、是否包含其他操作类型，以及 CPU 执行消耗（系统的 CPU 负载多大）和存储设备特征。

习惯做法是对不同的文件系统操作运行微基准测试，以确定它们的性能特征。表 8.2 中列出的结果来自一个 ZFS 文件系统，CPU 是 Intel Xeon 2.4GHz 多核处理器。

表 8.2 文件系统操作延时示例

操作	平均时间（μs）
open(2) (cached[1])	2.2
close(2) (clean[2])	0.7
read() 4KB（已缓存）	3.3
read() 128KB（已缓存）	13.9
write() 4KB（异步）	9.3
write() 128KB（异步）	55.2

这些测试并未包括存储设备，仅包括了文件系统软件和 CPU 速度的测试。一些特

殊的文件系统并不存取存储设备。

这些测试是单线程执行的。并发 I/O 的性能受使用的文件系统锁的类型和组织影响。

8.3.14 特殊的文件系统

文件系统的目的通常是持久地存储数据，但有些特殊的文件系统也有着其他用途，比如临时文件（/tmp）、内核设备路径（/dev）、系统统计信息（/proc）和系统配置（/sys）。[1]

8.3.15 访问时间戳

许多文件系统支持访问时间戳，可以记录下每个文件和目录被访问（读取）的时间。这会造成读取文件时需要更新元数据，读取变成了消耗磁盘 I/O 资源的写负载。8.8 节演示了如何关闭这种元数据更新。

有些文件系统对访问时间戳做了优化，合并及推迟这些写操作，以减少对有效负载的干扰。

8.3.16 容量

当文件系统装满时，性能会因为多种原因而有所下降。当写入新数据时，需要花更多时间和磁盘 I/O 来寻找磁盘上的空闲块。[2] 磁盘上的空闲空间变得更小更分散，而更小的 I/O 或随机的 I/O 则影响了文件系统的性能。

这些因素具体对文件系统的影响有多大，取决于文件系统的类型、磁盘上的数据布局和存储设备。下一节将描述多种文件系统。

8.4 架构

本节将介绍文件系统通用和特殊的架构，从 I/O 栈开始，囊括了 VFS、文件系统缓存和特性、常用文件系统类型、卷和池。这些背景知识对决定哪些模块需要分析和调优很有帮助。如果想了解内部底层的实现及与其他文件系统相关的知识，可以去阅读源代码以及外部的文档。本章末列出了一些参考链接。

1 使用这个命令可列出Linux中没有使用存储设备的文件系统类型： grep '^nodev' /proc/filesystems。

2 例如，当池存储量超过一个阈值（最初是80%，后来是99%）时，ZFS会切换到一个不同的、较慢的空闲块查找算法。请参见[Oracle 12]中的“Pool performance can degrade when a pool is very full”。

8.4.1　文件系统 I/O 栈

图 8.6 刻画了文件系统 I/O 栈的通用模型，着重于文件系统接口。具体的模块、层次和 API 依赖于使用的操作系统类型、版本以及使用的文件系统。第 3 章包含了一个更高级的 I/O 栈图，第 9 章中还包含另一个更详细的磁盘组件图。

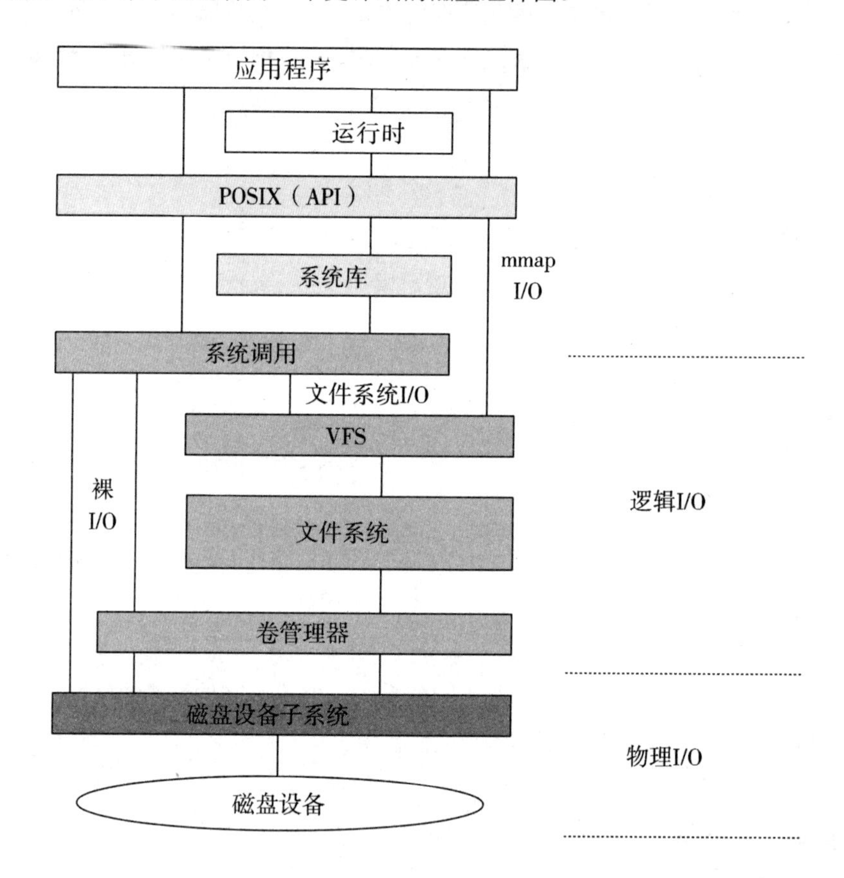

图 8.6　通用文件系统 I/O 栈

这显示了从应用程序和系统库到系统调用以及通过内核的 I/O 路径。从系统调用直接到磁盘设备子系统的是裸 *I/O*。穿过 VFS 和文件系统的是文件系统 I/O，包括绕过了文件系统缓存的直接 I/O。

8.4.2　VFS

VFS（虚拟文件系统接口，virtual file system interface）给不同类型的文件系统提供了一个通用的接口。图 8.7 演示了它的位置。

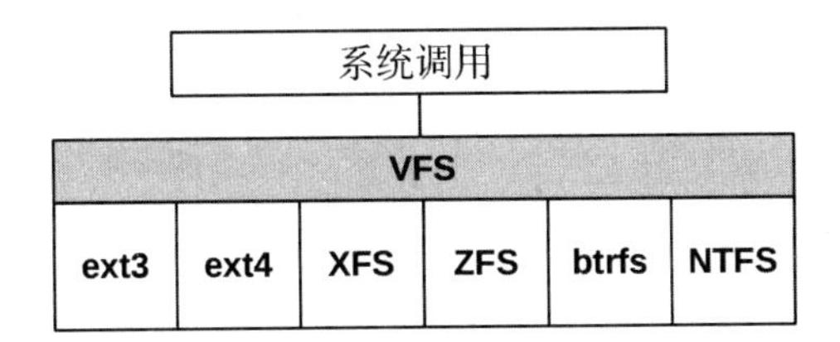

图 8.7 虚拟文件系统接口

源于 SunOS 的 VFS 已经成为文件系统的标准抽象。

Linux VFS 的接口有点误导性，因为它重用了名词 inode 和超级块来指代 VFS 对象——来源于 UNIX 文件系统磁盘上数据结构的名字。而 Linux 磁盘中的数据结构的名词则通常加上文件系统类型的前缀，例如，ext4_inode 和 ext4_super_block。这些 VFS inode 和 VFS 超级块都只存在于内存中。

VFS 接口可以作为测量任何文件系统性能的通用位置。这样同时还能利用操作系统提供的统计信息，或者静态及动态跟踪技术。

8.4.3 文件系统缓存

UNIX 原本只用缓冲区高速缓存来提高块设备访问的性能。如今，Linux 有多种缓存。图 8.8 展示了 Linux 文件系统缓存的概览，其中包括标准文件系统之间通用的一些缓存。

缓冲区高速缓存

最初的 UNIX 在块设备接口使用缓冲区高速缓存来缓存磁盘设备块。这是一个单独的、固定大小的缓存。而页缓存的加入带来了调优的问题，譬如如何平衡它们之间的负载，此外，还有双重缓存和同步开销的麻烦。这些问题大部分被 SunOS 中的统一缓冲区高速缓存解决了，方法是使用页缓存来存储缓冲区高速缓存。

Linux 原本和 UNIX 一样使用缓冲区高速缓存。从 Linux 2.4 开始，缓冲区高速缓存就被储存在了页缓存中（因此图 8.8 中的对应边框是虚线），防止了双重缓存和同步的开销。缓冲区高速缓存的功能依然健在，提升了块设备 I/O 的性能。这个术语也出现在 Linux 观测工具里（例如，free(1)）。

缓冲区高速缓存的大小是动态的，可以从 /proc 里查看。

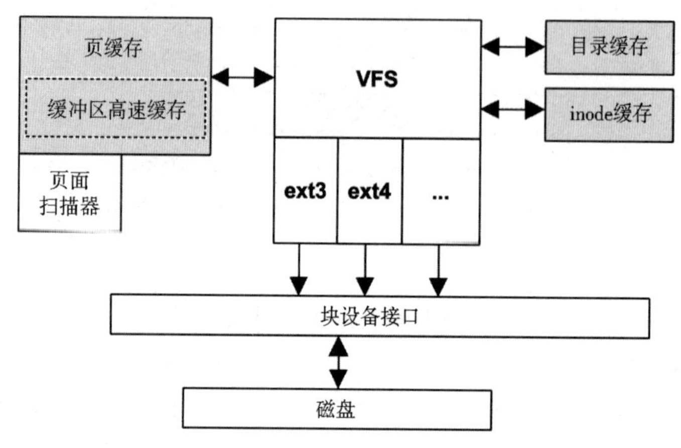

图 8.8 Linux 文件系统缓存

页缓存

1985 年，在 SunOS 的一次虚拟内存重写中，页缓存被引入了 SVR4 UNIX [Vahalia 96]。它缓存了虚拟内存的页面，包括映射过的文件系统页面，提高了文件和目录 I/O 的性能。页缓存在访问文件时比缓冲区高速缓存更加高效，后者还需要在每次查找时把文件地址翻译成磁盘地址。多种类型的文件系统使用了页缓存，其中包括它最初的客户 UFS 和 NFS（但没有 ZFS）。页缓存的大小是动态的，而且会不断增长以耗尽可用的内存，直到应用程序需要的时候再行释放。

Linux 带有的页缓存具有同样的特点。页缓存的大小是动态的，它会不断增长以消耗可用的内存，并在应用程序需要的时候释放（和页面换出一起，都受 swappiness 的控制，具体内容参见第 7 章）。

文件系统使用的内存脏页面由内核线程回写到磁盘。在 Linux 2.6.32 之前，有一个脏页面回写（pdflush）线程池，池中根据需要有 2 ～ 8 个线程。现在这已经被回写线程（flusher thread，线程名为 flush）所取代，每个设备分配一个线程。这样能够平衡每个设备的负载，提高吞吐量。页面因下面的原因被回写到磁盘：

- 过了一段时间（30s）。
- 调用了 sync(2)、fsync(2) 或 msync(2) 等系统调用。
- 过多的脏页面（dirty_ratio 和 dirty_bytes 可调参数）。
- 页缓存内没有可用的页面。

如果系统的内存不足，另一个内核线程，页面换出守护进程（kswapd，又被称为*页面扫描器*），会定位并安排把脏页面写入磁盘，以腾出可重用的内存页面（参见第 7 章）。

为了查看方便，kswapd 和回写线程都可以通过操作系统性能工具以内核任务的形式被看到。

有关页面扫描器的详细内容可参见第 7 章。

目录项缓存

目录项缓存（Dcache）记录了从目录项（struct dentry）到 VFS inode 的映射关系，和早期 UNIX 的目录名查找缓存（DNLC）很相似。Dcache 提高了路径名查找（例如，通过 open(2)）的性能：当遍历一个路径名时，查找其中每一个名字都可以先检查 Dcache，直接得到 inode 的映射，而不用到目录里一项一项地翻查。Dcache 中的缓存项存储在一张哈希表里，以进行快速的、可扩展的查找（以父目录项加上目录项名作为键值）。

多年来，目录项缓存的性能得到了很大的提升，包括读 - 拷贝 - 更新遍历（RCU 遍历）算法 [Corbet 10]。该算法可以遍历路径名，而不更新目录项的引用计数，否则在多 CPU 系统上由于频繁的缓存同步，会有扩展性上的问题。如果碰到目录项不在缓存里的情况，RCU 遍历会自动降为较慢的引用计数遍历法（ref-walk），因为在文件系统的查找和阻塞时，有必要采用引用计数。在忙负载下，目录项很有可能被缓存，RCU 遍历也能派上用场。

目录项缓存也可反向缓存，记录缺失目录项的查找。反向缓存提高了失败查找的性能，这在共享的库路径查找中经常发生。

目录项缓存动态增长，而当系统需要更多内存时，其按照 LRU 原则缩小。它的大小可以通过 /proc 查看。

inode 缓存

这个缓存的对象是 VFS inode（struct inode），每个都描述了文件系统一个对象的属性。这些属性很多可以通过 stat(2) 系统调用获得，并被操作系统负载频繁访问。例如，在打开文件时检查权限，或者修改时更新时间戳。这些 VFS inode 被存储在哈希表里，以提供快速的、可扩展的查找（以 inode 号和文件系统超级块为键值），尽管大部分查找是通过目录项缓存得到结果的。

inode 缓存动态增长，保存了至少所有被目录项缓存映射的 inode。当系统内存紧张时，inode 缓存会释放未与目录项关联的 inode 以减小内存占用。它的大小可以通过 /proc/sys/fs/inode* 文件查看。

8.4.4 文件系统特性

其他影响文件系统性能的关键特性在此一并叙述。

块和区段

基于块的文件系统把数据存储在固定大小的块里，被存储在元数据块里的指针所引用。对于大文件，这种方法需要大量的块指针和元数据块，而且数据块的摆放可能会变得零零碎碎，造成随机 I/O。有些基于块的文件系统尝试通过把块连续摆放，来解决这个问题。另一个办法是使用*变长的块大小*，随着文件的增长采用更大的数据块，也能减小元数据的开销。

基于区段的文件系统预先给文件（区段）分配了连续的空间，并按需增长。这些区段长度可变，代表了一个或者多个连续块。由于更高的文件数据本地化效应，这提高了随机 I/O 的性能。它还可以提升元数据的性能，因为需要跟踪更少的对象，而不需要牺牲一个区段中未使用的块的空间。

日志

文件系统日志（或者*记录*）记录了文件系统的更改，这样在系统宕机时，能原子地回放更改——要么完全成功，要么完全失败。这让文件系统能够迅速恢复到一致的状态。如果与同一个更新相关的数据和元数据没有被完整地写入，没有日志保护的文件系统在系统宕机时可能会被损坏。从宕机中恢复需要遍历文件系统所有的结构，对于大的文件系统（几个 TB）可能需要数小时。

日志被同步地写入磁盘，有些文件系统还会把日志写到一个单独的设备上。部分文件系统日志记录了数据和元数据，这样所有的 I/O 都会被写两次，带来额外的 I/O 资源开销。而其他文件系统日志里只有元数据，通过写时复制的技术来保护数据。

有一种文件系统全部由日志构成——*日志结构文件系统*。在这个系统里，所有的数据和元数据的更新被写到一个连续的循环日志当中。这优化了写性能，因为写总是连续的，还能被一起合并成大 I/O。

写时复制

写时复制（COW）的文件系统从不覆写当前使用中的块，而是按照以下步骤完成写入：

1. 把数据写到一个新块（新的拷贝）。
2. 更新引用指向新块。
3. 把老的块放到空闲链表中。

在系统宕机时这能够有效地维护文件系统的完整性，并且通过把随机写变成连续写，改善了写入性能。

当文件系统接近写满的时候，COW 会造成一个文件在磁盘上的排放碎片化，降低了性能（特别是对于旋转磁盘）。如果文件系统碎片整理功能可用的话，可以帮助恢复性能。

擦洗

这项文件系统特性在后台读出文件系统里所有的数据块，验证校验和。赶在 RAID

还能恢复数据之前，在第一时间检测出坏盘。但是，擦洗操作的读 I/O 会严重影响性能，因此只能以低优先级发出。

其他特性

其他影响文件系统性能的特性包括快照、压缩、内置冗余、消重、擦除支持以及更多其他功能。下面的章节描述了某些特定文件系统的多种此类功能。

8.4.5 文件系统种类

本章以大量篇幅描述了文件系统的通用特征。下面总结了常用文件系统里的一些特殊性能特性。对它们的分析和调优会在后面的章节中提到。

FFS

FFS（fast file system）的设计目的是解决最初 UNIX 文件系统[1]的问题，许多文件系统都是基于 FFS 的。下面的背景知识有助于读者了解目前文件系统的情况。

最初的 UNIX 文件系统在磁盘中的分布由一张 inode 表、512 字节的存储块和一个存放了资源分配信息的超级块组成（[Ritchie 74]、[Lions 77]）。inode 表和存储块把磁盘分成两个区域，这样一起存取这两种数据时就会有性能问题。另一个问题是固定块的尺寸过小，仅 512 字节。这不仅限制了吞吐量，而且在存储大文件的情况下还增加了元数据（指针）。有人做过实验，把块大小增加到 1024 字节，但又碰到了新的瓶颈。[McKusick 84] 中描述了详情：

> 尽管吞吐量翻了一番，但老的文件系统还是只消耗了大约 4% 的磁盘带宽。主要的问题在于，虽然空闲链表在一开始是有序的且能快速访问，但它很快就随着文件的创建和删除变得支离破碎。最终空闲链表变成彻底随机的，同一个文件里的数据块也因此来自磁盘的各个角落。每次存取一个数据块都要额外寻道。虽然老的文件系统在刚创建时能够提供高达每秒 175KB 的传输率，但在几个星期的正常使用下，随机摆放的数据块就使得带宽下降到了 30KB/s。

这段摘录描述了造成文件系统性能随着使用不断下降的元凶——空闲链表的碎片化。

FFS 通过把磁盘分区划分为多个柱面组以提高性能，参见图 8.9，每个柱面都有自己的 inode 组和数据块。文件 inode 和数据被尽量放到一个柱面组里，以减少磁盘寻道，参见图 8.9。其他相关的数据也被放到附近位置，包括目录的 inode 和目录项。inode 的

1 不要把最初的UNIX文件系统（UNIX file system）和后来的UFS文件系统混为一谈，后者基于FFS。UFS还有好几个版本——这个名词显然已经不堪重负了！

设计则较为类似，含有不同级别的指针和数据块，在图 8.10 中进行了展示（三级间接块有三级指针，图里没有画出）[Bach 86]。

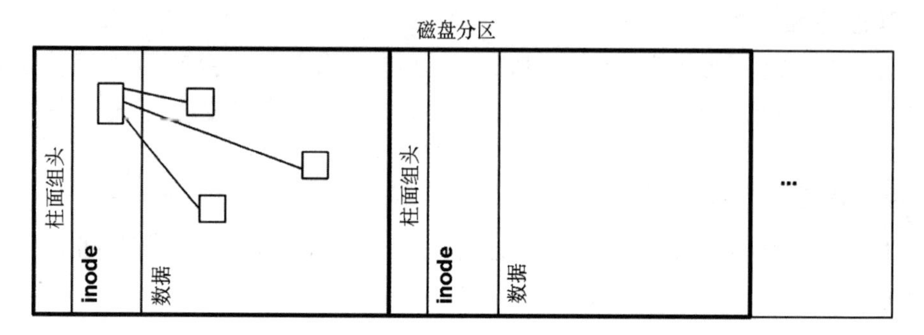

图 8.9　柱面组

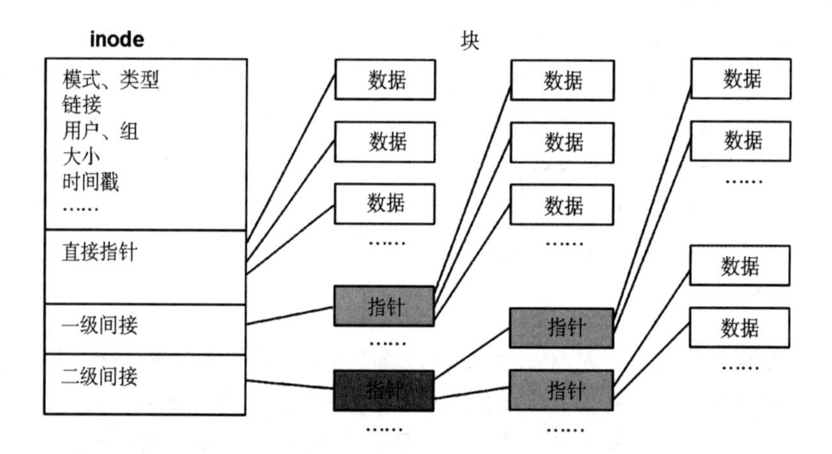

图 8.10　inode 数据结构

块大小增加到了最小 4KB，提高了吞吐量。存储一个文件需要的数据块减少了，因此需要引用这些数据块的间接块也减少了。不仅如此，由于间接块体积增加，需要的数量进一步减少。为了提高小文件的空间使用率，每个块可以被划分成 1KB 大小的片段。

FFS 的另一项性能特性是*块交叉*：连续地摆放磁盘上的文件块，但中间留一个或几个块的间隔 [Doeppner 10]。这几个额外的块的间隔留给内核和处理器一些时间，以发起下一个连续的文件读请求。如果没有交叉，下一个块可能在发起读请求前已经越过了磁头。等数据块转回来，已经过了将近一圈的时间，造成延时。

ext3

1992 年，基于最初的 UNIX 文件系统的 Linux 扩展文件系统（extended file system，

ext），作为 Linux 及其 VFS 的首个文件系统被开发出来。1993 年，第 2 版 ext2 从 FFS 引入了多时间戳及柱面组等概念。1999 年，第 3 个版本 ext3 则包括了文件系统扩容和日志功能。

关键性能特性（包括后来加入的）如下。

- **日志**：一种是顺序模式，仅针对元数据，另一种是日志模式，针对数据和元数据。日志提高了系统宕机后的启动性能，避免 fsck（文件系统检查）。由于合并了一些元数据的写操作，它有可能提高某些写负载的性能。
- **日志设备**：允许使用外部日志设备，避免日志负载与读负载相互竞争。
- **Orlov 块分配器**：这项技术把顶层目录散布到各个柱面组，这样子目录和其中的内容更有可能被放到一起，减少随机 I/O。
- **目录索引**：在文件系统里引入哈希 B 树，可提高目录查找速度。

可配置的功能请参阅 mke2fs(8) 手册页。

ext4

Linux ext4 文件系统发布于 2008 年，对 ext3 进行了各种功能扩展和性能提升：区段、大容量、通过 fallocate(2) 预分配、延时分配、日志校验和、更快的 fsck、多块分配器、纳秒时间戳以及快照。

关键性能特性（包括后来加入的）如下。

- **区段**：区段提高了数据的连续性，减少了随机 I/O，提高了连续 I/O 的大小。这在 8.4.4 节中有介绍。
- **预分配**：通过 fallocate(2) 系统调用，让应用程序预分配一些可能连续的空间，以提高之后的写性能。
- **延时分配**：块分配被推迟到写入磁盘时，方便合并写请求（通过多块分配器），降低碎片化。
- **更快的 fsck**：标记未分配的块和 inode 项，减少 fsck 时间。

有些功能的状态可以通过 /sys 文件系统查看。例如：

```
# cd /sys/fs/ext4/features
# grep . *
batched_discard:supported
casefold:supported
encryption:supported
lazy_itable_init:supported
meta_bg_resize:supported
metadata_csum_seed:supported
```

可配置的功能请参阅 mke2fs(8) 手册页。有些功能也可用于 ext3 文件系统，比如区段。

XFS

XFS 是由 Silicon Graphics 在 1993 年为他们的 IRIX 操作系统创建的，以解决之前的 IRIX 文件系统 EFS（基于 FFS）的可扩展性限制 [Sweeney 96]。XFS 的补丁在 2000 年初被合并到 Linux 内核中。今天，大多数 Linux 发行版都支持 XFS，并且可以用于根文件系统。例如，Netflix 在其 Cassandra 数据库实例中使用了 XFS，因为它在该工作负载上的性能很高（并使用 ext4 作为根文件系统）。

主要的性能特性，包括发布后加入的功能有如下几项。

- **分配组**：分区被分割为可以被同时访问的相同大小的分配组（AG）。为了减少竞争，每个 AG 的 inode 和空闲块列表等元数据被单独管理，而文件和目录可以跨 AG。
- **区段**：参见前面关于 ext4 的描述。
- **日志**：日志改善了系统崩溃后的启动性能，避免了运行 fsck(8) 的需要。它还可以通过合并元数据写入来提高一些写入工作负载的性能。
- **日志设备**：可以使用一个外部的日志设备，这样日志的负载不会和数据负载相互竞争。
- **条带分配**：如果文件系统是创建在一个条带 RAID 或者 LVM 设备之上的，那么可以分别提供数据和日志的条带单位，以保证数据分配针对底层硬件被优化。
- **延时分配**：区段分配延时到数据写到磁盘的时候才发生，这样写就可以被聚集在一块，减少碎片。内存中已经为文件预留了区块，这样当写入发生时空间能有保证。
- **在线碎片整理**：XFS 提供了去碎片化的功能，文件系统在线使用的时候可以实施碎片整理。虽然 XFS 使用区段和延时分配以防止碎片化，但还是有某些特定的负载和条件可能会使文件系统发生碎片化。

可配置的功能在 mkfs.xfs(8) 的 man 手册页中有文档记录。XFS 的内部性能数据可以在 /proc/fs/xfs/stat 里看到。这些数据是为高级分析而设计的，更多信息见 XFS 网站 [XFS 06][XFS 10]。

ZFS

ZFS 由 Sun 公司开发，于 2005 年发布。ZFS 把文件系统、卷管理器以及许多企业级特性整合在了一起，使它成为文件服务器（filer）的一个很有竞争力的选择。ZFS 作为开源代码发布，并且在多个操作系统中使用，不过由于 ZFS 使用 CDDL 许可证，所以通常作为一个附加功能存在。大多数开发都发生在 OpenZFS 项目中，该项目在 2019

年宣布支持 Linux 作为主要操作系统 [Ahrens 19]。虽然它在 Linux 中有越来越多的支持和使用，但因为源码许可的缘故，受到了来自包括 Linux Torvalds 在内的反对 [Torvalds 20a]。

关键性能特性（包括后来加入的）如下。

- **池化存储**：将所有被分配的存储设备放到一个池里，文件系统则从池里创建。这样所有的设备都能够同时被用到，最大化了吞吐量和 IOPS。可以使用不同的 RAID 类型建池：0、1、10、Z（基于 RAID-5）、Z2（双重奇偶校验）和 Z3（三重奇偶校验）。
- **COW**：复制修改的块，合并写操作并顺序写入。
- **日志**：ZFS 整体写入事务组（transaction groups，TXG）变更，一起成功或失败，保证磁盘上的结构永远一致。
- **ARC**：自适应替换缓存通过使用多种缓存算法达到缓存的高命中，算法包括最近使用（most recently used，MRU）和最常使用（most frequently used，MFU）。主存在两种算法之间平衡，根据模拟某个算法完全主导内存时系统的性能做出相应的调整。这种模拟需要消耗额外的元数据（幽灵列表，ghost list）。
- **智能预取**：ZFS 对不同类型的数据使用相匹配的预取策略，分别针对元数据、znode（文件内容）以及 vdev（虚拟设备）。
- **多预取流**：由于文件系统来回寻道（UFS 的问题），一个文件的多个读取流会产生近似随机 I/O 的负载。ZFS 跟踪每一个预取流，允许加入新的流，有效地发起 I/O。
- **快照**：COW 的架构使得快照能瞬间建立，按需复制新数据块。
- **ZIO 流水线**：设备 I/O 由一个分阶段的流水线处理，每个阶段都有一个线程池服务用以提高性能。
- **压缩**：ZFS 支持多种算法，但 CPU 开销对性能有所影响。其中，轻量级的 lzjb（Lempel-Ziv Jeff Bonwick）可以通过少量消耗 CPU 来减少 I/O 负载（由于数据的压缩），提高存储性能。
- **SLOG**：独立的 ZFS 意图日志（intent log）使日志可以被同步写入单独的设备，避免和磁盘池的负载竞争。写入 SLOG 的数据在系统宕机时仅只读以供回放。
- **L2ARC**：二级 ARC 是主存之外的第二级缓存，通过基于闪存的固态硬盘（SSD）缓存随机的读负载。L2ARC 不用于缓冲写负载，仅仅包含已经写入存储磁盘池里的干净数据。它也可以复制 ARC 里的数据，系统还可以在主存刷新产生的波动中快速恢复。

- **数据消重**：这是一个文件系统级别的特性，可避免把一份相同的数据存放多份。这项功能对性能有很大的影响，可能有利（降低设备 I/O），也可能有弊（当内存不够容纳哈希表时，设备 I/O 可能会被大大放大）。在最初的版本里，这项功能只针对内存足够容纳哈希表的负载而设计。

ZFS 的行为在有些情况下性能略逊于其他文件系统：ZFS 默认向存储设备发起缓存回写命令，确保写入已经完成以防断电。这是 ZFS 完整性的一个特性，但这也有代价：有效 ZFS 操作必须等待缓存回写完成，因此引发了延时，造成某些负载下 ZFS 的性能差于其他文件系统。

btrfs

B 树文件系统（btrfs）是基于写时复制的 B 树。和 ZFS 类似，它采用了结合文件系统和卷管理器的现代架构，期望提供的功能和 ZFS 基本相同。当前的特性包括池化存储、大容量、区段、写时复制、卷扩容和缩容、子卷、添加和删除块设备、快照、克隆、压缩以及多种校验和（包括 crc32c、xxhash64、sha256 和 blake2b）。由 Oracle 于 2007 年启动。

关键的性能特性如下。

- **池存储**：存储设备被放在一个组合卷里，在此之上可以建立文件系统。这样所有的设备都能被同时用到，最大化了吞吐量和 IOPS。可以使用不同的 RAID 类型建池，即 0、1、10。
- **COW**：合并写操作并连续写入。
- **在线平衡**：把对象在存储设备间挪动以平衡负载。
- **区段**：改善顺序布局和性能。
- **快照**：COW 的架构使得快照能瞬间建立，可按需复制新数据块。
- **压缩**：支持 zlib 和 LZO。
- **日志**：对每个子卷建立相应的日志树，以应对同步的 COW 日志负载。

计划中与性能相关的特性包括 RAID-5 和 6、对象级别的 RAID、增量转储（备份）和数据消重。

8.4.6　卷和池

文件系统一直以来都建立在一块磁盘或者一个磁盘分区上。卷和池使文件系统可以建立在多块磁盘上，并可以使用不同的 RAID 策略（参见第 9 章）。

卷把多块磁盘组合成一块虚拟磁盘，在此之上可以建立文件系统。在整块磁盘上建文件系统时（不是分片或者分区），卷能够隔离负载，降低竞争，缓和性能问题。

对于基于 Linux 的系统，卷管理软件包括 Linux 的逻辑卷管理器（Logical Volume

Manager，LVM)。卷或虚拟磁盘可以由硬件 RAID 控制器提供。

池存储把多块磁盘放到一个存储池里，池中可以建立多个文件系统。图 8.11 用卷体现了这种比较。池存储比卷存储更灵活，文件系统可以增长或者缩小而不牵涉下面的设备。这种方法被现代文件系统采用，包括 ZFS 和 btrfs，可能还包括 LVM。

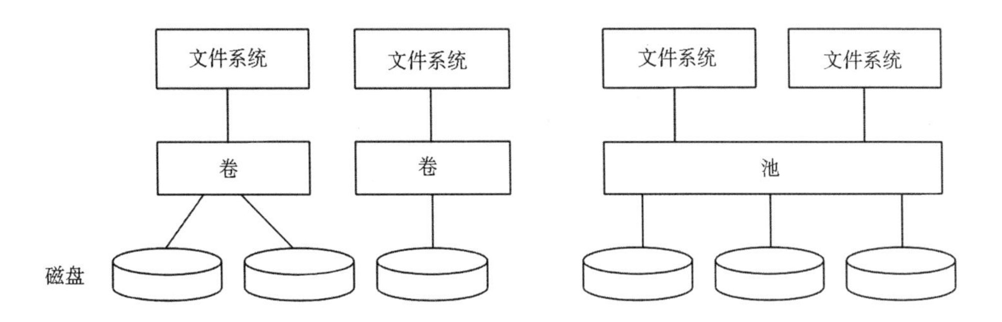

图 8.11 卷和池

池存储可以让所有的文件系统使用所有磁盘，以提高性能。负载并未被隔离，在有些情况下可以牺牲一些灵活性，使用多个池来隔离负载，这是因为磁盘设备在一开始必须被加入某一个池。注意，被放入池里的磁盘可能在类型和大小上各有不同，而一个卷内的磁盘有可能必须统一。

有关使用软件卷管理器或池存储的其他性能考虑如下。

- **条带宽度**：与负载相匹配。
- **观测性**：虚拟设备的使用率可能不准确，需要检查对应的物理设备。
- **CPU 开销**：尤其是在进行 RAID 奇偶校验的计算时。不过随着更快的现代 CPU 的使用，这个问题逐渐消失。(奇偶检验计算可以交给硬件 RAID 控制器。)
- **重建**：又名重新同步（resilvering），当一块空磁盘被加入 RAID 组时（例如，替换一块失效的磁盘），它被填入必要的数据以加入组。由于消耗 I/O 资源长达几个小时甚至几天，所以可能严重影响性能。

重建在未来会变得越来越严重，因为存储设备的容量比吞吐量增长得更快，增加了重建的时间，并使重建过程中出现故障或者介质错误的风险更大。可能的话，对未挂载的硬盘进行离线重建可以改善重建时间。

8.5 方法

本节将描述文件系统分析和调优的各种策略和实践。表 8.3 总结了主要内容。

表 8.3 文件系统性能研究方法

章节	方法	类型
8.5.1	磁盘分析	观测分析
8.5.2	延时分析	观测分析
8.5.3	负载特征归纳	观测分析、容量规划
8.5.4	性能监测	观测分析、容量规划
8.5.5	静态性能调优	观测分析、容量规划
8.5.6	缓存调优	观测分析、调优
8.5.7	负载分离	调优
8.6.8	微基准测试	实验分析

更多的策略和方法介绍参见第 2 章。

这些方法可以单独使用，也可以组合使用。我的建议是，按顺序使用以下策略：延时分析、性能监测、负载特征归纳、微基准测试、静态性能调优。你也可以根据你的环境给出最合适的组合和顺序。

8.6 节展示了应用这些方法的操作系统工具。

8.5.1 磁盘分析

以前通常的策略是关注磁盘性能而忽视文件系统。这假定了 I/O 瓶颈在磁盘，因此通过只分析磁盘，你能方便地在假定的罪魁祸首上集中火力。

如果文件系统较为简单且缓存较小，这可能还可行。如今这个方法容易让人误入歧途，且错失了一整类问题（参见 8.3.12 节的介绍）。

8.5.2 延时分析

延时分析从测量文件系统操作的延时开始。这应该包括所有的对象操作，而不限于 I/O（比如包括 sync(2)）。

操作延时 = 时间（完成操作）— 时间（发起操作）

这些时间可以从下面四个层里测量得到，表 8.4 里有相应说明。

表 8.4 文件系统延时分析的目标（层）

层	优点	缺点
应用程序	文件系统延时对应用程序影响的第一手信息；能够查看应用程序的环境，确定延时是否发生在应用程序的关键功能里，或是否是异步的	不同的应用程序以及不同的软件版本需要使用不用的技术

续表

层	优点	缺点
系统调用接口	有详尽资料的接口。通常可以通过操作系统工具和静态跟踪进行观测	系统调用捕捉所有类型的文件系统，包括非存储型文件系统（统计、套接字），除非能过滤，否则会造成干扰。除此以外，一个文件系统函数可能有多个系统调用。例如，读就有 read(2)、pread64(2)、preadv(2)、preadv2(2) 等，所有的这些都需要测量
VFS	所有文件系统通用的标准接口，操作系统操作和调用一一对应（例如，vfs_write()）	VFS 跟踪所有类型的文件系统，包括非存储型文件系统，除非能过滤，否则会造成干扰
直接在文件系统上	只能跟踪和目标同一类型的文件系统，能获取文件系统内部环境上下文详情	特定于某种文件系统。不同版本的文件系统需要的跟踪技术不尽相同（虽然文件系统可能有一个不常变化的类 VFS 接口，与 VFS 接口一一对应。这个接口不太经常变化）

选择哪层可能取决于可用的工具，可检查下面几项。

- **应用程序文档**：有些应用程序已经提供了文件系统延时的指标，或者收集这些数据的方法。
- **操作系统工具**：操作系统可能也提供了指标，理想情况下能对每个文件系统或者应用程序提供单独的统计信息。
- **动态检测**：如果你的系统支持动态检测（多种跟踪器使用了 Linux 的 kprobes 和 uprobes），那么所有层都可以通过自定义的脚本进行检查，无须重启。

延时可以被表示为单位时间平均值、全分布（如直方图或热图，参见 8.6.17 节）或者每个操作的列表及延时。对于缓存命中率高（大于 99%）的文件系统，单位时间平均值可能完全被缓存命中淹没。不幸的是，有些高延时（离群点）的个案虽然很重要，但很难从平均值里看出。检查全分布、每个操作的延时以及不同层延时的影响，包括文件系统缓存命中和未命中情况，可以帮助挑出这些离群点以供调查。

一旦找到了高延时，继续向下钻取分析文件系统以找到问题根源。

事务成本

文件系统延时，还能以一个应用程序事务内（如一个数据库查询）等待文件系统的所有时间来表现：

文件系统消耗时间百分比 = 100 × 所有的文件系统阻塞延时 / 应用程序事务时间

文件系统操作的损耗因此得以从应用程序性能的角度量化，而性能改进也能被更准确地预测。测量的指标可以是一段时间内所有事务的均值，或者是单个事务。

图 8.12 展现了一个正在执行事务的应用程序线程的时间分布。这个事务发起了一个文件系统读请求，应用程序被阻塞等待完成，并让出 CPU。在这种情况下，总阻塞时间就是这个文件系统读所花费的时间。如果一个事务中有多个 I/O 被阻塞，那总时间就是它们的和。

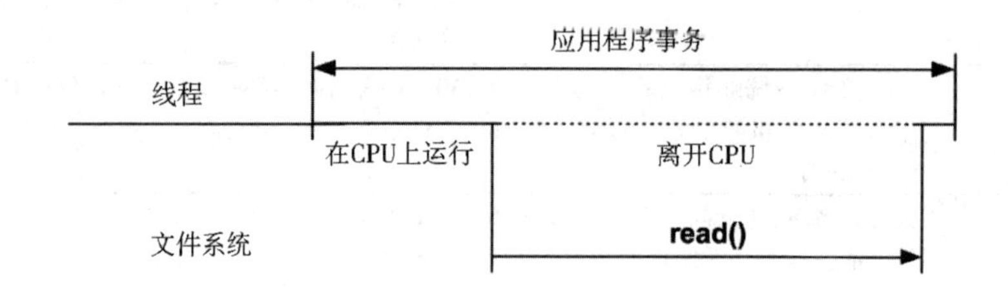

图 8.12　应用程序与文件系统延时

举一个具体的例子，一个应用程序事务花了 200ms，这当中它在多个文件系统 I/O 上等待了 180ms。应用程序被文件系统阻塞的时间百分比为 90%（100×180ms/ 200ms）。如果消除文件系统的延时，那性能会有最多 10 倍的增长。

再举另一个例子，如果一个应用程序事务花了 200ms，这当中只在文件系统里花了 2ms，那么文件系统——和整个磁盘 I/O 栈——只占了整个事务运行时间的 1%。这个结果很重要，能引导性能分析走上正确的方向，避免把时间浪费在不该花的地方。

如果应用程序是以非阻塞方式发出 I/O 的，那么应用程序可以继续在 CPU 上执行，而文件系统会返回。在这种情况下，文件系统阻塞的延时仅仅包括应用程序让出 CPU 的时间。

8.5.3　负载特征归纳

归纳负载特征是容量规划、基准测试和负载模拟中一项重要的工作。这项工作可以通过识别并排除不需要的工作来获得最大的性能收益。

下面是文件系统负载需要归纳的几个基本特征：

- 操作频率和操作类型
- 文件 I/O 吞吐量
- 文件 I/O 大小
- 读写比例
- 同步写比例
- 文件的随机和连续访问比例

8.1 节中有吞吐量的定义。同步写以及随机和连续访问在 8.3 节中有描述。

这些特征指标每秒都在变化，尤其是那些每隔一段时间执行的应用程序定时任务。为了更好地归纳出特征，除了平均值还要得到最大值。最好看看跨时段的全分布。

下面是一个负载描述样例，演示了如何把这些特征一起描述清楚：

> 一个金融交易系统的数据库，给文件系统产生了随机读负载，频率为平均每秒 18 000 次读，平均读大小为 4KB。总操作频率是每秒 21 000 次，包括了读取、统计、打开、关闭和大概每秒 200 次的同步写入。写频率相对于读较为稳定，后者高峰时能达到每秒 39 000 次。

这些特征既针对单个文件系统实例，也可针对一个系统里所有的同类型文件系统。

高级负载特征归纳 / 检查清单

归纳负载特征还需要一些细节信息。下面这些问题需要被好好考虑，在深度研究文件系统问题时也可以作为检查清单使用：

- 文件系统缓存命中率是多少？未命中率是多少？
- 文件系统缓存有多大？当前使用情况如何？
- 现在还使用了其他什么缓存（目录、inode、高速缓冲区）和它们的使用情况？
- 过去有什么调优文件系统的尝试？哪些文件系统的参数被设置成和默认值不一样？
- 哪个应用程序或者用户正在使用文件系统？
- 哪些文件和目录正在被访问？是创建和删除吗？
- 碰到了什么错误吗？是不是由于一些非法请求，或者文件系统自身的问题？
- 为什么要发起文件系统 I/O（用户程序的调用路径）？
- 应用程序发起的文件系统 I/O 中同步的比例占到多少？
- I/O 抵达时间的分布是怎样的？

在这些问题中，有很多可以针对某个应用程序或某个文件单独提出。另外，任何问题都可以做一个跨时段分析，找到最大值和最小值，以及与时间相关的变化。可以参阅 2.5.10 节的内容，其中总结了有关特征归纳测量的高级信息（谁测量、为什么测量、测量什么、如何测量）。

性能特征归纳

下面的问题（区别于前面的负载特征归纳问题）刻画了负载的性能数据：

- 文件系统操作的平均延时是多少？

- 是否有高延时的离群点？
- 操作延时的全分布是什么样的？
- 是否拥有并开启了文件系统或磁盘 I/O 的系统资源控制？

前三个问题可以对每个操作类型单独提问。

事件跟踪

跟踪工具可以用来记录所有的文件系统操作，并将细节记录到日志中，以便日后分析。这可以包括每次 I/O 的操作类型、操作参数、文件路径名、开始和结束时间戳、完成状态以及进程 ID 和名称。虽然这可能是工作负载特征归纳的终极工具，但在实践中，由于文件系统的操作频率，它可能会产生大量的开销，除非经过大量过滤，否则不切实际（例如，只在日志中包括慢速 I/O，可参见 8.6.14 节中介绍的 ext4slower(8) 工具）。

8.5.4 性能监测

性能监测可以识别出当前存在的问题，以及跨时段的行为模式。主要的文件系统性能指标是：

- 操作频率
- 操作延时

操作频率是使用的负载的最基本特征，而延时则是其性能结果。延时是好是差，取决于负载、环境和延时需求。如果你不太清楚这些，可以针对已知好的和差的情况分别做微基准测试，调查延时情况（如经常命中文件系统缓存对比未命中缓存的负载），参见 8.7 节。

操作延时的指标可以每秒平均值为单位，也可以包含其他数据，如最大值和标准差。在理想情况下，最好看看延时的全分布，如通过直方图和热度图发现离群点或者其他模式。

可以只记录单个操作类型（读、写、统计、打开、关闭，等等）的频率和延时数据。这对调查负载和性能变化有很大帮助，因为可以找出不同操作类型之间的差异。

对于一些基于文件系统实现资源控制的系统，还需要包括一些统计信息以表明是否有流控以及流控的时间。

不幸的是，Linux 中没有现成的关于文件系统操作的统计信息（除了 NFS 可以通过 nfsstat(8) 获得）。

8.5.5 静态性能调优

静态性能调优主要关注问题发生的配置环境。对于文件系统性能，检查下面列出的静态配置情况：

- 当前挂载并正在使用多少个文件系统？
- 文件系统记录的大小是多少？
- 启用了访问时间戳吗？
- 还启用了哪些文件系统选项（压缩、加密等）？
- 文件系统缓存是怎么配置的？最大缓存大小是多少？
- 其他缓存（目录、inode、高速缓冲区）是怎么配置的？
- 有二级缓存吗？用了吗？
- 有多少个存储设备？用了几个？
- 存储设备是怎么配置的？用 RAID 了吗？
- 用了哪种文件系统？
- 用的是哪个文件系统的版本（或者内核）？
- 有什么需要考虑的文件系统 bug/ 补丁吗？
- 启用文件系统 I/O 的资源控制了吗？

回答这些问题能够暴露一些被忽视的配置问题。有时系统按照某种负载来配置，但后来却用在了其他的场景里。这个方法能让你重新审视那些配置选项。

8.5.6 缓存调优

内核系统和文件系统会使用多种缓存，包括缓冲区高速缓存、目录缓存、inode 缓存和文件系统（页）缓存。8.4 节中描述了各种类型的缓存。检查它们并且通常可以调优，取决于可用的调优选项。

8.5.7 负载分离

有些类型的负载在独占文件系统和磁盘设备时表现得更好。这个方法又被称为使用“单独转轴”，因为施加两种不同的负载会导致随机 I/O，这对旋转的磁盘特别不利（参见第 9 章）。

例如，让日志文件和数据库文件拥有单独的文件系统和磁盘，能提高数据库性能。数据库的安装指导中经常提到此类建议。

8.5.8 微基准测试

文件系统和磁盘的基准测试工具（有很多）可以用来测试多种类型的文件系统的性能，或者在某种负载下，测试同一文件系统不同设置下的性能。典型的测试参数如下。

- **操作类型**：读、写和其他文件系统操作的频率。

- **I/O 大小**：从 1 字节到 1MB 甚至更大。
- **文件偏移量模式**：随机或者连续。
- **随机访问模式**：统一的、随机的或者帕累托分布。
- **写类型**：异步或同步（O_SYNC）。
- **工作集大小**：文件系统缓存是否放得下。
- **并发**：并行执行的 I/O 数，或者执行 I/O 的线程数。
- **内存映射**：文件通过 mmap(2) 访问而非 read(2)/write(2)。
- **缓存状态**：文件系统缓存是“冷的”（未填充）还是“热的”。
- **文件系统可调参数**：可能包括了压缩、数据消重等。

常见的组合包括随机读、连续读、随机写和连续写。在这个列表里我没有加上直接 I/O，因为它的目的是绕过文件系统并测试磁盘设备的性能（参见第 9 章）。

最重要的参数通常是*工作集大小*：访问的数据量大小。这可能是当前使用文件的总大小，取决于基准测试的配置。一个较小的工作集会导致所有访问都从主存（DRAM）里的缓存中返回，除非使用了直接 I/O 的标志。而一个较大的工作集则可能使得访问大部分从存储设备（磁盘）返回。其间的性能差异可能达到几个数量级。在一个刚挂载的文件系统上运行基准测试和在缓存填充后第二次运行测试的结果，可以凸显出工作集大小的影响。（另见 8.7.3 节。）

思考一下表 8.5 里列出的不同基准测试的大致预期结果，其中包括了文件的总大小（工作集大小）。

表 8.5　文件系统基准测试的预期结果

系统内存	文件总大小（WSS）	基准测试	预期结果
128GB	10GB	随机读	100% 缓存命中
128GB	10GB	随机读，直接 I/O	100% 磁盘读（因为直接 I/O）
128GB	1000GB	随机读	大部分是磁盘读，其中大约 12% 是缓存命中的
128GB	10GB	连续读	100% 缓存命中
128GB	1000GB	连续读	兼有缓存命中（由于预取）和磁盘读
128GB	10GB	缓冲写	大部分是缓存命中（缓冲），夹杂一些被阻塞的写，取决于文件系统行为
128GB	10GB	同步写	100% 磁盘写

有些文件系统基准测试工具并不了解它们测试的对象，可能一边显示磁盘基准测试，一边使用较小的总文件大小，结果自然都从缓存中返回。参见 8.3.12 节以理解测试文件系统（逻辑 I/O）与测试磁盘（物理 I/O）之间的区别。

有些磁盘基准测试工具通过文件系统的直接 I/O 发起，以避免缓存和缓冲。文件系统增加了代码执行路径以及从文件映射到磁盘的开销，因此仍有稍许影响。

要查阅有关这些内容的更多信息，可参见第 12 章。

8.6 观测工具

本节将介绍基于 Linux 系统的文件系统分析工具。具体的使用策略参见上一节。

表 8.6 列出了本节将介绍的工具。

表 8.6 文件系统分析工具

章节	工具	描述
8.6.1	mount	列出文件系统和它们的挂载选项
8.6.2	free	缓存容量统计信息
8.6.3	top	包括内存使用概要
8.6.4	vmstat	虚拟内存统计信息
8.6.5	sar	多种统计信息，包括历史信息
8.6.6	slabtop	内核 slab 分配器统计信息
8.6.7	strace	系统调用跟踪
8.6.8	fatrace	使用 fanotify 跟踪文件系统操作
8.6.9	LatencyTop	显示系统级的延时来源
8.6.10	opensnoop	跟踪打开的文件
8.6.11	filetop	使用中的最高 IOPS 和字节数的文件
8.6.12	cachestat	页缓存统计信息
8.6.13	ex4dist(xfs、zfs、btrfs、nfs)	显示 ext4 操作延时分布
8.6.14	ext4slower(xfs、zfs、btrfs、nfs)	显示慢的 ext4 操作
8.6.15	bpftrace	自定义文件系统跟踪

这一组精心挑选的工具及其具有的功能有力地支持了 8.5 节中介绍的方法。从传统的方法开始，然后是基于跟踪的工具。有些传统工具很可能在其他类 UNIX 系统上可用，包括 mount(8)、free(1)、top(1)、vmstat(8) 和 sar(1)。许多跟踪工具基于 BPF，使用了 BCC 和 bpftrace 前端（参见第 15 章），包括 opensnoop(8)、filetop(8)、cachestat(8)、ext4dist(8) 和 ext4slower(8)。

这些工具完整的功能叙述参见它们的文档和手册。

8.6.1 mount

Linux 中的 mount(1) 命令列出了挂载的文件系统和它们的挂载选项：

```
$ mount
/dev/nvme0n1p1 on / type ext4 (rw,relatime,discard)
devtmpfs on /dev type devtmpfs (rw,relatime,size=986036k,nr_inodes=246509,mode=755)
```

```
sysfs on /sys type sysfs (rw,nosuid,nodev,noexec,relatime)
proc on /proc type proc (rw,nosuid,nodev,noexec,relatime)
securityfs on /sys/kernel/security type securityfs (rw,nosuid,nodev,noexec,relatime)
tmpfs on /dev/shm type tmpfs (rw,nosuid,nodev)
[...]
```

第一行显示了一个 ext4 文件系统被存储在 /dev/nvme0n1p1 上，挂载在 / 上，挂载的选项是 rw、relatime 和 discard。relatime 是一个提高性能的选项，只有在修改或者更新的时间也在更新时，或者上一次更新时间超过一天时，才会更新访问时间，从而减少 inode 访问时间的更新以及产生的磁盘 I/O 开销。

8.6.2 free

Linux 中的 free(1) 命令展示了内存和交换区的统计信息。下面两个命令显示了正常的和宽（-w）的输出，单位都是 MB（-m）。

```
$ free -m
              total        used        free      shared  buff/cache   available
Mem:           1950         568         163           0        1218        1187
Swap:             0           0           0
$ free -mw
              total        used        free      shared     buffers       cache   available
Mem:           1950         568         163           0          84        1133        1187
Swap:             0           0           0
```

宽输出包含一个 buffers 列，表示缓冲区高速缓存的大小，以及一个 cache 列，表示页缓存大小。默认的输出将这些合并为 buff/cache。available 是一个重要的列（free(1) 新增的），表示在不需要交换内存的情况下有多少内存可供应用程序使用。它考虑了不能被立即回收的内存。

这些字段也可以从 /proc/meminfo 中读取，单位为 KB。

8.6.3 top

有些版本的 top(1) 命令包括了文件系统缓存的详细信息。这几行来自 Linux 的 top(1) 的信息包括了 free(1) 也报告的 buff/cache 和 available（avail Mem）统计信息：

```
MiB Mem :   1950.0 total,    161.2 free,    570.3 used.   1218.6 buff/cache
MiB Swap:      0.0 total,      0.0 free,      0.0 used.   1185.9 avail Mem
```

更多关于 top(1) 的信息可参见第 6 章的内容。

8.6.4 vmstat

vmstat(1) 命令和 top(1) 类似，也可能包含关于文件系统缓存的详细信息。更多关于 vmstat(1) 的信息可参见第 7 章的内容。

下面以每秒更新一次的频率运行 vmstat(1)：

```
$ vmstat 1
procs -----------memory---------- ---swap-- -----io---- -system-- ------cpu-----
 r  b   swpd   free   buff  cache   si   so    bi    bo   in   cs us sy id wa st
 0  0      0 167644  87032 1161112    0    0     7    14   14    1  4  2 90  0  5
 0  0      0 167636  87032 1161152    0    0     0     0  162  376  0  0 100  0  0
[...]
```

buff 列显示了缓冲区高速缓存的大小，cache 列显示了页缓存的大小，均以 KB 为单位。

8.6.5 sar

系统活动报告器（system activity reporter），sar(1)，提供了各种文件系统的统计信息，还可以对其进行配置以进行长期记录。sar(1) 所提供的各种统计信息在本书的多个章节里都有提到，详情可参见 4.4 节。

运行 sar(1)，每隔 1 秒报告一次当前的活动：

```
# sar -v 1
Linux 5.3.0-1009-aws (ip-10-1-239-218)     02/08/20        _x86_64_  (2 CPU)

21:20:24    dentunusd   file-nr  inode-nr    pty-nr
21:20:25        27027      1344     52945         2
21:20:26        27012      1312     52922         2
21:20:27        26997      1248     52899         2
[...]
```

选项 -v 提供了下列信息。

- **dentunusd**：目录项缓存未用计数（可用项）。
- **file-nr**：使用中的文件句柄个数。
- **inode-nr**：使用中的 inode 个数。
- **pty-nr**：使用的伪终端个数。

还有一个选项 -r，其打印了分别代表缓冲区高速缓存大小和页缓存大小的 kbbuffers 和 kbcached，均以 KB 为单位。

8.6.6 slabtop

Linux 中的 slabtop(1) 命令打印出了有关内核 slab 缓存的信息，其中有些用于文件系统缓存：

```
# slabtop -o
 Active / Total Objects (% used)    : 604675 / 684235 (88.4%)
 Active / Total Slabs (% used)      : 24040 / 24040 (100.0%)
 Active / Total Caches (% used)     : 99 / 159 (62.3%)
 Active / Total Size (% used)       : 140593.95K / 160692.10K (87.5%)
 Minimum / Average / Maximum Object : 0.01K / 0.23K / 12.00K

  OBJS ACTIVE  USE OBJ SIZE  SLABS OBJ/SLAB CACHE SIZE NAME
165945 149714  90%    0.10K   4255       39     17020K buffer_head
107898  66011  61%    0.19K   5138       21     20552K dentry
 67350  67350 100%    0.13K   2245       30      8980K kernfs_node_cache
 41472  40551  97%    0.03K    324      128      1296K kmalloc-32
 35940  31460  87%    1.05K   2396       15     38336K ext4_inode_cache
 33514  33126  98%    0.58K   2578       13     20624K inode_cache
 24576  24576 100%    0.01K     48      512       192K kmalloc-8
[...]
```

你可能会在输出中看到一些和文件系统相关的 slab 缓存：dentry、ext4_inode_cache 和 inode_cache。如果不使用选项 -o 的输出模式，slabtop(1) 将会不断刷新屏幕。

slab 可能包括下列内容。

- **buffer_head**：缓冲区高速缓存使用项。
- **dentry**：目录项缓存。
- **inode_cache**：inode 缓存。
- **ext3_inode_cache**：ext3 的 inode 缓存。
- **ext4_inode_cache**：ext4 的 inode 缓存。
- **xfs_inode**：XFS 的 inode 缓存。
- **btrfs_inode**：btrfs 的 inode 缓存。

slabtop(1) 使用 /proc/slabinfo，在启用 CONFIG_SLAB 的情况下生成。

8.6.7 strace

文件系统延时可以在系统调用接口层面使用包括 strace(1) 在内的 Linux 跟踪工具测量。然而，当前基于 ptrace(2) 实现的 strace(1) 会严重影响性能，只能在性能开销可接受且无法使用其他延时分析工具的情况下使用。更多关于 strace(1) 的信息可参见 5.5.4 节。

下面的例子展示了 strace(1) 测量 ext4 文件系统读操作的时间：

```
$ strace -ttT -p 845
[...]
18:41:01.513110 read(9, "\334\260/\224\356k..."..., 65536) = 65536 <0.018225>
18:41:01.531646 read(9, "\371X\265|\244\317..."..., 65536) = 65536 <0.000056>
18:41:01.531984 read(9, "\357\311\347\1\241..."..., 65536) = 65536 <0.005760>
18:41:01.538151 read(9, "*\263\264\204|\370..."..., 65536) = 65536 <0.000033>
18:41:01.538549 read(9, "\205q\327\304f\370..."..., 65536) = 65536 <0.002033>
18:41:01.540923 read(9, "\6\2738>zw\321\353..."..., 65536) = 65536 <0.000032>
```

选项 -tt 在左侧打印出相对时间戳，而选项 -T 在右侧打印出系统调用时间。每一个 read(2) 均为 64KB，第一个花了 18ms，下一个是 56μs（很可能被缓存了），然后是 5ms。读在文件描述符 9 上完成。如果想要检查这是一个文件系统读（而不是套接字），可以看看之前 strace(1) 的输出，其中会有 open(2) 系统调用，或者使用其他工具，如 lsof(8)。你也可以在 /proc 文件系统上找到 FD 9 的信息：/proc/845/fd{,info}/9。

考虑到 strace(1) 目前的开销，测量的延时可能会因为观察者效应而有些偏差。可参见较新的跟踪工具，包括 ext4slower(8)，它使用了每 CPU 的缓冲跟踪和 BPF 来大大降低开销，提供更精确的延时测量。

8.6.8 fatrace

fatrace(1) 是一个特殊的跟踪器，使用 Linux 的 fanotify API（文件存取通知）。示例输出如下：

```
# fatrace
sar(25294): O /etc/ld.so.cache
sar(25294): RO /lib/x86_64-linux-gnu/libc-2.27.so
sar(25294): C /etc/ld.so.cache
sar(25294): O /usr/lib/locale/locale-archive
sar(25294): O /usr/share/zoneinfo/America/Los_Angeles
sar(25294): RC /usr/share/zoneinfo/America/Los_Angeles
sar(25294): RO /var/log/sysstat/sa09
sar(25294): R /var/log/sysstat/sa09
[...]
```

每一行显示了进程名、PID、事件类型、全路径和可选的状态。事件的类型可以是打开（O）、读取（R）、写入（W）和关闭（C）。fatrace(1) 可以用作负载特征归纳：理解被访问的文件，并寻找不需要或者可以排除的工作。

然而，对于一个繁忙的文件系统负载来说，fatrace(1) 每秒可能产生数万行输出，并造成显著的 CPU 开销。在某种程度上，你可以通过过滤到只剩一种事件类型来缓解这个问题。基于 BPF 的跟踪工具，包括 opensnoop(8)（参见 8.6.10 节）可以大大降低资源开销。

8.6.9 LatencyTOP

LatencyTOP 是一个报告延时根源的工具，可以针对整个系统，也可以针对单个进程。

LatencyTOP 可报告文件系统延时，示例如下：

```
Cause                                                Maximum     Percentage
Reading from file                                  209.6 msec       61.9 %
synchronous write                                   82.6 msec       24.0 %
Marking inode dirty                                  7.9 msec        2.2 %
Waiting for a process to die                         4.6 msec        1.5 %
Waiting for event (select)                           3.6 msec       10.1 %
Page fault                                           0.2 msec        0.2 %

Process gzip (10969)                        Total: 442.4 msec
Reading from file                                  209.6 msec       70.2 %
synchronous write                                   82.6 msec       27.2 %
Marking inode dirty                                  7.9 msec        2.5 %
```

代码的上半部分是整个系统的总结，下半部分是一个正在压缩文件的 gzip(1) 进程。大多数 gzip(1) 的延时源自读文件，占 70.2%，而剩下的 27.2% 的延时是写入新压缩文件时产生的。

LatencyTOP 由 Intel 开发，不过已经很长时间没有被更新了，它的网站也下线了。它还需要两个一般不启用的内核选项。[1] 更简单的方法是使用 BPF 跟踪工具来度量文件系统延时，参见 8.6.13 节到 8.6.15 节。

8.6.10 opensnoop

opensnoop(8)[2] 是一个 BCC 和 bpftrace 工具，它可以跟踪文件打开，对于发现数据文件、日志文件和配置文件的地址有帮助。它还可以用来发现由于频繁打开文件造成的性能问题，或者用于排查由于丢失文件造成的问题。下面是一些示例输出，使用了 -T 选项包含时间戳：

1　这两个选项为CONFIG_LATENCYTOP和CONFIG_HAVE_ LATENCYTOP_SUPPORT。

2　起源：我于2004年开发了首个opensnoop，2015年9月17日开发了BCC版本，2018年9月8日开发了bpftrace版本。

```
# opensnoop -T
TIME(s)       PID    COMM             FD ERR PATH
0.000000000   26447  sshd              5   0 /var/log/btmp
[...]
1.961686000   25983  mysqld            4   0 /etc/mysql/my.cnf
1.961715000   25983  mysqld            5   0 /etc/mysql/conf.d/
1.961770000   25983  mysqld            5   0 /etc/mysql/conf.d/mysql.cnf
1.961799000   25983  mysqld            5   0 /etc/mysql/conf.d/mysqldump.cnf
1.961818000   25983  mysqld            5   0 /etc/mysql/mysql.conf.d/
1.961843000   25983  mysqld            5   0 /etc/mysql/mysql.conf.d/mysql.cnf
1.961862000   25983  mysqld            5   0 /etc/mysql/mysql.conf.d/mysqld.cnf
[...]
2.438417000   25983  mysqld            4   0 /var/log/mysql/error.log
[...]
2.816953000   25983  mysqld           30   0 ./binlog.000024
2.818827000   25983  mysqld           31   0 ./binlog.index_crash_safe
2.820621000   25983  mysqld            4   0 ./binlog.index
[...]
```

这个输出包括了 MySQL 数据库的启动，opensnoop(2) 揭示了配置文件、日志文件、数据文件（二进制日志）和其他更多的信息。

opensnoop(8) 的工作机制是仅跟踪 open(2) 及其系统调用变种：open(2) 和 openat(2)。开销基本可以忽略，因为打开的操作一般不太频繁。

BCC 版本的选项包括如下几个。

- **-T**：包括时间戳列。
- **-x**：只显示失败的打开事件。
- **-p PID**：仅跟踪这个进程的打开事件。
- **-n NAME**：仅显示进程名含有这个名字的打开事件。

选项 -x 可以用于排错：主要用于应用程序无法打开文件的场景。

8.6.11 filetop

filetop(8)[1] 是一个 BCC 工具，文件版的 top(1)，可以显示最频繁读或者写的文件名。示例输出如下：

1 起源：受William LeFebvre的top(1)的启发，我于2016年2月6日开发了BCC版本。

```
# filetop
Tracing... Output every 1 secs. Hit Ctrl-C to end

19:16:22 loadavg: 0.11 0.04 0.01 3/189 23035

TID    COMM             READS  WRITES R_Kb    W_Kb    T FILE
23033  mysqld           481    0      7681    0       R sb1.ibd
23033  mysqld           3      0      48      0       R mysql.ibd
23032  oltp_read_only.  3      0      20      0       R oltp_common.lua
23031  oltp_read_only.  3      0      20      0       R oltp_common.lua
23032  oltp_read_only.  1      0      19      0       R Index.xml
23032  oltp_read_only.  4      0      16      0       R openssl.cnf
23035  systemd-udevd    4      0      16      0       R sys_vendor
[...]
```

默认情况下显示前 20 名，按照读取字节数排序。最上面一行显示了 mysqld 从 sb1.ibd 文件中读取了 481 次，总计 7681KB。

这个工具用于负载特征归纳和通用文件系统观测。正如你可以用 top(1) 来发现意料之外的消耗 CPU 的进程，这个工具可以帮你发现意料之外的 I/O 忙文件。

filetop 默认只显示普通文件。使用选项 -a 可显示所有文件，包括 TCP 套接字和设备节点：

```
# filetop -a
[...]
TID    COMM             READS  WRITES R_Kb    W_Kb    T FILE
21701  sshd             1      0      16      0       O ptmx
23033  mysqld           1      0      16      0       R sbtest1.ibd
23335  sshd             1      0      8       0       S TCP
1      systemd          4      0      4       0       R comm
[...]
```

现在输出中包含了文件类型 other（O）和套接字（S）。在这个例子里，其他类型 ptmx 是一个在 /dev 下的特殊字符文件。

选项包括如下几个。

- **-C**：不要清屏，滚动输出。
- **-a**：显示所有文件类型。
- **-r ROWS**：显示指定的行数（默认 20）。
- **-p PID**：只跟踪这个进程。

除非使用选项 -C，否则屏幕每秒刷新（类似 top(1)）。我倾向于使用 -C，这样输出在终端回滚缓冲区，以备以后需要时参考。

8.6.12 cachestat

cachestat(8)[1] 是一个 BCC 工具，其展示了页缓存命中和未命中的统计信息。这可以用来检查页面缓存的命中率和效率，并在调查系统和应用程序调优时运行，以获得缓存性能的反馈。输出示例如下：

```
$ cachestat -T 1
TIME          HITS   MISSES  DIRTIES HITRATIO   BUFFERS_MB  CACHED_MB
21:00:48       586        0     1870  100.00%          208        775
21:00:49       125        0     1775  100.00%          208        776
21:00:50       113        0     1644  100.00%          208        776
21:00:51        23        0     1389  100.00%          208        776
21:00:52       134        0     1906  100.00%          208        777
[...]
```

这个输出显示了一个完全缓存的读工作负载（有 HITS，并且 HITRATIO 为 100%）和一个较高的写负载（DIRTIES）。在理想情况下，命中率接近 100%，这样应用程序读就不会在磁盘 I/O 上阻塞。

如果你遇到低命中率影响了性能的情况，可以将应用程序的内存大小调整得更小一些，为页缓存留下更多的空间。如果配置了交换设备，还可以调整 swappiness，使其更倾向于从页面缓存中驱逐旧页而不是交换。

选项 -T 用来打印时间戳。

虽然这个工具为了页缓存命中率提供了关键的洞察，但是它还只是一个实验性工具，使用 kprobes 来跟踪某些内核函数，因此它需要额外的维护工作才能在不同的内核版本上工作。更妙的是，如果增加 tracepoint 或者 /proc 统计信息，这个工具可以被重写并使用这些信息，并且变得更加稳定。它现在最大的用处是展示开发这样一个工具是可以做到的。

8.6.13 ext4dist（xfs、zfs、btrfs、nfs）

ext4dist(8)[2] 是一个 BCC 和 bpftrace 工具，用于监测 ext4 文件系统，把普通操作的延时分布通过直方图显示出来：读、写、打开和 fsync。可以用于其他文件系统的版本还有：xfsdist(8)、zfsdist(8)、btrfsdist(8) 和 nfsdist(8)。示例输出如下：

1 起源：我于2014年12月28日开发了这个实验性的Ftrace工具。Allan McAleavy于2015年11月6日将其移植到了BCC上。

2 起源：我于2016年2月12日开发了这个BCC工具，然后为了写[Gregg 19]一书于2019年2月2日开发了bpftrace版本。这些工具均基于我在2012年开发的一个早期ZFS工具。

```
# ext4dist 10 1
Tracing ext4 operation latency... Hit Ctrl-C to end.

21:09:46:

operation = read
     usecs               : count     distribution
         0 -> 1          : 783      |***********************                 |
         2 -> 3          : 88       |**                                      |
         4 -> 7          : 449      |*************                           |
         8 -> 15         : 1306     |****************************************|
        16 -> 31         : 48       |*                                       |
        32 -> 63         : 12       |                                        |
        64 -> 127        : 39       |*                                       |
       128 -> 255        : 11       |                                        |
       256 -> 511        : 158      |****                                    |
       512 -> 1023       : 110      |***                                     |
      1024 -> 2047       : 33       |*                                       |

operation = write
     usecs               : count     distribution
         0 -> 1          : 1073     |****************************            |
         2 -> 3          : 324      |********                                |
         4 -> 7          : 1378     |************************************    |
         8 -> 15         : 1505     |****************************************|
        16 -> 31         : 183      |****                                    |
        32 -> 63         : 37       |                                        |
        64 -> 127        : 11       |                                        |
       128 -> 255        : 9        |                                        |

operation = open
     usecs               : count     distribution
         0 -> 1          : 672      |****************************************|
         2 -> 3          : 10       |                                        |

operation = fsync
     usecs               : count     distribution
       256 -> 511        : 485      |**********                              |
       512 -> 1023       : 308      |******                                  |
      1024 -> 2047       : 1779     |****************************************|
      2048 -> 4095       : 79       |*                                       |
      4096 -> 8191       : 26       |                                        |
      8192 -> 16383      : 4        |                                        |
```

这里使用了10秒的间隔和1次计数来展示一次10秒的跟踪。它显示了一个双模式的读取延时分布，一个模式在0到15微秒之间，可能是缓存命中，还有另外一个在256到2048微秒之间，可能是磁盘读取。还可以研究一下其他操作的分布。写入的速度很快，很可能是因为缓冲的缘故，随后用较慢的fsync操作刷新到磁盘上。

这个工具和它的配套工具ext4slower(8)（参见8.6.14节）展示了应用程序可能经历的延时。还可以测量磁盘级别的延时，这在第9章里阐述。不过应用程序可能不会被直接阻塞在磁盘I/O上，这使得测量结果更难解释。在可能的情况下，我首先使用ext4dist(8)/ext4slower(8)工具，然后再使用磁盘I/O延时工具。参见8.3.12节，可了解该工具测量的文件系统逻辑I/O与磁盘物理I/O之间的区别。[1]

选项包括如下两个。

- **-m**：以毫秒为单位打印结果。
- **-p PID**：仅跟踪这个进程。

这个工具的输出可以被可视化成一张延时热图。要想获得更多关于文件系统慢I/O的信息，请运行ext4slower(8)及其变种。

8.6.14 ext4slower（xfs、zfs、btrfs、nfs）

ext4slower(8)[12]跟踪普通ext4操作并且打印慢于某个给定阈值的事件的详细信息。可跟踪的操作包括读、写、打开和fsync。示例输出如下：

```
# ext4slower
Tracing ext4 operations slower than 10 ms
TIME     COMM           PID    T BYTES   OFF_KB   LAT(ms) FILENAME
21:36:03 mysqld         22935  S 0       0          12.81 sbtest1.ibd
21:36:15 mysqld         22935  S 0       0          12.13 ib_logfile1
21:36:15 mysqld         22935  S 0       0          10.46 binlog.000026
21:36:15 mysqld         22935  S 0       0          13.66 ib_logfile1
21:36:15 mysqld         22935  S 0       0          11.79 ib_logfile1
[...]
```

结果列显示了时间（TIME）、进程名（COMM）、pid（PID）、操作类型（T列中，R表示读/W表示写/O表示打开/S表示同步）、以KB为单位的偏移量（OFF_KB）、以毫秒为单位的操作延时（LAT(ms)）和文件名（FILENAME）。

输出显示了超过10毫秒的同步操作数（S），这是ext4slower(8)的默认阈值。阈值可以作为参数传入；选择0毫秒将会显示所有操作：

1 起源：基于我于2011年开发的一个早期ZFS工具，我于2016年2月11日开发了这个工具。

```
# ext4slower 0
Tracing ext4 operations
21:36:50 mysqld         22935  W 917504  2048       0.42 ibdata1
21:36:50 mysqld         22935  W 1024    14165      0.00 ib_logfile1
21:36:50 mysqld         22935  W 512     14166      0.00 ib_logfile1
21:36:50 mysqld         22935  S 0       0          3.21 ib_logfile1
21:36:50 mysqld         22935  W 1746    21714      0.02 binlog.000026
21:36:50 mysqld         22935  S 0       0          5.56 ibdata1
21:36:50 mysqld         22935  W 16384   4640       0.01 undo_001
21:36:50 mysqld         22935  W 16384   11504      0.01 sbtest1.ibd
21:36:50 mysqld         22935  W 16384   13248      0.01 sbtest1.ibd
21:36:50 mysqld         22935  W 16384   11808      0.01 sbtest1.ibd
21:36:50 mysqld         22935  W 16384   1328       0.01 undo_001
21:36:50 mysqld         22935  W 16384   6768       0.01 undo_002
[...]
```

从输出中可以看出一个模式：mysqld 在写入文件之后会有一个同步操作。

跟踪所有的操作会产生大量的输出，造成连带开销。我只会做较短的时间（例如 10 秒），以理解在其他概要（extdist(8)）中无法发现的文件系统操作模式。

选项 -p PID 仅跟踪一个进程，而 -j 可以产生可解析的输出（CSV）。

8.6.15 bpftrace

bpftrace 是一个基于 BPF 的跟踪工具，它提供了一种高级编程语言，允许创建功能强大的单行命令和短脚本。它非常适合在其他工具给出的线索之上，定制文件系统分析。

bpftrace 将在第 15 章中进行解释。本节将展示一些文件系统分析的例子：单行命令、系统调用跟踪、VFS 跟踪和文件系统内部。

单行命令

下面是一些有用的单行命令，展示了 bpftrace 的不同能力。

跟踪通过 openat(2) 打开的文件，带进程名：

```
bpftrace -e 't:syscalls:sys_enter_openat { printf("%s %s\n", comm, str(args->filename)); }'
```

按照系统调用类型统计读系统调用：

```
bpftrace -e 'tracepoint:syscalls:sys_enter_*read* { @[probe] = count(); }'
```

按照系统调用类型统计写系统调用：

```
bpftrace -e 'tracepoint:syscalls:sys_enter_*write* { @[probe] = count(); }'
```

显示 read() 系统调用的请求大小分布：

```
bpftrace -e 'tracepoint:syscalls:sys_enter_read { @ = hist(args->count); }'
```

显示 read() 系统调用的读取字节数（和错误）：

```
bpftrace -e 'tracepoint:syscalls:sys_exit_read { @ = hist(args->ret); }'
```

按照错误码统计 read() 系统调用错误数：

```
bpftrace -e 't:syscalls:sys_exit_read /args->ret < 0/ { @[- args->ret] = count(); }'
```

统计 VFS 调用数：

```
bpftrace -e 'kprobe:vfs_* { @[probe] = count(); }'
```

统计进程 ID 为 181 的 VFS 调用数：

```
bpftrace -e 'kprobe:vfs_* /pid == 181/ { @[probe] = count(); }'
```

统计 ext4 tracepoint：

```
bpftrace -e 'tracepoint:ext4:* { @[probe] = count(); }'
```

统计 xfs tracepoint：

```
bpftrace -e 'tracepoint:xfs:* { @[probe] = count(); }'
```

按照进程名和用户栈统计 ext4 文件读取数量：

```
bpftrace -e 'kprobe:ext4_file_read_iter { @[ustack, comm] = count(); }'
```

跟踪 ZFS spa_sync() 的运行时间：

```
bpftrace -e 'kprobe:spa_sync { time("%H:%M:%S ZFS spa_sync()\n"); }'
```

按照进程名和 PID 统计 dcache 引用：

```
bpftrace -e 'kprobe:lookup_fast { @[comm, pid] = count(); }'
```

系统调用跟踪

系统调用是一个很好的跟踪目标，是许多跟踪工具的监测源头。然而，有些系统调用缺乏文件系统上下文，使得它们用起来很混乱。我想提供一个有效的（跟踪 openat(2)）和无效的（跟踪 read(2)）的例子，并提供建议的补救措施。

openat(2)

跟踪 open(2) 系统调用家族可以显示的打开的文件。现今，openat(2) 变种被使用得更加广泛。跟踪如下：

```
# bpftrace -e 't:syscalls:sys_enter_openat { printf("%s %s\n", comm,
    str(args->filename)); }'
Attaching 1 probe...
```

```
sa1 /etc/sysstat/sysstat
sadc /etc/ld.so.cache
sadc /lib/x86_64-linux-gnu/libsensors.so.5
sadc /lib/x86_64-linux-gnu/libc.so.6
sadc /lib/x86_64-linux-gnu/libm.so.6
sadc /sys/class/i2c-adapter
sadc /sys/bus/i2c/devices
sadc /sys/class/hwmon
sadc /etc/sensors3.conf
[...]
```

这个输出捕捉到了 sar(1) 归档统计信息的执行及其正在打开的文件。bpftrace 使用 tracepoint 提供的文件名参数；所有的参数都可以使用选项 -lv 获得：

```
# bpftrace -lv t:syscalls:sys_enter_openat
tracepoint:syscalls:sys_enter_openat
    int __syscall_nr;
    int dfd;
    const char * filename;
    int flags;
    umode_t mode;
```

参数有系统调用号、文件描述符、文件名、打开选项和打开模式：信息足够单行命令和工具使用，例如 opensnoop(8)。

read(2)

read(2) 是一个有用的跟踪目标，用以理解文件系统读延时。然而，注意这些 tracepoint 参数（看看你能不能发现问题）：

```
# bpftrace -lv t:syscalls:sys_enter_read
tracepoint:syscalls:sys_enter_read
    int __syscall_nr;
    unsigned int fd;
    char * buf;
    size_t count;
```

read(2) 可以用来调用文件系统、套接字、/proc 和其他目标，而参数无法区分它们。为了说明这有多混乱，下面按进程名来统计 read(2) 的系统调用：

```
# bpftrace -e 't:syscalls:sys_enter_read { @[comm] = count(); }'
Attaching 1 probe...
^C
```

```
@[systemd-journal]: 13
@[sshd]: 141
@[java]: 3472
```

在跟踪时，Java 执行了 3472 次 read(2) 系统调用，但是它们来源于文件系统、套接字还是其他的？（sshd 读应该是套接字 I/O。）

read(2) 提供的文件描述符（FD）是一个整数，不过它仅仅是一个数字，并没有说明 FD 的类型（而 bpftrace 运行于一个受限的内核态：它无法在 /proc 里查找 FD 信息）。至少有四种方法可以解决这个问题：

- 从 bpftrace 中打印 PID 和 FD，然后使用 lsof(8) 或者 /proc 查找 FD，看看它们到底是什么。
- 马上完工的 BPF 帮助函数 get_fd_path()，可以从一个 FD 返回路径名。这可以帮助从其他类型中区分文件系统读（有路径名）。
- 从 VFS 中跟踪，里面有更多可用的数据结构。
- 直接跟踪文件系统函数，这样可以排除其他 I/O 类型。ext4dist(8) 和 ext4slower(8) 使用了这个方法。

下面关于 VFS 延时分析的内容展示了基于 VFS 的解决方案。

VFS 跟踪

因为虚拟文件系统（VFS）抽象了所有文件系统（和其他设备），跟踪它的调用可提供一个观测所有文件系统的角度。

VFS 统计

统计 VFS 调用提供了一个使用中的操作类型的高级概览。下面使用 kprobe 对以“_vfs”开头的内核函数进行统计：

```
# bpftrace -e 'kprobe:vfs_* { @[func] = count(); }'
Attaching 65 probes...
^C
[...]
@[vfs_statfs]: 36
@[vfs_readlink]: 164
@[vfs_write]: 364
@[vfs_lock_file]: 516
@[vfs_iter_read]: 2551
@[vfs_statx]: 3141
@[vfs_statx_fd]: 4214
@[vfs_open]: 5271
```

```
@[vfs_read]: 5602
@[vfs_getattr_nosec]: 7794
@[vfs_getattr]: 7795
```

这展示出了全系统范围内发生的不同操作类型。跟踪时发生了 7795 次 vfs_read()。

VFS 延时

与系统调用一样，VFS 读可以是文件系统、套接字和其他目标。下面的 bpftrace 程序从内核结构（inode 超级块名）中获取类型，展示了按类型分解的 vfs_read() 延时，单位为微秒：

```
# vfsreadlat.bt
Tracing vfs_read() by type... Hit Ctrl-C to end.
^C
[...]
@us[sockfs]:
[0]                  141 |@@@@@@@@@@@@@@@@@@@@@@@@@@@@@@@@@@@@@@@@@@@@@@@@@@@@|
[1]                   91 |@@@@@@@@@@@@@@@@@@@@@@@@@@@@@@@@@                   |
[2, 4)                57 |@@@@@@@@@@@@@@@@@@@@@                               |
[4, 8)                53 |@@@@@@@@@@@@@@@@@@@                                 |
[8, 16)               86 |@@@@@@@@@@@@@@@@@@@@@@@@@@@@@@@                     |
[16, 32)               2 |                                                    |
[...]

@us[proc]:
[0]                  242 |@@@@@@@@@@@@@@@@@@@@@@@@@@@@@@@@@@@@@@@@@@@@@@@@@@@@|
[1]                   41 |@@@@@@@@                                            |
[2, 4)                40 |@@@@@@@@                                            |
[4, 8)                61 |@@@@@@@@@@@@@                                       |
[8, 16)               44 |@@@@@@@@@                                           |
[16, 32)              40 |@@@@@@@@                                            |
[32, 64)               6 |@                                                   |
[64, 128)              3 |                                                    |

@us[ext4]:
[0]                  653 |@@@@@@@@@@@@@@@@@@@@@@@@@@@@@@@@@@@@@@@@@@@         |
[1]                  447 |@@@@@@@@@@@@@@@@@@@@@@@@@@@@@@                      |
[2, 4)                70 |@@@@                                                |
[4, 8)               774 |@@@@@@@@@@@@@@@@@@@@@@@@@@@@@@@@@@@@@@@@@@@@@@@@@@@@|
[8, 16)              417 |@@@@@@@@@@@@@@@@@@@@@@@@@@@@                        |
[16, 32)              25 |@                                                   |
[32, 64)               7 |                                                    |
[64, 128)            170 |@@@@@@@@@@@                                         |
```

```
[128, 256)            55 |@@@                                       |
[256, 512)            59 |@@@                                       |
[512, 1K)            118 |@@@@@@@                                   |
[1K, 2K)               3 |@@                                        |
```

输出（已截断）包括了这些文件系统的延时直方图：sysfs、devpts、pipefs、devtmpfs、tmpfs 和 anon_inodefs。

源代码是：

```
#!/usr/local/bin/bpftrace
#include <linux/fs.h>

BEGIN
{
        printf("Tracing vfs_read() by type... Hit Ctrl-C to end.\n");
}

kprobe:vfs_read
{
        @file[tid] = ((struct file *)arg0)->f_inode->i_sb->s_type->name;
        @ts[tid] = nsecs;
}

kretprobe:vfs_read
/@ts[tid]/
{
        @us[str(@file[tid])] = hist((nsecs - @ts[tid]) / 1000);
        delete(@file[tid]); delete(@ts[tid]);
}

END
{
        clear(@file); clear(@ts);
}
```

你可以扩展这个工具以包括其他操作，如 vfs_read()、vfs_write()、vfs_writev() 等。为了理解这段代码，可以先看 15.2.4 节，那里解释了计时 vfs_read() 的基本原理。

请注意，这个延时可能会直接影响也可能不直接影响应用程序性能，这一点在 8.3.1 节中提到过。这取决于延时是在应用程序请求期间遇到的，还是在异步后台任务期间发生的。为了回答这个问题，可以将用户栈踪迹（ustack）作为一个额外的直方图项，可能会揭示 vfs_read() 调用是否发生在应用程序请求期间。

文件系统内部

如果有需要的话，你可以开发定制工具来展示文件系统内部的行为。如果可用的话，从尝试 tracepoint 开始。ext4 的列出项如下：

```
# bpftrace -l 'tracepoint:ext4:*'
tracepoint:ext4:ext4_other_inode_update_time
tracepoint:ext4:ext4_free_inode
tracepoint:ext4:ext4_request_inode
tracepoint:ext4:ext4_allocate_inode
tracepoint:ext4:ext4_evict_inode
tracepoint:ext4:ext4_drop_inode
[...]
```

每一项都有参数，可以通过选项 -lv 列出。如果 tracepoint 不足（或者你的文件系统类型不支持），可考虑使用 kprobe 进行动态监测。下面是 ext4 的 kprobe 目标：

```
# bpftrace -lv 'kprobe:ext4_*'
kprobe:ext4_has_free_clusters
kprobe:ext4_validate_block_bitmap
kprobe:ext4_get_group_number
kprobe:ext4_get_group_no_and_offset
kprobe:ext4_get_group_desc
kprobe:ext4_wait_block_bitmap
[...]
```

在这个内核版本（5.3）中，有 105 个 ext4 的 tracepoint 和 538 个可能的 ext4 kprobe。

8.6.16 其他工具

本书其他章节和《BPF 之巅》[Gregg 19] 一书中包括的文件系统观测工具如表 8.7 所示。

表 8.7 其他文件系统观测工具

章节	工具	描述
5.5.6	syscount	统计包括与文件系统相关的系统调用
[Gregg 19]	statsnoop	跟踪对 stat(2) 变种的调用
[Gregg 19]	syncsnoop	跟踪对 stat(2) 及其变种的调用，带时间戳
[Gregg 19]	mmapfiles	统计 mmap(2) 文件数
[Gregg 19]	scread	统计 read(2) 文件数
[Gregg 19]	fmapfault	统计文件映射错误
[Gregg 19]	filelife	跟踪短命文件，带生命长度，单位为秒

续表

章节	工具	描述
[Gregg 19]	vfsstat	一般 VFS 操作统计信息
[Gregg 19]	vfscount	统计所有 VFS 操作
[Gregg 19]	vfssize	显示 VFS 读 / 写大小
[Gregg 19]	fsrwstat	按照文件系统类型显示 VFS 读写数
[Gregg 19]	fileslower	显示慢的文件读 / 写
[Gregg 19]	filetype	按照文件类型和进程显示 VFS 读写
[Gregg 19]	ioprofile	统计 I/O 上的栈，显示代码路径
[Gregg 19]	writesync	按照同步标志显示普通文件写
[Gregg 19]	writeback	显示回写事件和延时
[Gregg 19]	dcstat	目录缓存命中统计信息
[Gregg 19]	dcsnoop	跟踪目录缓存查找
[Gregg 19]	mountsnoop	全系统范围内跟踪挂载和卸载
[Gregg 19]	icstat	inode 缓存命中统计信息
[Gregg 19]	bufgrow	按照进程和字节数显示缓存高速缓冲区增长
[Gregg 19]	readahead	显示预读命中和效率

其他 Linux 文件系统相关工具包括如下几个。

- **df(1)**：报告文件系统使用情况和容量统计信息。
- **inotify**：Linux 文件系统事件监测框架。

除了操作系统提供的工具，有些文件系统还有自己定制的性能工具，如 ZFS。

ZFS

ZFS 提供了 zpool(1M) 命令，使用 iostat 子选项可以看到 ZFS 池的统计信息。它报告了池的操作频率（读和写）以及吞吐量。

arcstat.pl 是一个较普及的性能插件，报告了 ARC 和 L2ARC 的大小、命中和未命中的比例。例如：

```
$ arcstat 1
    time  read  miss  miss%  dmis  dm%  pmis  pm%  mmis  mm%  arcsz     c
04:45:47     0     0      0     0    0     0    0     0    0    14G   14G
04:45:49   15K    10      0    10    0     0    0     1    0    14G   14G
04:45:50   23K    81      0    81    0     0    0     1    0    14G   14G
04:45:51   65K    25      0    25    0     0    0     4    0    14G   14G
[...]
```

每条统计信息统计了一段时间内的数据，分别如下。

- **read、miss**：ARC 的访问总次数、未命中次数。
- **miss%、dm%、pm%、mm%**：ARC 未命中总百分比、请求百分比、预取百分比、元数据百分比。
- **dmis、pmis、mmis**：每秒未命中的请求数、预取数、元数据数。
- **arcsz、c**：ARC 的大小、ARC 的目标大小。

arcstat.pl 是一个从 kstat 中读取统计信息的 Perl 程序。

8.6.17 可视化

文件系统上的负载可以通过在一条时间轴上描点以发现其与时间相关的使用模式。分别制作读、写和其他文件系统操作的图也有助于识别使用模式。

文件系统延时的分布通常是双模的：文件系统缓存命中的低延时众数和缓存未命中（存储设备 I/O）的高延时众数。因此，把这个分布通过一个值——如均值、众数或者中位数——表现出来会产生误导。

解决问题的一个方法是使用可视化工具显示全分布，例如热图。2.10.3 节中介绍了热图。图 8.13 展示了一个例子，其中 *X* 轴表示时间，*Y* 轴表示 I/O 延时 [Gregg 09a]。

这张热图显示了启用 L2ARC 设备对 NFSv3 延时的影响。L2ARC 设备是一个次级 ZFS 缓存，在主存之后，通常使用闪存（在 8.3.2 节中提到过）。图 8.13 所示的系统有 128GB 的主存（DRAM）和 600GB 的 L2ARC（读优化的 SSD）。热图的左半部分显示没有 L2ARC 设备时的延时（L2ARC 被禁用），右半部分显示有 L2ARC 设备时的延时。

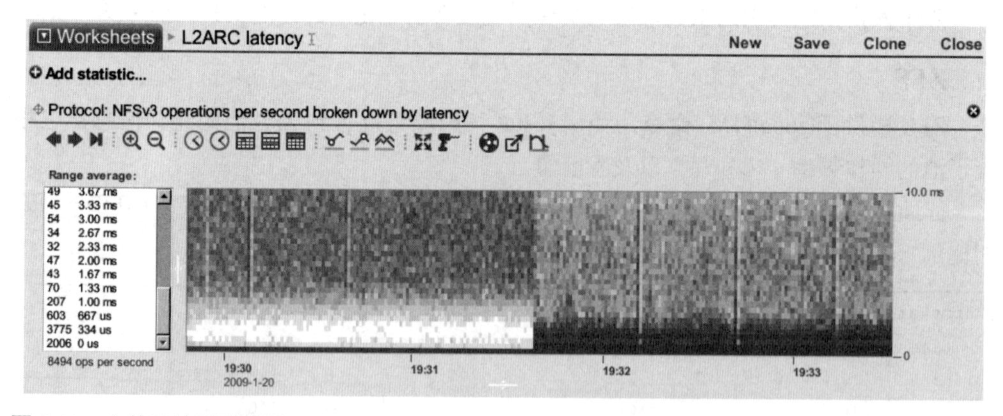

图 8.13 文件系统延时热图

图 8.13 的左半部分，文件系统延时不是低就是高，中间为空白。低延时是底部的那条蓝线，约 0 毫秒，这很可能是主存缓存命中。高延时从 3 毫秒左右开始并延伸到顶部，就像一朵“云”，这很可能是旋转磁盘延时。这种双模态的延时分布是典型的文件系统延时，特别是底层有旋转磁盘时。

图 8.13 的右半部分启用了 L2ARC，延时通常低于 3 毫秒，而且较高的磁盘延时较少。你可以看到 L2ARC 的延时是如何填补热图左边的空白的，这在整体上降低了文件系统延时。

8.7 实验

本节将描述主动测试文件系统性能的工具。建议参考 8.5.8 节中介绍的测试策略。

使用这些工具时，最好让 iostat(1) 在后台一直运行，以确认当前负载与预期一致，都抵达了磁盘。举个例子，当测试集大小能够很容易放进文件系统缓存时，读负载预计会有 100% 的缓存命中率，因而 iostat(1) 根本就不会显示磁盘 I/O。第 9 章介绍了 iostat(1)。

8.7.1 Ad Hoc

dd(1) 命令（设备到设备复制）可以执行文件系统连续负载的特定性能测试。下面的命令先写，然后以 1MB 的 I/O 大小读一个名为 file1 的 1GB 的文件：

```
write: dd if=/dev/zero of=file1 bs=1024k count=1k
read: dd if=file1 of=/dev/null bs=1024k
```

Linux 版本的 dd(1) 会在结束时打印统计信息。例如：

```
$ dd if=/dev/zero of=file1 bs=1024k count=1k
1024+0 records in
1024+0 records out
1073741824 bytes (1.1 GB, 1.0 GiB) copied, 0.76729 s, 1.4 GB/s
```

这展示了文件系统的写吞吐量达到了 1.4GB/s（使用了回写缓存，这样只污染了内存并会在晚些时候刷新到磁盘上，取决于 vm.dirty_* 参数的设置，可参见 7.6.1 节）。

8.7.2 微基准测试工具

市面上有很多文件系统基准测试工具，包括 Bonnie、Bonnie++、iozone、tiobench、SysBench、fio 和 FileBench。这里按照复杂程度递增的顺序讨论其中的一小部分，可参考第 12 章。我个人推荐使用 fio。

Bonnie、Bonnie++

Bonnie 是一个在单文件上以单线程测试几种负载的简单 C 程序。它最初由 Tim Bray 于 1989 年开发 [Bray 90]。用法很简单，无须参数（使用默认参数）：

```
$ ./Bonnie
File './Bonnie.9598', size: 104857600
[...]
              -------Sequential Output-------- ---Sequential Input-- --Random--
              -Per Char- --Block--- -Rewrite-- -Per Char- --Block--- --Seeks---
Machine    MB K/sec %CPU K/sec %CPU K/sec %CPU K/sec %CPU K/sec %CPU  /sec %CPU
          100 123396 100.0 1258402 100.0 996583 100.0 126781 100.0 2187052 100.0
164190.1 299.0
```

输出包括了每次测试的CPU时间，这里的100%表示Bonnie并未被阻塞在磁盘I/O上，而是永远命中缓存并一直占据着CPU。原因在于，Bonnie的测试文件大小为100MB，在这个系统里都被缓存收入囊中了。选项-s可以设置测试文件的大小。

还有一个64位的版本叫作Bonnie-64，它允许测试更大的文件。Russell Coker用C++重写了这个程序，命名为Bonnie++[Coker 01]。

不幸的是，像Bonnie这样的文件系统基准测试工具可能会让你误入歧途，除非你对测试本身有清楚的理解。第一个结果是一个putc(3)测试，其结果可能会因系统库的不同实现而大相径庭，这样的话，测试的对象就变成了系统库而不是文件系统。可参考12.3.2节中的例子。

fio

由Jens Axboe开发的Flexible IO Tester（fio），是一个有很多高级功能的可定制文件系统基准测试工具[Axboe 20]。让我对它爱不释手的两个理由如下。

- 非标准随机分布（nonuniform random distribution），可以更准确地模拟真实的访问模式（例如，-random_distribution=pareto:0.9）。
- 延时百分位数报告，包括99.00、99.50、99.90、99.95、99.99。

下面是一个示例输出，显示了一个随机读负载，其中I/O大小为8KB，测试集大小为5GB，非统一访问模式（pareto:0.9）：

```
# fio --runtime=60 --time_based --clocksource=clock_gettime --name=randread --
numjobs=1 --rw=randread --random_distribution=pareto:0.9 --bs=8k --size=5g --
filename=fio.tmp
randread: (g=0): rw=randread, bs=8K-8K/8K-8K/8K-8K, ioengine=sync, iodepth=1
fio-2.0.13-97-gdd8d
Starting 1 process
Jobs: 1 (f=1): [r] [100.0% done] [3208K/0K/0K /s] [401 /0 /0  iops] [eta 00m:00s]
randread: (groupid=0, jobs=1): err= 0: pid=2864: Tue Feb  5 00:13:17 2013
  read : io=247408KB, bw=4122.2KB/s, iops=515 , runt= 60007msec
    clat (usec): min=3 , max=67928 , avg=1933.15, stdev=4383.30
```

```
    lat (usec): min=4 , max=67929 , avg=1934.40, stdev=4383.31
   clat percentiles (usec):
    |  1.00th=[    5],  5.00th=[    5], 10.00th=[    5], 20.00th=[    6],
    | 30.00th=[    6], 40.00th=[    6], 50.00th=[    7], 60.00th=[  620],
    | 70.00th=[  692], 80.00th=[ 1688], 90.00th=[ 7648], 95.00th=[10304],
    | 99.00th=[19584], 99.50th=[24960], 99.90th=[39680], 99.95th=[51456],
    | 99.99th=[63744]
   bw (KB/s)  : min= 1663, max=71232, per=99.87%, avg=4116.58, stdev=6504.45
   lat (usec) : 4=0.01%, 10=55.62%, 20=1.27%, 50=0.28%, 100=0.13%
   lat (usec) : 500=0.01%, 750=15.21%, 1000=4.15%
   lat (msec) : 2=3.72%, 4=2.57%, 10=11.50%, 20=4.57%, 50=0.92%
   lat (msec) : 100=0.05%
  cpu          : usr=0.18%, sys=1.39%, ctx=13260, majf=0, minf=42
  IO depths    : 1=100.0%, 2=0.0%, 4=0.0%, 8=0.0%, 16=0.0%, 32=0.0%, >=64=0.0%
     submit    : 0=0.0%, 4=100.0%, 8=0.0%, 16=0.0%, 32=0.0%, 64=0.0%, >=64=0.0%
     complete  : 0=0.0%, 4=100.0%, 8=0.0%, 16=0.0%, 32=0.0%, 64=0.0%, >=64=0.0%
     issued    : total=r=30926/w=0/d=0, short=r=0/w=0/d=0
```

延时百分位数(clat)显示了非常低的延时，直到第 50 百分位数，根据延时(5~7 微秒)，我认为这是高速缓存命中。剩下的百分位数体现了缓存未命中，包括队尾的数字；在这个例子里，第 99.99 百分位数的延时是 63ms。

虽然从百分位数里还不能看出多众数分布的态势，但它们却集中暴露了最有意思的部分：较慢众数（磁盘 I/O）的长尾部分。

一个类似但更简单的工具是 SysBench（一个把 SysBench 用于 CPU 分析的例子可以参见 6.8.2 节）。如果需要更多的选项和功能，可以试试 FileBench。

FileBench

FileBench 是一个可编程的文件系统基准测试工具，可以通过自带的负载模型语言（Workload Model Language）来描述应用程序的负载。这样可以模拟不同行为的线程，也可以指定同步线程的行为。配置选项又称为个性化配置（personalities），选择非常多，其中还包括模拟 Oracle 数据库 I/O 模型。不过，FileBench 不易使用，只有那些专职工作于文件系统的人才感兴趣。

8.7.3 缓存刷新

Linux 提供了一个刷新（或者丢弃缓存项）文件系统缓存的方法，这个方法可能有助于那些从一致的、“冷”缓存状态开始执行的基准测试，比如系统重启。内核源码文档（Documentation/sysctl/vm.txt）里简单描述了这个机制：

```
To free pagecache:
        echo 1 > /proc/sys/vm/drop_caches
To free reclaimable slab objects (includes dentries and inodes):
        echo 2 > /proc/sys/vm/drop_caches
To free slab objects and pagecache:
        echo 3 > /proc/sys/vm/drop_caches
```

在其他基准测试运行前释放一切（选项 3），使系统以一致的状态（冷缓存）开始，有助于提供一致的基准测试结果，这一点特别有用。

8.8 调优

8.5 节中已经介绍了很多调优方法，包括缓存调优和负载特征归纳。后者通过识别和排除那些不需要的负载，可以达到最佳优化结果。本节主要覆盖一些特殊的调优参数（可调参数）。

调优的细节——可以调整的选项和设置值——取决于操作系统版本、文件系统类型和预期的负载。下面的章节从一些例子中展开，介绍了可用的可调参数以及为什么要调整它们。具体的例子是应用程序调用和两个文件系统的例子：ext4 和 ZFS。如果要对页缓存进行调优，请参考第 7 章。

8.8.1 应用程序调用

8.3.7 节提到了如何通过 fsync(2) 刷新一个逻辑组的写请求，相较于使用 open(2) 标志位 O_DSYNC/O_RSYNC 的一个个写入，这种方法提高了同步写的性能。

其他可以提高性能的调用包括 posix_fadvise() 和 madvise(2)，这些函数可以为缓存策略提供建议。

posix_fadvise()

这个库函数调用（包装了 fadvise64(2) 系统调用）操作文件的一个区域，原型如下：

```
int posix_fadvise(int fd, off_t offset, off_t len, int advice);
```

提供的建议如表 8.8 所示。

表 8.8 posix_fadvise() 的建议标志位

建议	描述
POSIX_FADV_SEQUENTIAL	指定的数据范围会被连续访问
POSIX_FADV_RANDOM	指定的数据范围会被随机访问
POSIX_FADV_NOREUSE	数据不会被重用

续表

建议	描述
POSIX_FADV_WILLNEED	数据会在不远的将来被重用
POSIX_FADV_DONTNEED	数据不会在不远的将来被重用

内核可以利用这个信息提高性能，决定什么时候预取数据以及什么时候缓存数据。内核还可以根据应用程序的建议，提高高优先级数据的缓存命中率。参数的完整列表请参考系统的手册页。

madvise()

这个系统调用操作一块内存映射，原型如下：

```
int madvise(void *addr, size_t length, int advice);
```

提供的建议如表 8.9 所示。

表 8.9 madvise() 的建议标志位

建议	描述
MADV_RANDOM	偏移量将以随机顺序被访问
MADV_SEQUENTIAL	偏移量将以连续顺序被访问
MADV_WILLNEED	数据还会被再用（请缓存）
MADV_DONTNEED	数据不会被再用（请勿缓存）

和 posix_fadvise() 一样，内核使用这个信息来提高性能，做出更好的缓存决定。

8.8.2 ext4

Linux 中的 ext2、ext3、ext4 文件系统可以通过以下 4 种方法优化：

- mount 选项
- tune2fs(8) 命令
- /sys/fs/ext4 属性文件
- e2fsck(8) 命令

mount 和 tune2fs

挂载选项可以在挂载时设置，要么手动通过 mount(8) 命令操作，要么修改 /boot/grab/menu.lst 和 /etc/fstab 里的启动选项。可用的选项在 mount(8) 的手册页里有介绍。一些示例选项如下：

```
# man mount
[...]
FILESYSTEM-INDEPENDENT MOUNT OPTIONS
[...]
       atime  Do not use the noatime feature, so the inode access time is con-
              trolled  by  kernel  defaults.  See also the descriptions of the
              relatime and strictatime mount options.

       noatime
              Do not update inode access times on this  filesystem  (e.g.  for
              faster access on the news spool to speed up news servers).  This
[...]
       relatime
              Update  inode  access  times  relative to modify or change time.
              Access time is only updated if the previous access time was ear-
              lier  than  the  current  modify  or  change  time.  (Similar to
              noatime, but it doesn't break mutt or  other  applications  that
              need  to know if a file has been read since the last time it was
              modified.)
              Since Linux 2.6.30, the kernel defaults to the behavior provided
              by   this   option  (unless  noatime  was  specified),  and  the
              strictatime option is required to obtain traditional  semantics.
              In  addition, since Linux 2.6.30, the file's last access time is
              always updated if it is more than 1 day old.
[...]
```

选项 noatime 历来被用于通过避免访问时间戳更新及其相关的磁盘 I/O 来提高性能。正如输出里描述的那样，relatime 是默认选项，同样也减少了更新。

mount(8) 的手册页涵盖了通用挂载选项和特定文件系统的挂载选项；不过，ext4 有自己特定的挂载选项，参见 ext4(5)。

```
# man ext4
[...]
Mount options for ext4
[...]
      The  options  journal_dev, journal_path, norecovery, noload, data, com-
      mit, orlov, oldalloc, [no]user_xattr, [no]acl, bsddf,  minixdf,  debug,
      errors,  data_err,  grpid,  bsdgroups, nogrpid, sysvgroups, resgid, re-
      suid, sb, quota, noquota, nouid32, grpquota, usrquota,  usrjquota,  gr-
      pjquota, and jqfmt are backwardly compatible with ext3 or ext2.

      journal_checksum | nojournal_checksum
```

```
            The  journal_checksum option enables checksumming of the journal
            transactions.  This will allow the recovery code in  e2fsck  and
[...]
```

当前挂载设置可以通过 tune2fs -l *device* 和 *mount*（空选项）查看。正如它的手册页里描述的那样，tune2fs(8) 可以设置或者清除多种挂载选项。

一个经常用来提高性能的挂载选项是 noatime，它避免了文件访问时间戳的更新——如果文件系统用户不需要的话——可以降低后端 I/O。

/sys/fs 属性文件

一些额外的可调参数可以实时通过 /sys 文件系统设置。对于 ext4：

```
# cd /sys/fs/ext4/nvme0n1p1
# ls
delayed_allocation_blocks  last_error_time          msg_ratelimit_burst
err_ratelimit_burst        lifetime_write_kbytes    msg_ratelimit_interval_ms
err_ratelimit_interval_ms  max_writeback_mb_bump    reserved_clusters
errors_count               mb_group_prealloc        session_write_kbytes
extent_max_zeroout_kb      mb_max_to_scan           trigger_fs_error
first_error_time           mb_min_to_scan           warning_ratelimit_burst
inode_goal                 mb_order2_req            warning_ratelimit_interval_ms
inode_readahead_blks       mb_stats
journal_task               mb_stream_req
# cat inode_readahead_blks
32
```

这段输出表示，ext4 最多会预读 32 个 inode 表块。并不是所有的文件都可调：有些仅仅是提供信息而已。在 Linux 源码的 Documentation/admin-guide/ext4.rst[Linux 20h] 里有文档，里面还有挂载选项。

e2fsck

最后，e2fsck(8) 命令可以用来重建文件系统目录的索引，可能可以提升性能。例如：

```
e2fsck -D -f /dev/hdX
```

e2fsck(8) 的其他选项则与检查和修复文件系统相关。

8.8.3 ZFS

ZFS 支持大量文件系统级别的可调参数（又称为属性），以及少数系统级别的参数。通过 zfs(1) 命令可以列出文件系统属性。例如：

```
# zfs get all zones/var
NAME        PROPERTY          VALUE         SOURCE
[...]
zones/var   recordsize        128K          default
zones/var   mountpoint        legacy        local
zones/var   sharenfs          off           default
zones/var   checksum          on            default
zones/var   compression       off           inherited from zones
zones/var   atime             off           inherited from zones
[...]
```

（截断的）输出包括了属性名、当前值和来源。来源显示了它是怎样被设置的：是从更高一级的 ZFS 数据集继承而来，还是默认值，抑或专门对这个文件系统设置的。

zfs(1M) 命令同样可以设置这些参数，在 zfs(1M) 的手册页里有具体描述。表 8.10 列出了和性能相关的关键参数。

表 8.10　ZFS 数据集中的关键可调参数

参数	选项	描述
recordsize	512B ～ 128KB	建议的文件块大小
compression	on | off | lzjb | gzip | gzip-[1-9] | ale | lz4	在后端 I/O 堵塞的情况下，轻量级的算法（如 lzjb）可以在某些情况下提高性能
atime	on | off	访问时间戳更新（引发读后写）
primarycache	all | none | metadata	ARC 策略；使用“none”或者“metadata”（仅缓存元数据）能够降低因低优先级文件系统（例如，归档）造成的缓存污染
secondarycache	all | none | metadata	L2ARC 策略
logbias	latency | throughput	同步写的建议：“latency”使用日志设备，而“throughput”使用池设备
sync	standard | always | disabled	同步写行为

最重要的调优参数一般是记录尺寸，需要让它和应用程序 I/O 相匹配。它一般默认为 128KB，这个值在随机小 I/O 的情况下效率不高。注意，这个对小于记录尺寸的文件无效，因为这些文件是以等于文件大小的动态记录尺寸存放的。如果不需要访问时间戳，禁用 atime 也可以提高性能（虽然更新行为被优化过）。

ZFS 还提供了系统级别的参数，包括调整事务组（transaction group，TXG）同步时间（zfs_txg_synctime_ms、zfs_txg_timeout）和一个 metaslab 行为转换，以时间换空间的百分比阈值（metaslab_df_free_pct）。把 TXG 调得更小可以通过降低和其他 I/O 的竞争和排队来提升性能。

其他的内核可调参数请查阅供应商的文档以得到完整的列表、描述和警告。

8.9 练习

1. 回答下面有关文件系统术语的问题：

- 逻辑 I/O 和物理 I/O 有什么区别?
- 随机 I/O 和连续 I/O 有什么区别?
- 什么是直接 I/O？
- 什么是非阻塞 I/O？
- 什么是工作集大小?

2. 回答下面的概念问题：

- VFS 的职责是什么?
- 描述什么是文件系统延时，特别是可以在哪些位置测量。
- 预取（预读）的目的是什么?
- 直接 I/O 的目的是什么？

3. 回答下面更深入的问题：

- 描述使用 fsync(2) 相对于使用 O_SYNC 的优势。
- 描述使用 mmap(2) 相对于使用 read(2)/write(2) 的优势和劣势。
- 描述逻辑 I/O 变成物理 I/O 时放大的原因。
- 描述逻辑 I/O 变成物理 I/O 时缩小的原因。
- 解释文件系统写时复制如何能够提高性能。

4. 为你的操作系统制作以下资料：

- 一个文件系统缓存调优检查表。应该列出现有的文件系统缓存，以及如何检查它们的大小、使用情况和命中率。
- 一个文件系统操作的负载特征归纳表。包括如何得到各项详细信息，并且优先使用现有的文件系统观测工具。

5. 完成下面的任务：

- 选择一个应用程序，测量文件系统操作和延时，包括
  - 文件系统操作延时的全分布，而不仅仅是平均值。
  - 每个文件系统线程在文件系统操作上的时间分配。

- 使用一个微基准测试工具，通过实验的方式判断文件系统缓存大小。解释你选择某工具的原因。另外，在缓存容纳不了测试集的情况下，要体现出性能下降（使用任何指标）。

6. （可选，高级）开发一个观测工具，提供文件系统同步写相对于异步写的指标。这应包括它们的频率和延时，并且能够分辨发起这些请求的进程 ID，以方便进行负载特征归纳。
7. （可选，高级）开发一个工具，提供间接和放大的文件系统 I/O 的统计信息：额外的字节和非应用程序直接发出的 I/O。它应把额外的 I/O 分解成不同的类型，以解释原因。

8.10 参考资料

[Ritchie 74] Ritchie, D. M., and Thompson, K., "The UNIX Time-Sharing System," *Communications of the ACM* 17, no. 7, pp. 365–75, July 1974

[Lions 77] Lions, J., *A Commentary on the Sixth Edition UNIX Operating System*, University of New South Wales, 1977.

[McKusick 84] McKusick, M. K., Joy, W. N., Leffler, S. J., and Fabry, R. S., "A Fast File System for UNIX." *ACM Transactions on Computer Systems (TOCS)* 2, no. 3, August 1984.

[Bach 86] Bach, M. J., *The Design of the UNIX Operating System*, Prentice Hall, 1986.

[Bray 90] Bray, T., "Bonnie," http://www.textuality.com/bonnie, 1990.

[Sweeney 96] Sweeney, A., "Scalability in the XFS File System," *USENIX Annual Technical Conference*, https://www.cs.princeton.edu/courses/archive/fall09/cos518/papers/xfs.pdf, 1996.

[Vahalia 96] Vahalia, U., *UNIX Internals: The New Frontiers*, Prentice Hall, 1996.

[Coker 01] Coker, R., "bonnie++," https://www.coker.com.au/bonnie++, 2001.

[XFS 06] "XFS User Guide," https://xfs.org/docs/xfsdocs-xml-dev/XFS_User_Guide/tmp/en-US/html/index.html, 2006.

[Gregg 09a] Gregg, B., "L2ARC Screenshots," http://www.brendangregg.com/blog/2009-01-30/l2arc-screenshots.html, 2009.

[Corbet 10] Corbet, J., "Dcache scalability and RCU-walk," *LWN.net*, http://lwn.net/Articles/419811, 2010.

[Doeppner 10] Doeppner, T., *Operating Systems in Depth: Design and Programming*, Wiley, 2010.

[XFS 10] "Runtime Stats," https://xfs.org/index.php/Runtime_Stats, 2010.

[Oracle 12] "ZFS Storage Pool Maintenance and Monitoring Practices," *Oracle Solaris Administration: ZFS File Systems*, https://docs.oracle.com/cd/E36784_01/html/E36835/storage-9.html, 2012.

[Ahrens 19] Ahrens, M., "State of OpenZFS," *OpenZFS Developer Summit 2019*, https://drive.google.com/file/d/197jS8_MWtfdW2LyvIFnH58uUasHuNszz/view, 2019.

[Axboe 19] Axboe, J., "Efficient IO with io_uring," https://kernel.dk/io_uring.pdf, 2019.

[Gregg 19] Gregg, B., *BPF Performance Tools: Linux System and Application Observability*, Addison-Wesley, 2019.

[Axboe 20] Axboe, J., "Flexible I/O Tester," https://github.com/axboe/fio, last updated 2020.

[Linux 20h] "ext4 General Information," *Linux documentation*, https://www.kernel.org/doc/html/latest/admin-guide/ext4.html, accessed 2020.

[Torvalds 20a] Torvalds, L., "Re: Do not blame anyone. Please give polite, constructive criticism," https://www.realworldtech.com/forum/?threadid=189711&curpostid=189841, 2020.

第9章
磁盘

磁盘 I/O 可能会造成严重的应用程序延时，因此是系统性能分析的一个重要目标。在高负载下，磁盘成为瓶颈，CPU 持续空闲以等待磁盘 I/O 结束。发现并消除这些瓶颈能让性能和应用程序吞吐量提升几个数量级。

术语“磁盘”[1] 指系统的主要存储设备。这包括磁性旋转磁盘和基于闪存的固态磁盘（SSD），引入后者主要是为了提高磁盘的 I/O 性能，而事实上的确做到了。然而，对容量和 I/O 频率的需求仍在不断增长，闪存设备并不能完全解决性能问题。

本章的学习目标如下。

- 理解磁盘模型和概念。
- 理解磁盘访问模式是如何影响性能的。
- 理解磁盘使用率解释上的问题。
- 熟悉磁盘设备特征和内部原理。
- 熟悉从文件系统到设备的内核路径。
- 理解 RAID 级别和它们的性能。
- 按照不同的方法进行磁盘性能分析。
- 归纳系统级和每个进程的磁盘 I/O。
- 度量磁盘 I/O 延时分布并识别出异常点。
- 识别请求磁盘 I/O 的应用程序和代码路径。
- 使用跟踪器详细调查磁盘 I/O。
- 了解磁盘可调参数。

本章由六个部分组成，前三部分介绍了磁盘 I/O 分析的基础知识，后三部分则在基于 Linux 的系统上应用这些分析方法。下面是一些详细介绍。

1　本章介绍的磁盘（disk）指包括机械磁盘和固态硬盘在内的主要存储器，非狭义上的磁性硬盘。——译者注

- **背景**部分介绍了与存储相关的术语，磁盘设备的基本模型以及磁盘性能的关键概念。
- **架构**部分概述了存储硬件和软件的架构。
- **方法**部分描述了性能分析的方法，包括观测性方法和实验性方法。
- **观测工具**部分展现了基于 Linux 系统的磁盘性能观测工具，包括跟踪和可视化工具。
- **实验**部分总结了磁盘基准测试工具。
- **调优**部分描述了一些磁盘调优参数的实例。

第 8 章介绍了建立在磁盘之上的文件系统的性能，它是理解应用程序性能更好的研究对象。

9.1 术语

本章使用的磁盘相关术语如下。

- **虚拟磁盘**：存储设备的模拟。在系统看来，这是一块物理磁盘，但是，它可能由多块磁盘或一块磁盘的一部分组成。
- **传输总线**：用来通信的物理总线，包括数据传输（I/O）以及其他磁盘命令。
- **扇区**：磁盘上的一个存储块，过去是 512B 大小，如今通常为 4KB 大小。
- **I/O**：对于磁盘，严格地说仅仅包括读和写，而不包括其他磁盘命令。I/O 至少由方向（读或写）、磁盘地址（位置）和大小（字节数）组成。
- **磁盘命令**：除了读和写，磁盘还会被指派执行其他非数据传输的命令（例如，缓存回写）。
- **吞吐量**：对于磁盘而言，吞吐量通常指当前数据传输速率，单位是每秒字节数。
- **带宽**:这是存储传输总线或者控制器能够达到的最大数据传输速率，它受限于硬件。
- **I/O 延时**:一个 I/O 操作的执行时间，9.3.1 节中定义了更精确的时间术语。注意，在网络领域，“延时”这个词有其他的意思，指发起一个 I/O 需要的时间，后面则是数据传输时间。
- **延时离群点**：非同寻常的高延时磁盘 I/O。

其他术语会在本章里穿插介绍。另外可参考第 2 章和第 3 章的术语部分。

9.2 模型

下面的简单模型演示了磁盘 I/O 性能的一些基本原理。

9.2.1 简单磁盘

现代磁盘包括一个磁盘上的 I/O 请求队列，如图 9.1 所示。

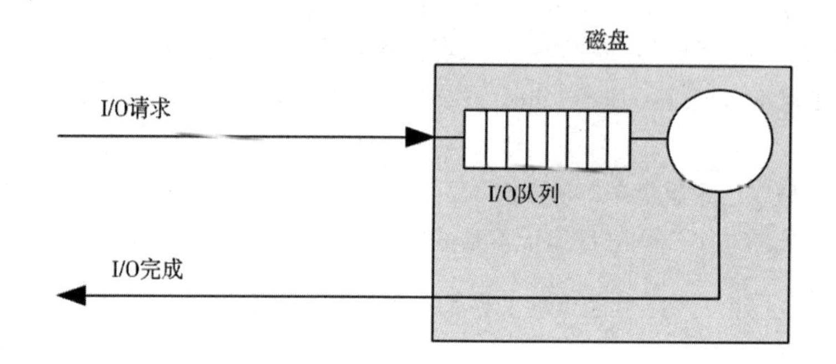

图 9.1 带队列的简单磁盘

磁盘接受的 I/O 请求要么在队列里等待，要么正在被处理中。这个简单模型就像超市的收银口，顾客们排起队来等待服务。它也很适合用排队理论进行分析。

虽然这看上去好像是一个先来后到的队列，事实上，磁盘管理器可以为了优化性能而采用其他算法。这些算法包括旋转磁盘的电梯寻道算法（参见 9.4.1 节中的讨论），或者为读写 I/O 分别准备队列（特别是闪存盘）。

9.2.2 缓存磁盘

磁盘缓存的加入使有些读请求可以从更快的内存介质中返回，如图 9.2 所示。只需物理磁盘设备里的一小块内存（DRAM）就可以达到这种效果。

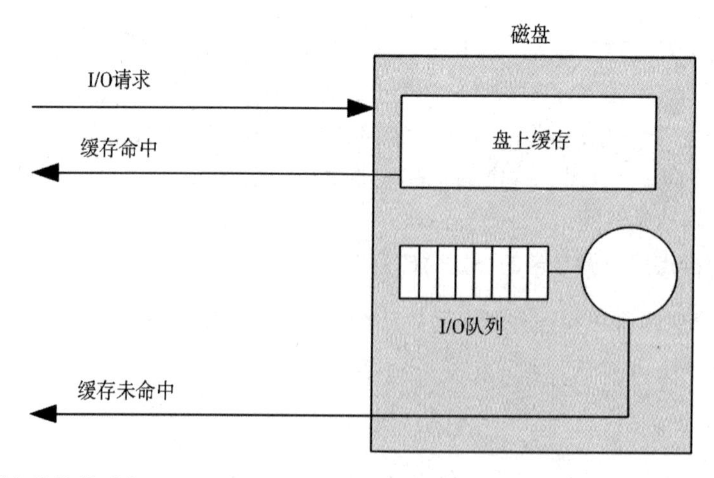

图 9.2 带缓存的简单磁盘

虽然缓存的命中可以带来非常低（优秀）的延时，但高延时的缓存未命中仍然在磁盘设备中经常发生。

磁盘上的缓存也可以用作*回写缓存*，以提高写性能。在数据被写到缓存后，磁盘就通知写入已经结束，之后再把数据写入较慢的永久磁盘存储介质中。与之相对的另一种做法叫作*写穿缓存*，只有当写操作完全进入下一层时再返回请求。

在实践中，存储回写缓存通常带有电池，这样在掉电情况下缓冲数据仍然可以被保存下来。电池可能会被安装在磁盘或者磁盘控制器上。

9.2.3 控制器

图 9.3 演示了一种简单的磁盘控制器，其把 CPU 的 I/O 传输总线、存储总线以及相连的磁盘设备桥接起来。这个设备又称为*主机总线适配器*（host bus adaptor，HBA）。

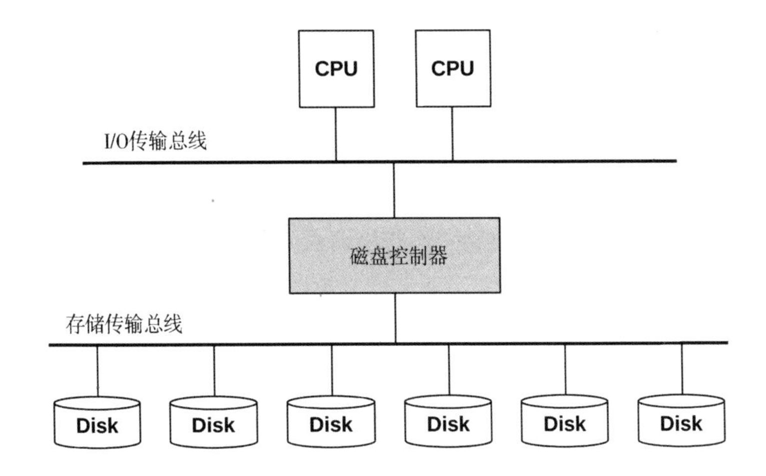

图 9.3 简单的磁盘控制器和连接的传输总线

该设备的性能可能受限于其中任何一个组件，包括总线、磁盘控制器和磁盘。更多有关磁盘控制器的信息参见 9.4 节。

9.3 概念

下面是磁盘性能领域的一些重要概念。

9.3.1 测量时间

I/O 时间可以被测量为如下几项。

- **I/O 请求时间（也被称为 I/O 响应时间）**：从发出一条 I/O 到完成的完整时间。
- **I/O 等待时间**：I/O 在队列中等待服务的时间。
- **I/O 服务时间**：I/O 得到处理的时间（不在等待）。

这些在图 9.4 中有所展示。

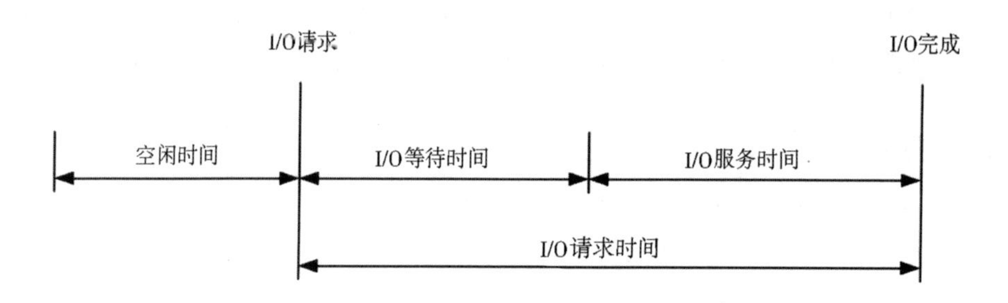

图 9.4 I/O 时间术语（通用）

术语服务时间来源于早期，当时磁盘都是一些简单的设备，由操作系统直接管理。对于磁盘是否在服务 I/O，操作系统可谓了如指掌。而今磁盘有了自己的内部队列，操作系统的服务时间包括在设备队列里等待的时间。

我尽可能使用更清晰的术语来表示测量的内容，从什么事件开始到什么事件结束。开始事件和结束事件可能是基于内核或者基于磁盘的，其中基于内核的事件的时间在磁盘设备的块 I/O 接口上测量（参见图 9.7）。

从内核的角度：

- *块 I/O 等待时间*（也称为*操作系统等待时间*）是从一个新 I/O 被创建并插入内核 I/O 队列到它最后离开内核队列并被发送给设备的时间。这可能会跨越多个内核队列，包括一个块 I/O 层队列和一个磁盘设备队列。
- *块 I/O 服务时间*是发出请求到达设备和设备完成中断之间的时间。
- *块 I/O 请求时间*是块 I/O 等待时间和块 I/O 服务时间之和——从创建 I/O 到它完成的完整时间。

从磁盘的角度：

- *磁盘等待时间*是花在磁盘队列上的时间。
- *磁盘服务时间*是进入磁盘的队列之后 I/O 被主动处理需要的时间。
- *磁盘请求时间*（又称为*磁盘响应时间*或*磁盘 I/O 延时*）是磁盘等待时间加上磁盘服务时间之和，等于块 I/O 服务时间。

图 9.5 描绘了这一切，DWT 是磁盘等待时间，而 DST 是磁盘服务时间。这张图也展示了磁盘上的缓存，以及磁盘缓存命中如何能够带来短得多的磁盘服务时间（DST）。

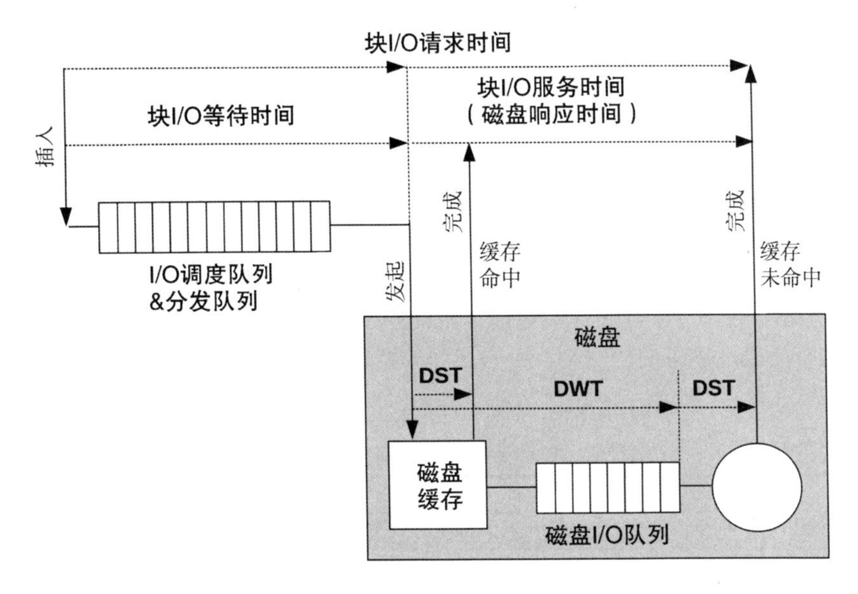

图 9.5　内核和磁盘的时间术语

第 1 章中介绍的 I/O 延时是另一个常用的术语。和其他术语一样，它的含义取决于度量的位置。I/O 延时可以单独指块 I/O 的请求时间：所有 I/O 时间。应用程序和性能工具通常使用磁盘 I/O 延时这个术语来指代磁盘请求时间：在设备上的所有时间。如果你从设备的角度与硬件工程师交谈，他们可能会用磁盘 I/O 延时这个术语来指代磁盘等待时间。

块 I/O 服务时间通常作为测量当前磁盘性能的一个指标（也是旧版本 iostat(1) 展示的），但是，始终牢记这只是一种简化。图 9.7 描绘了一个通用 I/O 栈，表现了块设备接口下三种可能的驱动层。其中任何一种都有可能实现自己的队列，抑或阻塞在互斥量上，增加 I/O 延时。延时被包括在块 I/O 服务时间之内。

计算时间

磁盘服务时间通常不从内核统计数据直接观测而来，平均磁盘服务时间可通过 IOPS 和使用率推算出来：

磁盘服务时间 = 使用率 / IOPS

例如，60% 的使用率和 300 的 IOPS 得出平均服务时间为 2ms（600ms/300 IOPS）。前提是，使用率反映了一次只能处理一个 I/O 的单个设备（或者服务中心）。但磁盘往往能并发处理多个 I/O，这样这个计算方法就不准确了。

除了使用内核统计数据，还可以使用事件跟踪来提供准确的磁盘服务时间，通过测量磁盘 I/O 的发出和完成时间的高精度时间戳即可。可以使用本章后续描述的工具来完成（例如 9.6.6 节中介绍的 biolatency(8)）。

9.3.2 时间尺度

磁盘 I/O 的时间尺度千差万别，从几十微秒到数千毫秒。在最慢的一端，单个慢磁盘 I/O 可能导致糟糕的应用程序响应时间；而在最快的一端，只有在 I/O 数量很大的时候性能才会出现问题（很多快 I/O 的延时总和等于一个慢 I/O 的延时）。

表 9.1 列出了磁盘 I/O 延时时间可能出现的一个大致范围。如果想得到准确和时下的数值，请查阅磁盘供应商的文档，并自己做一些微基准测试。除磁盘 I/O 以外的时间尺度请参阅第 2 章。

表 9.1 磁盘 I/O 延时时间尺度示例

事件	延时	比例
磁盘缓存命中	小于 100 μs[1]	1 秒
读闪存	100 ～ 1000μs（I/O 由小到大）	1 ～ 10 秒
旋转磁盘连续读	约 1ms	10 秒
旋转磁盘随机读（7200r/min）	约 8ms	1.3 分钟
旋转磁盘随机读（慢，排队）	大于 10ms	1.7 分钟
旋转磁盘随机读（队列较长）	大于 100ms	17 分钟
最差情况的虚拟磁盘 I/O（硬盘控制器、RAID-5、排队、随机 I/O）	大于 1000ms	2.8 小时

为了更好地演示相关的时间数量级，表中“比例”一列展示了对比情况，在理想状况下磁盘缓存命中时间为 1 秒。

这些延时在不同环境需求下有不同的含义。对于一个工作在企业存储领域的人来说，我觉得任何大于 10ms 的磁盘 I/O 延时都过于漫长，很可能有性能问题。在云计算领域则能容忍更高的延时，特别是对于基于 Web 的应用程序，本来客户端和浏览器之间的网络延时就已经很高了。在这些环境里，磁盘 I/O 只有在超过 50ms 时才是问题（单个 I/O 时间，或者在一个应用程序请求期间的时间总和）。

表 9.1 还显示了一块磁盘可以返回两种延时：一种是磁盘缓存命中（低于 100μs），另一种是缓存未命中（1 ～ 8ms，甚至更慢，取决于访问模式和磁盘类型）。由于磁盘会返回这两种延时，所以以一个平均延时来表达（例如，iostat(1)）难免有误导之嫌。事实上，这是一种双模态分布。磁盘 I/O 延时的直方图示例可参见图 2.23。

1 非易失性内存标准（NVMe）存储设备的延时为10～20μs：这些通常是通过PCIe总线卡连接的闪存。

9.3.3 缓存

最好的磁盘 I/O 性能就是没有 I/O。许多软件栈的层尝试通过缓存读和缓冲写来避免磁盘 I/O 抵达磁盘。表 3.2 显示了完整的列表，囊括了应用程序和文件系统的缓存。表 9.2 列出了在磁盘设备驱动层甚至更下层的缓存。

表 9.2 磁盘 I/O 缓存

缓存	示例
设备缓存	ZFS vdev
块缓存	缓冲区高速缓存
磁盘控制器缓存	RAID 卡缓存
存储阵列缓存	阵列缓存
磁盘缓存	磁盘数据控制器（DDC）附带 DRAM

第 8 章描述了基于块的缓冲区高速缓存。这些磁盘 I/O 缓存对于提高随机 I/O 负载的性能非常重要。

9.3.4 随机 I/O 与连续 I/O

根据磁盘上 I/O 的相对位置（磁盘偏移量），可以用术语随机和连续描述磁盘 I/O 负载。第 8 章在谈到文件访问模式时有讨论。

连续负载也被称为流负载。术语流一般用于应用程序层，用来描述对“磁盘”（文件系统）的流式读和写。

在磁性旋转磁盘时代，随机与连续磁盘 I/O 模式的对比是研究的重点。随机 I/O 带来的磁头寻道和 I/O 之间的盘片旋转会导致额外的延时。图 9.6 展示了这一情况，磁头从扇区 1 到扇区 2 需要寻道和旋转两个动作（实际路径是越直接越好）。性能调优的工作就包含识别并通过一些手段排除随机 I/O，例如缓存、将随机 I/O 分离到不同的磁盘，以及以减少寻道距离为目的的数据摆放。

其他类型的硬盘，包括基于闪存的 SSD，在执行随机和连续读时通常没什么区别。不过还是有一些由其他因素造成的细微差别，具体取决于硬盘本身，例如地址查找缓存可以应对连续 I/O，却对随机 I/O 无能为力。由于读 - 改 - 写的效应，比块小的写入可能会遇到性能问题，特别是随机写。

需要注意的是，从操作系统角度看到的磁盘偏移量并不一定是物理磁盘的偏移量。例如，硬件提供的虚拟磁盘可能把一块连续偏移量范围映射到多块磁盘。磁盘可能会按自己的方式重新映射偏移量（通过磁盘数据控制器）。有时随机 I/O 并不通过检查偏移量的方式被确定，而是由服务时间的上升来推断。

图 9.6 旋转磁盘

9.3.5 读 / 写比

除了识别是随机还是连续负载，另一个度量特征是读 / 写比，与 IOPS 或者吞吐量相关。还可以通过一段时间内的比例来表示，例如，“系统启动后读的比例占到 80%”。

理解这个比例有助于设计和配置系统。一个读频率较高的系统可以通过增加缓存来获得性能提升，而一个写频率较高的系统则可以通过增加磁盘来提高最大吞吐量和 IOPS。

读和写本身可以是不同的负载模式：读可能是随机的，而写可能是连续的（特别是写时复制的文件系统）。它们的 I/O 大小可能不尽相同。

9.3.6 I/O 大小

负载的另一个特征是 I/O 的平均大小（字节数），或者 I/O 大小的分布。更大的 I/O 一般提供了更大的吞吐量，尽管单位 I/O 的延时有所上升。

磁盘设备子系统可能会改变 I/O 大小（例如，量化到 512 字节扇区）。由于 I/O 从应用程序层发起，大小可能会因一些内核组件而被放大或者缩小，比如文件系统、卷管理器和设备驱动，可参考 8.3.12 节。

有些磁盘设备，特别是基于闪存的设备，对不同的读 / 写大小有非常不同的行为。比如，一个基于闪存的磁盘驱动器可能在 4KB 读和 1MB 写时表现得最好。理想的 I/O 大小可以查阅磁盘供应商的文档，或者通过微基准测试获得。当前使用中的 I/O 大小可以通过观测工具获得（参见 9.6 节）。

9.3.7 IOPS 并不平等

因为上面列出的最后三项特征，所以 IOPS 并非生而平等，不能在不同设备和负载的情况下进行简单比较。一个 IOPS 值本身没有太多的意义，并不能单独用来准确比较负载。

例如，对于旋转磁盘，5000 IOPS 的连续负载可能比 1000 IOPS 的随机负载快得多。基于闪存的 IOPS 同样也很难比较，因为它们的 I/O 性能通常和 I/O 大小及方向（读或写）紧密相关。

IOPS 对于应用程序负载来说，可能没有想象中那么重要。一个包含随机请求的工作负载一般对延时敏感，在这种情况下，高 IOPS 是可取的。流式（顺序）负载对吞吐量敏感，在这种情况下，降低 IOPS 以获得更大的 I/O 量反而更可取。

有意义的 IOPS 需要包含其他细节：随机或者连续、I/O 大小、读 / 写比、缓存和直接读 / 写比，以及并行 I/O 数量。另外，考虑使用基于时间的指标，比如使用率和服务时间，以反映性能结果，并且可以更简单地进行比较。

9.3.8 非数据传输磁盘命令

除了读写 I/O，磁盘还可以接收其他命令。比如，可以命令带有缓存的磁盘（RAM）把缓存回写到磁盘。这种命令不是数据传输，因为之前数据已经通过写命令发送给了磁盘。

另一个命令的例子是丢弃数据：ATA 的 TRIM 命令，或者 SCSI 的 UNMAP 命令。它告诉磁盘不再需要一个范围内的扇区，并且可以帮助 SSD 保持写性能。

这些磁盘命令会影响性能，造成磁盘运转而让其他 I/O 等待。

9.3.9 使用率

使用率可以通过某段时间内磁盘运行工作的忙时间的比例计算得出。

一块使用率为 0% 的磁盘是“空闲”的，而一块使用率为 100% 的磁盘一直在执行 I/O（和其他磁盘命令）。100% 的磁盘使用率更可能是性能根源问题，特别是使用率在一段时间内都是 100%。但是，任意数值的磁盘使用率都可能导致糟糕的性能，毕竟磁盘 I/O 是一个相对缓慢的活动。

在 0% 和 100% 之间可能有一个点（比如 60%），由于在磁盘队列或者操作系统里排队的可能性增加，从这个点开始的磁盘性能不再令人满意。至于到底使用率为多少会成为问题，取决于磁盘、负载和延时需求。具体内容参见 2.6.5 节中的“M/D/1 和 60% 使用率”部分。

为了确定高使用率是否会导致应用程序出现问题，需要研究磁盘的反应时间和应用程序是否被阻塞在此 I/O 之上。应用程序或者操作系统可能异步地执行 I/O，这样，慢 I/O

不会直接导致应用程序等待。

注意，使用率是一段时间内的汇总。磁盘 I/O 可能突然爆发，特别是在批量刷新缓存时，而这种爆发可能被长时间的统计所平均。更多关于使用率指标类型的讨论可参见 2.3.11 节。

虚拟磁盘使用率

对于基于硬件的虚拟磁盘（比如磁盘控制器或网络连接存储），操作系统可能只知道虚拟磁盘的忙时间，却不清楚底下磁盘的性能。这导致在某些情况下，操作系统报告的虚拟磁盘使用率和实际磁盘的情况有很大出入（并且和直觉相冲突）。

- 一块被 100% 占用的虚拟磁盘是建立在多块物理磁盘之上的，可能还可以接受更多的工作。在这种情况下，100% 可能意味着有些磁盘一直都很忙，但并不是所有的磁盘在所有的时间都忙，有一些磁盘仍然有空闲时间。
- 包含回写缓存的虚拟磁盘可能在写负载的时候看上去并不是很忙，因为磁盘控制器马上返回写完成。但是底下的磁盘可能在之后的某个时间会很忙。
- 磁盘可能会因为硬件 RAID 重建而繁忙，而这个工作的相应 I/O 是操作系统看不见的。

基于相同的原因，由操作系统软件（软 RAID）创建的虚拟磁盘使用率也不好解释。但是，操作系统应该显示物理磁盘的使用率以供查看。

一旦一块物理磁盘达到 100% 的使用率，向它发更多的 I/O 会让磁盘饱和。

9.3.10 饱和度

饱和度度量了因超出资源服务能力而排队的工作。对于磁盘设备，饱和度可以通过操作系统的磁盘等待队列的长度（假设启用了排队）计算得出。

这给超过 100% 的使用率提供了性能度量。一块使用率为 100% 的磁盘可能并未饱和（排队），或者非常饱和，导致排队 I/O 严重影响性能。

可以假设低于 100% 使用率的磁盘没有饱和。但是，这取决于使用率间隔：一段时间内 50% 的磁盘使用率可能意味着一半时间内的 100% 使用率，外加剩下时间内完全空闲。所有有间隔时间的汇总都可能被相似的问题困扰。如果需要了解确切的信息，可以跟踪检查 I/O 事件。

9.3.11 I/O 等待

I/O 等待是针对单个 CPU 的性能指标，表示当 CPU 分发队列（在睡眠态）里有线程被阻塞在磁盘 I/O 上时消耗的空闲时间。这就把 CPU 空闲时间划分成无所事事的真正空闲时间，以及阻塞在磁盘 I/O 上的时间。较高的每 CPU I/O 等待时间表示磁盘可能是瓶颈所在，导致 CPU 等待而空闲。

I/O 等待可能是一个令人非常困惑的指标。如果另一个 CPU 饥饿型的进程也开始执行，I/O 等待值可能会下降：CPU 现在有工作要做，而不会闲着。但尽管 I/O 等待指标下降了，磁盘 I/O 还是和原来一样阻塞线程。与此相反，有时候系统管理员升级了应用程序软件，新版本的软件提高了效率，使用较少的 CPU，把 I/O 等待问题暴露了出来，这会让系统管理员认为软件升级导致了磁盘问题，降低了性能。然而事实上磁盘性能并没有变化，CPU 性能却提高了。

一个更可靠的指标可能是应用程序线程被阻塞在磁盘 I/O 上的时间。这个指标捕捉了应用程序线程因磁盘 I/O 导致的延时，而与 CPU 正在执行的其他工作无关。这个指标可以用静态或者动态跟踪的方法测量。

I/O 等待在 Linux 中仍然是一个广泛应用的指标，尽管它本身有些误导性，但可以用来识别一类磁盘瓶颈：忙磁盘、闲 CPU。一种观点认为，任何 I/O 等待都是系统瓶颈的迹象，然后对系统进行调优以最小化它——即使 I/O 仍和 CPU 并发运行。并发 I/O 更可能是非阻塞 I/O，也较少直接导致问题。非并发 I/O 容易因 I/O 等待暴露出来，更可能成为阻塞应用程序 I/O 的瓶颈。

9.3.12 同步与异步

如果应用程序 I/O 和磁盘 I/O 是异步的，那磁盘 I/O 延时可能不直接影响应用程序的性能，理解这一点很重要。通常这发生在回写缓存上，应用程序 I/O 早已完成，而磁盘 I/O 稍后发出。

应用程序可能用预读执行异步读，在磁盘完成 I/O 的时候不阻塞应用程序。文件系统也有可能使用类似的手段来预热缓存（预取）。

即使应用程序同步等待 I/O，该应用程序的代码路径可能并不在系统的关键路径上，对客户端应用程序的响应可能也是异步的。它可能是一个应用程序 I/O 工作线程，被创建用于管理 I/O，而其他线程继续处理工作。

内核一般也支持异步或者非阻塞 I/O。内核提供 API 供应用程序发起 I/O 并在稍后完成时得到通知。更深入的分析参见 8.3.9 节、8.3.5 节、8.3.4 节和 8.3.7 节。

9.3.13 磁盘 I/O 与应用程序 I/O

磁盘 I/O 是多个内核组件的终点，包括文件系统和设备驱动。磁盘 I/O 与应用程序发出的 I/O 在频率和大小上都不匹配，背后有很多原因，如下所示。

- 文件系统放大、缩小和不相关的 I/O，参见 8.3.12 节。

- 由于系统内存短缺造成的换页，参见 7.2.2 节。
- 设备驱动 I/O 大小：I/O 大小的向上对齐，或者 I/O 的碎片化。
- RAID 镜像写、校验和块，或者验证读取的数据。

出乎意料的不匹配会让人感到困惑，学习了架构并执行了分析之后，一切都会水落石出。

9.4 架构

本节将描述磁盘架构，在进行容量规划时这是需要仔细研究的方面，以决定不同组件和配置组合的限制。而在此之后出现性能问题时也应该检查架构，以确保问题的来源究竟是架构的选择还是当前的负载和调优。

9.4.1 磁盘类型

市面上最常用的两种磁盘类型是磁性旋转磁盘和基于闪存的 SSD。这两种磁盘都提供了永久的存储；与易失性存储不同，存储在其中的内容在断电之后也不会丢失。

9.4.1.1 磁性旋转磁盘

又被称为硬盘驱动器（hard disk drive，HDD），这种类型的磁盘由一片或者多个盘片构成，称为磁碟，上面涂满了氧化铁颗粒。这些颗粒中的一小块区域可以被磁化成两个方向之一，这种磁化方向就用来存储一位。当磁碟旋转时，一条带有电路的机械手臂对表面上的数据进行读写。这个电路包括磁头，一条手臂上可能不止拥有一个磁头，这样它就可以同时读写多位。数据在磁碟上按照环状磁道存储，每个磁道被划分成多个扇区。

既然是机械设备，那速度自然相对较慢，特别是对于随机 I/O。随着基于闪存技术的发展，SSD 正在替代旋转磁盘，可以想象有一天这些旋转磁盘都将退役（和磁鼓与磁芯存储器一起）。不过与此同时，旋转磁盘仍然在某些场景下具有一定竞争力，比如经济的高密度存储（单位 MB 成本低），特别是数据仓库。[1]

下面的专题总结了几个影响磁性旋转磁盘性能的因素。

寻道和旋转

磁性旋转磁盘的慢 I/O 通常由磁头寻道时间和盘片旋转时间引起，这二者通常需要

---

1 提供流媒体服务的Netflix Open Connect Appliances（OCA）听起来像是HDD的另一个用例，不过每台服务器支撑大量的并发用户可能会造成随机I/O。有些OCA已经被换成了闪存盘[Netflix 20]。

花费数毫秒。最好的情况是，下一个请求的I/O正好位于当前服务I/O的结束位置，这样，磁头就不需要寻道或者额外花时间等待盘片旋转。前面曾有叙述，这是连续*I/O*，而需要磁头寻道或者等待盘片旋转的I/O被称为随机*I/O*。

有许多方法可以降低寻道和旋转等待时间，如下所述。

- 缓存：彻底消除I/O。
- 文件系统的布局和行为，包括写时复制（变成连续写，不过可能会造成之后的随机读）。
- 把不同的负载分散到不同的磁盘，避免不同负载之间的寻道。
- 把不同的负载移到不同的系统（有些云计算环境可以通过这个方法降低多租户效应）。
- 电梯寻道，磁盘自身执行。
- 高密度磁盘，可以把负载落盘的位置变得更紧密。
- 分区（或者“切块”）配置，例如短行程。

另外一个降低旋转延时的办法就是使用更快的磁盘。磁盘有多种不同的旋转速度，包括每分钟5400转、7200转、10 000转（10K）和15 000转（15K）（r/min）。注意，由于增加了热量和磨损，更快的速度可能会造成更短的磁盘寿命。

理论最大吞吐量

如果已知一块磁盘每个磁道上的最大扇区数，磁盘吞吐量可以通过以下公式计算出来：

最大吞吐量 =（每磁道最大扇区数 × 扇区大小 × r/min）/ 60s

这个公式对于准确透露此类信息的较早的磁盘较为有用。现代磁盘给操作系统提供了一个虚拟的磁盘镜像，因此相关属性都是虚构的。

短行程

短行程指的是只把磁盘外侧的磁道用来服务负载，剩下的部分要么留着不用，要么留给那些低吞吐量的负载（例如，归档）。由于磁头移动被限制在了一个较小的区域，所以寻道时间缩短了，并且由于磁头在空闲时靠在外侧边缘，空闲后的第一次寻道时间也缩短了。外侧的磁道由于扇区分区（参见下面的内容）的缘故具有更高的吞吐量。在浏览公开的磁盘测试数据时要特别小心是否采用了短行程分布，特别是那些不公布成本的数据，很可能使用了很多短行程磁盘。

扇区分区

磁盘的磁道长度各不相同，磁盘中心区域的磁道较短，而外侧的磁道较长。相比固定的每磁道扇区数（和位数），由于更长的磁道能够在物理上写入更多的扇区，扇区分区（又称为多区域记录）得以增加扇区个数。因为旋转速度一定，较长的外侧磁道比内侧磁道能够带来更高的吞吐量（MB/s）。

扇区大小

存储行业为磁盘设备开发了一种新标准，叫作高级格式（Advanced Format），以支持更大的扇区大小，特指4KB。这降低了I/O计算的开销，提高了吞吐量，降低了每个扇区存储的元数据量。磁盘固件仍然可以通过一种叫作高级格式512e的仿真标准来提供512B大小的扇区。具体取决于各个磁盘，这可能会增加写开销，在把512B映射到4KB的扇区时造成一个额外的读-改-写的周期。其他已知的性能问题还包括不对齐的4KB I/O，其横跨两个扇区，放大了服务请求的扇区I/O。

磁盘缓存

磁盘共有的一个部件是一小块内存（RAM），用来缓存读取的结果和缓冲要写入的数据。这块内存还允许I/O（命令）在设备上排队，以更高效的方式重新排序。在SCSI上，这被称为标记命令排队（Tagged Command Queueing，TCQ），而在SATA上被称为原生指令排队（Native Command Queueing，NCQ）。

电梯寻道

电梯算法（又名电梯寻道）是提高命令队列效率的一种方式。它根据磁盘位置把I/O重新排序，最小化磁头的移动距离。结果类似大楼的电梯，不根据楼层请求的顺序提供服务，而是在大楼里上上下下扫一遍，并在当前请求的楼层停靠。

这种行为可以通过检查磁盘I/O的跟踪记录进行验证，把I/O按照结束时间排序和按照开始时间排序的结果并不一致：I/O完全是乱序的。

虽然看起来取得了性能收益，但不妨想象一下以下场景：磁盘收到了对偏移量1000位置附近的一堆I/O请求和对偏移量2000位置的一个I/O请求，当前磁头在偏移量1000位置，那偏移量2000的I/O什么时候可以得到服务？现在考虑一下，当服务偏移量1000位置附近的I/O时，更多偏移量1000位置附近的I/O不断抵达——足够多的连续I/O使得磁盘在偏移量1000位置附近繁忙10s。而偏移量2000位置的I/O什么时候能够得到服务，最终它的I/O延时会是多少？

数据一致性

磁盘在每个扇区的结尾存储一个纠错码（error-correcting code，ECC），这样驱动器可以对被读出时的数据进行验证，并有可能纠错。如果扇区数据读得不对，磁头可能会在下次旋转到相同位置时重新读取（可能会重试多次，每次磁头的位置都会有稍许不同）。这可能是I/O异常缓慢的原因。驱动器可能会向操作系统提供软错误代码以解释发生的情况。你最好监测软错误的频率，越来越多的软错误表示驱动器可能马上要坏了。

业界把扇区大小从 512B 切换到 4KB 的一个好处是，对于同样数量的数据需要的 ECC 位更少了，因为 ECC 在更大的扇区尺寸下效率更高 [Smith 09]。

注意，还可以使用其他校验码验证数据。例如，循环冗余校验（cyclic redundancy check，CRC）可以用来验证传输到主机的数据，而文件系统可能也会使用其他校验码。

振动

虽然磁盘设备制造商都非常清楚振动的问题，但这些问题在业界的被了解程度并不高，也未得到相应的重视。2008 年，有一次在调查一个奇怪的性能问题时，我对着一套磁盘阵列大喊以模拟振动实验。阵列当时正在做一个写入的基准测试，结果导致了突然间很慢的 I/O。我的实验很快被录了像并被放到了 YouTube 上，并在那里广为传播，其后来被称为振动对磁盘性能影响的第一个演示 [Turner 10]。视频有超过 170 万次浏览，提升了磁盘振动问题的知名度 [Gregg 08]。根据后来收到的电子邮件，我发现我无意间开创了数据中心的隔声行业：你现在可以雇到一些专业人员负责分析数据中心的噪声水平，通过减小振动提高磁盘的性能。

怠工磁盘

当前有一类旋转磁盘的性能问题，我们称之为*怠工磁盘*。这些磁盘有时返回很慢的 I/O，超过 1 秒，却不报告任何错误。这比基于 ECC 的重试慢太多了。事实上，它最好报告一个错误而不是拖这么久才返回，因为如果这样，操作系统或者磁盘控制器就可以实施一些改正性的措施，例如在冗余的环境下把磁盘下线并且报告错误。怠工磁盘比较麻烦，特别是当它们作为虚拟磁盘的一部分由存储阵列暴露出来时，这种情况下操作系统并不能直接看到它们，因而增加了问题的辨别难度。[1]

SMR

叠瓦式磁性记录（SMR）驱动器通过使用更窄的磁道提供更高的存储密度。这些磁道太窄了，写磁头无法记录，但读磁头（较小）还能读。因此它通过部分覆盖其他磁道的方式写入，就像房顶的瓦片一样堆叠（因此得名）。使用 SMR 的磁盘存储密度上升了 25%，代价是写入性能降低，因为被覆盖的数据会被销毁并且需要被重新写入。这些磁盘适用于归档的负载，写入一次以后主要是读，不适用于 RAID 配置中写密集的负载 [Mellor 20]。

1 如果使用了Linux的分布式复制块设备（Distributed Replicated Block Device，DRBD）系统，它提供了一个“磁盘超时”的参数。

磁盘数据控制器

机械磁盘给系统提供了一个简单的接口，并表明了固定的每磁道扇区数比例和连续的可寻址偏移量范围。事实上，磁盘上的一切受磁盘数据控制器的掌控——一个磁盘内部的微处理器，由固件中的逻辑控制。控制器决定磁盘如何排布这些可寻址的偏移量，其中可以实现一些算法，例如扇区分区。要有这个意识，但是很难分析——操作系统无法得知磁盘数据控制器的内部情况。

9.4.1.2　固态驱动器

又名固态磁盘（solid state disk，SSD），因使用固态电子元器件而得名。存储以可编程的非易失性存储器的形式存在，一般比旋转磁盘的性能高得多。没有了移动部件，这些磁盘在物理上可以使用更长的时间，也不会因为振动的问题影响性能。

这类磁盘的性能通常在不同的偏移量下保持一致（没有旋转或者寻道的延时），对于给定的 I/O 大小也能预测出 I/O 延时。负载的随机和连续特征不再像对旋转磁盘那样重要。所有的这些都降低了研究和容量规划的难度。但是，由于内部复杂的操作，如果它们碰到了性能问题，要想理解问题的本质会和旋转磁盘一样复杂。

有些 SSD 使用非易失性 DRAM（NV-DRAM）。大部分使用闪存。

闪存

基于闪存的 SSD 是一种读性能非常高的存储设备，尤其在随机读方面比旋转磁盘要高好几个数量级。大多数使用 NAND 闪存制造，使用基于电荷陷阱的存储介质，可以在没有能源的情况下持久地[1]存储电子 [Cornwell 12]。名称里的“闪”和数据的写入方式有关，要求一次性擦除整个存储块（包括多页，通常每页 8KB 或者 64KB）并重写内容。由于这种写入的开销，闪存的读 / 写性能不对称：读得快，写得慢。驱动器通常通过使用回写缓存以提高写性能，降低影响，并且用一块小的电容作为掉电的备用电池。

闪存有几种类型：

- **单电平单元（Single-level cell，SLC）**：把一个数据位存储在一个单元里。
- **多电平单元（Multi-level cell，MLC）**：可以在一个单元里存储多个数据位（通常是两位，要求有四个电平）。
- **企业级多电平单元（eMLC）**：带有高级固件功能的 MLC，用于企业级市场。
- **三电平单元（TLC）**：可以存储三个数据位（八电平）。
- **四电平单元（QLC）**：可以存储四个数据位。

1　不过也不是无限期的。现代MLC的数据保留错误可能会在关机后短短数月内发生[Cassidy 12][Cai 15]。

- **3D NAND/ 垂直 NAND（V-NAND）：**通过堆叠闪存（比如 TLC）以达到增加密度和存储容量的目的。

上述介绍大致以时间排序，最新的技术在最后：从 2013 年开始，3D NAND 已经开始商用。

相对于 MLC，SLC 尽管成本较高，但性能更好，一般用在企业级领域。虽然可靠性较低，但是因为存储密度更高，MLC 现在经常用于企业。闪存的可靠性通常用磁盘支持的块擦写次数衡量（编程 / 擦除周期）。对于 SLC，这个数字大概是 5 万到 10 万个周期；对于 MLC，则是 5000 到 10 000 个周期；而 TLC 是 3000 个周期左右；QLC 则为 1000 个周期 [Liu 20]。

控制器

SSD 的控制器有以下任务 [Leventhal 13]。

- **输入：**每个页面（通常为 8KB 大小）的读和写；只能写已擦除的页面；一次性擦除 32 ～ 64 页（256KB ～ 512KB）。
- **输出：**仿真一个硬盘驱动器的块接口——任意扇区数的读或写（512B 或者 4KB）。

控制器的闪存转换层（Flash Translation Layer，FTL）负责输入和输出之间的转换，同时必须跟踪空闲块。事实上，它使用自己的文件系统来完成这项工作，例如一个日志结构文件系统。

对于写负载来说，写的特征可能会成为问题，特别是当写入的 I/O 尺寸小于闪存块大小的时候（可能只有 512KB）。这会造成*写放大*，块里剩下的部分要在擦除前被复制到其他地方，加上至少一个擦除 - 写周期。有些闪存驱动器通过一个电池供电的盘上缓冲（基于 RAM）缓解这个问题，这样可以缓冲写入，稍后再写，也不需要担心断电的问题。

我用来执行测试的大多数企业级闪存驱动器，由于闪存的内部排布，在 4KB 读和 1MB 写的情况下性能最好。不同驱动器有不同的数值，可以通过微基准测试获得。

虽然闪存原生的操作和暴露的块接口有很大的不同，但在操作系统和文件系统方面仍然有改进的余地。TRIM 命令就是一个例子：它通知 SSD 某一块区域不再使用，这样 SSD 可以更容易地组装它自己的空闲块池，降低写放大。（对 SCSI 来说，可以使用 UNMAP 或者 WRITE SAME 命令；对 ATA 来说，可以使用 DATA SET MANAGEMENT 命令。Linux 支持 discard 挂载选项和 fstrim(8) 命令。）

寿命

把 NAND 闪存用作存储介质有好几个问题，包括燃尽、数据消失和读干扰 [Cornwell 12]。SSD 控制器可以通过移动数据来解决这些问题。通常它使用磨损均衡技术，把写散布在不同的数据块里以减少单块上的写周期。而*超量配置存储*则预留额外的空间，在需要时可以拿出来顶替坏块。

虽然这些技术提高了寿命，但 SSD 每个块的写入周期仍然是有限的，具体取决于闪存的类型和驱动器采用的缓解策略。企业级驱动器使用超额配置存储和最可靠的闪存，SLC，这样可以达到 100 万次的擦写，甚至更高。基于 MLC 的消费级驱动器可能只有 1000 个周期。

症状

下面是一些需要知道的闪存可能出现的症状：

- 由于老化造成的延时离群点，另外，SSD 还会多次尝试，以读取正确的数据（通过 ECC 检查）。
- 由于碎片化造成的高延时（清理 FTL 块映射的格式化可能可以解决这个问题）。
- 由于 SSD 做内部压缩造成的低吞吐量。

检查 SSD 性能上的最新改进以及遇到的问题。

9.4.1.3　持久内存

通过电池供电的 DRAM[1] 实现的持久内存，可用于存储控制器的回写缓存。这种类型的内存性能比闪存高几个数量级，但它的成本和电池的寿命使其只能用于特殊用途。

由 Intel 和 Micron 公司开发的一种名为 3D XPoint 的新型持久内存，将使持久内存以令人信服的性价比用于更多的应用，介于 DRAM 和闪存之间。3D XPoint 的工作原理是将位存储在一个可堆叠的交叉网格数据访问阵列中，并且可以通过字节寻址。Intel 的一份性能比较报告称，3D XPoint 的访问延时为 14 微秒，而 3D NAND SSD 的访问延时为 200 微秒 [Hady 18]。3D XPoint 在测试中表现出一致的延时，而 3D NAND 的延时分布更广，达到 3 毫秒。

3D XPoint 自 2017 年开始商用。Intel 使用傲腾（Optane）这个品牌，并以 DIMM 封装的 Intel 傲腾持久内存和 Intel 傲腾固态硬盘的形式发布。

9.4.2　接口

接口是驱动器支持的与系统通信的协议，一般通过一个磁盘控制器实现。下面将简单介绍 SCSI、SAS、SATA、FC 和 NVMe 接口。你需要检查当前的接口和支持的带宽，

1　一块电池或者一个超级电容。

因为一段时间后随着标准的推陈出新，它们就会发生变化。

SCSI

小型计算机系统接口（SCSI）最早是一条并行的传输总线，同时使用多台电器连接以并发传送数据。第一版是1986年的SCSI-1，数据总线带宽为8位，允许在一个时钟周期内传输一个字节，带宽为每秒5MB。连接接口采用50针的并行口C50。后来的SCSI版本使用更宽的数据总线和更多针脚的连接器，最多达80针，带宽达到了数百兆字节。

并行SCSI由于采用了共享总线，因此会因总线竞争而导致性能问题。比如，一个计划的系统备份可能会用低优先级I/O撑满总线。解决办法是把低优先级设备放在单独的SCSI总线或者控制器上。

在高速运转时，并行总线的同步也是一个问题，加上一些其他的问题（包括有限的设备支持和对SCSI终结器的需求），后来SCSI转向了串行版本：SAS。

SAS

串行连接SCSI接口被设计成一种高速点对点传输，可避免并行SCSI的总线冲突问题。最初的SAS-1规范是3Gb/s，后来的SAS-2支持6Gb/s（2009年），SAS-3支持12Gb/s（2012年），SAS-4支持22.5Gb/s（2017年）。SAS支持链路聚合，这样多个端口可以一起达到更高的带宽。由于采用了8b/10b编码，实际的数据传输率是带宽的80%。

其他SAS特性包括支持冗余的连接和架构的双端口设备、I/O多路径、SAS域、热插拔以及兼容SATA设备。这些特性使得企业更倾向于使用SAS，特别是那些具有冗余架构的系统。

SATA

类似SCSI和SAS之间的关系，并行ATA（又名IDE）接口标准进化成了串行ATA接口。2003年，SATA标准被创立，1.0版支持1.5Gb/s，后来的SATA 2.0支持3.0Gb/s（2004年），SATA 3.0支持6.0Gb/s（2008年）。其他的特性通过大小版本发布，包括原生命令队列的支持。SATA采用8b/10b编码，所以数据传输率是80%。SATA在消费级桌面和笔记本电脑上大量使用。

FC

光纤通道（FC）是一种高速数据传输的接口标准，最初只用于光缆（因此而得名），后来也支持铜缆。在企业环境中，FC通常用于创建存储区域网络（Storage Area Network，SAN），多个存储设备可以通过光纤通道介质连接到多个服务器。它比其他接口具有更高的可扩展性和可访问性，类似于通过网络连接多台主机。而且，和网络一样，FC也可以使用交换机将多个本地端点（服务器和存储）连接在一起。光纤通道标准的开发始于 1988 年，第一个版本于 1994 年被 ANSI 批准 [FICA 20]。此后有许多变种和速度改进，最近的第 7 代 256G FC 标准达到了全双工 51 200 MB/s[FICA 18]。

NVMe

非易失性内存标准（NVMe）是一种用于存储设备的 PCIe 总线规范。NVMe 设备不是将存储设备连接到存储控制器卡上，它本身就是一块直接连接到 PCIe 总线的卡。NVMe 创建于 2011 年，第一个 NVMe 规范是 1.0e（2013 年发布），最新的是 1.4（2019 年发布）[NVMe 20]。新的规范增加了各种功能，例如，热量管理功能和自检、验证数据、数据销毁（使之无法恢复）的命令。NVMe 卡的带宽受 PCIe 总线的限制，目前常用的是 PCIe 4.0 版本，x16 卡的单方向带宽为 31.5 GB/s（链路宽度）。

与传统的 SAS 和 SATA 相比，NVMe 的一个优势是它对多个硬件队列的支持。这些队列可以从同一个 CPU 中使用，以预热缓存（在 Linux 多队列的支持下，也避免了共享内核锁）。这些队列还允许更大的缓冲，每个队列中最多支持 6.4 万条命令，而典型的 SAS 和 SATA 分别被限制为支持 256 条和 32 条命令。

NVMe 还支持 SR-IOV，以提高虚拟机存储性能（参见 11.2 节）。

NVMe 用于低延时闪存设备，预期 I/O 延时小于 20 微秒。

9.4.3 存储类型

存储可以通过多种方式提供给服务器使用。下面的内容描述了 4 种通用架构：磁盘设备、RAID、存储阵列和网络连接存储（Network-attached Storage，NAS）。

磁盘设备

最简单的架构是服务器里有几块内置磁盘，每一块都由操作系统分别控制。磁盘连接到一个磁盘控制器，控制器可能是主板上的内置电路或者扩展卡，让磁盘设备被发现并且可以被访问。这个架构下的磁盘控制器仅仅作为一个管道，使得系统可以与磁盘通信。典型的个人电脑或者笔记本电脑就有一块磁盘以这种方式连接，并作为主要存储。

性能工具最容易分析这种架构，因为操作系统知道每块磁盘并且可以对其单独进行观测。

有些磁盘控制器支持这种架构，这种架构又被称为*磁盘簇*（Just a Bunch Of Disks，JBOD）。

RAID

高级磁盘控制器可以为磁盘设备提供独立磁盘冗余阵列的架构（原名为廉价磁盘冗余阵列 [Patterson 88]）。RAID 可以把多块磁盘组合成一个又大又快又可靠的虚拟磁盘。

控制器通常包含一个板载缓存（RAM），可提高读和写的性能。

由磁盘控制器卡提供的RAID被称为*硬件RAID*。RAID也可以由操作系统软件实现，不过硬件RAID更受欢迎，原因是在专用硬件上执行大量消耗CPU的校验和及奇偶校验时硬件RAID更为高效，另外，此类硬件还可以包含一个电池备份单元（Battery Backup Unit，BBU）以提高可靠性。然而，处理器的不断进步使得CPU开始有富余的周期和核心，减少了奇偶校验计算的需要。一些存储解决方案已经回到了软件RAID（例如使用ZFS），这样既降低了复杂度和硬件开销，又提高了操作系统的监测性。在出现重大故障的情况下，软件RAID通常比硬件RAID更容易修复（想象一张失效的RAID卡）。

下面的章节描述了RAID的性能特性。经常使用术语条带，这指的是当数据被分组为块后跨多个驱动器写入的情况（就像在所有驱动器上画一条条线）。

类型

有多种RAID类型可以满足不同的容量、性能和可靠性需求。表9.3的概要总结主要针对性能特性。

表9.3 RAID类型

级别	描述	性能
0（拼接）	一次填充一个驱动器	由于多个驱动器的参与，还是可以提高随机读的性能的
0（条带）	并发使用驱动器，把I/O分割（条带化）发给多个驱动器	最好的随机和连续I/O性能（取决于条带宽度和工作负载模式）
1（镜像）	多个驱动器（通常是两个）为一组，存放相同的内容，互为备份	不错的随机和连续读性能（可以从所有的驱动器同时读取，取决于实现）。写受限于镜像中最慢的驱动器，吞吐量的开销加倍（两个驱动器）
10	RAID-0条带化的组合建立在RAID-1组合上，提供容量和冗余	性能和RAID-1差不多，但让更多组驱动器参与，类似RAID-0，增加了带宽
5	数据被存储在条带上，横跨多个驱动器，还有额外的奇偶校验信息提供冗余	由于读-改-写周期和奇偶校验计算造成写性能较差
6	每个条带有两块校验盘的RAID-5	类似RAID-5，不过更差

虽然RAID-0条带化性能最好，但由于缺乏冗余，所以在大多数生产环境里不会被采用。可能的例外情况包括未存储关键数据的容错云计算环境，失败的实例将被自动替换，以及仅用于缓存的存储服务器。

可观测性

前面描述过虚拟磁盘使用率，使用硬件提供的虚拟磁盘设备会让操作系统的观测更加困难，因为它并不清楚物理磁盘实际在做什么。如果RAID是通过软件实现的，通常可以观测到单个磁盘设备，因为操作系统直接管理它们。

读 - 改 - 写

当数据以包含奇偶校验的条带形式存储时，就像 RAID-5，写 I/O 可能会导致额外的读 I/O 和计算时间。这是由于写小于条带宽度，所以需要读出整个条带，修改数据，重新计算校验和，然后再把整个条带重新写入。有一种 RAID-5 的优化可以用来避免这种情况：不读取整个条带，只读取条带中包含修改数据的部分，以及奇偶校验。在一系列异或操作后，奇偶检验被更新并和修改的条带一并写入。

如果是写整个条带，则可以直接在现有内容上写入，而不需要先读出来。在这种环境下，可以根据平均写 I/O 的大小调整条带宽度，以达到减少额外读开销的目的。

缓存

实现了 RAID-5 的磁盘控制器可以通过使用回写缓存来减少读 - 改 - 写造成的性能下降。这些缓存可以通过电池供电，这样即使断电仍然可以保证缓冲写入不丢失。

其他特性

注意，高级磁盘控制器卡会提供一些影响性能的特性。推荐的做法是，查阅厂商的文档，至少对可能会有的东西有所了解。例如，下面是 Dell PERC 5 板卡的特性 [Dell 20]。

- **巡逻读**：每隔几天，所有的磁盘块都被读出来并检查校验和。如果磁盘正在繁忙地服务请求，那分配给巡逻读功能的资源会相应减少，避免和系统负载竞争 I/O。
- **缓存刷新间隔**：将缓存中的脏数据刷新到磁盘的时间，单位为秒。因为写抵消和更好的写聚合，更长的时间可能会降低磁盘 I/O。然而，也可能因为更大的刷新操作造成更高的读延时。

这些都会对性能有很大的影响。

存储阵列

存储阵列可以把许多磁盘接入系统。它们使用高级磁盘控制器，这样 RAID 可以被配置，它们通常也提供一个更大的缓存（数 GB）以提高读和写的性能。这些缓存通常由电池供电，这样能以回写模式工作，如果电池失效，可以转回到写穿模式，并很快会由于等待读 - 改 - 写周期造成突然的写性能下降而被注意到。

另一个性能方面的考虑是，存储阵列如何被连接到系统上——通常通过一个外部的存储控制器卡。这块卡以及它与存储阵列之间的传输，在 IOPS 和吞吐量上都有限制。为了提高性能和可靠性，存储阵列一般通过双通道连接，这意味着使用两条物理线连接这一块或者两块不同的存储控制器卡。

网络连接存储

网络连接存储（NAS）通过现有网络暴露给系统，其支持的网络协议有 NFS、

SMB/CIFS 或者 iSCSI，通常由名为 NAS 设备的专用系统提供。这些是单独的系统，应该被独立分析。有些性能分析可以在客户端进行，以检查负载和 I/O 延时。网络的性能也是需要考虑的因素，问题可能出在网络拥塞或者多跳延时上。

9.4.4 操作系统磁盘 I/O 栈

一个磁盘 I/O 栈里的组件和层次取决于操作系统、版本和采用的软硬件技术。图 9.7 演示了一个通用模型。类似的应用程序的模型图可参见第 3 章。

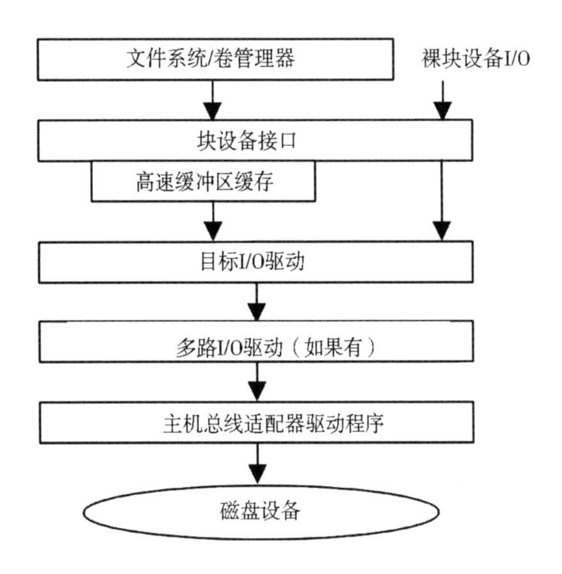

图 9.7 通用磁盘 I/O 栈

块设备接口

早期的 UNIX 创立了块设备接口，用于以 512B 的块大小存取存储设备，另外提供了缓冲区高速缓存以提高性能。直到今天，这个接口仍然存在于 Linux 中，虽然缓冲区高速缓存的职责已经缩小到和其他文件系统缓存差不多，可参见第 8 章中的描述。

UNIX 提供了一个绕过缓冲区高速缓存的方法，叫作*裸块设备 I/O*（或简称为*裸 I/O*），可以通过特殊设备文件使用（参见第 3 章）。这些文件在 Linux 里默认不存在。虽然有所不同，但裸块设备 I/O 在某些方面和文件系统的“直接 I/O”的特性类似，具体参见第 8 章。

块 I/O 接口一般可以通过操作系统性能工具观测（iostat(1)）。它也是静态跟踪的一个常用位置，最近还可以使用动态跟踪。Linux 改进了内核的这一部分，增加了一些特性。

Linux

图 9.8 展示了 Linux 中块 I/O 栈的主要组件。

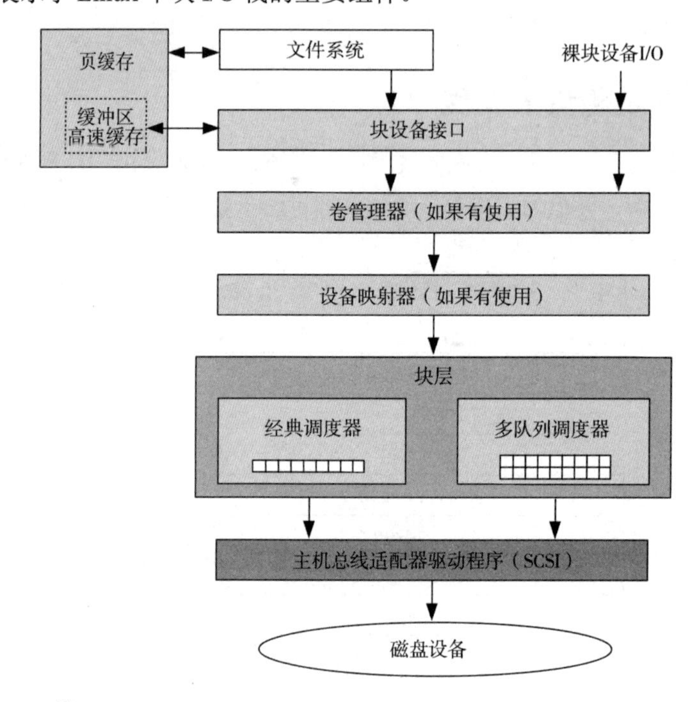

图 9.8 Linux I/O 栈

Linux 增强了块 I/O，增加了 I/O 合并和 I/O 调度器以提高性能，增加了用于对多个设备分组的卷管理器，以及用于创建虚拟设备的设备映射器。

I/O 合并

当创建 I/O 请求时，Linux 可以对它们进行合并和结合，如图 9.9 所示。

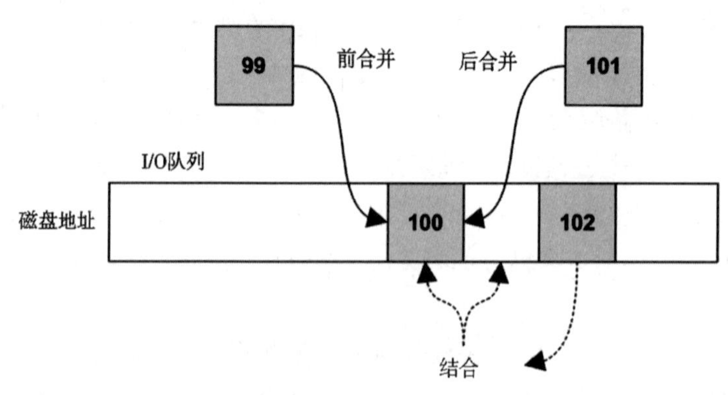

图 9.9 I/O 合并类型

这样可以将 I/O 进行分组，减少内核存储栈中单次 I/O 的 CPU 开销和磁盘上的开销，提高了吞吐量。使用 iostat(1) 可得到这些前后合并的统计信息。

合并后，I/O 就会被安排交付到磁盘上。

I/O 调度器

I/O 在块层中由经典调度器（只存在于 5.0 以上的 Linux 版本中）或较新的多队列调度器进行排队和调度。这些调度器允许 I/O 被重新排序（或重新安排）以优化交付。这可以更进一步提高并更公平地平衡性能，特别是对那些有着高 I/O 延时的设备（旋转磁盘）而言更有意义。

经典调度器的介绍如下。

- **空操作**：不执行调度（noop 是 CPU 领域里空操作的说法），在调度被认为没有必要时使用（例如，对于 RAM 磁盘）。
- **最后期限**：试图强制给延时设定截止时间，例如，以毫秒为单位选择读和写的失效时间，对于需要确定性的实时系统较有帮助。它也可以解决饥饿问题，即有些 I/O 请求因为新发起的 I/O 插队而一直得不到磁盘资源服务，以致形成了延时的离群点。有可能是写把读饿坏了，也有可能是由于采用了电梯寻道，一个区域里的密集 I/O 饿坏了其他区域里的 I/O。最后期限调度器通过使用三个队列部分解决了这个问题：读 FIFO、写 FIFO 和排序队列 [Love 10]。
- **CFQ**：完全公平队列调度器把 I/O 时间片分配给进程，类似 CPU 调度，确保磁盘资源的公平使用。它还允许通过 ionice(1) 命令对用户进程设定优先级和类别。

经典调度器的一个问题是，它们使用单一的请求队列，由单一的锁保护，这在高 I/O 速率下成为性能瓶颈。多队列驱动（blk-mq，在 Linux 3.13 中添加）通过为每个 CPU 使用单独的提交队列，以及为设备使用多个调度队列来解决这个问题。与经典调度器相比，这为 I/O 提供了更好的性能和更低的延时，因为请求可以在发起 I/O 的同一个 CPU 上并行处理。这对于支持基于闪存和其他能够处理数百万 IOPS 的设备类型是必需的 [Corbet 13b]。

多队列调度器包括如下几类。

- **None**：不排队。
- **BFQ**：预算公平队列（budget fair queueing）调度器，类似于 CFQ，但其既分配带宽，也分配 I/O 时间。它为每个执行磁盘 I/O 的进程创建一个队列，并为每个队列维护一个以扇区为单位的预算。还有一个全系统的预算超时，以防止一个进程持有一个设备的时间过长。BFQ 支持 cgroups。
- **mq-deadline**：一个 blk-mq 版本的最后期限调度策略（前面描述过）。

- **Kyber**：一个根据性能调整读写调度队列长度的调度器，以满足目标读写延时。它是一个简单的调度器，只有两个可调参数：目标读取延时（read_lat_nsec）和目标同步写入延时（write_lat_nsec）。在 Netflix 云中，Kyber 已经显示出改善了存储 I/O 延时的效果，在 Netflix 云中默认使用它。

从 Linux 5.0 开始，多队列调度器是默认的（经典调度器不再被包括在内）。

I/O 调度器在 Linux 源码中的 Documentation/block 下有详细的记录。

在 I/O 调度之后，请求被放到块设备队列里，等待发送给设备。

9.5 方法

本节将描述磁盘 I/O 分析和调优的多种方法与实践。表 9.4 总结了性能方法。

表 9.4　磁盘性能方法

章节	方法	类型
9.5.1	工具法	观测分析
9.5.2	USE 方法	观测分析
9.5.3	性能监测	观测分析、容量规划
9.5.4	负载特征归纳	观测分析、容量规划
9.5.5	延时分析	观测分析
9.5.6	静态性能调优	观测分析、容量规划
9.5.7	缓存调优	观测分析、调优
9.5.8	资源控制	调优
9.5.9	微基准测试	实验分析
9.5.10	伸缩	容量规划、调优

更多的策略和方法介绍可参见第 2 章。

这些方法可以单独或者组合使用。调查磁盘问题时，我的建议是按以下顺序使用这些策略：USE 方法、性能监测、负载特征归纳、延时分析、微基准测试、静态分析和事件跟踪。

9.6 节展示了应用这些方法的操作系统工具。

9.5.1 工具法

工具法是一套流程，使用所有可用的工具，检查它们提供的关键指标。方法固然简单，但还是有因工具提供数据的限制而忽略一些问题的可能，而且可能需要花费大量的时间。

对于磁盘，工具法包括检查以下工具（针对 Linux）。

- **iostat**：使用扩展模式寻找繁忙磁盘（超过 60% 使用率的），较高的平均服务时间（超过 10ms 的），以及高 IOPS。

- **iotop/biotop**：发现哪个进程引发了磁盘 I/O。
- **biolatency**：以直方图的形式检查 I/O 延时的分布，寻找多模态分布和延时异常值（比如超过 100 毫秒）。
- **biosnoop**：检查单个 I/O。
- **perf(1)/BCC/bpftrace**：用于自定义分析，包括查看发出 I/O 的用户和内核栈。
- **磁盘控制器专用工具**（厂商提供）。

如果发现了一个问题，那么就检查工具中提供的所有数据以了解更多的细节上下文。每个工具的更多信息可参阅 9.6 节。同时还可以应用其他方法发现更多问题类型。

9.5.2 USE 方法

USE 方法可在早期性能调查时，在所有组件内发现瓶颈和错误。下面描述如何在磁盘设备和控制器上使用 USE 方法。9.6 节展示了测量特殊指标的工具的用法。

磁盘设备

检查每个磁盘设备的如下指标。

- **使用率**：设备忙碌时间。
- **饱和度**：I/O 在队列里等待的程度。
- **错误**：设备错误。

首先要检查的是错误。它们可能由于系统工作正常而被忽略——只是慢多了——但磁盘失效了：磁盘一般被配置在一个能够容忍失效的冗余池里。与在操作系统里看到的标准磁盘错误计数器不同，磁盘驱动器支持更多种类的错误计数器，并且可以通过特殊工具查看（例如 SMART 数据[1]）。

如果磁盘设备是物理磁盘，使用率能直接显示实际情况。如果磁盘设备是虚拟磁盘，使用率可能并不直接反映底下物理磁盘的实际情况。更多的讨论请参阅 9.3.9 节。

磁盘控制器

对于每个磁盘控制器，检查如下指标。

- **使用率**：当前值与最大吞吐量的比较，对操作频率也做同样的比较。
- **饱和度**：由于控制器饱和造成的 I/O 等待程度。

1 在Linux中，可以参考MegaCLI、smartctl（后面会介绍）、cciss-vol-status、cpqarrayd、varmon和dpt-i2o-raidutils等工具。

- **错误**：控制器错误。

这里的使用率指标不是用时间定义的，而是使用了磁盘控制器卡的上限：吞吐量（每秒字节数）和操作频率（每秒操作数）。操作包括读 / 写以及其他的磁盘命令。吞吐量和操作频率也可能受限于磁盘控制器和系统之间的传输总线，以及磁盘控制器和每块磁盘之间的传输总线。每条传输总线都需要进行同样的检查：错误、使用率、饱和度。

你可能会发现观测工具（例如，Linux 的 iostat(1)）并没有显示单个控制器的指标，而是提供了单个磁盘的数据。不过有其他办法：如果系统只有一个控制器，那么可以把所有磁盘的 IOPS 和吞吐量加起来得到控制器的这些指标；如果系统有多个控制器，那么需要先确定哪块磁盘属于哪个控制器，然后把相应的指标加起来。

磁盘控制器和传输总线的性能常常被忽视。幸运的是，由于它们的上限通常超过了连接的磁盘，因此这一般不是系统瓶颈所在。如果在不同负载的情况下，磁盘总吞吐量或者 IOPS 永远稳定在一个水平，那么问题就有可能出在磁盘控制器或者传输总线上了。

9.5.3 性能监测

性能监测可以发现一段时间内存在的问题和行为的模式。重要的磁盘 I/O 指标如下：

- 磁盘使用率
- 响应时间

数秒内 100% 的磁盘使用率很可能意味着有问题。超过 60% 的使用率可能就会因为不断增长的队列而导致糟糕的性能，具体取决于你的环境。至于负载是“正常”还是“有害”，取决于你的负载本身、环境和延时需求。如果你不确定，那可以做一次微基准测试，对已知好的和差的负载做一个比较，以显示如何通过磁盘指标发现这些问题。具体可参阅 9.8 节。

这些指标应该按磁盘分别检查，以找到不平衡的负载和个体性能很糟糕的磁盘。可以按照每秒平均值监测响应时间指标，另外还包括其他数据列，如最大值和标准差。在理想情况下，最好检查响应时间的全分布，比如使用直方图或者热图，以发现延时离群点和其他模式。

如果系统实施了磁盘 I/O 资源流控，那么还可以收集一些关于是否以及何时实施流控的统计信息。磁盘 I/O 瓶颈有可能是流控限制的结果，而不是磁盘自身活动的缘故。

使用率和响应时间揭示了磁盘性能。还可以加入更多的指标以刻画负载特征，包括 IOPS 和吞吐量，这些都给容量规划提供了重要的数据来源（可参阅 9.5.4 节和 9.5.10 节）。

9.5.4 负载特征归纳

归纳负载特征是容量规划、基准测试和模拟负载中的一项重要活动。通过发现并排除不需要的工作，它有可能带来最大的性能收益。

下面是用来刻画磁盘 I/O 负载的几项基本特征：

- I/O 频率
- I/O 吞吐量
- I/O 大小
- 读 / 写比
- 随机 I/O 和连续 I/O 的比例

9.3 节描述了随机 I/O 和连续 I/O 的比例、读 / 写比和 I/O 大小。I/O 频率（IOPS）和 I/O 吞吐量的定义在 9.1 节中介绍过。

这些特征每一秒都在发生变化，特别是对于那些使用了写缓冲和定时刷新的应用程序及文件系统。为了更好地归纳负载特征，除了平均值，还要记录最大值，最好是检查一段时间内值的全分布。

下面是一段负载描述的示例，演示了如何将这些属性合在一起进行表达：

> 系统磁盘的随机读负载较轻，平均是 350 IOPS，吞吐量是 3MB/s，其中 96% 是读。另外，偶尔有小段的连续写爆发，持续时间为 2 ~ 5 秒，其可以把磁盘最大推到 4800 IOPS、吞吐量 560MB/s。读大小约为 8KB，写大小约为 128KB。

除了在系统级别描述这些特征，还可以从单个磁盘和单个磁盘控制器的角度描述 I/O 负载。

高级负载特征归纳 / 检查清单

归纳负载特征还需要包括其他一些细节信息。可以考虑下面列出的这些项目，在深度研究磁盘问题时可以用来做检查清单。

- 系统的 IOPS 是多少？每个磁盘呢？每个控制器呢？
- 系统的吞吐量是多少？每个磁盘呢？每个控制器呢？
- 哪个应用程序或者用户正在使用磁盘？
- 哪个文件系统或者文件正在被访问？
- 碰到什么错误了吗？这些错误是源于非法请求，还是磁盘的问题？
- I/O 在可用磁盘之间均衡吗？
- 每条参与的传输总线上的 IOPS 是多少？
- 每条参与的传输总线上的吞吐量是多少？
- 发出了哪些非数据传输磁盘命令？

- 为什么会发起磁盘 I/O（内核调用路径）？
- 磁盘 I/O 里应用程序同步的调用占到多少？
- I/O 到达时间的分布是什么样的？

有关 IOPS 和吞吐量的问题可以对读和写单独提出。所有这些项目可以在一段时间内进行检查，以发现最大值、最小值和随时间发生的变化。另外请参阅 2.5.11 节，该节归纳总结了需要度量的特征（谁度量、为什么度量、度量什么、如何度量）。

性能特征归纳

与负载特征归纳相比，下面的问题归纳了负载产生的性能特征：

- 每块磁盘有多忙（使用率）？
- 每块磁盘的 I/O 饱和度是多少（等待队列）？
- 平均 I/O 服务时间是多少？
- 平均 I/O 等待时间是多少？
- 是否存在高延时的 I/O 离群点？
- I/O 延时的全分布是什么样的？
- 是否有例如 I/O 流控的系统资源控制，存在并且激活了吗？
- 非数据传输磁盘命令的延时是多少？

事件跟踪

跟踪工具可用于将所有文件系统操作和细节记录到日志中，以便日后分析（例如，9.6.7 节介绍的 biosnoop）。这可以包括磁盘设备 ID、I/O 或命令类型、偏移量、大小、发出和完成时间戳、完成状态以及发起进程 ID 和名称（如果可能的话）。有了发出和完成时间戳，就可以计算出 I/O 延时（也可以直接包含在日志中）。通过研究请求和完成时间戳的序列，还可以识别设备的 I/O 重排序。虽然这可能是工作负载归纳的终极工具，但在实践中，取决于磁盘操作的速率，它可能会花费明显的开销来捕获和保存。如果将事件跟踪的磁盘写入包含在跟踪中，不仅可能会污染跟踪，而且可能会产生反馈循环和性能问题。

9.5.5 延时分析

延时分析需要深度研究系统以发现延时的来源。在涉及磁盘的情况下，调查一般止于磁盘接口这一层：发起 I/O 请求和完成中断之间的时间。如果这个时间与应用程序感受到的 I/O 延时一致，通常可以安全地推断出 I/O 延时源于磁盘，这样你就可以专心调查其中的原因了。如果延时有所不同，则需要从操作系统软件栈里的其他层出发，找到其来源。

图 9.10 描绘了通用 I/O 栈，以及两个 I/O 离群点 A 和 B 在不同层的延时状况。

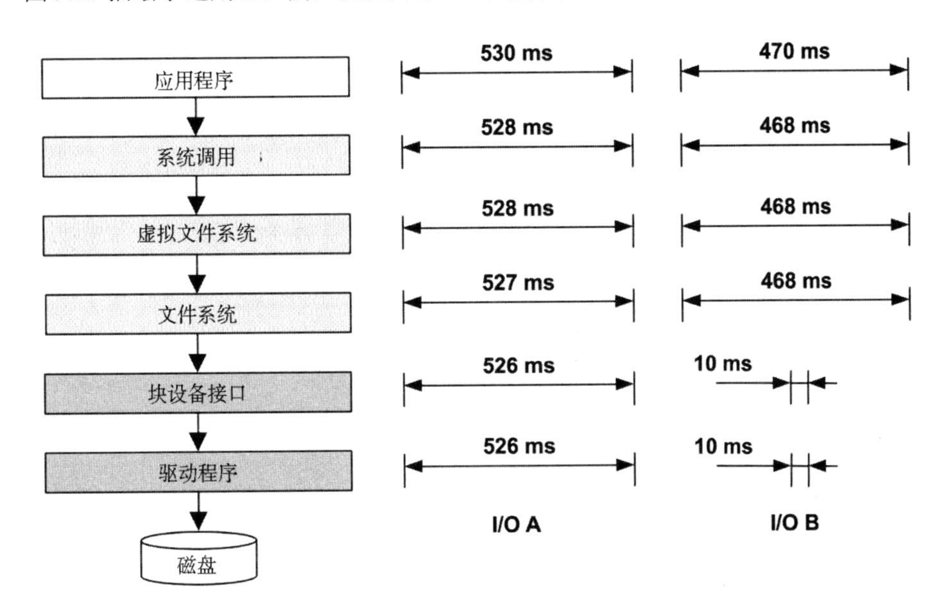

图 9.10 栈延时分析

I/O A 的延时从应用程序到底下的磁盘驱动都差不多。这种状况直接把延时的矛头指向了磁盘（或者磁盘驱动)。如果对每一层都单独进行测量，从每层之间基本相同的延时就可以推断出这个结论。

I/O B 的延时看上去来自文件系统层（锁或者队列？)，因为底层的 I/O 延时只占了较小的部分。需要注意的是，不同的软件栈的层可能会放大或者缩小 I/O，这意味着 I/O 的大小、数量和延时在相邻层之间会有所不同。造成离群点 B 可能的原因是只观测了底层的一个 I/O（10ms)，而忽略了其他相关的 I/O，这些 I/O 都参与了服务同一个文件系统 I/O（例如，元数据)。

每层的延时可以表示如下。

- **单位时间 I/O 平均值：**一般由操作系统工具报告。
- **I/O 全分布：**通过直方图或者热图表示，参见 9.7.3 节。
- **单位 I/O 延时值：**参见 9.5.4 节的“事件跟踪”部分。

最后两项有助于跟踪离群点的来源，同样也能帮助辨别 I/O 分解与合并的情况。

9.5.6 静态性能调优

静态性能调优主要关注配置环境的问题。对于磁盘性能，可检查下列方面的静态配置：

- 现在有多少块磁盘？是什么类型的（例如 SMR、MLC）？大小是多少？
- 磁盘固件是什么版本？
- 有多少个磁盘控制器？接口类型是什么？
- 磁盘控制器卡是插到高速插槽上的吗？
- 每个 HBA 上连接了多少块磁盘？
- 如果存在磁盘 / 控制器备用电池的话，它们的电量是多少？
- 磁盘控制器的固件是什么版本？
- 配置 RAID 了吗？是怎么配置的，包括条带宽度？
- 多路径是否可用并配置了吗？
- 磁盘设备驱动是什么版本？
- 服务器主存大小是多少？被页面和缓冲区高速缓存使用了多少？
- 存储设备驱动有什么操作系统的缺陷 / 补丁？
- 磁盘 I/O 有资源控制吗？

注意，性能缺陷可能存在于设备驱动和固件当中，最好使用厂商提供的更新修复。

回答这些问题能够暴露一些被忽视的配置问题。有时按照某种负载来配置文件系统，但后来却用在了其他场景里。这个方法能让你重新审视那些配置选项。

当我负责 Sun 的 ZFS 存储产品性能时，收到的最多关于性能的抱怨来自一项错误的配置：使用了 RAID-Z2（宽条带）中一半的 JBOD（12 块磁盘）。于是我学会了先询问配置的详细信息（通常通过电话），然后再花时间登录系统检查 I/O 延时。

9.5.7 缓存调优

系统里可能存在多种不同的缓存，包括应用程序、文件系统、磁盘控制器和磁盘自己。9.3.3 节中有一份关于缓存的清单，可以按照 2.5.18 节中介绍的方法进行调节。总体来说，先检查有哪些缓存，接着看它们是否投入使用、使用的情况如何、缓存大小，然后根据缓存调整负载，根据负载调整缓存。

9.5.8 资源控制

操作系统可能会提供一些控制方法，用于把磁盘 I/O 资源分配给一些或者几组进程。控制可能包括固定上限的 IOPS 和吞吐量，或者通过更加灵活的方式共享资源。具体的工作机制与实现相关，还可参考 9.9 节中的讨论。

9.5.9 微基准测试

第 8 章介绍了文件系统 I/O 的微基准测试方法，并且解释了测试文件系统 I/O 和磁盘 I/O 之间的差异。本节我们要测试磁盘 I/O，这通常意味着通过操作系统设备路径进行测试，特别是裸设备路径（如果有），以避免文件系统行为的干扰（包括缓存、缓冲、I/O 分割、I/O 合并、代码路径开销和偏移量映射差异）。

微基准测试的测试参数如下。

- **方向**：读或写。
- **磁盘偏移量模式**：随机或连续。
- **偏移量范围**：全磁盘或小块范围（例如，仅针对偏移量 0）。
- **I/O 大小**：512B（典型的最小值）～ 1MB。
- **并发度**：同时发起的 I/O 数量，或者执行 I/O 的线程数。
- **设备数量**：单块磁盘测试，或者多块磁盘（以得到控制器和总线限制）一起测试。

下面两节演示了如何使用不同的参数组合测试磁盘和磁盘控制器的性能。有关执行这些测试的特殊工具细节，参见 9.8 节。

磁盘

可以使用下面建议的负载执行的微基准测试，以得出单块磁盘的相应数据。

- **最大磁盘吞吐量（MB/s）**：128KB 或者 1MB 读，连续。
- **最大磁盘操作频率（IOPS）**：512B 读[1]，仅对偏移量 0。
- **最大磁盘随机读（IOPS）**：512B 读，随机偏移量。
- **读延时剖析（平均毫秒数）**：连续读，按照 512B、1KB、2KB、4KB 重复测试。
- **随机 I/O 延时剖析（平均毫秒数）**：512B 读，按照全地址扫描，指定开始地址区间，指定结束地址区间重复测试。

这些测试同样可以针对写操作重做一遍。使用“偏移量 0”可使数据缓存在磁盘缓存中，这样能够测量缓存的访问时间[2]。

磁盘控制器

磁盘控制器可以通过对多块磁盘施加负载，执行微基准测试，使之达到控制器的极限。可以使用下列测试，并对磁盘施加如下建议的负载。

---

1 这个尺寸特意用来匹配最小磁盘块大小。如今许多磁盘使用4KB的块大小。

2 我听过一个传言，一些硬盘制造商的固件程序可以加速0扇区的I/O，从而提高这样的测试性能。你可以通过测试扇区0与你最喜欢的扇区号来验证。

- **最大控制器吞吐量（MB/s）**：128KB，仅对偏移量 0。
- **最大控制器操作频率（IOPS）**：512B 读，仅对偏移量 0。

可以一个一个地施加负载，并注意极限。要找到一个磁盘控制器的极限可能需要超过一打的磁盘。

9.5.10 伸缩

磁盘和磁盘控制器有吞吐量和 IOPS 极限，这可以通过前面所述的微基准测试方法得出。调优方法最多把性能提高到这些极限。如果还需要测试更多的磁盘性能，并且其他方法（例如缓存）不起作用时，磁盘就需要进行伸缩。

下面是一个简单的基于资源的容量规划方法：

1. 确定目标磁盘负载的吞吐量和 IOPS。如果这是一个新系统，可参考 2.7 节。如果系统中已经有负载运行，使用当前磁盘吞吐量和 IOPS 来表示用户数量，然后把这些数字放大到目标用户数量。（如果缓存不一起伸缩，磁盘的负载可能会增加，因为单位用户缓存比例下降了，磁盘的 I/O 压力增加了。）
2. 计算支撑这个负载需要的磁盘数量。记得考虑 RAID 配置。不要使用单位磁盘最大的吞吐量和 IOPS 数值，因为这会得出一个 100% 磁盘使用率的计划，而导致马上会有因饱和和排队带来的性能问题。定下目标使用率（如 50%），然后按比例伸缩。
3. 计算支撑这个负载需要的磁盘控制器数量。
4. 检查未超过传输总线的极限，并按需伸缩传输总线。
5. 计算单位磁盘 I/O 的 CPU 周期数，以及需要的 CPU 数量（这可能会使得多个 CPU 和并行 I/O 成为必需）。

要用哪一个最大单位磁盘吞吐量和 IOPS 数值，取决于它们的类型和磁盘类型。可参见 9.3.7 节。可以使用微基准测试来找到给定 I/O 大小和 I/O 类型的特定极限，还能对当前负载使用负载特征归纳方法，以发现最重要的大小和类型。

要达到磁盘负载需求，通常是服务器需要连接相当多的磁盘，而这些磁盘通过存储阵列连接。我们以前常说“加更多的转轴”，现在我们可能要说“加更多的闪存”。

9.6 观测工具

本节将介绍基于 Linux 操作系统的磁盘 I/O 观测工具。具体的使用策略参见 9.5 节。表 9.5 列出了本节将介绍的工具。

表 9.5 磁盘观测工具

章节	Linux	描述
9.6.1	iostat	单个磁盘的各种统计信息
9.6.2	sar	磁盘历史统计信息
9.6.3	PSI	磁盘压力滞留信息
9.6.4	pidstat	按进程列出磁盘 I/O 使用情况
9.6.5	perf	记录块 I/O 跟踪点
9.6.6	biolatency	把磁盘 I/O 延时汇总成直方图
9.6.7	biosnoop	带 PID 和延时来跟踪磁盘 I/O
9.6.8	iotop、biotop	磁盘的 top 程序：按进程汇总磁盘 I/O
9.6.9	biostacks	带初始化栈来显示磁盘 I/O
9.6.10	blktrace	磁盘 I/O 事件跟踪
9.6.11	bpftrace	自定义磁盘跟踪
9.6.12	MegaCli	LSI 控制器统计信息
9.6.13	smartctl	磁盘控制器统计信息

这些是为支持 9.5 节而选的工具，从传统工具和统计信息开始，然后深入事件跟踪和控制器统计信息。一些传统的工具可能在其他类 UNIX 操作系统上也可以使用，包括 iostat(8) 和 sar(1)。许多跟踪工具都是基于 BPF 的，并且使用 BCC 和 bpftrace 前端（参见第 15 章）；它们是 biolatency(8)、biosnoop(8)、biotop(8) 和 biostacks(8)。

完整性能的参考详见每个工具的文档和 man 手册页。

9.6.1 iostat

iostat(1) 汇总了单个磁盘的统计信息，为负载特征归纳、使用率和饱和度提供了指标。它可以由任何用户执行，通常是使用命令行调查磁盘 I/O 问题时使用的第一个命令。它所提供的统计数据通常也会被监测软件显示出来，所以值得详细学习，以加深对监测统计数据的理解。统计信息的来源由内核直接提供[1]，因此这个工具的开销基本可以忽略不计。

“iostat”是“I/O statistics”的简称，但最好称之为“diskiostat”，以突出它报告的 I/O 类型。这偶尔会造成一些误解，比如当一位用户知道一个应用程序正在执行 I/O（对文件系统）时，却发现在 iostat(1)（磁盘）里看不到任何信息。

iostat(1) 针对 UNIX，写于 20 世纪 80 年代早期，在不同的操作系统中有不同的版本。它可以通过 sysstat 包被添加到基于 Linux 的系统里。

下面的内容描述是基于 Linux 版本的。

1 统计数据可以通过/sys/block/<dev>/queue/iostats文件禁用。我不知道有谁这样做过。

iostat 的默认输出

在没有任何参数或选项的情况下，iostat 将打印 CPU 和磁盘自启动以来的统计信息。这里仅作为这个工具的介绍列出；你不需要使用这个模式，因为后面介绍的扩展模式更有用。

```
$ iostat
Linux 5.3.0-1010-aws (ip-10-1-239-218)    02/12/20        _x86_64_  (2 CPU)

avg-cpu:  %user   %nice %system %iowait  %steal   %idle
           0.29    0.01    0.18    0.03    0.21   99.28

Device             tps    kB_read/s    kB_wrtn/s    kB_read    kB_wrtn
loop0             0.00         0.05         0.00       1232          0
[...]
nvme0n1           3.40        17.11        36.03     409902     863344
```

第一行输出显示了系统汇总信息，包括内核版本、主机名、日期、架构和 CPU 数量，然后是自启动以来的 CPU（avg-cpu，相关信息在第 6 章中介绍过）和磁盘设备（在 Device 之下）的统计信息。每个磁盘设备都占一行，基本信息在数据列中。我把重要的列头通过粗体进行了高亮显示。

- **tps**：每秒事务数（IOPS）。
- **kB_read/s、kB-wrtn/s**：每秒读取的 KB 数和每秒写入的 KB 数。
- **kB_read、kB-wrtn**：总共读取和写入的 KB 数。

部分 SCSI 设备，包括 CD-ROM，可能不会被 iostat(1) 显示出来。SCSI 磁带驱动器可以通过 tapestat(1) 检查，同样在 sysstat 包里。还需要注意的是，iostat(1) 报告块设备的读和写，它有可能排除了其他类型的磁盘设备命令，具体取决于内核（例如，参见 blk_do_io_stat() 里的逻辑）。iostat(1) 的扩展模式包括了这些磁盘命令的额外列。

iostat 的选项

iostat(1) 可以带多种选项执行，后面还有一个可选的间隔和计数。例如：

```
# iostat 1 10
```

将会打印 1 秒汇总信息 10 次。而：

```
# iostat 1
```

将会不停地打印每一秒的汇总信息（直到键入 Ctrl+C）。

常用的选项有如下几个。

- **-c**：显示 CPU 报告。
- **-d**：显示磁盘报告。
- **-k**：使用 KB 代替（512B）块数目。
- **-m**：使用 MB 代替（512B）块数目。
- **-p**：包括单个分区的统计信息。
- **-t**：输出时间戳。
- **-x**：扩展统计信息。
- **-s**：短（窄）输出。
- **-z**：跳过显示零活汇总。

还有一个环境变量，POSIXLY_CORRECT=1，用来输出块（每 512B）而不是 KB。一些旧版本还包含了一个 NFS 统计选项，-n。自 sysstat 9.1.3 版以来，这个选项被移到了单独的 nfsiostat 命令中。

iostat 扩展短输出

扩展输出（-x）提供了对前述方法有用的额外列，这些额外列包括用于工作负载特征归纳的 IOPS 和吞吐量指标，用于 USE 方法的使用率和队列长度，以及用于性能归纳和延时分析的磁盘响应时间。

多年来，扩展输出被加上了越来越多的字段，最新版本（12.3.1，2019 年 12 月）产生的输出有 197 个字符宽。这不仅在本书上一行放不下，在很多宽终端屏幕上也放不下，由于换行，导致输出难以阅读。2017 年增加了一个解决方案，即使用 -s 选项，其可提供一个“短”或窄的输出，旨在塞进 80 个字符的宽度。

下面是短（-s）扩展（-x）统计和跳过零活设备（-z）的例子：

```
$ iostat -sxz 1
[...]
avg-cpu:  %user   %nice %system %iowait  %steal   %idle
          15.82    0.00   10.71   31.63    1.53   40.31

Device             tps      kB/s    rqm/s   await aqu-sz  areq-sz  %util
nvme0n1        1642.00   9064.00   664.00    0.44   0.00     5.52 100.00
[...]
```

磁盘列有如下几个。

- **tps**：每秒发出的事务数（IOPS）。
- **kB/s**：每秒 KB 数。
- **rqm/s**：每秒入队及合并请求数。
- **await**：平均 I/O 响应时间，包括在操作系统里排队的时间和设备的 I/O 响应时间（毫秒）。
- **aqu-sz**：在驱动请求队列中等待和在设备上活动的请求的平均数量。
- **areq-sz**：平均请求大小，单位为 KB。
- **%util**：设备忙着处理 I/O 请求的时间百分比（使用率）。

衡量交付性能最重要的指标是 await，其显示了 I/O 的平均总等待时间。构成的"好"或"坏"取决于你的需求。在示例输出中，await 为 0.44 毫秒，对于数据库服务器来说这个数字是令人满意的。它可能会因为一些原因而增加：排队（负载）、较大的 I/O 尺寸、旋转设备上的随机 I/O 以及设备错误。

对于资源使用和容量规划来说，%util 很重要，但请记住，它只用于衡量忙碌程度（非空闲时间），对于由多个磁盘支持的虚拟设备来说可能意义不大。这些设备可以通过应用的负载［tps（IOPS）和 kB/s（吞吐量）］被更好地理解。

rqm/s 列中的非零计数表明，连续的请求在交付给设备之前被合并，以提高性能。这个指标也是顺序工作负载的一个标志。

由于 areq-sz 在合并之后获得，所以小的不能被合并的尺寸（8KB 或更少）是随机 I/O 工作负载的指标。大的尺寸可能是大 I/O 或合并的顺序工作负载（由前面的列表示）的结果。

iostat 扩展输出

如果没有 -s 选项，-x 会打印更多的列。下面显示的是 sysstat 12.3.2 版本（从 2020 年 4 月开始）自启动以来的汇总（没有间隔或计数）。

```
$ iostat -x
[...]
Device            r/s     rkB/s   rrqm/s  %rrqm r_await rareq-sz     w/s     wkB/s
wrqm/s  %wrqm w_await wareq-sz     d/s     dkB/s   drqm/s  %drqm d_await dareq-sz
f/s f_await  aqu-sz  %util
nvme0n1          0.23      9.91     0.16  40.70    0.56    43.01    3.10     33.09
0.92  22.91    0.89    10.66    0.00      0.00     0.00   0.00    0.00     0.00
0.00    0.00    0.00   0.12
```

这些指标将许多 -sx 指标分解为读和写组件，还包括丢弃和刷新。

额外的列有：

- **r/s、w/s、d/s、f/s**：每秒发给磁盘设备的读、写、丢弃和刷新的请求数（合并后）。
- **rkB/s、wkB/s、dkB/s**：每秒从磁盘设备读、写和丢弃的千字节数。
- **%rrqm/s、%wrqm/s、%drqm/s**：每秒合并放入驱动请求队列的读、写和丢弃请求数占该类型请求的百分比。
- **r_await、w_await、d_await、f_await**：读、写、丢弃和刷新的平均响应时间，包括在操作系统中排队的时间和设备的响应时间（毫秒）。
- **rareq-sz、wareq-sz、dareq-sz**：平均读、写和丢弃的千字节数。

分别检查读和写很重要。应用程序和文件系统通常使用技术手段来减轻写延时（例如，回写缓存），因此应用程序不太可能在磁盘写上受阻。这意味着任何将读和写分组的指标都会被一个可能并不直接相关的（写）组件所歪曲。通过拆分它们，你可以开始检查 r_wait，它显示了平均读取延时，很可能是应用程序性能的最重要指标。

读和写的 IOPS（r/s、w/s）和吞吐量（rkB/s、wkB/s）指标对于工作负载特征归纳是很重要的。

丢弃和刷新统计是 iostat(1) 的新功能。丢弃操作释放了硬盘上的块（ATA TRIM 命令），它们的统计数据是在 Linux 4.19 内核中添加的。在 Linux 5.5 中增加了刷新统计信息。这些信息可以帮助缩小查找磁盘延时原因的范围。

下面是另一个有用的 iostat(1) 组合：

```
$ iostat -dmstxz -p ALL 1
Linux 5.3.0-1010-aws (ip-10-1-239-218)    02/12/20        _x86_64_  (2 CPU)

02/12/20 17:39:29
Device              tps      MB/s     rqm/s    await  areq-sz  aqu-sz  %util
nvme0n1            3.33      0.04      1.09     0.87    12.84    0.00   0.12
nvme0n1p1          3.31      0.04      1.09     0.87    12.91    0.00   0.12

02/12/20 17:39:30
Device              tps      MB/s     rqm/s    await  areq-sz  aqu-sz  %util
nvme0n1         1730.00     14.97    709.00     0.54     8.86    0.02  99.60
nvme0n1p1       1538.00     14.97    709.00     0.61     9.97    0.02  99.60
[...]
```

第一行输出的是自启动以来的摘要信息，然后是 1 秒的间隔。选项 -d 只关注磁盘统计信息（没有 CPU），选项 -m 代表 MB，选项 -t 代表时间戳，这在比较输出与其他时间戳来源时很有用，选项 -p ALL 的作用是包括每个分区的统计。

不幸的是，当前版本的 iostat(1) 并不包括磁盘错误，否则 USE 方法里所有的指标都可以使用一个工具获得！

9.6.2　sar

系统活动报告器（system activity reporter，sar(1)），可以用来监测当前活动并被配置用来归档和报告历史统计信息。在4.4节中介绍过它，本书有多个章节都用到了这个工具，用以提供各种不同的统计信息。

sar(1) 的磁盘汇总信息通过选项 -d 输出，下面的例子里以每秒一次的间隔演示。输出太宽了，这里分两部分排版（sysstat 12.3.2）：

```
$ sar -d 1
Linux 5.3.0-1010-aws (ip-10-0-239-218)    02/13/20        _x86_64_  (2 CPU)

09:10:22          DEV       tps     rkB/s     wkB/s     dkB/s   areq-sz \ ...
09:10:23     dev259-0   1509.00  11100.00  12776.00      0.00     15.82 / ...
[...]
```

下面是剩下的部分：

```
$ sar -d 1
09:10:22     \ ... \  aqu-sz     await     %util
09:10:23     / ... /    0.02      0.60     94.00
[...]
```

许多列的内容都与 iostat(1) 类似，在前一节里有描述。这个输出显示了一个混合的读 / 写工作负载，等待时间（await）为 0.6 毫秒，驱动磁盘的使用率达到 94%。

以前版本的 sar(1) 还包括一个 svctm（服务时间）列：平均（推断）磁盘响应时间，单位为毫秒。参见 9.3.1 节，可了解服务时间的背景知识。由于其简单的计算方式对于并行执行 I/O 的现代磁盘来说已经不再准确，所以在后来的版本中，svctm 被删除。

9.6.3　PSI

Linux 4.20 中增加了 Linux 压力滞留信息（PSI），包括 I/O 饱和度的统计信息。这些信息不仅显示了是否有 I/O 压力，而且还显示了它在过去 5 分钟内的变化情况。

输出示例如下：

```
# cat /proc/pressure/io
some avg10=63.11 avg60=32.18 avg300=8.62 total=667212021
full avg10=60.76 avg60=31.13 avg300=8.35 total=622722632
```

这个输出显示 I/O 压力正在增加，10 秒的平均值（63.11）高于 300 秒的平均值（8.62）。这些平均值是任务 I/O 被滞留的时间百分比。some 行显示的是一些任务（线程）受到影响的时间，full 行显示的是所有可运行任务受到影响的时间。

与平均负载一样，这也可以作为报警的高级指标。一旦意识到存在磁盘性能问题，你就可以使用其他工具来寻找根本原因，包括使用 pidstat(8) 按进程进行磁盘统计。

9.6.4 pidstat

Linux 的 pidstat(1) 工具默认输出 CPU 使用情况，还可以使用选项 -d 输出磁盘 I/O 的统计信息，在内核 2.6.20 及以上的版本中可用。例如：

```
$ pidstat -d 1
Linux 5.3.0-1010-aws (ip-10-0-239-218)    02/13/20        _x86_64_  (2 CPU)

09:47:41      UID       PID   kB_rd/s   kB_wr/s kB_ccwr/s iodelay  Command
09:47:42        0      2705  32468.00      0.00      0.00       5  tar
09:47:42        0      2706      0.00   8192.00      0.00       0  gzip

[...]
09:47:56      UID       PID   kB_rd/s   kB_wr/s kB_ccwr/s iodelay  Command
09:47:57        0       229      0.00     72.00      0.00       0  systemd-journal
09:47:57        0       380      0.00      4.00      0.00       0  auditd
09:47:57        0      2699      4.00      0.00      0.00      10  kworker/
u4:1-flush-259:0
09:47:57        0      2705  15104.00      0.00      0.00       0  tar
09:47:57        0      2706      0.00   6912.00      0.00       0  gzip
```

输出列如下。

- **kB_rd/s**：每秒读取的千字节数。
- **kB_wr/s**：每秒发出的写入千字节数。
- **kB_ccwr/s**：每秒取消的写入千字节数（例如，回写前的覆盖写）。
- **iodelay**：进程在磁盘 I/O 上被阻塞的时间（时钟周期），包括交换。

在输出中看到的负载是 tar 命令将文件系统读取到管道，gzip 读取管道并写入压缩档案文件。tar 的读取造成了 iodelay（5 个时钟周期），而 gzip 的写入则没有，原因是页缓存中的回写缓存。一段时间后，页缓存被刷新，从 kworker/u4:1-flush-259:0 进程输出的第二个区间可以看出，该进程出现了 iodelay。

iodelay 是最近新增的，它显示了性能问题的程度：应用程序等待了多少时间。其他列显示了应用的工作负载。

只有超级用户（root）可以访问不属于自己的进程的磁盘统计信息。这些可以通过读取 /proc/PID/io 获得。

9.6.5 perf

Linux 中的 perf(1) 工具（参见第 13 章）提供了块 tracepoint，这些 tracepoint 如下：

```
# perf list 'block:*'

List of pre-defined events (to be used in -e):

  block:block_bio_backmerge                          [Tracepoint event]
  block:block_bio_bounce                             [Tracepoint event]
  block:block_bio_complete                           [Tracepoint event]
  block:block_bio_frontmerge                         [Tracepoint event]
  block:block_bio_queue                              [Tracepoint event]
  block:block_bio_remap                              [Tracepoint event]
  block:block_dirty_buffer                           [Tracepoint event]
  block:block_getrq                                  [Tracepoint event]
  block:block_plug                                   [Tracepoint event]
  block:block_rq_complete                            [Tracepoint event]
  block:block_rq_insert                              [Tracepoint event]
  block:block_rq_issue                               [Tracepoint event]
  block:block_rq_remap                               [Tracepoint event]
  block:block_rq_requeue                             [Tracepoint event]
  block:block_sleeprq                                [Tracepoint event]
  block:block_split                                  [Tracepoint event]
  block:block_touch_buffer                           [Tracepoint event]
  block:block_unplug                                 [Tracepoint event]
```

举个例子，用栈踪迹来记录块设备问题。命令 sleep 10 作为跟踪的持续时间：

```
# perf record -e block:block_rq_issue -a -g sleep 10
[ perf record: Woken up 22 times to write data ]
[ perf record: Captured and wrote 5.701 MB perf.data (19267 samples) ]
# perf script --header
[...]
mysqld  1965 [001] 160501.158573: block:block_rq_issue: 259,0 WS 12288 () 10329704 +
24 [mysqld]
        ffffffffb12d5040 blk_mq_start_request+0xa0 ([kernel.kallsyms])
        ffffffffb12d5040 blk_mq_start_request+0xa0 ([kernel.kallsyms])
        ffffffffb1532b4c nvme_queue_rq+0x16c ([kernel.kallsyms])
        ffffffffb12d7b46 __blk_mq_try_issue_directly+0x116 ([kernel.kallsyms])
        ffffffffb12d87bb blk_mq_request_issue_directly+0x4b ([kernel.kallsyms])
        ffffffffb12d8896 blk_mq_try_issue_list_directly+0x46 ([kernel.kallsyms])
```

```
        ffffffffb12dce7e blk_mq_sched_insert_requests+0xae ([kernel.kallsyms])
        ffffffffb12d86c8 blk_mq_flush_plug_list+0x1e8 ([kernel.kallsyms])
        ffffffffb12cd623 blk_flush_plug_list+0xe3 ([kernel.kallsyms])
        ffffffffb12cd676 blk_finish_plug+0x26 ([kernel.kallsyms])
        ffffffffb119771c ext4_writepages+0x77c ([kernel.kallsyms])
        ffffffffb10209c3 do_writepages+0x43 ([kernel.kallsyms])
        ffffffffb1017ed5 __filemap_fdatawrite_range+0xd5 ([kernel.kallsyms])
        ffffffffb10186ca file_write_and_wait_range+0x5a ([kernel.kallsyms])
        ffffffffb118637f ext4_sync_file+0x8f ([kernel.kallsyms])
        ffffffffb1105869 vfs_fsync_range+0x49 ([kernel.kallsyms])
        ffffffffb11058fd do_fsync+0x3d ([kernel.kallsyms])
        ffffffffb1105944 __x64_sys_fsync+0x14 ([kernel.kallsyms])
        ffffffffb0e044ca do_syscall_64+0x5a ([kernel.kallsyms])
        ffffffffb1a0008c entry_SYSCALL_64_after_hwframe+0x44 ([kernel.kallsyms])
            7f2285d1988b fsync+0x3b (/usr/lib/x86_64-linux-gnu/libpthread-2.30.so)
            55ac10a05ebe Fil_shard::redo_space_flush+0x44e (/usr/sbin/mysqld)
            55ac10a06179 Fil_shard::flush_file_redo+0x99 (/usr/sbin/mysqld)
            55ac1076ff1c [unknown] (/usr/sbin/mysqld)
            55ac10777030 log_flusher+0x520 (/usr/sbin/mysqld)
            55ac10748d61
std::thread::_State_impl<std::thread::_Invoker<std::tuple<Runnable, void (*)(log_t*),
log_t*> > >::_M_run+0xc1 (/usr/sbin/mysql
            7f228559df74 [unknown] (/usr/lib/x86_64-linux-gnu/libstdc++.so.6.0.28)
            7f226c3652c0 [unknown] ([unknown])
            55ac107499f0
std::thread::_State_impl<std::thread::_Invoker<std::tuple<Runnable, void (*)(log_t*),
log_t*> > >::~_State_impl+0x0 (/usr/sbin/
        5441554156415741 [unknown] ([unknown])
[...]
```

输出的是每个事件的单行摘要，然后是导致事件发生的栈踪迹。单行摘要以 perf(1) 的默认字段开始：进程名、线程 ID、CPU ID、时间戳和事件名（可参见 13.11 节）。其余的字段是针对 tracepoint 的，对于 block:block_rq_issue 这个 tracepoint 及其字段有如下叙述。

- **磁盘主要和次要编号**：259，0
- **I/O 类型**：WS（同步写）
- **I/O 大小**：12 288（字节）
- **I/O 命令字符串**：()
- **扇区地址**：10329704
- **扇区数**：24
- **进程**：mysqld

这些字段来自 tracepoint 的格式字符串（参见 4.3.5 节）。

栈踪迹可以帮助解释磁盘 I/O 的本质。在本例中，它来自调用 fsync(2) 的 mysqld log_flusher() 程序。内核代码路径显示它被 ext4 文件系统处理，并通过 blk_mq_try_issue_list_directly() 成为一个磁盘 I/O 问题。

I/O 通常会排队，稍后由内核线程发出，因此跟踪 block:block_rq_issue tracepoint 不会显示发起的进程或用户级栈踪迹。在这些情况下，你可以尝试跟踪 block:block_rq_insert 来代替，它用于队列插入。请注意，它不包括没有排队的 I/O。

单行命令

以下单行命令演示了使用过滤器与块 tracepoint。

跟踪所有大小不小于 100 KB 的块 I/O 完成事件，直到按下 Ctrl+C 组合键：[1]

```
perf record -e block:block_rq_complete --filter 'nr_sector > 200'
```

跟踪所有的块 I/O 同步写完成事件，直到按下 Ctrl+C 组合键：

```
perf record -e block:block_rq_complete --filter 'rwbs == "WS"'
```

跟踪所有的块 I/O 写完成事件，直到按下 Ctrl+C 组合键：

```
perf record -e block:block_rq_complete --filter 'rwbs ~ "*W*"'
```

磁盘 I/O 延时

磁盘 I/O 延时（前面描述为磁盘请求时间）也可以通过记录磁盘发出和完成事件来确定，以便以后分析。下面记录它们 60 秒，然后将事件写入 out.disk01.txt 文件：

```
perf record -e block:block_rq_issue,block:block_rq_complete -a sleep 60
perf script --header > out.disk01.txt
```

你可以使用任何方便的方法对输出文件进行后处理：awk(1)、Perl、Python、R、Google Spreadsheets 等。将问题与完成事件关联起来，并使用记录的时间戳来计算延时。

下面的工具 biolatency(8) 和 biosnoop(8)，使用 BPF 程序在内核空间内有效地计算了磁盘 I/O 延时，并直接在输出中包含延时。

9.6.6 biolatency

biolatency(8)[2] 是一个 BCC 和 bpftrace 工具，其以直方图的形式显示磁盘 I/O 延时。

1　如果扇区大小为512B，100 KB意味着200个扇区。

2　起源：基于我早期开发的iolatency工具，在2015年9月20日我为BCC创建了biolatency，在2018年9月13日我为bpftrace创建了biolatency。我在这些工具中添加了“b”，以明确它指的是块I/O。

这里所说的 *I/O* 延时是指从向设备发出请求到完成请求的时间（也就是磁盘请求时间）。

下面显示了 BCC 跟踪块 I/O 10 秒的 biolatency(8) 输出：

```
# biolatency 10 1
Tracing block device I/O... Hit Ctrl-C to end.

     usecs               : count     distribution
         0 -> 1          : 0        |                                        |
         2 -> 3          : 0        |                                        |
         4 -> 7          : 0        |                                        |
         8 -> 15         : 0        |                                        |
        16 -> 31         : 2        |                                        |
        32 -> 63         : 0        |                                        |
        64 -> 127        : 0        |                                        |
       128 -> 255        : 1065     |*****************                       |
       256 -> 511        : 2462     |****************************************|
       512 -> 1023       : 1949     |*******************************         |
      1024 -> 2047       : 373      |******                                  |
      2048 -> 4095       : 1815     |*****************************           |
      4096 -> 8191       : 591      |*********                               |
      8192 -> 16383      : 397      |******                                  |
     16384 -> 32767      : 50       |                                        |
```

这个输出显示了一个双模态分布，一个模式在 128 到 1023 微秒之间，另一个模式在 2048 到 4095 微秒（2.0 到 4.1 毫秒）之间。既然我知道设备延时是双模态的，了解原因之后调整的目标就是将更多的 I/O 移动到更快的模式。例如，较慢的 I/O 可能是随机 I/O 或更大尺寸的 I/O（可以使用其他 BPF 工具确定），或不同的 I/O 标志（使用选项 -F 显示）。这个输出中最慢的 I/O 达到了 16 到 32 毫秒的范围：这听起来像是设备上的队列。

BCC 版本的 biolatency(8) 支持的选项包括如下几个。

- **-m**：以毫秒为单位输出。
- **-Q**：包括操作系统中排队的 I/O 时间（操作系统请求时间）。
- **-F**：显示每个 I/O 标志位组的直方图。
- **-D**：显示每个磁盘设备的直方图。

使用 -Q 可使 biolatency(8) 报告从内核队列上创建和插入设备到完成的全部 I/O 时间，前面描述的是块 *I/O* 请求时间。

BCC 的 biolatency(8) 也接受可选的间隔和计数参数，单位为秒。

单独标志位

选项 -F 特别有用，它可以分解每个 I/O 标志的分布。例如，用选项 -m 输出以毫秒为单位的直方图：

```
# biolatency -Fm 10 1
Tracing block device I/O... Hit Ctrl-C to end.

flags = Sync-Write
     msecs               : count     distribution
         0 -> 1          : 2        |****************************************|

flags = Flush
     msecs               : count     distribution
         0 -> 1          : 1        |****************************************|

flags = Write
     msecs               : count     distribution
         0 -> 1          : 14       |****************************************|
         2 -> 3          : 1        |**                                      |
         4 -> 7          : 10       |****************************            |
         8 -> 15         : 11       |*******************************         |
        16 -> 31         : 11       |*******************************         |

flags = NoMerge-Write
     msecs               : count     distribution
         0 -> 1          : 95       |**********                              |
         2 -> 3          : 152      |*****************                       |
         4 -> 7          : 266      |******************************          |
         8 -> 15         : 350      |****************************************|
        16 -> 31         : 298      |**********************************      |

flags = Read
     msecs               : count     distribution
         0 -> 1          : 11       |****************************************|

flags = ReadAhead-Read
     msecs               : count     distribution
         0 -> 1          : 5261     |****************************************|
         2 -> 3          : 1238     |*********                               |
         4 -> 7          : 481      |***                                     |
         8 -> 15         : 5        |                                        |
        16 -> 31         : 2        |                                        |
```

这些标志位可能会被存储设备以不同的方式处理。将它们分开，我们可以单独研究它们。前面的输出显示，写比读慢，可以解释之前的双模态分布。

biolatency(8) 汇总了磁盘 I/O 延时。使用 biosnoop(8) 可检查每个 I/O。

9.6.7 biosnoop

biosnoop(8)[1] 是一个 BCC 和 bpftrace 工具，它可以输出每个磁盘 I/O 的单行摘要。例如：

```
# biosnoop
TIME(s)        COMM           PID    DISK    T  SECTOR     BYTES   LAT(ms)
0.009165000    jbd2/nvme0n1p1 174    nvme0n1 W  2116272    8192       0.43
0.009612000    jbd2/nvme0n1p1 174    nvme0n1 W  2116288    4096       0.39
0.011836000    mysqld         1948   nvme0n1 W  10434672   4096       0.45
0.012363000    jbd2/nvme0n1p1 174    nvme0n1 W  2116296    8192       0.49
0.012844000    jbd2/nvme0n1p1 174    nvme0n1 W  2116312    4096       0.43
0.016809000    mysqld         1948   nvme0n1 W  10227712   262144     1.82
0.017184000    mysqld         1948   nvme0n1 W  10228224   262144     2.19
0.017679000    mysqld         1948   nvme0n1 W  10228736   262144     2.68
0.018056000    mysqld         1948   nvme0n1 W  10229248   262144     3.05
0.018264000    mysqld         1948   nvme0n1 W  10229760   262144     3.25
0.018657000    mysqld         1948   nvme0n1 W  10230272   262144     3.64
0.018954000    mysqld         1948   nvme0n1 W  10230784   262144     3.93
0.019053000    mysqld         1948   nvme0n1 W  10231296   131072     4.03
0.019731000    jbd2/nvme0n1p1 174    nvme0n1 W  2116320    8192       0.49
0.020243000    jbd2/nvme0n1p1 174    nvme0n1 W  2116336    4096       0.46
0.020593000    mysqld         1948   nvme0n1 R  4495352    4096       0.26
[...]
```

这个输出显示了对磁盘 nvme0n1 的写入负载，大部分来自 mysqld，PID 为 174，I/O 大小不一。这些列如下所示。

- **TIME(s)**：I/O 完成时间，单位为秒。
- **COMM**：进程名（如果该工具知晓）。
- **PID**：进程 ID（如果该工具知晓）。
- **DISK**：存储设备名。
- **T**：类型，R 表示读，W 表示写。
- **SECTOR**：磁盘地址，单位为 512B 大小的扇区。
- **BYTES**：I/O 请求的大小。

1 起源：基于我2003年开发的一个早期工具，我在2015年9月16日创建了BCC版本，在2017年11月15日创建了bpftrace版本。完整的起源在[Gregg 19]中有描述。

- **LAT(ms)**：从设备发出到设备完成的 I/O 持续时间（磁盘请求时间）。

在示例输出的中间，是一连串 262 144 字节的写入，开始的延时是 1.82 毫秒，随后每一次 I/O 的延时都在增加，最后以 4.03 毫秒结束。这是我经常看到的模式，可能的原因可以从输出中的另一列计算出来：TIME(s)。如果用 TIME(s) 列中的值减去 LAT(ms) 列中的值，就能得到 I/O 的起始时间，这些 I/O 大约是在同一时间开始的。这似乎是一组同时发送的写入，在设备上排队，然后依次完成，每一次的延时都在增加。

通过对开始和结束时间的仔细检查，也可以确定设备上的重排序。由于输出的数据可能有数千行，我经常使用 R 统计软件将输出数据绘制成散点图，以帮助识别这些模式（参见 9.7 节）。

离群点分析

下面是使用 biosnoop(8) 发现并分析延时离群点的方法。

1. 将输出写入一个文件：

```
# biosnoop > out.biosnoop01.txt
```

2. 按照延时列将输出排序，打印出最后 5 个条目（高延时的项目）：

```
# sort -n -k 8,8 out.biosnoop01.txt | tail -5
31.344175   logger        10994  nvme0n1 W 15218056   262144   30.92
31.344401   logger        10994  nvme0n1 W 15217544   262144   31.15
31.344757   logger        10994  nvme0n1 W 15219080   262144   31.49
31.345260   logger        10994  nvme0n1 W 15218568   262144   32.00
46.059274   logger        10994  nvme0n1 W 15198896   4096     64.86
```

3. 在文本编辑器内打开输出（例如，vi(1) 或者 vim(1)）：

```
# vi out.biosnoop01.txt
```

4. 从最慢到最快遍历离群值，寻找第一列的时间。最慢的是 64.86 毫秒，完成时间为 46.059274（秒）。搜索 46.059274：

```
[...]
45.992419   jbd2/nvme0n1p1 174    nvme0n1 W 2107232    8192      0.45
45.992988   jbd2/nvme0n1p1 174    nvme0n1 W 2107248    4096      0.50
46.059274   logger         10994  nvme0n1 W 15198896   4096     64.86
[...]
```

5. 看看在离群点之前发生的事件，看看它们是否有类似的延时，并确定这是排队的结果（类似于在第一个 biosnoop(8) 示例输出中看到的 1.82 到 4.03 毫秒的斜线），或者看看是否有其他线索。这里的情况并非如此，之前的事件大约提前了 6 毫秒，延时时间为 0.5 毫秒。设备可能重新安排了事件的顺序，先完成了其他事件。如果之前的完成事件是在 64 毫秒左右，那么设备的完成时间差距可能可以通过其他因素解释，例如，这个系统是一个虚拟机实例，可以在 I/O 期间被管理程序取消调度，将该时间加入 I/O 时间中。

排队时间

使用 BCC 的 biosnoop(8) 的 -Q 选项可以显示从创建 I/O 到向设备发出的时间（以前称为块 I/O 等待时间或操作系统等待时间）。这个时间主要花在操作系统队列上，但也可以包括内存分配和锁获取。例如：

```
# biosnoop -Q
TIME(s)     COMM           PID    DISK      T SECTOR     BYTES  QUE(ms) LAT(ms)
0.000000    kworker/u4:0   9491   nvme0n1 W 5726504    4096      0.06    0.60
0.000039    kworker/u4:0   9491   nvme0n1 W 8128536    4096      0.05    0.64
0.000084    kworker/u4:0   9491   nvme0n1 W 8128584    4096      0.05    0.68
0.000138    kworker/u4:0   9491   nvme0n1 W 8128632    4096      0.05    0.74
0.000231    kworker/u4:0   9491   nvme0n1 W 8128664    4096      0.05    0.83
[...]
```

排队时间在 QUE(ms) 列显示。

9.6.8 iotop、biotop

我在 2005 年为基于 Solaris 的系统编写了第一个 iotop[McDougall 06a]。现在它有很多版本，包括一个基于内核核算统计的 Linux iotop(1) 工具[1][Chazarain 13]，以及我自己的基于 BPF 的 biotop(8)。

iotop

iotop 通常可以通过 iotop 软件包安装。在没有参数的情况下运行时，它每秒刷新一次屏幕，显示最重要的磁盘 I/O 进程。批量模式(-b)可以用来提供滚动输出(不清除屏幕)；这里只演示 5 秒间隔（-d5）的 I/O 进程（-o）：

1 iotop(1)需要CONFIG_TASK_DELAY_ACCT、CONFIG_TASK_IO_ACCOUNTING、CONFIG_TASKSTATS和CONFIG_VM_EVENT_COUNTERS等内核选项。

```
# iotop -bod5
Total DISK READ:       4.78 K/s | Total DISK WRITE:      15.04 M/s
  TID  PRIO  USER     DISK READ  DISK WRITE  SWAPIN      IO    COMMAND
22400 be/4 root       4.78 K/s    0.00 B/s  0.00 % 13.76 % [flush-252:0]
  279 be/3 root       0.00 B/s 1657.27 K/s  0.00 %  9.25 % [jbd2/vda2-8]
22446 be/4 root       0.00 B/s   10.16 M/s  0.00 %  0.00 % beam.smp -K true ...
Total DISK READ:       0.00 B/s | Total DISK WRITE:      10.75 M/s
  TID  PRIO  USER     DISK READ  DISK WRITE  SWAPIN      IO    COMMAND
  279 be/3 root       0.00 B/s    9.55 M/s  0.00 %  0.01 % [jbd2/vda2-8]
22446 be/4 root       0.00 B/s   10.37 M/s  0.00 %  0.00 % beam.smp -K true ...
  646 be/4 root       0.00 B/s  272.71 B/s  0.00 %  0.00 % rsyslogd -n -c 5
[...]
```

输出显示 beam.smp 进程（Riak）执行约 10 MB/s 的磁盘写入工作负载。这些列的含义如下所示。

- **DISK READ**：读取 KB/s。
- **DISK WRITE**：写入 KB/s。
- **SWAPIN**：线程花在等待换入 I/O 的时间百分比。
- **IO**：线程花在等待 I/O 的时间百分比。

iotop(8) 支持各种其他选项，选项 -a 用于累计统计（而不是每个时间间隔），选项 -p PID 用于匹配一个进程，选项 -d SEC 用于设置时间间隔。

我建议你用已知的工作负载来测试 iotop(8) 并检查这些数字是否匹配。我刚刚试过（iotop 0.6 版本），发现它大大地低估了写工作负载。你也可以使用 biotop(8)，它使用不同的监测源，确实与我的测试工作量相匹配。

biotop

biotop(8) 是一个 BCC 工具，是磁盘的 top(1) 工具。示例输出如下：

```
# biotop
Tracing... Output every 1 secs. Hit Ctrl-C to end

08:04:11 loadavg: 1.48 0.87 0.45 1/287 14547

PID    COMM             D MAJ MIN DISK       I/O  Kbytes  AVGms
14501  cksum            R 202 1   xvda1      361   28832   3.39
6961   dd               R 202 1   xvda1     1628   13024   0.59
13855  dd               R 202 1   xvda1     1627   13016   0.59
326    jbd2/xvda1-8     W 202 1   xvda1        3     168   3.00
1880   supervise        W 202 1   xvda1        2       8   6.71
```

```
1873   supervise        W 202 1    xvda1         2          8    2.51
1871   supervise        W 202 1    xvda1         2          8    1.57
1876   supervise        W 202 1    xvda1         2          8    1.22
[...]
```

这显示了正在读取的 cksum(1) 和 dd(1) 命令，以及一些监督执行写入的进程。这是一个快速识别谁在执行磁盘 I/O，以及执行多少个的方法。这些列的含义如下。

- **PID**：缓存的进程 ID（尽力）。
- **COMM**：缓存的进程名（尽力）。
- **D**：方向（R 表示读取，W 表示写入）。
- **MAJ MIN**：磁盘主编号和次编号（内核标识符）。
- **DISK**：磁盘名。
- **I/O**：间隔期间磁盘 I/O 数量。
- **Kbytes**：间隔期间磁盘吞吐量（KB）。
- **AVGms**：从发出到设备与完成之间的平均 I/O 时间（延时），单位为毫秒。

当磁盘 I/O 被发送到设备时，请求进程可能已经不在 CPU 上了，因此识别它可能很困难。biotop(8) 支持可选的时间间隔和计数列(默认间隔为 1 秒)，-C 表示不清除屏幕，-r MAXROWS 指定要显示的进程数量。

9.6.9 biostacks

biostacks(8)[1] 是一个 bpftrace 工具，它可以用 I/O 初始化栈跟踪跟踪块 I/O 请求时间(从进操作系统队列到设备完成)。例如：

```
# biostacks.bt
Attaching 5 probes...
Tracing block I/O with init stacks. Hit Ctrl-C to end.
^C
[...]

@usecs[
    blk_account_io_start+1
    blk_mq_make_request+1069
    generic_make_request+292
    submit_bio+115
```

1 起源：我于2019年3月19日为[Gregg 19]一书开发了这个工具。

```
    submit_bh_wbc+384
    ll_rw_block+173
    ext4_bread+102
    __ext4_read_dirblock+52
    ext4_dx_find_entry+145
    ext4_find_entry+365
    ext4_lookup+129
    lookup_slow+171
    walk_component+451
    path_lookupat+132
    filename_lookup+182
    user_path_at_empty+54
    sys_access+175
    do_syscall_64+115
    entry_SYSCALL_64_after_hwframe+61
]:
[2K, 4K)               2 |@@                                                  |
[4K, 8K)              37 |@@@@@@@@@@@@@@@@@@@@@@@@@@@@@@@@@@@@@@@@@@@@@@@@@@@@|
[8K, 16K)             15 |@@@@@@@@@@@@@@@@@@@@@                               |
[16K, 32K)             9 |@@@@@@@@@@@@                                        |
[32K, 64K)             1 |@                                                   |
```

输出显示了磁盘 I/O 的延时直方图（以微秒为单位），以及请求的 I/O 栈踪迹：通过 access(2) 系统调用、filename_lookup() 和 ext4_lookup()。这类 I/O 由在文件权限检查时查找路径名引起。输出包括许多这样的栈踪迹，这表明 I/O 是由读和写以外的活动引起的。

我见过一些案例，在没有任何应用程序触发的情况下，出现了神秘的磁盘 I/O，是由后台文件系统任务导致的。（在一个案例中，它是 ZFS 的后台扫描器，定期验证校验和。）biostacks(8) 可以通过显示内核栈踪迹来识别磁盘 I/O 的真正原因。

9.6.10 blktrace

blktrace(8) 是 Linux 上的块设备 I/O 事件的自定义跟踪工具，它使用了内核的 blktrace 跟踪器。这是一个通过 BLKTRACE ioctl(2) 系统调用来控制磁盘设备文件的专用跟踪器。前端工具包括 blktrace(8)、blkparse(1) 和 btrace(8)。

blktrace(8) 启用内核块驱动跟踪机制获取跟踪裸数据，供 blkparse(1) 处理以产生可读的输出。为使用方便，btrace(8) 工具调用 blktrace(8) 和 blkparse(1)。下面的两个命令是等价的：

```
# blktrace -d /dev/sda -o - | blkparse -i -
# btrace /dev/sda
```

blktrace(8) 是一个低级工具，可以显示每个 I/O 的多个事件。

默认输出

下面显示的是 btrace(8) 的默认输出，并捕捉到 cksum(1) 命令发起的单次读事件：

```
# btrace /dev/sdb
  8,16   3        1     0.429604145 20442  A    R 184773879 + 8 <- (8,17) 184773816
  8,16   3        2     0.429604569 20442  Q    R 184773879 + 8 [cksum]
  8,16   3        3     0.429606014 20442  G    R 184773879 + 8 [cksum]
  8,16   3        4     0.429607624 20442  P    N [cksum]
  8,16   3        5     0.429608804 20442  I    R 184773879 + 8 [cksum]
  8,16   3        6     0.429610501 20442  U    N [cksum] 1
  8,16   3        7     0.429611912 20442  D    R 184773879 + 8 [cksum]
  8,16   1        1     0.440227144     0  C    R 184773879 + 8 [0]
[...]
```

这个 I/O 一共有 8 行输出，显示包括块设备队列和设备在内的每个动作（事件）。默认情况下有 7 列，如下所示。

1. 设备的主要编号、次要编号。
2. CPU ID。
3. 序号。
4. 活动时间，以秒为单位。
5. 进程 ID。
6. 活动标识符：事件类型（参见下面的“活动标识符”部分）。
7. RWBS 描述：I/O 标志位（参见下面的“RWBS 描述”部分）。

这些输出列可以用选项 -f 自定义。后面的数据是每个活动的自定义数据。

最后的数据取决于活动。例如，184773879 + 8 [cksum] 意味着一个位于块地址 184773879、大小为 8（扇区）、来源于进程 cksum 的 I/O。

活动标识符

blkparse(1) 的 man 手册页里描述了活动标识符：

```
       A       IO was remapped to a different device
       B       IO bounced
       C       IO completion
       D       IO issued to driver
       F       IO front merged with request on queue
       G       Get request
```

```
I       IO inserted onto request queue
M       IO back merged with request on queue
P       Plug request
Q       IO handled by request queue code
S       Sleep request
T       Unplug due to timeout
U       Unplug request
X       Split
```

包含这个列表的目的在于它展示了 blktrace 框架的可观测度。

RWBS 描述

为了跟踪观测，内核提供了一种方法，使用名为 *rwbs* 的字符串来描述每个 I/O 的类型。rwbs 被 blktrace(8) 和其他磁盘跟踪工具使用。它在内核的 blk_fill_rwbs() 函数中定义，并使用下列字符。

- R：读
- W：写
- M：元数据
- S：同步
- A：预读
- F：刷新或强制单元访问
- D：丢弃
- E：擦除
- N：无

字符可以组合使用。例如，“WM”表示元数据的写入。

活动过滤

blktrace(8) 和 btrace(8) 命令可以过滤活动，仅显示感兴趣的事件类型。例如，只跟踪 D 活动（发出 I/O），可以使用选项 -a issue：

```
# btrace -a issue /dev/sdb
  8,16   1        1     0.000000000    448   D   W 38978223 + 8 [kjournald]
  8,16   1        2     0.000306181    448   D   W 104685503 + 24 [kjournald]
  8,16   1        3     0.000496706    448   D   W 104685527 + 8 [kjournald]
  8,16   1        1     0.010441458 20824   D   R 184944151 + 8 [tar]
[...]
```

blktrace(8) 的 man 手册页里描述了其他过滤器，例如，仅跟踪读（-a read）、写（-a

write）或者同步操作（-a sync）。

分析

blktrace 包中包含了用来分析 I/O 轨迹的 btt(1)。下面是一个调用的例子，现在在 /dev/nvme0n1p1 上使用 blktrace(8) 来写入跟踪文件（由于这些命令会创建多个文件，所以使用了一个新的目录）。

```
# mkdir tracefiles; cd tracefiles
# blktrace -d /dev/nvme0n1p1 -o out -w 10
=== nvme0n1p1 ===
  CPU  0:                 20135 events,      944 KiB data
  CPU  1:                 38272 events,     1795 KiB data
  Total:                  58407 events (dropped 0),     2738 KiB data
# blkparse -i out.blktrace.* -d out.bin
259,0    1        1     0.000000000  7113  A  RM 161888 + 8 <- (259,1) 159840
259,0    1        1     0.000000000  7113  A  RM 161888 + 8 <- (259,1) 159840
[...]
# btt -i out.bin
==================== All Devices ====================

            ALL           MIN           AVG           MAX           N
--------------- ------------- ------------- ------------- -----------

Q2Q               0.000000001   0.000365336   2.186239507       24625
Q2A               0.000037519   0.000476609   0.001628905        1442
Q2G               0.000000247   0.000007117   0.006140020       15914
G2I               0.000001949   0.000027449   0.000081146         602
Q2M               0.000000139   0.000000198   0.000021066        8720
I2D               0.000002292   0.000008148   0.000030147         602
M2D               0.000001333   0.000188409   0.008407029        8720
D2C               0.000195685   0.000885833   0.006083538       12308
Q2C               0.000198056   0.000964784   0.009578213       12308
[...]
```

这些统计数据以秒为单位，显示了 I/O 处理的每个阶段的时间。有意思的时间有如下几项。

- **Q2C**：从 I/O 请求到完成的总时间（块层的时间）。
- **D2C**：设备发出到完成的时间（磁盘 I/O 延时）。
- **I2D**：从设备队列插入设备发出的时间（请求队列时间）。
- **M2D**：从 I/O 合并到发出的时间。

输出显示，D2C 的平均时间为 0.86 ms，M2D 的最长时间为 8.4 ms。像这样的最大值可能会导致 I/O 延时的离群点。

更多信息请参见 btt 用户指南 [Brunelle 08]。

可视化

blktrace(8) 工具可以将事件记录到跟踪文件中，可以使用 iowatcher(1) 进行可视化，iowatcher(1) 也在 blktrace 包中提供，也可以使用 Chris Mason 的 seekwatcher[Mason 08] 进行可视化。

9.6.11　bpftrace

bpftrace 是一个基于 BPF 的跟踪器，它提供了一种高级编程语言，允许创建强大的单行命令和短脚本。它非常适合基于其他工具提供的线索进行自定义磁盘分析。

bpftrace 将在第 15 章中详述。本节展示了一些磁盘分析的例子：单行命令、磁盘 I/O 大小和磁盘 I/O 延时。

单行命令

下面的单行命令很有用，可以演示不同的 bpftrace 功能。

计数块 I/O tracepoint 事件：

```
bpftrace -e 'tracepoint:block:* { @[probe] = count(); }'
```

把块 I/O 大小汇总成一张直方图：

```
bpftrace -e 't:block:block_rq_issue { @bytes = hist(args->bytes); }'
```

计数块 I/O 请求的用户栈踪迹：

```
bpftrace -e 't:block:block_rq_issue { @[ustack] = count(); }'
bpftrace -e 't:block:block_rq_insert { @[ustack] = count(); }'
```

计数块 I/O 类型的标志位：

```
bpftrace -e 't:block:block_rq_issue { @[args->rwbs] = count(); }'
```

跟踪块 I/O 错误，包括设备和 I/O 类型：

```
bpftrace -e 't:block:block_rq_complete /args->error/ {
    printf("dev %d type %s error %d\n", args->dev, args->rwbs, args->error); }'
```

计数 SCSI 操作码：

```
bpftrace -e 't:scsi:scsi_dispatch_cmd_start { @opcode[args->opcode] = count(); }'
```

计数 SCSI 结果码：

```
bpftrace -e 't:scsi:scsi_dispatch_cmd_done { @result[args->result] = count(); }'
```

计数 SCSI 驱动程序函数：

```
bpftrace -e 'kprobe:scsi* { @[func] = count(); }'
```

磁盘 I/O 大小

有时磁盘 I/O 很慢，只是因为它很大，特别是对于 SSD 驱动器。另一个和大小有关的问题是，一个应用程序请求许多小的 I/O，而这些 I/O 可以被聚合成较大的尺寸，以减少 I/O 栈开销。这两个问题都可以通过调查 I/O 大小分布来研究。

使用 bpftrace，下面显示了按请求进程名称细分的磁盘 I/O 大小分布：

```
# bpftrace -e 't:block:block_rq_issue /args->bytes/ { @[comm] = hist(args->bytes); }'
Attaching 1 probe...
^C
[...]

@[kworker/3:1H]:
[4K, 8K)               1 |@@@@@@@@@@                                          |
[8K, 16K)              0 |                                                    |
[16K, 32K)             0 |                                                    |
[32K, 64K)             0 |                                                    |
[64K, 128K)            0 |                                                    |
[128K, 256K)           0 |                                                    |
[256K, 512K)           0 |                                                    |
[512K, 1M)             5 |@@@@@@@@@@@@@@@@@@@@@@@@@@@@@@@@@@@@@@@@@@@@@@@@@@@@|
[1M, 2M)               3 |@@@@@@@@@@@@@@@@@@@@@@@@@@@@@@@                     |

@[dmcrypt_write]:
[4K, 8K)             103 |@@@@@@@@@@@@@@@@@@@@@@@@@@@@@@@@@@@@@@@@@@@@@@@@@@@@|
[8K, 16K)             46 |@@@@@@@@@@@@@@@@@@@@@@@                             |
[16K, 32K)            11 |@@@@@                                               |
[32K, 64K)             0 |                                                    |
[64K, 128K)            1 |                                                    |
[128K, 256K)           1 |                                                    |
```

输出显示，名为 dmcrypt_write 的进程执行了小 I/O，大部分在 4KB 到 32KB 的范围内。

tracepoint block:block_rq_issue 显示了 I/O 是什么时候被发送到设备驱动，然后传送到磁盘设备上的。不能保证发起的进程仍然在 CPU 上，特别是当调度器排队 I/O 时；所以显示的进程名可能是后来的内核工作线程，其正在从队列中读取进行设备 I/O 交付。你可以将 tracepoint 切换为 block:block_rq_insert，从插入队列开始测量，这可能会提高进程名的准确性，但也可能会漏掉监测绕过队列的 I/O（这一点在 9.6.5 节中也有提到）。

如果添加 args->rwbs 作为直方图键，输出将按 I/O 类型进一步细分：

```
# bpftrace -e 't:block:block_rq_insert /args->bytes/ { @[comm, args->rwbs] =
    hist(args->bytes); }'
Attaching 1 probe...
^C
[...]

@[dmcrypt_write, WS]:
[4K, 8K)               4 |@@@@@@@@@@@@@@@@@@@@@@@@@@@@@@@@@@@@@@@@@@@@@@@@@@@@|
[8K, 16K)              1 |@@@@@@@@@@@@@                                       |
[16K, 32K)             0 |                                                    |
[32K, 64K)             1 |@@@@@@@@@@@@@                                       |
[64K, 128K)            1 |@@@@@@@@@@@@@                                       |
[128K, 256K)           1 |@@@@@@@@@@@@@                                       |

@[dmcrypt_write, W]:
[512K, 1M)             8 |@@@@@@@@@@                                          |
[1M, 2M)              38 |@@@@@@@@@@@@@@@@@@@@@@@@@@@@@@@@@@@@@@@@@@@@@@@@@@@@|
```

现在的输出中包含了代表写入的 W，代表同步写入的 WS，等等。关于这些字母的解释请参见前面的“RWBS 描述”部分。

磁盘 I/O 延时

磁盘响应时间，通常被称为磁盘 I/O 延时，可以通过监测设备发出到完成事件的时间来测量。biolatency.bt 工具可以做到这一点，以直方图的形式显示磁盘 I/O 延时。例如：

```
# biolatency.bt
Attaching 4 probes...
Tracing block device I/O... Hit Ctrl-C to end.
^C

@usecs:
[32, 64)               2 |@                                                   |
[64, 128)              1 |                                                    |
[128, 256)             1 |                                                    |
[256, 512)            27 |@@@@@@@@@@@@@@@@@@@@@@@@@@                          |
[512, 1K)             43 |@@@@@@@@@@@@@@@@@@@@@@@@@@@@@@@@@@@@@@@@@           |
[1K, 2K)              54 |@@@@@@@@@@@@@@@@@@@@@@@@@@@@@@@@@@@@@@@@@@@@@@@@@@@@|
[2K, 4K)              41 |@@@@@@@@@@@@@@@@@@@@@@@@@@@@@@@@@@@@@@@             |
[4K, 8K)              47 |@@@@@@@@@@@@@@@@@@@@@@@@@@@@@@@@@@@@@@@@@@@@@       |
[8K, 16K)             16 |@@@@@@@@@@@@@@@                                     |
[16K, 32K)             4 |@@@                                                 |
```

该输出显示，I/O 通常在 256 微秒到 16 毫秒（16K 微秒）之间完成。

源代码是：

```
#!/usr/local/bin/bpftrace
BEGIN
{
        printf("Tracing block device I/O... Hit Ctrl-C to end.\n");
}

tracepoint:block:block_rq_issue
{
        @start[args->dev, args->sector] = nsecs;
}

tracepoint:block:block_rq_complete
/@start[args->dev, args->sector]/
{
        @usecs = hist((nsecs - @start[args->dev, args->sector]) / 1000);
        delete(@start[args->dev, args->sector]);
}

END
{
        clear(@start);
}
```

测量 I/O 延时需要为每个 I/O 的开始存储一个自定义的时间戳，然后在 I/O 完成时引用它来计算经过的时间。当在 8.6.15 节中测量 VFS 延时的时候，开始时间戳被存储在以线程 ID 为键的 BPF 映射中：这样做是可行的，因为相同的线程 ID 将在 CPU 上进行开始和完成事件。而磁盘 I/O 的情况则不同，因为完成事件会中断在 CPU 上运行的任何其他事件。biolatency.bt 中的唯一 ID 是由设备和扇区号构成的：它假设一次只有一个 I/O 会被发给一个给定的扇区。

与 I/O 大小单行命令一样，你可以在映射键中添加 args->rwbs 来按 I/O 类型进行细分。

磁盘 I/O 错误

I/O 错误状态是 block:block_rq_complete tracepoint 的一个参数，可用下面介绍的 bioerr(8) 工具[1]来打印出错的 I/O 操作的细节（前面包含了一个单行命令版本）：

1 起源：我为[Gregg 19]一书于2019年3月19日创建了这个工具。

```
#!/usr/local/bin/bpftrace

BEGIN
{
        printf("Tracing block I/O errors. Hit Ctrl-C to end.\n");
}

tracepoint:block:block_rq_complete
/args->error != 0/
{
        time("%H:%M:%S ");
        printf("device: %d,%d, sector: %d, bytes: %d, flags: %s, error: %d\n",
            args->dev >> 20, args->dev & ((1 << 20) - 1), args->sector,
            args->nr_sector * 512, args->rwbs, args->error);
}
```

查找磁盘错误的更多信息可能需要更低级的磁盘工具，比如接下来将介绍的三个工具（MegaCli、smartctl、SCSI 日志）。

9.6.12 MegaCli

磁盘控制器（主机总线适配器）由系统外部的硬件和固件组成。操作系统分析工具，甚至是动态跟踪也无法直接观测到它们内部。有时它们的工作状态可以通过仔细观测磁盘控制器如何响应一系列 I/O 推断出来（包括通过静态或者动态内核跟踪）。

某些特定的磁盘控制器有专门的分析工具，例如 LSI 的 MegaCli。下面显示的是最近的控制器事件：

```
# MegaCli -AdpEventLog -GetLatest 50 -f lsi.log -aALL
# more lsi.log
seqNum: 0x0000282f
Time: Sat Jun 16 05:55:05 2012
Code: 0x00000023
Class: 0
Locale: 0x20
Event Description: Patrol Read complete
Event Data:
===========
None

seqNum: 0x000027ec
Time: Sat Jun 16 03:00:00 2012
```

```
Code: 0x00000027
Class: 0
Locale: 0x20
Event Description: Patrol Read started
[...]
```

最后两个事件显示了一个发生于早上 3:00 ～ 5:55 的巡逻读（可能对性能产生影响）。巡逻读在 9.4.3 节中有介绍，巡逻读读出磁盘块并验证它们的校验和。

MegaCli 有很多选项，可以显示适配器信息、磁盘设备信息、虚拟设备信息、机箱信息、电池状态和物理错误。这些可以帮助人们发现配置的问题以及错误。即使有这些信息，有些类型的问题也不是很容易分析的，例如，为什么某个 I/O 会花上数百毫秒的时间。

检查厂商的文档，可找到任何供磁盘控制器分析的接口。

9.6.13 smartctl

磁盘有控制磁盘操作的逻辑，包括排队、缓存和错误处理。与磁盘控制器类似，操作系统不能直接看到磁盘的内部行为，这些信息是通过观测 I/O 请求和延时来推断的。

许多现代的驱动器提供了 SMART（自监测、分析和报告技术）数据，包括了多种健康统计信息。如下是 Linux 中的 smartctl(8) 的输出数据（访问的是一个虚拟 RAID 设备的第一块磁盘，用到了 -d megaraid, 0）：

```
# smartctl --all -d megaraid,0 /dev/sdb
smartctl 5.40 2010-03-16 r3077 [x86_64-unknown-linux-gnu] (local build)
Copyright (C) 2002-10 by Bruce Allen, http://smartmontools.sourceforge.net

Device: SEAGATE  ST3600002SS      Version: ER62
Serial number: 3SS0LM01
Device type: disk
Transport protocol: SAS
Local Time is: Sun Jun 17 10:11:31 2012 UTC
Device supports SMART and is Enabled
Temperature Warning Disabled or Not Supported
SMART Health Status: OK

Current Drive Temperature:     23 C
Drive Trip Temperature:        68 C
Elements in grown defect list: 0
Vendor (Seagate) cache information
  Blocks sent to initiator = 3172800756
  Blocks received from initiator = 2618189622
```

```
  Blocks read from cache and sent to initiator = 854615302
  Number of read and write commands whose size <= segment size = 30848143
  Number of read and write commands whose size > segment size = 0
Vendor (Seagate/Hitachi) factory information
  number of hours powered up = 12377.45
  number of minutes until next internal SMART test = 56

Error counter log:
           Errors Corrected by           Total   Correction     Gigabytes    Total
               ECC          rereads/    errors   algorithm      processed    uncorrected
           fast | delayed   rewrites  corrected  invocations   [10^9 bytes]  errors
read:     7416197        0         0   7416197    7416197      1886.494           0
write:          0        0         0         0          0      1349.999           0
verify: 142475069        0         0 142475069  142475069     22222.134           0

Non-medium error count:     2661

SMART Self-test log
Num  Test              Status     segment  LifeTime  LBA_first_err [SK ASC ASQ]
     Description                  number   (hours)

# 1  Background long   Completed      16        3                 - [-   -    -]
# 2  Background short  Completed      16        0                 - [-   -    -]

Long (extended) Self Test duration: 6400 seconds [106.7 minutes]
```

虽然这些信息很有用，但它们不能像内核跟踪框架一样解答有关单个磁盘慢 I/O 的问题。修正后的错误信息对于监测应该是有用的，有助于在磁盘故障发生之前预测磁盘故障，以及确认磁盘已经失效或正在失效。

9.6.14 SCSI 日志

Linux 有一个内置的 SCSI 事件日志记录工具，可以通过 sysctl(8) 或 /proc 启用。例如，下面这两个命令都可以将所有事件类型的日志记录设置为最大（警告：根据你的磁盘工作负载，这可能会淹没你的系统日志）：

```
# sysctl -w dev.scsi.logging_level=03333333333
# echo 03333333333 > /proc/sys/dev/scsi/logging_level
```

这个数字的格式是一个位字段，它为 10 种不同的事件类型设置了从 1 到 7 的记录级别（这里使用的是八进制数，十六进制数是 0x1b6db6db）。这个位域在 drivers/scsi/scsi_logging.h 中定义，sg3-utils 包提供了一个 scsi_logging_level(8) 工具来设置这些。例如：

```
# scsi_logging_level -s --all 3
```

事件示例如下：

```
# dmesg
[...]
[542136.259412] sd 0:0:0:0: tag#0 Send: scmd 0x000000001fb89dc
[542136.259422] sd 0:0:0:0: tag#0 CDB: Test Unit Ready 00 00 00 00 00 00
[542136.261103] sd 0:0:0:0: tag#0 Done: SUCCESS Result: hostbyte=DID_OK
driverbyte=DRIVER_OK
[542136.261110] sd 0:0:0:0: tag#0 CDB: Test Unit Ready 00 00 00 00 00 00
[542136.261115] sd 0:0:0:0: tag#0 Sense Key : Not Ready [current]
[542136.261121] sd 0:0:0:0: tag#0 Add. Sense: Medium not present
[542136.261127] sd 0:0:0:0: tag#0 0 sectors total, 0 bytes done.
[...]
```

这可以用来帮助调试错误和超时。虽然提供了时间戳（第一列），但如果没有独特的识别细节，用它们来计算 I/O 延时有难度。

9.6.15 其他工具

本书其他章节和《BPF 之巅》一书 [Gregg 19] 中包含的磁盘观测工具列在表 9.6 中。

表 9.6 其他磁盘观测工具

章节	工具	描述
7.5.1	vmstat	虚拟内存统计信息，包括交换
7.5.3	swapon	交换设备使用量
[Gregg 19]	seeksize	显示请求的 I/O 的寻道距离
[Gregg 19]	biopattern	识别随机 / 连续磁盘访问模式
[Gregg 19]	bioerr	跟踪磁盘错误
[Gregg 19]	mdflush	跟踪 md 刷新请求
[Gregg 19]	iosched	汇总 I/O 调度器延时
[Gregg 19]	scsilatency	显示 SCSI 命令延时分布
[Gregg 19]	scsiresult	显示 SCSI 命令结果码
[Gregg 19]	nvmelatency	汇总 NVME 驱动程序命令延时

其他 Linux 磁盘观测工具和数据源包括下列两项。

- **/proc/diskstats**：每个磁盘统计信息的高级概览。
- **seekwatcher**：可视化磁盘访问模式 [Mason 08]。

磁盘厂商可能有额外的工具来访问固件统计，或者通过安装固件的调试版本实现。

9.7 可视化

许多类型的可视化方案有助于分析磁盘 I/O 性能。本节将用数款工具的截屏做演示。关于可视化工具的基本讨论可参见 2.10 节。

9.7.1 折线图

性能监测解决方案通常把跨时段的磁盘 IOPS、吞吐量和使用率画成折线图。这有助于体现基于时间的模式，例如一天内负载的变化，或者诸如文件系统间隔回写这类的重复事件。

注意绘图所用的指标，平均延时可能会掩盖多模态分布及离群点。所有磁盘设备的平均值可能会掩盖不均衡的行为，包括单个设备离群点。长时间的平均值也会掩盖短期内的波动。

9.7.2 延时散点图

散点图对于可视化单个事件的 I/O 延时较有帮助，其可能包括数千个事件。x 轴表示完成时间，y 轴代表 I/O 响应时间（延时）。图 9.11 标出了一个 MySQL 数据库生产服务器上的 1400 个 I/O 事件，使用 iosnoop(8) 捕捉、R 语言绘图。

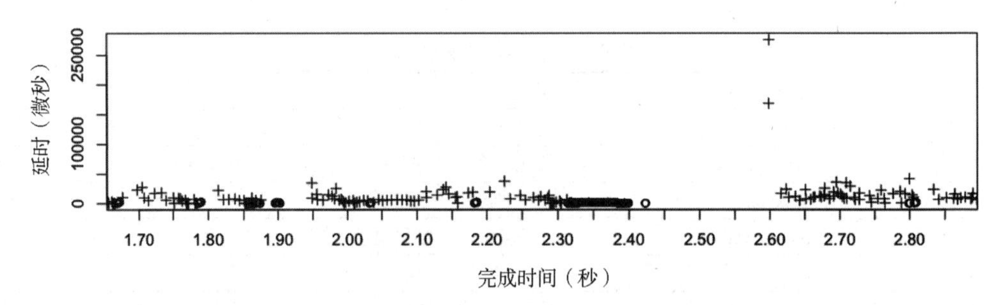

图 9.11 磁盘读和写的延时散点图

散点图显示了读（+）和写（o）的不同。同样可以描绘其他维度，例如在 y 轴上显示磁盘块地址。

这里可以看到有两个读离群点，延时超过 150 毫秒。在此之前，造成这些离群点的原因并不清楚。这张散点图和其他包括类似离群点的图，显示了它们发生在一阵写爆发之后。因为直接从 RAID 控制器的回写缓存返回，所以写的延时很低，在返回之后再写入设备里。据推断，这些读就是在排队等待这些设备写。

散点图显示了一台服务器几秒内的状况。多个服务器或者更长的时间间隔可以捕捉到更多的事件，但把这些合并在一起会使读图更加困难。这时可以考虑使用热图（参见 9.7.3 节）。

9.7.3 延时热图

热图可以用来可视化延时，把时间的流逝放在 *x* 轴上，把 I/O 延时放在 *y* 轴上，把特定时间和延时范围内的 I/O 数量放在 *z* 轴上，用颜色显示（颜色越深表示越多）。热图在 2.10.3 节中介绍过。图 9.12 中显示了一个有趣的磁盘示例。

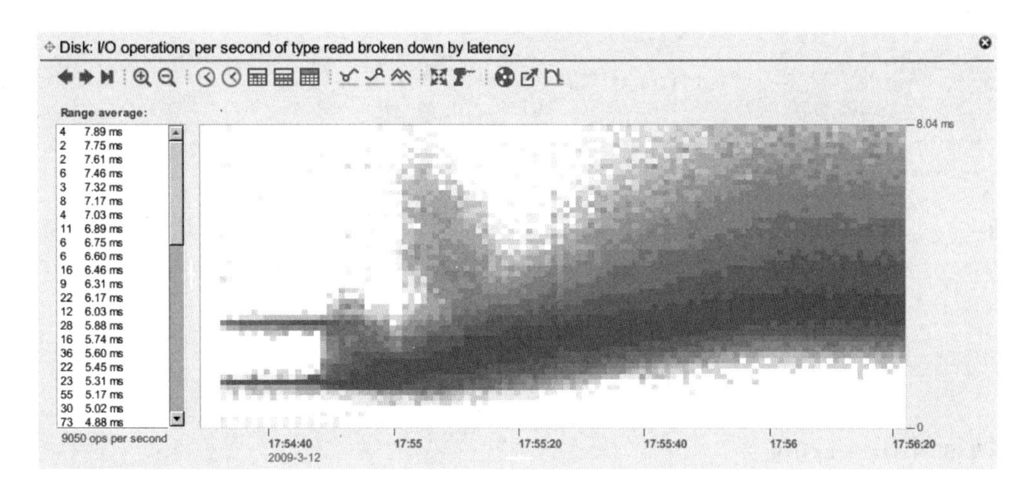

图 9.12 磁盘延时“翼龙”

这个可视化的工作负载是实验性的：我正在逐一对多个磁盘进行顺序读取，以探索总线和控制器的极限。由此产生的热图出乎我的意料（它被称为“翼龙”），其显示了只考虑平均数时将会错过的信息。看到的每一个细节都有技术上的原因，例如，“喙”在 8 个磁盘结束，等于连接的 SAS 端口数量（两个 x4 端口），而一旦这些端口开始有竞争，“头”就会从 9 个磁盘开始。

我发明了延时热图来可视化延时随时间的变化，灵感来自 taztool，将在下一节介绍。图 9.12 来自 Sun Microsystem 的 ZFS 存储设备中的分析 [Gregg 10a]。我收集了这张图和其他有趣的延时热图，以公开分享并推广其使用。

x 轴和 *y* 轴与延时散点图相同。热图的主要优点是可以扩展到数百万个事件，而在散点图中这就变成了“涂抹”。这个问题在 2.10.2 节和 2.10.3 节中讨论过。

9.7.4 偏移量热图

I/O 位置，或者说偏移量，也可以被可视化为热图（并且早于计算中的延时热图）。图 9.13 所示的就是一个例子。

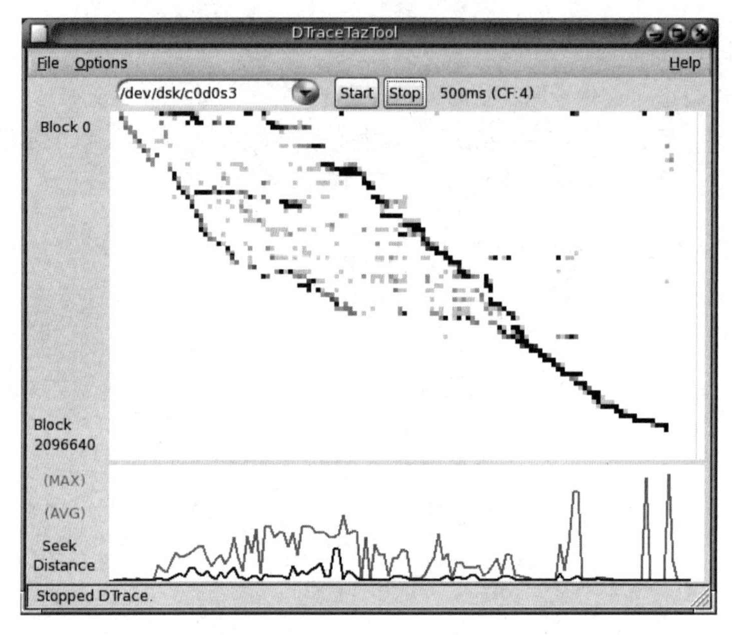

图 9.13　DTraceTazTool

磁盘偏移量（块地址）显示在 *y* 轴上，时间显示在 *x* 轴上。每个像素的颜色是根据在那段时间内落下的 I/O 和延时范围决定的，数字越大，颜色越深。这个可视化的负载是一次文件系统的归档，从块 0 开始扫遍整个磁盘。深色线表示一段连续 I/O，而浅色云代表随机 I/O。

可视化于 1995 年由 Richard McDougall 发明，工具为 taztool。图 9.13 所示的这张截图来自 DTraceTazTool，是我在 2006 年写的一个 DTrace 版本的 taztool。磁盘 I/O 偏移量热图后来出现在其他工具中，包括 seekwatcher（Linux）。

9.7.5　使用率热图

单个设备的使用率也可以通过热图展示，这样可以发现设备使用率之间的平衡和单个设备离群点 [Gregg 11b]。在这种情况下，使用率的百分比体现在 *y* 轴上，颜色越深意味着该使用率水平上的磁盘越多。这种热图类型对于识别单个热盘（包括怠工磁盘）非常有用，因为热图顶部的线条（100%）很明显。有关使用率热图的示例，请参见 6.7.1 节。

9.8　实验

本节将描述主动测试磁盘 I/O 性能的工具。建议的方法参见 9.5.9 节。

使用这些工具时，最好让 iostat(1) 一直运行着，这样任何结果都可以随时被复查一遍。

有些微基准测试工具可能需要一个“直接”操作模式，以绕开文件系统缓存，并专注于磁盘设备性能。

9.8.1 Ad Hoc

dd(1) 命令（设备到设备拷贝）可以用来执行特定的连续磁盘性能测试。例如，使用 1MB 的 I/O 测试连续读：

```
# dd if=/dev/sda1 of=/dev/null bs=1024k count=1k
1024+0 records in
1024+0 records out
1073741824 bytes (1.1 GB) copied, 7.44024 s, 144 MB/s
```

由于内核可以缓存和缓冲数据，所以 dd(1) 测量的吞吐量可能是由缓存和磁盘共同作用的，而不是单独的磁盘。为了只测试磁盘的性能，你可以为磁盘使用一个字符特殊设备。在 Linux 中，raw(8) 命令（如果有）可以在 /dev/raw 下创建字符特殊版本文件。顺序写也可以采用类似方式测试。但是，注意不要销毁所有磁盘上的数据，包括主启动记录和分区表！

更安全的方法是使用 dd(1) 的直接 I/O 标志位和文件系统文件而不是磁盘设备。请注意，现在的测试包括一些文件系统的开销。例如，对一个名为 out1 的文件进行写测试：

```
# dd if=/dev/zero of=out1 bs=1024k count=1000 oflag=direct
1000+0 records in
1000+0 records out
1048576000 bytes (1.0 GB, 1000 MiB) copied, 1.79189 s, 585 MB/s
```

在另一个终端会话中，iostat(1) 确认磁盘 I/O 的写入吞吐量约为 585 MB/s。

使用 iflag=direct，可对输入文件执行直接 I/O。

9.8.2 自定义负载生成器

如果需要测试自定义的负载，你需要自己写负载生成器，然后使用 iostat(1) 测量性能结果。自定义负载生成器可以是一段短的 C 程序，打开设备路径然后施加计划负载。在 Linux 中，块设备的特殊文件可以使用 O_DIRECT 打开以避免缓冲。如果你使用一些更高级的语言，尽量使用系统级别的接口，这样可避免库函数缓冲（例如，Perl 的 sysread()），最好也能避免内核缓冲（例如，O_DIRECT）。

9.8.3 微基准测试工具

可用的磁盘基准测试工具有 Linux 上的 hdparm(8)：

```
# hdparm -Tt /dev/sdb

/dev/sdb:
 Timing cached reads:   16718 MB in  2.00 seconds = 8367.66 MB/sec
 Timing buffered disk reads:  846 MB in  3.00 seconds = 281.65 MB/sec
```

选项 -T 测试带缓存的读，而选项 -t 测试磁盘设备读。结果显示了磁盘上缓存命中和未命中之间的巨大差异。

请仔细研究工具的文档，理解所有的警告。更多关于微基准测试的背景信息可参见第 12 章。通过文件系统测试磁盘性能的工具可以参考第 8 章。

9.8.4 随机读示例

这是一个实验的示例，在示例中，我开发了一个自定义的工具，对一个磁盘设备路径施加随机的 8KB 读负载。1 至 5 个工具实例并发执行，还运行着 iostat(1)。全零的写入列被移走了：

```
Device:     rrqm/s      r/s    rkB/s   avgrq-sz    aqu-sz r_await   svctm  %util
sda         878.00   234.00  2224.00      19.01      1.00    4.27    4.27 100.00
[...]
Device:     rrqm/s      r/s    rkB/s   avgrq-sz    aqu-sz r_await   svctm  %util
sda        1233.00   311.00  3088.00      19.86      2.00    6.43    3.22 100.00
[...]
Device:     rrqm/s      r/s    rkB/s   avgrq-sz    aqu-sz r_await   svctm  %util
sda        1366.00   358.00  3448.00      19.26      3.00    8.44    2.79 100.00
[...]
Device:     rrqm/s      r/s    rkB/s   avgrq-sz    aqu-sz r_await   svctm  %util
sda        1775.00   413.00  4376.00      21.19      4.01    9.66    2.42 100.00
[...]
Device:     rrqm/s      r/s    rkB/s   avgrq-sz    aqu-sz r_await   svctm  %util
sda        1977.00   423.00  4800.00      22.70      5.04   12.08    2.36 100.00
```

注意，aqu-sz 列的等差递增，还有 r_await 列增加的延时。

9.8.5 ioping

ioping(1) 是一个有趣的磁盘微基准测试工具，类似 ICMP ping(8) 工具。在 nvme0n1 磁盘设备上运行 ioping(1)：

```
# ioping /dev/nvme0n1
4 KiB <<< /dev/nvme0n1 (block device 8 GiB): request=1 time=438.7 us (warmup)
4 KiB <<< /dev/nvme0n1 (block device 8 GiB): request=2 time=421.0 us
4 KiB <<< /dev/nvme0n1 (block device 8 GiB): request=3 time=449.4 us
4 KiB <<< /dev/nvme0n1 (block device 8 GiB): request=4 time=412.6 us
4 KiB <<< /dev/nvme0n1 (block device 8 GiB): request=5 time=468.8 us
^C
--- /dev/nvme0n1 (block device 8 GiB) ioping statistics ---
4 requests completed in 1.75 ms, 16 KiB read, 2.28 k iops, 8.92 MiB/s
generated 5 requests in 4.37 s, 20 KiB, 1 iops, 4.58 KiB/s
min/avg/max/mdev = 412.6 us / 437.9 us / 468.8 us / 22.4 us
```

在默认情况下，ioping(1) 每秒发出一个 4KB 的读请求并以微秒为单位打印它的 I/O 延时。结束的时候，打印了多种统计信息。

ioping(1) 与其他基准测试工具不同的是，它的工作负载很轻。下面是 iostat(1) 运行时的一些输出。

```
$ iostat -xsz 1
[...]
Device             tps      kB/s     rqm/s    await aqu-sz  areq-sz  %util
nvme0n1           1.00      4.00      0.00     0.00   0.00     4.00   0.40
```

磁盘的使用率只有 0.4%。ioping(1) 可能会被用来调试生产环境中的问题，而其他的微基准测试则不适合，因为它们通常会将目标磁盘的使用率提高到 100%。

9.8.6 fio

Flexible IO Tester（fio）是一个文件系统基准测试工具，它也可以揭示磁盘设备的性能，特别是当与 --direct=true 选项一起使用非缓冲 I/O 时（当文件系统支持非缓冲 I/O 时）。在 8.7.2 节中介绍过它。

9.8.7 blkreplay

块 I/O 重放工具（blkreplay）可以重放用 blktrace（参见 9.6.10 节）或 Windows DiskMon [Schöbel-Theuer 12] 捕获的块 I/O 负载。在调试难以用微基准测试工具重现的磁盘问题时，这很有用。

如果目标系统已经改变，磁盘 I/O 重放可能反而会产生误导，详情请参阅 12.2.3 节。

9.9 调优

9.5节中已经讲过了很多调优方法，包括缓存调优、伸缩和负载特征归纳，它们可以帮助发现并消除不需要的工作。调优的另一个重要领域是存储配置，这是静态性能调优方法研究的一部分。

本节的以下内容将展示可以调优的不同区域：操作系统、磁盘设备和磁盘控制器。可用的调优参数取决于不同版本的操作系统、磁盘型号、磁盘控制器和它们的固件，具体请查阅相关的文档。虽然改变可调参数很容易，但默认参数通常是合理的，只在少数情况下才需要调整。

9.9.1 操作系统可调参数

操作系统可调参数包括ionice(1)、资源控制和内核可调参数。

ionice

Linux中的ionice(1)命令可以设置一个进程的I/O调度级别和优先级。调度级别为整数，如下所示。

- **0，无**：不指定级别，内核会挑选一个默认值——尽力，优先级根据进程的nice值选定。
- **1，实时**：对磁盘的最高级别访问。如果误用会导致其他进程饿死（就好像CPU调度的RT级别）。
- **2，尽力**：默认调度级别，包括优先级0～7，0为最高级。
- **3，空闲**：在磁盘空闲一定时间后才允许进行I/O。

示例用法如下：

```
# ionice -c 3 -p 1623
```

示例将ID为1623的进程放入空闲I/O调度级别。这对长时间运行的备份任务较为合适，这样它们就不太会与生产负载产生冲突了。

资源控制

现代操作系统提供了自定义的资源控制方式，以管理磁盘或者文件系统I/O的使用。

Linux中的控制组[1]（cgroups）块I/O（blkio）子系统为进程和进程组提供了存储设备资源控制机制。控制可以是按比例的权重方式（类似共享）或者一个固定的限制。限制

1　原书为container groups，有误，应为control groups，控制组。——译者注

可以单独针对读和写，以及针对 IOPS 或者吞吐量（B/s）。第 11 章中有详细描述。

可调参数

Linux 中的可调参数的示例如下。

- **/sys/block/*/queue/scheduler**：选择 I/O 调度策略，是空操作、最后期限还是 cfq。参见 9.4 节对这些策略的描述。
- **/sys/block/*/queue/nr_requests**：块层可以分配的读或写请求的数量。
- **/sys/block/*/queue/read_ahead_kb**：文件系统请求的最大预读 KB 数。

对于其他内核可调参数，查看厂商的文档可获得一份完整的清单，包括描述和警告。对这些进行调整有可能会被公司或者厂商政策禁止。

9.9.2 磁盘设备可调参数

Linux 中的 hdparm(8) 工具可以设置多种磁盘设备的可调参数，包括电源管理和关闭超时 [Archlinux 20]。在使用这个工具的时候要非常小心，并应研究一下 hdparm(8) 手册页——各种选项都被标记为“危险”，因为它们会导致数据丢失。

9.9.3 磁盘控制器可调参数

可用的磁盘控制器可调参数取决于磁盘控制器型号和厂商。为了让你对可能包括的内容有一个大概的认识，下面展示了一块 Dell PERC 6 卡的一些设置，通过 MegaCli 命令获得：

```
# MegaCli -AdpAllInfo -aALL
[...]
Predictive Fail Poll Interval    : 300sec
Interrupt Throttle Active Count  : 16
Interrupt Throttle Completion    : 50us
Rebuild Rate                     : 30%
PR Rate                          : 0%
BGI Rate                         : 1%
Check Consistency Rate           : 1%
Reconstruction Rate              : 30%
Cache Flush Interval             : 30s
Max Drives to Spinup at One Time : 2
Delay Among Spinup Groups        : 12s
Physical Drive Coercion Mode     : 128MB
Cluster Mode                     : Disabled
Alarm                            : Disabled
```

```
Auto Rebuild                        : Enabled
Battery Warning                     : Enabled
Ecc Bucket Size                     : 15
Ecc Bucket Leak Rate                : 1440 Minutes
Load Balance Mode                   : Auto
[...]
```

每个设置都有相应的描述信息，具体内容在厂商提供的文档中有详述。

9.10　练习

1. 回答下面有关磁盘术语的问题：

- 什么是 IOPS？
- 服务时间和等待时间之间的区别是什么？
- 什么是磁盘 I/O 等待时间？
- 什么是延时离群点？
- 什么是非数据传输磁盘命令？

2. 回答下面的概念问题：

- 描述磁盘使用率和饱和度。
- 描述随机 I/O 和连续 I/O 之间的性能差异。
- 描述盘上缓存在读和写 I/O 中的角色。

3. 回答下面的深入问题：

- 解释为什么虚拟磁盘的使用率（繁忙百分比）可能会产生误导。
- 解释为什么“I/O 等待”指标可能会产生误导。
- 描述 RAID-0（条带化）和 RAID-1（镜像）的性能特征。
- 描述当磁盘过载时会发生什么，包括对应用程序性能的影响。
- 描述当存储控制器过载时（吞吐量或 IOPS）会发生什么，包括对应用程序性能的影响。

4. 对你的操作系统开发以下过程：

- 一个磁盘资源的 USE 方法检查清单（磁盘和控制器），包括如何获得每项指标（例如，要执行哪条命令）和如何解释结果。尽量使用现有的操作系统观测工具，不能满足需求时再安装或者使用其他软件产品。

- 一张磁盘资源的负载特征归纳检查清单，包括如何获得每项指标，并尽量使用现有的操作系统观测工具。

5. 描述这个 Linux iostat(1) 输出中可以看到的磁盘行为：

```
$ iostat -x 1
[...]
avg-cpu:  %user   %nice %system %iowait  %steal   %idle
           3.23    0.00   45.16   31.18    0.00   20.43

Device:         rrqm/s   wrqm/s     r/s     w/s    rkB/s    wkB/s avgrq-sz
avgqu-sz   await r_await w_await  svctm  %util
vda              39.78 13156.99  800.00  151.61  3466.67 41200.00    93.88
11.99    7.49    0.57   44.01   0.49  46.56
vdb               0.00     0.00    0.00    0.00     0.00     0.00     0.00
0.00    0.00    0.00    0.00   0.00   0.00
```

6. （可选，高级）开发一个工具，跟踪所有除了读和写的磁盘命令。这可能需要在 SCSI 级别进行跟踪。

9.11 参考资料

[Patterson 88] Patterson, D., Gibson, G., and Kats, R., “A Case for Redundant Arrays of Inexpensive Disks,” *ACM SIGMOD*, 1988.

[McDougall 06a] McDougall, R., Mauro, J., and Gregg, B., *Solaris Performance and Tools: DTrace and MDB Techniques for Solaris 10 and OpenSolaris*, Prentice Hall, 2006.

[Brunelle 08] Brunelle, A., “btt User Guide,” *blktrace package*, /usr/share/doc/blktrace/btt.pdf, 2008.

[Gregg 08] Gregg, B., “Shouting in the Datacenter,” https://www.youtube.com/watch?v=tDacjrSCeq4, 2008.

[Mason 08] Mason, C., “Seekwatcher,” https://oss.oracle.com/~mason/seekwatcher, 2008.

[Smith 09] Smith, R., “Western Digital’s Advanced Format: The 4K Sector Transition Begins,” https://www.anandtech.com/show/2888, 2009.

[Gregg 10a] Gregg, B., “Visualizing System Latency,” *Communications of the ACM*, July 2010.

[Love 10] Love, R., *Linux Kernel Development*, 3rd Edition, Addison-Wesley, 2010.

[Turner 10] Turner, J., “Effects of Data Center Vibration on Compute System Performance,” *USENIX SustainIT*, 2010.

[Gregg 11b] Gregg, B., “Utilization Heat Maps,” http://www.brendangregg.com/HeatMaps/utilization.html, published 2011.

[Cassidy 12] Cassidy, C., "SLC vs MLC: Which Works Best for High-Reliability Applications?" https://www.eetimes.com/slc-vs-mlc-which-works-best-for-high-reliability-applications/#, 2012.

[Cornwell 12] Cornwell, M., "Anatomy of a Solid-State Drive," *Communications of the ACM*, December 2012.

[Schöbel-Theuer 12] Schöbel-Theuer, T., "blkreplay - a Testing and Benchmarking Toolkit," http://www.blkreplay.org, 2012.

[Chazarain 13] Chazarain, G., "Iotop," http://guichaz.free.fr/iotop, 2013.

[Corbet 13b] Corbet, J., "The multiqueue block layer," *LWN.net*, https://lwn.net/Articles/552904, 2013.

[Leventhal 13] Leventhal, A., "A File System All Its Own," *ACM Queue*, March 2013.

[Cai 15] Cai, Y., Luo, Y., Haratsch, E. F., Mai, K., and Mutlu, O., "Data Retention in MLC NAND Flash Memory: Characterization, Optimization, and Recovery," *IEEE 21st International Symposium on High Performance Computer Architecture (HPCA)*, 2015. https://users.ece.cmu.edu/~omutlu/pub/flash-memory-data-retention_hpca15.pdf

[FICA 18] "Industry's Fastest Storage Networking Speed Announced by Fibre Channel Industry Association—64GFC and Gen 7 Fibre Channel," *Fibre Channel Industry Association*, https://fibrechannel.org/industrys-fastest-storage-networking-speed-announced-by-fibre-channel-industry-association-%E2%94%80-64gfc-and-gen-7-fibre-channel, 2018.

[Hady 18] Hady, F., "Achieve Consistent Low Latency for Your Storage-Intensive Workloads," https://www.intel.com/content/www/us/en/architecture-and-technology/optane-technology/low-latency-for-storage-intensive-workloads-article-brief.html, 2018.

[Gregg 19] Gregg, B., *BPF Performance Tools: Linux System and Application Observability*, Addison-Wesley, 2019.

[Archlinux 20] "hdparm," https://wiki.archlinux.org/index.php/Hdparm, last updated 2020.

[Dell 20] "PowerEdge RAID Controller," https://www.dell.com/support/article/en-us/sln312338/poweredge-raid-controller?lang=en, accessed 2020.

[FCIA 20] "Features," *Fibre Channel Industry Association*, https://fibrechannel.org/fibre-channel-features, accessed 2020.

[Liu 20] Liu, L., "Samsung QVO vs EVO vs PRO: What's the Difference? [Clone Disk]," https://www.partitionwizard.com/clone-disk/samsung-qvo-vs-evo.html, 2020.

[Mellor 20] Mellor, C., "Western Digital Shingled Out in Lawsuit for Sneaking RAID-unfriendly Tech into Drives for RAID arrays," *TheRegister*, https://www.theregister.com/2020/05/29/wd_class_action_lawsuit, 2020.

[Netflix 20] "Open Connect Appliances," https://openconnect.netflix.com/en/appliances, accessed 2020.

[NVMe 20] "NVM Express," https://nvmexpress.org, accessed 2020.

第10章 网络

随着系统变得越来越分布化，尤其是在云计算环境中，网络在性能方面扮演的角色越来越重要。常见的任务有改进网络延时和吞吐量、消除可能由丢包引起的延时异常。

网络分析是跨硬件和软件的。这里的硬件指的是物理网络，包括网络接口卡（网卡）、交换机、路由器和网关（这通常也含有软件）。这里的软件指的是内核网络栈，包括网络设备驱动程序、数据包队列、数据包调度器及网络协议的实现。较低级别的协议是典型的内核软件（IP、TCP、UDP 等），高级协议是典型的库或应用程序软件（例如 HTTP）。

网络经常因为潜在的阻塞和其固有的复杂性，被指责性能不佳。本章将介绍如何弄清到底发生了什么，这可以排除网络的责任，从而使分析能够继续进行。

本章的学习目标如下。

- 理解网络模型和概念。
- 理解网络延时的不同衡量标准。
- 掌握常见网络协议的工作原理。
- 熟悉网络硬件的内部结构。
- 熟悉套接字和设备的内核路径。
- 遵循网络分析的不同方法。
- 描述整个系统和每个进程的网络 I/O。
- 识别由 TCP 重传引起的问题。
- 使用跟踪工具调查网络内部情况。
- 了解网络可调参数。

本章由六部分组成，前三部分是网络分析基础知识，后三部分展示在基于 Linux 的系统中的实际应用。这些部分介绍如下。

- **背景**部分介绍网络相关术语、基本模型和关键的网络性能概念。

- **架构**部分是物理网络组件和网络栈的通用描述。
- **方法**部分讲解性能分析的方法，包括观测法和实验法。
- **观测法工具**部分介绍基于 Linux 的系统中的网络性能工具和实验。
- **实验**部分总结网络基准测试和实验工具。
- **调优**部分讲解可调参数的范例。

网络基础知识，如 TCP 和 IP 的作用，是本章所需的预备知识。

10.1 术语

作为参考，本章使用的与网络相关的术语罗列如下。

- **接口**：术语*接口端口*（interface port）指网络物理连接器。术语*接口*或者*链接*指操作系统可见并且可配置的网络接口端口的逻辑实例（不是所有的系统都已被硬件支持：有一些是虚拟的）。
- **数据包**：术语*数据包*是指包 - 交换网络中的信息，比如 IP 数据包。
- **帧**：一个物理网络级的信息，例如以太网帧。
- **套接字**：源于 BSD 的一个 API，用于网络接口。
- **带宽**：对应网络类型的最大数据传输速率，通常以 b/s 为单位测量。“100GbE”是指带宽为 100 Gb/s 的以太网。每个方向都可能有带宽限制，因此 100GbE 可能能够以 100Gb/s 的速度传输，并以 100Gb/s 的速度接收（总吞吐量为 200Gb/s）。
- **吞吐量**：当前两个网络端点之间的数据传输速率，以 b/s 或者 B/s 为单位测量。
- **延时**：网络*延时*可以指信息在端点之间往返所需的时间，或建立连接所需的时间（例如，TCP 握手）。不包括随后的数据传输时间。

还有一些术语会贯穿于本章，另外可参考第 2 章和第 3 章的术语部分。

10.2 模型

下述介绍的简单模型描绘了一些基本的网络和网络性能的原理。10.4 节将讲述更深层次的具体实现细节。

10.2.1 网络接口

网络接口是网络连接的操作系统端点，它是系统管理员可以配置和管理的抽象层。

图 10.1 描绘了一个网络接口。作为网络接口配置的一部分，它被映射到物理网络端口。端口连接到网络上并且通常有分离的传输和接收通道。

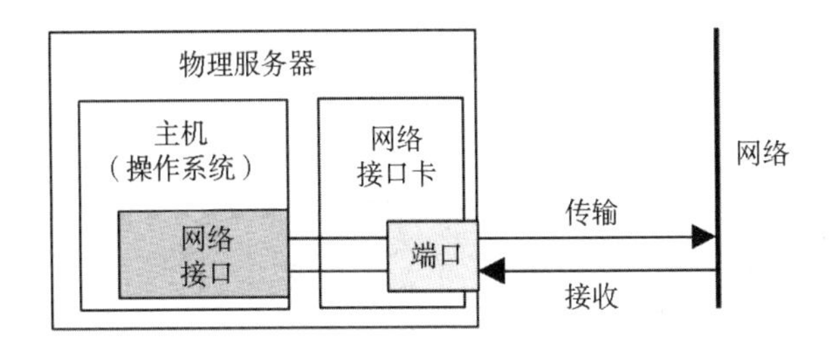

图 10.1 网络接口

10.2.2 控制器

网络接口卡（网卡，NIC）给系统提供一个或多个网络端口并且设有一个网络控制器：一个在端口与系统 I/O 传输通道间传输包的微处理器。一个带有 4 个端口的控制器示例见图 10.2，图中展示了该控制器所含有的物理组件。

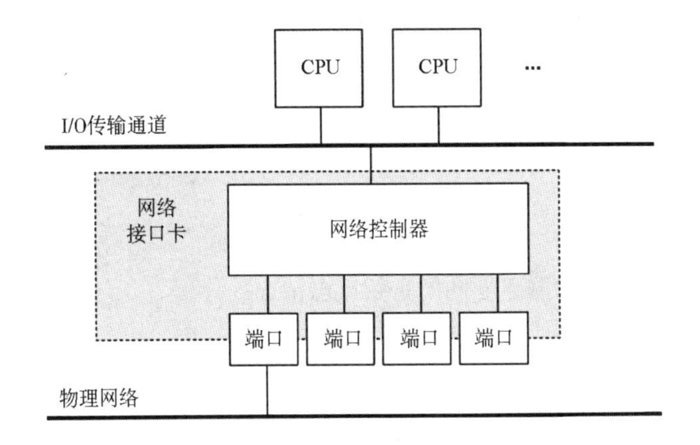

图 10.2 网络控制器

控制器通常作为单独的扩展卡提供，或者集成在系统主板上。（其他方式包括通过 USB 连接。）

10.2.3 协议栈

网络是由一组协议栈组成的，其中的每一层服务一个特定的目标。图 10.3 展示了包含协议示例的两个栈模型。

图中较低的层画得较宽以表明协议封装。传输的信息向下从应用程序移动到物理网络。接收的信息则向上移动。

请注意，以太网标准还描述了物理层，以及如何使用铜缆或光纤。

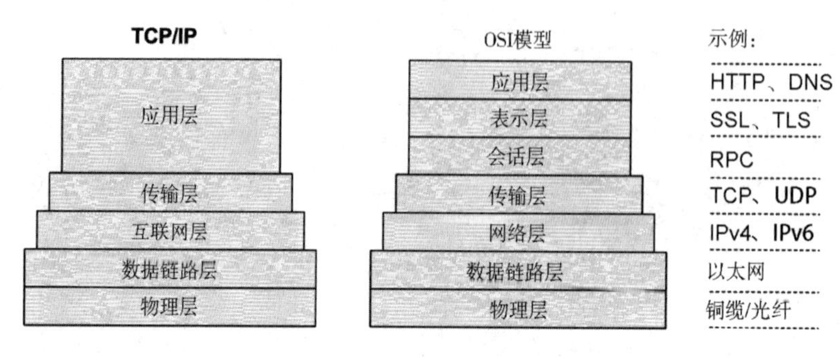

图 10.3　协议栈模型

可能还有其他层，例如，如果使用互联网协议安全（IPsec）或 Linux WireGuard，它们就在互联网层之上，以提供 IP 端之间的安全。此外，如果使用隧道技术［例如，虚拟可扩展局域网（VXLAN）］，那么一个协议栈可以被封装在另一个协议栈中。

尽管 TCP/IP 栈已成为标准，了解 OSI 模型也会有帮助，因为它显示了应用中的协议层。[1]“层”这个术语源自 OSI，这里第 3 层指网络协议层。

不同层中的“信息”会使用不同的术语。使用 OSI 模型：在运输层，信息是一个段或数据报；在网络层，信息是一个包；在数据链路层，信息是一帧。

10.3　概念

以下是一些网络通信和网络性能的重要概念精选。

10.3.1　网络和路由

网络是一组由网络协议地址联系在一起的主机。我们有多个网络——而非一个巨型的全球网络——是有许多原因的，特别是有扩展性方面的原因。某些网络报文会被广播到所有相邻的主机，通过建立更小的子网络，这类广播报文能被隔离在本地而不会引起更大范围的广播泛滥。这也是隔离常规报文传输的基础，使其仅在源和目标网络间传输，这样能更有效地使用网络基础架构。

路由管理被称为包的报文的跨网络传递。图 10.4 展示了路由的作用。

以主机 A 的视角来看，本地网络是它自己，其他所有主机都是远程主机。

1　我认为这是值得被简单考虑的；我不会把它列入网络知识测试。

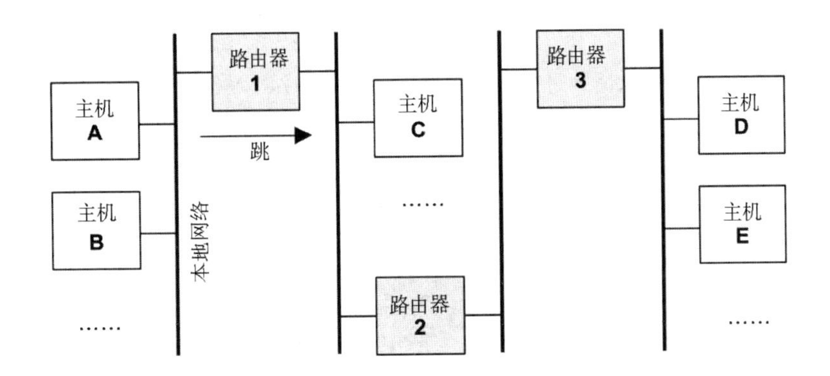

图 10.4 网络路由

主机 A 可以通过本地网络连接到主机 B，这通常由网络交换机驱动（参见 10.4 节）。主机 A 可由路由器 1 连接到主机 C，以及由路由器 1、2 和 3 连接到主机 D。类似路由器这样的网络组件是共享的，由于其他通信的竞争（例如主机 C 到主机 E），可能会影响性能。

成对的主机间由单播（unicast）传输连接。多播（multicast）传输允许一个发送者跨越多个网络同时传输给多个目标。它的传递依赖于路由器配置的支持，在公有云环境中，它可能会被阻止。

除了路由器之外，一个典型的网络还将使用防火墙来提高安全性，阻止不需要的主机之间的连接。

路由包需要的地址信息包含在 IP 数据包头中。

10.3.2 协议

例如 IP、TCP 和 UDP 这样的网络协议标准是系统与设备间通信的必要条件。通信由传输称为包的报文来实现，它通常包含封装的负载数据。

网络协议具有不同的性能特性，由初始的协议设计、扩展，或者软硬件的特殊处理所决定。例如，不同的 IP 协议版本，IPv4 和 IPv6，可能会由不同的内核代码路径处理，进而表现出不同的性能特性。其他协议在设计上表现不同，当它们适合工作负载时，可以选择它们：例子包括流控制传输协议（SCTP）、多路径 TCP（MPTCP）和 QUIC。

通常，系统的可调参数也能影响协议性能，如修改缓冲区大小、算法以及不同的计时器设置。这些特定协议的区别在稍后的部分中进行介绍。

协议通常使用封装来传输数据。

10.3.3　封装

封装会将元数据添加到负载之前（包头）、之后（包尾），或者两者。尽管它会轻微地增加报文总长度，但这不会修改负载数据，而这会增加一些传输的系统开销。

图 10.5 展示了以太网中的 TCP/IP 栈封装。

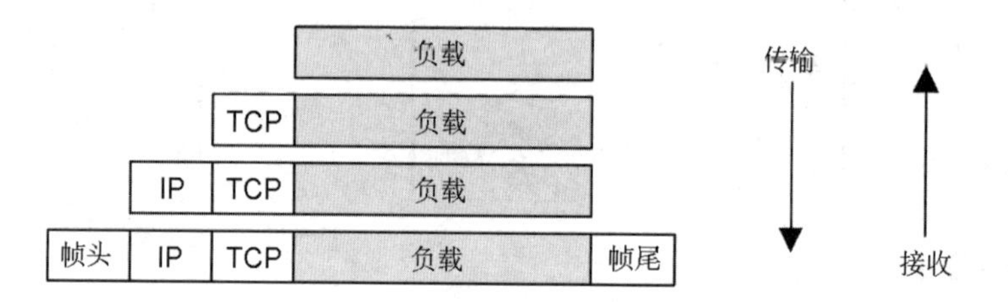

图 10.5　网络协议封装

E.H. 是以太网包头，而 E.F. 是可选的以太网包尾。

10.3.4　包的大小

数据包的大小和它们的有效载荷会影响性能，较大的数据包会提高吞吐量并减少数据包的开销。对于 TCP/IP 和以太网，数据包的大小可以在 54 至 9 054 字节之间，包括 54 字节（或更多，取决于选项或版本）的协议头。

包的大小通常受限于网络接口的*最大传输单元*（MTU）的大小，在许多以太网中将它设置为 1500 字节。1500 字节的 MTU 大小的起源来自早期的以太网版本，以及需要平衡诸如网卡缓冲内存成本和传输延时 [Nosachev 20]。主机争相使用共享介质（同轴电缆或以太网集线器），而更大的尺寸增加了主机等待轮到自己的延时。

以太网支持接近 9000B 的特大包（帧），也称为*巨型帧*。这能够提高网络吞吐性能，同时因为需要更少的包而降低了数据传输延时。

这两者的融合影响了巨型帧的接受程度：陈旧的网络硬件和未正确配置的防火墙。陈旧的不支持巨型帧的硬件可能会用 IP 分段包（导致性能开销的数据包重新组装）或者返回 ICMP“不能分段”错误，来要求发送方减小包的大小。现在未正确配置的防火墙开始起作用：对于过去基于 ICMP 的网络工具攻击（包括“死亡之 ping”），防火墙管理员通常以阻塞所有 ICMP 包的方式应对。这会阻止有用的“不能分段”的信息到达发送方，并且一旦包的大小超过 1500 字节就将导致网络包被静默地丢弃。为避免这个问题，许多系统坚持使用默认的 1500 字节的 MTU。

网卡的功能已经提升了 1500 字节的 MTU 帧的性能，这包括 *TCP 卸载*和*大块分段卸载*。大段的缓冲被发往网卡，其利用优化过的专用硬件将缓冲分割为较小的帧。在某种程度上，缩短了 1500 字节的 MTU 与 9000 字节的 MTU 之间的性能差距。

10.3.5 延时

延时是一个重要的网络性能指标，并能用不同的方法测量，包括主机名解析延时、ping 延时、连接延时、首字节延时、往返时间，以及连接生命周期。这些都是以客户机连接到服务器的延时来描述的。

主机名解析延时

与远程主机建立连接时，主机名需要被解析为 IP 地址，例如，用 DNS 解析。该过程所需的时间独立计量为主机名解析延时。该延时最坏的情况是主机名解析超时，通常需要几十秒。

操作系统通常提供一个提供缓存的主机名解析服务，以便随后的 DNS 查询可以从缓存中快速解析。有时应用程序只使用 IP 地址，而不是主机名，因此完全避免了 DNS 延时。

ping 延时

用 ping(1) 命令测量的 ICMP 的 echo 请求到 echo 响应所需的时间。该时间用来衡量主机对之间包括网络跳跃的网络延时，而且它测量的是网络请求往返的总时间。因为简单并且随时可用，所以它的使用很普遍：许多操作系统默认会响应 ping 命令。它可能没有精确地反映应用程序请求的往返时间，因为 ICMP 可能被路由器以不同的优先级处理。

表 10.1 展示了 ping 的延时示例。

表 10.1 ping 延时的示例

从	到	路径	延时	相对时间比例
本机	本机	内核	0.05 ms	1 s
主机	主机（同一子网）	10 GbE	0.2 ms	4 s
主机	主机（同一子网）	1 GbE	0.6 ms	12 s
主机	主机（同一子网）	Wi-Fi	3 ms	1 分
旧金山	纽约	互联网	40 ms	13 分
旧金山	英国	互联网	81 ms	27 分
旧金山	澳大利亚	互联网	183 ms	1 小时

为了更好地展示其数量级，“相对时间比例”列显示了基于虚构的本机 ping 延时为 1s 时的比较值。

连接延时

连接延时是传输任何数据前建立网络连接所需的时间。对于 *TCP 连接延时*，这是 TCP 握手时间。从客户端测量，它是从发送 SYN 到接收到响应的 SYN-ACK 的时间。连接延时也许更适合被称作*连接建立延时*，以清晰地区别于连接生命周期。

连接延时与 ping 延时类似，尽管它要运行更多内核代码以建立连接并且包括重新传输任何被丢弃的包所需的时间。尤其是 TCP SYN 包在队列已满的情况下会被服务器丢弃，导致客户机重新发送基于定时器的 SYN 传输。由于发生在 TCP 握手阶段，连接延时包括重传延时，所以会增加 1 秒或更多。

连接延时之后是首字节延时。

首字节延时

首字节延时也被称为第一字节到达时间（TTFB），首字节延时是从建立连接到接收到第一个字节数据所需的时间。这包括远程主机接受连接、调度提供服务的线程，并且执行线程以及发送第一个字节所需的时间。

相对于 ping 和连接延时测量的是产生于网络的延时，首字节延时包括目标服务器的处理时间。这可能包括当服务器过载时需要时间处理请求（例如 TCP 积压队列）及调度服务器（CPU 队列处理延时）造成的延时。

往返时间

往返时间（RTT）描述了一个网络请求在端点之间进行往返所需的时间。这包括信号传播时间和每一跳网络的处理时间。每一跳网络的处理时间的目的是为了确定网络的延时，所以在理想情况下，RTT 是由请求和回复数据包在网络上花费的时间主导的（而不是远程主机为请求提供服务的时间）。人们经常研究 ICMP 的 echo 请求的 RTT，因为远程主机的处理时间是最少的。

连接生命周期

连接生命周期指一个网络连接从建立到关闭所需的时间。一些协议支持长连接策略，因而之后的操作可以利用现有的连接，进而避免这种系统开销以及建立连接（和建立 TLS）的延时。

更多关于网络延时的测量的知识，可参见 10.5.4 节。

10.3.6　缓冲

尽管存在多种网络延时，利用发送端和接收端的缓冲，网络吞吐量也仍能保持高速率。较大的缓冲可以通过在阻塞和等待确认前持续传输数据以缓解高往返延时带来的影响。

TCP 利用缓冲及可变的发送窗口提升吞吐量。网络套接字也有缓冲，并且应用程序可能也会利用它们自己的缓冲在发送前聚集数据。

外部的网络组件，如交换机和路由器，也会利用缓冲提高它们的吞吐量。遗憾的是，如果包长时间在队列中，在这些组件中使用的高缓冲，会导致被称为缓冲膨胀的问题。这会引发主机中的 TCP 阻塞避免（功能），它会限制性能。在 Linux 3.x 内核中添加了解决这个问题的功能（包括字节队列限制、CoDel 队列管理 [Nichols 12] 和 TCP 微队列），而且有个网站探讨这个问题 [Bufferbloat 20]。

遵循端到端的原则 [Saltzer 84]，缓冲（或大型缓冲）的功能最好由端点（主机）来发挥作用，而不是中间网络节点。

10.3.7 连接积压队列

另一种类型的缓冲用于最初的连接请求。TCP 的积压队列实现会把 SYN 请求在用户级进程接收前列队于内核中。过多的 TCP 连接请求超过进程当前的处理能力，积压队列会达到极限而丢弃客户机可以迟些时候再重新传输的 SYN 包。这些包的重新传输会增加客户端连接的时间。这个极限是可以调整的：它是 listen(2) 系统调用的一个参数，内核也可以提供系统级的限制。

积压队列丢包和 SYN 重传都说明了主机过载。

10.3.8 接口协商

通过与对端自动协商，网络接口能够工作于不同的模式。一些示例如下。

- **带宽**：例如，10Mb/s、100Mb/s、1000Mb/s、40 000Mb/s、100 000Mb/s。
- **双工（模式）**：半双工或者全双工。

这些示例来自以太网，它用十进制数作为带宽极限。其他的物理层协议，例如 SONET，使用一组不同的可能带宽。

网络接口通常用它们的最大带宽及协议描述，例如，1Gb/s 的以太网（1 GbE）。必要时，这个接口可以自动协商使用较低的速率。如果对端不能支持更高的速率，或者不能处理连接介质的物理问题（线路故障），自动协商使用较低的速度的情况就可能发生。

全双工模式允许双向同时传输，利用分离的通道传输和接收能利用全部带宽。半双工模式仅允许单向传输。

10.3.9 避免阻塞

网络是共享资源，当流量负荷高时，会出现阻塞。这可能导致性能问题：例如，路由器或交换机可能会丢弃数据包，造成诱发延时的 TCP 重传。主机在接收高速率数据包时也会变得不堪重负，并可能自己丢弃数据包。

有许多机制可以避免这些问题，应该研究这些机制，并在必要时进行调整，以提高负载下的可扩展性。不同协议的例子包括如下几个。

- **以太网**：一个不堪重负的主机可以向传输者发送暂停帧，要求它们暂停传输（IEEE

802.3x)。也有优先等级和每个等级的优先暂停帧。

- **IP**：包括一个明确的拥塞通知（ECN）字段。
- **TCP**：包括一个拥塞窗口，并可使用各种拥塞控制算法。

后面的章节更详细地描述了 IP ECN 和 TCP 拥塞控制算法。

10.3.10 使用率

网络接口的使用率可以用当前的吞吐量除以最大带宽来计算。考虑到可变的带宽和自动协商的双工模式，计算它不像看上去这么直接。

对于全双工，使用率适用于每个方向并且用该方向当前的吞吐量除以当前协商的带宽来计量。通常只有一个方向最重要，因为主机通常是非对称的：服务器偏重传输，而客户端偏重接收。

一旦一个网络接口方向达到 100% 的使用率，它就会成为瓶颈，限制性能。

一些操作系统性能统计工具仅按包而不是按字节报告活动。因为包的尺寸可变性很大（如前所述），不可能通过吞吐量或者（基于吞吐量的）使用率将包与字节数建立联系。

10.3.11 本地连接

网络连接可以发生于同一个系统中的两个应用程序之间。这就是*本地连接*而且会使用一个虚拟的网络接口：*回送接口*。

分布式的应用程序环境常常会被划分为通过网络进行通信的逻辑模块。这包括 Web 服务器、数据库服务器、缓存服务器、代理服务器和应用程序服务器。如果它们运行于同一台主机，则它们的连接将通过本机实现。

通过 IP 与本机通信是 *IP 套接字*的进程间通信技巧（IPC）。另一个技巧是 UNIX 域套接字（UDS），它在文件系统中建立一个用于通信的文件。由于绕过了内核 TCP/IP 栈，省略了内核代码以及协议包封装的系统开销，UDS 的性能会更好。

对于 TCP/IP 套接字，内核能够在握手后检测到本地连接，然后对 TCP/IP 栈的数据传输使用快捷通道处理，以提高性能。这被开发成 Linux 的内核功能，称为 TCP friends，但没有被合并 [Corbet 12]。BPF 现在可以在 Linux 中实现这样的功能，正如 Cilium 软件在容器网络性能和安全性方面所做的工作一样 [Cilium 20a]。

10.4 架构

本节将介绍网络架构：协议、硬件和软件。这些注重性能特性的部分已经作为性能分析和调优的背景知识总结过。有关包括网络通信概述在内的具体信息，可参见网络通信资料（[Stevens 93]、[Hassan 03]）、RFC 及网络硬件的供应商手册。其中一些列于本章结尾处。

10.4.1 协议

在这一节中，总结了 IP、TCP、UDP 和 QUIC 的性能特征和特点。这些协议是如何在硬件和软件中实现的（包括分段卸载、连接队列和缓冲等功能），将在后面的硬件和软件部分进行描述。

IP

互联网协议（IP）IPv4 和 IPv6 包括一个字段，用于设置连接的预期性能：IPv4 中的服务类型字段和 IPv6 中的流量类别字段。这些字段后来被重新定义为包含差异化服务代码点（DSCP）（RFC 2474）[Nichols 98] 和显式拥塞通知（ECN）字段（RFC 3168）[Ramakrishnan 01]。

DSCP 旨在支持不同的服务类别，每个类别都有不同的特性，包括丢包概率等。服务类别的例子包括：电话、广播视频、低延时数据、高吞吐量数据和低优先级数据。

ECN 是一种机制，它允许服务器、路由器或路径上的交换机通过在 IP 头中设置一个比特来明确发出阻塞信号，而不是丢弃一个数据包。接收者将把这个信号回传给发送者，然后发送者就可以有节制地传输。这提供了不会产生丢包的惩罚的阻塞避免的好处，（只要 ECN 位在整个网络中被正确使用）。

TCP

传输控制协议（TCP）是一个常用的用于建立可靠网络连接的互联网标准。TCP 由 RFC 793[Postel 81] 以及之后的增补定义。

就性能而言，即使在高延时的网络中，利用缓冲和**可变窗口**，TCP 也能够提供高吞吐量。TCP 还会利用拥塞控制以及由发送方设置的**拥塞窗口**，因而不仅能保持高速而且在跨越不同并变化的网络时仍能保持合适的传输速率。拥塞控制能避免会导致网络阻塞进而损害性能的过度发送。

以下是 TCP 性能特性的总结，包括了自最初定义以后的增补。

- **可变窗口**：允许在收到确认前在网络上发送总和小于窗口大小的多个包，以在高延时的网络中提供高吞吐量。窗口的大小由接收方通知以表明当前它愿意接收的包的数量。
- **阻塞避免**：阻止发送过多数据进而导致饱和，饱和会导致丢包而损害性能。
- **缓启动**：TCP 拥塞控制的一部分，它会以较小的拥塞窗口开始，之后按一定时间内接收到的确认（ACK）逐渐增加。如果没有收到确认，拥塞窗口的大小会减小。

- **选择性确认（SACK）**：允许 TCP 确认非连续的包，以减少需要重传输的数量。
- **快速重传输**：TCP 能基于重复收到的确认重传输被丢弃的包，而不是等待计时器超时。这只是往返时间的一部分而不是通常更慢的计时器。
- **快速恢复**：通过重设连接开始慢启动，以在检测到重复确认后恢复 TCP 性能。
- **TCP 快速开放**：允许客户端在 SYN 数据包中包含数据，这样服务器的请求处理过程就可以提前开始，而不用等待 SYN 握手（RFC 7413）。这可以使用一个加密的 cookie 来验证客户端的身份。
- **TCP 时间戳**：包括一个在 ACK 中返回的已发送数据包的时间戳，以便测量往返时间（RFC 1323）[Jacobson 92]。
- **TCP SYN cookies**：在可能的 SYN 洪流攻击中（全面积压）向客户端提供加密的 cookie，以便合法的客户端可以继续连接，而服务器不需要为这些连接尝试存储额外的数据。

在一些情况下，这些性能是利用附加于协议头的 TCP 扩展选项实现的。

关于 TCP 性能的重要内容包括三次握手、重复确认检测、拥塞控制算法、Nagle 算法、延时确认、SACK 和 FACK。

三次握手

连接的建立需要主机间的三次握手。一台主机被动地等待连接，另一方主动地发起连接。作为术语的澄清：*被动*和*主动*源自 RFC 793[Postel 81]，然而它们通常按套接字 API 分别被称为*侦听*和*连接*。按客户端 / 服务器模型，服务器侦听而客户端发起连接。

图 10.6 描绘了三次握手。

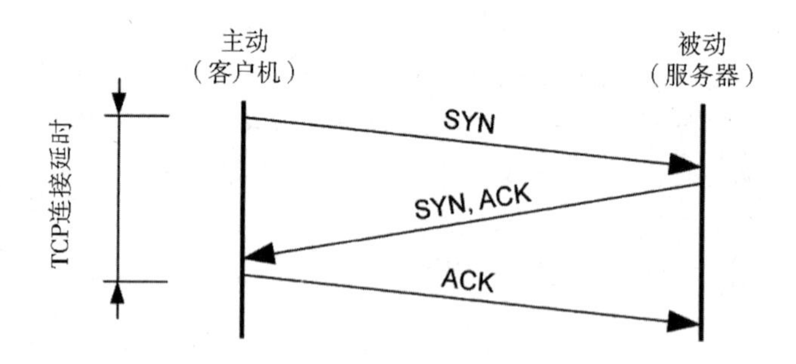

图 10.6　TCP 的三次握手

图中指出了客户端的连接延时，它截止于收到最终的 ACK，之后数据传输开始。

图中展示的是最佳状况下的握手延时。包可能被丢弃，并由于超时和重新传输而增加延时。

一旦三次握手完成，TCP 会话就被置于 ESTABLISHED 状态。

状态和定时器

TCP 会话会根据数据包和套接字事件切换 TCP 状态。这些状态包括 LISTEN、SYN-SENT、SYN-RECEIVED、ESTABLISHED、FIN-WAIT-1、FIN-WAIT-2、CLOSE-WAIT、CLOSING、LAST-ACK、TIME-WAIT 和 CLOSED[Postal 80]。性能分析通常集中在那些处于 ESTABLISHED 状态的连接，也就是活动连接。这些连接可能正在传输数据，或者闲置等待下一个事件：数据传输或关闭事件。

一个已经完全关闭的会话进入 TIME_WAIT[1] 状态，这样迟来的数据包就不会与同一端口的新连接错误地联系起来。这可能会导致端口耗尽的性能问题，在 10.5.7 节中有解释。

一些状态有与之相关的定时器。TIME_WAIT 通常是两分钟（有些内核，例如 Windows 内核，允许对其进行调整）。在 ESTABLISHED 上也可能有一个“保持活跃”的计时器，设置为一个较长的时间（例如，两个小时），以触发探测数据包来检查远程主机是否仍然处于活跃状态。

重复确认检测

重复确认检测被快速重传和快速恢复算法用于快速检测已发送的数据包（或它的确认包）何时丢失。它的工作原理如下：

1. 发送方发送一个序号为 10 的包。
2. 接收方返回一个序号为 11 的确认包。
3. 发送方发送包 11、12 和 13。
4. 包 11 被丢弃。
5. 接收方发送序号为 11 的确认包以响应包 12 和 13，表明它仍然在等待（包 11）。
6. 发送方收到重复的序号为 11 的确认包。

多种阻塞避免算法也会利用重复确认检测。

重传

有两个常用的机制用于发现和重传 TCP 丢失的包。

- **基于定时器的重传**：当一段时间过后还没有收到数据包的确认时，就会发生这种情况。这个时间是 TCP 重传超时时间，根据连接的往返时间（RTT）动态计算。在 Linux 中，第一次重传的超时时间至少为 200 毫秒（TCP_RTO_MIN）[2]，随后的重传将慢得多，遵循指数退避算法，超时时间加倍。
- **快速重传**：当重复的 ACK 到达时，TCP 可以认为一个数据包被丢弃了，并立即重传。

1 虽然它经常被写成（和编程成）TIME_WAIT，但RFC 793使用TIME-WAIT。

2 这似乎违反了RFC 6298，它规定了1秒最低的RTO[Paxson 11]。

为了进一步提高性能，已经开发了额外的机制来避免基于定时器的重传。一个问题是，当最后一个传输的数据包丢失时，没有后续数据包来触发重复 ACK 检测（在前面的例子中就是数据包 13 的丢失），这可以通过尾部丢失探测（TLP）来解决，它在短暂的超时后发送一个额外的数据包（探测），以帮助检测数据包是否丢失 [Dukkipati 13]。

拥塞控制算法也可能在存在重传的情况下限制吞吐量。

拥塞控制算法

拥塞控制算法已经被开发出来维持拥堵网络的性能。一些操作系统（包括基于 Linux 的）允许选择算法作为系统调整的一部分。这些算法包括如下一些。

- **Reno**：三次重复确认触发器，即拥塞窗口减半、慢启动阈值减半、快速重传和快速恢复。
- **Tahoe**：三次重复确认触发器，即快速重传、慢启动阈值减半、拥塞窗口设置为最大报文段长度（MSS）和慢启动状态。（和 Reno 一样，Tahoe 算法由 BSD 4.3 引入。）
- **CUBIC**：使用一个立方函数（因此而得名）来缩放窗口，并使用一个“混合启动”函数来退出慢速启动。CUBIC 倾向于比 Reno 更激进，是 Linux 中默认的。
- **BBR**：BBR 不是基于窗口的，而是利用探测阶段建立的网络路径特性（RTT 和带宽）的明确模型。BBR 可以在某些网络路径上提供明显更好的性能，而在其他路径上则会损害性能。BBRv2 目前正在开发中，有望解决 v1 中的一些不足。
- **DCTCP**：DataCenter TCP 依赖于交换机被配置为在很低的队列占用率时发出显式拥塞通知（ECN）标记，以迅速提升到可用带宽（RFC 8257）[Bensley 17]。这使得 DCTCP 不适合在整个互联网上部署，但在一个适当配置的控制环境中，它可以显著提高性能。

其他一些在之前部分没有被列出来的算法有 Vegas、New Reno 和 Hybla。

拥塞控制算法可以对网络性能产生很大的影响。例如，Netflix 的云服务使用了 BBR，并发现它可以在数据包丢失严重时将吞吐量提高三倍 [Ather 17]。在分析 TCP 性能时，了解这些算法在不同网络条件下的反应是十分重要的。

2020 年发布的 Linux 5.6，增加了对在 BPF 中开发新的拥塞控制算法的支持 [Corbet 20]。这使得它们可以由终端用户定义并按需加载。

Nagle 算法

该算法（RFC 896）[Nagle 84] 通过推迟小尺寸包的传输以减少网络中的这些包的数量，从而使更多的数据能到达并被合并。仅当有数据进入数据通道并且已经发生延时时，才会推迟数据包。

系统可能会提供禁用 Nagle 的可调参数或套接字选项。当 Nagle 的运行与延时 ACK 发生冲突时，这些参数和选项就显得很有必要了（详情可参见 10.8.2 节）。

延时确认

该算法（RFC 1122）[Braden 89] 最多推迟 500ms 发送确认，从而能合并多个确认。其他 TCP 控制报文也能被合并，进而减少网络中包的数量。

类似 Nagle 算法，系统可能会提供可调的参数来禁止这种行为。

SACK、FACK 和 RACK

TCP 选择性确认（SACK）算法允许接收方通知发送方收到非连续的数据块。如果缺乏这一特性，为保留顺序确认的结构，一个丢包会最终导致整个发送窗口被重新传输。这会损害性能，大多数支持 SACK 的现代操作系统都会避免这种情况的发生。

Linux 默认支持由 SACK 扩展而来的向前确认（FACK）。FACK 跟踪更多的状态并且能更好地控制网络中未完成的数据传输，并提高整体性能 [Mathis 96]。

SACK 和 FACK 都被用来改善丢包恢复。一种较新的算法，即最近的 ACK（RACK，现在被称为 RACK-TLP，加入了 TLP）使用来自 ACK 的时间信息，而不是仅仅使用 ACK 序列来实现更好的丢失检测和恢复 [Cheng 20]。对于 FreeBSD，Netflix 已经开发了一个新的基于 RACK、TLP 和其他功能的重构的 TCP 协议栈。

初始窗口

初始窗口（IW）是指 TCP 发送方在等待对方确认之前，在连接开始时发送的数据包数量。对于短流量，如典型的 HTTP 连接，IW 大到足以横跨传输的数据，可以大大减少完成时间，提高性能。然而，更大的 IW 可能会有阻塞和丢包的风险。当多个数据流同时启动时，这种情况尤其复杂。

Linux 的默认值（10 个数据包，又称 IW10）在慢速链路上或许多连接启动时可能太高了；其他操作系统默认为 2 个或 4 个数据包（IW2 或 IW4）。

UDP

用户数据报协议（UDP）是一个常用于发送网络数据报文（RFC 768）[Postel 80] 的互联网标准。就性能而言，UDP 提供如下特性。

- **简单**：简单而短小的协议头降低了计算与大小带来的系统开销。
- **无状态**：降低连接与传输控制带来的系统开销。
- **无重新传输**：这给 TCP 连接增加了大量的延时。

尽管简单并且通常能提供高性能，但 UDP 并不可靠，而且数据可能会丢失或者被乱序发送，因此它不适合许多类型的连接。UDP 还缺乏阻塞避免，因而会引起网络阻塞。

一些服务可以按需配置使用 TCP 或者 UDP，这包括某些版本的 NFS。其他需要广播或者多播数据的服务只能使用 UDP。

UDP 的一个主要用途是 DNS。由于 UDP 的简单性，缺乏拥塞控制和互联网支持（它通常没有防火墙），现在有一些新的基于 UDP 的协议可实现它们自己的拥塞控制和其他功能。一个例子是 QUIC。

QUIC 和 HTTP/3

QUIC 是一个网络协议，由 Jim Roskind 在 Google 设计，是一个性能更高、延时更低的 TCP 替代品。为 HTTP 和 TLS 进行了优化 [Roskind 12]。QUIC 是建立在 UDP 之上的，并在其基础之上提供了一些功能，包括：

- 在同一个“连接”之上，能够多路复用几个应用程序定义的数据流。
- 类似于 TCP 的可靠的顺序流传输，可以选择关闭单个子流的传输。
- 当客户端改变其网络地址时，基于加密的连接 ID 认证，可恢复连接。
- 对载荷数据进行完全加密，包括 QUIC 头文件。
- 包含加密信息的 0-RTT 连接握手（适用于之前通信过的连接对象）。

QUIC 在 Chrome 网络浏览器中得到了大量使用。

虽然 QUIC 最初是由 Google 开发的，但互联网工程任务组（IETF）正在对 QUIC 传输本身以及在 QUIC 上使用 HTTP 的具体配置（后者的组合被称为 HTTP/3）。

10.4.2　硬件

网络硬件包括接口、控制器、交换机、路由器和防火墙。尽管这些组件由其他工作人员（网络管理员）来管理，但理解它们的运行还是有必要的。

接口

物理网络接口在连接的网络上发送并接收称为帧的报文。它们管理电气、光学或者无线信号，包括对传输错误的处理。

接口类型基于第 2 层网络标准，每个类型都存在最大带宽。高带宽接口通常具有更低的数据传输延时，但成本更高。这也是设计新服务器时的一个关键选择，要平衡服务器的售价与期望的网络性能。

对于以太网，备选包括铜缆或者光纤，而最大传输速率是 1Gb/s（1GbE）、10GbE、40GbE、100GbE、200GbE 或者 400GbE。众多供应商生产以太网接口控制器，尽管你的操作系统不一定有驱动程序支持。

接口使用率用当前的吞吐量除以当前协商的带宽来测量。多数接口分离传输与接收通道，因此当处于全双工模式时，每个通道的使用率必须分别研究。

无线接口可能会因为信号强度差和干扰而出现性能问题。[1]

控制器

物理网络接口由控制器提供给系统，它集成于系统主板上或者利用扩展卡。

控制器由微处理器驱动并通过 I/O 传输通道（例如 PCI）接入系统，其中任意一个环节都可能成为网络吞吐量或者 IOPS 的瓶颈。

例如，一个双 10GbE 的网络接口卡连接到一个第二代 4 通道的 PICe 槽位。这块卡的最大发送和接收带宽是 2×10GbE=20Gb/s，双向即 40Gb/s。这个槽位的最大带宽是 4×4Gb/s=16Gb/s。两个端口的网络吞吐量受制于第二代 PCIe 的带宽，因此不能同时驱动它们工作于线速率（我知道这些是因为有实际经历）。

交换机、路由器

交换机为两台连接的主机提供专用的通信路径，允许多对主机间的多个传输不受影响。此技术取代了集线器（而在此之前，共享物理总线，例如以太网同轴线），它在所有主机间共享所有包。当主机同时传输时，这种共享会导致竞争。接口以“载波侦听多路访问”（CSMA/CD）算法发现这种冲突，并按指数方式推迟直到重新传输成功。在高负载情况下这个算法会导致性能问题。自使用交换机之后就不再存在这种问题了，不过观测工具仍然提供碰撞计数器——尽管这些通常仅在故障情况（协商或者故障线路）下出现。

路由器在网络间传递数据包，并且用网络协议和路由表来确认最佳的传递路径。在两个城市间发送一个数据包可能涉及十多个甚至更多的路由器，以及其他的网络硬件。路由器和路由经常是设置为动态更新的，因此网络能够自动响应网络中断和路由器停机，以及平衡负载。这意味着在任意时点，不可能确认一个数据包的实际路径。由于有多个可能的路径，数据包有可能被乱序送达，这会引起 TCP 性能问题。

这个网络中的神秘元素时常因糟糕的性能受到指责：可能是大量的网络通信——源自其他不相关的主机——使源与目标网络间的一个路由器饱和。因此网络管理员团队经常需要免除他们基础设施的责任，他们用高级的实时监视工具检查所有的路由器及其他相关的网络组件。

路由器和交换机都包含缓冲和微处理器，它们本身在高负载情况下会成为性能瓶颈。作为一个极端的例子，我曾经发现因为有限的 CPU 处理能力，一个早期的 10GbE 以太网交换机只能在所有端口上驱动 11Gb/s。

---

1 我开发了BPF软件，其将Linux的Wi-Fi信号强度转化为可听到的音调，并在一次 AWS re:Invent 2019的演讲中演示过[Gregg 19b]。我本想把它列入本章，但我还没有把它用于企业或云环境，到目前为止，这些环境使用的都是有线网络。

请注意，交换机和路由器通常也是发生速率转换的地方（从一种带宽转换到另一种带宽，例如，10Gb/s 的链接过渡到 1Gb/s 的链接）。当这种情况发生时，一些缓冲是必要的，以避免过度丢包，但许多交换机和路由器会过度缓冲（参见第 10.3.6 节），导致了高延时。更好的队列管理算法可以帮助消除这个问题，但不是所有的网络设备供应商都支持这些算法。控制速率也是缓解速率转换问题的一种方法，它可以使流量变化不那么剧烈。

防火墙

防火墙经常被用来根据配置的规则集只允许授权的通信，从而提高网络的安全性。它们可以通过物理网络设备和内核软件来体现。

防火墙可能成为性能瓶颈，特别是当配置为有状态时。有状态的规则为每个看到的连接存储元数据，防火墙在处理许多连接时可能会遇到过度的内存负载。发生这种情况可能是由于拒绝服务（DoS）攻击，试图用连接淹没一个目标。它也可能发生在因为可能需要类似的连接跟踪时。

由于防火墙是定制的硬件或软件，可用来分析它们的工具取决于每个防火墙产品。可参见它们各自的文档。

由于其性能、可编程性、易用性和最终成本，使用扩展的 BPF 在商品硬件上实现防火墙的情况越来越多。采用 BPF 防火墙和 DDoS 解决方案的公司包括 Facebook [Deepak 18]、Cloudflare [Majkowski 18] 和 Cilium [Cilium 20a]。

在性能测试中，防火墙也可能是一个麻烦：在调试问题时进行带宽实验，可能需要修改防火墙规则以允许连接（并与安全团队协调）

其他

你的环境可能包括其他的物理网络设备，例如集线器、网桥、中继器和调制解调器。其中任何一个都可能成为性能瓶颈的源头并且丢包。

10.4.3 软件

网络通信软件包括网络栈、TCP 和设备驱动程序。与性能相关的内容将在本节论述。

网络栈

涉及的组件和层依操作系统的类型、版本、协议以及使用的接口而不同。图 10.7 描绘了一个通用的模型，展示了软件组件。

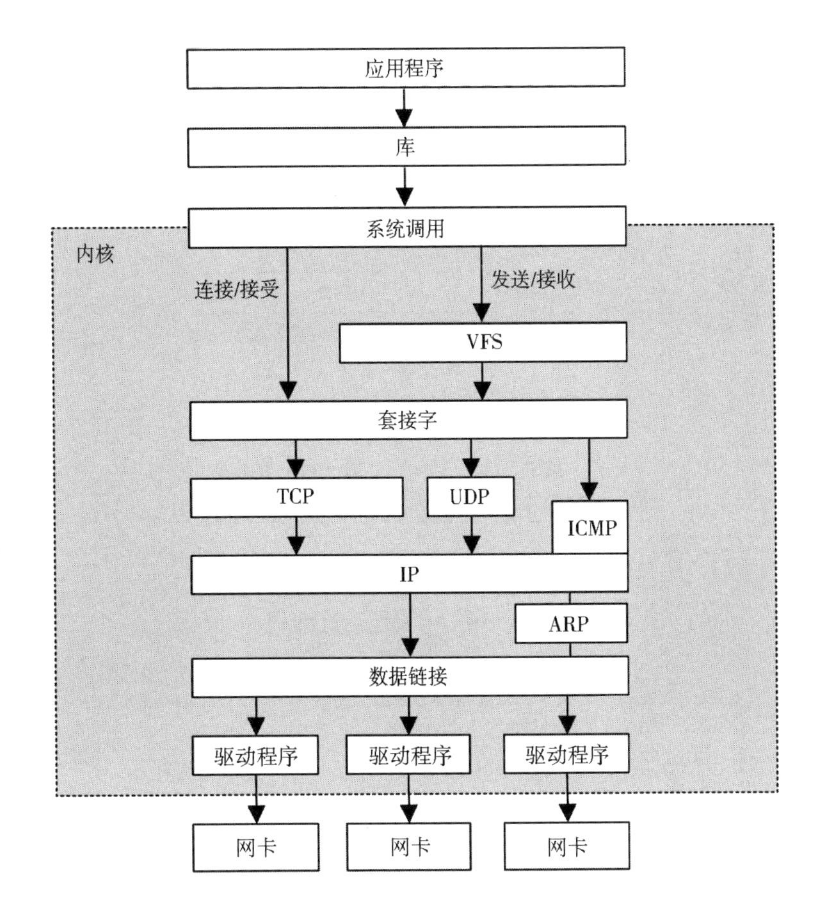

图 10.7 通用网络栈

现代内核中网络栈是多线程的，并且传入的包能被多个 CPU 处理。

Linux

图 10.8 显示了 Linux 网络栈的情况，包括套接字发送 / 接收缓冲区和数据包队列的位置。

在 Linux 系统中，网络栈是核心内核组件，而设备驱动程序是附加模块。数据包以 struct sk_buff 数据类型穿过这些内核组件。请注意，在 IP 层也可能有排队的情况（未画出），以便对数据包进行重新组合。

下面几节讨论与性能有关的 Linux 实现细节，包括 TCP 连接队列、TCP 缓冲、排队规则、网络设备驱动、CPU 扩展和内核旁路等。TCP 协议在上一节中进行了介绍。

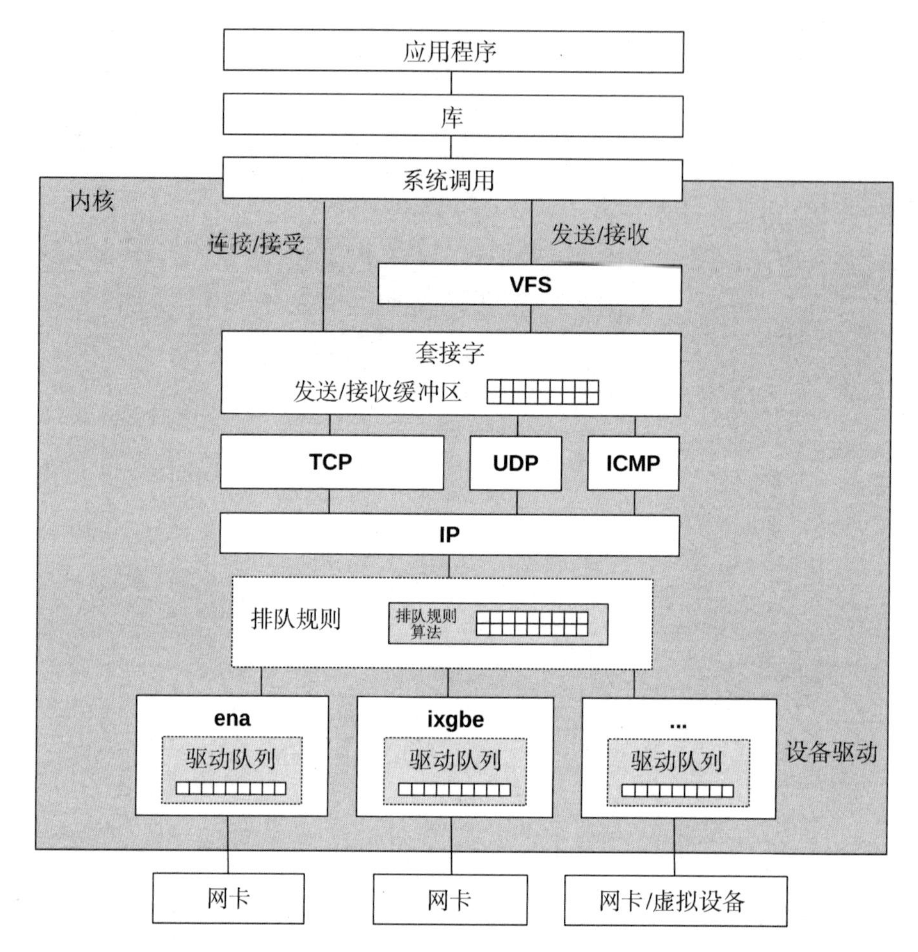

图 10.8　Linux 网络栈

TCP 连接队列

突发的连接由积压队列处理。这里有两个此类队列，一个在 TCP 握手完成前处理未完成的连接（也称为 *SYN* 积压队列），而另一个处理等待应用程序接收已建立的会话（也称为侦听积压队列）。这些描绘于图 10.9 中。

早期的内核仅使用一个队列，并且易受 SYN 洪水攻击。SYN 洪水攻击是一种 DoS 攻击类型，它从伪造的 IP 地址将大量的 SYN 包发送到 TCP 侦听端口。这会在 TCP 等待完成握手时填满积压队列，进而阻止真实的客户连接。

在有两个队列的情况下，第一个可作为潜在的伪造连接的集结地，仅在连接建立后才迁移到第二个队列。第一个队列可以被设置得很长以吸收海量 SYN 并且被优化为仅存放最少的必要元数据。

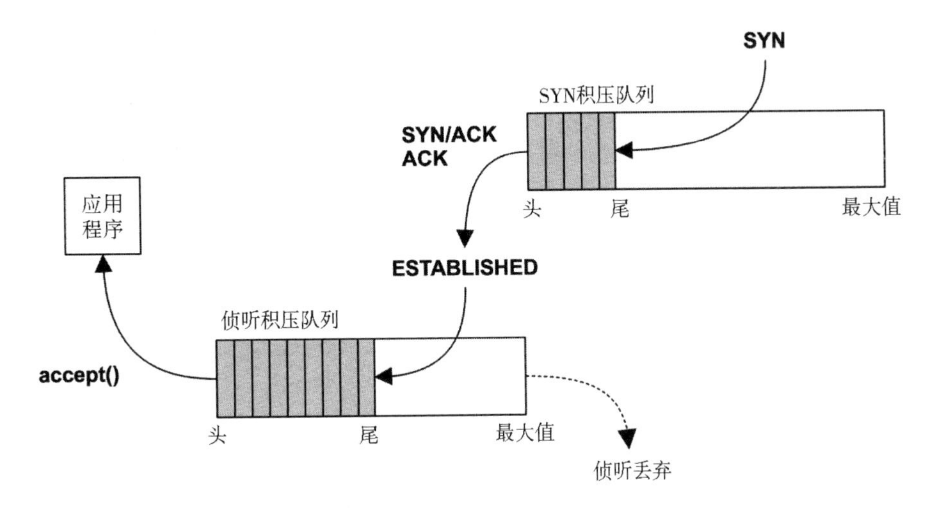

图 10.9 TCP 积压队列

使用 SYN cookie 可以绕过第一个队列，因为它们显示客户端已经被授权。

这些队列的长度可以被独立调整（参见 10.8 节）。第二个队列可以由应用程序用 listen(2) 的积压队列参数设置。

TCP 缓冲区

利用套接字的发送和接收缓冲区能够提升数据吞吐量，如图 10.10 所示。

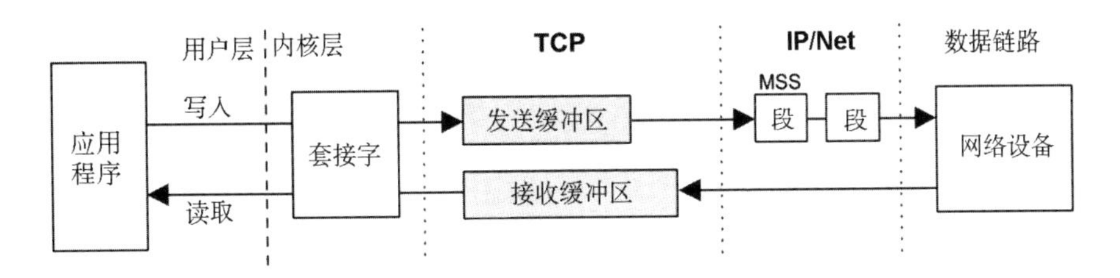

图 10.10 TCP 的发送与接收缓冲区

发送和接收的缓冲区大小是可调的。以在每个连接上消耗更多主存为代价，更大的尺寸能够提升吞吐性能。如果服务器需要处理更多的发送或者接收，某个缓冲区可以设置得比另一个大。Linux 内核会根据连接的活跃度动态地增加这些缓冲区的大小，并允许对它们的最小值、默认值和最大值进行调整。

分段卸载：GSO 和 TSO

网络设备和网络接受的数据包大小到最大段大小（MSS），可能小到 1500 字节。为了避免发送许多小数据包的网络栈开销，Linux 使用通用分段卸载（GSO）来发送大小为 64KB 的数据包（“超级数据包”），这些数据包在被传送到网络设备之前被分割成

MSS 大小的片段。如果网卡和驱动程序支持 TCP 分段卸载（TSO），那么 GSO 就会将分割工作留给设备，从而提高网络栈的吞吐量。[1]GSO 还有一个通用接收卸载（GRO）的补充 [Linux 20i]。[2]GRO 和 GSO 由内核软件实现，TSO 由硬件网卡实现。

排队规则

这是一个可选的层，用于管理流量分类（tc）、调度、操作、过滤和网络数据包的整形。Linux 提供了许多排队规则算法（qdisc），可以使用 tc(8) 命令进行配置。由于每种算法都有一个手册页，因此可以用 man(1) 命令列出它们：

```
# man -k tc-
tc-actions (8)       - independently defined actions in tc
tc-basic (8)         - basic traffic control filter
tc-bfifo (8)         - Packet limited First In, First Out queue
tc-bpf (8)           - BPF programmable classifier and actions for ingress/egress
queueing disciplines
tc-cbq (8)           - Class Based Queueing
tc-cbq-details (8)   - Class Based Queueing
tc-cbs (8)           - Credit Based Shaper (CBS) Qdisc
tc-cgroup (8)        - control group based traffic control filter
tc-choke (8)         - choose and keep scheduler
tc-codel (8)         - Controlled-Delay Active Queue Management algorithm
tc-connmark (8)      - netfilter connmark retriever action
tc-csum (8)          - checksum update action
tc-drr (8)           - deficit round robin scheduler
tc-ematch (8)        - extended matches for use with "basic" or "flow" filters
tc-flow (8)          - flow based traffic control filter
tc-flower (8)        - flow based traffic control filter
tc-fq (8)            - Fair Queue traffic policing
tc-fq_codel (8)      - Fair Queuing (FQ) with Controlled Delay (CoDel)
[...]
```

Linux 内核将 pfifo_fast 设置为默认的 qdisc，而 systemd 则不那么保守，将其设置为 fq_codel，以减少潜在的缓冲区膨胀，但代价是稍稍提高了 qdisc 层的复杂性。

BPF 可以通过类型为 BPF_PROG_TYPE_SCHED_CLS 和 BPF_PROG_TYPE_SCHED_ACT 的程序来增强该层的能力。就像负载均衡器和防火墙的使用方式，这些 BPF 程序可以被附加到内核入口点和出口点，用于数据包过滤、混合和转发。

1 一些网卡提供了一个TCP卸载引擎（TOE）来卸载部分或全部的TCP/IP协议处理。Linux 不支持TOE，原因有很多，包括安全性、复杂性，甚至是性能[Linux 16]。

2 2018年，Linux中加入了对GSO和GRO的UDP支持，其中QUIC是一个关键的使用案例[Bruijn 18]。

网络设备驱动

网络设备驱动通常还有一个附加的缓冲区——环形缓冲区——用于在内核内存与网卡间发送和接收数据包。这在图 10.8 中被描述为驱动队列。

一个在高速网络中变得越来越普遍的性能特征是利用中断结合模式。一个中断仅在计时器（轮询）激活或者到达一定数量的包时才被发送，而不是每当有数据包到达就中断内核。这降低了内核与网卡通信的频率，允许缓冲更多的发送，从而达到更高的吞吐量，尽管会有一些延时。

Linux 内核使用一个新的 API（NAPI）框架，该框架使用中断缓解技术。对于低数据包率，使用中断（处理过程通过 softirq 安排）；对于高数据包率，中断被禁用，并使用轮询来允许结合 [Corbet 03][Corbet 06b]。取决于工作负载，这提供了低延时或高吞吐量。NAPI 的其他特点包括：

- 数据包节流，它允许在网络适配器中提前丢弃数据包，以防止系统被数据包风暴压垮。
- 接口调度，使用配额来限制在一个轮询周期内处理的缓冲区，以确保繁忙的网络接口之间的公平性。
- 支持 SO_BUSY_POLL 套接字选项，用户级应用可以通过请求在套接字上进行繁忙等待（在 CPU 上旋转直到事件发生）来减少网络接收延时 [Dumazet 17a]。

结合对于改善虚拟机网络特别重要，并且被 AWS EC2 使用的 ena 网络驱动所使用。

网卡的发送和接收

对于发送的数据包，网卡收到通知，并通常使用直接内存访问（DMA）从内核内存中读取数据包（帧），以提高效率。网卡提供发送描述符来管理 DMA 数据包；如果网卡没有空闲的描述符，网络栈将暂停传输以使网卡能够赶上。[1]

对于收到的数据包，网卡可以使用 DMA 将数据包放入内核环形缓冲区内存，然后使用中断通知内核（可以忽略中断，以便进行结合）。中断触发一个 softirq，将数据包送到网络栈进行进一步处理。

CPU 扩展

通过使用多个 CPU 来处理数据包和 TCP/IP 协议栈，可以实现高数据包率。Linux 支持各种多 CPU 数据包处理的方法（见文档 / networking/scaling.txt）。)

- **RSS：接收侧缩放**。对于支持多个队列的现代网卡，可以将数据包哈希到不同的

1 字节队列限制（BQL），在后边的“其他优化”一节中有概述，通常防止TX描述符耗尽。

队列中，再由不同的 CPU 处理，直接中断它们。这种哈希可能是基于 IP 地址和 TCP 端口号的，所以来自同一连接的数据包最终由同一个 CPU 处理。[1]

- **RPS：接收端包控制**。RSS 的一个软件实现，适用于不支持多队列的网卡。这涉及一个简短的中断服务例程，其将入站数据包映射到 CPU 进行处理。可以用类似的哈希方式将数据包映射到 CPU。
- **RFS：接收端流控制**。这与 RPS 类似，但对套接字最后在 CPU 上处理的地方有亲和力，这可以提高 CPU 缓存命中率和内存定位。
- **加速的接收端流控制**。这在硬件上实现了 RFS，适用于支持该功能的网卡。这包括用流量信息更新网卡，以便它能确定哪些 CPU 要中断。
- **XPS：发送端包控制**。对于具有多个发送队列的网卡来说，它支持多个 CPU 向队列进行传输。

如果没有网络数据包的 CPU 负载均衡策略，一个网卡可能只中断一个 CPU。它可以达到 100% 的使用率，成为一个瓶颈。这可能表现为单个 CPU 上的高 softirq CPU 时间（例如，使用 Linux mpstat(1)，详情参见 6.6.3 节）。负载均衡器或代理服务器（如 nginx）可能会出现这种情况，因为它们的预期工作负载是一个高速的入站数据包。

基于缓存一致性等因素将中断映射到 CPU，如 RFS 所做的那样，可以明显提高网络性能。这也可以通过 irqbalance 进程来完成，其将中断请求线分配给 CPU。

内核旁路

图 10.8 显示了最常见的通过 TCP/IP 栈的路径。使用诸如数据平面开发工具包（DPDK）等技术，应用程序可以绕过内核网络栈，以实现更高的数据包率和性能。这涉及一个应用程序在用户空间实现自己的网络协议，通过 DPDK 库和内核用户空间 I/O（UIO）或虚拟功能 I/O（VFIO）驱动向网络驱动写入。通过直接访问网卡的内存，可以避免复制数据包的花销。

eXpress 数据路径（XDP）技术为网络数据包提供了另一种路径：一个可编程的快速路径，它使用扩展的 BPF，并集成到现有的内核栈中，而不是绕过它 [Høiland-Jørgensen 18]。（DPDK 现在支持 XDP 来接收数据包，将一些功能移回内核 [DPDK 20]。）

在绕过内核网络栈的情况下，使用传统工具和指标的仪器是不可用的，因为它们使用的计数器和跟踪事件也被绕过了，这使得性能分析更加困难。

除了全栈旁路之外，还有一些功能可以避免复制数据的花销：如 MSG_ZEROCOPY send(2) 标志，以及通过 mmap(2) 的零拷贝接收 [Linux 20c][Corbet 18b]。

1　Netflix的FreeBSD CDN使用RSS来协助TCP大型接收卸载（LRO），允许同一连接的数据包被聚集起来，即使被其他数据包分开[Gallatin 17]。

其他优化

在整个 Linux 网络栈中，还有其他一些算法用于提高性能。图 10.11 显示了 TCP 发送路径中的这些算法（其中许多算法是从 tcp_write_ xmit() 内核函数中调用的）。

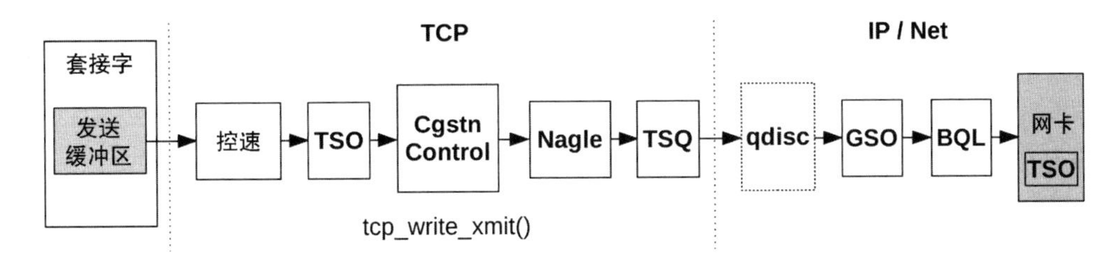

图 10.11 TCP 发送路径

其中一些组件和算法已在前面描述过（套接字发送缓冲区、TSO[1]、拥塞控制、Nagle 和 qdiscs），其他包括如下几项。

- **控速**：控制何时发送数据包、分散传输，以避免可能损害性能的数据突发（这可能有助于避免 TCP 的微突发，因为它可能导致排队延时，或甚至导致网络交换机丢弃数据包。当许多端点同时向一个端点传输数据时，它也可以帮助解决 incast 问题 [Fritchie 12]）。
- **TCP 小队列（TSQ）**：它控制（减少）网络栈的排队数量，以避免包括缓冲区膨胀的问题 [Bufferbloat 20]。
- **字节队列限制（BQL）**：BQL 自动调整驱动队列的大小，使其足够大，以避免“饥饿”，但也足够小，以减少排队数据包的最大延时，并避免耗尽网卡 TX 描述符 [Hrubý 12]。它的工作原理是在必要时暂停向驱动队列添加数据包，这是在 Linux 3.3 [Siemon 13] 中添加的。
- **最早出发时间（Earliest Departure Time，EDT）**：它使用计时轮而不是队列来排序发送到网卡的数据包。根据策略和速率配置，在每个数据包上设置时间戳。这是在 Linux 4.20 中加入的，具有类似 BQL 和 TSQ 的功能 [Jacobson 18]。

这些算法经常结合使用以提高性能。一个 TCP 发送的数据包在它到达网卡之前可以被拥塞控制、TSO、TSQ、控速和排队规则中的任何一种处理 [Cheng 16]。

10.5 方法

本节将论述众多的方法以及网络分析和调优的运用。表 10.2 总结了这些内容。

1 请注意，TSO在图中出现了两次：第一次在控速后构建超级包，第二次在网卡中进行最后的分段。

表 10.2 网络性能方法

章节	方法	类型
10.5.1	工具法	观测分析
10.5.2	USE 方法	观测分析
10.5.3	工作负载特征分析	观测分析、容量规划
10.5.4	延时分析	观测分析
10.5.5	性能监测	观测分析、容量规划
10.5.6	数据包嗅探	观测分析
10.5.7	TCP 分析	观测分析
10.5.8	静态性能调优	观测分析、容量规划
10.5.9	资源控制	调优
10.5.10	微基准测试	实验分析

更多策略以及部分方法的介绍可参考第 2 章。

这些方法可以单独使用，也可以混合使用。我的建议是将这些方法按如下次序使用：性能监测、USE 方法、静态性能调优和工作负载特征归纳。

10.6 节将介绍使用这些方法的操作系统工具。

10.5.1 工具法

工具法是一个可用工具的遍历过程，检查工具提供的关键指标。工具法有可能忽视这些工具不可见或者观测得不太清楚的问题，并且操作比较耗时。

对于网络通信来说，应用工具法可以检查如下内容。

- **nstat/netstat -s**：查找高重传率的和乱序的数据包。哪些数据包是高重传率的依客户机而不同，面向互联网的系统因具有不稳定的远程客户会比仅拥有同数据中心客户的内部系统具有更高的重传率。
- **ip -s link/netstat -i**：检查接口错误计数器，包括“错误”“丢弃”“超速”。
- **ss -tiepm**：检查重要套接字的限制器标志，看看它们的瓶颈是什么，以及显示套接字健康状况的其他统计数据。
- **nicstat/ip -s link**：检查传输和接收字节的速率。高吞吐量可能受到协商的数据链路速度或外部网络节流的限制。这种限制也可能导致系统中的网络用户之间的争夺和延时。
- **tcplife**：记录 TCP 会话的进程细节、持续时间（寿命）和吞吐量统计数据。
- **tcptop**：实时观测速率最高的 TCP 会话。
- **tcpdump**：虽然这在 CPU 和存储成本方面可能很昂贵，但短期内使用 tcpdump(8) 可以帮助你识别不寻常的网络流量或协议头信息。

- **perf(1)/BCC/bpftrace**：检查应用程序和线缆之间的选定数据包，包括检查内核状态。

如果发现问题，要检查可用的工具提供的所有数据以便了解更多上下文。每个工具的更多信息可参考 10.6 节。用其他的方法可能会发现更多类型的问题。

10.5.2 USE 方法

USE 方法可以快速识别瓶颈和跨所有组件的错误。对于每个网络接口，以及每个方向——传输（TX）与接收（RX）——检查下列内容。

- **使用率**：接口忙于发送或接收帧的时间。
- **饱和度**：由于接口满负载，造成的额外的队列、缓冲或者阻塞的程度。
- **错误**：对于接收，有校验和错误、帧过短（小于数据链路报文头）或者过长、冲突（在交换网络中不大可能）；对于传输，有延时碰撞（线路故障）。

可以先检查错误，因为错误通常能被快速检查到并且最容易理解。

操作系统或者监视工具（nictat(1) 是个例外）通常不直接提供使用率数据。对于每个方向（RX、TX），使用率能用当前的吞吐量除以当前的协商速度。当前的网络吞吐量以每秒字节数测量并且包括所有协议报文头。

对于实施了网络带宽限制（资源控制）的环境，如出现在一些云计算环境中，除去物理限制之外，网络使用率或许需要按施加的限制来测量。

网络接口的饱和度难以测量。由于应用程序能比接口更快地发送数据，一定程度的网络缓冲是正常的。因为应用程序线程阻塞于网络传输的时间会随饱和度的增加而增加，这有可能是可以测量的。同时还应检查是否有其他与接口饱和度紧密相关的内核统计信息，例如，Linux 中的 overruns。注意，Linux 使用 BQL 来调节网卡队列大小，这有助于避免网卡饱和。

TCP 层的重传统计信息通常是现成的并且可作为网络饱和度的指标。然而，它们是跨服务器与客户机衡量的，并且可能出现于任何一跳。

USE 方法可用于网络控制器，以及它们与处理器之间的传输通道。由于这些组件的观测工具比较少，基于网络接口统计信息和网络拓扑推测指标可能更容易。例如，假设控制器 A 提供端口 A0 和 A1，该网络控制器的吞吐量能用 A0 和 A1 接口的吞吐量总和来计算。由于最大吞吐量已知，网络控制器的使用率就能够计算了。

10.5.3 工作负载特征归纳

做容量规划、基准测试和负载模拟时，归纳所应用的负载的特征是一项重要的操作。

定位可削减的不必要操作，可能促成一些最大的性能提升。

以下是可测量的基础特征。

- **网络接口吞吐量**：RX 和 TX，单位为 B/s。
- **网络接口 IOPS**：RX 和 TX，单位为帧每秒。
- **TCP 连接率**：主动和被动，单位为每秒连接数。

术语主动和被动在 10.4.1 节中介绍过。

由于一天中使用模式的变化，这些特征也会随时间推移而变化。随时间推移的监测将在 10.5.5 节中介绍。

下面的工作负载示例描述，展示了如何表达这些属性：

> 网络吞吐量随用户而变化并且写（TX）多于读（RX）。峰值的写速率是 200MB/s 和 210 000 包 /s，而峰值的读速率是 10MB/s 和 70 000 包 /s。入站（被动）TCP 连接率能达到每秒 3000 个连接。

除了这样描述这些系统级的特征，还可以用每个接口描述它们。如果观测到吞吐量达到线速率，就能够发现接口的瓶颈。如果应用了网络带宽限制（资源控制），可能在达到线速率前就应节流网络吞吐量。

高级工作负载特征归纳 / 核对清单

分析工作负载特征归纳可以涵盖更多具体信息，这里列举一些供参考的问题。需要缜密地研究 CPU 问题时，这些问题可作为核对清单：

- 平均数据包的大小是多少？传输和接收的平均数据包分别是多少？
- 对于每一层的协议是什么？ TCP 还是 UDP（其中可以包括 QUIC）？
- 哪些 TCP/UDP 端口是主动的？每秒的连接数、传输的字节数是多少？
- 广播和组播的数据包的速率是多少？
- 哪个进程在主动地使用网络？

随后的章节能够帮助回答这些问题。这个方法的高级概览以及要衡量的特征（谁、为什么、什么、多少）可参考第 2 章的介绍。

10.5.4 延时分析

研究不同的时间（延时）有助于理解和表述网络性能。在 10.3.5 节中介绍了一些相关知识，表 10.3 提供了一个更长的列表。尽可能多地测量这些因素，以缩小延时的真正来源范围。

表 10.3 网络延时

延时	描述
主机名解析延时	一台主机被解析到一个 IP 地址的时间，通常是通过 DNS 解析——性能问题的常见来源
Ping 延时	从 ICMP echo 请求到响应的时间。这衡量的是网络和内核栈对每台主机上的数据包的处理
TCP 连接初始化延时	从发送 SYN 到收到 SYN ACK 的时间。由于不涉及任何应用程序，所以这测量的是每台主机上的网络和内核栈的延时，类似于 ping 延时，有一些额外用于 TCP 会话的内核处理。TCP 快速打开（TFO）可以用来减少这个延时
TCP 首字节延时	也被称为第一字节延时（TTFB），衡量从建立连接到客户端收到第一个数据字节的时间。这包括服务端的 CPU 调度和应用程序处理时间，其是衡量应用性能和当前负载的一个指标，而不是 TCP 连接延时
TCP 重传输	如果发送，会为网络 I/O 增加数千毫秒的延时
TCP TIME_WAIT 延时	本地关闭的 TCP 会话等待迟来的数据包的时间
连接 / 会话寿命	一个网络连接从初始化到关闭的持续时间。一些协议，如 HTTP，可以使用保持在线的策略，使连接处于开放和空闲状态，以避免重复建立连接所带来的开销和延时
系统调用发送 / 接收延时	套接字读 / 写调用的时间（任何对套接字进行读 / 写的系统调用，包括 read(2)、write(2)、recv(2)、send(2) 和它们的变体）
系统调用连接延时	用于建立连接；请注意，一些应用程序将其作为非阻塞系统调用来执行
网络往返时间	一个网络请求在端点之间进行往返的时间。内核可以在拥堵控制算法中使用这些测量值
中断延时	接收到的数据包从触发网络控制器中断到它开始被内核处理的时间
栈间的延时	数据包在内核 TCP/IP 栈中移动的时间

延时可能显示如下。

- **每个时间间隔内的平均值：**最好按客户机 / 服务器对显示，以便识别中间网络的差别。
- **完整分布：**直方图或者热图。
- **每个操作的延时：**列出每个事件包括源与目的 IP 地址的具体信息。

一个常见的问题源是出现 TCP 重传输所导致的延时异常值。使用包括最小延时阈值过滤在内的完整分布或者跟踪每个操作的延时能发现它们。

延时可以使用跟踪工具来测量，对于某些延时，可以使用套接字选项。在 Linux 中，套接字选项包括 SO_TIMESTAMP，用于传入数据包的时间（以及 SO_TIMESTAMPNS，用于纳秒级的分辨率）和 SO_TIMESTAMPING，用于传入每个事件的时间戳 [Linux 20j]。SO_TIMESTAMPING 可以识别传输延时、网络往返时间和栈间的延时，这在分析涉及隧道的复杂数据包延时时特别有帮助 [Hassas Yeganeh 19]。

请注意，一些额外的延时来源是瞬时的，只在系统负载期间发生。为了更真实地测量网络延时，重要的是不仅要测量一个空闲的系统，而且还要测量负载下的系统。

10.5.5　性能监测

性能监测能发现当前的问题以及随着时间的推移的行为模式，它能捕捉终端用户的日常模式，以及包括网络备份在内的安排好的活动。

关键的网络监测指标如下。

- **吞吐量**：每秒网络接口接收与传输的字节数，最好能够包括每个接口。
- **连接数**：TCP 每秒的连接数，它是另一个网络负载的指标。
- **错误**：包括丢包计数器。
- **TCP 重传输**：计量它是有帮助的，能与网络问题相关联。
- **TCP 乱序数据包**：它会导致性能问题。

对于使用了网络带宽限制（资源控制）的环境，例如一些云计算环境，所应用的限额统计数据也需要收集。

10.5.6　数据包嗅探

数据包嗅探（也称为*数据包捕捉*）从网络捕捉数据包，因而能以检查每一个数据包的方式检查协议报文头和数据。对于观测性分析，这可能是最后的手段，因为就 CPU 和存储系统开销而言，它的代价高昂。由于需要每秒处理数百万个数据包并且对任何系统开销都敏感，因此网络内核代码路径通常是对周期优化的。为减少这种系统开销，内核可能会利用环形缓冲区通过共享内存映射向用户级跟踪工具传递包数据——例如，[1] 使用 BPF 与 perf(1) 的输出环形缓冲区，还可以使用 AF_XDP [Linux 20k]。解决开销的另一种方法是使用带外数据包嗅探器：一个单独的服务器连接到交换机的“抽头”或“镜像”端口。亚马逊和谷歌等公有云运营商将此作为一项服务提供 [Amazon 19][Google 20b]。

数据包嗅探通常涉及将数据包捕捉到一个文件，然后以不同的方式分析该文件。一种方法是产生一个日志，每个数据包捕捉的日志会包括如下信息：

- 时间戳
- 整个数据包，包括
    - 所有协议头（例如，以太网、IP、TCP）
    - 部分或全部负载数据

1　另一个选择是使用PF_RING代替每包PF_PACKET，尽管PF_RING还没有被包含在Linux内核中[Deri 04]。

- 元数据：数据包数量、丢包数量
- 接口名称

以下是一个数据包捕捉的示例，tcpdump(8) 工具的默认输出如下：

```
# tcpdump -ni eth4
tcpdump: verbose output suppressed, use -v or -vv for full protocol decode
listening on eth4, link-type EN10MB (Ethernet), capture size 65535 bytes
01:20:46.769073 IP 10.2.203.2.22 > 10.2.0.2.33771: Flags [P.], seq
4235343542:4235343734, ack 4053030377, win 132, options [nop,nop,TS val 328647671 ecr
2313764364], length 192
01:20:46.769470 IP 10.2.0.2.33771 > 10.2.203.2.22: Flags [.], ack 192, win 501,
options [nop,nop,TS val 2313764392 ecr 328647671], length 0
01:20:46.787673 IP 10.2.203.2.22 > 10.2.0.2.33771: Flags [P.], seq 192:560, ack 1,
win 132, options [nop,nop,TS val 328647672 ecr 2313764392], length 368
01:20:46.788050 IP 10.2.0.2.33771 > 10.2.203.2.22: Flags [.], ack 560, win 501,
options [nop,nop,TS val 2313764394 ecr 328647672], length 0
01:20:46.808491 IP 10.2.203.2.22 > 10.2.0.2.33771: Flags [P.], seq 560:896, ack 1,
win 132, options [nop,nop,TS val 328647674 ecr 2313764394], length 336
[...]
```

这个输出对每个数据包有一行总结，包括 IP 地址、TCP 端口和其他 TCP 包头的具体信息。这可以用来调试各种问题，包括信息延时和数据包丢失。

由于数据包捕捉是以消耗 CPU 为代价的活动，大多数实现都包含了丢弃事件的能力，而不是在过载时捕捉它们。丢弃的数据包数量可能包含在日志中。

除了利用环形缓冲区降低开销外，数据包捕捉的实现通常允许用户提供过滤表达式并且用于内核过滤。这通过禁止将不需要的数据包传递到用户层减少了系统开销。过滤表达式通常使用伯克利包过滤器（BPF）进行优化，它将表达式编译成可以被内核 JIT 编译为机器代码的 BPF 字节码。近年来，BPF 在 Linux 中得到了扩展，成为一个通用的执行环境，它为许多可观测性工具提供了动力，可参见 3.4.4 节和第 15 章。

10.5.7 TCP 分析

除了 10.5.4 节中的介绍之外，其他能够调查的具体的 TCP 行为如下：

- TCP（套接字）发送 / 接收缓冲的使用。
- TCP 积压队列的使用。
- 由于积压队列已满导致的内核丢包。
- 拥塞窗口大小，包括零长度通知。

- TCP TIME_WAIT[1] 间隔中接收到的 SYN。

当一台服务器频繁地用相同的源和目的 IP 地址连接另一台服务器的同一个目标端口时，最后一个行为可能成为一个可扩展性问题。每个连接唯一的区别要素是客户端的源端口——一个临时端口——对于 TCP 来说，它是一个 16 位的值并且可能进一步受到操作系统参数的限制（最小值和最大值）。考虑到可能是 60 秒的 TCP TIME_WAIT 间隔，高速率的连接（60 秒内多于 65 536 个）会与新连接碰撞。在这种情况下，如果发送一个 SYN 包，而那个临时端口仍然与前一个处于 TIME_WAIT 的 TCP 会话关联。如果被误认为是旧连接的一部分（碰撞），这个新的 SYN 包可能被拒收。为了避免这种问题的发生，Linux 内核试图快速地重用或者回收连接（这通常管用）。服务器使用多个 IP 地址是另一个可能的解决方案，就像带有低滞留时间的 SO_LINGER 套接字选项。

10.5.8 静态性能调优

静态性能调优注重解决配置完成的环境中的问题。对于网络性能，应检查静态配置中的如下方面：

- 有多少网络接口可供使用？当前使用中的有哪些？
- 网络接口的最大速度是多少？
- 当前协商的网络接口的速度是多少？
- 网络接口协商为半双工还是全双工？
- 网络接口配置的 MTU 是多少？
- 网络接口是否使用了中继模式？
- 有哪些适用于设备驱动的可调参数？对于 IP 层呢？对于 TCP 层呢？
- 有哪些可调参数已不再是默认值？
- 路由是如何配置的？默认路由是什么？
- 数据路径中网络组件的最大吞吐量是多少（所有组件，包括交换机和路由器）？
- 数据路径的最大 MTU 是多少，是否会发生分片？
- 数据路径中是否有无线连接？它们是否受到干扰？
- 是否启用了数据转发？该系统是否作为路由器使用？
- DNS 是如何设置的？它距离服务器有多远？
- 该版本的网络接口固件或其他网络硬件是否有已知的性能问题（bug）？
- 该网络设备驱动是否有已知的性能问题（bug）？内核 TCP/IP 栈呢？
- 是否存在防火墙？

1 尽管在RFC 793中使用TIME-WAIT，但它通常被写作（并且在程序中写作）TIME_WAIT。

- 是否存在软件施加的网络吞吐量限制（资源控制）？它们是什么？

回答这些问题可能会揭示被忽视的配置选择。

最后关于网络吞吐量受限制的问题，与云计算尤其相关。

10.5.9 资源控制

操作系统可能按连接类型、进程或者进程组，设置控制以限制网络资源。控制可能包括如下类型。

- **网络带宽限制**：由内核应用的针对不同协议或者应用程序的允许带宽（最大吞吐量）。
- **IP 服务品质（QoS）**：由网络组件（例如，路由器）执行的网络流量优先级排序。有多种实现方式，如 IP 报文头，包括服务类型（ToS）位，其中包括优先级，这些位已在新 QoS 方案中被重定义，其中包括差异化服务（参见 10.4.1 节）。还可能存在其他协议层为同样目的应用的优先级排序。
- **数据包延时**：额外的数据包延时（例如，使用 Linux tc-netem(8)），在测试性能时用于模拟其他网络。

你的网络可能存在高低优先级混合的流量。低优先级可能包括传输备份及性能监测的流量。高优先级可能是生产服务器与客户机间的流量。任意一个资源控制方案都能节流低优先级的流量，而为高优先级的流量提供更令人满意的性能。

它们如何工作根据不同的实现而不同，这将在 10.8 节中讨论。

10.5.10 微基准测试

许多基准测试工具可用于网络。调查分布式应用程序环境的吞吐量问题，有助于确认网络能否达到预期的网络吞吐量。如果达不到，可用微基准测试工具调查网络性能，它们通常比应用程序更简单而且调试起来更快。网络经调优达到需要的速度后，可将注意力转回应用程序本身。

可测试的典型要素如下。

- **方向**：发送或者接收。
- **协议**：TCP 或者 UDP，以及端口。
- **线程数**
- **缓冲大小**
- **接口 MTU 尺寸**

如 10Gb/s 这样的高速网络接口，可能需要由多个客户端线程驱动以达到最大带宽。10.7.4 节会介绍一个网络微基准测试工具示例，iperf(1)。

10.6　观测工具

本节介绍基于 Linux 操作系统的网络性能观测工具。它们的使用策略参见前面的部分。

本节介绍的工具列于表 10.4 中。

表 10.4　网络观测工具

章节	工具	描述
10.6.1	ss	套接字统计信息
10.6.2	ip	网络接口和路由统计信息
10.6.3	ifconfig	网络接口统计信息
10.6.4	nstat	网络栈统计信息
10.6.5	netstat	多种网络栈和接口统计信息
10.6.6	sar	历史统计信息
10.6.7	nicstat	网络接口吞吐量和使用率
10.6.8	ethtool	网络接口驱动程序统计信息
10.6.9	tcplife	用连接细节跟踪 TCP 会话的寿命
10.6.10	tcptop	按主机和进程显示 TCP 吞吐量
10.6.11	tcpretrans	用地址和 TCP 状态跟踪 TCP 重传的情况
10.6.12	bpftrace	TCP/IP 栈踪迹：连接、数据包、掉线、延时
10.6.13	tcpdump	网络数据包嗅探器
10.6.14	Wireshark	图形化网络数据包检查器

这些是能支持 10.5 节的精选工具和功能集。从传统工具和统计数据开始，然后是跟踪工具，进而到数据包捕捉工具。一些传统的工具可能在它们的发源地——其他类 UNIX 的操作系统上可用，包括 ifconfig(8)、netstat(8) 和 sar(1)。跟踪工具是基于 BPF 的，并使用 BCC 和 bpftrace 前端（参见第 15 章），它们是 socketio(8)、tcplife(8)、tcptop(8) 和 tcpretrans(8)。

所涉及的统计工具包括 ss(8)、ip(8) 和 nstat(8)，它们来自 iproute2 软件包，由网络内核工程师维护。这个软件包中的工具最有可能支持最新的 Linux 内核特性。来自 net-tools 包的类似工具，即 ifconfig(8) 和 netstat(8)，因被广泛使用，所以也被包括在内，尽管 Linux 内核的网络工程师认为这些工具已经过时。

10.6.1 ss

ss(8) 是一个套接字统计工具，它总结了开放的套接字。默认的输出提供了关于套接字的高层次信息，例如：

```
# ss
Netid State     Recv-Q  Send-Q    Local Address:Port       Peer Address:Port
[...]
tcp   ESTAB     0       0         100.85.142.69:65264     100.82.166.11:6001
tcp   ESTAB     0       0         100.85.142.69:6028      100.82.16.200:6101
[...]
```

这个输出是当前状态的一个快照。第一列显示了套接字所使用的协议：TCP。由于这个输出列出了所有已建立的连接及其 IP 地址信息，所以它可以用来描述当前的工作负载，并回答以下问题：有多少客户端连接是开放的，有多少依赖性服务的并发连接数，等等。

使用旧的 netstat(8) 工具，可以获得每个套接字的信息。但是，当使用选项时，ss(8) 可以显示更多的信息。例如，可以只显示 TCP 套接字（-t），显示 TCP 内部信息（-i），显示扩展的套接字信息（-e），显示进程信息（-p）和内存使用情况（-m）。

```
# ss -tiepm
State     Recv-Q  Send-Q    Local Address:Port       Peer Address:Port

ESTAB     0       0         100.85.142.69:65264      100.82.166.11:6001
 users:(("java",pid=4195,fd=10865)) uid:33 ino:2009918 sk:78 <->
        skmem:(r0,rb12582912,t0,tb12582912,f266240,w0,o0,bl0,d0) ts sack bbr ws
cale:9,9 rto:204 rtt:0.159/0.009 ato:40 mss:1448 pmtu:1500 rcvmss:1448 advmss:14
48 cwnd:152 bytes_acked:347681 bytes_received:1798733 segs_out:582 segs_in:1397
data_segs_out:294 data_segs_in:1318 bbr:(bw:328.6Mbps,mrtt:0.149,pacing_gain:2.8
8672,cwnd_gain:2.88672) send 11074.0Mbps lastsnd:1696 lastrcv:1660 lastack:1660
pacing_rate 2422.4Mbps delivery_rate 328.6Mbps app_limited busy:16ms rcv_rtt:39.
822 rcv_space:84867 rcv_ssthresh:3609062 minrtt:0.139
[...]
```

加粗显示的是端点地址和以下细节信息。

- **"java",pid=4195**：进程名称为 java，PID 为 4195。
- **fd=10865**：文件描述符为 10865（用于 PID 为 4195）。
- **rto:204**：TCP 重传超时，为 204 毫秒。
- **rtt:0.159/0.009**：平均往返时间是 0.159 毫秒，有 0.009 毫秒的平均偏差。
- **mss:1448**：最大的分段大小为 1448 字节。

- **cwnd:152**：拥塞窗口大小，为 152MSS。
- **bytes_acked:347681**：成功传输 340KB。
- **bytes_received:1798733**：收到 1.72MB。
- **bbr:...**：BBR 拥塞控制统计。
- **pacing_rate 2422.4Mbps**：控速为 2422.4Mb/s。
- **app_limited**：显示拥塞窗口没有被完全利用，表明该连接是应用程序绑定的。
- **minrtt:0.139**：最小往返时间，以毫秒计。与平均数和平均偏差（前面列出）比较来了解网络的变化和拥塞情况。

这个特定的连接被标记为应用程序限制（app_limited），到远程端点的 RTT 很低，传输的总字节数也很少。ss(1) 可以打印的“有限”标志有如下几种。

- **app_limited**：应用程序限制。
- **rwnd_limited:Xms**：受接收窗口的限制。包括限制的时间，单位是毫秒。
- **sndbuf_limited:Xms**：受发送缓冲区的限制。包括限制的时间，单位是毫秒。

输出中缺少的一个细节是连接的存活时间，这对于计算平均吞吐量是必需的。我发现的一个变通方法是，使用 /proc 中文件描述符文件的变化时间戳：对于这个连接，我将在 /proc/4195/fd/10865 上运行 stat(1)。

netlink

ss(8) 从 netlink(7) 接口读取这些扩展的细节，该接口通过 AF_NETLINK 系列的套接字操作，从内核获取信息。你可以用 strace(1) 看到这个动作（参见 5.5.4 节关于 strace(1) 开销的警告）：

```
# strace -e sendmsg,recvmsg ss -t
sendmsg(3, {msg_name={sa_family=AF_NETLINK, nl_pid=0, nl_groups=00000000},
msg_namelen=12, msg_iov=[{iov_base={{len=72, type=SOCK_DIAG_BY_FAMILY,
flags=NLM_F_REQUEST|NLM_F_DUMP, seq=123456, pid=0}, {sdiag_family=AF_INET,
sdiag_protocol=IPPROTO_TCP, idiag_ext=1<<(INET_DIAG_MEMINFO-1)|...
recvmsg(3, {msg_name={sa_family=AF_NETLINK, nl_pid=0, nl_groups=00000000},...
[...]
```

netstat(8) 使用 /proc/net 文件代替信息来源：

```
# strace -e openat netstat -an
[...]
openat(AT_FDCWD, "/proc/net/tcp", O_RDONLY) = 3
openat(AT_FDCWD, "/proc/net/tcp6", O_RDONLY) = 3
[...]
```

因为 /proc/net 文件是文本文件，我发现将它们作为临时报告的来源很方便。只需要 awk(1) 来处理。真正的监测工具应该使用 netlink(7) 接口，它以二进制格式传递信息，可避免文本解析的开销。

10.6.2 ip

ip(8) 是一个管理路由、网络设备、接口和隧道的工具。为了便于观测，它可以打印以下方面的统计数据：链接、地址、路由等。例如，在接口（link）上打印额外的统计数据（-s）：

```
# ip -s link
1: lo: <LOOPBACK,UP,LOWER_UP> mtu 65536 qdisc noqueue state UNKNOWN mode DEFAULT
group default qlen 1000
    link/loopback 00:00:00:00:00:00 brd 00:00:00:00:00:00
    RX: bytes  packets  errors  dropped overrun mcast
    26550075   273178   0       0       0       0
    TX: bytes  packets  errors  dropped carrier collsns
    26550075   273178   0       0       0       0

2: eth0: <BROADCAST,MULTICAST,UP,LOWER_UP> mtu 1500 qdisc mq state UP mode DEFAULT
group default qlen 1000
    link/ether 12:c0:0a:b0:21:b8 brd ff:ff:ff:ff:ff:ff
    RX: bytes  packets  errors  dropped overrun mcast
    512473039143 568704184 0       0       0       0
    TX: bytes  packets  errors  dropped carrier collsns
    573510263433 668110321 0       0       0       0
```

在静态性能调整过程中，检查所有接口的配置是非常有用的，这可以查出错误的配置。错误指标也被包括在输出中，对于接收（RX）：接收错误、丢包和超限；对于传输（TX）：传输错误、丢包、载波错误和碰撞。这类错误可能是性能问题的来源，根据错误的情况，可能是由网络硬件故障引起的。这里的计数器是全局计数器，显示自接口激活以来的所有错误（用网络术语来说，就是被“UP”了）。

指定两次 -s 选项（-s -s）可以提供更多错误类型的统计数据。尽管 ip(8) 提供了 RX 和 TX 字节计数器，但它没有选项可以按指定的间隔持续打印当前的吞吐量。为此，请使用 sar(1)（参见 10.6.6 节）。

路由表

ip(1) 确实对其他网络组件具有可观测性。例如，路由对象显示了路由表：

```
# ip route
default via 100.85.128.1 dev eth0
default via 100.85.128.1 dev eth0 proto dhcp src 100.85.142.69 metric 100
100.85.128.0/18 dev eth0 proto kernel scope link src 100.85.142.69
100.85.128.1 dev eth0 proto dhcp scope link src 100.85.142.69 metric 100
```

错误配置的路由也可能是性能问题的来源（例如，当特定的路由条目是由管理员添加的但不再需要时，现在的性能比默认路由差）。

监测

使用监测子命令 ip monitor 可观测网络链接信息。

10.6.3 ifconfig

ifconfig(8) 命令是网络接口管理的传统工具，其可以列出所有接口的配置。Linux 版本的输出包含了如下统计信息。[1]

```
$ ifconfig
eth0      Link encap:Ethernet  HWaddr 00:21:9b:97:a9:bf
          inet addr:10.2.0.2  Bcast:10.2.0.255  Mask:255.255.255.0
          inet6 addr: fe80::221:9bff:fe97:a9bf/64 Scope:Link
          UP BROADCAST RUNNING MULTICAST  MTU:1500  Metric:1
          RX packets:933874764 errors:0 dropped:0 overruns:0 frame:0
          TX packets:1090431029 errors:0 dropped:0 overruns:0 carrier:0
          collisions:0 txqueuelen:1000
          RX bytes:584622361619 (584.6 GB)  TX bytes:537745836640 (537.7 GB)
          Interrupt:36 Memory:d6000000-d6012800

eth3      Link encap:Ethernet  HWaddr 00:21:9b:97:a9:c5
[...]
```

这些计数器与之前介绍的 ip(8) 命令的一致。

在 Linux 中，ifconfig(8) 已经被 ip(8) 命令代替。

10.6.4 nstat

nstat(8) 可输出由内核维护的各种网络指标，以及它们的 SNMP 名称。例如，使用 -s 来避免重设计数器：

1 它还显示了一个可调整的参数，txqueuelen，但不是所有的驱动程序都使用这个值（它用NETDEV_CHANGE_TX_QUEUE_LEN调用netdevice通知器，在有些驱动程序中不能实现），字节队列限制自动调整设备队列。

```
# nstat -s
#kernel
IpInReceives                    462657733          0.0
IpInDelivers                    462657733          0.0
IpOutRequests                   497050986          0.0
IpOutDiscards                   42                 0.0
IpFragOKs                       2298               0.0
IpFragCreates                   13788              0.0
IcmpInMsgs                      91                 0.0
[...]
TcpActiveOpens                  362997             0.0
TcpPassiveOpens                 9663983            0.0
TcpAttemptFails                 12718              0.0
TcpEstabResets                  14591              0.0
TcpInSegs                       462181482          0.0
TcpOutSegs                      938958577          0.0
TcpRetransSegs                  129212             0.0
TcpOutRsts                      52362              0.0
UdpInDatagrams                  476072             0.0
UdpNoPorts                      88                 0.0
UdpOutDatagrams                 476197             0.0
UdpIgnoredMulti                 2                  0.0
Ip6OutRequests                  29                 0.0
[...]
```

主要指标包括如下一些。

- **IpInReceive**：入站 IP 数据包。
- **IpOutRequests**：出站 IP 数据包。
- **TcpActiveOpens**：TCP 主动连接（connect(2) 套接字系统调用）。
- **TcpPassiveOpens**：TCP 被动连接（accept(2) 套接字系统调用）。
- **TcpInSegs**：TCP 入站段。
- **TcpOutSegs**：TCP 出站段。
- **TcpRetransSegs**：TCP 重传的网段。与 TcpOutSegs 比较可以获得重传率。

如果没有使用 -s 选项，nstat(8) 的默认行为是重置内核计数器。这可能很有用，因为你可以第二次运行 nstat(8) 并看到跨越该间隔的计数，而不是自启动以来的总数。如果有网络问题，可以通过命令来重现，可以在命令前后运行 nstat(8) 来显示哪些计数器发生了变化。

如果你忘了使用 -s 而错误地重置了计数器，可以使用 -rs 将它们设置为自启动以来的摘要值。nstat(8) 还有一个守护模式（-d），用来收集区间统计，当使用它时显示在最后一列。

10.6.5　netstat

基于使用的选项，nctstat(8) 命令能报告多种类型的网络统计数据，就像具有多种功能的组合工具。选项介绍如下。

- **（默认）**：列出连接的套接字。
- **-a**：列出所有套接字的信息。
- **-s**：列出网络栈的统计信息。
- **-i**：列出网络接口的信息。
- **-r**：列出路由表。

其他选项能修改输出，例如，-n 不将 IP 地址解析为主机名，-v（可用时）显示冗长的详细信息。

一个 netstat(8) 接口统计信息的示例如下：

```
$ netstat -i
Kernel Interface table
Iface     MTU      RX-OK RX-ERR RX-DRP RX-OVR      TX-OK TX-ERR TX-DRP TX-OVR Flg
eth0     1500 933760207      0      0 0       1090211545      0      0      0 BMRU
eth3     1500 718900017      0      0 0        587534567      0      0      0 BMRU
lo      16436 21126497       0      0 0         21126497      0      0      0 LRU
ppp5     1496       4225     0      0 0             3736      0      0      0 MOPRU
ppp6     1496       1183     0      0 0             1143      0      0      0 MOPRU
tun0     1500     695581     0      0 0           692378      0      0      0 MOPRU
tun1     1462          0     0      0 0                4      0      0      0 PRU
```

数据列包括网络接口（Iface）、MTU，以及一系列接收（RX-）和传输（TX-）的指标。

- **OK**：成功传输的数据包。
- **ERR**：错误的数据包。
- **DRP**：丢包。
- **OVR**：超限。

丢包和超限是网络接口饱和的指针，并且能和错误一起用 USE 方法检查。

-c 连续模式能与 -i 一并使用，每秒输出这些累积的计数器。它提供计算数据包速率的数据。

下面是一个 netstat(8) 网络栈统计数据（片段）的示例：

```
$ netstat -s
Ip:
    Forwarding: 2
    454143446 total packets received
    0 forwarded
    0 incoming packets discarded
    454143446 incoming packets delivered
    487760885 requests sent out
    42 outgoing packets dropped
    2260 fragments received ok
    13560 fragments created
Icmp:
    91 ICMP messages received
[...]
Tcp:
    359286 active connection openings
    9463980 passive connection openings
    12527 failed connection attempts
    14323 connection resets received
    13545 connections established
    453673963 segments received
    922299281 segments sent out
    127247 segments retransmitted
    0 bad segments received
    51660 resets sent
Udp:
    469302 packets received
    88 packets to unknown port received
    0 packet receive errors
    469427 packets sent
    0 receive buffer errors
    0 send buffer errors
    IgnoredMulti: 2
TcpExt:
    21 resets received for embryonic SYN_RECV sockets
    12252 packets pruned from receive queue because of socket buffer overrun
    201219 TCP sockets finished time wait in fast timer
    11727438 delayed acks sent
    1445 delayed acks further delayed because of locked socket
    Quick ack mode was activated 17624 times
    169257582 packet headers predicted
```

```
    76058392 acknowledgments not containing data payload received
    111925821 predicted acknowledgments
    TCPSackRecovery: 1703
    Detected reordering 876 times using SACK
    Detected reordering 19 times using time stamp
    2 congestion windows fully recovered without slow start
    19 congestion windows partially recovered using Hoe heuristic
    TCPDSACKUndo: 164
    88 congestion windows recovered without slow start after partial ack
    TCPLostRetransmit: 901
    TCPSackFailures: 31
    28248 fast retransmits
    709 retransmits in slow start
    TCPTimeouts: 12684
    TCPLossProbes: 73383
    TCPLossProbeRecovery: 132
    TCPSackRecoveryFail: 24
    805315 packets collapsed in receive queue due to low socket buffer
[...]
    TCPAutoCorking: 13520259
    TCPFromZeroWindowAdv: 257
    TCPToZeroWindowAdv: 257
    TCPWantZeroWindowAdv: 18941
    TCPSynRetrans: 24816
[...]
```

输出列出了多项按协议分组的网络数据，主要是来自 TCP 的。所幸的是，其中多项数据有较长的描述性名称，因此它们的含义显而易见。许多与性能相关的指标以加粗字体强调，用以指出可用的信息。其中许多指标要求对 TCP 行为有深刻理解，包括近些年引入的最新功能和算法。下面是一些值得查询的示例指标。

- 转发的数据包与接收的总数据包的比率较高：检查服务器是否应该转发（路由）数据包。
- 开放的被动连接：监视它们能显示客户机连接负载。
- 重传的数据段和发送的总数据段的比率较高：能显示不可靠的网络。这可能是意料之中的（互联网客户）。
- TCPSynRetrans：显示重传的 SYN，这可能是远程端点由于负载而从监听积压中丢弃 SYN 造成的。
- 套接字缓冲超限导致的数据包从接收队列中被删除：这是网络饱和的标志，能够通过增加套接字缓冲来修复，前提是有足够的系统资源支持应用程序。

一些统计信息名称有拼写错误（例如，packetes rejected）。如果其他的监测工具建立在同样的输出上，简单地修复它们可能有问题。这些工具应该通过处理 nstat(8) 的输出得到更好的服务，输出使用标准的 SNMP 名称，或者更好的是直接读取这些统计数据的 /proc 源，它们是 /proc/net/snmp 和 /proc/net/netstat。例如：

```
$ grep ^Tcp /proc/net/snmp
Tcp: RtoAlgorithm RtoMin RtoMax MaxConn ActiveOpens PassiveOpens AttemptFails
EstabResets CurrEstab InSegs OutSegs RetransSegs InErrs OutRsts InCsumErrors
Tcp: 1 200 120000 -1 102378 126946 11940 19495 24 627115849 325815063 346455 5 24183
0
```

/proc/net/snmp 统计信息也包括 SNMP 管理信息库（MIB），它提供关于每个统计信息的用途的更进一步的文档。扩展的统计信息在 /proc/net/netstat 中。

netstat(8) 可以接受以秒为单位的时间间隔，它按每个时间间隔连续地输出累加的计数器。后期处理这些输出可以计算每个计数器的速率。

10.6.6 sar

系统活动报告工具 sar(1) 可以观测当前活动并且能被配置为保存和报告历史统计数据。在第 4 章中介绍过它，并且本书的多个章节在需要时也会提及它。

在 Linux 中用以下选项提供网络统计信息。

- **-n DEV**：网络接口统计信息。
- **-n EDEV**：网络接口错误。
- **-n IP**：IP 数据报统计信息。
- **-n EIP**：IP 错误统计信息。
- **-n TCP**：TCP 统计信息。
- **-n ETCP**：TCP 错误统计信息。
- **-n SOCK**：套接字使用信息。

提供的统计信息见表 10.5。

表 10.5 Linux sar 的网络统计信息

选项	统计信息	描述	单位
-n DEV	rxpck/s	接收的数据包	数据包数量 / 秒
-n DEV	txpck/s	传输的数据包	数据包数量 / 秒
-n DEV	rxkB/s	接收的千字节	千字节 / 秒
-n DEV	txkB/s	传输的千字节	千字节 / 秒

续表

选项	统计信息	描述	单位
-n DEV	rxcmp/s	接收的压缩包	数据包数量 / 秒
-n DEV	txcmp/s	传输的压缩包	数据包数量 / 秒
-n DEV	rxmcst/s	接收的多播包	数据包数量 / 秒
-n DEV	%ifutil	接口使用率：对于全双工，rx 或 tx 的较大值	百分比
-n EDEV	rxerr/s	接收的数据包错误	数据包数量 / 秒
-n EDEV	txerr/s	传输的数据包错误	数据包数量 / 秒
-n EDEV	coll/s	碰撞	数据包数量 / 秒
-n EDEV	rxdrop/s	接收的数据包丢包（缓冲满）	数据包数量 / 秒
-n EDEV	txdrop/s	传输的数据包丢包（缓冲满）	数据包数量 / 秒
-n EDEV	txcarr/s	传输载波错误	错误 / 秒
-n EDEV	rxfram/s	接收的排列错误	错误 / 秒
-n EDEV	rxfifo/s	接收的数据包 FIFO 超限错误	数据包数量 / 秒
-n EDEV	txfifo/s	传输的数据包 FIFO 超限错误	数据包数量 / 秒
-n IP	irec/s	输入的数据报文（接收）	数据报文 / 秒
-n IP	fwddgm/s	转发的数据报文	数据报文 / 秒
-n IP	idel/s	输入的 IP 数据报文（包括 ICMP）	数据报文 / 秒
-n IP	orq/s	输出的数据报文请求（传输）	数据报文 / 秒
-n IP	asmrq/s	接收的 IP 分段	分段数量 / 秒
-n IP	asmok/s	重组的 IP 数据报文	数据报文 / 秒
-n IP	fragok/s	分段的数据报文	数据报文 / 秒
-n IP	fragcrt/s	创建的分段 IP 数据报文	分段数量 / 秒
-n EIP	ihdrerr/s	IP 头错误	数据报文 / 秒
-n EIP	iadrerr/s	无效的 IP 目标地址错误	数据报文 / 秒
-n EIP	iukwnpr/s	未知的协议错误	数据报文 / 秒
-n EIP	idisc/s	输入的丢弃（例如，缓冲满）	数据报文 / 秒
-n EIP	odisc/s	输出的丢弃（例如，缓冲满）	数据报文 / 秒
-n EIP	onort/s	输入数据报文无路由错误	数据报文 / 秒
-n EIP	asmf/s	IP 重组失败	失败数 / 秒
-n EIP	fragf/s	IP 不分段丢弃	数据报文 / 秒
-n TCP	active/s	新的主动 TCP 连接（connect(2)）	连接数 / 秒
-n TCP	passive/s	新的被动 TCP 连接（connect(2)）	连接数 / 秒
-n TCP	iseg/s	输入的段（接收）	段 / 秒
-n TCP	oseg/s	输出的段（接收）	段 / 秒
-n ETCP	atmptf/s	主动 TCP 失败连接	连接数 / 秒
-n ETCP	estres/s	建立的重置	重置数 / 秒
-n ETCP	retrans/s	TCP 段重传	段 / 秒
-n ETCP	isegerr/s	分段错误	段 / 秒

续表

选项	统计信息	描述	单位
-n ETCP	orsts/s	发送重置	段 / 秒
-n SOCK	totsck	使用中的套接字总数	套接字
-n SOCK	tcpsck/s	使用中的 TCP 套接字总数	套接字
-n SOCK	udpsck/s	使用中的 UDP 套接字总数	套接字
-n SOCK	rawsck/s	使用中的 RAW 套接字总数	套接字
-n SOCK	ip-frag	当前队列中的 IP 段	段
-n SOCK	tcp-tw	TIME_WAIT 中的 TCP 套接字	套接字

未列出的是 ICMP、NFS 和 SOFT（软件网络处理）组，以及 IPv6 的变体——IP6、EIP6、SOCK6 和 UDP6。完整的统计列表见手册页，其中有一些等效的 SNMP 名称（例如，irec/s 的 ipInReceives）。许多 sar(1) 统计信息的名称包括方向和计量单位：rx 表示“接收”，i 表示“输入”，seg 表示“段”等。

以下示例所示的是每秒打印的 TCP 统计信息：

```
$ sar -n TCP 1
Linux 5.3.0-1010-aws (ip-10-1-239-218)    02/27/20        _x86_64_  (2 CPU)

07:32:45     active/s passive/s    iseg/s    oseg/s
07:32:46         0.00     12.00    186.00  28837.00
07:32:47         0.00     13.00    203.00  33584.00
07:32:48         0.00     11.00   1999.00  24441.00
07:32:49         0.00      7.00     92.00   8908.00
07:32:50         0.00     10.00    114.00  13795.00
 [...]
```

输出显示被动连接速率（入站）大概为每秒 10 个。

在检查网络设备（DEV）时，网络接口统计信息列（IFACE）列出了所有接口，然而通常只对一个接口感兴趣。以下示例利用 awk(1) 过滤输出：

```
$ sar -n DEV 1 | awk 'NR == 3 || $2 == "ens5"'
07:35:41 IFACE  rxpck/s   txpck/s  rxkB/s    txkB/s rxcmp/s txcmp/s rxmcst/s %ifutil
07:35:42  ens5   134.00  11483.00   10.22   6328.72    0.00    0.00     0.00    0.00
07:35:43  ens5   170.00  20354.00   13.62   6925.27    0.00    0.00     0.00    0.00
07:35:44  ens5   185.00  28228.00   14.33   8586.79    0.00    0.00     0.00    0.00
07:35:45  ens5   180.00  23093.00   14.59   7452.49    0.00    0.00     0.00    0.00
07:35:46  ens5  1525.00  19594.00  137.48   7044.81    0.00    0.00     0.00    0.00
07:35:47  ens5   146.00  10282.00   12.05   6876.80    0.00    0.00     0.00    0.00
[...]
```

这显示出传输和发送的网络吞吐量和一些其他统计数据。

atop(1) 工具也能对统计数据进行存档。

10.6.7 nicstat

nicstat(1)[1] 的输出包括吞吐量和使用率在内的网络接口统计信息。nicstat(1) 延续传统的资源统计工具 iostat(1) 和 mpstat(1) 的风格。

下面所示的是 Linux 1.92 版本的输出：

```
# nicstat -z 1
    Time      Int   rKB/s   wKB/s   rPk/s   wPk/s    rAvs    wAvs %Util    Sat
01:20:58     eth0    0.07    0.00    0.95    0.02   79.43   64.81  0.00   0.00
01:20:58     eth4    0.28    0.01    0.20    0.10  1451.3   80.11  0.00   0.00
01:20:58  vlan123    0.00    0.00    0.00    0.02   42.00   64.81  0.00   0.00
01:20:58      br0    0.00    0.00    0.00    0.00   42.00   42.07  0.00   0.00
    Time      Int   rKB/s   wKB/s   rPk/s   wPk/s    rAvs    wAvs %Util    Sat
01:20:59     eth4 42376.0   974.5 28589.4 14002.1  1517.8   71.27  35.5   0.00
    Time      Int   rKB/s   wKB/s   rPk/s   wPk/s    rAvs    wAvs %Util    Sat
01:21:00     eth0    0.05    0.00    1.00    0.00   56.00    0.00  0.00   0.00
01:21:00     eth4 41834.7   977.9 28221.5 14058.3  1517.9   71.23  35.1   0.00
    Time      Int   rKB/s   wKB/s   rPk/s   wPk/s    rAvs    wAvs %Util    Sat
01:21:01     eth4 42017.9   979.0 28345.0 14073.0  1517.9   71.24  35.2   0.00
```

最前面的输出是自系统启动以来的总结，紧接着的是按时间间隔的总结。这里的时间间隔总结显示了 eth4 接口的使用率大约为 35%（这里报告的是当前 rx 或者 tx 方向的最大值），并且读的速度大约为 42MB/s。

字段包括接口名称（Int）、最大使用率（%Util）、反映接口饱和度的统计信息（Sat），以及一系列带前缀的统计信息：r 代表"读"（接收），w 代表"写"（传输）。

- **KB/s**：每秒千字节数。
- **Pk/s**：每秒数据包数。
- **Avs**：平均数据包大小，以字节为单位。

该版本支持的选项包括：-z 用来忽略值为 0 的行（闲置的接口），-t 用于显示 TCP 统计信息。

由于能提供使用率和饱和度的数值，所以 nicstat(1) 特别适用于 USE 方法。

1 我为Solaris开发了原始版本，Tim Cook开发了Linux版本[Cook 09]。

10.6.8 ethtool

ethtool(8) 可以使用 -i 和 -k 选项来检查网络接口的静态配置，也可以使用 -S 打印驱动程序的统计信息。例如：

```
# ethtool -S eth0
NIC statistics:
     tx_timeout: 0
     suspend: 0
     resume: 0
     wd_expired: 0
     interface_up: 1
     interface_down: 0
     admin_q_pause: 0
     queue_0_tx_cnt: 100219217
     queue_0_tx_bytes: 84830086234
     queue_0_tx_queue_stop: 0
     queue_0_tx_queue_wakeup: 0
     queue_0_tx_dma_mapping_err: 0
     queue_0_tx_linearize: 0
     queue_0_tx_linearize_failed: 0
     queue_0_tx_napi_comp: 112514572
     queue_0_tx_tx_poll: 112514649
     queue_0_tx_doorbells: 52759561
[...]
```

它从内核 ethtool 框架获取统计数据，很多网络设备驱动程序都支持这个框架。设备驱动程序可以定义自己的 ethtool 统计信息。

-i 选项显示驱动程序的详细信息，-k 选项显示接口的可调参数。例如：

```
# ethtool -i eth0
driver: ena
version: 2.0.3K
[...]
# ethtool -k eth0
Features for eth0:
rx-checksumming: on
[...]
tcp-segmentation-offload: off
        tx-tcp-segmentation: off [fixed]
        tx-tcp-ecn-segmentation: off [fixed]
        tx-tcp-mangleid-segmentation: off [fixed]
        tx-tcp6-segmentation: off [fixed]
```

```
udp-fragmentation-offload: off
generic-segmentation-offload: on
generic-receive-offload: on
large-receive-offload: off [fixed]
rx-vlan-offload: off [fixed]
tx-vlan-offload: off [fixed]
ntuple-filters: off [fixed]
receive-hashing: on
highdma: on
[...]
```

这个例子是一个使用 ena 驱动程序、关闭了 tcp-segmentation-offload 的云实例，可以使用 -k 参数来改变这些可调项。

10.6.9 tcplife

tcplife(8)[1] 是一个 BCC 和 bpftrace 工具，用来跟踪 TCP 会话的生命周期，显示了它们的持续时间、地址细节、吞吐量，如果可能的话，还包括对应的进程 ID 和名称。

下面是在一个具有 48 个 CPU 的生产实例上运行 BCC 的 tcplife(8) 的结果：

```
# tcplife
PID   COMM       LADDR           LPORT RADDR           RPORT TX_KB RX_KB MS
4169  java       100.1.111.231   32648 100.2.0.48      6001      0     0 3.99
4169  java       100.1.111.231   32650 100.2.0.48      6001      0     0 4.10
4169  java       100.1.111.231   32644 100.2.0.48      6001      0     0 8.41
4169  java       100.1.111.231   40158 100.2.116.192   6001      7    33 3590.91
4169  java       100.1.111.231   56940 100.5.177.31    6101      0     0 2.48
4169  java       100.1.111.231   6001  100.2.176.45    49482     0     0 17.94
4169  java       100.1.111.231   18926 100.5.102.250   6101      0     0 0.90
4169  java       100.1.111.231   44530 100.2.31.140    6001      0     0 2.64
4169  java       100.1.111.231   44406 100.2.8.109     6001     11    28 3982.11
34781 sshd       100.1.111.231   22    100.2.17.121    41566     5     7 2317.30
4169  java       100.1.111.231   49726 100.2.9.217     6001     11    28 3938.47
4169  java       100.1.111.231   58858 100.2.173.248   6001      9    30 2820.51
[...]
```

这个输出显示了一系列的连接，这些连接都是短周期（小于20毫秒）或者长周期的（超过 3 秒），如持续时间栏所示（MS 的单位为毫秒）。这是一个在 6001 端口进行监听的应用服务器池。截图中的大多数会话是与远程应用服务器上 6001 端口的连接，只有一个

1　起源：我在2016年10月18日根据Julia Evans的想法创建了tcplife(8)，并在2019年4月17日创建了bpftrace版本。

连接到本机的 6001 端口。还能看到一个 ssh 会话，属于 sshd 和本地 22 号端口——一个入站会话。

tcplife(8) 的 BCC 版本支持如下参数。

- **-t**：包括时间列（HH:MM:SS）。
- **-w**：更宽的列（更好地适应 IPv6 地址）。
- **-p PID**：仅跟踪指定的进程。
- **-l port[,port[,...]]**：只跟踪本地端口的会话。
- **-d port[,port[,...]]**：只跟踪远程端口的会话。

这个工具通过跟踪 TCP 套接字状态变化事件来工作，当状态变为 TCP_CLOSE 时打印摘要的详细信息。这些状态变化事件比数据包的频率低得多，使得这种方法的开销比对每个数据包使用嗅探器要小得多。这使得 tcplife(8) 可以作为 Netflix 生产服务器上的 TCP 流量记录器持续运行。[1]

创建 udplife(8) 来跟踪 UDP 会话是《BPF 之巅》[Gregg 19] 中第 10 章的一个练习，我已经发布了一个初步的解决方案 [Gregg 19d]。

10.6.10 tcptop

tcptop(8)[2] 是一个 BCC 工具，其显示使用 TCP 最多的进程。例如，从一个 36 核 CPU 的生产环境的 Hadoop 实例上运行的输出如下：

```
# tcptop
09:01:13 loadavg: 33.32 36.11 38.63 26/4021 123015

PID    COMM       LADDR                RADDR                 RX_KB  TX_KB
118119 java       100.1.58.46:36246    100.2.52.79:50010     16840      0
122833 java       100.1.58.46:52426    100.2.6.98:50010          0   3112
122833 java       100.1.58.46:50010    100.2.50.176:55396     3112      0
120711 java       100.1.58.46:50010    100.2.7.75:23358       2922      0
121635 java       100.1.58.46:50010    100.2.5.101:56426      2922      0
121219 java       100.1.58.46:50010    100.2.62.83:40570      2858      0
121219 java       100.1.58.46:42324    100.2.4.58:50010          0   2858
122927 java       100.1.58.46:50010    100.2.2.191:29338      2351      0
[...]
```

1 它与所有打开会话的快照相结合。

2 起源：基于我在2005年创建的早期tcptop工具，我在2016年9月2日创建了BCC版本，灵感来自William LeFebvre创建的原始top(1)。

这个输出显示，在这个时间周期内，显示在最上边的连接接收了超过 16MB 的流量。默认情况下，屏幕每秒更新一次。

这是通过跟踪 TCP 发送和接收代码路径，并高效地在 BPF 映射中进行汇总的情况。但这些事件仍然过于频繁，在高网络吞吐量的系统中，开销可能会变得很庞大。

参数有如下两个。

- **-C**：不要清除屏幕。
- **-p PID**：只测量指定进程。

tcptop(8) 还接受一个可选的时间间隔和次数。

10.6.11 tcpretrans

tcpretrans(8)[1] 是一个 BCC 和 bpftrace 工具，用于跟踪 TCP 重传，显示 IP 地址、端口的详细信息及 TCP 状态。下面显示了来自 BCC 的 tcpretrans(8) 在一个生产环境实例上运行的结果：

```
# tcpretrans
Tracing retransmits ... Hit Ctrl-C to end
TIME     PID    IP LADDR:LPORT          T> RADDR:RPORT          STATE
00:20:11 72475  4  100.1.58.46:35908    R> 100.2.0.167:50010    ESTABLISHED
00:20:11 72475  4  100.1.58.46:35908    R> 100.2.0.167:50010    ESTABLISHED
00:20:11 72475  4  100.1.58.46:35908    R> 100.2.0.167:50010    ESTABLISHED
00:20:12 60695  4  100.1.58.46:52346    R> 100.2.6.189:50010    ESTABLISHED
00:20:12 60695  4  100.1.58.46:52346    R> 100.2.6.189:50010    ESTABLISHED
00:20:12 60695  4  100.1.58.46:52346    R> 100.2.6.189:50010    ESTABLISHED
00:20:12 60695  4  100.1.58.46:52346    R> 100.2.6.189:50010    ESTABLISHED
00:20:13 60695  6  ::ffff:100.1.58.46:13562 R> ::ffff:100.2.51.209:47356 FIN_WAIT1
00:20:13 60695  6  ::ffff:100.1.58.46:13562 R> ::ffff:100.2.51.209:47356 FIN_WAIT1
[...]
```

这个输出显示了一个较低的重传速率，每秒几个（参见 TIME 栏），主要针对处于 ESTABLISHED 状态的会话。ESTABLISHED 状态下的高传输速率可以指出一个外部网络问题。SYN_SENT 状态下的高速率可以指出一个过载的服务器应用程序没有足够快地消耗其积压的 SYN 包。

这是通过跟踪内核中的 TCP 重传事件来实现的。由于这些事件不应该经常发生，所以开销可以忽略不计。历史上使用数据包嗅探器捕获所有数据包，然后进行后处理来

1 起源：我在2011年创建了类似的工具，2014年创建了Ftrace tcpretrans(8)，2016年2月14日创建了这个BCC版本。Dale Hamel在2018年11月23日创建了bpftrace版本。

找到重传——这两个步骤都会花费大量的CPU开销。数据包捕获只能看到网络上的细节，而 tcpretrans(8) 可直接从内核中打印出 TCP 状态，如果需要，还可以增强打印更多的内核状态。

BCC 版本的选项包括如下两个。

- **-l**：启动尾部丢失探测尝试（为 tcp_send_loss_probe() 增加一个 kprobe）。
- **-c**：计算每个数据流的重传次数。

-c 选项改变了 tcpretrans(8) 的行为，导致它打印计数的摘要而不是每个事件的细节。

10.6.12 bpftrace

bpftrace 是一个基于 BPF 的跟踪器，它提供了一种高级编程语言，允许创建功能强大的单行命令和短脚本。它非常适合于根据其他工具提供的线索进行自定义的网络分析。它可以检查来自内核和应用程序的网络事件，包括套接字连接、套接字 I/O、TCP 事件、数据包传输、积压下降、TCP 重传和其他细节。这些功能可为工作负载特征归纳和延时分析提供支持。

我将在第 15 章对 bpftrace 进行更详细的介绍。本节展示了一些网络分析的例子：单行命令、套接字跟踪和 TCP 跟踪。

单行命令

下面的单行命令很有用，展示了 bpftrace 的不同能力。

按 PID 和进程名统计套接字 accept(2) 的次数：

```
bpftrace -e 't:syscalls:sys_enter_accept* { @[pid, comm] = count(); }'
```

按 PID 和进程名统计套接字 connect(2) 的次数：

```
bpftrace -e 't:syscalls:sys_enter_connect { @[pid, comm] = count(); }'
```

通过用户栈踪迹统计套接字 connect(2) 的数量：

```
bpftrace -e 't:syscalls:sys_enter_connect { @[ustack, comm] = count(); }'
```

按发送 / 接收的方向、CPU 上的 PID 和进程名称统计套接字的数量[1]：

```
bpftrace -e 'k:sock_sendmsg,k:sock_recvmsg { @[func, pid, comm] = count(); }'
```

按 CPU 上的 PID 和进程名统计套接字的发送 / 接收字节数：

1 早期的套接字系统调用在进程上下文中进行，其中PID和comm是可靠的。这些kprobe在内核中更深入，这些连接的进程端点目前可能不在CPU上，这意味着bpftrace显示的pid和comm可能不准确。它们通常是有效的，但不能保证一定如此。

```
bpftrace -e 'kr:sock_sendmsg,kr:sock_recvmsg /(int32)retval > 0/ { @[pid, comm] =
    sum((int32)retval); }'
```

按 CPU 上的 PID 和进程名统计 TCP 连接数：

```
bpftrace -e 'k:tcp_v*_connect { @[pid, comm] = count(); }'
```

按 CPU 上的 PID 和进程名统计 TCP 接受的次数：

```
bpftrace -e 'k:inet_csk_accept { @[pid, comm] = count(); }'
```

按 CPU 上的 PID 和进程名统计 TCP 发送 / 接收的次数：

```
bpftrace -e 'k:tcp_sendmsg,k:tcp_recvmsg { @[func, pid, comm] = count(); }'
```

TCP 发送字节数的直方图：

```
bpftrace -e 'k:tcp_sendmsg { @send_bytes = hist(arg2); }'
```

TCP 接收字节数的直方图：

```
bpftrace -e 'kr:tcp_recvmsg /retval >= 0/ { @recv_bytes = hist(retval); }'
```

按类型和远程主机统计 TCP 重传次数（假设是 IPv4）：

```
bpftrace -e 't:tcp:tcp_retransmit_* { @[probe, ntop(2, args->saddr) ] = count(); }'
```

对所有的 TCP 函数（会给 TCP 增加高额的开销）进行计数：

```
bpftrace -e 'k:tcp_* { @[func] = count(); }'
```

按 CPU 上的 PID 和进程名统计 UDP 发送 / 接收的次数：

```
bpftrace -e 'k:udp*_sendmsg,k:udp*_recvmsg { @[func, pid, comm] = count(); }'
```

UDP 发送字节数的直方图：

```
bpftrace -e 'k:udp_sendmsg { @send_bytes = hist(arg2); }' 。
```

UDP 接收字节数的直方图：

```
bpftrace -e 'kr:udp_recvmsg /retval >= 0/ { @recv_bytes = hist(retval); }'
```

统计传输的内核的栈踪迹数量：

```
bpftrace -e 't:net:net_dev_xmit { @[kstack] = count(); }'
```

显示每个设备的接收 CPU 的直方图：

```
bpftrace -e 't:net:netif_receive_skb { @[str(args->name)] = lhist(cpu, 0, 128, 1); }'
```

统计 ieee80211 层的函数的数量（会给数据包增加高额开销）：

```
bpftrace -e 'k:ieee80211_* { @[func] = count(); }'
```

统计所有 ixgbevf 设备驱动函数的数量（会给 ixgbevf 增加高额开销）：

```
bpftrace -e 'k:ixgbevf_* { @[func] = count(); }'
```

统计所有 iwl 设备驱动的跟踪点的数量（会给 iwl 增加高额开销）：

```
bpftrace -e 't:iwlwifi:*,t:iwlwifi_io:* { @[probe] = count(); }'
```

套接字跟踪

在套接字层跟踪网络事件有一个优点，即负责的进程仍然在 CPU 上，这样就可以直接确定负责的应用程序和代码路径。例如，对调用 accept(2) 系统调用的应用程序进行计数：

```
# bpftrace -e 't:syscalls:sys_enter_accept { @[pid, comm] = count(); }'
Attaching 1 probe...
^C

@[573, sshd]: 2
@[1948, mysqld]: 41
```

输出显示，在跟踪期间，mysqld 调用 accept(2) 41 次，sshd 调用 accept(2) 2 次。

也可以显示栈踪迹来展示 accept(2) 的代码路径。例如，通过用户级栈踪迹和进程名来计数：

```
# bpftrace -e 't:syscalls:sys_enter_accept { @[ustack, comm] = count(); }'
Attaching 1 probe...
^C
@[
    accept+79
    Mysqld_socket_listener::listen_for_connection_event()+283
    mysqld_main(int, char**)+15577
    __libc_start_main+243
    0x49564100fe8c4b3d
, mysqld]: 22
```

这个输出显示，mysqld 通过包含 Mysqld_socket_listener::listen_for_connection_event() 的代码路径接受连接。通过将“accept”改为“connect”，这个单行命令将定位 connect(2) 的代码路径。我曾用这样的单行命令来解释神秘的网络连接，显示调用它们的代码路径。

套接字跟踪点

除了套接字的系统调用，还有套接字的跟踪点。下面的输出来自 5.3 版本的内核：

```
# bpftrace -l 't:sock:*'
tracepoint:sock:sock_rcvqueue_full
tracepoint:sock:sock_exceed_buf_limit
tracepoint:sock:inet_sock_set_state
```

sock:inet_sock_set_state 跟踪点被早期的 tcplife(8) 工具使用。这里有一个单行命令的例子，使用它来对新连接的源和目的 IPv4 地址进行计数：

```
# bpftrace -e 't:sock:inet_sock_set_state
    /args->newstate == 1 && args->family == 2/ {
    @[ntop(args->saddr), ntop(args->daddr)] = count() }'
Attaching 1 probe...
^C
@[127.0.0.1, 127.0.0.1]: 2
@[10.1.239.218, 10.29.225.81]: 18
```

这个单行命令越来越长，将它保存到 bpftrace 程序文件（.bt）中进行编辑和执行会更容易。在文件中，它还可以包括适当的内核头文件，这样就可以改写过滤器的那一行，使用常数名称而不是硬编码的数字（这是不可靠的），像下面这样：

```
/args->newstate == TCP_ESTABLISHED && args->family == AF_INET/ {
```

接下来是一个程序文件的例子：socketio.bt。

socketio.bt

作为一个更复杂的例子，socketio(8) 显示了带有进程细节、方向、协议和端口的套接字 I/O。输出结果的例子如下：

```
# ./socketio.bt
Attaching 2 probes...
^C
[...]
@io[sshd, 21925, read, UNIX, 0]: 40
@io[sshd, 21925, read, TCP, 37408]: 41
@io[systemd, 1, write, UNIX, 0]: 51
@io[systemd, 1, read, UNIX, 0]: 57
@io[systemd-udevd, 241, write, NETLINK, 0]: 65
@io[systemd-udevd, 241, read, NETLINK, 0]: 75
@io[dbus-daemon, 525, write, UNIX, 0]: 98
@io[systemd-logind, 526, read, UNIX, 0]: 105
@io[systemd-udevd, 241, read, UNIX, 0]: 127
@io[snapd, 31927, read, NETLINK, 0]: 150
```

```
@io[dbus-daemon, 525, read, UNIX, 0]: 160
@io[mysqld, 1948, write, TCP, 55010]: 8147
@io[mysqld, 1948, read, TCP, 55010]: 24466
```

这表明大部分的套接字 I/O 是由 mysqld 发起的，它们对 TCP 端口 55010 进行读写操作，这是一个客户端在使用的临时端口。

socketio(8) 的源码是：

```
#!/usr/local/bin/bpftrace

#include <net/sock.h>

kprobe:sock_recvmsg
{
        $sock = (struct socket *)arg0;
        $dport = $sock->sk->__sk_common.skc_dport;
        $dport = ($dport >> 8) | (($dport << 8) & 0xff00);
        @io[comm, pid, "read", $sock->sk->__sk_common.skc_prot->name, $dport] =
            count();
}

kprobe:sock_sendmsg
{
        $sock = (struct socket *)arg0;
        $dport = $sock->sk->__sk_common.skc_dport;
        $dport = ($dport >> 8) | (($dport << 8) & 0xff00);
        @io[comm, pid, "write", $sock->sk->__sk_common.skc_prot->name, $dport] =
            count();
}
```

这是一个从内核结构中获取细节的例子，在这个例子中，socket 结构提供了协议名和目的端口。目的端口是大端对齐格式，被包含在 @io map 之前 [1]，该工具将其转换为小端对齐格式（因为这是 x86 处理器）。

TCP 跟踪

在 TCP 层上的跟踪提供了对 TCP 协议事件和内部实现，以及与套接字无关的事件（例如，一个 TCP 端口扫描）的洞察力。

1 为了在大端处理器上工作，该工具应该测试处理器的字节序，并仅在必要时使用转换；例如，使用#ifdef LITTLE_ENDIAN。

TCP 跟踪点

检测 TCP 内部情况通常需要使用 kprobe，但也有一些 TCP 跟踪点可用。在 5.3 内核中有以下跟踪点：

```
# bpftrace -l 't:tcp:*'
tracepoint:tcp:tcp_retransmit_skb
tracepoint:tcp:tcp_send_reset
tracepoint:tcp:tcp_receive_reset
tracepoint:tcp:tcp_destroy_sock
tracepoint:tcp:tcp_rcv_space_adjust
tracepoint:tcp:tcp_retransmit_synack
tracepoint:tcp:tcp_probe
```

tcp:tcp_retransmit_skb tracepoint 被早期的 tcpretrans(8) 工具使用。跟踪点因其稳定性而更受欢迎，但当它们不能解决你的问题时，你可以使用内核 TCP 函数上的 kprobes。对它们的计数如下所示：

```
# bpftrace -e 'k:tcp_* { @[func] = count(); }'
Attaching 336 probes...
^C
@[tcp_try_keep_open]: 1
@[tcp_ooo_try_coalesce]: 1
@[tcp_reset]: 1
[...]
@[tcp_push]: 3191
@[tcp_established_options]: 3584
@[tcp_wfree]: 4408
@[tcp_small_queue_check.isra.0]: 4617
@[tcp_rate_check_app_limited]: 7022
@[tcp_poll]: 8898
@[tcp_release_cb]: 18330
@[tcp_send_mss]: 28168
@[tcp_sendmsg]: 31450
@[tcp_sendmsg_locked]: 31949
@[tcp_write_xmit]: 33276
@[tcp_tx_timestamp]: 33485
```

这表明，被调用最频繁的函数是 tcp_tx_timestamp()，在跟踪时被调用了 33 485 次。对函数进行计数可以更详细地确定跟踪的目标。请注意，由于跟踪的函数的数量和频率，计数所有的 TCP 调用可能会增加明显的开销。对于这个特定的任务，我将使用 Ftrace 函数分析，而不是通过 funccount(8) perf-tools 工具，因为前者的开销和初始化时间要低得多。详情请参见第 14 章。

tcpsynbl.bt

tcpsynbl(8)[1] 工具是一个使用 kprobe 来检测 TCP 的例子。它显示了 listen(2) 积压队列的长度，按队列长度细分，这样你就可以知道队列离溢出（会导致 TCP SYN 数据包的丢包）有多远。输出结果如下：

```
# tcpsynbl.bt
Attaching 4 probes...
Tracing SYN backlog size. Ctrl-C to end.
04:44:31 dropping a SYN.
04:44:31 dropping a SYN.
04:44:31 dropping a SYN.
04:44:31 dropping a SYN.
04:44:31 dropping a SYN.
[...]
^C
@backlog[backlog limit]: histogram of backlog size

@backlog[128]:
[0]                  473 |@                                                   |
[1]                  502 |@                                                   |
[2, 4)              1001 |@@@                                                 |
[4, 8)              1996 |@@@@@@                                              |
[8, 16)             3943 |@@@@@@@@@@@                                         |
[16, 32)            7718 |@@@@@@@@@@@@@@@@@@@@@@@                             |
[32, 64)           14460 |@@@@@@@@@@@@@@@@@@@@@@@@@@@@@@@@@@@@@@@@@@@         |
[64, 128)          17246 |@@@@@@@@@@@@@@@@@@@@@@@@@@@@@@@@@@@@@@@@@@@@@@@@@@@@|
[128, 256)          1844 |@@@@@                                               |
```

当运行时，tcpsynbl.bt 打印时间戳，如果在跟踪期间发生 SYN 丢包，也会打印出来。当终止时（通过键入 Ctr+C 组合键），会打印出每个使用中的积压限制下的积压队列大小的直方图。这个输出显示了在 4:44:31 发生的几次 SYN 丢包，直方图摘要显示了一个 128 的限制和一个达到该限制的 1844 次的分布（128 到 256 桶）。这个分布显示了 SYN 到达时的积压队列的长度。

通过监测积压队列长度，你可以检查它是否随着时间的推移而增长，从而为你提供提前警告，即即将发生 SYN 丢包。这是你可以作为容量规划的一部分来做的。

tcpsynbl(8) 的源码是：

1 起源：我在2019年4月19日为《BPF之巅》一书创建了tcpsynbl.bt。

```
#!/usr/local/bin/bpftrace

#include <net/sock.h>

BEGIN
{
        printf("Tracing SYN backlog size. Ctrl-C to end.\n");
}

kprobe:tcp_v4_syn_recv_sock,
kprobe:tcp_v6_syn_recv_sock
{
        $sock = (struct sock *)arg0;
        @backlog[$sock->sk_max_ack_backlog & 0xffffffff] =
            hist($sock->sk_ack_backlog);
        if ($sock->sk_ack_backlog > $sock->sk_max_ack_backlog) {
                time("%H:%M:%S dropping a SYN.\n");
        }
}

END
{
        printf("\n@backlog[backlog limit]: histogram of backlog size\n");
}
```

打印的早期形状分布与 hist() 使用 log2 的比例尺有很大关系，实际上后边的桶跨越的范围更大。你可以将 hist() 改为 lhist()：

```
lhist($sock->sk_ack_backlog, 0, 1000, 10);
```

这将打印出平均的每个桶范围的线性直方图，在本例中，范围为 0 到 1000，桶的大小为 10。关于更多 bpftrace 编程的知识，可参见第 15 章。

事件来源

bpftrace 可以检测更多的东西，表 10.6 展示了用于检测不同网络事件的事件来源。

表 10.6　网络事件和来源

网络事件	事件来源
应用层协议	uprobe
套接字	系统调用跟踪点
TCP	tcp 跟踪点、kprobe
UDP	kprobe

续表

网络事件	事件来源
IP 和 ICMP	kprobe
包	skb 跟踪点、kprobe
QDiscs 和驱动队列	qdisc 和 net 跟踪点、kprobe
XDP	xdp 跟踪点
网络设备驱动	kprobe，部分有跟踪点

优先选用跟踪点，因为它们是稳定的接口。

10.6.13 tcpdump

tcpdump(8) 工具可以捕捉并检查网络数据包。它将数据包信息输出到 STDOUT，或者把数据包写入文件以供稍后分析。后者通常更实用：过高的数据包速率导致了不能实时研究它们。

将 eth4 接口的数据写入 /tmp 下的文件：

```
# tcpdump -i eth4 -w /tmp/out.tcpdump
tcpdump: listening on eth4, link-type EN10MB (Ethernet), capture size 65535 bytes
^C273893 packets captured
275752 packets received by filter
1859 packets dropped by kernel
```

输出显示出被内核丢弃而没有传给 tcpdump(8) 的数据包数量，这发生在数据包速率过高时。

从导出的文件检查数据包：

```
# tcpdump -nr /tmp/out.tcpdump
reading from file /tmp/out.tcpdump, link-type EN10MB (Ethernet)
02:24:46.160754 IP 10.2.124.2.32863 > 10.2.203.2.5001: Flags [.], seq
3612664461:3612667357, ack 180214943, win 64436, options [nop,nop,TS val 692339741
ecr 346311608], length 2896
02:24:46.160765 IP 10.2.203.2.5001 > 10.2.124.2.32863: Flags [.], ack 2896, win
18184, options [nop,nop,TS val 346311610 ecr 692339740], length 0
02:24:46.160778 IP 10.2.124.2.32863 > 10.2.203.2.5001: Flags [.], seq 2896:4344, ack
1, win 64436, options [nop,nop,TS val 692339741 ecr 346311608], length 1448
02:24:46.160807 IP 10.2.124.2.32863 > 10.2.203.2.5001: Flags [.], seq 4344:5792, ack
1, win 64436, options [nop,nop,TS val 692339741 ecr 346311608], length 1448
02:24:46.160817 IP 10.2.203.2.5001 > 10.2.124.2.32863: Flags [.], ack 5792, win
18184, options [nop,nop,TS val 346311610 ecr 692339741], length 0
[...]
```

每一行输出都显示了数据包的时间（精确到毫秒）、它的源和目标 IP 地址，以及 TCP 报头值。研究它们能理解 TCP 内部工作的细节，包括高级功能如何服务于你的工作负载。

-n 选项用来禁用将 IP 地址解析为主机名。其他多种可用的选项包括打印更丰富的细节（-v）、链路层报头（-e），以及十六进制地址转储（-x 或者 -X）。例如：

```
# tcpdump -enr /tmp/out.tcpdump -vvv -X
reading from file /tmp/out.tcpdump, link-type EN10MB (Ethernet)
02:24:46.160754 80:71:1f:ad:50:48 > 84:2b:2b:61:b6:ed, ethertype IPv4 (0x0800),
length 2962: (tos 0x0, ttl 63, id 46508, offset 0, flags [DF], proto TCP (6), length
2948)
    10.2.124.2.32863 > 10.2.203.2.5001: Flags [.], cksum 0x667f (incorrect ->
0xc4da), seq 3612664461:3612667357, ack 180214943, win 64436, options [nop,nop,TS val
692339741 ecr 346311608], length 289
6
        0x0000:  4500 0b84 b5ac 4000 3f06 1fbf 0a02 7c02  E.....@.?.....|.
        0x0010:  0a02 cb02 805f 1389 d754 e28d 0abd dc9f  ....._...T......
        0x0020:  8010 fbb4 667f 0000 0101 080a 2944 441d  ....f.......)DD.
        0x0030:  14a4 4bb8 3233 3435 3637 3839 3031 3233  ..K.234567890123
        0x0040:  3435 3637 3839 3031 3233 3435 3637 3839  4567890123456789
[...]
```

在性能分析过程中，可把时间戳列改为显示数据包间的时间差（-ttt），或者自第一个数据包发送以来的时间（-ttttt），这会更有帮助。

用表达式描述如何过滤数据包（参考 pcap-filter(7)）能让我们聚焦于感兴趣的部分。为了效率，应在内核中使用 BPF 处理（除了 Linux 2.0 及之前的版本）。

就 CPU 成本和存储而言，捕捉数据包是昂贵的。在可能的情况下应尽量短时间地使用 tcpdump(8) 以限制其对性能的影响，并寻找其他使用高效的基于 BPF 的工具的方式，比如使用 bpftrace 来代替。

tshark(1) 是一个类似的命令行数据包捕获工具，其可提供更好的过滤和输出选项。它是 Wireshark 的 CLI 版本。

10.6.14 Wireshark

尽管偶尔用 tcpdump(8) 和 snoop(1M) 做调查工作是正常的，但是用命令行做深层次的分析会很费时。Wireshark 工具（过去称作 Ethereal）提供了一个捕捉数据包和进行检查的图形化接口，并可以从 tcpdump(8) [Wireshark 20] 的转储文件中导入数据包。有用的功能还包括识别网络接口以及与之相关的数据包，进而能分别研究它们，另外，还能翻译数百种协议包头。

图 10.12 展示了 Wireshark 的一个屏幕截图。该窗口被水平分割成三个部分。顶部是一个表格，按行显示数据包，每一列展示一种细节。中间部分展示了协议的细节：在这个例子中，TCP 协议被展开，目的端口被选中。底部显示原始数据包，左边是十六进制表示，右边是文本，TCP 目的端口的位置被突出显示。

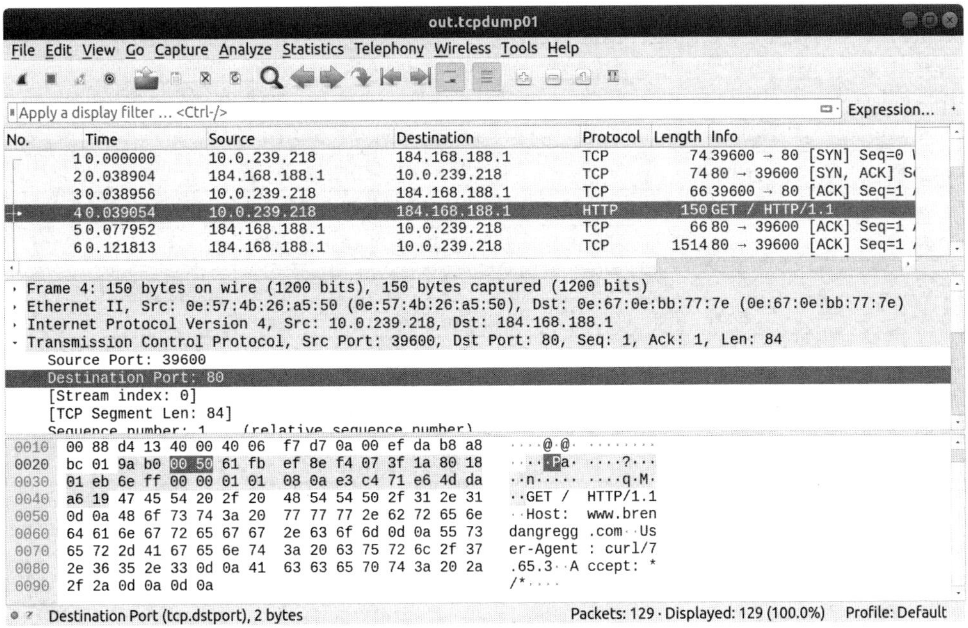

```
out.tcpdump01
File Edit View Go Capture Analyze Statistics Telephony Wireless Tools Help
Apply a display filter ... <Ctrl-/>                                   Expression...
No.  Time       Source          Destination     Protocol Length Info
   1 0.000000   10.0.239.218    184.168.188.1   TCP        74 39600 → 80 [SYN] Seq=0 \
   2 0.038904   184.168.188.1   10.0.239.218    TCP        74 80 → 39600 [SYN, ACK] S
   3 0.038956   10.0.239.218    184.168.188.1   TCP        66 39600 → 80 [ACK] Seq=1 /
   4 0.039054   10.0.239.218    184.168.188.1   HTTP      150 GET / HTTP/1.1
   5 0.077952   184.168.188.1   10.0.239.218    TCP        66 80 → 39600 [ACK] Seq=1 /
   6 0.121813   184.168.188.1   10.0.239.218    TCP      1514 80 → 39600 [ACK] Seq=1 /
› Frame 4: 150 bytes on wire (1200 bits), 150 bytes captured (1200 bits)
› Ethernet II, Src: 0e:57:4b:26:a5:50 (0e:57:4b:26:a5:50), Dst: 0e:67:0e:bb:77:7e (0e:67:0e:bb:77:7e)
› Internet Protocol Version 4, Src: 10.0.239.218, Dst: 184.168.188.1
˅ Transmission Control Protocol, Src Port: 39600, Dst Port: 80, Seq: 1, Ack: 1, Len: 84
    Source Port: 39600
    Destination Port: 80
    [Stream index: 0]
    [TCP Segment Len: 84]
    Sequence number: 1    (relative sequence number)
0010  00 88 d4 13 40 00 40 06  f7 d7 0a 00 ef da b8 a8   ····@·@· ········
0020  bc 01 9a b0 00 50 61 fb  ef 8e f4 07 3f 1a 80 18   ·····Pa· ····?···
0030  01 eb 6e ff 00 00 01 01  08 0a e3 c4 71 e6 4d da   ··n····· ····q·M·
0040  a6 19 47 45 54 20 2f 20  48 54 54 50 2f 31 2e 31   ··GET /  HTTP/1.1
0050  0d 0a 48 6f 73 74 3a 20  77 77 77 2e 62 72 65 6e   ··Host:  www.bren
0060  64 61 6e 67 72 65 67 67  2e 63 6f 6d 0d 0a 55 73   dangregg .com··Us
0070  65 72 2d 41 67 65 6e 74  3a 20 63 75 72 6c 2f 37   er-Agent : curl/7
0080  2e 36 35 2e 33 0d 0a 41  63 63 65 70 74 3a 20 2a   .65.3··A ccept: *
0090  2f 2a 0d 0a 0d 0a                                  /*····
Destination Port (tcp.dstport), 2 bytes    Packets: 129 · Displayed: 129 (100.0%)    Profile: Default
```

图 10.12 Wireshark 截屏

10.6.15 其他工具

本书其他章节以及《BPF 之巅》[Gregg 19] 一书中包含的网络分析工具列在表 10.7 中。

表 10.7 其他网络分析工具

章节	工具	简介
5.5.3	offcputime	CPU 阻塞时间的剖析可以显示网络 I/O 情况
[Gregg 19]	sockstat	高级的套接字统计信息
[Gregg 19]	sofamily	按进程统计新套接字的地址系列
[Gregg 19]	soprotocol	按进程统计新套接字的传输协议
[Gregg 19]	soconnect	跟踪套接字 IP 协议的连接细节
[Gregg 19]	soaccept	跟踪套接字 IP 协议的接受细节
[Gregg 19]	socketio	用 I/O 计数总结套接字的细节
[Gregg 19]	socksize	以直方图显示每个进程的套接字 I/O 大小
[Gregg 19]	sormem	显示套接字接收缓冲的使用和溢出情况

续表

章节	工具	简介
[Gregg 19]	soconnlat	用栈总结 IP 套接字的连接延时
[Gregg 19]	so1stbyte	总结 IP 套接字的第一个字节的延时
[Gregg 19]	tcpconnect	跟踪 TCP 主动连接 (connect())
[Gregg 19]	tcpaccept	跟踪 TCP 被动连接 (accept())
[Gregg 19]	tcpwin	跟踪 TCP 发送拥塞窗口参数
[Gregg 19]	tcpnagle	跟踪 TCP Nagle 的使用和发送延时
[Gregg 19]	udpconnect	跟踪来自 localhost 的新 UDP 连接
[Gregg 19]	gethostlatency	通过库调用跟踪 DNS 查询延时
[Gregg 19]	ipecn	跟踪 IP 接入显式拥塞通知
[Gregg 19]	superping	从网络栈测量 ICMP 应答时间
[Gregg 19]	qdisc-fq(...)	显示 FQ qdisc 队列的延时
[Gregg 19]	netsize	显示网络设备 I/O 大小
[Gregg 19]	nettxlat	显示网络设备传输延时
[Gregg 19]	skbdrop	用内核栈踪迹跟踪 sk_buff 的丢弃情况
[Gregg 19]	skblife	sk_buff 的寿命作为栈间延时
[Gregg 19]	ieee80211scan	跟踪 IEEE 802.11 WiFi 扫描

其他 Linux 的网络性能观测工具如下。

- **strace(1)**：跟踪套接字相关的系统调用并检查其使用的选项（注意，strace(1) 的系统开销较高）。
- **lsof(8)**：按进程 ID 列出包括套接字细节在内的打开的文件。
- **nfsstat(8)**：NFS 服务器和客户机统计信息。
- **ifpps(8)**：top 命令风格的网络和系统统计工具。
- **iftop(8)**：按主机（嗅探）总结网络接口吞吐量。
- **perf(1)**：统计和记录网络跟踪点和内核函数。
- **/proc/net**：包含许多网络统计信息文件。
- **BPF 迭代器**：允许 BPF 程序在 /sys/fs/bpf 中导出自定义的统计数据。

还有许多网络监测解决方案，它们基于 SNMP 或者运行自己定制的代理软件。

10.7 实验

网络性能测试通常使用工具进行实验，而不仅仅是观测系统的状态。这样的实验工具包括 ping(8)、traceroute(8) 和网络微基准测试，比如 iperf(8)。这些都可以用来确定主机之间的网络健康状况，在调试应用程序的性能问题时，可以用来帮助确定端到端的网络吞吐量是否是一个问题。

10.7.1 ping

ping(8) 命令发送 ICMP echo 请求数据包测试网络连通性。例如：

```
# ping www.netflix.com
PING www.netflix.com(2620:108:700f::3423:46a1 (2620:108:700f::3423:46a1)) 56 data
bytes
64 bytes from 2620:108:700f::3423:46a1 (2620:108:700f::3423:46a1): icmp_seq=1 ttl=43
time=32.3 ms
64 bytes from 2620:108:700f::3423:46a1 (2620:108:700f::3423:46a1): icmp_seq=2 ttl=43
time=34.3 ms
64 bytes from 2620:108:700f::3423:46a1 (2620:108:700f::3423:46a1): icmp_seq=3 ttl=43
time=34.0 ms
^C
--- www.netflix.com ping statistics ---
3 packets transmitted, 3 received, 0% packet loss, time 2003ms
rtt min/avg/max/mdev = 32.341/33.579/34.389/0.889 ms
```

输出显示每个包的往返时间（time）并总结各种统计信息。

老版本的 ping(8) 测量来自用户空间的往返时间，由于内核执行和调度器的延时而稍微拉长了时间。较新的内核和较新的 ping(8) 版本使用内核时间戳支持（SIOCGSTAMP 或 SO_TIMESTAMP）来提高报告的 ping 时间的准确性。

与应用程序协议相比，路由器可能以较低的优先级处理 ICMP 数据包，因而延时可能比通常情况下有更大的波动。[1]

10.7.2 traceroute

traceroute(8) 命令发出一系列数据包实验性地探测到一台主机的当前的路由。它的实现利用递增每个数据包 IP 协议的生存时间（TTL），从而导致网关顺序地发送 ICMP 超时响应报文，向主机揭示自己的存在（如果防火墙没有拦截它们）。

例如，测试一台位于加利福尼亚的主机到我的网站的当前的路由：

```
# traceroute www.brendangregg.com
traceroute to www.brendangregg.com (184.168.188.1), 30 hops max, 60 byte packets
 1  _gateway (10.0.0.1)  3.453 ms  3.379 ms  4.769 ms
 2  196.120.89.153 (196.120.89.153)  19.239 ms  19.217 ms  13.507 ms
 3  be-10006-rur01.sanjose.ca.sfba.comcast.net (162.151.1.145)  19.141 ms  19.102 ms
19.050 ms
 4  be-231-rar01.santaclara.ca.sfba.comcast.net (162.151.78.249)  19.018 ms  18.987
ms  18.941 ms
```

1 有些网络可能反而以更高的优先级对待ICMP，以便在基于ping的基准测试上表现得更好。

```
 5  be-299-ar01.santaclara.ca.sfba.comcast.net (68.86.143.93)  21.184 ms  18.849 ms
21.053 ms
 6  lag-14.ear3.SanJose1.Level3.net (4.68.72.105)  18.717 ms  11.950 ms  16.471 ms
 7  4.69.216.162 (4.69.216.162)  24.905 ms 4.69.216.158 (4.69.216.158)  21.705 ms
28.043 ms
 8  4.53.228.238 (4.53.228.238)  35.802 ms  37.202 ms  37.137 ms
 9  ae0.ibrsa0107-01.lax1.bb.godaddy.com (148.72.34.5)  24.640 ms  24.610 ms  24.579
ms
10  148.72.32.16 (148.72.32.16)  33.747 ms  35.537 ms  33.598 ms
11  be38.trmc0215-01.ars.mgmt.phx3.gdg (184.168.0.69)  33.646 ms  33.590 ms  35.220
ms
12  * * *
13  * * *
[...]
```

每一跳显示连续的三个 RTT，它们可用作网络延时统计信息的粗略数据源。类似 ping(8)，由于发送的是低优先级的数据包，所以它可能会显示出比其他应用程序协议更高的延时。有些测试显示“*”，表示没有返回 ICMP 超时消息。所有三个显示“*”的测试都可能是由于某一跳根本没有返回 ICMP，或者 ICMP 被防火墙拦截。一个解决方法是使用 -T 选项（这也是 tcptraceroute(1) 命令提供的；更高级的版本是 astraceroute(8)，它可以自定义标志）切换到 TCP 而不是 ICMP。

也可以把显示的路径作为静态性能调优的研究对象。网络被设计为动态的并且能响应故障，而性能可能因为路径的改变而下降。请注意，在 traceroute(8) 的运行过程中，路径也可能发生变化：前面输出中的第 7 跳首先从 4.69.216.162 返回，然后是 4.69.216.158。如果地址发生了变化，就会被打印出来；否则在后续的测试中会只打印 RTT 时间。

关于 traceroute(8) 的详细信息，请参见 [Steenbergen 09]。

traceroute(8) 最初由 Van Jacobson 编写。后来他又创造了令人惊艳的 pathchar 工具。

10.7.3 pathchar

pathchar 类似于 traceroute(8)，并且包括了每一跳间的带宽。它的实现利用了多次重复发送一系列不同长度的网络数据包，然后再统计分析这些数据包。示例输出如下：

```
# pathchar 192.168.1.10
pathchar to 192.168.1.1 (192.168.1.1)
 doing 32 probes at each of 64 to 1500 by 32
 0 localhost
 |    30 Mb/s,    79 us (562 us)
 1 neptune.test.com (192.168.2.1)
 |    44 Mb/s,    195 us (1.23 ms)
 2 mars.test.com (192.168.1.1)
2 hops, rtt 547 us (1.23 ms), bottleneck  30 Mb/s, pipe 7555 bytes
```

不幸的是，pathchar 不知何故没有流行开来（就我所知也许是因为没有发布源代码），而且很难运行原始版本（pathchar 网站上最新的 Linux 二进制文件是 1997 年为 Linux 2.0.30 出版的 [Jacobson 97]）。更容易获取到的是一个由 Bruce A. Mah 编写的新版本，叫作 pchar(8)。运行 pathchar 非常耗费时间，依据跳跃数的不同可能需要数十分钟，尽管已经提出了减少时间的方法 [Downey 99]。

10.7.4 iperf

iperf 是一款测试最大 TCP 和 UDP 吞吐量的开源工具。它支持多种选项，包括并行模式：利用多个客户机线程，为驱使网络到达极限，该模式是必需的。iperf(1) 必须同时在服务器和客户机上运行。

例如，在服务器中运行 iperf(1)：

```
$ iperf -s -l 128k
------------------------------------------------------------
Server listening on TCP port 5001
TCP window size: 85.3 KByte (default)
------------------------------------------------------------
```

下面将套接字缓冲大小由默认的 8KB 增加到 128KB（-l 128k）。

在客户机中的执行如下：

```
# iperf -c 10.2.203.2 -l 128k -P 2 -i 1 -t 60
------------------------------------------------------------
Client connecting to 10.2.203.2, TCP port 5001
TCP window size: 48.0 KByte (default)
------------------------------------------------------------
[  4] local 10.2.124.2 port 41407 connected with 10.2.203.2 port 5001
[  3] local 10.2.124.2 port 35830 connected with 10.2.203.2 port 5001
[ ID] Interval       Transfer     Bandwidth
[  4]  0.0- 1.0 sec  6.00 MBytes  50.3 Mbits/sec
[  3]  0.0- 1.0 sec  22.5 MBytes   189 Mbits/sec
[SUM]  0.0- 1.0 sec  28.5 MBytes   239 Mbits/sec
[  3]  1.0- 2.0 sec  16.1 MBytes   135 Mbits/sec
[  4]  1.0- 2.0 sec  12.6 MBytes   106 Mbits/sec
[SUM]  1.0- 2.0 sec  28.8 MBytes   241 Mbits/sec
[...]
[  4]  0.0-60.0 sec   748 MBytes   105 Mbits/sec
[  3]  0.0-60.0 sec   996 MBytes   139 Mbits/sec
[SUM]  0.0-60.0 sec  1.70 GBytes   244 Mbits/sec
```

上面示例中的命令使用了如下选项。

- **-c host**：连接到主机名或 IP 地址。
- **-l 128k**：使用 128KB 的套接字缓冲。
- **-P 2**：运行于两个客户机线程的并行模式。
- **-i 1**：每秒打印时间间隔总结。
- **-t 60**：总测试时间为 60s。

示例的最后一行显示了测试中的平均吞吐量，合并所有并行线程，为 244Mb/s。

检查每个时间间隔的总结可以发现随时间推移的差异。--reportstyle C 选项能输出 CSV 格式的数据，以便导入其他软件，如绘图软件。

10.7.5　netperf

netperf(1) 是一个先进的微基准测试工具，可以测试请求 / 响应的性能 [HP 18]。我使用 netperf(1) 测量 TCP 的往返延时，以下是一些输出示例：

```
server$ netserver -D -p 7001
Starting netserver with host 'IN(6)ADDR_ANY' port '7001' and family AF_UNSPEC
[...]
client$ netperf -v 100 -H 100.66.63.99 -t TCP_RR -p 7001
MIGRATED TCP REQUEST/RESPONSE TEST from 0.0.0.0 (0.0.0.0) port 0 AF_INET to
100.66.63.99 () port 0 AF_INET : demo : first burst 0
Alignment      Offset         RoundTrip  Trans    Throughput
Local  Remote  Local  Remote  Latency    Rate     10^6bits/s
Send   Recv    Send   Recv    usec/Tran  per sec  Outbound    Inbound
    8      0       0      0   98699.102   10.132 0.000       0.000
```

这表明 TCP 的往返延时为 98.7 毫秒。

10.7.6　tc

流量控制工具 tc(8) 允许选择各种排队规则（qdiscs）来改善或管理性能。做实验时，也有一些 qdisc 可以限制或扰乱性能，这对测试和模拟很有用。本节演示了网络仿真器（netem）qdisc。

首先，下面的命令列出了 eth0 接口的当前 qdisc 配置：

```
# tc qdisc show dev eth0
qdisc noqueue 0: root refcnt 2
```

现在，netem qdisc 将被添加。每个 qdisc 支持不同的可调参数。在这个例子中，我会使用 netem 的丢包参数，并将丢包率设置为 1%：

```
# tc qdisc add dev eth0 root netem loss 1%
# tc qdisc show dev eth0
qdisc netem 8001: root refcnt 2 limit 1000 loss 1%
```

eth0 上的后续网络 I/O 将会有 1% 的数据包丢失。tc(8) 的 -s 选项显示了统计数据：

```
# tc -s qdisc show dev eth0
qdisc netem 8001: root refcnt 2 limit 1000 loss 1%
 Sent 75926119 bytes 89538 pkt (dropped 917, overlimits 0 requeues 0)
 backlog 0b 0p requeues 0
```

该输出显示了丢弃的数据包的数量。

可删除 qdisc：

```
# tc qdisc del dev eth0 root
# tc qdisc show dev eth0
qdisc noqueue 0: root refcnt 2
```

可以查看 qdisc 的手册页，其中有每个相关参数的完整列表（对于 netem，手册页是 tc-netem(8)）。

10.7.7 其他工具

其他值得一提的实验工具有如下一些。

- **pktgen**：一个包含在 Linux 内核中的数据包生成器 [Linux 20l]。
- **Flent**：FLExible 网络测试器会启动多个微基准测试，并将结果绘制成图表 [Høiland-Jørgensen 20]。
- **mtr(8)**：一个类似 traceroute 并包括了 ping 统计的工具。
- **tcpreplay(1)**：一个重放以前捕获的网络流量（来自 tcpdump(8)）的工具，包括模拟数据包的时间。虽然比起性能测试，它对于一般的调试更有用，但可能有一些性能问题只在特定的数据包序列或比特模式下发生，这个工具有能力重现它们。

10.8 调优

通常能提供较高性能的网络可调参数已经被调整好。网络栈通常也被设计为动态响应不同的工作负载，以提供最佳性能。

在试图调整参数前，最好能先理解网络的使用情况。这样做能发现可避免的不需要的操作，以提供更高的性能收益。利用前几节介绍的工具，可以尝试工作负载特征分析和静态性能调优。

同一操作系统的不同版本间可用的参数会有不同，需要参考它们的文档。以下内容将让你理解，哪些是可用的以及如何调整它们，它们应该作为一个起点并按照你的工作负载和环境被调整。

10.8.1　系统级可调参数

在 Linux 中，系统级可调参数可以用 sysctl(8) 命令查看和设置，并写入 /etc/sysctl.conf。它们也能在 /proc 文件系统中读写，位于 /proc/sys/net 下。

例如，要查看适用于 TCP 的参数，可在 sysctl(8) 的输出中搜索字符“tcp”：

```
# sysctl -a | grep tcp
net.ipv4.tcp_abort_on_overflow = 0
net.ipv4.tcp_adv_win_scale = 1
net.ipv4.tcp_allowed_congestion_control = reno cubic
net.ipv4.tcp_app_win = 31
net.ipv4.tcp_autocorking = 1
net.ipv4.tcp_available_congestion_control = reno cubic
net.ipv4.tcp_available_ulp =
net.ipv4.tcp_base_mss = 1024
net.ipv4.tcp_challenge_ack_limit = 1000
net.ipv4.tcp_comp_sack_delay_ns = 1000000
net.ipv4.tcp_comp_sack_nr = 44
net.ipv4.tcp_congestion_control = cubic
net.ipv4.tcp_dsack = 1
[...]
```

内核（5.3）中有 70 个包含 tcp 的可调参数，而在“net.”下有更多，其中包括 IP、Ethernet、路由和网络接口的参数。

其中一些设置可以在基于每个套接字的基础上被调整。例如，net.ipv4.tcp_congestion_ control 是默认的系统级拥塞控制算法，可以通过 TCP_CONGESTION 套接字参数对每个套接字进行设置（参见 10.8.2 节）。

生产环境示例

下面展示了 Netflix 如何对它们的云实例进行调优 [Gregg 19c]；它在启动时的启动脚本中运行生效：

```
net.core.default_qdisc = fq
net.core.netdev_max_backlog = 5000
net.core.rmem_max = 16777216
net.core.somaxconn = 1024
net.core.wmem_max = 16777216
net.ipv4.ip_local_port_range = 10240 65535
net.ipv4.tcp_abort_on_overflow = 1
net.ipv4.tcp_congestion_control = bbr
net.ipv4.tcp_max_syn_backlog = 8192
net.ipv4.tcp_rmem = 4096 12582912 16777216
net.ipv4.tcp_slow_start_after_idle = 0
net.ipv4.tcp_syn_retries = 2
net.ipv4.tcp_tw_reuse = 1
net.ipv4.tcp_wmem = 4096 12582912 16777216
```

这里只设置了 14 个可调参数，并且只是当时的一个例子，并不是通用的调优配置。Netflix 正在考虑在 2020 年更新其中的两个（将 net.core.netdev_max_ backlog 设置为 1000，将 net.core.somaxconn 设置为 4096）[1]，现在在等待非回归测试的完成。

下面几节将讨论各个可调控因素。

套接字和 TCP 缓冲

所有协议类型的读（rmem_max）和写（wmem_max）的最大套接字缓冲大小可以这样设置：

```
net.core.rmem_max = 16777216
net.core.wmem_max = 16777216
```

数值的单位是字节。为支持全速率的 10GbE 连接，这可能需要设置到 16MB 或更高。

启用 TCP 接收缓冲的自动调整：

```
net.ipv4.tcp_moderate_rcvbuf = 1
```

为 TCP 的读和写缓冲设置自动调优参数：

```
net.ipv4.tcp_rmem = 4096 87380 16777216
net.ipv4.tcp_wmem = 4096 65536 16777216
```

每个参数有三个数值：可使用的最小、默认和最大字节数，长度从默认值自动调整。要提高吞吐量，可尝试增加最大值。增加最小值和默认值会使每个连接消耗更多不必要的内存。

1 感谢Daniel Borkmann在审查本书时提出的建议。这些新的数值已经被谷歌使用[Dumazet 17b][Dumazet 19]。

TCP 积压队列

首个积压队列，用于半开连接：

```
net.ipv4.tcp_max_syn_backlog = 4096
```

第二个积压队列，将连接传递给 accept(2) 的监听积压队列：

```
net.core.somaxconn = 1024
```

以上两者或许都需要从默认值调高，例如，调至 4096 和 1024 或者更高，以便更好地处理突发的负载。

设备积压队列

增加每个 CPU 的网络设备积压队列长度：

```
net.core.netdev_max_backlog = 10000
```

如果为了 10GbE 的网卡，这可能需要增加到 10 000。

TCP 拥塞控制

Linux 支持可插入的拥塞控制算法。列出当前可用的：

```
# sysctl net.ipv4.tcp_available_congestion_control
net.ipv4.tcp_available_congestion_control = reno cubic
```

一些可能支持但未加载。例如，添加 htcp：

```
# modprobe tcp_htcp
# sysctl net.ipv4.tcp_available_congestion_control
net.ipv4.tcp_available_congestion_control = reno cubic htcp
```

选择使用当前的算法：

```
net.ipv4.tcp_congestion_control = cubic
```

TCP 选项

其他可设置的 TCP 参数包括 SACK 和 FACK 扩展，它们能以一定 CPU 负载为代价在高延时的网络中提高吞吐性能：

```
net.ipv4.tcp_sack = 1
net.ipv4.tcp_fack = 1
net.ipv4.tcp_tw_reuse = 1
net.ipv4.tcp_tw_recycle = 0
```

安全时，tcp_tw_reuse 可调参数能重利用一个 TIME_WAIT 会话，这使得两个主机间有更高的连接率，例如 Web 服务器和数据库服务器之间，而且不会达到 16 位的 TIME_WAIT 会话临时端口极限。

tcp_tw_recycle 是另一个重利用 TIME_WAIT 会话的方法，尽管没有 tcp_tw_reuse 安全。

ECN

明确的网络拥塞通知可以如下控制：

```
net.ipv4.tcp_ecn = 1
```

值为 0 表示禁用 ECN，值为 1 表示允许传入连接并要求传出连接使用 ECN，值为 2 表示允许传入，不要求传出使用 ECN。默认值是 2。

还有 net.ipv4.tcp_ecn_fallback，默认设置为 1（true），如果内核检测到一个连接上的 ECN 有错误行为，它将禁用该连接的 ECN。

字节队列限制

可以通过 /sys 进行调整。通过查看控制文件的内容可以查看这些限制（这个例子中被截断显示的路径，在你的系统和接口上会有所不同）：

```
# grep . /sys/devices/pci.../net/ens5/queues/tx-0/byte_queue_limits/limit*
/sys/devices/pci.../net/ens5/queues/tx-0/byte_queue_limits/limit:16654
/sys/devices/pci.../net/ens5/queues/tx-0/byte_queue_limits/limit_max:1879048192
/sys/devices/pci.../net/ens5/queues/tx-0/byte_queue_limits/limit_min:0
```

这个接口的限制是 16 654 字节，是自动调优的。要控制这个值，可以设置 limit_min 和 limit_max 来控制可接受的范围。

资源控制

控制组[1]（cgroup）的网络优先级（net_prio）子系统，能对进程或者进程组的出站网络通信应用优先级。相对于低优先级的网络通信，例如备份或者监测，这能够照顾高优先级的网络通信，例如生产负载。还有网络分类器（net_cls）cgroup，通过类 ID 来标记属于 cgroup 的数据包：这些 ID 可能会被排队规则用来应用数据包或带宽限制，也可以被 BPF 程序使用。BPF 程序还可以使用其他信息，如 cgroup v2 ID，以实现对控制的感知，并且可以通过将分类、测量和备注转移到 tc 出口钩子上，来缓解 root qdisc 锁的压力，从而提高可伸缩性 [Fomichev 20]。

1 原书为container groups，有误，应为control groups，控制组。——译者注

关于资源控制的更多信息，请参见 11.3.3 节。

排队规则

10.4.3 节中描述过，并在图 10.8 中进行过展示的排队规则（qdisc）是用于调度、操作、过滤和调整网络数据包的算法。10.7.6 节展示了使用 netem qdisc 来导致丢包。还有各种 qdisc，可以为不同的工作负载提高性能。你可以用下面介绍的方法列出你系统中的 qdisc：

```
# man -k tc-
```

每个 qdisc 都有自己的手册页。qdisc 可用于设置数据包速率或带宽策略，也能设置 IP ECN 标志等。

可以用以下方法查看和设置默认的 qdisc：

```
# sysctl net.core.default_qdisc
net.core.default_qdisc = fq_codel
```

许多 Linux 发行版已经改用 fq_codel 作为默认值，因为它在大多数情况下都能提供良好的性能。

tuned 项目

有这么多可调项，把它们处理好不是一件容易的事情。tuned 项目提供了基于可选配置文件的自动调优，并支持众多 Linux 发行版，包括 RHEL、Fedora、Ubuntu 和 CentOS[Tuned Project 20]。安装 tuned 后，可用的配置文件可以使用以下方法列出：

```
# tuned-adm list
Available profiles:
[...]
- balanced                    - General non-specialized tuned profile
[...]
- network-latency             - Optimize for deterministic performance at the cost of
increased power consumption, focused on low latency network performance
- network-throughput          - Optimize for streaming network throughput, generally
only necessary on older CPUs or 40G+ networks
[...]
```

这个输出被截断了，完整的列表显示了 28 个配置文件。激活网络延时配置，如下：

```
# tuned-adm profile network-latency
```

要想知道这个配置文件设置了哪些可调项，可以从 tuned 的源码中读取该配置文件

[Škarvada 20]：

```
$ more tuned/profiles/network-latency/tuned.conf
[...]
[main]
summary=Optimize for deterministic performance at the cost of increased power
consumption, focused on low latency network performance
include=latency-performance

[vm]
transparent_hugepages=never

[sysctl]
net.core.busy_read=50
net.core.busy_poll=50
net.ipv4.tcp_fastopen=3
kernel.numa_balancing=0

[bootloader]
cmdline_network_latency=skew_tick=1
```

请注意，这里面有一个 include 指令，它把 latency-performance 配置文件中的可调参数也包括在内了。

10.8.2 套接字选项

应用程序可以通过 setsockopt(2) 系统调用对套接字进行单独调优，这可能只有在你开发或重新编译软件，并能对源代码进行修改时才能实现。[1]

setsockopt(2) 允许对不同的层进行调整（例如，套接字、TCP）。表 10.8 显示了 Linux 中的一些调优项。

表 10.8 套接字选项示例

参数名	说明
SO_SNDBUF、SO_RCVBUF	发送和接收缓冲区的大小（这些可以如前面描述过的那样进行系统层限制；也可以用 SO_SNDBUFFORCE 来覆盖发送限制）
SO_REUSEPORT	允许多个进程或线程绑定到同一个端口，允许内核在它们之间分配负载以实现可伸缩性（从 Linux 3.9 开始）
SO_MAX_PACING_RATE	设置最大速率，以每秒字节数为单位（见 tc-fq(8)）
SO_LINGER	可以用来减少 TIME_WAIT 的延时

1 有一些危险的方法是侵入运行中的二进制文件，但在这里展示这些方法是不负责任的。

续表

参数名	说明
SO_TXTIME	请求基于时间的数据包传输，可以提供截止日期（自 Linux 4.19 起）[Corbet 18c]（也能用于 UDP 控速 [Bruijn 18]）
TCP_NODELAY	禁用 Nagle，尽可能快地发送分段。这可能会改善延时，但代价是更高的网络使用率（更多的数据包）
TCP_CORK	暂停传输，直到可以发送完整的数据包，这样可以提高吞吐量。还有一个系统级的设置可以让内核自动尝试分流：net.ipv4.tcp_autocorking）
TCP_QUICKACK	立即发送 ACK（可以增加发送带宽）
TCP_CONGESTION	套接字的一种拥塞控制算法

有关可用的套接字选项，请参见 socket(7)、tcp(7)、udp(7) 等的手册页。

还有一些套接字 I/O 系统调用的标志可能会影响性能。例如，Linux 4.14 为 send(2) 系统调用增加了 MSG_ZEROCOPY 标志，它允许在传输过程中使用用户空间的缓冲区，以避免将其复制到内核空间的开销[1][Linux 20c]。

10.8.3 配置

除了可调参数，以下配置选项也能用于网络性能调优。

- **以太网巨型帧**：如果网络基础架构支持巨型帧，那么由默认的 1500 字节的 MTU 增加到 9000 字节左右能提高网络吞吐性能。
- **链路聚合**：多个网络接口可以组合在一起作为一个接口，并拥有组合的带宽。这需要交换机的支持和配置，以便正常工作。
- **防火墙配置**：例如，出口钩子上的 iptables 或 BPF 程序可以根据防火墙规则设置 IP 头中的 IP ToS（DSCP）级别。这可用于根据端口对流量进行优先排序，以及其他使用情况。

10.9 练习

1. 回答以下关于网络术语的问题：

- 带宽与吞吐量之间的区别是什么？
- TCP 连接延时是什么？
- 首字节延时是什么？
- 往返时间是什么？

---

1 使用MSG_ZEROCOPY并不像设置标志那么简单：send(2)系统调用可能会在数据被发送之前返回，所以发送应用程序必须等待内核通知，以了解何时允许释放或重新使用缓冲区内存。

2. 回答以下概念问题：

- 描述网络接口的使用率和饱和度。
- 什么是 TCP 监听积压队列以及如何使用它？
- 描述中断聚合的优缺点。

3. 回答以下深层次的问题：

- 对于 TCP 连接，解释一个网络帧（或者数据包）错误会如何损害性能。
- 描述一个网络接口工作超负载会发生什么，包括对应用程序性能的影响。

4. 对你的操作系统制定如下的操作步骤：

- 针对网络资源（网络接口和控制器）的 USE 方法的检查清单，包括如何收集每个指标（例如，执行哪个命令）以及如何解读结果。在安装或使用附加的软件工具前，尝试使用操作系统自带的观测工具。

5. 一个网络资源的工作负载特征检查清单，包括如何完成这些任务（可能需要使用动态跟踪）：

- 测量出站 TCP 连接的首字节延时。
- 测量 TCP 连接延时。这个脚本要能处理非阻塞 connect(2) 系统调用。

6. （可选，高级）测量 TCP/IP 的栈内 RX 和 TX 延时。对于 RX，测量从中断到读取套接字的时间；对于 TX，测量从套接字写入到设备传输的时间。测试有负载的情况。能包括更多的信息用以解释导致任何延时异常的原因吗？

10.10 参考资料

[Postel 80] Postel, J., "RFC 768: User Datagram Protocol," *Information Sciences Institute*, https://tools.ietf.org/html/rfc768, 1980.

[Postel 81] Postel, J., "RFC 793: Transmission Control Protocol," *Information Sciences Institute*, https://tools.ietf.org/html/rfc768, 1981.

[Nagle 84] Nagle, J., "RFC 896: Congestion Control in IP/TCP Internetworks," https://tools.ietf.org/html/rfc896,1984.

[Saltzer 84] Saltzer, J., Reed, D., and Clark, D., "End-to-End Arguments in System Design," *ACM TOCS*, November 1984.

[Braden 89] Braden, R., "RFC 1122: Requirements for Internet Hosts—Communication Layers," https://tools.ietf.org/html/rfc1122, 1989.

[Jacobson 92] Jacobson, V., et al., "TCP Extensions for High Performance," *Network Working Group*, https://tools.ietf.org/html/rfc1323, 1992.

[Stevens 93] Stevens, W. R., *TCP/IP Illustrated, Volume 1*, Addison-Wesley, 1993.

[Mathis 96] Mathis, M., and Mahdavi, J., "Forward Acknowledgement: Refining TCP Congestion Control," *ACM SIGCOMM*, 1996.

[Jacobson 97] Jacobson, V., "pathchar-a1-linux-2.0.30.tar.gz," ftp://ftp.ee.lbl.gov/pathchar, 1997.

[Nichols 98] Nichols, K., Blake, S., Baker, F., and Black, D., "Definition of the Differentiated Services Field (DS Field) in the IPv4 and IPv6 Headers," *Network Working Group*, https://tools.ietf.org/html/rfc2474, 1998.

[Downey 99] Downey, A., "Using pathchar to Estimate Internet Link Characteristics," *ACM SIGCOMM*, October 1999.

[Ramakrishnan 01] Ramakrishnan, K., Floyd, S., and Black, D., "The Addition of Explicit Congestion Notification (ECN) to IP," *Network Working Group*, https://tools.ietf.org/html/rfc3168, 2001.

[Corbet 03] Corbet, J., "Driver porting: Network drivers," *LWN.net*, https://lwn.net/Articles/30107, 2003.

[Hassan 03] Hassan, M., and R. Jain., *High Performance TCP/IP Networking*, Prentice Hall, 2003.

[Deri 04] Deri, L., "Improving Passive Packet Capture: Beyond Device Polling," *Proceedings of SANE*, 2004.

[Corbet 06b] Corbet, J., "Reworking NAPI," *LWN.net*, https://lwn.net/Articles/214457, 2006.

[Cook 09] Cook, T., "nicstat - the Solaris and Linux Network Monitoring Tool You Did Not Know You Needed," https://blogs.oracle.com/timc/entry/nicstat_the_solaris_and_linux, 2009.

[Steenbergen 09] Steenbergen, R., "A Practical Guide to (Correctly) Troubleshooting with Traceroute," https://archive.nanog.org/meetings/nanog47/presentations/Sunday/RAS_Traceroute_N47_Sun.pdf, 2009.

[Paxson 11] Paxson, V., Allman, M., Chu, J., and Sargent, M., "RFC 6298: Computing TCP's Retransmission Timer," *Internet Engineering Task Force (IETF)*, https://tools.ietf.org/html/rfc6298, 2011.

[Corbet 12] "TCP friends," *LWN.net*, https://lwn.net/Articles/511254, 2012.

[Fritchie 12] Fritchie, S. L., "quoted," https://web.archive.org/web/20120119110658/http://www.snookles.com/slf-blog/2012/01/05/tcp-incast-what-is-it, 2012.

[Hrubý 12] Hrubý, T., "Byte Queue Limits," Linux Plumber's Conference, https://blog.linuxplumbersconf.org/2012/wp-content/uploads/2012/08/bql_slide.pdf, 2012.

[Nichols 12] Nichols, K., and Jacobson, V., "Controlling Queue Delay," *Communications of the ACM*, July 2012.

[Roskind 12] Roskind, J., "QUIC: Quick UDP Internet Connections," https://docs.google.com/document/d/1RNHkx_VvKWyWg6Lr8SZ-saqsQx7rFV-ev2jRFUoVD34/edit#, 2012.

[Dukkipati 13] Dukkipati, N., Cardwell, N., Cheng, Y., and Mathis, M., "Tail Loss Probe (TLP): An Algorithm for Fast Recovery of Tail Losses," *TCP Maintenance Working Group*, https://tools.ietf.org/html/draft-dukkipati-tcpm-tcp-loss-probe-01, 2013.

[Siemon 13] Siemon, D., "Queueing in the Linux Network Stack," https://www.coverfire.com/articles/queueing-in-the-linux-network-stack, 2013.

[Cheng 16] Cheng, Y., and Cardwell, N., "Making Linux TCP Fast," *netdev 1.2*, https://netdevconf.org/1.2/papers/bbr-netdev-1.2.new.new.pdf, 2016.

[Linux 16] "TCP Offload Engine (TOE)," https://wiki.linuxfoundation.org/networking/toe, 2016.

[Ather 17] Ather, A., "BBR TCP congestion control offers higher network utilization and throughput during network congestion (packet loss, latencies)," https://twitter.com/amernetflix/status/892787364598132736, 2017.

[Bensley 17] Bensley, S., et al., "Data Center TCP (DCTCP): TCP Congestion Control for Data Centers," *Internet Engineering Task Force (IETF)*, https://tools.ietf.org/html/rfc8257, 2017.

[Dumazet 17a] Dumazet, E., "Busy Polling: Past, Present, Future," *netdev 2.1*, https://netdevconf.info/2.1/slides/apr6/dumazet-BUSY-POLLING-Netdev-2.1.pdf, 2017.

[Dumazet 17b] Dumazet, E., "Re: Something hitting my total number of connections to the server," *netdev mailing list*, https://lore.kernel.org/netdev/1503423863.2499.39.camel@edumazet-glaptop3.roam.corp.google.com, 2017.

[Gallatin 17] Gallatin, D., "Serving 100 Gbps from an Open Connect Appliance," *Netflix Technology Blog*, https://netflixtechblog.com/serving-100-gbps-from-an-open-connect-appliance-cdb51dda3b99, 2017.

[Bruijn 18] Bruijn, W., and Dumazet, E., "Optimizing UDP for Content Delivery: GSO, Pacing and Zerocopy," *Linux Plumber's Conference*, http://vger.kernel.org/lpc_net2018_talks/willemdebruijn-lpc2018-udpgso-paper-DRAFT-1.pdf, 2018.

[Corbet 18b] Corbet, J., "Zero-copy TCP receive," *LWN.net*, https://lwn.net/Articles/752188, 2018.

[Corbet 18c] Corbet, J., "Time-based packet transmission," *LWN.net*, https://lwn.net/Articles/748879, 2018.

[Deepak 18] Deepak, A., "eBPF / XDP firewall and packet filtering," *Linux Plumber's Conference*, http://vger.kernel.org/lpc_net2018_talks/ebpf-firewall-LPC.pdf, 2018.

[Jacobson 18] Jacobson, V., "Evolving from AFAP: Teaching NICs about Time," netdev 0x12, July 2018, https://www.files.netdevconf.org/d/4ee0a09788fe49709855/files/?p=/Evolving%20from%20AFAP%20%E2%80%93%20Teaching%20NICs%20about%20time.pdf, 2018.

[Høiland-Jørgensen 18] Høiland-Jørgensen, T., et al., "The eXpress Data Path: Fast Programmable Packet Processing in the Operating System Kernel," Proceedings of the 14th International Conference on emerging Networking EXperiments and Technologies, 2018.

[HP 18] "Netperf," https://github.com/HewlettPackard/netperf, 2018.

[Majkowski 18] Majkowski, M., "How to Drop 10 Million Packets per Second," https://blog.cloudflare.com/how-to-drop-10-million-packets, 2018.

[Stewart 18] Stewart, R., "This commit brings in a new refactored TCP stack called Rack," https://reviews.freebsd.org/rS334804, 2018.

[Amazon 19] "Announcing Amazon VPC Traffic Mirroring for Amazon EC2 Instances," https://aws.amazon.com/about-aws/whats-new/2019/06/announcing-amazon-vpc-traffic-mirroring-for-amazon-ec2-instances, 2019.

[Dumazet 19] Dumazet, E., "Re: [LKP] [net] 19f92a030c: apachebench.requests_per_second -37.9% regression," *netdev mailing list*, https://lore.kernel.org/lkml/20191113172102.GA23306@1wt.eu, 2019.

[Gregg 19] Gregg, B., *BPF Performance Tools: Linux System and Application Observability*, Addison-Wesley, 2019.

[Gregg 19b] Gregg, B., "BPF Theremin, Tetris, and Typewriters," http://www.brendangregg.com/blog/2019-12-22/bpf-theremin.html, 2019.

[Gregg 19c] Gregg, B., "LISA2019 Linux Systems Performance," *USENIX LISA*, http://www.brendangregg.com/blog/2020-03-08/lisa2019-linux-systems-performance.html, 2019.

[Gregg 19d] Gregg, B., "udplife.bt," https://github.com/brendangregg/bpf-perf-tools-book/blob/master/exercises/Ch10_Networking/udplife.bt, 2019.

[Hassas Yeganeh 19] Hassas Yeganeh, S., and Cheng, Y., "TCP SO_TIMESTAMPING with OPT_STATS for Performance Analytics," *netdev 0x13*, https://netdevconf.info/0x13/session.html?talk-tcp-timestamping, 2019.

[Bufferbloat 20] "Bufferbloat," https://www.bufferbloat.net, 2020.

[Cheng 20] Cheng, Y., Cardwell, N., Dukkipati, N., and Jha, P., "RACK-TLP: A Time-Based Efficient Loss Detection for TCP," *TCP Maintenance Working Group*, https://tools.ietf.org/html/draft-ietf-tcpm-rack-09, 2020.

[Cilium 20a] "API-aware Networking and Security," https://cilium.io, accessed 2020.

[Corbet 20] Corbet, J., "Kernel operations structures in BPF," *LWN.net*, https://lwn.net/Articles/811631, 2020.

[DPDK 20] "AF_XDP Poll Mode Driver," *DPDK documentation*, http://doc.dpdk.org/guides/index.html, accessed 2020.

[Fomichev 20] Fomichev, S., et al., "Replacing HTB with EDT and BPF," *netdev 0x14*, https://netdevconf.info/0x14/session.html?talk-replacing-HTB-with-EDT-and-BPF, 2020.

[Google 20b] "Packet Mirroring Overview," https://cloud.google.com/vpc/docs/packet-mirroring, accessed 2020.

[Høiland-Jørgensen 20] Høiland-Jørgensen, T., "The FLExible Network Tester," https://flent.org, accessed 2020.

[Linux 20i] "Segmentation Offloads," *Linux documentation*, https://www.kernel.org/doc/Documentation/networking/segmentation-offloads.rst, accessed 2020.

[Linux 20c] "MSG_ZEROCOPY," *Linux documentation*, https://www.kernel.org/doc/html/latest/networking/msg_zerocopy.html, accessed 2020.

[Linux 20j] "timestamping.txt," *Linux documentation*, https://www.kernel.org/doc/Documentation/networking/timestamping.txt, accessed 2020.

[Linux 20k] "AF_XDP," *Linux documentation*, https://www.kernel.org/doc/html/latest/networking/af_xdp.html, accessed 2020.

[Linux 20l] "HOWTO for the Linux Packet Generator," *Linux documentation*, https://www.kernel.org/doc/html/latest/networking/pktgen.html, accessed 2020.

[Nosachev 20] Nosachev, D., "How 1500 Bytes Became the MTU of the Internet," https://blog.benjojo.co.uk/post/why-is-ethernet-mtu-1500, 2020.

[Škarvada 20] Škarvada, J., "network-latency/tuned.conf," https://github.com/redhat-performance/tuned/blob/master/profiles/network-latency/tuned.conf, last updated 2020.

[Tuned Project 20] "The Tuned Project," https://tuned-project.org, accessed 2020.

[Wireshark 20] "Wireshark," https://www.wireshark.org, accessed 2020.

第11章
云计算

云计算的兴起在性能领域中解决了一些旧的问题，同时也带来了一些新的问题。云环境可以随时被创建并按需扩展，不需要承担建立和管理一个内部数据中心的一般开销。云计算还允许更精细的部署粒度——一台服务器可以划分给不同的用户使用并满足他们的需求。然而，这也带来了特有的挑战：虚拟化技术的性能开销，以及相邻租户之间对资源的争夺问题。

本章的学习目标如下。

- 理解云计算架构及其带来的性能影响。
- 了解虚拟化的类型：硬件虚拟化、操作系统虚拟化和轻量级硬件虚拟化。
- 熟悉虚拟化的内部实现，包括 I/O 代理的使用，以及调优技术。
- 对每种虚拟化类型下不同工作负载的预期开销有一定的了解。
- 诊断宿主机和客户机的性能问题，了解工具的使用如何因虚拟化技术的不同而有所不同。

虽然整本书都适用于云计算性能分析，但本章的重点是云计算特有的性能主题：进程管理程序和虚拟化如何工作，如何在客户机上做资源控制，以及观测工具如何在宿主机和客户机上工作。书中不会涉及云计算运营商提供的它们自己定制的服务和 API，这些内容请翻阅云计算运营商为它们自己的服务提供的文档。

本章主要包括以下四个部分：

- **背景**部分介绍通用的云计算架构以及由此带来的性能影响。
- **硬件虚拟化**部分介绍一个进程管理程序如何对作为虚拟机的多个客户机操作系统实例进行管理，其中每个客户机在虚拟设备上运行自己的内核。这部分用 Xen、KVM 和亚马逊的 Nitro 进程管理程序作为示例。
- **操作系统虚拟化**部分由单个内核管理系统，创建各自独立的虚拟操作系统实例。

这部分以 Linux 的容器作为示例。

- **轻量级硬件虚拟化**部分提供了一个两全其美的解决方案，轻量级的硬件虚拟化实例与专用内核一起运行，其启动时间和密度优势与容器类似。本部分使用 AWS Firecracker 作为示例。

虚拟化章节中的介绍是按照各种实例在云中被广泛使用的时间排序的。例如，亚马逊弹性计算云（EC2）在 2006 年提供了硬件虚拟化实例，2017 年提供了操作系统虚拟化容器（亚马逊 Fargate），2019 年提供了轻量级虚拟化机器（亚马逊 Firecracker）。

11.1 背景

云计算把计算资源作为一项可交付的服务，从一台服务器的一小部分扩展为跨越多个服务器系统。云的构件块取决于安装和配置了多少软件栈。本章主要关注以下云产品，它们都提供了*服务实例*。

- **硬件实例**：也被称为*基础设施即服务*（IaaS），使用硬件虚拟化技术提供。每个服务实例是一个虚拟机。
- **操作系统实例**：用于提供轻量级的实例，通常通过操作系统虚拟化实现。

可以将它们统称为*服务实例*、*云实例*或*实例*。支持这些的云运营商有亚马逊网络服务（AWS）、微软 Azure 和谷歌云平台（GCP）。还有其他类型的云原语，包括功能即服务（FaaS）（详情可参见 11.5 节）。

总结一下关键的云计算术语：*云计算*描述了一个实例的动态供应框架。一个或多个实例作为一个物理*宿主机*系统的*客户机*运行。这些客户机也称为*租户*，*多租户*一词用于描述在同一宿主机上运行的客户机。宿主机可以由运营*公有云*的云运营商管理，也可以由你的公司管理，作为*私有云*的一部分仅供内部使用。一些公司构建了跨越公有云和私有云的*混合云*。[1] 云客户（租户）由其终端用户进行管理。

对于硬件虚拟化，一种被称为*进程管理程序*（或*虚拟机监视器*，VMM）的技术可以创建并管理虚拟机实例，这些实例作为专用计算机，允许安装完整的操作系统和内核。

实例通常可以在几分钟甚至几秒钟内完成创建（和销毁）并立即投入生产使用。该方案通常会提供一个云 API，以便由另一个程序自动进行配置。

通过讨论与性能相关的各种主题，可以进一步理解云计算：实例类型、体系架构、容量规划、存储和多租户。这些将在后续章节中进行介绍。

---

1 例如，谷歌Anthos就是一个应用管理平台，它支持带有GCP实例的在本地部署的谷歌Kubernetes引擎（GKE），和其他云。

11.1.1　实例类型

云服务运营商通常提供不同的实例类型和尺寸。

有些实例类型是通用的，各种资源相对平衡。其他的可能是针对某种资源进行过优化的实例，例如，对内存、CPU、磁盘等进行优化。举例来说，AWS 将类型分为“家族”（用字母缩写）和世代（数字），目前提供的有如下几种。

- **m5**：通用型（平衡型）。
- **c5**：计算优化。
- **i3、d2**：存储优化。
- **r4、x1**：内存优化。
- **p1、g3、f1**：加速计算（GPU、FPGA 等）。

每个家族中都有不同的尺寸。例如，AWS m5 家族，从 m5.large（2 个 vCPU 和 8GB 主存）到 m5.24xlarge（24 个特大号：96 个 vCPU 和 384GB 主存）。

在各种尺寸中，价格 / 性能比通常是一致的，客户可以选择最适合其工作负载的尺寸。

一些运营商，如谷歌云平台，还提供定制的机器类型，可以选择资源的数量。

有了如此多的选择和重新部署实例的便利，实例类型已经变得像一个可调整的参数，可以根据需要进行修改。与传统的企业选择和订购物理硬件，且可能多年都无法改变的模式相比，这是一个很大的进步。

11.1.2　可扩展的架构

企业环境传统上使用纵向扩容处理负载：组建更大的单一系统（大型机）。这种实现方式有它的局限。比如组建的计算机在物理大小上存在实际的局限（它可能受制于电梯门或者集装箱的大小），并且随着 CPU 数量的增加，保持 CPU 缓存一致性及供电和散热的难度也在逐步上升。解决这些局限的方案是跨多个（可能是小的）系统扩展负载，这称为横向扩容。在企业中，它被用于计算机群和集群，特别是用于高性能计算（HPC，其使用早于云计算）。

云计算也基于横向扩容。图 11.1 展示了一个示例环境，它包括负载均衡器、Web 服务器、应用服务器和数据库服务器。

每个环境层由一个或多个并行运行的服务实例组成，并可增加数量以处理负载。可以单独增加实例，架构也可以被分割为垂直分区，这里的每个组由数据库服务器、应用服务器以及 Web 服务器组成，并以单元[1]为单位添加。

1　例如，Shopify将这些单元称为“pod”[Denis 18]。

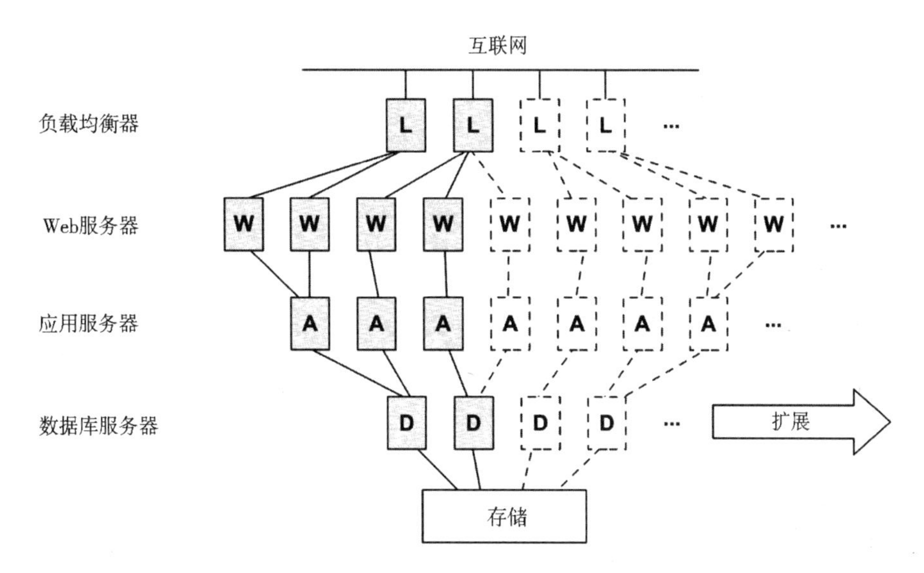

图 11.1 云架构：横向扩容

这种模型最大的挑战是传统数据库的部署，因为传统的数据库模型要求必须有一个主实例。这些数据库中的数据，比如在 MySQL 数据库中，可以在逻辑上被分割成分片，由它自己的数据库（或者主 / 从对）管理。分布式数据库的架构，例如 Riak，则动态地处理并发任务，在可用的实例间分布负载。现在还有一些*云原生数据库*，是专为在云上使用而设计的，包括 Cassandra、CockroachDB、亚马逊 Aurora 和亚马逊 DynamoDB。

由于单个服务实例的尺寸通常较小，如 8GB（运行在 512GB 以及更大的 DRAM 的物理机上），使用细粒度的扩展可以取得最佳的性价比，而非一上来便投资于巨型系统，造成后期大量闲置。

11.1.3 容量规划

本地部署的服务器是重大的基础架构投资，包括硬件和可能延续数年的服务合同费。将新服务器投入生产可能也需要数月：审批时间、等待零部件可用、运输、上架、安装以及测试。容量规划至关重要，应确保采购大小合适的系统：太小意味着失败，太大成本过高（并且，由于服务合同，可能未来数年成本都非常高）。容量规划还有助于提前预测需求的增加，因此能及时完成冗长的采购流程。

本地部署的服务器和数据中心曾经是企业环境的标准，而云计算却非常不同。服务实例是廉价的并且能几乎即时地创建和销毁。企业能按需增加服务实例以应对实际的负载，而不需花费时间规划需要什么。这可以基于性能监测软件提供的指标，通过云 API 自动完成。小公司或者创业公司可以从单个较小的实例成长到数千个实例，而不需要像在企业环境中那样做详细的容量规划研究。[1]

对于成长中的创业公司，另一个值得考虑的因素是代码更新的速度。网站经常每周、每天甚至一天好几次更新它们的生产代码。而一个容量规划研究可能需要数周，并且由于它是基于性能参数的快照指定的，因此可能在它完成时就已经过时了。这与运行商业软件的企业环境不同，它们通常一年都更新不了几次。

在云上进行容量规划的操作包括如下几项。

- **动态调整**：自动添加和减少服务实例。
- **扩展性测试**：购买短期的大型云计算环境以测试扩展性，而不是模拟负载（这是一种基准测试工作）。

考虑到时间的限制，还可以对可伸缩性进行建模（类似于企业研究），以估计实际的可伸缩性和理论上应达到程度的差距。

动态调整（自动扩缩容）

云计算运营商通常支持部署可以随着负载的增加而自动扩展的服务器实例组（例如，AWS 的自动扩展组，ASG）。通常它们也支持微服务架构，在这种架构中，应用程序被分割成更小的、可以根据需要单独扩展的网络中的一部分。

自动扩缩容能满足迅速响应负载变化的需要，但是它也可能具有图 11.2 所示的过度供给的风险。例如，一个 DoS 攻击从表象上看是负载的增加，但会引发高成本的服务实例扩容。类似的风险还有应用程序变更所导致的性能退化，从而要求更多的实例处理相同的负载。因此，监测对于验证这些扩容是否合理至关重要。

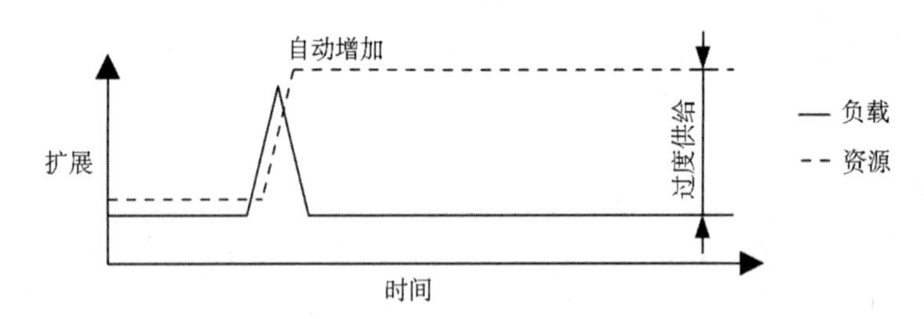

图 11.2 动态调整

云计算运营商按小时、分钟，甚至按秒计费，允许用户迅速扩缩容。当缩容时，可

1 当公司的规模扩展到几十万个实例时，情况可能会变得极其复杂，因为云运营商可能会因为需求而暂时耗尽某种类型的可用实例。如果达到这种规模，请与你的客户代表讨论如何缓解这种情况（例如，购买备用容量）。

以立刻实现成本节约。[1] 这可以自动进行，以便实例数量与每天的模式相匹配，根据需求以分钟为单位提供足够的容量。Netflix 的云就是这样做的，每天增加和删除数以万计的实例来配合每天每秒的流量模式，图 11.3 所示的就是一个例子 [Gregg 14b]。

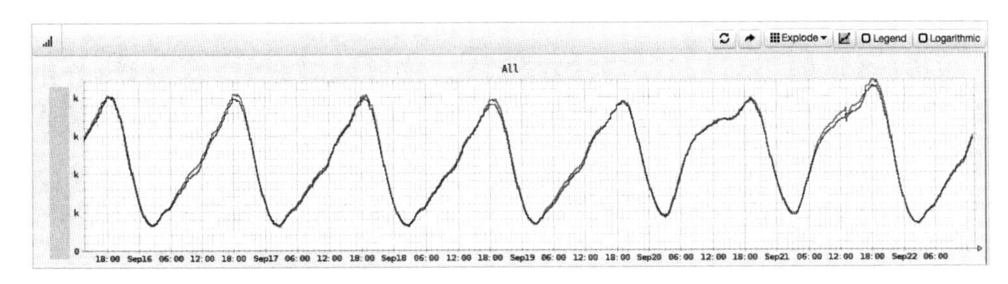

图 11.3 Netflix 的秒级流量统计

另一个例子是，2012 年 12 月，Pinterest 报告称，为了应对流量负载，它们通过在工作时间后自动关闭云系统，将成本从 54 美元 / 小时削减到 20 美元 / 小时 [Hoff 12]。2018 年 Shopify 将服务迁移到云上，节省了大量的基础设施开销：从平均闲置时间为 61% 的服务器转移到平均闲置时间为 19% 的云实例 [Kwiatkowski 19]。性能调优也可以带来立竿见影的节约，因为处理负载所需的实例数量减少了。

一些云架构（参见 11.3 节），在可用时能采用被称为爆发的策略实时地动态分配更多的 CPU 资源。这可以在不增加额外成本的情况下通过提供缓冲区来避免过度供给。在这段缓冲时间里，可检查增加的负载是否真实并确认是否是持续的。如果答案是肯定的，则提供更多的实例以确保资源足够继续运行下去。

这些技术中的任何一种都应该比企业环境传统的部署方式高效得多——特别是那些根据整个服务器生命周期中的峰值负载来决定固定规模的情况：因为这些服务器很可能在大多数时间都是闲置的。

11.1.4 存储

一个云实例需要给操作系统、应用软件和临时文件提供存储空间。在 Linux 系统上主要是根卷和其他卷。这可以由本地物理存储或网络存储提供。这种实例上的存储是不稳定的，会在服务实例销毁时一并销毁。对于持久性存储的需求，通常使用一个单独的服务通过以下方式提供存储。

- **文件储存**：例如，NFS 上的文件。
- **块储存**：例如，iSCSI 上的块。

1 请注意，无论是扩容还是缩容，自动化都会很复杂。缩容可能不仅需要等待请求完成，还需要等待长期运行的批处理作业完成，以及等待数据库传输本地数据。

- **对象储存**：使用 API，通常基于 HTTP。

这些操作基于网络运行，并且网络基础设施和存储设备都与其他租户共享。基于这些原因，性能可能会比本地磁盘更难预测，尽管通过使用云运营商的资源控制可以提高性能的一致性。

云运营商通常会提供它们自己的云存储服务。例如，亚马逊提供亚马逊弹性文件系统（EFS）作为文件存储，亚马逊弹性块存储（EBS）作为块存储，以及亚马逊简单存储服务（S3）作为对象存储。

图 11.4 展示了本地存储和网络存储。

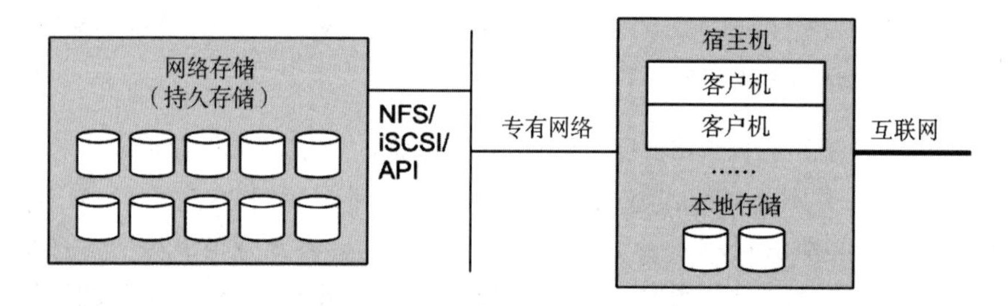

图 11.4 云存储

对于频繁访问的数据，可以通过使用内存缓存来解决网络存储访问高延时的问题。

当需要可靠的性能时，一些存储服务允许通过购买 IOPS 速率来解决（例如，亚马逊 EBS 预置 IOPS 卷）。

11.1.5 多租户

UNIX 是一个多任务的操作系统，它能处理多个用户和进程对相同资源的访问。后来在 Linux 中添加了对资源的限制和控制，使得可以更公平地共享这些资源，并且提供了当出现资源竞争引起性能问题时有助于识别和量化的观测能力。

云计算的不同在于整个操作系统实例共存于同一个物理系统中。每个客户机有自己独立的操作系统：客户机（通常来说[1]）不能感知到同一宿主机上其他客户机的用户和进程——这被认为是信息泄露——即使它们共享同样的物理资源。

由于资源在租户间共享，性能问题可能由吵闹的邻居引起。例如，同一宿主机上的另一个客户机可能在你的负载高峰时进行数据库转储，影响到你的磁盘和网络 I/O。更糟糕的是，一个邻居可能为了评估云运营商的性能而正在运行微基准测试，特意把所有

1 Linux容器可以通过命名空间和控制组以不同的方式被组装起来。这应该可以创建相互共享进程命名空间的容器，可以用在内省（“边车”）容器上，其可以调试其他容器进程。在Kubernetes中，主要的抽象是一个Pod，它共享一个网络命名空间。

的资源耗光来找到极限。

这个问题有一些解决方案。多租户效应可以通过资源管理进行控制：设置操作系统资源控制以提供性能隔离（又名资源隔离）。可以在这些资源上对单租户进行限制和设置优先级：CPU、内存、磁盘、文件系统 I/O，以及网络吞吐量。

除了限制资源的使用，观测多租户竞争可以帮助云运营商调优限制并且更好地在可用的宿主机上平衡租户。可观测的程度视虚拟化的类型而定。

11.1.6 编排（Kubernetes）

许多公司在它们自己的裸金属或云系统上使用编排软件来运行它们自己的私有云。最流行的编排软件是最初由谷歌开发的 Kubernetes（缩写为 k8s）。Kubernetes，在希腊语中是“舵手”的意思，是一个开源系统，使用容器（通常是 Docker 容器，但任何实现了开放容器接口的容器都可以，如 containerd）管理应用程序的部署 [Kubernetes 20b]。公有云运营商也创建了 Kubernetes 服务，以简化它们的部署方案，包括谷歌 Kubernetes 引擎（GKE）、亚马逊弹性 Kubernetes 服务（Amazon EKS）和微软 Azure Kubernetes 服务（AKS）。

Kubernetes 将容器在同一个地方按组部署，这种部署组被称为 Pod，在 Pod 内部，容器可以共享资源并在本地（localhost）相互通信。每个 Pod 都有自己的 IP 地址，可以用来与其他 Pod 通信（通过网络）。Kubernetes 服务是一组带有包含 IP 地址等元数据的 Pod 提供的服务的抽象接口，它建立了到这些端点的持久和稳定的接口，而 Pod 本身则可以被添加和删除，从而可以被当作是一次性的。Kubernetes 服务支持微服务架构。Kubernetes 提供了自动扩缩容策略，如“横向 Pod 自动扩缩容”可以根据目标资源使用率或其他指标来扩充 Pod 的副本。在 Kubernetes 中，物理机器被称为节点，将连接到同一个 Kubernetes API 服务器的一组节点称为一个 Kubernetes 集群。

Kubernetes 中存在的性能挑战包括调度（在集群上运行容器以最大化性能）和网络，因为使用了额外的组件来实现容器网络和负载平衡。

对于调度，Kubernetes 考虑到了 CPU 和内存的请求和限制，以及节点污点（节点被排除在调度之外）和标签选择器（自定义元数据）等元数据信息。Kubernetes 目前没有限制块 I/O（使用 blkio cgroup 支持该限制的功能之后可能会添加 [Xu 20]），这使得磁盘竞争可能成为性能问题的来源。

对于网络，Kubernetes 允许使用不同的网络组件，而决定使用哪种组件对确保最好的性能至关重要。容器网络可以通过插件容器网络接口（CNI）软件来实现；CNI 软件有基于 netfilter 或 iptables 的 Calico，以及基于 BPF 的 Cilium，两者都是开源的 [Calico 20][Cilium 20b]。对于负载均衡，Cilium 也为 kube-proxy 提供了一个 BPF 的替代品 [Borkmann 19]。

11.2　硬件虚拟化

硬件虚拟化可以创建一台能运行包括自己内核的完整操作系统的虚拟机（VM）。虚拟机由管理程序创建，该管理程序也称为虚拟机管理器（VMM）。一种常见的管理程序分类方式将它们分为类型 1 或类型 2[Goldberg 73]：

- **类型 1** 直接在处理器上执行。管理程序可以由特权客户机执行，它可以创建和启动新的客户机。类型 1 也被称为*本地管理程序*或*裸金属管理程序*。这种管理程序拥有自己的 CPU 调度器，用于创建的虚拟机。Xen 就是一种很流行的管理程序。
- **类型 2** 是在缩主机操作系统上执行的，有管理管理程序和启动新客户机的特权。对于这种类型，系统先启动传统的操作系统，然后运行管理程序。这个管理程序由宿主机内核的 CPU 调度器进行调度，客户机是宿主机上的一个进程。

尽管你可能仍然会遇到类型 1 和类型 2 这样的术语，但随着管理程序技术的进步，这种分类已不再严格适用 [Liguori，07]——使用内核模块使管理程序可以直接访问硬件，类型 2 已经和类型 1 非常类似。图 11.5 显示了一种更实用的分类，说明了我命名为配置 A 和配置 B 的两种常见配置 [Gregg 19]。

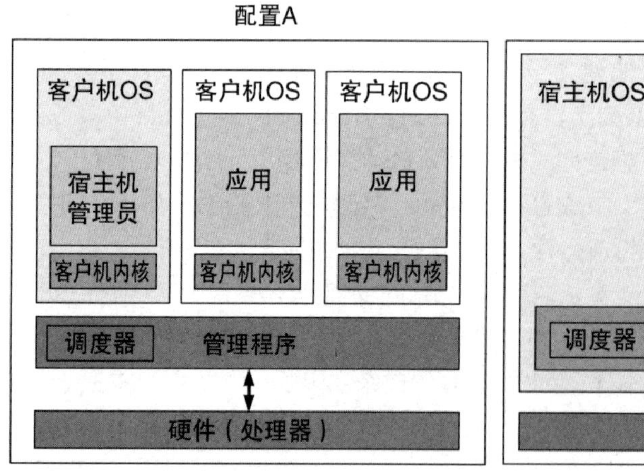

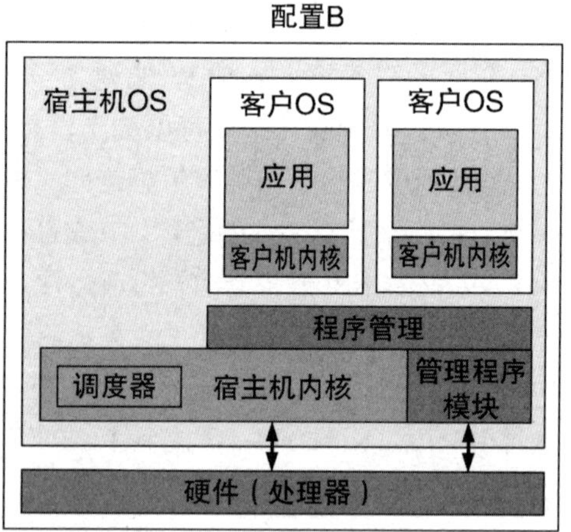

图 11.5　常见的管理程序的配置

这些配置如下所述。

- **配置 A**：也称为本地管理程序或裸金属管理程序。管理程序软件直接在处理器上运行，为运行客户虚拟机创建域，并将客户虚拟机的 CPU 调度到真实的 CPU 上。一个特权域（图 11.5 中的 #0）可以管理其他域。Xen 是这种配置的一个流行的例子。

- **配置 B**：管理程序由宿主机操作系统内核执行，并可能由内核级模块和用户级进程组成。宿主机操作系统有管理管理程序的特权，其内核将虚拟机的 CPU 与宿主机上的其他进程一起调度。通过使用内核模块，这种配置也提供对硬件的直接访问。一个流行的例子是 KVM 管理程序。

这两种配置都可能涉及在 0 域（Xen）或宿主机操作系统（KVM）中运行一个 I/O 代理（例如，使用 QEMU 软件），用于服务客户机的 I/O。这增加了 I/O 的开销，但这些年来，已经通过增加共享内存传输总线和其他技术进行了优化。

最初的硬件管理程序是由 VMware 在 1998 年开创的，使用二进制翻译来执行完全的硬件虚拟化 [VMware 07]。这涉及在执行前重写特权指令，例如系统调用和页表操作。非特权指令可以直接在处理器上运行。这提供了一个完整的虚拟系统，由虚拟化的硬件组件组成，可以在上面安装未经修改的操作系统。这方面的性能开销相对于服务器整合提供的节省来说通常是可以接受的。

这一点后来得到了改进。

- **处理器虚拟化支持**：2005—2006 年引入的 AMD-V 和英特尔 VT-x 扩展，可为处理器的虚拟操作提供更快的硬件支持。这些扩展提高了虚拟化特权指令和 MMU 的速度。
- **半虚拟化**（paravirt 或 PV）：提供一个虚拟系统，它提供了一个接口，供客户机操作系统有效地使用宿主机资源（通过 hypercall），而不需要对所有组件进行完全虚拟化。例如，启动一个定时器通常涉及多个特权指令，必须由管理程序模拟。这可以简化为一个 hypercall，供半虚拟化的客户机使用，以便管理程序进行更高效的处理。为了进一步提高效率，Xen 的管理程序会将这些 hypercall 捆绑成一个复合调用。半虚拟化可能包括客户机使用半虚拟化网络设备驱动程序，以便将数据包更有效地传递到宿主机中的物理网络接口。虽然性能得到了改善，但这依赖于客户机操作系统对半虚拟化的支持（Windows 历来不提供这种支持）。
- **设备硬件支持**：为了进一步优化虚拟机的性能，除处理器以外的硬件设备已经在增加对虚拟机的支持。这包括网络和存储设备的单根 I/O 虚拟化（SR-IOV），它允许客户虚拟机直接访问硬件。这需要驱动程序的支持（例如 ixgbe、ena、hv_netvsc 和 nvme）。

多年来，Xen 不断发展，性能不断被改进。现代 Xen 虚拟机通常以硬件虚拟机模式（HVM）启动，然后使用支持 HVM 的 PV 驱动来提高性能：这种配置被称为 PVHVM。如果可以完全依赖于某些驱动程序的硬件虚拟化，比如用于网络和存储设备的 SR-IOV，性能可以得到进一步改善。

11.2.1　实现

硬件虚拟化有许多不同的实现。有一些已经在前面提到过（Xen 和 KVM）。下面是一些介绍。

- VMware ESX：首次发布于 2001 年，VMware ESX 是一个用于服务器整合的企业产品，并且是 VMware vSphere 云计算产品的主要组件。它的管理程序是一个运行于裸金属服务器的微内核，第一个虚拟机被称为 *service console*，它能管理虚拟机管理程序和新的虚拟机。
- Xen：首次发布于 2003 年，Xen 始于剑桥大学的研究项目，后来被 Citrix 收购。Xen 是类型 1 的管理程序，它运行半虚拟化客户机以获得高性能；后来为硬件辅助的客户机添加了支持，来支持未做修改的操作系统（Windows）。在 Xen 中，虚拟机被称为域，而具有最高特权的是 *dom0* 域，它可以管理虚拟机管理程序并且启动新的域。Xen 是开源软件而且可以从 Linux 启动。亚马逊弹性计算云（EC2）以前就是基于 Xen 的。
- Hyper-V：与 Windows Server 2008 一起发布的 Hyper-V 是一个类型 1 的管理程序，为执行客户机操作系统创建分区。微软 Azure 公有云可能运行的就是 Hyper-V 的定制版本（具体细节未公开）。
- KVM：由初创公司 Qumranet 开发，该公司于 2008 年被 Red Hat 收购。KVM 是类型 2 的虚拟机管理程序，作为一个内核模块执行。它支持硬件辅助扩展，当客户机操作系统支持这种扩展时，通过对特定的设备使用半虚拟化来获得高性能。为了创建完整的硬件辅助虚拟机实例，KVM 需要与一个被称为 QEMU（快速仿真器）的用户进程协同工作。QEMU 最初是由 Fabrice Bellard 编写的一个高质量的开源的类型 2 的通过二进制翻译来工作的虚拟机管理程序。KVM 是开源的，并被谷歌用于谷歌计算引擎 [Google 20c]。
- Nitro：由 AWS 于 2017 年推出，该管理程序使用基于 KVM 的部件，并对所有的主要资源提供了硬件支持——处理器、网络、存储、中断和计时器 [Gregg 17e]。它没有使用 QEMU 代理，可以为客户虚拟机提供近乎裸金属管理程序的性能。

后边几节将讲述与硬件虚拟化性能相关的主题：系统开销、资源控制和可观测性。它们的表现会因实现以及配置的改变而不同。

11.2.2　系统开销

在研究云性能问题时，知道何时存在以及何时不存在虚拟化带来性能开销的问题非常重要。

硬件虚拟化有多种实现方式。资源访问可能需要由管理程序进行代理和翻译，这会增加开销，也可以使用基于硬件的技术来避免这些开销。下面几节总结了 CPU 执行、内存映射、内存大小、I/O 和来自其他租户的竞争等方面的性能开销。

CPU

一般情况下，客户机应用程序直接运行在处理器上，与 CPU 绑定的应用程序的性能与裸金属系统几乎相同。而在调用处理器特权指令、访问硬件和映射主存时，则可能产生 CPU 开销，这取决于管理程序对它们的处理方式。下面描述了不同的硬件虚拟化类型是如何处理 CPU 指令的。

- **二进制翻译**：识别和翻译是客户机能在物理资源上执行的内核指令。二进制翻译在硬件辅助虚拟化可用之前使用。没有虚拟化的硬件支持，VMware 使用的方案是在处理器环 0 上运行虚拟机监视器（VMM）并将客户机内核移至之前未使用的环 1（应用程序运行于环 3，而大多数处理器提供 4 个环；保护环在 3.2.2 节中介绍过）。因为一些客户机内核指令假设它们运行于环 0，为了运行于环 1，它们需要被翻译，并调用 VMM 得到虚拟化。这类翻译是在运行中被处理的，这会消耗大量的 CPU 资源。
- **半虚拟化**：客户机操作系统中必须被虚拟化的指令被替换为对虚拟机管理程序的超级调用。如果客户机操作系统被修改并支持超级调用，使自己认为是运行在虚拟硬件中，性能就能得到提升。
- **硬件辅助**：未做修改的运行于硬件上的客户机内核指令由虚拟机管理程序处理。它执行一个环级别低于 0 的 VMM。客户机内核特权指令被强限于高特权的 VMM 内，后者能模拟特权以支持虚拟化 [Adams 06]，因此不需要翻译二进制指令。

鉴于实现方式和工作负载，我们一般倾向于硬件辅助虚拟化，而假如客户机操作系统支持，半虚拟化通常用来提高一些工作负载的性能（特别是 I/O）。

举另一个实现的例子，多年来 VMware 的二进制翻译模型被不断地深入优化。在 2007 年，[Vmware 07] 写道：

> 由于从虚拟机管理程序到客户机之间转换的高开销和一个刚性的编程模型，VMware 的二进制翻译在大多数情况下的实现比第一代的硬件辅助实现性能更好。第一代刚性编程的实现模型没有为软件的灵活性留有空间。这里的灵活性指管理虚拟机管理程序到客户机之间转换的频率或开销。

客户机与虚拟机管理程序的转换频率，以及消耗于虚拟机管理程序的时间，可以作为 CPU 开销的一个指标来研究。这些事件通常被称为客户机退出，因为当它发生时，虚拟 CPU 必须停止在客户机中的执行。图 11.6 显示了 KVM 中客户机退出的 CPU 开销。

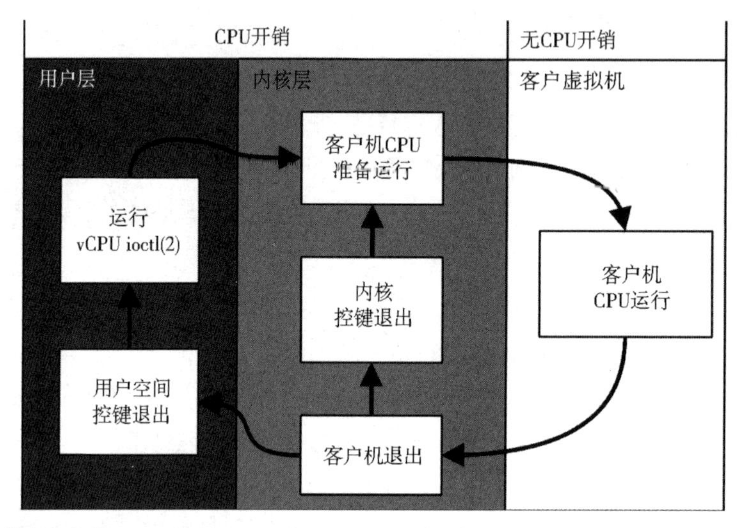

图 11.6 硬件虚拟化的 CPU 开销

图 11.6 展示了在用户进程、宿主内核以及客户机间的客户机退出流程。在客户机处理退出之外消耗的时间是硬件虚拟化的 CPU 开销；处理退出消耗的时间越多，开销越大。当客户机退出时，这些事件的一个子集可由内核直接处理。那些不能处理的必须离开内核并回到用户进程，与能由内核处理的相比，这会导致更大的系统开销。

例如，在 Linux 的 KVM 实现中，这些系统开销可以通过客户机退出函数来研究。它们在源代码中映射为如下函数（代码截取自 Linux 5.2 源码中的 arch/x86/kvm/vmx/vmx.c）：

```
/*
 * The exit handlers return 1 if the exit was handled fully and guest execution
 * may resume.  Otherwise they set the kvm_run parameter to indicate what needs
 * to be done to userspace and return 0.
 */
static int (*kvm_vmx_exit_handlers[])(struct kvm_vcpu *vcpu) = {
        [EXIT_REASON_EXCEPTION_NMI]           = handle_exception,
        [EXIT_REASON_EXTERNAL_INTERRUPT]      = handle_external_interrupt,
        [EXIT_REASON_TRIPLE_FAULT]            = handle_triple_fault,
        [EXIT_REASON_NMI_WINDOW]              = handle_nmi_window,
        [EXIT_REASON_IO_INSTRUCTION]          = handle_io,
        [EXIT_REASON_CR_ACCESS]               = handle_cr,
        [EXIT_REASON_DR_ACCESS]               = handle_dr,
        [EXIT_REASON_CPUID]                   = handle_cpuid,
```

```
        [EXIT_REASON_MSR_READ]                = handle_rdmsr,
        [EXIT_REASON_MSR_WRITE]               = handle_wrmsr,
        [EXIT_REASON_PENDING_INTERRUPT]       = handle_interrupt_window,
        [EXIT_REASON_HLT]                     = handle_halt,
        [EXIT_REASON_INVD]                    = handle_invd,
        [EXIT_REASON_INVLPG]                  = handle_invlpg,
        [EXIT_REASON_RDPMC]                   = handle_rdpmc,
        [EXIT_REASON_VMCALL]                  = handle_vmcall,
    [...]
        [EXIT_REASON_XSAVES]                  = handle_xsaves,
        [EXIT_REASON_XRSTORS]                 = handle_xrstors,
        [EXIT_REASON_PML_FULL]                = handle_pml_full,
        [EXIT_REASON_INVPCID]                 = handle_invpcid,
        [EXIT_REASON_VMFUNC]                  = handle_vmx_instruction,
        [EXIT_REASON_PREEMPTION_TIMER]        = handle_preemption_timer,
        [EXIT_REASON_ENCLS]                   = handle_encls,
};
```

尽管这些名称很简洁，但它们仍可以提供一些客户机调用虚拟机处理程序而带来CPU开销原因的思路。

一个常见的客户机退出指令是halt，通常当内核找不到可处理的操作（它允许处理器在被中断前以低功耗模式运行）时由空闲进程调用。它由handle_halt()（参考前面列出的EXIT_REASON_HLT）处理，并最终调用kvm_vcpu_halt()（arch/x86/kvm/x86.c）：

```
int kvm_vcpu_halt(struct kvm_vcpu *vcpu)
{
        ++vcpu->stat.halt_exits;
        if (lapic_in_kernel(vcpu)) {
                vcpu->arch.mp_state = KVM_MP_STATE_HALTED;
                return 1;
        } else {
                vcpu->run->exit_reason = KVM_EXIT_HLT;
                return 0;
        }
}
```

与许多客户机退出类型一样，保持代码简短以尽量减少CPU开销。这个示例从一个vcpu统计增量开始，它跟踪发生了多少次暂停。其余代码负责将该特权指令所需的硬件仿真。在Linux系统中，可以使用管理程序宿主机上的kprobe来检测这些函数，以跟踪它们的类型和退出时间。也可以使用kvm:kvm_exit跟踪点来跟踪退出，这会在11.2.4节中被使用。

中断控制器和高精度计时器的虚拟化硬件设备也会引起 CPU（以及少量的 DRAM）开销。

内存映射

如第 7 章所述，操作系统与 MMU 协作创建由虚拟内存到物理内存映射的页面，将它们缓存于 TLB 以提高性能。对于虚拟化，从客户机到硬件映射一个新的内存页面（缺页）包括两个步骤：

1. 由客户机内核执行的由客户机虚拟内存到客户机物理内存的转换。
2. 由 VMM 执行的客户机物理内存到宿主机物理内存（真实内存）的转换。

由客户机虚拟内存到宿主机物理内存的映射可以在 TLB 中缓存，因此后续的访问能以正常速度运行——不需要额外的翻译。现代的处理器支持 MMU 虚拟化，因此存于 TLB 的映射能很快地仅在硬件中回收（页面遍历），而不需要调用虚拟机管理程序。支持的此种特性在 Intel 中被称为*扩展页表*（EPT），而在 AMD 中被称为*嵌套页表*（NPT）[Milewski 11]。

缺少 EPT/NPT 时，另一个提升性能的实现方法是维护客户机虚拟内存到宿主机物理内存映射的*影子页表*（shadow page table）。它由虚拟机管理程序管理，并且在客户机执行时通过覆写客户机的 CR3 寄存器访问。通过这个策略，客户机内核照常维护它自己由客户机虚拟内存到客户机物理内存映射的页表。虚拟机管理程序截获对这些页表的修改并在影子页面中创建对应的到宿主机物理页面的映射。而后在客户机执行时，虚拟机管理程序覆写 CR3 寄存器以指向影子页面。

内存大小

与操作系统虚拟化不同，使用硬件虚拟化会有一些额外的内存消耗。每个客户机运行自己的内核，这消耗少量的内存。存储架构可能会导致双倍的缓存，原因是客户机和宿主机会缓存相同的数据。KVM 风格的管理程序也为每个虚拟机运行一个 VMM 进程，比如 QEMU，而它本身就会消耗一些主存。

I/O

I/O 一直是硬件虚拟化开销的最大来源。这是因为每个设备的 I/O 都必须由管理程序进行翻译。对于高频 I/O，如 10 Gb/s 的网络，每个 I/O（数据包）的少量开销最终会导致整体性能的显著下降。现在已经有了一些技术用于减少这些 I/O 开销，并最终通过硬件支持来完全消除这些开销。这种硬件支持包括 I/O MMU 虚拟化（AMD-Vi 和 Intel VT-d）。

提高 I/O 性能的一种方法是使用半虚拟化驱动程序，它通过合并 I/O 产生更少的设备中断，来减少管理程序的开销。

另一种技术叫 *PCI 直通*，它将 PCI 设备直接分配给客户机，因此使用起来和在裸金属系统上一样。PCI 直通可以提供最好的性能，但它在配置多租户系统上的灵活性会降低，因为一些设备属于客户机，不能进行共享，并且这也会使动态迁移变得复杂 [Xen 19]。

还有一些技术提高了在虚拟化中使用 PCI 设备的灵活性，包括单根 I/O 虚拟化（SR-IOV）以及多根 I/O 虚拟化（MR-IOV）。这些术语指的是暴露出来的复杂 PCI 拓扑的根的数量，这些拓扑以不同的方式提供硬件虚拟化。亚马逊 EC2 云一直在采用这些技术来加速网络和存储 I/O，Nitro 管理程序默认使用这些技术 [Gregg 17e]。

图 11.7 显示了 Xen、KVM 和 Nitro 管理程序的常见配置。

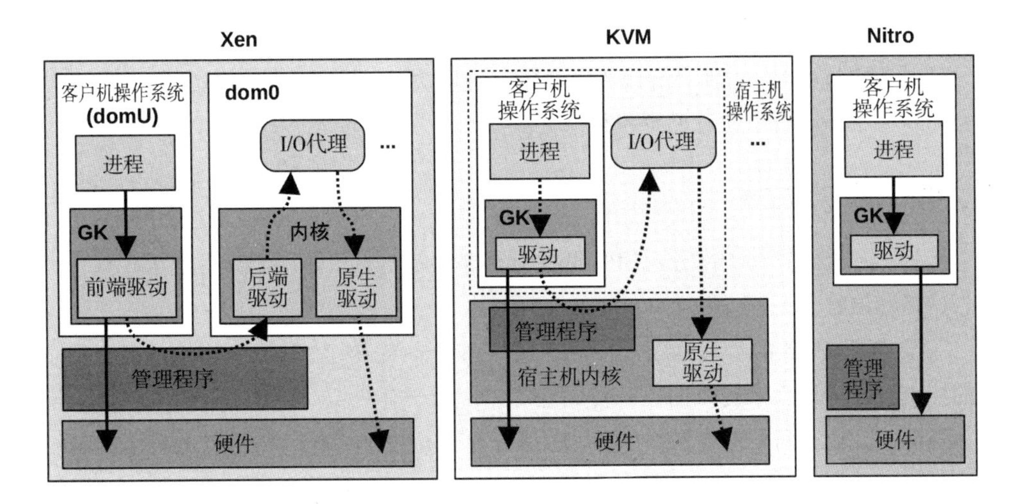

图 11.7 Xen、KVM 和 Nitro 的 I/O 路径

GK 是“客户机内核”，BE 是“后端”。虚线箭头表示控制路径，组件以同步或异步的方式通知对方，更多的数据已经准备好传输。数据通道（实线箭头）在某些情况下可以通过共享内存和环形缓冲区实现。Nitro 没有显示控制路径，因为它使用数据通道来直接访问硬件。

有一些不同的方法来配置 Xen 和 KVM，这里没有画出来。该图显示它们使用 I/O 代理进程（通常是 QEMU 软件），这些进程是在每个客户虚拟机上创建的。但它们也可以被配置为使用 SR-IOV，允许客户虚拟机直接访问硬件（图 11.7 中的 Xen 或 KVM 未画出）。Nitro 需要这种硬件支持，从而消除了对 I/O 代理的需要。

Xen 使用*设备通道*——dom0 和客户机域（domU）之间的异步共享内存传输——来提高其 I/O 性能。这避免了在域之间传递 I/O 数据时创建额外副本的 CPU 和总线开销。也可以使用单独的域来执行 I/O，如 11.2.3 节中所述。

I/O 路径中的步骤数量，包括控制路径和数据通道，对性能影响至关重要：越少越好。2006年，KVM的开发者将Xen这样的特权客户机系统和KVM进行了比较，发现KVM可以用一半的步骤来执行I/O（5个步骤和10个步骤，但该测试是在没有半虚拟化的情况下进行的，因此不能反映大多数现在的配置）[Qumranet 06]。

由于Nitro管理程序消除了额外的I/O步骤，我希望所有寻求最高性能的大型云运营商都能效仿，使用硬件支持来消除I/O代理。

多租户竞争

根据管理程序的配置以及租户之间共享CPU和CPU缓存的数量，可能会出现其他租户造成的CPU时间窃取和CPU缓存污染，导致性能降低。这通常是容器比虚拟机具有的更大的问题，因为容器提倡这种共享以支持CPU爆发。

其他租户执行I/O可能会导致中断执行，这取决于管理程序的配置。

对资源的争夺可以通过资源控制来管理。

11.2.3 资源控制

作为客户机配置的一部分，CPU和主存通常会被进行资源限制。管理程序软件也可以为网络和磁盘I/O提供资源控制。

对于类似KVM的管理程序，宿主机操作系统最终控制物理资源，除了管理程序提供的控制外，操作系统提供的资源控制也可以应用于客户机。对于Linux来说，这指的是cgroup、taskset和其他资源控制方式。关于宿主机操作系统可能提供的资源控制的更多信息，请参见11.3节。下面几节将以Xen和KVM管理程序为例描述资源控制。

CPU

CPU资源通常以虚拟CPU（vCPU）的方式分配给客户机，然后由管理程序来调度它们。分配的vCPU的数量粗略地限制了CPU的资源使用。

对于Xen，管理程序的CPU调度器可以为客户机提供更精细的CPU配额。调度器包括如下特性（[Cherkasova 07]、[Matthews 08]）。

- **租借虚拟时间（BVT）**：一个基于虚拟时间分配的公平共享调度器。它能提前借用虚拟时间以支持实时和交互的应用程序低延时地执行。
- **简单最早期限优先（SEDF）**：一个可以配置的保证运行时间的实时调度器。调度器将优先调度最早到期的项目。
- **基于信用**：支持CPU用量的优先级（权重）和上限配置，以及多CPU的负载均衡。

对于KVM，宿主机操作系统可以使用更精细的CPU配额，例如使用前述的宿主机内核公平共享调度器。在Linux中，可以通过cgroup的CPU带宽控制来施行。

这两项技术在处理客户机优先级上都有局限性。客户机 CPU 的使用通常对管理程序是不透明的，并且客户机内核线程优先级通常也不能被看到或考虑。例如，一个客户机中低优先级的日志切割程序可能与另一个客户机中的重要程序拥有相同的管理程序优先级。

对于 Xen 来说，CPU 资源的使用会因为高 I/O 工作负载消耗 dom0 中的额外 CPU 资源而变得更加复杂。仅仅是后端驱动和客户机域的 I/O 代理就有可能消耗掉比分配给它们的更多的 CPU 资源，但却没有被统计在内 [Cherkasova 05]。一个新的解决方案是创建隔离驱动域（IDD），它将 I/O 服务分离出来，以保证安全、性能隔离和计费，如图 11.8 所示。

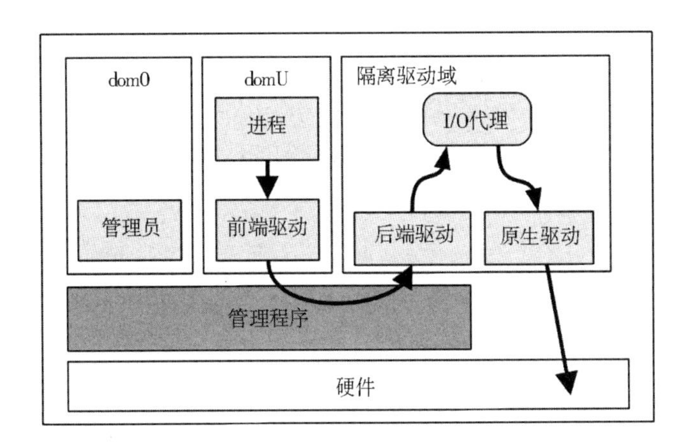

图 11.8 带隔离驱动域的 Xen

可以监测 IDD 的 CPU 使用情况，并对客户机收取相应的费用 [Gupta 06]：

> 我们修改了调度器，SEDF-Debt Collector 简写为 SEDF-DC，定期从 XenMon 获取 IDD 为客户域处理 I/O 所消耗 CPU 的反馈。利用这个信息，SEDF-DC 限制分配给客户机域的 CPU 资源，以满足指定的综合 CPU 使用限制。

Xen 使用的最新技巧是桩域，它运行一个微型操作系统。

CPU 缓存

除了 vCPU 的分配外，CPU 缓存的使用可以通过英特尔缓存分配技术（CAT）来控制。它允许为所有客户机进行 LLC 分区，并且分区可以被共享。虽然这可以防止一个客户机污染另一个客户机的缓存，但也会因为限制缓存的使用而损害性能。

内存容量

内存限制是客户机配置的一部分，客户机仅能看到固定设置的内存大小。客户机内核会在限制用量内进行自己的操作（换页、交换）。

为了增加静态配置的灵活性，VMware 开发了气球驱动 [Waldspurger 02]，它通过在客户机中运行一个消耗客户机内存的可“膨胀”的气球模块来减少客户机本身的内存消耗。管理程序随后可以回收气球模块的内存以用于其他客户机。气球也能被放气，从而把内存归还给客户机使用。在这个过程中，客户机内核执行它正常的内存管理程序以释放内存（例如，换页）。VMware、Xen 和 KVM 都支持气球驱动。

当使用气球驱动时（要想在客户机上确认是否使用了，可以在 dmesg(1) 的输出中搜索“balloon”），我会特别注意它们可能导致的性能问题。

文件系统容量

宿主机提供给客户机的虚拟磁盘卷。对于类似 KVM 的管理程序来说，这些可能是由操作系统创建并相应地被调整大小的软件卷。例如，ZFS 文件系统可以创建所需大小的虚拟卷。

设备 I/O

通过硬件虚拟化软件进行的资源控制历来侧重于控制 CPU 的使用，这可以间接地控制 I/O 的使用。

网络吞吐量可以由外部专用设备进行节制，或者在类似 KVM 的管理程序中，由宿主机内核的功能进行控制。例如，Linux 有来自 cgroup 以及不同 qdisc 的网络带宽控制，可以应用于客户机网络接口。

对 Xen 的网络性能隔离进行研究的结论如下 [Adamczyk 12]：

> ……当考虑网络虚拟化时，Xen 的弱点是缺乏适当的性能隔离。

[Adamczyk 12] 的作者提出了一个针对 Xen 网络 I/O 调度的解决方案，即增加网络 I/O 优先级和速率的可调参数。如果你在使用 Xen，可以检查是否已经有可用的这类参数。

对于具有完全硬件支持的管理程序（例如，Nitro），I/O 限制可能由硬件或由外部设备提供支持。在亚马逊 EC2 云中，网络相关设备的网络 I/O 和磁盘 I/O 是使用外部系统进行配额控制的。

11.2.4　可观测性

在虚拟机上可以观测哪些指标取决于管理程序的类型和观测工具的启动位置。总结如下。

- **从特权客户机（Xen）或者宿主机（KVM）：**所有的物理资源都应该可以使用前几章提到的标准操作系统工具来观测。如果使用了 I/O 代理，可以通过分析 I/O 代理来观测客户机 I/O。每个客户机的资源使用统计应该由管理程序提供。客户机内部，包括它的进程，都不能被直接观测。如果设备使用直通或 SR-IOV，有些 I/O 是无法被观测到的。
- **从硬件支持的宿主机（Nitro）：**使用 SR-IOV 可能会使设备 I/O 更难从管理程序中被观测到，因为客户机是直接访问硬件的，而不是通过代理或宿主机内核。（亚马逊在 Nitro 上进行管理程序观测的方法没有公开）。
- **从客户机：**可以看到虚拟资源及其被客户机使用的情况，并推断出物理问题。由于虚拟机有自己的专用内核，因此可以分析内核内部，并且内核跟踪工具（包括基于 BPF 的工具）都可以正常工作。

物理资源的使用可在特权客户机或者宿主机上从较高的层次进行观测：使用率、饱和度、错误、IOPS、吞吐率、I/O 类型。这些指标通常按客户机分别被显示出来，因此能快速地定位到重度用户。但客户机的哪个进程在处理 I/O 及它们的应用程序调用栈的细节不能被直接观测。可以通过登录到客户机（登录需要有授权并配置了相关方法，例如，SSH）并利用客户机操作系统提供的工具进行观测。

当使用直连或 SR-IOV 时，客户机可能是直接对硬件进行 I/O 调用的。这会绕过管理程序中的数据通道，以及管理程序收集的统计数据。结果是管理程序无法看到 I/O 情况，数据也不会出现在 iostat(1) 或其他工具中。一种解决方法是使用 PMC 来检查 I/O 相关的计数器，并以此推断 I/O 的情况。

为了定位客户机性能问题的根本原因，云运营商可能需要同时登录宿主机及客户机并且从两者上执行观测工具。跟踪 I/O 数据通道的过程会由于步骤的增加及可能需要分析管理程序和 I/O 代理而变得复杂。

对于客户机，物理资源的使用可能完全不能被观测。这可能会导致客户机将无法解释的性能问题归咎于物理资源被其他吵闹的邻居占用。为了安抚云客户（并减少支持工单），物理资源的使用信息（处理过的）可能以其他方式提供，比如 SNMP 或者云 API。

为了使容器性能更容易被观测和理解，有各种观测方案，它们通过图形、仪表盘和定向图形来显示容器环境。这些软件包括谷歌的 cAdvisor[Google 20d] 和 Cilium 的 Hubble [Cilium 19]（两者都是开源的）。

下面几节将演示从不同位置启动的观测工具，并介绍分析性能的策略。Xen 和 KVM 被用来演示虚拟化软件所能提供的信息类型（Nitro 不被包括在内，因为它是亚马逊专有的）。

11.2.4.1 特权客户机 / 宿主机

所有的系统资源（CPU、内存、文件系统、磁盘、网络）都可以通过前面章节介绍的工具进行观测（使用直连和 SR-IOV 的 I/O 除外）。

Xen

对于类似 Xen 的管理程序，客户机 vCPU 仅存在管理程序中，使用标准的操作系统工具无法在特权客户机（dom0）中观测到 vCPU 的情况。在 Xen 系统中可以使用 xentop(1) 工具：

```
# xentop
xentop - 02:01:05   Xen 3.3.2-rc1-xvm
2 domains: 1 running, 1 blocked, 0 paused, 0 crashed, 0 dying, 0 shutdown
Mem: 50321636k total, 12498976k used, 37822660k free    CPUs: 16 @ 2394MHz
      NAME  STATE   CPU(sec) CPU(%)     MEM(k) MEM(%)  MAXMEM(k) MAXMEM(%) VCPUS NETS
NETTX(k) NETRX(k) VBDS   VBD_OO   VBD_RD   VBD_WR SSID
  Domain-0 -----r    6087972    2.6    9692160   19.3   no limit       n/a    16    0
0        0    0       0        0        0    0
Doogle_Win --b---     172137    2.0    2105212    4.2    2105344       4.2     1    2
0        0    2       0        0        0    0
[...]
```

示例中的字段说明如下。

- **CPU(%)**：CPU 使用百分比（多 CPU 的总和）。
- **MEM(k)**：主存使用量（KB）。
- **MEM(%)**：主存占系统内存的百分比。
- **MAXMEM(k)**：主存上限大小（KB）。
- **MAXMEM(%)**：主存上限占系统内存的百分比。
- **VCPUS**：分配的 vCPU 数量。
- **NETS**：虚拟网络接口的数量。
- **NETTX(k)**：网络发送量（KB）。
- **NETRX(k)**：网络接收量（KB）。
- **VBDS**：虚拟块设备的数量。
- **VBD_DO**：阻塞和排队（饱和）的虚拟块设备请求。
- **VBD_RD**：虚拟块设备读请求。
- **VBD_WR**：虚拟块设备写请求。

xentop(1) 的输出默认每 3 秒更新并且可以用 -d *delay_secs* 指定。

对于高级 Xen 分析，可以使用 xentrace(8) 工具，它可以从管理程序中获取固定事件类型的日志。然后可以使用 xenanalyze 调查管理程序和 CPU 调度器的调度问题。还有 xenoprof，是 Xen 源码中提供的 Xen（MMU 和客户机）系统级剖析器。

KVM

对于 KVM 类型的管理程序，客户机实例在宿主机操作系统中是可见的。比如：

```
host$ top
top - 15:27:55 up 26 days, 22:04,  1 user,  load average: 0.26, 0.24, 0.28
Tasks: 499 total,   1 running, 408 sleeping,   2 stopped,   0 zombie
%Cpu(s): 19.9 us,  4.8 sy,  0.0 ni, 74.2 id,  1.1 wa,  0.0 hi,  0.1 si,  0.0 st
KiB Mem : 24422712 total,  6018936 free, 12767036 used,  5636740 buff/cache
KiB Swap: 32460792 total, 31868716 free,   592076 used.  8715220 avail Mem

  PID USER      PR  NI    VIRT    RES    SHR S  %CPU %MEM     TIME+ COMMAND
24881 libvirt+  20   0 6161864 1.051g  19448 S 171.9  4.5   0:25.88 qemu-system-x86

21897 root       0 -20       0      0      0 I   2.3  0.0   0:00.47 kworker/u17:8
23445 root       0 -20       0      0      0 I   2.3  0.0   0:00.24 kworker/u17:7
15476 root       0 -20       0      0      0 I   2.0  0.0   0:01.23 kworker/u17:2
23038 root       0 -20       0      0      0 I   2.0  0.0   0:00.28 kworker/u17:0

22784 root       0 -20       0      0      0 I   1.7  0.0   0:00.36 kworker/u17:1
[...]
```

qemu-system-x86 进程就是一个 KVM 客户机，它包括客户机中每个 vCPU 的线程和 I/O 代理的线程。客户机的总 CPU 使用量可以在之前的 top(1) 输出中看到，而每个 vCPU 的使用量可以用其他工具来检查。例如，使用 pidstat(1)：

```
host$ pidstat -tp 24881 1
03:40:44 PM   UID  TGID    TID  %usr %system %guest %wait   %CPU CPU Command
03:40:45 PM 64055 24881      - 17.00   17.00 147.00  0.00 181.00   0 qemu-system-x86
03:40:45 PM 64055     - 24881  9.00    5.00   0.00  0.00  14.00   0 |__qemu-system-x86
03:40:45 PM 64055     - 24889  0.00    0.00   0.00  0.00   0.00   6 |__qemu-system-x86
03:40:45 PM 64055     - 24897  1.00    3.00  69.00  1.00  73.00   4 |__CPU 0/KVM
03:40:45 PM 64055     - 24899  1.00    4.00  79.00  0.00  84.00   5 |__CPU 1/KVM
03:40:45 PM 64055     - 24901  0.00    0.00   0.00  0.00   0.00   2 |__vnc_worker
03:40:45 PM 64055     - 25811  0.00    0.00   0.00  0.00   0.00   7 |__worker
03:40:45 PM 64055     - 25812  0.00    0.00   0.00  0.00   0.00   6 |__worker
[...]
```

该输出展示了名为 CPU 0/KVM 和 CPU 1/KVM 的线程，分别占用了 73% 和 84% 的 CPU。

将 QEMU 进程映射到它们的客户机实例名通常需要检查它们的进程参数（ps -wwfp PID）以读取 -name 选项。

另一个需要分析的重要指标是客户机 vCPU 退出。退出类型可以显示客户机正在做什么：给定的 vCPU 是空闲的、在执行 I/O 还是执行计算。在 Linux 中，perf(1) kvm 子命令为 KVM 退出提供了高级统计信息。例如：

```
host# perf kvm stat live
11:12:07.687968

Analyze events for all VMs, all VCPUs:

             VM-EXIT Samples  Samples%     Time%    Min Time     Max Time         Avg time

           MSR_WRITE    1668    68.90%     0.28%      0.67us      31.74us      3.25us ( +-   2.20% )
                 HLT     466    19.25%    99.63%      2.61us  100512.98us   4160.68us ( +-  14.77% )
    PREEMPTION_TIMER     112     4.63%     0.03%      2.53us      10.42us      4.71us ( +-   2.68% )
   PENDING_INTERRUPT      82     3.39%     0.01%      0.92us      18.95us      3.44us ( +-   6.23% )
  EXTERNAL_INTERRUPT      53     2.19%     0.01%      0.82us       7.46us      3.22us ( +-   6.57% )
      IO_INSTRUCTION      37     1.53%     0.04%      5.36us      84.88us     19.97us ( +-  11.87% )
            MSR_READ       2     0.08%     0.00%      3.33us       4.80us      4.07us ( +-  18.05% )
       EPT_MISCONFIG       1     0.04%     0.00%     19.94us      19.94us     19.94us ( +-   0.00% )

Total Samples:2421, Total events handled time:1946040.48us.
[...]
```

上面的数据展示了虚拟机退出的原因，以及每个原因的统计数据。在这个例子中，耗时最长的退出的原因是HLT（停顿），因为虚拟CPU进入了空闲状态。所有列的含义如下。

- **VM-EXIT**：退出类型。
- **Samples**：跟踪时退出的数量。
- **Samples%**：退出数量的总体百分比。
- **Time%**。在退出中花费的时间占总体的百分比。
- **Min Time**：最短退出时间。
- **Max Time**：最长退出时间。
- **Avg time**：平均退出时间。

虽然操作员可能不容易直接看到客户虚拟机的内部情况，但通过检查退出情况，可以确定硬件虚拟化的开销是否会影响租户。如果看到少量的退出，并且其中高比例的退出是 HLT，你就可以知道客户机 CPU 是相当空闲的。另一方面，如果有大量的 I/O 操作，有中断产生并注入客户机，那么很可能租户正在通过其虚拟网卡和磁盘进行 I/O。

对于高级的 KVM 分析，有许多跟踪点：

```
host# perf list | grep kvm
  kvm:kvm_ack_irq                                    [Tracepoint event]
  kvm:kvm_age_page                                   [Tracepoint event]
  kvm:kvm_apic                                       [Tracepoint event]
  kvm:kvm_apic_accept_irq                            [Tracepoint event]
  kvm:kvm_apic_ipi                                   [Tracepoint event]
  kvm:kvm_async_pf_completed                         [Tracepoint event]
  kvm:kvm_async_pf_doublefault                       [Tracepoint event]
  kvm:kvm_async_pf_not_present                       [Tracepoint event]
  kvm:kvm_async_pf_ready                             [Tracepoint event]
  kvm:kvm_avic_incomplete_ipi                        [Tracepoint event]
  kvm:kvm_avic_unaccelerated_access                  [Tracepoint event]
  kvm:kvm_cpuid                                      [Tracepoint event]
  kvm:kvm_cr                                         [Tracepoint event]
  kvm:kvm_emulate_insn                               [Tracepoint event]
  kvm:kvm_enter_smm                                  [Tracepoint event]
  kvm:kvm_entry                                      [Tracepoint event]
  kvm:kvm_eoi                                        [Tracepoint event]
  kvm:kvm_exit                                       [Tracepoint event]
[...]
```

特别让人兴奋的是 kvm:kvm_exit（前面提到的）和 kvm:kvm_entry。可以使用 bpftrace 列出 kvm:kvm_exit 的参数：

```
host# bpftrace -lv t:kvm:kvm_exit
tracepoint:kvm:kvm_exit
    unsigned int exit_reason;
    unsigned long guest_rip;
    u32 isa;
    u64 info1;
    u64 info2;
```

这提供了退出原因（exit_reason）、客户机返回指令指针（guest_rip）和其他细节。与 kvm:kvm_entry 一起，它显示了 KVM 客户机进入的时间（或者换句话说，退出完成的时间），退出的持续时间可以与退出原因一起被测量。在《BPF 之巅》[Gregg 19] 一书中，我发布了一个以直方图显示退出原因的 bpftrace 工具 kvmexits.bt（它也是开源的，并且可以在线使用 [Gregg 19e]）。输出格式如下：

```
host# kvmexits.bt
Attaching 4 probes...
```

```
Tracing KVM exits. Ctrl-C to end
^C
[...]

@exit_ns[30, IO_INSTRUCTION]:
[1K, 2K)                 1 |                                                    |
[2K, 4K)                12 |@@@                                                 |
[4K, 8K)                71 |@@@@@@@@@@@@@@@@@@                                  |
[8K, 16K)              198 |@@@@@@@@@@@@@@@@@@@@@@@@@@@@@@@@@@@@@@@@@@@@@@@@@@@@|
[16K, 32K)             129 |@@@@@@@@@@@@@@@@@@@@@@@@@@@@@@@@@                   |
[32K, 64K)              94 |@@@@@@@@@@@@@@@@@@@@@@@@                            |
[64K, 128K)             37 |@@@@@@@@@                                           |
[128K, 256K)            12 |@@@                                                 |
[256K, 512K)            23 |@@@@@@                                              |
[512K, 1M)               2 |                                                    |
[1M, 2M)                 0 |                                                    |
[2M, 4M)                 1 |                                                    |
[4M, 8M)                 2 |                                                    |

@exit_ns[48, EPT_VIOLATION]:
[512, 1K)             6160 |@@@@@@@@@@@@@@@@@@@@@@@@@@@@@@@@@@@@@@@@@           |
[1K, 2K)              6885 |@@@@@@@@@@@@@@@@@@@@@@@@@@@@@@@@@@@@@@@@@@@@@@      |
[2K, 4K)              7686 |@@@@@@@@@@@@@@@@@@@@@@@@@@@@@@@@@@@@@@@@@@@@@@@@@@@@|
[4K, 8K)              2220 |@@@@@@@@@@@@@@@                                     |
[8K, 16K)              582 |@@@                                                 |
[16K, 32K)             244 |@                                                   |
[32K, 64K)              47 |                                                    |
[64K, 128K)              3 |                                                    |
```

输出包括每个退出的直方图：这里只展示其中两个。这表明 IO_ INSTRUCTION 的退出时间通常小于 512 微秒，少数异常值达到 2 ～ 8 毫秒。

另一种高级分析是对 CR3 寄存器的内容进行剖析。客户机中的每个进程都有自己的地址空间和一套描述虚拟内存到物理内存转换的页表。这个页表的根存储在寄存器 CR3 中。通过从宿主机上对 CR3 寄存器进行采样（例如，使用 bpftrace），可以确定一个进程是否在客户机中处于活跃状态（相同的 CR3 值），或者是否在进程之间切换（不同的 CR3 值）。

如果需要更多信息，你就必须登录到客户机中进行查看。

11.2.4.2 客户机

在硬件虚拟化的客户机中，只能看到虚拟设备（除非使用直连 /SR-IOV）。这包括 CPU，它仅显示分配给客户机的 vCPU。例如，使用 mpstat(1) 从一个 KVM 客户机检查 CPU：

```
kvm-guest$ mpstat -P ALL 1
Linux 4.15.0-91-generic (ubuntu0)     03/22/2020        _x86_64_  (2 CPU)

10:51:34 PM CPU    %usr %nice    %sys %iowait   %irq %soft %steal %guest %gnice  %idle
10:51:35 PM all   14.95  0.00   35.57    0.00   0.00  0.00   0.00   0.00   0.00  49.48
10:51:35 PM   0   11.34  0.00   28.87    0.00   0.00  0.00   0.00   0.00   0.00  59.79
10:51:35 PM   1   17.71  0.00   42.71    0.00   0.00  0.00   0.00   0.00   0.00  39.58
10:51:35 PM CPU    %usr %nice    %sys %iowait   %irq %soft %steal %guest %gnice  %idle
10:51:36 PM all   11.56  0.00   37.19    0.00   0.00  0.00   0.50   0.00   0.00  50.75
10:51:36 PM   0    8.05  0.00   22.99    0.00   0.00  0.00   0.00   0.00   0.00  68.97
10:51:36 PM   1   15.04  0.00   48.67    0.00   0.00  0.00   0.00   0.00   0.00  36.28
[...]
```

输出只显示了两个客户机的 CPU 的状态。

Linux 中的 vmstat(8) 命令包括一个 CPU 被窃取的百分比（st），这是一个罕见的虚拟化感知统计的例子。被窃取显示了客户机不可用的 CPU 时间：它可能被其他租户或其他管理程序所消耗（比如处理你自己的 I/O，或由于实例类型而节流）。

```
xen-guest$ vmstat 1
procs -----------memory---------- ---swap-- -----io---- --system-- -----cpu-----
 r  b   swpd   free   buff  cache   si   so    bi    bo   in   cs us sy id wa st
 1  0      0 107500 141348 301680    0    0     0     0 1006    9 99  0  0  0  1
 1  0      0 107500 141348 301680    0    0     0     0 1006   11 97  0  0  0  3
 1  0      0 107500 141348 301680    0    0     0     0  978    9 95  0  0  0  5
 3  0      0 107500 141348 301680    0    0     0     4  912   15 99  0  0  0  1
 2  0      0 107500 141348 301680    0    0     0     0   33    7  3  0  0  0 97
 3  0      0 107500 141348 301680    0    0     0     0   34    6 100  0  0  0 0
 5  0      0 107500 141348 301680    0    0     0     0   35    7  1  0  0  0 99
 2  0      0 107500 141348 301680    0    0     0    48   38   16  2  0  0  0 98
[...]
```

这个例子测试了一个有积极 CPU 限制策略的 Xen 客户机。在最初的 4 秒内，超过 90% 的 CPU 时间是在客户机的用户态下，有百分之几的时间被窃取。然后，这种行为发生了剧烈变化，大部分的 CPU 时间被窃取了。

从周期层面了解 CPU 使用情况通常需要使用硬件计数器（参见 4.3.9）。根据管理程序的配置，这些计数器可能对客户机可用，也可能不可用。例如，Xen 有一个虚拟性能监测单元（vpmu），用来支持客户机的 PMC 使用，并通过调整来指定允许哪些 PMC [Gregg 17f]。

由于磁盘和网络设备是虚拟化的，因此延时成了一个重要的分析指标，它显示设备在给定的虚拟化、限制和其他租户的情况下是如何响应的。如果不知道底层设备是什么，就很难解释像忙碌百分比这样的指标。

设备延时的详细情况可以通过内核跟踪工具来研究，包括 perf(1)、Ftrace 和 BPF（参见第 13、14 和 15 章）。幸运的是，这些工具都可以在客户机上工作，因为它们运行的是专用内核，而 root 用户有完全的内核访问权。例如，在 KVM 客户机中运行基于 BPF 的 biosnoop(8)：

```
kvm-guest# biosnoop
TIME(s)        COMM           PID    DISK    T  SECTOR     BYTES    LAT(ms)
0.000000000    systemd-journa 389    vda     W  13103112   4096        3.41
0.001647000    jbd2/vda2-8    319    vda     W  8700872    360448      0.77
0.011814000    jbd2/vda2-8    319    vda     W  8701576    4096        0.20
1.711989000    jbd2/vda2-8    319    vda     W  8701584    20480       0.72
1.718005000    jbd2/vda2-8    319    vda     W  8701624    4096        0.67
[...]
```

输出结果显示了虚拟磁盘设备的延时。注意，对于容器（参见第 11.3），这些内核跟踪工具可能无法工作，所以用户无法详细检查设备 I/O 和其他各种目标。

11.2.4.3　策略

前几章已经介绍了物理系统资源的分析技术，物理系统的管理员可以使用这些技术来寻找瓶颈和错误。还可以检查客户机的资源控制，确定客户机是否一直处于极限状态，并通知和鼓励它们升级。管理员在没有登录到客户机的情况下可以确定的东西不多，因此对于任何严格的性能调查来说登录客户机是必要的。[1]

对于客户机，可以应用前几章中介绍的分析资源的工具和策略，同时要记住，在这种情况下，资源通常是虚拟的。由于管理程序不可见的资源控制或其他租户的竞争，一些资源可能不会达到它们的极限。理想的情况是，云计算软件或运营商为客户提供一种方法来检查修改过的物理资源使用情况，这样它们就可以自己进一步调查性能问题。否则，竞争和限制只能根据 I/O 和 CPU 调度延时来进行推断，这种延时可以在系统调用层或客户机内核中测量。

我用来识别来自客户机的磁盘和网络资源竞争的策略是仔细地分析 I/O 模式。这包括记录 biosnoop(8) 的输出（见前面的例子），然后检查 I/O 的顺序，看是否有任何延时异常值，并判断它们是否由它们的大小（大的 I/O 比较慢）、它们的访问模式（例如，读排在写刷新后面）引起的。如果两者都不是，在这种情况下，那就很可能是一个物理竞争或设备问题。

1　有人指出了另一种可能的技术（注意这不是一种建议）：可以分析客户机的存储快照（只要它没有被加密）。例如，通过提供的磁盘I/O地址的日志，文件系统状态的快照可以用来确定哪些文件可能已经被访问。

11.3 操作系统虚拟化

操作系统虚拟化将操作系统划分为很多实例，这些实例在 Linux 中被称为容器，它们形同分隔的客户机服务器且能独立于宿主机管理和重启的实例。这为云客户提供了小型、高效且可以快速启动的服务实例，并为云运营商提供高密度的服务器。图 11.9 展示了操作系统虚拟化的客户机。

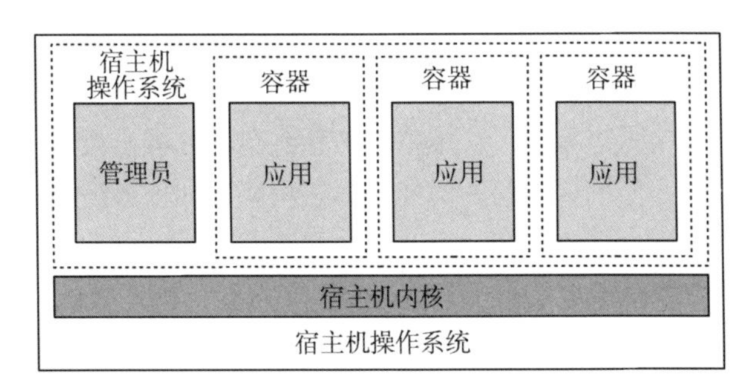

图 11.9 操作系统虚拟化

这种实现方法源自 UNIX 的 chroot(8) 命令，它将进程隔离在 UNIX 的全局文件系统的一个子目录内（它将进程看到的顶级目录“/”改为指向其他地方）。1998 年，FreeBSD 开发出更进一步的“FreeBSD 监狱”，提供了安全隔仓，运行起来就像自己的服务器。2005 年，Solaris 10 引入了一个带有多种资源控制的版本，名为 Solaris Zones。同时，Linux 已经部分添加了进程隔离能力，2002 年在 Linux 2.4.19 中首次增加了命名空间，2008 年在 Linux 2.6.24 中首次增加了控制组（cgroup）[Corbet 07a][Corbet 07b][Linux 20m]。命名空间和 cgroup 组合在一起创建容器，通常还使用 seccomp-bpf 来控制系统调用访问。

相比硬件虚拟化技术，一个关键区别是，容器技术仅有一个内核在运行。以下是容器相对于硬件虚拟机的性能优势（参见 11.2 节）。

- 快速的初始化时间：通常以毫秒为单位。
- 客户机可以将内存完全用于应用程序（没有额外的内核）。
- 有一个统一的文件系统缓存——这可以避免宿主机和客户机之间的双重缓存情况。
- 对资源共享进行更精细的控制（cgroup）。
- 对宿主机运营商来说：提高了性能的可观测性，因为客户机进程与它们的交互是直接可见的。
- 容器可以为常规文件共享内存页，释放页缓存中的空间，提高 CPU 缓存命中率。
- CPU 是真正的 CPU；自适应互斥锁的假设仍然有效。

当然容器也有缺点：

- 对内核资源（锁、缓存、缓冲区、队列）的竞争增加了。
- 对客户机来说，性能的可观测性降低了，因为内核通常不能被分析。
- 任何内核错误都会影响到所有客户。
- 客户机不能运行自定义的内核模块
- 客户机不能使用长期运行的 PGO 内核（参见 3.5.1 节）。
- 客户机不能运行不同的内核版本或不同的内核。[1]

把前两个缺点放在一起考虑：从虚拟机转移到容器的客户机将更有可能遇到内核竞争问题，同时也会失去分析这些问题的能力。它们将更加依赖宿主机运营商来进行这些分析。

容器的一个非性能缺点是，由于它们共享一个内核，因此被认为不太安全。

所有这些缺点都可以通过 11.4 节中的介绍来解决，尽管要以牺牲一些优势为代价。

下面几节描述了 Linux 操作系统虚拟化的细节：实现方式、系统开销、资源控制和可观测性。

11.3.1　实现方式

在 Linux 内核中没有容器的概念。但用户空间的软件（例如 Docker）使用命名空间和 cgroup 来创建所谓的容器。[2] 一个典型的容器配置如图 11.10 所示。

尽管每个容器内都有一个 PID 为 1 的进程，但它们属于不同的命名空间，因此是不同的进程。

许多容器部署使用 Kubernetes，其架构如图 11.11 所示。Kubernetes 在 11.1.6 节中介绍过。

1　有些技术可以模拟不同的系统调用接口，从而使不同的操作系统可以在同一种内核上运行，但这在实践中会影响性能。例如，这种模拟通常只提供一套基本的系统调用功能，而高级的性能功能会返回ENOTSUP（不支持错误）。

2　内核确实使用nsproxy结构体来连接进程的命名空间。因为这个结构体定义了一个进程是如何被包含的，所以它可以被认为是内核对容器概念的最佳诠释。

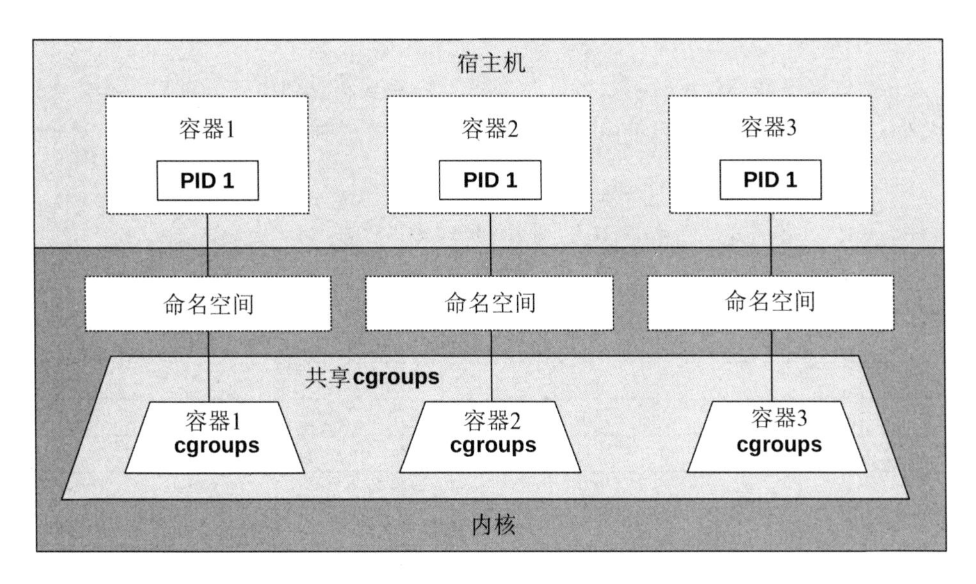

图 11.10 Linux 容器

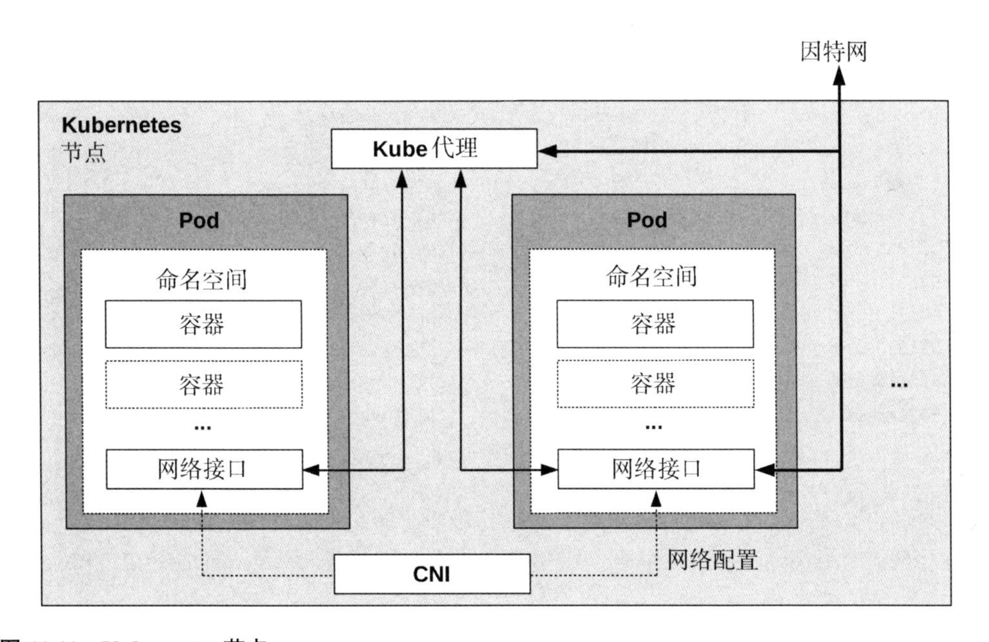

图 11.11 Kubernetes 节点

图 11.11 还显示了 Pod 之间通过 Kube 代理的网络路径，以及由 CNI 配置的容器网络。

Kubernetes 的一个优势是可以很容易地创建多个容器来作为 Pod 的一部分，共享相同的命名空间。这使得容器之间的通信方式更快。

命名空间

命名空间对系统的视图进行过滤，使容器只能看到和管理自己的进程、挂载点以及其他资源。这是提供容器与系统中其他容器隔离的主要机制。表 11.1 中列出了部分命名空间。

表 11.1　部分 Linux 命名空间

命名空间	说明
cgroup	用于 cgroup 可见性
ipc	用于进程间通信的可见性
mnt	用于文件系统挂载点
net	用于网络栈隔离；过滤接口、套接字、路由等
pid	用于进程可见性，过滤 /proc
time	用于不同容器单独的系统时钟
user	用于用户 ID
uts	用于宿主机信息和 uname(2) 系统调用

系统中当前的命名空间可以用 lsns(8) 列出：

```
# lsns
        NS TYPE   NPROCS   PID USER             COMMAND
4026531835 cgroup    105     1 root             /sbin/init
4026531836 pid       105     1 root             /sbin/init
4026531837 user      105     1 root             /sbin/init
4026531838 uts       102     1 root             /sbin/init
4026531839 ipc       105     1 root             /sbin/init
4026531840 mnt        98     1 root             /sbin/init
4026531860 mnt         1    19 root             kdevtmpfs
4026531992 net       105     1 root             /sbin/init
4026532166 mnt         1   241 root             /lib/systemd/systemd-udevd
4026532167 uts         1   241 root             /lib/systemd/systemd-udevd
[...]
```

lsns(8) 的输出显示 init 进程有 6 个不同的命名空间，被 100 多个进程使用。

Linux 的源代码和手册页中有一些关于命名空间的文档，从 namespaces(7) 开始。

控制组

控制组（cgroups）限制资源的使用。Linux 内核中有两个版本的 cgroup，v1 和 v2；[1] 许多项目，比如 Kubernetes 仍在使用 v1 版本（v2 版本的适配正在进行）。v1 cgroup 包

1　还有一些混合模式的配置，同时使用v1和v2的一部分。

括表 11.2 中列出的这些。

表 11.2 部分 Linux 控制组

cgroup	说明
blkio	限制块 I/O（磁盘 I/O）的字节数和 IOPS
cpu	限制基于共享的 CPU 使用
cpuacct	统计进程组的 CPU 使用量
cpuset	为容器分配 CPU 和内存节点
devices	控制设备管理
hugetlb	限制巨型页的使用
memory	限制进程内存、内核内存和交换空间的使用
net_cls	为 qdisc 和防火墙使用的数据包设置分类
net_prio	设置网络接口的优先级
perf_event	允许 perf 监视控制组中的进程
pids	限制可以创建的进程的数量
rdma	限制 RDMA 和 InfiniBand 的资源使用量

可以将这些 cgroup 配置为限制容器之间的资源争用，例如，对 CPU 和内存使用设置硬件限制，或对 CPU 和磁盘使用设置软件限制（基于共享）。也可以有一个控制组的层次结构，包括在容器之间共享的系统控制组，如图 11.10 所示。

cgroup v2 是基于层次结构的，解决了 v1 的各种缺点。预计容器技术将在未来几年迁移到 v2，v1 最终会被废弃。2019 年发布的 Fedora 31 操作系统已经切换到 cgroup v2。

在 Linux 源代码的 Documentation/cgroup-v1 和 Documentation/admin-guide/cgroup-v2.rst，以及 cgroups(7) 的手册页中有一些关于命名空间的文档。

下面几节描述了容器虚拟化的主题：系统开销、资源控制和可观测性。这些内容根据具体的容器实现及其配置而有所不同。

11.3.2 系统开销

容器执行的开销应该是轻量级的：应用程序的 CPU 和内存使用应该和裸金属的性能相当，即使由于存在文件系统和网络路径中的层，内核中可能有一些额外的 I/O 调用。最大的性能问题是由多租户竞争引起的，因为容器促进了内核和物理资源的更多共享。下面几节总结了 CPU 执行、内存使用、执行 I/O 和来自其他租户的竞争的性能开销。

CPU

当容器线程以用户态运行时，没有直接的 CPU 开销：线程直接在 CPU 上运行，直到它们挂起或被抢占。在 Linux 中，在命名空间和控制组中运行进程也没有额外的 CPU 开销：无论容器是否在使用，所有进程已经在默认的命名空间和控制组中运行了。

CPU 性能的下降很可能是由于与其他租户的竞争引起的（参见后面的“多租户竞争”小节）。

对于 Kubernetes 等协调器，额外的网络组件会增加一些处理网络数据包的 CPU 开销［例如，有许多服务（成千上万）］；由于使用了大量的 Kubernetes 服务，kube 代理在不得不处理大型 iptables 规则集时，会遇到首数据包开销。这种开销可以通过用 BPF 代替 kube 代理来解决 [Borkmann 20]）。

内存映射

内存映射、加载和存储执行时应该没有额外开销。

内存大小

应用程序可以使用为容器分配的全部内存。与之对应的，硬件虚拟机中的每个租户运行一个内核，每个内核都会耗费少量的主存。

常见的容器配置（使用 overlayfs）允许共享访问同一文件的容器之间的页缓存。与虚拟机相比，这可以释放出一些内存，因为虚拟机在内存中复制公共的文件（如系统库）。

I/O

I/O 的开销取决于容器的配置，因为它可能包括额外的用于隔离的层。

- **文件系统 I/O：**例如，overlayfs。
- **网络 I/O：**例如，桥接网络。

下面是一个内核栈踪迹，显示了由 overlayfs 处理的容器文件系统写入（并由 XFS 文件系统支持）：

```
blk_mq_make_request+1
generic_make_request+420
submit_bio+108
_xfs_buf_ioapply+798
__xfs_buf_submit+226
xlog_bdstrat+48
xlog_sync+703
__xfs_log_force_lsn+469
xfs_log_force_lsn+143
xfs_file_fsync+244
xfs_file_buffered_aio_write+629
do_iter_readv_writev+316
do_iter_write+128
ovl_write_iter+376
```

```
__vfs_write+274
vfs_write+173
ksys_write+90
do_syscall_64+85
entry_SYSCALL_64_after_hwframe+68
```

在栈中可以看到 overlayfs，即 ovl_write_iter() 函数。

这有多重要取决于工作负载和它的 IOPS 率。对于低 IOPS 的服务器（例如，小于 1000 IOPS），它的开销应该可以忽略不计。

多租户竞争

其他正在运行的租户的存在可能会导致资源竞争和中断，从而损害性能，包括：

- CPU 缓存的命中率可能较低，因为其他租户正在消耗和驱逐缓存条目。对于某些处理器和内核配置，将上下文切换到其他容器线程甚至可能刷新 L1 缓存。[1]
- 由于其他租户的使用，TLB 缓存的命中率也可能较低，而且上下文切换时也会被刷新（如果使用 PCID，可以避免这种情况）。
- CPU 的执行可能会因为其他租户设备（如网络 I/O）执行中断服务程序而被短期打断。
- 内核执行可能会遇到对缓冲区、缓存、队列和锁的额外竞争，因为多租户容器系统的负载可能增加一个或更多数量级。这种争夺可能会稍微降低应用程序的性能，取决于内核资源和它的可伸缩性。
- 由于使用 iptables 来实现容器网络，所以网络 I/O 会遇到 CPU 开销。
- 可能会遇到正在使用系统资源（CPU、磁盘、网络接口）的其他租户对资源的竞争。

Gianluca Borello 的一篇文章描述了当系统中有某些其他容器时，如何发现一个容器的性能随着时间的推移缓慢而稳定地恶化 [Borello 17]。他跟踪发现，lstat(2) 的延时更高，这是由于其他容器的工作负载及其对 dcache 的影响造成的。

Maxim Leonovich 报告的另一个问题是，从单租户虚拟机迁移到多租户容器提高了内核的 posix_fadvise() 调用率，从而导致了瓶颈 [Leonovich 18]。

列表中的最后一项是由资源控制管理的。虽然其中一些因素也存在于传统的多用户环境中，但在多租户容器系统中更为普遍。

1 例如，在2020年6月，Linus Torvalds拒绝了一个允许进程选择加入L1数据高速缓存的内核补丁[Torvalds 20b]。这个补丁是对云环境的安全预防措施，但由于担心在不必要情况下导致性能下降而被拒绝。虽然没有被包括在Linux的主线中，但如果这个补丁在云中的一些Linux发行版中运行，我也不会感到惊讶。

11.3.3 资源控制

资源控制限制了对资源的访问，以便更公平地共享资源。在 Linux 中，这主要是通过控制组提供的。

独立的资源控制的方式可以分为优先级或极限。优先级引导资源消耗，根据权重值来平衡邻居之间的使用。极限是资源消耗的最高值。任何一种都是合适的——对于某些资源来说，两者都是合适的，如表 11.3 所示。

表 11.3 Linux 容器的资源控制

资源	优先级	极限
CPU	CFS 共享	cpusets（整个 CPU） CFS 带宽（部分 CPU）
内存容量	内存软件限制	内存限制
交换容量	-	交换限制
文件系统容量	-	文件系统配额 / 限制
文件系统缓存	-	内核内存限制
磁盘 I/O	blkio 权重	blkio IOPS 限制 blkio 吞吐量限制
网络 I/O	net_prio 优先级 qdiscs（fq 等） 自定义 BPF	qdiscs（fq 等） 自定义 BPF

下面几节将基于 cgroup v1 对各种资源进行概述。配置这些的步骤取决于使用的容器平台（Docker、Kubernetes 等），请参阅它们的相关文档。

CPU

可以使用 cpusets cgroup 跨容器分配 CPU，并从 CFS 调度器中获得共享和带宽。

cpusets

cpusets cgroup 允许将整个 CPU 分配给特定的容器。好处是这些容器可以在 CPU 上运行而不被其他容器打断，并且它们可用的 CPU 容量是一致的。缺点是空闲的 CPU 容量不能被其他容器使用。

共享和带宽

由 CFS 调度器提供的 CPU 共享是一种不同的 CPU 分配方法，它允许容器共享它们的空闲的 CPU 容量。共享支持爆发的概念，即通过使用其他容器的空闲 CPU 来有效地提高运行速度。当没有空闲的容量时，包括宿主机被过度配置的情况，共享可以在需要 CPU 资源的容器之间尽力分配。

CPU 共享通过被称为份额的分配单元分配给容器，份额用于计算繁忙的容器在给定时间内将得到的CPU数量。这种计算使用的公式如下：

容器CPU=（所有CPU×容器份额）/系统中繁忙份额总量

假如一个系统有100个份额分配给多个容器。在某一时间点，只有容器A和容器B需要CPU资源，容器A有10个份额，容器B有30个份额。容器A因此能使用系统中25%的CPU总资源：所有CPU×10 / (10 + 30)。

现在考虑一个所有容器同时处于繁忙状态的系统。给定容器的CPU分配如下：

容器CPU=所有CPU×容器份额/系统份额总量

对于所述情况，容器A将获得10%的CPU容量（CPU×10/100）。共享分配保证了CPU的最低用量。爆发则允许容器使用更多。容器A可以使用从10%到100%的CPU容量，这取决于有多少其他容器处于繁忙状态。

共享的一个问题是，爆发可能会混淆容量规划，特别是由于许多观测系统不显示爆发的统计数据（它们应该显示）。测试容器的终端用户可能对其性能感到满意，却不知道这种性能是通过爆发来实现的。当其他租户进来时，它们的容器不能再爆发，性能就会下降。想象一下，容器A最初在一个空闲的系统上测试，得到了100%的CPU，但后来由于其他容器的加入，却只能得到10%的CPU。我曾在实践中多次看到这种情况，终端用户认为一定是系统性能问题，要求我帮助调试。然后，他们失望地得知，系统正在按计划工作，而由于其他容器的加入，速度变为原来的1/10已经成为新的常态。对客户来说，这就像是诱饵和交换。

可以通过限制过度爆发来减少这种问题，使性能下降得不那么严重（尽管这也限制了性能）。在Linux中，这可以通过CFS带宽控制来实现，它可以为CPU的使用设置一个上限。例如，可以将容器A的带宽设置为全系统CPU容量的20%，这样，根据空闲可用性的不同，它的共享范围可以运行在10%到20%。图11.12显示了从基于共享的最小CPU到带宽最大值的范围。它假定每个容器中都有足够的繁忙线程来使用可用的CPU（否则，在达到系统限制之前，容器会因为自己的工作负载而被限制CPU）。

带宽控制通常是以整个CPU的百分比显示的：2.5意味着两个半的CPU。这与内核设置相对应，内核设置实际上是以微秒为单位的周期和配额：一个容器在每个周期获得的以微秒为单位的CPU配额。

管理爆发的另一种方法是，容器运营商在爆发一段时间（例如几天）后通知它们的用户，这样它们就不会对性能产生错误的期望。之后可以鼓励用户提高它们的容器大小，这样它们就可以得到更多的共享，以及更高的CPU分配的最低保证。

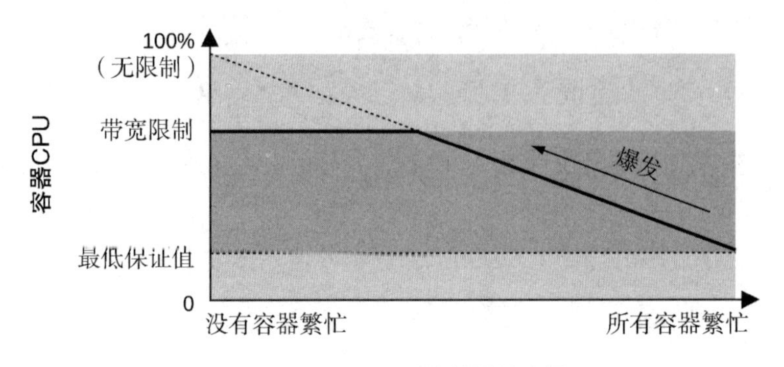

图 11.12　CPU 共享和带宽

CPU 缓存

CPU 缓存的使用可以通过英特尔缓存分配技术（CAT）来控制，以避免容器污染 CPU 缓存。这在 11.2.3 节中有所描述，并且有同样的注意事项：限制缓存访问也会损害性能。

内存容量

内存 cgroup 提供了 4 种机制来管理内存的使用。表 11.4 按照它们的内存 cgroup 设置名称展示了它们。

表 11.4　Linux 内存的 cgroup 设置

名称	描述
memory.limit_in_bytes	大小限制，以字节为单位。如果一个容器试图使用超过分配的内存大小，它会被交换（如果配置过）或遭遇 OOM 终结者
memory.soft_limit_in_bytes	大小限制，以字节为单位。一种尽力而为的方法，包括回收内存以引导容器达到其软件限制
memory.kmem.limit_in_bytes	内核内存的大小限制，以字节为单位
memory.kmem.tcp.limit_in_bytes	TCP 缓冲区的大小限制，以字节为单位
memory.pressure_level	低内存通知器，可以通过 eventfd(2) 系统调用来使用。这需要应用程序的支持来配置压力水平和使用系统调用

还有一些通知机制，以便应用程序在内存不足时可以采取行动，配置项为：memory.pressure_level 和 memory.oom_control。这些需要通过 eventfd(2) 系统调用来配置通知。

注意，一个容器未使用的内存可以被内核页缓存中的其他容器使用，从而提高它们的性能（内存中类似爆发的一种形式）。

交换容量

内存 cgroup 也允许配置交换限制。memsw.limit_in_bytes，它是内存加上交换空间的大小。

文件系统容量

文件系统的容量通常可以由文件系统来限制。例如，XFS 文件系统支持用户、组和项目的软件限制和硬件限制，其中软件限制允许在硬件限制的配额下临时超额使用。ZFS 和 btrfs 也支持配额。

文件系统缓存

在 Linux 中，容器的文件系统页面缓存所使用的内存已经被计入容器的内存 cgroup 中，因此不需要额外设置。如果容器配置了交换，可以通过 memory.swappiness 设置来控制交换与页缓存驱逐之间的程度，类似于系统级的 vm.swappinness（参见 7.6.1 节）。

磁盘 I/O

blkio cgroup 提供了管理磁盘 I/O 的机制。表 11.5 按照 blkio cgroup 的设置名称对它们进行了说明。

表 11.5 Linux 中的 blkio cgroup 设置

名称	描述
blkio.weight	cgroup 权重，在负载期间控制磁盘资源的共享，类似于 CPU 共享。它与 BFQ I/O 调度器一起使用
blkio.weight_device	特定设备的权重设置
blkio.throttle.read_bps_device	读操作的速率限制
blkio.throttle.write_bps_device	写操作的速率限制
blkio.throttle.read_iops_device	读 IOPS 的限制
blkio.throttle.write_iops_device	写 IOPS 的限制

与 CPU 共享和带宽一样，blkio 权重和节流设置允许磁盘 I/O 资源根据优先级和限制策略被共享。

网络 I/O

net_prio cgroup 允许为出站网络流量设置优先级。这与 SO_PRIORITY 套接字选项（见 socket(7)）相同，用于控制网络栈中数据包处理的优先级。net_cls cgroup 可以给数据包打上类 ID 的标签，以便 qdiscs 管理（这也适用于 Kubernetes Pod，每个 Pod 可以使用一个 net_cls）。

排队规则（qdiscs，见 10.4.3 节）可以对类 ID 进行操作，也可以分配给容器虚拟网络接口，来对网络流量进行优先级控制和节流。有超过 50 种不同的 qdisc 类型，每种类型都有自己的策略、特性和可调整性。例如，Kubernetes 的 kubernetes.io/ingress-bandwidth 和 kubernetes.io/egress-bandwidth 设置是通过创建令牌桶过滤器（tbf）qdisc 实现的 [CNI 18]。10.7.6 节提供了一个向网络接口添加和删除 qdisc 的例子。

BPF 程序可以被附加到 cgroup 上，用于自定义可编程资源控制和防火墙。一个例子是 Cilium 软件，它使用了不同层 BPF 程序的组合，如 XDP、cgroup 和 tc (qdisc)，来支持容器之间的安全性、负载均衡和防火墙功能 [Cilium 20a]。

11.3.4　可观测性

什么是可观测的取决于启动观测工具的位置和宿主机的安全设置。因为容器可以有很多不同的配置方式，这里介绍一些典型的情况。

- **从宿主机（特权最高的命名空间）**：一切都可以观测，包括硬件资源、文件系统、客户机进程、客户机 TCP 会话等。在不登录客户机的情况下，也可以查看和分析客户机的进程。客户机的文件系统也可以很容易地从宿主机（云提供商）中浏览。
- **从客户机**：容器通常只能看到自己的进程、文件系统、网络接口和 TCP 会话。需要注意的例外是系统级的统计数据，比如 CPU 和磁盘，这些通常会显示宿主机而不仅仅是容器的数据。这些统计数据的状态通常是没有记录的（我在后面的“传统工具”一节中写了自己的文档）。内核内部通常不能被检查，所以使用内核跟踪框架的性能工具（参见第 13 章到第 15 章）通常不能工作。

最后一点在前面已经描述过了：容器更有可能遇到内核竞争的问题，同时它们也阻碍了用户诊断这些问题的能力。

对于容器性能分析，一个常见的问题是可能有“吵闹的邻居”，即其他容器租户正在活跃地使用资源，并对其他容器造成资源访问竞争。由于这些容器进程都在一个内核中，因此可以从宿主机上同时被分析，这与对一个分时系统上运行的多个进程进行传统性能分析没有什么不同。主要的区别是，cgroup 可能会施加额外的软件限制（资源控制），这些软件限制可能在达到硬件限制之前就会遇到。

许多为独立系统编写的监测工具尚未开发对操作系统虚拟化（容器）的支持，并且对 cgroup 和其他软件限制也不支持。试图在容器中使用这些工具的客户可能会发现，它们似乎在工作，但实际上只显示物理系统资源。如果不支持云资源控制下的观测，这些工具可能会错误地报告说系统有余量，而实际上它们已经达到了软件限制。它们也可能显示出很高的资源使用量，而实际上是由其他租户造成的。

在 Linux 中，由于目前内核中没有容器 ID，[1] 传统的性能分析工具也没有对容器提供支持，因此从宿主机和客户机观测容器变得更加复杂和耗时。

这些挑战将在后面的章节中进行介绍，那些章节总结了传统性能分析工具的状况，探讨了在宿主机和容器中的可观测性，并给出了一种性能分析的策略。

11.3.4.1 传统工具

作为对传统性能工具的总结，表 11.6 描述了在 Linux 5.2 内核上从宿主机和典型的容器（使用进程和挂载命名空间的容器）上运行时各种工具的显示内容。可能出现的意外情况，比如容器可以观测到宿主机的统计数据，会用粗体字突出显示。

表 11.6 Linux 中的传统工具

工具	在宿主机运行	从容器中运行
top	摘要栏显示宿主机信息；进程表显示所有宿主机和容器进程	**摘要栏显示了混合的统计数据；有些来自宿主机，有些来自容器**。进程表显示容器进程
ps	显示所有进程	显示容器内进程
uptime	显示宿主机（系统级）的平均负载	**显示宿主机的平均负载**
mpstat	显示宿主机的 CPU 和 CPU 用量	**显示宿主机的 CPU 和 CPU 用量**
vmstat	显示宿主机的 CPU、内存和其他统计数据	**显示宿主机的 CPU、内存和其他统计数据**
pidstat	显示所有进程	显示容器内进程
free	显示宿主机内存	**显示宿主机内存**
iostat	显示宿主机磁盘	**显示宿主机磁盘**
pidstat -d	显示所有进程的磁盘 I/O	显示容器内进程的磁盘 I/O
sar -n DEV,TCP 1	显示宿主机的网络接口和 TCP 统计数据	显示容器内的网络接口和 TCP 统计数据
perf	可以剖析所有数据	**可能无法运行；如果可以运行，则也可以对其他租户进行剖析**
tcpdump	对所有接口进行嗅探	仅对容器内接口进行嗅探
dmesg	显示内核日志	**无法运行**

随着时间的推移，工具对容器的支持可能会得到改善，以便它们在从容器中运行时只显示特定于容器的统计数据，或者，更好的是分开显示容器与宿主机的统计数据。宿主机工具可以显示一切，它们也可以通过增加容器或 cgroup 级别的过滤器而得到改进。后面关于宿主机和客户机可观测性的章节将详细讲解这些问题。

1 容器管理软件可能以容器ID命名cgroup，在这种情况下，内核内的cgroup名称会显示用户级容器名称。默认的 cgroup v2 ID 是另一个候选的内核内 ID，并且被 BPF 和 bpftrace 用于此目的。在11.3.4节中的“BPF 跟踪”部分，展示了另一种可能的解决方案：使用uts命名空间中的节点名，它通常被设置为容器名。

11.3.4.2　宿主机

当登录到宿主机时，所有的系统资源（CPU、内存、文件系统、磁盘、网络）都可以使用前面几章中介绍的工具进行检查。在使用容器时，有两个额外的因素需要检查：

- 每个容器的统计数据
- 资源控制的效果

正如 11.3.1 节所述，在内核中没有容器的概念：容器只是命名空间和 cgroup 的集合。你看到的容器 ID 是由用户空间软件创建和管理的。以下是来自 Kubernetes（本例中是一个带有单个容器的 Pod）和 Docker 的容器 ID 的示例：

```
# kubectl get pod
NAME                          READY   STATUS              RESTARTS   AGE
kubernetes-b94cb9bff-kqvml    0/1     ContainerCreating   0          3m
[...]
# docker ps
CONTAINER ID   IMAGE    COMMAND   CREATED       STATUS       PORTS   NAMES
6280172ea7b9   ubuntu   "bash"    4 weeks ago   Up 4 weeks           eager_bhaskara
[...]
```

这给 ps(1)、top(1) 等传统性能分析工具带来了问题。为了显示容器 ID，这些传统工具需要支持 Kubernetes、Docker 和其他所有容器平台。相反，如果内核支持容器 ID，那么它将成为所有性能分析工具支持的标准。Solaris 内核的情况就是这样，其中的容器被称为区域，并且有一个基于内核的区域 ID，可以使用 ps(1) 和其他方法观测到。（后面的 BPF 跟踪示例的前几行显示了一个使用来自 uts 命名空间的节点名作为容器 ID 的 Linux 解决方案。）

在实践中，在 Linux 中要想获得按容器 ID 进行统计的信息可以使用以下方法。

- **容器平台提供的容器工具**，例如，Docker 有一个按容器显示资源使用的工具。
- **性能监测软件**，通常有针对各种容器平台的插件。
- **cgroup 统计数据和使用这些数据的工具**。这需要一个额外的步骤来确定 cgroup 和容器的映射关系。
- **来自宿主机的命名空间映射**，例如通过使用 nsenter(1)，允许宿主机性能分析工具在容器中运行。当与 -p（PID 命名空间）选项一起使用时，可以将可见的进程减少到只有容器内的进程，尽管性能分析工具的统计数据可能不是只针对容器内的，见表 11.6。-n（网络命名空间）选项对于在同一网络命名空间内运行网络工具也很有用（ping(8)、tcpdump(8)）。

- **BPF 跟踪**，它可以从内核中读取 cgroup 和命名空间信息。

下面的内容提供了关于容器工具、cgroup 统计数据、命名空间映射和 BPF 跟踪以及资源控制的可观测性的例子。

容器工具

Kubernetes 容器编排系统提供了 kubectl top，用来检查基本资源的使用情况。

检查宿主机（“节点”）：

```
# kubectl top nodes
NAME                      CPU(cores)   CPU%   MEMORY(bytes)   MEMORY%
bgregg-i-03cb3a7e46298b38e   1781m        10%    2880Mi          9%
```

CPU（cores）字段的时间显示了 CPU 时间的累积毫秒数，CPU% 字段显示了节点的当前使用率。

检查容器（“pods”）：

```
# kubectl top pods
NAME                          CPU(cores)   MEMORY(bytes)
kubernetes-b94cb9bff-p7jsp    73m          9Mi
```

这显示了累积的 CPU 时间和当前的内存大小。

这些命令需要运行一个指标服务器，它可能是默认运行的，具体取决于初始化 Kubernetes 的方式。其他监测工具也可以在 GUI 中显示这些指标，比如 cAdvisor、Sysdig 和谷歌云监测 [Kubernetes 20c]。

Docker 容器技术提供了一些 docker(1) 分析和统计的子命令。例如，从一台生产主机上运行如下命令：

```
# docker stats
CONTAINER      CPU %     MEM USAGE / LIMIT     MEM %    NET I/O     BLOCK I/O        PIDS
353426a09db1   526.81%   4.061 GiB / 8.5 GiB   47.78%   0 B / 0 B   2.818 MB / 0 B   247
6bf166a66e08   303.82%   3.448 GiB / 8.5 GiB   40.57%   0 B / 0 B   2.032 MB / 0 B   267
58dcf8aed0a7   41.01%    1.322 GiB / 2.5 GiB   52.89%   0 B / 0 B   0 B / 0 B        229
61061566ffe5   85.92%    220.9 MiB / 3.023 GiB 7.14%    0 B / 0 B   43.4 MB / 0 B    61
bdc721460293   2.69%     1.204 GiB / 3.906 GiB 30.82%   0 B / 0 B   4.35 MB / 0 B    66
[...]
```

这表明 UUID 为 353426a09db1 的容器在这段时间里总共消耗了 527% 的 CPU，并且在 8.5GB 的内存限制下使用了 4GB 的主存。在这段时间里，没有网络 I/O，只有少量（MB）的磁盘 I/O。

cgroup 统计数据

在 /sys/fs/cgroups 中可以看到按 cgroup 分类的各种统计数据。这些数据被各种容器监测产品和工具读取并绘制成图表，也可以在命令行中直接检查：

```
# cd /sys/fs/cgroup/cpu,cpuacct/docker/02a7cf65f82e3f3e75283944caa4462e82f...
# cat cpuacct.usage
1615816262506
# cat cpu.stat
nr_periods 507
nr_throttled 74
throttled_time 3816445175
```

cpuacct.usage 文件显示了这个 cgroup 以纳秒为单位的 CPU 使用总时间。cpu.stat 文件显示了这个 cgroup 被 CPU 节流的次数（nr_throttled），以及以纳秒为单位的被节流的总时间。这个例子显示，这个 cgroup 在 507 个时间段中被 CPU 节流了 74 次，共计 3.8 秒。

还有一个 cpuacct.usage_percpu，这次显示了一个 Kubernetes cgroup：

```
# cd /sys/fs/cgroup/cpu,cpuacct/kubepods/burstable/pod82e745...
# cat cpuacct.usage_percpu
37944772821 35729154566 35996200949 36443793055 36517861942 36156377488 36176348313
35874604278 37378190414 35464528409 35291309575 35829280628 36105557113 36538524246
36077297144 35976388595
```

输出中的 16 个字段是这个 16-CPU 系统的以纳秒为单位的总 CPU 时间。这些 cgroupv1 指标在内核源文件的 Documentation/cgroup-v1/cpuacct.txt 中可以查看。

读取这些统计数据的命令行工具包括 htop(1) 和 systemd-cgtop(1)。例如，在生产环境的容器宿主机上运行 systemd-cgtop(1)：

```
# systemd-cgtop
Control Group                               Tasks   %CPU   Memory  Input/s Output/s
/                                               -  798.2    45.9G        -        -
/docker                                      1082  790.1    42.1G        -        -
/docker/dcf3a...9d28fc4a1c72bbaff4a24834      200  610.5    24.0G        -        -
/docker/370a3...e64ca01198f1e843ade7ce21      170  174.0     3.0G        -        -
/system.slice                                 748    5.3     4.1G        -        -
/system.slice/daemontools.service             422    4.0     2.8G        -        -
/docker/dc277...42ab0603bbda2ac8af67996b      160    2.5     2.3G        -        -
/user.slice                                     5    2.0    34.5M        -        -
/user.slice/user-0.slice                        5    2.0    15.7M        -        -
/user.slice/u....slice/session-c26.scope        3    2.0    13.3M        -        -
/docker/ab452...c946f8447f2a4184f3ccff2a      174    1.0     6.3G        -        -
```

```
/docker/e18bd...26ffdd7368b870aa3d1deb7a      156     0.8      2.9G         -        -
[...]
```

此输出显示名为 /docker/dcf3a... 的 cgroup 在此更新间隔（跨多个 CPU）消耗了 610.5% 的 CPU 和 24GB 的主存，有 200 个正在运行的任务。输出还显示了 systemd 为系统服务（/system.slice）和用户会话（/user.slice）创建的许多 cgroup。

命名空间映射

容器通常对进程 ID 和挂载使用不同的命名空间。

对进程的命名空间，这意味着客户机中的 PID 不太可能和宿主机中的 PID 匹配。

在诊断性能问题时，我会先登录到容器中，从而能以终端用户的角度来检查问题。然后我会登录到宿主机，使用系统级的工具继续调查，但 PID 可能不一样。这种映射保存在 /proc/PID/status 文件中。例如，从宿主机上看：

```
host# grep NSpid /proc/4915/status
NSpid:   4915    753
```

这表明宿主机上的 PID 4915 就是客户机中的 PID 753。不幸的是，我通常需要做反向映射：基于容器内的 PID，找到宿主机上的 PID。一种（有点低效的）方法是扫描所有状态文件：

```
host# awk '$1 == "NSpid:" && $3 == 753 { print $2 }' /proc/*/status
4915
```

在本例中，它显示客户机的 PID 753 是宿主机的 PID 4915。注意，输出结果可能显示不止一个宿主机 PID，因为 753 可能出现在多个进程的命名空间中。在这种情况下，你需要弄清楚哪个 753 是来自匹配的命名空间。/proc/PID/ns 文件包含命名空间 ID 的符号链接，可用于此。从客户机上检查它们，然后再从宿主机上检查：

```
guest# ls -lh /proc/753/ns/pid
lrwxrwxrwx 1 root root 0 Mar 15 20:47 /proc/753/ns/pid -> 'pid:[4026532216]'

host# ls -lh /proc/4915/ns/pid
lrwxrwxrwx 1 root root 0 Mar 15 20:46 /proc/4915/ns/pid -> 'pid:[4026532216]'
```

注意匹配的命名空间 ID（4026532216），通过它可以确认宿主机 PID 4915 与客户机 PID 753 相同。

挂载命名空间也会带来类似的挑战。例如，从宿主机上运行 perf(1) 命令，在 /tmp/perf-PID.map 中搜索补充符号文件，但容器应用程序将它们存放到容器的 /tmp 中，这与宿主机中的 /tmp 不相同。

此外，由于进程命名空间的原因，PID 可能是不同的。Alice Goldfuss 首先发布了一个解决这个问题的方法，需要移动和重命名这些符号文件，以便它们在宿主机中可用 [Goldfuss 17]。 perf(1) 之后获得了命名空间的支持以避免这个问题，内核提供了一个 /proc/PID/root 的挂载命名空间映射，以便直接访问容器的根目录（/）。比如：

```
host# ls -lh /proc/4915/root/tmp
total 0
-rw-r--r-- 1 root root 0 Mar 15 20:54 I_am_in_the_container.txt
```

这列出了容器的 /tmp 中的一个文件。

除了 /proc 文件之外，nsenter(1) 命令还可以在选定的命名空间中执行其他命令。下面是在 PID 4915（-t 4915）的挂载（-m）和进程（-p）命名空间中，在宿主机上运行 top(1) 命令：

```
# nsenter -t 4915 -m -p top
top - 21:14:24 up 32 days, 23:23,  0 users,  load average: 0.32, 0.09, 0.02
Tasks:   3 total,   2 running,   1 sleeping,   0 stopped,   0 zombie
%Cpu(s):  0.2 us,  0.1 sy,  0.0 ni, 99.4 id,  0.0 wa,  0.0 hi,  0.0 si,  0.2 st
KiB Mem :  1996844 total,    98400 free,   858060 used,  1040384 buff/cache
KiB Swap:        0 total,        0 free,        0 used.   961564 avail Mem

  PID USER      PR  NI    VIRT    RES    SHR S  %CPU %MEM     TIME+ COMMAND
  753 root      20   0  818504  93428  11996 R 100.0  0.2   0:27.88 java
    1 root      20   0   18504   3212   2796 S   0.0  0.2   0:17.57 bash
  766 root      20   0   38364   3420   2968 R   0.0  0.2   0:00.00 top
```

这表明顶层进程是 PID 为 753 的 java。

BPF 跟踪

一些 BPF 跟踪工具已经有了容器的支持，但还有很多工具没有。幸运的是，在需要时向 bpftrace 工具添加支持通常并不困难，下面是一个例子。关于 bpftrace 编程的更多知识请参考第 15 章。

forks.bt 工具通过检测 clone(2)、fork(2) 和 vfork(2) 系统调用来计算跟踪时创建的新进程的数量。源码如下：

```
#!/usr/local/bin/bpftrace

tracepoint:syscalls:sys_enter_clone,
tracepoint:syscalls:sys_enter_fork,
tracepoint:syscalls:sys_enter_vfork
{
        @new_processes = count();
}
```

示例输出如下：

```
# ./forks.bt
Attaching 3 probes...
^C

@new_processes: 590
```

这表明在跟踪过程中，系统级别有 590 个新进程被创建。

为了按容器进行分解，一种方法是打印 uts 命名空间的节点名（hostname）。这通常依赖于容器软件对这个命名空间的配置。添加部分进行了突出显示：

```
#!/usr/local/bin/bpftrace

#include <linux/sched.h>
#include <linux/nsproxy.h>
#include <linux/utsname.h>

tracepoint:syscalls:sys_enter_clone,
tracepoint:syscalls:sys_enter_fork,
tracepoint:syscalls:sys_enter_vfork
{
        $task = (struct task_struct *)curtask;
        $nodename = $task->nsproxy->uts_ns->name.nodename;
        @new_processes[$nodename] = count();
}
```

这段额外的代码从当前的内核 task_struct 遍历 uts 命名空间的节点名，并把它作为一个键列入 @new_processes 的输出映射中。

输出示例如下：

```
# ./forks.bt
Attaching 3 probes...
^C

@new_processes[ip-10-1-239-218]: 171
@new_processes[efe9f9be6185]: 743
```

现在输出是按容器分类的，显示节点 efe9f9be6185（一个容器）在跟踪时创建了 743 个进程。另一个节点 ip-10-1-239-218 则是宿主机系统。

这种方法有效完全是因为系统调用是在任务（进程）上下文中操作的，所以 curtask 返回负责的 task_struct，我们从中获取节点名。如果跟踪进程的异步事件，例如来自磁盘 I/O 的完成中断，那么发起进程可能不在 CPU 上，curtask 将无法识别正确的节点名。

由于获取 uts 节点名可能在 bpftrace 中变得更加常用，所以我想我们会添加一个内置变量节点名，这样唯一需要补充的是：

```
@new_processes[nodename] = count();
```

可以检查 bpftrace 更新，看看是否已经添加了它。

资源控制

必须观测 11.3.3 节中列出的相关内容，以确定一个容器是否受到限制。传统的性能工具和文档集中在物理资源上，而对这些软件施加的限制视而不见。

检查资源控制在 USE 方法（参见第 2.5.9 节）中进行了介绍，它在资源上进行迭代，检查使用率、饱和度和错误。在资源控制存在的情况下，它们也必须对每个资源进行检查。

前面“cgroup 统计数据”部分显示了 /sys/fs/cgroup/.../cpu.stat 文件，它提供了关于 CPU 节流（nr_throttled）和节流时间（throttled_time）的统计数据。这种节流指的是对 CPU 带宽的限制，要识别一个容器是否被带宽节流是很简单的：throttled_time 会增加。如果使用 cpusets，它们的 CPU 使用率可以通过每个 CPU 的工具和指标来检查，包括 mpstat(1)。

CPU 也可以通过共享来管理，如前面的“共享和带宽”部分所述的。一个共享限制的容器更难识别，因为没有相关的统计数据。我开发了图 11.13 中的流程图，用于确定容器的 CPU 是否以及如何被节流 [Gregg 17g]。

图 11.13 所示的过程使用了 5 个统计数据来确定容器的 CPU 是否被节流以及如何被节流。

- **节流时间：**CPU 控制组的节流时间。
- **非自愿的上下文切换：**可以从 /proc/PID/status 中读取随之增长的 nonvoluntary_ctxt_switches 变量。
- **宿主机有空闲的 CPU：**可以从 mpstat(1) 输出中的 %idle、/proc/stat 和其他工具中读取。
- **cpusets CPU 100% 繁忙：**如果 cpusets 在使用中，其使用率可以从 mpstat(1)、/proc/stat 等读取。
- **所有其他租户空闲：**可以从特定的容器工具（docker stat），或显示没有竞争 CPU 资源的系统工具（例如，如果 top(1) 只显示一个消耗 %CPU 的容器）来确定。

可以为其他资源开发一个类似的流程，并在监测软件和工具中提供包括 cgroup 统计数据在内的支持性统计数据。一个理想的监测产品或工具可以为你做出判断，并报告每个容器是否以及如何被节流。

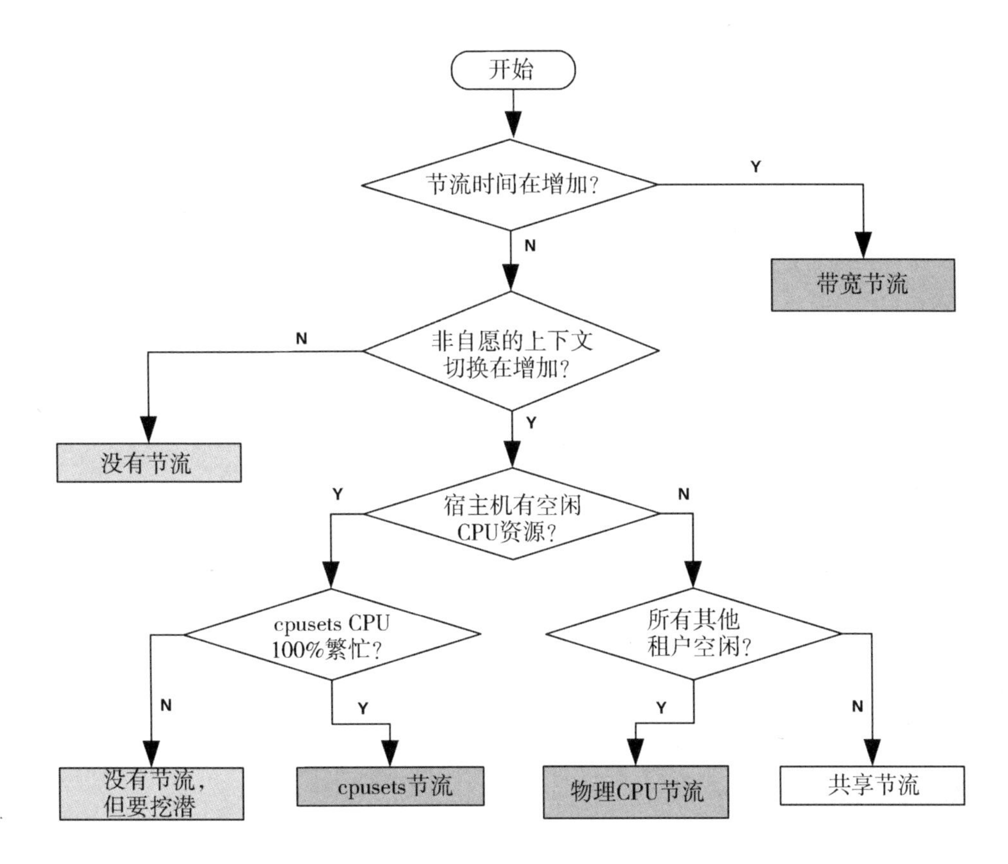

图 11.13 容器 CPU 节流分析

11.3.4.3 客户机(容器)

你可能期望在容器中运行的性能工具只显示容器的统计数据，但情况往往并非如此。例如，在一个空闲的容器上运行 iostat(1)：

```
container# iostat -sxz 1
[...]
avg-cpu:  %user   %nice %system %iowait  %steal   %idle
          57.29    0.00    8.54   33.17    0.00    1.01

Device             tps      kB/s    rqm/s   await aqu-sz  areq-sz  %util
nvme0n1        2578.00  12436.00   331.00    0.33   0.00     4.82 100.00

avg-cpu:  %user   %nice %system %iowait  %steal   %idle
          51.78    0.00    7.61   40.61    0.00    0.00
```

```
Device            tps      kB/s     rqm/s   await aqu-sz  areq-sz  %util
nvme0n1        2664.00  11020.00    88.00    0.32   0.00     4.14  98.80
[...]
```

这个输出显示了CPU和磁盘的工作负载，但这个容器完全是空闲的。这可能会让刚接触操作系统虚拟化的人感到困惑——为什么我的容器会很忙？这是因为这些工具所显示的统计数据包括来自宿主机上其他租户的活动。

11.3.4节对这些性能分析工具的状况进行了总结。随着时间的推移，这些工具越来越具有“容器感知”，例如支持cgroup统计，以及在容器中提供仅与容器相关的统计数据。

下面是同一个容器中块I/O的cgroup统计：

```
container# cat /sys/fs/cgroup/blkio/blkio.throttle.io_serviced
259:0 Read 452
259:0 Write 352
259:0 Sync 692
259:0 Async 112
259:0 Discard 0
259:0 Total 804
Total 804
container# sleep 10
container# cat /sys/fs/cgroup/blkio/blkio.throttle.io_serviced
259:0 Read 452
259:0 Write 352
259:0 Sync 692
259:0 Async 112
259:0 Discard 0
259:0 Total 804
Total 804
```

这些是对操作类型的计数。我把它们打印了两次，用sleep 10设置了一个时间间隔：你可以看到，在这个时间间隔内，计数没有增加；因此，容器没有发出磁盘I/O。还有统计字节数的文件：blkio.throttle.io_service_bytes。

不幸的是，这些计数器并没有提供iostat(1)所需要的所有统计数据。更多的计数器需要由cgroup暴露出来，这样iostat(1)才能感知到容器。

容器感知

让一个工具能够感知到容器并不一定意味着把它的视图限制在自己的容器中：因为容器能看到物理资源的状态也是有好处的。这取决于使用容器的目的，可能如下所述。

A）**容器是一个独立的服务器**。如果这是一个目标，就像云计算运营商的典型情况一样，那么让工具具有容器感知能力就意味着它们只显示当前容器的活动。这可以通过隔离所有的统计源，只显示当前的容器（/proc、/sys、netlink 等）来实现。这种隔离既有助于也阻碍了通过客户机进行的分析：诊断来自其他租户的资源争夺问题将更加耗时，并将依赖于从不明原因的设备延时的增加中推断出来。

B）**容器是一种打包解决方案**。对于运营自己的容器云的公司来说，可能不一定需要隔离容器的统计数据。允许容器看到宿主机的统计数据，意味着用户可以更好地了解硬件设备的状态以及由吵闹的邻居所引起的问题。要使 iostat(1) 在这种情况下更具容器感知能力，可能意味着要提供一个显示当前容器与宿主机或其他容器使用情况的细分条目，而不是隐藏这些统计数据。

对于这两种情况，工具应该支持在适当的地方显示资源控制，作为容器感知的一部分。继续以 iostat(1) 为例，除了设备的 %util（在场景 A 中不可见），它还可以提供基于 blkio 吞吐量和 IOPS 限制的 %cap，这样容器就能知道磁盘 I/O 是否受到了资源控制的限制。[1]

如果允许物理资源被观测，客户机将能够排除某些类型的问题，比如吵闹的邻居。这可以减轻容器操作员的支持负担：人们总是指责他们无法观测到的东西。这也是与硬件虚拟化的一个重要区别，硬件虚拟化对客户机隐藏了物理资源，没有办法分享这些统计数据（除非使用外部手段）。理想情况下，未来在 Linux 中会有一个设置来控制宿主机统计数据的共享，这样每个容器环境就可以根据需要在 A 或 B 之间选择。

跟踪工具

基于内核的高级跟踪工具，如 perf(1)、Ftrace 和 BPF，都有类似的问题，需要在它们之前的基础上实现对容器的感知。由于各种系统调用（perf_event_open(2)、bpf(2) 等）和访问各种 /proc 和 /sys 文件所需的权限，这些工具目前不能在容器内工作，下面描述它们对早期方案 A 和 B 的未来：

A）**需要隔离**。允许容器使用跟踪工具是有可能的，可通过下面几种方式。

- **内核过滤**：事件和它们的参数可以被内核过滤，因此，例如，跟踪 block:block_rq_issue 跟踪点只显示当前容器的磁盘 I/O。
- **宿主机 API**：宿主机通过安全的 API 或 GUI 暴露对某些跟踪工具的访问。例如，一个容器可以请求执行常见的 BCC 工具，如 execsnoop(8) 和 biolatency(8)，宿主机将验证该请求，执行工具的过滤版本，并返回输出。

1 iostat(1) -x目前有很多字段，在我最宽的终端上都放不下，我犹豫是否要鼓励增加更多的字段。我宁愿添加一个开关，比如-l，以显示软件限制列。

B）**不需要隔离**。资源（系统调用、/proc 和 /sys）在容器中是可用的，以便跟踪工具工作。跟踪工具本身可以感知容器，以便对当前容器的事件进行过滤。

在 Linux 和其他内核中，使工具和统计数据具有容器感知能力是一个缓慢的过程，可能需要很多年才能全部完成。这对那些在命令行中使用性能工具的高级用户伤害最大；许多用户使用的监测产品的代理已经具有容器感知功能（在某种程度上）。

11.3.4.4 策略

前面几章已经介绍了物理系统资源的分析技术，包括各种方法论。考虑到前面提到的限制，宿主机运营商可以采用这些方法，在客户机上也可以一定程度上采用。对于客户机来说，高级的资源使用情况通常是可以被观测到的，但是深入到内核中通常是不可能的。

除物理资源外，宿主机运营商和租户也应检查资源控制所施加的云限制。由于这些限制（如果存在的话）会在物理限制之前遇到，因此它们更有可能是有效的，应该首先被检查。

由于许多传统的观测工具是在容器和资源控制存在之前创建的（例如，top(1)、iostat(1)），所以它们默认不包括资源控制信息，而且用户可能会忘记检查它们。

这里有一些关于检查每个资源控制的评论和策略。

- **CPU**：见图 11.13 所示的流程图。cpusets 的使用、带宽和共享都需要被检查。
- **内存**：对于主存，检查当前的使用情况与内存组限制。
- **文件系统容量**：这应该是可以被观测的，任何其他文件系统也一样（包括使用 df(1)）。
- **磁盘 I/O**：检查 blkio 控制组节流（/sys/fs/cgroup/blkio）的配置以及 blkio.throttle.io_serviced 和 blkio.throttle.io_service_bytes 文件的统计数据——如果它们以与节流相同的速度递增，这就证明磁盘 I/O 受到了节流限制。如果 BPF 跟踪可用，那么 blkthrot(8) 工具也可以用来确认 blkio 的节流 [Gregg 19]。
- **网络 I/O**：根据任何已知的带宽限制检查当前的网络吞吐量，这些限制可能只能从宿主机上观测到。遇到这个限制会导致网络 I/O 延时增加，因为租户会受到限制。

本节的大部分内容描述了 cgroup v1 和 Linux 容器的现状。内核功能正在迅速变化，使得其他领域，如运营商文档和工具的容器感知能力正在飞速发展。要想了解 Linux 容器的最新情况，你需要检查新内核版本中的新增内容，并阅读 Linux 源代码中的文档。我还建议阅读 cgroup v2 的主要开发者 Tejun Heo 编写的各种文档，包括 Linux 源代码中的 Documentation/admin-guide/cgroup-v2.rst [Heo 15]。

11.4 轻量虚拟化

轻量硬件虚拟化被设计成以下两方面中最好的：硬件虚拟化的安全性与效率和快速启动时间。图 11.14 描述了基于 Firecracker 的虚拟化，并与容器做了比较。

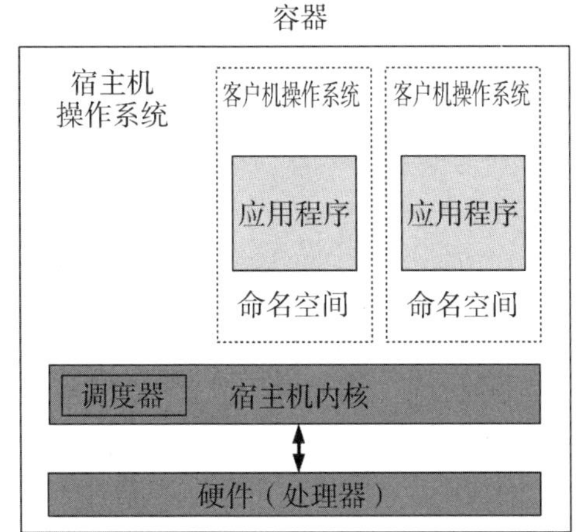

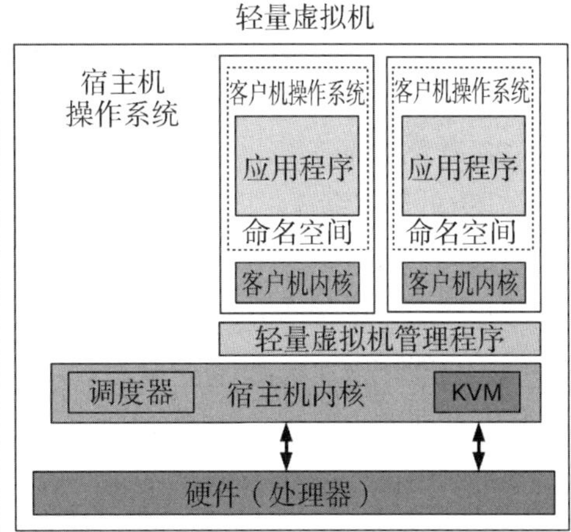

图 11.14 轻量虚拟化

轻量硬件虚拟化使用基于处理器虚拟化的轻量的虚拟机管理程序和最少数量的模拟设备。这与全机硬件虚拟机管理程序（参见第 11.2 节）不同，后者起源于桌面虚拟机，包括对视频、音频、BIOS、PCI 总线和其他设备，以及不同级别的处理器的支持。仅用于服务器计算的虚拟机管理程序不需要支持这些设备，现在编写的虚拟机管理程序可以假定现代处理器虚拟化功能是可用的。

它们的差别在于：快速仿真器（QEMU）是一个用于 KVM 的全机硬件虚拟机管理程序，有超过 140 万行的代码（QEMU 4.2 版本）。亚马逊 Firecracker 是一个轻量虚拟机管理程序，只有 5 万行代码 [Agache 20]。

轻量虚拟机的行为类似于 11.2 节中描述的配置 B 的硬件虚拟机。与硬件虚拟机相比，轻量虚拟机具有更快的启动时间、更低的内存开销和更高的安全性。轻量虚拟机管理程序可以通过配置命名空间作为另一个安全层来进一步提高安全性，如图 11.14 所示。

某些实现将轻量虚拟机描述为容器，而另一些则使用 MicroVM 这一术语。我更喜欢 MicroVM 这个术语，因为容器这个术语通常与操作系统的虚拟化相关。

11.4.1 实现

下面列举几个轻量硬件虚拟化项目。

- **Intel Clear Containers**。该项目在 2015 年推出，它使用了英特尔 VT 功能来提供轻量的虚拟机。这个项目证明了轻量级容器的潜力，实现了 45ms 以下的启动时间 [Kadera 16]。2017 年，Intel Clear Containers 加入了 Kata Containers 项目并持续开发。
- **Kata Containers**。该项目于 2017 年启动，以 Intel Clear Containers 和 Hyper.sh RunV 为基础，由 OpenStack 基金会负责管理。其网站的口号是："容器的速度，虚拟机的安全" [Kata Containers 20]。
- **谷歌 gVisor**。gVisor 于 2018 年作为开源产品被推出，它使用专门的用户空间内核，用 Go 语言编写，提高了容器的安全性。
- **亚马逊 Firecracker**。2019 年作为开源产品被推出 [Firecracker 20]，它使用 KVM 与新的轻量 VMM，而不是 QEMU，实现了大约 100 毫秒的启动时间（系统启动）[Agache 20]。

下面几节将介绍通常的实现方式：使用轻量硬件虚拟机管理程序（Intel Clear Containers、Kata Containers 和 Firecracker）。gVisor 则使用不同的方法，它实现了自己的轻量内核，其特性更接近容器（参见 11.3 节）。

11.4.2 开销

开销与 11.2.2 节中描述的 KVM 虚拟化类似，由于 VMM 更小，所以内存占用更少。Intel Clear Containers 2.0 报告说，每个容器的内存开销为 48 ～ 50MB [Kadera 16]；Amazon Firecracker 报告说，低于 5MB [Agache 20]。

11.4.3 资源控制

由于 VMM 进程在宿主机上运行，所以它们可以由操作系统级的资源控制来管理：cgroup、qdisc 等，类似 11.2.3 节中描述的 KVM 虚拟化。这些操作系统级的资源控制在 11.3.3 节中针对容器进行了更详细的讨论。

11.4.4 可观测性

可观测性与 11.2.4 节中描述的 KVM 虚拟化类似。总结如下。

- **从宿主机上看**：所有的物理资源都可以使用标准的操作系统工具进行观测，这一点在前面的章节中已经介绍过。客户虚拟机作为进程是可见的。客户机内部，包括虚拟机内部的进程和它们的文件系统，无法被直接观测。为了让虚拟机管理程序操作员能分析客户机内部，他们必须被授予访问权限（例如，SSH）。

- **从客户机上看**：可以看到虚拟资源和客户机的使用情况，并推断出物理问题。因为虚拟机有它自己的专用内核，所以内核跟踪工具，包括基于 BPF 的工具都可以正常工作。

下面显示了使用 top(1) 从宿主机观测一个 Firecracker 虚拟机来作为可观测性的例子：[1]

```
host# top
top - 15:26:22 up 25 days, 22:03,  2 users,  load average: 4.48, 2.10, 1.18
Tasks: 495 total,   1 running, 398 sleeping,   2 stopped,   0 zombie
%Cpu(s): 25.4 us,  0.1 sy,  0.0 ni, 74.4 id,  0.0 wa,  0.0 hi,  0.0 si,  0.0 st
KiB Mem : 24422712 total,  8268972 free, 10321548 used,  5832192 buff/cache
KiB Swap: 32460792 total, 31906152 free,   554640 used. 11185060 avail Mem

  PID USER      PR  NI    VIRT    RES    SHR S  %CPU %MEM     TIME+ COMMAND
30785 root      20   0 1057360 297292 296772 S 200.0  1.2   0:22.03 firecracker
31568 bgregg    20   0  110076   3336   2316 R  45.7  0.0   0:01.93 sshd
31437 bgregg    20   0   57028   8052   5436 R  22.8  0.0   0:01.09 ssh
30719 root      20   0  120320  16348  10756 S   0.3  0.1   0:00.83 ignite-spawn
    1 root      20   0  227044   7140   3540 S   0.0  0.0  15:32.13 systemd
[..]
```

整个虚拟机显示为一个名为 firecracker 的进程。输出显示，它消耗了 200% 的 CPU（2 个 CPU）。从宿主机上你无法知道哪个客户机进程在消耗 CPU。

下面显示了从客户机上运行的 top(1)：

```
guest# top
top - 22:26:30 up 16 min,  1 user,  load average: 1.89, 0.89, 0.38
Tasks:  67 total,   3 running,  35 sleeping,   0 stopped,   0 zombie
%Cpu(s): 81.0 us, 19.0 sy,  0.0 ni,  0.0 id,  0.0 wa,  0.0 hi,  0.0 si,  0.0 st
KiB Mem :  1014468 total,   793660 free,    51424 used,   169384 buff/cache
KiB Swap:        0 total,        0 free,        0 used.   831400 avail Mem

  PID USER      PR  NI    VIRT    RES    SHR S  %CPU %MEM     TIME+ COMMAND
 1104 root      20   0   18592   1232    700 R 100.0  0.1   0:05.77 bash
 1105 root      20   0   18592   1232    700 R 100.0  0.1   0:05.59 bash
 1106 root      20   0   38916   3468   2944 R   4.8  0.3   0:00.01 top
    1 root      20   0   77224   8352   6648 S   0.0  0.8   0:00.38 systemd
    3 root       0 -20       0      0      0 I   0.0  0.0   0:00.00 rcu_gp
[...]
```

1 这个虚拟机使用Weave Ignite创建，这是一种微型虚拟机容器管理器[Weaveworks 20]。

输出显示，CPU 是被两个 bash 程序消耗的。

也可以比较一下摘要之间的差异：宿主机 1 分钟的平均负载为 4.48，而客户机则为 1.89。其他细节也是不同的，因为客户机有自己的内核，只维护客户机的统计数据。正如 11.3.4 节中所描述的，这对容器来说是不同的，从容器上看到的统计数据可能会是来自宿主机的系统级统计数据。

作为另一个例子，下面显示了从客户机执行的 mpstat(1)：

```
guest# mpstat -P ALL 1
Linux 4.19.47 (cd41e0d846509816)    03/21/20        _x86_64_  (2 CPU)

22:11:07  CPU   %usr %nice  %sys %iowait  %irq %soft %steal %guest %gnice  %idle
22:11:08  all  81.50  0.00 18.50    0.00  0.00  0.00   0.00   0.00   0.00   0.00
22:11:08    0  82.83  0.00 17.17    0.00  0.00  0.00   0.00   0.00   0.00   0.00
22:11:08    1  80.20  0.00 19.80    0.00  0.00  0.00   0.00   0.00   0.00   0.00
[...]
```

这个输出里只显示了两个 CPU，因为只给客户机分配了两个 CPU。

11.5 其他类型

其他云计算原语和技术包括如下一些。

- **功能即服务（FaaS）**：开发者将应用功能提交到云端按需运行。虽然这简化了软件开发的体验，因为没有服务器需要管理（“无服务器”），但也有性能方面的影响。功能的启动时间可能会很漫长，而且没有服务器，用户无法运行传统的命令行观测工具。性能分析通常仅限于应用程序提供的时间戳。
- **软件即服务（SaaS）**：提供了高级软件，且用户不需要自己配置服务器或应用程序。性能分析仅限于运营商：因为不能访问服务器，用户除了基于客户端的计时外，几乎无法做什么。
- **Unikernels**：这种技术将一个应用程序与最小的内核部分一起编译成一个单一的软件二进制文件，可以由硬件虚拟机管理程序直接执行，不需要操作系统。虽然可能有性能上的提升，例如，最大限度地减少指令文本，从而减少 CPU 缓存污染，以及由于剥离出未使用的代码而带来的安全性提升，但 Unikernels 也带来了可观测性方面的挑战，因为没有操作系统可以运行观测性工具。内核统计信息，如在 /proc 中的那些，也可能不存在。幸运的是，实现方案通常允许 Unikernels 作为一个正常的进程运行，为分析提供了一个途径（尽管是在不同于虚拟机管理程序的环境中)。虚拟机管理程序也可以开发检查它们的方法，如栈剖析，我开发了一个原型，可以生成运行中的 MirageOS Unikernels 的火焰图 [Gregg 16a]。

对于上面这些操作，没有任何操作系统可供用户登录（或进入容器）并进行传统的性能分析。FaaS 和 SaaS 必须由运营商进行分析。Unikernels 需要定制的工具和统计数据，理想情况下还需要虚拟机管理程序的剖析支持。

11.6 比较

即使你无力改变你公司使用的技术，比较技术也能帮助你更好地理解它们。表 11.7 对比了本章探讨的三种技术的性能特征。

表 11.7 比较虚拟化技术的性能特征

属性	**硬件虚拟化**	**操作系统虚拟化（容器）**	**轻量虚拟化**
例子	KVM	容器	Firecracker
CPU 性能	高（需要 CPU 支持）	高	高（需要 CPU 支持）
CPU 分配	固定在 vCPU 极限	灵活（资源共享 + 带宽限制）	固定在 vCPU 极限
I/O 吞吐量	高（需要 SR-IOV）	高（无内在的开销）	高（需要 SR-IOV）
I/O 延时	低（需要 SR-IOV 且没有 QEMU）	低（无内在的开销）	低（需要 SR-IOV）
内存访问开销	一些（EPT/NPT 或者影子页表）	无	一些（EPT/NPT 或者影子页表）
内存损失	一些（额外的内核，页表）	无	一些（额外的内核，页表）
内存分配	固定（并且有可能需要双重缓存）	灵活（未使用的客户机内存用于文件系统高速缓存）	固定（并且有可能需要双重缓存）
资源控制	最多（内核加上虚拟机管理程序控制）	许多（依内核而不同）	最多（内核加上虚拟机管理程序控制）
宿主机上的可观测性	中（资源使用，管理程序统计信息，从操作系统审查管理程序，但无法查看客户机内部）	高（一切都可见）	中（资源使用，管理程序统计信息，从操作系统审查管理程序，但无法查看客户机内部）
客户机上的可观测性	高（完整的内核及虚拟设备审查）	中（仅用户态，内核计数器、完整的内核可见性），但会有额外的宿主机级指标（例如 iostat(1)）	高（完整的内核及虚拟设备审查）
观测喜好	终端用户	宿主机运营商	终端用户
虚拟机管理程序复杂性	高（需要复杂的管理程序）	中（操作系统）	高（需要轻量虚拟机管理程序）
不同操作系统的客户机	是	通常不支持（一些情况下可以使用系统调用翻译，其会增加开销）	是

尽管表格中的数据会随着这些虚拟化技术发展而变得过时，但它仍能指出那些需要注意的地方。

虚拟化技术经常使用微基准测试进行比较，以确认哪一种性能最好。不幸的是，这忽略了能够观测系统的重要性，而这可以导致最大的性能提升。可观测性往往让识别和消除不必要的工作成为可能，从而使性能的提高远远超过虚拟机管理程序的微小差异。

对于云运营商来说，最高的可观测性选择是容器，因为它们可以从宿主机上看到所有的进程及其交互。对于用户来说，最佳选择则是虚拟机，因为虚拟机给了用户内核访问权限，可以运行所有基于内核的性能工具，包括第 13、14 和 15 章中介绍的工具。另一个选择是有内核访问权的容器，让操作者和用户对一切都有充分的了解；然而，这只有在客户也运行容器宿主机时才能选择它，因为它缺乏容器之间的安全隔离。

虚拟化仍然有很大的发展空间，轻量的硬件虚拟机管理程序在最近几年才出现。鉴于它们的优点，特别是赋予用户的可观测性，我预计它们的使用会越来越广泛。

11.7 练习

1. 回答以下关于虚拟化术语的问题：

- 宿主机和客户机的区别是什么？
- 什么是租户？
- 什么是虚拟机管理程序？
- 什么是硬件虚拟化？
- 什么是操作系统虚拟化？

2. 回答以下概念问题：

- 描述性能隔离的作用。
- 描述现代硬件虚拟化的性能开销（例如，Nitro）。
- 描述操作系统虚拟化的性能开销（例如，Linux 容器）。
- 从硬件虚拟化客户机（Xen 或 KVM）的角度描述物理系统的可观测性。
- 从操作系统虚拟化客户机的角度描述物理系统的可观测性。
- 解释硬件虚拟化（如 Xen 或 KVM）和轻量硬件虚拟化（如 Firecracker）之间的区别。

3. 选择一种虚拟化技术并从客户机的角度回答如下问题：

- 描述是如何应用内存限制的，并且如何从客户机观测。（当客户机内存耗尽时系统管理员能看到什么？）
- 如果存在 CPU 限制，描述它是如何被施加的以及如何从客户机观测。

- 如果存在磁盘 I/O 限制，描述它是如何被施加的以及如何从客户机观测。
- 如果存在网络 I/O 限制，描述它是如何被施加的以及如何从客户机观测。

4. 开发一个针对资源控制的 USE 方法的检查清单，包括如何收集每个指标（例如，执行哪个命令）以及如何解读结果。在安装或使用附加的软件工具前，尝试使用操作系统自带的观测工具。

11.8 参考资料

[Goldberg 73] Goldberg, R. P., *Architectural Principles for Virtual Computer Systems,* Harvard University (Thesis), 1972.

[Waldspurger 02] Waldspurger, C., "Memory Resource Management in VMware ESX Server," *Proceedings of the 5th Symposium on Operating Systems Design and Implementation*, 2002.

[Cherkasova 05] Cherkasova, L., and Gardner, R., "Measuring CPU Overhead for I/O Processing in the Xen Virtual Machine Monitor," *USENIX ATEC*, 2005.

[Adams 06] Adams, K., and Agesen, O., "A Comparison of Software and Hardware Techniques for x86 Virtualization," *ASPLOS*, 2006.

[Gupta 06] Gupta, D., Cherkasova, L., Gardner, R., and Vahdat, A., "Enforcing Performance Isolation across Virtual Machines in Xen," *ACM/IFIP/USENIX Middleware*, 2006.

[Qumranet 06] "KVM: Kernel-based Virtualization Driver," Qumranet Whitepaper, 2006.

[Cherkasova 07] Cherkasova, L., Gupta, D., and Vahdat, A., "Comparison of the Three CPU Schedulers in Xen," *ACM SIGMETRICS*, 2007.

[Corbet 07a] Corbet, J., "Process containers," *LWN.net*, https://lwn.net/Articles/236038, 2007.

[Corbet 07b] Corbet, J., "Notes from a container," *LWN.net*, https://lwn.net/Articles/256389, 2007.

[Liguori, 07] Liguori, A., "The Myth of Type I and Type II Hypervisors," http://blog.codemonkey.ws/2007/10/myth-of-type-i-and-type-ii-hypervisors.html, 2007.

[VMware 07] "Understanding Full Virtualization, Paravirtualization, and Hardware Assist," https://www.vmware.com/techpapers/2007/understanding-full-virtualization-paravirtualizat-1008.html, 2007.

[Matthews 08] Matthews, J., et al. *Running Xen: A Hands-On Guide to the Art of Virtualization*, Prentice Hall, 2008.

[Milewski 11] Milewski, B., "Virtual Machines: Virtualizing Virtual Memory," http://corensic.wordpress.com/2011/12/05/virtual-machines-virtualizing-virtual-memory, 2011.

[Adamczyk 12] Adamczyk, B., and Chydzinski, A., "Performance Isolation Issues in Network Virtualization in Xen," *International Journal on Advances in Networks and Services*, 2012.

[Hoff 12] Hoff, T., "Pinterest Cut Costs from $54 to $20 Per Hour by Automatically Shutting Down Systems," http://highscalability.com/blog/2012/12/12/pinterest-cut-costs-from-54-to-20-per-hour-by-automatically.html, 2012.

[Gregg 14b] Gregg, B., "From Clouds to Roots: Performance Analysis at Netflix," http://www.brendangregg.com/blog/2014-09-27/from-clouds-to-roots.html, 2014.

[Heo 15] Heo, T., "Control Group v2," *Linux documentation*, https://www.kernel.org/doc/Documentation/cgroup-v2.txt, 2015.

[Gregg 16a] Gregg, B., "Unikernel Profiling: Flame Graphs from dom0," http://www.brendangregg.com/blog/2016-01-27/unikernel-profiling-from-dom0.html, 2016.

[Kadera 16] Kadera, M., "Accelerating the Next 10,000 Clouds," https://www.slideshare.net/Docker/accelerating-the-next-10000-clouds-by-michael-kadera-intel, 2016.

[Borello 17] Borello, G., "Container Isolation Gone Wrong," *Sysdig blog*, https://sysdig.com/blog/container-isolation-gone-wrong, 2017.

[Goldfuss 17] Goldfuss, A., "Making FlameGraphs with Containerized Java," https://blog.alicegoldfuss.com/making-flamegraphs-with-containerized-java, 2017.

[Gregg 17e] Gregg, B., "AWS EC2 Virtualization 2017: Introducing Nitro," http://www.brendangregg.com/blog/2017-11-29/aws-ec2-virtualization-2017.html, 2017.

[Gregg 17f] Gregg, B., "The PMCs of EC2: Measuring IPC," http://www.brendangregg.com/blog/2017-05-04/the-pmcs-of-ec2.html, 2017.

[Gregg 17g] Gregg, B., "Container Performance Analysis at DockerCon 2017," http://www.brendangregg.com/blog/2017-05-15/container-performance-analysis-dockercon-2017.html, 2017.

[CNI 18] "bandwidth plugin," https://github.com/containernetworking/plugins/blob/master/plugins/meta/bandwidth/README.md, 2018.

[Denis 18] Denis, X., "A Pods Architecture to Allow Shopify to Scale," https://engineering.shopify.com/blogs/engineering/a-pods-architecture-to-allow-shopify-to-scale, 2018.

[Leonovich 18] Leonovich, M., "Another reason why your Docker containers may be slow," https://hackernoon.com/another-reason-why-your-docker-containers-may-be-slow-d37207dec27f, 2018.

[Borkmann 19] Borkmann, D., and Pumputis, M., "Kube-proxy Removal," https://cilium.io/blog/2019/08/20/cilium-16/#kubeproxy-removal, 2019.

[Cilium 19] "Announcing Hubble - Network, Service & Security Observability for Kubernetes," https://cilium.io/blog/2019/11/19/announcing-hubble/, 2019.

[Gregg 19] Gregg, B., *BPF Performance Tools: Linux System and Application Observability*, Addison-Wesley, 2019.

[Gregg 19e] Gregg, B., "kvmexits.bt," https://github.com/brendangregg/bpf-perf-tools-book/blob/master/originals/Ch16_Hypervisors/kvmexits.bt, 2019.

[Kwiatkowski 19] Kwiatkowski, A., "Autoscaling in Reality: Lessons Learned from Adaptively Scaling Kubernetes," https://conferences.oreilly.com/velocity/vl-eu/public/schedule/detail/78924, 2019.

[Xen 19] "Xen PCI Passthrough," http://wiki.xen.org/wiki/Xen_PCI_Passthrough, 2019.

[Agache 20] Agache, A., et al., "Firecracker: Lightweight Virtualization for Serverless Applications," https://www.amazon.science/publications/firecracker-lightweight-virtualization-for-serverless-applications, 2020.

[Calico 20] "Cloud Native Networking and Network Security," https://github.com/projectcalico/calico, last updated 2020.

[Cilium 20a] "API-aware Networking and Security," https://cilium.io, accessed 2020.

[Cilium 20b] "eBPF-based Networking, Security, and Observability," https://github.com/cilium/cilium, last updated 2020.

[Firecracker 20] "Secure and Fast microVMs for Serverless Computing," https://github.com/firecracker-microvm/firecracker, last updated 2020.

[Google 20c] "Google Compute Engine FAQ," https://developers.google.com/compute/docs/faq#whatis, accessed 2020.

[Google 20d] "Analyzes Resource Usage and Performance Characteristics of Running containers," https://github.com/google/cadvisor, last updated 2020.

[Kata Containers 20] "Kata Containers," https://katacontainers.io, accessed 2020.

[Linux 20m] "mount_namespaces(7)," http://man7.org/linux/man-pages/man7/mount_namespaces.7.html, accessed 2020.

[Weaveworks 20] "Ignite a Firecracker microVM," https://github.com/weaveworks/ignite, last updated 2020.

[Kubernetes 20b] "Production-Grade Container Orchestration," https://kubernetes.io, accessed 2020.

[Kubernetes 20c] "Tools for Monitoring Resources," https://kubernetes.io/docs/tasks/debug-application-cluster/resource-usage-monitoring, last updated 2020.

[Torvalds 20b] Torvalds, L., "Re: [GIT PULL] x86/mm changes for v5.8," https://lkml.org/lkml/2020/6/1/1567, 2020.

[Xu 20] Xu, P., "iops limit for pod/pvc/pv #92287," https://github.com/kubernetes/kubernetes/issues/92287, 2020.

第12章 基准测试

有谎言，该死的谎言，然后也有性能指标。

——Anon et al., "A Measure of Transaction Processing Power" [Anon 85]

在可控的状态下做性能基准测试，可以对不同的选择做比较，发现回归问题，并在生产环境将要达到性能极限的时候了解到性能极限。这些极限可能源自系统资源、虚拟化环境（云计算）中的软件限制，也可能源自目标应用程序中的限制。前面的章节已经探讨了这些限制，介绍了限制的类型以及分析它们的工具。

前几章还介绍了进行微基准测试可以使用的工具，这些工具使用文件系统 I/O 等简单的人造负载来测试组件。还有宏基准测试，宏基准测试通过模拟客户端工作负载来测试整个系统，宏基准测试可能包括客户端工作负载或者跟踪重放。不论你使用哪种方式，重要的是对基准测试结果做分析，才能确认测量的对象。基准只能告诉你系统能以多快的速度运行基准测试，你需要理解这些结果并决定如何把它们应用到你的环境中。

本章的学习目标如下。

- 理解微基准测试和宏基准测试。
- 了解多种基准测试的失败，从而避免它们。
- 遵循一个有效基准测试的方法论。
- 使用基准测试清单去检查结果。
- 改进执行和解读基准测试的准确性。

本章探讨的是通常意义上的基准测试，提供正确测试你的系统的建议和方法，帮助你避免常见错误。当你需要解释他人的结果（包括提供商和行业基准）时，这些都会是有帮助的背景知识。

12.1 背景

本节将介绍基准测试所做的事情、有效的基准测试，以及常见错误的总结。

12.1.1 原因

进行基准测试有以下原因。

- **系统设计**：对比不同的系统、系统组件或者应用程序。对于商业产品，基准测试提供的数据可以帮助进行采购决策，特别是可以了解可选项间的价格/性能比。[1] 在某些情况下，使用公布的行业基准，可避免客户自己执行基准测试。
- **概念验证**：在采购或者提交产品部署之前，测试软件或硬件在负载下的性能。
- **调优**：测试可调参数及配置选项，以确定哪些值得针对生产工作负载做进一步研究。
- **开发**：在产品开发过程中，会用到非回归测试和极限调查。非回归测试可能是一组定期运行的自动化性能测试，可以尽早地发现性能回归并且尽快地反馈到产品的修改中。对于极限调查，基准测试可用于在开发过程中推动产品达到极限，以确定最适合提高产品性能的地方。
- **容量规划**：为容量规划确定系统和应用程序的限制，或者是为性能模型提供数据，或者直接找到性能极限。
- **排错**：确认组件是否仍然以最高的性能运行。例如，测试主机间最大的网络吞吐量，检查是不是存在网络问题。
- **市场营销**：出于市场营销用途需要确定产品的最高性能（也被称为基准营销）。

在企业内部环境中，在投资昂贵的硬件之前，概念验证期间的硬件基准测试是一项重要的事情，并且过程可能持续数周之久。这些时间消耗在运输、上架、布线以及测试前的操作系统安装上。这样的过程发生在有新硬件发布的时候，可能每一两年一次。

在云计算环境中，不需要初期投入昂贵的硬件，资源可按需获取，并且可以根据需要快速修改（重新部署到不同类型的实例上）。这些环境仍然需要包含长期投资。

选择哪种应用程序编程语言，要运行哪个操作系统、数据库、Web 服务器和负载均衡器，其中的一些一旦被应用，将来可能很难被更改。可以执行基准测试，以研究各种选项在需要时可扩展的程度。云计算模型把基准测试变得简单：在数分钟内就能创建一个大规模的系统，用来运行基准测试，然后摧毁，完成这一切成本很低。

1 虽然通常会使用价格/性能比，但我认为在实践中性能/价格比可能会更容易理解，因为作为一个数学比率（而不只是提起名字），它具有“越大越好”的属性，这与人们对性能数字做出的倾向性的假设相符。

请注意，可容错的、分布式的云环境也使实验变得容易：当新的实例类型可用时，环境可能允许立即用生产工作负载对它们进行测试，跳过了传统的基准评估。在这种情况下，基准测试仍可通过比较组件的性能来帮助更详细地解释性能差异。例如，Netflix的性能工程团队拥有自动化软件，可用各种微基准测试来分析新的实例类型。这包括自动收集系统统计数据和CPU配置文件，以便对发现的任何差异进行分析和解释。

12.1.2　有效的基准测试

由于存在许多容易犯错和被忽略的地方，要做好基准测试非常难。论文“A Nine Year Study of File System and Storage Benchmarking”中有这样的总结 [Traeger 08]：

> 在本文中，我们从106篇近期的论文中调查了415个文件系统和存储的基准测试。我们发现大多数流行的基准测试都存在缺陷，许多研究论文并没有提供真实性能的明确指示。

该论文还建议了应该做到哪些事情，特别是基准测试评估应该说明测试了什么以及为什么测试，并且它们应该对系统预期行为做一定的分析。

好的基准测试的本质应如 [Smaalders 06] 中的总结。

- **可重复性**：有利于比较。
- **可观测性**：性能能被分析与理解。
- **可迁移性**：基准测试可以适用于竞争对手以及不同的产品版本。
- **简单的展示**：所有人都能理解它的结论。
- **符合现实**：测量值能反映客户体验到的现实情况。
- **可运行性**：开发人员能快速地测试修改。

当想要进行购买并为此比较不同的系统时，另一个必须要考量的特征是：价格/性能比。价格可以定量为设备五年的固定资产成本 [Anon 85]。

有效的基准测试还包括如何应用基准测试：分析并得出结论。

基准测试分析

当使用基准测试时，你需要理解：

- 测试的是什么？
- 有哪些限制因素？
- 有哪些干扰会影响结果？
- 从结果可以得出什么结论？

要明白上述内容，需要深刻地理解基准测试软件的运作、系统的响应，以及结果与目标环境是如何关联的。

给定基准测试工具并访问运行它的系统，在基准测试运行时对系统进行性能分析可以最好地满足这些需求。一个常见的错误是初级员工执行了基准测试，在基准测试完成后邀请性能专家来解释结果。最好能在基准测试期间就请性能专家参与进来，进而能在它运行的时候分析系统。这可能包括向下钻取分析，来解释和量化限制因素。

下面是一个有趣的分析示例：

> 作为一个 TCP/IP 实现的性能调查实验，我们在两台不同主机上的用户进程间传输 4MB 的数据。传输被分区为 1024B 的记录并封装在 1068B 的以太网数据包中。通过 TCP/IP,从我们的 11/750 到我们的 11/780 发送数据用了 28 秒。对于一个用户到用户 1.2M 波特的吞吐量，这包括了建立和中断连接的所有时间。在此期间，11/750 的 CPU 饱和，但是 11/780 的有约 30% 的空闲时间。系统中处理数据的时间分布于以太网处理（20%）、IP 数据包处理（10%）、TCP 处理（30%）、校验和（25%），以及用户系统调用处理（15%），并且不存在单独的处理操作占据系统的全部时间的情况。

这段文字描述了检查限制因素（11/750 的 CPU 饱和[1]），并解释了造成问题的内核组件细节。顺便提一下，直到最近，通过使用火焰图，才能够轻松地从较高的层次执行此分析并总结内核 CPU 时间的使用情况。该引用源自 Bill Joy，那时（1981 年）他正在开发最早的 BSD TCP/IP 栈 [Joy 81]！

除了使用现成的基准测试工具，你可能发现自己开发定制的基准测试软件会更有效，或者至少定制了负载生成器。这些可以保持精简，专注于你测试所需的内容，让它们的分析和调试更快。

在某些情况下，比如阅读其他人的基准测试时，你无法访问基准测试工具或被测系统。这时可以基于可用的资料，结合上文所述的清单，并进行提问：系统环境是怎样的？它是如何配置的？更多的问题，请参考 12.4 节。

12.1.3 基准测试失败

下面介绍的是一份关于各种基准测试失败的清单——错误、谬误和劣性，以及如何避免这些问题。12.3 节将讨论如何执行基准测试。

1 11/750是VAX-11/750的简称，是一款1980年DEC生产的微型计算机。

1. 随意的基准测试

要做好基准测试就不能做过就不管了。基准测试工具会生成数字，但是这些数字可能并不能反映你想测试的内容，你的结论可能因此是错误的。总结如下：

> 随意的基准测试：你对A进行了基准测试，事实上测量了B，而你的结论是测量了C。

好的基准测试要求严格地检查实际测量的是什么，并且要求理解测试了什么，以此得出有效的结论。

比如，许多工具都声称或者暗示它们能测量磁盘性能但实际上测量的是文件系统性能。这二者之间的差别可能是多个数量级的，因为文件系统能利用缓存和缓冲来使用内存I/O代替磁盘I/O。即便基准测试工具能正确运行并测试了文件系统，但你对于磁盘的结论可能错得离谱。

对数字是否可信的判断缺乏直觉的初学者，理解基准测试会特别困难。如果你买的温度计显示你所在的房间温度是1000华氏度，你会立刻知道出错了。对于基准测试你就不一定知道出错了，因为它所提供的数字你可能不熟悉。

2. 盲目信仰

人们容易轻信流行的基准测试工具是值得信赖的，尤其如果该工具还是开源的并且已经存在了很长一段时间。这种对“普及等于有效”的误解被称为argumentum ad populum（拉丁语，意为“诉诸群众”）。

分析你所使用的基准测试是非常耗时的，并且需要有特定的专业技能。并且，对于一个流行的基准测试，分析哪些肯定是有效的看起来挺不值得的。

如果一个流行的基准测试是由技术领域的顶级公司之一推广的，你会相信它吗？在过去也曾发生过这样的事情：资深的性能工程师们都知道推出的微基准测试有缺陷，不应该被使用。但没有简单的方法来阻止它的发生（我试过了）。

尽管软件bug时有发生，但问题可能不是出在基准测试软件上，而是出在对基准测试结果的解读上。

3. 缺乏分析的数字

没有提供分析细节，仅仅提供了基准测试的结果，说明基准测试作者缺乏经验并且假定了基准测试结果是可信且不会更改的。而通常这只是调查的开始，并且这个调查通常会被发现结果是错误的或令人困惑的。

每个基准测试数字都应该附有说明，介绍遇到的限制和所进行的分析。我这样总结这个风险：

如果你研究一个基准测试结果的时间少于一周，它很可能是错误的。

本书中的大部分内容着眼于在基准测试过程中执行的性能分析。在你没有时间做细致分析的情况下，最好列出那些没有时间去检查的假设并且把它们放在结论里，例如：

- 假设基准测试工具没有问题。
- 假设磁盘 I/O 测试实际测量的是磁盘 I/O。
- 假设基准测试工具按预期将磁盘 I/O 推至极限。
- 假设这种类型的磁盘 I/O 与这个应用程序是相关的。

如果事后该基准测试结果被认为重要并值得投入更多精力，以上就可以作为一份待办的事项清单。

4. 复杂的基准测试工具

基准测试工具不会由于自身的复杂性而影响基准测试分析，这点非常重要。在理想情况下，该程序是开源的进而可以被研究，并且足够短小能被快速阅读和理解。

对于微基准测试，建议挑选那些用 C 语言编写的工具。对于客户端模拟基准测试，建议使用的工具与客户端的编程语言相同，以减少差别。

一个常见的问题是基准测试软件的基准测试——报告的结果会受限于基准测试软件本身。造成这种情况的一个常见原因是这是一个单线程的基准测试软件。复杂的基准测试套件会使分析变得困难，因为要理解和分析的代码量很大。

5. 测试错误的目标

尽管有大量可用的测试多种工作负载的基准测试工具，但其中的大部分与目标应用程序可能并没有关系。

例如，一个常见的错误是测试磁盘性能——用的是磁盘基准测试工具——然而目标环境的工作负载是完全运行于文件系统缓存并且与磁盘 I/O 无关的。

类似地，一个开发产品的工程团队可能标准化了一个特定的基准测试，并全力按基准测试软件测量的结果提高性能。然而如果它没有模拟客户的工作负载，努力只会用来优化错误的行为 [Smaalders 06]。

对于现有的生产环境，工作负载特征分析方法（在前面的章节中涉及过）可以测量从设备 I/O 到应用程序请求的实际工作负载的构成。这些测量可以指导你选择最相关的基准测试。如果没有生产环境可分析，你可以设置模拟来分析，或者对预期的工作负载进行建模。同时与基准测试数据的预期受众进行讨论，看他们是否认同这些测试。

某个基准测试曾经一度能对工作负载做正确的测试，但因多年没有更新过，现在它测试的项目可能都是错误的。

6. 忽略环境

生产环境与测试环境一样吗？想象一下，你的任务是评估一个新的数据库。你配置了一个测试服务器，并运行了一个数据库基准测试，但后来才知道你漏掉了一个重要的步骤：你的测试服务器使用的是默认调优参数、默认的文件系统等。生产数据库服务器被调整为高磁盘 IOPS，所以在一个未调整的系统上测试是不现实的：你错过了对生产环境的了解。

7. 忽略错误

基准测试工具能产生结果但并不意味着该结果反映的测试是成功的。某些，乃至全部的请求都可能导向一个错误的结果。尽管这个问题在前述的错误中介绍过，但它是如此常见，值得单独提出。

在一次 Web 服务器性能基准测试中，我碰到过这个问题。那些运行测试的人报告说，Web 服务器的平均延时对他们的需求来说太高了：平均超过 1 秒。1 秒吗？快速分析一下确定了问题所在：Web 服务器在测试期间什么也没做，因为所有的请求都被防火墙阻止了。请注意，是所有的请求。显示的延时是基准测试的客户端超时出错的时间！

8. 忽略差异

基准测试工具，特别是微基准测试工具，通常施加的是一套稳定且连续的工作负载，基于的是一系列真实环境特征的测量值的*平均值*，诸如每天不同的时间或时间间隔。例如，一个磁盘工作负载可能的平均速率是每秒 500 次读和每秒 50 次写。基准测试工具能模拟这个速率，或者按 10:1 的比例模拟读 / 写，也能测试更高的速率。

这种方式忽略了*差异*：操作的速率可能是可变的。操作的类型也可能变化，并且一些类型可能同时发生。例如，每 10 秒可能发生突发的写入（异步的回写数据刷新），而同步的读取是稳定的。突发的写入在生产环境中可能会导致问题，例如使读取队列等待。但是如果基准测试仅施加稳定的平均速率，这些就不会被模拟出来。

一种可能的模拟差异的办法是在基准测试上使用马尔可夫模型：这可以反映出一个写入后会有另一个写入的概率。

9. 忽略干扰

考虑哪些外部干扰可能会影响结果。系统定时的活动，例如系统备份，会不会在基准测试期间运行？监测代理是否每分钟收集一次统计数据？对于云计算环境来说，干扰可能是同系统中的其他不可见的租户。

通常解决干扰的策略是让基准测试运行更长时间——数分钟而不是数秒。一般来说，基准测试的持续时间不要少于 1 秒。短期的测试可能会意外地受到设备中断（处理中断服务程序时线程会挂起）、内核 CPU 调度决策（在迁移排队的线程之前做等待以保持

CPU 的亲和性），以及 CPU 缓存的热度影响。多次运行基准测试并且检查标准差。标准差应该尽可能小，以确保可重复性。

还要注意收集数据，以便在存在扰动时，可以对其做研究。这可能需要收集操作延时的分布——不仅仅是基准测试总的运行时间——进而观测到异常值并且记录其细节。

10. 改变多个因素

当比较两个测试的结果时，要注意理解二者之间所有不同的因素。

例如，若两台主机都是通过网络做基准测试，那么它们之间的网络是否相同？如果一台主机经过更多跳的低速网络，或者使用了一个更拥堵的网络会怎样？任何一个这样的额外因素都会导致基准测试结果不准确。

在云环境中，基准测试的执行需要通过创建实例、测试这些实例，然后摧毁这些实例来完成。这引入了一些不可见因素的可能性：创建实例所在的系统可能快或可能慢，或者所在的系统处于高负载并且还面临其他租户的竞争。建议测试多个实例并且记录平均值（记录它们的分布更佳），这样可以避免在一个特别快或者特别慢的系统中做测试所导致的异常值。

11. 基准测试悖论

潜在客户经常使用基准测试来评估你的产品，而这些基准测试往往非常不准确，以至于你还不如扔硬币。一位销售人员曾经告诉我，他对这样的概率感到满意：赢得一半的产品评估就能达到他的销售目标。但是，无视基准测试是一个基准测试陷阱，而实践中的概率要差得多。我曾总结过：

> “如果你的产品赢得一个基准测试的机会是 50/50，你通常会输。”[Gregg 14c]

这个看似矛盾的现象可以用一些简单的概率来解释。

当根据性能购买一个产品时，客户往往希望真正确定它的性能。这可能意味着不是运行一个基准测试，而是几个基准测试，并希望产品能够赢得它们全部。如果一个基准测试有 50% 的获胜概率，那么

$$\text{赢得三项基准测试的概率} = 0.5 \times 0.5 \times 0.5 = 0.125 = 12.5\%$$

基准越多——要求全部获胜——机会就越小。

12. 基准测试竞争对手

你的市场营销部门可能希望基准测试结果能显示你的产品可以击败竞争对手。这通常比听起来更加困难。

当客户选择了一款产品后，不会只使用 5 分钟，他们会使用产品数个月。在此期间，客户会分析和调优产品的性能，很可能在最初的几周就筛出了那些最糟糕的问题。

你并没有数周时间来分析和调优你的竞争对手的产品。在可用的时间内，你收集的结果未经调优——因此并不符合现实情况。你竞争对手的客户——市场营销活动的目标群体——很可能会发现你发布的结果都是未经调优的，所以你的公司在它试图打动的人们那里失去了信誉。

如果你必须要对竞争对手的产品做基准测试，那么你要花大量的时间来调优它们的产品。利用前面章节介绍的技巧分析性能，还要对最佳实践、客户论坛和 bug 数据库做调查研究。你可能还需要聘请外部专家来调优系统。然后，对你自己公司的产品也要花费同样的精力，最终的基准测试才能被比较。

13. 误伤

在对自己的产品进行基准测试时，要尽一切努力确保测试的是性能最好的系统和配置，并且所测系统已经被推至真正的极限。在结果发布前，要与工程团队分享测试结果，他们可能会发现你遗漏的配置项。而如果你是工程团队中的一员，应寻求与基准测试工程师的合作——不论这些工程师是你公司的还是来自签约的第三方的。

考虑这样一个假想的情况：一个工程团队全力开发出了一款高性能的产品。产品性能的核心是一项他们开发出来但未做任何文档的新技术。为了发布产品，要求一个基准测试团队提供相关数值。测试团队不理解该新技术（缺乏文档），做了错误的配置，然后发布的数据不利于产品的销售。

在某些情况下，系统的配置可能正确但就是没有被推至极限。我们不禁要问，该基准测试的瓶颈是什么？可能是一种物理资源，例如 CPU、磁盘，或者是一个接口，该资源的使用率达到了 100%，并且通过分析我们是能够找到该种资源的。具体内容参见 12.3.2 节 。

还有一种误伤的情况，基准测试测试的是一个旧版本软件，该版本包含的性能问题在后来的版本里得到了修复，或者，恰好找了一台可用的设备做测试，但是该设备是有某方面限制的，进而产生的结果并非最佳。你的潜在客户可能会认为任何公司发布的基准测试结果都显示了产品最好的性能——不会提供被低估了的产品性能。

14. 具有误导性的基准测试

具有误导性的基准测试结果在行业内是很常见的。或者是无意疏忽了基准测试实际测量的限制信息，或者是故意忽视。这些基准测试结果常常在技术上是正确的，但却以错误的方式展示给了客户。

考虑这样一个假想的情况：某供应商通过定制一个极其昂贵并且不可能出售给真实客户的产品达到了一个极佳的结果。售价没有与基准测试结果一同公布，测试结果所关

注的并非价格 / 性能比。市场营销部门故意给出了一个模糊的结果（“我们快两倍！”），这将产品在客户心中与整个公司或产品线联系起来。这个例子为了有利地宣传产品而忽略细节。尽管这可能不算欺骗——数值不是假的——但是这是省略信息的欺骗 。

把这些供应商的基准测试作为性能上限对你来说可能还是有好处的，但是你不应该指望能超越这些数值（除非出现“误伤”的情况）。

我们再考虑另一个假想的情况：某市场营销部门有一些用于推广的预算，需要寻找一个有利的基准测试结果。他们请了几家第三方公司来对他们的产品做基准测试并且挑选了一组最佳的结果。挑选第三方公司时并没有基于他们的专业性，挑出来只是为了少花钱地快速交付一份结果。实际上，非专业被认为是件好事：结果与现实偏离得越远越好。理想的结果是在正方向上偏离最远的那个！

当使用这种供应商提供的结果时，要注意检查那些细则：测试的是什么样的系统、用到的是什么类型的磁盘以及用了多少块、用的是何种网络接口并且出于什么样的配置，以及其他因素。关于具体需要注意的内容，请参见 12.4 节。

15. 基准测试特别版

供应商研究某个流行的基准测试或者某个行业的基准测试，以此校正他们的产品，以产生更好的得分，而无视实际的性能。这也被称为针对基准测试的优化。

基准测试特别版的概念在 1993 年由于 TPC-A 基准测试而为人所知，正如事务处理性能委员会（TPC，Transaction Processing Performance Council）曾经所讲的 [Shanley 98]：

> 位于马萨诸塞州的一家咨询公司，Standish Group，控诉 Oracle 在其自己的数据库软件中添加了一个特别选项（离散事务），其唯一的目的是提高 Oracle 的 TPC-A 结果。Standish Group 认为一般的用户不会使用离散事务选项，因此 Oracle“违反了 TPC 的精神”。Oracle 坚决否认了该指责，用一些理由说明他们遵守了基准测试规范的规定。Oracle 认为，在 TPC 基准测试规范中并没有针对基准测试特别版本的说明，更不用说 TPC 的精神，因此指责他们违反任何规定是不公平的。

此后，TPC 添加了一项反基准测试特别版本的条款：

> 任何提高基准测试结果但不提高真实环境性能或价格的“基准测试特别版”的实现都是被禁止的。

TPC 关注的是价格 / 性能比，另一个提升数值的策略是用特别定价——没有客户能真正得到的深度折扣。这与特殊的软件修改一样，该结果不能匹配实际的客户购买系统得到的真实情况。TPC 在它的价格要求中也涉及了这一点 [TPC 19a]：

TPC 规范要求客户为该配置支付的价格必须在总价的 2% 以内。

尽管这些例子有助于解释基准测试特别版这个概念，TPC 多年前在它的规范里也解决了这个问题，但并不保证你如今不会碰到类似问题。

16. 欺骗

最后一个基准测试之罪是欺骗：发布虚假的结果。幸运的是，这极其少见或者并不存在；我还没见过数据是完全编造出来的情况，即使在最惨烈的基准测试混战之中。

12.2 基准测试的类型

基于所测试的工作负载，图 12.1 展示了基准测试类型的范围。生产环境工作负载也包括在其中。

图 12.1 基准测试的类型

下面将解释这三种基准测试类型：微基准测试、模拟及跟踪 / 回放。我们还会讨论工业标准基准测试的内容。

12.2.1 微基准测试

微基准测试利用人造的工作负载对某类特定的操作做测试，例如，执行一种类型的文件系统 I/O、数据库查询、CPU 指令，或者系统调用。它的优势是简单：对组件的数量和所牵涉的代码路径做限制能更容易地研究目标，从而快速地确定性能差异的根源。因为来自其他组件的变化已经尽可能地被剥离了，所以通常测试是可重复的。在不同系统上执行微基准测试一般都很快，这是因为微基准测试是特意人为的，不会轻易地与真实工作负载模拟相混淆。

要使用微基准测试结果，需要将它们映射到目标的工作负载。微基准测试可测试多个维度，但可能只有一两个是相关的。性能分析或者对目标系统建模有助于决定哪些微基准测试结果是合适的以及合适到什么程度。

前面章节中介绍过的微基准测试工具包括如下资源类型。

- **CPU**：SysBench
- **内存 I/O**：lmbench（参见第 6 章）

- **文件系统**：fio
- **磁盘**：hdparm、dd 或者直接 I/O 使用下的 fio
- **网络**：iper

有很多可用的基准测试工具，不过要记住来自 [Traeger 08] 的警告："多数流行的基准测试是有漏洞的。"

你也可以开发自己的工具。但要尽可能地保持工具简单，能识别可以单独测试的工作负载的特性即可（关于这些内容，参见 12.3.6 节）。可以使用外部工具来验证它们是否执行了它们所声称的操作。

设计示例

思考设计微基准测试来测试下面的文件系统属性：连续或者随机 I/O、I/O 大小和方向（读或写）。表 12.1 显示了 5 项关于这些维度的测试示例，还有每项测试的目的。

表 12.1 文件系统微基准测试示例

#	测试	目的
1	顺序 512B 读 [1]	测试（实际）最大 IOPS
2	顺序 1MB 读 [2]	测试最大读吞吐量
3	顺序 1MB 写	测试最大写吞吐量
4	随机 512B 读	测试随机 I/O 的效果
5	随机 512B 写	测试重写的效果

如果需要，可以加入更多的测试。所有这些测试要考虑如下所示的两个额外因素。

- **工作集大小**：访问的数据大小（例如，总文件大小）。
  - 大小远小于主存：数据完全缓存于文件系统缓存，可以调查文件系统软件的性能。
  - 大小远大于主存：将文件系统缓存的影响降到最低，促使基准测试向磁盘 I/O 测试靠拢。
- **线程数**：假设一个小的工作集。
  - 单线程：测试的是基于当前 CPU 时钟速度的文件系统性能。
  - 多线程，使所有 CPU 饱和：测试的是系统的最大性能，即文件系统和所有 CPU。

1 这里的目的是通过使用更多、更小的I/O来最大化IOPS。1字节的大小听起来更适合这个目的，但磁盘至少会把它四舍五入到扇区大小（512字节或4KB）。

2 这里的目的是通过使用更少、更大的I/O（更少的I/O初始化时间）来最大化吞吐量。虽然越大越好，但由于文件系统、内核分配器、内存页面和其他细节，可能会有一个"最佳点"。例如，Solaris内核在128KB I/O时表现最佳，因为这是最大的slab缓存大小（更大的I/O会移动到超大区域，性能较低）。

考虑这些因素会得到一个巨大的测试矩阵。有一些统计分析的技巧能精简需要的测试集。

关注于最高速度的基准测试被称为*晴天性能测试*。为了避免忽视了什么问题，你可能还会考虑用到*阴天性能测试*，这是针对非最理想情况的测试，如竞争、干扰，以及工作负载变化。

12.2.2　模拟

许多基准测试会模拟客户应用程序的工作负载（有时称其为*宏基准测试*）。基于生产环境的工作负载特征（参见第 2 章）可决定所要模拟的特征。例如，一个生产环境的 NFS 工作负载由如下的操作类型和可能性组成：读占 40%、写占 7%、getattr 占 19%、readdir 占 1%，以及其他。除此之外的特征也能被测量并模拟。

模拟所生成的结果与客户在现实世界所执行的工作负载是相似的。即便不一样，至少也足够相似。如果涉及的因素太多，用微基准测试进行调查会非常费时。相较于微基准测试，模拟能覆盖复杂系统相互作用的影响，这点是微基准测试可能缺失的。

第 6 章介绍过的 CPU 的 Whetstone 和 Dhrystone 基准测试就是模拟的两个例子。Whetstone 被开发于 1972 年，用以模拟当时科学计算的工作负载。1984 年开发的 Dhrystone 模拟的是那时基于整数的工作负载。

许多公司使用内部或外部的负载生成软件来模拟客户端的 HTTP 负载。例如 wrk [Glozer 19]、siege [Fulmer 12] 和 hey [Dogan 20]。这些生成软件可以用来评估软件或硬件的变化，也可以用来模拟高峰负荷（例如，在线购物平台上的“闪购”），以暴露出可以分析和解决的瓶颈问题。

工作负载的模拟可以是*无状态的*，即每个服务器请求与前一个请求是无关的。例如，前面介绍的 NFS 服务器工作负载可以基于测量出的可能性用一系列类型随机选择的操作来进行模拟。

模拟也可以是*有状态的*，即每个请求都依赖于客户端的状态，至少依赖于前一个请求。你可能会发现 NFS 的读和写往往是成组到达的，以至于写操作前的操作也是写的可能性相比写操作之前的操作是读的可能性要高很多。这样的工作负载最好用*马尔可夫模型*（Markov model）模拟。马尔可夫模型是用状态来表示请求的，并且还能测量状态转换的可能性 [Jain 91]。

模拟的问题是它忽略了变化，如 12.1.3 节中介绍的。客户的使用模式会因时间的推移而变化，因而要求模拟也随之更新和调整以保证两者的关联性。这件事可能存在阻力，然而，基于旧版本基准测试的结果（如果有），是不能拿来与新版本基准测试做对比的。

12.2.3 回放

第三种基准测试类型是试图回放目标的跟踪日志，用真实捕捉到的客户端的操作来测试性能。这听起来很理想——与在生产环境做测试一样，是这样吗？是的，不过它还是有问题的：当服务器的特征和响应的延时发生变化时，所捕捉到的客户端工作负载很可能不能反映出这些差异，与模拟客户工作负载相比，这可能并不会更好。如果太信任这种方法，情况会更糟。

考虑这样一个假想的情况：某客户正在考虑升级存储基础架构。当前生产环境的工作负载被跟踪并在新的硬件上回放。不幸的是，性能变差了，丢了订单。问题在于：跟踪 / 回放操作在磁盘 I/O 层。旧的系统配备的是 10K r/min 的磁盘，而新的系统配备的是较慢的 7200 r/min 的磁盘。可是，新系统拥有 16 倍的文件系统缓存和更快的处理器。考虑到大部分的返回会来自缓存，实际的生产工作负载性能应该会提升——回放的磁盘事件没有模拟这一点。

这只是测试错误目标的一个例子，即便在正确的级别做了跟踪 / 回放，其他微妙的影响也会把结果弄糟。所有的基准测试都一样，至关重要的是要分析并理解发生了什么。

12.2.4 行业标准

行业标准的基准测试是由独立组织制定的，旨在创建公平和相关的基准测试。通常是成套的微基准测试和工作负载模拟，它们定义清晰并且被记录成了文档，在确定的指导原则下执行，才能得到期望的结果。供应商可以参与（通常需要付费）。制定标准的组织会给供应商提供软件以运行基准测试。测试的结果一般需要完全公开配置的环境，以供审计。

对于客户来说，这样的基准测试能节省很多时间，因为不同的供应商和产品的基准测试结果都有了。这时你的工作就是找到与你将来或者当前的生产环境工作负载最接近的那个。当前的工作负载，可以用工作负载特征归纳法来确定。

基准测试的行业标准需求是在 1985 年 Jim Gray 与其他作者 [Anon 85] 一同在名为“A Measure of Transaction Processing Power”的论文中阐述清楚的。这篇文章论述了对衡量价格 / 性能比的需求和供应商可用于执行的三项详细的基准测试，分别是 Sort、Scan 和 DebitCredit。该文章还建议，基于 DebitCredit 设置一个行业标准的测量值，即每秒事务处理量（TPS），其使用类似于小汽车的每加仑英里数。Jim Gray 和他的著作后来促使了 TPC 的建立 [DeWitt 08]。

除了 TPS 这一测量值，可做同样用途的其他测量值如下。

- **MIPS**：每秒百万指令数。不过这是一个性能的测量值，执行的操作依赖于指令的类型，难于在不同的处理器架构间比较。

- **FLOPS**：每秒浮点操作数，其作用与 MIPS 类似，但是其对应的是重度浮点运算的工作负载。

行业基准测试通常测量的是基于基准测试的自定义指标，它仅适用于与自身的比较。

TPC

交易处理性能委员会（Transaction Processing Performance Council，TPC）建立并管理多种关于数据库性能的行业基准测试，如下所示。

- **TPC-C**：模拟了一个大量用户对一个数据库执行事务处理的完整计算环境。
- **TPC-DS**：模拟了一个决策支持系统，包括查询和数据维护。
- **TPC-E**：在线事务处理（OLTP）工作负载，建模了一个经纪公司的数据库。客户的事务涉及交易、账户查询和市场研究。
- **TPC-H**：一个决策支持基准测试，模拟了即席查询和并发的数据修改。
- **TPC-VMS**：TPC 虚拟测量单系统（Virtual Measurement Single System），允许为虚拟数据库收集其他基准。
- **TPCx-HS**：一个基于 Hadoop 的大数据基准测试。
- **TPCx-V**：虚拟机上的数据负载测试。

TPC 的结果是在线共享的 [TPC 19b]，包括价格 / 性能比。

SPEC

标准性能评估公司（SPEC）开发并公布了一套标准化的行业基准测试，如下所述。

- **SPEC Cloud IaaS 2018**：使用多个多实例的工作负载来测试配置、计算、存储和网络资源。
- **SPEC CPU 2017**：测量计算密集型的工作负载，包括整数和浮点数性能，以及一个可选的能源消耗指标。
- **SPECjEnterprise 2018 Web Profile**：测量 Java EE 7 或者之后版本的应用服务器、数据库和支持基础架构的整体系统性能。
- **SPECsfs2014**：模拟客户端对于 NFS 服务器和通用网络文件系统（CIFS）服务器的文件访问工作负载。
- **SPECvirt_sc2013**：对于虚拟化环境，测量虚拟化硬件、平台，以及客户机操作系统和应用程序软件端到端的性能。

SPEC 的结果是在线共享的 [SPEC 20]，并且包括了系统调优的细节以及组件清单，但是通常不包括价格。

12.3 方法

不论是微基准测试、模拟，还是回放，本节将讨论对于它们的基准测试执行的方法和实践。表 12.2 对这些内容做了总结。

表 12.2 基准测试分析方法

章节	方法	类型
12.3.1	被动基准测试	实验分析
12.3.2	主动基准测试	观测分析
12.3.3	CPU 剖析	观测分析
12.3.4	USE 方法	观测分析
12.3.5	工作负载特征归纳	观测分析
12.3.6	自定义基准测试	软件开发
12.3.7	逐渐增加负载	实验分析
12.3.8	合理性检查	观测分析
12.3.9	统计分析	统计分析

12.3.1 被动基准测试

这是一种做过就不管了的基准测试策略——运行基准测试后就忽略它直到结束，它的主要目标是收集基准测试数据。基准测试通常就是这样运行的，为了与主动基准测试做比较，被动基准测试也作为独立的方法被描述。

下面是被动基准测试的步骤示例：

1. 选择一个基准测试工具。
2. 用多种选项的组合来运行它。
3. 将这些结果做成一套幻灯片。
4. 将这些幻灯片交给管理层。

前文讨论过这种方法会出现的问题。总的说来，这些结果可能会是：

- 由于基准测试软件的 bug 而使测试无效。
- 受限于基准测试软件（例如，单线程）。
- 受限于一个与基准测试目标无关的组件（例如，一个拥堵的网络）。
- 受限于配置（没有开启性能的属性、不是最优化的配置）。
- 受干扰的影响（测试不可重复）。
- 测试了完全错误的目标。

被动基准测试容易执行但也容易出错。供应商执行被动基准测试，可能会引起假警报而浪费工程资源或者损失销售机会。客户执行被动基准测试，可能会做出错误的产品选择并在这之后长期困扰企业。

12.3.2 主动基准测试

主动基准测试，在基准测试运行的同时用性能观测工具进行分析 [Gregg 14d]——不只是在测试完成之后。你需要确定基准测试所要测试的对象，并且理解它是什么。主动基准测试能确定被测试系统的真实极限，或者基准测试本身的极限。记录所遇到极限的具体细节，当分析基准测试结果时这是非常有帮助的。

作为奖赏，主动基准测试是一个让你锻炼使用性能观测工具技能的好机会。理论上，你在检查的是一个已知的负载并且能看到负载是如何在这些工具中呈现的。

最好的情况是，该基准测试能够被配置并可以运行在稳定的状态，这样在数小时或数天后就可以做分析了。

分析实例研究

作为示例，我们使用微基准测试工具 Bonnie++ 来做第一个测试。它的手册页中是这样描述的（**强调**字体是我加的）：

```
NAME
       bonnie++ - program to test hard drive performance.
```

在它的首页上这样写着 [Coker 01]：

Bonnie++ 是一个用于执行大量简单的硬盘及文件系统性能测试的基准测试套件。

在 Ubuntu Linux 上执行 Bonnie++：

```
# bonnie++
[...]
Version  1.97       ------Sequential Output------ --Sequential Input- --Random-
Concurrency   1     -Per Chr- --Block-- -Rewrite- -Per Chr- --Block-- --Seeks--
Machine        Size K/sec %CP K/sec %CP K/sec %CP K/sec %CP K/sec %CP  /sec %CP
ip-10-1-239-21   4G   739  99 549247  46 308024  37  1845  99 1156838  38 +++++ +++
Latency             18699us     983ms     280ms   11065us    4505us    7762us
[...]
```

第一个测试是“顺序输出（Sequential Output）”和“按字符（Per Chr）”的，并且基于 bonnie++ 的评分为 739 KB/s。

合理性检查：如果这真是每个字符的 I/O，这将意味着系统每秒实现 739 000 次 I/O。该基准测试被描述为测试硬盘性能，但我怀疑这个系统是否能达到这么多的磁盘 IOPS。

在运行第一个测试时，我用 iostat(1) 来检查磁盘 IOPS：

```
$ iostat -sxz 1
[...]
avg-cpu:  %user   %nice %system %iowait  %steal   %idle
          11.44    0.00   38.81    0.00    0.00   49.75

Device             tps      kB/s    rqm/s    await aqu-sz  areq-sz  %util

[...]
```

没有磁盘 I/O 的报告。

现在使用 bpftrace 来计算块 I/O 事件（参见 9.6.11 节）：

```
# bpftrace -e 'tracepoint:block:* { @[probe] = count(); }'
Attaching 18 probes...
^C

@[tracepoint:block:block_dirty_buffer]: 808225
@[tracepoint:block:block_touch_buffer]: 1025678
```

这也表明没有发出任何块 I/O（没有 block:block_rq_issue）或完成（block:-block_rq_complete）；但是，缓冲区被清空了。使用 cachestat(8)（参见 8.6.12 节）来查看文件系统缓存的状态：

```
# cachestat 1
    HITS   MISSES  DIRTIES HITRATIO   BUFFERS_MB  CACHED_MB
       0        0        0    0.00%           49        361
     293        0    54299  100.00%           49        361
     658        0   298748  100.00%           49        361
     250        0   602499  100.00%           49        362
[...]
```

bonnie++ 在输出的第二行开始执行，这证实了“dirties”的工作负载：对文件系统缓存的写入。

在 VFS 层面检查 I/O 栈中更高的 I/O（参见 8.6.15 节）。

```
# bpftrace -e 'kprobe:vfs_* /comm == "bonnie++"/ { @[probe] = count(); }'
Attaching 65 probes...
^C

@[kprobe:vfs_fsync_range]: 2
@[kprobe:vfs_statx_fd]: 6
@[kprobe:vfs_open]: 7
@[kprobe:vfs_read]: 13
@[kprobe:vfs_write]: 1176936
```

这表明确实有一个 vfs_write() 工作负载很大。进一步用 bpftrace 验证了大小：

```
# bpftrace -e 'k:vfs_write /comm == "bonnie++"/ { @bytes = hist(arg2); }'
Attaching 1 probe...
^C

@bytes:
[1]               668839 |@@@@@@@@@@@@@@@@@@@@@@@@@@@@@@@@@@@@@@@@@@@@@@@@@@@@|
[2, 4)                 0 |                                                    |
[4, 8)                 0 |                                                    |
[8, 16)                0 |                                                    |
[16, 32)               1 |                                                    |
```

关于 vfs_write() 要讨论的第三点是字节数，通常是 1 字节（在 16 到 31 字节范围内的单个写入像是一个关于开始基准测试的 bonnie++ 信息）。

通过在基准测试运行时的分析（主动基准测试），我们了解到第一个 bonnie++ 测试是一个 1 字节的文件系统写，它在文件系统缓存中进行缓冲。它并不测试磁盘 I/O，正如 bonnie++ 的描述所暗示的那样。

根据手册页中的说明，bonnie++ 有一个 -b 选项，用于"无写缓冲"，每次写入后调用 fsync(2)。我将使用 strace(1) 来分析这种行为，strace(1) 会以人类可读的方式打印所有系统调用。strace(1) 也有很高的开销，所以使用 strace(1) 时的基准测试结果应该被丢弃。

```
$ strace bonnie++ -b
[...]
write(3, "6", 1)                        = 1
write(3, "7", 1)                        = 1
write(3, "8", 1)                        = 1
write(3, "9", 1)                        = 1
write(3, ":", 1)                        = 1
[...]
```

输出显示，bonnie++ 在每次写完后都没有调用 fsync(2)。它也有一个 -D 选项用于直接 I/O，但在我的系统上该选项失败了。没有办法实际进行每个字符的磁盘写入测试。

有些人可能会说，bonnie++ 并没有坏，而且它确实做了一个"连续输出"和"按字符"测试：这两个术语都没有承诺磁盘 I/O。对于一个声称要测试"硬盘"性能的基准测试，这至少是一种误导。

bonnie++ 并不是一个异常糟糕的基准测试工具，它在很多场合都为人们提供了良好的服务。我选择它作为这个例子（也选择了它最可疑的测试来研究），是因为它是众所周知的，我以前研究过它，而且像这样的发现并不罕见。但它只是一个例子。

旧版本的 bonnie++ 在这个测试中还有一个问题：它允许 libc 在写入文件系统之前进行缓冲，所以 VFS 的写入大小为 4KB 或更高，这取决于 libc 和操作系统版本。[1] 这使得在使用不同 libc 缓冲大小的不同操作系统之间比较 bonnie++ 的结果具有误导性。这个问题在最近的 bonnie++ 版本中得到了解决，但这又产生了另一个问题：来自 bonnie++ 的新结果不能与旧结果进行比较。

关于 bonnie++ 性能分析的更多信息，请参阅 Roch Bourbonnais 的文章"Decoding Bonnie++"[Bourbonnais 08]。

12.3.3 CPU 剖析

对基准测试目标和基准测试软件做 CPU 剖析值得被单独列为一个方法，因为用这种方法能快速地得到一些发现，这常常作为主动基准测试调查的一部分执行。

目的是快速地检查所有的软件正在做什么，看看有什么有趣的事情出现。这能将研究的范围收缩到最关键的软件组件：那些正在运行基准测试的组件。

用户级的栈和内核级的栈都能做性能分析。在第 5 章中介绍过用户级的 CPU 性能分析。在第 6 章里对两者的内容都有覆盖，6.6 节还介绍了火焰图。

示例

在一个新系统上执行了一次磁盘微基准测试，结果令人失望：磁盘吞吐量比旧系统更差。我被要求查清问题的原因，我预计可能是磁盘或者磁盘控制器较差并需要更换。

我先采用 USE 方法（参考第 2 章），发现尽管基准测试还在执行，但磁盘不是很忙。CPU 有一些处于系统时间（内核）的使用。

对于磁盘基准测试而言，你可能不会认为 CPU 是一个有趣的分析目标。考虑到内核有一定的 CPU 使用，尽管没有什么期待，我还是认为值得快速检查一下看看有什么情况。如图 12.2 所示，我做了剖析并生成了火焰图。

可以看到，栈的火焰图显示，62.17% 的 CPU 采样都含有 zfs_zone_io_throttle() 函数。不需要阅读这个函数的代码，它的名称已经足够作为提示：有个资源控制，ZFS I/O 节流被激活了，并且正在人工地对基准测试做节流！这是新系统的一个默认设置（旧系统里没有），在基准测试运行时被忽视了。

1 如果你想知道，libc的缓冲区大小可以用setbuffer(3)来调整，并且是由于bonnie++使用libc putc(3)而被使用的。

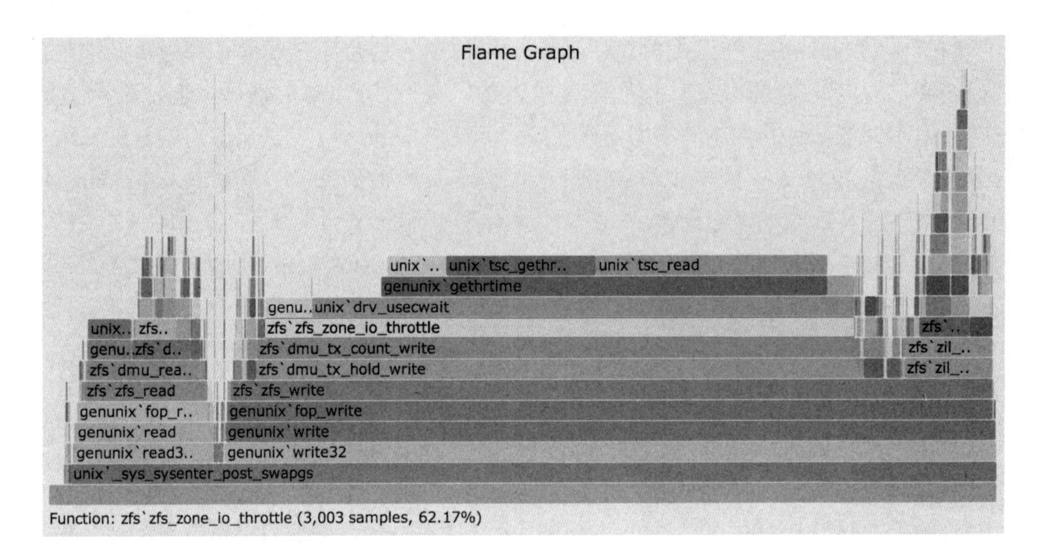

图 12.2 内核时间剖析火焰图

12.3.4 USE 方法

USE 方法在第 2 章中介绍过，该方法在其他介绍相关资源的章节里也有论述。在基准测试过程中应用 USE 方法能确保找到一个限制。该限制可能是某个组件（硬件或者软件）达到了 100% 的使用率，或者你还未把系统推至极限。

12.3.5 工作负载特征归纳

工作负载特征归纳的介绍在第 2 章，在其他各章里也有讨论。这种方法通过对生产工作负载做特征归纳，可以确定某一给定基准测试与当前生产环境的相关性。

12.3.6 自定义基准测试

对于简单的基准测试，你自己编写代码就可以了，应尽可能地保证程序短小，以避免程序太复杂而影响分析。

C 语言对于微基准测试通常是一个不错的选择，因为这种语言能严格地映射到执行——虽然要仔细地想清楚编译优化会如何影响代码：如果编译器认为输出是未被使用的因而不必计算，可能它会省略简单的基准测试程序。可能需要对编译的二进制代码做反汇编看看实际执行的是什么。

相比 C 语言，涉及虚拟机、非同步垃圾回收以及动态运行时编译的语言，要做调试和可靠精确控制会难得多。如果要模拟用这些语言编写的客户端软件，你可能还是需要使用这些语言：宏基准测试。

编写自定义的基准测试还可以揭示目标的某些细节，这在将来可能是有帮助的。例如，当开发一个数据库基准测试时，你可能会发现某个支持各种选项用以提升性能的API在生产环境中并没有用到，这是因为创建生产环境的时候这些选项还不存在。

你的软件可能仅仅是为了生成负载（一个负载生成器），测量是其他工具的事情。处理这种情况的一种方法是逐渐增加负载。

12.3.7 逐渐增加负载

这是一个用于确定系统所能处理的最大吞吐量的简单方法。以较小的递增添加负载并测量产出吞吐量直至到达极限。结果能被绘制成图以展示扩展性。该扩展性可以用作直观研究或者用于扩展性模型（参见第2章）。

作为示例，图12.3显示了文件系统和服务器是如何按照线程数扩展的。每个线程执行的都是在缓存文件上的8KB随机读取，并且线程数目一个一个地增加。

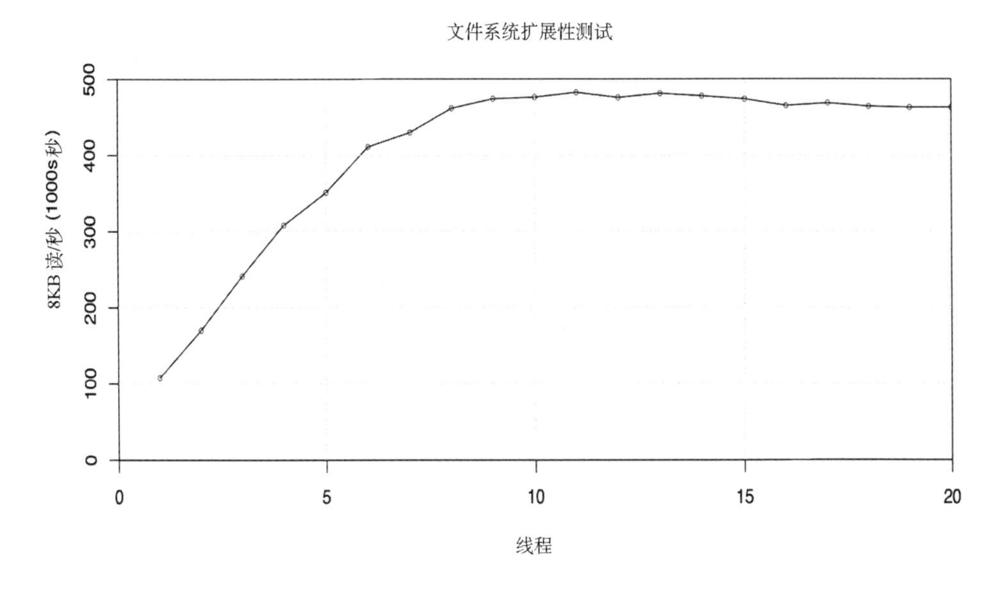

图12.3 增长的文件系统负载

该系统大约在每秒50万次读取时达到峰值。这个结果用VFS级的统计信息检查过，确认I/O大小是8KB并且在峰值时传输超过3.5GB/s。

该测试的负载生成器是用Perl编写的，很简短，完全可以放在此处作为示例：

```
#!/usr/bin/perl -w
#
# randread.pl - randomly read over specified file.

use strict;

my $IOSIZE = 8192;                      # size of I/O, bytes
my $QUANTA = $IOSIZE;                   # seek granularity, bytes

die "USAGE: randread.pl filename\n" if @ARGV != 1 or not -e $ARGV[0];

my $file = $ARGV[0];
my $span = -s $file;                    # span to randomly read, bytes
my $junk;

open FILE, "$file" or die "ERROR: reading $file: $!\n";

while (1) {
        seek(FILE, int(rand($span / $QUANTA)) * $QUANTA, 0);
        sysread(FILE, $junk, $IOSIZE);
}

close FILE;
```

这个示例用 sysread() 直接调用 read(2) 系统调用，避免了缓冲。

写这段程序是用于对一个 NFS 服务器做微基准测试的，程序会在很多客户机上并行运行，每一个客户机都会对 NFS 挂载的文件执行随机读取。该微基准测试的结果（每秒读取数）在 NFS 服务器上用 nfsstat(8) 和其他工具测量。

使用的文件数及文件大小的总和是受控制的（这构成了*工作集的大小*），因此一些测试完全是从缓存返回而其他的则从磁盘返回（参见 12.2.1 节中的设计示例）。

在客户机中运行的实例数逐一递增，逐步增加负载直到达到一个极限。这可以连同资源使用率（USE 方法）一起绘制成图以研究扩展性，确认资源确实已被耗尽。在本例中研究的是 CPU 资源，这可以作为另一个调查的起点来研究如何进一步提升性能。

我用这个程序和这个方法找到了 Sun ZFS Storage Appliance 的极限 [Gregg 09b]。这些极限被作为官方结果——就我们所知这创造了世界纪录。我还有一套类似的用 C 语言编写的软件，但在本例中用不到：我有足够的客户机的 CPU，即使转换为 C 语言降低了 CPU 的使用率，但并不会改变结果，因为结果在目标上还是会达到同样的瓶颈。我尝试过其他更复杂的基准测试，还有其他语言，但是这些都不能提高基于 Perl 的结果。

遵照这个实现方法，可以测量延时和吞吐量，特别是延时的分布。一旦系统接近极限，队列会显著增加，导致延时增加。如果你将负载提得过高，延时会变得过高以至于不能合理地被认为结果是有效的。这时要确认交付的延时是否能被客户接受。

例如，你用一个客户集群将一个目标系统推至 990 000 IOPS，它响应每一个 I/O 的平均延时是 5ms。你非常希望突破 100 万 IOPS，但是该系统已经达到饱和。通过增加更多客户机，勉强蹭到 100 万 IOPS；然而现在所有的操作都在队列等待中，平均延时超过 50ms（这是不可接受的）！你会把哪个结果交给市场营销部门？（答案肯定是 990 000 IOPS。）

12.3.8 合理性检查

有一个检查基准测试结果的方法，那就是调查所有的特征都没有问题。这包括检查结果是否需要某些组件超过其已知的极限，例如，网络带宽、控制器带宽、互联带宽，或磁盘 IOPS。如果有超过极限的，就需要详细调查。多数情况下，用这种方法调查最终会发现基准测试的结果是假的。

举个例子，对某一个 NFS 服务器做 8KB 字节的基准测试，结果是能交付 50 000 IOPS。与它相连的网络用的是 1Gb/s 的以太网网口。要能驱动这些 IOPS 需要的网络吞吐量为 50 000 IOPS × 8 KB = 400 000KB/s，加上协议开销，这就超过了 3.2Gb/s——远大于 1Gb/s 的已知上限。肯定有什么东西出错了。

这样的结果通常意味着基准测试测试的是*客户端的缓存*，并没有将全部的工作负载施加到 NFS 服务器上。

我曾经用这样的计算识破过许许多多的假基准测试，包括下面这些超过 1Gb/s 接口的吞吐量 [Gregg 09c]：

- 120MB/s（0.96 Gb/s）
- 200MB/s（1.6 Gb/s）
- 350MB/s（2.8 Gb/s）
- 800MB/s（6.4 Gb/s）
- 1.15GB/s（9.2 Gb/s）

所有这些吞吐量都是单方向的。120MB/s 可能还好——1Gb/s 的接口可以达到 119MB/s 左右。只有在网络两个方向都很繁忙且都加在一起时，200MB/s 才有可能，不过，这是单方向的结果。350MB/s 及以上的结果都是假的。

当给定一个基准测试结果让你检查时，你可以看看用提供的数字能做什么样的简单相加运算来找到这类限制。

如果你可以访问系统，那么就可能通过构建新的观测工具或做实验进行进一步的测试。可以遵循这样的科学方法：你现在所测试的问题是判断基准测试结果是否有效。基于这一点，对得到的假设和预测做测试来进行验证。

12.3.9 统计分析

统计分析可以用来研究基准测试数据，它遵循以下三个阶段：

1. **选择**基准测试工具、基准测试工具的配置，以及需要捕捉的系统性能指标。
2. **执行**基准测试，收集大量结果的数据集和指标。
3. 用统计分析方法**解读**数据，生成报告。

与着眼于在运行时分析系统的主动基准测试不同，统计分析着重于分析结果。它也不同于被动基准测试，被动基准测试不做任何分析。

这种方法适用于系统访问时间受限且昂贵的大规模系统环境。例如，仅有一个“最大配置”的系统可用，而同时有多个部门都希望运行测试。

- **销售：**在概念验证期间，运行一个模拟客户负载以显示最大配置的系统能有怎样的交付。
- **市场营销：**获得最好数值用于市场营销活动。
- **支持：**调查只有最大配置系统在严重的负载下才出现的异常状态。
- **软件工程：**对新功能和代码修改进行性能测试。
- **质量控制：**执行非回归测试和认证。

每个部门在系统里运行它们的基准测试的时间非常有限，更多的时间花在运行后结果的分析上。

由于指标收集的代价较高，要花费额外的努力确保指标是可靠的和可信的，以避免发现问题将来重做。除了从技术上检验它们是如何产生的，你还要收集更多的统计信息，这样才能更快地发现问题。这些信息可能包括统计信息的变化、完整的分布、误差范围以及其他信息（参考 2.8 节）。针对代码修改或者执行非回归测试时做基准测试，理解这些变化和误差范围至关重要，这样结果才能有意义。

还有，要尽可能地从运行着的系统里收集性能数据（要避免收集数据的开销损害结果），这样之后才能对这些数据做取证分析。收集数据用到的工具可能有 sar(1)、监测产品，还有将所有统计数据转储的可定制工具。

举个例子，在 Linux 中，可以用一个定制的 shell 脚本在运行前后复制 /proc 的统计信息文件。[1] 为了将来的需要，所有可能用到的信息都可以放在其中。只要性能开销可接受，这样的脚本可以在基准测试过程中按一定的时间间隔执行，也可以用其他统计信息工具创建日志。

1 不要为此使用tar(1)，因为它被大小为零的/proc文件所迷惑（根据stat(2)），不会读取其内容。

针对结果和指标的统计分析包括扩展性分析和把系统模型化为队列网络的排队理论分析。第2章介绍过这些内容，同时也有几篇文章以这些内容为主题，如[Jain 91]、[Gunther 97]、[Gunther 07]。

12.3.10 基准测试检查清单

受“性能箴言”检查清单的启发（参见第2章），我创建了一个基准测试检查清单，其中包括一些问题，你可以从基准测试中寻找答案，以验证其准确性 [Gregg 18d]：

- 为什么不是双倍？
- 它是否突破了限制？
- 它有错误吗？
- 它重现了吗？
- 它重要吗？
- 它真的发生了吗？

更详细地说：

- **为什么不是双倍？**为什么操作率没有达到基准测试结果的两倍？这实际上是在问限制是什么。当你发现极限不是测试的预期目标时，回答这个问题可以解决许多基准测试的问题。
- **它是否突破了限制？**这是一个合理性检查（参见第12.3.8节）。
- **它有错误吗？**错误的表现与正常操作不同，高的错误率会歪曲基准测试结果。
- **它重现了吗？**结果的一致性如何？
- **它重要吗？**一个特定的基准测试的工作负载可能与你的生产需求无关。一些微基准测试测试了单个系统调用和库调用。但你的应用程序可能甚至没有使用它们。
- **它真的发生了吗？**在12.1.3节描述了一个案例，防火墙阻止了基准测试到达目标，并把基于超时的延时作为其结果。

下一节包括一个更长的问题清单，这也适用于你可能无法访问目标系统来亲自分析基准测试的场景。

12.4 基准测试问题

如果供应商给你一个基准测试的结果，即便你无法接触到所运行的基准测试并做相应分析，为了更好地理解这个基准测试并将其应用于你的环境，你也可以问出一系列问题。这么做的目的在于要搞清楚真正测量的是什么，以及结果的真实性如何，或者说结果是否可重复。

- 总体：
  - 基准测试和我的产品负载相关吗？
  - 测试的系统是怎样的配置？
  - 测试的是单个系统，还是一个系统集群？
  - 测试系统的成本是多少？
  - 基准测试客户端的配置是怎样的？
  - 测试的时长是多少？收集了多少测试结果？
  - 结果是平均值还是峰值？平均值是多少？
  - 其他的数据分布细节（标准差、百分位数，或者所有的分布细节）是什么？
  - 基准测试的限制因素是什么？
  - 操作的成功 / 失败比是多少？
  - 操作的属性是什么？
  - 为模拟工作负载会选择操作的属性吗？它们是如何被选择的？
  - 基准测试会模拟变化吗，或者模拟的是一个平均工作负载吗？
  - 基准测试结果是否用其他分析工具确认过？（提供屏幕截图。）
  - 误差范围能否与基准测试结果一同展示？
  - 基准测试结果是否具有可重现性？
- 与 CPU/ 内存相关的基准测试：
  - 使用的什么处理器？
  - 处理器是否超频？是否使用了定制的冷却方式（如水冷）？
  - 使用了多少个内存模块（如 DIMM）？它们是如何被连接到插槽上的？
  - 有 CPU 被停用吗？
  - 全系统的 CPU 使用率是多少？（由于较高的涡轮增压水平，轻度负载的系统可以表现得更快。）
  - 被测试的 CPU 是多核的还是超线程的？
  - 安装了多少主存？是什么类型的？
  - 有用到自定义的 BIOS 设置吗？
- 与存储相关的基准测试：
  - 存储设备的配置是怎样的（使用了多少个、它们的类型、存储协议、RAID 配置、缓存大小、回写或直写，等等）？
  - 文件系统的配置是怎样的（什么类型，使用了多少，它们的配置，例如日志使用的配置，以及调优）？
  - 工作集大小是多少？
  - 工作集被缓存的程度是多少？缓存于何处？

    ○ 访问了多少个文件？

- 与网络相关的基准测试：
    ○ 网络配置是怎样的（使用了多少个网络接口，它们的类型和配置是怎样的）？
    ○ 网络拓扑是怎样的？
    ○ 使用了哪些协议？套接字选项是怎样的？
    ○ 调整了哪些网络栈设置？ TCP/UDP 可调参数是如何被调整的？

如果研究的对象是行业基准测试，上述的许多问题都会在披露的细节中得到回答。

12.5 练习

1. 回答以下概念问题：

- 什么是微基准测试？
- 什么是工作集大小，它如何影响存储基准测试的结果？
- 研究价格 / 性能比的原因是什么？

2. 选择一个微基准测试并完成如下任务：

- 增加一个维度（线程、I/O 大小……）并测量性能。
- 图形化结果（扩展性）。
- 利用微基准测试将目标性能推至极限，分析限制因素。

12.6 参考资料

[Joy 81] Joy, W., "tcp-ip digest contribution," http://www.rfc-editor.org/rfc/museum/tcp-ip-digest/tcp-ip-digest.v1n6.1, 1981.

[Anon 85] Anon et al., "A Measure of Transaction Processing Power," *Datamation*, April 1, 1985.

[Jain 91] Jain, R., *The Art of Computer Systems Performance Analysis: Techniques for Experimental Design, Measurement, Simulation, and Modeling*, Wiley, 1991.

[Gunther 97] Gunther, N., *The Practical Performance Analyst*, McGraw-Hill, 1997.

[Shanley 98] Shanley, K., "History and Overview of the TPC," http://www.tpc.org/information/about/history.asp, 1998.

[Coker 01] Coker, R., "bonnie++," https://www.coker.com.au/bonnie++, 2001.

[Smaalders 06] Smaalders, B., "Performance Anti-Patterns," *ACM Queue* 4, no. 1, February 2006.

[Gunther 07] Gunther, N., *Guerrilla Capacity Planning*, Springer, 2007.

[Bourbonnais 08] Bourbonnais, R., "Decoding Bonnie++," https://blogs.oracle.com/roch/entry/decoding_bonnie, 2008.

[DeWitt 08] DeWitt, D., and Levine, C., "Not Just Correct, but Correct and Fast," *SIGMOD Record*, 2008.

[Traeger 08] Traeger, A., Zadok, E., Joukov, N., and Wright, C., "A Nine Year Study of File System and Storage Benchmarking," *ACM Transactions on Storage*, 2008.

[Gregg 09b] Gregg, B., "Performance Testing the 7000 series, Part 3 of 3," http://www.brendangregg.com/blog/2009-05-26/performance-testing-the-7000-series3.html, 2009.

[Gregg 09c] Gregg, B., and Straughan, D., "Brendan Gregg at FROSUG, Oct 2009," http://www.beginningwithi.com/2009/11/11/brendan-gregg-at-frosug-oct-2009, 2009.

[Fulmer 12] Fulmer, J., "Siege Home," https://www.joedog.org/siege-home, 2012.

[Gregg 14c] Gregg, B., "The Benchmark Paradox," http://www.brendangregg.com/blog/2014-05-03/the-benchmark-paradox.html, 2014.

[Gregg 14d] Gregg, B., "Active Benchmarking," http://www.brendangregg.com/activebenchmarking.html, 2014.

[Gregg 18d] Gregg, B., "Evaluating the Evaluation: A Benchmarking Checklist," http://www.brendangregg.com/blog/2018-06-30/benchmarking-checklist.html, 2018.

[Glozer 19] Glozer, W., "Modern HTTP Benchmarking Tool," https://github.com/wg/wrk, 2019.

[TPC 19a] "Third Party Pricing Guideline," http://www.tpc.org/information/other/pricing_guidelines.asp, 2019.

[TPC 19b] "TPC," http://www.tpc.org, 2019.

[Dogan 20] Dogan, J., "HTTP load generator, ApacheBench (ab) replacement, formerly known as rakyll/boom," https://github.com/rakyll/hey, last updated 2020.

[SPEC 20] "Standard Performance Evaluation Corporation," https://www.spec.org, accessed 2020.

第13章

perf

perf(1) 是 Linux 的官方剖析器，在 Linux 内核源码中的 tools/perf 下。[1] 它是一个集剖析、跟踪和脚本功能于一身的工具，是内核 perf_events 观测子系统的前端。perf_events 也被称为 Linux 的性能计数器（Performance Counter for Linux，PCL）或 Linux 性能事件（Linux Performance Event，LPE）。perf_events 和 perf(1) 前端一开始具有性能监测计数器（PMC）功能，后来又发展到可支持基于事件的跟踪源：tracepoint、kprobe、uprobe 和 USDT。

本章以及第 14 章和第 15 章是那些希望更详细地学习一种或多种系统跟踪器的人可选的阅读材料。

与其他跟踪器相比，perf(1) 特别适合 CPU 分析：剖析（采样）CPU 栈踪迹，跟踪 CPU 调度器行为，检查 PMC 以了解微观架构级 CPU 性能，包括周期行为。它的跟踪能力让它可以分析其他目标，包括磁盘 I/O 和软件功能。

perf(1) 可以用来回答以下问题：

- 哪些代码路径在消耗 CPU 资源？
- CPU 是否被滞留在内存的负载 / 存储上？
- 线程因为什么原因离开 CPU ？
- 磁盘 I/O 的模式是什么？

本章的结构从介绍 perf(1) 开始，接着展示事件源，然后展示它们的子命令的使用。

- 13.1：子命令概览

---

1 perf(1)是一个大型的、复杂的用户级程序，位于Linux内核源码树中。维护者Arnaldo Carvalho de Melo向我描述了这种情况，认为这是一种“实验”。虽然这对perf(1)和Linux是有利的，因为它们是同步发展的，但有些人对它的加入感到不舒服，它可能是有史以来唯一一个被包含在Linux源码中的复杂用户软件。

- 13.2：单行命令示例
- 事件
  - 13.3：事件概览
  - 13.4：硬件事件
  - 13.5：软件事件
  - 13.6：tracepoint 事件
  - 13.7：探针事件
- 命令：
  - 13.8：perf stat
  - 13.9：perf record
  - 13.10：perf report
  - 13.11：perf script
  - 13.12：perf trace
  - 13.13：其他命令
- 13.14：文档
- 13.15：参考资料

前面几章介绍了如何使用 perf(1) 分析特定目标。本章重点介绍 perf(1) 本身。

13.1 子命令概览

perf(1) 的功能是通过子命令调用的。下面的常见使用示例使用了两个子命令：record，监测事件并将其保存到文件中；report，汇总文件的内容。这些子命令将在 13.9 节和 13.10 节中进行解释。

```
# perf record -F 99 -a -- sleep 30
[ perf record: Woken up 193 times to write data ]
[ perf record: Captured and wrote 48.916 MB perf.data (11880 samples) ]
# perf report --stdio
[...]
# Overhead  Command          Shared Object             Symbol
# ........  ...............  ........................  ............................
#
    21.10%  swapper          [kernel.vmlinux]          [k] native_safe_halt
     6.39%  mysqld           [kernel.vmlinux]          [k] _raw_spin_unlock_irqrest
     4.66%  mysqld           mysqld                    [.] _Z8ut_delaym
     2.64%  mysqld           [kernel.vmlinux]          [k] finish_task_switch
[...]
```

这个特别的例子对任何在 CPU 上运行的程序上以 99Hz 进行了 30 秒的采样，然后显示了最经常被采样到的函数。

表 13.1 中列出了最近的 perf(1) 版本（来自 Linux 5.6）中的部分子命令。

表 13.1 部分 perf 子命令

章节	命令	描述
-	annotate	读取 perf.data（由 perf record 创建）并显示注释过的代码
-	archive	创建一个含有调试和符号信息的便携式 perf.data 文件
-	bench	系统微基准测试
-	buildid-cache	管理 build-id 缓存（由 USDT 探测器使用）
-	c2c	缓存行分析工具
-	diff	读取两个 perf.data 文件并展示剖析的区别
-	evlist	列出 perf.data 文件中的事件名称
14.12	ftrace	一个接入 Ftrace 跟踪器的 perf(1) 接口
-	inject	注入附加信息以增强事件流的过滤器
-	kmem	跟踪 / 度量内核内存（slab）属性
11.2.4.1	kvm	跟踪 / 度量 KVM 虚拟机实例
13.3	list	列出事件类型
-	lock	分析锁事件
-	mem	剖析内存访问
13.7	probe	定义新的动态 tracepoint
13.9	record	运行一个命令并把它的剖析记录到 perf.data 中
13.10	report	读取 perf.data（由 perf record 创建）并显示剖析
6.6.13	sched	跟踪 / 度量调度器属性（延时）
5.5.1	script	读取 perf.data（由 perf record 创建）并显示跟踪输出
13.8	stat	运行一个命令并收集性能计数器统计信息
-	timechart	在施加负载时可视化整个系统的行为
-	top	带实时屏幕更新的系统剖析工具
13.12	trace	一个实时跟踪器（默认跟踪系统调用）

图 13.1 展示了常用的 perf 子命令和它们的数据源及输出类型。

其中许多子命令和其他子命令将在下面的章节中解释。一些子命令在之前的章节中已经介绍过，如表 13.1 所示。

未来版本的 perf(1) 可能会增加更多的功能：不带参数运行 perf 可获得你的系统中的子命令的完整列表。

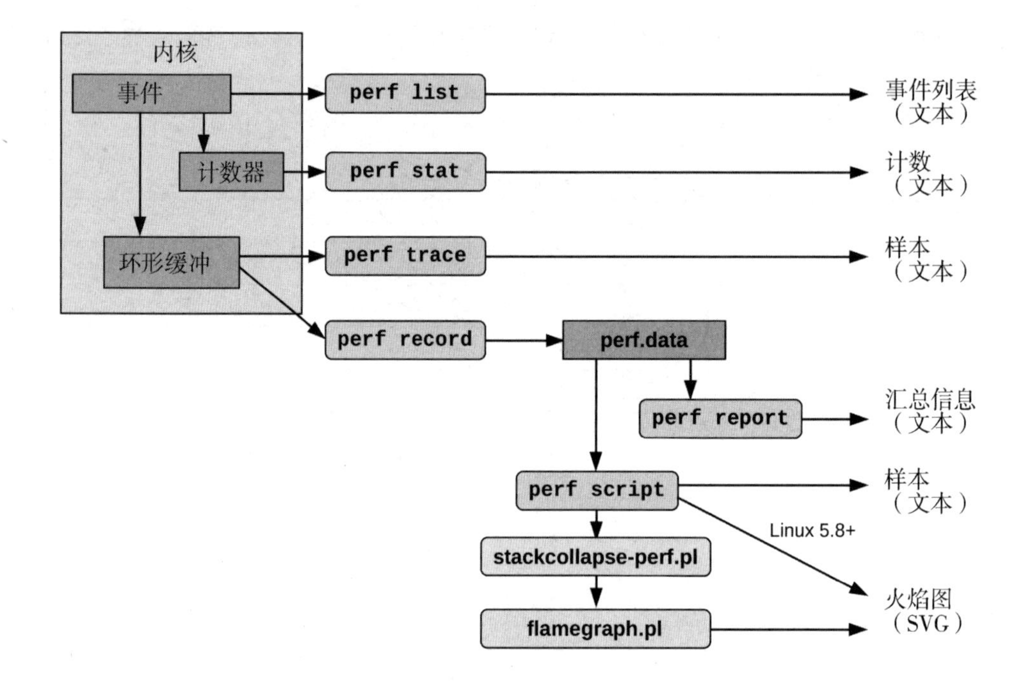

图 13.1　常用的 perf 子命令

13.2　单行命令

下面的单行命令通过例子展示了各种 perf(1) 功能。这些来自我在网上公开的一个更长的列表 [Gregg 20h]，已被证明是解释 perf(1) 功能的一种有效方式。这些语法在后面的章节和 perf(1) 的 man 手册页中有介绍。

请注意，许多单行命令使用 -a 选项来指定所有 CPU，但这在 Linux 4.11 中已成为默认值，在该版本和后续的内核中可以省略。

列出事件

列出所有当前已知的事件：

```
perf list
```

列出 sched tracepoint：

```
perf list 'sched:*'
```

列出所有名称中带有字符串“block”的事件：

```
perf list block
```

列出所有当前可用的动态探查器：

```
perf probe -l
```

计数事件

为特定命令显示 PMC 统计信息：

```
perf stat command
```

为特定 PID 进程显示 PMC 统计信息，直到按下 Ctrl+C 组合键：

```
perf stat -p PID
```

为整个系统显示 PMC 统计信息，持续 5 秒：

```
perf stat -a sleep 5
```

为特定命令显示 CPU 末级缓存（LLC）统计信息：

```
perf stat -e LLC-loads,LLC-load-misses,LLC-stores,LLC-prefetches command
```

使用裸 PMC 规格（Intel）计算未停止的核的周期：

```
perf stat -e r003c -a sleep 5
```

使用详细裸 PMC 规格（Intel）计算前端停滞：

```
perf stat -e cpu/event=0x0e,umask=0x01,inv,cmask=0x01/ -a sleep 5
```

统计全系统内每秒系统调用数：

```
perf stat -e raw_syscalls:sys_enter -I 1000 -a
```

按照类型计算特定 PID 进程的系统调用数：

```
perf stat -e 'syscalls:sys_enter_*' -p PID
```

统计全系统内块设备 I/O 事件数量，持续 10 秒：

```
perf stat -e 'block:*' -a sleep 10
```

剖析

为特定命令采样在 CPU 上的函数的信息，频率为 99Hz：

```
perf record -F 99 command
```

采样全系统内的 CPU 栈踪迹（通过帧指针），持续 10 秒：

```
perf record -F 99 -a -g sleep 10
```

为特定 PID 进程采样 CPU 栈踪迹，使用 dwarf（debuginfo）进行栈回溯：

```
perf record -F 99 -p PID --call-graph dwarf sleep 10
```

通过它的 /sys/fs/cgroup/perf_event cgroup 为一个容器采样 CPU 栈踪迹：

```
perf record -F 99 -e cpu-clock --cgroup=docker/1d567f439319...etc... -a sleep 10
```

使用最后分支记录（last branch record，LBR；Intel）采样全系统内的 CPU 栈踪迹：

```
perf record -F 99 -a --call-graph lbr sleep 10
```

每 100 次末级缓存未命中触发一次 CPU 栈踪迹采样，持续 5 秒：

```
perf record -e LLC-load-misses -c 100 -ag sleep 5
```

精确采样 CPU 上运行的用户指令（例如使用 Intel PEBS），持续 5 秒：

```
perf record -e cycles:up -a sleep 5
```

以 49Hz 采样 CPU，实时显示最热门的进程名和区段：

```
perf top -F 49 -ns comm,dso
```

静态跟踪

跟踪新的进程，直到按下 Ctrl+C 组合键：

```
perf record -e sched:sched_process_exec -a
```

采样一部分上下文切换的栈踪迹，持续 1 秒：

```
perf record -e context-switches -a -g sleep 1
```

跟踪所有上下文切换的栈踪迹，持续 1 秒：

```
perf record -e sched:sched_switch -a -g sleep 1
```

跟踪所有上下文切换的 5 层栈踪迹，持续 1 秒：

```
perf record -e sched:sched_switch/max-stack=5/ -a sleep 1
```

跟踪 connect(2) 调用（对外连接）的栈踪迹，直到按下 Ctrl+C 组合键：

```
perf record -e syscalls:sys_enter_connect -a -g
```

每秒最多跟踪 100 次块设备请求，直到按下 Ctrl+C 组合键：

```
perf record -F 100 -e block:block_rq_issue -a
```

跟踪所有块设备请求的发出和结束（带时间戳），直到按下 Ctrl+C 组合键：

```
perf record -e block:block_rq_issue,block:block_rq_complete -a
```

跟踪所有块请求，大小至少 64KB，直到按下 Ctrl+C 组合键：

```
perf record -e block:block_rq_issue --filter 'bytes >= 65536'
```

跟踪所有 ext4 调用，并写入一个非 ext4 的位置，直到按下 Ctrl+C 组合键：

```
perf record -e 'ext4:*' -o /tmp/perf.data -a
```

跟踪 http__server__request USDT 事件（源于 Node.js；Linux 4.10+）：

```
perf record -e sdt_node:http__server__request -a
```

跟踪块设备请求并实时输出（没有 perf.data），直到按下 Ctrl+C 组合键：

```
perf trace -e block:block_rq_issue
```

跟踪块设备的请求和完成，带实时输出：

```
perf trace -e block:block_rq_issue,block:block_rq_complete
```

跟踪全系统内的系统调用，带实时输出（详细）：

```
perf trace
```

动态跟踪

为内核函数 tcp_sendmsg() 添加探测项（可不使用 --add）：

```
perf probe --add tcp_sendmsg
```

移除 tcp_sendmsg() tracepoint（或者 -d）：

```
perf probe --del tcp_sendmsg
```

列出 tcp_sendmsg() 的所有可用变量，外加外部变量（需要内核调试信息）：

```
perf probe -V tcp_sendmsg --externs
```

列出 tcp_sendmsg() 可用的行探测项（需要调试信息）：

```
perf probe -L tcp_sendmsg
```

列出 tcp_sendmsg() 在 81 行可用的变量（需要调试信息）：

```
perf probe -V tcp_sendmsg:81
```

为 tcp_sendmsg() 添加寄存器入参探测项目（处理器特定）：

```
perf probe 'tcp_sendmsg %ax %dx %cx'
```

为 tcp_sendmsg() 添加探测项，并把 %cx 寄存器命名为“bytes”：

```
perf probe 'tcp_sendmsg bytes=%cx'
```

跟踪之前创建的探测器，当 bytes（别名）大于 100 时：

```
perf record -e probe:tcp_sendmsg --filter 'bytes > 100'
```

为 tcp_sendmsg() 的返回添加探测项，并捕获返回值：

```
perf probe 'tcp_sendmsg%return $retval'
```

为 tcp_sendmsg() 添加 tracepoint，带大小和套接字状态（需要调试信息）：

```
perf probe 'tcp_sendmsg size sk->__sk_common.skc_state'
```

为 do_sys_open() 添加 tracepoint，文件名为一个字符串（需要调试信息）：

```
perf probe 'do_sys_open filename:string'
```

为 libc 中的用户级函数 fopen(3) 添加 tracepoint：

```
perf probe -x /lib/x86_64-linux-gnu/libc.so.6 --add fopen
```

报告

可能的话，在一个 ncurses 浏览器（TUI）中显示 perf.data：

```
perf report
```

将 perf.data 以文本报告的形式展现出来，数据合并统计，包含计数和百分比：

```
perf report -n --stdio
```

列出所有的 perf.data 事件，带数据表头（推荐）：

```
perf script --header
```

列出所有的 perf.data 事件，加上我推荐的字段（需要 record -a；在 Linux 4.1 以下版本的情况下使用 -f 而不是 -F）：

```
perf script --header -F comm,pid,tid,cpu,time,event,ip,sym,dso
```

生成一幅火焰图以可视化表示（Linux 5.8+）：

```
perf script report flamegraph
```

反汇编并根据百分比注释指令（需要一些调试信息）：

```
perf annotate --stdio
```

这是我精选的单行命令，还有更多的功能没有在这里介绍。更多的 perf(1) 命令请参见上一节介绍的子命令，还可参见本章和其他章节的相关介绍。

13.3 perf事件

事件可以通过 perf list 命令列出。我在这里选取了 Linux 5.8 中的一部分来展示不同类型的事件，并高亮显示：

```
# perf list

List of pre-defined events (to be used in -e):

  branch-instructions OR branches                     [Hardware event]
  branch-misses                                       [Hardware event]
  bus-cycles                                          [Hardware event]
  cache-misses                                        [Hardware event]
[...]
  context-switches OR cs                              [Software event]
  cpu-clock                                           [Software event]
[...]
  L1-dcache-load-misses                               [Hardware cache event]
  L1-dcache-loads                                     [Hardware cache event]
[...]
  branch-instructions OR cpu/branch-instructions/     [Kernel PMU event]
  branch-misses OR cpu/branch-misses/                 [Kernel PMU event]
[...]
cache:
  l1d.replacement
       [L1D data line replacements] [...]
floating point:
  fp_arith_inst_retired.128b_packed_double
       [Number of SSE/AVX computational 128-bit packed double precision [...]
frontend:
  dsb2mite_switches.penalty_cycles
       [Decode Stream Buffer (DSB)-to-MITE switch true penalty cycles] [...]
memory:
  cycle_activity.cycles_l3_miss
       [Cycles while L3 cache miss demand load is outstanding] [...]
  offcore_response.demand_code_rd.l3_miss.any_snoop
       [DEMAND_CODE_RD & L3_MISS & ANY_SNOOP] [...]
other:
  hw_interrupts.received
       [Number of hardware interrupts received by the processor]
pipeline:
  arith.divider_active
       [Cycles when divide unit is busy executing divide or square root [...]
uncore:
  unc_arb_coh_trk_requests.all
       [Unit: uncore_arb Number of entries allocated. Account for Any type:
        e.g. Snoop, Core aperture, etc]
```

```
[...]
  rNNN                                              [Raw hardware event descriptor]
  cpu/t1=v1[,t2=v2,t3 ...]/modifier                 [Raw hardware event descriptor]
   (see 'man perf-list' on how to encode it)
  mem:<addr>[/len][:access]                         [Hardware breakpoint]
  alarmtimer:alarmtimer_cancel                      [Tracepoint event]
  alarmtimer:alarmtimer_fired                       [Tracepoint event]
[...]
  probe:do_nanosleep                                [Tracepoint event]
[...]
  sdt_hotspot:class__initialization__clinit         [SDT event]
  sdt_hotspot:class__initialization__concurrent     [SDT event]
[...]
List of pre-defined events (to be used in --pfm-events):

ix86arch:
  UNHALTED_CORE_CYCLES
    [count core clock cycles whenever the clock signal on the specific core is
running (not halted)]
  INSTRUCTION_RETIRED
[...]
```

这个测试系统上的完整输出达到了 4402 行，这里的输出在许多地方被大量截断。涉及的事件类型如下所示。

- **硬件事件**：大多数处理器事件（使用 PMC 实现）。
- **软件事件**：一个内核计数器事件。
- **硬件缓存事件**：处理器缓存事件（PMC）。
- **内核 PMU 事件**：性能监测单元（PMU）事件（PMC）。
- **缓存、浮点……**：处理器厂商事件（PMC）和概要描述。
- **裸硬件事件描述符**：通过裸代码表示的 PMC。
- **硬件断点**：处理器断点事件。
- **tracepoint 事件**：内核静态检测事件。
- **SDT 事件**：用户级静态检测事件（USDT）。
- **pfm-events**：libpfm 事件（在 Linux 5.8 中加入）。

tracepoint 和 SDT 事件大多列出了静态检测点，但如果你创建了一些动态检测探针，它们也会被列出。我在输出中包含了一个例子：probe:do_nanosleep 被描述为一个基于 kprobe 的“tracepoint 事件”。

perf list 命令接受一个搜索子字符串作为参数。例如，列出包含“mem_laod_l3”的事件，并且用粗体高亮显示：

```
# perf list mem_load_l3

List of pre-defined events (to be used in -e):

cache:
  mem_load_l3_hit_retired.xsnp_hit
       [Retired load instructions which data sources were L3 and cross-core snoop
hits in on-pkg core cache Supports address when precise (Precise event)]
  mem_load_l3_hit_retired.xsnp_hitm
       [Retired load instructions which data sources were HitM responses from shared
L3 Supports address when precise (Precise event)]
  mem_load_l3_hit_retired.xsnp_miss
       [Retired load instructions which data sources were L3 hit and cross-core snoop
missed in on-pkg core cache Supports address when precise (Precise event)]
  mem_load_l3_hit_retired.xsnp_none
       [Retired load instructions which data sources were hits in L3 without snoops
required Supports address when precise (Precise event)]
[...]
```

这些是硬件事件（基于 PMC），输出包含了概要描述。(Precise event) 指的是基于精确事件采样（precise event-based sampling）能力的事件。

13.4 硬件事件

硬件事件在 4.3.9 节中进行过介绍。它们通常通过 PMC 实现，使用处理器特定的代码配置，例如，Intel 处理器的分支指令通常可以通过 perf(1) 使用裸硬件事件描述符“r00c4”检测，具体的含义为以下寄存器代码：掩码 0x0 和事件选择 0xc4。这些代码在处理器手册中公开（[Intel 16][AMD 18][ARM 19]）；Intel 也通过 JSON 文件 [Intel 20c] 发布。

你不需要记住这些代码，在需要的时候查阅处理器手册就行。为方便使用，perf(1) 提供了人类可读的映射。例如，“分支指令”事件有望可以映射到你系统中使用的分支指令 PMC[1]。有些人类可读的名称在之前的列表中可以找到（硬件和 PMU 事件）。

处理器的类型有很多，新版本也会定期发布。你的处理器的人类可读映射有可能

1 我过去曾经碰到过映射的问题，人类可读的名称没有映射到正确的PMC上。这很难单独从perf(1)的输出中识别出来：你需要之前有些PMC的经验，并且对正常情况有所掌握，才能发现异常。要记住这种可能性。鉴于处理器更新的速度，我想以后还会有映射相关的bug出现。

还不支持 perf(1) 或者在新版的内核中不支持。有些 PMC 可能从来不会通过人类可读映射展示。我定期需要从人类可读名称转到裸事件描述符，比如我需要使用更深层次的 PMC，它们往往缺少映射。映射中可能也有 bug，如果你碰到了可疑的 PMC 结果，可能需要尝试使用裸事件描述符进行确认。

13.4.1　频率采样

当和 PMC 一起使用 perf record 命令的时候，系统使用了一个默认的采样频率，导致不是所有事件都被记录。例如，记录周期事件：

```
# perf record -vve cycles -a sleep 1
Using CPUID GenuineIntel-6-8E
intel_pt default config: tsc,mtc,mtc_period=3,psb_period=3,pt,branch
------------------------------------------------------------
perf_event_attr:
  size                              112
  { sample_period, sample_freq }    4000
  sample_type                       IP|TID|TIME|CPU|PERIOD
  disabled                          1
  inherit                           1
  mmap                              1
  comm                              1
  freq                              1
[...]
[ perf record: Captured and wrote 3.360 MB perf.data (3538 samples) ]
```

输出显示，频率采样被打开（freq 1），采样频率是 4000。它告诉内核调整采样率，以达到每秒每 CPU 大约记录 4000 个事件。这是有用的功能，因为有些 PMC 监测的事件可以每秒发生数十亿次（例如，CPU 周期），无法承受每个事件的记录的开销。[1] 但这里需要注意的是，perf(1) 的默认输出（如果不带非常详细的选项：-vv）并没有说明是否使用了频率采样，而你会以为记录了所有事件。事件频率仅仅影响 record 子命令；stat 统计所有的事件。

事件频率可以通过 -F 选项修改，或者通过 -c 选项修改成一个周期，后者可以捕捉到每个周期的事件（也被称为溢出采样）。下面是一个使用 -F 的例子：

```
perf record -F 99 -e cycles -a sleep 1
```

1　内核会对采用率进行节流并丢弃事件保护自己。永远记得要检查丢失的事件，看看这是否曾经发生（例如，通过 perf report -D | tail -20检查概要计数器）。

这个命令以 99Hz（每秒事件数）的目标频率进行采样。它和 13.2 节中介绍的用来剖析的单行命令类似：单行命令没有指定事件（没有 -e cycles），如果 PMC 可用，会导致 perf(1) 的采样默认为周期，或者和 CPU 时钟软件同步。更多细节参见 13.9.2 节。

注意，如果 perf(1) 有频率的限制，或者 CPU 使用率有百分比限制，可以通过 sysctl(8) 进行查看和设置：

```
# sysctl kernel.perf_event_max_sample_rate
kernel.perf_event_max_sample_rate = 15500
# sysctl kernel.perf_cpu_time_max_percent
kernel.perf_cpu_time_max_percent = 25
```

上面显示了系统最大的采样率是 15 500Hz，perf(1)（特别是 PMU 中断）能占据的 CPU 使用率最大为 25%。

13.5 软件事件

软件事件通常与硬件事件相对应，但可在软件中监测。和硬件事件一样，软件事件可能有一个默认的采样频率，通常是 4000，因此在使用 report 子命令时，只有一部分被捕获。

请注意上下文切换软件事件和相应的 tracepoint 之间的区别。从软件事件开始：

```
# perf record -vve context-switches -a -- sleep 1
[...]
------------------------------------------------------------
perf_event_attr:
  type                              1
  size                              112
  config                            0x3
  { sample_period, sample_freq }    4000
  sample_type                       IP|TID|TIME|CPU|PERIOD
[...]
  freq                              1
[...]
[ perf record: Captured and wrote 3.227 MB perf.data (660 samples) ]
```

输出显示了软件事件的采样率默认为 4000Hz。而相应的 tracepoint 如下：

```
# perf record -vve sched:sched_switch -a sleep 1
[...]
------------------------------------------------------------
perf_event_attr:
  type                            2
  size                            112
  config                          0x131
  { sample_period, sample_freq }  1
  sample_type                     IP|TID|TIME|CPU|PERIOD|RAW
[...]
[ perf record: Captured and wrote 3.360 MB perf.data (3538 samples) ]
```

这次，使用周期采样（没有 freq 1），采样周期为 1（等同于 -c 1）。这个方法捕捉了所有的事件。软件事件可以通过指定 -c 1 达到相同的效果，例如：

```
perf record -vve context-switches -a -c 1 -- sleep 1
```

要注意记录每个事件的数量以及所造成的开销，特别是上下文切换，可能非常频繁。你可以使用 perf stat 命令来检查频率，具体可参见 13.8 节。

13.6　tracepoint事件

在 4.3.5 节中介绍了 tracepoint，还分享了使用 perf(1) 检测 tracepoint 的示例。这里我在下面的例子中使用 block:block_rq_issue tracepoint 进行重述。

系统级跟踪，持续 10 秒，并打印出事件：

```
perf record -e block:block_rq_issue -a sleep 10; perf script
```

显示这个 tracepoint 的参数和它的格式化字符串（元数据概要）：

```
cat /sys/kernel/debug/tracing/events/block/block_rq_issue/format
```

过滤仅显示大于 65 536 字节的块 I/O：

```
perf record -e block:block_rq_issue --filter 'bytes > 65536' -a sleep 10
```

13.2 节和本书其他章节中还有关于 perf(1) 和 tracepoint 的示例。

注意，perf list 命令会把包括 kprobe（动态内核监测）在内的已初始化的探针事件显示成“tracepoint 事件”，详情可参见 13.7 节。

13.7 探针事件

perf(1) 使用术语探针事件来指代 kprobe、uprobe 和 USDT 探针。这些是“动态探针”并且必须在跟踪前被初始化：它们默认不在 perf list 命令的输出结果中（可能会有一些 USDT 探针，因为它们自动初始化了）。一旦初始化后，它们就被列为“tracepoint 事件”。

13.7.1 kprobe

4.3.6 节介绍了 kprobe。这里是创建和使用一个 kprobe 的典型工作流，在这里用来检测 do_nanosleep() 内核函数：

```
perf probe --add do_nanosleep
perf record -e probe:do_nanosleep -a sleep 5
perf script
perf probe --del do_nanosleep
```

这个 kprobe 通过 probe 子命令和 --add 选项（--add 是可选的）创建。当不再需要的时候，可以通过 probe 和 --del 删除。下面是这些步骤的输出，包括列出的探针事件：

```
# perf probe --add do_nanosleep
Added new event:
  probe:do_nanosleep    (on do_nanosleep)

You can now use it in all perf tools, such as:

        perf record -e probe:do_nanosleep -aR sleep 1

# perf list probe:do_nanosleep

List of pre-defined events (to be used in -e):

  probe:do_nanosleep                                  [Tracepoint event]

# perf record -e probe:do_nanosleep -aR sleep 1
[ perf record: Woken up 1 times to write data ]
[ perf record: Captured and wrote 3.368 MB perf.data (604 samples) ]
# perf script
           sleep 11898 [002] 922215.458572: probe:do_nanosleep: (ffffffff83dbb6b0)
 SendControllerT 15713 [002] 922215.459871: probe:do_nanosleep: (ffffffff83dbb6b0)
 SendControllerT  5460 [001] 922215.459942: probe:do_nanosleep: (ffffffff83dbb6b0)
[...]
```

```
# perf probe --del probe:do_nanosleep
Removed event: probe:do_nanosleep
```

这段 perf script 的输出展示了在跟踪期间发生的 do_nanosleep() 调用，首先源于 sleep(1) 命令（类似 perf(1) 运行的 sleep(1) 命令），然后是 SendControllerT（已截断）产生的调用。

函数的返回值可以通过添加 %return 进行监测：

```
perf probe --add do_nanosleep%return
```

这里使用了一个 kretprobe。

kprobe 参数

至少有 4 种方法可以监测内核函数的参数。

首先，如果存在内核调试信息的话，perf(1) 可以获取包括函数变量和参数的信息。使用 --vars 选项可列出 do_nanosleep() kprobe 的变量：

```
# perf probe --vars do_nanosleep
Available variables at do_nanosleep
        @<do_nanosleep+0>
                enum hrtimer_mode       mode
                struct hrtimer_sleeper* t
```

这段输出展示了 do_nanosleep() 的传入参数，变量名为 mode 和 t。在创建探针的时候可以添加这些变量，这样它们可以一起被记录。例如，下面添加了 mode：

```
# perf probe 'do_nanosleep mode'
[...]
# perf record -e probe:do_nanosleep -a
[...]
# perf script
          svscan  1470 [012] 4731125.216396: probe:do_nanosleep: (ffffffffa8e4e440)
mode=0x1
```

这段输出显示了 mode=0x1。

第二，如果不能获取内核调试信息（我经常可以在生产环境里获得），参数可以通过它们的寄存器位置读取。一个办法是使用一台相同的系统（一样的硬件和内核），然后在另一台机器上安装内核调试信息作为参考。这个参考系统可以通过在 perf probe 中加入 -n（dry run，排练）和 -v（verbose，详细）选项来查询寄存器位置：

```
# perf probe -nv 'do_nanosleep mode'
[...]
Writing event: p:probe/do_nanosleep _text+10806336 mode=%si:x32
[...]
```

既然是排练，就没有创建事件。但是输出显示了 mode 变量的位置（粗体高亮）：是寄存器 %si，并按照 32 位十六进制数的格式进行打印（x32）（这个语法在下一节中进行解释）。然后把这个 mode 变量的声明字符串（mode=%si:x32）复制粘贴到没有调试信息的系统中使用：

```
# perf probe 'do_nanosleep mode=%si:x32'
[...]
# perf record -e probe:do_nanosleep -a
[...]
# perf script
          svscan  1470 [000] 4732120.231245: probe:do_nanosleep: (ffffffffa8e4e440)
mode=0x1
```

这只能在系统的处理器 ABI 和内核版本相同的情况下使用，否则可能会检测到错误的寄存器位置。

第三，如果你了解处理器 ABI，可以自己决定寄存器的位置。uprobe 的一个示例会在下一节演示。

第四，还有一个内核调试信息的新来源：BPF 类型格式（BTF，BPF Type Format）。这个默认存在的可能性更大，并且未来版本的 perf(1) 会支持这个方法，把它作为备用的调试信息来源。

而对于使用 kretprobe 监测 do_nanosleep 的返回值来说，我们可以用特别的变量 $retval 读取：

```
perf probe 'do_nanosleep%return $retval'
```

参见内核源码可得知返回值包含了什么信息。

13.7.2 uprobe

4.3.7 节介绍了 uprobe。和 kprobe 类似，用 perf(1) 创建它们的方法类似。下面这个例子为 libc 打开文件函数 fopen(3) 创建了一个 uprobe：

```
# perf probe -x /lib/x86_64-linux-gnu/libc.so.6 --add fopen
Added new event:
  probe_libc:fopen     (on fopen in /lib/x86_64-linux-gnu/libc-2.27.so)
```

```
You can now use it in all perf tools, such as:

        perf record -e probe_libc:fopen -aR sleep 1
```

使用选项 -x 可指定二进制文件路径。名为 probe_libc:fopen 的 uprobe，现在可以通过 perf record 命令记录事件。

当不再使用 uprobe 的时候，可以通过 --del 选项删除它：

```
# perf probe --del probe_libc:fopen
Removed event: probe_libc:fopen
```

函数的返回值可以通过添加 %return 进行检测：

```
perf probe -x /lib/x86_64-linux-gnu/libc.so.6 --add fopen%return
```

这里使用了 uretprobe。

uprobe 的参数

如果你的系统有目标二进制文件的调试信息，那么可以获得包括参数在内的变量信息。可以通过选项 --vars 列出来：

```
# perf probe -x /lib/x86_64-linux-gnu/libc.so.6 --vars fopen
Available variables at fopen
        @<_IO_vfscanf+15344>
                char*   filename
                char*   mode
```

输出显示，fopen(3) 的参数有变量 filename 和 mode。可以通过在创建探针时加入：

```
perf probe -x /lib/x86_64-linux-gnu/libc.so.6 --add 'fopen filename mode'
```

可以通过选项 -dbg 或者 -dbgsym 包提供调试信息。如果目标系统里没有但是其他系统里有，那么可以把其他系统作为参考系统，然后参照前面章节里关于 kprobe 的做法获得调试信息。

即便在哪里都无法获取调试信息，你还是有别的选择。一个方法是重新编译软件并生成调试信息（如果软件是开源的话）。另一个方法是根据处理器 ABI，自己找到寄存器的位置。下面以 x86_64 为例子：

```
# perf probe -x /lib/x86_64-linux-gnu/libc.so.6 --add 'fopen filename=+0(%di):string
mode=%si:u8'
[...]
```

```
# perf record -e probe_libc:fopen -a
[...]
# perf script
            run 28882 [013] 4503285.383830: probe_libc:fopen: (7fbe130e6e30)
filename="/etc/nsswitch.conf" mode=147
            run 28882 [013] 4503285.383997: probe_libc:fopen: (7fbe130e6e30)
filename="/etc/passwd" mode=17
      setuidgid 28882 [013] 4503285.384447: probe_libc:fopen: (7fed1ad56e30)
filename="/etc/nsswitch.conf" mode=147
      setuidgid 28882 [013] 4503285.384589: probe_libc:fopen: (7fed1ad56e30)
filename="/etc/passwd" mode=17
            run 28883 [014] 4503285.392096: probe_libc:fopen: (7f9be2f55e30)
filename="/etc/nsswitch.conf" mode=147
            run 28883 [014] 4503285.392251: probe_libc:fopen: (7f9be2f55e30)
filename="/etc/passwd" mode=17
          mkdir 28884 [015] 4503285.392913: probe_libc:fopen: (7fad6ea0be30)
filename="/proc/filesystems" mode=22
          chown 28885 [015] 4503285.393536: probe_libc:fopen: (7efcd22d5e30)
filename="/etc/nsswitch.conf" mode=147
[...]
```

输出里包含了几个 fopen(3) 调用，文件名有 /etc/nsswitch.conf、/etc/passwd 等。

语法可以参照下面的方法解释。

- **filename=**：这是用来注释输出的别名（文件名）。
- **%di 和 %si**：根据 AMD64 ABI[Matz 13]，在 x86_64 上，寄存器包括了前两个函数参数。
- **+0(···)**：在偏移量为 0 的位置解引用内容。如果没有这一项，我们会把地址按照字符串打印出来，而不是把地址对应的内容按照字符串打印出来。
- **:string**：按照字符串的格式打印这项。
- **:u8**：按照无符号 8 位整数的格式打印这项。

语法在 perf-probe(1) 的 man 手册页中有记录。

对于 uretprobe，返回值可以通过 $retval 读取：

```
perf probe -x /lib/x86_64-linux-gnu/libc.so.6 --add 'fopen%return $retval'
```

应用程序的源代码决定返回值里包含的内容。

虽然 uprobe 可以提供关于应用程序内部的细节，但由于它们通过直接检测二进制文件，因此它们的接口不稳定，因为这会随着软件版本的变化而不同。如果可以的话，尽量使用 USDT 探针。

13.7.3 USDT 探针

4.3.8 节中介绍了 USDT 探针，它为跟踪事件提供了一个稳定接口。

给定一个包含 USDT 探针的二进制文件[1]，我们可以使用 buildid-cache 子命令让 perf(1) 获知探针的存在。下面的例子演示了带 USDT 探针的 Node.js 二进制文件（使用 ./configure --with-dtrace 构建）：

```
# perf buildid-cache --add $(which node)
```

USDT 探针可以在 perf list 中找到：

```
# perf list | grep sdt_node
  sdt_node:gc__done                                 [SDT event]
  sdt_node:gc__start                                [SDT event]
  sdt_node:http__client__request                    [SDT event]
  sdt_node:http__client__response                   [SDT event]
  sdt_node:http__server__request                    [SDT event]
  sdt_node:http__server__response                   [SDT event]
  sdt_node:net__server__connection                  [SDT event]
  sdt_node:net__stream__end                         [SDT event]
```

在这个时候它们是 SDT 事件（静态定义跟踪事件，statically defined tracing event）：描述事件在程序指令文本中的位置的元数据。如果要真正地检测它们，事件必须通过和前面章节里介绍的和 uprobe 一样的方法创建（USDT 探针同样适用于使用 uprobe 监测 USDT 位置）[2]。例如，对于 std_node:http__server__request：

```
# perf probe sdt_node:http__server__request
Added new event:
  sdt_node:http__server__request (on %http__server__request in
/home/bgregg/Build/node-v12.4.0/out/Release/node)

You can now use it in all perf tools, such as:

        perf record -e sdt_node:http__server__request -aR sleep 1

# perf list | grep http__server__request
  sdt_node:http__server__request                    [Tracepoint event]
  sdt_node:http__server__request                    [SDT event]
```

1 可以通过对二进制文件运行readelf -n命令检查是否存在USDT探针：它们在ELF notes部分被列出。

2 将来这一步可能就不需要了：后续的perf record命令可以在需要时自动把SDT事件提升成tracepoint。

注意，现在事件既显示为 SDT 事件（USDT 元数据），又显示为 tracepoint 事件（一个 tracepoint 事件可以通过 perf(1) 和其他工具监测）。用两个条目表示一个东西看上去有些奇怪，但这和其他事件的工作机制保持了一致。对于 tracepoint 还有一个元组，perf(1) 从来不列出 tracepoint，它只列出相应的 tracepoint 事件（如果存在的话[1]）。

记录 USDT 事件如下：

```
# perf record -e sdt_node:http__server__request -a
^C[ perf record: Woken up 1 times to write data ]
[ perf record: Captured and wrote 3.924 MB perf.data (2 samples) ]
# perf script
            node 16282 [006] 510375.595203: sdt_node:http__server__request:
(55c3d8b03530) arg1=140725176825920 arg2=140725176825888 arg3=140725176829208
arg4=39090 arg5=140725176827096 arg6=140725176826040 arg7=20
            node 16282 [006] 510375.844040: sdt_node:http__server__request:
(55c3d8b03530) arg1=140725176825920 arg2=140725176825888 arg3=140725176829208
arg4=39092 arg5=140725176827096 arg6=140725176826040 arg7=20
```

输出显示了两个 sdt_node:http__server__request 探针在记录的时候被触发了。它同时也打印了 USDT 探针的参数，不过有些是结构和字符串，因此 perf(1) 把它们按照指针地址打印出来。按理说应该在创建探针的时候把参数转变为正确的类型，例如，把第三个名为“address”的参数转变为字符串：

```
perf probe --add 'sdt_node:http__server__request address=+0(arg3):string'
```

在写作本书的时候，这个方法行不通。

一个在 Linux 4.20 里被修复的普遍问题是，一些 USDT 探针要求在进程地址空间中有一个信号量，以递增的方式正确激活它们。sdt_node:http__server__request 就是这样一个探针，而如果没有递增这个信号量它不会记录任何事件。

13.8 perf stat

perf stat 子命令统计事件数量。这个命令可以用来度量事件的频率，或者检查一个事件是否发生了。perf stat 的效率很高：它在内核上下文内统计软件事件，而使用 PMC 寄存器统计硬件事件。这种统计方式使得它很适合在使用开销更大的 perf record 子命令之前运行，通过度量事件的频率推断 record 命令的开销。

下面这个例子在全系统内（-a）统计了 tracepoint sched:sched_switch（使用 -e 选项

1 内核文档确实指出，一些tracepoint可能没有相应的跟踪事件，但我从来没遇到过这样的情况。

指定事件)，持续 1 秒（sleep 1：一个空命令）：

```
# perf stat -e sched:sched_switch -a -- sleep 1
 Performance counter stats for 'system wide':

            5,705      sched:sched_switch

       1.001892925 seconds time elapsed
```

它展示了 sched:sched_switch tracepoint 在 1 秒内被击发了 5705 次。

我经常在 perf(1) 命令选项和它运行的空命令之间使用一个“--”shell 分隔符，但这并不是一个强制的要求。

下面的章节解释了 stat 的选项和一些使用示例。

13.8.1 选项

stat 子命令支持许多选项。

- **-a**：跨所有 CPU 进行记录（在 Linux 4.11 中成为默认选项）。
- **-e** ***event***：记录这个事件。
- **--filter** ***filter***：对一个事件设置一个布尔过滤器表达式。
- **-p** ***PID***：仅记录这个 PID 的进程。
- **-t** ***TID***：仅记录这个 TID 的线程。
- **-G** ***cgroup***：仅记录这个 cgroup（用于容器）。
- **-A**：显示每个 CPU 的统计信息。
- **-I** ***interval_ms***：打印每个周期的输出（单位为毫秒）。
- **-v**：显示详细信息；使用 -vv 输出更多信息。

事件可以是 tracepoint、软件事件、硬件事件、kprobe、uprobe 和 USDT 探针（参见 13.3 节到 13.7 节）。可以使用文件扩展匹配通配符以匹配多个事件(“*”匹配任意字符串，“?”匹配任何单个字符)。下面这个例子匹配了所有类型为 sched 的 tracepoint：

```
# perf stat -e 'sched:*' -a
```

多个 -e 选项可用来匹配多个事件描述。下面的例子统计了 sched 和 block tracepoint，两个方法是等效的：

```
# perf stat -e 'sched:*' -e 'block:*' -a
# perf stat -e 'sched:*,block:*' -a
```

如果没有指定事件，perf stat 将会默认统计架构 PMC，可以在 4.3.9 节中找到一个例子。

13.8.2 周期统计信息

选项 -I 可以显示每周期的统计信息。下面的例子每隔 1000 毫秒打印一次 sched:sched_switch 计数信息：

```
# perf stat -e sched:sched_switch -a -I 1000
#          time             counts unit events
     1.000791768             5,308      sched:sched_switch
     2.001650037             4,879      sched:sched_switch
     3.002348559             5,112      sched:sched_switch
     4.003017555             5,335      sched:sched_switch
     5.003760359             5,300      sched:sched_switch
^C     5.217339333             1,256      sched:sched_switch
```

counts 列显示了从上一个周期开始事件发生的次数。查看这一列可以发现随时间的变化。最后一行显示了前一行和键入 Ctrl+C 关闭 perf(1) 之间的计数。这个时间是 0.214 秒，可以从 time 列的差值中获知。

13.8.3 CPU 均衡

选项 -A 可以用来检查跨 CPU 的均衡情况：

```
# perf stat -e sched:sched_switch -a -A -I 1000
#          time CPU                counts unit events
     1.000351429 CPU0               1,154      sched:sched_switch
     1.000351429 CPU1                 555      sched:sched_switch
     1.000351429 CPU2                 492      sched:sched_switch
     1.000351429 CPU3                 925      sched:sched_switch
[...]
```

这个例子分别打印了每个逻辑 CPU 在每周期的差值。

另外，还有选项 --per-socket 和 --per-core 用来按照 CPU 插槽和核心汇总统计信息。

13.8.4 事件过滤器

某些事件类型（例如 tracepoint 事件）可以传入一个过滤条件，用来测试事件的参数是否满足传入的布尔表达式。事件只会在表达式结果为真的时候被计算在内。下面的例子在前一个 PID 为 25467 的时候计算 sched:sched_switch 事件的数量：

```
# perf stat -e sched:sched_switch --filter 'prev_pid == 25467' -a -I 1000
#           time             counts unit events
     1.000346518                131      sched:sched_switch
     2.000937838                145      sched:sched_switch
     3.001370500                 11      sched:sched_switch
     4.001905444                217      sched:sched_switch
[...]
```

这些参数的含义可参见 4.3.5 节。不同的事件参数的含义不同，可以从 /sys/kernel/debug/tracing/events 中的格式文件里查看。

13.8.5 隐藏统计信息

perf(1) 在监测特定事件组合的时候会打印出一系列的隐藏统计信息。例如，当使用 PMC 检测周期和指令时，会显示每周期指令数（IPC）：

```
# perf stat -e cycles,instructions -a
^C
 Performance counter stats for 'system wide':

     2,895,806,892      cycles
     6,452,798,206      instructions              #    2.23  insn per cycle

       1.040093176 seconds time elapsed
```

在这段输出中，IPC 为 2.23。这些隐藏统计信息在右边显示，在 # 之后。没有事件的 perf stat 输出也有这些隐藏的统计信息（示例参见 4.3.9 节）。

如果需要更详细地检查事件，可以使用 perf record 捕获它们。

13.9 perf record

perf record 子命令把事件记录在文件里以供之后分析。事件通过选项 -e 指定，可以同时记录多个事件（使用多个 -e 选项或者使用逗号分隔）。

默认的输出文件名是 perf.data，例如：

```
# perf record -e sched:sched_switch -a
^C[ perf record: Woken up 9 times to write data ]
[ perf record: Captured and wrote 6.060 MB perf.data (23526 samples) ]
```

注意，输出中包含了 perf.data 文件的大小（6.060MB），包含的样本数量（23 526）

以及 perf(1) 被唤醒记录数据的次数（9 次）。数据通过每个 CPU 的环形缓冲从内核被传递到用户空间，为了保证上下文切换的开销最小，perf(1) 被唤醒读取数据的次数不多，并且是动态的。

前面的命令会一直记录数据直到按下 Ctrl+C 组合键。一个空转的 sleep(1) 命令（或者任何命令）可以被用来设置时长（就像前面 perf stat 例子里那样）。例如：

```
perf record -e tracepoint -a -- sleep 1
```

这个命令记录了全系统内（-a）的 tracepoint，仅持续 1 秒。

13.9.1 选项

record 子命令支持许多选项。

- **-a**：跨所有 CPU 进行记录（在 Linux 4.11 中成为默认选项）。
- **-e *event***：记录指定事件。
- **--filter *filter***：对一个事件设置一个布尔过滤器表达式。
- **-p *PID***：仅记录这个 PID 的进程。
- **-t *TID***：仅记录这个 TID 的线程。
- **-G *cgroup***：仅记录这个 cgroup（用于容器）。
- **-g**：记录栈踪迹。
- **--call-graph *mode***：使用指定的方法记录栈踪迹（fp、dwarf 或者 lbr）。
- **-o *file***：设置输出文件。
- **-v**：显示详细信息；使用 -vv 可输出更多信息。

同样的事件可以通过 perf stat 记录并且通过 perf trace 实时输出（事件发生的同一时刻）。

13.9.2 CPU 剖析

perf(1) 常被当作 CPU 剖析器使用。下面这个剖析的例子在所有 CPU 上采样栈踪迹，以 99Hz 的频率持续 30 秒：

```
perf record -F 99 -a -g -- sleep 30
```

命令中没有指定具体事件（没有 -e 选项），因此 perf(1) 会默认选择下面这些事件中第一个可用的事件（许多使用了精确事件，在 4.3.9 中有介绍）：

1. **cycles:ppp**：基于 CPU 周期的频率采样，精确设置为零滑移。

2. **cycles:pp**：基于 CPU 周期的频率采样，精确设置为请求零滑移（实际中可能不是零）。
3. **cycles:p**：基于 CPU 周期的频率采样，精确设置为请求恒定滑移。
4. **cycles**：基于 CPU 周期的频率采样（无精度要求）。
5. **cpu-clock**：基于软件的 CPU 频率采样。

这个顺序确保能够挑选到最精确的 CPU 剖析机制。语法 :ppp、:pp 和 :p 激活了精确事件采样模式，并且可以应用于其他支持的事件（不仅是周期）。事件可能还支持不同级别的精确。在 Intel 平台上，精确事件使用 PEBS；在 AMD 平台上使用的是 IBS。这些在 4.3.9 节中进行过定义。

13.9.3 栈遍历

除了使用选项 -g 指定记录栈踪迹，还可以使用最大栈配置选项。它有两个好处：可以指定最大栈的深度，而不同的设置可以用于不同的事件。例如：

```
# perf record -e sched:sched_switch/max-stack=5/,sched:sched_wakeup/max-stack=1/ \
    -a -- sleep 1
```

这个例子以 5 层栈帧的深度记录了 sched_switch 事件，仅 1 层栈帧记录 sched_wakeup 事件。

注意，如果栈踪迹看上去已经损坏，原因有可能是软件本身没有按照预想的方式使用帧指针寄存器。这在 5.6.2 节中有讨论。除了重新带上帧指针编译软件（例如，gcc(1) -fno-omit-frame-pointer），还可以使用其他的栈遍历方法，可使用 --call-graph 指定。选项包括如下几个。

- **--call-graph dwarf**：使用基于调试信息的栈遍历方法，这种方法需要可执行文件的调试信息（有些软件可以通过安装软件名称后加“-dbgsym”或者“-dbg”的包获得）。
- **--call-graph lbr**：使用 Intel 最后分支记录（last branch record，LBR）栈遍历技术，这是一个处理器提供的方法（它通常的栈深度只支持 16 帧[1]，所以效果也打了折扣）。
- **--call-graph fp**：使用基于帧指针的栈遍历技术（默认选项）。

基于帧指针的栈遍历技术在 3.2.7 节中有介绍。其他类型（dwarf、LBR 和 ORC）在《BPF 之巅》一书的 2.4 节中有介绍。

1 Haswell之后的栈深度为16，Skylake之后的栈深度为32。

在记录事件之后，可以通过 perf report 或者 perf script 检查这些事件。

13.10 perf report

perf report 子命令总结了 perf.data 文件的内容。选项有如下几个。

- **--tui**：使用 TUI 界面（默认）。
- **--stdio**：输出文本报告。
- **-i file**：输入文件。
- **-n**：加入样本计数列。
- **-g options**：修改调用图（栈踪迹）显示选项。

还可以使用外部工具总结 perf.data 的内容。这些工具可以处理 perf script 的输出，在 13.11 节中有介绍。perf report 命令在很多情况下已经够用了，只在需要的时候才使用外部工具。perf report 可以通过一个交互式文本界面（TUI）或者文本报告（STDIO）的形式使用。

13.10.1 TUI

下面的例子运行了一个对 CPU 指令指针持续 10 秒的剖析，频率为 99Hz（无栈踪迹），并启动了 TUI：

```
# perf record -F 99 -a -- sleep 30
[ perf record: Woken up 193 times to write data ]
[ perf record: Captured and wrote 48.916 MB perf.data (11880 samples) ]
# perf report
Samples: 11K of event 'cpu-clock:pppH', Event count (approx.): 119999998800
Overhead  Command          Shared Object              Symbol
  21.10%  swapper          [kernel.vmlinux]           [k] native_safe_halt
   6.39%  mysqld           [kernel.vmlinux]           [k] _raw_spin_unlock_irqrestor
   4.66%  mysqld           mysqld                     [.] _Z8ut_delaym
   2.64%  mysqld           [kernel.vmlinux]           [k] finish_task_switch
   2.59%  oltp_read_write  [kernel.vmlinux]           [k] finish_task_switch
   2.03%  mysqld           [kernel.vmlinux]           [k] exit_to_usermode_loop
   1.68%  mysqld           mysqld                     [.] _Z15row_search_mvccPh15pag
   1.40%  oltp_read_write  [kernel.vmlinux]           [k] _raw_spin_unlock_irqrestor
[...]
```

perf report 启动了一个交互式的界面，可从中查找数据、选择函数和线程，以查看更多信息。

13.10.2 STDIO

同样一份 CPU 剖析在 13.1 节中已经展示过了，那里使用的是基于文本的报告形式（--stdio）。它不是交互式的，不过适用于重定向到一个文件中，这样完整的报告全文就可以被保存成文本。这种独立的文本报告可以很方便地通过聊天系统、电子邮件和支持工单系统进行共享。我通常会用 -n 选项带上样本计数列。

下面这份 STDIO 样本有所不同，它是一份带有栈踪迹的 CPU 剖析（-g）：

```
# perf record -F 99 -a -g -- sleep 30
[ perf record: Woken up 8 times to write data ]
[ perf record: Captured and wrote 2.282 MB perf.data (11880 samples) ]
# perf report --stdio

[...]
# Children      Self  Command          Shared Object              Symbol
# ........  ........  ...............  .........................  .................
#
    50.45%     0.00%  mysqld           libpthread-2.27.so         [.] start_thread
             |
             ---start_thread
                |
                |--44.75%--pfs_spawn_thread
                |          |
                |           --44.70%--handle_connection
                |                     |
                |                      --44.55%--_Z10do_commandP3THD
                |                                |
                |                                |--42.93%--_Z16dispatch_commandP3THD
                |                                |          |
                |                                |           --40.92%--_Z19mysqld_stm
                |                                |                     |
[...]
```

栈踪迹样本按照层次结构整理合并，从左边的根函数开始，往右下方走入子函数。最右边的函数是事件本身(在这个例子里是在CPU上运行的函数)，左边是它的调用起源。这条路径显示了 mysqld 进程（后台进程）启动了 start_thread()，然后调用了 pfs_spawn_thread()，又调用了 handle_connection()，以此类推。本例中最右边的函数被截断了。

从左到右的顺序在 perf(1) 中被称为调用者顺序 caller。还可以使用选项 -g callee（曾经是默认的，perf(1) 在 Linux 4.4 中被改成了调用者顺序）把这个倒转过来，其被称为 callee 调用顺序，把事件放到左边，把它的调用起源放在右下方。

13.11 perf script

perf script 子命令默认输出 perf.data 中的每个样本，对于找出一段时间内的数据模式特别有用，这种模式无法从报告汇总中观测得出。它的输出可以用来生成火焰图，并且能运行自定义记录和事件汇报的自动化跟踪脚本。本节主要探讨这些话题。

一开始的这段输出来自先前的 CPU 剖析，不带栈踪迹信息：

```
# perf script
          mysqld  8631 [000] 4142044.582702:   10101010 cpu-clock:pppH:
c08fd9 _Z19close_thread_tablesP3THD+0x49 (/usr/sbin/mysqld)
          mysqld  8619 [001] 4142044.582711:   10101010 cpu-clock:pppH:
79f81d _ZN5Field10make_fieldEP10Send_field+0x1d (/usr/sbin/mysqld)
          mysqld 22432 [002] 4142044.582713:   10101010 cpu-clock:pppH:
ffffffff95530302 get_futex_key_refs.isra.12+0x32 (/lib/modules/5.4.0-rc8-virtua...
[...]
```

输出的字段，包括第一行的字段内容解释如下。

- **进程名**：mysqld
- **线程 ID**：8631
- **CPU ID**：[000]
- **时间戳**：4142044.582702（秒）
- **周期**：10101010（从 -F 99 得出）；被包含在一些抽样模式内。
- **事件名称**：cpu-clock:pppH
- **事件参数**：这个及后面的字段表示事件参数，每种事件有不同的参数。对于 cpu-clock 事件，它们是指令指针、函数名和偏移量，以及区段名称。这些数据的起源可参考 4.3.5 节。

这些输出字段恰好是这个事件当前的默认输出，在以后的 perf(1) 版本中可能会有变化。其他事件没有包含周期这个字段。

由于保持这些输出字段的一致性很关键，特别是对于事后处理，你可以使用选项 -F 指定这些字段。我经常使用这个选项包含进程 ID，因为这项信息不在默认字段集里。我同样还推荐增加 --header 选项以包含 perf.data 元数据。下面的例子展示了一个带栈踪迹的 CPU 剖析：

```
# perf script --header -F comm,pid,tid,cpu,time,event,ip,sym,dso,trace
# ========
# captured on    : Sun Jan  5 23:43:56 2020
# header version : 1
```

```
# data offset    : 264
# data size      : 2393000
# feat offset    : 2393264
# hostname : bgregg-mysql
# os release : 5.4.0
# perf version : 5.4.0
# arch : x86_64
# nrcpus online : 4
# nrcpus avail : 4
# cpudesc : Intel(R) Xeon(R) Platinum 8175M CPU @ 2.50GHz
# cpuid : GenuineIntel,6,85,4
# total memory : 15923672 kB
# cmdline : /usr/bin/perf record -F 99 -a -g -- sleep 30
# event : name = cpu-clock:pppH, , id = { 5997, 5998, 5999, 6000 }, type = 1, size =
112, { sample_period, sample_freq } = 99, sample_ty
[...]
# ========
#
mysqld 21616/8583  [000] 4142769.671581: cpu-clock:pppH:
                  c36299 [unknown] (/usr/sbin/mysqld)
                  c3bad4 _ZN13QEP_tmp_table8end_sendEv (/usr/sbin/mysqld)
                  c3c1a5 _Z13sub_select_opP4JOINP7QEP_TABb (/usr/sbin/mysqld)
                  c346a8 _ZN4JOIN4execEv (/usr/sbin/mysqld)
                  ca735a _Z12handle_queryP3THDP3LEXP12Query_resultyy
[...]
```

输出包含了头信息，以“#”打头，描述了系统信息以及创建 perf.data 文件的 perf(1) 命令。如果你把这段输出保存到文件中以备后用，会对保留头信息感到万分幸运，因为它为你之后的工作提供了宝贵的信息。这个文件可被其他工具读取以实现可视化，包括火焰图。

13.11.1 火焰图

火焰图将栈踪迹可视化。虽然它广泛应用于 CPU 剖析，但实际上它可以将任何 perf(1) 收集的栈踪迹可视化，包括上下文切换事件确定为什么线程会离开 CPU，或者块 I/O 事件确定哪条代码路径创建了磁盘 I/O。

有两种常用的火焰图实现（我自己的和一个 d3 版本的）可以可视化 perf script 的输出。pef(1) 在 Linux 5.8 中加入了对火焰图的支持。使用 perf(1) 创建火焰图的步骤在 6.6.13 节中有介绍，可视化部分在 6.7.3 节中进行了介绍。

FlameScope 是另一个可视化 perf script 输出的工具，它结合了一个亚秒级偏移量的火焰图，通过火焰图可研究和时间相关的变化，在 6.7.3 节中有介绍。

13.11.2 跟踪脚本

perf(1) 跟踪脚本的可用命令可用选项 -l 列出：

```
# perf script -l
List of available trace scripts:
[...]
  event_analyzing_sample                    analyze all perf samples
  mem-phys-addr                             resolve physical address samples
  intel-pt-events                           print Intel PT Power Events and PTWRITE
  sched-migration                           sched migration overview
  net_dropmonitor                           display a table of dropped frames
  syscall-counts-by-pid [comm]              system-wide syscall counts, by pid
  failed-syscalls-by-pid [comm]             system-wide failed syscalls, by pid
  export-to-sqlite [database name] [columns] [calls] export perf data to a sqlite3
database
  stackcollapse                             produce callgraphs in short form for scripting
use
```

这些脚本可以当作参数传给 perf script 执行。也可以用 Perl 或者 Python 开发额外的跟踪脚本。

13.12 perf trace

perf trace 子命令默认跟踪系统调用并实时输出结果（没有 perf.data 文件）。在 5.5.1 节介绍了这个工具，其作为一个低开销的 strace(1) 的替代版本，可以在全系统内进行跟踪。perf trace 同样也可以用和 perf record 相似的语法检查任何事件。

例如，跟踪磁盘 I/O 发出和完成事件：

```
# perf trace -e block:block_rq_issue,block:block_rq_complete
     0.000 auditd/391 block:block_rq_issue:259,0 WS 8192 () 16046032 + 16 [auditd]
     0.566 systemd-journa/28651 block:block_rq_complete:259,0 WS () 16046032 + 16 [0]
     0.748 jbd2/nvme0n1p1/174 block:block_rq_issue:259,0 WS 61440 () 2100744 + 120
[jbd2/nvme0n1p1-]
     1.436 systemd-journa/28651 block:block_rq_complete:259,0 WS () 2100744 + 120 [0]
     1.515 kworker/0:1H-k/365 block:block_rq_issue:259,0 FF 0 () 0 + 0 [kworker/0:1H]
     1.543 kworker/0:1H-k/365 block:block_rq_issue:259,0 WFS 4096 () 2100864 + 8
[kworker/0:1H]
```

```
     2.074 sshd/6463 block:block_rq_complete:259,0 WFS () 2100864 + 8 [0]
     2.077 sshd/6463 block:block_rq_complete:259,0 WFS () 2100864 + 0 [0]
  1087.562 kworker/0:1H-k/365 block:block_rq_issue:259,0 W 4096 () 16046040 + 8
[kworker/0:1H]
[...]
```

和 perf record 一起使用的过滤器同样可以用在事件上。这些过滤器可以包括一些内核头文件生成的字符串常量。例如，使用字符串“SHARED”跟踪标志位为 MAP_SHARED 的 mmap(2) 系统调用：

```
# perf trace -e syscalls:*enter_mmap --filter='flags==SHARED'
     0.000 env/14780 syscalls:sys_enter_mmap(len: 27002, prot: READ, flags: SHARED,
fd: 3)
    16.145 grep/14787 syscalls:sys_enter_mmap(len: 27002, prot: READ, flags: SHARED,
fd: 3)
    18.704 cut/14791 syscalls:sys_enter_mmap(len: 27002, prot: READ, flags: SHARED,
fd: 3)
[...]
```

注意，perf(1) 同样使用字符串来提高格式化输出的可读性：它输出“prot：READ”而不是“prot：1”。perf(1) 把这个功能称为“美化”。

13.12.1 内核版本

在 Linux 4.19 之前，perf trace 在指定的事件（-e）之外，默认跟踪所有的系统调用（--syscalls 选项）。如果要禁用跟踪其他系统调用的功能，可指定 --no-syscalls（现在是默认选项）。例如：

```
# perf trace -e block:block_rq_issue,block:block_rq_complete --no-syscalls
```

注意，从 Linux 3.8 开始，跟踪所有 CPU（-a）是默认行为。在 Linux 5.5 中增加了过滤器（--filter）。

13.13 其他命令

还有一些其他的 perf(1) 子命令和功能，有一些在其他章节中使用过了。下面回顾一下其他的子命令（完整列表参见表 13.1）：

- **perf c2c（Linux 4.10+）**：缓存到缓存和缓存行伪共享分析。
- **perf kmem**：内核内存分配分析。
- **perf kvm**：KVM 客户机分析。

- **perf lock**：锁分析。
- **perf mem**：内存访问分析。
- **perf sched**：内核调度器统计信息。
- **perf script**：自定义 perf 工具。

其他高级功能包括在事件上触发 BPF 程序，以及使用例如 Intel 处理器跟踪（PT）或者 ARM CoreSight 进行单指令分析的硬件跟踪 [Hunter 20]。

下面是一个 Intel 处理器跟踪的简单示例。它记录了 date(1) 命令的用户态周期：

```
# perf record -e intel_pt/cyc/u date
Sat Jul 11 05:52:40 PDT 2020
[ perf record: Woken up 1 times to write data ]
[ perf record: Captured and wrote 0.049 MB perf.data ]
```

它也可以按照指令跟踪进行输出（指令被高亮显示）：

```
# perf script --insn-trace
        date 31979 [003] 653971.670163672:      7f3bfbf4d090 _start+0x0 (/lib/x86_64-
linux-gnu/ld-2.27.so) insn: 48 89 e7
        date 31979 [003] 653971.670163672:      7f3bfbf4d093 _start+0x3 (/lib/x86_64-
linux-gnu/ld-2.27.so) insn: e8 08 0e 00 00
[...]
```

输出包括了按照机器代码输出的指令。安装并使用 Intel X86 Encoder Decoder（XED）可以把这些指令按照汇编的格式进行输出 [Intelxed 19]：

```
# perf script --insn-trace --xed
date 31979 [003] 653971.670163672: ... (/lib/x86_64-linux-gnu/ld-2.27.so) mov %rsp,
%rdi
date 31979 [003] 653971.670163672: ... (/lib/x86_64-linux-gnu/ld-2.27.so) callq
0x7f3bfbf4dea0
date 31979 [003] 653971.670163672: ... (/lib/x86_64-linux-gnu/ld-2.27.so) pushq %rbp
[...]
date 31979 [003] 653971.670439432: ... (/bin/date) xor %ebp, %ebp
date 31979 [003] 653971.670439432: ... (/bin/date) mov %rdx, %r9
date 31979 [003] 653971.670439432: ... (/bin/date) popq %rsi
date 31979 [003] 653971.670439432: ... (/bin/date) mov %rsp, %rdx
date 31979 [003] 653971.670439432: ... (/bin/date) and $0xfffffffffffffff0, %rsp
[...]
```

它提供了非常多的细节，也很冗长。完整的输出足足有 266 105 行，这才是一个 date(1) 命令。其他示例参见 perf(1) 的 wiki[Hunter 20]。

13.14 perf文档

每个子命令都有一个以“perf-”开头的 man 手册页，例如，perf-record(1) 对应 record 子命令，这些在 Linux 源代码的 perf/Documentation 目录下。

在 wiki.kernel.org[Perf 15] 上有一个 perf(1) 的教程，一个 Vince Weaver 撰写的非官方的 perf(1) 页面 [Weaver 11]，还有一个我写的非官方 perf(1) 示例页面。

我自己的页面中包含了完整的 perf(1) 单行命令列表以及其他许多例子。

随着 perf(1) 不断添加新的功能，我们可以在新的内核版本中检查更新。在 KernelNewbies[KernelNewbiews 20] 上，每个内核版本的发布里都有一个变更记录，其中有关于 perf 的章节，这是一个很好的资源。

13.15 参考资料

[Weaver 11] Weaver, V., “The Unofficial Linux Perf Events Web-Page,” http://web.eece.maine.edu/~vweaver/projects/perf_events, 2011.

[Matz 13] Matz, M., Hubička, J., Jaeger, A., and Mitchell, M., “System V Application Binary Interface, AMD64 Architecture Processor Supplement, Draft Version 0.99.6,” http://x86-64.org/documentation/abi.pdf, 2013.

[Perf 15] “Tutorial: Linux kernel profiling with perf,” *perf wiki*, https://perf.wiki.kernel.org/index.php/Tutorial, last updated 2015.

[Intel 16] *Intel 64 and IA-32 Architectures Software Developer’s Manual Volume 3B: System Programming Guide, Part 2, September 2016,* https://www.intel.com/content/www/us/en/architecture-and-technology/64-ia-32-architectures-software-developer-vol-3b-part-2-manual.html, 2016.

[AMD 18] *Open-Source Register Reference for AMD Family 17h Processors Models 00h-2Fh,* https://developer.amd.com/resources/developer-guides-manuals, 2018.

[ARM 19] *Arm® Architecture Reference Manual Armv8, for Armv8-A architecture profile,* https://developer.arm.com/architectures/cpu-architecture/a-profile/docs?_ga=2.78191124.1893781712.1575908489-930650904.1559325573, 2019.

[Intelxed 19] “Intel XED,” https://intelxed.github.io, 2019.

[Gregg 20h] Gregg, B., “One-Liners,” http://www.brendangregg.com/perf.html#OneLiners, last updated 2020.

[Gregg 20f] Gregg, B., “perf Examples,” http://www.brendangregg.com/perf.html, last updated 2020.

[Hunter 20] Hunter, A., “Perf tools support for Intel® Processor Trace,” https://perf.wiki.kernel.org/index.php/Perf_tools_support_for_Intel%C2%AE_Processor_Trace, last updated 2020.

[Intel 20c] "/perfmon/," https://download.01.org/perfmon, accessed 2020.

[KernelNewbies 20] "KernelNewbies: LinuxVersions," https://kernelnewbies.org/LinuxVersions, accessed 2020.

第14章

Ftrace

Ftrace 是 Linux 官方的跟踪器，是一个由不同的跟踪工具组成的多功能工具。Ftrace 由 Steven Rostedt 创建，并在 Linux 2.6.27（2008）中被首次引入。它可在没有任何额外的用户级前端的情况下被使用，这使它特别适用于存储空间有限的嵌入式 Linux 环境。当然，它对服务器环境也很有用。

对于那些希望更详细地学习一个或多个系统跟踪器的读者来说，本章和第 13 章及第 15 章是可选读的章节。

Ftrace 可以用来回答一些问题，比如：

- 某些内核函数被调用的频率如何？
- 什么代码路径会导致这个函数被调用？
- 这个内核函数调用了哪些子函数？
- 禁用抢占的代码路径造成的最高延时是多少？

本章会详细介绍 Ftrace，展示它的一些剖析器和跟踪器，然后展示使用它们的前端。具体内容如下所示。

- 14.1：功能概述
- 14.2：tracefs (/sys)
- 剖析器：
  - 14.3：Ftrace 函数剖析器
  - 14.10：Ftrace hist 触发器
- 跟踪器：
  - 14.4：Ftrace 函数跟踪
  - 14.5：跟踪点
  - 14.6：kprobes

  - 14.7：uprobes
  - 14.8：Ftrace function_graph
  - 14.9：Ftrace hwlat
- 前端：
  - 14.11：trace-cmd
  - 14.12：perf ftrace
  - 14.13：perf-tools
- 14.14：Ftrace 文档
- 14.15：参考资料

Ftrace Hist 触发器是一个高级话题，需要首先了解剖析器和跟踪器，因此它在本章的后面位置。kprobes 和 uprobes 部分也包括基本的剖析能力。

图 14.1 所示的是 Ftrace 及其前端的概览，箭头指示了从事件到输出类型的路径。

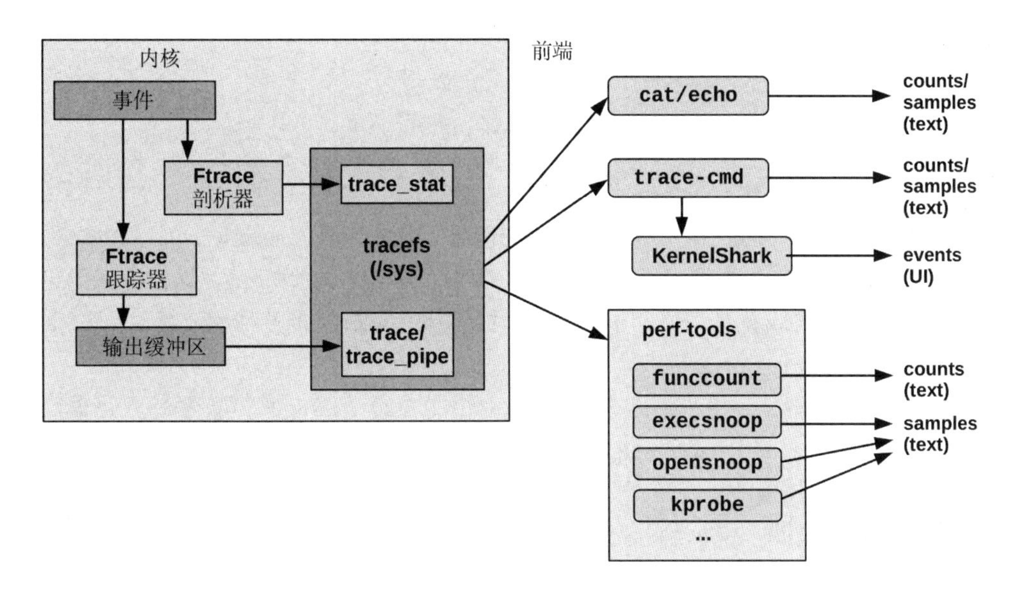

图 14.1 Ftrace 剖析器、跟踪器和前端

以下部分将对此进行解释。

14.1 功能概述

perf(1) 使用子命令来实现不同的功能，而 Ftrace 有剖析器和跟踪器。剖析器提供统计摘要，如计数和直方图，而跟踪器提供每个事件的细节。

作为 Ftrace 的一个例子，下面的 funcgraph(8) 工具使用 Ftrace 跟踪器来显示 vfs_read() 内核函数的子调用：

```
# funcgraph vfs_read
Tracing "vfs_read"... Ctrl-C to end.
 1)               |  vfs_read() {
 1)               |    rw_verify_area() {
 1)               |      security_file_permission() {
 1)               |        apparmor_file_permission() {
 1)               |          common_file_perm() {
 1)   0.763 us    |            aa_file_perm();
 1)   2.209 us    |          }
 1)   3.329 us    |        }
 1)   0.571 us    |        __fsnotify_parent();
 1)   0.612 us    |        fsnotify();
 1)   7.019 us    |      }
 1)   8.416 us    |    }
 1)               |    __vfs_read() {
 1)               |      new_sync_read() {
 1)               |        ext4_file_read_iter() {
[...]
```

输出显示，vfs_read() 调用了 rw_verify_area()，后者调用了 security_file_permission() 以及更多调用链。第二列显示了每个函数的持续时间（us 表示微秒），这样你就能进行性能分析，找出导致父函数变慢的子函数。这种特殊的 Ftrace 功能被称为函数图示跟踪（在 14.8 节中有涉及）。

表 14.1 和表 14.2 列出了最近一个 Linux 版本（5.2）的 Ftrace 剖析器和跟踪器，以及 Linux 的事件跟踪器：tracepoints、kprobes 和 uprobes。这些事件跟踪器类似于 Ftrace，共享类似的配置和输出接口，在本章中也会对它们进行介绍。表 14.2 中的等宽字体所示的跟踪器是 Ftrace 跟踪器，是用于配置它们的命令行的关键字。

表 14.1 Ftracer 剖析器

剖析器	描述	章节
function	内核函数统计分析	14.3
kprobe profiler	启用的 kprobe 计数器	14.6.5
uprobe profiler	启用的 uprobe 计数器	14.7.4
hist trigger	事件的自定义直方图	14.10

表 14.2 Ftracer 和事件跟踪器

跟踪器	描述	章节
`function`	内核函数调用跟踪器	14.4

续表

跟踪器	描述	章节
tracepoints	内核静态检测（事件跟踪器）	14.5
kprobes	内核动态检测（事件跟踪器）	14.6
uprobes	用户级动态检测（事件跟踪器）	14.7
function_graph	内核函数调用跟踪，通过子调用的层次图展示	14.8
wakeup	测量 CPU 调度器的最大延时	-
wakeup_rt	测量实时（RT）任务的最大 CPU 调度器延时	-
irqsoff	用代码位置和延时跟踪 IRQ 关闭事件（中断禁用延时）[1]	-
preemptoff	跟踪有代码路径和延时的事件	-
preemptirqsoff	一个结合了 irqsoff 和 preemptoff 的跟踪器	-
blk	块 I/O 跟踪器（被 blktrace(8) 使用）	-
hwlat	硬件延时跟踪器：可以检测外部扰动导致的延时	14.9
mmiotrace	跟踪一个模块对硬件的调用	-
nop	一个特殊的跟踪器，可以禁用其他跟踪器	-

可以用下面的方法列出你的内核版本上可用的 Ftrace 跟踪器：

```
# cat /sys/kernel/debug/tracing/available_tracers
hwlat blk mmiotrace function_graph wakeup_dl wakeup_rt wakeup function nop
```

这使用的是挂载在 /sys 下的 tracefs 接口，该接口将在下一节中介绍。后面的章节将介绍剖析器、跟踪器和使用它们的工具。

如果你想直接跳到基于 Ftrace 的工具，可以看看 14.13 节，其中包括前面展示的 funcgraph(8)。

未来的内核版本可能会在 Ftrace 中加入更多的剖析器和跟踪器，可以查阅 Linux 源代码中 Documentation/trace/ftrace.rst 下的 Ftrace 文档 [Rostedt 08]。

14.2 tracefs（/sys）

使用 Ftrace 功能的接口是 tracefs 文件系统，它应该被挂载在 /sys/kernel/tracing 上。例如，通过以下方式使用：

```
mount -t tracefs tracefs /sys/kernel/tracing
```

Ftrace 最初是 debugfs 文件系统的一部分，直到它被拆分成自己的 tracefs。当挂载

1 这（以及preemptoff、preemptirqsoff）需要启用CONFIG_PREEMPTIRQ_EVENTS。

debugfs 时，它通过将 tracefs 挂载为跟踪的子目录，从而保留了原来的目录结构。你可以通过下面的方法列出 debugfs 和 tracefs 的挂载点：

```
# mount -t debugfs,tracefs
debugfs on /sys/kernel/debug type debugfs (rw,relatime)
tracefs on /sys/kernel/debug/tracing type tracefs (rw,relatime)
```

这个输出来自 Ubuntu 19.10，它显示了 tracefs 被挂载在 /sys/kernel/debug/tracing。因为这个位置仍然被广泛使用，所以后面几节的示例中都使用了这个位置，但在未来它应该会改为 /sys/kernel/tracing。

请注意，如果 tracefs 挂载失败，可能是由于你的内核在构建时没有配置 Ftrace 选项（CONFIG_FTRACE 等）。

14.2.1 tracefs 的内容

一旦挂载了 tracefs，你就应该能够在 tracing 目录中看到控制文件和输出文件：

```
# ls -F /sys/kernel/debug/tracing
available_events            max_graph_depth        stack_trace_filter
available_filter_functions  options/               synthetic_events
available_tracers           per_cpu/               timestamp_mode
buffer_percent              printk_formats         trace
buffer_size_kb              README                 trace_clock
buffer_total_size_kb        saved_cmdlines         trace_marker
current_tracer              saved_cmdlines_size    trace_marker_raw
dynamic_events              saved_tgids            trace_options
dyn_ftrace_total_info       set_event              trace_pipe
enabled_functions           set_event_pid          trace_stat/
error_log                   set_ftrace_filter      tracing_cpumask
events/                     set_ftrace_notrace     tracing_max_latency
free_buffer                 set_ftrace_pid         tracing_on
function_profile_enabled    set_graph_function     tracing_thresh
hwlat_detector/             set_graph_notrace      uprobe_events
instances/                  snapshot               uprobe_profile
kprobe_events               stack_max_size
kprobe_profile              stack_trace
```

其中许多名字都很直观。关键文件和目录如表 14.3 所示。

表 14.3 tracefs 的关键文件

文件	权限	描述
available_tracers	只读	列出可用的跟踪器（见表 14.2）
current_tracer	读写	显示当前启用的跟踪器
function_profile_enabled	读写	启用函数剖析器
available_filter_functions	只读	列出可跟踪的函数
set_ftrace_filter	读写	选择要跟踪的函数
tracing_on	读写	启用 / 禁用输出环形缓冲区的开关
trace	读写	跟踪器的输出（环形缓冲区）
trace_pipe	只读	跟踪器的输出；该版本使用跟踪器和块作为输入
trace_options	读写	用于定制跟踪缓冲区输出的选项
trace_stat（目录）	读写	函数剖析器的输出
kprobe_events	读写	启用的 kprobe 配置
uprobe_events	读写	启用的 uprobe 配置
events（目录）	读写	事件跟踪器的控制文件：tracepoints、kprobes、uprobes
instances（目录）	读写	并发用户的 Ftrace 实例

这个 /sys 接口被记录在 Linux 源代码的 Documentation/trace/ftrace.rst 中 [Rostedt 08]。它可以直接从 shell、前端和库中被使用。例如，要查看当前是否有 Ftrace 跟踪器在使用，可以用 cat(1) 命令：

```
# cat /sys/kernel/debug/tracing/current_tracer
nop
```

输出显示 nop（无操作），这意味着目前没有跟踪器在使用。要启用跟踪器，需要把它的名字写入这个文件。例如，要启用 blk 跟踪器：

```
# echo blk > /sys/kernel/debug/tracing/current_tracer
```

其他 Ftrace 控制和输出文件也可以通过 echo(1) 和 cat(1) 来使用。这意味着 Ftrace 的使用几乎没有外部依赖（只需要一个 shell[1]）。

Steven Rostedt 在开发实时补丁集时开发了 Ftrace 供自己使用，最初它并不支持并发用户。例如，current_tracer 文件一次只能被设置为一个跟踪器。后来增加了对并发用户的支持，形式是可以在“instances”目录下创建实例。每个实例都有自己的 current_tracer 和输出文件，这样它就可以独立进行跟踪。

后面几节（14.3 节到 14.10 节）展示了更多的 /sys 接口示例，14.11 节到 14.13 节展

1 echo(1)是shell的内置程序，cat(1)可以近似地实现为：function shellcat { (while read line; do echo "$line"; done) < 1; }。或者可以用busybox来提供shell、cat(1)和其他基本功能。

示了建立在它之上的前端：trace-cmd、perf(1) ftrace 子命令以及 perf-tools。

14.3 Ftrace函数剖析器

函数剖析器提供了关于内核函数调用的统计数据，适合于研究哪些内核函数正在被使用，并确定哪些是最慢的。我经常使用函数剖析器，将它作为了解特定工作负载的内核代码执行情况的起点，主要是因为它很高效，开销相对较低。使用它，我可以使用更昂贵的由独立事件跟踪来分析的函数。它需要配置 CONFIG_FUNCTION_PROFILER=y 的内核选项。

函数剖析器的工作原理是在每个内核函数的开头使用编译后的剖析调用。这种方法是基于编译器剖析器的工作方式的，比如，gcc(1) 的 -pg 选项，它插入了 mcount() 调用，供 gprof(1) 使用。从 gcc(1) 4.6 版开始，mcount() 调用被改为了 __fentry__()。为每个内核函数添加调用，听起来会产生大量的开销，这对于可能很少被使用的东西来说是个问题，但开销的问题其实早已经解决了：在不使用时，这些调用通常被快速的 nop 指令所取代，只有在需要时才切换到 __fentry__() 调用 [Gregg 19f]。

下面演示了使用 /sys 中的 tracefs 接口的函数剖析器。作为参考，显示了函数剖析器的原始未启用状态：

```
# cd /sys/kernel/debug/tracing
# cat set_ftrace_filter
#### all functions enabled ####
# cat function_profile_enabled
0
```

现在（在同一目录下）这些命令使用函数剖析器来统计所有以“tcp”开头的内核调用，大约 10 秒：

```
# echo 'tcp*' > set_ftrace_filter
# echo 1 > function_profile_enabled
# sleep 10
# echo 0 > function_profile_enabled
# echo > set_ftrace_filter
```

sleep(1) 命令被用来设置剖析的（粗略）时间。之后的命令则是禁用函数剖析并重置过滤器。提示：确保使用“0 >”而不是“0>”——它们是不一样的；后者是对文件描述符 0 的重定向。同样，避免使用“1>”，因为它是对文件描述符 1 的重定向。

现在可以从 trace_stat 目录中读取配置文件的统计数据，该目录为每个 CPU 保存了“function”文件。这是一个双 CPU 系统。使用 head(1) 显示每个文件的前 10 行：

```
# head trace_stat/function*
==> trace_stat/function0 <==
  Function                          Hit    Time              Avg              s^2
  --------                          ---    ----              ---              ---
  tcp_sendmsg                    955912    2788479 us        2.917 us         3734541 us
  tcp_sendmsg_locked             955912    2248025 us        2.351 us         2600545 us
  tcp_push                       955912    852421.5 us       0.891 us         1057342 us
  tcp_write_xmit                 926777    674611.1 us       0.727 us         1386620 us
  tcp_send_mss                   955912    504021.1 us       0.527 us         95650.41 us
  tcp_current_mss                964399    317931.5 us       0.329 us         136101.4 us
  tcp_poll                       966848    216701.2 us       0.224 us         201483.9 us
  tcp_release_cb                 956155    102312.4 us       0.107 us         188001.9 us

==> trace_stat/function1 <==
  Function                          Hit    Time              Avg              s^2
  --------                          ---    ----              ---              ---
  tcp_sendmsg                    317935    936055.4 us       2.944 us         13488147 us
  tcp_sendmsg_locked             317935    770290.2 us       2.422 us         8886817 us
  tcp_write_xmit                 348064    423766.6 us       1.217 us         226639782 us
  tcp_push                       317935    310040.7 us       0.975 us         4150989 us
  tcp_tasklet_func                38109    189797.2 us       4.980 us         2239985 us
  tcp_tsq_handler                 38109    180516.6 us       4.736 us         2239552 us
  tcp_tsq_write.part.0            29977    173955.7 us       5.802 us         1037352 us
  tcp_send_mss                   317935    165881.9 us       0.521 us         352309.0 us
```

列中显示了函数名称（Function）、调用次数（Hit）、函数的总时间（Time）、平均时间（Avg）和标准差（s^2）。输出结果显示，tcp_sendmsg() 函数在两个 CPU 上都是被调用最频繁的；它在 CPU0 上被调用 955 912 次，在 CPU1 上被调用 317 935 次。平均持续时间为 2.9 微秒。

在剖析过程中，会有少量的开销被添加到剖析函数中。如果 set_ftrace_filter 未设置任何值，所有的内核函数都会被剖析（正如我们之前看到的初始状态所警告的：所有函数都已启用）。在使用剖析器时请记住这一点，并尽量使用函数过滤器来限制开销。

后面介绍的 Ftrace 前端可以自动完成这些步骤，并且可以将每个 CPU 的输出合并到系统级别的总结中。

14.4 Ftrace函数跟踪

函数跟踪器打印内核函数调用的每个事件的详细信息，并使用上一节中描述的函数剖析工具。这可以显示各种函数的顺序，基于时间戳的模式，以及可能对应的 CPU 上的进程名称和 PID。函数跟踪的开销比函数剖析高，因此跟踪适合于对调用不频繁的函数（每秒少于 1000 个调用）进行。你可以使用上一节中介绍的函数剖析操作，在跟踪函数之前找出调用函数的频率。

图 14.2 显示了函数跟踪所涉及的关键 tracefs 文件。

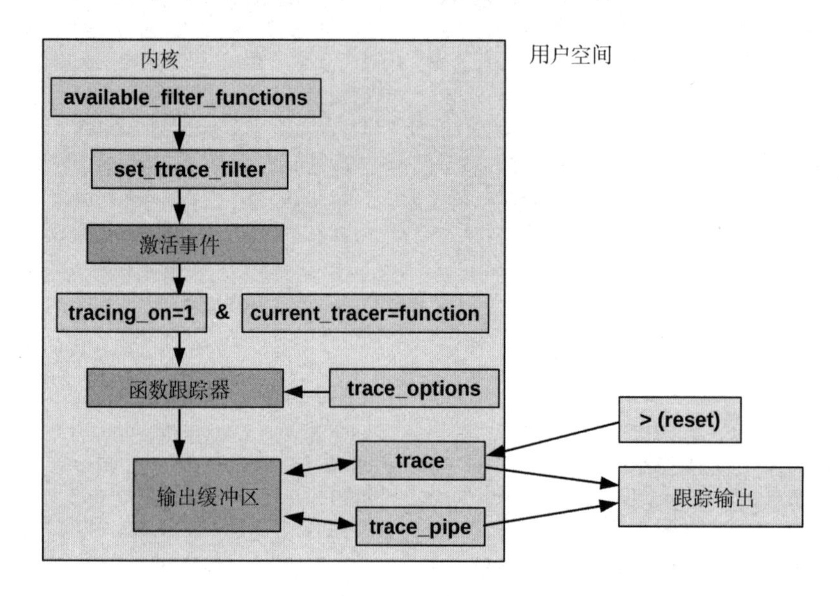

图 14.2　跟踪 tracefs 文件时的 Ftrace 函数

最终的跟踪输出是从 trace 或 trace_pipe 文件中读取的，后边的章节中会对其进行详细介绍。这两个接口也都有清除输出缓冲区的方法（因此有回到缓冲区的箭头）。

14.4.1　使用 trace

下面演示了使用 trace 输出文件进行的函数跟踪。作为参考，显示了函数跟踪器原始的未启用状态：

```
# cd /sys/kernel/debug/tracing
# cat set_ftrace_filter
#### all functions enabled ####
# cat current_tracer
nop
```

目前没有其他跟踪器正在被使用。

在这个例子中，所有以“sleep”结尾的内核函数都被跟踪，事件最终被保存到 /tmp/out.trace01.txt 文件。一个假的 sleep(1) 命令被用来收集至少 10 秒的跟踪。这一系列命令以禁用函数跟踪器结束，并使系统恢复正常：

```
# cd /sys/kernel/debug/tracing
# echo 1 > tracing_on
# echo '*sleep' > set_ftrace_filter
# echo function > current_tracer
# sleep 10
# cat trace > /tmp/out.trace01.txt
# echo nop > current_tracer
# echo > set_ftrace_filter
```

设置 tracing_on 可能是一个不必要的步骤（在我的 Ubuntu 系统上，它被默认设置为 1）。以防你的系统上没有进行设置，我仍然设置了它。

当我们跟踪“sleep”函数调用时，在跟踪输出中捕获到了假的 sleep(1) 命令：

```
# more /tmp/out.trace01.txt
# tracer: function
#
# entries-in-buffer/entries-written: 57/57   #P:2
#
#                              _-----=> irqs-off
#                             / _----=> need-resched
#                            | / _---=> hardirq/softirq
#                            || / _--=> preempt-depth
#                            ||| /     delay
#           TASK-PID   CPU#  ||||    TIMESTAMP  FUNCTION
#              | |       |   ||||       |         |
      multipathd-348   [001] .... 332762.532877: __x64_sys_nanosleep <-do_syscall_64
      multipathd-348   [001] .... 332762.532879: hrtimer_nanosleep <-
__x64_sys_nanosleep
      multipathd-348   [001] .... 332762.532880: do_nanosleep <-hrtimer_nanosleep
           sleep-4203  [001] .... 332762.722497: __x64_sys_nanosleep <-do_syscall_64
           sleep-4203  [001] .... 332762.722498: hrtimer_nanosleep <-
__x64_sys_nanosleep
           sleep-4203  [001] .... 332762.722498: do_nanosleep <-hrtimer_nanosleep
      multipathd-348   [001] .... 332763.532966: __x64_sys_nanosleep <-do_syscall_64
[...]
```

输出包括字段头和跟踪元数据。这个例子显示了一个名为 multipathd、PID 为 348 的进程在调用 sleep 函数以及 sleep(1) 命令。最后的字段显示了当前函数和调用它的父函数。例如，对于第一行，函数是 __x64_sys_nanosleep()，被 do_syscall_64() 调用。

trace 文件是跟踪事件缓冲区的一个接口，读取它会显示缓冲区的内容，你可以通过向它写入一个换行来清除它的内容：

```
# > trace
```

当 current_tracer 被设置为 nop 时，跟踪缓冲区也会被清空，就像我在示例的步骤中禁用跟踪所做的那样。当 trace_pipe 被使用时，跟踪缓冲区也会被清空。

14.4.2　使用 trace_pipe

trace_pipe 文件是读取跟踪缓冲区的一个不同接口。从这个文件读取会返回一个无尽的事件流。它使用事件，所以在读取一次后，事件就不再位于跟踪缓冲区中了。

例如，使用 trace_pipe 来实时查看 sleep 事件：

```
# echo '*sleep' > set_ftrace_filter
# echo function > current_tracer
# cat trace_pipe
      multipathd-348   [001] .... 332624.519190: __x64_sys_nanosleep <-do_syscall_64
      multipathd-348   [001] .... 332624.519192: hrtimer_nanosleep <-
__x64_sys_nanosleep
      multipathd-348   [001] .... 332624.519192: do_nanosleep <-hrtimer_nanosleep
      multipathd-348   [001] .... 332625.519272: __x64_sys_nanosleep <-do_syscall_64
      multipathd-348   [001] .... 332625.519274: hrtimer_nanosleep <-
__x64_sys_nanosleep
      multipathd-348   [001] .... 332625.519275: do_nanosleep <-hrtimer_nanosleep
            cron-504   [001] .... 332625.560150: __x64_sys_nanosleep <-do_syscall_64
            cron-504   [001] .... 332625.560152: hrtimer_nanosleep <-
__x64_sys_nanosleep
            cron-504   [001] .... 332625.560152: do_nanosleep <-hrtimer_nanosleep
^C
# echo nop > current_tracer
# echo > set_ftrace_filter
```

该输出显示了一些来自 multipathd 和 cron 进程的 sleep 事件。这些字段与之前显示的跟踪文件输出相同，但这次没有列标题。

trace_pipe 文件对于观测低频事件是很方便的，但是对于高频事件，你会想把它们捕获到一个文件中，以便以后使用前面章节展示过的跟踪文件进行分析。

14.4.3　选项

Ftrace 提供了定制跟踪输出的选项，可以从 trace_options 文件或 options 目录中控制输出。例如（来自同一目录）禁用 flags 列（在之前的输出中这是“...”）。

```
# echo 0 > options/irq-info
# cat trace
# tracer: function
#
# entries-in-buffer/entries-written: 3300/3300   #P:2
#
#           TASK-PID     CPU#    TIMESTAMP  FUNCTION
#              | |         |        |          |
      multipathd-348    [001]  332762.532877: __x64_sys_nanosleep <-do_syscall_64
      multipathd-348    [001]  332762.532879: hrtimer_nanosleep <-__x64_sys_nanosleep
      multipathd-348    [001]  332762.532880: do_nanosleep <-hrtimer_nanosleep
[...]
```

现在输出中不存在标志文件了。你可以用以下方法将其设置回来：

```
# echo 1 > options/irq-info
```

还有许多选项，你可以从选项目录中列出，它们都有相对直观的名字：

```
# ls options/
annotate          funcgraph-abstime   hex               stacktrace
bin               funcgraph-cpu       irq-info          sym-addr
blk_cgname        funcgraph-duration  latency-format    sym-offset
blk_cgroup        funcgraph-irqs      markers           sym-userobj
blk_classic       funcgraph-overhead  overwrite         test_nop_accept
block             funcgraph-overrun   print-parent      test_nop_refuse
context-info      funcgraph-proc      printk-msg-only   trace_printk
disable_on_free   funcgraph-tail      raw               userstacktrace
display-graph     function-fork       record-cmd        verbose
event-fork        function-trace      record-tgid
func_stack_trace  graph-time          sleep-time
```

这些选项包括 stacktrace 和 userstacktrace，它们将内核和用户的栈踪迹附加到输出中：这对于理解函数被调用的原因很有用。所有这些选项都在 Linux 源代码中的 Ftrace 文档中有所记载 [Rostedt 08]。

14.5 跟踪点

跟踪点（tracepoint）是内核的静态检测工具，在 4.3.5 节中介绍过。从技术上讲，跟踪点只是内核源代码中的跟踪函数；它们是从定义和格式化其参数的跟踪事件接口中被使用的。跟踪事件在 tracefs 中可见，并与 Ftrace 共享输出和控制文件。

作为一个例子，下面启用了 block:block_rq_issue 跟踪点并实时观测事件。这个例子以禁用该跟踪点结束：

```
# cd /sys/kernel/debug/tracing
# echo 1 > events/block/block_rq_issue/enable
# cat trace_pipe
            sync-4844  [001] .... 343996.918805: block_rq_issue: 259,0 WS 4096 ()
2048 + 8 [sync]
            sync-4844  [001] .... 343996.918808: block_rq_issue: 259,0 WSM 4096 ()
10560 + 8 [sync]
            sync-4844  [001] .... 343996.918809: block_rq_issue: 259,0 WSM 4096 ()
38424 + 8 [sync]
            sync-4844  [001] .... 343996.918809: block_rq_issue: 259,0 WSM 4096 ()
4196384 + 8 [sync]
            sync-4844  [001] .... 343996.918810: block_rq_issue: 259,0 WSM 4096 ()
4462592 + 8 [sync]
^C
# echo 0 > events/block/block_rq_issue/enable
```

前 5 列分别是：进程名 -PID、CPU ID、标志、时间戳（秒），以及事件名称。其余的是跟踪点的格式字符串，在 4.3.5 节中有描述。

从这个例子中可以看出，跟踪点的控制文件在事件下的目录结构中。每个跟踪系统都有一个目录（例如，block），在这些目录下有每个事件的子目录（例如，block_rq_issue）。列出这个目录：

```
# ls events/block/block_rq_issue/
enable  filter  format  hist  id  trigger
```

这些控制文件被记录在 Linux 源代码的 Documentation/trace/events.rst 中 [Ts'o 20]。在这个例子中，enable 文件被用来开启和关闭跟踪点，其他文件提供了过滤和触发的功能。

14.5.1 过滤器

只有在满足布尔表达式时，才可以使用过滤器来记录事件。它有一个受限的语法：

```
field operator value
```

该字段来自 4.3.5 节描述的格式文件，在之前介绍的格式字符串中也有将这些字段打印出来。数字运算符包括 ==、!=、<、<=、>、>=、&;而字符串运算符有 ==、!=、~。其中“~”操作符执行 shell glob 风格的匹配，可使用的通配符有 *、?、[]。这些布尔表达式可以用圆括号进行分组，并使用 &&、|| 进行组合。

下面这个示例对已经启用的 block:block_rq_insert 跟踪点设置了一个过滤器，只跟踪 bytes 字段大于 64KB 的事件：

```
# echo 'bytes > 65536' > events/block/block_rq_insert/filter
# cat trace_pipe
    kworker/u4:1-7173  [000] .... 378115.779394: block_rq_insert: 259,0 W 262144 ()
5920256 + 512 [kworker/u4:1]
    kworker/u4:1-7173  [000] .... 378115.784654: block_rq_insert: 259,0 W 262144 ()
5924336 + 512 [kworker/u4:1]
    kworker/u4:1-7173  [000] .... 378115.789136: block_rq_insert: 259,0 W 262144 ()
5928432 + 512 [kworker/u4:1]
^C
```

现在输出结果中就只包含较大的 I/O 统计。

```
# echo 0 > events/block/block_rq_insert/filter
```

通过 echo 0，重置了过滤器。

14.5.2 触发器

触发器可以在事件被触发时运行额外的跟踪命令。该命令可以用来启用或禁用其他跟踪器，打印栈踪迹，或保存跟踪缓冲区的快照。当没有设置触发器时，可以从触发器文件中列出可用的触发器命令。例如：

```
# cat events/block/block_rq_issue/trigger
# Available triggers:
# traceon traceoff snapshot stacktrace enable_event disable_event enable_hist
disable_hist hist
```

触发器的一个用例是，当你希望看到导致错误条件的事件时，可以在错误条件上放置一个触发器，该触发器可以禁用跟踪（traceoff），这样跟踪缓冲区只包含之前的事件，或者使用快照（snapshot）来保存它。

触发器可以通过使用 if 关键字与过滤器相结合，如前文所述。这对于匹配一个错误条件或一个有趣的事件可能是必要的。例如，当一个大于 64KB 的块 I/O 排队时，想要停止记录事件：

```
# echo 'traceoff if bytes > 65536' > events/block/block_rq_insert/trigger
```

更复杂的动作可以用 hist 触发器来完成，该触发器将在 14.10 节中进行介绍。

14.6　kprobes

kprobes 用于内核动态检测，在 4.3.6 节中介绍过。kprobes 创建 kprobe 事件供跟踪器使用，它与 Ftrace 共享 tracefs 输出和控制文件。kprobes 与 14.4 节中涉及的 Ftrace 函数跟踪器类似，它们跟踪内核函数。不过，kprobes 可以做更多的定制，可以放在函数偏移量（单个指令）上，并可以报告函数参数和返回值。

本节将介绍 kprobe 事件跟踪和 Ftrace kprobe 剖析器。

14.6.1　事件跟踪

下面使用 kprobes 来检测 do_nanosleep() 内核函数作为例子：

```
# echo 'p:brendan do_nanosleep' >> kprobe_events
# echo 1 > events/kprobes/brendan/enable
# cat trace_pipe
      multipathd-348   [001] .... 345995.823380: brendan: (do_nanosleep+0x0/0x170)
      multipathd-348   [001] .... 345996.823473: brendan: (do_nanosleep+0x0/0x170)
      multipathd-348   [001] .... 345997.823558: brendan: (do_nanosleep+0x0/0x170)
^C
# echo 0 > events/kprobes/brendan/enable
# echo '-:brendan' >> kprobe_events
```

kprobe 的创建和删除是通过在 kprobe_events 上添加特殊的语法来实现的。在它被创建后，它与 tracepoint 一起出现在 events 目录中，并以类似的方式被使用。

kprobe 的语法在内核源码的 Documentation/trace/kprobetrace.rst[Hiramatsu 20] 下有完整的解释。kprobes 能够跟踪内核函数的进入和返回，以及函数的偏移量。使用方式如下：

```
  p[:[GRP/]EVENT] [MOD:]SYM[+offs]|MEMADDR [FETCHARGS]   : Set a probe
  r[MAXACTIVE][:[GRP/]EVENT] [MOD:]SYM[+0] [FETCHARGS]   : Set a return probe
  -:[GRP/]EVENT                                          : Clear a probe
```

在这个例子中，字符串“p:brendan do_nanosleep”为内核符号 do_nanosleep() 创建了一个名为“brendan”的探针（p:）。字符串“-:brendan”删除了名为“brendan”的探针。

自定义名称对于区分 kprobes 的不同用户被证明是有用的。BCC 跟踪器（参考 15.1 节）使用包括被跟踪函数、字符串“bcc”和 BCC PID 的名称。比如：

```
# cat /sys/kernel/debug/tracing/kprobe_events
p:kprobes/p_blk_account_io_start_bcc_19454 blk_account_io_start
p:kprobes/p_blk_mq_start_request_bcc_19454 blk_mq_start_request
```

请注意，在较新的内核上，BCC 已经转换为基于 perf_event_open(2) 的接口来使用 kprobes，而不是 kprobe_events 文件（并且通过 perf_event_open(2) 启用的事件不会出现在 kprobe_events 中）。

14.6.2 参数

与函数跟踪不同（参见 14.4 节），kprobes 可以检查函数的参数和返回值。作为一个例子，这里用的是之前做过跟踪的 do_nanosleep() 函数的声明，来自 kernel/time/hrtimer.c，参数变量类型进行了加粗显示：

```
static int __sched do_nanosleep(struct hrtimer_sleeper *t, enum hrtimer_mode mode)
{
[...]
```

在 Intel x86_64 系统中跟踪前两个参数，并以十六进制数（默认）进行打印：

```
# echo 'p:brendan do_nanosleep hrtimer_sleeper=$arg1 hrtimer_mode=$arg2' >>
kprobe_events
# echo 1 > events/kprobes/brendan/enable
# cat trace_pipe
      multipathd-348    [001] .... 349138.128610: brendan: (do_nanosleep+0x0/0x170)
hrtimer_sleeper=0xffffaa6a4030be80 hrtimer_mode=0x1
      multipathd-348    [001] .... 349139.128695: brendan: (do_nanosleep+0x0/0x170)
hrtimer_sleeper=0xffffaa6a4030be80 hrtimer_mode=0x1
      multipathd-348    [001] .... 349140.128785: brendan: (do_nanosleep+0x0/0x170)
hrtimer_sleeper=0xffffaa6a4030be80 hrtimer_mode=0x1
^C
# echo 0 > events/kprobes/brendan/enable
# echo '-:brendan' >> kprobe_events
```

在第一行的事件描述中加入了额外的语法，例如，字符串“hrtimer_ sleeper=$arg1”跟踪了函数的第一个参数，并使用了自定义名称“hrtimer_sleeper”。这在输出中被加粗显示。

以 $arg1、$arg2 等形式访问函数的参数，是在 Linux 4.20 中加入的。之前的 Linux 版本需要使用寄存器名称。[1] 下面是使用寄存器名称的等效的 kprobe 定义：

```
# echo 'p:brendan do_nanosleep hrtimer_sleeper=%di hrtimer_mode=%si' >> kprobe_events
```

要使用寄存器名称，你需要知道处理器的类型和在使用的函数调用约定。x86_64 使

1 对于尚未添加别名的处理器架构，这也可能是必要的。

用 AMD64 ABI [Matz 13]，所以前两个参数在寄存器 rdi 和 rsi 中可用。[1]perf(1) 也使用这种语法，我在 13.7.2 节中提供了一个更复杂的例子，它对字符串指针进行了解引用。

14.6.3 返回值

kretprobes 可以使用返回值的特殊别名 $retval。下面的例子用它来显示 do_nanosleep() 的返回值：

```
# echo 'r:brendan do_nanosleep ret=$retval' >> kprobe_events
# echo 1 > events/kprobes/brendan/enable
# cat trace_pipe
      multipathd-348   [001] d... 349782.180370: brendan:
(hrtimer_nanosleep+0xce/0x1e0 <- do_nanosleep) ret=0x0
      multipathd-348   [001] d... 349783.180443: brendan:
(hrtimer_nanosleep+0xce/0x1e0 <- do_nanosleep) ret=0x0
      multipathd-348   [001] d... 349784.180530: brendan:
(hrtimer_nanosleep+0xce/0x1e0 <- do_nanosleep) ret=0x0
^C
# echo 0 > events/kprobes/brendan/enable
# echo '-:brendan' >> kprobe_events
```

这个输出显示，在跟踪过程中，do_nanosleep() 的返回值总是 0（成功）。

14.6.4 过滤器和触发器

过滤器和触发器可以在 events/kprobes/... 目录中被使用，就像在跟踪点里一样（参见 14.5 节）。下面所示的是早期 kprobe 关于 do_nanosleep() 的带有参数（参见 14.6.2 节）的格式文件：

```
# cat events/kprobes/brendan/format
name: brendan
ID: 2024
format:
        field:unsigned short common_type;   offset:0;   size:2;    signed:0;
        field:unsigned char common_flags;   offset:2;   size:1;    signed:0;
        field:unsigned char common_preempt_count;   offset:3;  size:1;  signed:0;
        field:int common_pid;    offset:4; size:4;    signed:1;
```

1 syscall(2) 的用户手册总结了不同处理器的调用约定。在14.13.4节中有一段引用。

```
        field:unsigned long __probe_ip;     offset:8;    size:8;    signed:0;
        field:u64 hrtimer_sleeper;     offset:16;   size:8;    signed:0;
        field:u64 hrtimer_mode;  offset:24;     size:8;     signed:0;

print fmt: "(%lx) hrtimer_sleeper=0x%Lx hrtimer_mode=0x%Lx", REC->__probe_ip, REC->hrtimer_sleeper, REC->hrtimer_mode
```

请注意，我自定义的 hrtimer_sleeper 和 hrtimer_mode 变量名可以作为字段可见，可以与过滤器一起使用。例如：

```
# echo 'hrtimer_mode != 1' > events/kprobes/brendan/filter
```

这将只跟踪 hrtimer_mode 不等于 1 的 do_nanosleep() 调用。

14.6.5 kprobe 剖析

当 kprobe 被启用时，Ftrace 对其事件进行计数。这些计数可以输出在 kprobe_profile 文件中。例如：

```
# cat /sys/kernel/debug/tracing/kprobe_profile
  p_blk_account_io_start_bcc_19454                         1808              0
  p_blk_mq_start_request_bcc_19454                          677              0
  p_blk_account_io_completion_bcc_19454                     521             11
  p_kbd_event_1_bcc_1119                                    632              0
```

这些列是：探针名称（通过输出 kprobe_events 文件可以看到它的定义）、命中数和未命中数（探针被命中但后来遇到错误且没有被记录，也就是未命中）。

虽然你已经可以用函数剖析器获得函数计数（参见第 14.3 节），但我发现 kprobes 剖析器对于检查监视软件使用的那些始终启用的 kprobes 非常有用，以防有些 kprobes 被频繁触发，而这些应该被禁用（如果可能的话）。

14.7 uprobes

uprobes 是用户级的动态检测，在 4.3.7 节中介绍过。uprobes 创建 uprobe 事件供跟踪器使用，它与 Ftrace 共享 tracefs 输出和控制文件。

本节将介绍 uprobe 事件跟踪和 Ftrace uprobe 剖析器。

14.7.1 事件跟踪

对于 uprobes 来说，控制文件是 uprobe_events，语法在 Linux 源码的 Documentation/

trace/uprobetracer.rst 中有说明 [Dronamraju 20]。简介如下：

```
p[:[GRP/]EVENT] PATH:OFFSET [FETCHARGS] : Set a uprobe
r[:[GRP/]EVENT] PATH:OFFSET [FETCHARGS] : Set a return uprobe (uretprobe)
-:[GRP/]EVENT                           : Clear uprobe or uretprobe event
```

uprobe 语法需要路径和偏移量。内核没有用户空间软件的符号信息，因此必须使用用户空间工具确定该偏移量并将其提供给内核。

下面的例子使用 uprobes 来检测 bash(1) shell 中的 readline() 函数，从查找符号偏移量开始：

```
# readelf -s /bin/bash | grep -w readline
   882: 00000000000b61e0   153 FUNC    GLOBAL DEFAULT   14 readline
# echo 'p:brendan /bin/bash:0xb61e0' >> uprobe_events
# echo 1 > events/uprobes/brendan/enable
# cat trace_pipe
            bash-3970  [000] d... 347549.225818: brendan: (0x55d0857b71e0)
            bash-4802  [000] d... 347552.666943: brendan: (0x560bcc1821e0)
            bash-4802  [000] d... 347552.799480: brendan: (0x560bcc1821e0)
^C
# echo 0 > events/uprobes/brendan/enable
# echo '-:brendan' >> uprobe_events
```

警告：如果你错误地使用了一条指令中间的符号偏移量，将会破坏目标进程（对于共享指令文本，会影响所有共享它的进程）。如果目标二进制文件被编译成具有地址空间随机布局（ASLR）的与位置无关的可执行文件（PIE），那么使用 readelf(1) 来寻找符号偏移量的示例方法可能无法工作。我不建议你使用这个接口，改用更高级别的跟踪器能帮助你处理符号映射（例如，BCC 或 bpftrace）。

14.7.2 参数和返回值

这些与 14.6 节中演示的 kprobes 类似。uprobe 的参数和返回值可以在创建 uprobe 时指定。语法在 uprobetracer.rst 中有介绍 [Dronamraju 20]。

14.7.3 过滤器和触发器

过滤器和触发器可以在 events/uprobes/... 目录中被使用，就像它们在 kprobes 中一样（参见第 14.6 节）。

14.7.4 uprobe 剖析

当 uprobe 被启用时，Ftrace 对其事件进行计数。这些计数可以打印在 uprobe_profile 文件中。例如：

```
# cat /sys/kernel/debug/tracing/uprobe_profile
  /bin/bash brendan                                                 11
```

这些列是：路径、探针名称（其定义可以通过打印 uprobe_events 文件看到）及命中率。

14.8 Ftrace function_graph

function_graph 跟踪器可打印出函数的调用图，其揭示了代码的流程。本章从一个来自 perf-tools 的 funcgraph(8) 示例开始。接下来讲解 Ftrace tracefs 接口。

作为参考，下面所示的是 function_graph 跟踪器的原始未启用的状态：

```
# cd /sys/kernel/debug/tracing
# cat set_graph_function
#### all functions enabled ####
# cat current_tracer
nop
```

输出显示没有任何其他跟踪器被启用。

14.8.1 图表跟踪

下面对 do_nanosleep() 函数使用 function_graph 跟踪器，显示其子函数的调用：

```
# echo do_nanosleep > set_graph_function
# echo function_graph > current_tracer
# cat trace_pipe
 1)   2.731 us    |  get_xsave_addr();
 1)               |  do_nanosleep() {
 1)               |    hrtimer_start_range_ns() {
 1)               |      lock_hrtimer_base.isra.0() {
 1)   0.297 us    |        _raw_spin_lock_irqsave();
 1)   0.843 us    |      }
 1)   0.276 us    |      ktime_get();
 1)   0.340 us    |      get_nohz_timer_target();
 1)   0.474 us    |      enqueue_hrtimer();
```

```
 1)   0.339 us    |        _raw_spin_unlock_irqrestore();
 1)   4.438 us    |      }
 1)               |      schedule() {
 1)               |        rcu_note_context_switch() {
[...]
 5) $ 1000383 us  |  } /* do_nanosleep */
^C
# echo nop > current_tracer
# echo > set_graph_function
```

输出显示了子程序的调用和代码流：do_nanosleep() 调用 hrtimer_start_range_ns()，后者调用 lock_hrtimer_base.isra.0()，等等。左边一栏显示了 CPU（在这个输出中，主要是 CPU 1）和以函数为单位的持续时间，这样就可以确定延时。高延时的函数会包括一个字符来帮助引起注意，在这个输出中，在 1 000 383 微秒（1.0 秒）的延时旁边有一个“$”字符。这些字符的含义如下 [Rostedt 08]。

- $：大于 1 秒
- @：大于 100 毫秒
- *：大于 10 毫秒
- #：大于 1 毫秒
- !：大于 100 微秒
- +：大于 10 微秒

这个例子故意没有设置函数过滤器（set_ftrace_filter），这样就可以看到所有的子调用。然而，这确实会增加一些开销，增加了报告的持续时间。一般来说，对于定位高延时的根源还是很有用的，因为增加的开销和高延时比起来显得微不足道。当你想让某个函数的时间更精确时，可以使用函数过滤器来减少跟踪的函数。例如，只跟踪 do_nanosleep()：

```
# echo do_nanosleep > set_ftrace_filter
# cat trace_pipe
[...]
 7) $ 1000130 us  |  } /* do_nanosleep */
^C
```

我跟踪了相同的工作负载（sleep 1）。使用过滤器后，do_nanosleep() 的报告时间从 1 000 383 微秒下降到 1 000 130 微秒（对于示例中的输出），因为它不再包括跟踪所有子函数的开销。

这些示例也使用了 trace_pipe 来观测实时输出，但这过于冗长，更实用的方法是将跟踪文件重定向到输出文件，正如我在 14.4 节中演示的那样。

14.8.2 选项

可以用选项来改变输出，这些选项可以在 options 目录中列出：

```
# ls options/funcgraph-*
options/funcgraph-abstime   options/funcgraph-irqs      options/funcgraph-proc
options/funcgraph-cpu       options/funcgraph-overhead  options/funcgraph-tail
options/funcgraph-duration  options/funcgraph-overrun
```

这些选项可以调整输出，并且可以包含或去掉细节，如 CPU ID（funcgraph-cpu）、进程名（funcgraph-proc）、函数持续时间（funcgraph-duration）和延时标记（funcgraph-overhead）。

14.9 Ftrace hwlat

硬件延时检测器（hwlat）是特殊用途跟踪器的一个例子。它可以检测到外部硬件事件对 CPU 性能的干扰，否则内核和其他工具是看不到这些事件的。例如，系统管理中断（SMI）事件和虚拟机管理程序扰动（包括那些由吵闹的邻居引起的扰动）。

其工作原理是在禁用中断的情况下运行一个代码循环作为实验，测量循环每个迭代所消耗的时间。这个循环每次在一个 CPU 上执行，并在它们之间轮换。每个 CPU 上最慢的循环迭代会被打印出来，说明它超过了阈值（10 微秒，可以通过 tracing_thresh 文件配置）。

下面是一个例子：

```
# cd /sys/kernel/debug/tracing
# echo hwlat > current_tracer
# cat trace_pipe
           <...>-5820  [001] d... 354016.973699: #1     inner/outer(us): 2152/1933
ts:1578801212.559595228
           <...>-5820  [000] d... 354017.985568: #2     inner/outer(us):   19/26
ts:1578801213.571460991
           <...>-5820  [001] dn.. 354019.009489: #3     inner/outer(us): 1699/5894
ts:1578801214.595380588
           <...>-5820  [000] d... 354020.033575: #4     inner/outer(us):   43/49
ts:1578801215.619463259
           <...>-5820  [001] d... 354021.057566: #5     inner/outer(us):   18/45
ts:1578801216.643451721
           <...>-5820  [000] d... 354022.081503: #6     inner/outer(us):   18/38
ts:1578801217.667385514
^C
# echo nop > current_tracer
```

这些字段中的大部分已经在前文说明过（参见 14.4 节）。有趣的是在时间戳之后：有一个序列号（#1、#2……），然后是“inner/outer(us)”的数字，以及最后的时间戳。inner/outer 的数字显示了循环内部的时间(内部)和到下一个循环迭代的代码逻辑时间(外部)。第一行显示一次迭代消耗了 2152 微秒（内部）和 1933 微秒（外部）。这远远超过了 10 微秒的阈值，并且是由于外部扰动造成的。

hwlat 具有可以配置的参数：循环运行的时间段称为*宽度*，运行一个宽度实验的时间段称为*窗口*。在每个宽度期间，超过阈值（10 微秒）的最慢迭代会被记录下来。这些参数可以通过 /sys/kernel/debug/tracing/hwlat_detector 中的文件修改：宽度和窗口文件，它们使用微秒作为单位。

警告：我把 hwlat 归类为微基准测试工具，而不是可观测工具，因为它执行的实验本身就会扰乱系统，它将使一个 CPU 在整个宽度期间处于繁忙状态，并且禁用中断。

14.10 Ftrace hist触发器

hist 触发器是 Tom Zanussi 添加到 Linux 4.7 中的一个高级 Ftrace 功能，它允许在事件上创建自定义的直方图。这是另一种形式的统计摘要，允许计数按一个或多个组成部分进行分解。

单个直方图的总体用法如下。

1. echo 'hist:*expression*' > events/.../trigger：创建一个 hist 触发器。
2. sleep *duration*：允许直方图被填充。
3. cat events/.../hist：打印直方图。
4. echo '!hist:*expression*' > events/.../trigger：删除它。

hist 表达式的格式如下：

```
hist:keys=<field1[,field2,...]>[:values=<field1[,field2,...]>]
  [:sort=<field1[,field2,...]>][:size=#entries][:pause][:continue]
  [:clear][:name=histname1][:<handler>.<action>] [if <filter>]
```

语法在 Linux 源代码的 Documentation/trace/histogram.rst 中有完整的说明，下面是一些例子 [Zanussi 20]。

14.10.1 单关键字

下面使用 hist 触发器通过 raw_syscalls:sys_enter 跟踪点来计数系统调用数量，并提供按进程 ID 分类的直方图：

```
# cd /sys/kernel/debug/tracing
# echo 'hist:key=common_pid' > events/raw_syscalls/sys_enter/trigger
# sleep 10
# cat events/raw_syscalls/sys_enter/hist
# event histogram
#
# trigger info: hist:keys=common_pid.execname:vals=hitcount:sort=hitcount:size=2048
[active]
#

{ common_pid:       347 } hitcount:          1
{ common_pid:       345 } hitcount:          3
{ common_pid:       504 } hitcount:          8
{ common_pid:       494 } hitcount:         20
{ common_pid:       502 } hitcount:         30
{ common_pid:       344 } hitcount:         32
{ common_pid:       348 } hitcount:         36
{ common_pid:     32399 } hitcount:        136
{ common_pid:     32400 } hitcount:        138
{ common_pid:     32379 } hitcount:        177
{ common_pid:     32296 } hitcount:        187
{ common_pid:     32396 } hitcount:     882604

Totals:
    Hits: 883372
    Entries: 12
    Dropped: 0
# echo '!hist:key=common_pid' > events/raw_syscalls/sys_enter/trigger
```

输出显示，PID 32396 在跟踪期间执行了 882 604 次系统调用，也列出了其他 PID 的计数。最后几行显示了统计信息：写到哈希的次数（Hits），哈希中的条目（Entries），以及当条目超过了哈希大小时，写操作被丢弃（Dropped）的次数。如果发生了丢弃，你可以在声明哈希表时增加它的大小；它的默认值是 2048。

14.10.2 字段

哈希字段来自事件的格式文件。在这个例子中，使用了 common_pid 字段：

```
# cat events/raw_syscalls/sys_enter/format
[...]
        field:int common_pid;       offset:4;  size:4;    signed:1;
```

```
    field:long id;   offset:8;  size:8;    signed:1;
    field:unsigned long args[6];    offset:16;   size:48;  signed:0;
```

也可以使用其他字段。对这个事件，字段 id 是系统调用的 ID。用它作为哈希键：

```
# echo 'hist:key=id' > events/raw_syscalls/sys_enter/trigger
# cat events/raw_syscalls/sys_enter/hist
[...]
{ id:          14 } hitcount:         48
{ id:           1 } hitcount:      80362
{ id:           0 } hitcount:      80396
[...]
```

直方图显示，最频繁的系统调用的 ID 为 0 和 1。在我的系统中，系统调用的 ID 在这个头文件中：

```
# more /usr/include/x86_64-linux-gnu/asm/unistd_64.h
[...]
#define __NR_read 0
#define __NR_write 1
[...]
```

这表明 0 和 1 是用于 read(2) 和 write(2) 系统调用的。

14.10.3　修饰器

因为基于 PID 和系统调用 ID 的划分很常见，因此 hist 触发器支持对输出做注释的修饰器：.execname 用于 PID，.syscall 用于系统调用 ID。例如，在前面的例子中加入 .execname 修饰器：

```
# echo 'hist:key=common_pid.execname' > events/raw_syscalls/sys_enter/trigger
[...]
{ common_pid: bash            [     32379] } hitcount:        166
{ common_pid: sshd            [     32296] } hitcount:        259
{ common_pid: dd              [     32396] } hitcount:     869024
[...]
```

现在的输出包含进程名，后面方括号中的是 PID，而不再只有 PID。

14.10.4　PID 过滤器

根据之前的 by-PID 和 by-syscall ID 的输出，你可以假设这两者是相关的，并且

dd(1) 命令正在执行 read(2) 和 write(2) 系统调用。为了直接测量这一点，你可以为系统调用 ID 创建一个直方图，然后使用一个过滤器来匹配 PID：

```
# echo 'hist:key=id.syscall if common_pid==32396' > \
    events/raw_syscalls/sys_enter/trigger
# cat events/raw_syscalls/sys_enter/hist
# event histogram
#
# trigger info: hist:keys=id.syscall:vals=hitcount:sort=hitcount:size=2048 if common_
pid==32396 [active]
#

{ id: sys_write                         [  1] } hitcount:     106425
{ id: sys_read                          [  0] } hitcount:     106425

Totals:
    Hits: 212850
    Entries: 2
    Dropped: 0
```

直方图现在显示了一个 PID 的系统调用，.syscall 修饰器已经包括了系统调用的函数名。这证实了 dd(1) 正在调用 read(2) 和 write(2)。另一个解决方案是使用多个关键字，这将在下一节中进行说明。

14.10.5 多关键字

下面的例子增加了将系统调用的 ID 作为第二个关键字：

```
# echo 'hist:key=common_pid.execname,id' > events/raw_syscalls/sys_enter/trigger
# sleep 10
# cat events/raw_syscalls/sys_enter/hist
# event histogram
#
# trigger info: hist:keys=common_pid.execname,id:vals=hitcount:sort=hitcount:size=2048
[active]
#
[...]
{ common_pid: sshd             [    14250], id:          23 } hitcount:          36
{ common_pid: bash             [    14261], id:          13 } hitcount:          42
{ common_pid: sshd             [    14250], id:          14 } hitcount:          72
{ common_pid: dd               [    14325], id:           0 } hitcount:     9195176
{ common_pid: dd               [    14325], id:           1 } hitcount:     9195176
```

```
Totals:
    Hits: 18391064
    Entries: 75
    Dropped: 0
    Dropped: 0
```

现在输出结果里显示了进程名和 PID，并进一步按系统调用 ID 做了细分。这个输出显示 dd PID 14325 正在执行 ID 为 0 和 1 的系统调用。你还可以在第二个关键字上添加 .syscall 修饰器使它包括系统调用名。

14.10.6　栈踪迹关键字

我经常想要了解导致事件发生的代码路径，我建议 Tom Zanussi 为 Ftrace 增加将整个内核栈踪迹作为一个关键字的功能。

例如，统计导致 block:block_rq_issue tracepoint 的代码路径：

```
# echo 'hist:key=stacktrace' > events/block/block_rq_issue/trigger
# sleep 10
# cat events/block/block_rq_issue/hist
[...]
{ stacktrace:
         nvme_queue_rq+0x16c/0x1d0
         __blk_mq_try_issue_directly+0x116/0x1c0
         blk_mq_request_issue_directly+0x4b/0xe0
         blk_mq_try_issue_list_directly+0x46/0xb0
         blk_mq_sched_insert_requests+0xae/0x100
         blk_mq_flush_plug_list+0x1e8/0x290
         blk_flush_plug_list+0xe3/0x110
         blk_finish_plug+0x26/0x34
         read_pages+0x86/0x1a0
         __do_page_cache_readahead+0x180/0x1a0
         ondemand_readahead+0x192/0x2d0
         page_cache_sync_readahead+0x78/0xc0
         generic_file_buffered_read+0x571/0xc00
         generic_file_read_iter+0xdc/0x140
         ext4_file_read_iter+0x4f/0x100
         new_sync_read+0x122/0x1b0
} hitcount:        266

Totals:
    Hits: 522
    Entries: 10
    Dropped: 0
```

我截断了输出，只展示了最后、最频繁的栈踪迹。这说明磁盘 I/O 是通过 new_sync_read() 触发的，它调用了 ext4_file_read_iter() 和更多函数。

14.10.7 综合事件

这就是事情开始变得非常不寻常的地方（如果还没有的话）。可以创建一个由其他事件触发的综合事件，并且能以自定义的方式组合它们的事件参数。要访问之前事件的参数，可以将它们保存到一个直方图中，并由后来的综合事件获取。

对主要的使用方式更有意义的是：自定义延时直方图。通过综合事件，可以在一个事件上保存时间戳，然后在另一个事件上进行检索，这样就可以计算出增量时间。

例如，下面使用一个名为 syscall_latency 的综合事件来计算所有系统调用的延时，并按系统调用 ID 和名称以直方图的形式呈现：

```
# cd /sys/kernel/debug/tracing
# echo 'syscall_latency u64 lat_us; long id' >> synthetic_events
# echo 'hist:keys=common_pid:ts0=common_timestamp.usecs' >> \
    events/raw_syscalls/sys_enter/trigger
# echo 'hist:keys=common_pid:lat_us=common_timestamp.usecs-$ts0:'\
    'onmatch(raw_syscalls.sys_enter).trace(syscall_latency,$lat_us,id)' >>\
    events/raw_syscalls/sys_exit/trigger
# echo 'hist:keys=lat_us,id.syscall:sort=lat_us' >> \
    events/synthetic/syscall_latency/trigger
# sleep 10
# cat events/synthetic/syscall_latency/hist
[...]
{ lat_us:    5779085, id: sys_epoll_wait                [232] } hitcount:          1
{ lat_us:    6232897, id: sys_poll                      [  7] } hitcount:          1
{ lat_us:    6233840, id: sys_poll                      [  7] } hitcount:          1
{ lat_us:    6233884, id: sys_futex                     [202] } hitcount:          1
{ lat_us:    7028672, id: sys_epoll_wait                [232] } hitcount:          1
{ lat_us:    9999049, id: sys_poll                      [  7] } hitcount:          1
{ lat_us:   10000097, id: sys_nanosleep                 [ 35] } hitcount:          1
{ lat_us:   10001535, id: sys_wait4                     [ 61] } hitcount:          1
{ lat_us:   10002176, id: sys_select                    [ 23] } hitcount:          1
[...]
```

输出结果被截断了，只显示了最高的延时。直方图是对延时（微秒）和系统调用 ID 对的计数：这个输出显示，sys_nanosleep 有一次 10 000 097 微秒的延时。这很可能是用于设置记录时间的 sleep 10 命令。

这个输出也非常长，因为它为每微秒和系统调用 ID 的组合记录了一个键，在实践中已经超过了默认的 2048 行。你可以通过在 hist 声明中添加 :size=... 操作符来增加大小，或者可以使用 .log2 修饰器来记录延时为 log2。这大大减少了 hist 条目的数量，并且仍然能足够精细地分析延时。

要禁用和清理这个事件，可以用带“！”前缀的字符串以相反的顺序追加到对应的文件中。在表 14.4 中，我通过代码片段解释了这个综合事件是如何工作的。

表 14.4　综合事件示例说明

说明	语法
我想创建一个名为 syscall_latency 的综合事件，其有两个参数：lat_us 和 id	echo 'syscall_latency u64 lat_us; long id' >> synthetic_events
当 sys_enter 事件发生时，以 common_pid（当前的 PID）为键记录直方图	echo 'hist:keys=common_pid: ... >> events/raw_syscalls/sys_enter/trigger
将当前时间以微秒为单位，保存到一个名为 ts0 的直方图变量中，该变量与直方图键（common_pid）关联	ts0=common_timestamp.usecs
在 sys_exit 事件中，使用 common_pid 作为直方图的键，并且	echo 'hist:keys=common_pid: ... >> events/raw_syscalls/sys_exit/trigger
计算延时，延时是现在减去之前事件保存在 ts0 中的开始时间，然后将其保存在一个名为 lat_us 的直方图变量中	lat_us=common_timestamp.usecs-$ts0
比较这个事件和 sys_enter 事件的直方图的键。如果它们匹配（相同的 common_pid），那么 lat_us 中是正确的延时计算结果（相同 PID 的 sys_enter 到 sys_exit）	onmatch(raw_syscalls.sys_enter)
最后通过 lat_us 和 id 为参数触发综合事件 syscall_latency	.trace(syscall_latency,$lat_us,id)
以 lat_us 和 id 为字段，将这个综合事件显示为直方图	echo 'hist:keys=lat_us,id.syscall:sort=lat_us' >> events/synthetic/syscall_latency/trigger

Ftrace 直方图是以哈希对象（键 / 值存储）的形式实现的，前面的例子只使用这些哈希值来输出：按 PID 和 ID 显示系统调用计数。对于综合事件，我们要用这些哈希值做两件额外的事情：A）存储不属于输出的值（时间戳），B）在一个事件中，获取由另一个事件设置的键 / 值对。我们还会进行算术运算：减法运算。在某种程度上，我们算开始写迷你程序了。

综合事件还有更多内容，在文档 [Zanussi 20] 中进行了说明。多年来，我一直直接或间接地向 Ftrace 和 BPF 的工程师提供反馈，从我的角度来看，Ftrace 的演变是有意义的，因为它解决了我以前提出的问题。我把这个演变总结为：

> “Ftrace 很好，但我需要用 BPF 来进行 PID 计数和统计栈踪迹。”
>
> “给你，hist 触发器。”

“这很好，但我仍然需要用 BPF 来做自定义延时计算。”

“给你，综合事件。”

“那很好，等我写完 BPF 性能工具后，我再去看看。”

“真的吗？”

是的，我现在确实需要探索在一些用例中采用综合事件。它非常强大，内置在内核中，可以单独通过 shell 脚本来使用。（我确实完成了 BPF 的书，但后来又开始忙这本书了。）

14.11 trace-cmd

trace-cmd 是一个开源的 Ftrace 前端，由 Steven Rostedt 等人开发 [trace-cmd 20]。它支持配置跟踪系统的子命令和选项、二进制输出格式和其他功能。对于事件源，它可以使用 Ftrace 函数、function_graph 跟踪器、跟踪点和已经配置的 kprobes 和 uprobes。

例如，使用 trace-cmd 通过函数跟踪器记录内核函数 do_nanosleep() 10 秒钟（使用一个假的 sleep(1) 命令）：

```
# trace-cmd record -p function -l do_nanosleep sleep 10
  plugin 'function'
CPU0 data recorded at offset=0x4fe000
    0 bytes in size
CPU1 data recorded at offset=0x4fe000
    4096 bytes in size
# trace-cmd report
CPU 0 is empty
cpus=2
          sleep-21145 [001] 573259.213076: function:             do_nanosleep
      multipathd-348   [001] 573259.523759: function:             do_nanosleep
      multipathd-348   [001] 573260.523923: function:             do_nanosleep
      multipathd-348   [001] 573261.524022: function:             do_nanosleep
      multipathd-348   [001] 573262.524119: function:             do_nanosleep
[...]
```

输出从 trace-cmd 调用的 sleep(1) 开始（trace-cmd 配置了跟踪，然后启动提供的命令），然后是从 multipathd-348 开始的各种调用。这个例子还说明，trace-cmd 比 /sys 中的同等 tracefs 命令更加简捷。它也更安全：许多子命令处理完成后会负责跟踪状态的清理。

trace-cmd 通常可以通过“trace-cmd”包来安装，如果没有，其源代码可以在 trace-cmd 网站上找到 [trace-cmd 20]。

本节将展示 trace-cmd 的一些子命令和跟踪功能。关于它的所有功能，以及下面例子中使用的语法，请参考 trace-cmd 文档。

14.11.1 子命令概述

trace-cmd 的功能可以通过首先指定一个子命令来实现，比如 trace-cmd record 命令用于记录子命令。表 14.5 列出了最近的 trace-cmd 版本（2.8.3）中的一些子命令。

表 14.5 一些 trace-cmd 子命令

命令	描述
record	跟踪并记录到 trace.dat 文件
report	从 trace.dat 文件中读取跟踪信息
stream	跟踪并打印到 stdout
list	列出可用的跟踪事件
stat	显示内核跟踪子系统的状态
profile	跟踪并生成显示内核时间和延时的自定义报告
listen	接受跟踪的网络请求

其他子命令包括 start、stop、restart 和 clear，用于控制单次调用 record 后的跟踪。trace-cmd 的未来版本可能会增加更多的子命令；运行 trace-cmd 不需要参数就可以看到完整的列表。

每个子命令都支持各种选项。这些选项可以用 -h 列出，例如，record 子命令：

```
# trace-cmd record -h

trace-cmd version 2.8.3

usage:
 trace-cmd record [-v][-e event [-f filter]][-p plugin][-F][-d][-D][-o file] \
           [-q][-s usecs][-O option ][-l func][-g func][-n func] \
           [-P pid][-N host:port][-t][-r prio][-b size][-B buf][command ...]
           [-m max][-C clock]
          -e run command with event enabled
          -f filter for previous -e event
          -R trigger for previous -e event
          -p run command with plugin enabled
          -F filter only on the given process
          -P trace the given pid like -F for the command
          -c also trace the children of -F (or -P if kernel supports it)
          -C set the trace clock
          -T do a stacktrace on all events
          -l filter function name
          -g set graph function
          -n do not trace function
[...]
```

在这个输出结果中，选项被截断了，仅显示了35个选项中的前12个。这前12个选项包括那些最常用的选项。注意，*plugin*（-p）指的是Ftrace跟踪器，包括function、function_graph和hwlat。

14.11.2 trace-cmd单行命令

事件列举

列出所有跟踪事件的来源和选项：

```
trace-cmd list
```

列出Ftrace跟踪器：

```
trace-cmd list -t
```

列出事件源（跟踪点、kprobe事件和uprobe事件）：

```
trace-cmd list -e
```

列出系统调用跟踪点：

```
trace-cmd list -e syscalls
```

显示给定跟踪点的格式文件：

```
trace-cmd list -e syscalls:sys_enter_nanosleep -F
```

函数跟踪

在系统范围内跟踪一个内核函数：

```
trace-cmd record -p function -l function_name
```

跟踪系统内以“tcp_”开头的所有内核函数，直到按下Ctrl+C组合键：

```
trace-cmd record -p function -l 'tcp_*'
```

跟踪系统以“tcp_”开头的所有内核函数，持续10秒：

```
trace-cmd record -p function -l 'tcp_*' sleep 10
```

为ls(1)命令跟踪所有以“vfs_”开头的内核函数：

```
trace-cmd record -p function -l 'vfs_*' -F ls
```

跟踪bash(1)及其子程序的所有以“vfs_”开头的内核函数：

```
trace-cmd record -p function -l 'vfs_*' -F -c bash
```

跟踪PID为21124的所有以“vfs_”开头的内核函数：

```
trace-cmd record -p function -l 'vfs_*' -P 21124
```

函数图示跟踪

在系统范围内跟踪一个内核函数和它的子调用：

```
trace-cmd record -p function_graph -g function_name
```

在系统范围内跟踪内核函数 do_nanosleep() 及其子函数，持续 10 秒：

```
trace-cmd record -p function_graph -g do_nanosleep sleep 10
```

事件跟踪

通过 sched:sched_process_exec 跟踪点跟踪新进程，直到按下 Ctrl+C 组合键：

```
trace-cmd record -e sched:ched_process_exec
```

通过 sched:ched_process_exec 跟踪新进程（较短的版本）：

```
trace-cmd record -e sched_process_exec
```

用内核栈踪迹来跟踪块 I/O 请求：

```
trace-cmd record -e block_rq_issue -T
```

跟踪所有块跟踪点，直到按下 Ctrl+C 组合键：

```
trace-cmd record -e block
```

跟踪一个先前创建的名为"brendan"的 kprobe 10 秒：

```
trace-cmd record -e probe:brendan sleep 10
```

跟踪 ls(1) 命令的所有系统调用：

```
trace-cmd record -e syscalls -F ls
```

报告

打印 trace.dat 输出文件的内容：

```
trace-cmd report
```

打印 trace.dat 输出文件的内容，仅限 CPU 0：

```
trace-cmd report --cpu 0
```

其他功能

跟踪来自 sched_switch 插件的事件：

```
trace-cmd record -p sched_switch
```

监听 TCP 8081 端口的跟踪请求：

```
trace-cmd listen -p 8081
```

连接到远程主机以运行记录子命令：

```
trace-cmd record ... -N addr:port
```

14.11.3 trace-cmd 和 perf(1) 的比较

trace-cmd 子命令的风格可能会让你想起第 13 章中介绍的 perf(1)，这两个工具确实有类似的功能。表 14.6 对 trace-cmd 和 perf(1) 进行了比较。

表 14.6 perf(1) 和 trace-cmd 的比较

属性	perf(1)	trace-cmd
二进制输出文件	perf.data	trace.dat
跟踪点	有	有
kprobe	有	部分（1）
uprobe	有	部分（1）
USDT	有	部分（1）
PMC	有	无
周期采样	有	无
function 跟踪	部分（2）	有
function_graph 跟踪	部分（2）	有
网络客户端 / 服务端	无	有
输出文件开销	低	很低
前端	很多种	KernelShark
源码	Linux 源码的 tools/per	git.kernel.org

- **部分 (1)：**只有当它们已经通过其他方式被创建，并且出现在 /sys/kernel/debug/tracing/events 中时，trace-cmd 支持这些事件。
- **部分 (2)：**perf(1) 通过 Ftrace 子命令支持这些事件，尽管它没有被完全集成到 perf(1) 中（例如，它不支持 perf.data）。

作为相似性的一个例子，下面对 syscalls:sys_enter_read 跟踪点在系统级别进行 10 秒的跟踪，然后用 perf(1) 列出跟踪结果：

```
# perf record -e syscalls:sys_enter_nanosleep -a sleep 10
# perf script
```

使用 trace-cmd：

```
# trace-cmd record -e syscalls:sys_enter_nanosleep sleep 10
# trace-cmd report
```

trace-cmd 的一个优点是，它对 function 和 function_graph 跟踪器的支持更好。

14.11.4 trace-cmd function_graph

本节开头演示了使用 trace-cmd 的 function 跟踪器。下面演示同一内核函数 do_nanosleep() 的 function_graph 跟踪器：

```
# trace-cmd record -p function_graph -g do_nanosleep sleep 10
  plugin 'function_graph'
CPU0 data recorded at offset=0x4fe000
    12288 bytes in size
CPU1 data recorded at offset=0x501000
    45056 bytes in size
# trace-cmd report | cut -c 66-

              |  do_nanosleep() {
              |    hrtimer_start_range_ns() {
              |      lock_hrtimer_base.isra.0() {
   0.250 us   |        _raw_spin_lock_irqsave();
   0.688 us   |      }
   0.190 us   |      ktime_get();
   0.153 us   |      get_nohz_timer_target();
   [...]
```

在这个例子中，为了清晰起见，我使用了 cut(1) 来隔离函数图示和计时列。这截断了前面的函数跟踪例子中显示的典型的跟踪字段。

14.11.5 KernelShark

KernelShark 是一个用于 trace-cmd 输出文件的可视化用户界面，由 Ftrace 的创建者 Steven Rostedt 创建。KernelShark 最初使用 GTK，后来由负责维护该项目的 Yordan Karadzhov 用 Qt 进行了重写。KernelShark 可以从 kernelshark 软件包中安装，也可以通过其网站上的源代码链接来安装 [KernelShark 20]。1.0 版本是 Qt 版本，0.99 和以前的是 GTK 版本。

作为使用 KernelShark 的例子，下面记录了所有的调度器跟踪点，然后将其可视化：

```
# trace-cmd record -e 'sched:*'
# kernelshark
```

KernelShark 读取默认的 trace-cmd 输出文件 trace.dat（可以用 -i 指定一个不同的文件）。图 14.3 显示了 KernelShark 对这个文件的可视化。

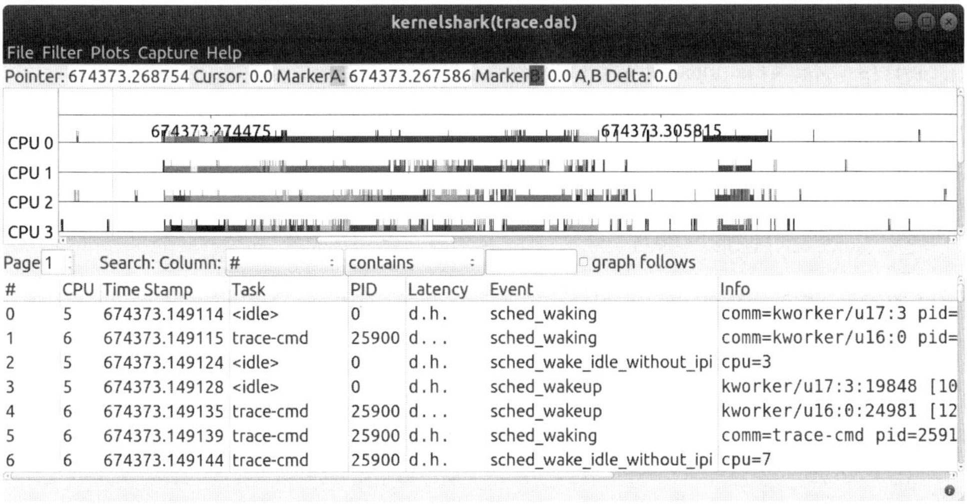

图 14.3　KernelShark

屏幕的上半部分显示每个 CPU 的时间线，每个任务使用不同的颜色。底部是一个事件表。KernelShark 是交互式的：单击并向右拖动可以放大到选定的时间范围，单击并向左拖动将缩小时间范围。右键单击事件可以提供额外的操作，比如设置过滤器。

KernelShark 可以用来识别不同线程之间的交互引起的性能问题。

14.11.6　trace-cmd 文档

对于软件包的安装，trace-cmd 文档可以通过 trace-cmd(1) 和其他手册的形式被访问（例如，trace-cmd-record(1)），这些文档也在 Documentation 目录下的 trace-cmd 源文件中。我还推荐大家查看维护者 Steven Rostedt 关于 Ftrace 和 trace-cmd 的讲座，比如“Understanding the Linux Kernel (via ftrace)”。

- 幻灯片：参见链接 2。
- 视频：参见链接 3。

14.12　perf ftrace

第 13 章中介绍的 perf(1) 工具有一个 ftrace 子命令，通过它可以访问 function 和 function_graph 跟踪器。

例如，在内核 do_nanosleep() 函数上使用 function 跟踪器：

```
# perf ftrace -T do_nanosleep -a sleep 10
 0)  sleep-22821    |                |  do_nanosleep() {
 1)  multipa-348    |                |  do_nanosleep() {
 1)  multipa-348    | $ 1000068 us   |  }
 1)  multipa-348    |                |  do_nanosleep() {
 1)  multipa-348    | $ 1000068 us   |  }
[...]
```

使用 function_graph 跟踪器：

```
# perf ftrace -G do_nanosleep -a sleep 10
 1)  sleep-22828    |                |  do_nanosleep() {
 1)  sleep-22828    |   ==========> |
 1)  sleep-22828    |                |    smp_irq_work_interrupt() {
 1)  sleep-22828    |                |      irq_enter() {
 1)  sleep-22828    |   0.258 us     |        rcu_irq_enter();
 1)  sleep-22828    |   0.800 us     |      }
 1)  sleep-22828    |                |      __wake_up() {
 1)  sleep-22828    |                |        __wake_up_common_lock() {
 1)  sleep-22828    |   0.491 us     |          _raw_spin_lock_irqsave();
[...]
```

ftrace 子命令支持一些选项，包括使用 -p 来匹配 PID。这是一个简单的封装器，没有和其他 perf(1) 功能整合，例如，它会将跟踪输出打印到 stdout，而不是 perf.data 文件。

14.13　perf-tools

perf-tools 是我开发的一个开源的基于 Ftrace 和 perf(1) 的高级性能分析工具集，并在 Netflix 的服务器上被默认安装 [Gregg 20i]。我把这些工具设计成易于安装（依赖性小）且使用简单：每个工具都只做一件事，而且做得很好。perf-tools 本身大多以 shell 脚本的形式实现，可以自动设置 tracefs /sys 文件。

例如，使用 execsnoop(8) 来跟踪新进程：

```
# execsnoop
Tracing exec()s. Ctrl-C to end.
   PID   PPID ARGS
  6684   6682 cat -v trace_pipe
  6683   6679 gawk -v o=1 -v opt_name=0 -v name= -v opt_duration=0 [...]
  6685  20997 man ls
```

```
 6695    6685 pager
 6691    6685 preconv -e UTF-8
 6692    6685 tbl
 6693    6685 nroff -mandoc -rLL=148n -rLT=148n -Tutf8
 6698    6693 locale charmap
 6699    6693 groff -mtty-char -Tutf8 -mandoc -rLL=148n -rLT=148n
 6700    6699 troff -mtty-char -mandoc -rLL=148n -rLT=148n -Tutf8
 6701    6699 grotty
[...]
```

该输出首先显示 excesnoop(8) 本身使用的 cat(1) 和 gawk(1) 命令，然后是 man ls 执行的命令。它可用于调试其他工具看不到的短命进程的问题。

execsnoop(8) 支持的选项包括：-t 用于显示时间戳，-h 用于总结命令行使用情况。execsnoop(8) 和所有其他工具都有一个手册页和一个示例文件。

14.13.1 工具覆盖

图 14.4 显示了不同的 perf-tools 和它们可以观测的系统区域。

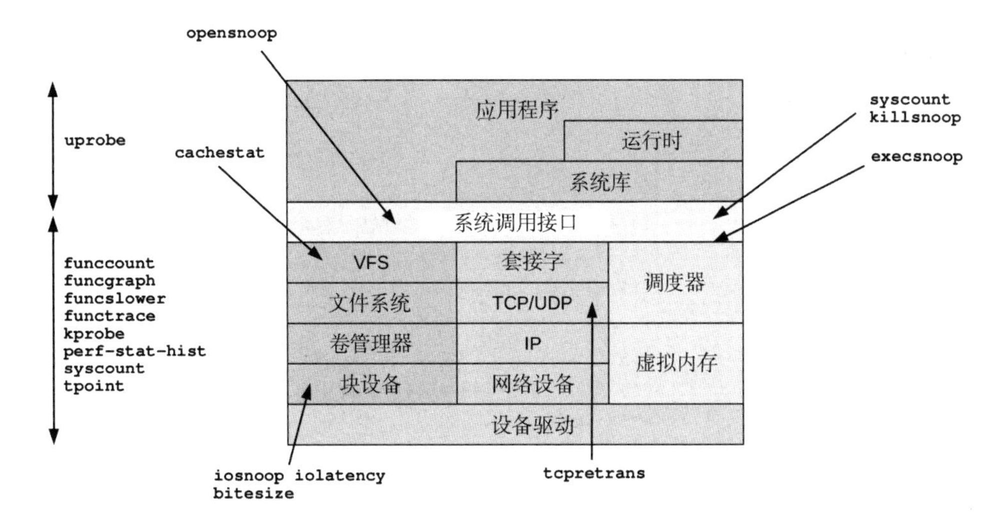

图 14.4 perf-tools

许多是单一用途的工具，用单向箭头表示；在左边列出的是一些多用途的工具，用双向箭头表示其覆盖的范围。

14.13.2 单用途的工具

单一用途的工具在图 14.4 中以单向箭头表示。有些在前面的章节中已经介绍过。

单一用途的工具，如 execsnoop(8)，只做一项工作，而且做得很好（UNIX 哲学）。

这种设计包括让它们的默认输出简明扼要，而且足够有助于学习。你可以“只是运行 execsnoop”，而不需要学习任何命令行选项，并得到足够的输出来解决问题，不会有不必要的混乱。它们通常也提供用于定制的选项。

表 14.7 描述了单一用途的工具。

表 14.7　单一用途的 perf-tools

工具	用法	说明
bitesize(8)	perf	以直方图的形式总结磁盘 I/O 的大小
cachestat(8)	Ftrace	显示页面高速缓存的命中率 / 未命中率统计
execsnoop(8)	Ftrace	使用参数跟踪新的进程（通过 execve(2)）
iolatency(8)	Ftrace	将磁盘 I/O 延时汇总为直方图
iosnoop(8)	Ftrace	跟踪磁盘 I/O 的细节，包括延时
killsnoop(8)	Ftrace	跟踪 kill(2) 信号，显示进程和信号细节
opensnoop(8)	Ftrace	跟踪 open(2) 家族的系统调用，显示文件名
tcpretrans(8)	Ftrace	跟踪 TCP 重传，显示地址和内核状态

execsnoop(8) 在前面演示过。作为另一个例子，iolatency(8) 以直方图的形式显示了磁盘 I/O 延时：

```
# iolatency
Tracing block I/O. Output every 1 seconds. Ctrl-C to end.

  >=(ms) .. <(ms)   : I/O      |Distribution                          |
       0 -> 1       : 731      |######################################|
       1 -> 2       : 318      |#################                     |
       2 -> 4       : 160      |#########                             |

  >=(ms) .. <(ms)   : I/O      |Distribution                          |
       0 -> 1       : 2973     |######################################|
       1 -> 2       : 497      |#######                               |
       2 -> 4       : 26       |#                                     |
       4 -> 8       : 3        |#                                     |

  >=(ms) .. <(ms)   : I/O      |Distribution                          |
       0 -> 1       : 3130     |######################################|
       1 -> 2       : 177      |###                                   |
       2 -> 4       : 1        |#                                     |
^C
```

这个输出显示，I/O 延时通常很低，在 0 到 1 毫秒之间。

我实现这一点的方式可以帮助解释 eBPF 的必要性。iolatency(8) 跟踪块 I/O 问题并完成跟踪点，读取用户空间的所有事件，解析它们，并使用 awk(1) 将它们处理成这些直方图。由于磁盘 I/O 在大多数服务器上的频率相对较低，所以这种方法是可实现且没有繁重开销的。但是，对于更频繁的事件，如网络 I/O 或调度，这种开销将会巨大到不被允许。eBPF 解决了这个问题，它允许在内核空间计算直方图摘要，并且只将摘要传递到用户空间，大大减少了开销。Ftrace 现在支持一些类似 hist 触发器和综合事件的功能，在 14.10 节中介绍过（我需要更新 iolatency(8) 来使用它们）。

我确实为自定义直方图开发了一个 BPF 前置解决方案，并将其作为 perf-stat-hist(8) 多用途工具公开。

14.13.3 多用途工具

图 14.4 中列出并描述了一些多用途工具。这些工具支持多个事件源，并且可以担任很多角色，类似 perf(1) 和 trace-cmd，尽管这也导致它们使用起来很复杂。表 14.8 展示了一些多用途工具。

表 14.8 多用途 perf-tools

工具	用法	说明
funccount(8)	Ftrace	对内核函数调用计数
funcgraph(8)	Ftrace	跟踪内核函数以显示子函数代码流程
functrace(8)	Ftrace	跟踪内核函数
funcslower(8)	Ftrace	跟踪慢于阈值的内核函数
kprobe(8)	Ftrace	内核函数的动态跟踪
perf-stat-hist(8)	perf(1)	自定义跟踪点参数的幂等聚合
syscount(8)	perf(1)	汇总系统调用
tpoint(8)	Ftrace	跟踪跟踪点
uprobe(8)	Ftrace	动态跟踪用户级函数

为了辅助这些工具的使用，你可以收集和分享单行命令。我在下一节中提供了一些，类似于我为 perf(1) 和 trace-cmd 提供的单行命令。

14.13.4 perf-tools 单行命令

除非有其他指定，下面的单行命令会跟踪整个系统，直到按下 Ctrl+C 组合键为止。它们被划分为使用 Ftrace 剖析、Ftrace 跟踪器和事件跟踪（跟踪点、kprobe、uprobe）。

Ftrace 剖析器

计算所有内核的 TCP 函数：

```
funccount 'tcp_*'.
```

计算所有内核的 VFS 函数，将前 10 个每 1 秒打印一次：

```
funccount -t 10 -i 1 'vfs*'
```

Ftrace 跟踪器

跟踪内核函数 do_nanosleep() 并显示所有子函数的调用：

```
funcgraph do_nanosleep
```

跟踪内核函数 do_nanosleep() 并显示 3 层的子调用：

```
funcgraph -m 3 do_nanosleep
```

对 PID 为 198 的所有以“sleep”结尾的内核函数计数：

```
functrace -p 198 '*sleep'
```

跟踪慢于 10ms 的 vfs_read() 调用：

```
funcslower vfs_read 10000
```

事件跟踪

使用 kprobe 跟踪 do_sys_open() 内核函数：

```
kprobe p:do_sys_open
```

使用 kretprobe 跟踪 do_sys_open() 的返回，并打印返回值：

```
kprobe 'r:do_sys_open $retval'
```

跟踪 do_sys_open() 的文件模式参数：

```
kprobe 'p:do_sys_open mode=$arg3:u16'
```

跟踪 do_sys_open() 的文件模式参数（x86_64 专用）：

```
kprobe 'p:do_sys_open mode=%dx:u16'
```

跟踪 do_sys_open() 的文件名参数，将其作为一个字符串：

```
kprobe 'p:do_sys_open filename=+0($arg2):string'
```

跟踪 do_sys_open()（x86_64 专用）的文件名参数，将其作为一个字符串：

```
kprobe 'p:do_sys_open filename=+0(%si):string'
```

当文件名与“*stat”匹配时跟踪 do_sys_open()：

```
kprobe 'p:do_sys_open file=+0($arg2):string' 'file ~ "*stat"'
```

用内核栈踪迹跟踪 tcp_retransmit_skb()：

```
kprobe -s p:tcp_retransmit_skb
```

列出跟踪点：

```
tpoint -l
```

用内核栈踪迹来跟踪磁盘 I/O：

```
tpoint -s block:block_rq_issue
```

跟踪所有“bash”可执行文件中的用户级 readline() 调用：

```
uprobe p:bash:readline
```

跟踪“bash”中 readline() 的返回，并将其返回值打印成字符串：

```
uprobe 'r:bash:readline +0($retval):string'
```

跟踪来自 /bin/bash 的 readline() 条目，并将其条目参数（x86_64 专用）作为一个字符串：

```
uprobe 'p:/bin/bash:readline prompt=+0(%di):string'
```

只跟踪 PID 为 1234 的 libc gettimeofday() 调用：

```
uprobe -p 1234 p:libc:gettimeofday
```

仅当 fopen() 返回 NULL（并且使用“file”别名）时跟踪它的返回：

```
uprobe 'r:libc:fopen file=$retval' 'file == 0'
```

CPU 寄存器

函数参数别名（$arg1, ..., $argN）是 Ftrace 较新的功能（Linux 4.20 以上）。对于旧的内核（或缺少别名的处理器架构），你需要使用 CPU 寄存器名称来代替，如 14.6.2 节中介绍的。这些单行命令包括一些 x86_64 寄存器（%di、%si、%dx）作为例子。调用惯例在 syscall(2) 的手册页中有介绍：

```
$ man 2 syscall
[...]
       Arch/ABI      arg1  arg2  arg3  arg4  arg5  arg6  arg7  Notes
       ──────────────────────────────────────────────────────────────
[...]
       sparc/32      o0    o1    o2    o3    o4    o5    -
       sparc/64      o0    o1    o2    o3    o4    o5    -
       tile          R00   R01   R02   R03   R04   R05   -
       x86-64        rdi   rsi   rdx   r10   r8    r9    -
       x32           rdi   rsi   rdx   r10   r8    r9    -
[...]
```

14.13.5 示例

作为一个使用工具的例子，下面使用 funccount(8) 来对 VFS 调用（与“vfs_*”匹配的函数名）进行计数：

```
# funccount 'vfs_*'
Tracing "vfs_*"... Ctrl-C to end.
^C
FUNC                                    COUNT
vfs_fsync_range                            10
vfs_statfs                                 10
vfs_readlink                               35
vfs_statx                                 673
vfs_write                                 782
vfs_statx_fd                              922
vfs_open                                 1003
vfs_getattr                              1390
vfs_getattr_nosec                        1390
vfs_read                                 2604
```

这个输出显示，在跟踪期间，vfs_read() 被调用了 2604 次。我经常使用 funccount(8) 来确定哪些内核函数被频繁调用，以及哪些函数根本没有被调用。因为它的开销相对较低，我可以用它来检查函数调用率是否低到足以进行开销更大的跟踪。

14.13.6 perf-tools 与 BCC/BPF 的对比

我最初为 Netflix 云开发 perf-tools 时，它运行在 Linux 3.2 上，缺乏 eBPF 的支持。从那之后，Netflix 转向了更新的内核，我重写了许多工具以使用 BPF。例如，perf-tools 和 BCC 都有自己版本的 funccount(8)、execsnoop(8)、opennoop(8) 等。

BPF 提供了可编程性和更强大的功能，BCC 和 bpftrace 会在第 15 章中介绍。然而，perf-tools[1] 也有自己的优势，如下所述。

- **funccount(8)**：perf-tools 版本使用 Ftrace 函数进行剖析，比目前 BCC 中基于 kprobe 的 BPF 版本效率更高，约束更少。
- **funcgraph(8)**：这个工具在 BCC 中不存在，因为它使用 Ftrace function_graph 跟踪。
- **Hist Triggers**：这将增强未来的 perf 工具的能力，它应该比基于 kprobe 的 BPF 版本更高效。

1 我原本认为，当我们完成BPF跟踪后，我就会淘汰perf-tools，但由于这些原因，我一直在使用它。

- **依赖性**：perf-tools 对于资源受限的环境（如嵌入式 Linux）仍然有用，因为它们通常只需要一个 shell 和 awk(1)。

我有时也会使用 perf-tools 工具来交叉检查和调试 BPF 工具的问题。[1]

14.13.7 文档

通常有一个使用信息来总结工具的语法。比如：

```
# funccount -h
USAGE: funccount [-hT] [-i secs] [-d secs] [-t top] funcstring
                 -d seconds      # total duration of trace
                 -h              # this usage message
                 -i seconds      # interval summary
                 -t top          # show top num entries only
                 -T              # include timestamp (for -i)
  eg,
       funccount 'vfs*'          # trace all funcs that match "vfs*"
       funccount -d 5 'tcp*'     # trace "tcp*" funcs for 5 seconds
       funccount -t 10 'ext3*'   # show top 10 "ext3*" funcs
       funccount -i 1 'ext3*'    # summary every 1 second
       funccount -i 1 -d 5 'ext3*' # 5 x 1 second summaries
```

每个工具都有一个手册页，在 perf-tools 资源库中还有一个示例文件（funccount_example.txt），其中包含带有注释的输出示例。

14.14 Ftrace文档

Ftrace（和跟踪事件）在 Linux 源码的 Documentation/ trace 目录下有很详尽的文档。这个文档在网上也可以查看，参见链接 4。

前端资源见链接 5。

14.15 参考资料

[Rostedt 08] Rostedt, S., "ftrace - Function Tracer," *Linux documentation*, https://www.kernel.org/doc/html/latest/trace/ftrace.html, 2008+.

[Matz 13] Matz, M., Hubička, J., Jaeger, A., and Mitchell, M., "System V Application Binary Interface, AMD64 Architecture Processor Supplement, Draft Version 0.99.6," http://x86-64.org/documentation/abi.pdf, 2013.

1 我可以改写一句名言：一个有一个跟踪器的人知道发生了什么；一个有两个跟踪器的人知道其中一个坏了，于是搜索LKML，希望能找到一个补丁。

[Gregg 19f] Gregg, B., "Two Kernel Mysteries and the Most Technical Talk I've Ever Seen," http://www.brendangregg.com/blog/2019-10-15/kernelrecipes-kernel-ftrace-internals.html, 2019.

[Dronamraju 20] Dronamraju, S., "Uprobe-tracer: Uprobe-based Event Tracing," *Linux documentation*, https://www.kernel.org/doc/html/latest/trace/uprobetracer.html, accessed 2020.

[Gregg 20i] Gregg, B., "Performance analysis tools based on Linux perf_events (aka perf) and ftrace," https://github.com/brendangregg/perf-tools, last updated 2020.

[Hiramatsu 20] Hiramatsu, M., "Kprobe-based Event Tracing," *Linux documentation*, https://www.kernel.org/doc/html/latest/trace/kprobetrace.html, accessed 2020.

[KernelShark 20] "KernelShark," https://www.kernelshark.org, accessed 2020.

[trace-cmd 20] "TRACE-CMD," https://trace-cmd.org, accessed 2020.

[Ts'o 20] Ts'o, T., Zefan, L., and Zanussi, T., "Event Tracing," *Linux documentation*, https://www.kernel.org/doc/html/latest/trace/events.html, accessed 2020.

[Zanussi 20] Zanussi, T., "Event Histograms," *Linux documentation*, https://www.kernel.org/doc/html/latest/trace/histogram.html, accessed 2020.

第15章
BPF

本章将介绍对于 eBPF 用 BCC 和 bpftrace 跟踪前端。这些前端提供了性能分析的工具集合，这些工具在前面的章节中曾介绍过。在 3.4.4 节中介绍过 BPF 技术。总的来说，eBPF 是一种内核执行环境，可以为跟踪器提供编程功能。

本章以及第 13 章和第 14 章，对于那些希望更详细地学习一种或多种系统跟踪器的人来说，是可选的阅读内容。

eBPF 工具可以用来回答以下问题：

- 磁盘 I/O 的延时输出为直方图是什么样子的？
- CPU 调度器的延时是否会高到引起问题？
- 应用程序是否会受到文件系统延时的影响？
- 哪些 TCP 会话正在进行中，持续时间是多少？
- 哪些代码路径被阻塞，阻塞的时间有多长？

BPF 与其他跟踪器的不同之处在于它是可编程的。它可以执行用户自己编写的基于事件的程序，这些程序可以执行信息的过滤、保存和检索，可以计算延时，可以实现内核数据的聚合与汇总等事情。其他跟踪器可能需要将所有事件转储到用户空间后才能进行处理，而 BPF 可直接在内核上下文中有效地进行这种处理。这使得通过 BPF 创建性能工具变得很实用，否则在生产环境中使用会产生太多的开销。

本章将每个推荐的前端放在一节中。主要归纳如下。

- 15.1：BCC
    - 15.1.1：安装
    - 15.1.2：工具范围
    - 15.1.3：单用途工具
    - 15.1.4：多用途工具

- 15.1.5：单行命令
- 15.2: bpftrace
  - 15.2.1：安装
  - 15.2.2：工具
  - 15.2.3：单行命令
  - 15.2.4：编程

从前几章的使用可以看出，BCC 和 bpftrace 的区别比较明显。BCC 适用于复杂的工具，而 bpftrace 适用于特别的定制程序。如图 15.1 所示，有些工具在这两种工具中都有实现。

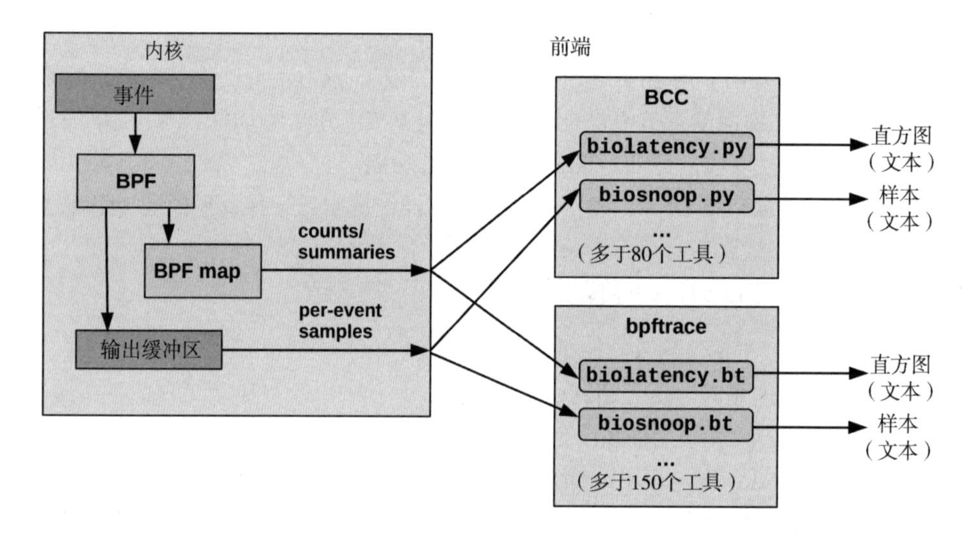

图 15.1 BPF 跟踪前端

BCC 和 bpftrace 的具体区别汇总在表 15.1 中。

表 15.1 BCC 和 bpftrace 的对比

特征	BCC	bpftrace
代码库工具数目	大于 80（bcc）	大于 30（bpftrace） 大于 120（bpf-perf-tools-book）
工具使用	通常支持复杂的选项（-h、-P PID 等）和参数	通常很简单：没有选项，没有参数或有一个参数
工具文档	man 手册页、示例文件	man 手册页、示例文件
编程语言	用户空间：Python、Lua、C 或 C++ 内核空间：C	bpftrace
编程难度	困难	容易
事件输出类型	各种类型	文本、JSON

续表

特征	BCC	bpftrace
汇总类型	各种类型	计数值、最小值、最大值、总和、平均值、log2 直方图、线性直方图、按键值输出
库支持	有（例如，Python import）	没有
平均程序长度（不含注释）[1]	228 行	28 行

BCC 和 bpftrace 在很多公司都有使用，包括 Facebook 和 Netflix。Netflix 默认在所有云实例上安装它们，并在云端监测和仪表盘中使用它们进行深层次的分析，特别是 [Gregg 18e]：

- **BCC**。在需要的时候，在命令行使用内置工具来分析存储 I/O、网络 I/O 以及进程的执行情况。有些 BCC 工具会被图形化性能仪表盘系统自动执行，来为调度器和磁盘 I/O 延时热图、off-CPU 火焰图等提供数据。同时，自定义的 BCC 工具始终以守护进程的形式运行（基于 tcplife(8)），将网络事件记录到云存储中，用于流量分析。
- **bpftrace**。当需要了解内核和应用程序的特殊问题时，可开发自定义的 bpftrace 工具。

下面的章节将讲解 BCC 工具、bpftrace 工具和 bpftrace 编程。

15.1 BCC

BPF 编译器集合（或按照项目和包的名字 "bcc"）是一个开源项目，包含了大量高级性能分析工具，以及构建这些工具的框架。BCC 是由 Brenden Blanco 创建的，我曾帮助其开发并创建了许多跟踪工具。

作为 BCC 工具的一个例子，biolatency(8) 以 2 的幂级直方图的形式显示了磁盘 I/O 延时的分布，并且可以通过 I/O 标志进行细分：

```
# biolatency.py -mF
Tracing block device I/O... Hit Ctrl-C to end.
^C

flags = Priority-Metadata-Read
     msecs               : count     distribution
         0 -> 1          : 90       |****************************************|
```

1 官方代码库和我的《BPF之巅》一书的代码库中包含这些工具。

```
flags = Write
     msecs               : count     distribution
         0 -> 1          : 24       |****************************************|
         2 -> 3          : 0        |                                        |
         4 -> 7          : 8        |*************                           |

flags = ReadAhead-Read
     msecs               : count     distribution
         0 -> 1          : 3031     |****************************************|
         2 -> 3          : 10       |                                        |
         4 -> 7          : 5        |                                        |
         8 -> 15         : 3        |                                        |
```

这个输出显示的是双模态写的分布，以及带有“ReadAhead-Read”标志的 I/O 分布。这个工具为了提高效率，使用了 BPF 在内核空间的汇总直方图，所以用户空间的组件只需要读取已经汇总的直方图（计数列）并打印出来。

这些 BCC 工具通常有使用信息（-h）、man 手册页并在 BCC 代码库中有示例文件（参见链接 6）。

本节总结了 BCC 及其单用途和多用途的性能分析工具。

15.1.1 安装

许多 Linux 发行版中都有可用的 BCC 软件包，包括 Ubuntu、Debian、RHEL、Fedora 和 Amazon Linux，这使得安装变得非常简单。可搜索“bcc-tools”、“bpfcc-tools”或“bcc”（软件包维护者有不同的命名）。

你也可以从源码中构建 BCC。关于最新的安装和构建说明，请查看 BCC 仓库 [Iovisor 20b] 中的 INSTALL.md。INSTALL.md 中还列出了内核配置要求（包括 CONFIG_BPF=y，CONFIG_BPF_SYSCALL=y，CONFIG_BPF_EVENTS=y）。至少需要在 Linux 4.4 版本中才能使用 BCC 的某些工具；对于大多数工具，需要 4.9 或更新的版本。

15.1.2 工具范围

BCC 跟踪工具如图 15.2 所示（有些工具用通配符分组，例如，java* 代表所有以“java”开头的工具）。

许多是单用途工具，用单向箭头显示；有些是多用途工具，列在左边用双向箭头显示，以显示其覆盖范围。

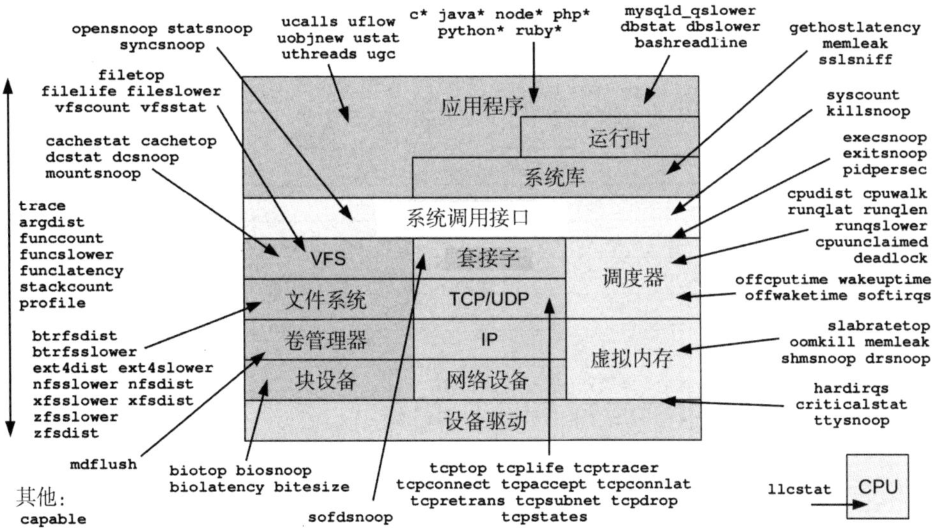

opensnoop statsnoop
syncsnoop
ucalls uflow
uobjnew ustat
uthreads ugc
c* java* node* php*
python* ruby*
mysqld_qslower
dbstat dbslower
bashreadline
gethostlatency
memleak
sslsniff
filetop
filelife fileslower
vfscount vfsstat
cachestat cachetop
dcstat dcsnoop
mountsnoop
trace
argdist
funccount
funcslower
funclatency
stackcount
profile
btrfsdist
btrfsslower
ext4dist ext4slower
nfsslower nfsdist
xfsslower xfsdist
zfsslower
zfsdist
mdflush
其他：
capable
应用程序
运行时
系统库
系统调用接口
VFS
套接字
调度器
文件系统
TCP/UDP
卷管理器
IP
虚拟内存
块设备
网络设备
设备驱动
syscount
killsnoop
execsnoop
exitsnoop
pidpersec
cpudist cpuwalk
runqlat runqlen
runqslower
cpuunclaimed
deadlock
offcputime wakeuptime
offwaketime softirqs
slabratetop
oomkill memleak
shmsnoop drsnoop
hardirqs
criticalstat
ttysnoop
biotop biosnoop
biolatency bitesize
sofdsnoop
tcptop tcplife tcptracer
tcpconnect tcpaccept tcpconnlat
tcpretrans tcpsubnet tcpdrop
tcpstates
llcstat
CPU

图 15.2 BCC 工具

15.1.3 单用途工具

基于与第 14 章中介绍的相同的理念“只做一项工作，并做好它”，我开发了许多单用途工具。这种设计包括使它们的默认输出简明扼要，而且往往刚刚好。你可以“只运行 biolatency”，而不需要学习任何命令行选项，并且通常得到的输出会刚好解决你的问题，不至于多到引起混乱。一般会有自定义的选项，例如，用如前所述的 biolatency(8) 的 -F 选项对 I/O 的标志做区分。

表 15.2 描述了一些单一用途的工具，包括它们在本书中的位置（如果存在的话）。完整的列表参见 BCC 库 [Iovisor 20a]。

表 15.2 部分单用途 BCC 工具

工具	说明	章节
biolatency(8)	将块 I/O（磁盘 I/O）延时汇总为直方图	9.6.6
biotop(8)	按进程汇总块 I/O	9.6.8
biosnoop(8)	用延时和其他细节跟踪块 I/O	9.6.7
bitesize(8)	将块 I/O 大小汇总为进程直方图	-
btrfsdist(8)	将 btrfs 操作延时汇总为直方图	8.6.13
btrfsslower(8)	跟踪缓慢的 btrfs 操作	8.6.14
cpudist(8)	将每个进程的 on-CPU 和 off-CPU 的时间汇总为直方图	6.6.15, 16.1.7
cpuunclaimed(8)	显示无人认领和闲置的 CPU	-

续表

工具	说明	章节
criticalstat(8)	跟踪长的原子性的关键内核部分	-
dbslower(8)	跟踪数据库慢速查询	-
dbstat(8)	将数据库查询延时汇总为直方图	-
drsnoop(8)	按 PID 和延时跟踪直接内存回收事件	7.5.11
execsnoop(8)	通过 execve(2) 系统调用跟踪新进程	1.7.3, 5.5.5
ext4dist(8)	将 ext4 操作延时汇总为直方图	8.6.13
ext4slower(8)	跟踪缓慢的 ext4 操作	8.6.14
filelife(8)	跟踪短命文件的生命期	-
gethostlatency(8)	通过解析器函数跟踪 DNS 延时	-
hardinqs(8)	汇总 hardirq 事件时间	6.6.19
killsnoop(8)	跟踪 kill(2) 系统调用所发出的信号	-
klockstat(8)	汇总内核互斥锁的统计数据	-
llcstat(8)	按进程汇总 CPU 缓存引用和缺失	-
memleak(8)	显示未完成的内存分配	-
mysqld_qslower(8)	跟踪 MySQL 慢速查询	-
nfsdist(8)	跟踪缓慢的 NFS 操作	8.6.13
nfsslower(8)	将 NFS 操作延时汇总为直方图	8.6.14
offcputime(8)	通过栈踪迹汇总 off-CPU 时间	5.5.3
offwaketime(8)	通过 off-CPU 栈和 waker 栈汇总阻塞时间	-
oomkill(8)	跟踪内存不足（OOM killer）	-
opensnoop(8)	跟踪 open(2) 家族的系统调用	8.6.10
profile(8)	利用对栈踪迹定时采样来描述 CPU 的使用情况	5.5.2
runqlat(8)	以直方图的形式汇总运行队列（调度器）的延时情况	6.6.16
runqlen(8)	使用定时采样汇总运行队列的长度	6.6.17
runqslower(8)	跟踪长的运行队列的延时	-
syncsnoop(8)	跟踪 sync(2) 家族的系统调用	-
syscount(8)	汇总系统调用的数量和延时	5.5.6
tcplife(8)	跟踪 TCP 会话并汇总其生命期	10.6.9
tcpretrans(8)	跟踪 TCP 重传的细节信息（包括内核状态）	10.6.11
tcptop(8)	按主机和 PID 汇总 TCP 发送 / 重传的吞吐量	10.6.10
wakeuptime(8)	按 waker 栈汇总睡眠到唤醒的时间	-
xfsdist(8)	以直方图汇总 XFS 操作延时	8.6.13
xfsslower(8)	跟踪 XFS 的慢操作	8.6.14
zfsdist(8)	将 ZFS 操作延时汇总为直方图	8.6.13
zfsslower(8)	跟踪 ZFS 的慢操作	8.6.14

关于这些工具的示例，请参见前面的章节以及BCC资源库中的*_example.txt文件（其

中很多是我写的)。关于本书中没有涉及的工具,也可以参见《BPF 之巅》[Gregg 19] 一书。

15.1.4 多用途工具

图 15.2 左侧列出了多用途工具。这些工具支持多个事件源，可以发挥许多作用，类似于 perf(1)，尽管这也使它们的使用变得复杂。表 15.3 对这些工具做了描述。

表 15.3 多用途性能工具

工具	说明	章节
argdist(8)	以直方图或计数方式显示函数的参数取值	15.1.15
funccount(8)	统计对内核级或用户级的函数调用	15.1.15
funcslower(8)	跟踪缓慢的内核级或用户级函数调用	-
funclatency(8)	以直方图的形式汇总函数的延时	-
stackcount(8)	统计导致事件发生的栈踪迹	15.1.15
trace(8)	用过滤器跟踪任意函数	15.1.15

你可以学习单行命令，来帮助你记住有用的调用。我在下一节提供了一些类似于 perf(1) 和 trace-cmd 的单行命令。

15.1.5 单行命令

除非另有说明，否则以下单行命令都是在系统级别做跟踪，直到按下 Ctrl+C 组合键为止。对这些单行命令按工具做了分组。

funccount(8)

对 VFS 内核调用计数：

```
funcgraph 'vfs_*'
```

对 TCP 内核调用计数：

```
funccount 'tcp_*'
```

对每秒的 TCP 发送调用计数：

```
funccount -i 1 'tcp_send*'
```

显示每秒块 I/O 的事件次数：

```
funccount -i 1 't:block:*'
```

显示每秒 libc 的 getaddrinfo()（名字解析）执行次数：

```
funccount -i 1 c:getaddrinfo
```

stackcount(8)

对创建块 I/O 的栈踪迹计数：

```
stackcount t:block:block_rq_insert
```

对发送 IP 包的栈踪迹计数，带对应 PID：

```
stackcount -P ip_output
```

针对导致线程阻塞并切换到 off-CPU 的栈踪迹计数：

```
stackcount t:sched:sched_switch
```

trace(8)

跟踪内核 do_sys_open() 函数，并打印文件名：

```
trace 'do_sys_open "%s", arg2'
```

跟踪内核 do_sys_open() 函数的返回，并打印返回值：

```
trace 'r::do_sys_open "ret: %d", retval'
```

跟踪内核 do_nanosleep() 函数并打印模式和用户级的栈：

```
trace -U 'do_nanosleep "mode: %d", arg2'
```

通过 pam 库跟踪认证请求：

```
trace 'pam:pam_start "%s: %s", arg1, arg2'
```

argdist(8)

根据返回值（大小或错误）对 VFS 读进行汇总：

```
argdist -H 'r::vfs_read()'
```

针对 PID 1005 根据返回值（大小或错误）对 libc 的 read() 函数进行汇总：

```
argdist -p 1005 -H 'r:c:read()'
```

根据系统调用 ID 对系统调用进行计数：

```
argdist.py -C 't:raw_syscalls:sys_enter():int:args->id'
```

将内核 tcp_sendmsg() 函数的 size 参数进行汇总：

```
argdist -C 'p::tcp_sendmsg(struct sock *sk, struct msghdr *msg, size_t
size):u32:size'
```

将 tcp_sendmsg() 的 size 作 2 的幂级直方图：

```
argdist -H 'p::tcp_sendmsg(struct sock *sk, struct msghdr *msg, size_t
size):u32:size'
```

按照文件描述符对 PID 为 181 的 libc write() 调用进行计数：

```
argdist -p 181 -C 'p:c:write(int fd):int:fd'
```

按延时大于 100μs、根据进程对读操作进行汇总：

```
argdist -C 'r::__vfs_read():u32:$PID:$latency > 100000
```

15.1.6 多用途工具示例

作为多用途工具的一个使用例子，下面显示了工具 trace(8) 跟踪内核函数 do_sys_open()，并将其第二个参数打印为字符串：

```
# trace 'do_sys_open "%s", arg2'
PID     TID     COMM        FUNC              -
28887   28887   ls          do_sys_open       /etc/ld.so.cache
28887   28887   ls          do_sys_open       /lib/x86_64-linux-gnu/libselinux.so.1
28887   28887   ls          do_sys_open       /lib/x86_64-linux-gnu/libc.so.6
28887   28887   ls          do_sys_open       /lib/x86_64-linux-gnu/libpcre2-8.so.0
28887   28887   ls          do_sys_open       /lib/x86_64-linux-gnu/libdl.so.2
28887   28887   ls          do_sys_open       /lib/x86_64-linux-gnu/libpthread.so.0
28887   28887   ls          do_sys_open       /proc/filesystems
28887   28887   ls          do_sys_open       /usr/lib/locale/locale-archive
[...]
```

受 printf(3) 的启发，trace 语法支持格式字符串加参数的形式。在本例中，第二个参数 arg2 包含文件名，被打印为字符串。

trace(8) 和 argdist(8) 两者都支持可以创建许多自定义单行命令的语法。在下面的章节中将介绍 bpftrace，这个工具更进一步，提供了一套完备成熟的语言用于编写单行或多行程序。

15.1.7 BCC 与 bpftrace 的比较

BCC 与 bpftrace 的区别在本章开始时已经总结过了。BCC 适合定制的复杂工具，这些工具支持各种参数，或者使用各种库；bpftrace 适合单行命令或短工具（不接受参数或者接受单一整型数参数）。BCC 支持用 C 语言开发的作为跟踪工具核心的 BPF 程序，从而实现完全控制。这是以复杂性为代价的。BCC 工具的开发时间可能是 bpftrace 工具的十倍，代码行数也可能是其十倍。由于开发一个工具通常需要多次迭代，我发现先用 bpftrace 开发工具比较省时，因为 bpftrace 的速度比较快，如果有需要的话再移植到 BCC。

BCC 和 bpftrace 的区别就像 C 语言编写的程序和 shell 脚本的区别，BCC 就像 C 语言编写的程序（有些部分就是用 C 语言编程的），bpftrace 就像 shell 脚本。在日常工作中，我会使用很多预制的 C 程序（top(1)、vmstat(1) 等），开发一次性的自定义 shell 脚本。

同样地，我也会使用许多预制的 BCC 工具，也会开发一次性的自定义的 bpftrace 工具。

在本书中，关于这种用法我提供的内容有：许多章节都展示了你能使用到的 BCC 工具，本章后面的部分会向你展示如何开发自定义的 bpftrace 工具。

15.1.8 文档

工具通常会有一个用法说明来总结其语法。例如：

```
# funccount -h
usage: funccount [-h] [-p PID] [-i INTERVAL] [-d DURATION] [-T] [-r] [-D]
                 pattern

Count functions, tracepoints, and USDT probes

positional arguments:
  pattern               search expression for events

optional arguments:
  -h, --help            show this help message and exit
  -p PID, --pid PID     trace this PID only
  -i INTERVAL, --interval INTERVAL
                        summary interval, seconds
  -d DURATION, --duration DURATION
                        total duration of trace, seconds
  -T, --timestamp       include timestamp on output
  -r, --regexp          use regular expressions. Default is "*" wildcards
                        only.
  -D, --debug           print BPF program before starting (for debugging
                        purposes)

examples:
    ./funccount 'vfs_*'             # count kernel fns starting with "vfs"
    ./funccount -r '^vfs.*'         # same as above, using regular expressions
    ./funccount -Ti 5 'vfs_*'       # output every 5 seconds, with timestamps
    ./funccount -d 10 'vfs_*'       # trace for 10 seconds only
    ./funccount -p 185 'vfs_*'      # count vfs calls for PID 181 only
    ./funccount t:sched:sched_fork  # count calls to the sched_fork tracepoint
    ./funccount -p 185 u:node:gc*   # count all GC USDT probes in node, PID 185
    ./funccount c:malloc            # count all malloc() calls in libc
    ./funccount go:os.*             # count all "os.*" calls in libgo
    ./funccount -p 185 go:os.*      # count all "os.*" calls in libgo, PID 185
    ./funccount ./test:read*        # count "read*" calls in the ./test binary
```

每个工具都有一个 man 手册页（man/man8/funccount.8）和一个 BCC 库中的示例文件（examples/funccount_example.txt）。示例文件中包含了带注释的输出样例。

我还在 BCC 资源库中创建了以下文档 [Iovisor 20b]。

- 给终端用户的教程：docs/tutorial.md。
- BCC 开发者教程：docs/tutorial_bcc_python_developer.md。
- 参考指南：docs/reference_guide.md。

在《BPF 之巅》[Gregg 19] 一书的第 4 章着重介绍了 BCC。

15.2 bpftrace

bpftrace 是一个建立在 BPF 和 BCC 基础上的开源跟踪器，它不仅提供了一整套性能分析工具，同时也是帮助你开发新工具的高级语言。这门语言简单易学。bpftrace 是跟踪工具中的 awk(1)，同时 bpftrace 也是基于 awk(1) 的。在 awk(1) 中，你写一个程序段可处理一个输入行，而使用 bpftrace，你写一个程序段可处理一个输入事件。bpftrace 是由 Alastair Robertson 创建的，目前我已经成为主要贡献者。

作为 bpftrace 的一个例子，下面的单行命令按进程名显示了 TCP 接收消息大小的分布情况：

```
# bpftrace -e 'kr:tcp_recvmsg /retval >= 0/ { @recv_bytes[comm] = hist(retval); }'
Attaching 1 probe...
^C

@recv_bytes[sshd]:
[32, 64)               7 |@@@@@@@@@@@@@@@@@@@@@@@@@@@@@@@@@@@@@@@@@@@@@@@@@@@@|
[64, 128)              2 |@@@@@@@@@@@@@@                                      |

@recv_bytes[nodejs]:
[0]                   82 |@@@@@@@@@@@@@@@@@@@@@@@@@@                          |
[1]                  135 |@@@@@@@@@@@@@@@@@@@@@@@@@@@@@@@@@@@@@@@@@@@@        |
[2, 4)               153 |@@@@@@@@@@@@@@@@@@@@@@@@@@@@@@@@@@@@@@@@@@@@@@@@@@  |
[4, 8)                12 |@@@                                                 |
[8, 16)                6 |@                                                   |
[16, 32)              32 |@@@@@@@@@@                                          |
[32, 64)             158 |@@@@@@@@@@@@@@@@@@@@@@@@@@@@@@@@@@@@@@@@@@@@@@@@@@@@|
[64, 128)            155 |@@@@@@@@@@@@@@@@@@@@@@@@@@@@@@@@@@@@@@@@@@@@@@@@@@@ |
[128, 256)            14 |@@@@                                                |
```

这个输出显示，nodejs 进程接收的大小的分布是双模态的，一重模态大约是 0 到 4 字节，另一重模态在 32 到 128 字节。

使用精简的语法，这个 bpftrace 单行命令用了一个 kretprobe 来展现 tcp_recvmsg()，留下返回值为正值时的情况（以排除负值的错误码），并以进程名（comm）为键，将返回值的直方图填充到一个名为 @recv_bytes 的 BPF map 对象里。当按下 Ctrl+C 组合键时，bpftrace 接收到信号（SIGINT），结束并自动打印 BPF map。后面的章节会详细讲解这个语法。

bpftrace 除了能让你编写自己的单行命令外，bpftrace 代码库里还提供了许多现成的工具，参见链接 7。

本节总结了 bpftrace 工具和 bpftrace 编程语言。这些内容是以我在《BPF 之巅》[Gregg 19] 一书中的 bpftrace 材料为基础的，《BPF 之巅》中对 bpftrace 有更深入的探讨。

15.2.1 安装

许多 Linux 发行版中，包括 Ubuntu，都有 bpftrace 的软件包，这使得 bpftrace 安装变得很简单。在 Ubuntu、Fedora、Gentoo、Debian、OpenSUSE 和 CentOS 中搜索名为“bpftrace”的软件包即可。RHEL 8.2 有作为技术预览版的 bpftrace。

除了软件包之外，还有 bpftrace 的 Docker 镜像，bpftrace 的二进制文件除了 glibc 之外没有其他依赖项，从源码编译 bpftrace 有相应的说明。相关文档参见 bpftrace 代码库 [Iovisor 20a] 中的 INSTALL.md，其中还列出了内核需求（包括 CONFIG_BPF=y、CONFIG_BPF_SYSCALL=y、CONFIG_BPF_EVENTS=y）。bpftrace 需要在 Linux 4.9 或更新的版本中运行。

15.2.2 工具

bpftrace 跟踪工具如图 15.3 所示。

bpftrace 代码库中的工具用黑色显示。在《BPF 之巅》一书中，我开发了比这里显示的更多的 bpftrace 工具，并开源发布在 bpf-perf-tools-book 代码库中，它们以红色 / 灰色显示，可参见 [Gregg 19]。

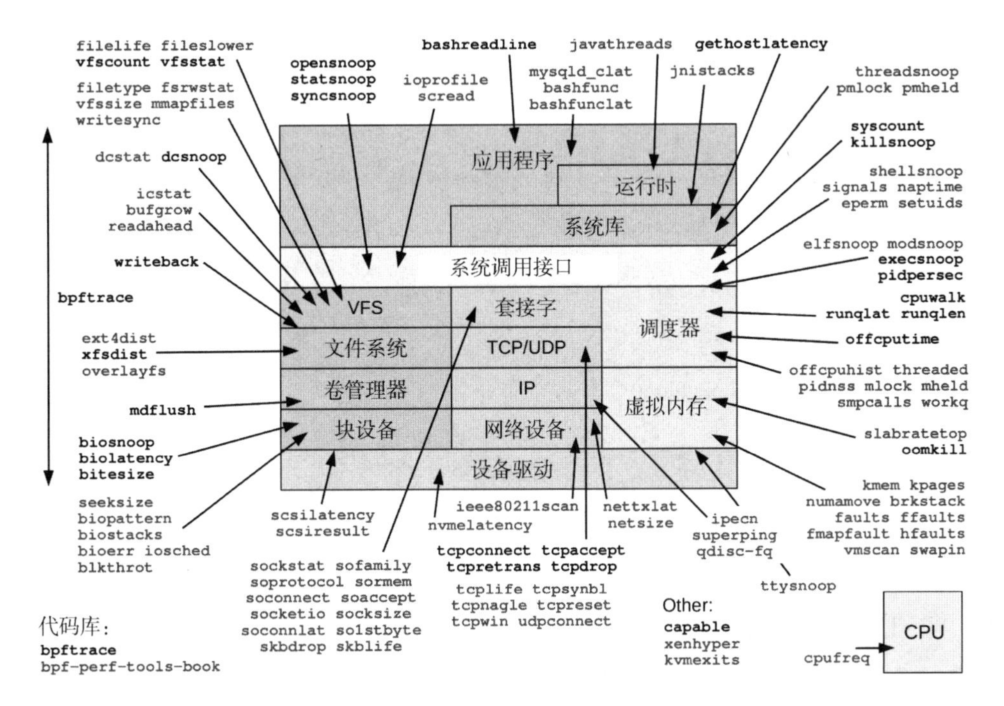

图 15.3 bpftrace 工具

15.2.3 单行命令

除非另有说明，否则以下单行命令会在系统级别做跟踪，直到按下 Ctrl+C 组合键为止。除了本身实用外，它们还可以作为 bpftrace 编程语言的示例。这些例子是按目标分组的。更多的 bpftrace 单行命令可以在每个资源章节中找到。

CPU

带参数跟踪新进程：

```
bpftrace -e 'tracepoint:syscalls:sys_enter_execve { join(args->argv); }'
```

按进程统计系统调用：

```
bpftrace -e 'tracepoint:raw_syscalls:sys_enter { @[pid, comm] = count(); }'
```

针对 PID 为 189 的进程按照 49Hz 对用户级的栈进行采样：

```
bpftrace -e 'profile:hz:49 /pid == 189/ { @[ustack] = count(); }'
```

内存

按代码路径对进程的堆扩展操作（brk()）进行统计：

```
bpftrace -e tracepoint:syscalls:sys_enter_brk { @[ustack, comm] = count(); }
```

通过用户级的栈踪迹对用户缺页进行统计：

```
bpftrace -e 'tracepoint:exceptions:page_fault_user { @[ustack, comm] =
    count(); }'
```

按 tracepoint 对 vmscan 操作进行统计：

```
bpftrace -e 'tracepoint:vmscan:* { @[probe]++; }'
```

文件系统

按进程名跟踪通过 openat(2) 打开的文件：

```
bpftrace -e 't:syscalls:sys_enter_openat { printf("%s %s\n", comm,
    str(args->filename)); }'
```

显示 read() 系统调用读取字节数目的分布（含错误）：

```
bpftrace -e 'tracepoint:syscalls:sys_exit_read { @ = hist(args->ret); }'
```

对 VFS 调用进行统计：

```
bpftrace -e 'kprobe:vfs_* { @[probe] = count(); }'
```

对于 ext4 tracepoint 调用进行统计：

```
bpftrace -e 'tracepoint:ext4:* { @[probe] = count(); }'
```

磁盘

将块 I/O 的大小汇总为直方图：

```
bpftrace -e 't:block:block_rq_issue { @bytes = hist(args->bytes); }'
```

对块 I/O 请求的用户栈踪迹进行统计：

```
bpftrace -e 't:block:block_rq_issue { @[ustack] = count(); }'
```

对块 I/O 的类型标志做统计：

```
bpftrace -e 't:block:block_rq_issue { @[args->rwbs] = count(); }'
```

网络

按照 PID 和进程名对套接字的 accept(2) 进行统计：

```
bpftrace -e 't:syscalls:sys_enter_accept* { @[pid, comm] = count(); }'
```

按 on-CPU 的 PID 和进程名对套接字的发送 / 接收字节数进行统计：

```
bpftrace -e 'kr:sock_sendmsg,kr:sock_recvmsg /retval > 0/ {
    @[pid, comm] = sum(retval); }'
```

对 TCP 发送的字节数做直方图：

```
bpftrace -e 'k:tcp_sendmsg { @send_bytes = hist(arg2); }'
```

对 TCP 接收的字节数做直方图：

```
bpftrace -e 'kr:tcp_recvmsg /retval >= 0/ { @recv_bytes = hist(retval); }'
```

对 UDP 发送的字节数做直方图：

```
bpftrace -e 'k:udp_sendmsg { @send_bytes = hist(arg2); }'
```

应用

通过用户栈踪迹来对 malloc() 请求的字节数（高开销）进行加和：

```
bpftrace -e 'u:/lib/x86_64-linux-gnu/libc-2.27.so:malloc { @[ustack(5)] =
    sum(arg0); }'
```

跟踪 kill() 信号，显示发送进程的名称、目标 PID 和信号值：

```
bpftrace -e 't:syscalls:sys_enter_kill { printf("%s -> PID %d SIG %d\n",
    comm, args->pid, args->sig); }'
```

内核

通过系统调用函数对系统调用进行统计：

```
bpftrace -e 'tracepoint:raw_syscalls:sys_enter {
    @[ksym(*(kaddr("sys_call_table") + args->id * 8))] = count(); }'
```

统计以“attach”开头的内核函数调用：

```
bpftrace -e 'kprobe:attach* { @[probe] = count(); }'
```

针对 vfs_write() 的第三个参数（大小）进行频率计数：

```
bpftrace -e 'kprobe:vfs_write { @[arg2] = count(); }'
```

对内核函数 vfs_read() 计时，并将计时结果汇总为直方图：

```
bpftrace -e 'k:vfs_read { @ts[tid] = nsecs; } kr:vfs_read /@ts[tid]/ {
    @ = hist(nsecs - @ts[tid]); delete(@ts[tid]); }'
```

统计上下文切换的栈踪迹：

```
bpftrace -e 't:sched:sched_switch { @[kstack, ustack, comm] = count(); }'
```

对内核级栈做 99Hz 采样，不包括空闲：

```
bpftrace -e 'profile:hz:99 /pid/ { @[kstack] = count(); }'
```

15.2.4 编程

本节提供了使用 bpftrace 和用 bpftrace 语言编程的简短指南。本节的格式受 awk 的原始论文 [Aho 78][Aho 88] 的启发，这篇论文用六页的篇幅介绍了 awk 语言。bpftrace 语言本身受到了 awk 和 C，还有包括 DTrace 和 SystemTap 在内的跟踪器的启发。

下面是一个 bpftrace 编程示例。它测量了 vfs_read() 内核函数的时间，并将测量时间以微秒为单位打印为直方图。

```
#!/usr/local/bin/bpftrace

// this program times vfs_read()

kprobe:vfs_read
{
	@start[tid] = nsecs;
}

kretprobe:vfs_read
/@start[tid]/
{
	$duration_us = (nsecs - @start[tid]) / 1000;
	@us = hist($duration_us);
	delete(@start[tid]);
}
```

接下来的章节讲解了这个工具的组成，可以作为教程来使用。15.2.5 节是一个参考指南的总结，包括探针类型、测试、操作符、变量、函数和 map 类型。

1. 用法

命令

```
bpftrace -e program
```

执行的时候，会对程序定义的所有事件做检测。程序会在按 Ctrl+C 组合键，或明确调用 exit() 时结束运行。使用 -e 参数运行 bpftrace 程序的方式被称为单行命令。另外，也可以将程序保存到文件中，用以下方法执行：

```
bpftrace file.bt
```

扩展名 bt 不是必需的，但有助于日后的识别。通过在文件的头部放置一个解释器行[1]

```
#!/usr/local/bin/bpftrace
```

将文件修改为可执行（chmod a+x file.bt）后，就能像任何程序一样执行：

```
./file.bt
```

bpftrace 必须由根用户（超级用户）执行。[2] 对于某些环境，可以使用根 shell 直接执行程序，而其他多数环境可能更喜欢通过 sudo(1) 运行特权命令：

```
sudo ./file.bt
```

2. 程序结构

bpftrace 程序就是带有关联行为的一系列探针：

```
probes { actions }
probes { actions }
...
```

当启动探针的时候，相关的行为被执行。在行为的前面可以选择性地添加一个过滤器表达式：

```
probes /filter/ { actions }
```

只有当过滤器表达式为真时，行为才会发生。这与 awk(1) 的程序结构类似：

```
/pattern/ { actions }
```

awk(1) 编程也类似于 bpftrace 编程：可以定义多个行为块，这些行为块可以按任何顺序执行，当它们的模式或探针 + 过滤器表达式为真的时候就会被触发。

3. 注释

bpftrace 程序文件用“//”为前缀添加单行注释：

```
// this is a comment
```

1 有些人喜欢使用#!/usr/bin/env bpftrace，这样就可以从$PATH中找到bpftrace。然而，env(1)也存在着各种问题，在其他一些项目中已经不再使用。

2 bpftrace检查UID 0；未来的更新可能会检查特定权限。

这些注释不会被执行。多行注释的格式与 C 语言中的相同：

```
/*
 * This is a
 * multi-line comment.
 */
```

这种语法也可用于行注释（例如，/* comment */）。

4. 探针格式

探针以探针类型名开始，然后是一个以冒号作为分隔标识符的层次结构：

```
type:identifier1[:identifier2[...]]
```

层次结构是由探针类型所定义的。看一下这两个例子：

```
kprobe:vfs_read
uprobe:/bin/bash:readline
```

kprobe 探针类型用于检测内核函数调用，只需要一个标识符：内核函数名。uprobe 探针类型用于检测用户级函数调用，需要二进制文件的路径和函数名称。

可以用逗号分隔符指定多个探针来执行相同的操作。比如：

```
probe1,probe2,... { actions }
```

有两种特殊的探针类型不需要额外的标识符：BEGIN 和 END 表示 bpftrace 程序的开始和结束（就像 awk(1)）。例如，要在跟踪开始时打印一条信息性质的消息：

```
BEGIN { printf("Tracing. Hit Ctrl-C to end.\n"); }
```

要了解更多关于探针类型及其用法的信息，请参见 15.2.5 节中的“1. 探针类型”。

5. 探针通配符

有些探针类型接受通配符。探针

```
kprobe:vfs_*
```

将检测所有以“vfs_”开头的 kprobe（内核函数）。

探测太多探针可能会造成不必要的性能开销。为了避免意外发生，bpftrace 有一个可调整的最大探针数，可通过 BPFTRACE_MAX_PROBES 环境变量设置（目前默认为

512[1])。

在使用通配符之前，可以通过运行 bpftrace -l 来测试你的通配符，列出匹配的探针：

```
# bpftrace -l 'kprobe:vfs_*'
kprobe:vfs_fallocate
kprobe:vfs_truncate
kprobe:vfs_open
kprobe:vfs_setpos
kprobe:vfs_llseek
[…]
bpftrace -l 'kprobe:vfs_*' | wc -l
56
```

这与 56 个探针相匹配。探针名称放在引号里可防止非预期的 shell 扩展。

6. 过滤器

过滤器用的是布尔表达式，对行为是否被执行进行把关。过滤器

```
/pid == 123/
```

只有当内置的 pid（进程 ID）等于 123 时才会执行该动作。如果没有指定布尔表达式

```
/pid/
```

过滤器将检查其内容是否为非零（/pid/ 与 /pid != 0/ 相同）。过滤器可以与布尔运算符相结合，如逻辑与（&&）。比如：

```
/pid > 100 && pid < 1000/
```

这就要求两个表达式的值都为“真”。

7. 行为

行为可以是一个单一的语句，也可以是由分号分隔的多个语句：

```
{ action one; action two; action three }
```

最后的语句也可以附加一个分号。语句是用类似于 C 语言的 bpftrace 语言编写的，可以操作变量和执行 bpftrace 函数调用。例如，行为

1 目前探测超过512个探针会让bpftrace在启动和关闭时变得很慢，因为它是逐个做探测。将来的内核工作计划是批量做探测。到那时，这个上限可以会大大提升，甚至可以被取消。

```
{ $x = 42; printf("$x is %d", $x); }
```

设置一个变量 $x 为 42，然后用 printf() 打印出来。关于其他可用的函数调用的摘要，参见 15.2.5 节中的“4. 函数”和“5. map 函数”。

8. Hello, World!

你现在应该理解下面这个基础的程序了，当 bpftrace 开始运行时，它将打印出“Hello, World!”：

```
# bpftrace -e 'BEGIN { printf("Hello, World!\n"); }'
Attaching 1 probe...
Hello, World!
^C
```

作为文件的话，格式会是：

```
#!/usr/local/bin/bpftrace

BEGIN
{
        printf("Hello, World!\n");
}
```

用缩进将程序扩展为多行不是必需的，但可以提高可读性。

9. 函数

除了用于打印格式化输出的 printf() 外，其他内置函数包括如下几个。

- **exit()**：退出 bpftrace。
- **str(char *)**：从指针返回字符串。
- **system(format [, arguments …])**：在 shell 里面运行命令。

行为

```
printf("got: %llx %s\n", $x, str($x)); exit();
```

会把 $x 变量打印成一个十六进制的整数，然后把它当作一个以 NULL 结尾的字符数组指针（char *），并把它打印成字符串，最后退出。

10. 变量

有三种变量类型：内置变量、scratch 变量和 map 变量。

内置变量是由 bpftrace 预先定义并提供的，通常是只读的信息源。内置变量包括代表进程 ID 的 pid，代表进程名称的 comm，代表以纳秒为单位的时间戳的 nsecs，以及代表当前线程的 task_struct 地址的 curtask。

scratch 变量可用于临时计算，其前缀为“$”。scratch 变量的名称和类型在第一次赋值时就被设定。语句：

```
$x = 1;
$y = "hello";
$z = (struct task_struct *)curtask;
```

声明了 $x 是一个整数，$y 是一个字符串，$z 是一个指向结构体 task_struct 的指针。这些变量只能在分配它们的行为块中使用。如果变量在没有赋值的情况下被引用，bpftrace 会打印错误（这有助于你发现打字错误）。

map 变量使用 BPF 的 map 存储对象，其前缀为“@”。map 变量可以用于全局存储，在行为之间传递数据。程序：

```
probe1 { @a = 1; }
probe2 { $x = @a; }
```

当 probe1 触发时会把 1 赋给 @a，当 probe2 触发时会把 @a 赋给 $x。如果 probe1 先被触发，然后是 probe2，那么 $x 将被设置为 1；否则的话为 0（未初始化）。

键可以是一个也可以是多个元素，可把 map 当作哈希表（关联数组）来使用。语句：

```
@start[tid] = nsecs;
```

经常被用到：内置的 nsecs 被分配到一个名为 @start 的 map 上，并以当前线程的 ID tid 作为键。这就让线程可以存储自定义的时间戳，而不会被其他线程覆盖。

```
@path[pid, $fd] = str(arg0);
```

是一个多键 map 的例子，同时使用内置变量 pid 和变量 $fd 作为键。

11. map 函数

map 可以被指定为特殊的函数。这些函数能按照自定义方式存储和打印数据。赋值语句：

```
@x = count();
```

对事件进行计数，当打印的时候会将计数打印出来。这里用的是单 CPU 的 map，@x 变成了一个特殊的 count 类型的对象。下面的语句也是对事件进行计数：

```
@x++;
```

然而，这次用的是全局 CPU 的 map，而不是单 CPU 的 map，而且 @x 是整型数。对于某些程序，需要的是整型数而不是计数，这种全局整型数有时候是必要的，但需要谨记，这么做并发更新的时候可能会导致一定范围的误差。

赋值语句

```
@y = sum($x);
```

对变量 $x 求和，打印时将总数打印出来。赋值语句

```
@z = hist($x);
```

将 $x 存储在一个 2 的幂级直方图中，当打印的时候，将打印桶数和一个 ASCII 直方图。

某些 map 函数可以直接操作 map。例如：

```
print(@x);
```

将打印 map @x。例如，这可以用来在一个间隔事件中打印 map 内容。这并不被经常使用，为了方便起见，所有的 map 在 bpftrace 终止时都会被自动打印出来。[1]

某些 map 函数能对 map 键做操作。例如：

```
delete(@start[tid]);
```

在 map @start 中删除键为 tid 的键值对。

12. 计时 vfs_read()

你现在已经学会了所需的语法，我们来理解一个更复杂和实用的例子。这个程序，vfsread.bt，对内核函数 vfs_read 进行计时，并打印出其持续时间的直方图，单位是微秒（μs）：

```
#!/usr/local/bin/bpftrace

// this program times vfs_read()

kprobe:vfs_read
{
        @start[tid] = nsecs;
```

1 当bpftrace终止时，打印map的开销会较少，这是因为在运行的时候，map正在经历更新，这会减慢遍历map的过程。

```
}

kretprobe:vfs_read
/@start[tid]/
{
        $duration_us = (nsecs - @start[tid]) / 1000;
        @us = hist($duration_us);
        delete(@start[tid]);
}
```

这个程序对内核函数 vfs_read() 的持续时间进行计时，通过使用 kprobe 检测其开始时间，并将时间戳存储在以线程 ID 为健值的 @start 哈希中，然后通过使用 kretprobe 检测其结束时间，并计算出 delta 为：now - start。使用一个过滤器来确保开始时间被记录下来；否则，当跟踪开始时，对于正在进行的 vfs_read() 调用，delta 的计算变得无意义，因为可以看到结束，但看不到起始（delta 会变成：now – 0）。

示例的输出如下：

```
# bpftrace vfsread.bt
Attaching 2 probes...
^C

@us:
[0]                   23 |@                                                   |
[1]                  138 |@@@@@@@@@                                           |
[2, 4)               538 |@@@@@@@@@@@@@@@@@@@@@@@@@@@@@@@@@@@@@               |
[4, 8)               744 |@@@@@@@@@@@@@@@@@@@@@@@@@@@@@@@@@@@@@@@@@@@@@@@@@@@@|
[8, 16)              641 |@@@@@@@@@@@@@@@@@@@@@@@@@@@@@@@@@@@@@@@@@@@@        |
[16, 32)             122 |@@@@@@@@                                            |
[32, 64)              13 |                                                    |
[64, 128)             17 |@                                                   |
[128, 256)             2 |                                                    |
[256, 512)             0 |                                                    |
[512, 1K)              1 |                                                    |
```

程序一直运行到按下 Ctrl+C 组合键；然后它打印出上面的输出并结束。这个直方图被命名为“us”，因为 map 的名字是会被打印出来的，所以这可以作为一种标明单位的方法。通过给 map 起一些有意义的名字，比如“bytes”和“latency_ns”，可以对输出加注释，让其不言自明。

这个程序可以根据需要进行定制。可以考虑将 hist() 赋值的那行改为：

```
@us[pid, comm] = hist($duration_us);
```

这为每个进程 ID 加进程名的组合存储了一个直方图。使用传统的系统工具，如 iostat(1) 和 vmstat(1)，输出是固定的，不能轻易定制。但是使用 bpftrace，你看到的指标可以进一步被分解成各个部分，并通过其他探针的指标来做增强，直到得到你需要的答案。

有一个扩展的例子，按文件系统、套接字等类型对 vfs_read() 的延时做了细分，具体参见 8.6.15 节。

15.2.5 参考

以下是 bpftrace 编程的主要组成部分：探针类型、流程控制、变量、函数和 map 函数。

1. 探针类型

表 15.4 列出了可用的探针类型。其中多数有快捷的别名，有助于创建更短的单行命令。

表 15.4 bpftrace 探针类型

类型	简写	说明
tracepoint	t	内核静态观测点
usdt	U	用户级静态定义跟踪
kprobe	k	内核动态函数探针
kretprobe	kr	内核动态函数返回探针
kfunc	f	内核动态函数探针（基于 BPF）
kretfunc	fr	内核动态函数返回探针（基于 BPF）
uprobe	u	用户级动态函数探针
uretprobe	ur	用户级动态函数返回探针
software	s	基于软件的内核事件
hardware	h	基于硬件计数器的探针
watchpoint	w	内存观察点探针
profile	p	所有 CPU 的定时采样
interval	i	定时报告（来自一个 CPU）
BEGIN		bpftrace 的开始
END		bpftrace 的结束

这些探针类型中的大多数是现有内核技术的接口。第 4 章解释了这些技术的工作原理：kprobe、uprobe、tracepoint、USDT 和 PMC（由硬件探测类型使用）。kfunc/kretfunc 探针类型是一种新型的基于 eBPF trampoline 函数和 BTF（BPF 类型格式）的低开销接口。

一些探针可能会频繁触发，如调度器事件、内存分配和网络数据包。为了减少开销，尽量使用频率较低的事件来解决你的问题。如果你不确定探针的频率，可以用 bpftrace 来测量。例如，统计 1 秒的 vfs_read() kprobe 的调用次数。

```
# bpftrace -e 'k:vfs_read { @ = count(); } interval:s:1 { exit(); }'
```

为了防止开销很大，我选择了一个较短的时间，以尽量减少开销。我认为什么是高频率或低频率取决于你的 CPU 速度、数量和余量，以及探针本身的开销。针对当今计算机的一个粗略考量，我认为每秒少于 10 万个 kprobe 或 tracepoint 事件的是低频率的。

探针参数

每种探针类型都提供了不同类型的参数以进一步了解事件的背景。例如，tracepoint 有格式文件提供 args 数据结构的字段名。例如，下面的例子是针对 syscalls:sys_enter_read 的 tracepoint 的检测，用 args->count 参数来记录 count 参数（请求的大小）的直方图：

```
bpftrace -e 'tracepoint:syscalls:sys_enter_read { @req_bytes = hist(args->count); }'
```

这些字段可以从 /sys 下的格式文件里列出来，也可以通过在 bpftrace 中用 -lv 列出 :

```
# bpftrace -lv 'tracepoint:syscalls:sys_enter_read'
tracepoint:syscalls:sys_enter_read
    int __syscall_nr;
    unsigned int fd;
    char * buf;
    size_t count;
```

请参阅在线的“bpftrace 参考指南”，了解每种探针类型及其参数的描述 [Iovisor 20c]

2. 流程控制

在 bpftrace 中有三种类型的判断 : 过滤器、三元运算符和 if 语句。基于布尔表达式，这些判断有条件地改变程序的流程，所支持的布尔表达式如表 15.5 所示。

表 15.5　bpftrace 布尔表达式

表达式	描述
==	等于
!=	不等于
>	大于
<	小于
>=	大于或等于
<=	小于或等于
&&	与
||	或

表达式可以使用圆括号进行分组。

过滤器

前面已经介绍过了，过滤器可对一个行动是否被执行进行把控。格式如下：

```
probe /filter/ { action }
```

过滤器可以使用布尔运算符。过滤器 /pid == 123/ 只在 pid 等于 123 的情况下执行行为。

三元运算符

三元运算符是由一个测试语句和两个结果语句组成的有三个元素的运算符。格式如下：

```
test ? true_statement : false_statement
```

举个例子，你可以使用三元运算符来计算 $x 的绝对值：

```
$abs = $x >= 0 ? $x : - $x;
```

if 语句

if 语句有如下的语法：

```
if (test) { true_statements }
if (test) { true_statements } else { false_statements }
```

一个应用场景是，程序在 IPv4 和 IPv6 上执行不同操作。例如（为了简单起见，这里忽略了 IPv4 和 IPv6 以外的情况）：

```
if ($inet_family == $AF_INET) {
    // IPv4
    ...
} else {
    // assume IPv6
    ...
}
```

else if 语句从 bpftrace v0.10.0 开始被支持。[1]

1　感谢Daniel Xu（PR#1211）。

循环

bpftrace 支持使用 unroll() 的展开循环。对于 Linux 5.3 及以后的内核，还支持 while() 循环[1]：

```
while (test) {
    statements
}
```

这使用了在 Linux 5.3 中增加的内核 BPF 循环支持。

运算符

前面一节列出了判断中使用的布尔运算符，bpftrace 还支持表 15.6 所示的运算符。

表 15.6　bpftrace 运算符

运算符	说明
=	赋值
+、-、*、/	加法、减法、乘法、除法（仅限整数）
++、--	自增、自减
&、|、^	二进制与、二进制或、二进制异或
!	逻辑非
<<、>>	逻辑左移、逻辑右移
+=、-=、*=、/=、%=、&=、^=、<<=、>>=	复合运算符

这些运算符是以 C 语言中的类似的运算符为范本的。

3. 变量

bpftrace 提供的内置变量通常用于对只读信息的访问。表 15.7 列出了重要的内置变量。

表 15.7　bpftrace 内置变量精选

内置变量	类型	说明
pid	integer	进程 ID（内核 tgid）
tid	integer	线程 ID（内核 pid）
uid	integer	用户 ID
username	string	用户名称
nsecs	integer	时间戳，以纳秒为单位
elapsed	integer	时间戳，以纳秒为单位，从 bpftrace 初始化开始
cpu	integer	处理器 ID
comm	string	进程名称

1　感谢Bas Smit增加bpftrace的逻辑（PR#1066）。

续表

内置变量	类型	说明
kstack	string	内核栈踪迹
ustack	string	用户级栈踪迹
arg0, ..., argN	integer	某些探针类型的参数
args	struct	某些探针类型的参数
sarg0, ..., sargN	integer	某些探针类型的栈参数
retval	integer	某些探针类型的返回值
func	string	被跟踪函数的名称
probe	string	当前探针的完整名称
curtask	struct/integer	内核 task_struct（可以是 task_struct 或无符号 64 位整数，取决于类型信息的可用性）
cgroup	integer	当前进程的默认 cgroup v2 ID（用于与 cgroupid() 做比较）
$1, ..., $N	int, char *	bpftrace 程序的位置参数

目前所有的整型数都是 uint64 的。这些变量描述的是当前运行的线程、探针、函数以及探针触发时 CPU 的状态。

本章前面已经演示了各种内置变量：retval、comm、tid 和 nsecs。要了解完整的最新的内置变量列表，请参阅在线“bpftrace 参考指南”[Iovisor 20c]。

4. 函数

表 15.8 列出了精选的用于各种任务的内置函数。其中一些已经在前面的例子中使用过，如 printf()。

表 15.8 bpftrace 内置函数精选

函数	说明
printf(char *fmt [, ...])	格式化打印
time(char *fmt)	打印格式化的时间
join(char *arr[])	打印字符串数组，用空格字符连接
str(char *s [, int len])	返回来自指针 s 的字符串，有一个可选的长度限制
buf(void *d [, int length])	返回十六进制字符串版本的数据指针
strncmp(char *s1, char *s2, int length)	限定长度比较两个字符串
sizeof(expression)	返回表达式或数据类型的大小
kstack([int limit])	返回一个深度不超过限制帧的内核栈
ustack([int limit])	返回一个深度不超过限制帧的用户栈
ksym(void *p)	解析内核地址并返回地址的字符串标识
usym(void *p)	解析用户空间地址并返回地址的字符串标识
kaddr(char *name)	将内核标识名称解析为一个地址
uaddr(char *name)	将用户空间的标识名称解析为一个地址

续表

函数	说明
reg(char *name)	返回存储在已命名的寄存器中的值
ntop([int af,] int addr)	返回一个 IPv4/IPv6 地址的字符串表示
cgroupid(char *path)	返回给定路径（/sys/fs/cgroup/...）的 cgroup ID
system(char *fmt [, ...])	执行 shell 命令
cat(char *filename)	打印文件的内容
signal(char[] sig | u32 sig)	向当前任务发送信号（例如，SIGTERM）
override(u64 rc)	覆盖一个 kprobe 的返回值[1]
exit()	退出 bpftrace

其中一些函数是异步的：内核对事件进行排队，并在很短的时间后在用户空间做处理。这些异步函数是 printf()、time()、cat()、join() 和 system()。kstack()、ustack()、ksym() 和 usym() 等函数会同步记录地址，但符号转换是异步进行的。

举个例子，下面同时使用 printf() 和 str() 函数来显示系统调用 openat(2) 的文件名：

```
# bpftrace -e 't:syscalls:sys_enter_open { printf("%s %s\n", comm,
    str(args->filename)); }'
Attaching 1 probe...
top /etc/ld.so.cache
top /lib/x86_64-linux-gnu/libprocps.so.7
top /lib/x86_64-linux-gnu/libtinfo.so.6
top /lib/x86_64-linux-gnu/libc.so.6
[...]
```

关于完整的、最新的功能列表，请参考在线“bpftrace 参考指南” [Iovisor 20c]。

5. map 函数

map 是 BPF 特殊的哈希表存储对象，有多种不同的用途。例如，可以作为哈希表存储键 / 值对或者用于统计汇总。bpftrace 为 map 的赋值和操作提供了内置函数，多数内置函数是用来支持统计汇总 map 的。表 15.9 中列出了重要的 map 函数。

表 15.9 bpftrace 内置 map 函数精选

函数	说明
count()	计算出现的次数
sum(int n)	数值求和
avg(int n)	求平均值
min(int n)	记录最小值

1 警告：只有在你知道你在做什么的情况下才可以使用这个方法，一个小错误可能会导致内核恐慌或损坏。

续表

函数	说明
max(int n)	记录最大值
stats(int n)	返回计数、平均值和总数
hist(int n)	打印数值的 2 的幂级直方图
lhist(int n, const int min, const int max, int step)	打印数值的线性直方图
delete(@m[key])	删除 map 中指定的键 / 值对
print(@m [, top [, div]])	打印 map，包括可选的限制（只输出最高的 top 个）和除数（将数值整除后再输出）
clear(@m)	删除 map 上的所有键
zero(@m)	将 map 的所有值设为零

其中一些函数是异步的：内核对事件进行排队，短时间后在用户空间进行处理。这些异步操作包括 print()、clear() 和 zero()。当你编写程序时，要注意这个延时。

再举一个使用 map 函数的例子，下面使用 lhist() 按进程名称创建系统调用 read(2) 的大小分布的线性直方图，步进为 1，这样每个文件描述符的编号都能被独立看到：

```
# bpftrace -e 'tracepoint:syscalls:sys_enter_read {
    @fd[comm] = lhist(args->fd, 0, 100, 1); }'
Attaching 1 probe...
^C
[...]
@fd[sshd]:
[4, 5)                22 |                                                    |
[5, 6)                 0 |                                                    |
[6, 7)                 0 |                                                    |
[7, 8)                 0 |                                                    |
[8, 9)                 0 |                                                    |
[9, 10)                0 |                                                    |
[10, 11)               0 |                                                    |
[11, 12)               0 |                                                    |
[12, 13)            7760 |@@@@@@@@@@@@@@@@@@@@@@@@@@@@@@@@@@@@@@@@@@@@@@@@@@@@|
```

输出显示，在这个系统中，sshd 进程通常从文件描述符 12 进行读取。输出使用了集合符号，其中“[”表示大于或等于，“)”表示小于（又称有界的左闭、右开区间）。

要了解完整和最新的 map 函数列表 [Iovisor 20c]，请参阅在线“bpftrace 参考指南”。

15.2.6 文档

在本书的前几章中，在以下章节有更多的 bpftrace 内容：

- 5.5.7 节
- 6.6.20 节
- 7.5.13 节
- 8.6.15 节
- 9.6.11 节
- 10.6.12 节

在第 4 章和第 11 章中也有 bpftrace 的例子。

在 bpftrace 的代码库中，我还创建了以下文档。

- 参考指南：docs/reference_guide.md [Iovisor 20c]
- 教程：docs/tutorial_one_liners.md [Iovisor 20d]

关于 bpftrace 的更多信息，请参考《BPF 之巅》[Gregg 19] 一书，在其第 5 章中用许多例子探讨了这门编程语言，后面的章节提供了更多用于分析不同目标的 bpftrace 程序。

请注意，一些在《BPF 之巅》一书中被描述为“计划中”的 bpftrace 功能，后来被添加到 bpftrace 中，也包含在本章里。这些功能是：while() 循环、else-if 语句、signal()、override() 和 watchpoint 事件。其他添加到 bpftrace 的功能有：kfunc 探针类型、buf() 和 sizeof()。尽管没有更多的计划，你也可以查看 bpftrace 代码库里的发布说明来了解未来要添加的功能，bpftrace 有足够的能力支撑 120 多个发布的 bpftrace 工具。

15.3 参考资料

[Aho 78] Aho, A. V., Kernighan, B. W., and Weinberger, P. J., “Awk: A Pattern Scanning and Processing Language (Second Edition),” *Unix 7th Edition man pages*, 1978. Online at http://plan9.bell-labs.com/7thEdMan/index.html.

[Aho 88] Aho, A. V., Kernighan, B. W., and Weinberger, P. J., *The AWK Programming Language*, Addison Wesley, 1988.

[Gregg 18e] Gregg, B., “YOW! 2018 Cloud Performance Root Cause Analysis at Netflix,” http://www.brendangregg.com/blog/2019-04-26/yow2018-cloud-performance-netflix.html, 2018.

[Gregg 19] Gregg, B., *BPF Performance Tools: Linux System and Application Observability*, Addison-Wesley, 2019.

[Gregg 19g] Gregg, B., "BPF Performance Tools (book): Tools," http://www.brendangregg.com/bpf-performance-tools-book.html#tools, 2019.

[Iovisor 20a] "bpftrace: High-level Tracing Language for Linux eBPF," https://github.com/iovisor/bpftrace, last updated 2020.

[Iovisor 20b] "BCC - Tools for BPF-based Linux IO Analysis, Networking, Monitoring, and More," https://github.com/iovisor/bcc, last updated 2020.

[Iovisor 20c] "bpftrace Reference Guide," https://github.com/iovisor/bpftrace/blob/master/docs/reference_guide.md, last updated 2020.

[Iovisor 20d] Gregg, B., et al., "The bpftrace One-Liner Tutorial," https://github.com/iovisor/bpftrace/blob/master/docs/tutorial_one_liners.md, last updated 2020.

第16章 案例研究

本章展示了一个系统性能的案例研究：一个真实世界中的性能问题的故事，从最初的报告到最后的解决。这个特殊的问题发生在云计算的生产环境中；我选择它作为系统性能分析的一个常规例子。

在本章中，我的意图不是介绍新的技术内容，而是用讲故事的方式来展示如何在实际工作环境中应用工具和方法。这对于那些还没有从事过真实世界中的系统性能问题分析的初学者来说应该特别有用，它提供了一个专家如何处理这些问题的俯视视角，记录了该专家在分析过程中可能的想法。这样的记录方式不一定是最好的，但适合于讲述为什么要采取某种方法。

16.1 无法解释的收益

一个 Netflix 的微服务在一个新的基于容器的平台上被进行了测试，结果发现请求延时减少到原来的 1/3 至 1/4。虽然容器平台有很多好处，但如此大的收益是出乎意料的！这听起来好到不像真的，我被要求调查并解释它是如何发生的。

为了分析，我使用了各种工具，包括那些基于计数器、静态配置、PMC、软件事件和跟踪的工具。所有这些工具类型都发挥了作用，并提供了能互相印证的线索。由于这使我对系统性能分析有了一个广泛的了解，我把它作为我的 USENIX LISA 2019 年关于系统性能演讲的开场故事 [Gregg 19h]，并把它作为案例研究放在这里。

16.1.1 问题陈述

通过与服务团队的交流，我了解了该微服务的细节。这是一个计算用户推荐的 Java 应用，目前运行在 AWS EC2 云中的虚拟机实例上。该微服务由两个组件组成，其中一个组件是在一个叫 Titus 的 Netflix 容器平台上做测试，同时也在 AWS EC2 上运行。这个组件在虚拟机实例上的请求延时为 3 ～ 4 秒，而在容器上则为 1 秒：速度快了 3 ～ 4 倍！

问题在于要解释这种性能差异。如果仅仅是因为移到了容器，那么可以期望通过移动微服务获得永久的 3 ～ 4 倍的收益。如果是由其他因素造成的，那就值得了解这个原因是什么，以及该原因是否会是永久性的，也许这个原因可以应用在其他地方以及做更大程度上的应用。

我马上想到的是隔离运行一个工作负载的某个组件的好处：该组件将能够使用整个 CPU 缓存，而不会受到其他组件的争夺，缓存命中率上升从而提高了性能。另一个猜想是这是容器平台上的突发事件，即一个容器使用了其他容器的闲置 CPU 资源。

16.1.2　分析策略

由于流量是由负载均衡器（AWS ELB）处理的，因此可以在虚拟机和容器之间分割流量，这样我就可以同时登录到这两个容器。这是一个比较分析的理想情况。我可以在一天中的同一时间在两者上运行相同的分析命令（相同的流量组合和负载），并立即比较输出。

在这种情况下，我可以访问容器主机，而非仅仅是容器，这让我可以使用任何分析工具，并且这些工具有发起所有系统调用的权限。如果我只有容器的访问权，由于有限的观测源和内核权限，分析会更加耗时，需要从有限的指标中做更多的推断而不是直接测量。目前有些性能问题仅从容器里做分析是不切实际的（参见第 11 章）。

至于方法方面，我计划从 60 秒检查表（参见 1.10.1 节）和 USE 方法（参见 2.5.9 节）开始，并根据它们反馈出的线索进行深入分析（参见 2.5.12 节）和实施其他方法。

我把我运行的命令和它们的输出放在下面的章节里，其中“serverA#”表示虚拟机实例，“serverB#”表示容器主机。

16.1.3　统计数据

我开始运行 uptime(1) 来检查负载的平均统计数据。在这两个系统上：

```
serverA# uptime
 22:07:23 up 15 days,  5:01,  1 user,  load average: 85.09, 89.25, 91.26

serverB# uptime
 22:06:24 up 91 days, 23:52,  1 user,  load average: 17.94, 16.92, 16.62
```

这表明，负载基本稳定，在虚拟机实例上负载在稍微变轻（85.09 与 91.26 相比），在容器上负载在稍微变重（17.94 与 16.62 相比）。我检查了趋势，看看问题是在增加、减少还是稳定，这在云环境中尤其重要，因为云环境会自动将负载从不健康的实例中迁移出去。我不止一次登录到一个有问题的实例，发现活动很少，分钟级平均负载接近零。

平均负载还显示，虚拟机的负载比容器主机高得多（85.09 与 17.94 相比），我需要其他工具的统计数据来理解这意味着什么。高平均负载通常指向 CPU 需求，但也可能与 I/O 有关（参见 6.6.1 节）。

为了探索 CPU 负载，我转向 mpstat(1)，从系统级别的均值开始。在虚拟机上：

```
serverA# mpstat 10
Linux 4.4.0-130-generic (...) 07/18/2019        _x86_64_  (48 CPU)

10:07:55 PM  CPU   %usr  %nice  %sys %iowait  %irq %soft %steal %guest %gnice  %idle
10:08:05 PM  all  89.72   0.00  7.84    0.00  0.00  0.04   0.00   0.00   0.00   2.40
10:08:15 PM  all  88.60   0.00  9.18    0.00  0.00  0.05   0.00   0.00   0.00   2.17
10:08:25 PM  all  89.71   0.00  9.01    0.00  0.00  0.05   0.00   0.00   0.00   1.23
10:08:35 PM  all  89.55   0.00  8.11    0.00  0.00  0.06   0.00   0.00   0.00   2.28
10:08:45 PM  all  89.87   0.00  8.21    0.00  0.00  0.05   0.00   0.00   0.00   1.86
^C
Average:     all  89.49   0.00  8.47    0.00  0.00  0.05   0.00   0.00   0.00   1.99
```

在容器上：

```
serverB# mpstat 10
Linux 4.19.26 (...) 07/18/2019        _x86_64_  (64 CPU)

09:56:11 PM CPU   %usr  %nice  %sys %iowait  %irq %soft %steal %guest %gnice  %idle
09:56:21 PM  all  23.21   0.01  0.32    0.00  0.00  0.10   0.00   0.00   0.00  76.37
09:56:31 PM  all  20.21   0.00  0.38    0.00  0.00  0.08   0.00   0.00   0.00  79.33
09:56:41 PM  all  21.58   0.00  0.39    0.00  0.00  0.10   0.00   0.00   0.00  77.92
09:56:51 PM  all  21.57   0.01  0.39    0.02  0.00  0.09   0.00   0.00   0.00  77.93
09:57:01 PM  all  20.93   0.00  0.35    0.00  0.00  0.09   0.00   0.00   0.00  78.63
^C
Average:     all  21.50   0.00  0.36    0.00  0.00  0.09   0.00   0.00   0.00  78.04
```

mpstat(1) 把 CPU 的数量打印在第一行。输出显示，虚拟机有 48 个 CPU，而容器主机有 64 个。这有助于我进一步解释平均负载：如果它们是基于 CPU 的，这将表明虚拟机实例运行到了 CPU 饱和状态，因为平均负载大约是 CPU 数量的两倍，而容器主机则未被充分利用。mpstat(1) 的指标佐证了这一假设：虚拟机的空闲时间约为 2%，而容器主机的空闲时间约为 78%。

通过检查其他 mpstat(1) 的统计数据，我发现了其他线索：

- CPU 使用率（%usr + %sys + ...）显示，虚拟机为 98%，而容器为 22%。这些处

理器每个 CPU 核有两个超线程，所以超过 50% 的使用率通常意味着超线程核心的争夺，从而降低了性能。虚拟机已经进入了这种情况，而容器主机可受益于每个核心只有一个繁忙的超线程。

- 系统时间（%sys）在虚拟机上要高得多：大约是 8% 对比 0.38%。如果虚拟机在 CPU 饱和状态下运行，这个额外的 %sys 时间可能包括内核上下文切换的代码路径，这通过内核跟踪或剖析可以证实。

我继续执行 60 秒检查表中的其他命令。vmstat(8) 显示运行队列长度与平均负载相似，证实平均负载是基于 CPU 的。iostat(1) 显示磁盘 I/O 很少，sar(1) 显示网络 I/O 很少。这证实了虚拟机是在 CPU 饱和状态下运行的，导致可运行的线程要等待轮到它们，而容器主机却没有这种情况。容器主机上的 top(1) 也显示只有一个容器在运行。

这些命令提供了 USE 方法的统计数据，这也确定了 CPU 负载的问题。

我解决了这个问题吗？我发现，在一个有 48 个 CPU 的系统上，虚拟机的平均负载为 85，而且这个平均负载是基于 CPU 的。这意味着线程大约有 77% 的时间在等待轮到自己（85/48-1），而消除这些等待时间将产生大约 4 倍（1/（1-0.77））的速度提升。虽然这个幅度与问题的现象相对应，但我还不能解释平均负载为什么更高，因此有必要做更多的分析。

16.1.4　配置

知道存在 CPU 的问题，我检查了 CPU 的配置和它们的限制（静态性能调优，参见 2.5.17 节和 6.5.7 节）。在虚拟机和容器之间，处理器本身是不同的。下面显示的是虚拟机的 /proc/cpuinfo：

```
serverA# cat /proc/cpuinfo
processor       : 47
vendor_id       : GenuineIntel
cpu family      : 6
model           : 85
model name      : Intel(R) Xeon(R) Platinum 8175M CPU @ 2.50GHz
stepping        : 4
microcode       : 0x200005e
cpu MHz         : 2499.998
cache size      : 33792 KB
physical id     : 0
siblings        : 48
core id         : 23
cpu cores       : 24
apicid          : 47
```

```
initial apicid  : 47
fpu             : yes
fpu_exception   : yes
cpuid level     : 13
wp              : yes
flags           : fpu vme de pse tsc msr pae mce cx8 apic sep mtrr pge mca cmov pat
pse36 clflush mmx fxsr sse sse2 ss ht syscall nx pdpe1gb rdtscp lm constant_tsc
arch_perfmon rep_good nopl xtopology nonstop_tsc aperfmperf eagerfpu pni pclmulqdq
monitor ssse3 fma cx16 pcid sse4_1 sse4_2 x2apic movbe popcnt tsc_deadline_timer aes
xsave avx f16c rdrand hypervisor lahf_lm abm 3dnowprefetch invpcid_single kaiser
fsgsbase tsc_adjust bmi1 hle avx2 smep bmi2 erms invpcid rtm mpx avx512f rdseed adx
smap clflushopt clwb avx512cd xsaveopt xsavec xgetbv1 ida arat
bugs            : cpu_meltdown spectre_v1 spectre_v2 spec_store_bypass
bogomips        : 4999.99
clflush size    : 64
cache_alignment : 64
address sizes   : 46 bits physical, 48 bits virtual
power management:
```

容器的：

```
serverB# cat /proc/cpuinfo
processor       : 63
vendor_id       : GenuineIntel
cpu family      : 6
model           : 79
model name      : Intel(R) Xeon(R) CPU E5-2686 v4 @ 2.30GHz
stepping        : 1
microcode       : 0xb000033
cpu MHz         : 1200.601
cache size      : 46080 KB
physical id     : 1
siblings        : 32
core id         : 15
cpu cores       : 16
apicid          : 95
initial apicid  : 95
fpu             : yes
fpu_exception   : yes
cpuid level     : 13
wp              : yes
flags           : fpu vme de pse tsc msr pae mce cx8 apic sep mtrr pge mca cmov pat
pse36 clflush mmx fxsr sse sse2 ht syscall nx pdpe1gb rdtscp lm constant_tsc arch_
perfmon rep_good nopl xtopology nonstop_tsc cpuid aperfmperf pni pclmulqdq monitor
est ssse3 fma cx16 pcid sse4_1 sse4_2 x2apic movbe popcnt tsc_deadline_timer aes
```

```
xsave avx f16c rdrand hypervisor lahf_lm abm 3dnowprefetch cpuid_fault
invpcid_single pti fsgsbase bmi1 hle avx2 smep bmi2 erms invpcid rtm rdseed adx
xsaveopt ida
bugs            : cpu_meltdown spectre_v1 spectre_v2 spec_store_bypass l1tf
bogomips        : 4662.22
clflush size    : 64
cache_alignment : 64
address sizes   : 46 bits physical, 48 bits virtual
power management:
```

容器主机的CPU的基本频率稍慢（2.30GHz与2.50GHz相比）；但是，容器的CPU有一个更大的最后一级缓存（45MB对33MB）。根据工作负荷的不同，较大的缓存尺寸会对CPU的性能产生很大的影响。为了进一步调查，我需要用到PMC。

16.1.5 PMC

性能监测计数器（PMC）可以解释CPU周期性能，在AWS EC2的某些实例上可以使用。我已经发布了一个用于云端PMC分析的工具包[Gregg 20e]，其中包括pmcarch(8)（参见6.6.11节）。pmcarch(8)显示了英特尔PMC的架构集，这是通常可用的最基本的一组。

在虚拟机上：

```
serverA# ./pmcarch -p 4093 10
K_CYCLES  K_INSTR   IPC BR_RETIRED   BR_MISPRED  BMR% LLCREF      LLCMISS     LLC%
982412660 575706336 0.59 126424862460 2416880487  1.91 15724006692 10872315070 30.86
999621309 555043627 0.56 120449284756 2317302514  1.92 15378257714 11121882510 27.68
991146940 558145849 0.56 126350181501 2530383860  2.00 15965082710 11464682655 28.19
996314688 562276830 0.56 122215605985 2348638980  1.92 15558286345 10835594199 30.35
979890037 560268707 0.57 125609807909 2386085660  1.90 15828820588 11038597030 30.26
[...]
```

在容器实例上：

```
serverB# ./pmcarch -p 1928219 10
K_CYCLES  K_INSTR   IPC BR_RETIRED  BR_MISPRED BMR% LLCREF     LLCMISS    LLC%
147523816 222396364 1.51 46053921119 641813770  1.39 8880477235 968809014  89.09
156634810 229801807 1.47 48236123575 653064504  1.35 9186609260 1183858023 87.11
152783226 237001219 1.55 49344315621 692819230  1.40 9314992450 879494418  90.56
140787179 213570329 1.52 44518363978 631588112  1.42 8675999448 712318917  91.79
136822760 219706637 1.61 45129020910 651436401  1.44 8689831639 617678747  92.89
[...]
```

这表明虚拟机的每周期指令数（IPC）约为 0.57，而容器约为 1.52，有 2.6 倍的差别。

IPC 较低的一个原因可能是超线程争用，因为虚拟机主机的 CPU 使用率超过 50%。最后一栏显示了另一个原因：虚拟机最后一级缓存（LLC）的命中率只有 30%，而容器的命中率约为 90%。这将导致虚拟机上的指令在主存访问时经常停滞，从而降低 IPC 和指令吞吐量（性能）。

虚拟机上较低的 LLC 命中率可能至少由三个因素造成：

- 较小的 LLC 大小（33MB 对 45MB）。
- 运行全部工作负载而不是一个子组件（如问题陈述中提到的）；子组件可能会有更好的缓存：更少的指令和数据。
- CPU 的饱和度导致更多的上下文切换，以及代码路径之间的跳跃（包括用户和内核），增加了缓存压力。

最后一个因素可以用跟踪工具进行调查。

16.1.6 软件事件

为了研究上下文切换，我开始使用 perf(1) 命令来计算系统级的上下文切换率。这里用到了软件事件，它与硬件事件（PMC）相似，但是在软件中实现的（参见第 4 章中的图 4.5 和 13.5 节）。

在虚拟机上：

```
serverA# perf stat -e cs -a -I 1000
#           time             counts unit events
     1.000411740          2,063,105      cs
     2.000977435          2,065,354      cs
     3.001537756          1,527,297      cs
     4.002028407            515,509      cs
     5.002538455          2,447,126      cs
     6.003114251          2,021,182      cs
     7.003665091          2,329,157      cs
     8.004093520          1,740,898      cs
     9.004533912          1,235,641      cs
    10.005106500          2,340,443      cs
^C    10.513632795          1,496,555      cs
```

这个输出显示了每秒约 200 万次的上下文切换。然后我在容器主机上运行 perf(1)，这次是根据容器应用程序的 PID 进行匹配，以排除其他可能的容器的（我在虚拟机上做了类似的 PID 匹配，结果较之前并没有明显改变[1])。

```
serverB# perf stat -e cs -p 1928219 -I 1000
#          time             counts unit events
     1.001931945             1,172      cs
     2.002664012             1,370      cs
     3.003441563             1,034      cs
     4.004140394             1,207      cs
     5.004947675             1,053      cs
     6.005605844               955      cs
     7.006311221               619      cs
     8.007082057             1,050      cs
     9.007716475             1,215      cs
    10.008415042             1,373      cs
^C    10.584617028               894      cs
```

这个输出显示，每秒只有大约 1000 次上下文切换。

高速率的上下文切换会给 CPU 缓存带来更大的压力，因为它在不同的代码路径之间切换，包括管理上下文切换的内核代码，也可能是不同的进程。[2] 为了进一步调查上下文切换，我使用了跟踪工具。

16.1.7　跟踪

有几个基于 BPF 的跟踪工具可以进一步分析 CPU 的使用和上下文切换，包括来自 BCC 的 cpudist(8)、cpuwalk(8)、runqlen(8)、runqlat(8)、runqslower(8)、cpuunclaimed(8) 等（见图 15.1）。

cpudist(8) 显示了线程在 CPU 上的持续时间。在虚拟机上：

```
serverA# cpudist -p 4093 10 1
Tracing on-CPU time... Hit Ctrl-C to end.

     usecs               : count     distribution
         0 -> 1          : 3618650  |****************************************|
         2 -> 3          : 2704935  |*****************************           |
         4 -> 7          : 421179   |****                                    |
         8 -> 15         : 99416    |*                                       |
        16 -> 31         : 16951    |                                        |
        32 -> 63         : 6355     |                                        |
```

1　那为什么在虚拟机上我没有按PID匹配的输出？因为没有。

2　对于一些处理器和内核的配置，上下文切换也可能刷新L1缓存。

```
        64 -> 127        : 3586     |                                        |
       128 -> 255        : 3400     |                                        |
       256 -> 511        : 4004     |                                        |
       512 -> 1023       : 4445     |                                        |
      1024 -> 2047       : 8173     |                                        |
      2048 -> 4095       : 9165     |                                        |
      4096 -> 8191       : 7194     |                                        |
      8192 -> 16383      : 11954    |                                        |
     16384 -> 32767      : 1426     |                                        |
     32768 -> 65535      : 967      |                                        |
     65536 -> 131071     : 338      |                                        |
    131072 -> 262143     : 93       |                                        |
    262144 -> 524287     : 28       |                                        |
    524288 -> 1048575    : 4        |                                        |
```

这个输出显示，应用程序花费在 on-CPU 上的时间很少，通常少于 7 微秒。其他工具（t:sched:sched_switch 的 stackcount(8) 和 /proc/PID/status）显示，应用程序通常是由于非自愿的[1]上下文切换而离开 CPU 的。

在容器主机上：

```
serverB# cpudist -p 1928219 10 1
Tracing on-CPU time... Hit Ctrl-C to end.

     usecs               : count     distribution
         0 -> 1          : 0        |                                        |
         2 -> 3          : 16       |                                        |
         4 -> 7          : 6        |                                        |
         8 -> 15         : 7        |                                        |
        16 -> 31         : 8        |                                        |
        32 -> 63         : 10       |                                        |
        64 -> 127        : 18       |                                        |
       128 -> 255        : 40       |                                        |
       256 -> 511        : 44       |                                        |
       512 -> 1023       : 156      |*                                       |
      1024 -> 2047       : 238      |**                                      |
      2048 -> 4095       : 4511     |****************************************|
      4096 -> 8191       : 277      |**                                      |
      8192 -> 16383      : 286      |**                                      |
     16384 -> 32767      : 77       |                                        |
     32768 -> 65535      : 63       |                                        |
```

1 /proc/PID/status称之为nonvoluntary_ctxt_switches。

```
 65536 -> 131071     : 44       |                                        |
131072 -> 262143     : 9        |                                        |
262144 -> 524287     : 14       |                                        |
524288 -> 1048575    : 5        |                                        |
```

如今这个应用程序通常在 CPU 上花费 2 ～ 4 毫秒的时间。其他工具显示，它并没有被非自愿的上下文切换所打断。

虚拟机上的非自愿上下文切换，以及随后的高上下文切换率（前面看到的），造成了性能问题。导致应用程序往往不到 10 微秒的时间就离开 CPU，也就没有很多时间给 CPU 缓存来预热当前的代码路径。

16.1.8　结论

我得出结论，性能提高的原因如下。

- **没有容器邻居：**容器主机除了一个容器外都是空闲的。这使得该容器可以拥有整个 CPU 缓存，并在没有 CPU 竞争的情况下运行。虽然这在测试中产生了对容器有利的结果，但这并不是长期生产使用的预期情况，在通常情况下，有相邻的容器将是常态。当其他租户进入时，微服务可能会出现性能优势下降较多的情况。
- **LLC 大小和工作负载的差异：**虚拟机上的 IPC 为容器主机上的 38%，这可以解释 2.6 倍的差异。其中一个原因可能是超线程争用，因为虚拟机主机的使用率超过 50%（每个核心有两个超线程）。然而，主要原因很可能是较低的 LLC 命中率，虚拟机上有 30%，而容器上有 90%。这个低 LLC 命中率有如下三个可能的原因。
  - 虚拟机上的 LLC 大小较小：33 MB 对 45 MB。
  - 虚拟机上更复杂的工作负载：与在容器上运行的组件相比，完整的应用程序需要更多的指令文本和数据。
  - 虚拟机上的上下文切换的数量约为 200 万次 / 秒：这些切换会阻止线程在 CPU 上长时间运行，干扰缓存预热。在虚拟机上 on-CPU 的持续时间通常小于 10 微秒，而在容器主机上为 2 ～ 4 毫秒。
- **CPU 负载差异：**更高的负载被引导到虚拟机上，使 CPU 达到饱和状态。在有 48 个 CPU 的系统上，基于 CPU 的平均负载为 85，这导致了大约每秒 200 万次上下文切换，以及线程等待轮到自己时的运行队列延时。根据平均负载推断出的运行队列的延时，显示虚拟机的运行速度大约为容器主机的 25%。

这些要点解释了所观测到的性能差异。

16.2 其他信息

关于系统性能分析的更多案例研究，可以查看你公司的 bug 数据库（或工单系统），了解以前与性能有关的问题，还有你使用的应用程序和操作系统的公开 bug 数据库。这些问题往往以问题描述开始，以最终的修复结果结束。许多 bug 数据库系统还包括附有时间戳的评论历史，可以研究一下，看看分析的过程，包括探索的假设和走过的错路。走错路，对多种可能因素做识别，都是很正常的。

有一些会不定期发表的系统性能的案例研究，例如，在我的博客上 [Gregg 20j]。注重实践的技术期刊在描述问题的新技术解决方案时经常使用案例研究作为背景，这种期刊如 *USENIX*、*login*:[USENIX 20] 和 *ACM Queue* [ACM 20]。

16.3 参考资料

[Gregg 19h] Gregg, B., “LISA2019 Linux Systems Performance,” *USENIX LISA*, http://www.brendangregg.com/blog/2020-03-08/lisa2019-linux-systems-performance.html, 2019.

[ACM 20] “acmqueue,” http://queue.acm.org, accessed 2020.

[Gregg 20e] Gregg, B., “PMC (Performance Monitoring Counter) Tools for the Cloud,” https://github.com/brendangregg/pmc-cloud-tools, last updated 2020.

[Gregg 20j] “Brendan Gregg’s Blog,” http://www.brendangregg.com/blog, last updated 2020.

[USENIX 20] “;login: The USENIX Magazine,” https://www.usenix.org/publications/login, accessed 2020.

附录A

USE方法：Linux

本附录包含了一张源自 USE 方法 [Gregg 13d] 的 Linux 检查清单。这是一个检查系统健康状态，发现常见资源瓶颈和错误的方法，2.5.9 节中介绍过 USE 方法。后面的章节（5、6、7、9、10）通过特定场景描述了这个方法，并介绍了一些支持这个方法的工具。

性能工具常有改进并不断有新工具问世，因此你应当把这些工具当作起点，并且这些工具需要时常更新。同样，也可以开发出新的观测框架和工具，使得使用 USE 方法更加容易。

物理资源

模块	类型	指标
CPU	使用率	每个 CPU：mpstat -P ALL 1，CPU 消耗列中的值的总和（%usr、%nice、%sys、%irq、%soft、%guest、%gnice）或者空闲列中的值的倒数（%iowait、%steal、%idle）；sar -P ALL，CPU 消耗列中的值的总和（%user、%nice、%system）或者空闲列中的值的倒数（%iowait、%steal、%idle） 系统范围：vmstat 1, us + sy；sar -u, %user + %nice + %system 每个进程：top, %CPU；htop, CPU%；ps -o pcpu；pidstat 1, %CPU 每个内核线程：top/htop（按 K 转换显示），找到 VIRT==0（启发式）
CPU	饱和度	系统范围：vmstat 1, r > CPU 数量[1]；sar -q, runq-sz > CPU 数量；runqlat；runqlen 每个进程：/proc/PID/shedstat 第二个字段（sched_info.run_delay）；getdelays.c, CPU[2]；perf sched latency（显示每次调度的平均和最大延时[3]

1　列r报告了那些正在等待以及正在CPU上运行的线程。参见第6章中关于vmstat(1)的描述。

2　使用延时核算，参见第4章。

3　还有一个为perf(1)服务的tracepoint sched:sched_process_wait；因调度事件很频繁，跟踪时要注意额外的开销。

续表

模块	类型	指标
CPU	错误	在 dmesg、rasdaemon 和 ras-mc-ctl --sumary 中出现的机器检查异常（Machine Check Exception，MCE）；如果处理器特定错误事件（PMC）可用，使用 perf(1)；例如，AMD64 的“04Ah Single-bit ECC Erros Recorded by Scrubber”[1]（也可以被当成内存设备错误）；ipmtool sel list；ipmitool sdr list
内存容量	使用率	系统范围：free –m,Mem:（主存）,Swap:（虚存）；vmstat 1, free（主存），swap（虚存）；sar -r, %memused；slabtop -s c 检查 kmem slab 使用情况 每个进程：top/htop，RES（驻留主存），VIRT（虚存），Mem 为系统范围内的总计
内存容量	饱和度	系统范围：vmstat 1，si/so（交换）；sar –B，pgscank+pgscand（扫描）；sar –W 每个进程：getdelays.c，SWAP2；/proc/PID/stat 中的第 10 项（min_flt）可以得到次要缺页率，或者使用动态跟踪[2]；dmesg | grep killed（OOM 终结者）
内存容量	错误	dmesg 可以得到物理失效，或者使用 rasdaemon 加上 ras-mc-ctl --sumary，抑或使用 edac-util；dmidecode 可能也会展示物理失效；ipmtool sel list；impitool sdr list；动态检测，例如，使用 uprobe 获得失败的 malloc() 数量（bpftrace）
网络接口	使用率	ip –s link，RX/TX 吞吐量除以最大带宽；sar -n DEV，rx/tx kB/s 除以最大带宽；/proc/net/dev，RX/TX 吞吐量字节数除以最大值
网络接口	饱和度	netstat，TcpRetransSegs；sar –n EDEV，*drop/s，*fifo/s[3]；/proc/net/dev，RX/TX 丢包；动态跟踪其他 TCP/IP 栈排队情况
网络接口	错误	ip –s link，errors，sar –n EDEV all；/proc/net/dev，errs，drop6；其他计数器可能可以在 /sys/class/net/*/statistics/*error* 下找到；动态检测驱动函数的返回值
存储设备 I/O	使用率	系统范围：iostat –xz 1，%util；sar –d %util； 每个进程：iotop，biotop；/proc/PID/sched se.statistics.iowait_sum
存储设备 I/O	饱和度	iostat –xnz 1，avgqu-sz > 1，或者较高的 await；sar –d 的相同项；perf(1) 块 tracepoint 获得队列长度 / 延时；biolatency
存储设备 I/O	错误	/sys/devices/.../ioerr_cnt；smartctl；动态 / 静态检测 I/O 子系统响应代码[4]
存储容量	使用率	swap：swapon –s；free；/proc/meminfo SwapFree/SwapTotal；文件系统：df -h
存储容量	饱和度	不太确定这项是否有意义——一旦爆满会返回 ENOSPC（在接近爆满的时候，取决于文件系统空闲块算法，性能有可能会下降）
存储容量	文件系统：错误	strace 跟踪 ENOSPC；动态检测 ENOSPC；/var/log/messages errs，取决于文件系统；应用程序日志错误
存储控制器	使用率	iostat –xz 1，把设备的数值加起来与已知的每张卡的 IOPS/ 吞吐量进行对比
存储控制器	饱和度	参见存储设备 I/O 的饱和度

1 在最新的Intel和AMD处理器手册中没有很多错误相关的事件。

2 可以通过查看谁造成了次要缺页，来展示谁正在消耗内存并导致饱和。在htop(1)中应该可以通过MINFLT项得到。

3 丢弃的包被包含在了饱和度和错误的指标内，因为饱和度及错误都有可能造成包的丢弃。

4 这包括了跟踪I/O子系统中不同层次的函数：块设备、SCSI、SATA、IDE……有些静态探针可用（perf(1) scsi和块tracepoint事件），否则就使用动态检测。

续表

模块	类型	指标
存储控制器	错误	参见存储设备 I/O 的错误
网络控制器	使用率	从 ip –s link（或者 sar，或者 /proc/net/dev）和已知控制器的最大吞吐量推断出接口类型
网络控制器	饱和度	参见网络接口的饱和度
网络控制器	错误	参见网络接口的错误
CPU 互联	使用率	带 PMC 的 perf stat 获得 CPU 互联端口，用吞吐量除以最大值
CPU 互联	饱和度	带 PMC 的 perf stat 获得停滞周期
CPU 互联	错误	带 PMC 的 perf stat 得到的所有信息
内存互联	使用率	带 PMC 的 perf stat 获得内存总线，用吞吐量除以最大值；例如，Intel uncore_imc/data_reads，uncore_imc / data_writes；或者小于 0.2 的 IPC；PMC 可能有本地和远程计数器的对比
内存互联	饱和度	带 PMC 的 perf stat 获得停滞周期
内存互联	错误	带 PMC 的 perf stat 得到的所有信息；dmidecode 可能也有其他信息
I/O 互联	使用率	带 PMC 的 perf stat 获得吞吐量除以最大值（如果能够获得）；通过 iostat/ip/…获得的已知吞吐量进行推断
I/O 互联	饱和度	带 PMC 的 perf stat 获得停滞周期
I/O 互联	错误	带 PMC 的 perf stat 得到的所有信息

一般说明：上面并未包含 uptime 命令的 load average 项（或 /proc/loadavg），原因是 Linux 的平均负载包括了处于无法中断状态的 I/O 任务。

perf(1)：一个强大的观测工具，它读取 PMC 并且可以使用动态和静态检测技术。它的接口即 perf(1) 命令，在第 13 章中有介绍。

PMC：性能监测计数器（Performance Monitoring Counters）。参见第 6 章，用法参考 perf(1)。

I/O 互联：包括了 CPU 到 I/O 控制器总线、I/O 控制器，以及设备总线（例如 PCIe）。

动态检测：可以开发自定义的指标。参见第 4 章以及后面几章中的例子。Linux 中的动态检测工具包括了 perf(1)（第 13 章）、FTrace（第 14 章）和 bpftrace（第 15 章）。

任何对资源施加限制的环境（例如云计算），对每一种资源控制都可采用 USE 方法。这些资源控制和资源限制，有可能在物理资源完全耗尽之前就被触发。

软件资源

模块	类型	指标
内核态互斥量	使用率	在内核编译带 CONFIG_LOCK_STAT=y 的情况下，使用 /proc/lock_stat 里的 holdtime-total 项除以 acquisitions 项（另外可参考 holdtime-min、holdtime-max）[1]；对锁函数或者指令（可能有）进行动态检测

1 内核锁分析以前是通过lockmeter进行的，它有一个接口调用lockstat。

续表

模块	类型	指标
内核态互斥量	饱和度	在内核编译带 CONFIG_LOCK_STAT=y 的情况下，使用 /proc/lock_stat 里的 waittime-total 项除以 contentions 项（另外可参考 waittime-min、waittime-max）；对锁函数，如 mlock.bt 进行动态检测 [Gregg 19]；自旋情况也可以通过剖析显示出来（perf record –a –g –F 99 ...）
内核态互斥量	错误	动态检测（例如，递归进入互斥量）；其他错误可能会造成内核锁起 / 恐慌，可以使用 kdump/crash 进行调试
用户态互斥量	使用率	valgrind --tool=drd --exclusive-threshold=……（持有时间）；对加锁到解锁这段的函数时间进行动态检测 [1]
用户态互斥量	饱和度	valgrind --tool=drd 可以根据持有时间推断竞争的情况；对同步函数进行动态跟踪得到等待时间，例如，pmlock.bt；剖析（perf(1)）用户栈踪迹，得到自旋等待的情况
用户态互斥量	错误	valgrind --tool=drd 提示的各种错误；动态检测 pthread_mutex_lock() 的返回值，如 EAGAIN、EINVAL、EPERM、EDEADLK、ENOMEM、EOWNERDEAD 等
任务容量	使用率	top/htop，Tasks（当前）；sysctl kernel.threads-max，/proc/sys/kernel/threads-max（最大值）
任务容量	饱和度	被阻塞在内存分配上的线程数；这个时候页面扫描器应该正在运行（sar –B, pgscan*），或者使用动态跟踪检查
任务容量	错误	“can’t fork()”错误；用户级线程：pthread_create() 错误返回值，如 EAGAIN、EINVAL……；内核级：动态跟踪 kernel_thread() 函数的 ENOMEM 返回值
文件描述符	使用率	系统范围：sar –v, file-nr 和 /proc/sys/fs/file-max 相比较；或者是 /proc/sys/fs/file-nr 每个线程：echo /proc/PID/fd/* | wc –w 与 ulimit -n 的对比
文件描述符	饱和度	这一项没有意义
文件描述符	错误	在返回文件描述符的系统调用上（例如 open()、accept()……）使用 strace errno == EMFILE；opensnoop -x

参考资料

[Gregg 13d] Gregg, B., “USE Method: Linux Performance Checklist,” http://www.brendangregg.com/USEmethod/use-linux.html, first published 2013.

1　由于这些函数可能会被非常频繁地使用，要注意跟踪每个调用的性能开销：一个应用程序可能会慢至原来的50%或更多。

附录B

sar总结

这是一份系统活动报告器（system activity reporter）sar(1) 的主要选项和指标的总结。你可以利用这份总结来回想一下哪些指标可以用哪些选项获得。完整的列表参见 man 手册页。

4.4 节介绍了 sar(1)，后面的章节（6、7、8、9、10）中也总结了部分选项。

选项	指标	描述
-u -P ALL	**%user** %nice **%system %iowait %steal %idle**	每个 CPU 的使用率（-u 可选）
-u	**%user** %nice %system **%iowait %steal %idle**	CPU 的使用率
-u ALL	**... %irq %soft** %guest %gnice	CPU 的扩展使用率
-m CPU -P ALL	**MHz**	每个 CPU 的频率
-q	**runq-sz** plist-sz ldavg-1 ldavg-5 ldavg-15 **blocked**	CPU 运行队列长度
-w	**proc/s cswch/s**	CPU 调度器事件
-B	pgpgin/s pgpgout/s fault/s majflt/s pgfree/s **pgscank/s pgscand/s** pgsteal/s %vmeff	换页统计
-H	kbhugfree kbhugused %hugused	巨型页
-r	kbmemfree **kbavail** kbmemused %memused kbbuffers kbcached kbcommit %commit kbactive kbinact kbdirty	内存使用率
-S	kbswpfree kbswpused **%swpused** kbswpcad %swpcad	交换使用率
-W	**pswpin/s pswpout/s**	交换统计信息
-v	dentunusd file-nr inode-nr pty-nr	内核表
-d	**tps rkB/s wkB/s** areq-sz aqu-sz **await** svctm **%util**	磁盘统计信息
-n DEV	**rxpck/s txpck/s rxkB/s txkB/s** rxcmp/s txcmp/s rxmcst/s **%ifutil**	网卡接口统计信息
-n EDEV	**rxerr/s txerr/s coll/s rxdrop/s txdrop/s** txcarr/s rxfram/s rxfifo/s txfifo/s	网卡接口错误

续表

选项	指标	描述
-n IP	irec/s fwddgm/s idel/s orq/s asmrq/s asmok/s fragok/s fragcrt/s	IP 统计信息
-n EIP	ihdrerr/s iadrerr/s iukwnpr/s idisc/s odisc/s onort/s asmf/s fragf/s	IP 错误
-n TCP	**active/s passive/s iseg/s oseg/s**	TCP 统计信息
-n ETCP	atmptf/s estres/s **retrans/s** isegerr/s orsts/s	TCP 错误
-n SOCK	totsck tcpsck udpsck rawsck ip-frag tcp-tw	套接字统计信息

我已经用粗体字强调了我所找寻的关键指标。

有些 sar(1) 选项可能要求打开某些内核功能（例如巨型页），而有些指标是在后期版本的 sar(1) 中才被加入的（这里显示的是版本 12.0.6）。

附录C
bpftrace单行命令

本附录包含了一些便捷的 bpftrace 单行命令。除了本身有用之外，这些命令还可以帮助你学习 bpftrace。其中大部分命令在前几章中都已包含。许多命令可能不是马上就能用：可能会依赖于某些 tracepoint 或函数的存在，或者依赖于特定的内核版本或配置。

关于 bpftrace 的介绍参见 15.2 节。

CPU

跟踪带有参数的新进程：

```
bpftrace -e 'tracepoint:syscalls:sys_enter_execve { join(args->argv); }'
```

按进程对系统调用计数：

```
bpftrace -e 'tracepoint:raw_syscalls:sys_enter { @[pid, comm] = count(); }'
```

按系统调用的探针名对系统调用计数：

```
bpftrace -e 'tracepoint:syscalls:sys_enter_* { @[probe] = count(); }'
```

以 99Hz 的频率对运行中的进程名采样：

```
bpftrace -e 'profile:hz:99 { @[comm] = count(); }'
```

以 49Hz 的频率按进程名称对用户栈和内核栈进行系统级别的采样：

```
bpftrace -e 'profile:hz:49 { @[kstack, ustack, comm] = count(); }'
```

以 49Hz 对 PID 为 189 的用户级栈进行采样：

```
bpftrace -e 'profile:hz:49 /pid == 189/ { @[ustack] = count(); }'
```

以 49Hz 对 PID 为 189 的用户级栈进行 5 帧的采样：

```
bpftrace -e 'profile:hz:49 /pid == 189/ { @[ustack(5)] = count(); }'
```

对名为“mysqld”的进程，以 49Hz 对用户级栈采样：

```
bpftrace -e 'profile:hz:49 /comm == "mysqld"/ { @[ustack] = count(); }'
```

对内核 CPU 调度器的 tracepoint 计数：

```
bpftrace -e 'tracepoint:sched:* { @[probe] = count(); }'
```

统计上下文切换事件的 off-CPU 的内核栈：

```
bpftrace -e 'tracepoint:sched:sched_switch { @[kstack] = count(); }'
```

统计以“vfs_”开头的内核函数调用：

```
bpftrace -e 'kprobe:vfs_* { @[func] = count(); }'
```

通过 pthread_create() 跟踪新线程：

```
bpftrace -e 'u:/lib/x86_64-linux-gnu/libpthread-2.27.so:pthread_create {
    printf("%s by %s (%d)\n", probe, comm, pid); }'
```

内存

按用户栈和进程计算 libc malloc() 请求字节数的总和（高开销）：

```
bpftrace -e 'u:/lib/x86_64-linux-gnu/libc.so.6:malloc {
    @[ustack, comm] = sum(arg0); }'
```

按用户栈计算 PID 181 的 libc malloc() 请求字节数的总和（高开销）：

```
bpftrace -e 'u:/lib/x86_64-linux-gnu/libc.so.6:malloc /pid == 181/ {
    @[ustack] = sum(arg0); }'
```

将 PID 181 的 libc malloc() 请求字节数按用户栈生成 2 的幂级直方图（高开销）：

```
bpftrace -e 'u:/lib/x86_64-linux-gnu/libc.so.6:malloc /pid == 181/ {
    @[ustack] = hist(arg0); }'
```

按内核栈踪迹对内核 kmem 缓存分配的字节数求和：

```
bpftrace -e 't:kmem:kmem_cache_alloc { @bytes[kstack] = sum(args->bytes_alloc); }'
```

按代码路径统计进程堆扩展（brk(2)）：

```
bpftrace -e 'tracepoint:syscalls:sys_enter_brk { @[ustack, comm] = count(); }'
```

按进程统计缺页故障：

```
bpftrace -e 'software:page-fault:1 { @[comm, pid] = count(); }'
```

按用户级栈踪迹统计用户缺页故障：

```
bpftrace -e 't:exceptions:page_fault_user { @[ustack, comm] = count(); }'
```

按 tracepoint 统计 vmscan 操作：

```
bpftrace -e 'tracepoint:vmscan:* { @[probe]++; }'
```

按进程统计交换：

```
bpftrace -e 'kprobe:swap_readpage { @[comm, pid] = count(); }'
```

统计页面迁移：

```
bpftrace -e 'tracepoint:migrate:mm_migrate_pages { @ = count(); }'
```

跟踪内存压缩事件：

```
bpftrace -e 't:compaction:mm_compaction_begin { time(); }'
```

列出 libc 中的 USDT 探针：

```
bpftrace -l 'usdt:/lib/x86_64-linux-gnu/libc.so.6:*'
```

列出内核的 kmem tracepoint：

```
bpftrace -l 't:kmem:*'
```

列出所有内存子系统（mm）的 tracepoint：

```
bpftrace -l 't:*:mm_*'
```

文件系统

按进程名跟踪通过 openat(2) 打开的文件：

```
bpftrace -e 't:syscalls:sys_enter_openat { printf("%s %s\n", comm,
    str(args->filename)); }'
```

按系统调用类型统计 read 系统调用的次数：

```
bpftrace -e 'tracepoint:syscalls:sys_enter_*read* { @[probe] = count(); }'
```

按系统调用类型统计 write 系统调用的次数：

```
bpftrace -e 'tracepoint:syscalls:sys_enter_*write* { @[probe] = count(); }'
```

显示系统调用 read() 请求的大小分布：

```
bpftrace -e 'tracepoint:syscalls:sys_enter_read { @ = hist(args->count); }'
```

显示系统调用 read() 读取字节数（和错误）的分布：

```
bpftrace -e 'tracepoint:syscalls:sys_exit_read { @ = hist(args->ret); }'
```

按错误代码统计系统调用 read() 的错误：

```
bpftrace -e 't:syscalls:sys_exit_read /args->ret < 0/ { @[- args->ret] = count(); }'
```

统计 VFS 调用：

```
bpftrace -e 'kprobe:vfs_* { @[probe] = count(); }'
```

统计 PID 181 的 VFS 调用：

```
bpftrace -e 'kprobe:vfs_* /pid == 181/ { @[probe] = count(); }'
```

统计 ext4 的 tracepoint：

```
bpftrace -e 'tracepoint:ext4:* { @[probe] = count(); }'
```

统计 XFS 的 tracepoint：

```
bpftrace -e 'tracepoint:xfs:* { @[probe] = count(); }'
```

按进程名称和用户级栈统计 ext4 文件的读取：

```
bpftrace -e 'kprobe:ext4_file_read_iter { @[ustack, comm] = count(); }'
```

跟踪 ZFS spa_sync() 的时间：

```
bpftrace -e 'kprobe:spa_sync { time("%H:%M:%S ZFS spa_sync()\n"); }'
```

按进程名称和 PID 统计 dcache 引用：

```
bpftrace -e 'kprobe:lookup_fast { @[comm, pid] = count(); }'
```

磁盘

统计块 I/O 的 tracepoint 事件：

```
bpftrace -e 'tracepoint:block:* { @[probe] = count(); }'
```

将块 I/O 大小汇总为直方图：

```
bpftrace -e 't:block:block_rq_issue { @bytes = hist(args->bytes); }'
```

统计块 I/O 请求的用户栈踪迹：

```
bpftrace -e 't:block:block_rq_issue { @[ustack] = count(); }'
```

统计块 I/O 的类型标志：

```
bpftrace -e 't:block:block_rq_issue { @[args->rwbs] = count(); }'
```

按设备和 I/O 类型跟踪块 I/O 错误：

```
bpftrace -e 't:block:block_rq_complete /args->error/ {
    printf("dev %d type %s error %d\n", args->dev, args->rwbs, args->error); }'
```

统计 SCSI 操作码：

```
bpftrace -e 't:scsi:scsi_dispatch_cmd_start { @opcode[args->opcode] = count(); }'
```

统计 SCSI 结果码：

```
bpftrace -e 't:scsi:scsi_dispatch_cmd_done { @result[args->result] = count(); }'
```

统计 SCSI 驱动函数调用：

```
bpftrace -e 'kprobe:scsi* { @[func] = count(); }'
```

网络

按 PID 和进程名称统计套接字 accept(2) 的次数：

```
bpftrace -e 't:syscalls:sys_enter_accept* { @[pid, comm] = count(); }'
```

按 PID 和进程名称统计套接字 connect(2) 的次数：

```
bpftrace -e 't:syscalls:sys_enter_connect { @[pid, comm] = count(); }'
```

按用户栈踪迹统计套接字 connect(2) 的次数：

```
bpftrace -e 't:syscalls:sys_enter_connect { @[ustack, comm] = count(); }'
```

按方向、on-CPU PID 和进程名统计套接字的发送 / 接收：

```
bpftrace -e 'k:sock_sendmsg,k:sock_recvmsg { @[func, pid, comm] = count(); }'
```

按 on-CPU PID 和进程名统计套接字的发送 / 接收字节数：

```
bpftrace -e 'kr:sock_sendmsg,kr:sock_recvmsg /(int32)retval > 0/ { @[pid, comm] =
    sum((int32)retval); }'
```

按 on-CPU PID 和进程名统计 TCP 连接数：

```
bpftrace -e 'k:tcp_v*_connect { @[pid, comm] = count(); }'
```

按 on-CPU PID 和进程名称统计 TCP 接收的数量：

```
bpftrace -e 'k:inet_csk_accept { @[pid, comm] = count(); }'
```

按 on-CPU PID 和进程名统计 TCP 发送 / 接收的数量：

```
bpftrace -e 'k:tcp_sendmsg,k:tcp_recvmsg { @[func, pid, comm] = count(); }'
```

将 TCP 发送字节数绘成直方图：

```
bpftrace -e 'k:tcp_sendmsg { @send_bytes = hist(arg2); }'
```

将 TCP 接收字节数绘成直方图：

```
bpftrace -e 'kr:tcp_recvmsg /retval >= 0/ { @recv_bytes = hist(retval); }'
```

按类型和远程主机（假设是 IPv4）统计 TCP 重传：

```
bpftrace -e 't:tcp:tcp_retransmit_* { @[probe, ntop(2, args->saddr)] = count(); }'
```

统计所有的 TCP 函数（为 TCP 增加高额开销）：

```
bpftrace -e 'k:tcp_* { @[func] = count(); }'
```

按 CPU 上的 PID 和进程名称统计 UDP 的发送 / 接收：

```
bpftrace -e 'k:udp*_sendmsg,k:udp*_recvmsg { @[func, pid, comm] = count(); }'
```

将 UDP 发送字节数绘成直方图：

```
bpftrace -e 'k:udp_sendmsg { @send_bytes = hist(arg2); }'
```

将 UDP 接收字节数绘成直方图：

```
bpftrace -e 'kr:udp_recvmsg /retval >= 0/ { @recv_bytes = hist(retval); }'
```

统计发送的内核栈踪迹：

```
bpftrace -e 't:net:net_dev_xmit { @[kstack] = count(); }'
```

显示每个设备的接收 CPU 直方图：

```
bpftrace -e 't:net:netif_receive_skb { @[str(args->name)] = lhist(cpu, 0, 128, 1); }'
```

统计 ieee80211 层的函数（给数据包增加高额开销）：

```
bpftrace -e 'k:ieee80211_* { @[func] = count()'
```

统计所有 ixgbevf 设备驱动函数（给 ixgbevf 增加了高额开销）：

```
bpftrace -e 'k:ixgbevf_* { @[func] = count(); }'
```

统计所有 iwl 设备驱动的 tracepoint（给 iwl 增加高额开销）：

```
bpftrace -e 't:iwlwifi:*,t:iwlwifi_io:* { @[probe] = count(); }'
```

附录D

精选练习题答案

以下是精选练习题的建议答案。[1]

第2章

问题：什么是延时？

答案：对时间的衡量，通常是等待某件事情完成所需的时间。在IT行业中，该术语的含义会因为使用场景而有所不同。

第3章

问题：列出线程离开当前CPU的原因。

答案：阻塞于I/O、阻塞于锁、yield调用、时间片过期、被其他线程抢占、设备中断、退出。

第6章

问题：计算下面系统的平均负载……

答案：34

第7章

问题：在Linux术语中，换页与交换的区别是什么？

1 如果有需要，请联系出版商或我本人以获得完整的练习解决方案列表。

答案：换页是移动内存页，交换是在内存和交换设备 / 文件之间移动页。

问题：描述内存使用率和饱和度。

答案：对于内存容量而言，使用率是使用中的部分除以总可用内存的值。这可以用百分比显示，类似于文件系统容量。饱和度衡量的是对于可用内存的需求超出内存大小的部分，这部分需求通常是通过调用内核例程释放内存来予以满足的。

第8章

问题：逻辑 I/O 和物理 I/O 有什么区别？

答案：逻辑 I/O 发给文件系统接口，物理 I/O 发给存储设备（磁盘）。

问题：解释文件系统写时复制如何能够提高性能。

答案：因为随机写入能写入新的位置，所以能够将它们合并（通过增加 I/O 大小）并顺序写入。具体取决于存储设备的类型，这两点通常能够提高性能。

第9章

问题：描述当磁盘过载时会发生什么，包括对应用程序性能的影响。

答案：磁盘持续地运行于高使用率（直到 100%）并且保有一定程度的饱和度（队列）。它的 I/O 延时会由于排队的可能性而增加（这点可以模型化）。如果应用程序正在处理文件系统或者磁盘 I/O，延时的增加会损害应用程序的性能，这里假设应用程序是同步 I/O 的类型：读，或者同步写入。它还必须发生在应用程序的关键代码路径上，比如请求处理，不是后台的异步任务（它只可能间接地损害应用程序性能）。通常增加的 I/O 延时产生的反压力能控制住 I/O 请求率，不会引起延时无限制地增长。

第11章

问题：从操作系统虚拟化客户机的角度描述物理系统的可观测性。

答案：客户机能否观测到所有物理资源的高级指标，包括 CPU 和磁盘，以及能否观测到这些资源何时被其他租户使用，取决于宿主机的内核实现。泄露用户数据的行为应该被内核限制。例如，能观测到 CPU 的使用率（如 50%），但是不能观测到其他租户启动的进程 ID 和名称。

附录E
系统性能名人录

知道是谁开发出我们使用的这些技术是很有用的。以下是一份基于本书中介绍过的技术的系统性能领域的名人录。这是受到了 UNIX 名人录的启发而做的 [Libes 89]。对于那些未收录的或者信息不正确的人，我们表示歉意。如果你希望进一步挖掘人物和历史，可以参考每章末的参考资料部分、Linux 源代码中列出的姓名，包括 Linux 仓库历史和 Linux 源码中的 MAINTAINERS 文件。《BPF 之巅》[Gregg 19] 一书的致谢部分也列出了各种技术，特别是 eBPF、BCC、bpftrace、kprobe 和 uprobe，以及它们的开发人员。

John Allspaw：容量规划 [Allspaw 08]。

Gene M. Amdahl：关于计算机可扩展性的早期工作 [Amdahl 67]。

Jens Axboe：CFQ I/O 调度程序、fio、blktrace、存储设备回写。

Brenden Blanco：BCC。

Jeff Bonwick：发明了内核 slab 分配器，共同开发了用户级 slab 分配器，共同开发了 ZFS、kstat，初次开发了 mpstat。

Daniel Borkmann：eBPF 的共同创造者和维护者。

Roch Bourbonnais：Sun Microsystems 系统性能专家。

Tim Bray：Bonnie 磁盘 I/O 微基准测试的作者，因 XML 被人所知。

Bryan Cantrill：DTrace 的合作开发者，编写了 *Oracle ZFS Storage Appliance Analytics*。

Rémy Card：ext2 和 ext3 文件系统的主要开发者。

Nadia Yvette Chambers：Linux hugetlbfs。

Guillaume Chazarain：Linux 中的 iotop(1)。

Adrian Cockcroft：性能方面的图书（[Cockcroft 95][Cockcroft 98]），Virtual Adrian（SE Toolkit）。

Tim Cook：Linux 中的 nicstat(1) 及其改进。

Alan Cox：Linux 网络栈性能。

Mathieu Desnoyers：Linux Trace Toolkit（LTTng）、内核 tracepoint、用户空间 RCU 的主要作者。

Frank Ch. Eigler：SystemTap 的主要开发者。

Richard Elling：静态性能调优方法。

Julia Evans：性能和调试的文档和工具。

Kevin Robert Elz：DNLC。

Roger Faulkner：为 UNIX System V 开发了 /proc，Solaris 的线程实现，以及 truss(1) 系统调用跟踪器。

Thomas Gleixner：多种多样的 Linux 内核性能方面的工作，包括 hrtimers。

Sebastien Godard：Linux 中的 sysstat 包，其中包含多种性能工具，如 iostat(1)、mpstat(1)、pidstat(1)、nfsiostat(1)、cifsiostat(1)，以及增强版的 sar(1)、sadc(8)、sadf(1)（参考附录 B 中的指标）。

Sasha Goldshtein：BPF 工具（argdist(8)、trace(8) 等），BCC 贡献者。

Brendan Gregg：nicstat(1)、DTraceToolkit、ZFS L2ARC；BPF 工具（execsnoop、biosnoop、ext4slower、tcptop 等），BCC/bpftrace 的贡献者；USE 方法、热力图（延时、使用率，以及亚秒级偏移量）、火焰图、火焰范围；这本书和之前一版 [Gregg 11]、其他性能工作。

Dr. Neil Gunther：通用扩展定律，CPU 使用率三元图，以及性能方面的图书 [Gunther 97]。

Jeffrey Hollingsworth：动态仪表 [Hollingsworth 94]。

Van Jacobson：traceroute(8)、pathchar、TCP/IP 性能。

Raj Jain：系统性能理论 [Jain 91]。

Jerry Jelinek：Solaris Zones。

Bill Joy：vmstat(1)、BSD 虚拟内存工作、TCP/IP 性能、FFS。

Andi Kleen：英特尔的性能，对 Linux 有众多贡献。

Christoph Lameter：SLUB 分配器。

William LeFebvre：开发了初版的 top(1)，为许多其他工具提供了灵感。

David Levinthal：英特尔处理器性能专家。

John Levon：OProfile。

Mike Loukides：编写了 UNIX 系统性能方面的第一本书 [Loukides 90]，它开创并激励了传统的基于资源的分析——CPU、内存、磁盘、网络。

Robert Love：Linux 内核性能工作，包括抢占（多任务）。

Mary Marchini：libstapsdt——用于各种语言的动态 USDT。

Jim Mauro：*Solaris Performance and Tools* [McDougall 06a] 和 *DTrace: Dynamic Tracing in Oracle Solaris, Mac OS X, and FreeBSD* [Gregg 11] 的联合作者。

Richard McDougall：Solaris 微状态核算，*Solaris Performance and Tools* [McDougall 06a] 的联合作者。

Marshall Kirk McKusick：BSD 上的 FFS。

Arnaldo Carvalho de Melo：Linux perf(1) 的维护者。

Barton Miller：动态仪表 [Hollingsworth 94]。

David S. Miller：Linux 网络维护者和 SPARC 维护者。对 eBPF 进行大量的性能改进以及支持。

Cary Millsap：R 方法。

Ingo Molnar：*O*(1) 调度器、完全公平调度器、自愿内核抢占、ftrace、perf，以及实时抢占中的工作，mutexes、futexes、调度器剖析、工作队列。

Richard J. Moore：DProbes、kprobes。

Andrew Morton：fadvise、预读。

Gian-Paolo D. Musumeci：*System Performance Tuning, 2nd Ed* [Musumeci 02] 一书的作者。

Mike Muuss：ping(8)。

Shailabh Nagar：延时核算、taskstats。

Rich Pettit：SE 工具集。

Nick Piggin：Linux 调度器域。

Bill Pijewski：Solaris vfsstat(1M)、ZFS I/O 调速。

Dennis Ritchie：UNIX，以及它最初的性能特征——进程优先级、交换、缓冲高速缓存等。

Alastair Robertson：创建了 bpftrace。

Steven Rostedt：Ftrace、KernelShark、实时 Linux、自适应自旋锁、Linux 跟踪支持。

Rusty Russell：最初的 futexes 机制，多种 Linux 内核工作。

Michael Shapiro：合作创造了 DTrace。

Aleksey Shipilëv：Java 性能专家。

Balbir Singh：Linux 内存资源控制器、延时核算、taskstats、cgroupstats、CPU 核算。

Yonghong Song：BTF，以及 eBPF 和 BCC 工作。

Alexei Starovoitov：eBPF 的共同创造者和维护者。

Ken Thompson：UNIX，以及它最初的性能特征——进程优先级、交换、缓冲高速缓存等。

Martin Thompson：Martin Thompson 的博客。

Linus Torvalds：Linux 内核以及多种系统性能必需的核心组件，Linux I/O 调度器，Git。

Arjan van de Ven：latencytop、PowerTOP、irqbalance、Linux 调度器剖析方面的工作。

Nitsan Wakart：Java 性能专家。

Tobias Waldekranz：ply（第一个高级别的 BPF 跟踪器）。

Dag Wieers：dstat。

Karim Yaghmour：LTT，推动 Linux 中的跟踪。

Jovi Zhangwei：ktap。

Tom Zanussi：Ftrace hist 触发器。

Peter Zijlstra：适应性自旋锁的实现、hardirq 回调框架、其他 Linux 性能方面的工作。

E.1　参考资料

[Amdahl 67] Amdahl, G., "Validity of the Single Processor Approach to Achieving Large Scale Computing Capabilities," *AFIPS*, 1967.

[Libes 89] Libes, D., and Ressler, S., *Life with UNIX: A Guide for Everyone*, Prentice Hall, 1989.

[Loukides 90] Loukides, M., *System Performance Tuning*, O'Reilly, 1990.

[Hollingsworth 94] Hollingsworth, J., Miller, B., and Cargille, J., "Dynamic Program Instrumentation for Scalable Performance Tools," *Scalable High-Performance Computing Conference (SHPCC)*, May 1994.

[Cockcroft 95] Cockcroft, A., *Sun Performance and Tuning*, Prentice Hall, 1995.

[Cockcroft 98] Cockcroft, A., and Pettit, R., *Sun Performance and Tuning: Java and the Internet*, Prentice Hall, 1998.

[Musumeci 02] Musumeci, G. D., and Loukidas, M., *System Performance Tuning*, 2nd Edition, O'Reilly, 2002.

[McDougall 06a] McDougall, R., Mauro, J., and Gregg, B., *Solaris Performance and Tools: DTrace and MDB Techniques for Solaris 10 and OpenSolaris*, Prentice Hall, 2006.

[Gunther 07] Gunther, N., *Guerrilla Capacity Planning*, Springer, 2007.

[Allspaw 08] Allspaw, J., *The Art of Capacity Planning*, O'Reilly, 2008.

[Gregg 11a] Gregg, B., and Mauro, J., *DTrace: Dynamic Tracing in Oracle Solaris, Mac OS X and FreeBSD*, Prentice Hall, 2011.

[Gregg 19] Gregg, B., *BPF Performance Tools: Linux System and Application Observability*, Addison-Wesley, 2019.